云南省气象干旱图集

Atlas of Meteorological Drought in Yunnan Province

云南省气象局　编

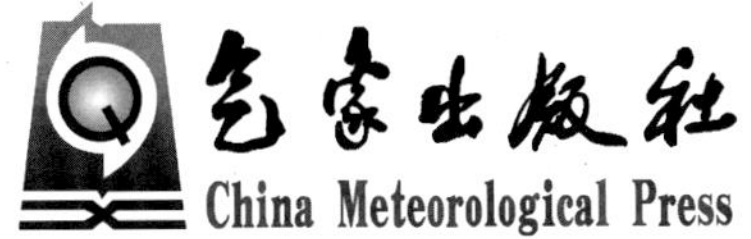

内容提要

本图集是云南省气象局联合国家气候中心，汇集许多科学家的研究成果，基于云南多年气象观测资料，使用科学的数理统计方法，整编统计各项气象干旱指数，再结合现代信息技术编制而成，它以地图、曲线图、柱状图等形式，系统、直观地展示了1961—2016年云南气象干旱的基本特征。其内容包括序图、气象干旱日数气候平均值（1981—2010年）图、气象干旱出现频率图、气象干旱变化趋势图、1961—2016年逐年气象干旱状况图和重大干旱典型过程图六个图组共七百余幅图。读者可以从本图集系统地了解云南省气象干旱平均状况、气象干旱风险分布以及气象干旱变化趋势等。

本图集是一部全面了解云南省气象干旱特征的基础性工具书，可供气象、农（牧）业、林业、水利、能源、环保、旅游、自然资源、应急管理等领域的业务、科研、教学等人员使用，也可供其他与干旱灾害关系密切的相关部门参阅。

图书在版编目（CIP）数据

云南省气象干旱图集 / 云南省气象局编 . —北京：气象出版社，2019.11

ISBN 978-7-5029-7080-2

Ⅰ. ①云… Ⅱ. ①云… Ⅲ. ①干旱指数－气候资料－云南－图集 Ⅳ. ① P468.274.05-64

中国版本图书馆 CIP 数据核字 (2019) 第 237414 号

审图号：云 S(2019)033 号

云南省气象干旱图集

Yunnansheng Qixiang Ganhan Tuji

出版发行：气象出版社

地　　址：北京市海淀区中关村南大街 46 号　　邮政编码：100081

电　　话：010-68407112（总编室）　010-68408042（发行部）

网　　址：http://www.qxcbs.com　　E-mail：qxcbs@cma.gov.cn

责任编辑：陈　红　　终　　审：吴晓鹏

责任校对：王丽梅　　责任技编：赵相宁

封面设计：谈瑾轩

印　　刷：中煤地西安地图制印有限公司

开　　本：889mm×1194mm　1/16　　印　　张：23.75

版　　次：2019 年 11 月第 1 版　　印　　次：2019 年 11 月第 1 次印刷

定　　价：800.00 元

《云南省气象干旱图集》编审委员会

主　　任　程建刚

副 主 任　顾万龙　张　强

委　　员　朱　勇　黄　玮　王学锋　胡雪琼　林　海　罗庆仙
邹旭恺

《云南省气象干旱图集》编图组

组　　长　黄　玮

副 组 长　李　蒙

成　　员　周建琴　李　蕊　张明达　窦小东　郑建萌　戴丛蕊
舒康宁　晏红明　侯　威　陈鲜艳　赵　琳　马思源
何　群

《云南省气象干旱图集》设计制作

制印工艺　植忠红　张理学

制图编辑　马君睿　吕　艳　马英平　林敏敏　郑欣媛　高宝利

《云南省气象干旱图集》编研单位

主编单位　云南省气象局

参编单位　国家气候中心

制图单位　中煤地西安地图制印有限公司

前言

云南省地处中国西南边陲，位于北纬21°8′32″～29°15′8″，东经97°31′39″～106°11′47″，北回归线横贯本省南部。云南全境东西最大横距864.9千米，南北最大纵距990千米。其范围北依广袤的亚洲大陆，南临辽阔的印度洋及太平洋，正好处在东南季风和西南季风控制之下，又受青藏高原区的影响，从而形成了复杂多样的自然地理环境。相应地，低纬度高原地区的云南气候也表现出复杂多样，兼具低纬气候、高原气候、季风气候特征，主要表现为四季温差小，日温差大，干湿季分明、气候类型多样、“立体气候”特征显著等。

各种气候类型交错以及独特的立体气候特征，一方面使得云南成为全国气候资源最丰富的省份之一，造就了云南植物王国、动物王国的美誉，云南的高原特色农业产品如橡胶、咖啡、烤烟、花卉等享誉全国；另一方面，由于云南天气、气候复杂多变，致使暴雨（雪）、干旱、雷暴、冰雹、大风、大雾、高温、低温冷害等气象灾害频繁发生。20世纪90年代以来，自然灾害对云南省造成的直接经济损失占GDP的2%～4%，而气象灾害所造成的经济损失占全省自然灾害总量的比例高达70%以上。云南各类气象灾害中，干旱是影响最大、造成损失最重的气象灾害。

云南干旱灾害分布广，干旱最严重的区域主要分布在丽江市、大理州、楚雄州、保山市东部、临沧市北部、西双版纳州局部以及玉溪市、昆明市、曲靖市、昭通市的大部地区。这些地区为干旱发生的高风险区和次高风险区，其中高风险区集中在丽江市东部和南部、大理州中部和东部、楚雄州北部和昭通市南部等地；省内其他地区为中等风险区。根据《云南天气灾害史料》和20世纪80年代以来的资料分析，1930—1988年，云南平均每3年有一次旱年，每8年有一次大旱年。20世纪80年代以来，旱年呈增多的态势，几乎每年都不同程度地出现干旱。2009—2012年云南持续降水偏少，年降水量最少的3年（2009年、2011年和2012年）均出现在这4年中，特别是雨季降水减少趋势明显，造成干旱灾害频繁，损失严重。云南干旱灾害一般持续几个月，冬春连旱和初夏旱出现的频率高，如2009—2010秋冬春干旱、2011—2012冬春干旱，持续时间长达半年以上。干旱灾害往往连片出现，对农业、人畜饮水等造成的影响最为严重。如1963年、1987年、1988年、1992年、1997年和1998年等，农作物受灾面积均在700千公顷以上。随着经济社会的发展和全球气候变暖的影响，云南干旱灾害有逐渐加重的趋势，表现为农作物因旱受灾面积和粮食损失呈增大趋势，干旱范围有逐步扩大的趋势，干旱持续时间也呈现由单年、单季、单月向连年、连季、连月增长的趋势。旱灾从以影响农业为主扩展到影响林业、牧业、工业、城市乃至整个经济社会的发展，甚至造成了生态环境恶化。

根据不同学科对干旱的理解，干旱通常可分为气象干旱、水文干旱、农业干旱和社会经济干旱四类。其中气象干旱是指某时段内，由于蒸散量和降水量的收支不平衡，水分支出大于水分收入而造成地表水分短缺的现象。气象干旱自然特征显著，最先发生、频率最高，是其他三种干旱的直接引发因素。

《云南省气象干旱图集》包括序图、气象干旱日数气候平均值（1981—2010年）图、气象干旱出现频率图、气象干旱变化趋势图、1961—2016年逐年气象干旱状况图和重大干旱典型过程图六个部分。该图集直观展现了云南省基本气象干旱平均状况、气象干旱历史分布以及气象干旱风险分布，可为干旱监测、预警业务及相关的科研工作提供丰富、详实的基础参考资料，是一本云南省气象干旱方面弥足珍贵的权威资料集和工具书，对进一步提高社会公众对干旱灾害的科学认识、降低云南干旱影响的风险、提高防灾减灾救灾能力建设具有重要的意义。

《云南省气象干旱图集》的编制是一个艰辛的过程，需要收集汇总有气象观测记录以来所有云南气象台站的观测资料，经过资料标准化、规范化处理和严格的质量控制，去粗取精、去伪存真，然后使用科学的数理统计方法，整编统计各项气象干旱指数的标准气候值，再结合现代信息技术编制而成。这部气象干旱图集资料取自云南省气象大数据中心，由云南省气象局联合国家气候中心编制而成，国家气候中心、云南省气象局、云南省地图院、云南大学有关专家对图集进行了论证和审核，最后由中煤地西安地图制印有限公司制图，气象出版社出版。在此，向编印这本图集的单位及科技人员表示衷心的感谢。

《云南省气象干旱图集》的编制出版，期望得到各界读者的支持，图集编制中的不足和疏漏之处，深望读者批评指正。

云南省气象局局长 程建刚

2019年8月

编制说明

《云南省气象干旱图集》包括序图、气象干旱日数气候平均值（1981—2010 年）图、气象干旱出现频率图、气象干旱变化趋势图、1961—2016 年逐年气象干旱状况图和重大干旱典型过程图六个部分。其中序图（云南省行政区划图、云南省卫星影像图、云南省立体气候示意图、云南省气候带分布图、云南省国家地面气象观测站分布图、云南省年降水量分布图、云南省年潜在蒸散量分布图、云南省年干燥度分布图、云南省年可利用降水分布图）9 幅，气象干旱日数气候平均值（1981—2010 年）图（全年、干季、雨季、春季、夏季、秋季、冬季的总干旱日数以及轻旱、中旱、重旱、特旱日数的气候平均值）35 幅，气象干旱出现频率图（全年、干季、雨季、春季、夏季、秋季、冬季的总干旱日数以及轻旱、中旱、重旱、特旱日数的出现频率）35 幅，气象干旱变化趋势图 24 幅，1961—2016 年逐年气象干旱状况图（总旱日数、逐日干旱、降水变化，轻旱、中旱、重旱、特旱日数以及春季、夏季、秋季、冬季干旱平均强度）560 幅，重大干旱典型过程图 39 幅。

本图集所用地理底图采用双标准纬线等角圆锥投影，中央经线 102°E，标准纬线 22°N 和 28°N。根据各专题图的设计需求，比例尺分别为 1 : 5 000 000、1 : 7 000 000、1 : 8 000 000 和 1 : 14 000 000。图集中云南省县级以上行政区划界线参考《中华人民共和国行政区划图集》和《云南省地图集》，行政区划界线不作为划界依据。本图集采用全数字地图编辑出版技术，由中煤地西安地图制印有限公司制图，气象出版社出版。

一、资料来源

本图集所使用的资料包括 1961—2016 年云南省 125 个地面气象观测站逐日平均气温、降水量，资料取自云南省气象大数据中心。其中气候平均值是按照世界气象组织（WMO）制定的国际统一标准计算的 1981—2010 年 30 年累年平均值，图集中各要素的历年变化采用 1961—2016 年资料。

二、不完整资料的统计

不完整资料指在统计规定的时段内，因台站观测时次或其他原因而造成部分资料缺测的情况。

1. 平均值

月平均：一月中各日值缺测 7 个及以上时，月平均为缺测。

季节平均：一个自然季节中各日值缺测 17 个及以上时，季节平均为缺测。

年平均：一年中各月值缺测 1 个及以上时，年平均为缺测。

累年月（旬、候）平均：如果历年某月（旬、候）序列中数据个数不超过 10 个时，则不统计累年月（旬、候）平均值。

累年年平均：如果历年各月平均值有1个及以上缺测时，累年年平均为缺测。

2. 日数

月日数：一月中各日值有7个及以上缺测时，月日数为缺测。

季节日数：一个自然季节中各日值缺测17个及以上时，季节日数为缺测。

年日数：一年中各月日数有1个及以上缺测时，年日数为缺测。

累年平均年日数：累年平均各月日数有1个及以上缺测时，累年平均年日数为缺测。

3. 频率

月频率：一个月中各定时值有11个及以上缺测时，月频率为缺测。

季节频率：一个自然季节中各定时值有30个及以上缺测时，季节频率为缺测。

年频率：一年中各月频率有1个及以上缺测时，年频率为缺测。

累年年频率：累年各月频率有1个及以上缺测时，累年年频率为缺测。

三、统计方法

1. 季节划分

四季按天文季节划分，春季（3—5月）、夏季（6—8月）、秋季（9—11月）、冬季（12月—次年2月）。

2. 干季和雨季划分

根据云南干、湿季分明的特点，将当年11月至次年4月作为当年的干季，当年的5—10月作为雨季。

3. 降水量

降水量：自天空降落至地面的液态、固态降水（融化后）积聚在水平器皿（雨量筒）中的深度，单位为毫米（mm）。

4. 气温

气温：气象观测场中离地面1.5 m高的百叶箱内测得的空气温度，单位为摄氏度（℃）。

5. 潜在蒸散量

潜在蒸散量：气象站测定的潜在蒸散量是水面（含结冰时）蒸发量，指一定口径的蒸发器中，在一定时间间隔内因蒸发而失去的水层深度，单位为毫米（mm）。本图集所统计的潜在蒸散量为小型蒸发皿观测的蒸发资料。

6. 可利用降水量

可利用降水量：指大气降水资源中可被人类实际利用的降水资源，在实际计算中，用降水量减去蒸发量（$P-E$）来表示。降水量资料来自云南省气象大数据中心。

蒸发量是指由下垫面实际进入大气中的水量，这里采用桑斯维特公式进行以下计算。

$$E' = C\left(10\frac{T}{I}\right)^{a} \tag{1}$$

式中，E' 为未经改正的月蒸发能力（mm）；C 为常数，桑斯维特建议取 16；T 为月平均气温（℃）；I 为热效应指数，对于某一地区来说是常数，等于 12 个月 i 值的综合，其中 $i=(T/5)^{1.514}$；a 为试验值，可由公式（2）计算：

$$a=6.75\times10^{-7}I^3-7.71\times10^{-5}I^2-1.79\times10^{-2}I+0.49239 \tag{2}$$

E' 还要用白天时数的改正系数予以修正，即蒸发量（E）。

$$E=E'\left(\frac{M}{30}\frac{N}{12}\right) \tag{3}$$

式中，M 为该月的天数；N 为该月的平均白天时数，用公式（4）计算：

$$N=\frac{24\times a\cos(1.0-\cos(\varphi-\varepsilon))}{\pi\cos\varphi\cos\varepsilon} \tag{4}$$

式中，φ 为地理纬度，ε 为太阳赤纬，可由公式（5）计算，j=1, 2, …, 12 月。

$$\varepsilon=23.2\times\sin(29.5j-94) \tag{5}$$

7. 干燥度

干燥度：指蒸发量与降水量的比值（E/P），蒸发量由公式（3）计算得出，降水量为观测值。

8. 气象干旱综合指数统计方法

干旱是由于降水长期亏缺和近期亏缺综合效应累加的结果，气象干旱综合指数（*MCI*）考虑了 60 天内的有效降水（权重累积降水）、30 天内蒸散（相对湿润度）以及季度尺度（90 天）降水和近半年尺度（150 天）降水的综合影响。该指数考虑了业务服务的需求，增加了季节调节系数。该指数适用于作物生长季逐日气象干旱的监测和评估。干旱影响程度依据 GB/T 32135—2015 确定。

本图集气象干旱的统计指标采用中华人民共和国国家标准《气象干旱等级》(GB/T 20481—2017) 中推荐使用的气象干旱综合指数 *MCI*。*MCI* 指数的主要计算方法和等级划分见表 1。

表1　气象干旱综合指数等级的划分

等级	类型	*MCI*	干旱影响程度
1	无旱	$-0.5<MCI$	地表湿润，作物水分供应充足；地表水资源充足，能满足人们生产、生活需要。
2	轻旱	$-1.0<MCI\leqslant-0.5$	地表空气干燥，土壤出现水分轻度不足，作物轻微缺水，叶色不正；水资源出现短缺，但对生产、生活影响不大。
3	中旱	$-1.5<MCI\leqslant-1.0$	土壤表面干燥，土壤出现水分不足，作物叶片出现萎蔫现象；水资源短缺，对生产、生活产生影响。
4	重旱	$-2.0<MCI\leqslant-1.5$	土壤水分持续严重不足，出现干土层（1～10 cm），作物出现枯死现象，产量下降；河流出现断流，水资源严重不足，对生产、生活产生较重影响。
5	特旱	$MCI\leqslant-2.0$	土壤水分持续严重不足，出现较厚干土层（>10 cm），作物出现大面积枯死；多条河流出现断流，水资源严重不足，对生产、生活产生严重影响。

气象干旱综合指数（MCI）的计算见公式（6）：

$$MCI = ka \times (a \times SPIW_{60} + b \times MI_{30} + c \times SPI_{90} + d \times SPI_{150}) \tag{6}$$

式中，MCI 为气象干旱综合指数；MI_{30} 为近 30 天相对湿润度指数，计算方法见（GB/T 20481—2017）附录 B；SPI_{90} 为近 90 天标准化降水指数，计算方法见（GB/T 20481—2017）附录 D；SPI_{150} 为近 150 天标准化降水指数，计算方法见（GB/T 20481—2017）附录 D；$SPIW_{60}$ 为近 60 天标准化权重降水指数，计算方法见（GB/T 20481—2017）附录 G；a 为 $SPIW_{60}$ 项的权重系数，取 0.3；b 为 MI_{30} 项的权重系数，取 0.5；c 为 SPI_{90} 项的权重系数，取 0.3；d 为 SPI_{150} 项的权重系数，取 0.2；ka 为季节调节系数，根据不同季节各地主要农作物生长发育阶段对土壤水分的敏感程度确定（GB/T 32136—2015），取值方法见（GB/T 20481—2017）附录 H。

9. 单站月、季、年干旱等级的统计方法

计算月气象干旱综合指数（MI）用于评价单站月尺度气象干旱程度。其定义为该站月内小于 0 的逐日干旱综合指数 DI 之和除以月总天数，即：

$$MI = \frac{1}{n}\sum_{i=1}^{i=n} DI_i，\text{当 } DI_i < 0 \tag{7}$$

式中，n 为月内总天数。月干旱等级划分标准见表 1。季、年以此类推。

10. 云南省月、季、年干旱综合指数计算

云南省月干旱指数（MI_g）用于评价全省月干旱程度，MI_g 定义为省内 125 个气象站月干旱综合指数之平均，即：

$$MI_g = \frac{1}{125}\sum_{i=1}^{i=125} DI_i \tag{8}$$

季、年的干旱综合指数计算以此类推。

11. 干旱日数统计方法

干旱日数：是指各站在一定时期内（年和季节）轻旱、中旱、重旱、特旱、总旱（轻旱及以上）的日数累加。轻旱日数是指 $-1.0 < MCI \leqslant -0.5$ 的天数；中旱日数是指 $-1.5 < MCI \leqslant -1.0$ 的天数；重旱日数是指 $-2.0 < MCI \leqslant -1.5$ 的天数；特旱日数是指 $MCI \leqslant -2.0$ 的天数。例如春季轻旱日数（X）计算公式为：

$$X = \sum_{i=1}^{i=n} x_i \tag{9}$$

式中，$n = 1, 2, \cdots, 92$，x_i 为 3 月 1 日至 5 月 31 日内轻旱日数。

12. 干旱频率统计方法

干旱频率：各站在 1961—2016 年期间年（季）轻旱、中旱、重旱、特旱、总旱（轻旱及以上）的日数占年（季）总天数的百分比。例：年中旱频率计算公式为：

$$Z = \frac{X}{Y} \times 100\% \tag{10}$$

式中，X 为 1961—2016 年所有的中旱累积日数，Y 为 1961—2016 年总天数。

13. 干旱变化趋势（线性倾向率）

干旱变化趋势（线性倾向率）：建立气候序列 x 与时间 t 之间的一元线性回归，用一条直线拟合 x 与 t 之间的关系，判断序列整体上升或下降趋势，$x_i' = a + bt_i$，其中 $i = 1, 2, \cdots, n$，a 为常数，b 为倾向率，x_i' 为 x_i 的拟合值。$b > 0$ 时说明序列随时间呈上升趋势；$b < 0$ 时说明序列随时间呈下降趋势；b 值大小反映了上升或下降倾向程度。本图集中，时间 t 为 1961—2016 年，计算要素为年、春、夏、秋、冬季干旱日数（轻旱及以上干旱）总和。

14. 单站干旱过程统计方法

（1）干旱过程的确定：当气象干旱综合指数 *MCI* 连续 10 天为中旱以上等级，则确定为发生一次干旱过程。干旱过程的开始日为第 1 天 *MCI* 指数达中旱以上等级的日期。在干旱发生期，当气象干旱综合指数 *MCI* 连续 10 天为轻旱或无旱等级时干旱解除，同时干旱过程结束，结束日期为 *MCI* 指数达到轻旱或以下等级的前 1 天。干旱过程累计强度定义为 *MCI* 达中旱以上的累计值。

（2）统计时段内干旱过程的统计规则：①干旱过程发生在统计时段内；②跨时间段的，计算出现在统计时段内的过程。

（3）干旱过程强度的历史序列取第 40、70、85、95 个百分位阈值，即无旱占 40%，轻旱占 30%，中旱占 15%，重旱占 10%，特旱占 5%。

（4）对各站点第 40、70、85、95 个百分位阈值年分别赋值 -1、-2、-3、-4，其他各年在阈值区间内按比例取值。

15. 云南区域干旱过程的确定步骤

（1）区域日干旱强度指数确定

当某日云南省区域内国家气象监测站点平均干旱指数 $I_i \leqslant -0.5$ 即达轻旱以上，其区域干旱强度指数为 I_d，由下列公式计算：

$$I_d = \frac{I_1 + I_2 + \cdots I_k}{k} \tag{11}$$

（2）区域干旱过程确定

当某日区域干旱指数 I_d 持续小于等于 -0.5（等级为轻旱，$I_d \leqslant -0.5$）达 15 天以上（即 n 天），并且持续（权重累计）干旱强度（I_n）达 -3.0 以上或最强日干旱强度达中旱以上，则发生一次区域干旱过程。

$$I_n = \frac{I_1 + I_2 + \cdots I_n}{n} n^{0.5} \tag{12}$$

区域干旱开始日的确定：区域干旱过程时段内第一次出现轻旱（区域干旱指数小于等于 -0.5）的日期，为区域干旱过程开始日。

区域干旱结束日的确定：当区域干旱过程发生后，出现连续 5 天区域干旱指数 $I_d \geqslant -0.5$（等级为无旱）则干旱结束，或某日出现 $I_d \geqslant 0$ 时也为干旱结束，干旱结束前最后一次区域干旱指数 $I_d \geqslant -0.5$ 的日期为结束日。

(3) 区域干旱过程强度确定

区域干旱过程强度 I_m：

$$I_m = \max_m n^{\alpha} D(n,\ m) \tag{13}$$

式中，$\alpha = 0.5$，区域干旱持续时间权重系数，n 为区域干旱过程内最强干旱持续天数。通过不断滑动区域干旱过程内天数进行组合，找到能反映区域干旱过程的最大相当干旱强度，来确定此 n，由此得到的强度，定义为区域干旱过程强度。

$$D(n,m) = \frac{I_1+I_2+\cdots I_n}{n} \tag{14}$$

式中，I_1, I_2, …, I_n 为某日区域干旱强度指数，即干旱指数，$D(n,\ m)$ 为平均干旱强度，m 为干旱过程总天数。

(4) 区域干旱过程评估等级

根据最近 50 年（1961—2010 年）区域干旱过程，采用百分位法，将区域干旱过程强度划分为 4 级：一般区域干旱过程（占 40%)，较强区域干旱过程（占 30%），强区域干旱过程（占 20%)，特强区域干旱过程（占 10%)（表 2）。

表2　区域干旱过程强度划分等级和标准

等级	区域干旱过程强度 I_m 的百分位数
特强	＞90%
强	90%～70%
较强	70%～40%
一般	≤40%

四、资助项目

本图集由云南气象事业发展“十三五”规划（省部合作协议）重点工程建设项目《云南省高原特色农业气象服务体系建设——云南省气象干旱图集编制》以及国家重点研发计划《大范围干旱监测预报与灾害风险防范技术与示范》第二课题《高精度多源资料综合干旱监测和评估技术》共同资助完成。

目　录

气象干旱变化趋势

1961—2016年逐年气象干旱状况

重大干旱典型过程

地理底图图例

◎ 省会城市、直辖市

◎ 外国首都

⊙ 地级市行政中心

景洪 自治州行政中心

○ 县级行政中心

国界

省级界

州、市界

县级界

河流、湖泊

序图

云南省行政区划图

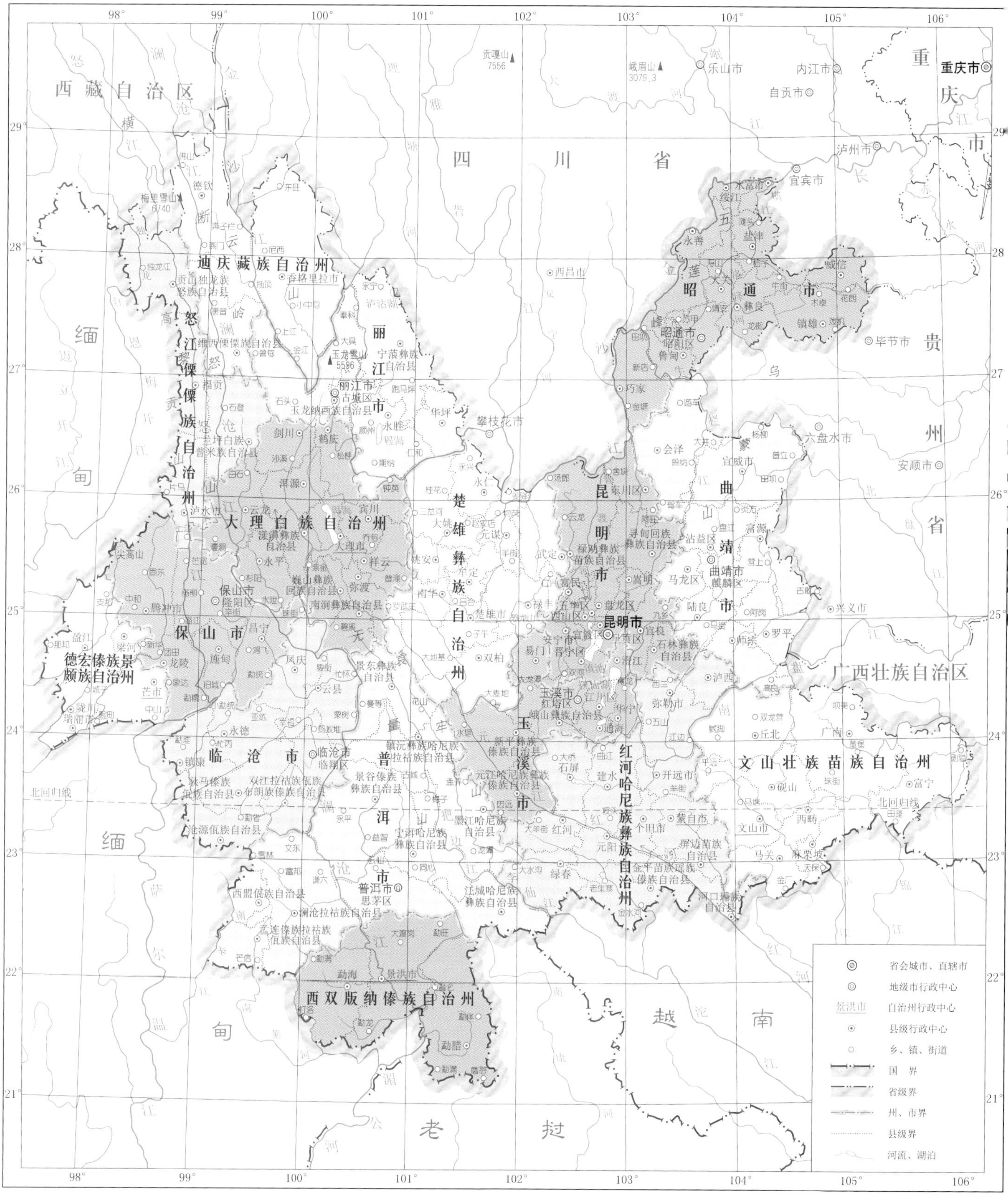

省会城市、直辖市
地级市行政中心
景洪市 自治州行政中心
县级行政中心
乡、镇、街道
国界
省级界
州、市界
县级界
河流、湖泊

比例尺 1∶5 000 000

0 50 100 km

云南省卫星影像图

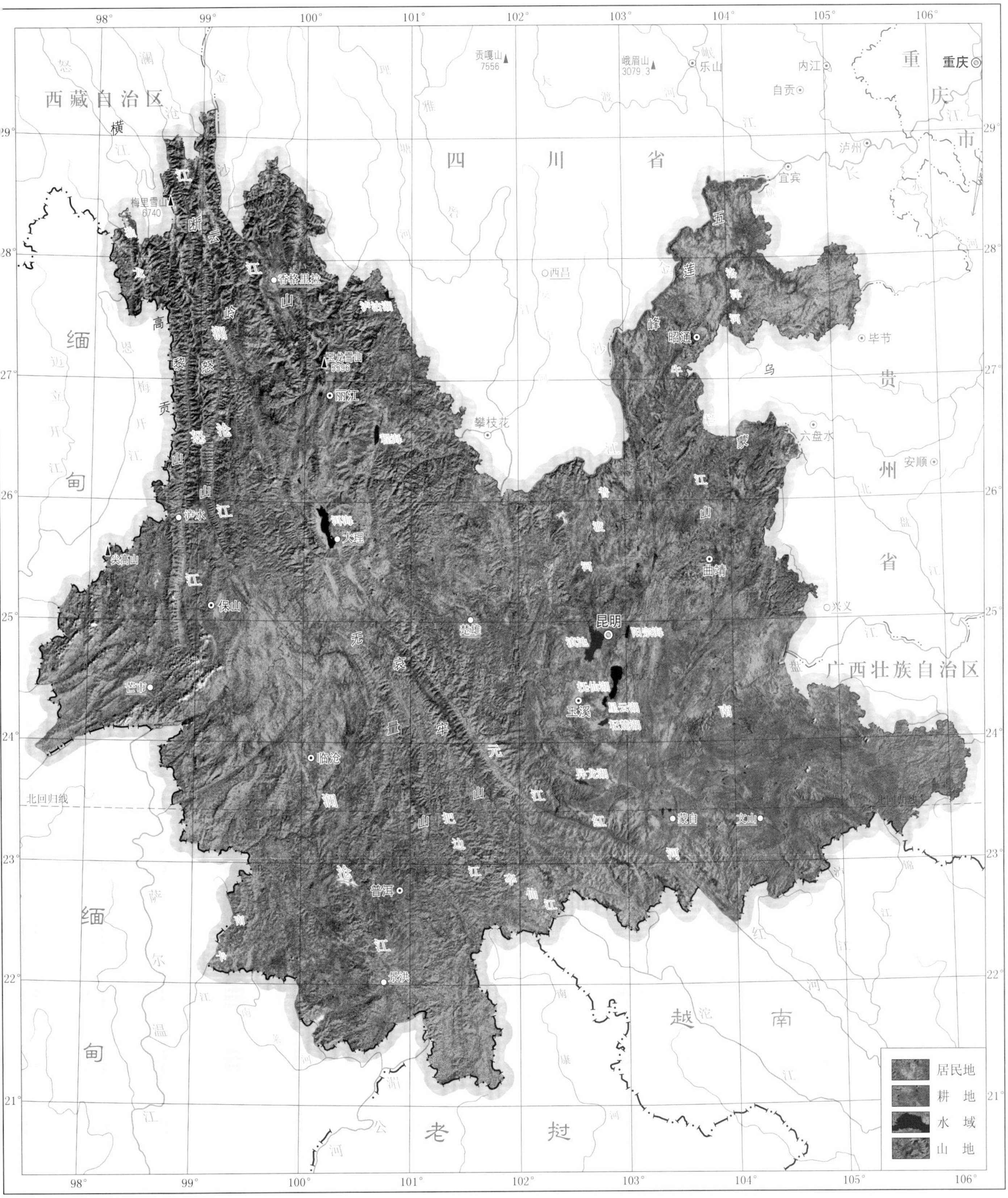

居民地
耕 地
水 域
山 地

比例尺 1∶5 000 000 0 50 100 km

云南省立体气候示意图

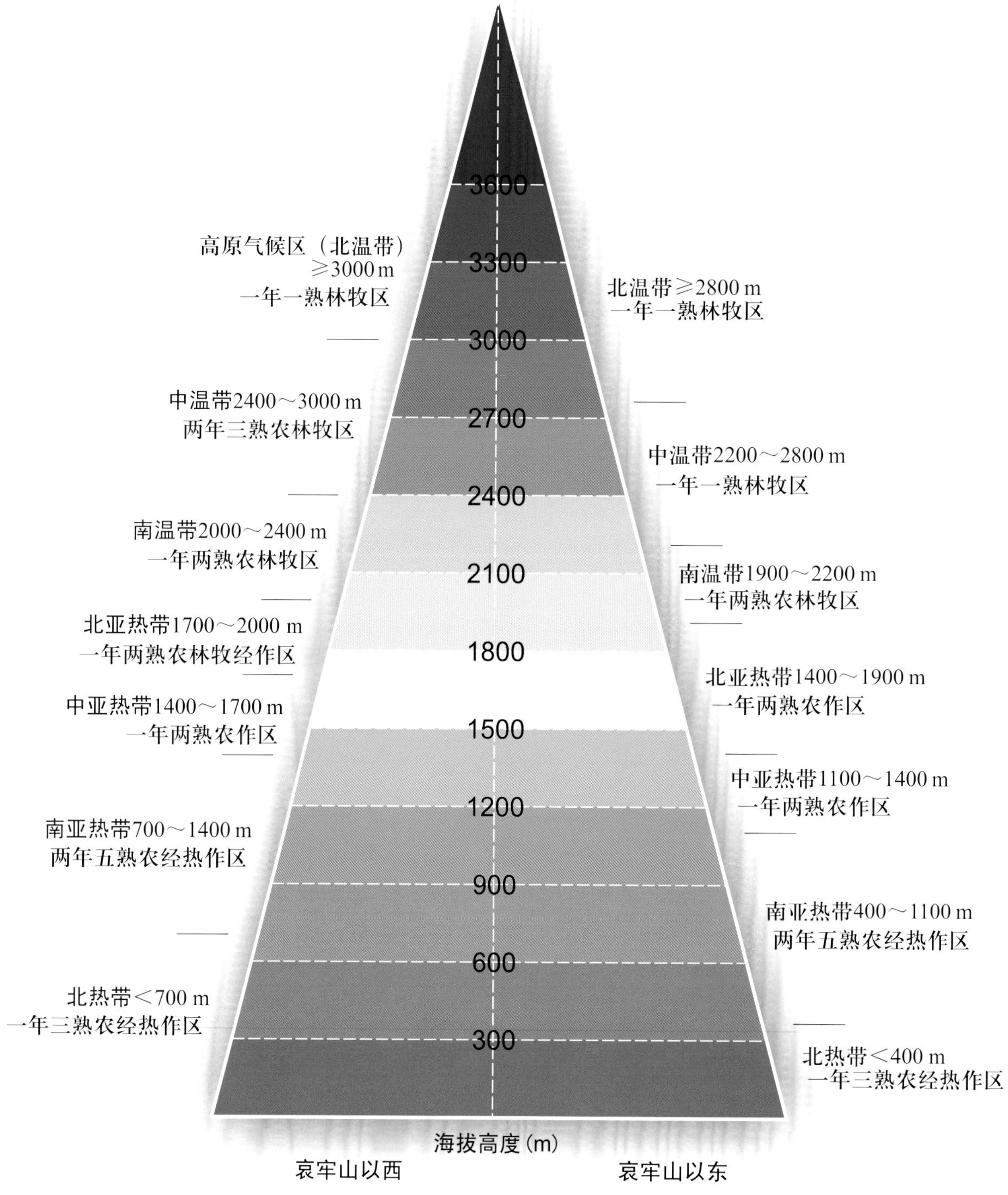

3600
高原气候区（北温带）
≥3000 m
一年一熟林牧区
3300
北温带≥2800 m
一年一熟林牧区
3000
中温带2400～3000 m
两年三熟农林牧区
2700
中温带2200～2800 m
一年一熟林牧区
2400
南温带2000～2400 m
一年两熟农林牧区
2100
南温带1900～2200 m
一年两熟农林牧区
北亚热带1700～2000 m
一年两熟农林牧经作区
1800
北亚热带1400～1900 m
一年两熟农作区
中亚热带1400～1700 m
一年两熟农作区
1500
中亚热带1100～1400 m
一年两熟农作区
1200
南亚热带700～1400 m
两年五熟农经热作区
900
南亚热带400～1100 m
两年五熟农经热作区
600
北热带＜700 m
一年三熟农经热作区
300
北热带＜400 m
一年三熟农经热作区
海拔高度(m)
哀牢山以西
哀牢山以东

云南省气候带分布图

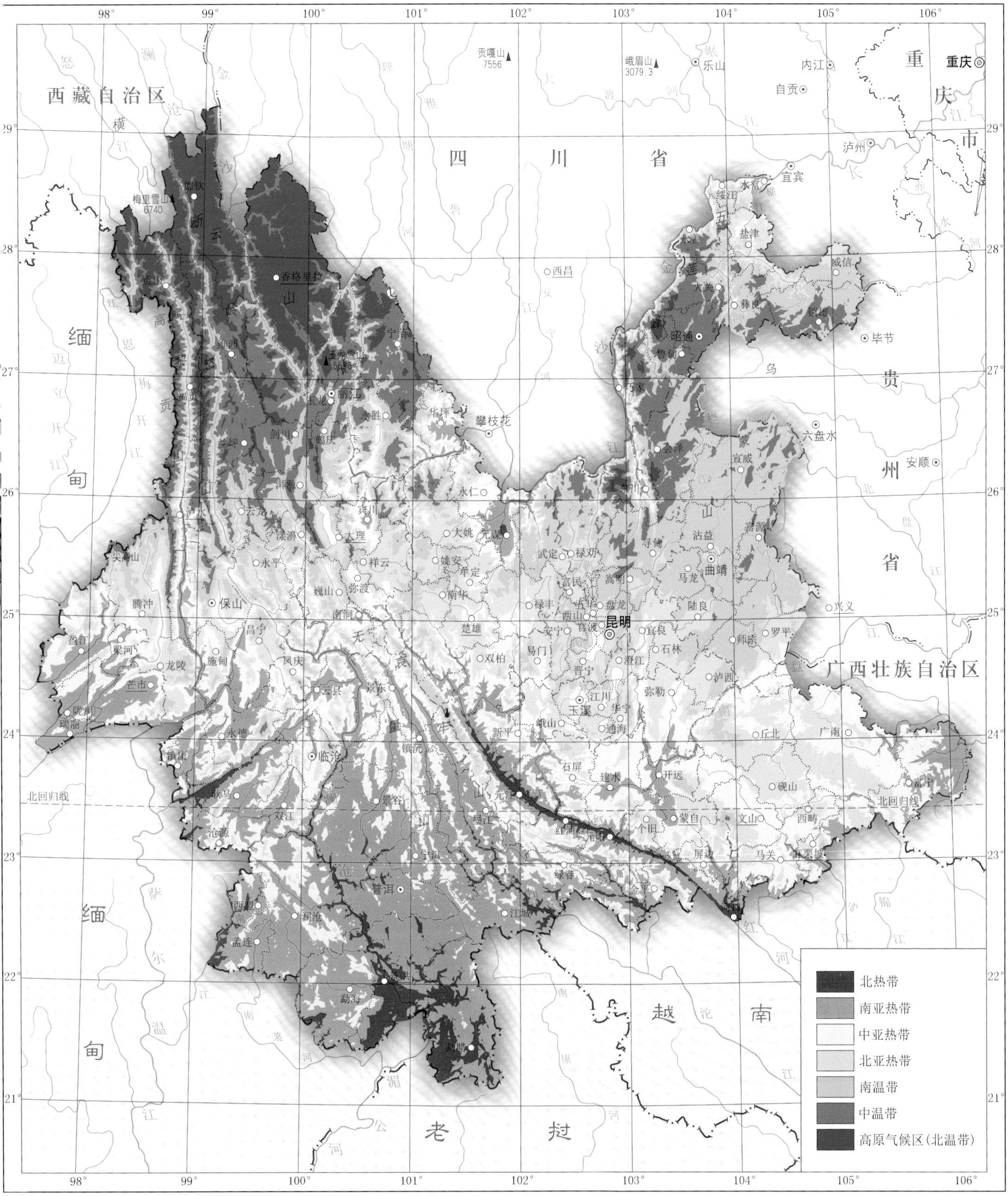

北热带
南亚热带
中亚热带
北亚热带
南温带
中温带
高原气候区(北温带)

比例尺 1:5 000 000 0 50 100 km

云南省国家地面气象观测站分布图

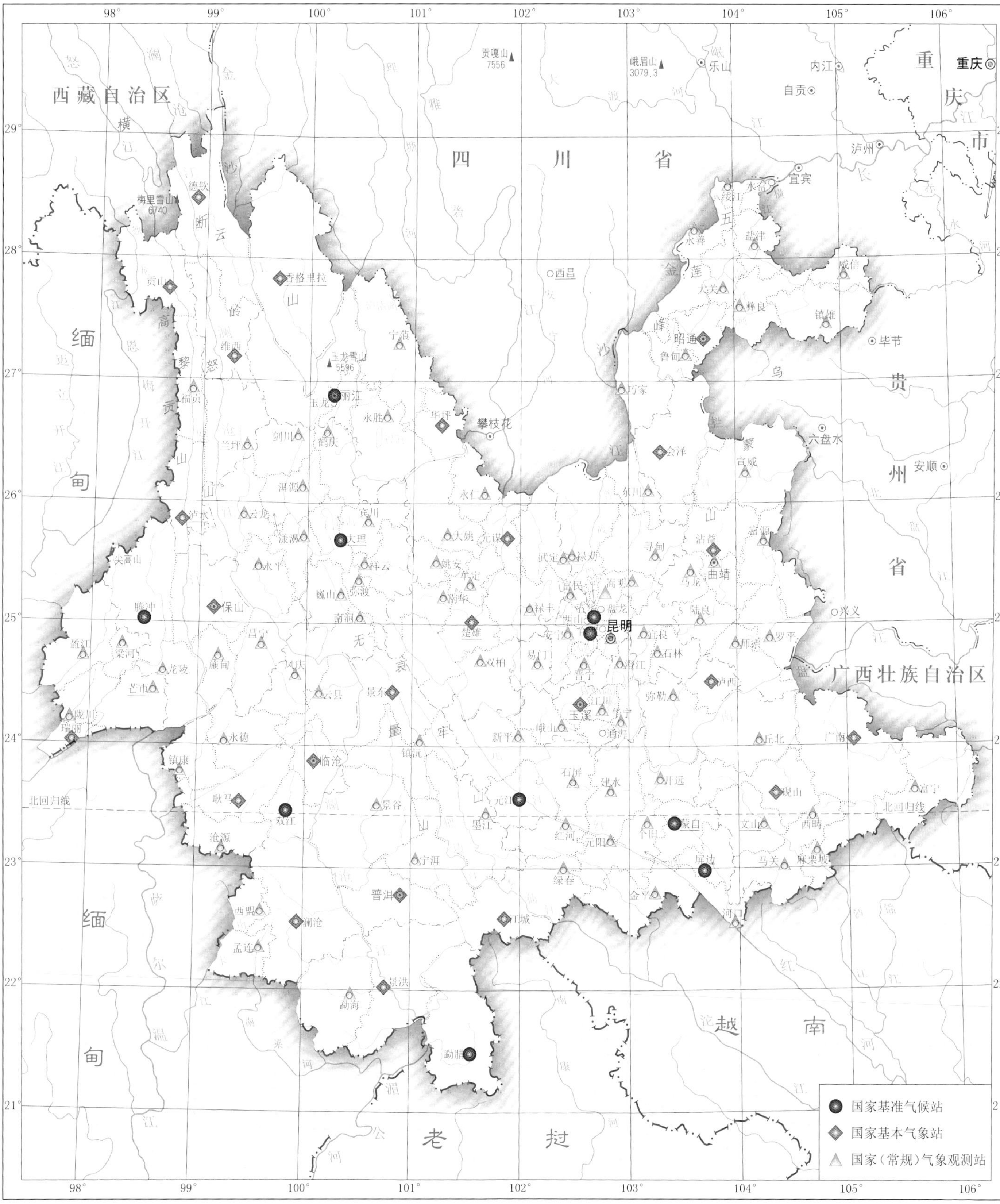

- 国家基准气候站
- 国家基本气象站
- 国家（常规）气象观测站

比例尺　1 : 5 000 000　0　50　100 km

云南省年降水量分布图

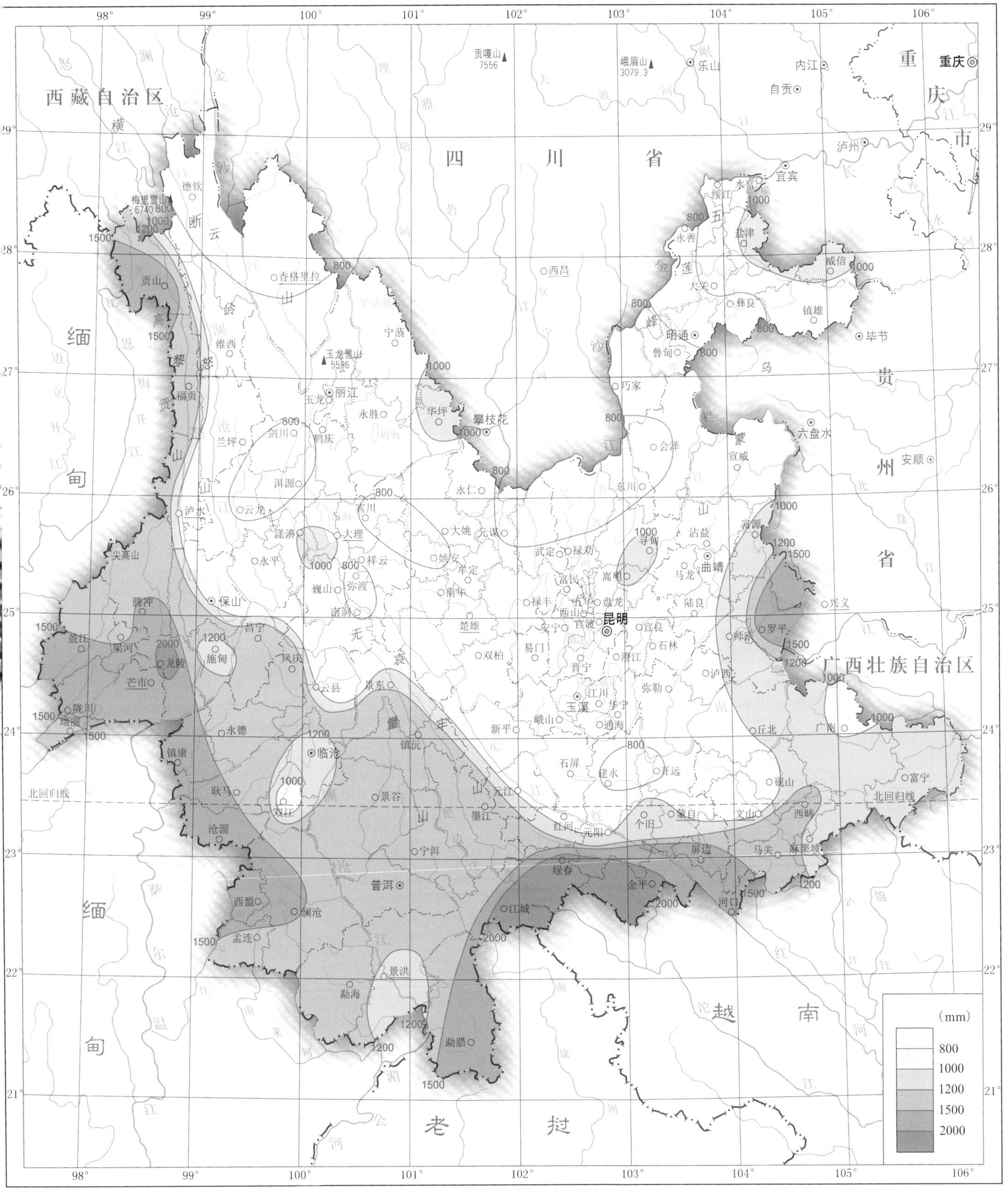

(mm)

800
1000
1200
1500
2000

比例尺 1:5 000 000

0 50 100 km

云南省年潜在蒸散量分布图

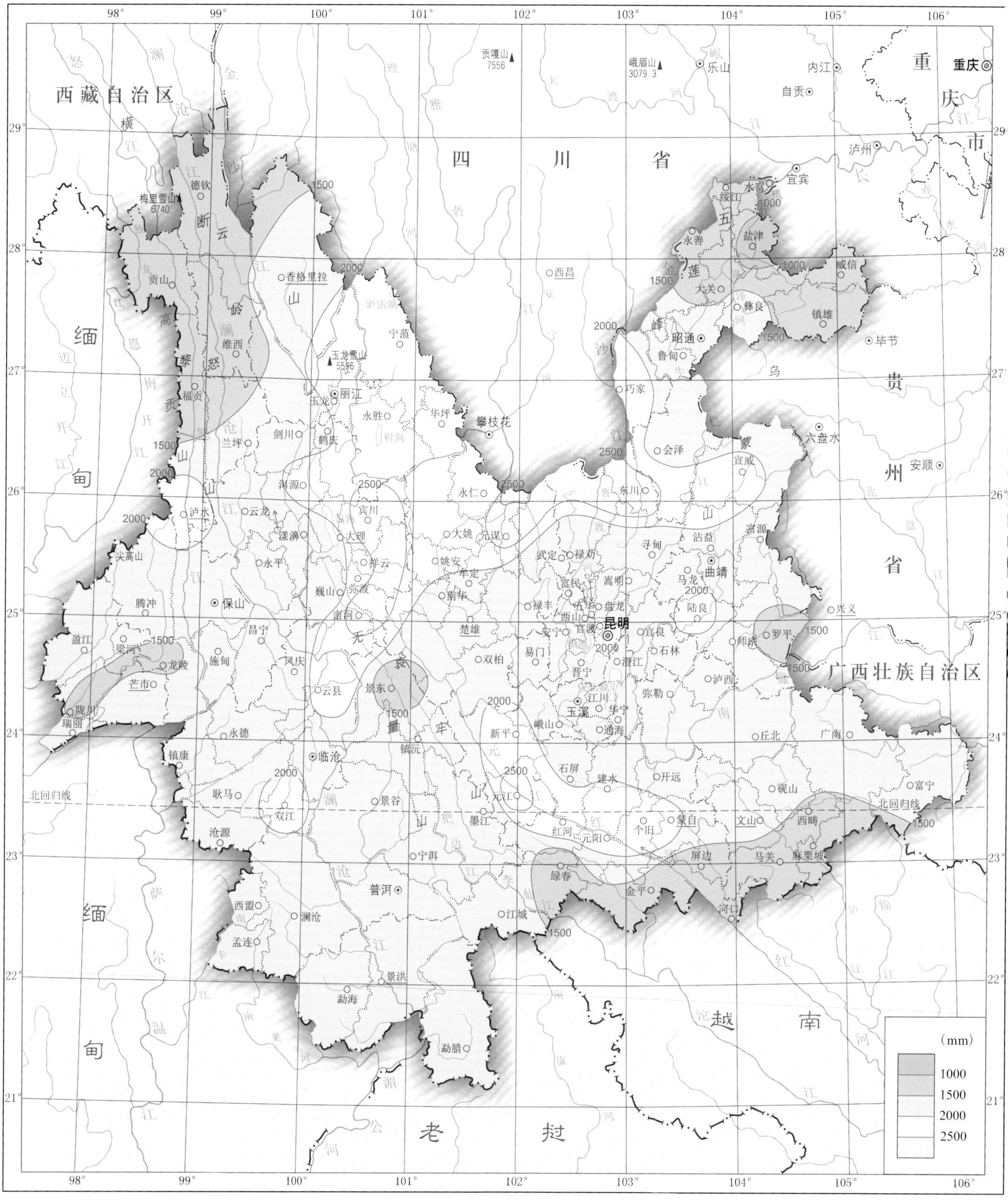

(mm)

1000
1500
2000
2500

比例尺 1 : 5 000 000 0 50 100 km

云南省年干燥度分布图

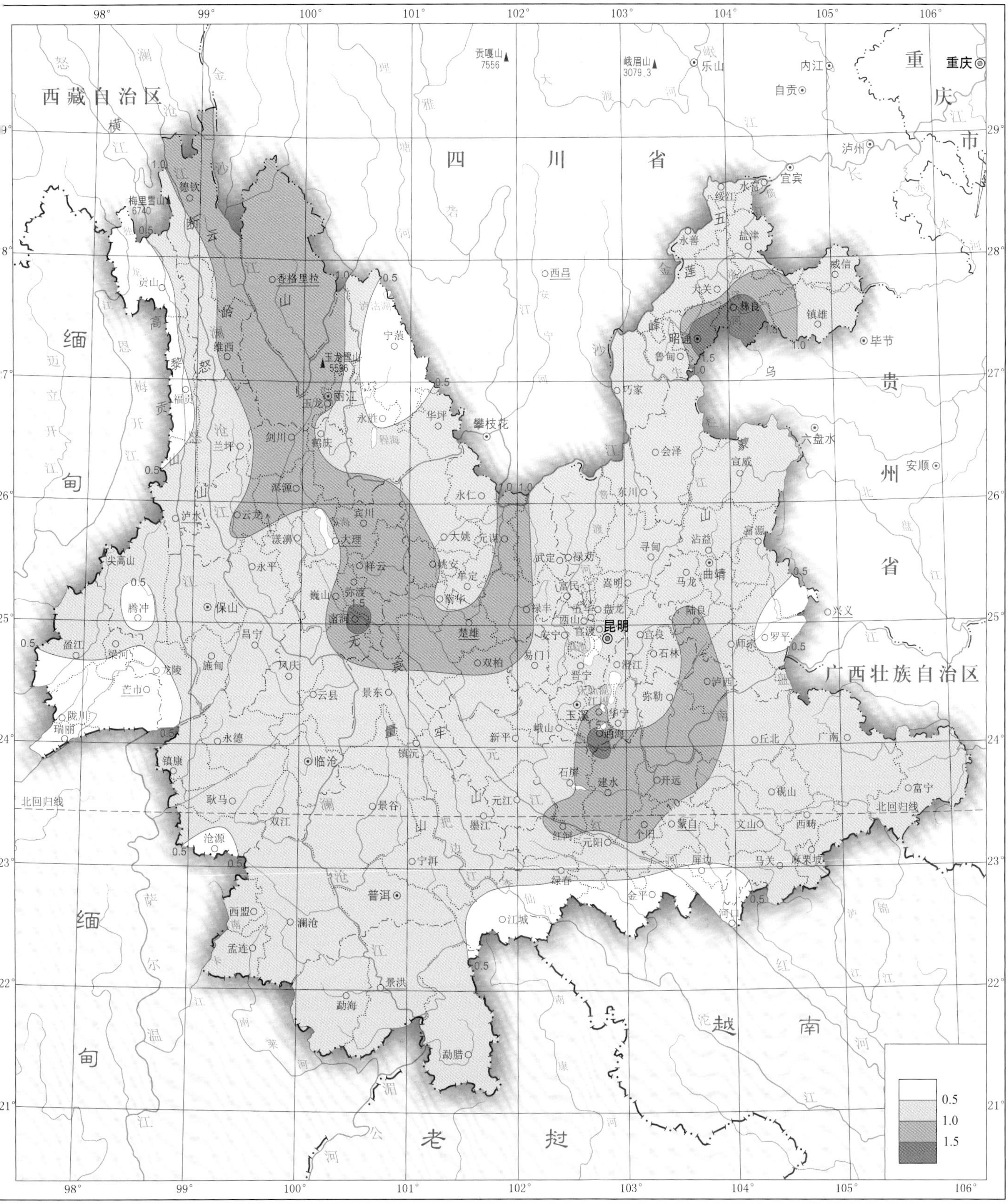

0.5
1.0
1.5

比例尺 1 : 5 000 000

0 50 100 km

云南省年可利用降水分布图

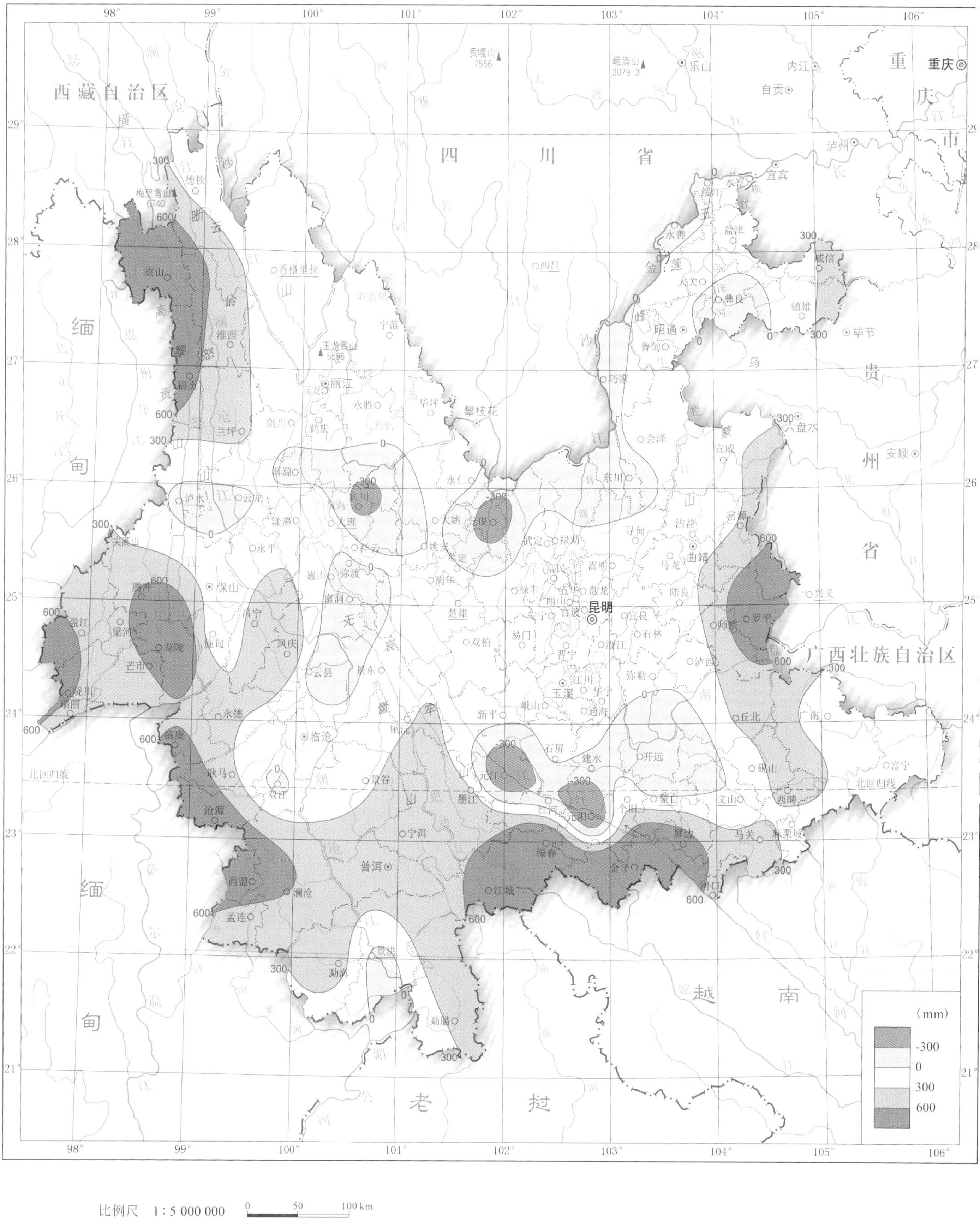

(mm)
-300
0
300
600

比例尺 1:5 000 000 0 50 100 km

气象干旱日数气候平均值

（1981—2010年）

全年干旱日数气候平均值

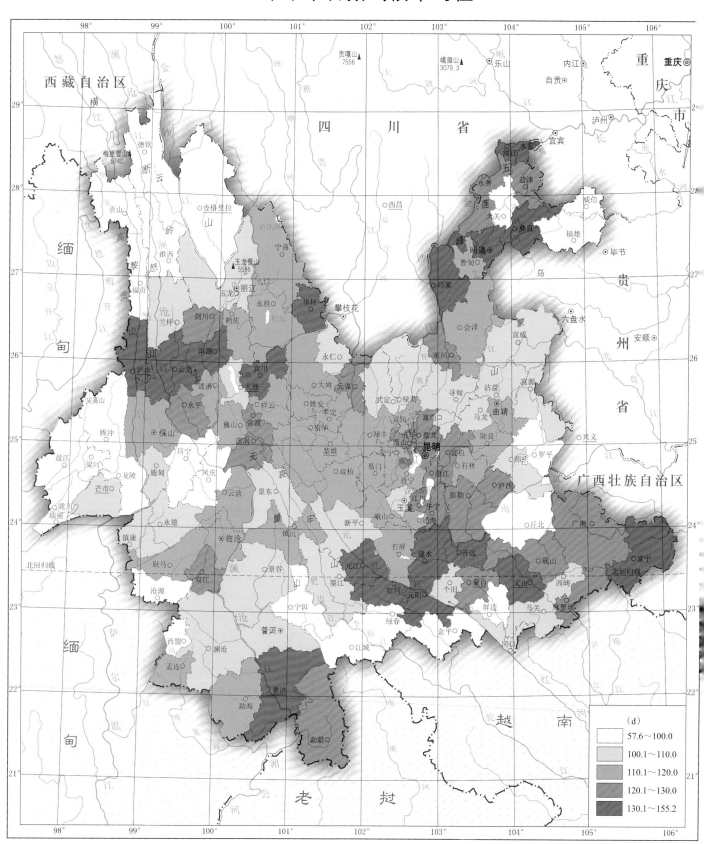

(d)

57.6～100.0

100.1～110.0

110.1～120.0

120.1～130.0

130.1～155.2

比例尺 1:5 000 000 0 50 100 km

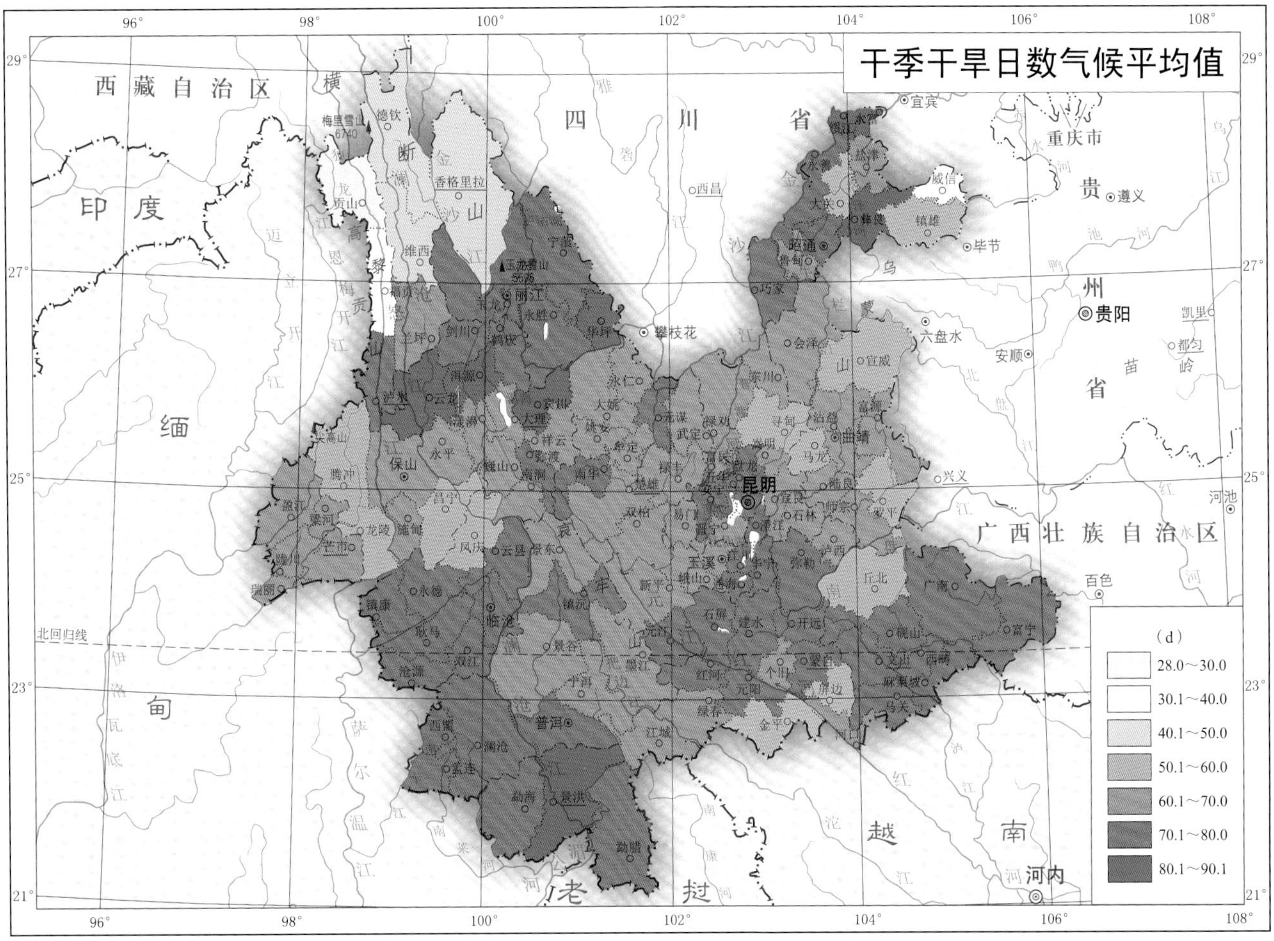

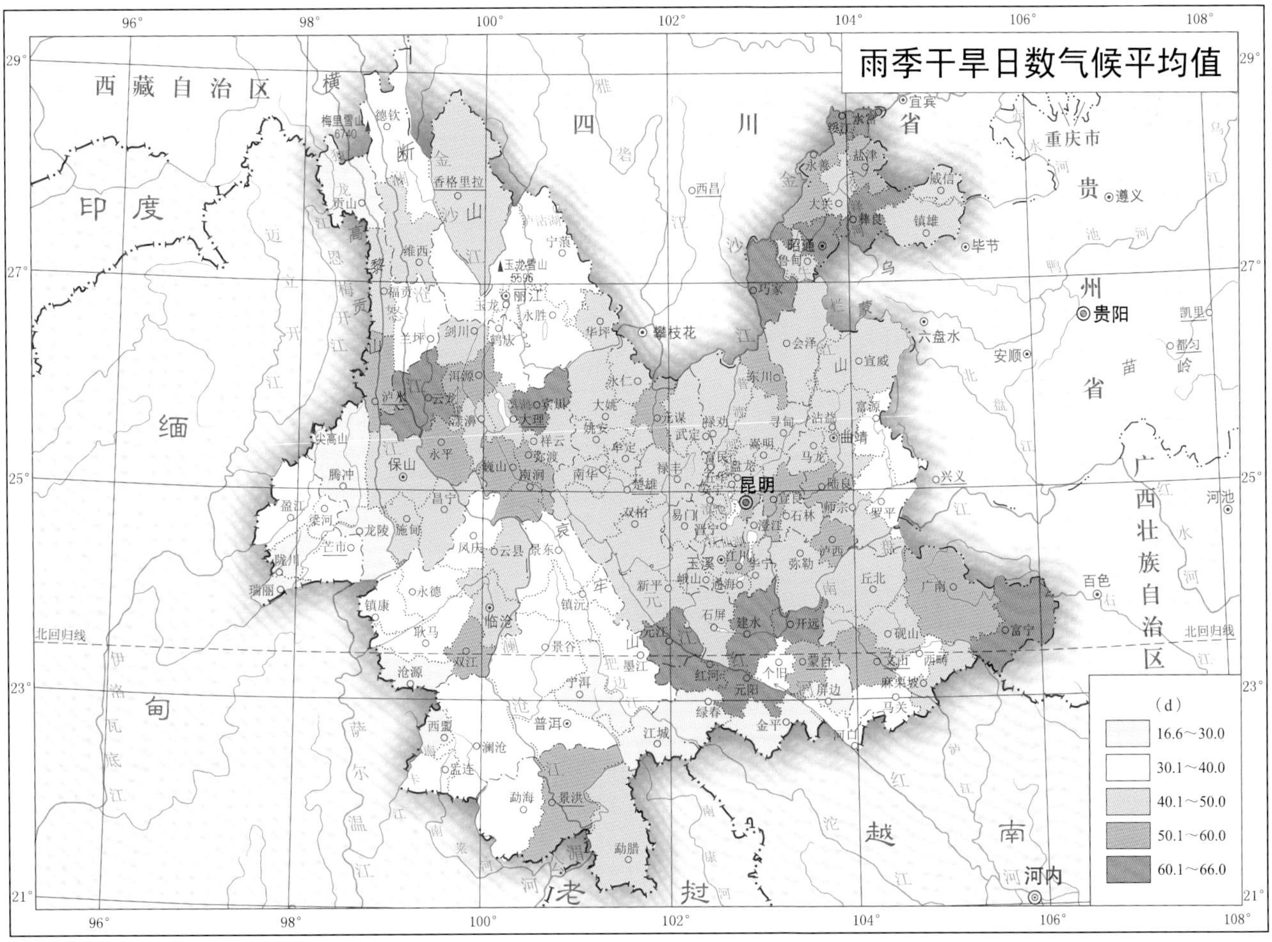

干季干旱日数气候平均值

(d)
28.0～30.0
30.1～40.0
40.1～50.0
50.1～60.0
60.1～70.0
70.1～80.0
80.1～90.1

雨季干旱日数气候平均值

(d)
16.6～30.0
30.1～40.0
40.1～50.0
50.1～60.0
60.1～66.0

比例尺 1∶8 000 000 0 80 160 km

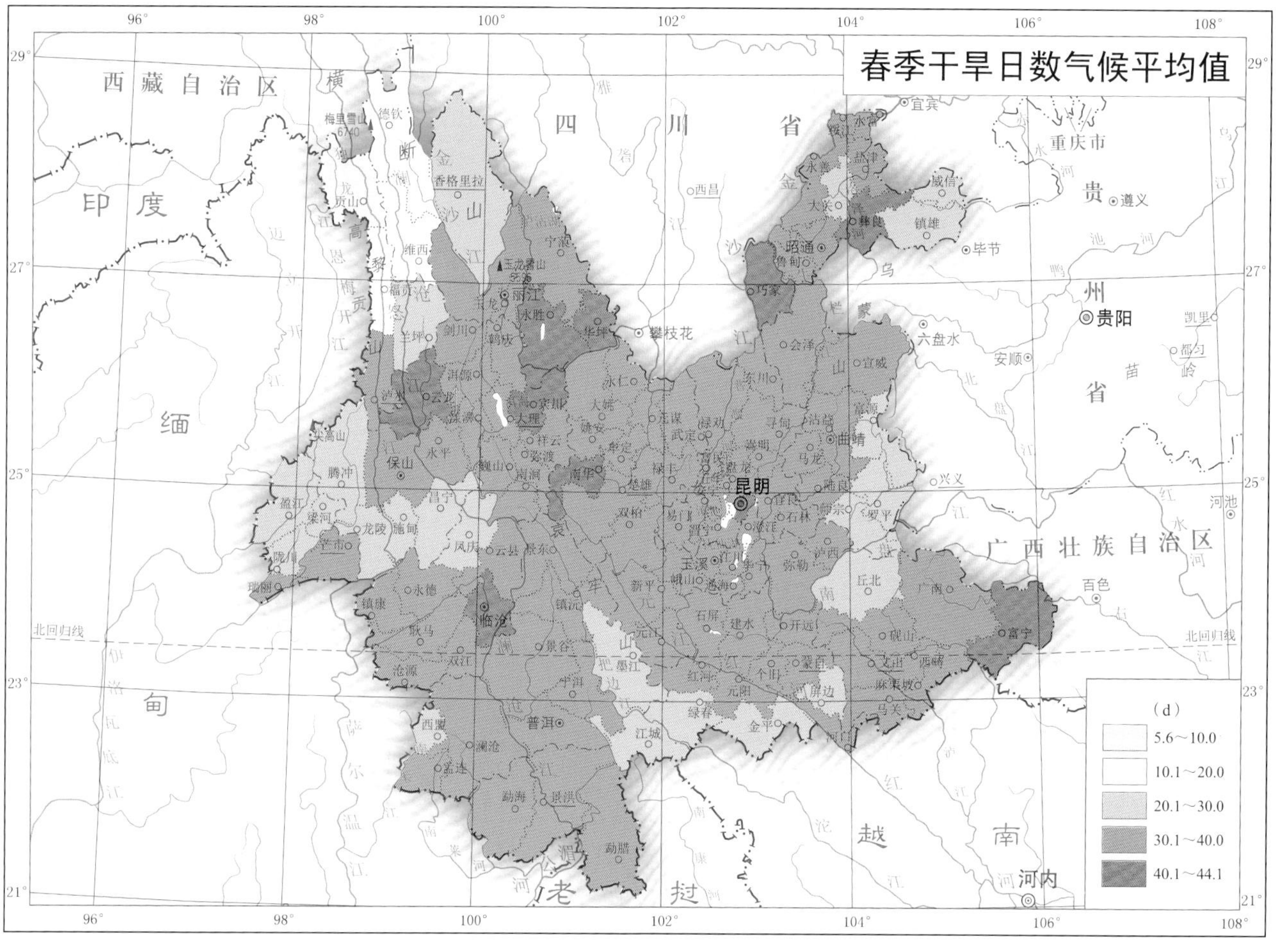
春季干旱日数气候平均值
(d)
5.6～10.0
10.1～20.0
20.1～30.0
30.1～40.0
40.1～44.1
西藏自治区
四川省
重庆市
贵州省
广西壮族自治区
印度
缅甸
老挝
越南
昆明
贵阳
河内
北回归线

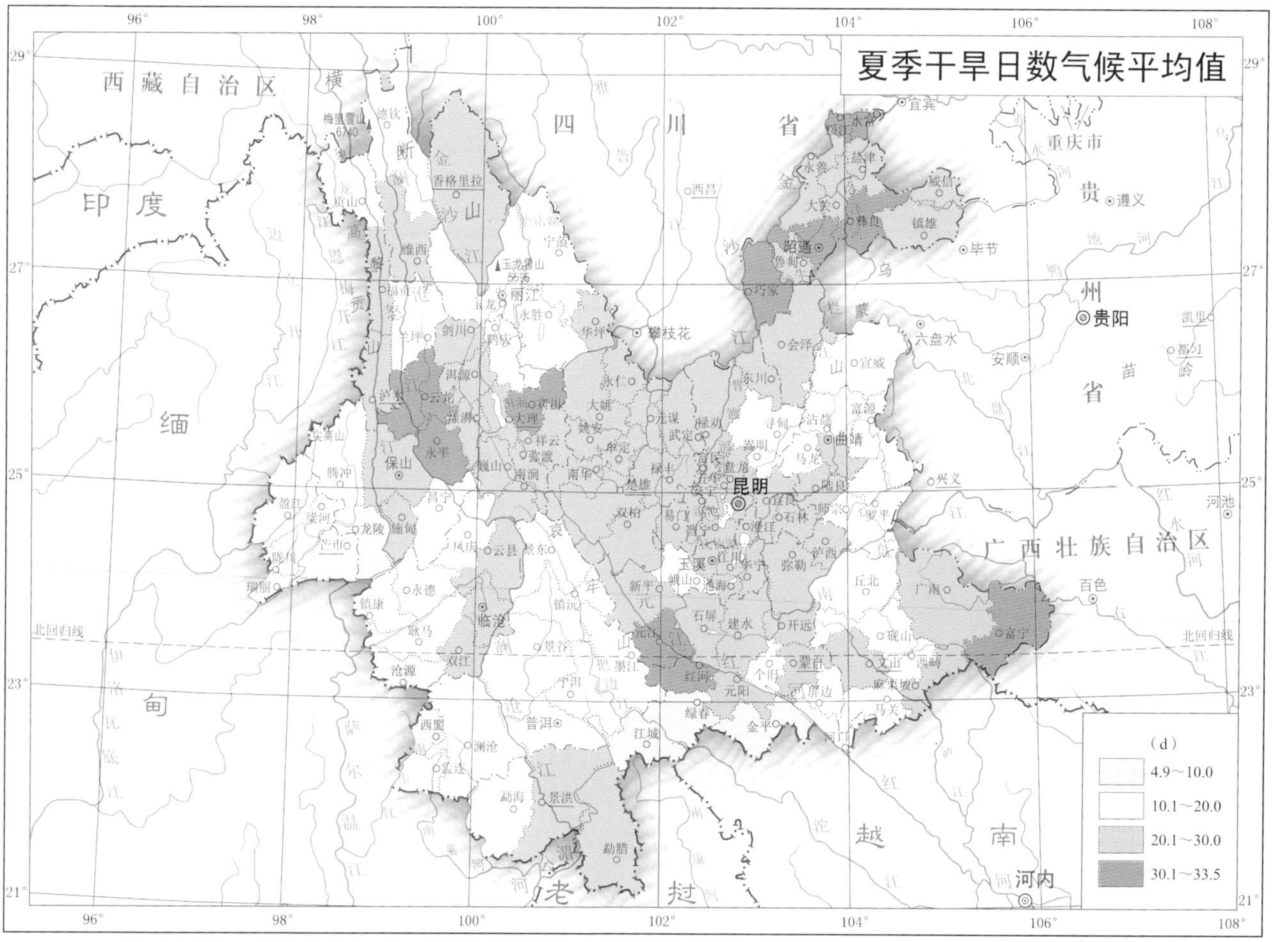
夏季干旱日数气候平均值
(d)
4.9～10.0
10.1～20.0
20.1～30.0
30.1～33.5
西藏自治区
四川省
重庆市
贵州省
广西壮族自治区
印度
缅甸
老挝
越南
昆明
贵阳
河内
北回归线

比例尺 1:8 000 000　0　80　160 km

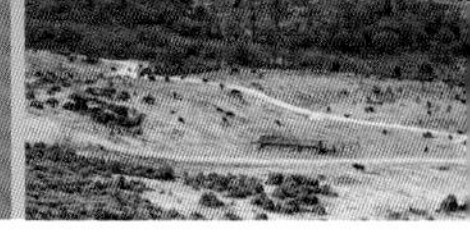

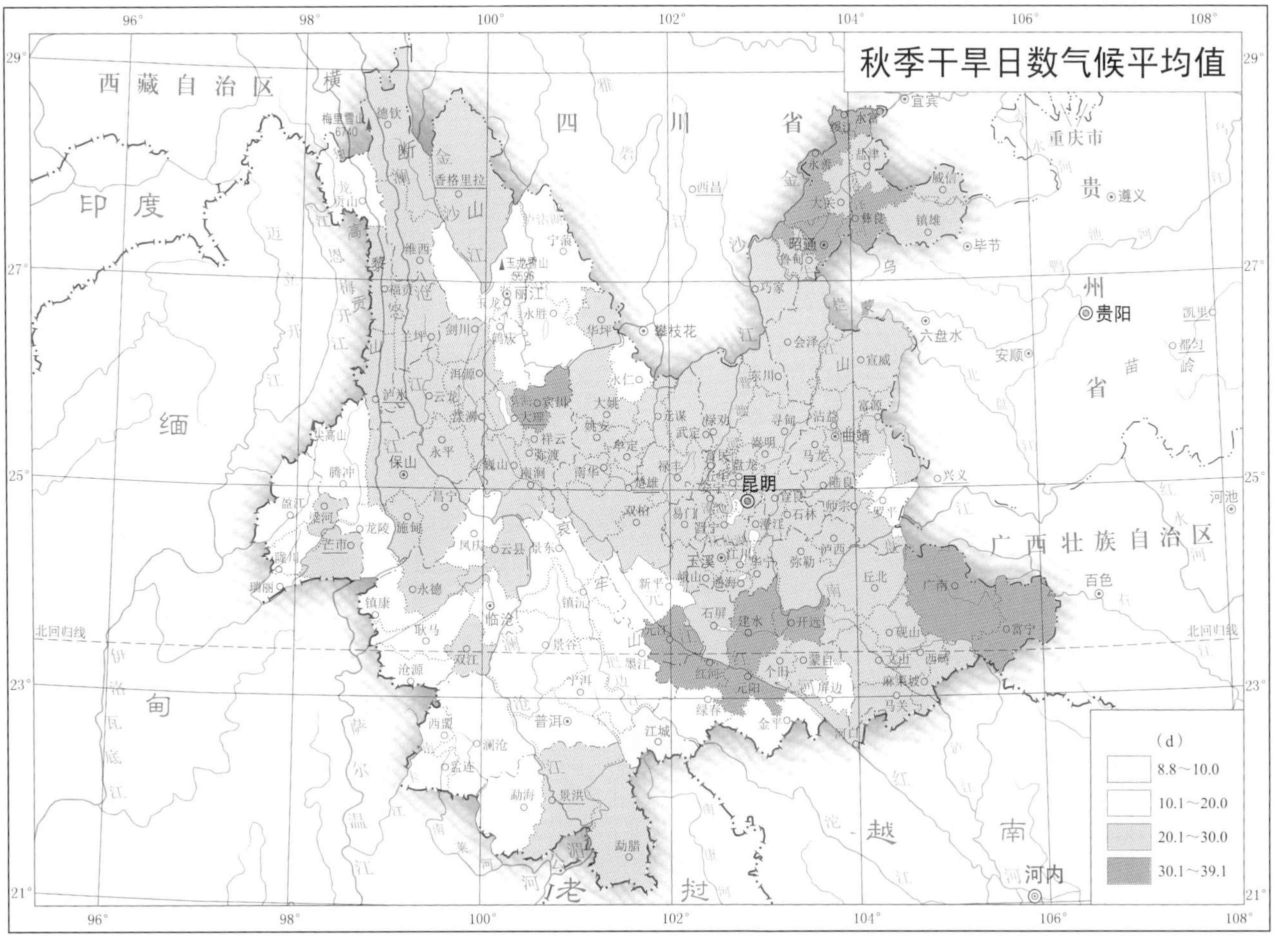

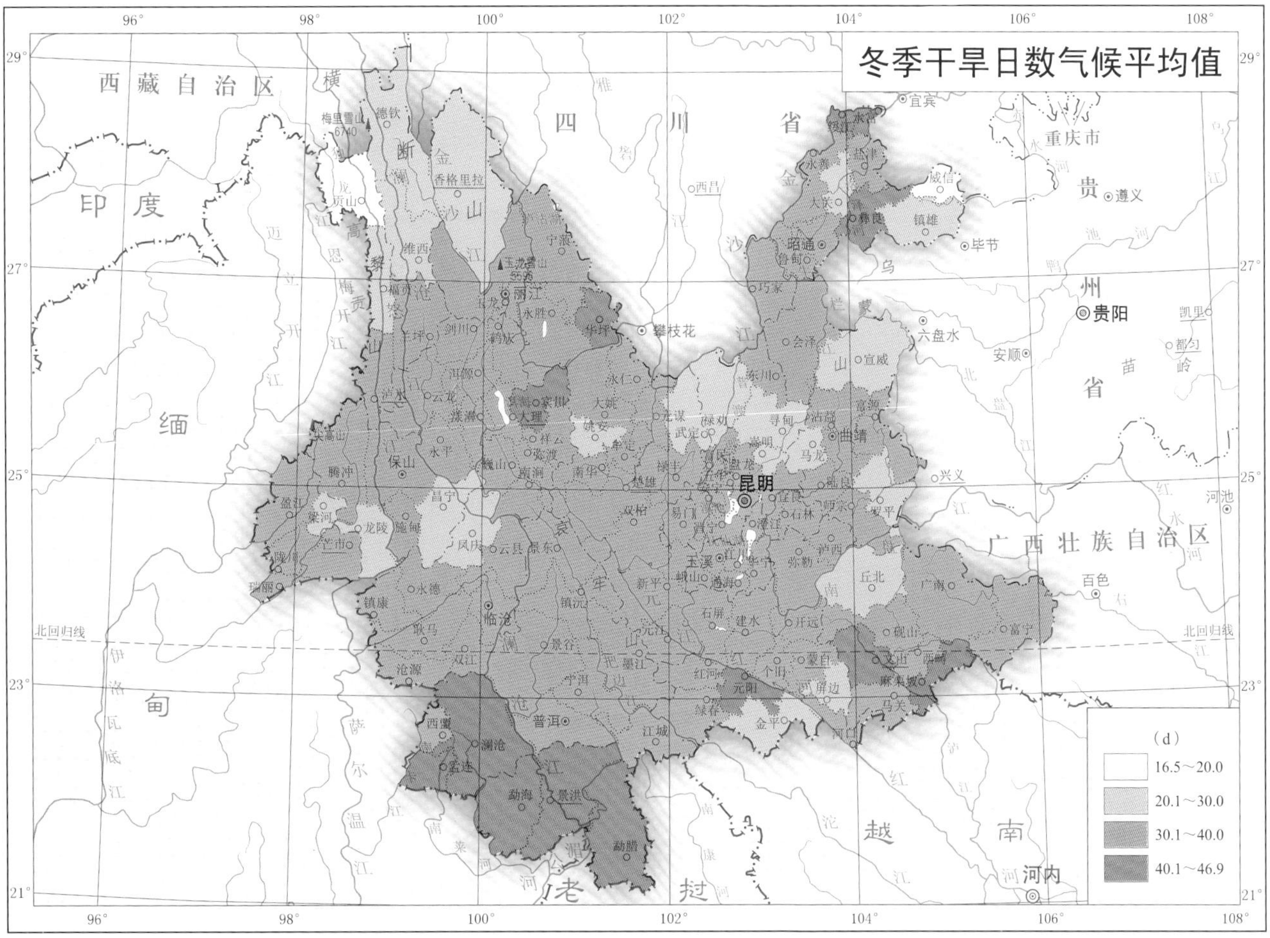

秋季干旱日数气候平均值
(d)
8.8～10.0
10.1～20.0
20.1～30.0
30.1～39.1
西藏自治区
四川省
重庆市
贵州省
广西壮族自治区
印度
缅甸
老挝
越南
昆明
贵阳
河内
北回归线

冬季干旱日数气候平均值
(d)
16.5～20.0
20.1～30.0
30.1～40.0
40.1～46.9
西藏自治区
四川省
重庆市
贵州省
广西壮族自治区
印度
缅甸
老挝
越南
昆明
贵阳
河内
北回归线

比例尺 1:8 000 000　0　80　160 km

全年轻旱日数气候平均值

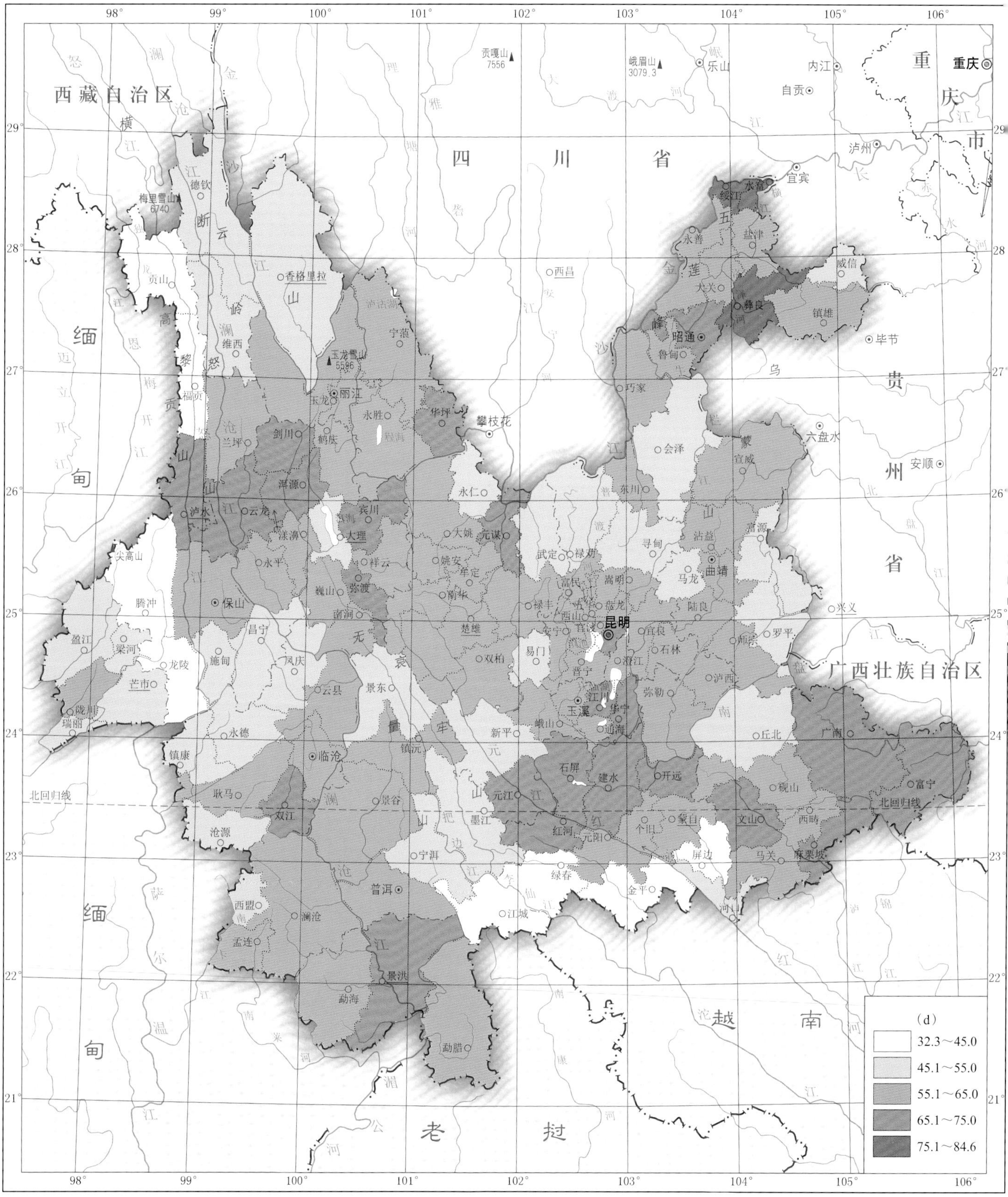

(d)
32.3～45.0
45.1～55.0
55.1～65.0
65.1～75.0
75.1～84.6

比例尺 1 : 5 000 000 0 50 100 km

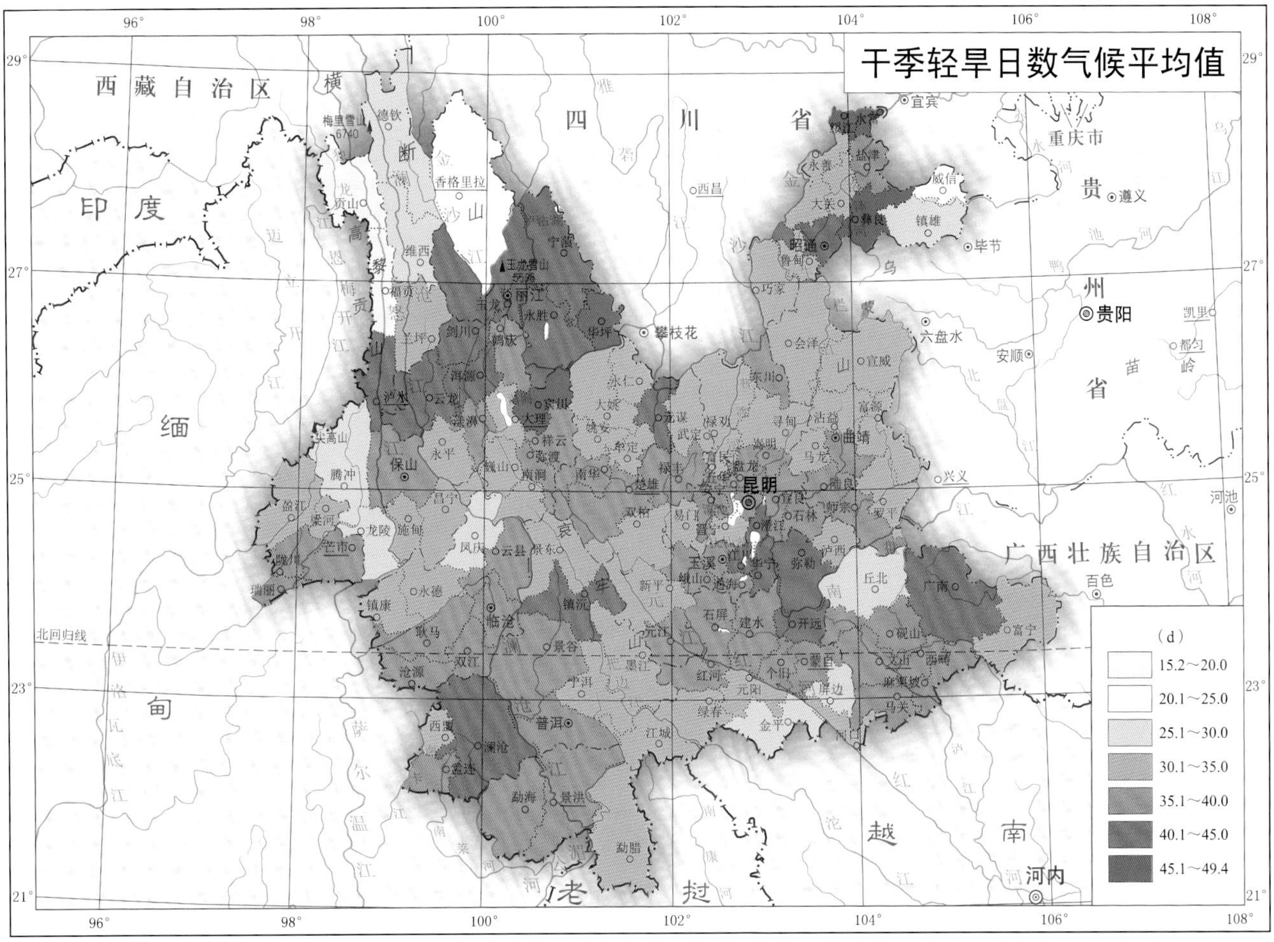

干季轻旱日数气候平均值

(d)
15.2～20.0
20.1～25.0
25.1～30.0
30.1～35.0
35.1～40.0
40.1～45.0
45.1～49.4

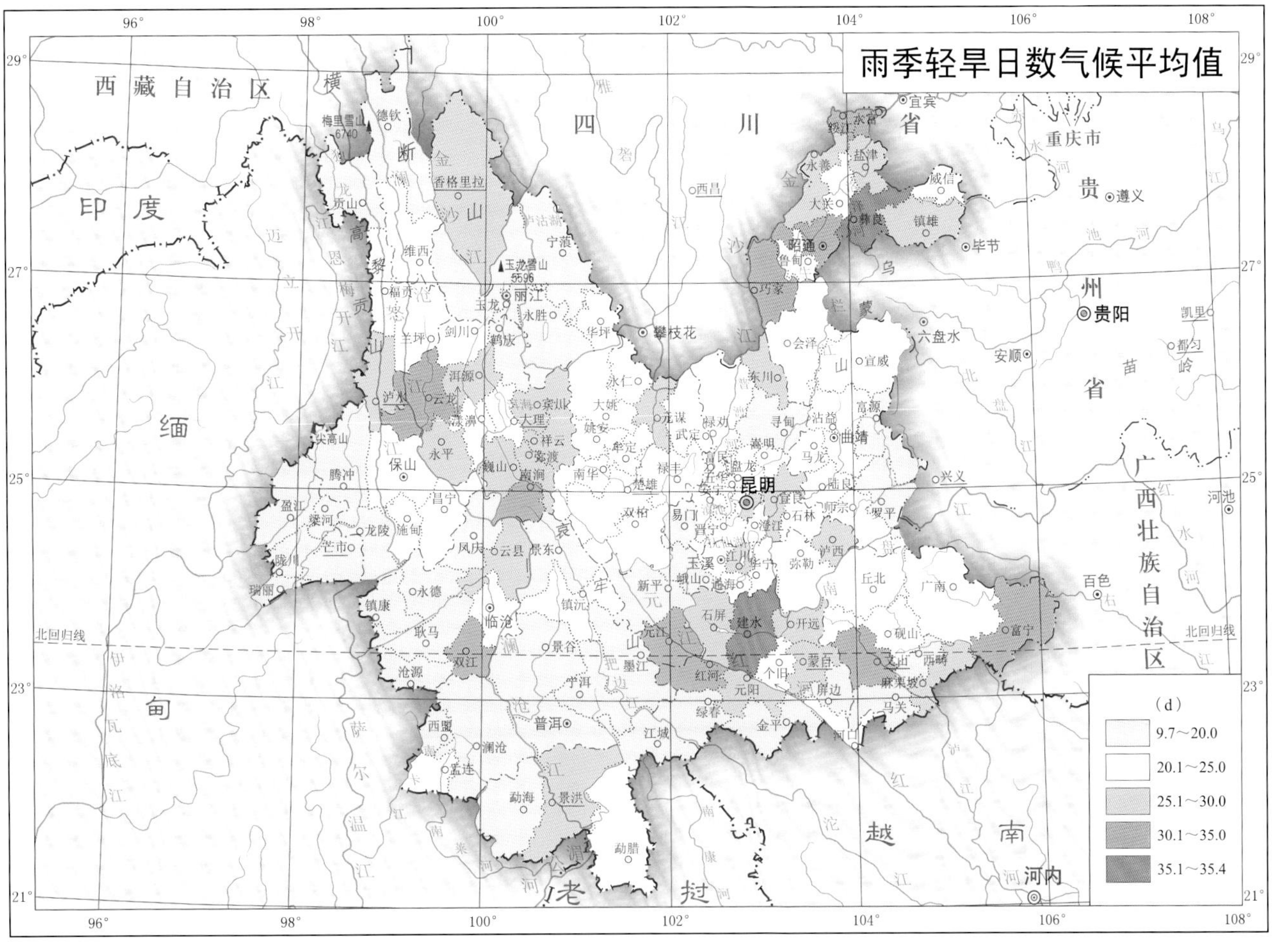

雨季轻旱日数气候平均值

(d)
9.7～20.0
20.1～25.0
25.1～30.0
30.1～35.0
35.1～35.4

比例尺 1：8 000 000 0 80 160 km

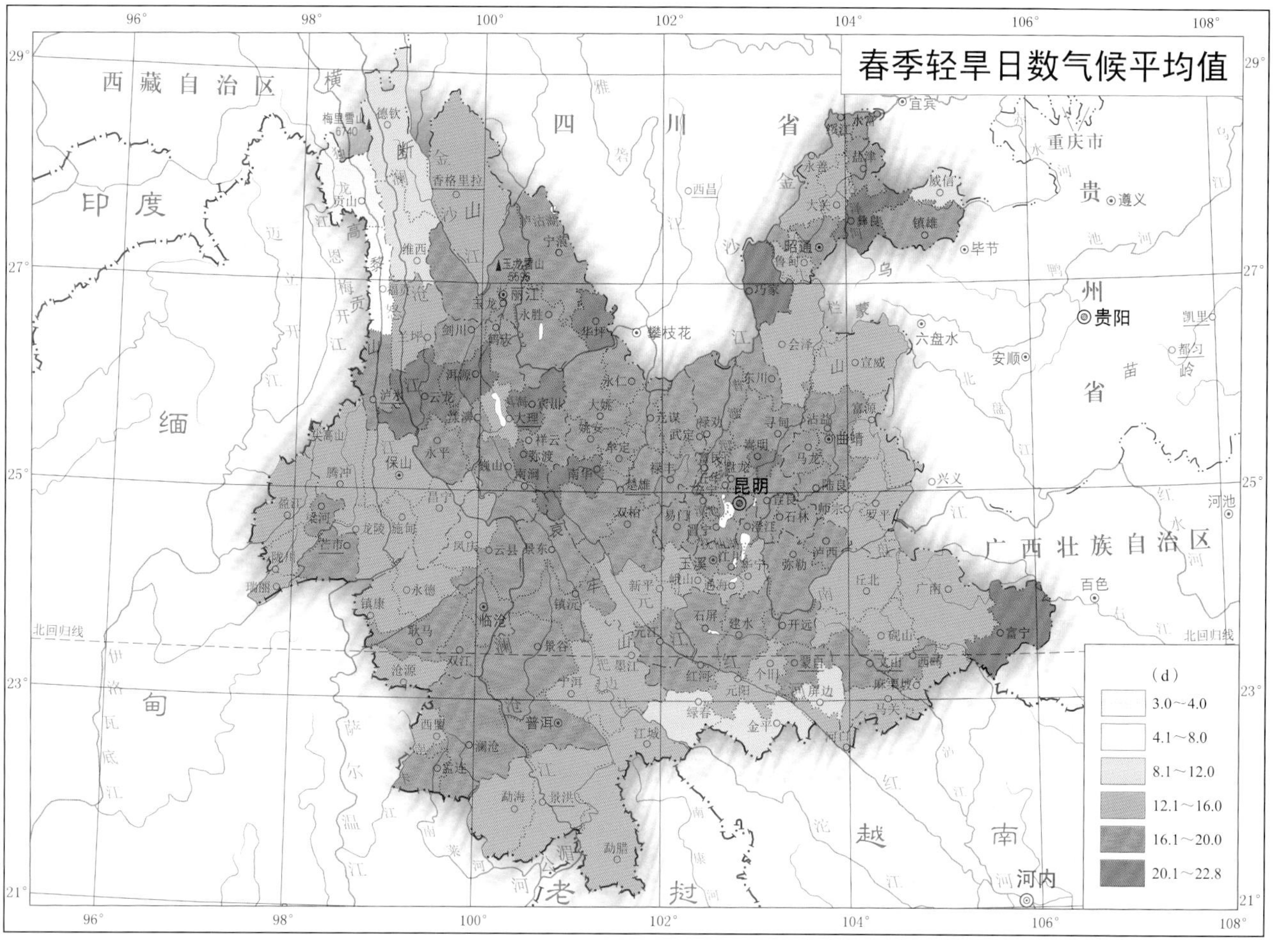

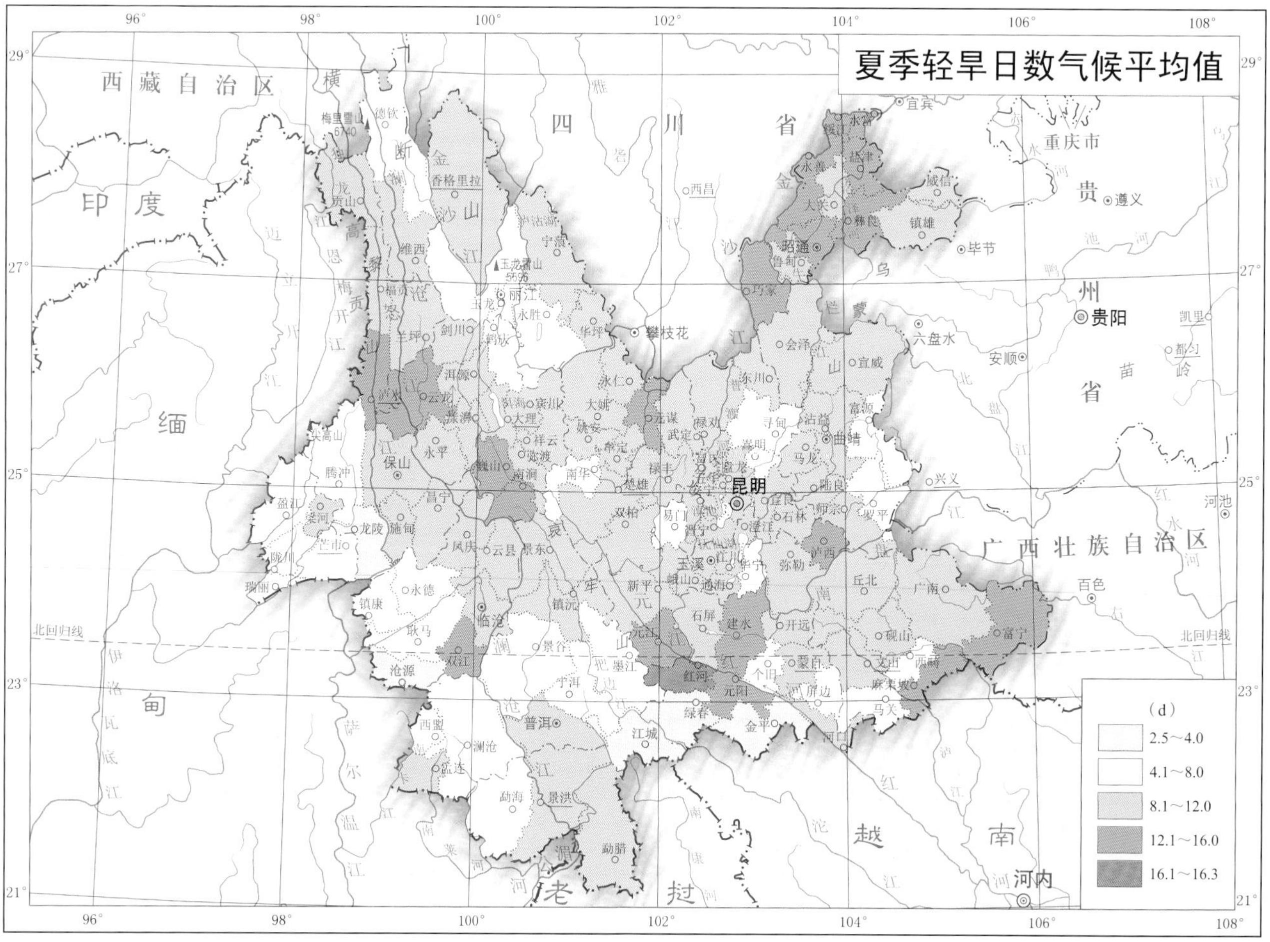

春季轻旱日数气候平均值

(d)
- 3.0～4.0
- 4.1～8.0
- 8.1～12.0
- 12.1～16.0
- 16.1～20.0
- 20.1～22.8

夏季轻旱日数气候平均值

(d)
- 2.5～4.0
- 4.1～8.0
- 8.1～12.0
- 12.1～16.0
- 16.1～16.3

比例尺 1 : 8 000 000 0 80 160 km

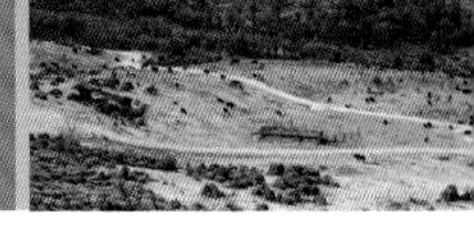

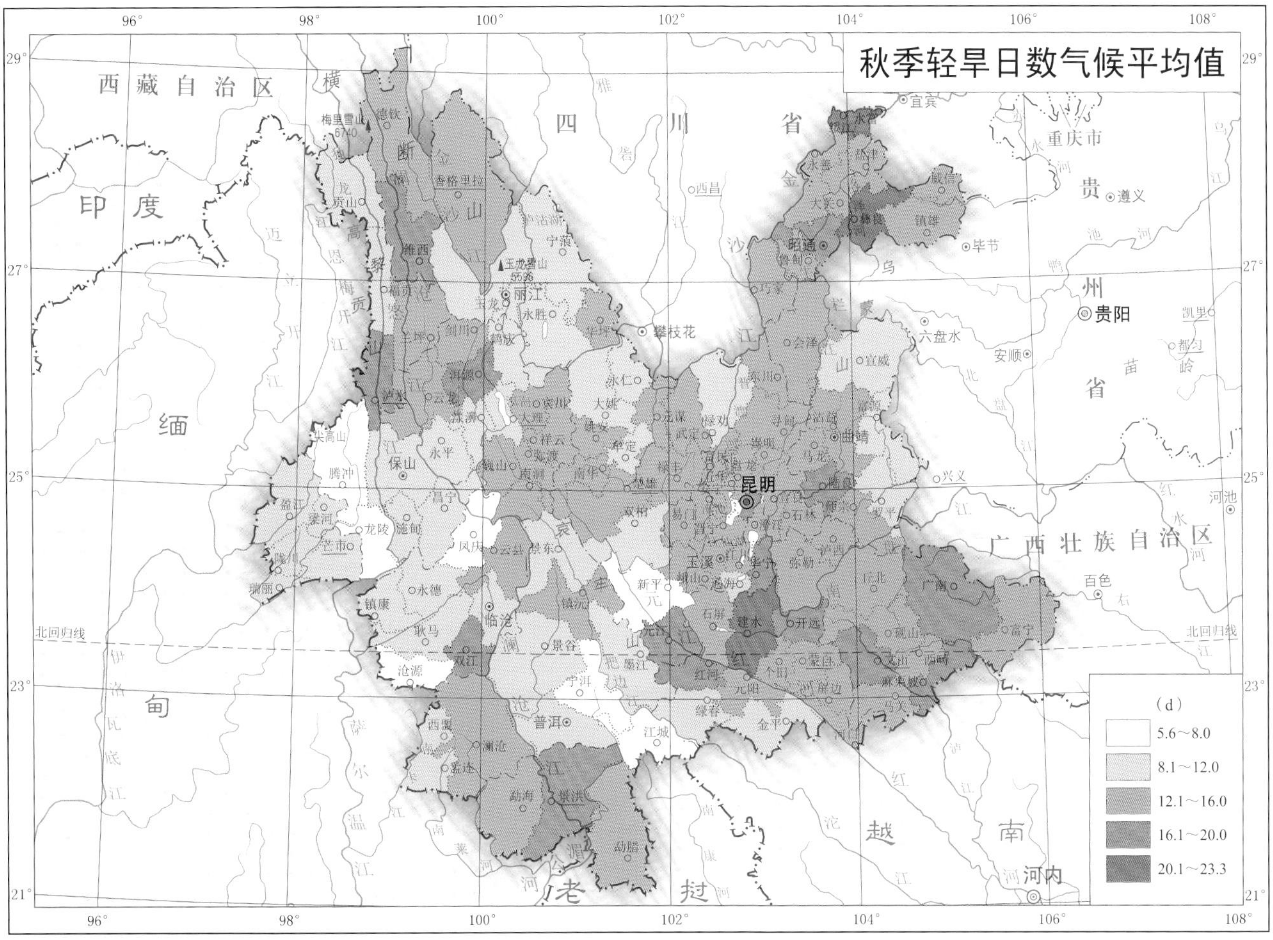

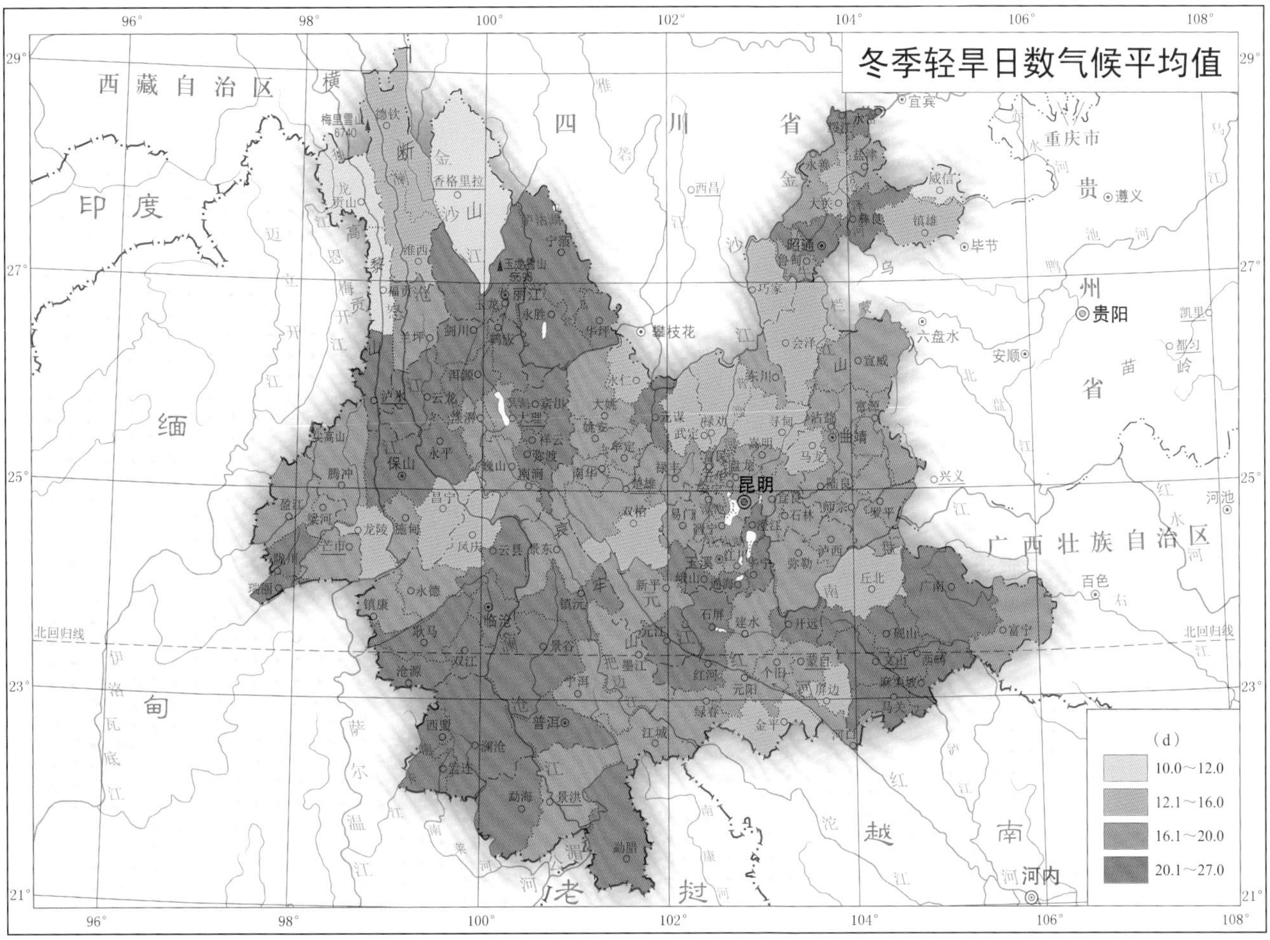

秋季轻旱日数气候平均值
(d)
5.6～8.0
8.1～12.0
12.1～16.0
16.1～20.0
20.1～23.3
西藏自治区
四川省
重庆市
贵州省
广西壮族自治区
印度
缅甸
老挝
越南
昆明
北回归线

冬季轻旱日数气候平均值
(d)
10.0～12.0
12.1～16.0
16.1～20.0
20.1～27.0
西藏自治区
四川省
重庆市
贵州省
广西壮族自治区
印度
缅甸
老挝
越南
昆明
北回归线

比例尺 1∶8 000 000　0 80 160 km

全年中旱日数气候平均值

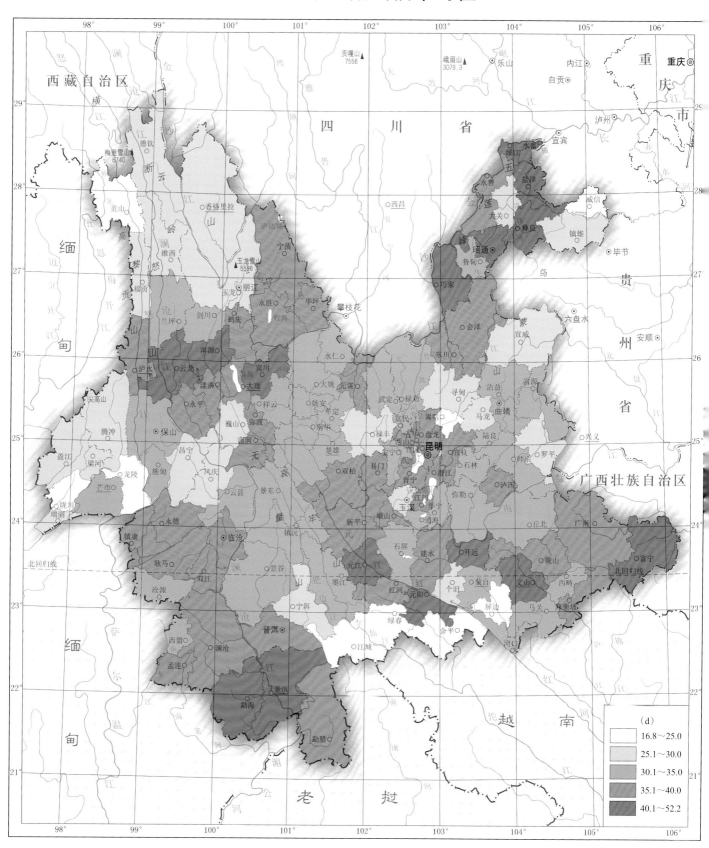

(d)

16.8～25.0

25.1～30.0

30.1～35.0

35.1～40.0

40.1～52.2

比例尺 1 : 5 000 000

0 50 100 km

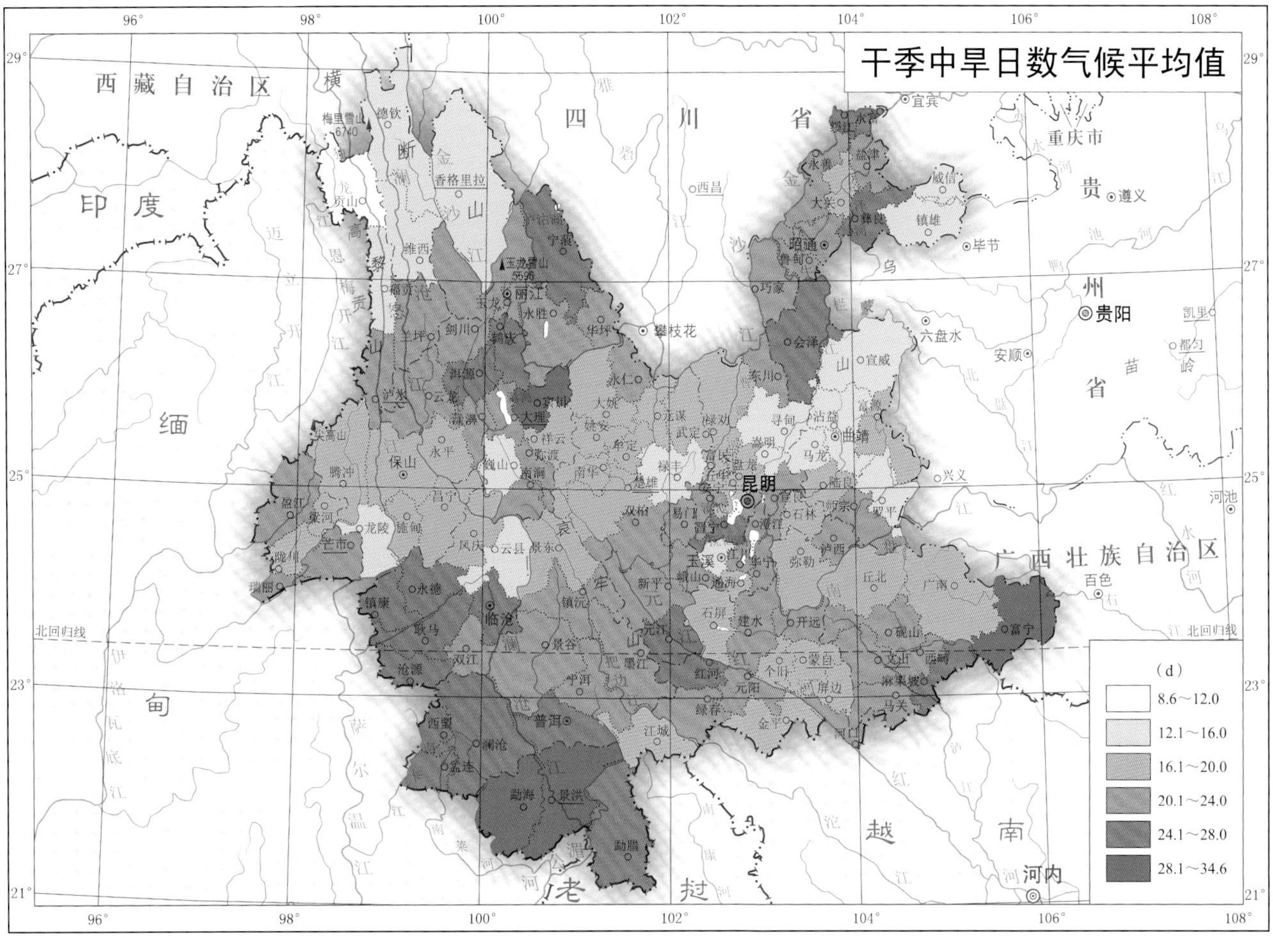

干季中旱日数气候平均值

(d)
8.6～12.0
12.1～16.0
16.1～20.0
20.1～24.0
24.1～28.0
28.1～34.6

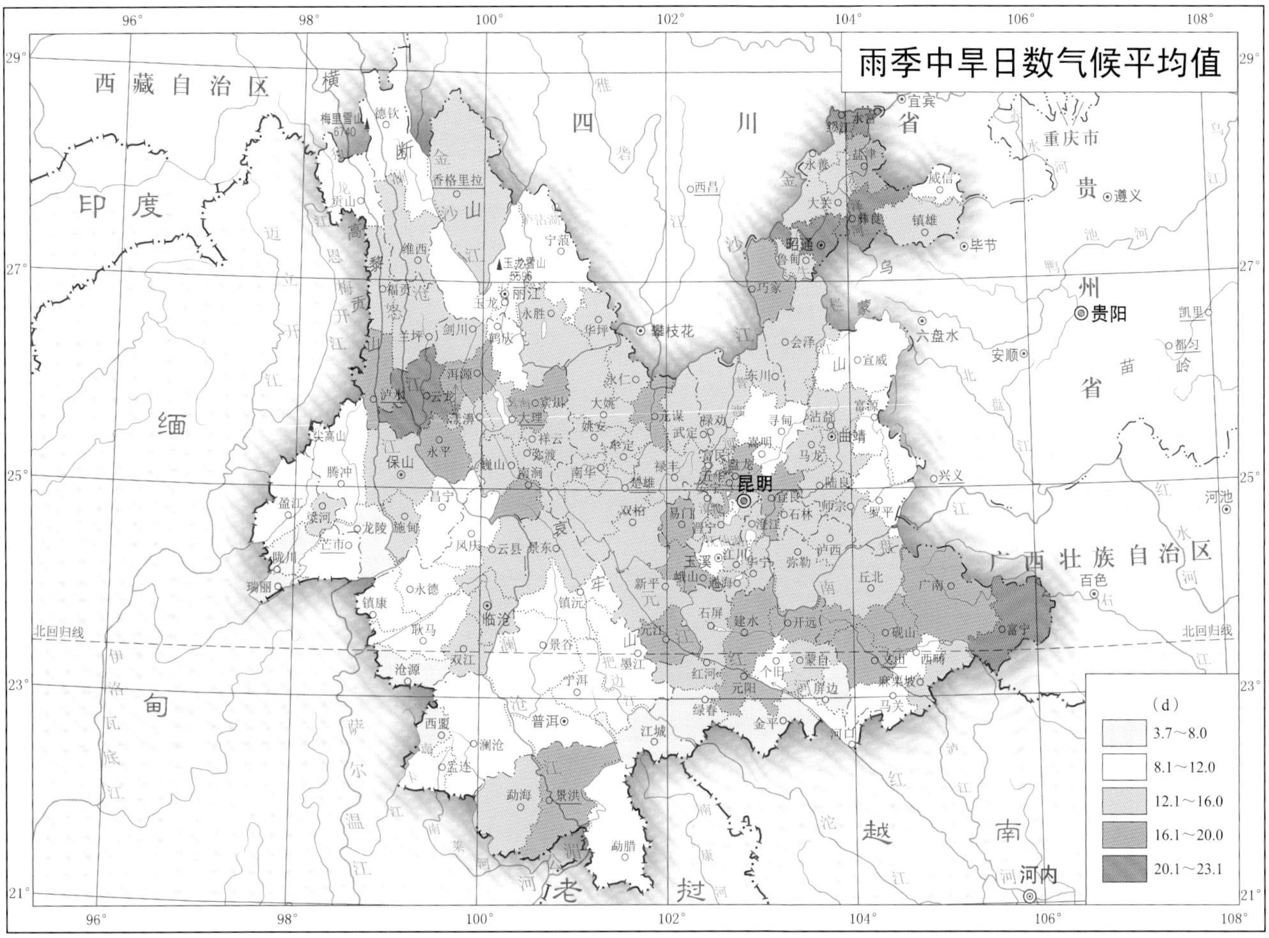

雨季中旱日数气候平均值

(d)
3.7～8.0
8.1～12.0
12.1～16.0
16.1～20.0
20.1～23.1

比例尺　1∶8 000 000　0　80　160 km

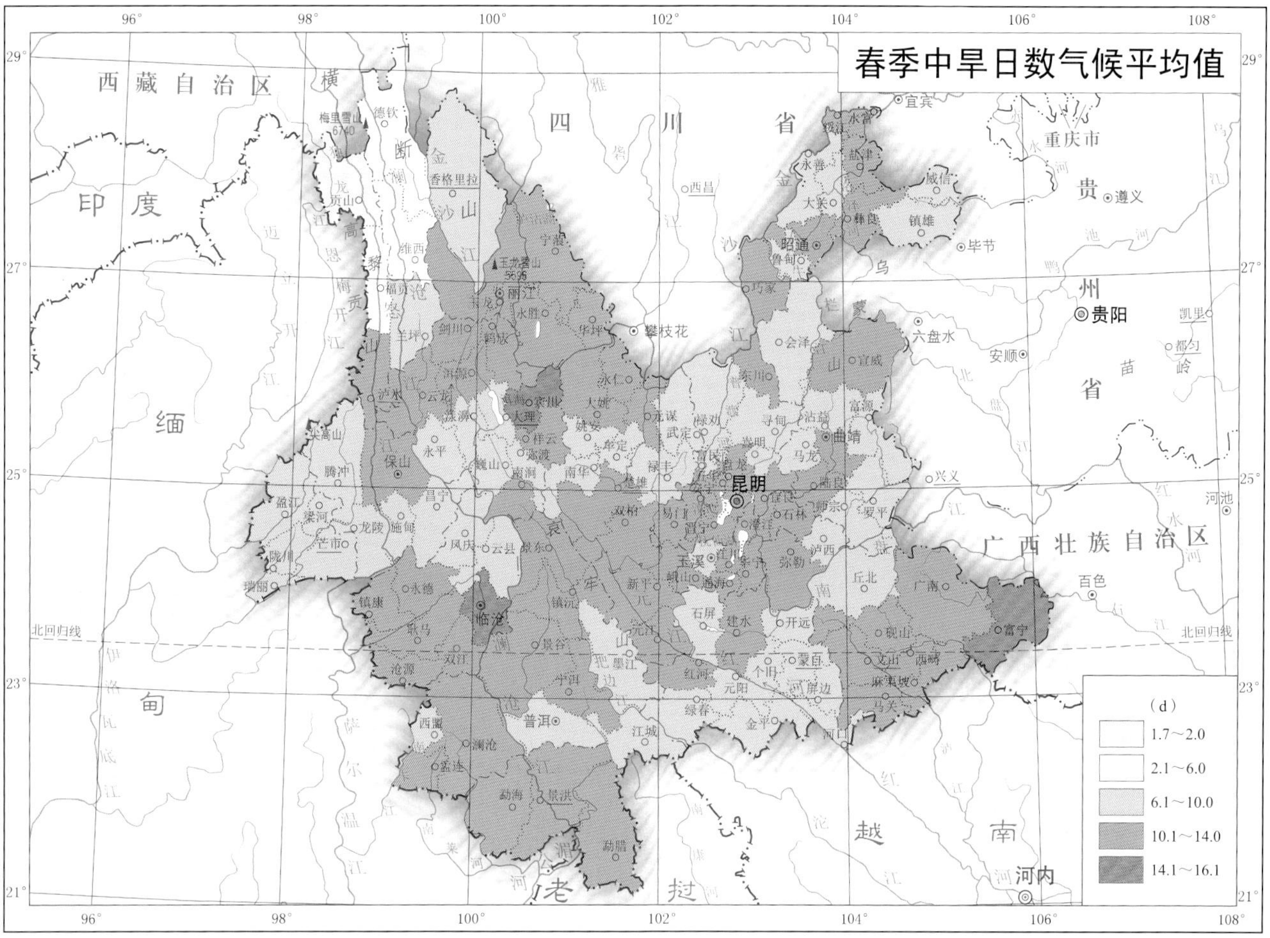

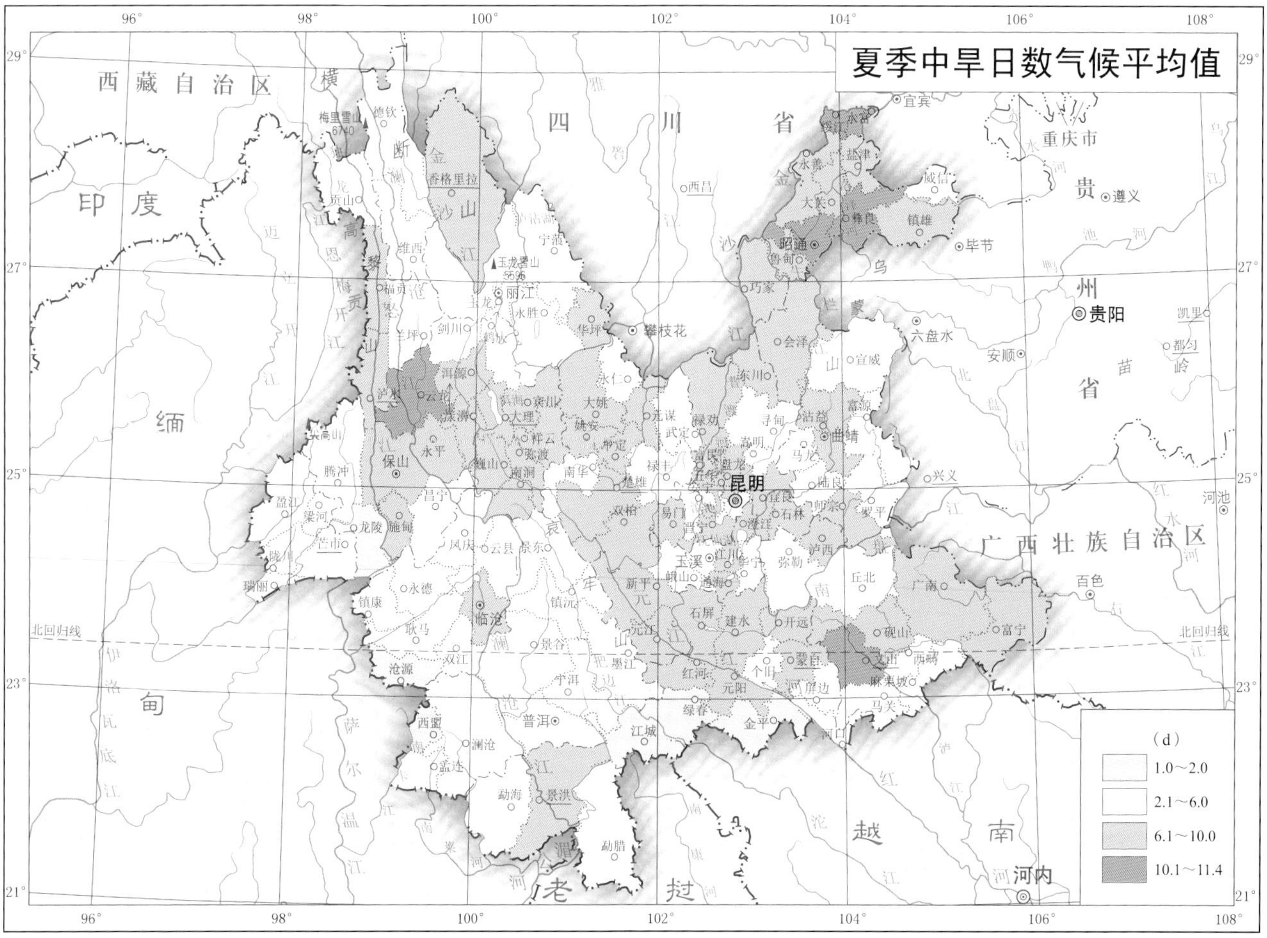

春季中旱日数气候平均值

(d)
- 1.7～2.0
- 2.1～6.0
- 6.1～10.0
- 10.1～14.0
- 14.1～16.1

夏季中旱日数气候平均值

(d)
- 1.0～2.0
- 2.1～6.0
- 6.1～10.0
- 10.1～11.4

比例尺 1 : 8 000 000 0 80 160 km

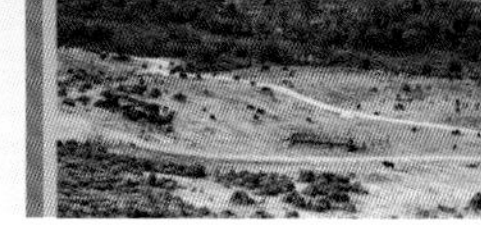

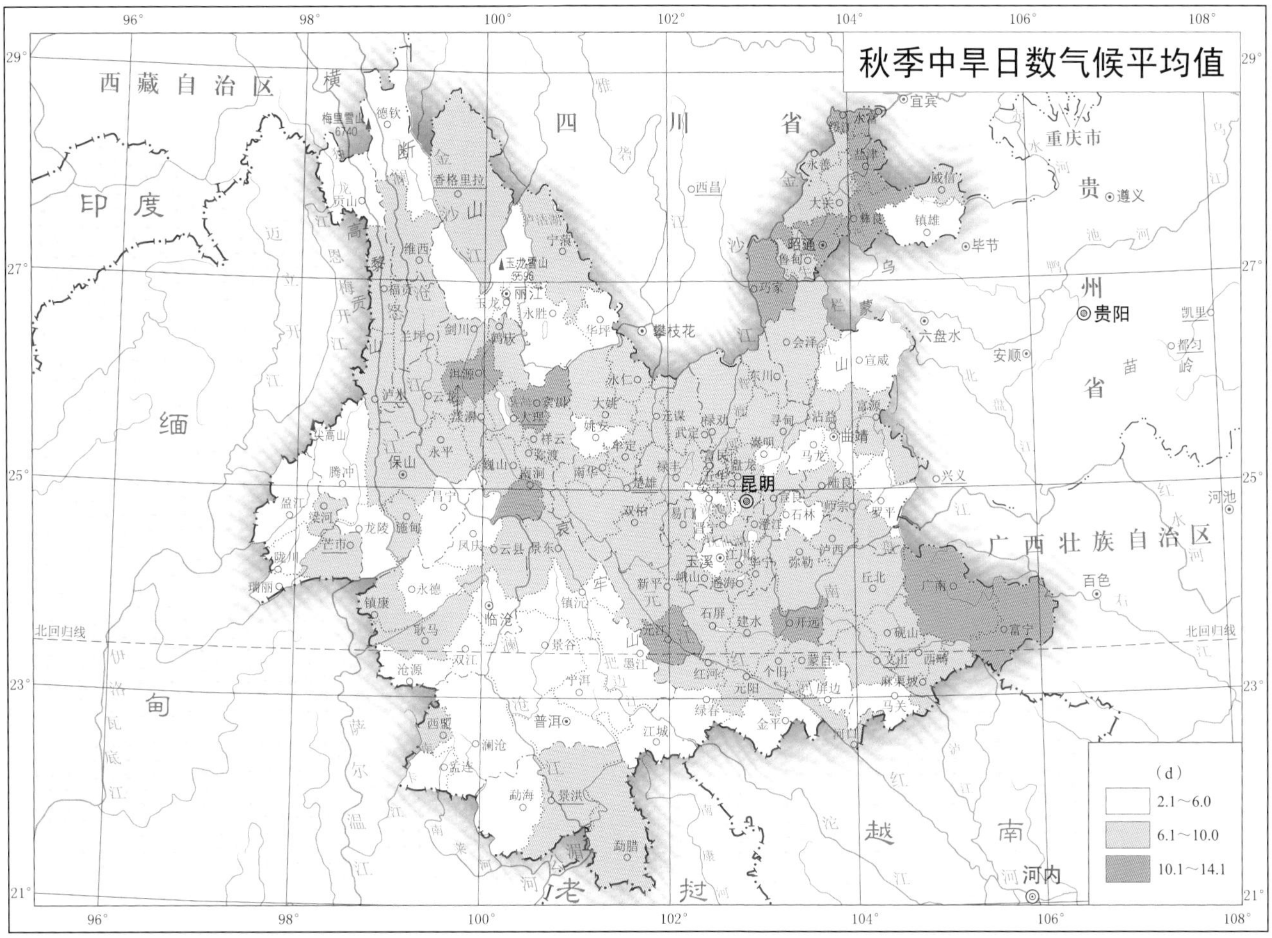

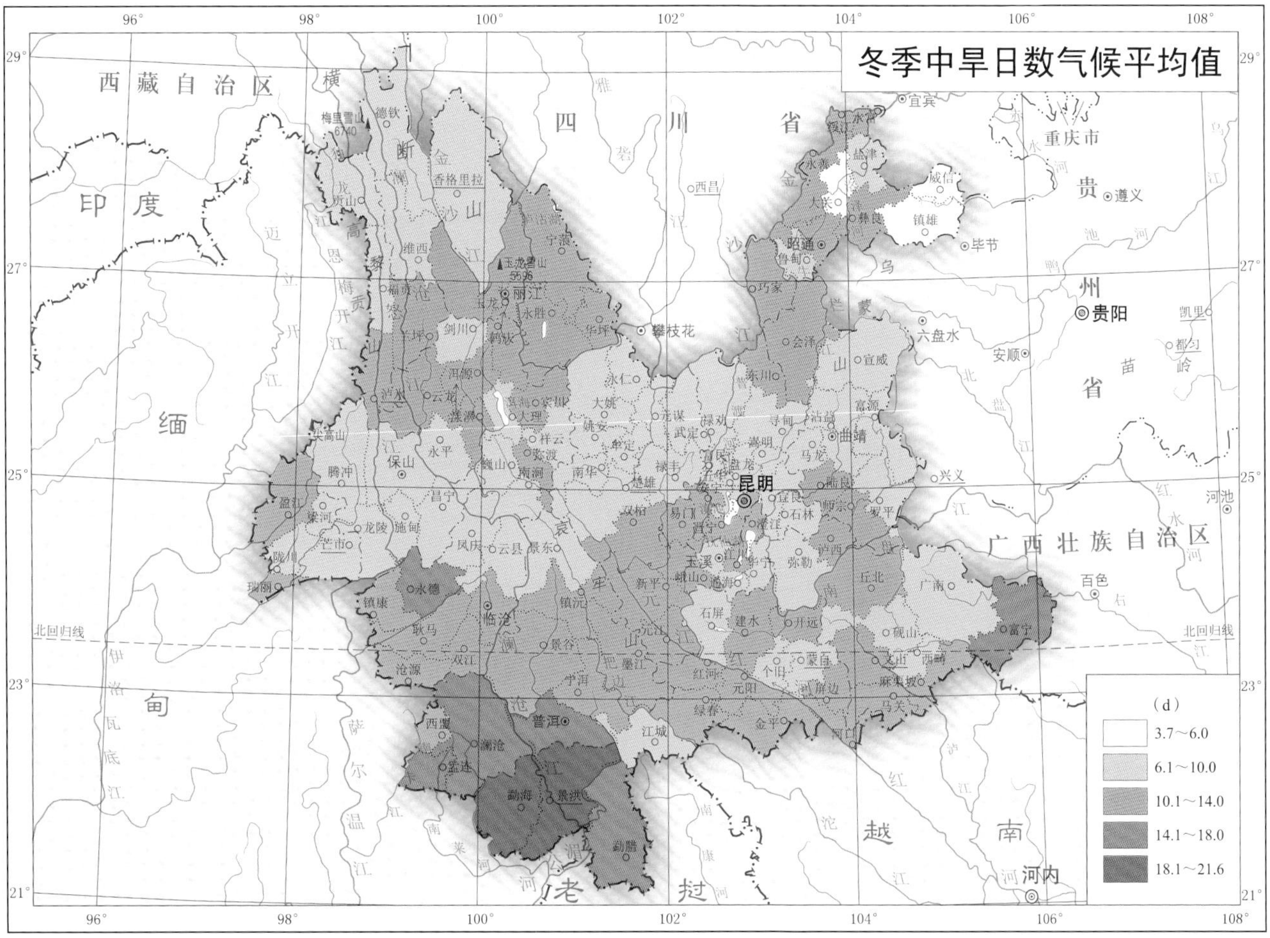

秋季中旱日数气候平均值
(d)
2.1～6.0
6.1～10.0
10.1～14.1
昆明
四川省
贵州省
广西壮族自治区
西藏自治区
缅甸
越南
老挝
印度

冬季中旱日数气候平均值
(d)
3.7～6.0
6.1～10.0
10.1～14.0
14.1～18.0
18.1～21.6
昆明
四川省
贵州省
广西壮族自治区
西藏自治区
缅甸
越南
老挝
印度

比例尺 1∶8 000 000 0 80 160 km

全年重旱日数气候平均值

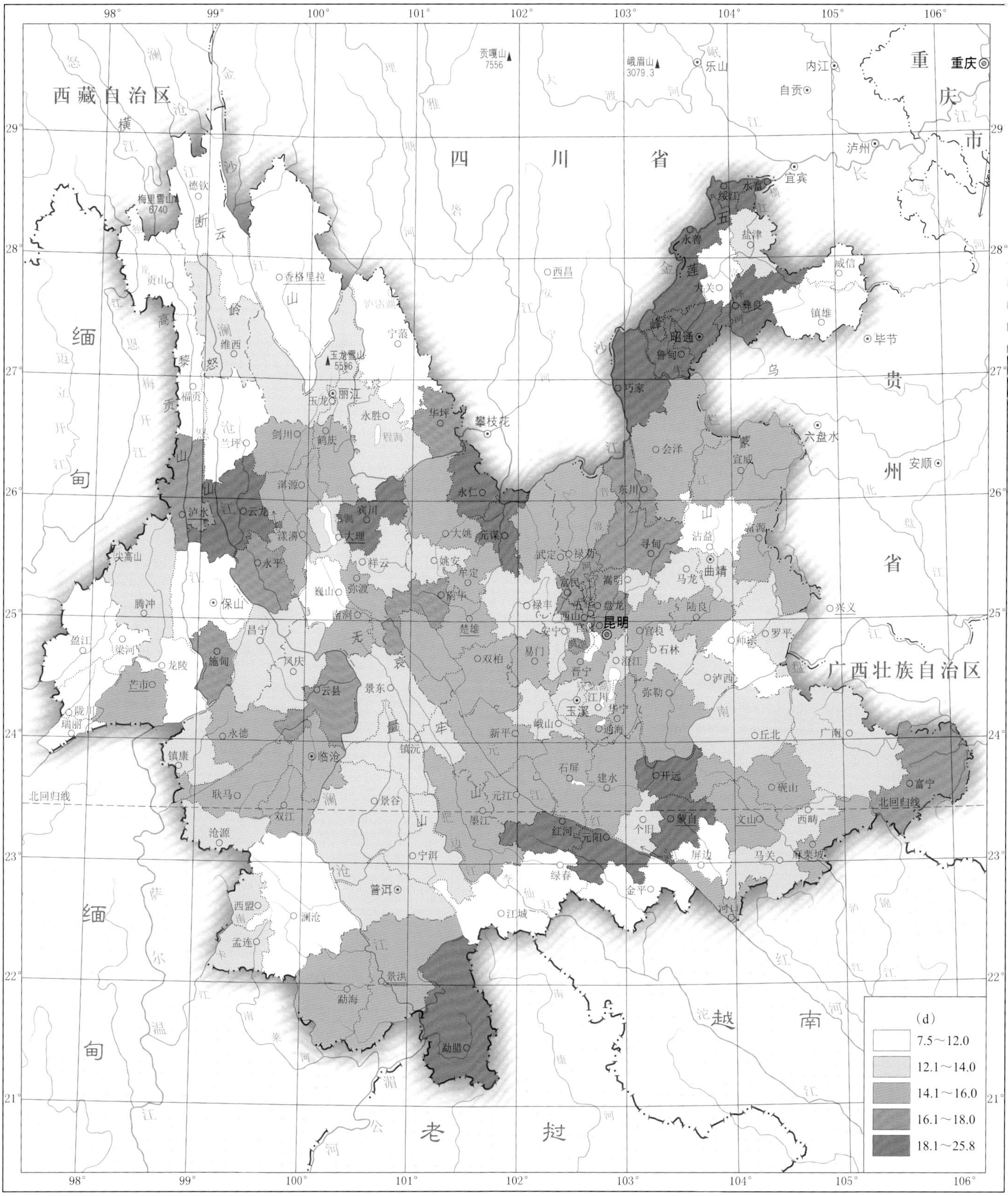

(d)

图例
7.5～12.0
12.1～14.0
14.1～16.0
16.1～18.0
18.1～25.8

比例尺 1∶5 000 000　0　50　100 km

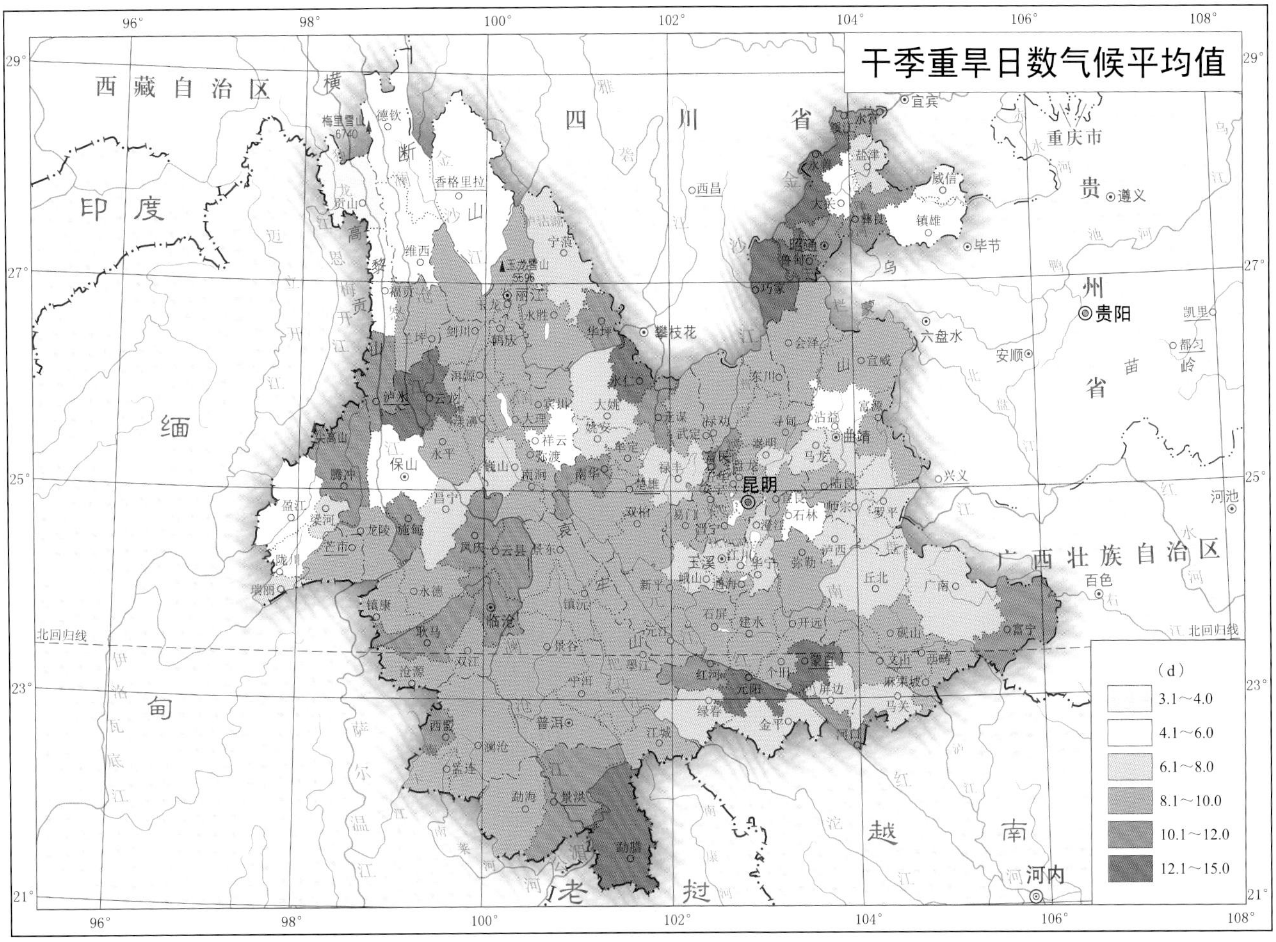

干季重旱日数气候平均值

(d)
3.1～4.0
4.1～6.0
6.1～8.0
8.1～10.0
10.1～12.0
12.1～15.0

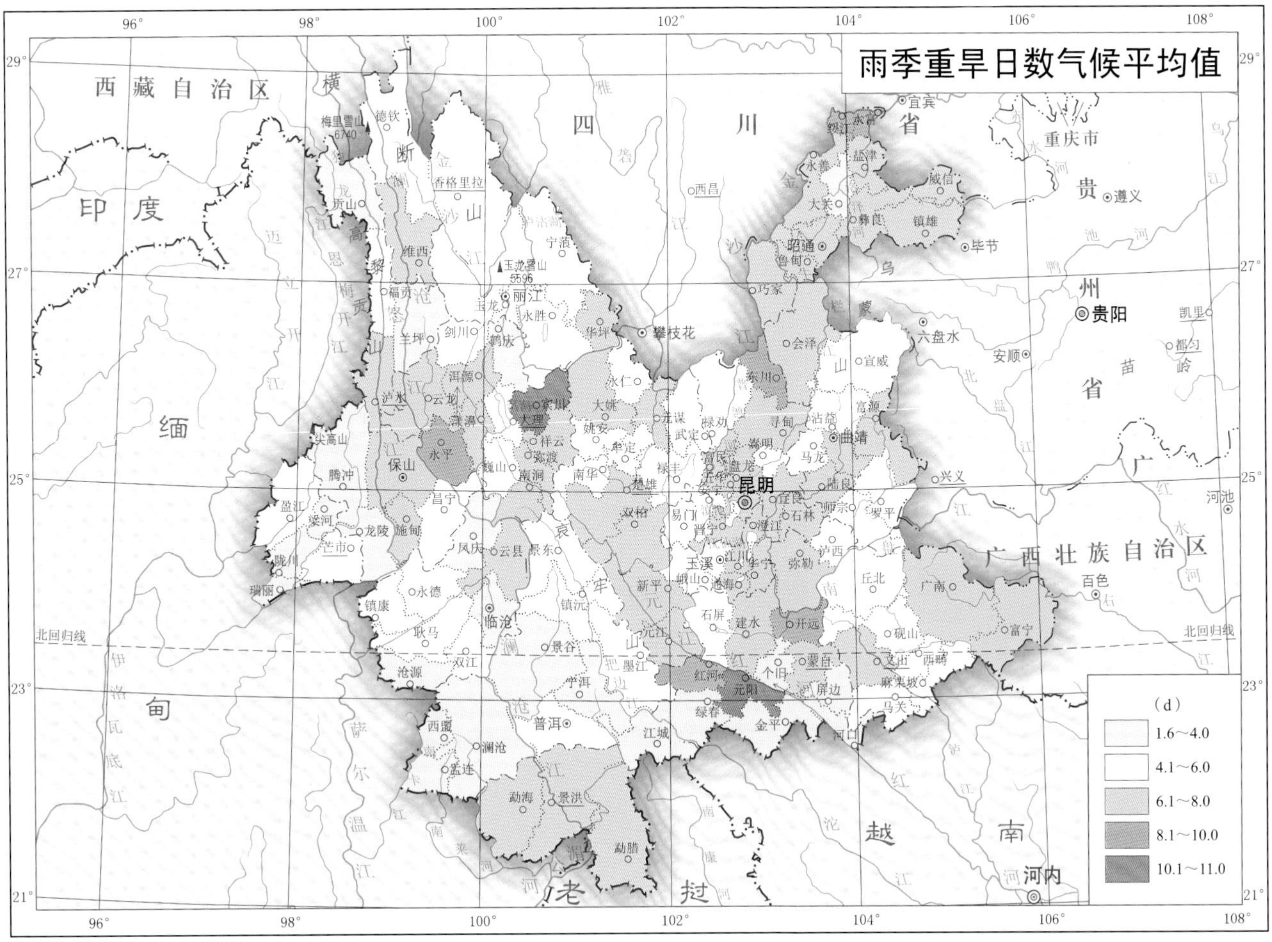

雨季重旱日数气候平均值

(d)
1.6～4.0
4.1～6.0
6.1～8.0
8.1～10.0
10.1～11.0

比例尺 1 : 8 000 000 0 80 160 km

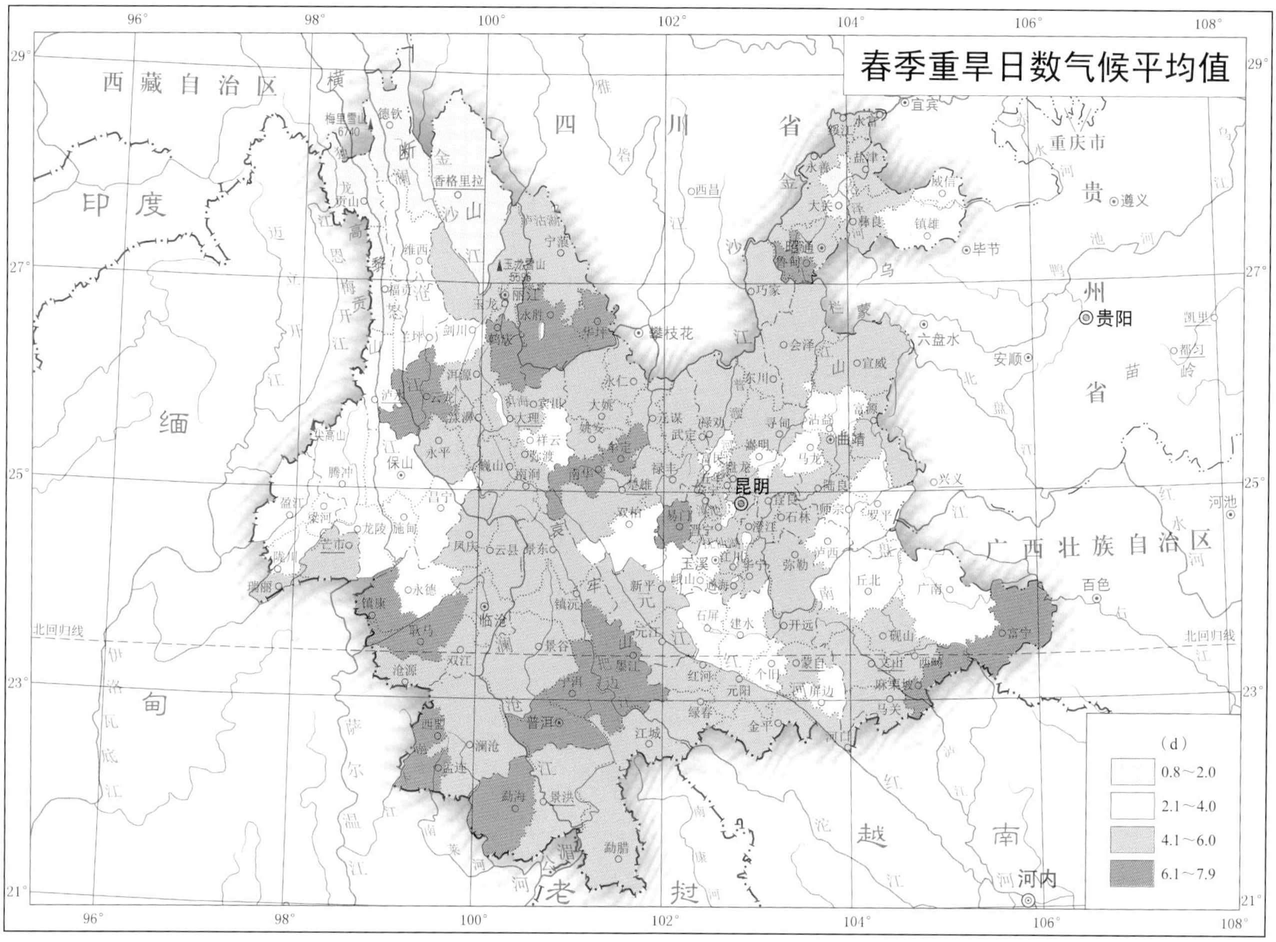
春季重旱日数气候平均值
(d)
0.8～2.0
2.1～4.0
4.1～6.0
6.1～7.9
昆明
四川省
贵州省
广西壮族自治区
西藏自治区
缅甸
越南
老挝
印度
北回归线

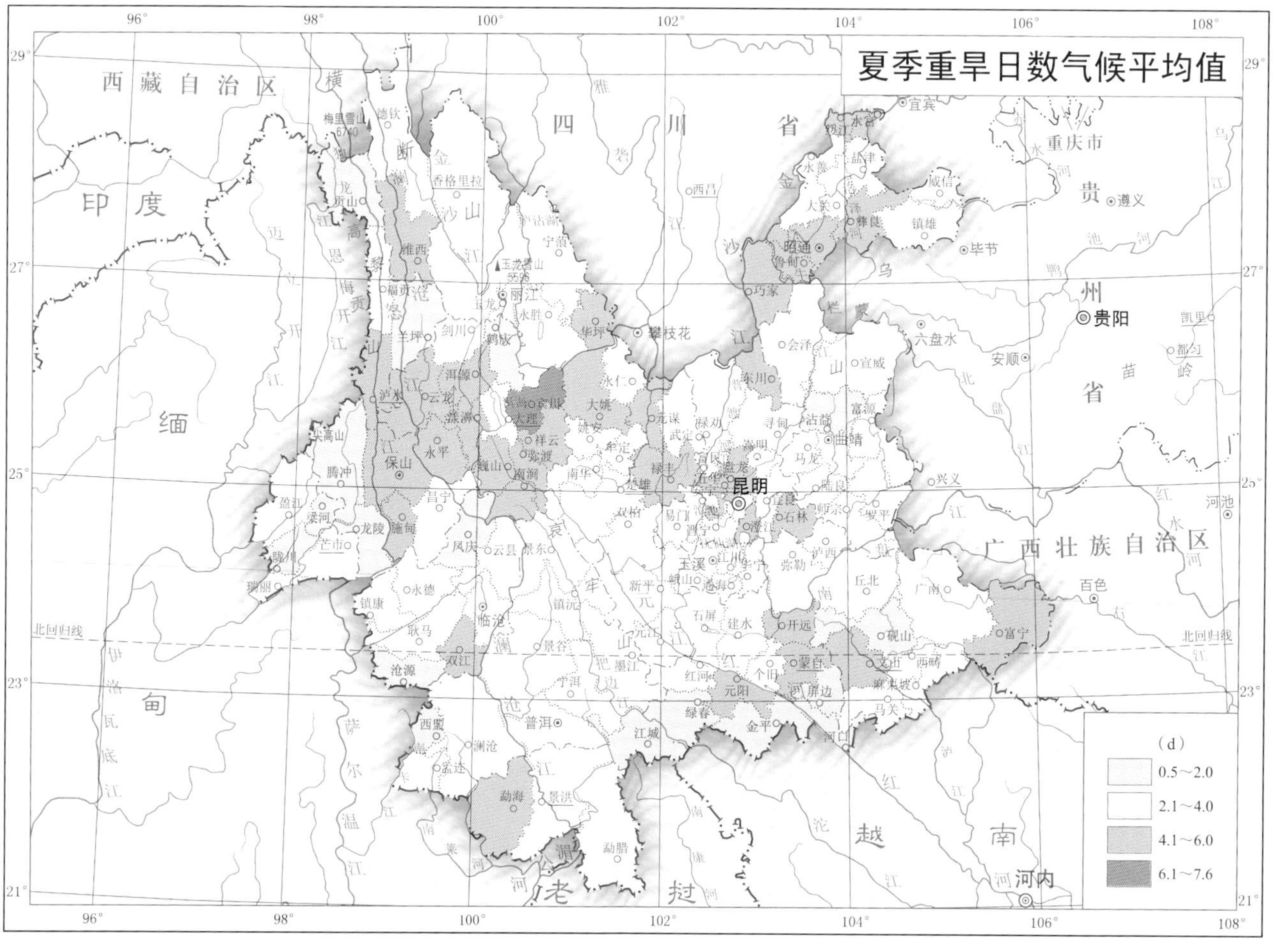
夏季重旱日数气候平均值
(d)
0.5～2.0
2.1～4.0
4.1～6.0
6.1～7.6
昆明
四川省
贵州省
广西壮族自治区
西藏自治区
缅甸
越南
老挝
印度
北回归线

比例尺 1：8 000 000 0 80 160 km

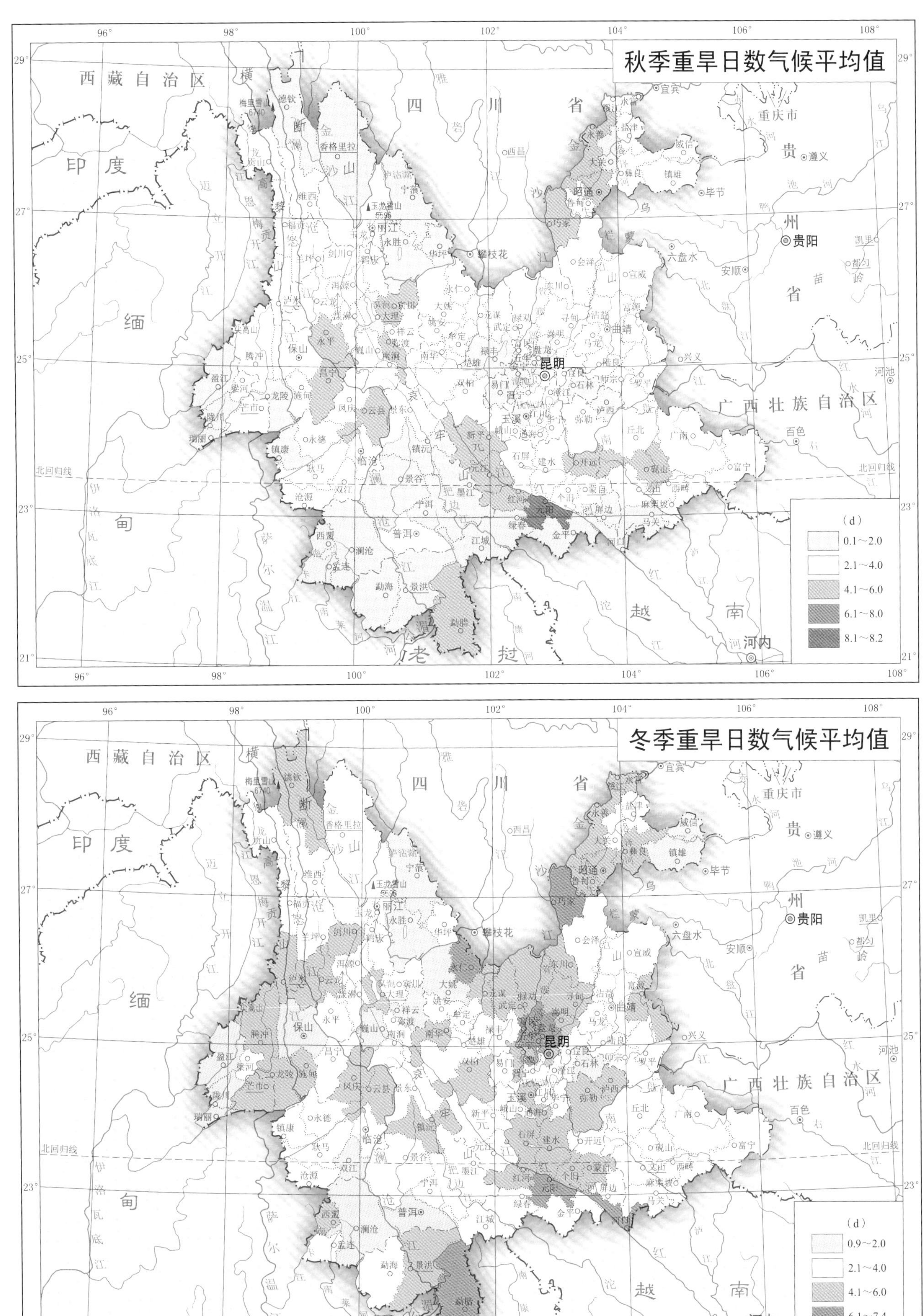
秋季重旱日数气候平均值
(d)
0.1～2.0
2.1～4.0
4.1～6.0
6.1～8.0
8.1～8.2
冬季重旱日数气候平均值
(d)
0.9～2.0
2.1～4.0
4.1～6.0
6.1～7.4
比例尺 1 : 8 000 000
0 80 160 km

全年特旱日数气候平均值

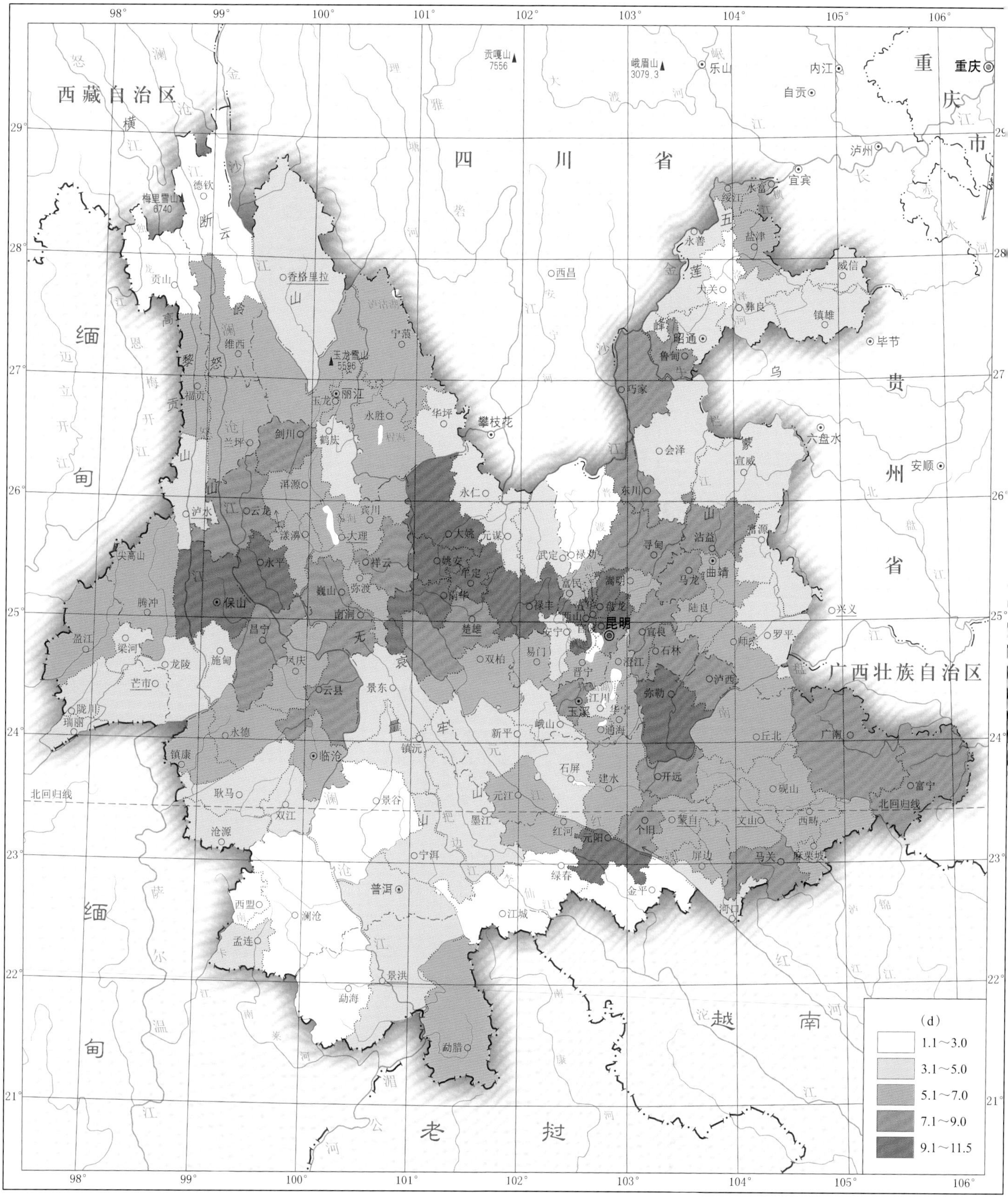

(d)

图例
1.1～3.0
3.1～5.0
5.1～7.0
7.1～9.0
9.1～11.5

比例尺 1 : 5 000 000　0　50　100 km

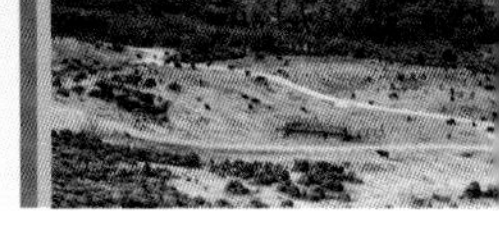

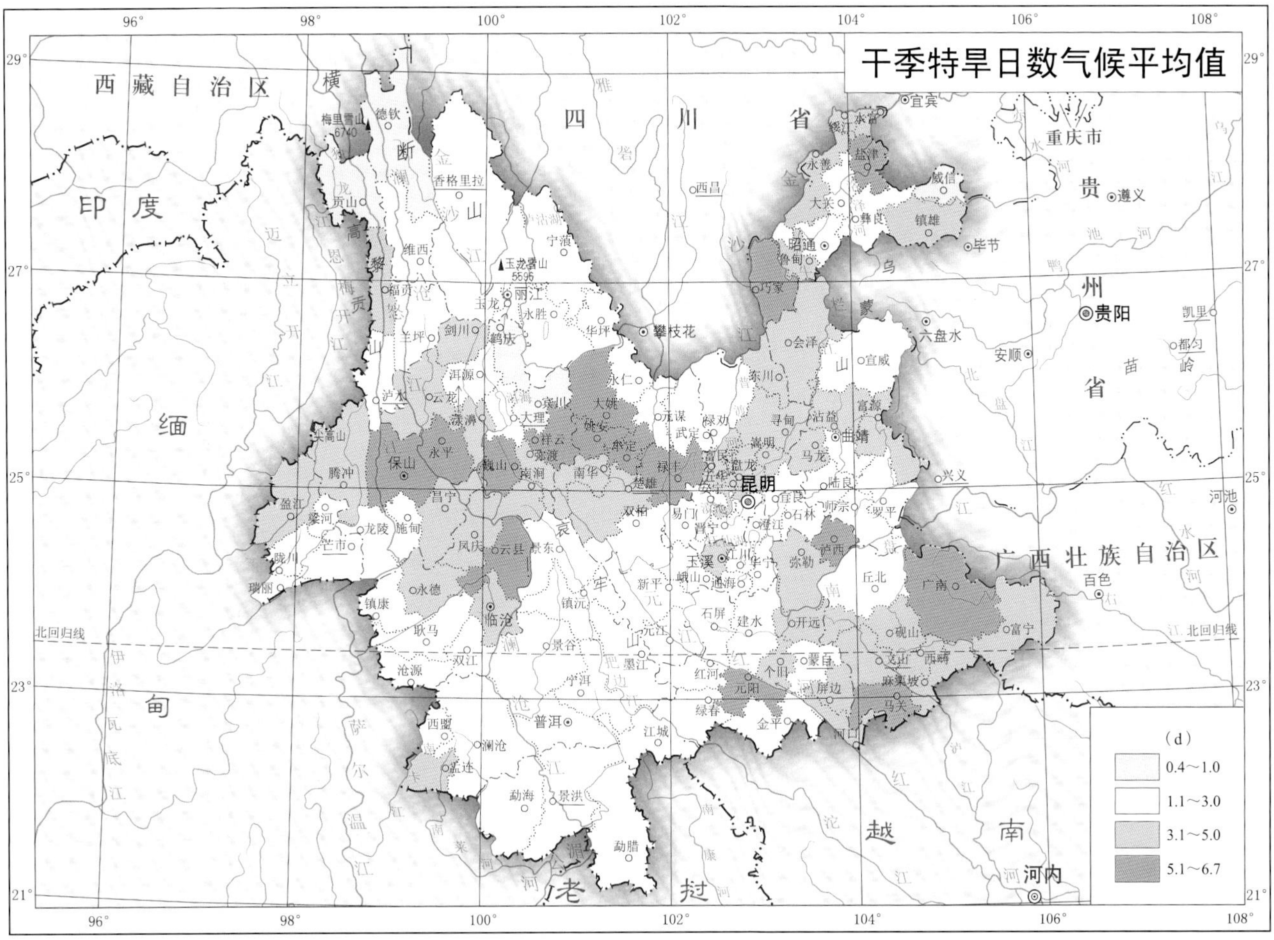

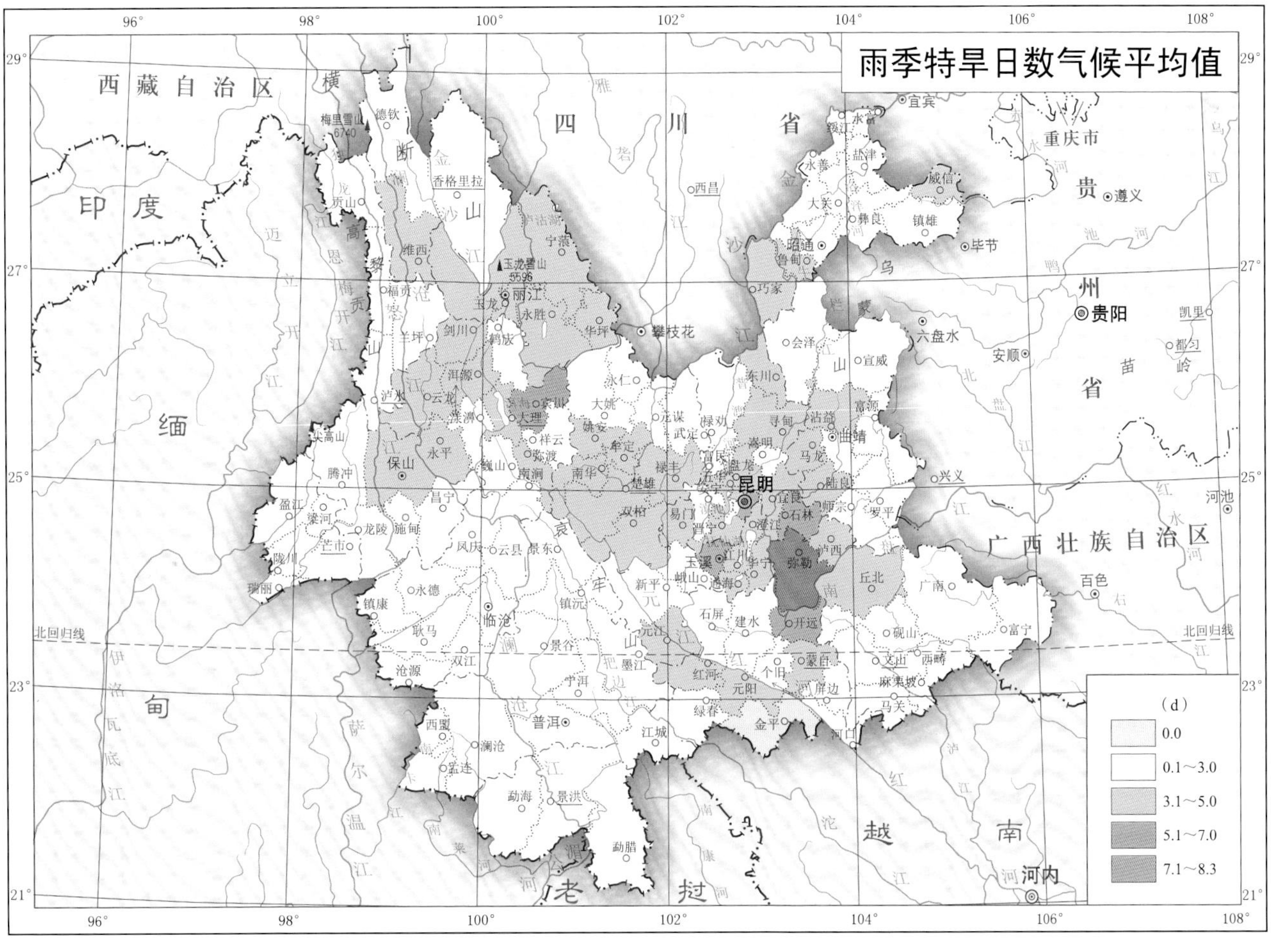

干季特旱日数气候平均值
(d)
0.4～1.0
1.1～3.0
3.1～5.0
5.1～6.7
西藏自治区
四 川 省
印 度
缅
甸
贵
州
省
广西壮族自治区
越
南
老
挝
昆明
北回归线

雨季特旱日数气候平均值
(d)
0.0
0.1～3.0
3.1～5.0
5.1～7.0
7.1～8.3
西藏自治区
四 川 省
印 度
缅
甸
贵
州
省
广西壮族自治区
越
南
老
挝
昆明
北回归线

比例尺　1：8 000 000　0　80　160 km

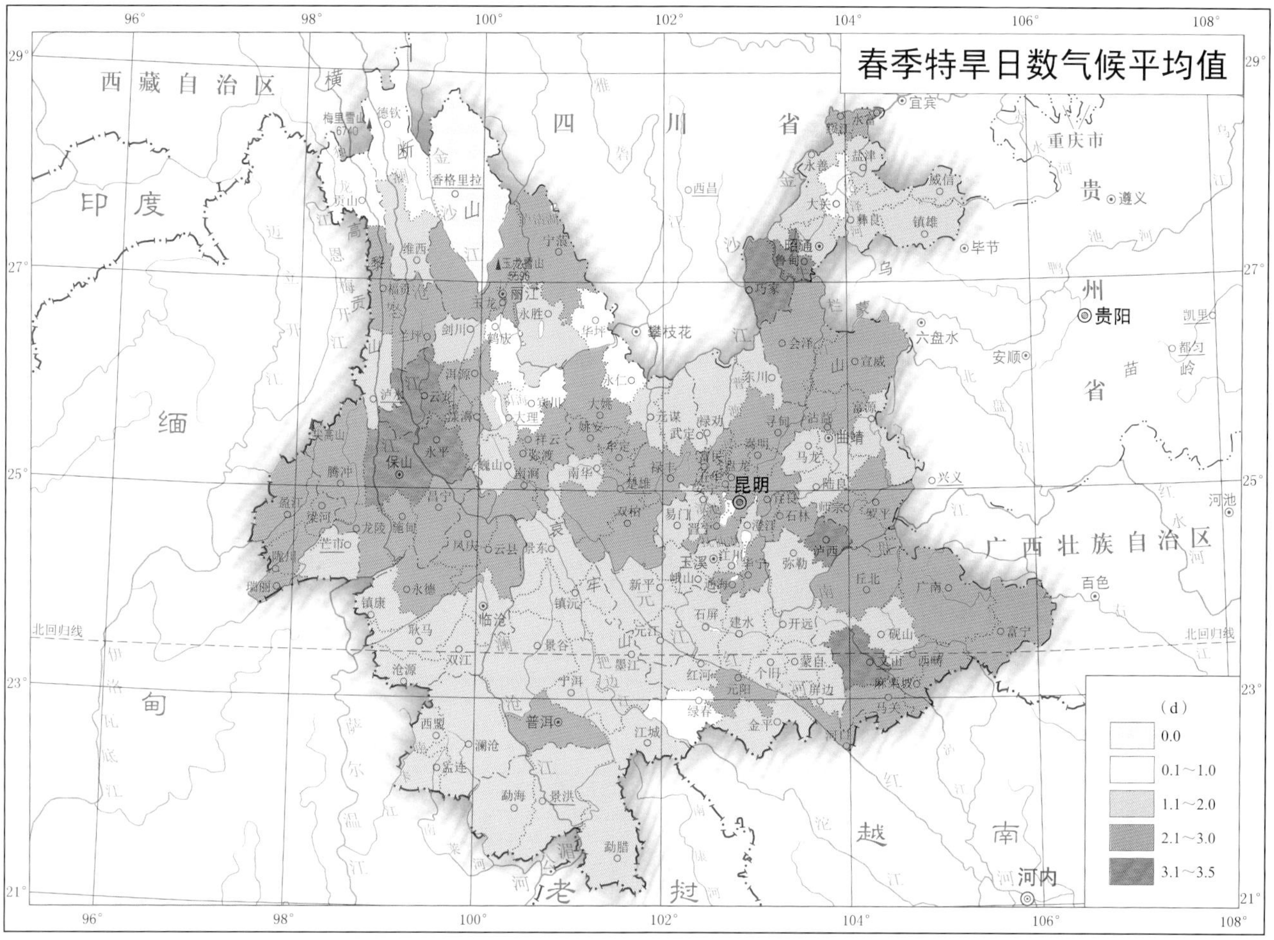
春季特旱日数气候平均值
(d)
0.0
0.1～1.0
1.1～2.0
2.1～3.0
3.1～3.5
西藏自治区
四川省
印度
缅甸
越南
老挝
广西壮族自治区
贵州省
重庆市
昆明
北回归线

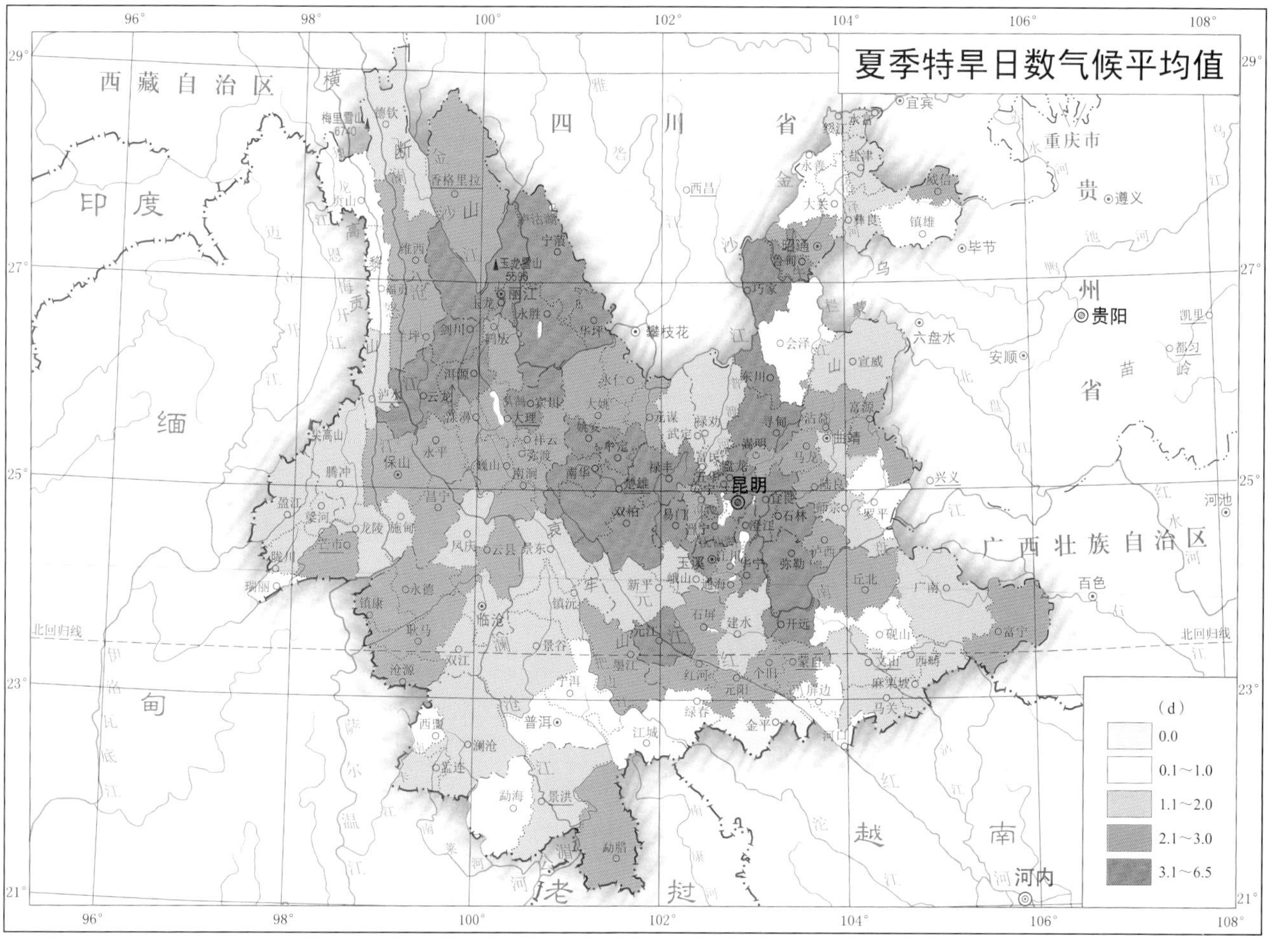
夏季特旱日数气候平均值
(d)
0.0
0.1～1.0
1.1～2.0
2.1～3.0
3.1～6.5
西藏自治区
四川省
印度
缅甸
越南
老挝
广西壮族自治区
贵州省
重庆市
昆明
北回归线

比例尺 1∶8 000 000 0 80 160 km

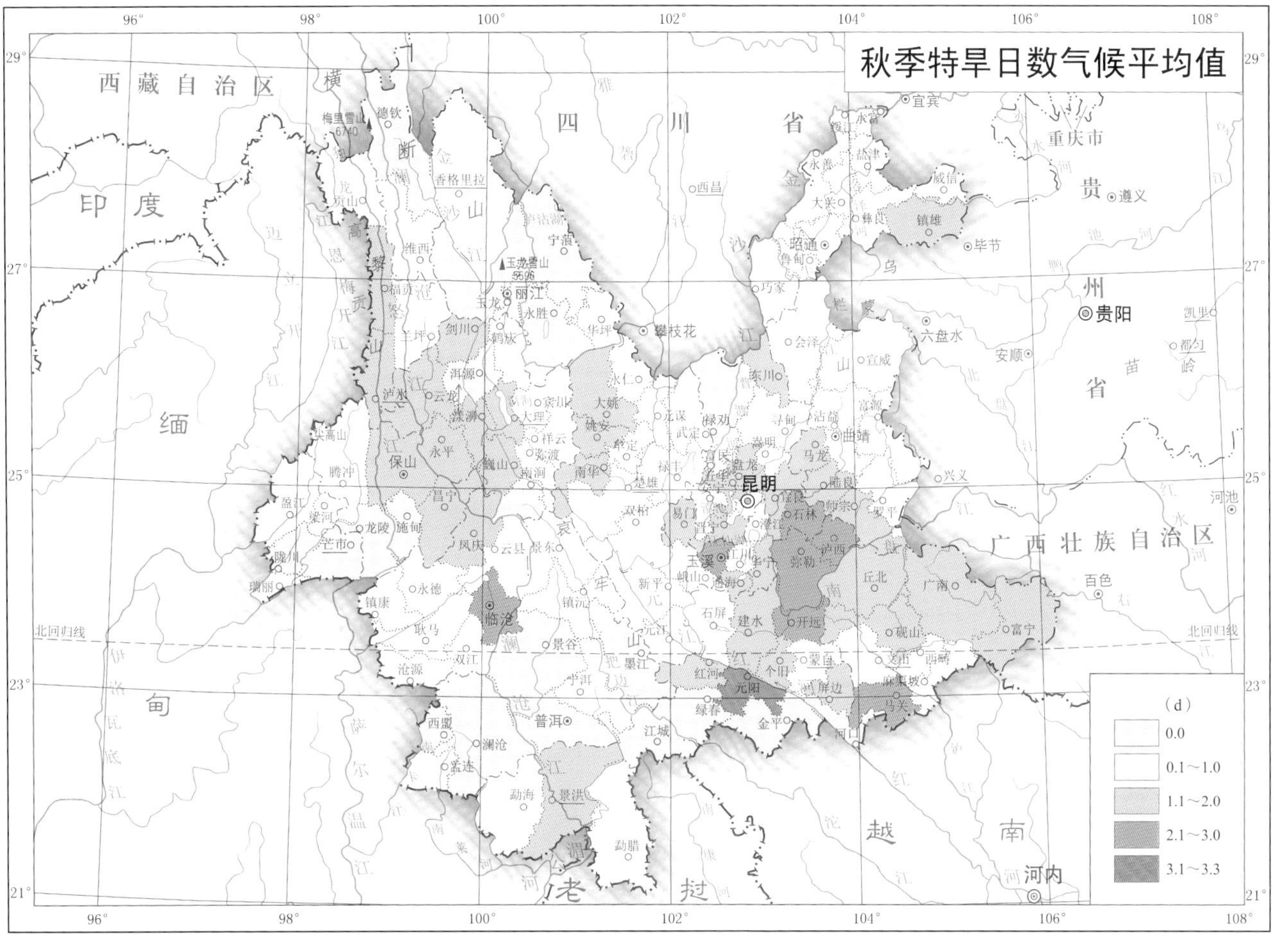

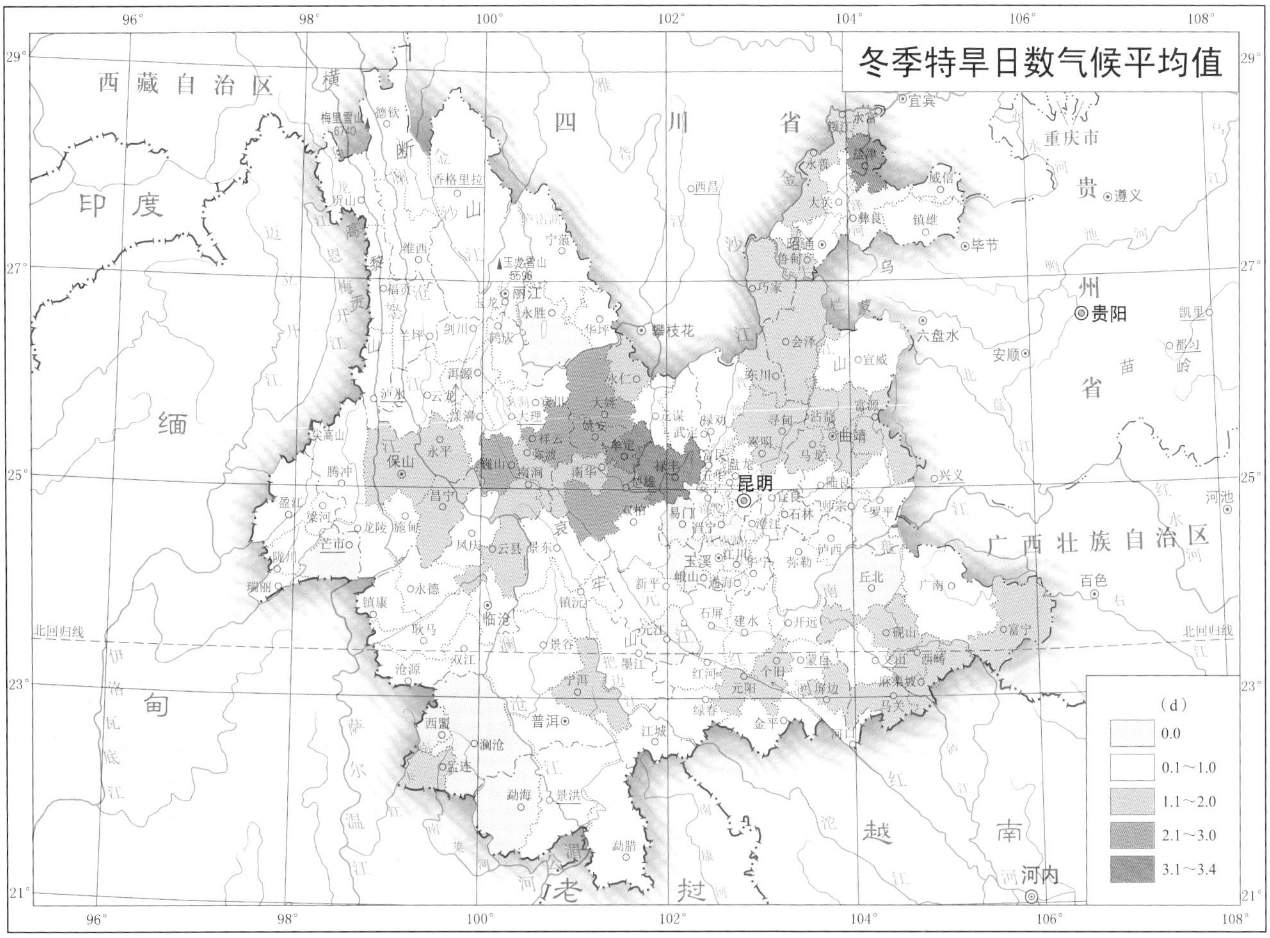

秋季特旱日数气候平均值

(d)
0.0
0.1～1.0
1.1～2.0
2.1～3.0
3.1～3.3

冬季特旱日数气候平均值

(d)
0.0
0.1～1.0
1.1～2.0
2.1～3.0
3.1～3.4

比例尺 1 : 8 000 000　0　80　160 km

气象干旱出现频率

全年干旱频率

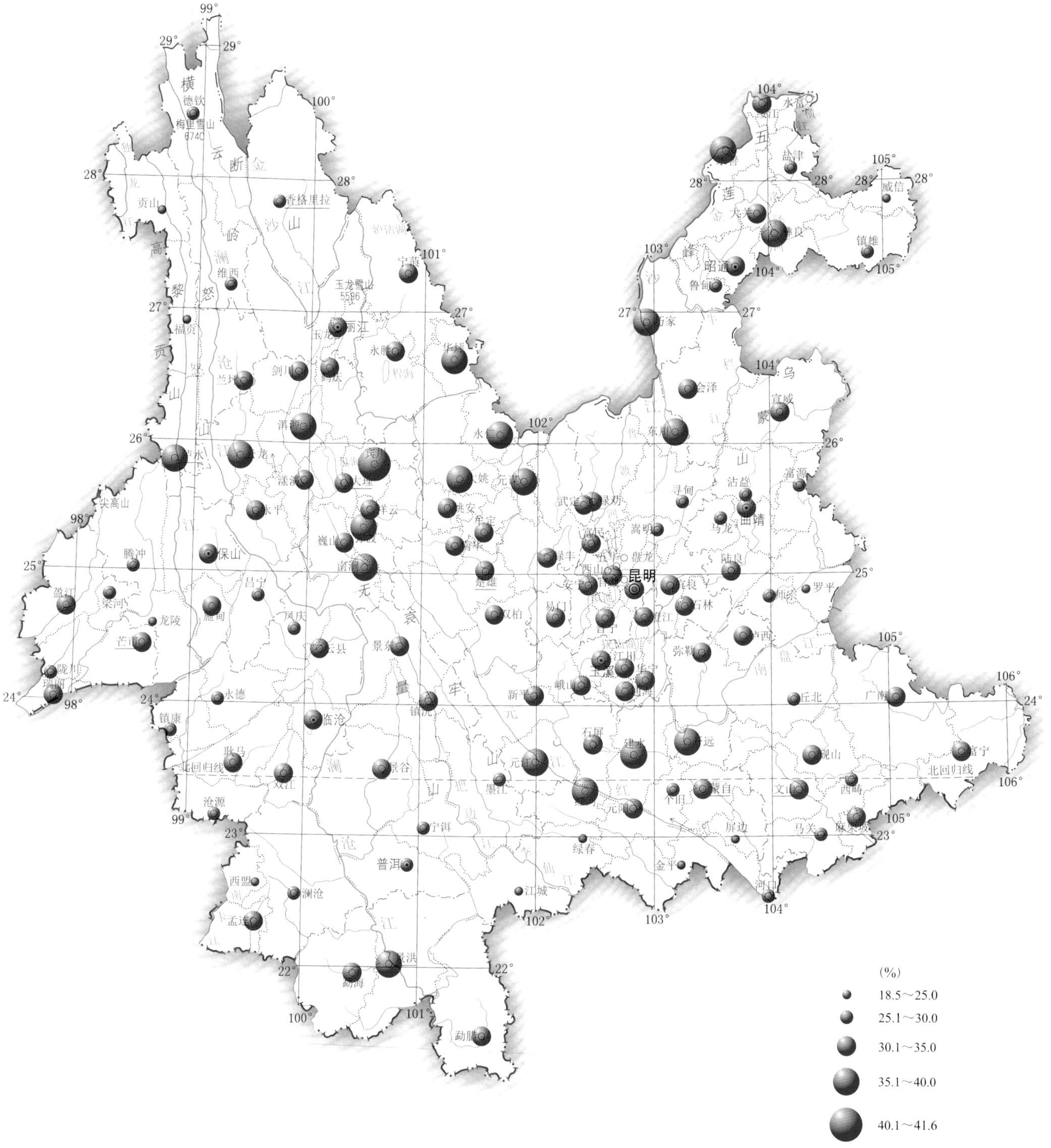

(%)

18.5～25.0

25.1～30.0

30.1～35.0

35.1～40.0

40.1～41.6

比例尺 1 : 5 000 000 0 50 100 km

全年轻旱频率

(%)

- 10.3～12.0
- 12.1～16.0
- 16.1～20.0
- 20.1～20.8

全年中旱频率

(%)

- 5.2～8.0
- 8.1～10.0
- 10.1～12.0
- 12.1～13.3

比例尺 1 : 7 000 000 0 70 140 km

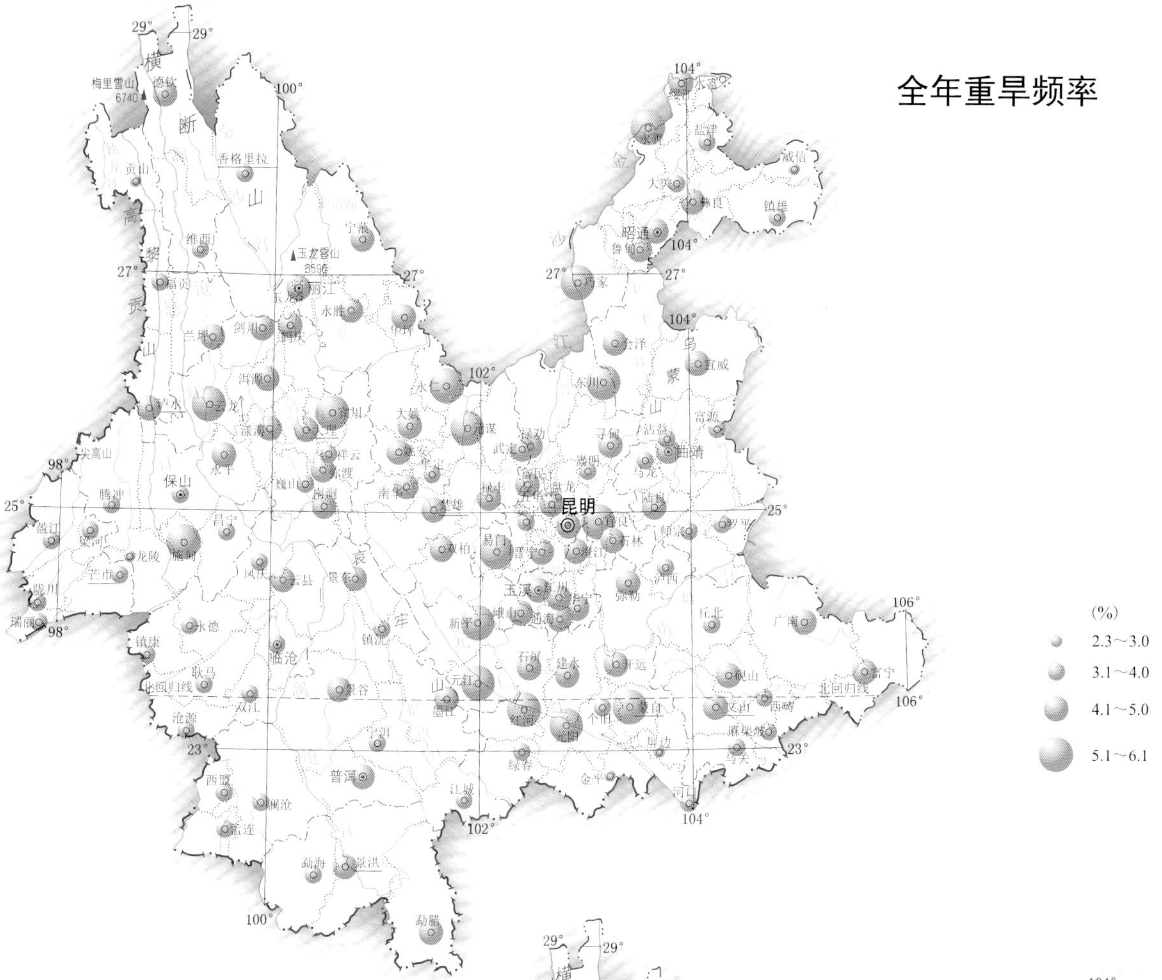

全年重旱频率

(%)

- 2.3～3.0
- 3.1～4.0
- 4.1～5.0
- 5.1～6.1

全年特旱频率

(%)

- 0.6～1.0
- 1.1～2.0
- 2.1～3.0
- 3.1～3.4

比例尺 1 : 7 000 000 0 70 140 km

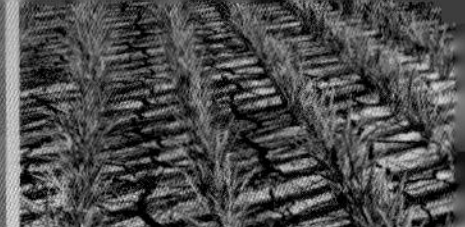

干季干旱频率

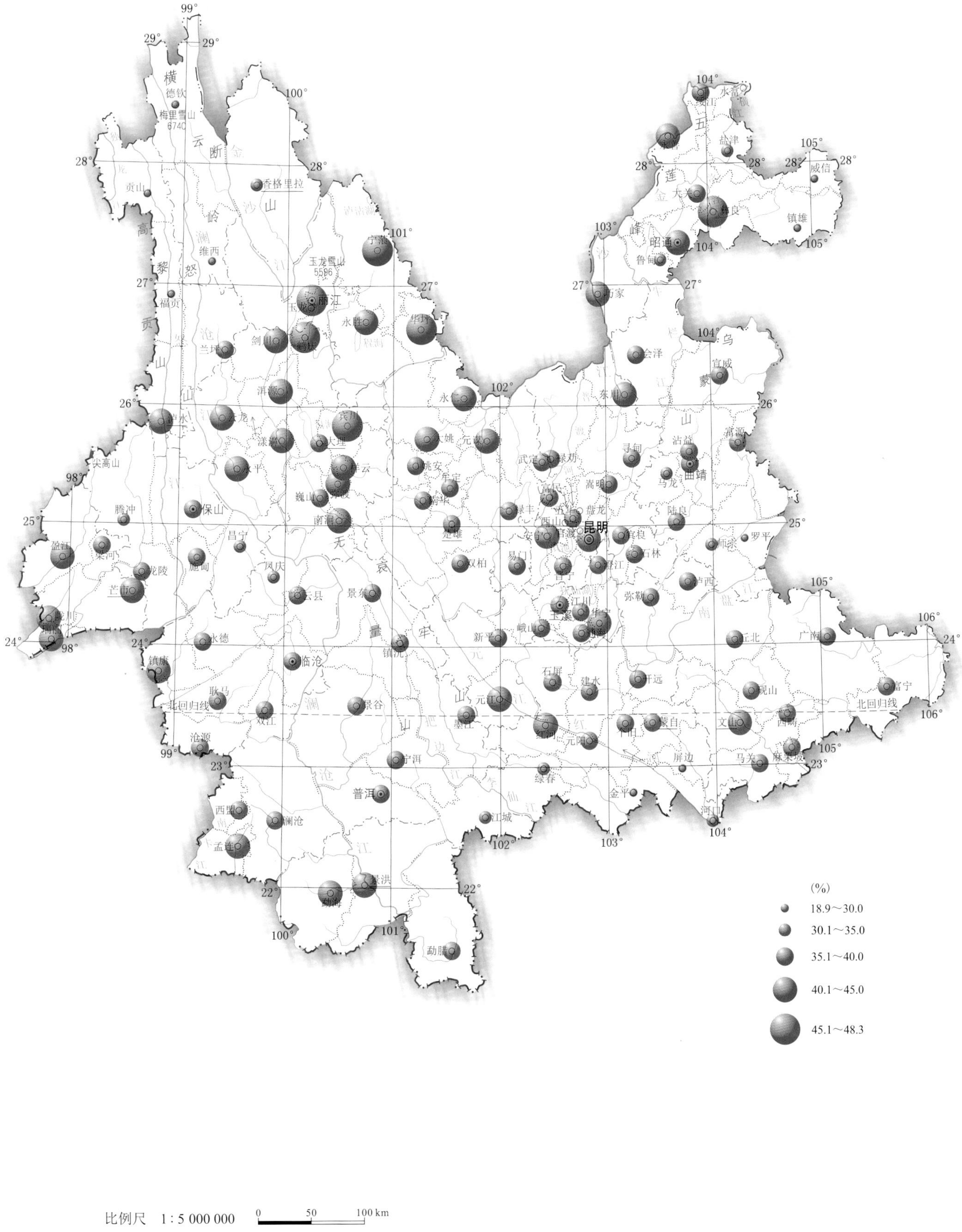

(%)

- 18.9～30.0
- 30.1～35.0
- 35.1～40.0
- 40.1～45.0
- 45.1～48.3

比例尺 1 : 5 000 000

0 50 100 km

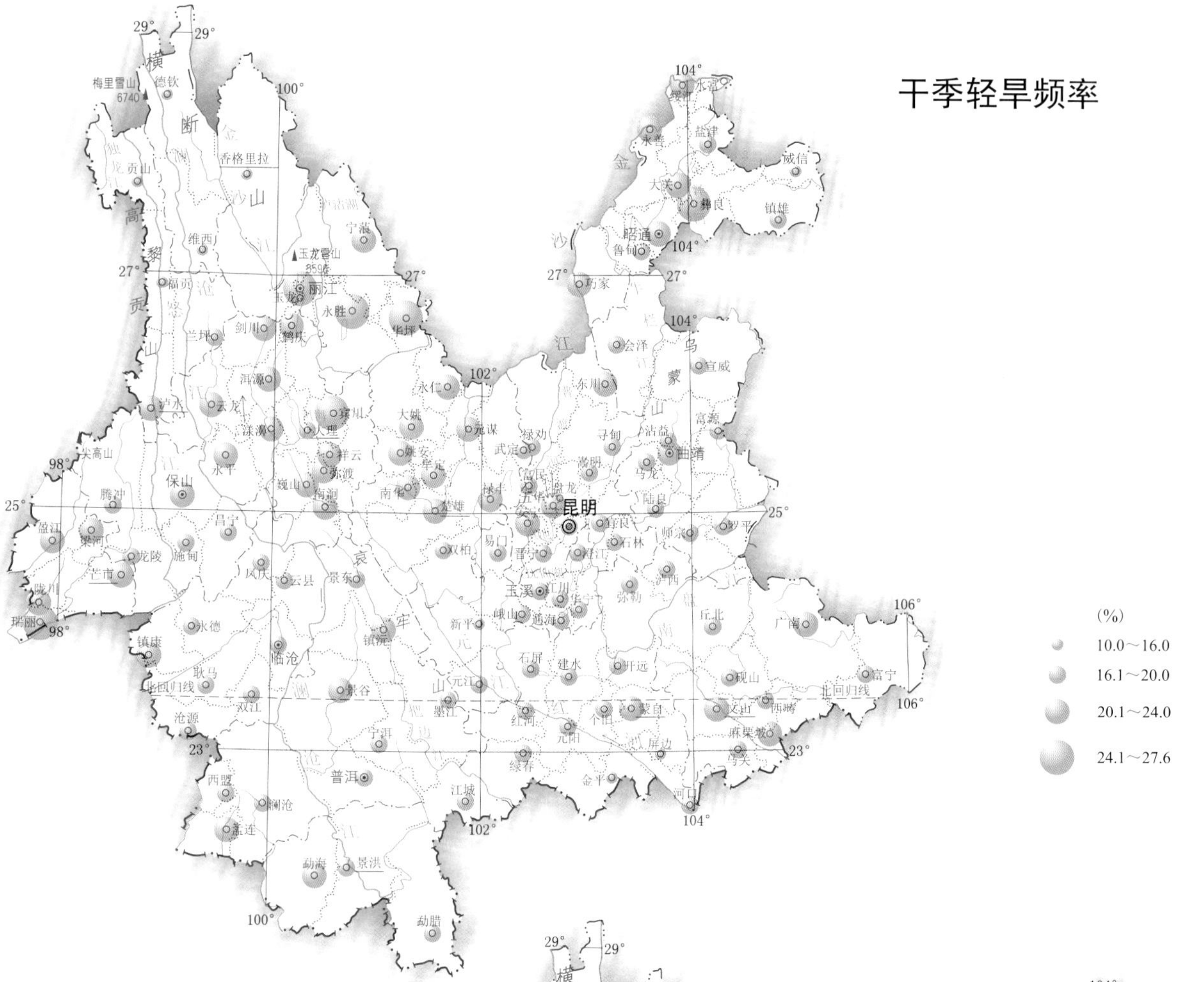

干季轻旱频率

(%)

- 10.0～16.0
- 16.1～20.0
- 20.1～24.0
- 24.1～27.6

干季中旱频率

(%)

- 5.1～10.0
- 10.1～12.0
- 12.1～14.0
- 14.1～16.7

比例尺 1 : 7 000 000 0 70 140 km

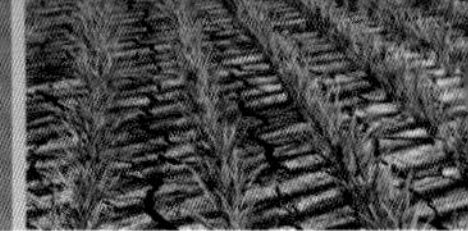

干季重旱频率

(%)

- 2.1～4.0
- 4.1～6.0
- 6.1～7.2

干季特旱频率

(%)

- 0.5～1.0
- 1.1～2.0
- 2.1～3.0
- 3.1～3.7

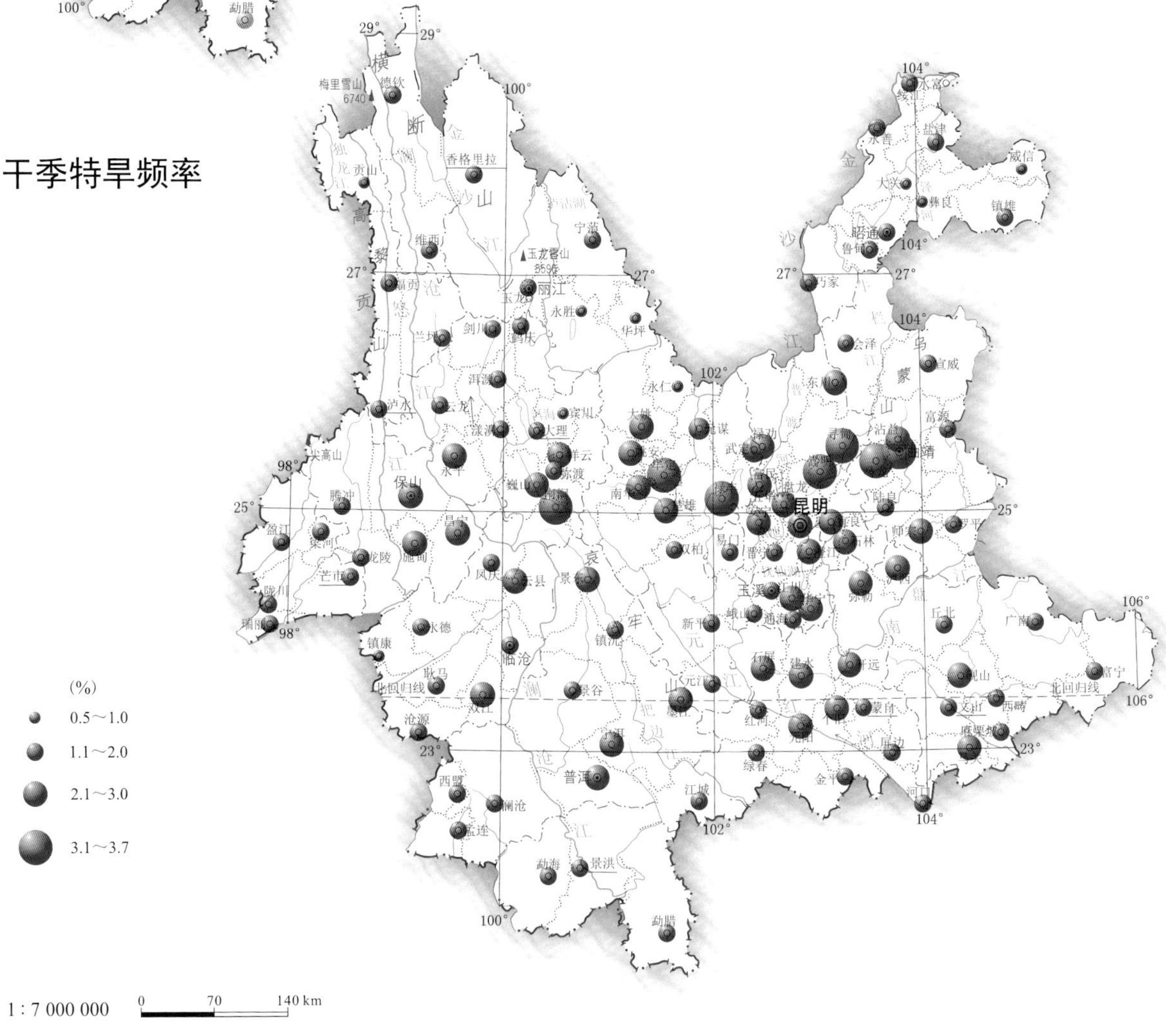

比例尺　1 : 7 000 000　0　70　140 km

雨季干旱频率

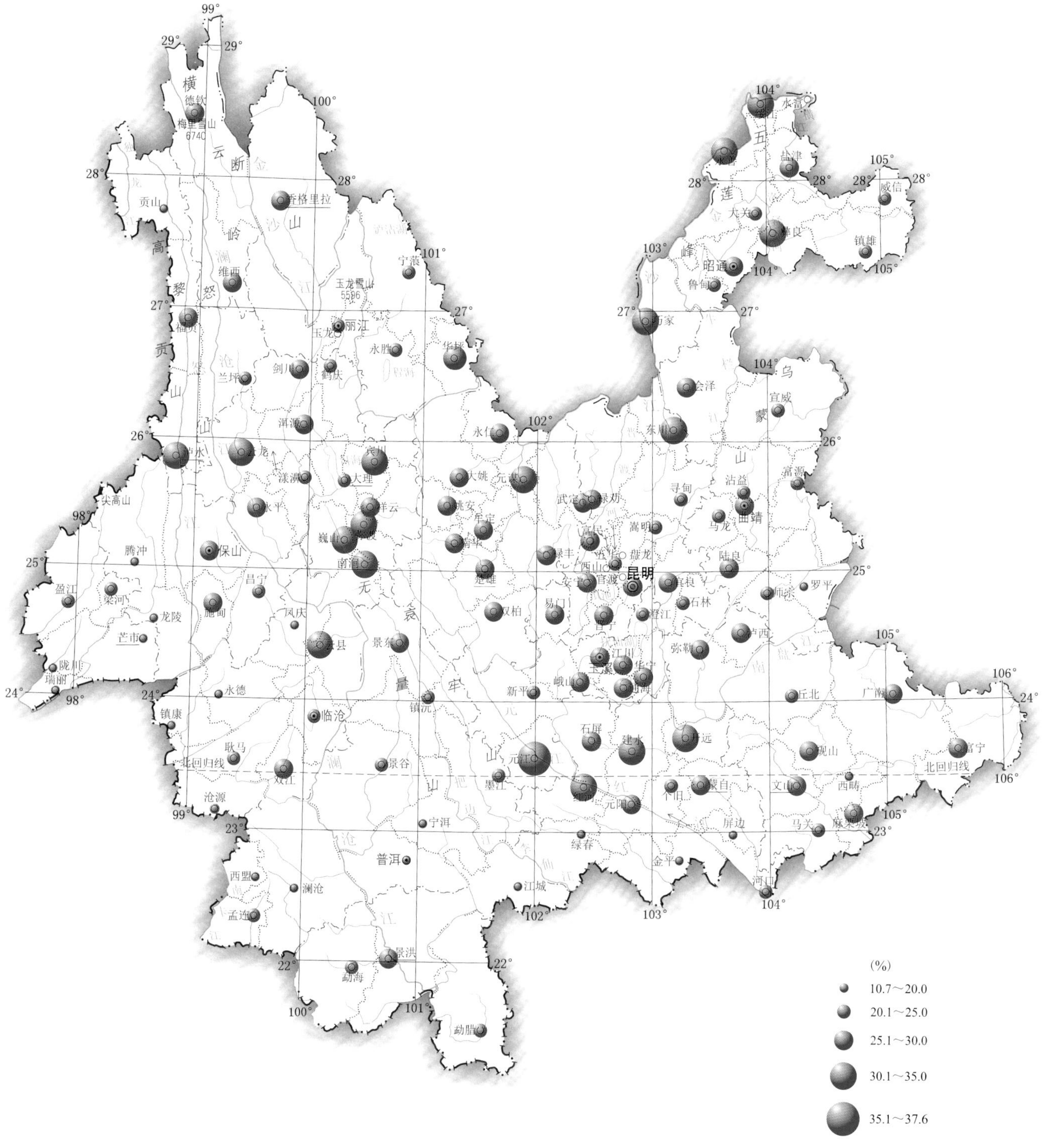

(%)

- 10.7～20.0
- 20.1～25.0
- 25.1～30.0
- 30.1～35.0
- 35.1～37.6

比例尺 1 : 5 000 000 0 50 100 km

雨季轻旱频率

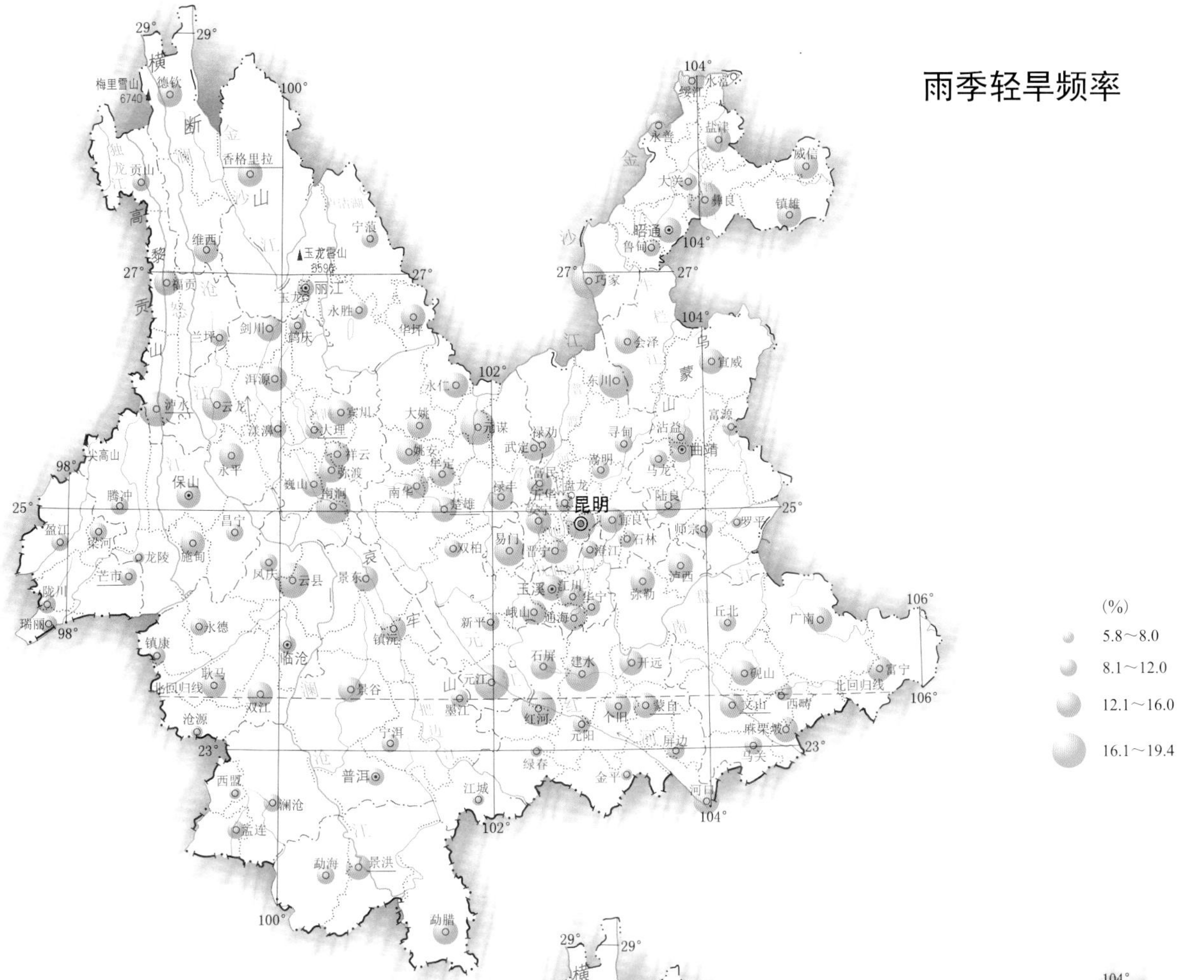

(%)
- 5.8～8.0
- 8.1～12.0
- 12.1～16.0
- 16.1～19.4

雨季中旱频率

(%)
- 2.7～6.0
- 6.1～8.0
- 8.1～10.0
- 10.1～10.9

比例尺　1 : 7 000 000　0　70　140 km

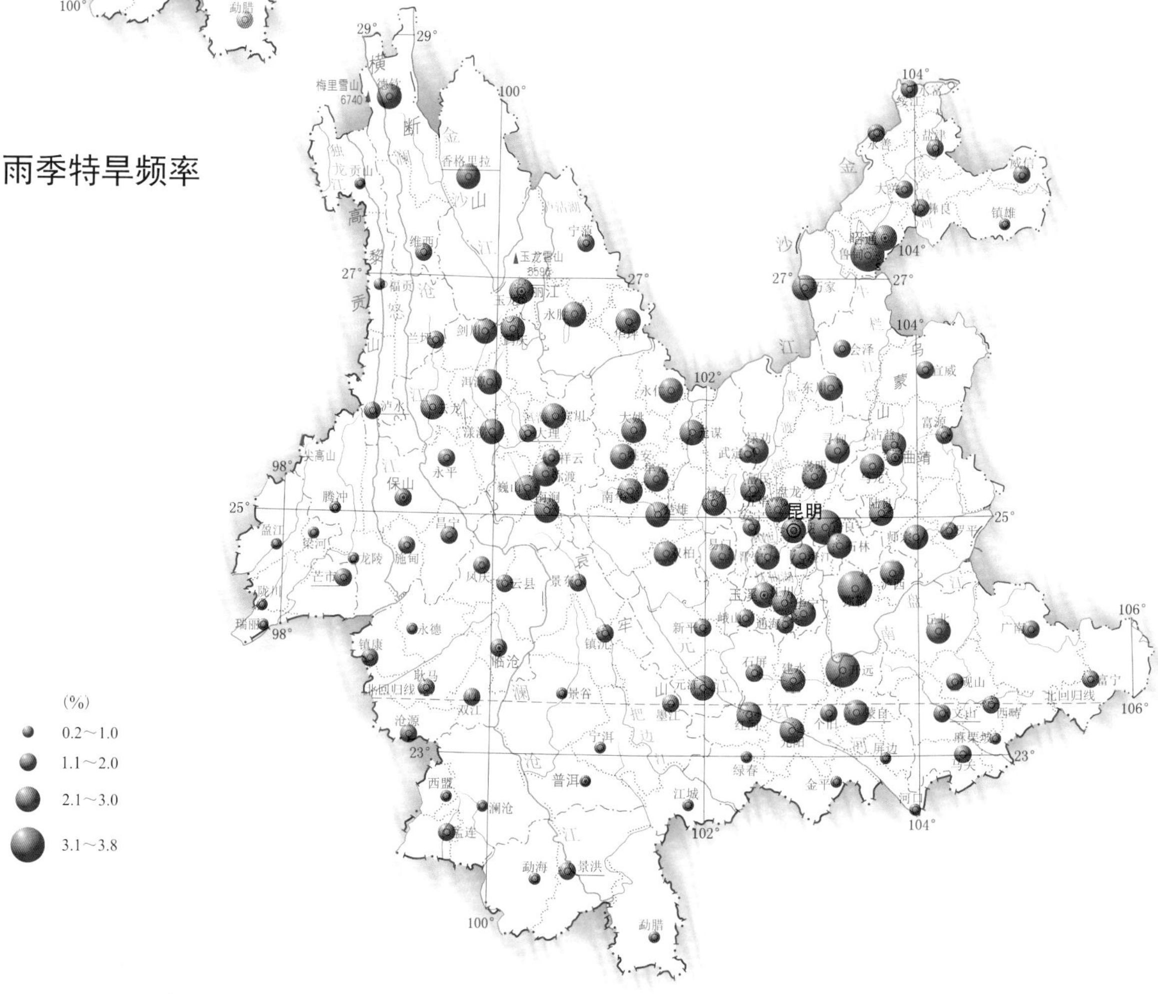

雨季重旱频率

(%)

1.0～2.0

2.1～4.0

4.1～6.0

6.1～6. 2

雨季特旱频率

(%)

0.2～1.0

1.1～2.0

2.1～3.0

3.1～3.8

比例尺 1 : 7 000 000 0 70 140 km

春季干旱频率

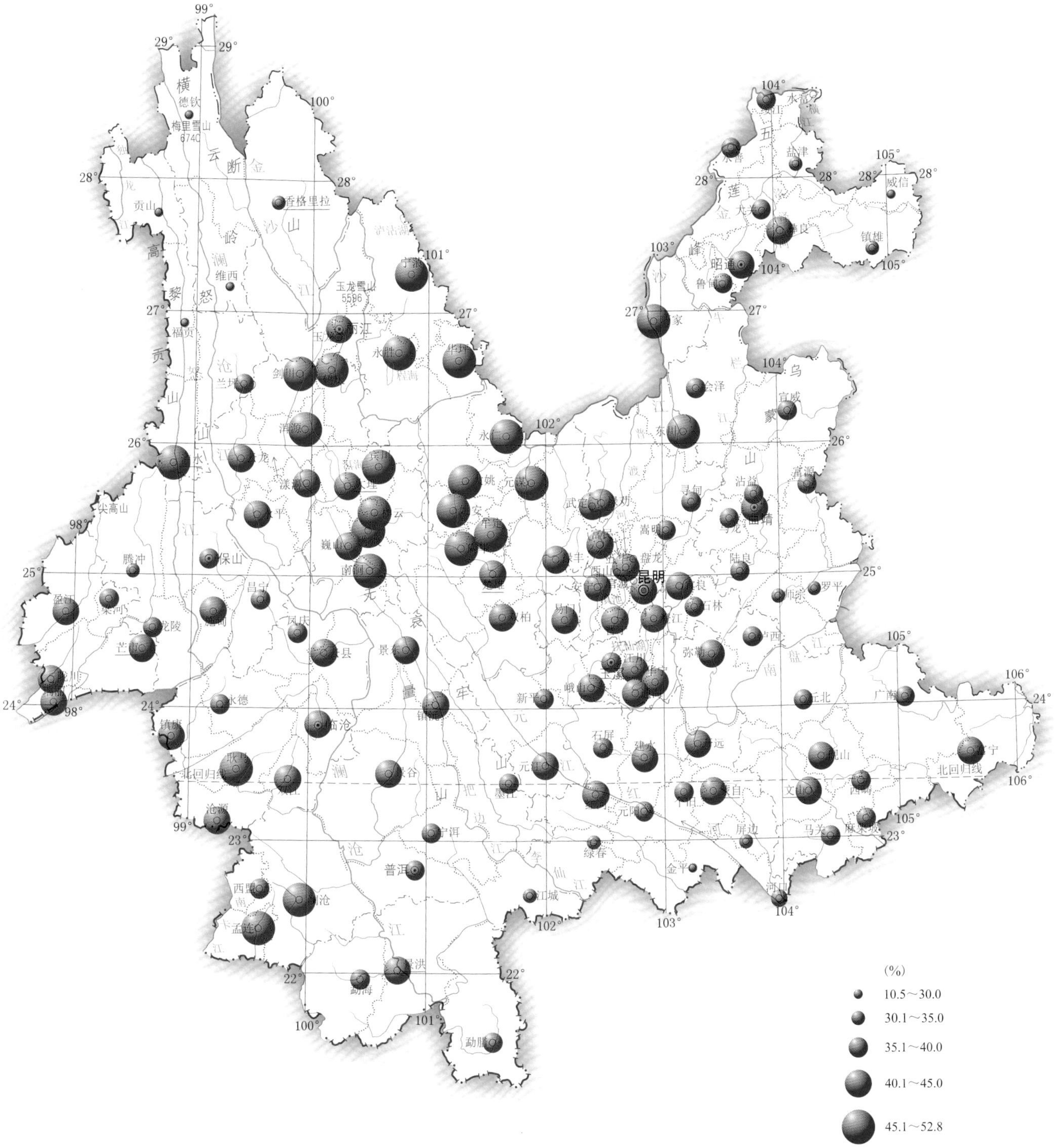

(%)

- 10.5～30.0
- 30.1～35.0
- 35.1～40.0
- 40.1～45.0
- 45.1～52.8

比例尺　1 : 5 000 000　0　50　100 km

春季轻旱频率

(%)

- 5.4～12.0
- 12.1～16.0
- 16.1～20.0
- 20.1～25.5

春季中旱频率

(%)

- 2.7～10.0
- 10.1～12.0
- 12.1～14.0
- 14.1～17.9

比例尺 1 : 7 000 000　0　70　140 km

春季重旱频率

(%)

- 1.3～2.0
- 2.1～4.0
- 4.1～6.0
- 6.1～9.5

春季特旱频率

(%)

- 0.8～1.0
- 1.1～2.0
- 2.1～3.0
- 3.1～5.5

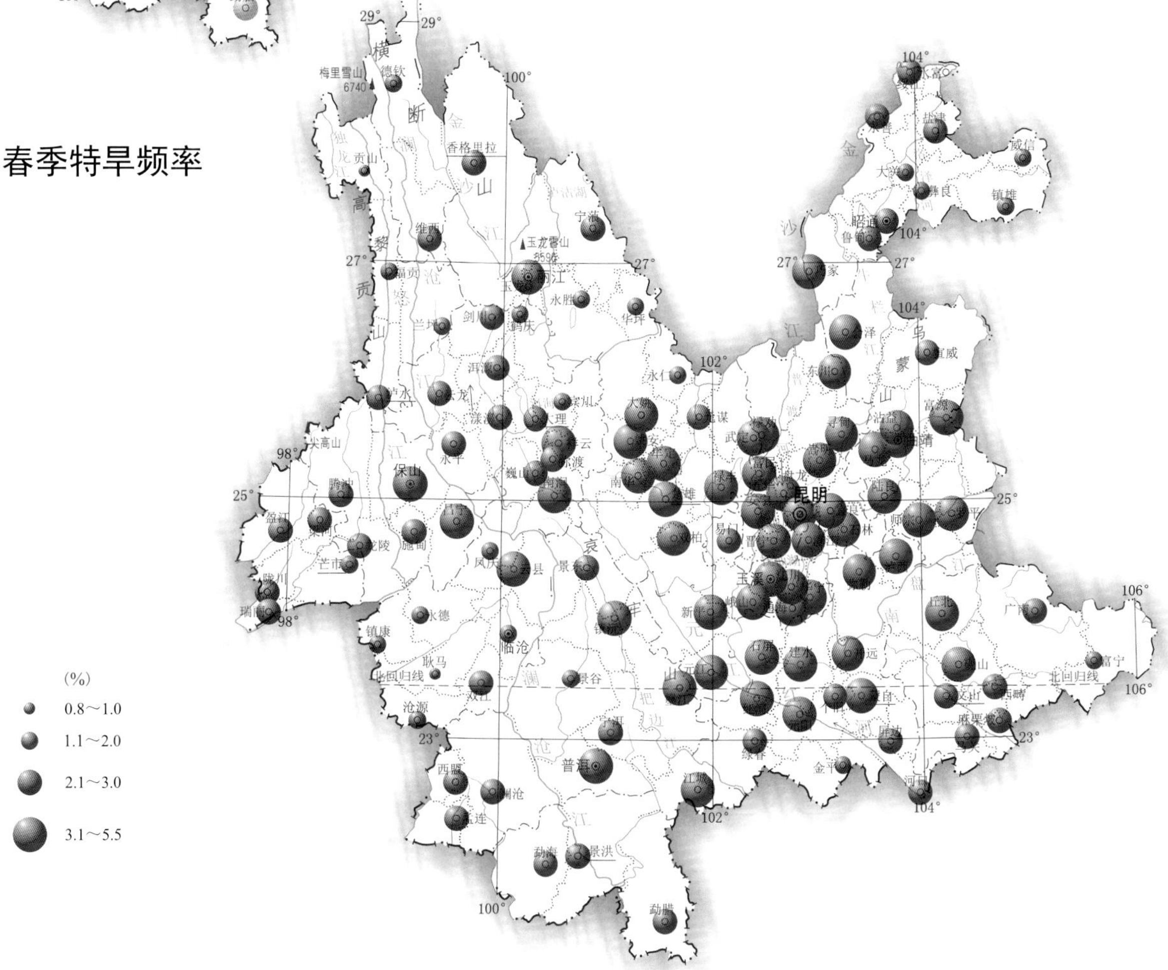

比例尺 1∶7 000 000 0 70 140 km

夏季干旱频率

(%)

- 6.1～15.0
- 15.1～20.0
- 20.1～25.0
- 25.1～36.3

比例尺 1 : 5 000 000 0 50 100 km

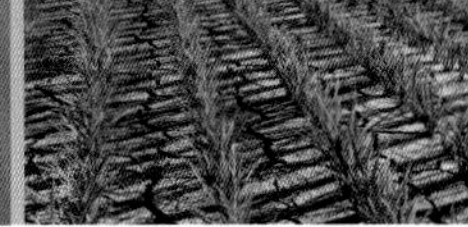

夏季轻旱频率

(%)

- 2.8～8.0
- 8.1～12.0
- 12.1～16.0
- 16.1～17.7

夏季中旱频率

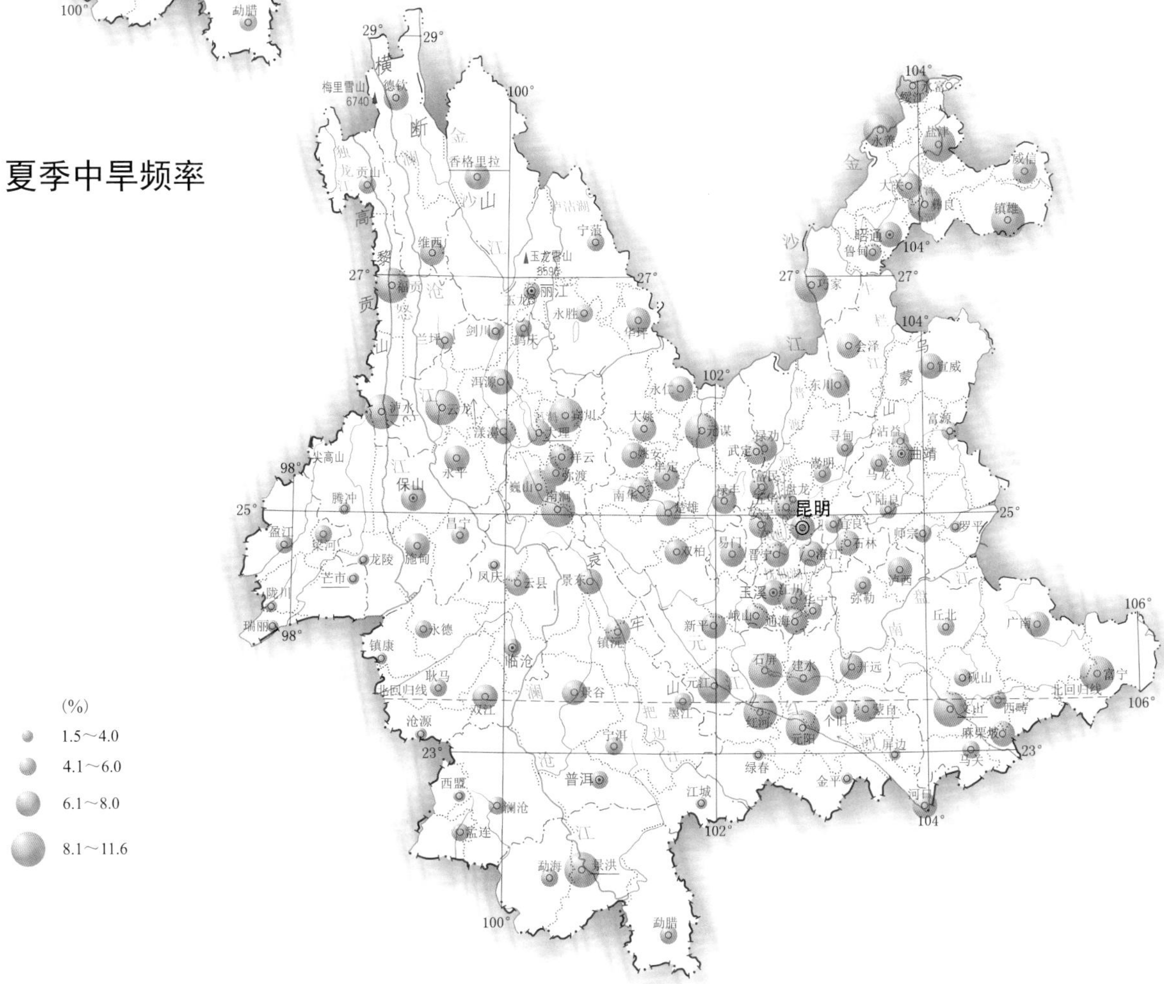

(%)

- 1.5～4.0
- 4.1～6.0
- 6.1～8.0
- 8.1～11.6

比例尺　1∶7 000 000　0　70　140 km

夏季重旱频率

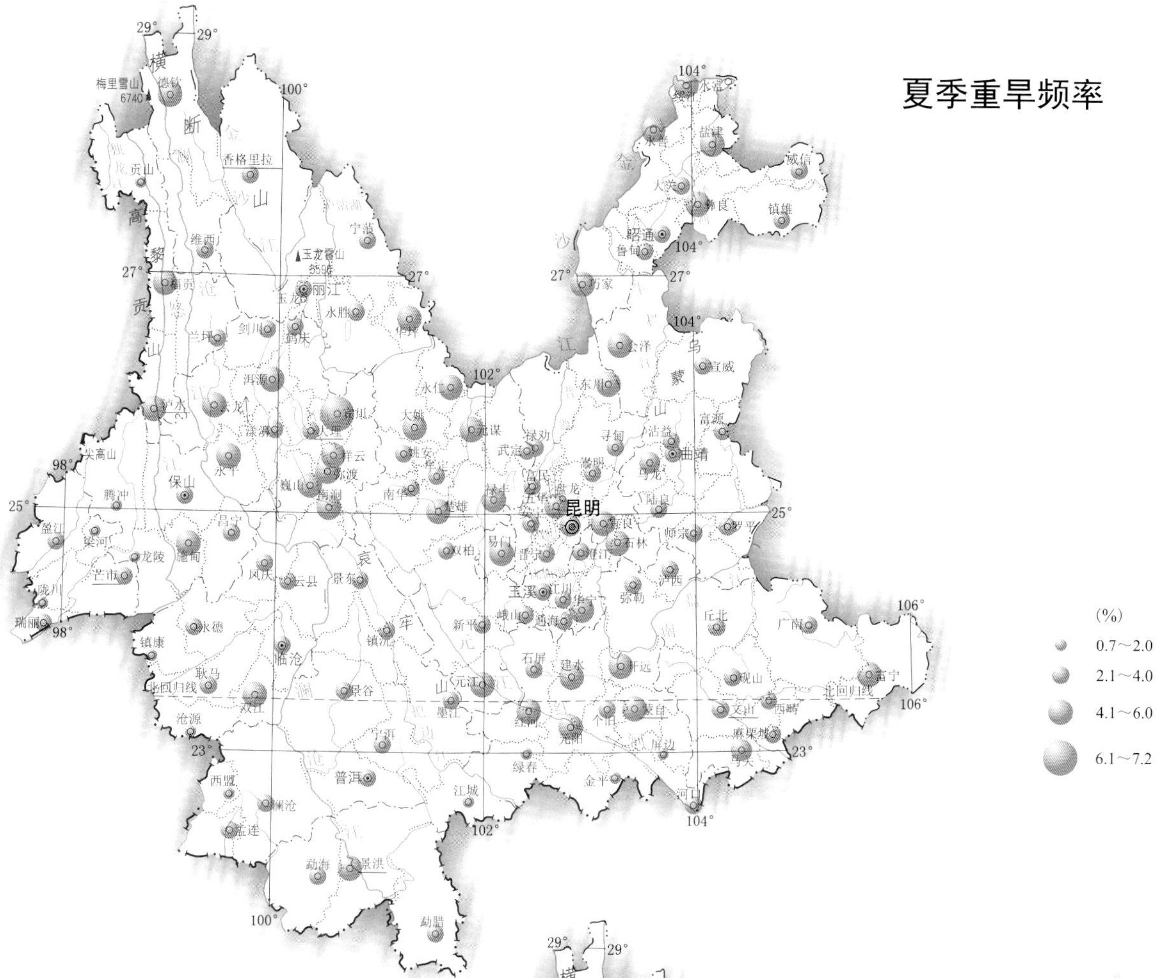

(%)

0.7～2.0

2.1～4.0

4.1～6.0

6.1～7.2

夏季特旱频率

(%)

0.3～1.0

1.1～2.0

2.1～3.0

3.1～5.3

比例尺 1 : 7 000 000 0 70 140 km

秋季干旱频率

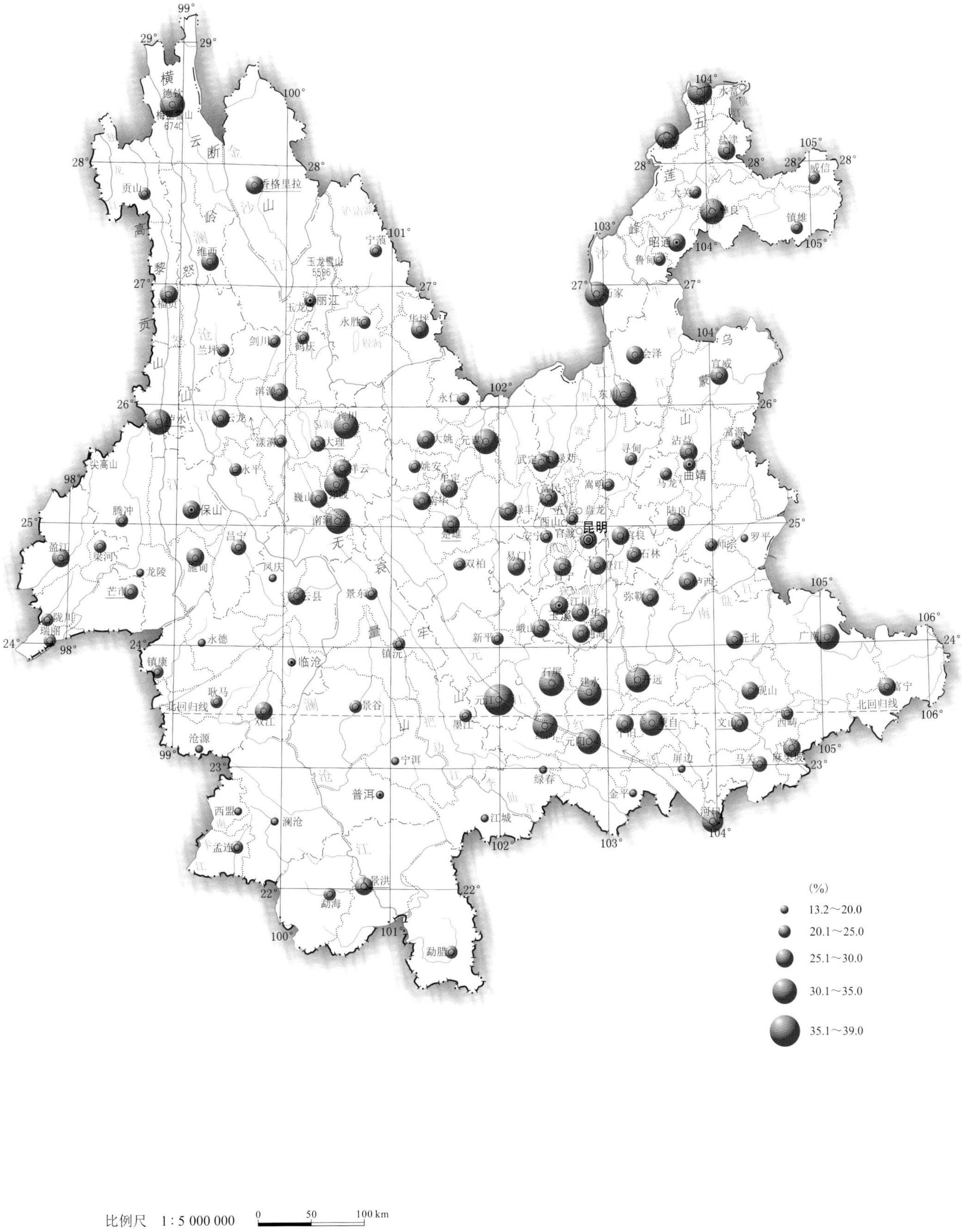

(%)

- 13.2～20.0
- 20.1～25.0
- 25.1～30.0
- 30.1～35.0
- 35.1～39.0

比例尺 1 : 5 000 000　0　50　100 km

秋季轻旱频率

(%)
- 7.9～12.0
- 12.1～16.0
- 16.1～20.0
- 20.1～22.3

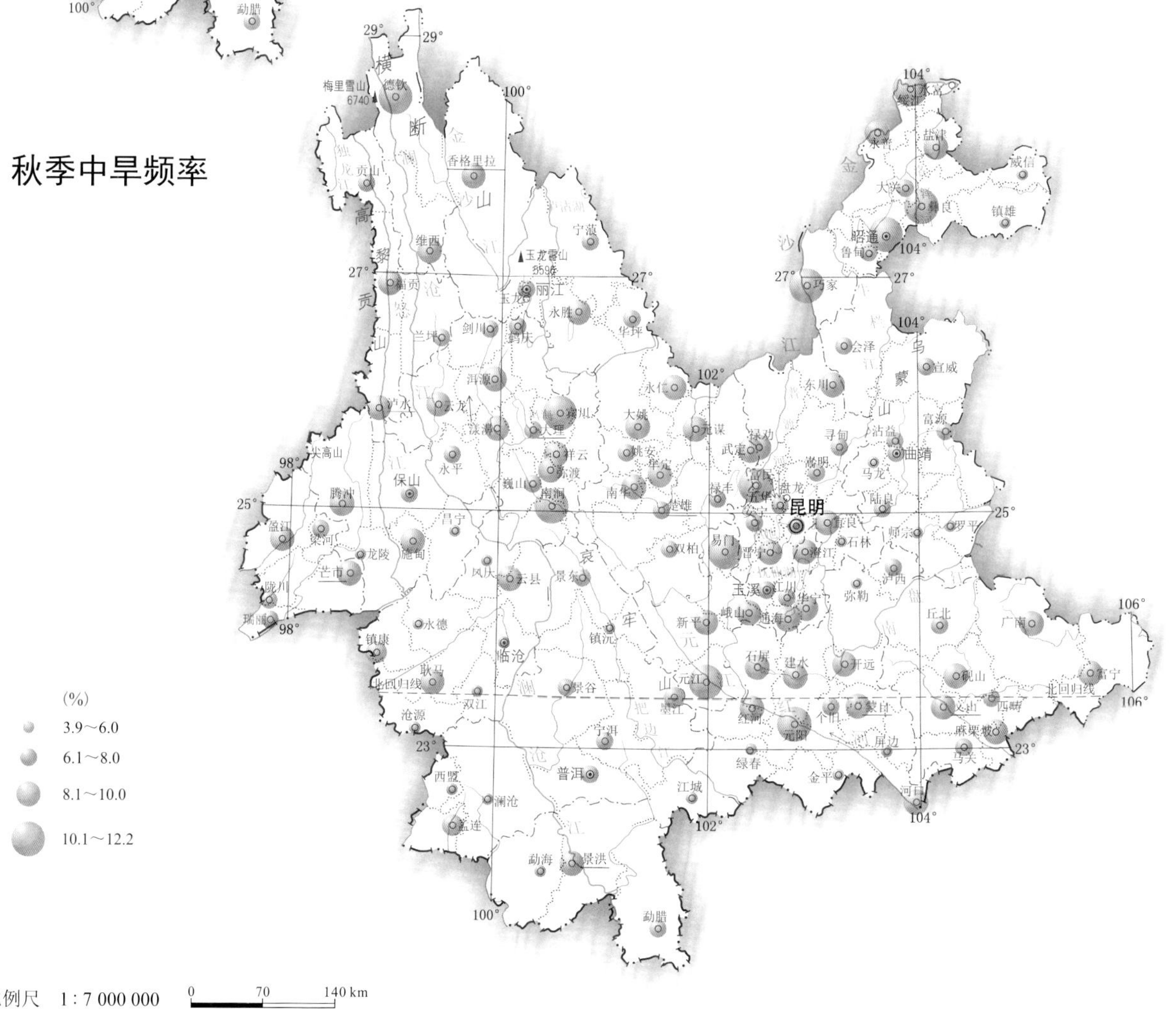

秋季中旱频率

(%)
- 3.9～6.0
- 6.1～8.0
- 8.1～10.0
- 10.1～12.2

比例尺 1 : 7 000 000　0　70　140 km

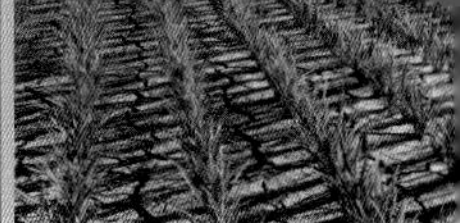

秋季重旱频率

(%)
- 0.5～2.0
- 2.1～4.0
- 4.1～6.0
- 6.1～6.2

秋季特旱频率

(%)
- 0.0～1.0
- 1.1～2.0
- 2.1～2.9

比例尺　1 : 7 000 000　0　70　140 km

冬季干旱频率

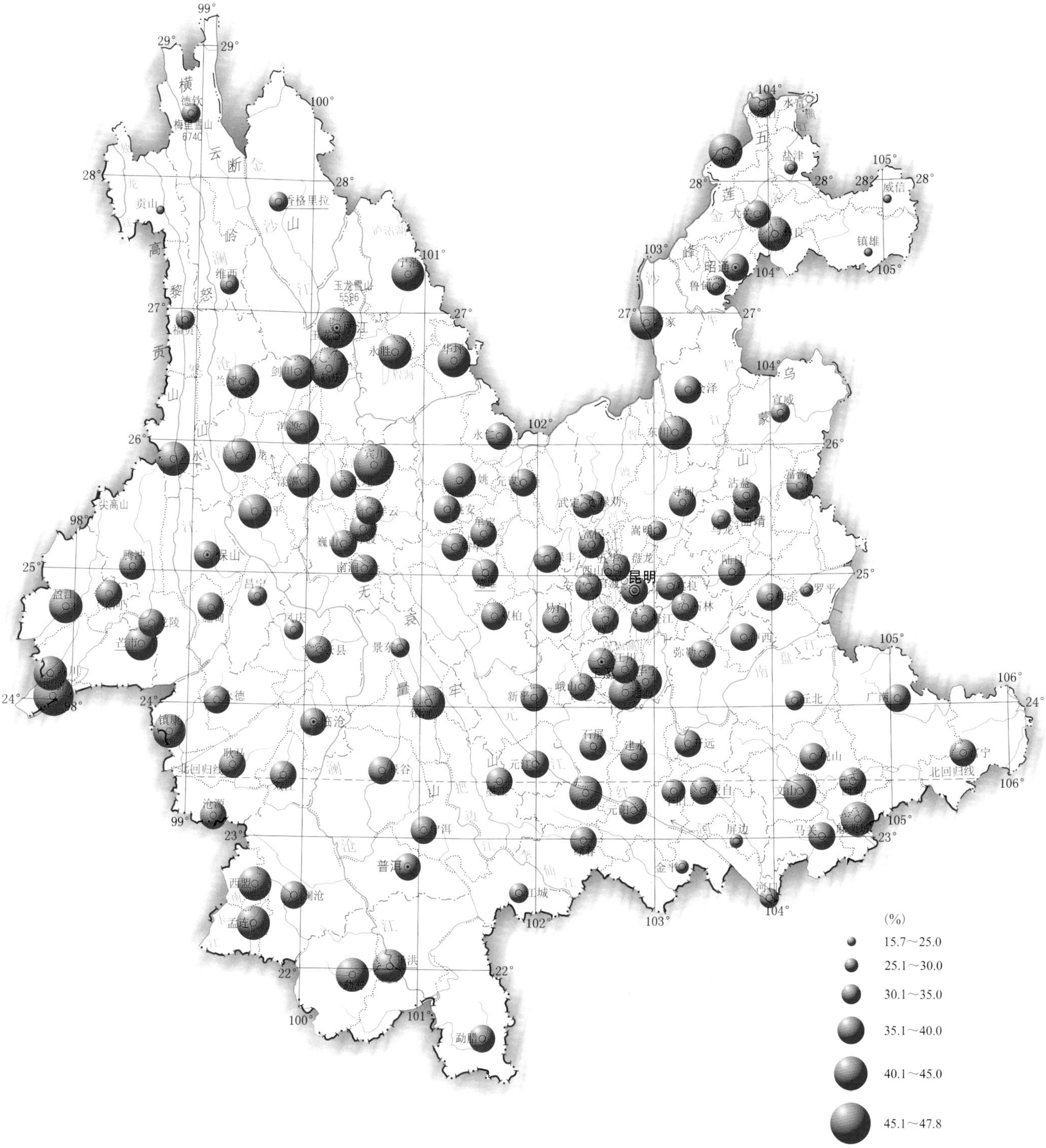
昆明
昭通
丽江
普洱
香格里拉
玉龙雪山 5596
梅里雪山 6740
北回归线
(%)
15.7～25.0
25.1～30.0
30.1～35.0
35.1～40.0
40.1～45.0
45.1～47.8

比例尺 1∶5 000 000 0 50 100 km

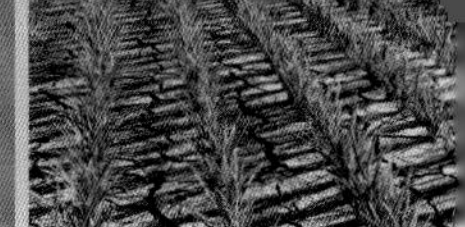

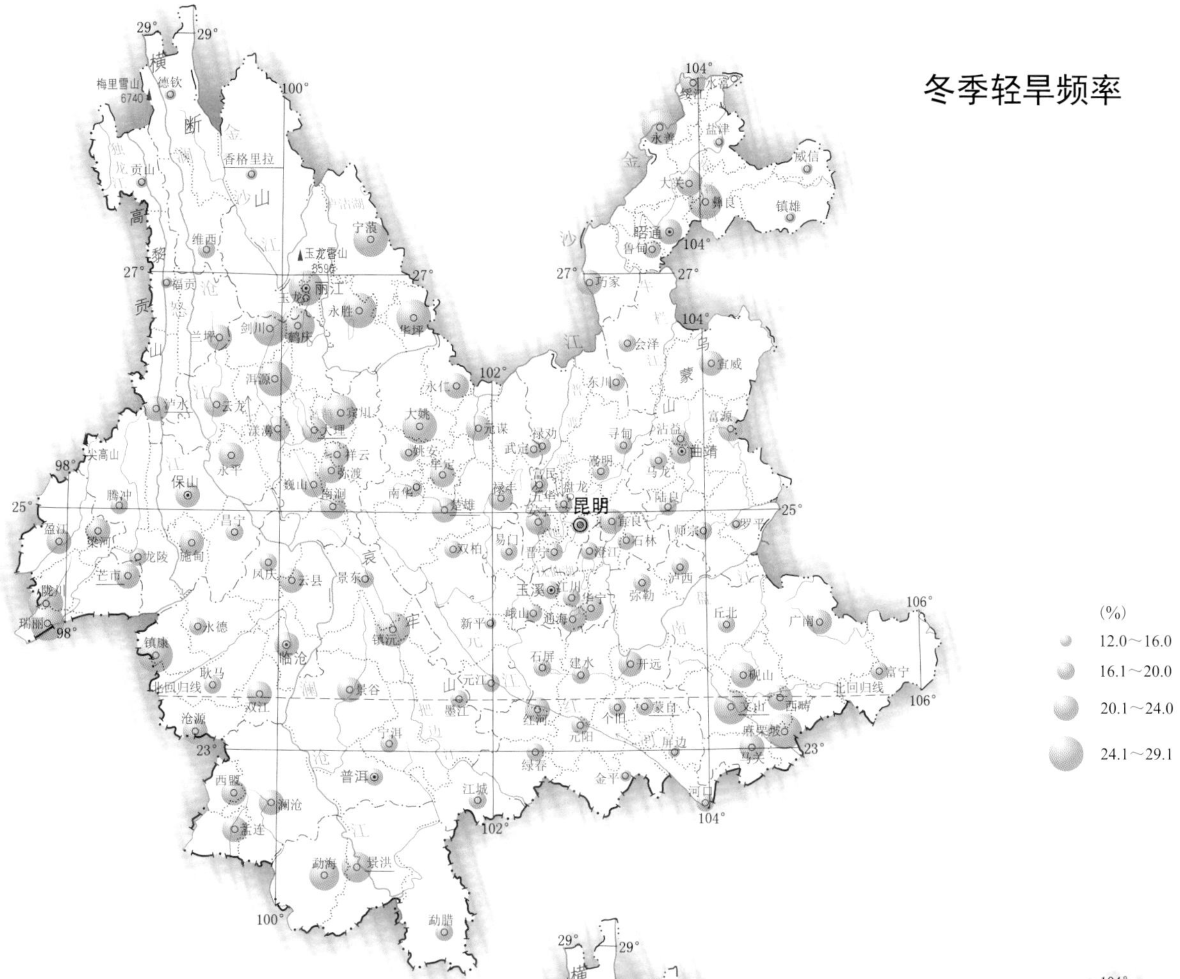

冬季轻旱频率

(%)

- 12.0～16.0
- 16.1～20.0
- 20.1～24.0
- 24.1～29.1

冬季中旱频率

(%)

- 3.0～10.0
- 10.1～12.0
- 12.1～14.0
- 14.1～18.3

比例尺　1 : 7 000 000　0　70　140 km

冬季重旱频率

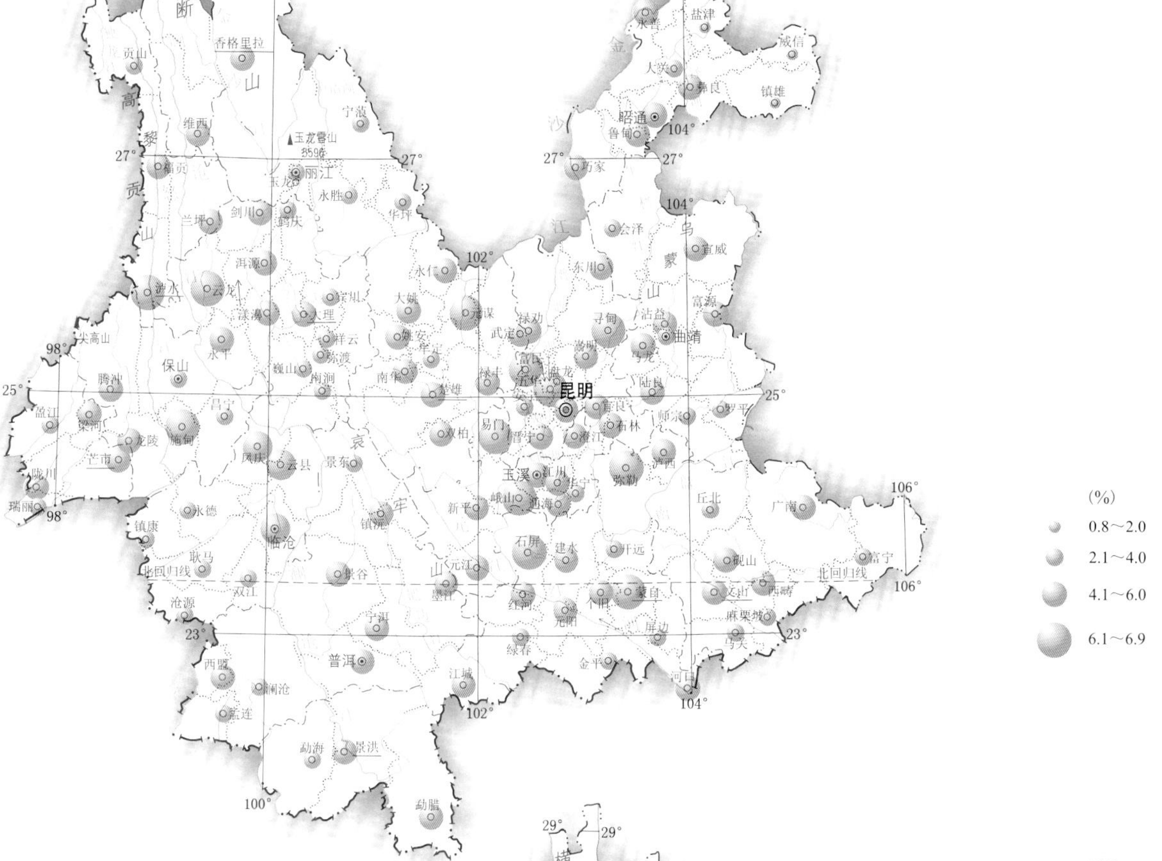

(%)

- 0.8～2.0
- 2.1～4.0
- 4.1～6.0
- 6.1～6.9

冬季特旱频率

(%)

- 0.0～1.0
- 1.1～2.0
- 2.1～3.0

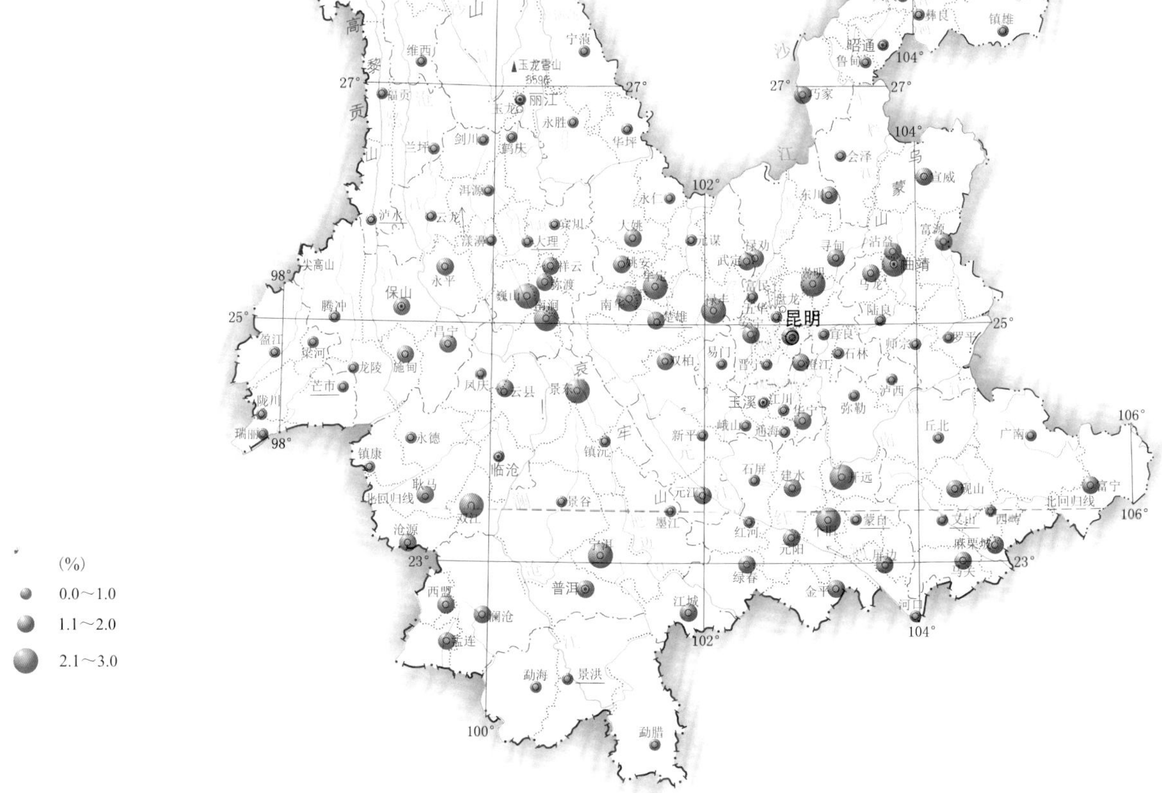

比例尺 1 : 7 000 000 0 70 140 km

气象干旱变化趋势

年干旱日数线性变化

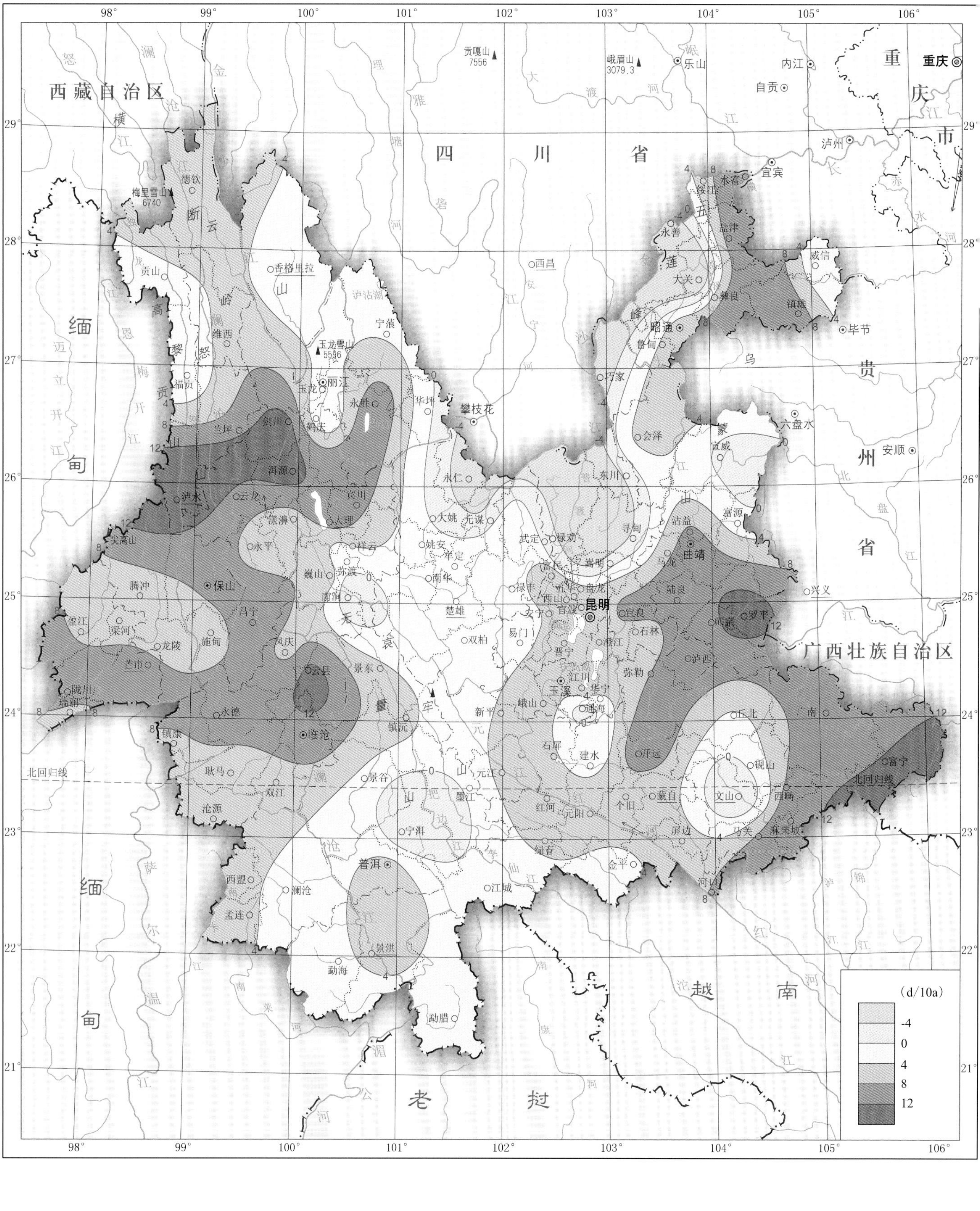

(d/10a)

-4
0
4
8
12

比例尺 1 : 5 000 000 0 50 100 km

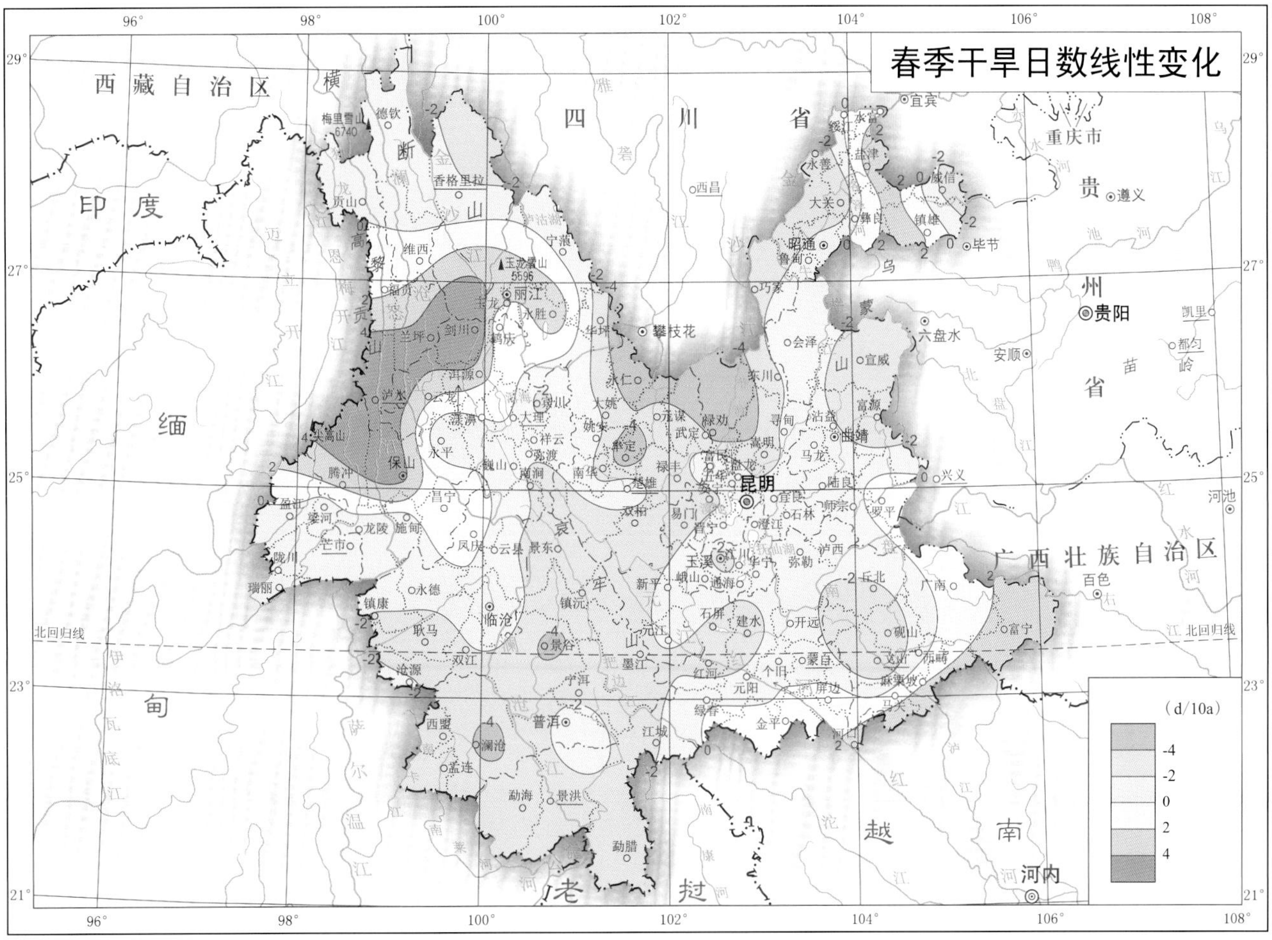

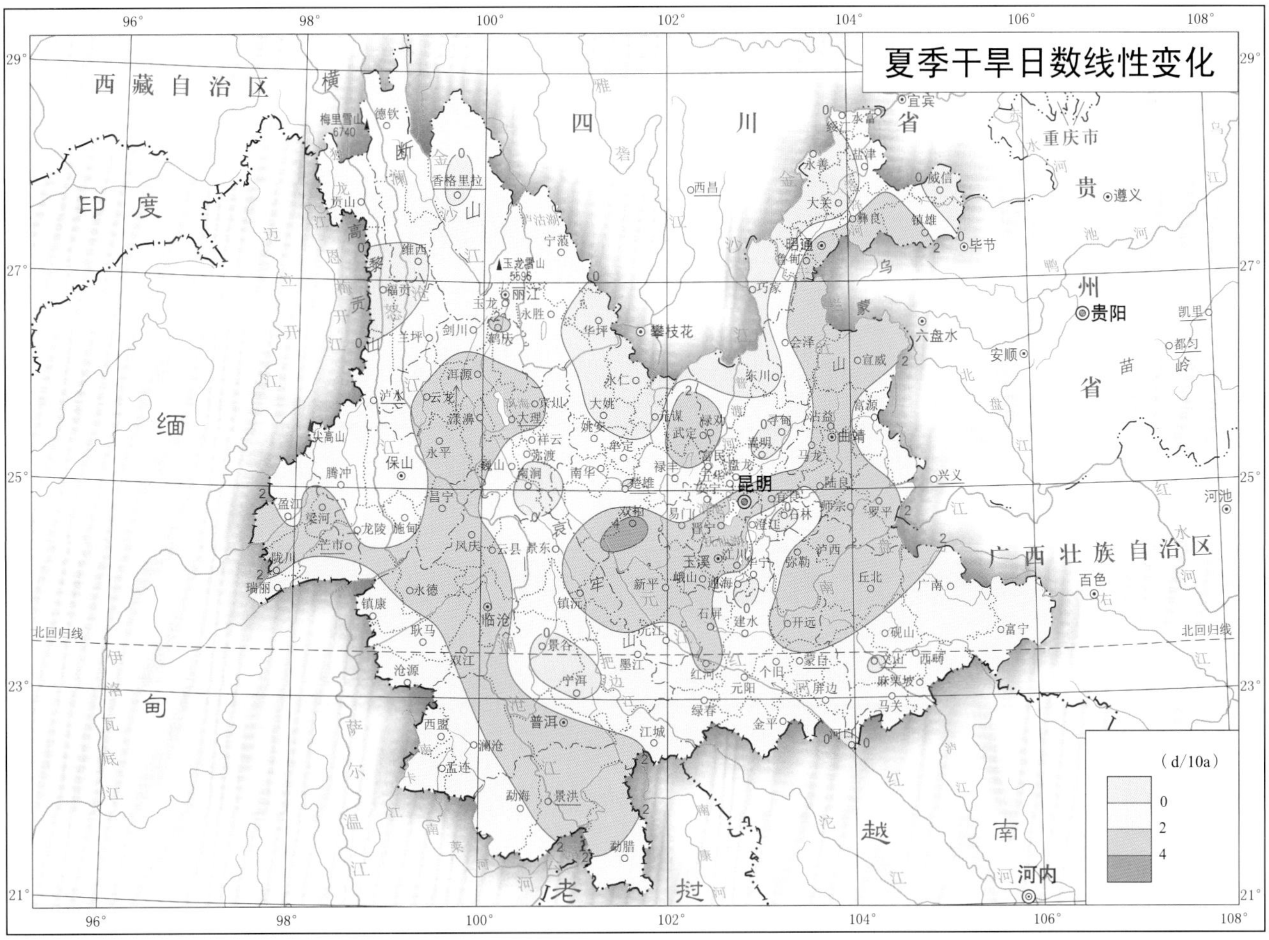

春季干旱日数线性变化

(d/10a)

-4
-2
0
2
4

夏季干旱日数线性变化

(d/10a)

0
2
4

比例尺 1 : 8 000 000 0 80 160 km

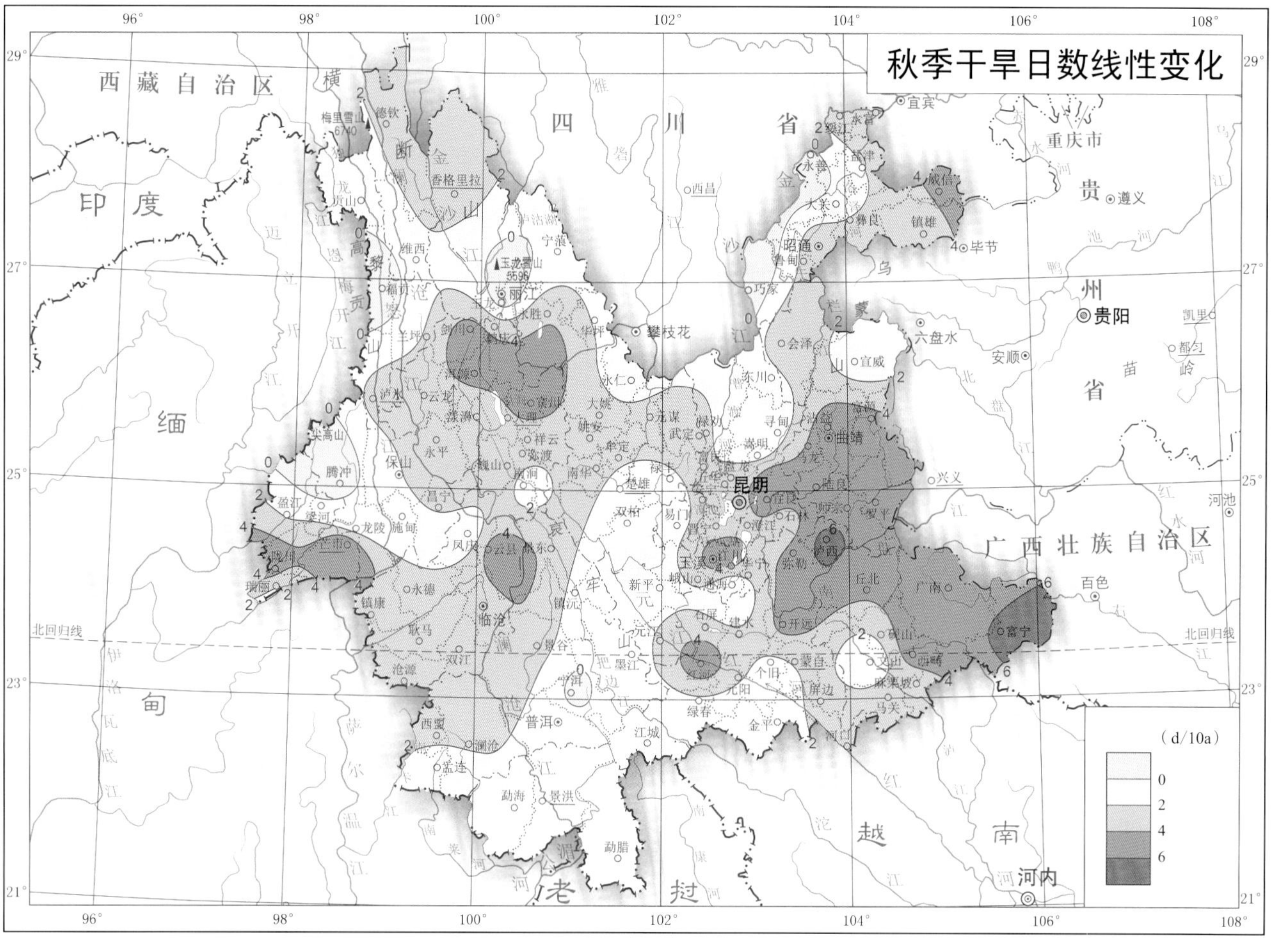

秋季干旱日数线性变化

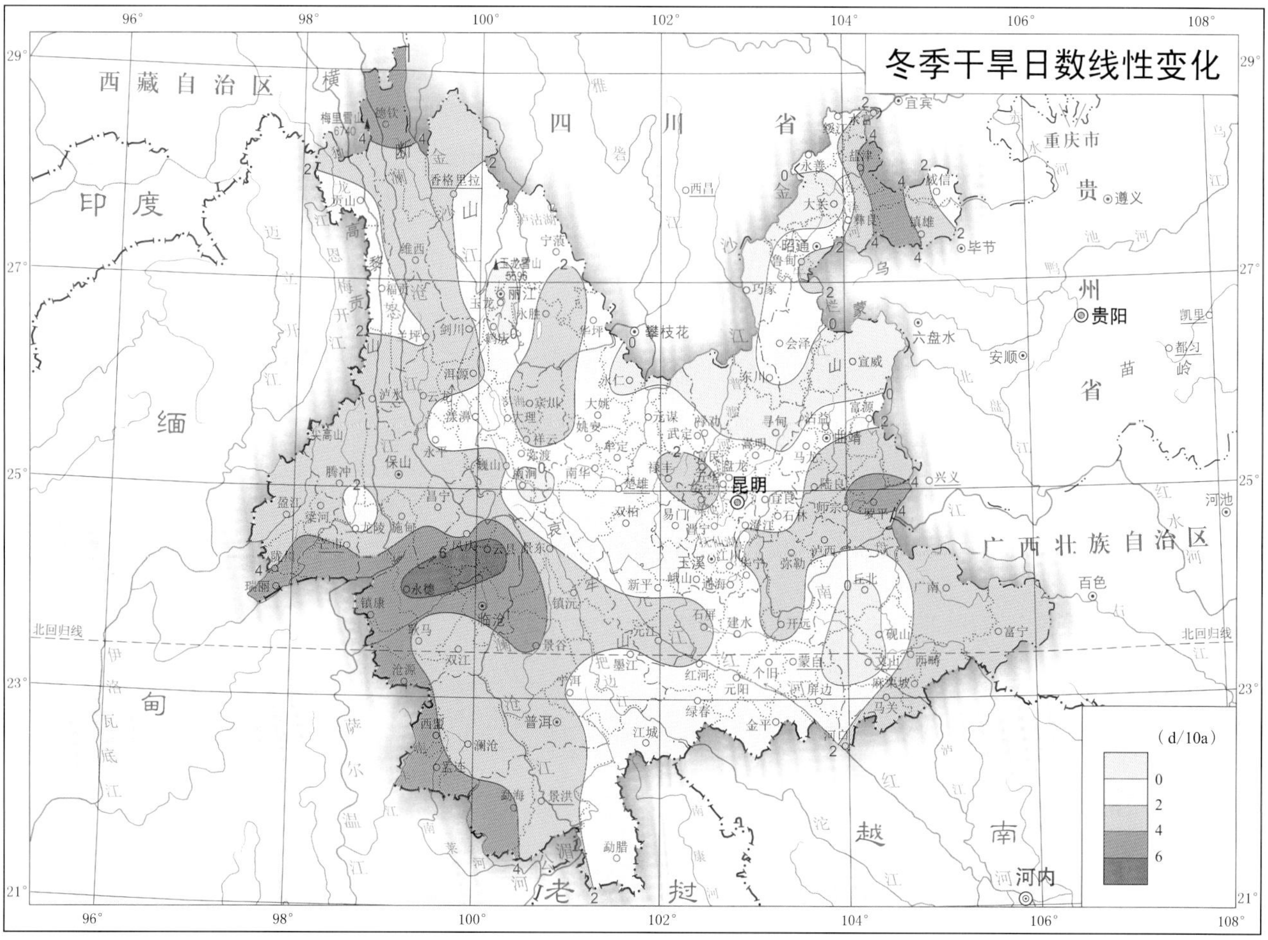

(d/10a)

0
2
4
6

冬季干旱日数线性变化

(d/10a)

0
2
4
6

比例尺 1∶8 000 000 0 80 160 km

1961—2016年云南逐月平均气象干旱综合指数变化

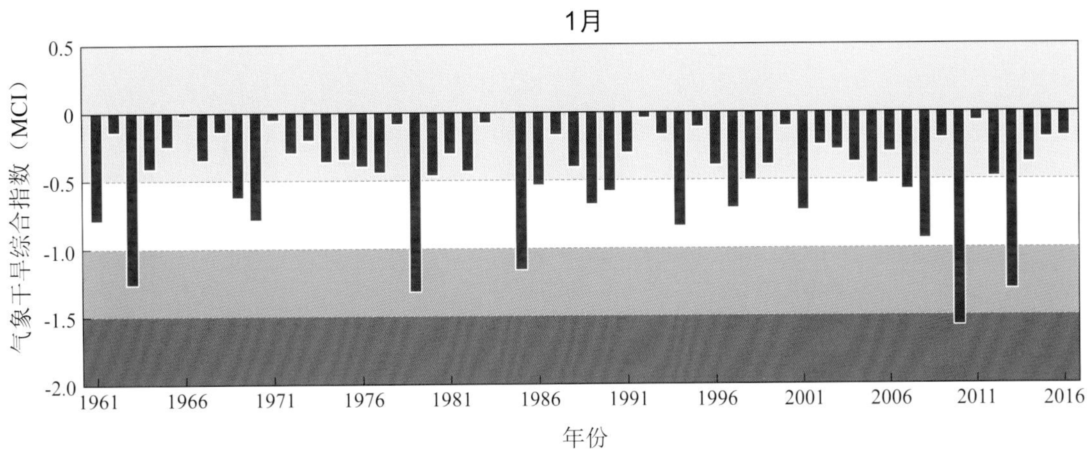

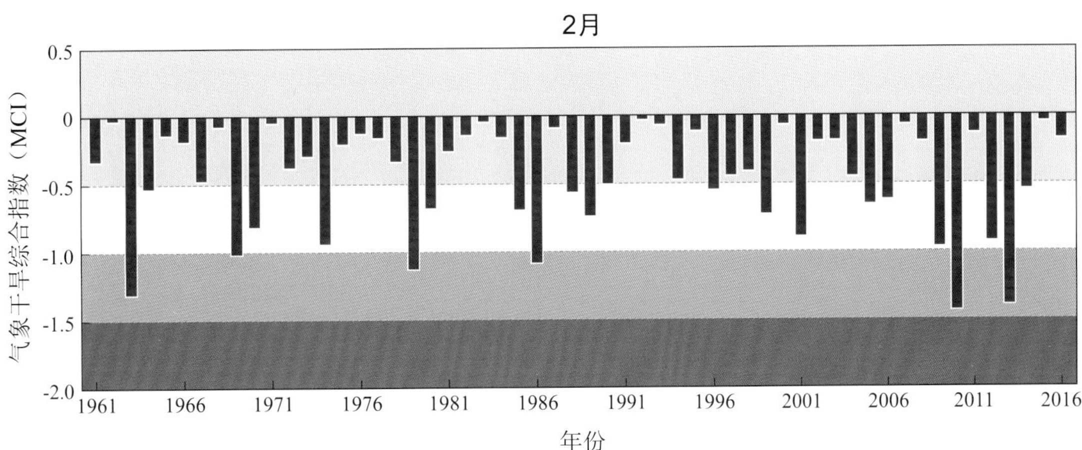

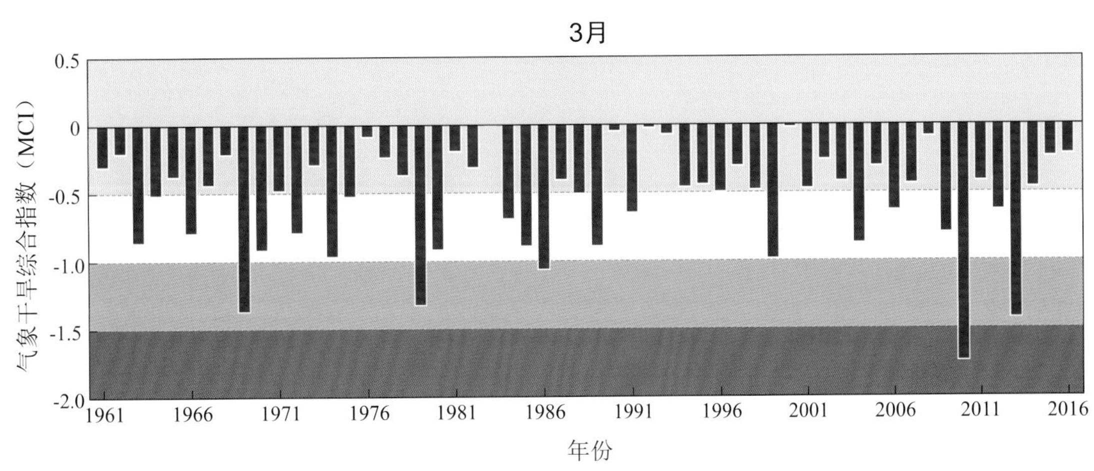

1961—2016年云南逐月平均气象干旱综合指数变化

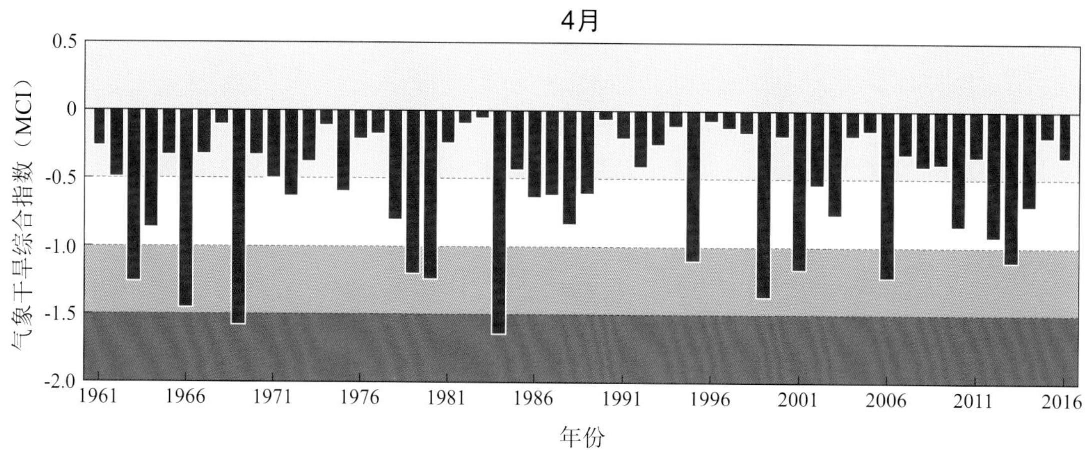

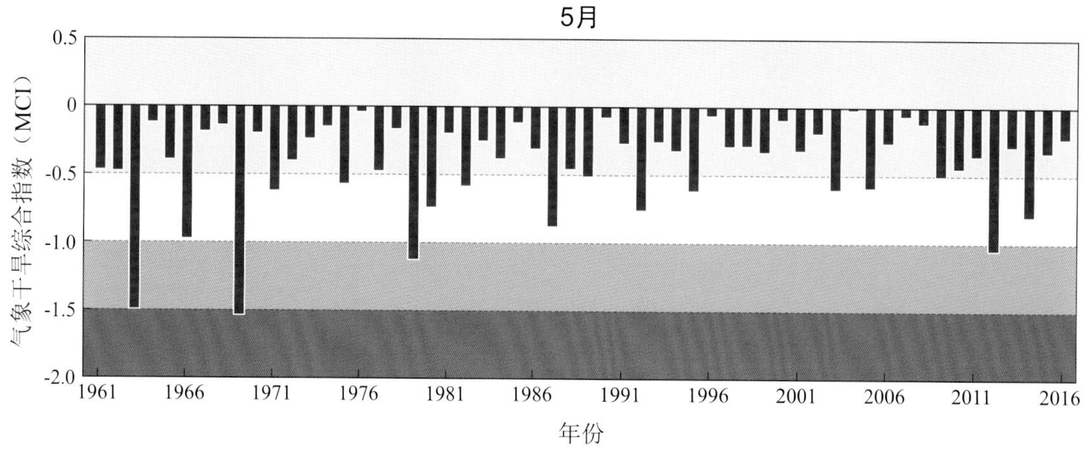

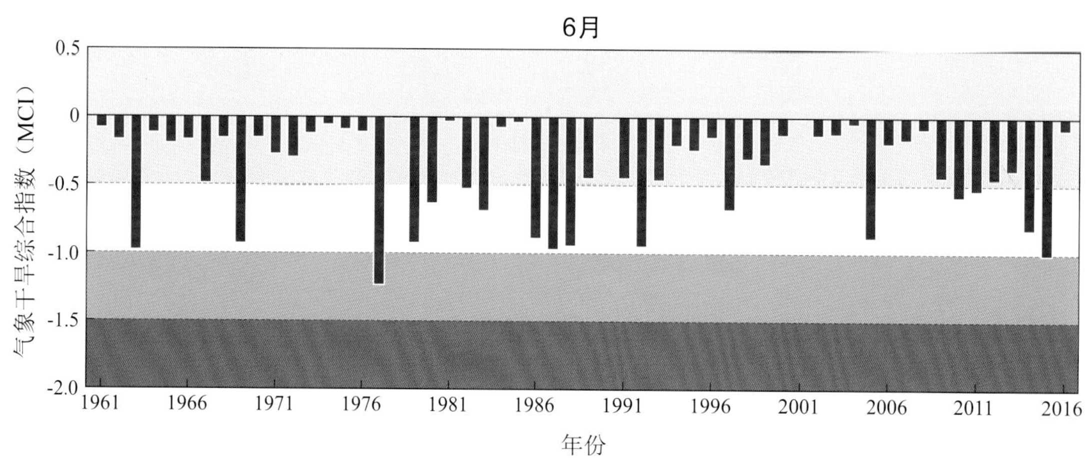

1961—2016年云南逐月平均气象干旱综合指数变化

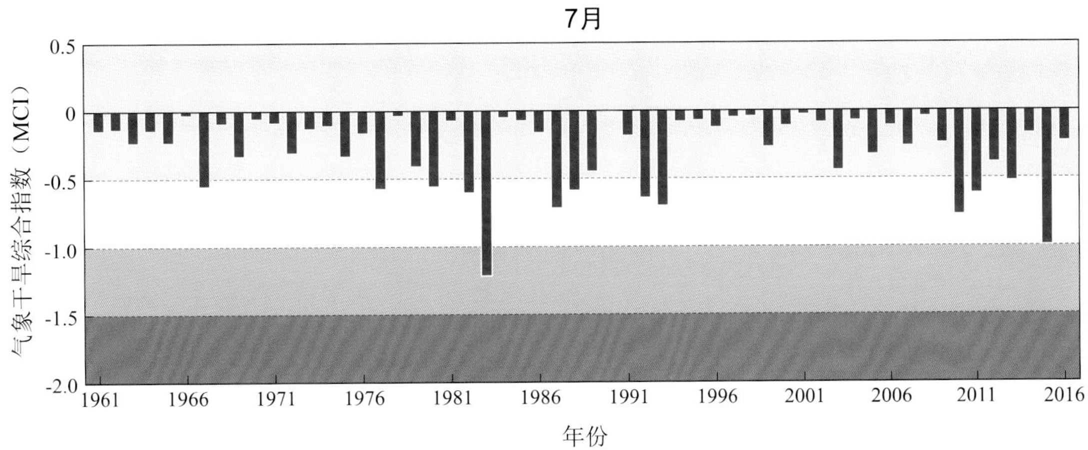

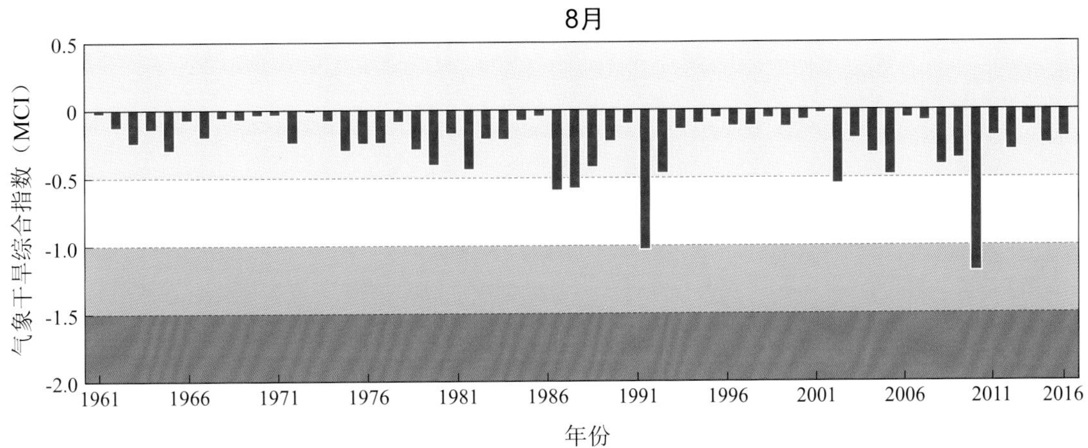

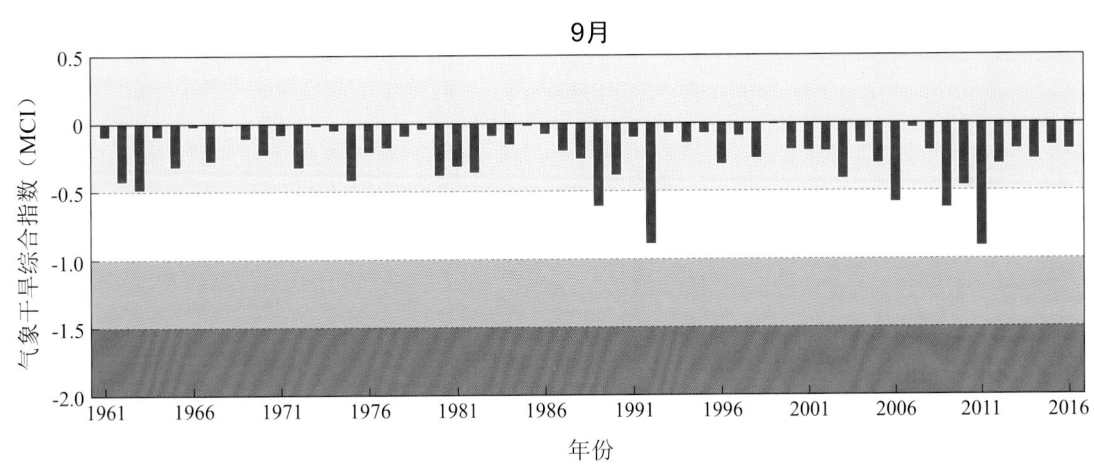

1961—2016年云南逐月平均气象干旱综合指数变化

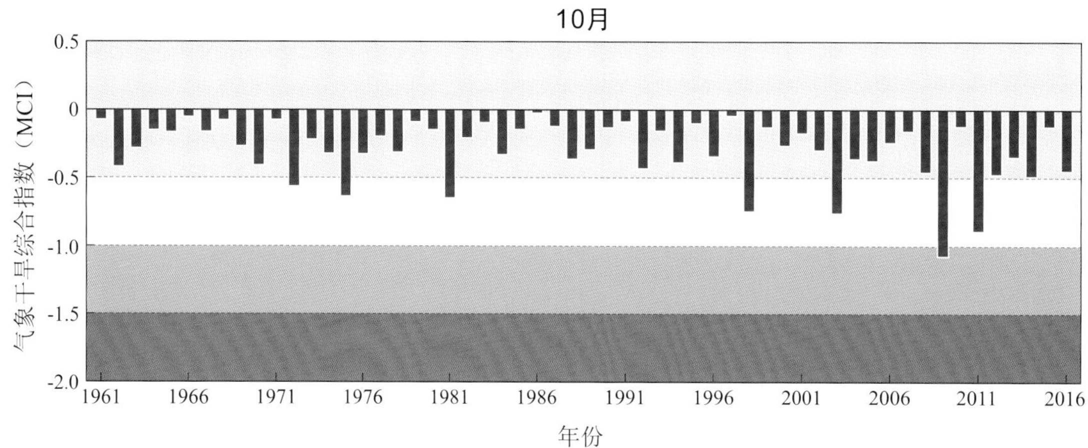

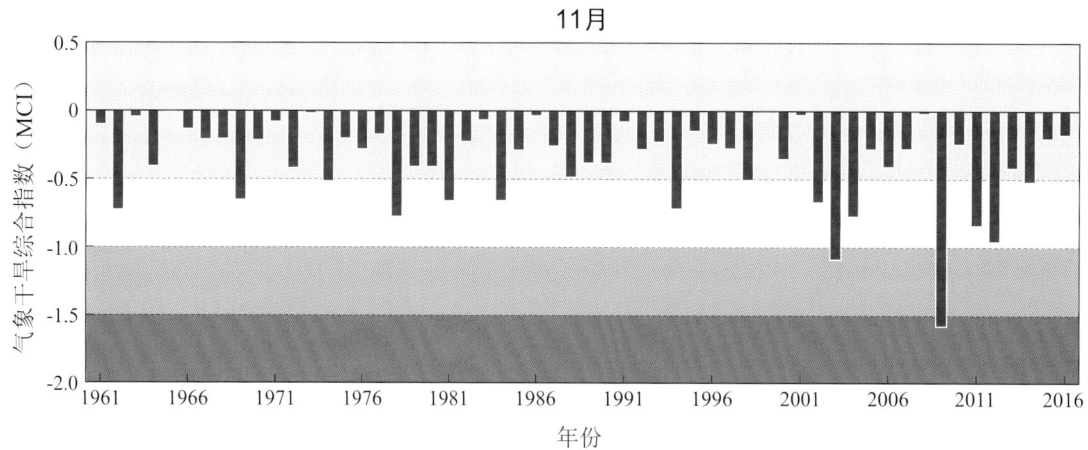

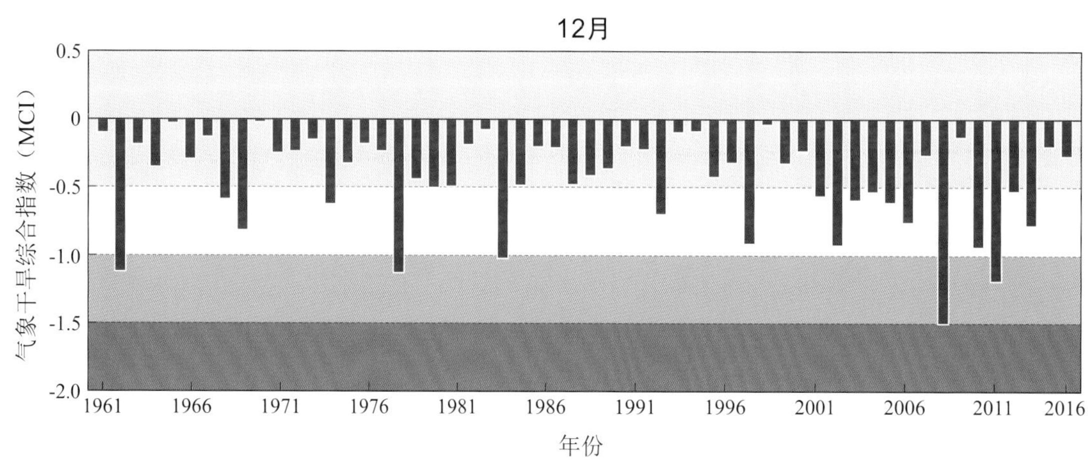

1961—2016年云南四季平均气象干旱综合指数变化

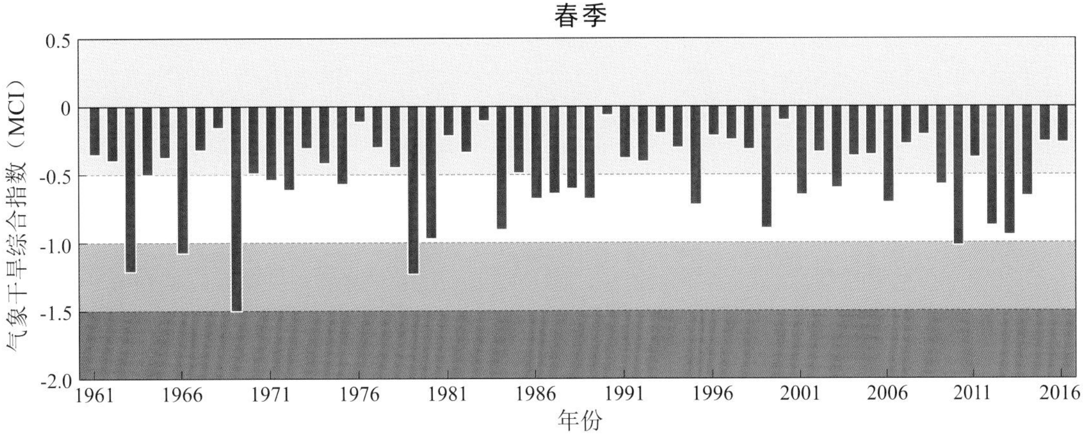

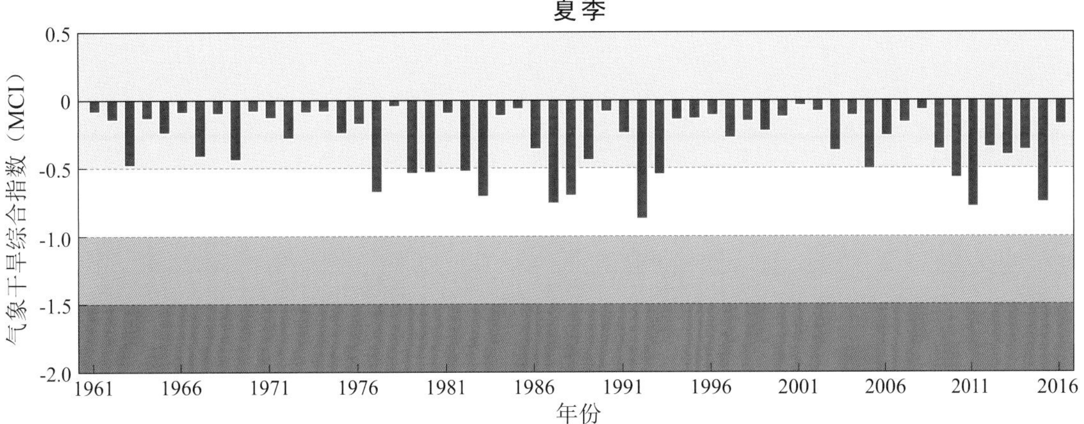

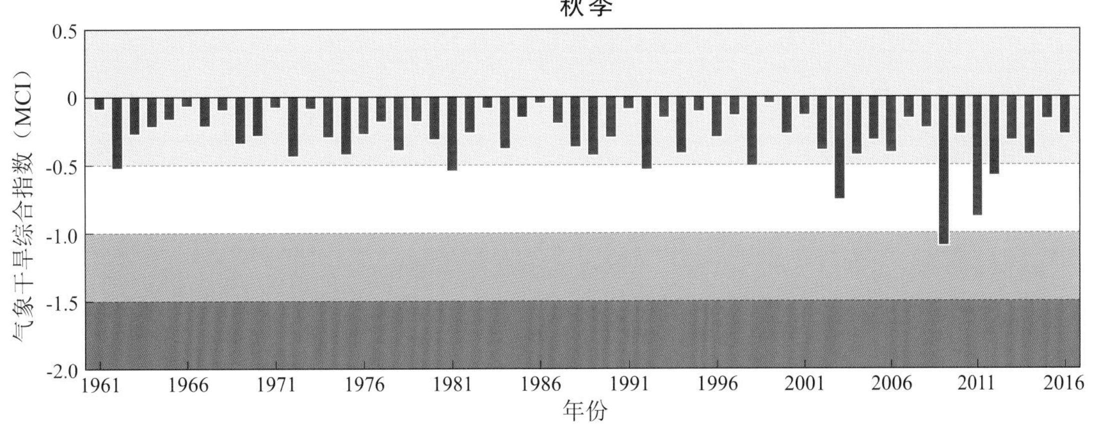

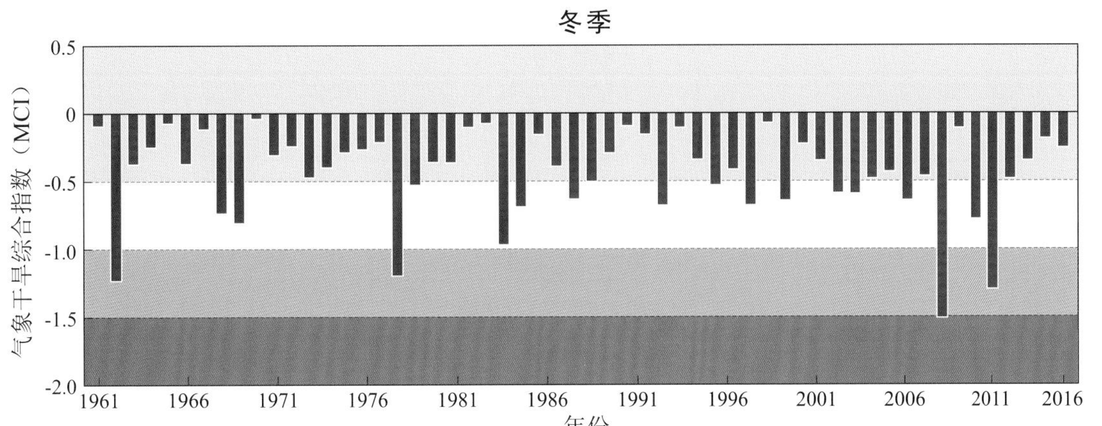

1961—2016年云南干、雨季平均气象干旱综合指数变化

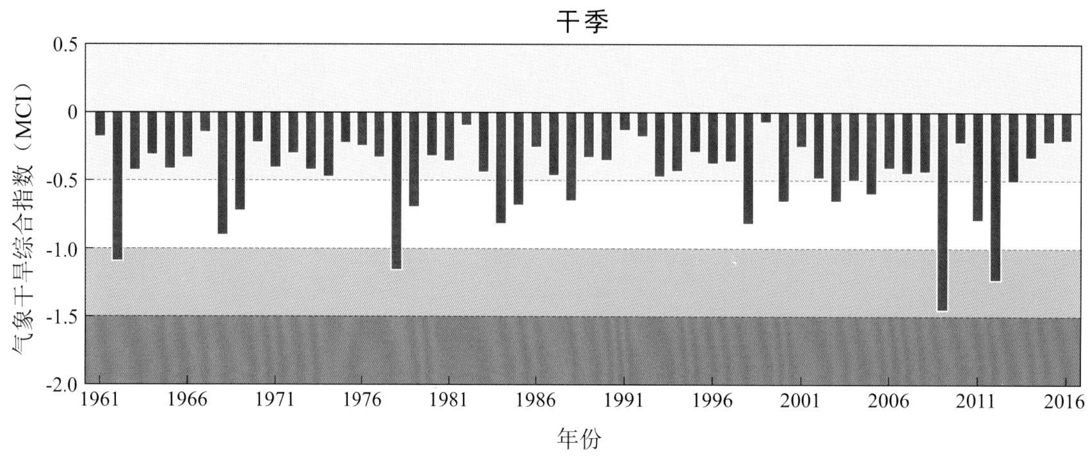

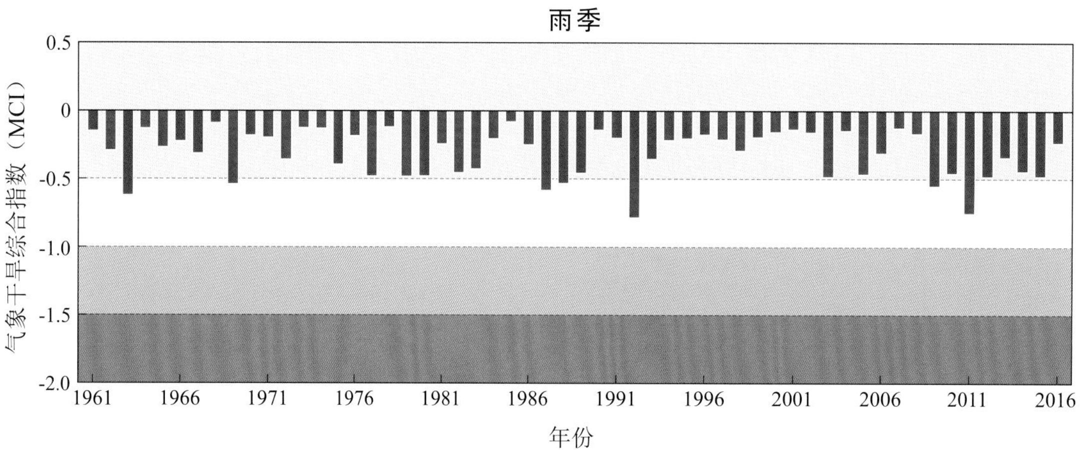

1961—2016年云南年平均气象干旱综合指数变化

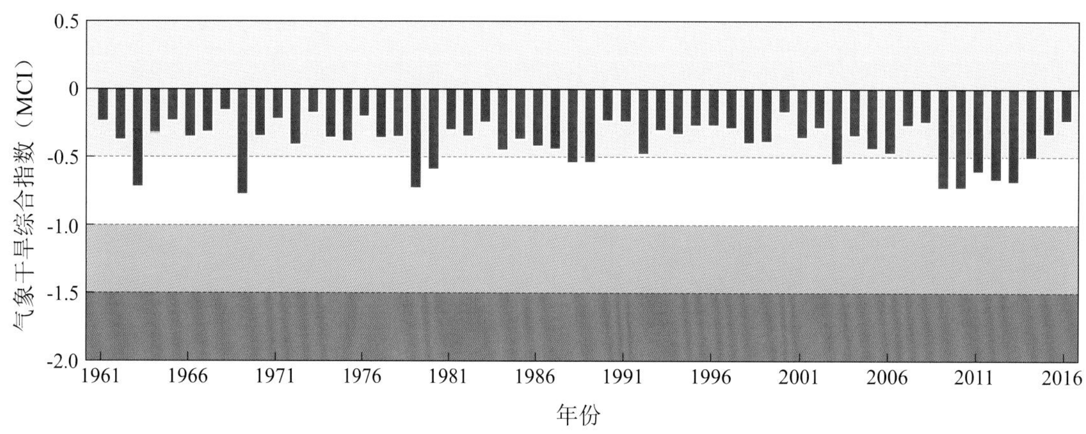

1961—2016 年
逐年气象干旱状况

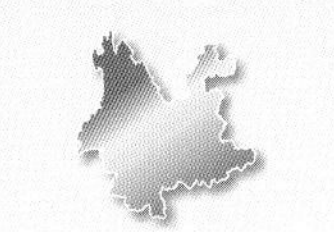

1961年干旱日数

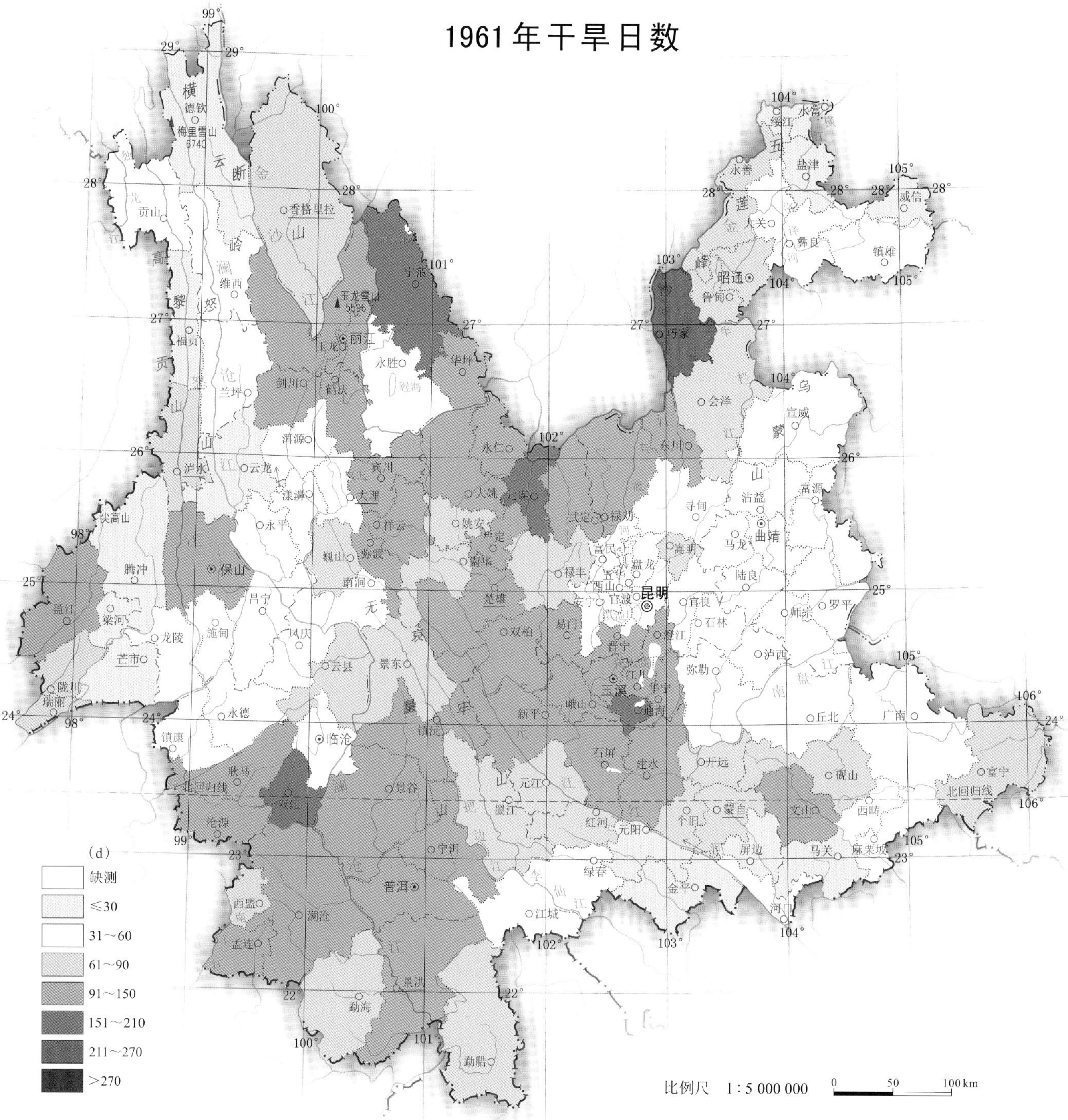

(d)
缺测
≤30
31～60
61～90
91～150
151～210
211～270
>270
比例尺 1 : 5 000 000
0
50
100 km
昆明
丽江
大理
保山
临沧
普洱
玉溪
曲靖
昭通
楚雄
蒙自
文山
北回归线
梅里雪山 6740
玉龙雪山 5596

1961年逐日干旱、降水变化曲线

气象干旱综合指数
日降水量
气象干旱综合指数（MCI）
日降水量（mm）
3.0
2.5
2.0
1.5
1.0
0.5
0
-0.5
-1.0
-1.5
-2.0
50
40
30
20
10
0
01-01
02-01
03-01
04-01
05-01
06-01
07-01
08-01
09-01
10-01
11-01
12-01
12-31
日期（月-日）
无旱
轻旱
中旱
重旱
特旱

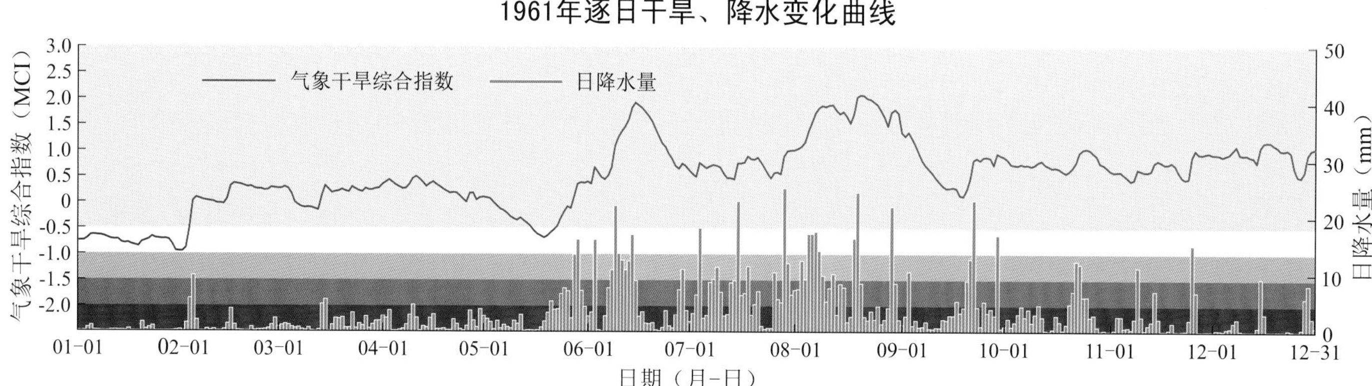

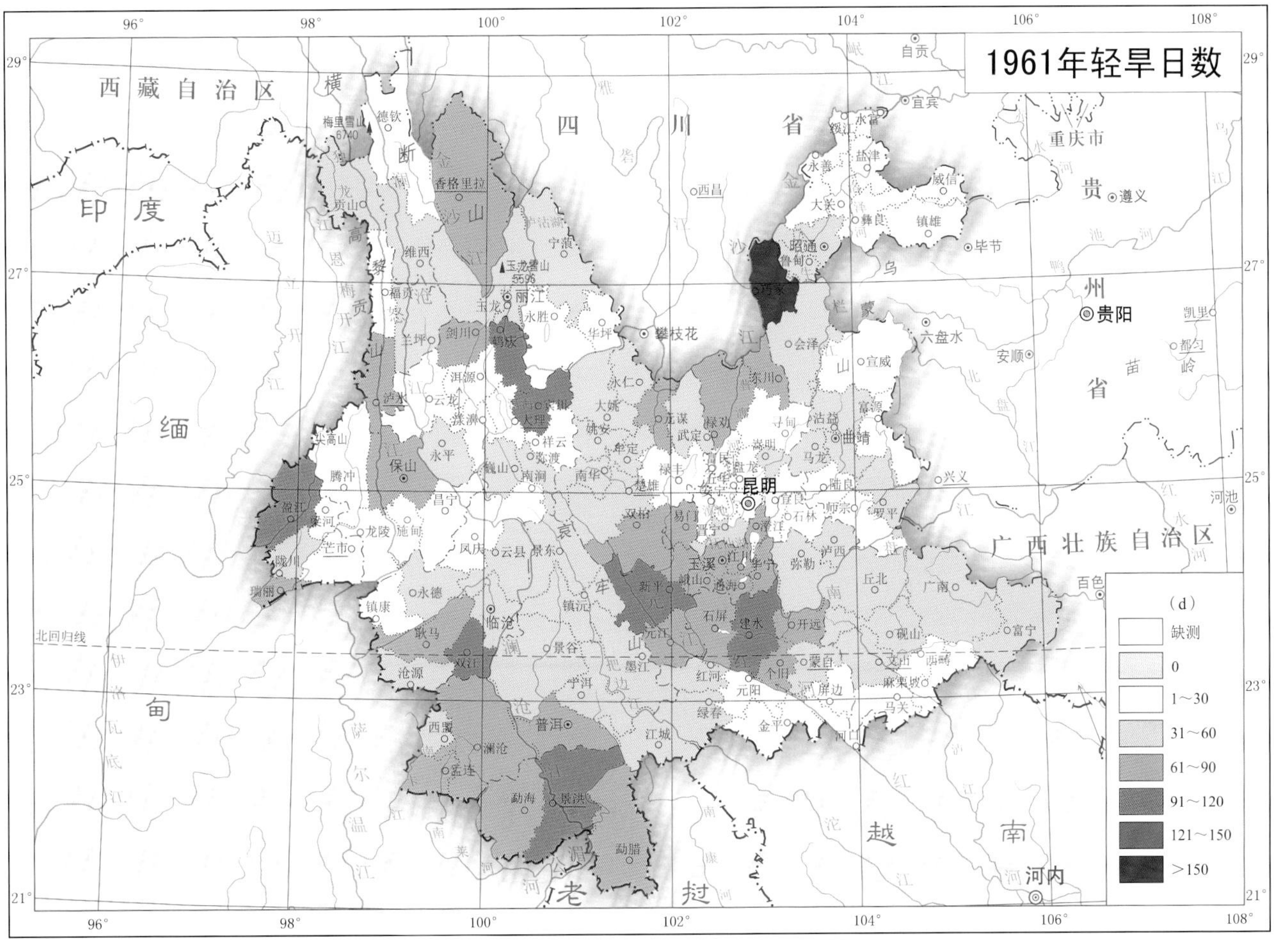

1961年轻旱日数

(d)
- 缺测
- 0
- 1～30
- 31～60
- 61～90
- 91～120
- 121～150
- >150

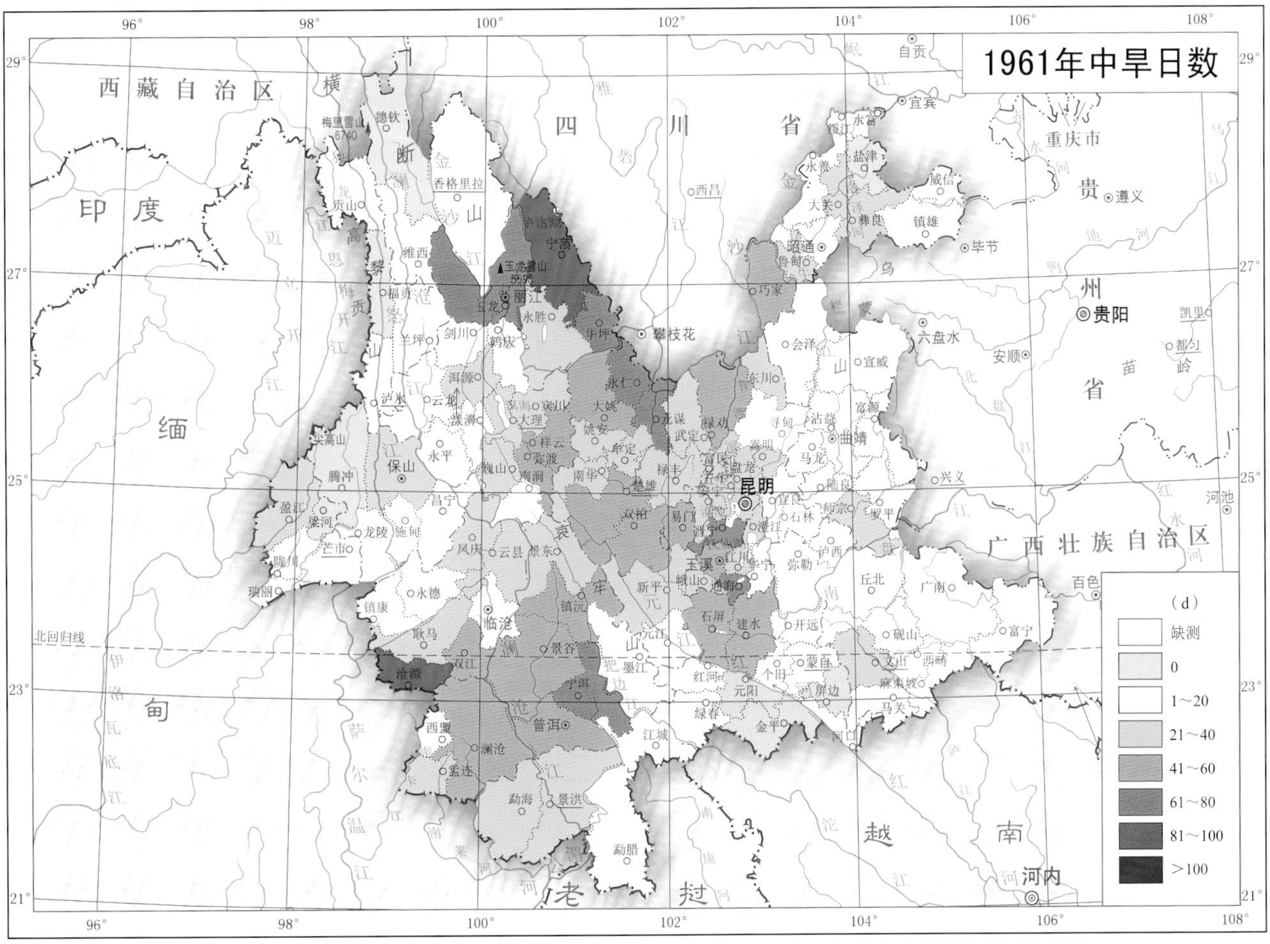

1961年中旱日数

(d)
- 缺测
- 0
- 1～20
- 21～40
- 41～60
- 61～80
- 81～100
- >100

比例尺 1:8 000 000 0 80 160 km

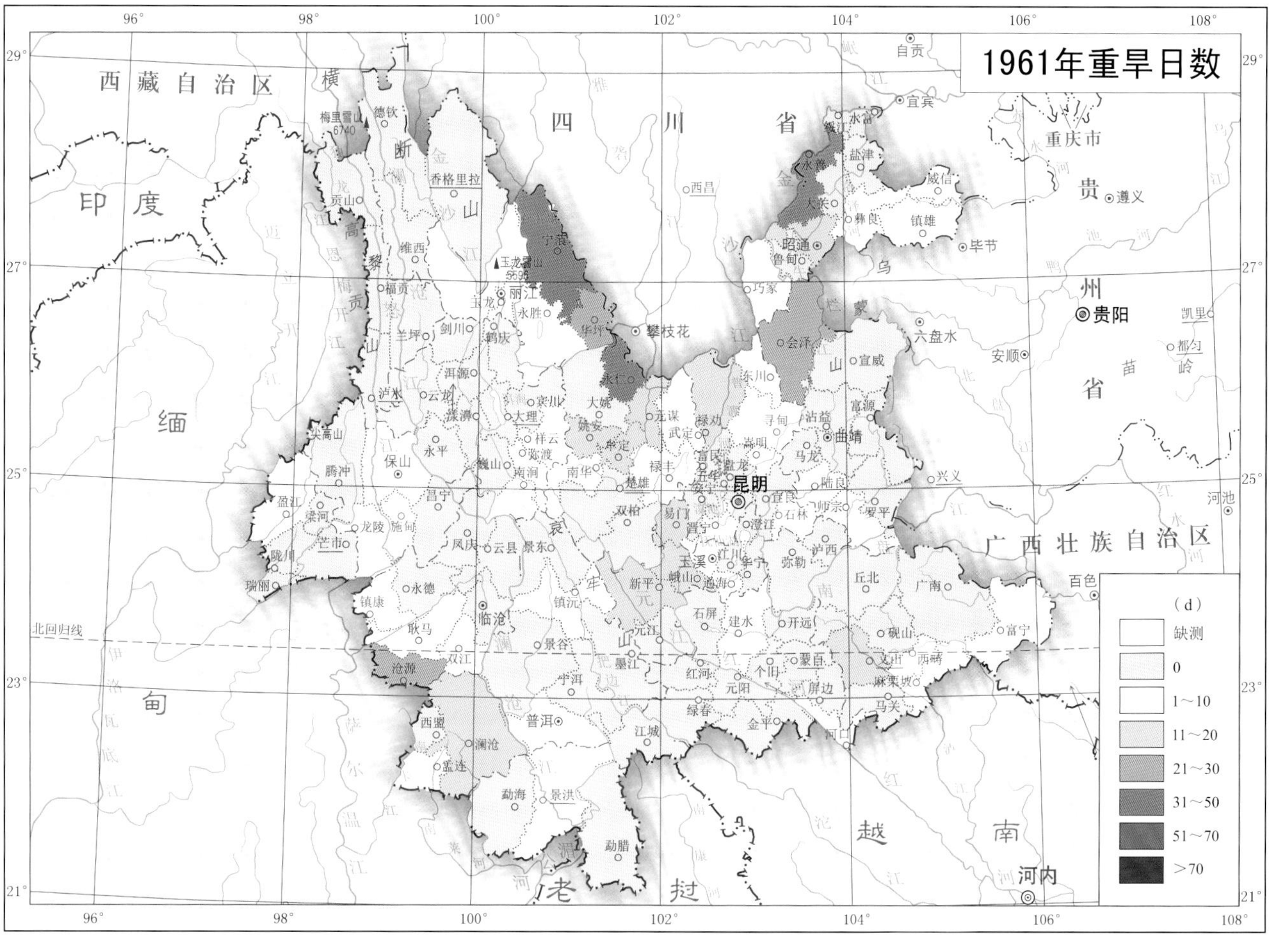
1961年重旱日数
(d)
缺测
0
1～10
11～20
21～30
31～50
51～70
>70
西藏自治区
四川省
印度
缅甸
贵州省
广西壮族自治区
越南
老挝
重庆市
昆明
贵阳
河内
北回归线

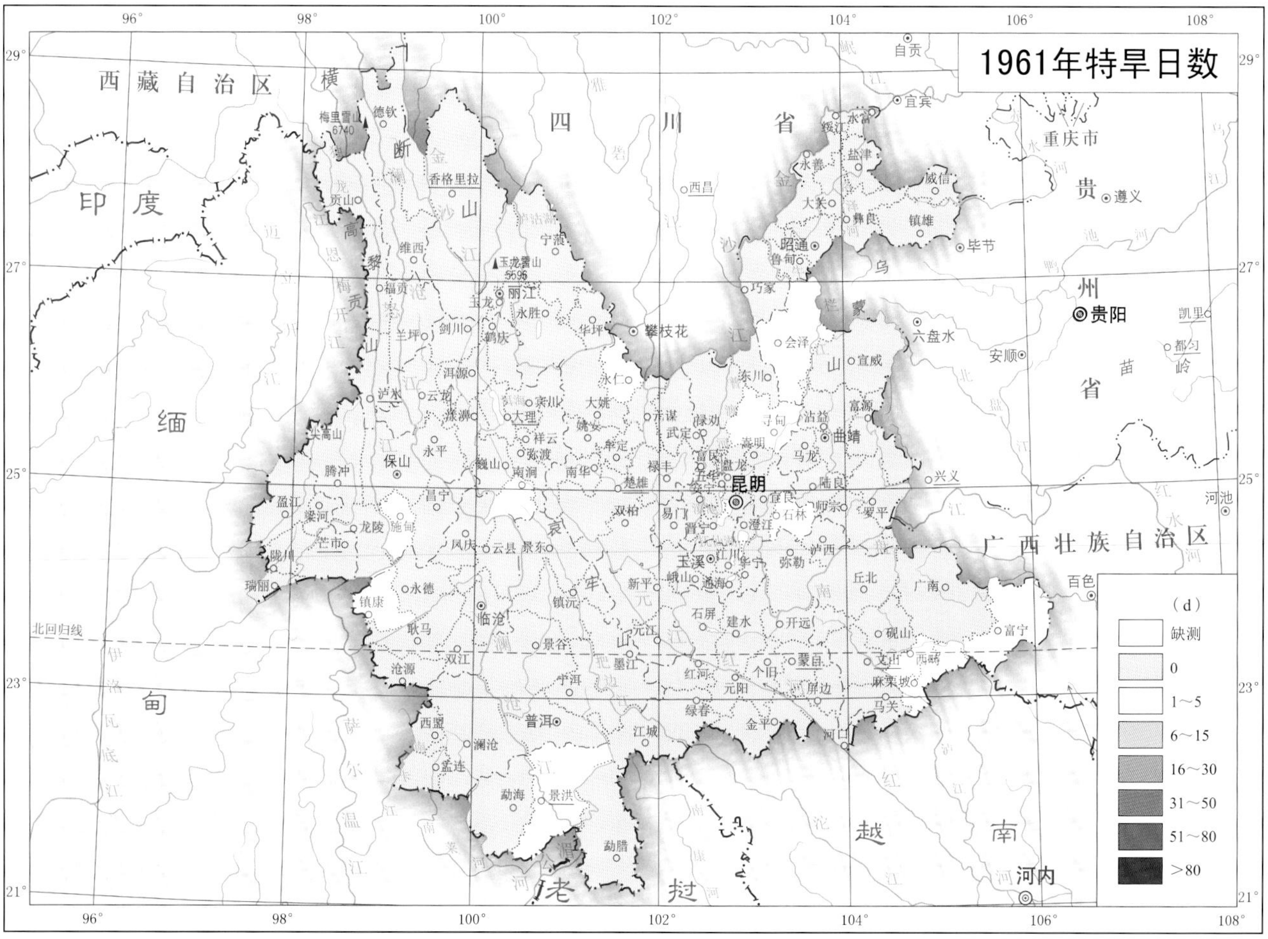
1961年特旱日数
(d)
缺测
0
1～5
6～15
16～30
31～50
51～80
>80
西藏自治区
四川省
印度
缅甸
贵州省
广西壮族自治区
越南
老挝
重庆市
昆明
贵阳
河内
北回归线

比例尺 1 : 8 000 000 0 80 160 km

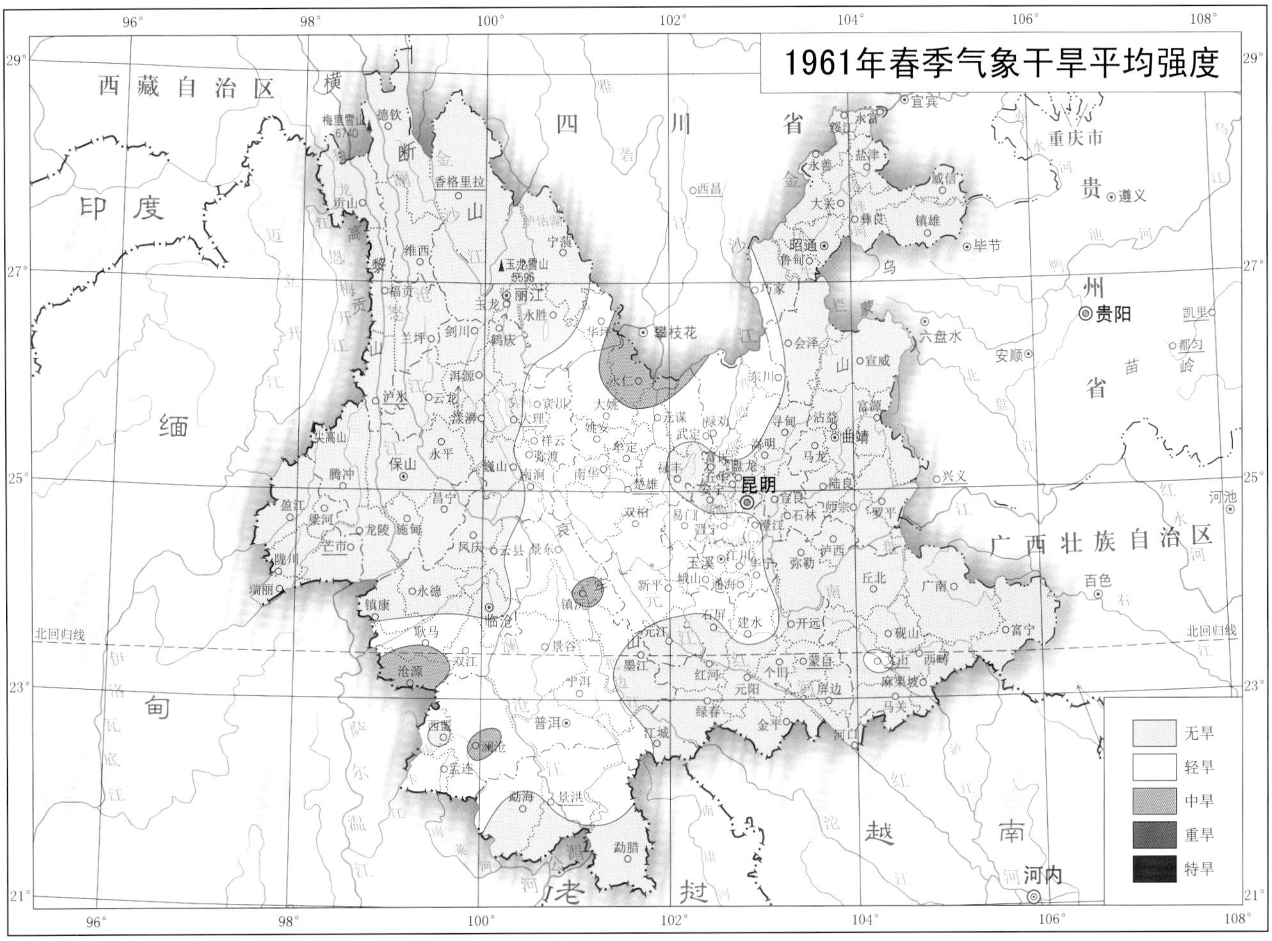

1961年春季气象干旱平均强度

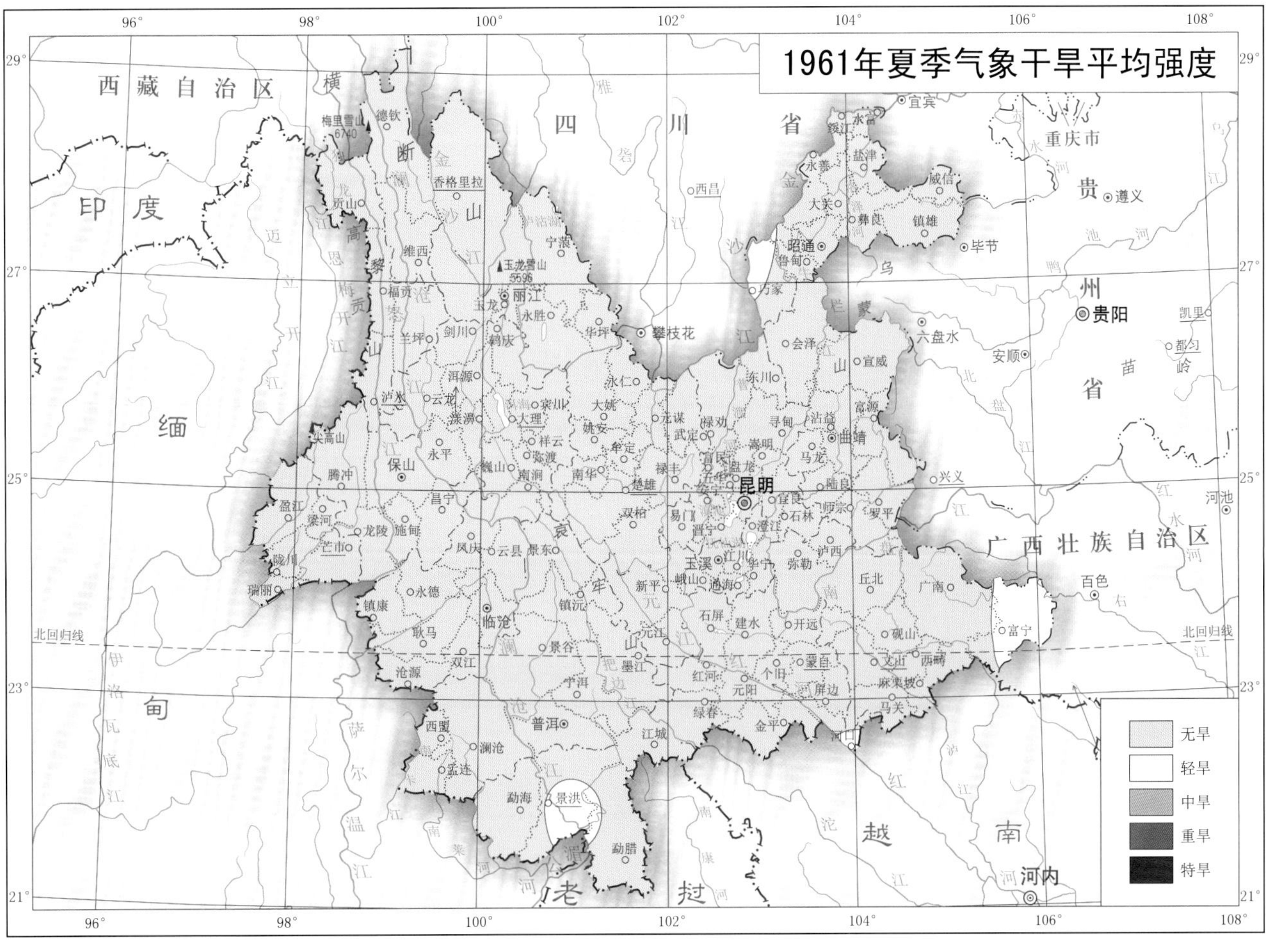

无旱
轻旱
中旱
重旱
特旱

1961年夏季气象干旱平均强度

无旱
轻旱
中旱
重旱
特旱

比例尺 1∶8 000 000 0 80 160 km

1961年秋季气象干旱平均强度

无旱
轻旱
中旱
重旱
特旱

1961年冬季气象干旱平均强度

无旱
轻旱
中旱
重旱
特旱

比例尺 1∶8 000 000 0 80 160 km

1962年干旱日数

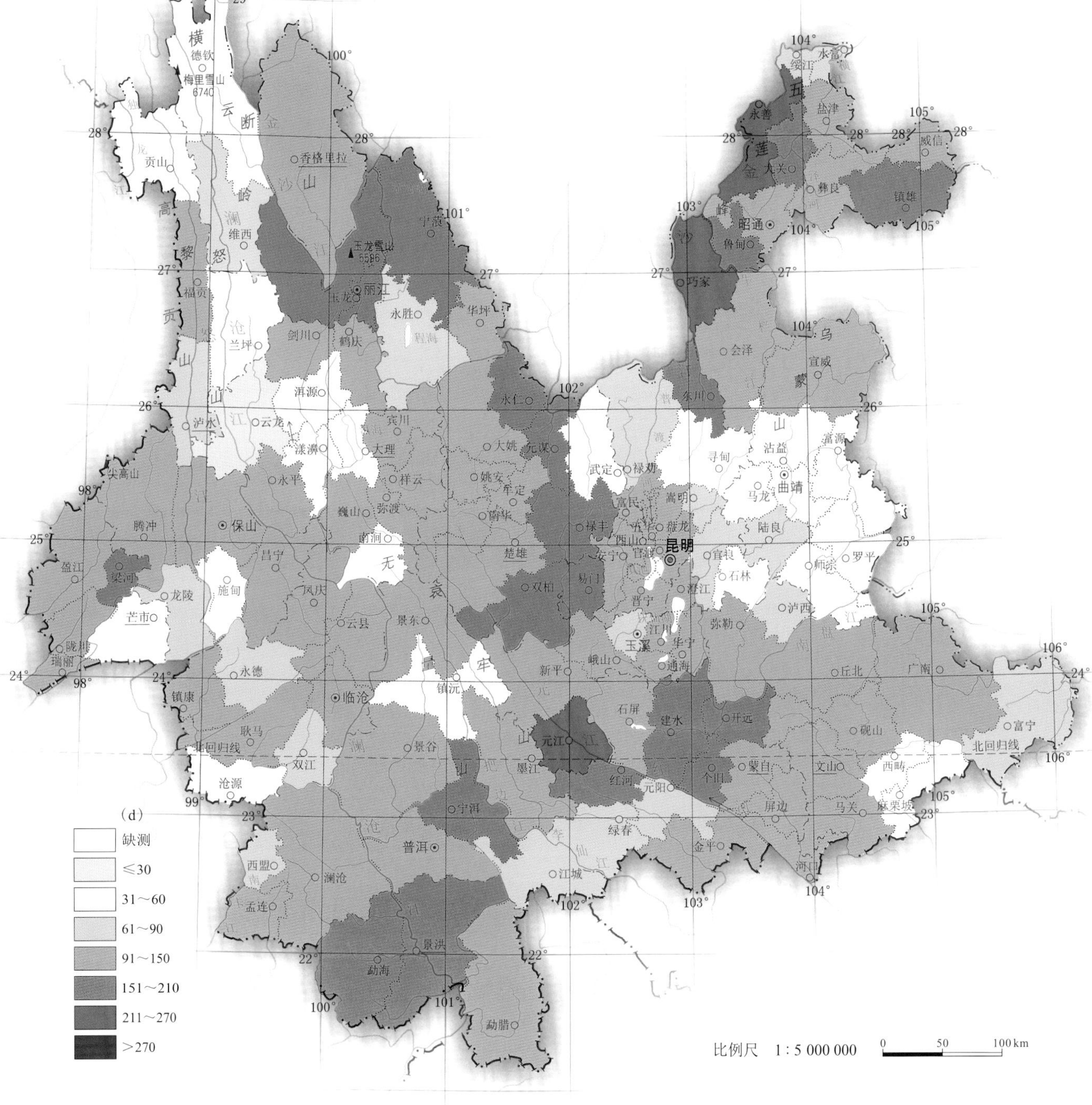

(d)

- 缺测
- ≤30
- 31～60
- 61～90
- 91～150
- 151～210
- 211～270
- >270

比例尺 1∶5 000 000

1962年逐日干旱、降水变化曲线

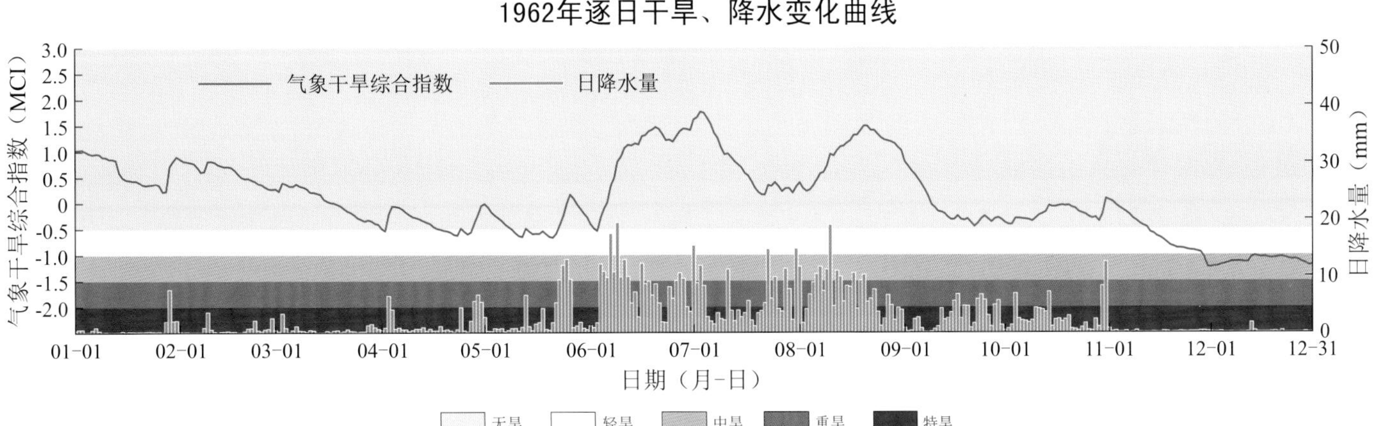

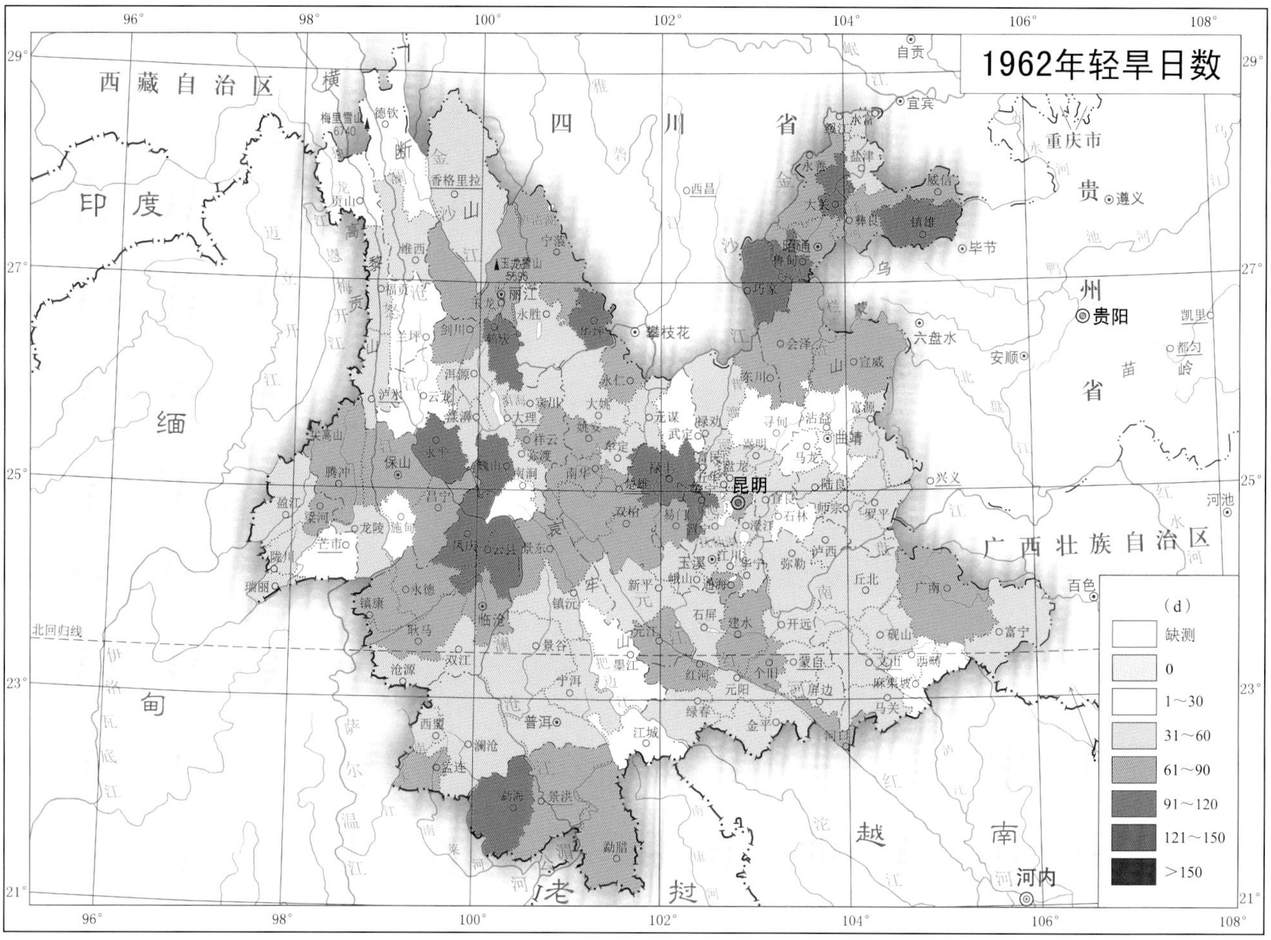

1962年轻旱日数

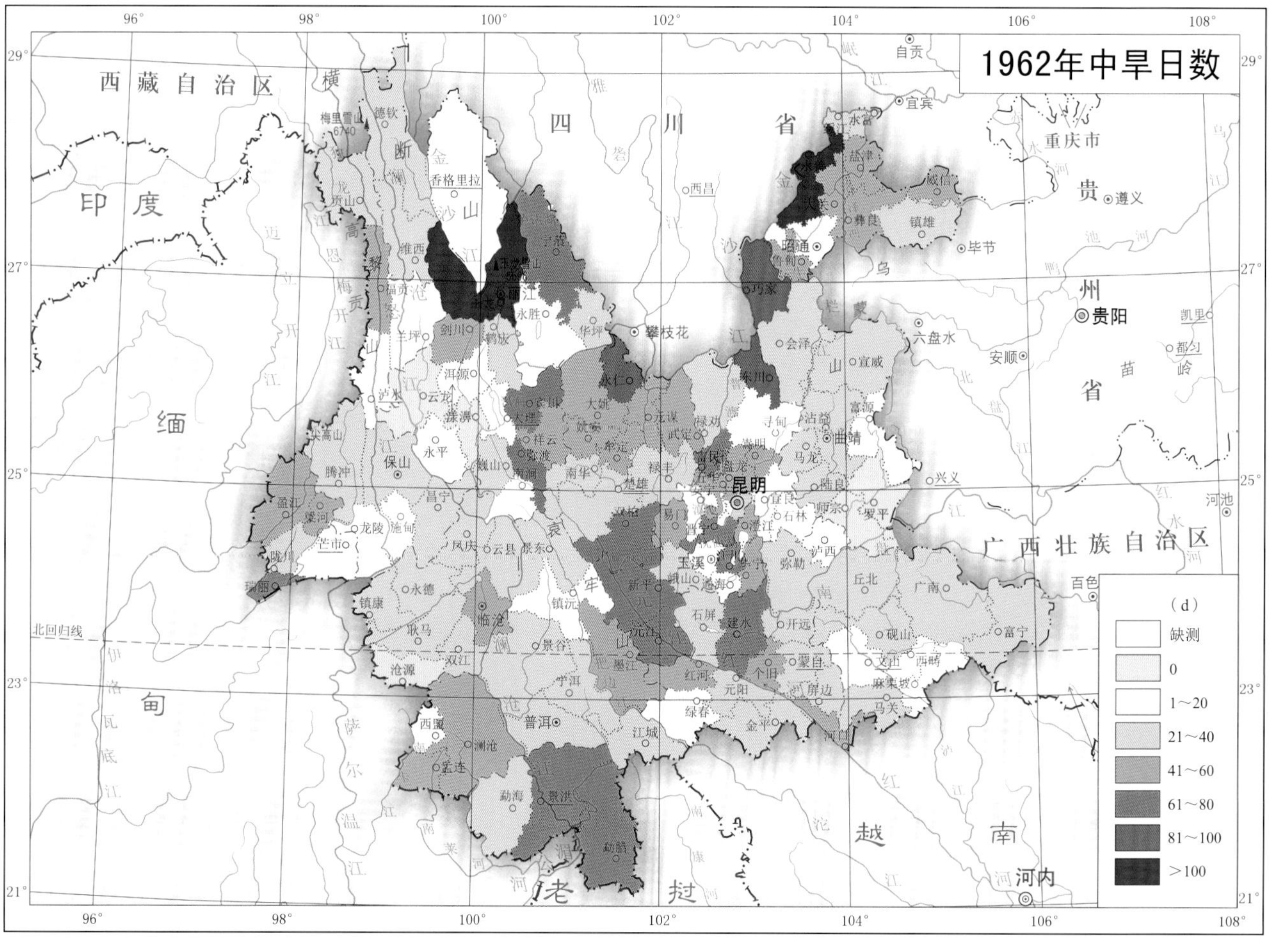

(d)	
	缺测
	0
	1～30
	31～60
	61～90
	91～120
	121～150
	>150

1962年中旱日数

(d)	
	缺测
	0
	1～20
	21～40
	41～60
	61～80
	81～100
	>100

比例尺 1∶8 000 000 0 80 160 km

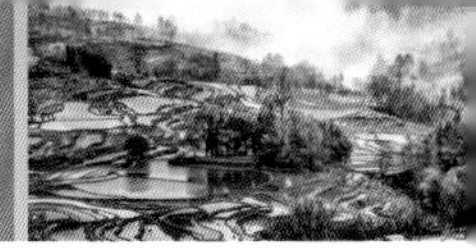

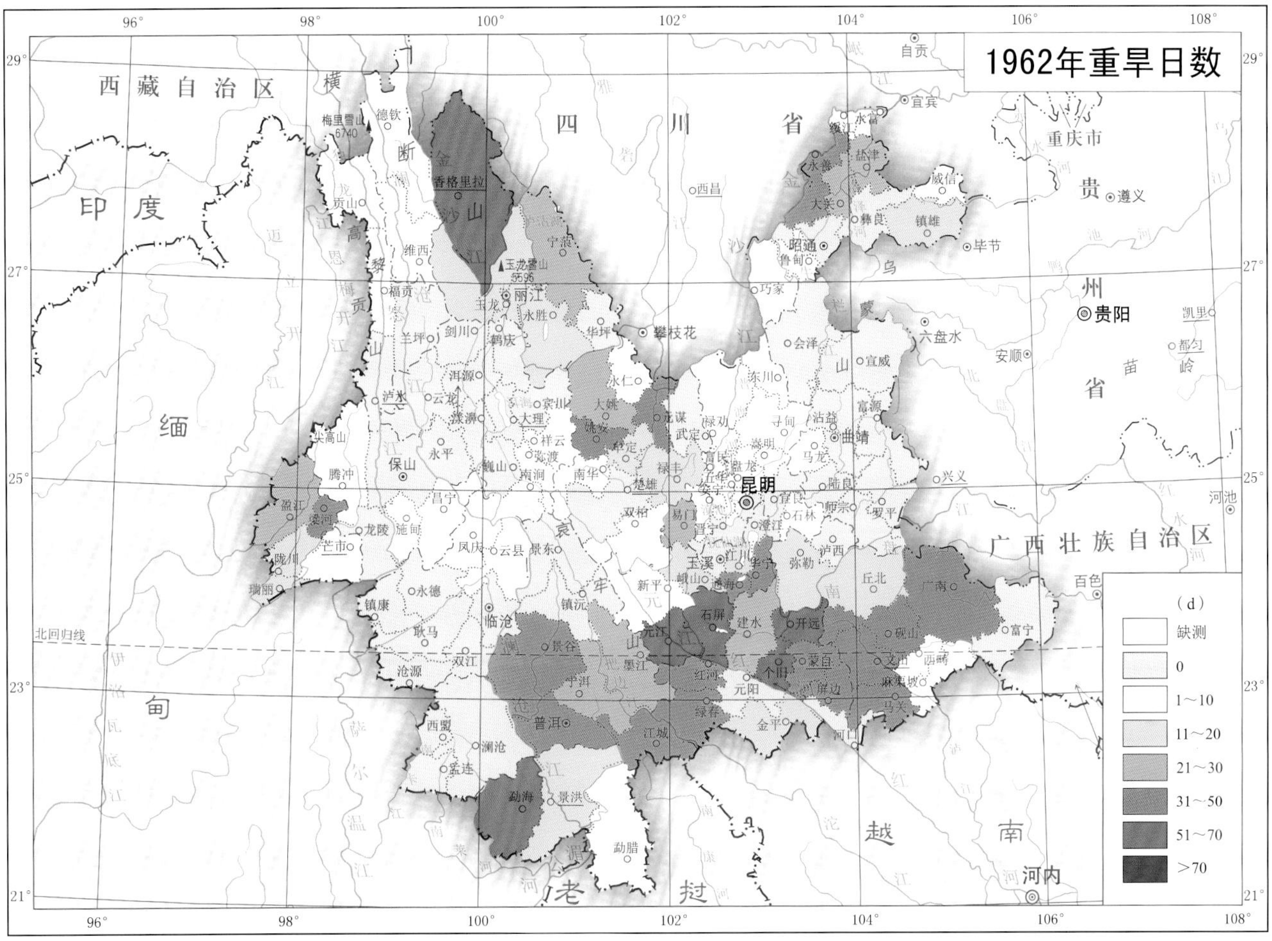

1962年重旱日数
西藏自治区
四川省
重庆市
贵州省
广西壮族自治区
印度
缅甸
老挝
越南
昆明
贵阳
河内
北回归线
(d)
缺测
0
1~10
11~20
21~30
31~50
51~70
>70

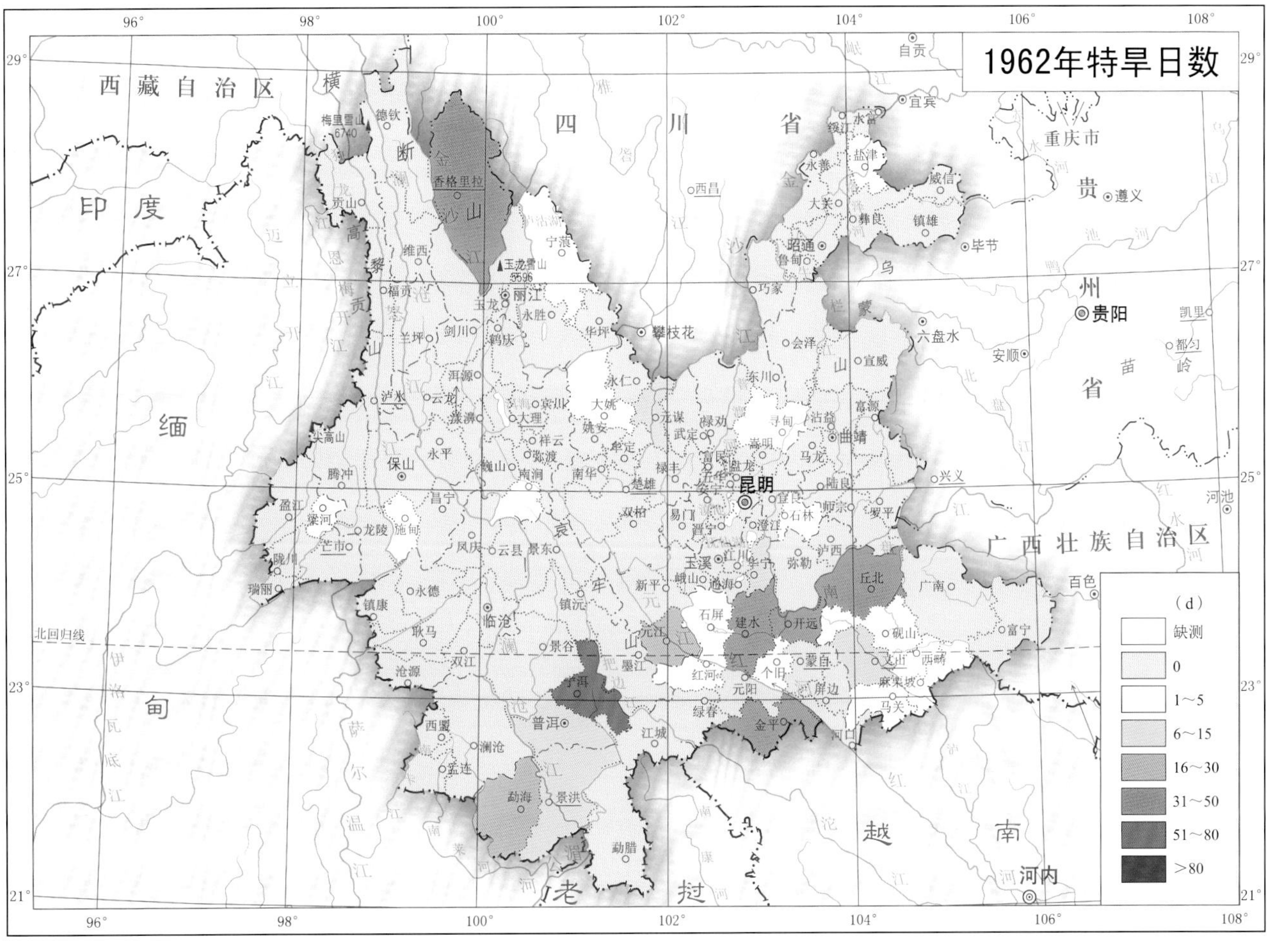

1962年特旱日数
西藏自治区
四川省
重庆市
贵州省
广西壮族自治区
印度
缅甸
老挝
越南
昆明
贵阳
河内
北回归线
(d)
缺测
0
1~5
6~15
16~30
31~50
51~80
>80

比例尺 1:8 000 000 0 80 160 km

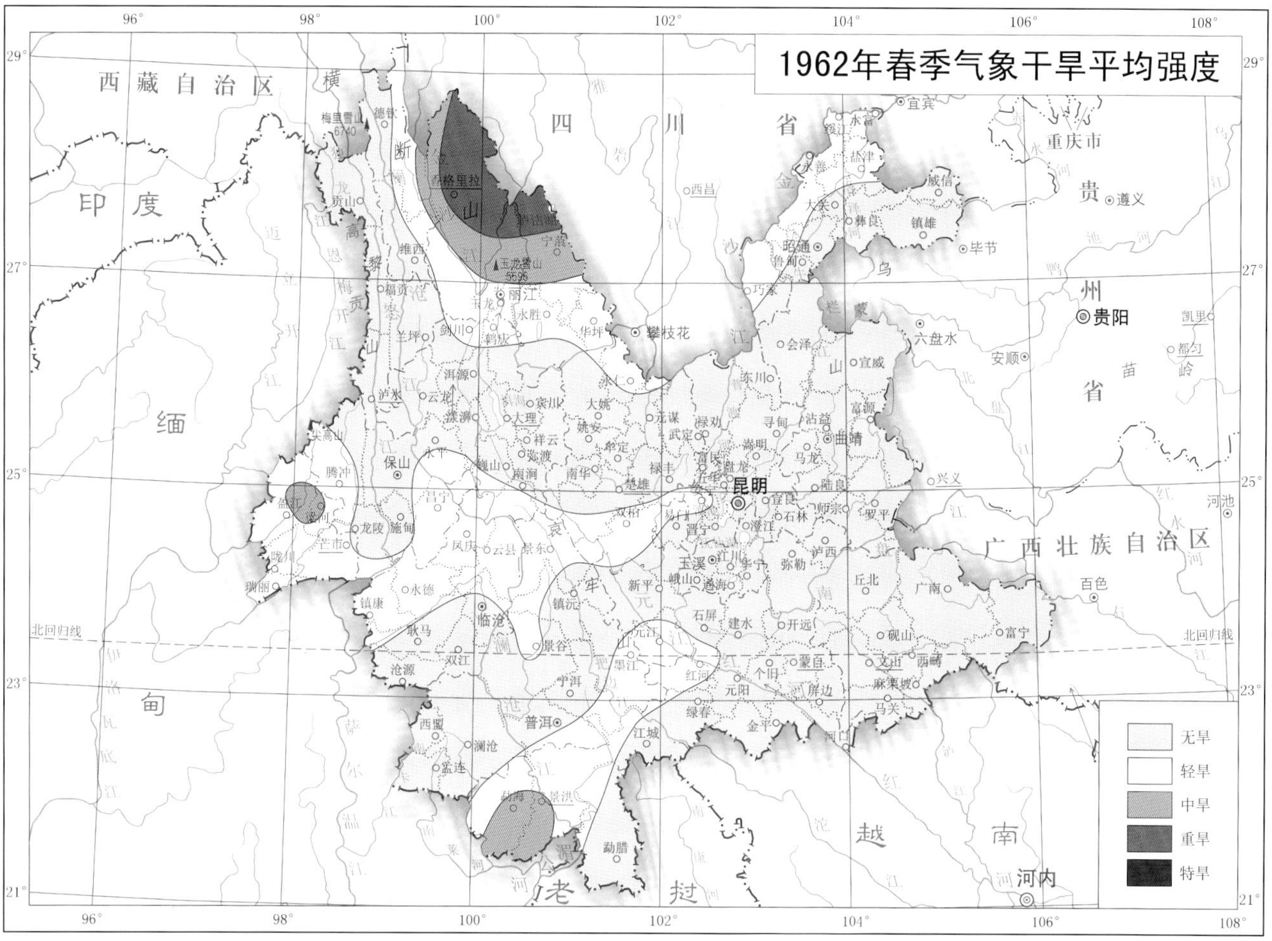

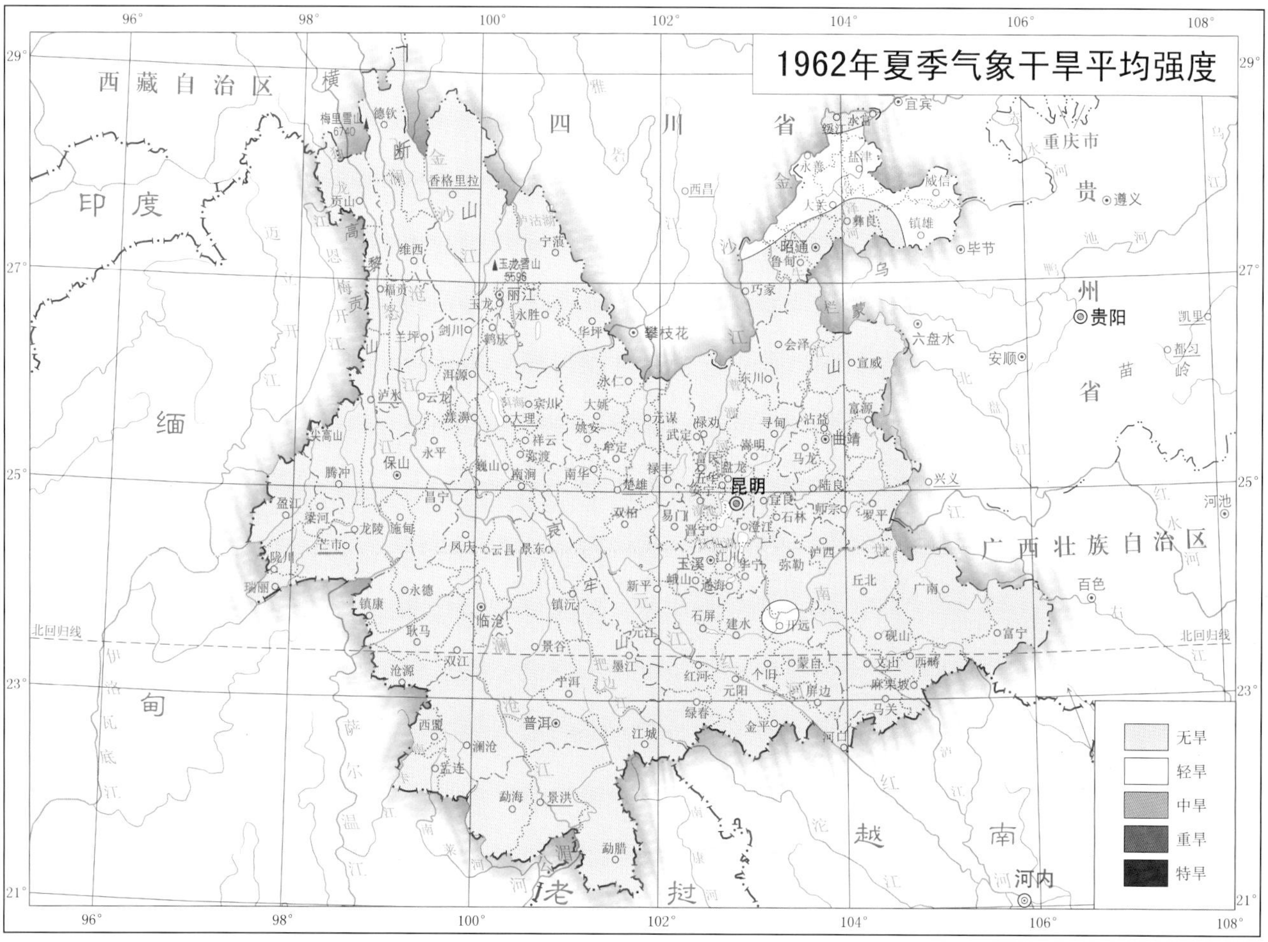

1962年春季气象干旱平均强度

无旱
轻旱
中旱
重旱
特旱

1962年夏季气象干旱平均强度

无旱
轻旱
中旱
重旱
特旱

比例尺 1：8 000 000 0 80 160 km

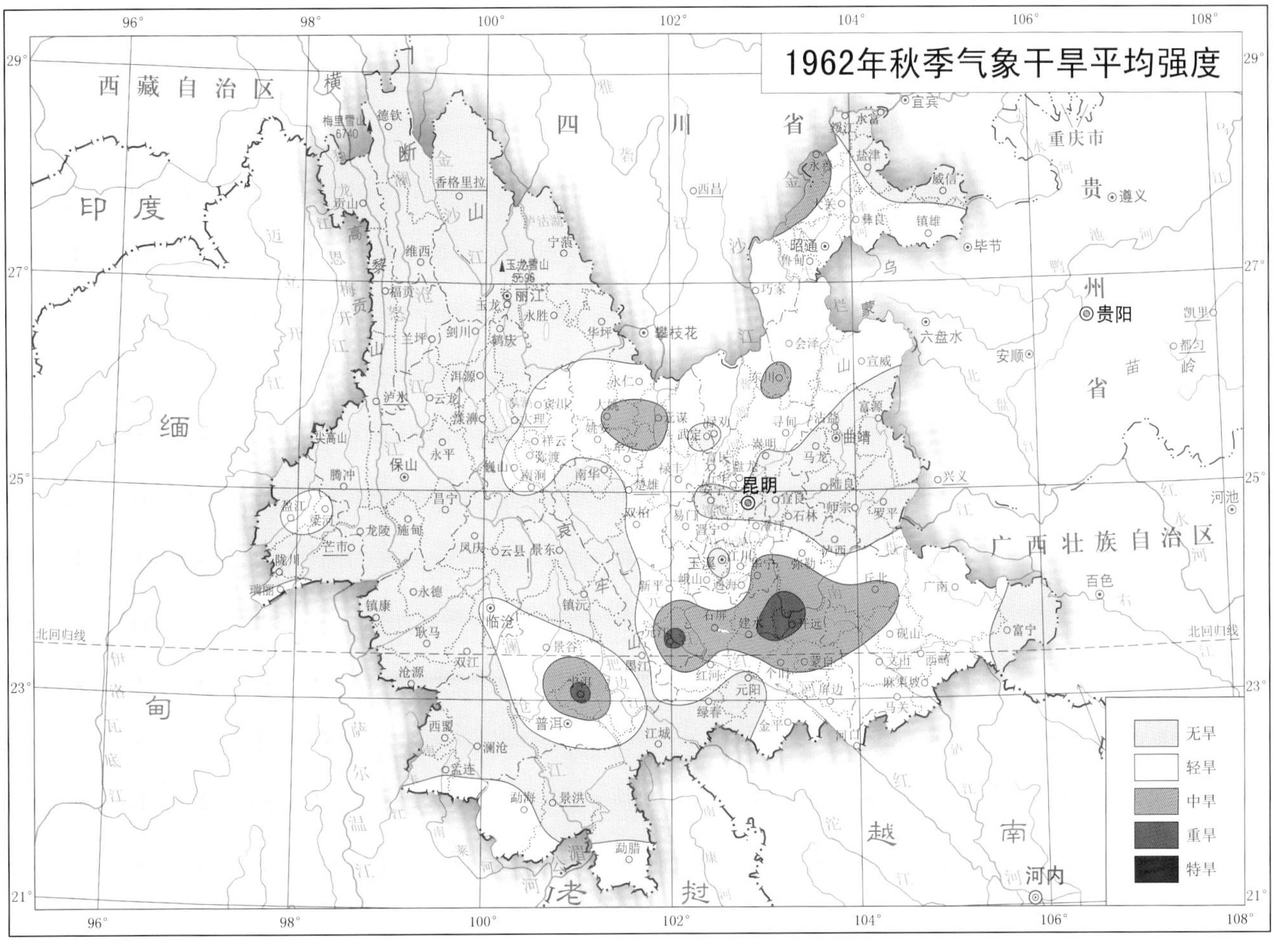

1962年秋季气象干旱平均强度

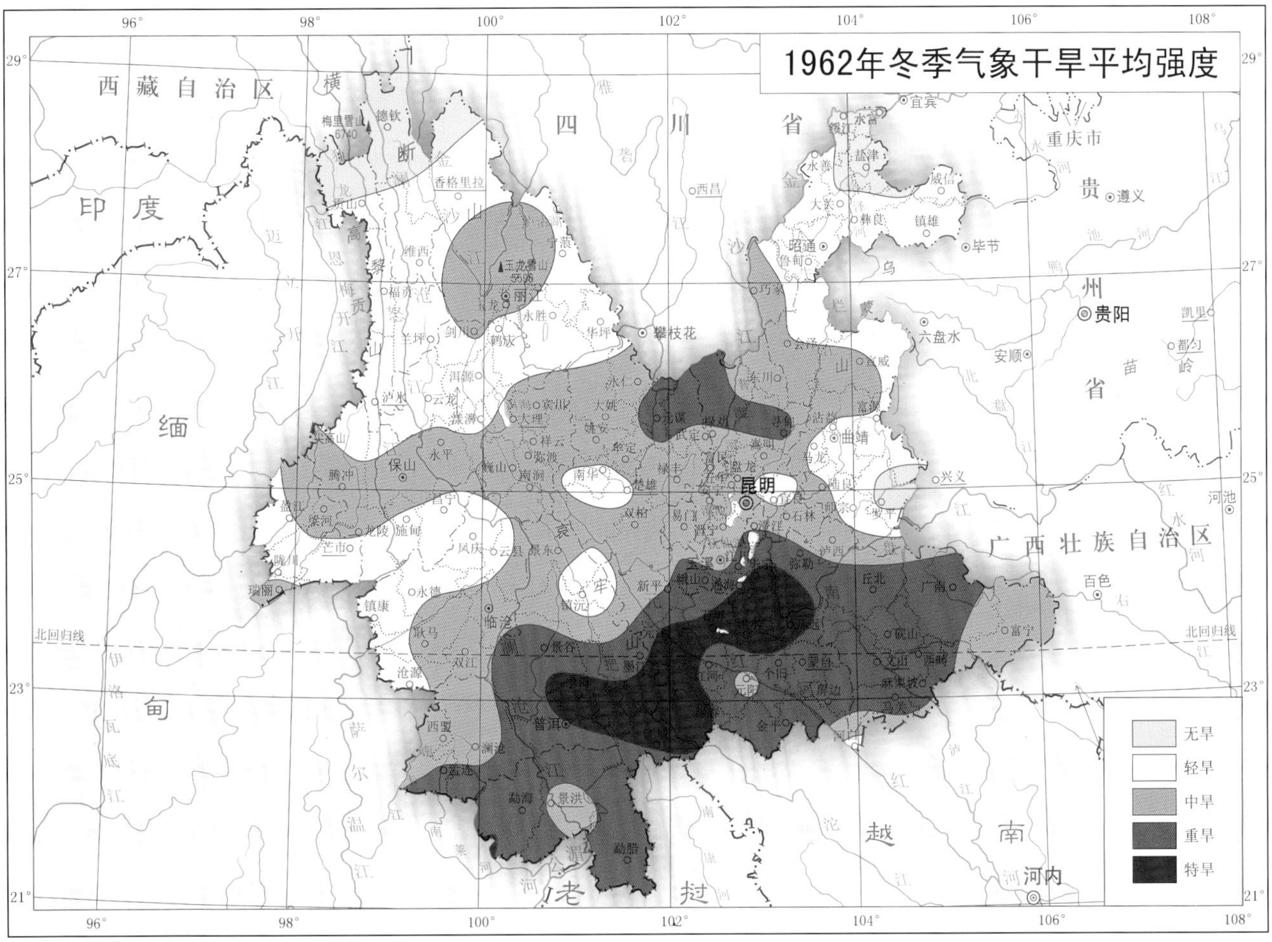

无旱
轻旱
中旱
重旱
特旱

1962年冬季气象干旱平均强度

无旱
轻旱
中旱
重旱
特旱

比例尺 1：8 000 000　0　80　160 km

1963年干旱日数

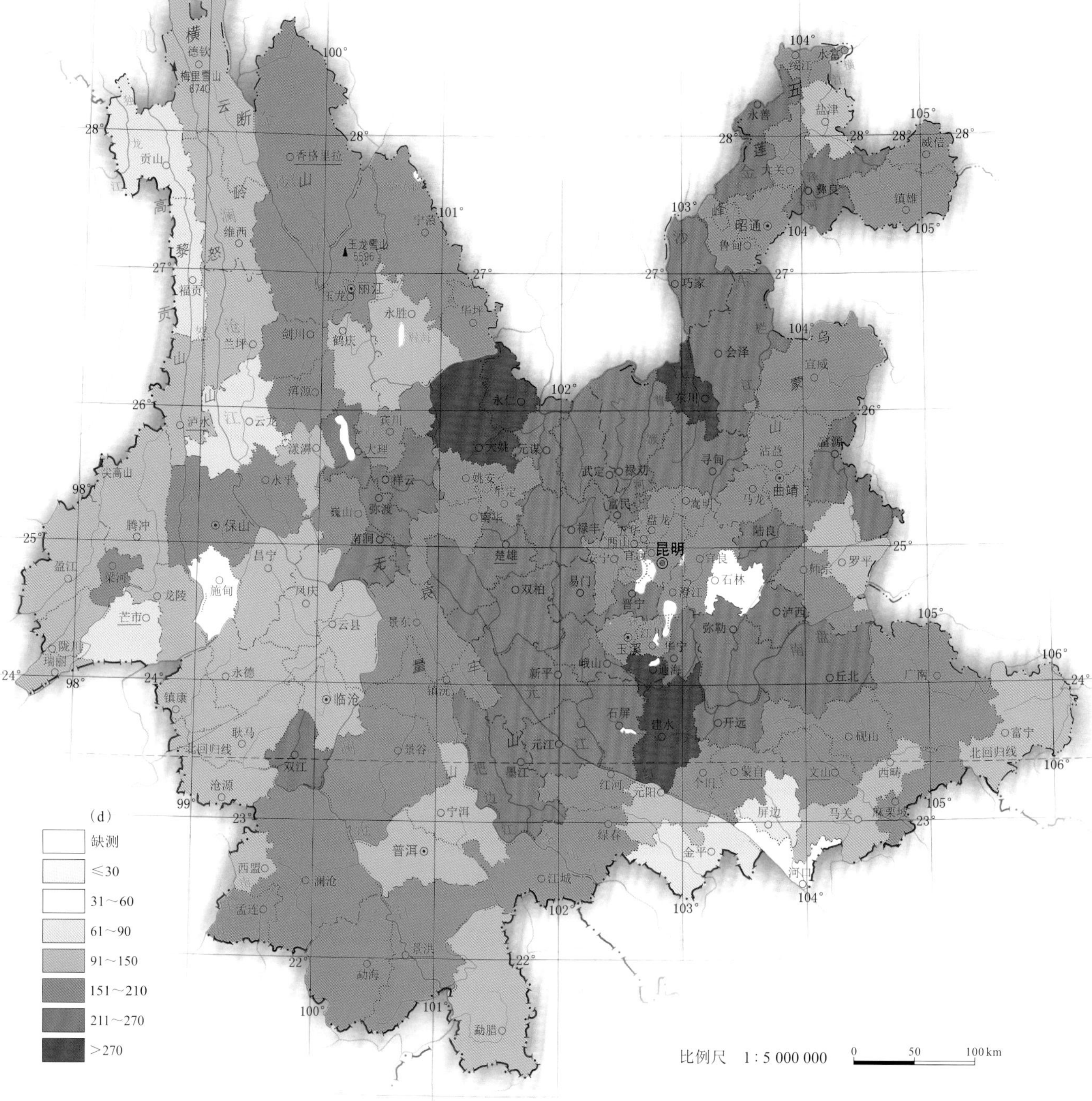

(d)
缺测
≤30
31～60
61～90
91～150
151～210
211～270
>270
比例尺 1:5 000 000
0 50 100 km
昆明

1963年逐日干旱、降水变化曲线

气象干旱综合指数
日降水量
气象干旱综合指数（MCI）
日降水量（mm）
日期（月-日）
01-01
02-01
03-01
04-01
05-01
06-01
07-01
08-01
09-01
10-01
11-01
12-01
12-31
无旱
轻旱
中旱
重旱
特旱

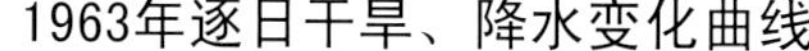

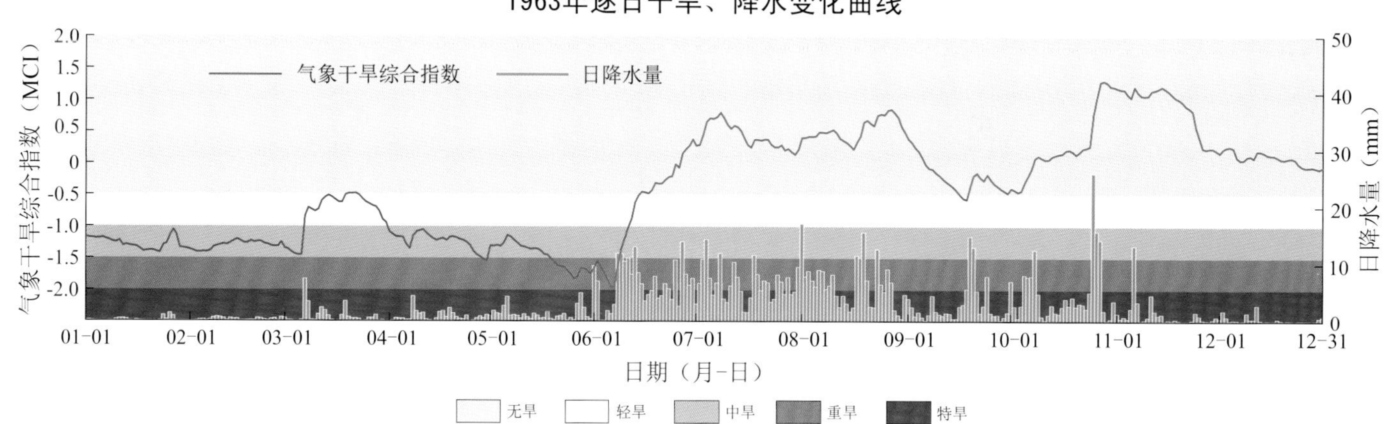

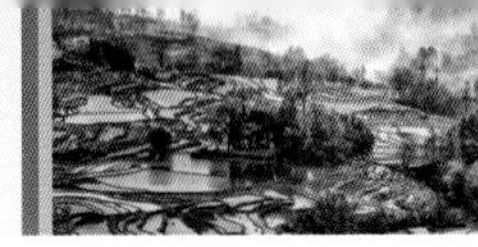

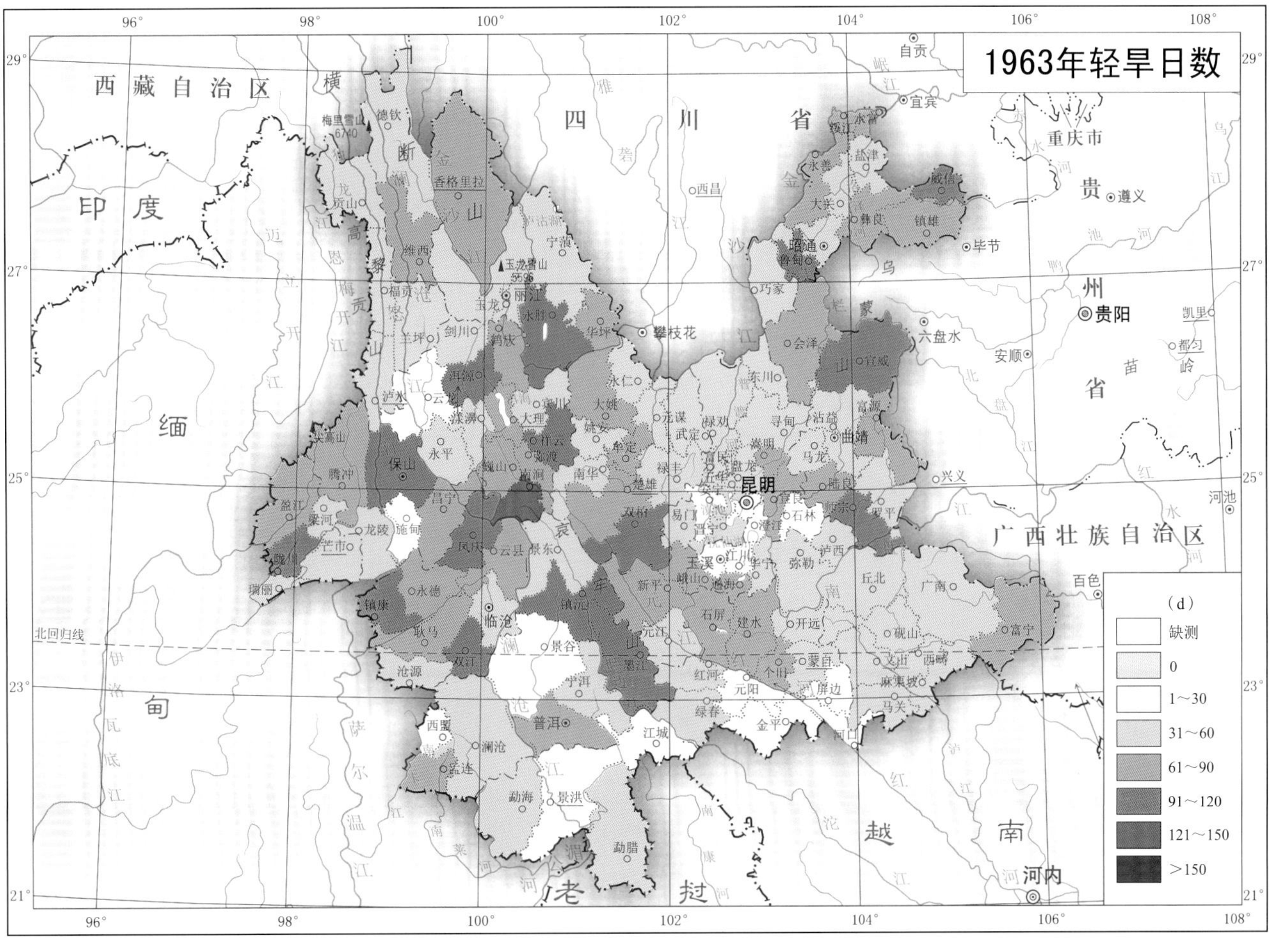

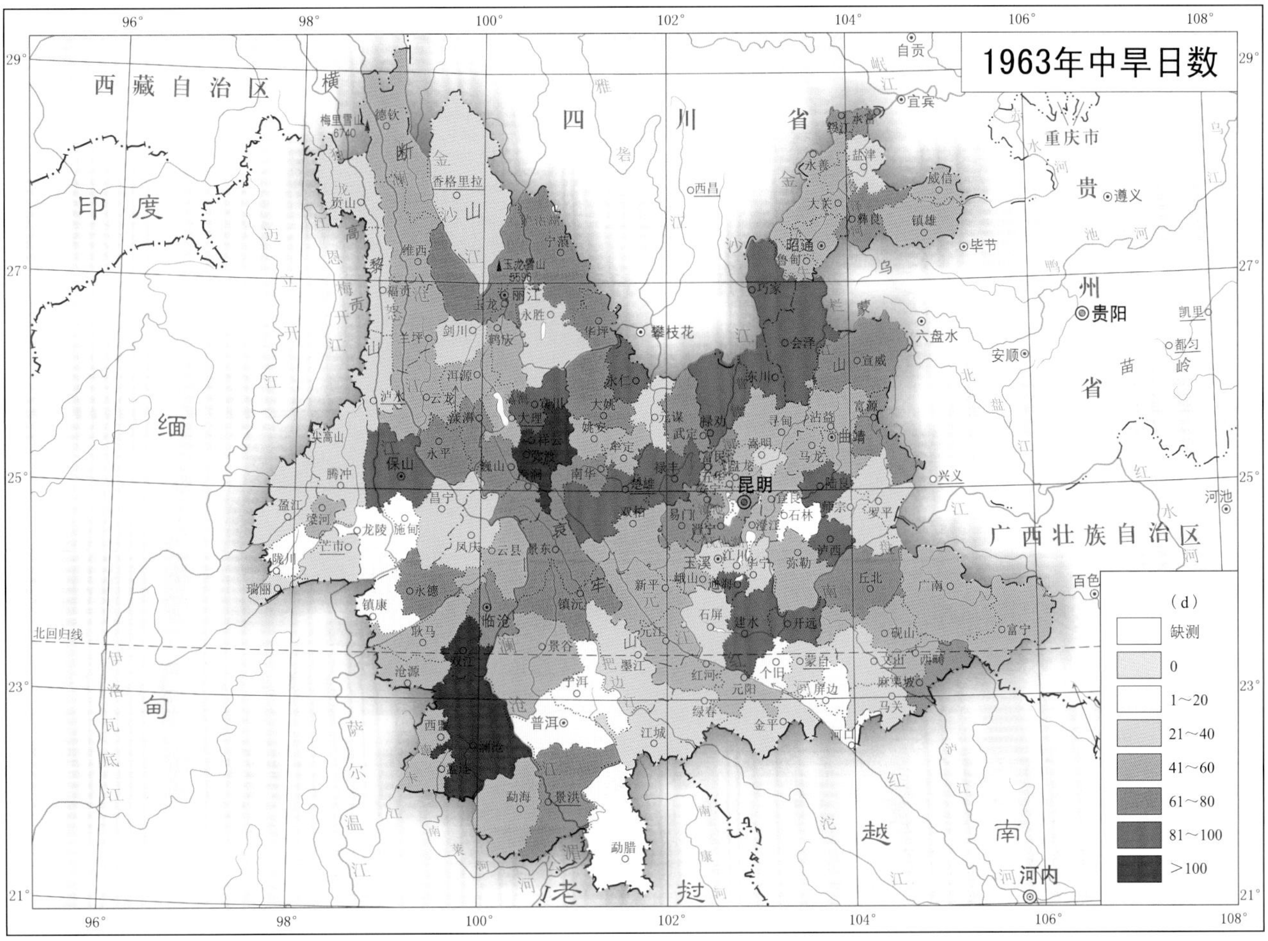

1963年轻旱日数
西藏自治区
四川省
重庆市
贵州省
印度
缅甸
广西壮族自治区
越南
老挝
昆明
贵阳
河内
北回归线
（d）
缺测
0
1～30
31～60
61～90
91～120
121～150
>150
96°
98°
100°
102°
104°
106°
108°
29°
27°
25°
23°
21°

1963年中旱日数
西藏自治区
四川省
重庆市
贵州省
印度
缅甸
广西壮族自治区
越南
老挝
昆明
贵阳
河内
北回归线
（d）
缺测
0
1～20
21～40
41～60
61～80
81～100
>100
96°
98°
100°
102°
104°
106°
108°
29°
27°
25°
23°
21°

比例尺 1∶8 000 000 0 80 160 km

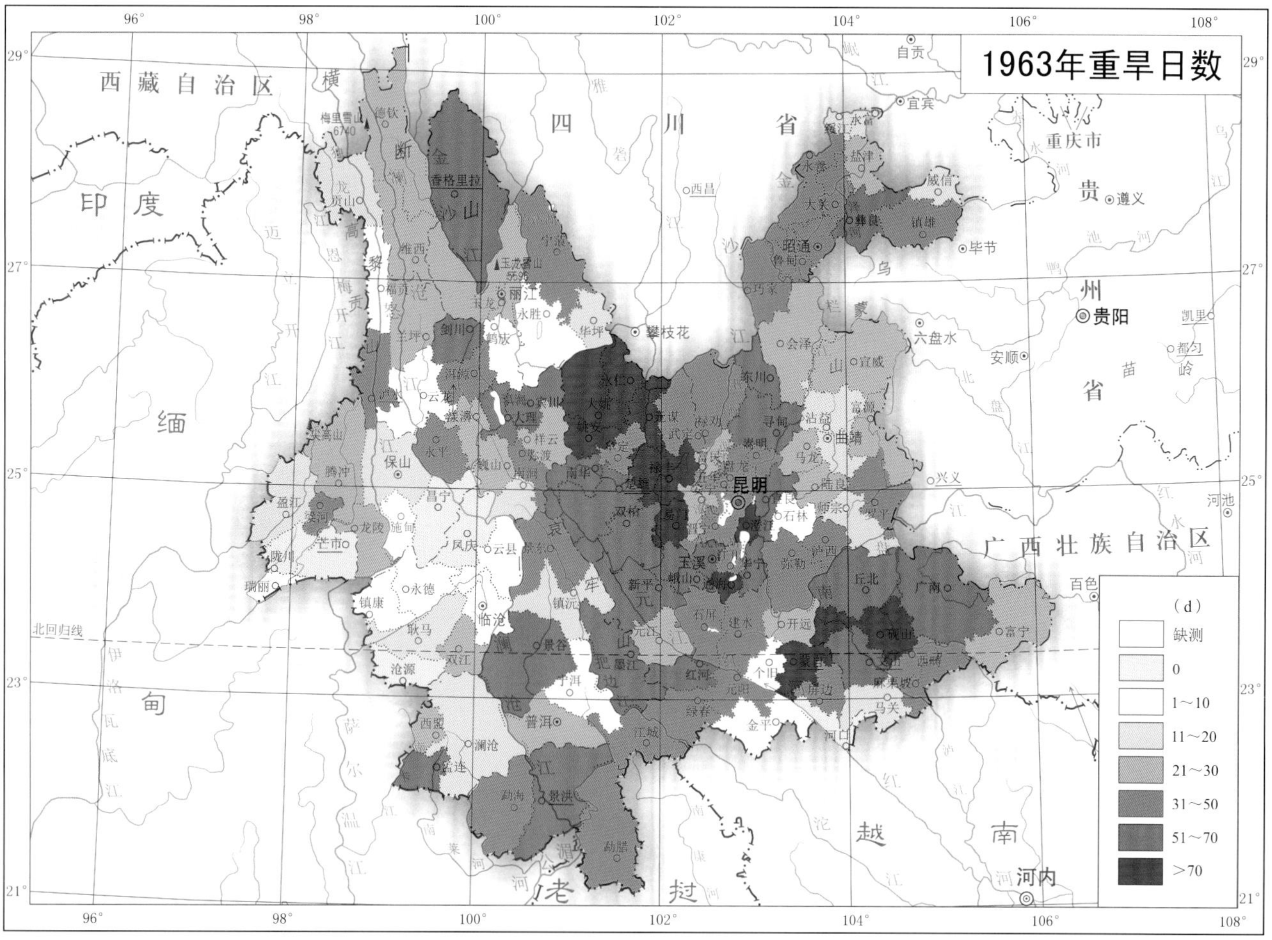

1963年重旱日数

(d)
- 缺测
- 0
- 1～10
- 11～20
- 21～30
- 31～50
- 51～70
- >70

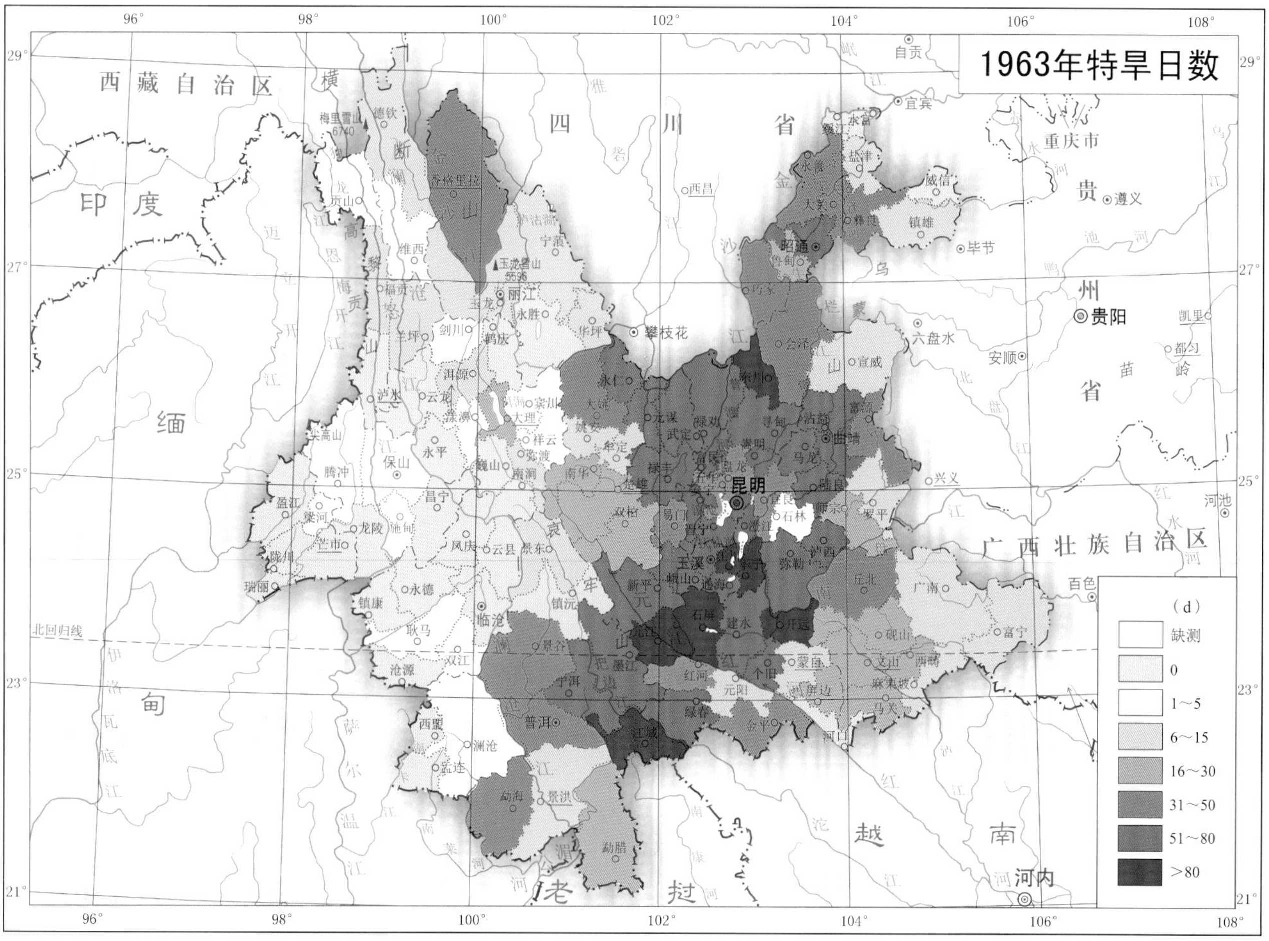

1963年特旱日数

(d)
- 缺测
- 0
- 1～5
- 6～15
- 16～30
- 31～50
- 51～80
- >80

比例尺 1∶8 000 000 0 80 160 km

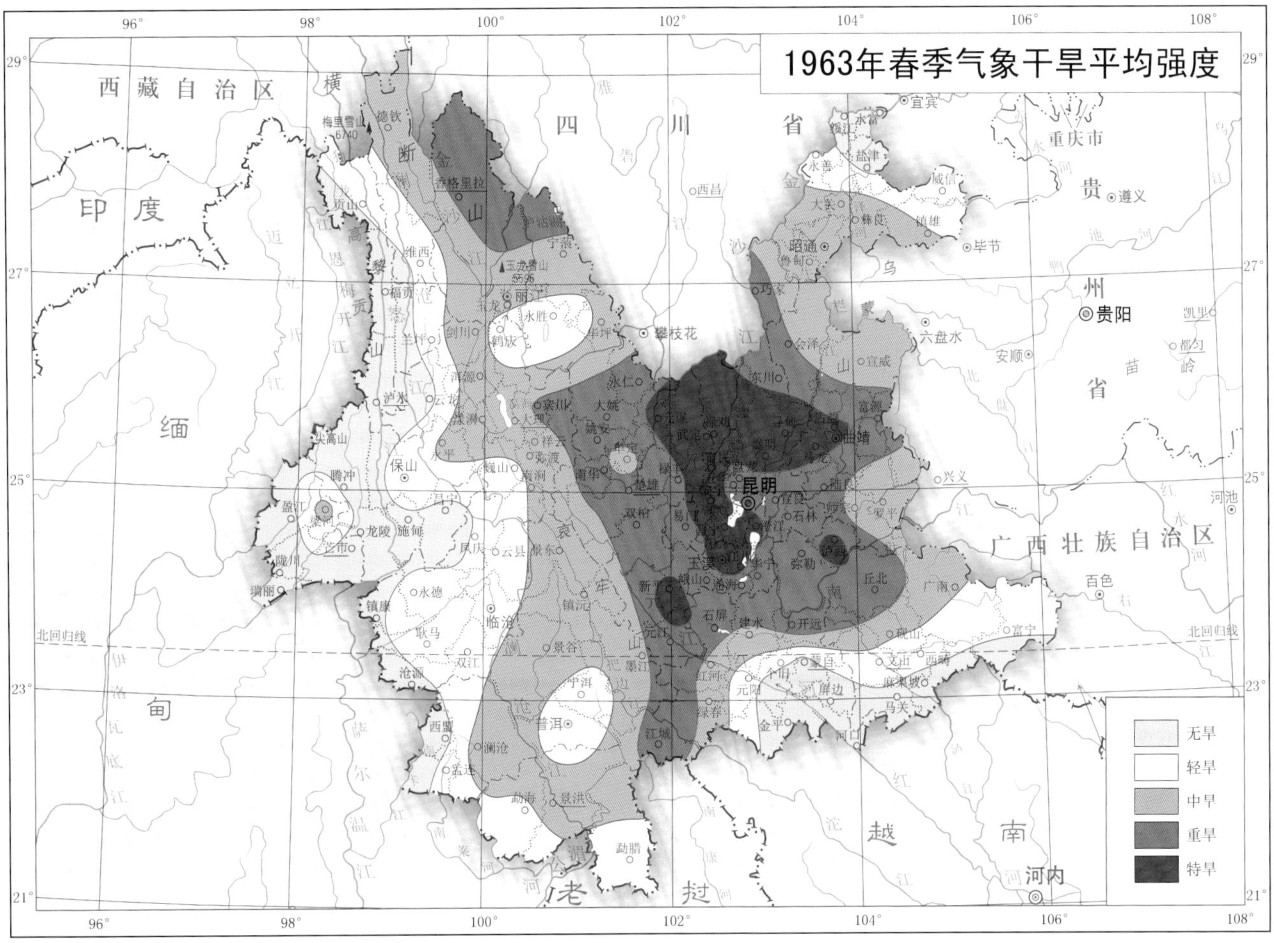

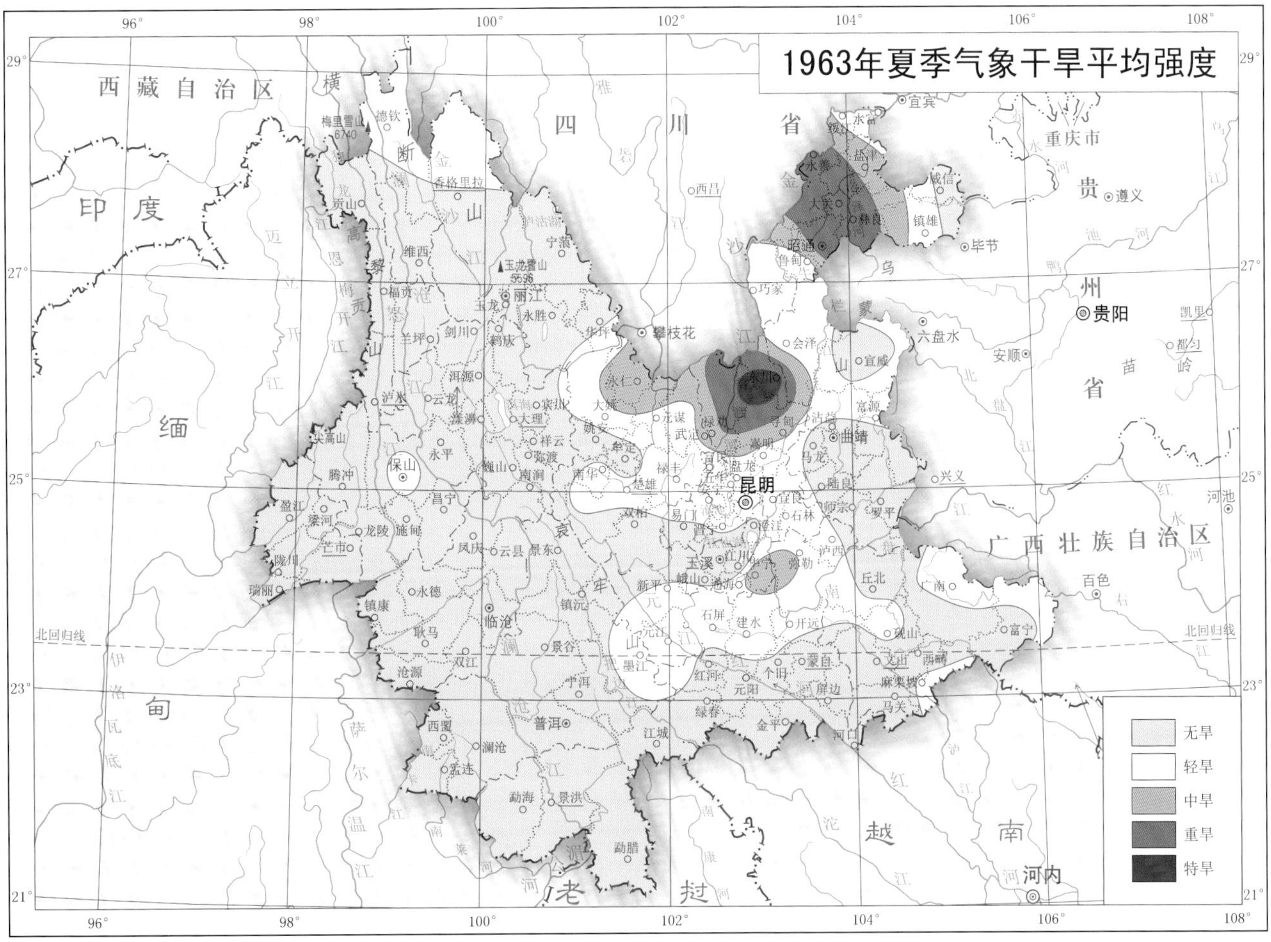

1963年春季气象干旱平均强度

无旱
轻旱
中旱
重旱
特旱

1963年夏季气象干旱平均强度

无旱
轻旱
中旱
重旱
特旱

比例尺 1∶8 000 000 0 80 160 km

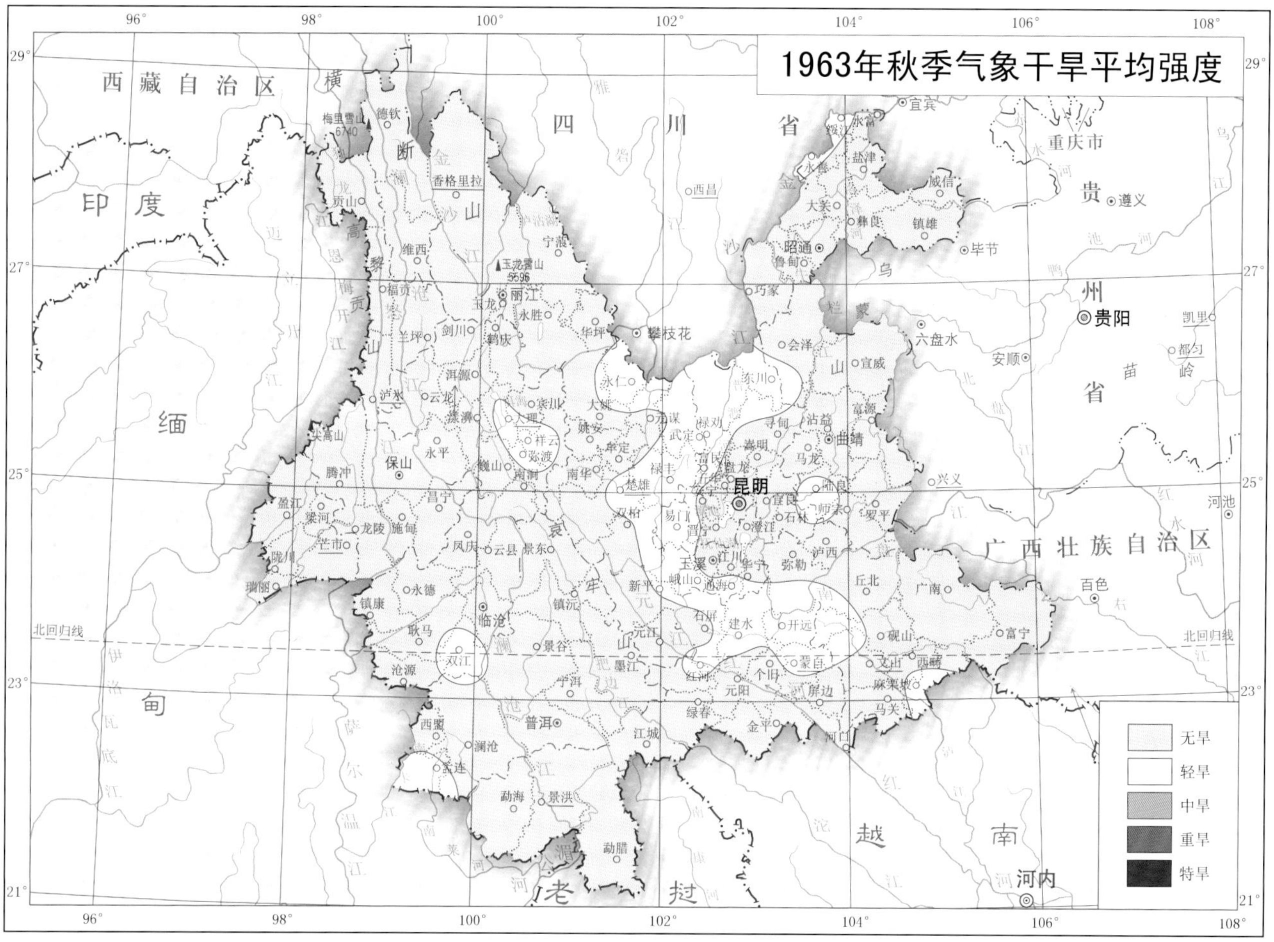

1963年秋季气象干旱平均强度

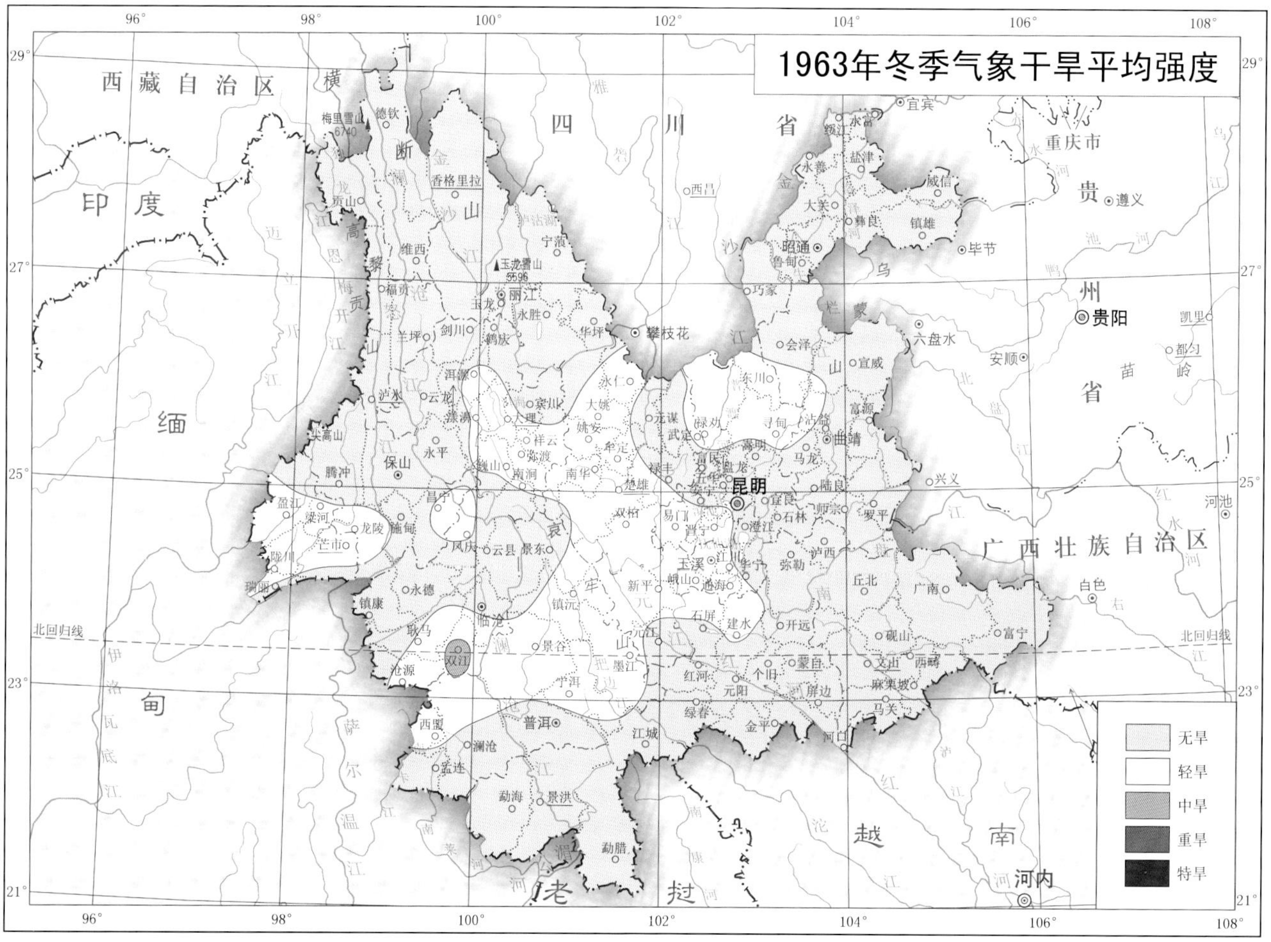

无旱
轻旱
中旱
重旱
特旱

1963年冬季气象干旱平均强度

无旱
轻旱
中旱
重旱
特旱

比例尺 1：8 000 000 0 80 160 km

1964年干旱日数

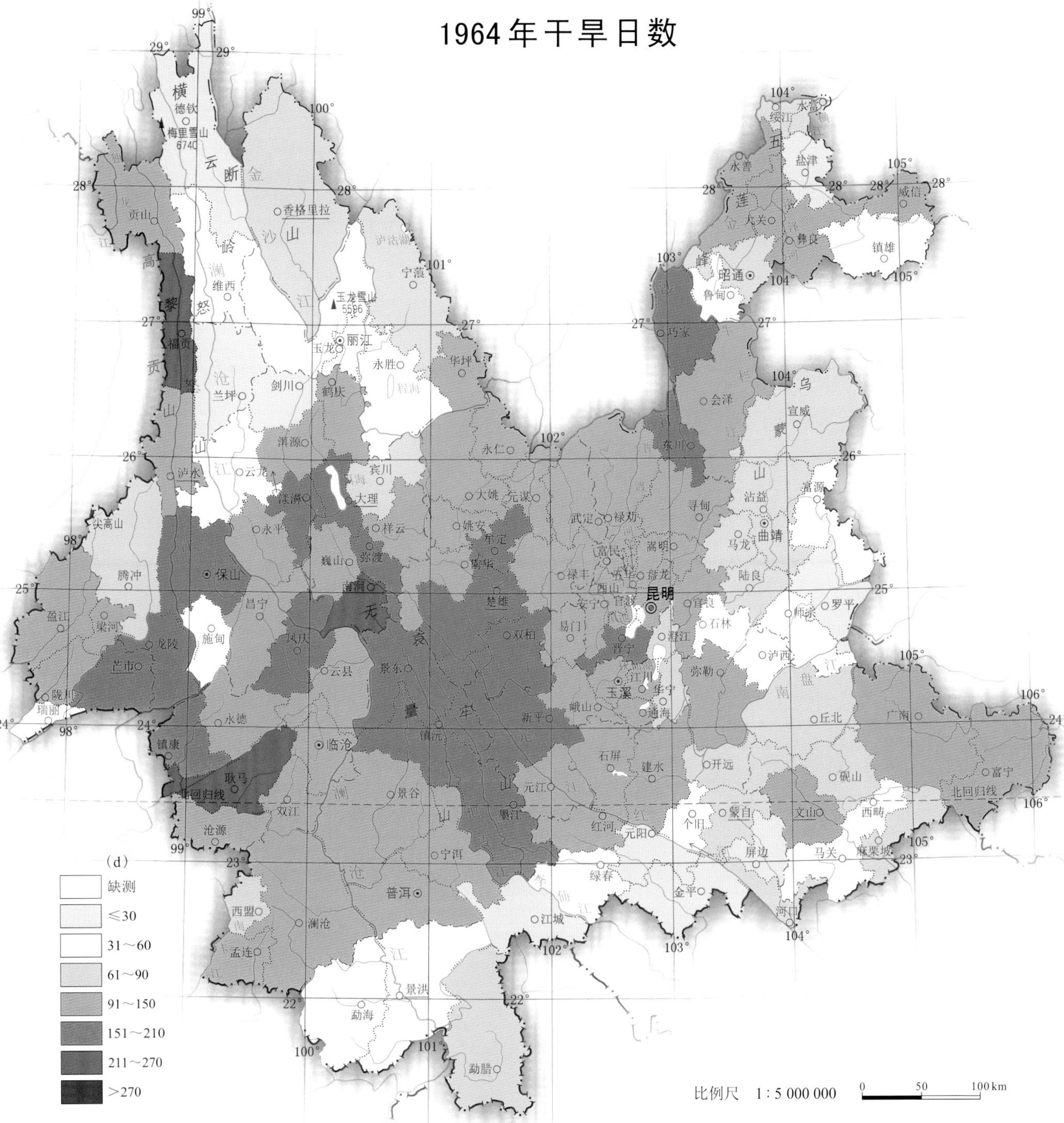

(d)

- 缺测
- ≤30
- 31～60
- 61～90
- 91～150
- 151～210
- 211～270
- >270

比例尺 1 : 5 000 000

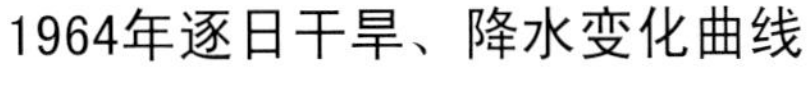

1964年逐日干旱、降水变化曲线

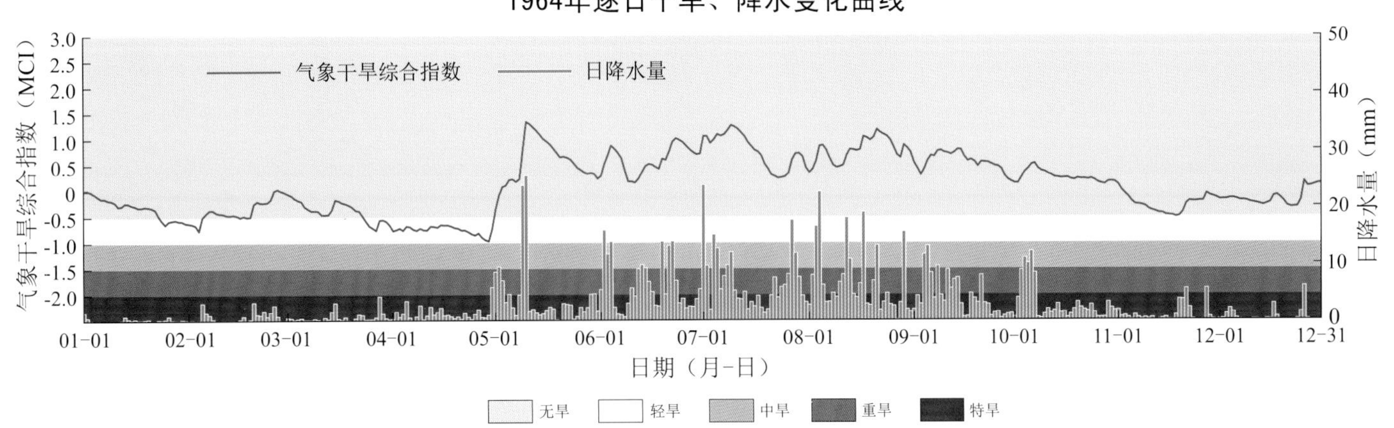

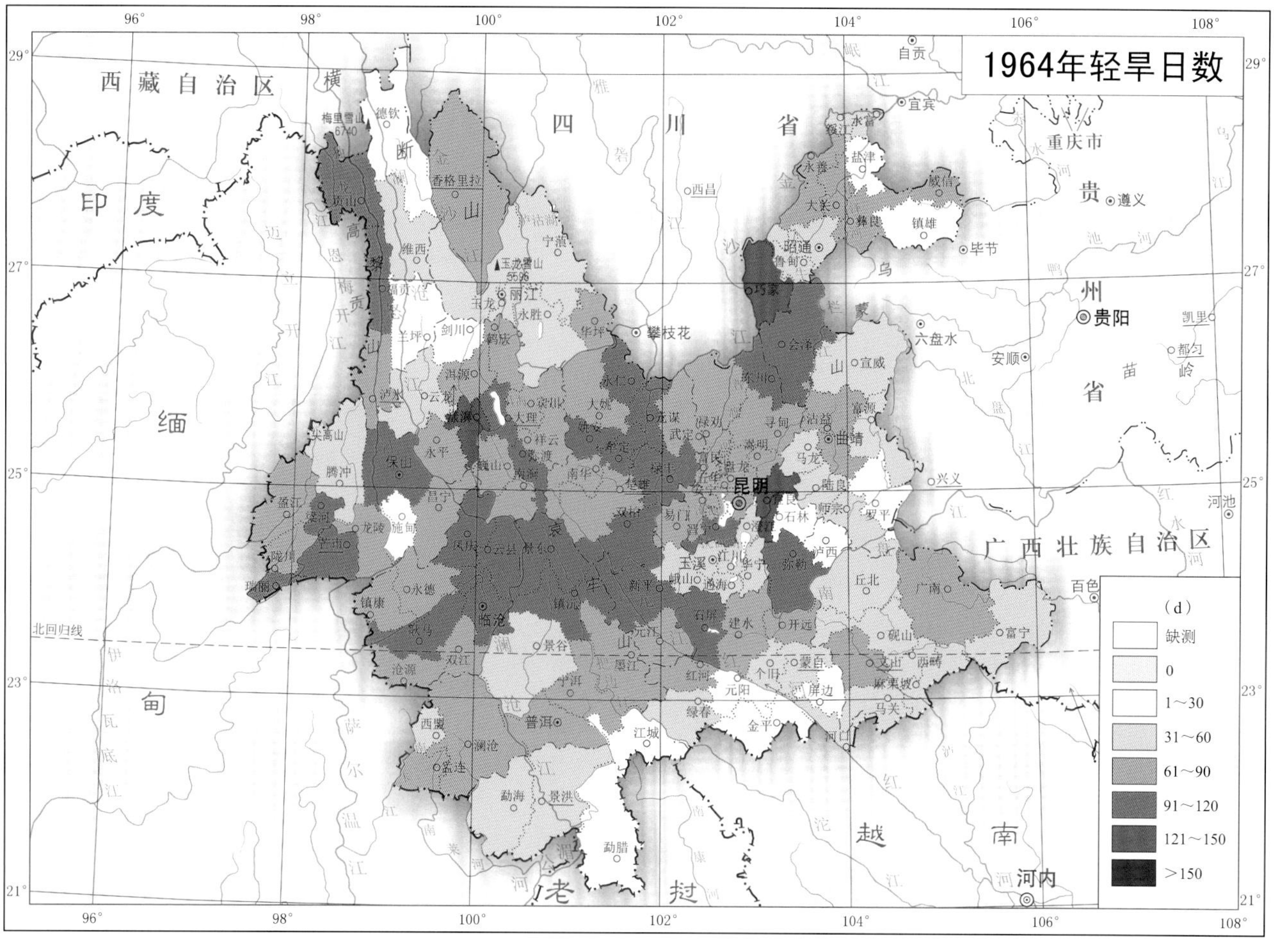
1964年轻旱日数
(d)
缺测
0
1~30
31~60
61~90
91~120
121~150
>150
西藏自治区
四 川 省
印 度
缅
甸
贵
州
省
广西壮族自治区
越
南
老
挝
重庆市
贵阳
昆明
河内
北回归线
96°
98°
100°
102°
104°
106°
108°
29°
27°
25°
23°
21°

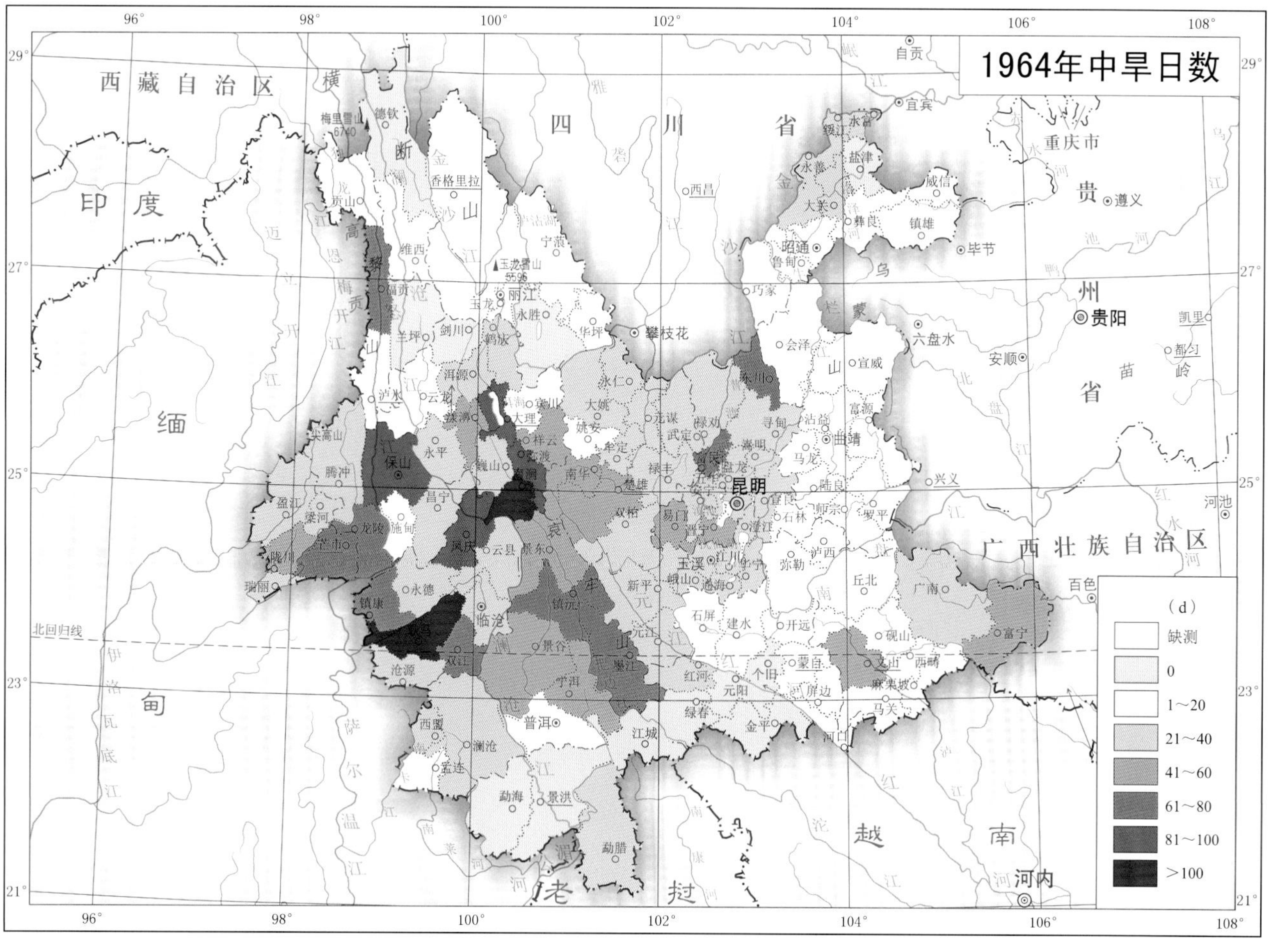
1964年中旱日数
(d)
缺测
0
1~20
21~40
41~60
61~80
81~100
>100
西藏自治区
四 川 省
印 度
缅
甸
贵
州
省
广西壮族自治区
越
南
老
挝
重庆市
贵阳
昆明
河内
北回归线
96°
98°
100°
102°
104°
106°
108°
29°
27°
25°
23°
21°

比例尺 1:8 000 000 0 80 160 km

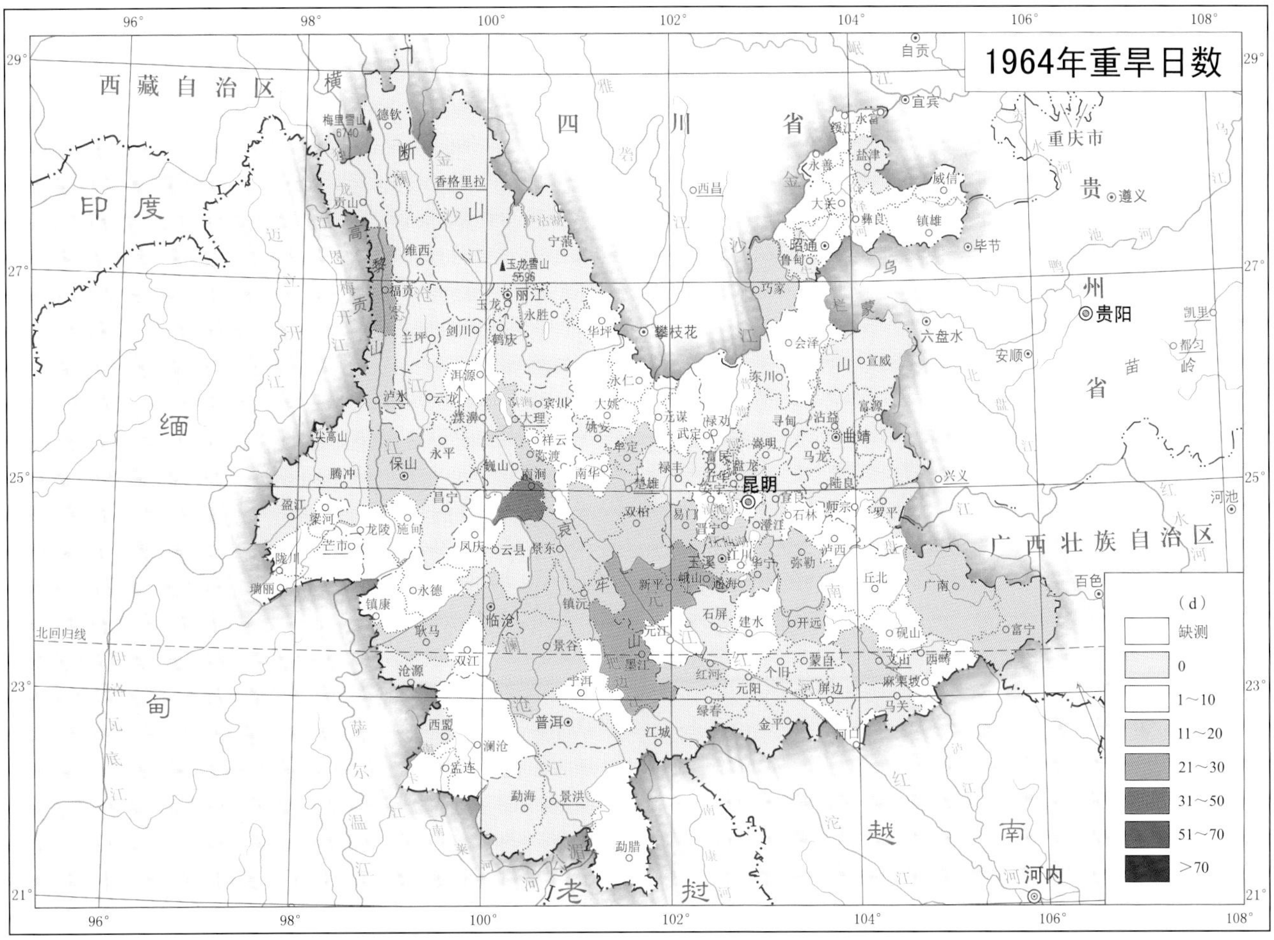

1964年重旱日数

(d)
缺测
0
1～10
11～20
21～30
31～50
51～70
>70

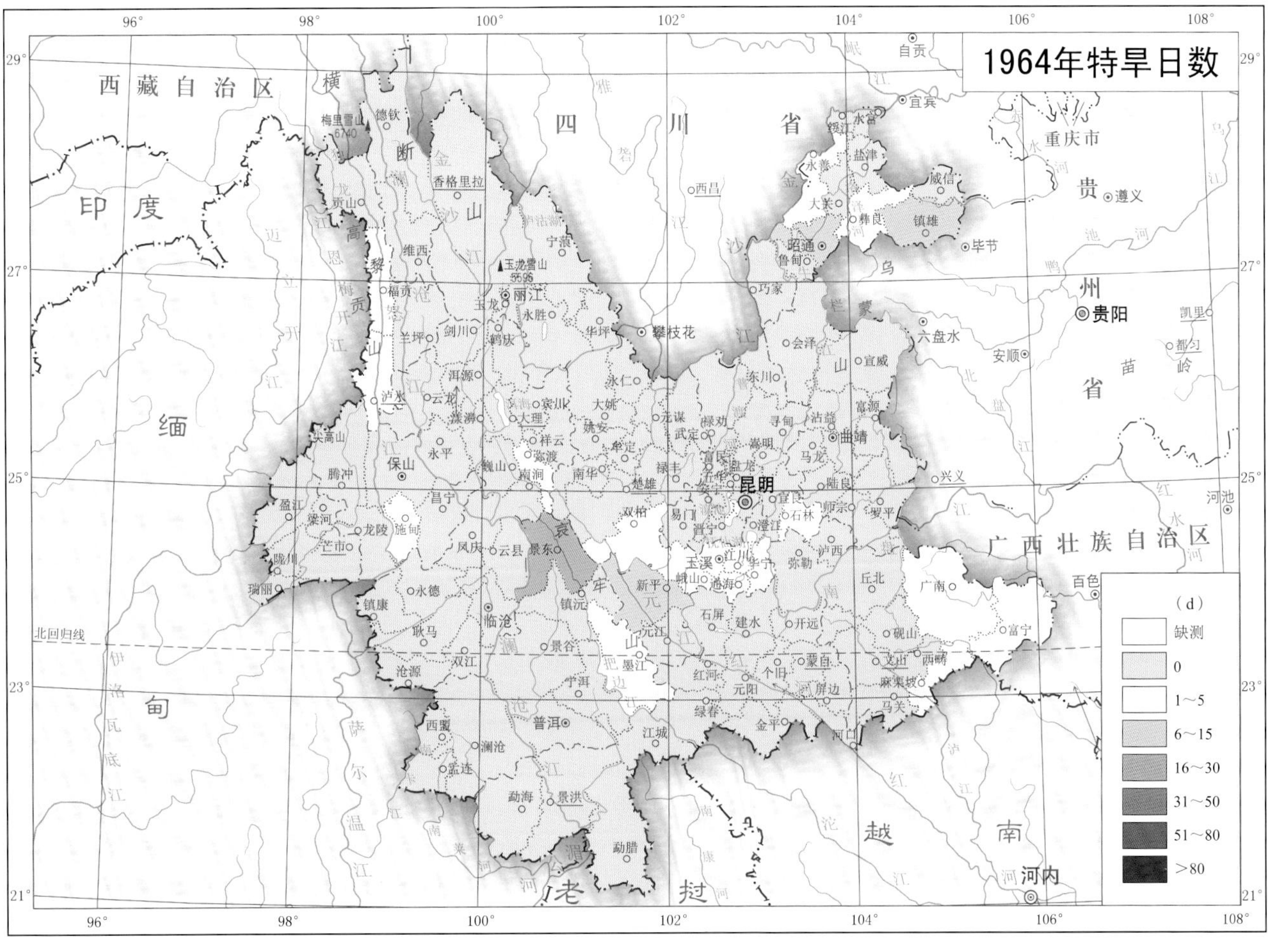

1964年特旱日数

(d)
缺测
0
1～5
6～15
16～30
31～50
51～80
>80

比例尺 1:8 000 000 0 80 160 km

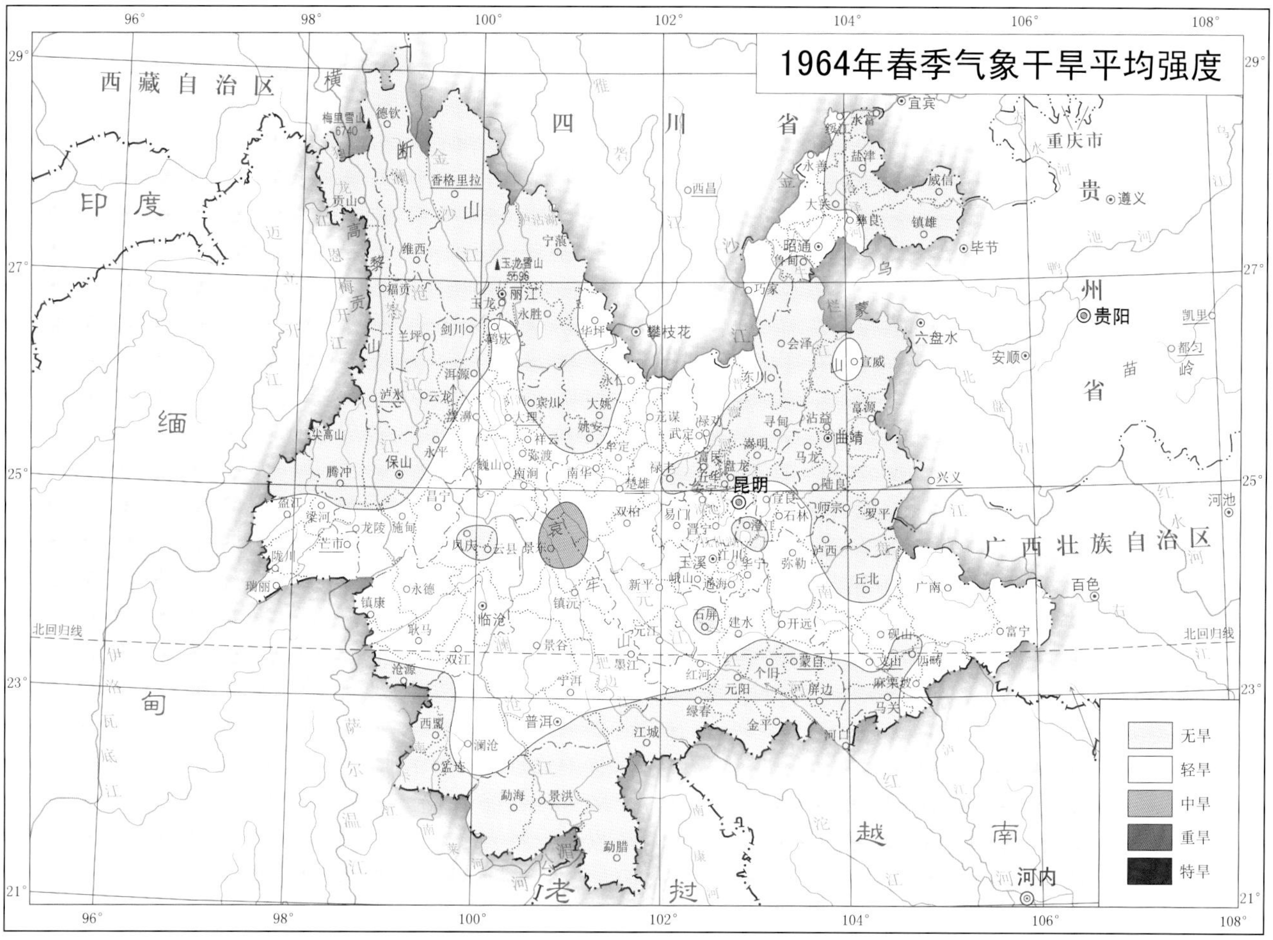
1964年春季气象干旱平均强度
西藏自治区
四川省
重庆市
贵州省
广西壮族自治区
印度
缅甸
老挝
越南
昆明
北回归线
无旱
轻旱
中旱
重旱
特旱

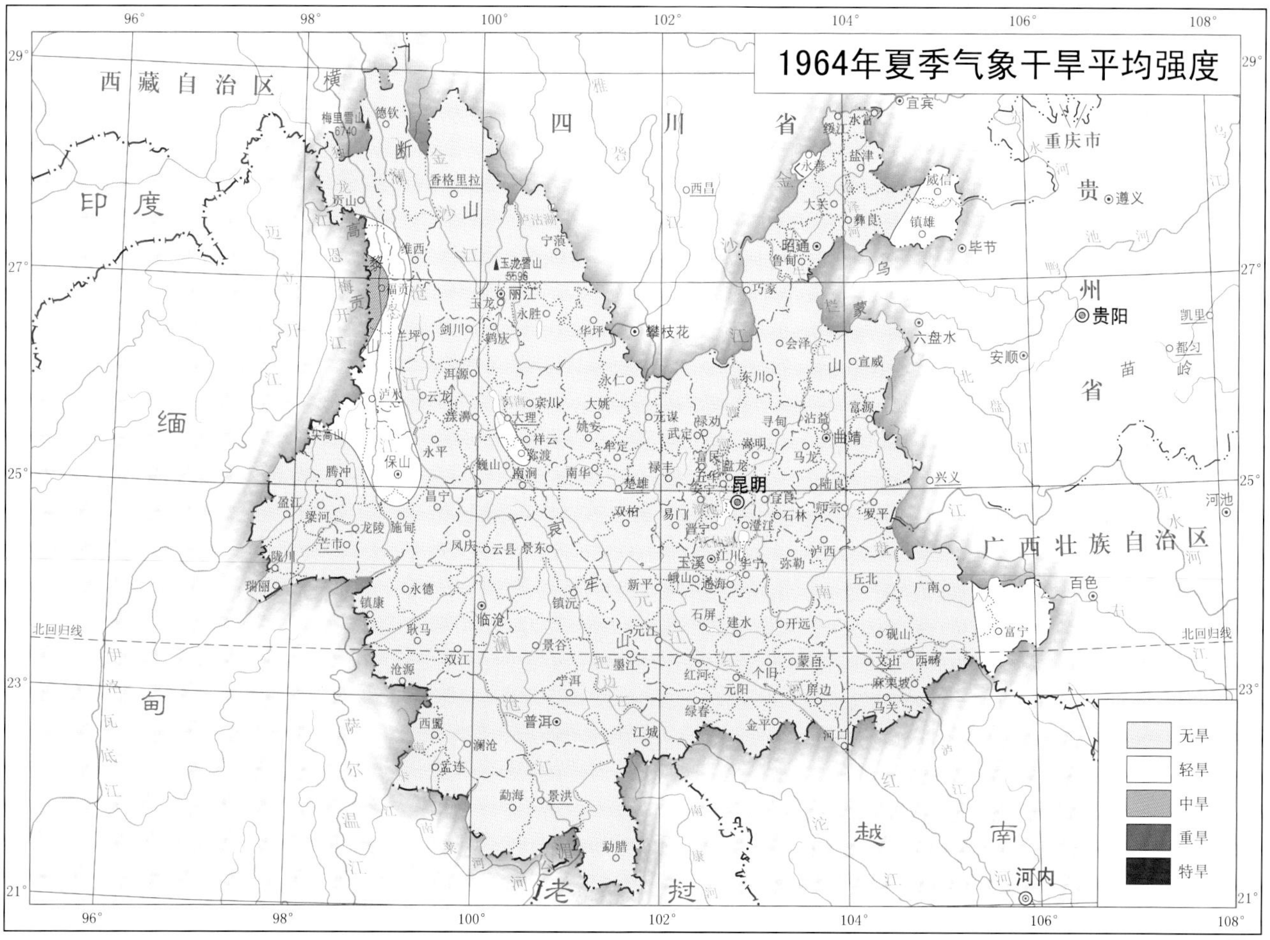
1964年夏季气象干旱平均强度
西藏自治区
四川省
重庆市
贵州省
广西壮族自治区
印度
缅甸
老挝
越南
昆明
北回归线
无旱
轻旱
中旱
重旱
特旱

比例尺 1：8 000 000 0 80 160 km

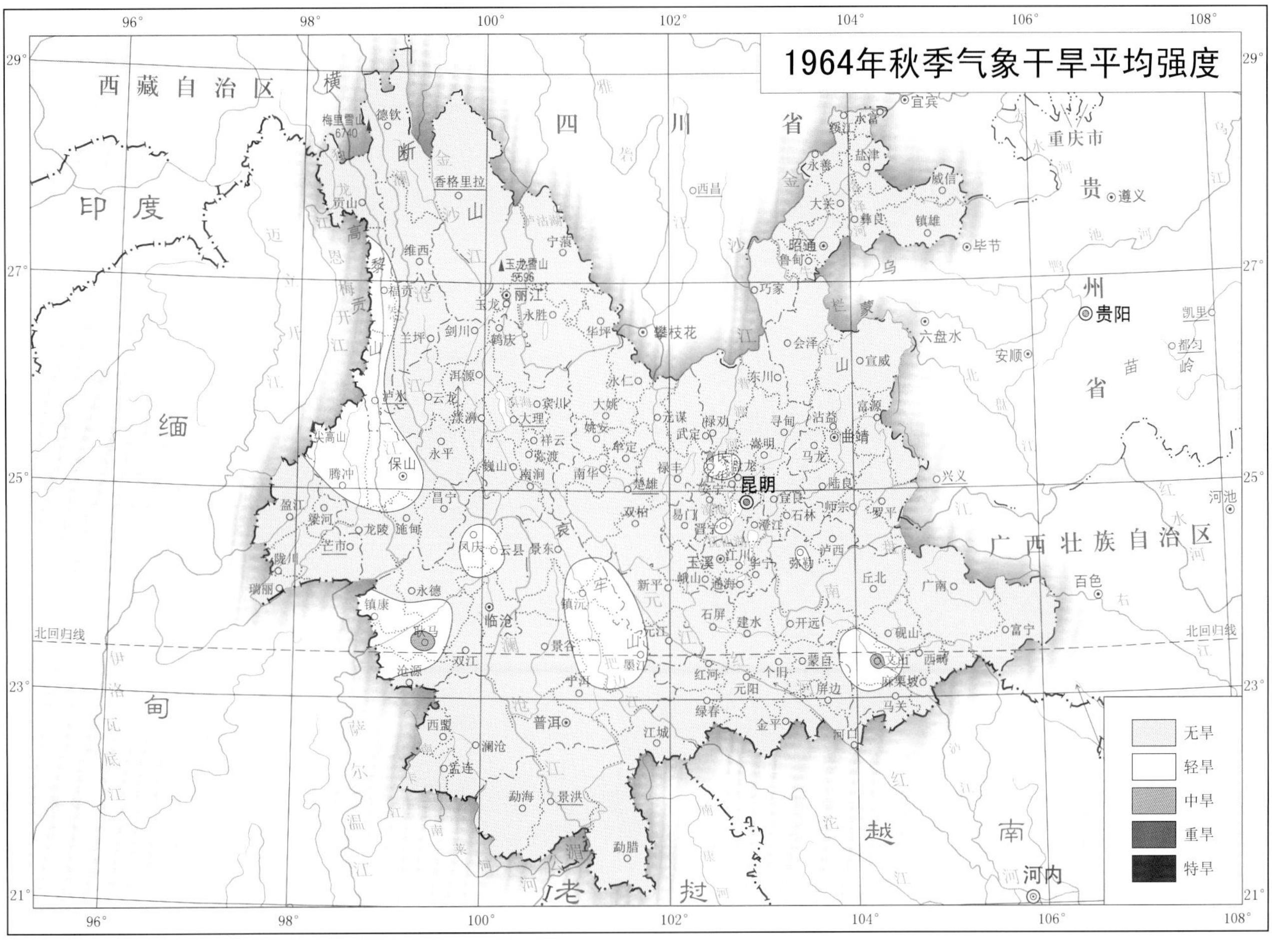

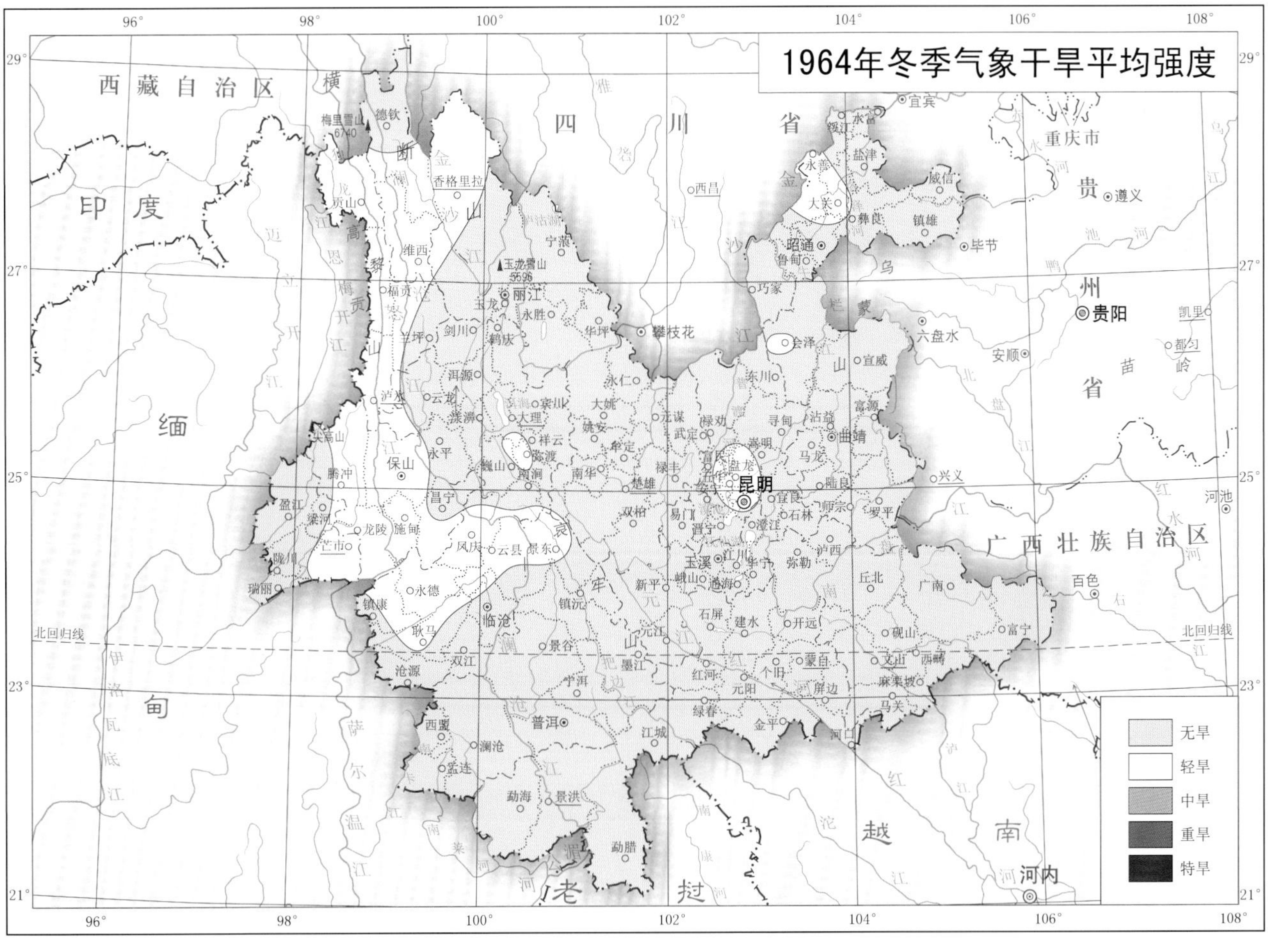

1964年秋季气象干旱平均强度

- 无旱
- 轻旱
- 中旱
- 重旱
- 特旱

1964年冬季气象干旱平均强度

- 无旱
- 轻旱
- 中旱
- 重旱
- 特旱

比例尺 1：8 000 000 0 80 160 km

1965年干旱日数

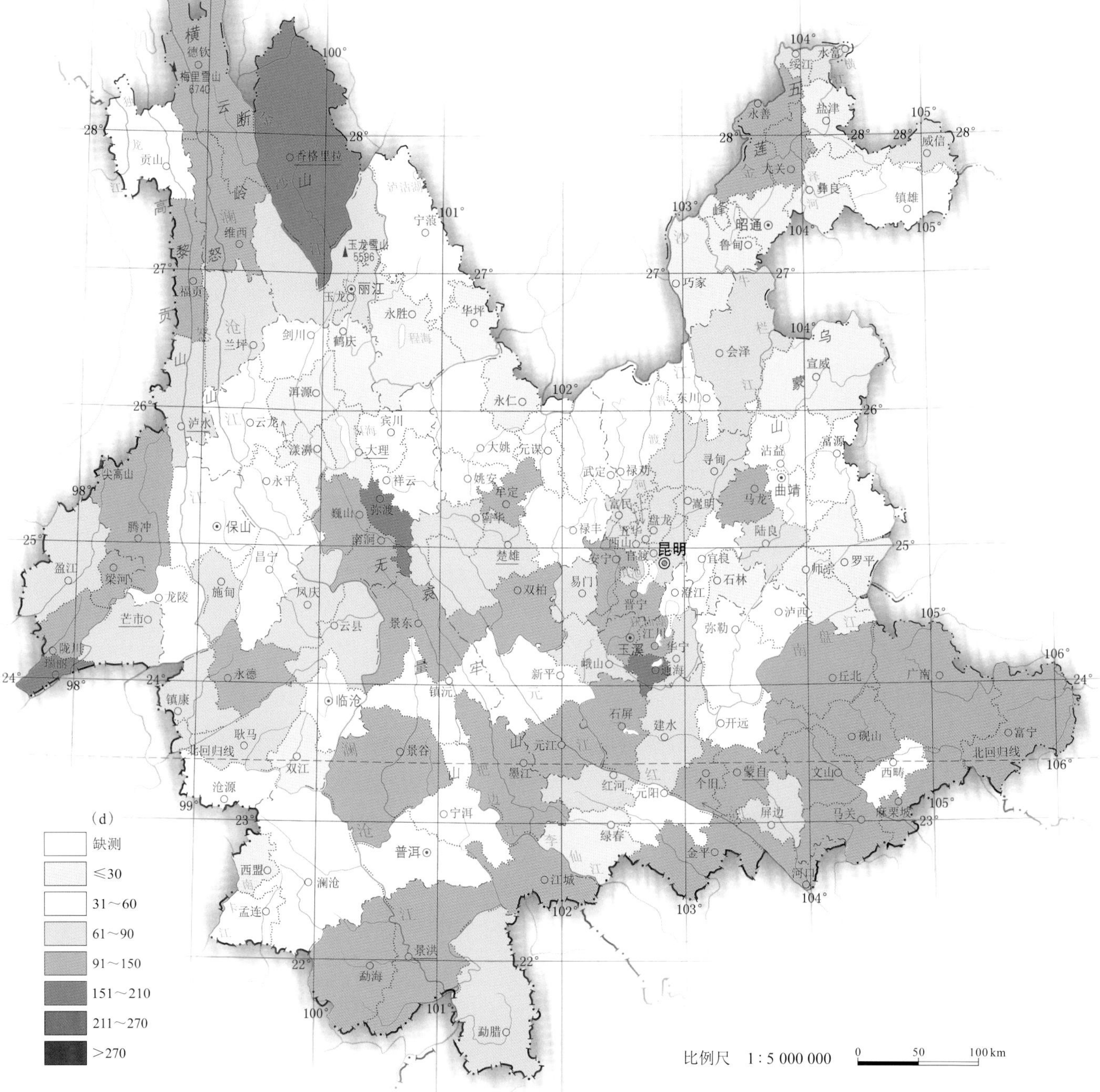

(d)

- 缺测
- ≤30
- 31～60
- 61～90
- 91～150
- 151～210
- 211～270
- >270

比例尺 1 : 5 000 000

1965年逐日干旱、降水变化曲线

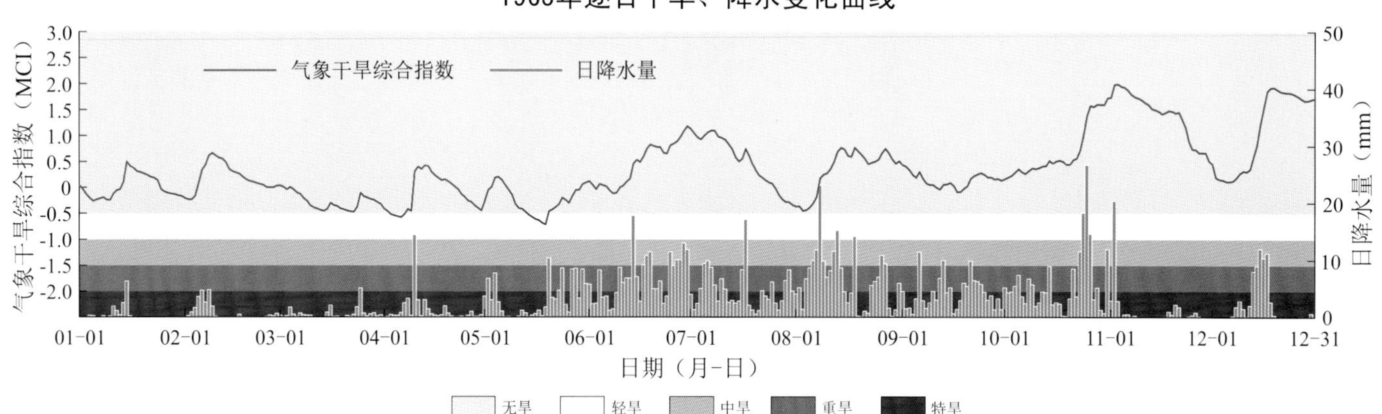

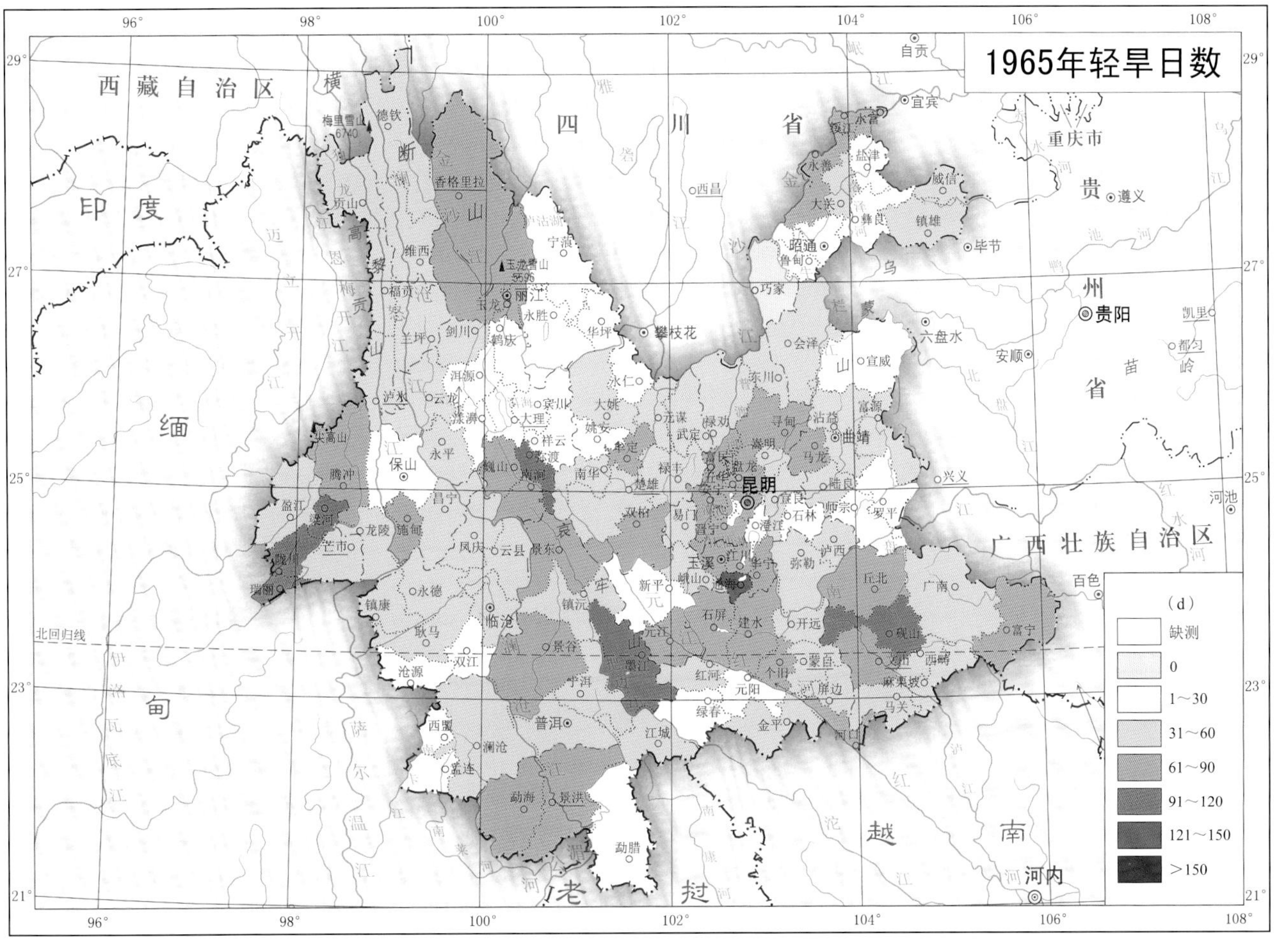
1965年轻旱日数
西藏自治区
四川省
印度
缅甸
贵州省
广西壮族自治区
越南
老挝
昆明
重庆市
贵阳
河内
北回归线
(d)
缺测
0
1~30
31~60
61~90
91~120
121~150
>150

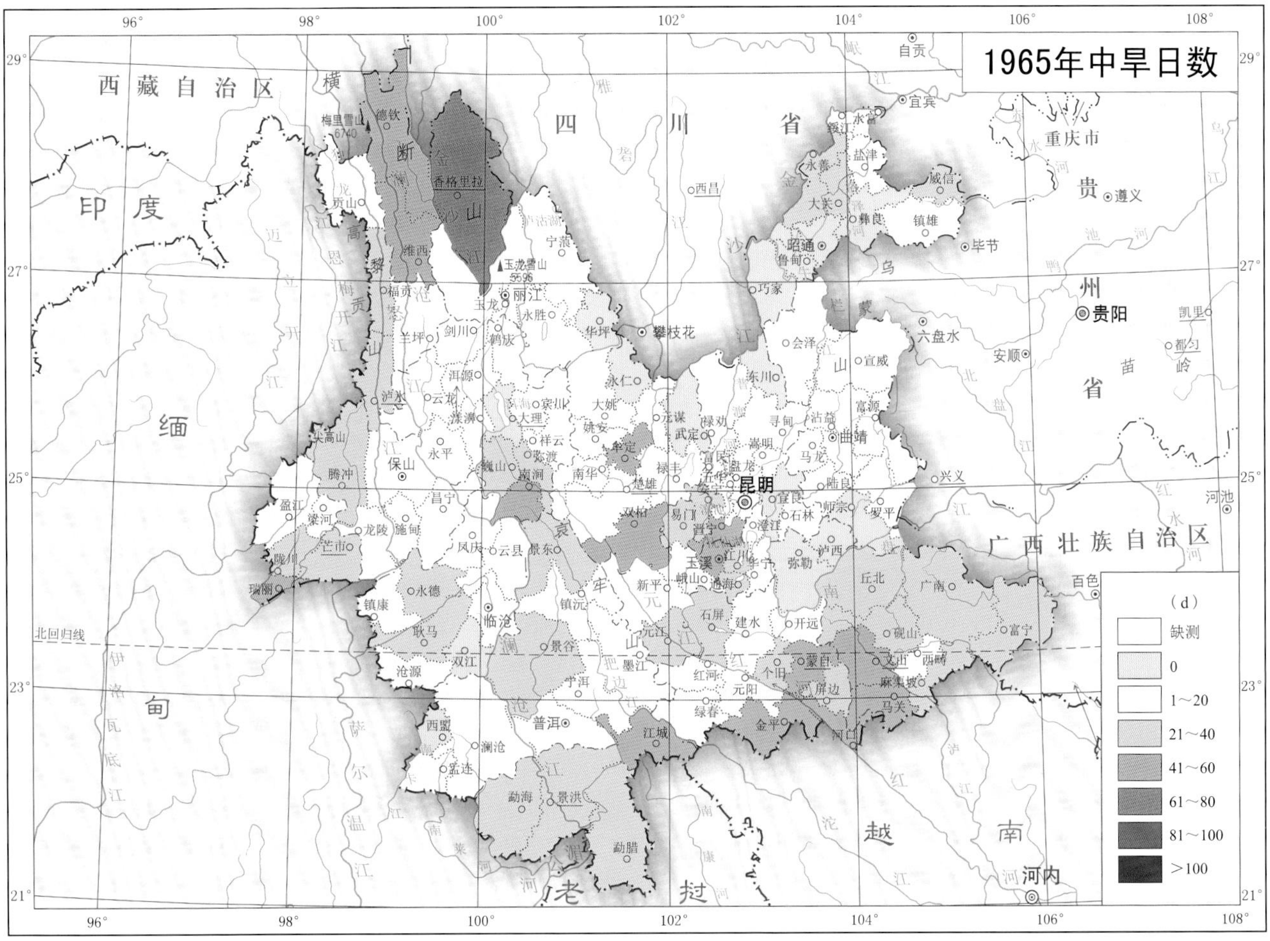
1965年中旱日数
西藏自治区
四川省
印度
缅甸
贵州省
广西壮族自治区
越南
老挝
昆明
重庆市
贵阳
河内
北回归线
(d)
缺测
0
1~20
21~40
41~60
61~80
81~100
>100

比例尺 1:8 000 000 0 80 160 km

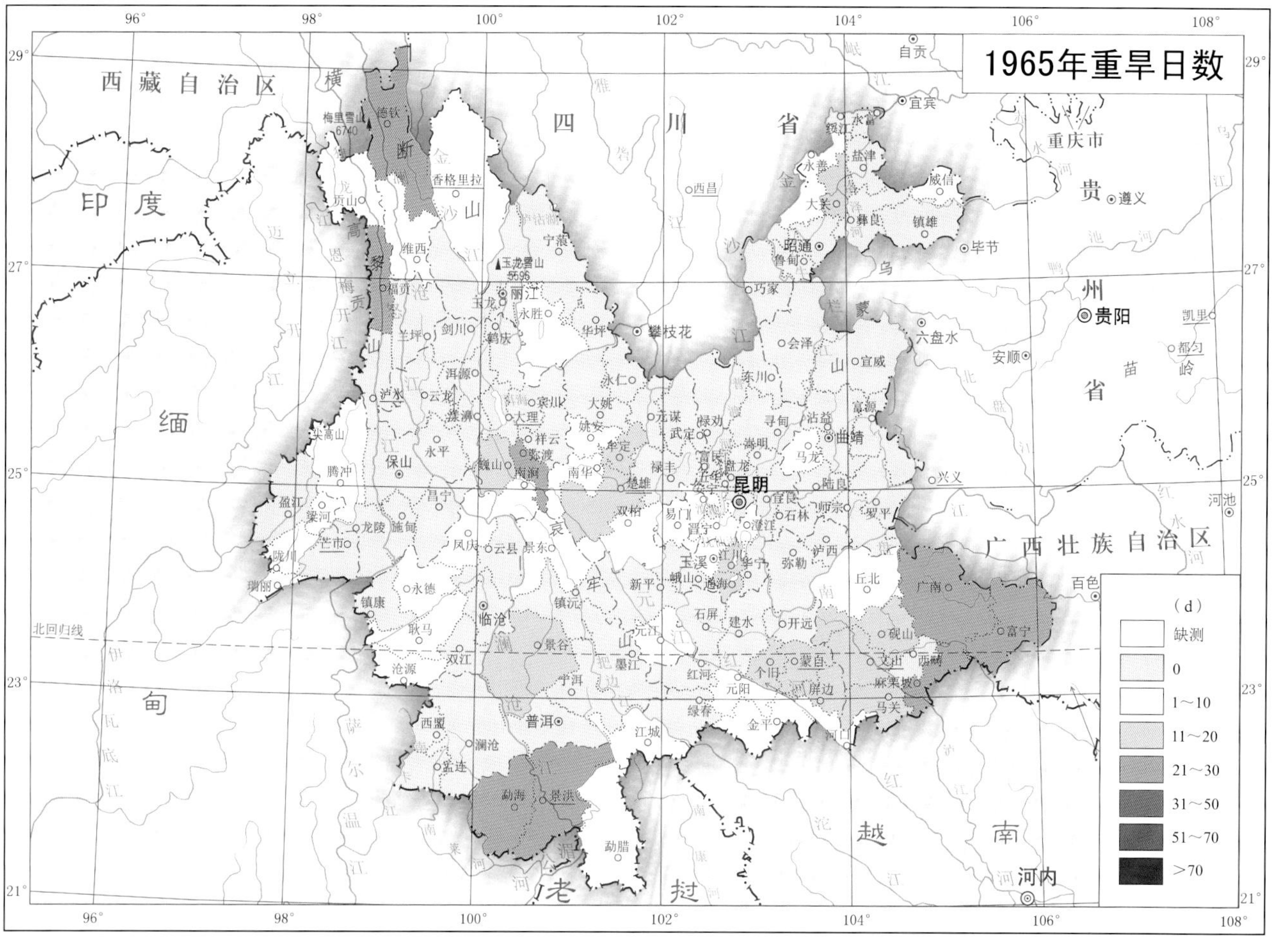

1965年重旱日数

(d)

- 缺测
- 0
- 1~10
- 11~20
- 21~30
- 31~50
- 51~70
- >70

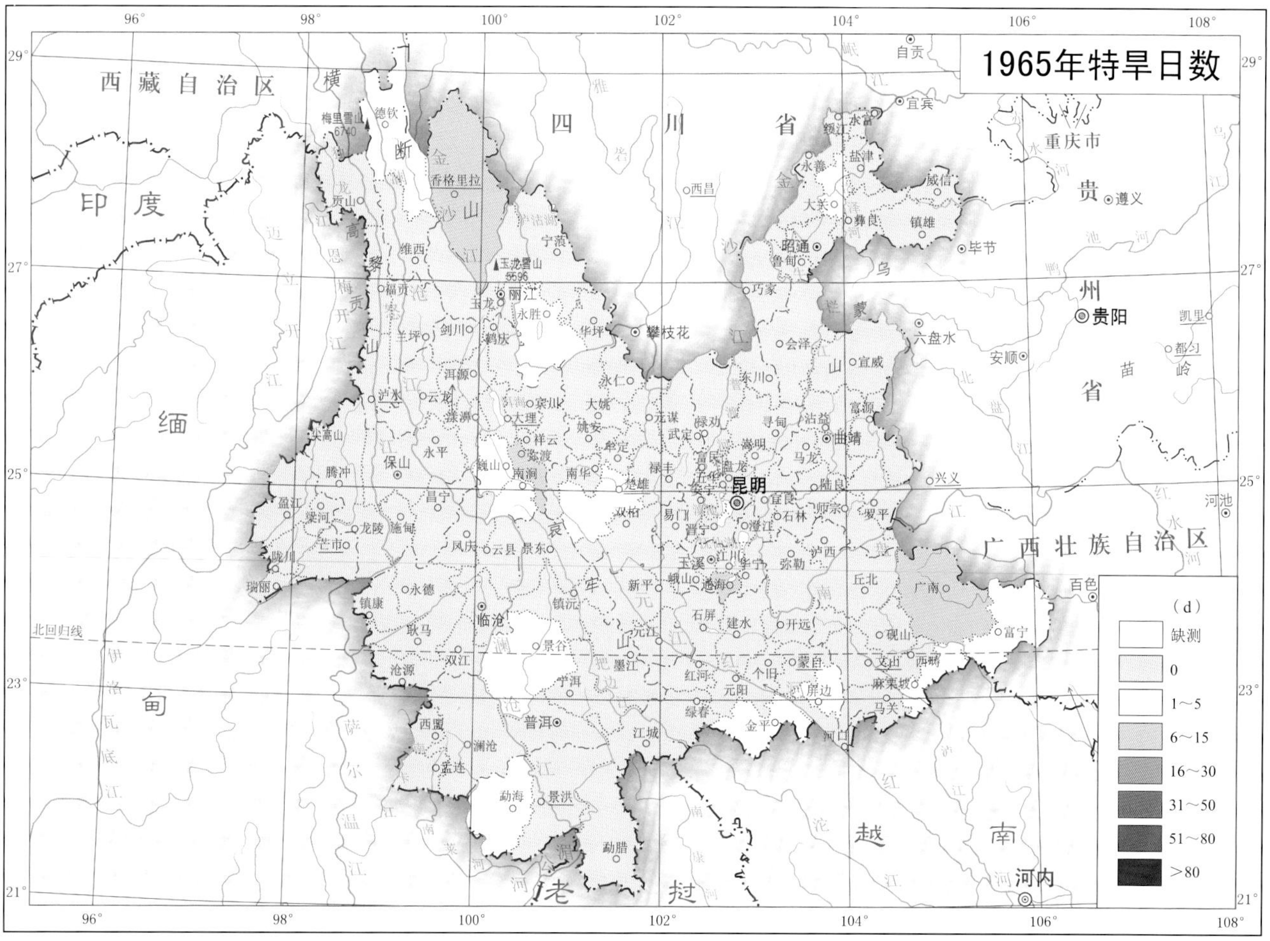

1965年特旱日数

(d)

- 缺测
- 0
- 1~5
- 6~15
- 16~30
- 31~50
- 51~80
- >80

比例尺 1：8 000 000 0 80 160 km

1965年春季气象干旱平均强度

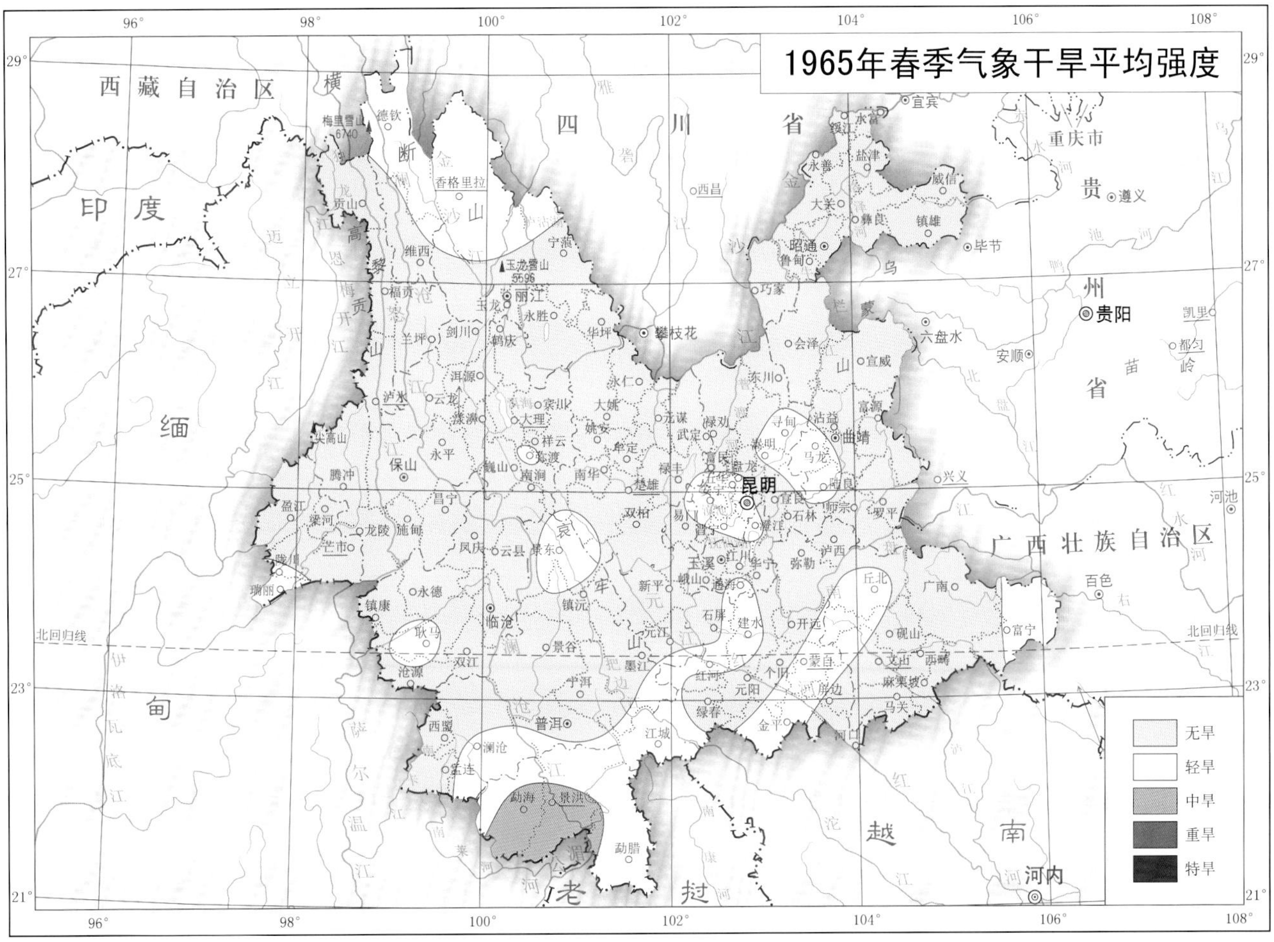

无旱
轻旱
中旱
重旱
特旱

1965年夏季气象干旱平均强度

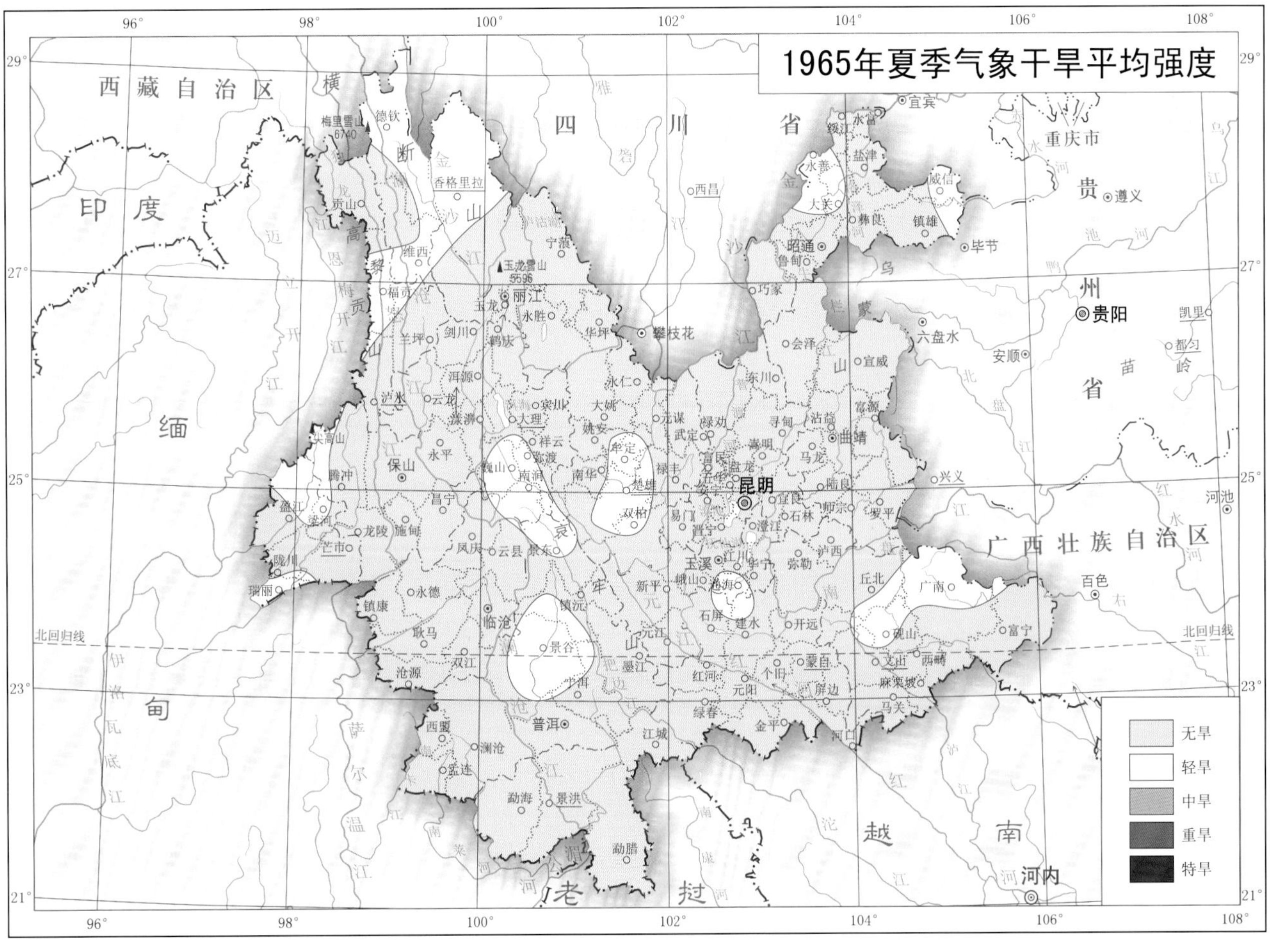

无旱
轻旱
中旱
重旱
特旱

比例尺 1 : 8 000 000 0 80 160 km

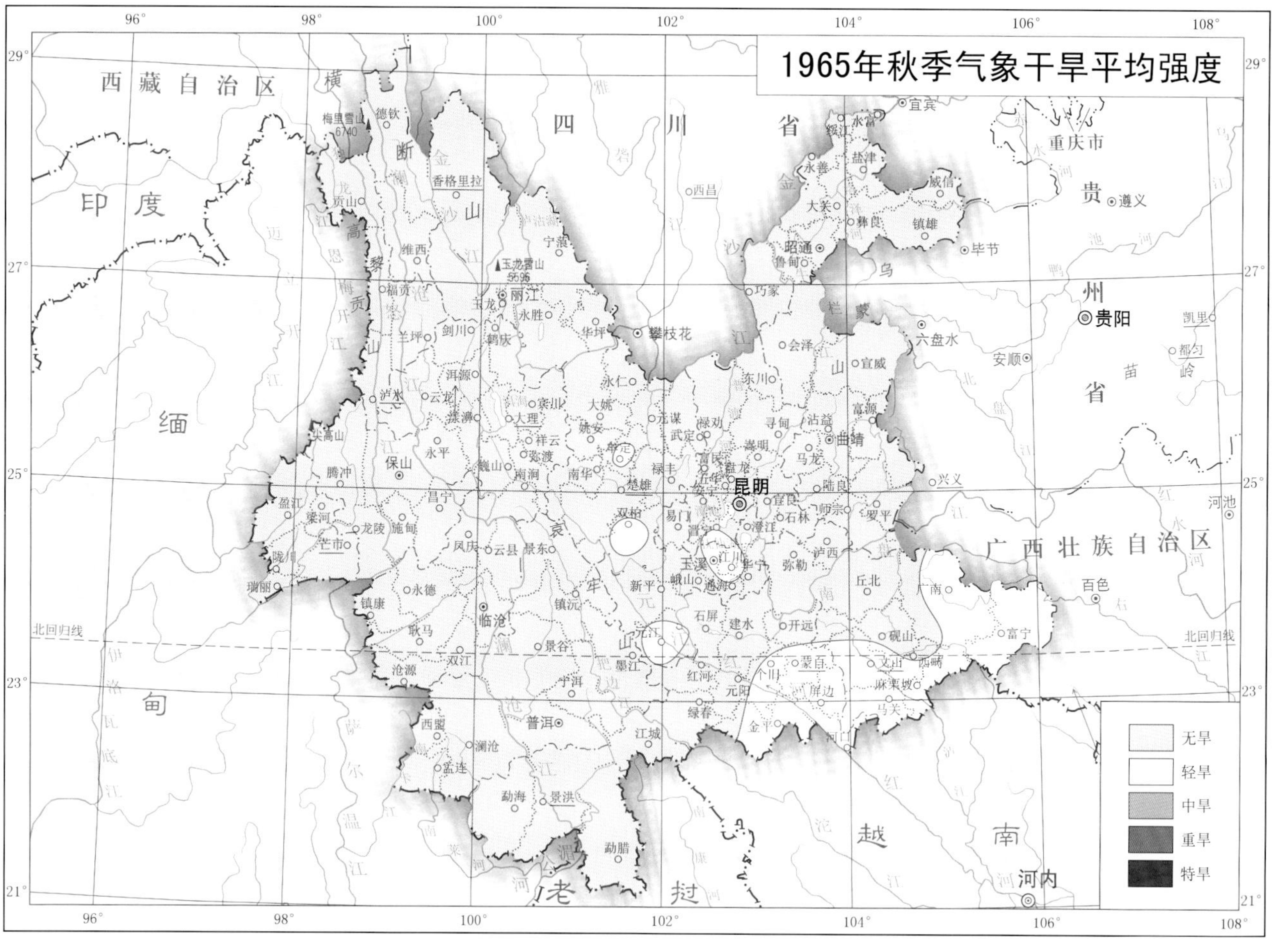

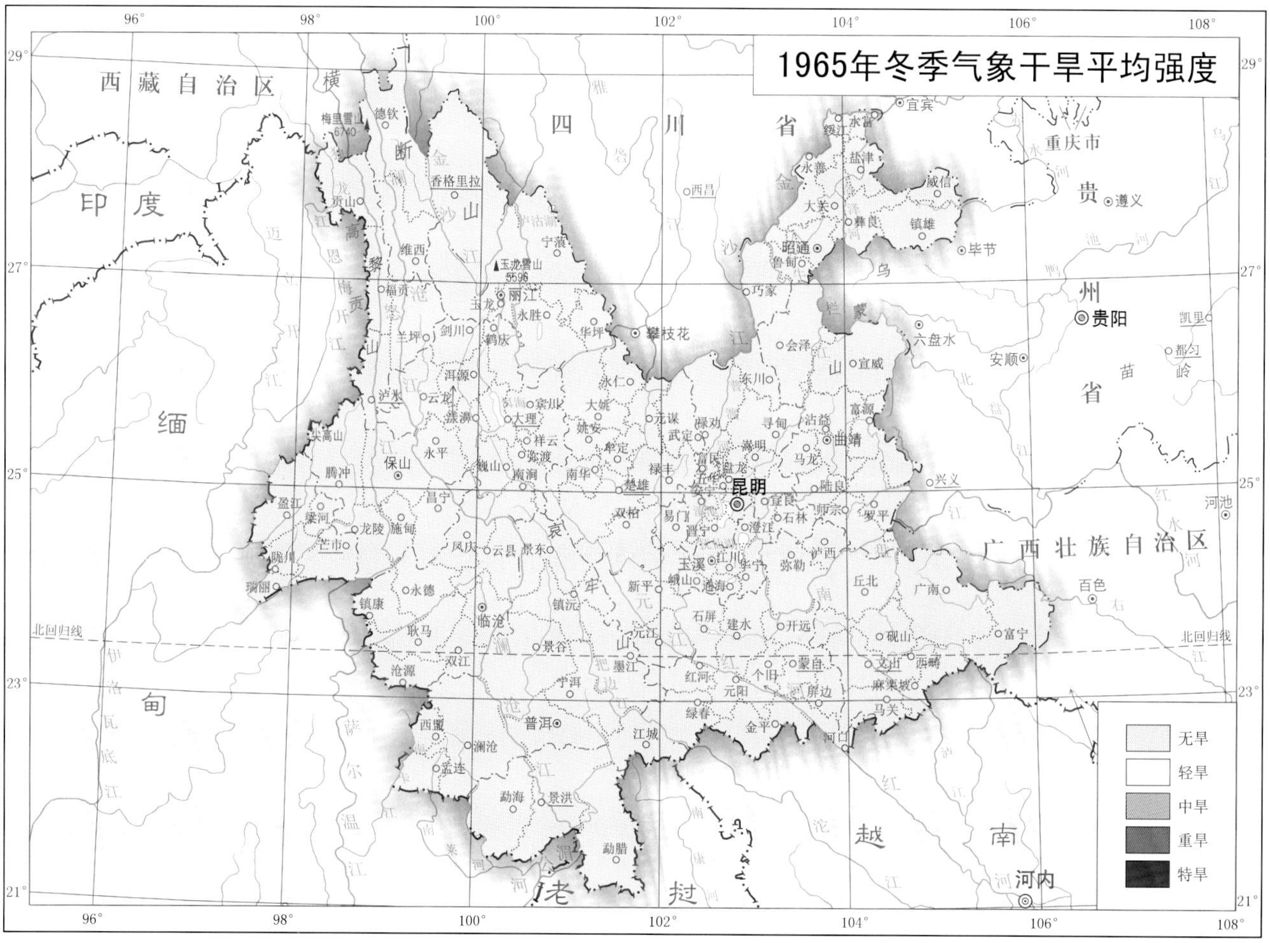

1965年秋季气象干旱平均强度

无旱
轻旱
中旱
重旱
特旱

1965年冬季气象干旱平均强度

无旱
轻旱
中旱
重旱
特旱

比例尺 1：8 000 000 0 80 160 km

1966年干旱日数

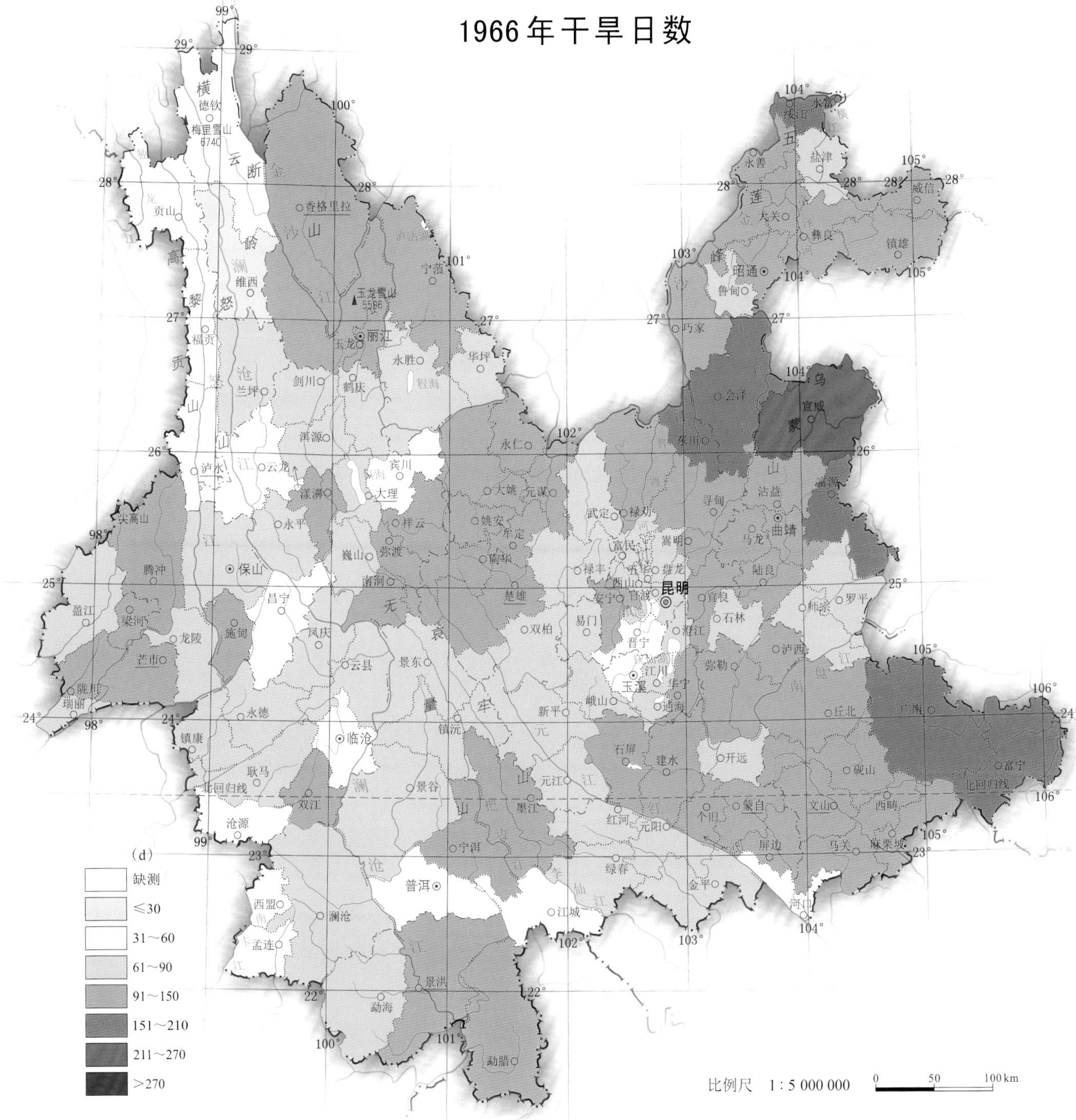

(d)
- 缺测
- ≤30
- 31～60
- 61～90
- 91～150
- 151～210
- 211～270
- >270

比例尺 1∶5 000 000

1966年逐日干旱、降水变化曲线

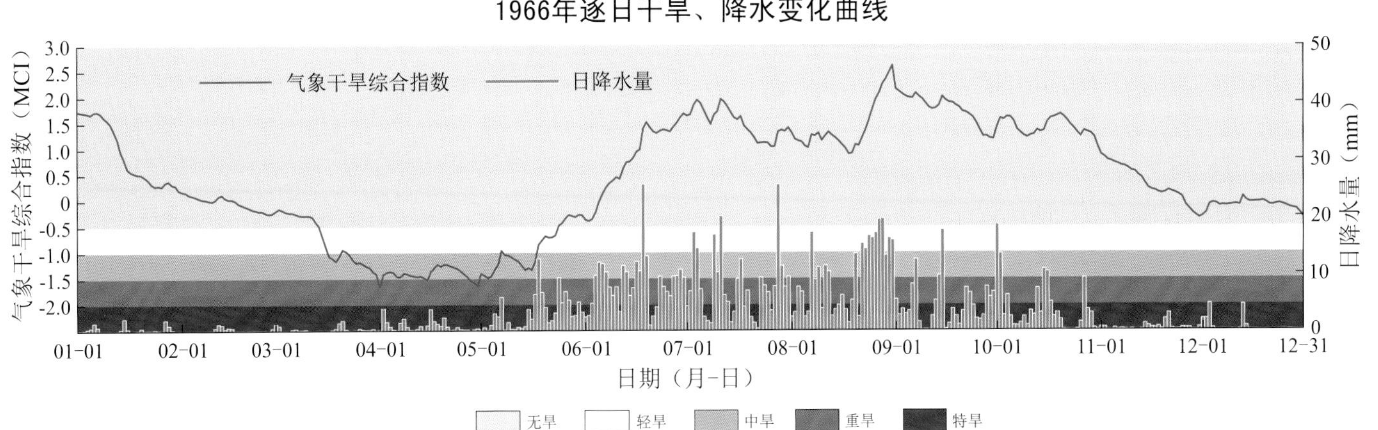

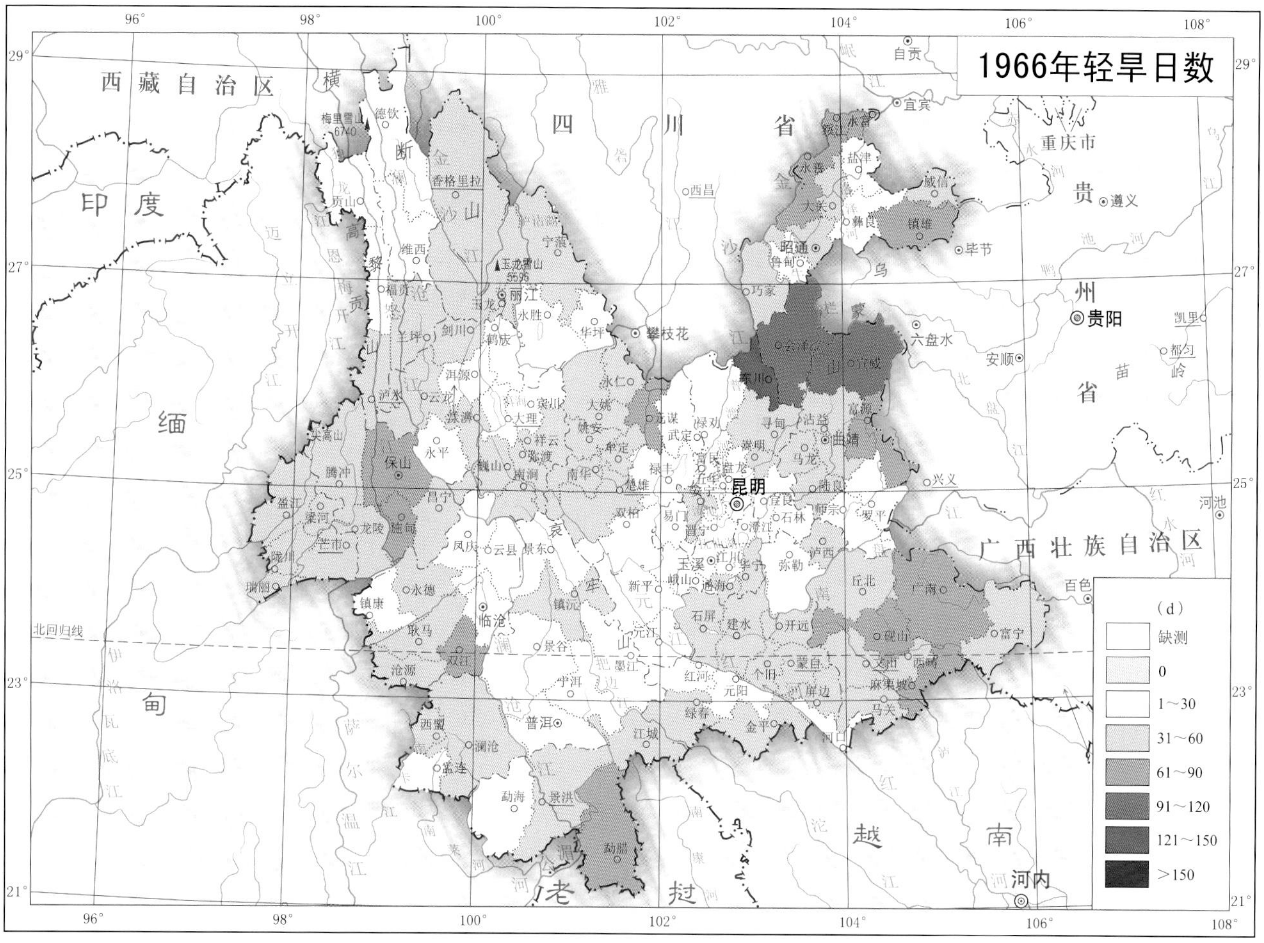
1966年轻旱日数
(d)
缺测
0
1～30
31～60
61～90
91～120
121～150
>150
西藏自治区
四川省
重庆市
贵州省
广西壮族自治区
印度
缅甸
越南
老挝
昆明
河内
北回归线

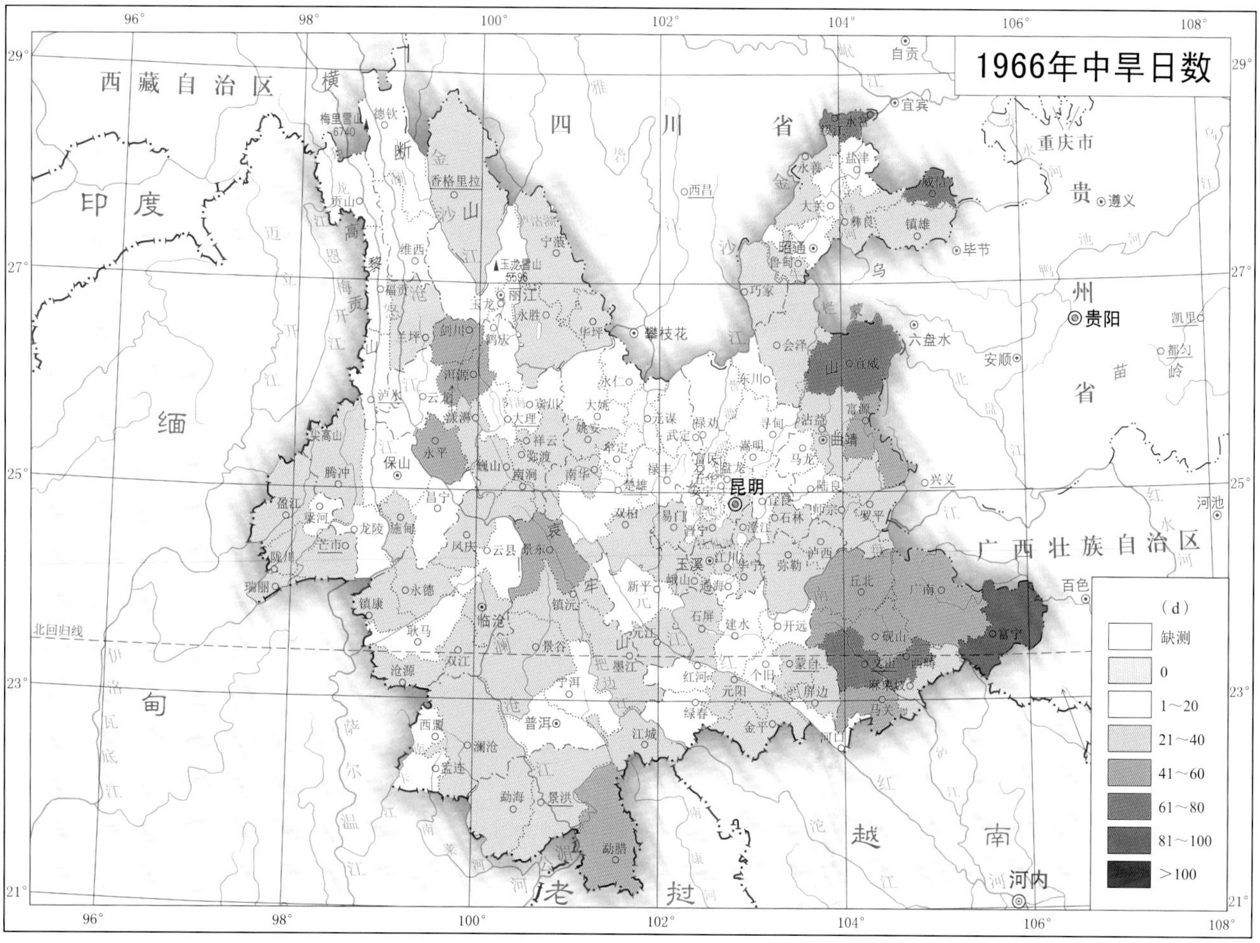
1966年中旱日数
(d)
缺测
0
1～20
21～40
41～60
61～80
81～100
>100
西藏自治区
四川省
重庆市
贵州省
广西壮族自治区
印度
缅甸
越南
老挝
昆明
河内
北回归线

比例尺 1：8 000 000 0 80 160 km

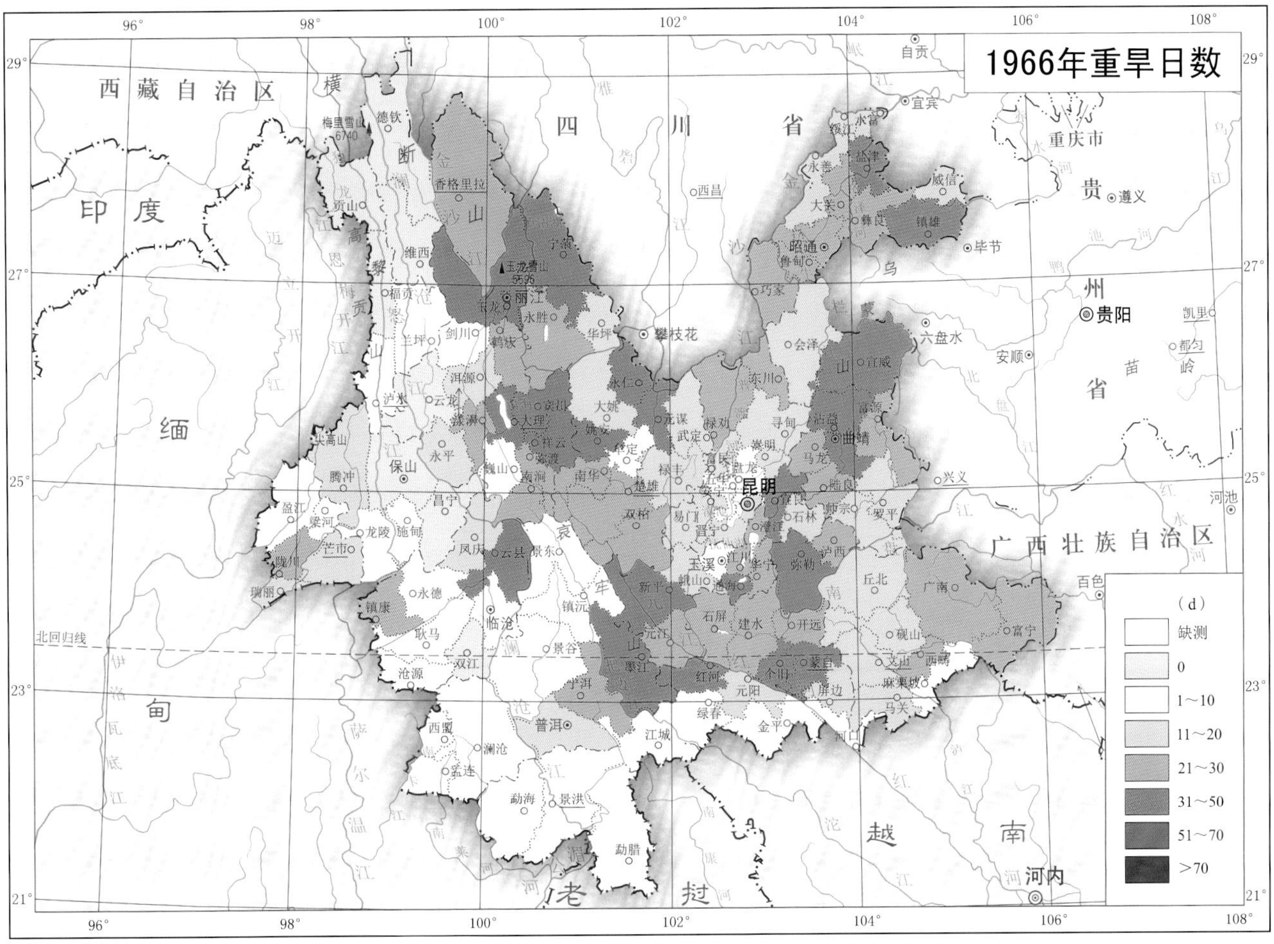

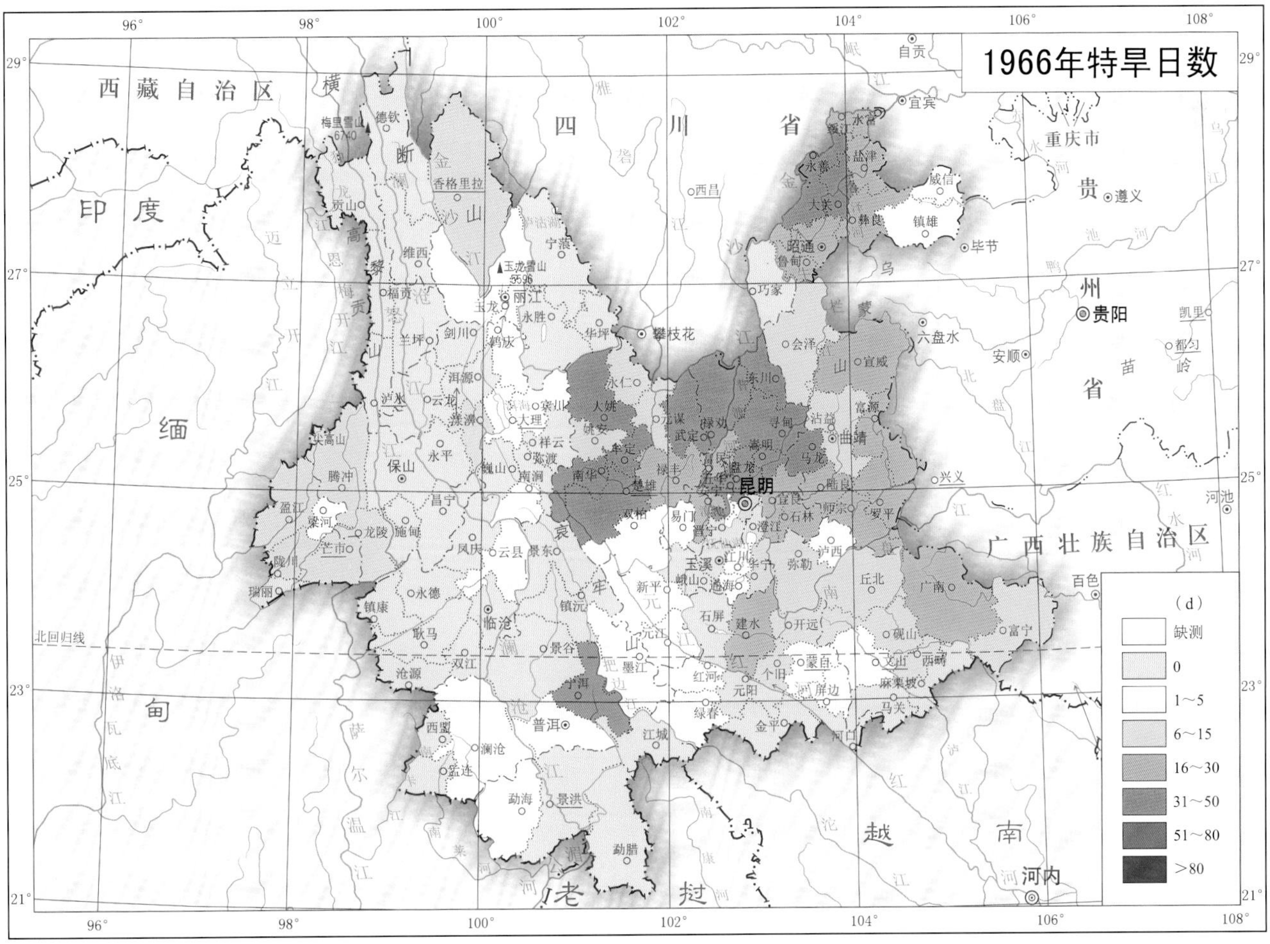

1966年重旱日数

(d)

缺测
0
1~10
11~20
21~30
31~50
51~70
>70

1966年特旱日数

(d)

缺测
0
1~5
6~15
16~30
31~50
51~80
>80

比例尺 1∶8 000 000 0 80 160 km

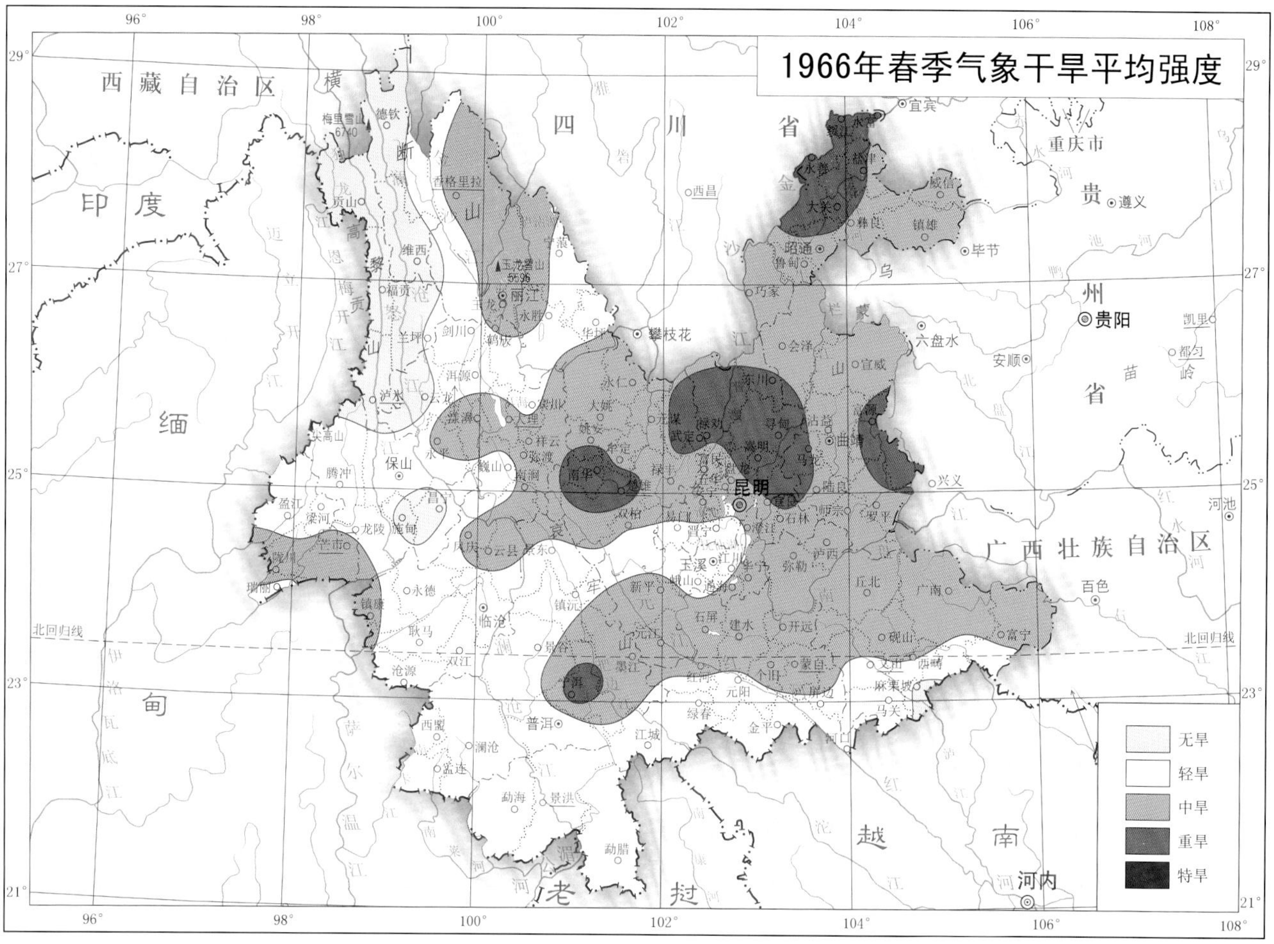

1966年春季气象干旱平均强度

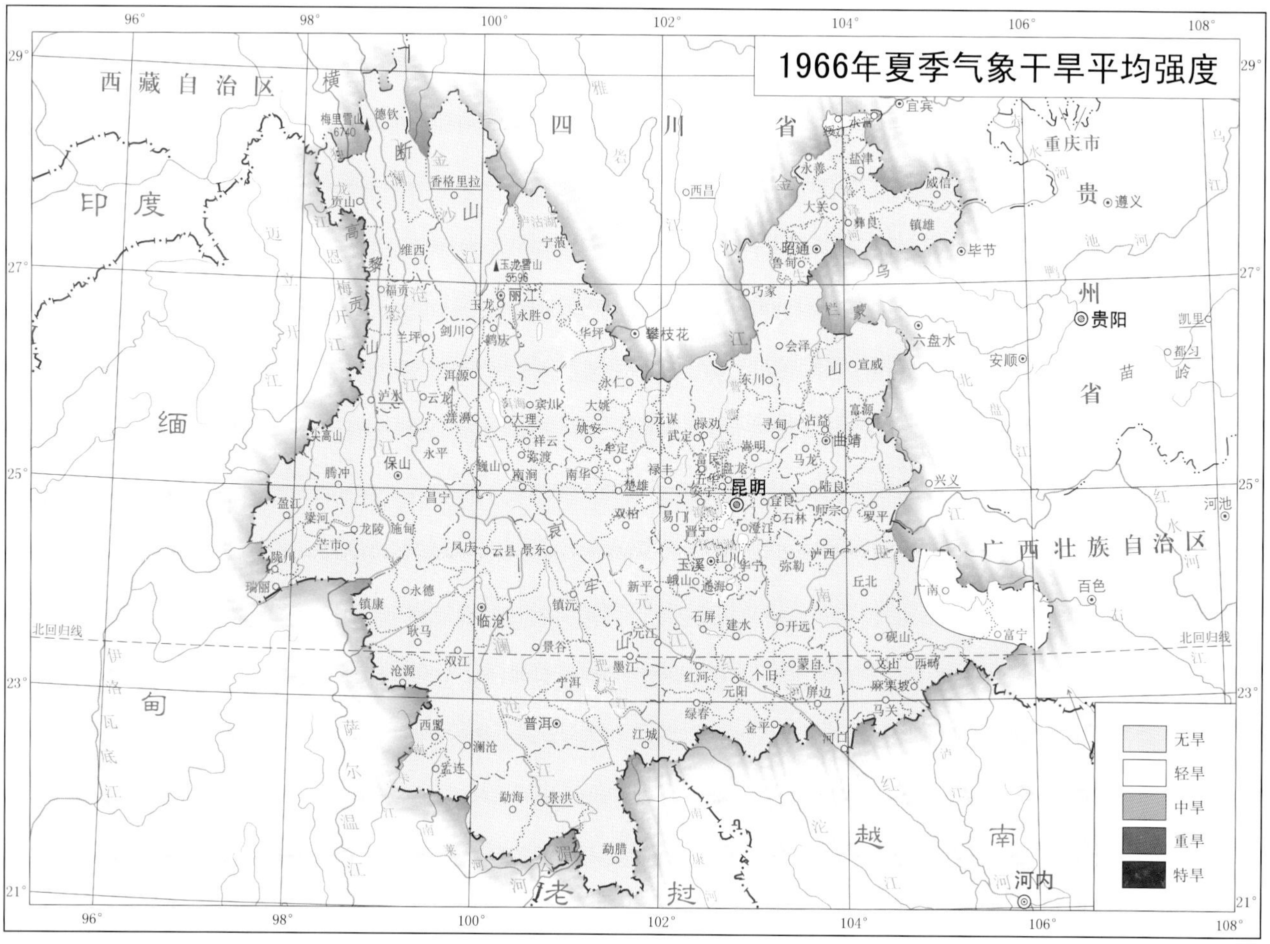

无旱
轻旱
中旱
重旱
特旱

1966年夏季气象干旱平均强度

无旱
轻旱
中旱
重旱
特旱

比例尺 1:8 000 000 0 80 160 km

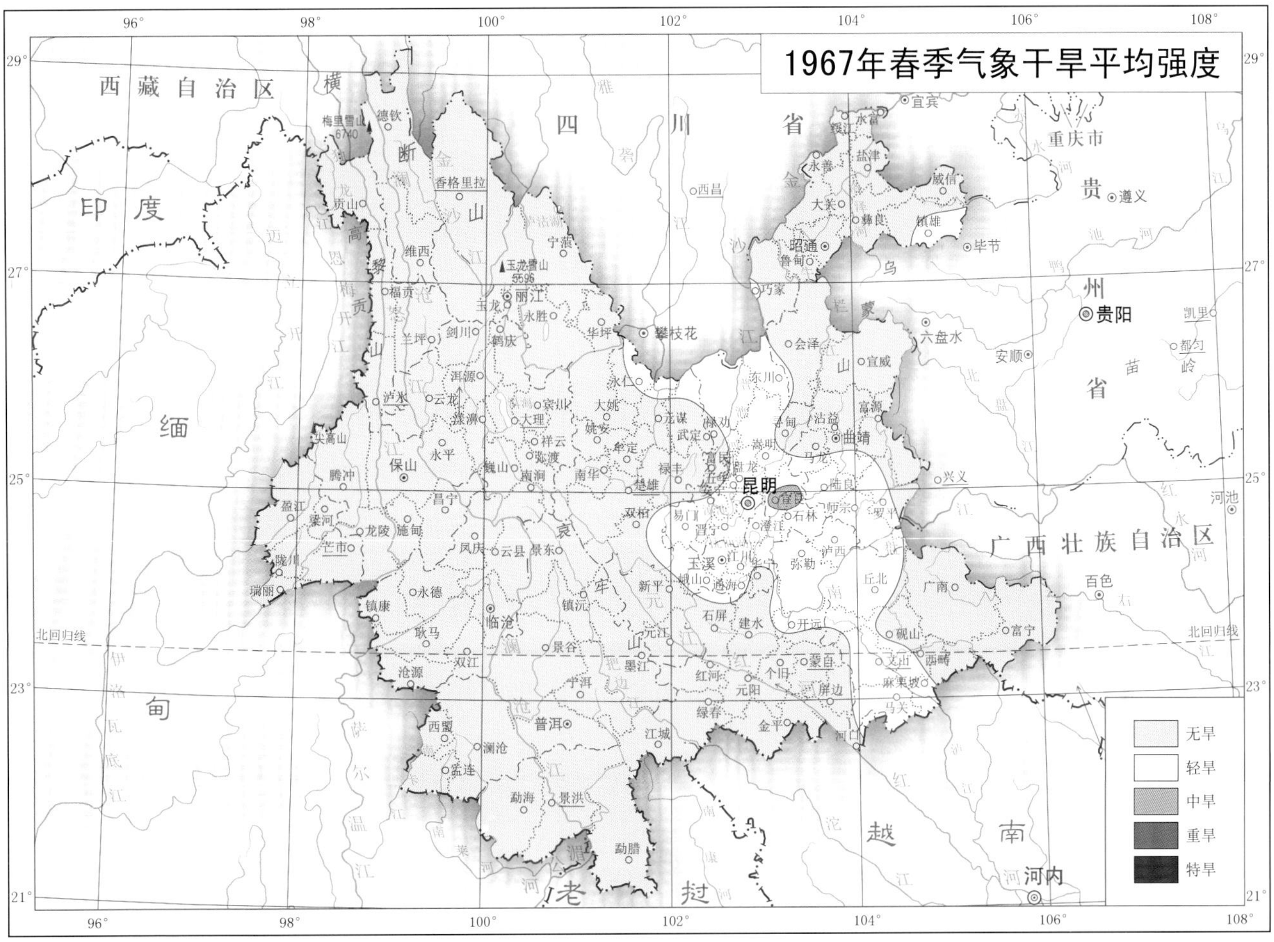

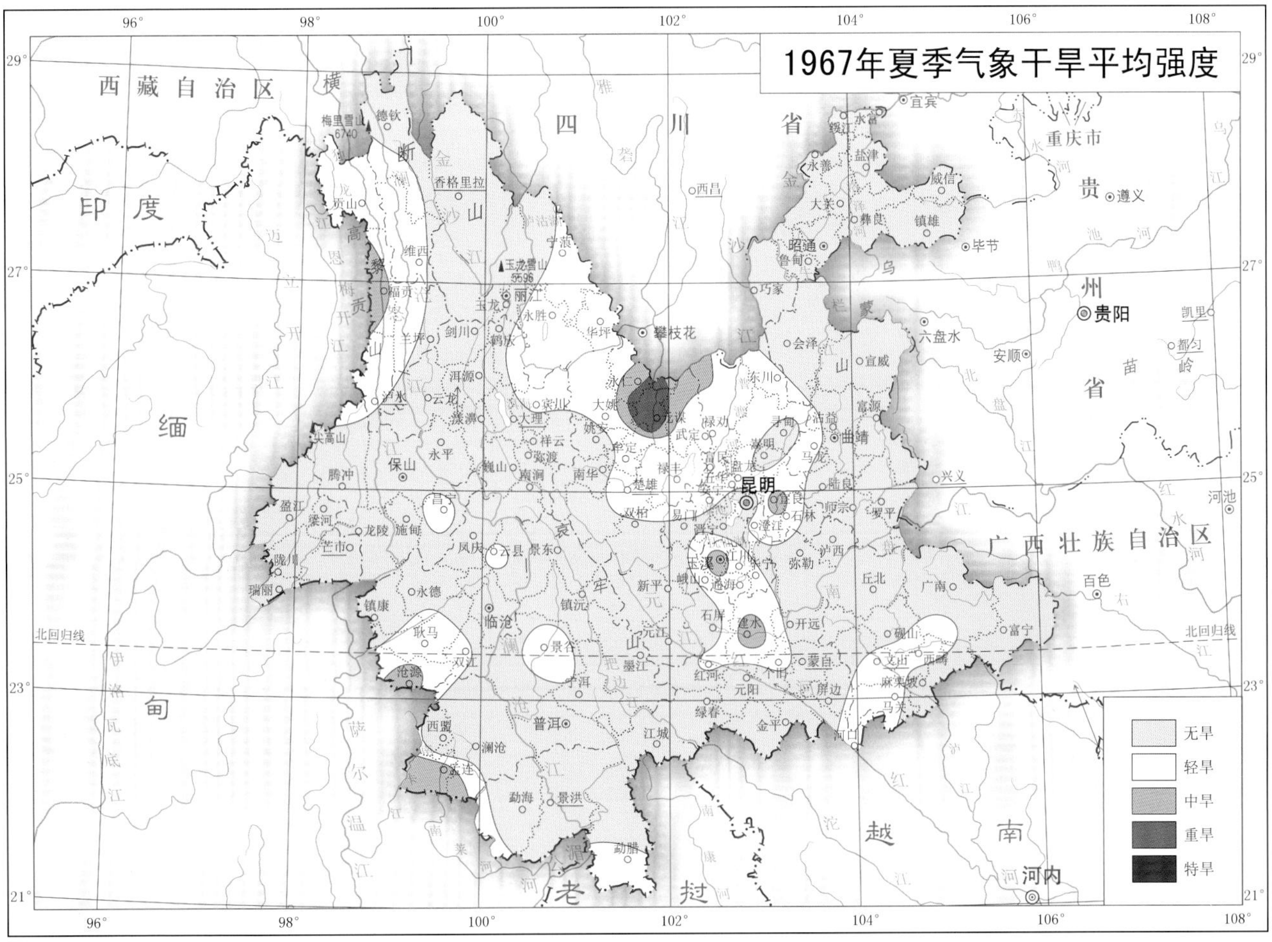

1967年春季气象干旱平均强度

无旱
轻旱
中旱
重旱
特旱

1967年夏季气象干旱平均强度

无旱
轻旱
中旱
重旱
特旱

比例尺 1:8 000 000 0 80 160 km

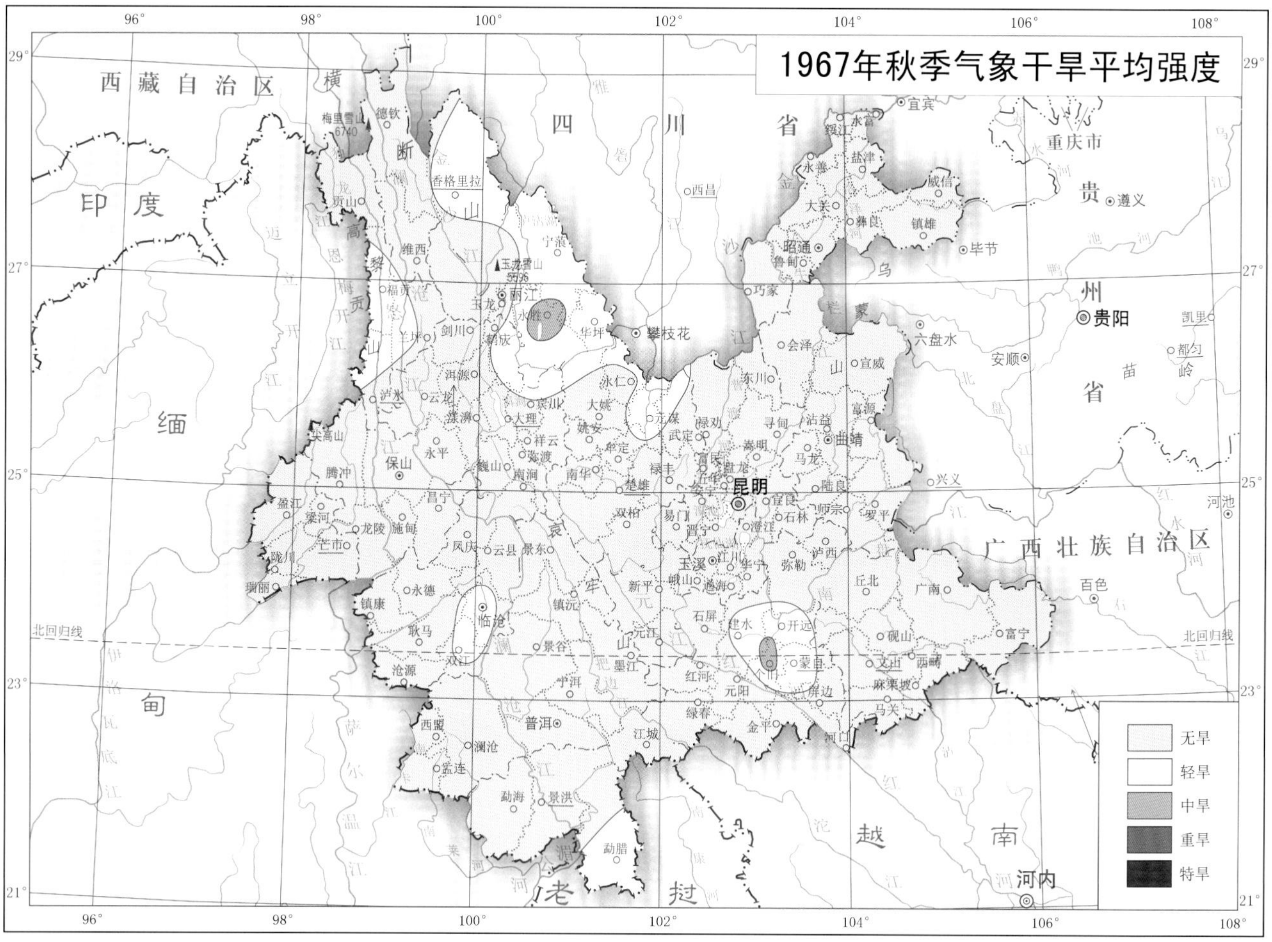

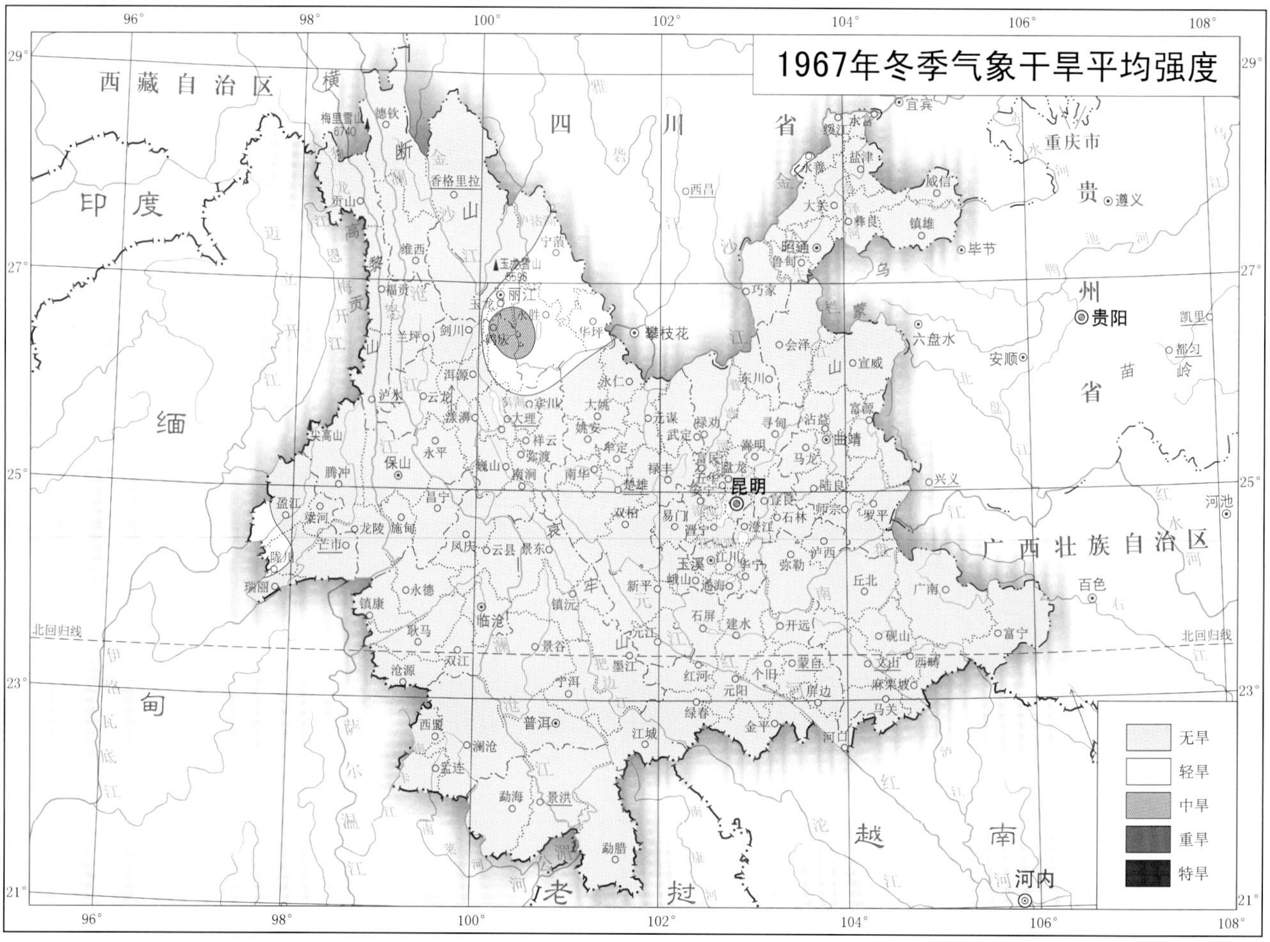

1967年秋季气象干旱平均强度

无旱
轻旱
中旱
重旱
特旱

1967年冬季气象干旱平均强度

无旱
轻旱
中旱
重旱
特旱

比例尺 1：8 000 000　0　80　160 km

1968年干旱日数

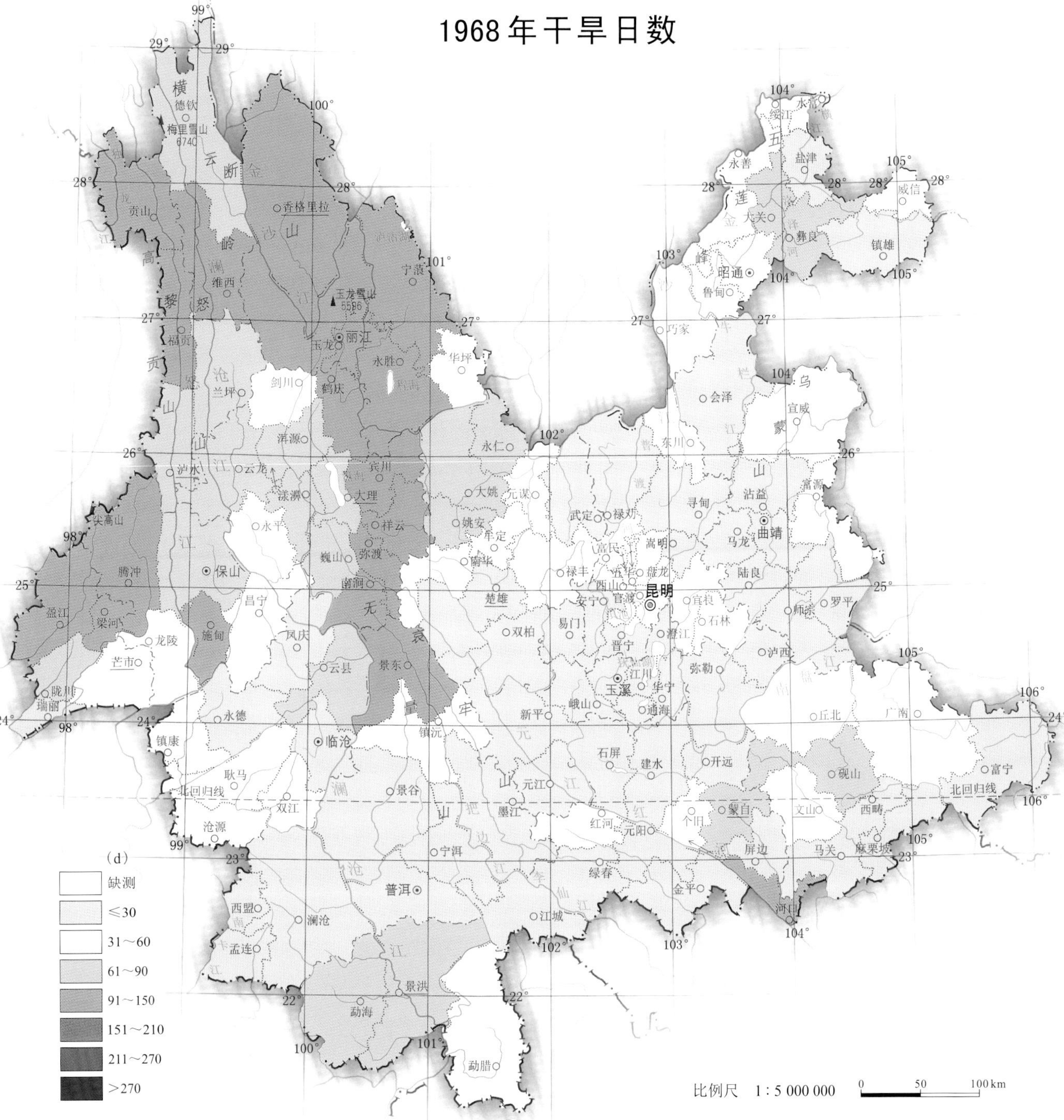

(d)
缺测
≤30
31～60
61～90
91～150
151～210
211～270
>270

比例尺 1:5 000 000

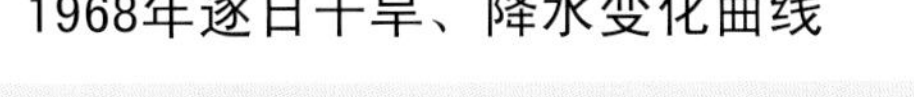

1968年逐日干旱、降水变化曲线

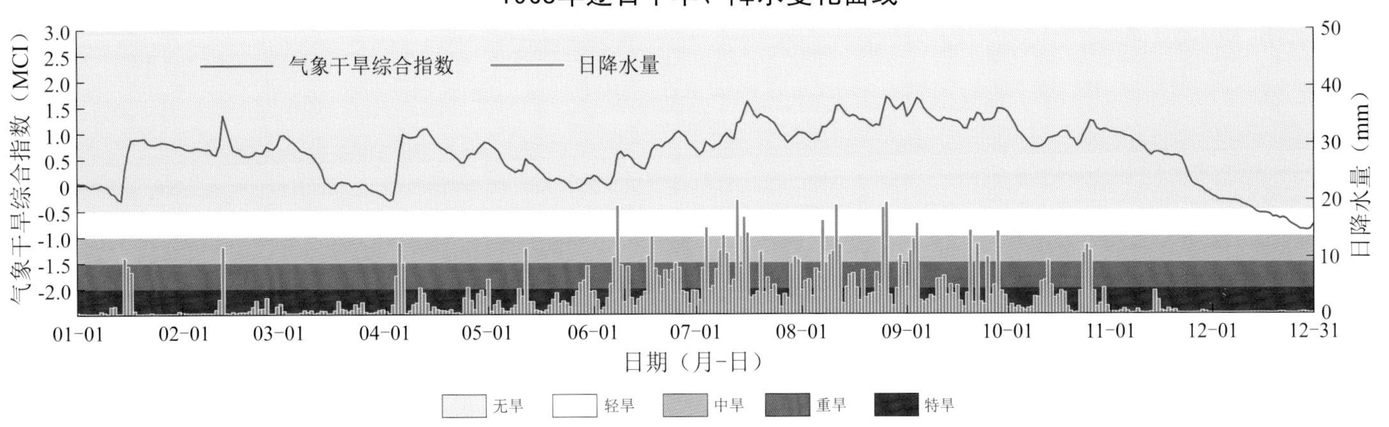

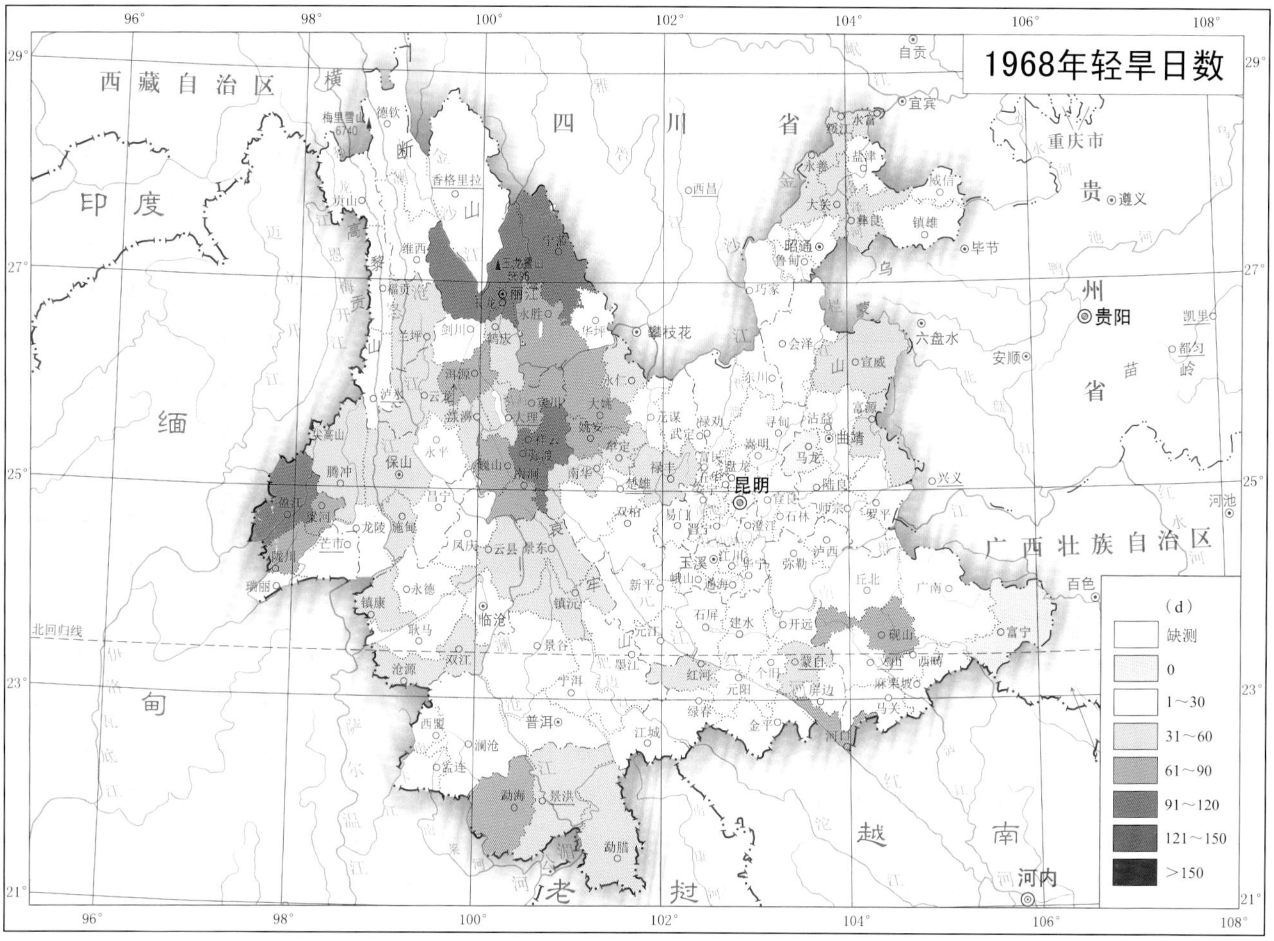
1968年轻旱日数
(d)
缺测
0
1~30
31~60
61~90
91~120
121~150
>150
西藏自治区
四川省
重庆市
贵州省
印度
缅甸
广西壮族自治区
越南
老挝
昆明
贵阳
河内
北回归线

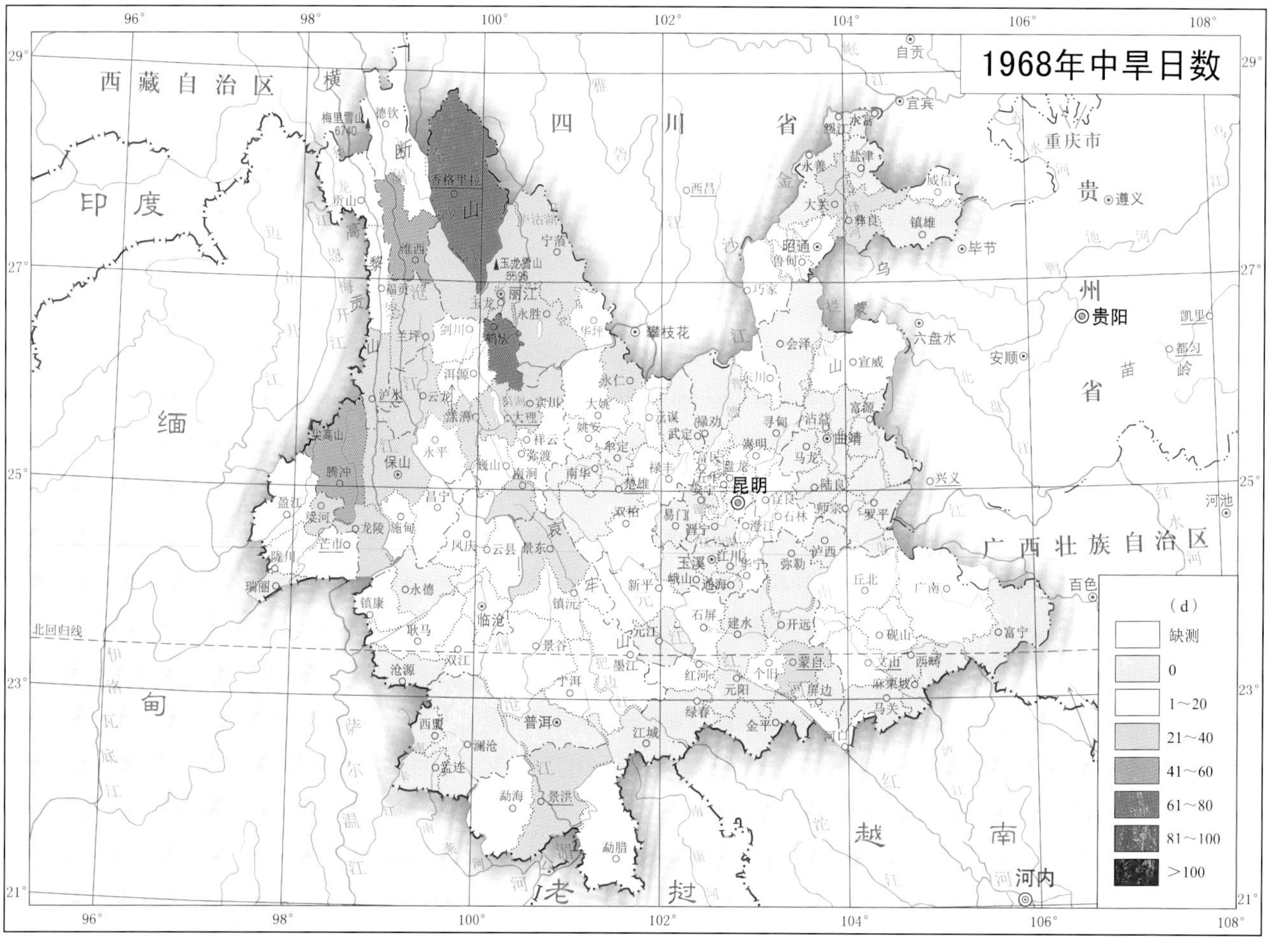
1968年中旱日数
(d)
缺测
0
1~20
21~40
41~60
61~80
81~100
>100
西藏自治区
四川省
重庆市
贵州省
印度
缅甸
广西壮族自治区
越南
老挝
昆明
贵阳
河内
北回归线

比例尺 1 : 8 000 000 0 80 160 km

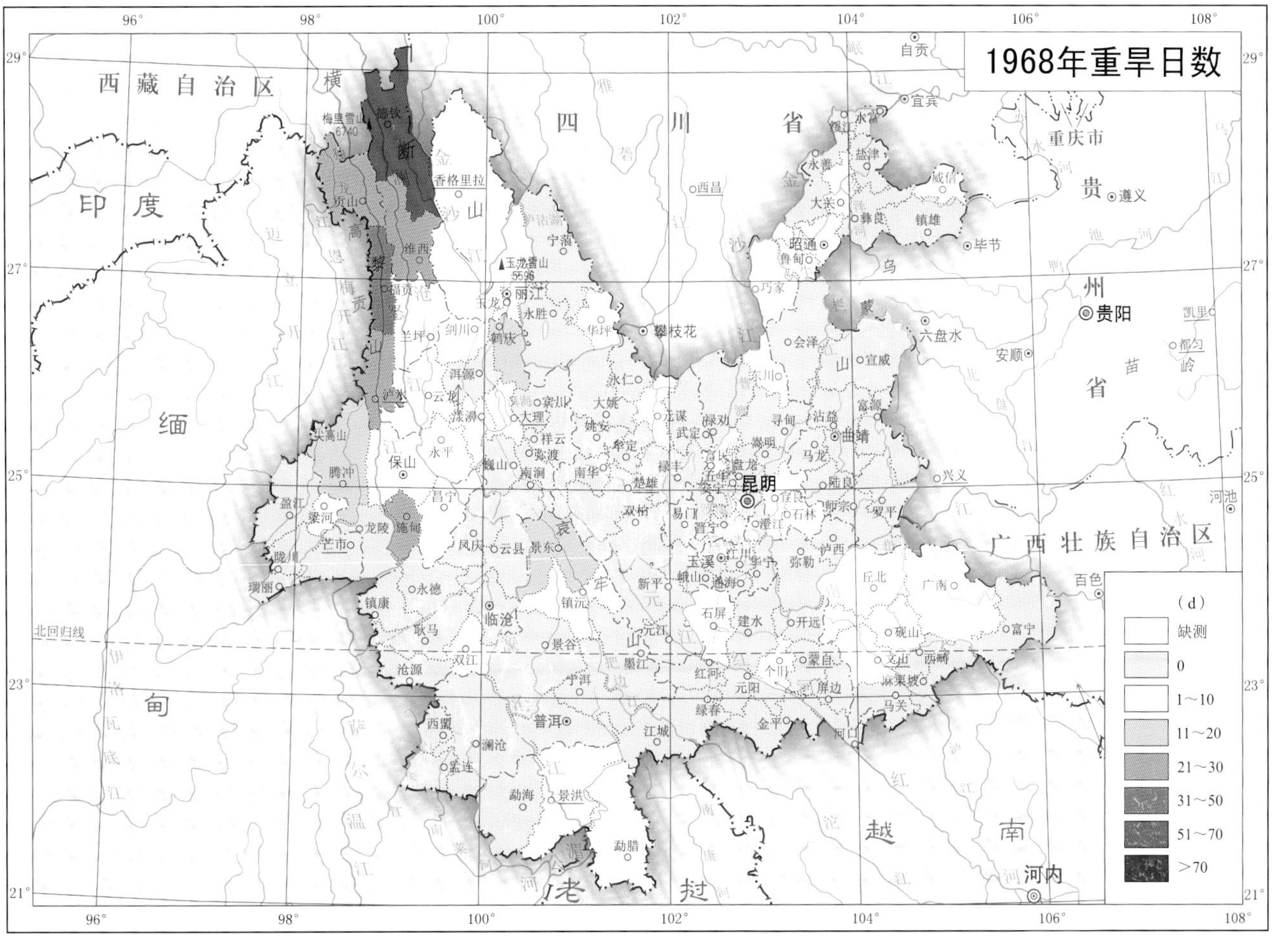

1968年重旱日数

(d)

- 缺测
- 0
- 1～10
- 11～20
- 21～30
- 31～50
- 51～70
- >70

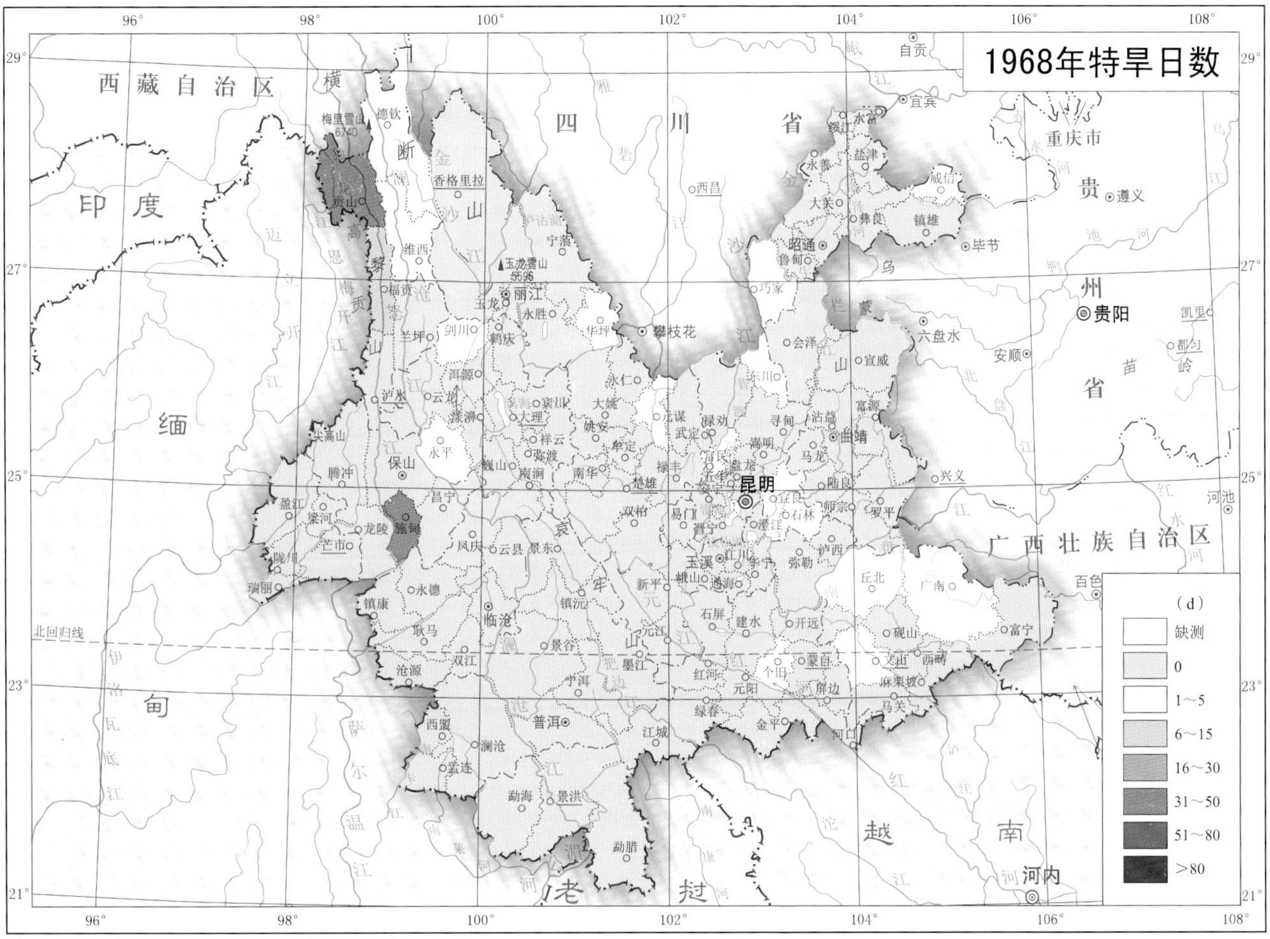

1968年特旱日数

(d)

- 缺测
- 0
- 1～5
- 6～15
- 16～30
- 31～50
- 51～80
- >80

比例尺 1:8 000 000 0 80 160 km

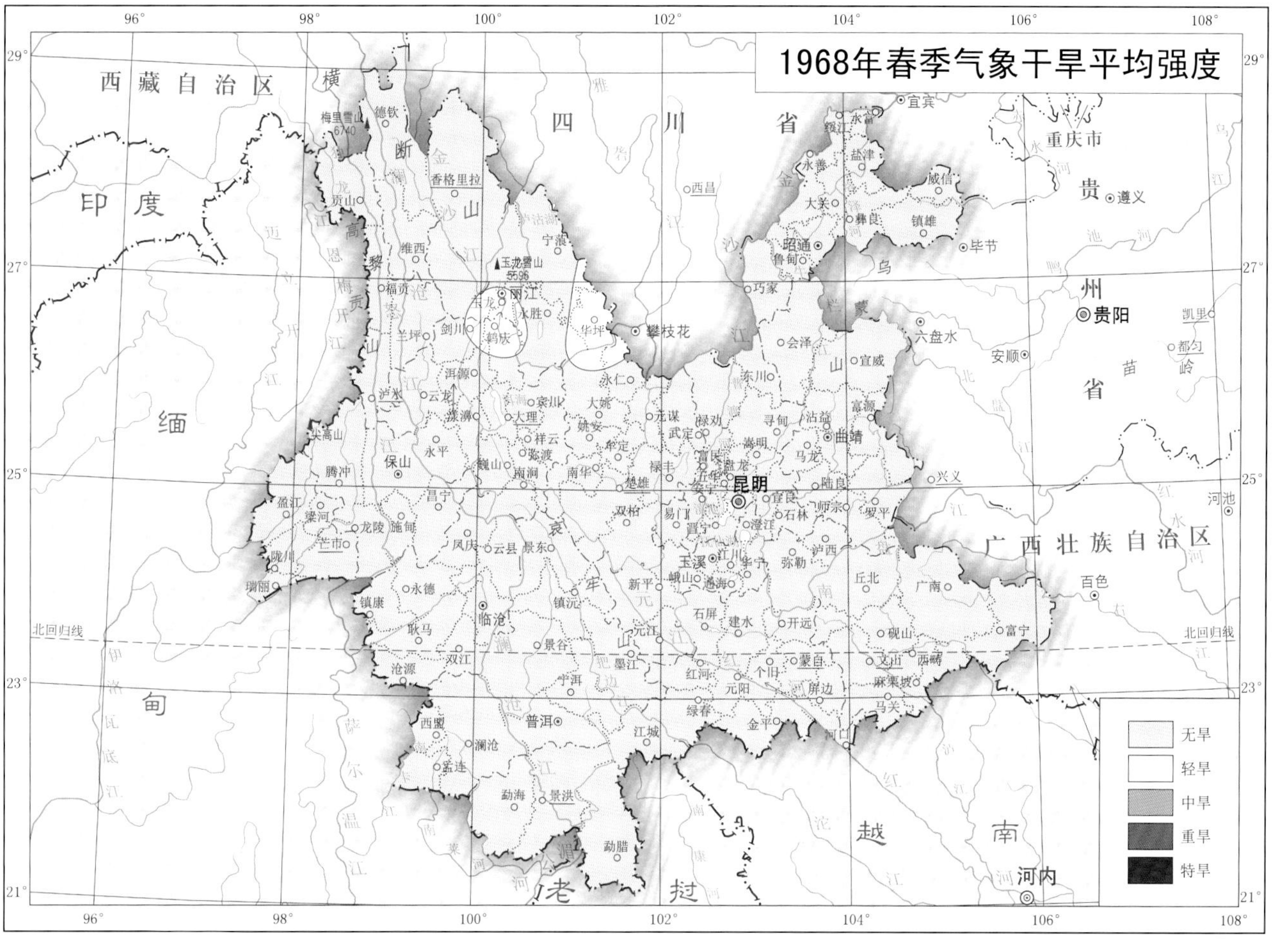

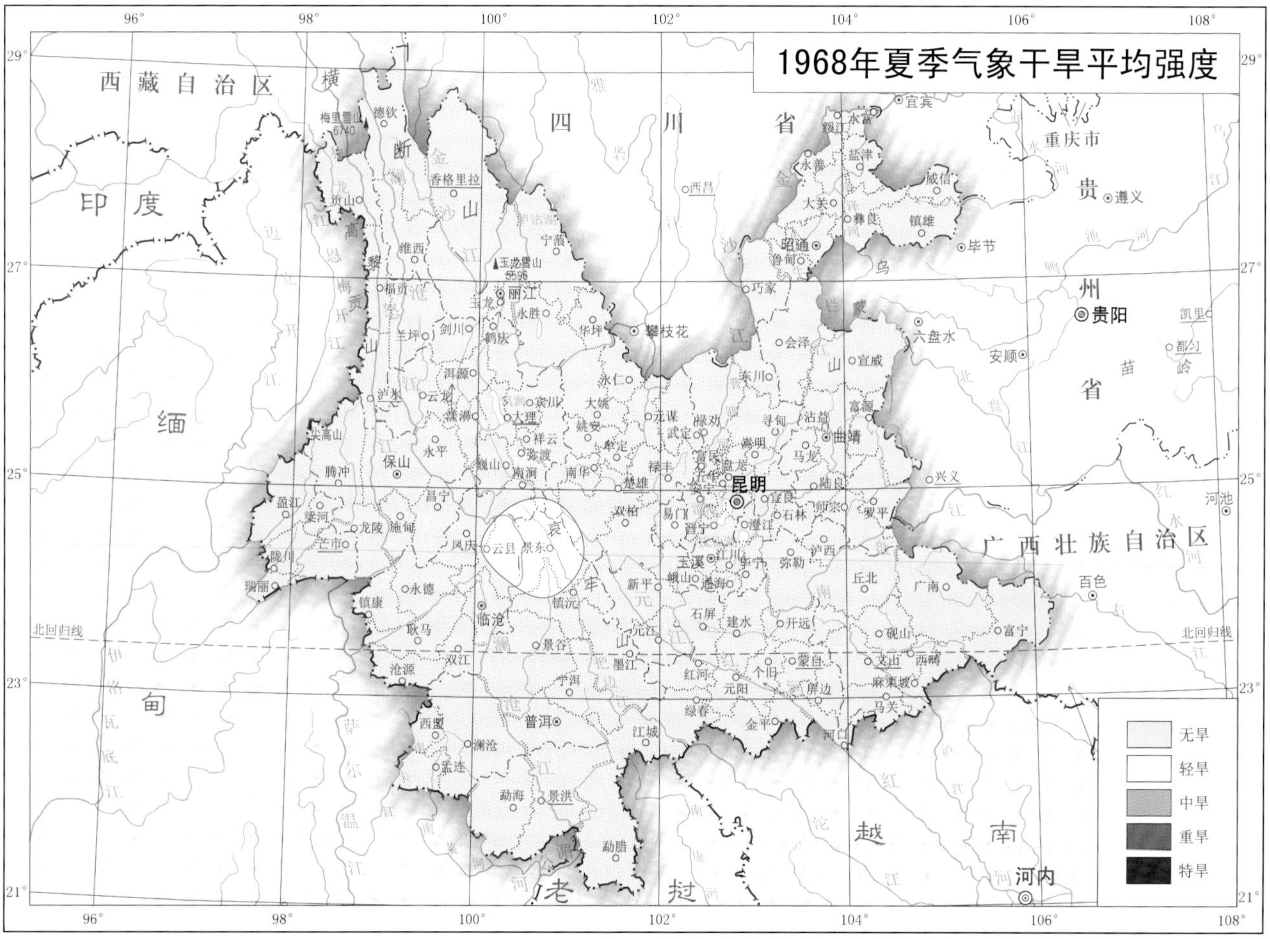

1968年春季气象干旱平均强度

无旱
轻旱
中旱
重旱
特旱

1968年夏季气象干旱平均强度

无旱
轻旱
中旱
重旱
特旱

比例尺 1:8 000 000 0 80 160 km

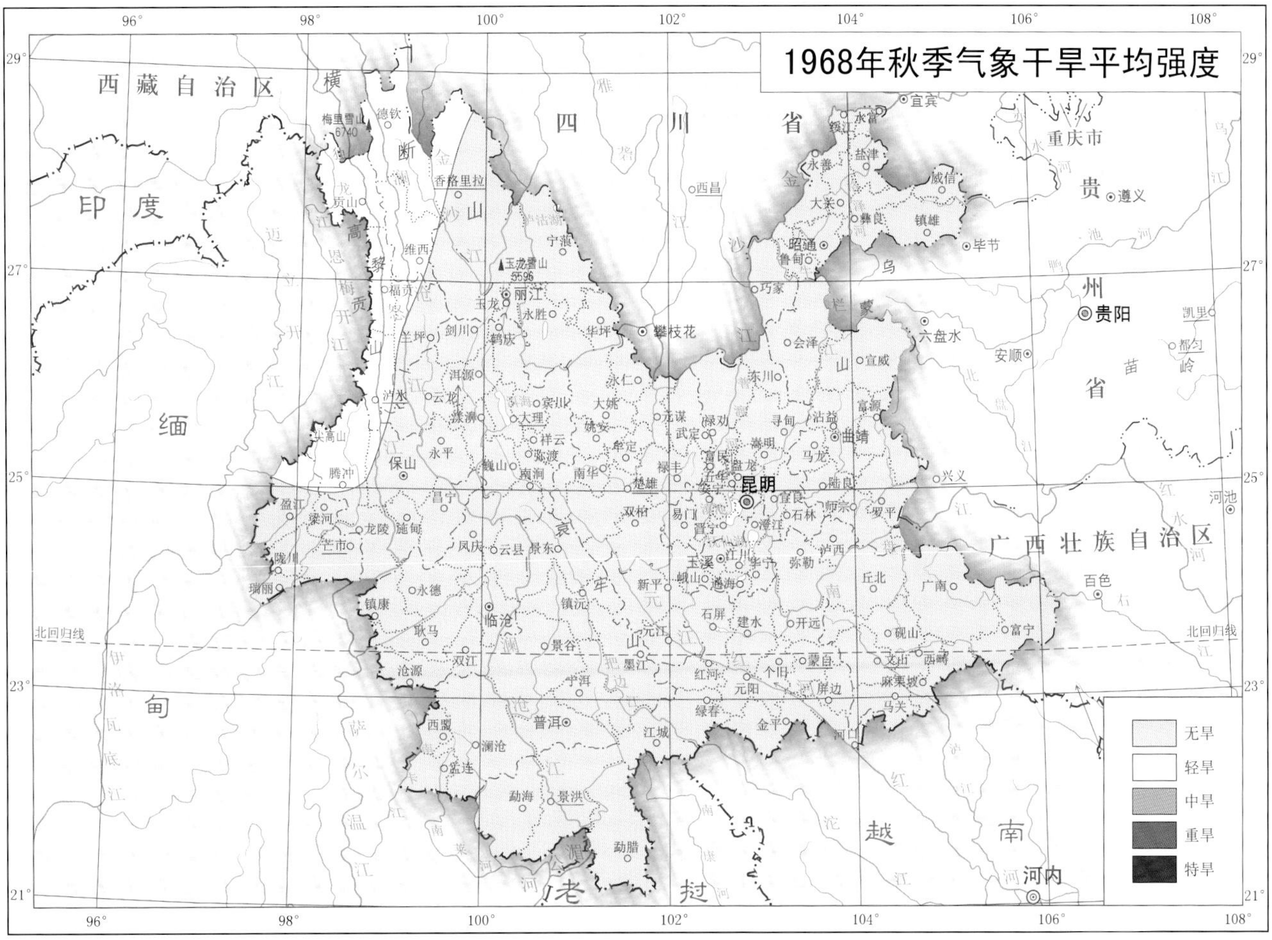

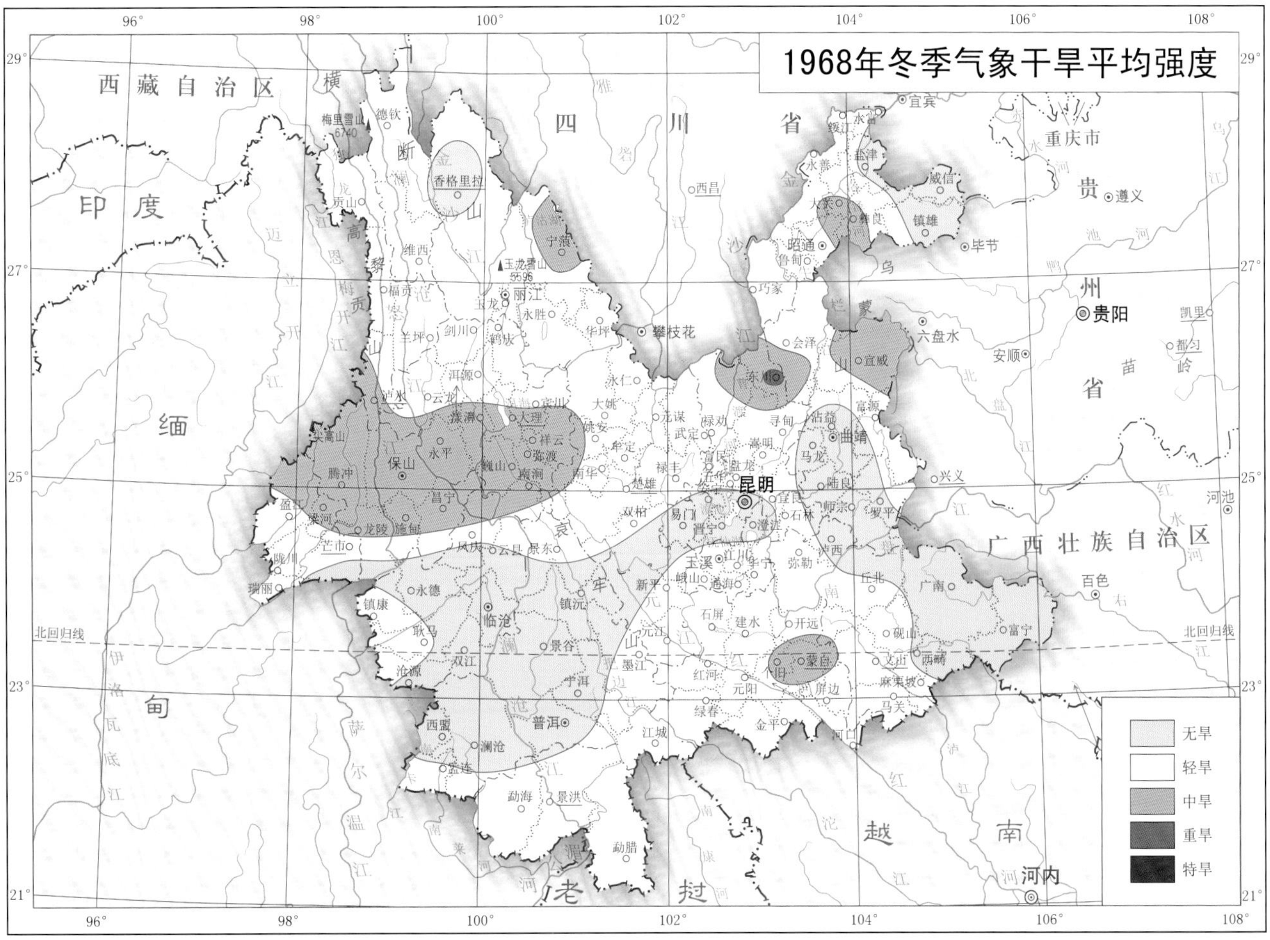

1968年秋季气象干旱平均强度

无旱
轻旱
中旱
重旱
特旱

1968年冬季气象干旱平均强度

无旱
轻旱
中旱
重旱
特旱

比例尺 1∶8 000 000 0 80 160 km

1969年干旱日数

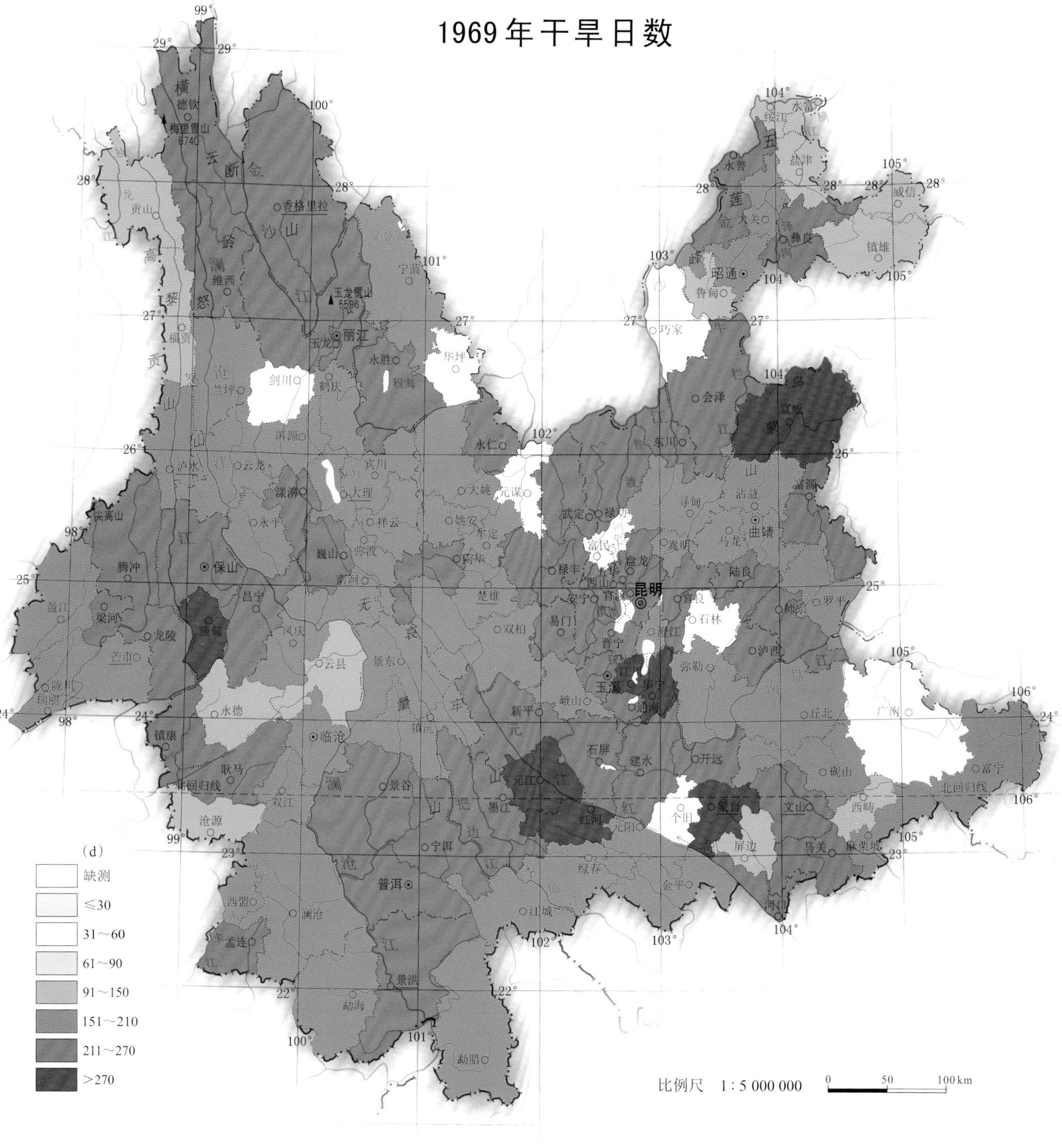

(d)
缺测
≤30
31～60
61～90
91～150
151～210
211～270
>270

比例尺 1∶5 000 000

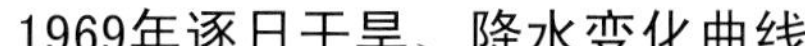

1969年逐日干旱、降水变化曲线

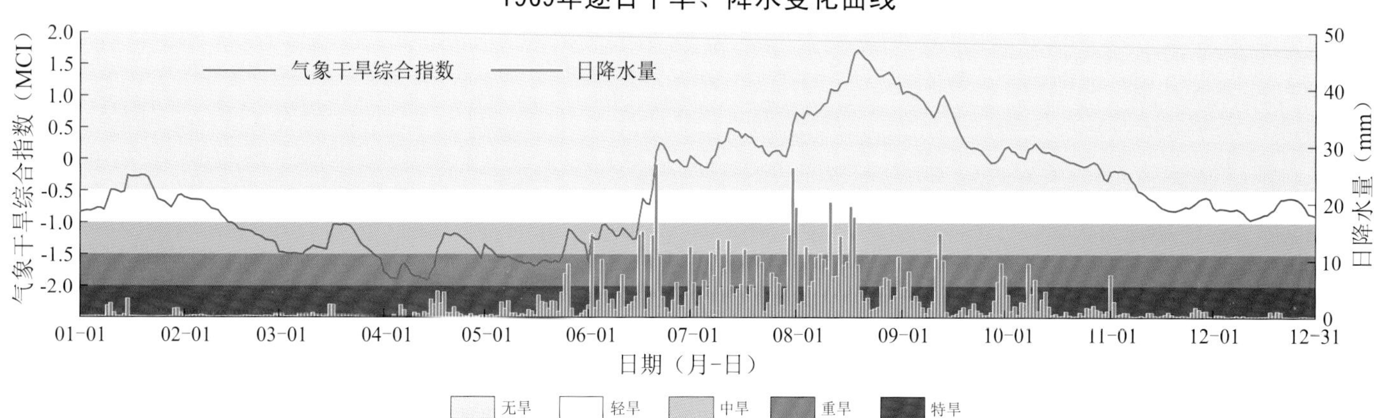

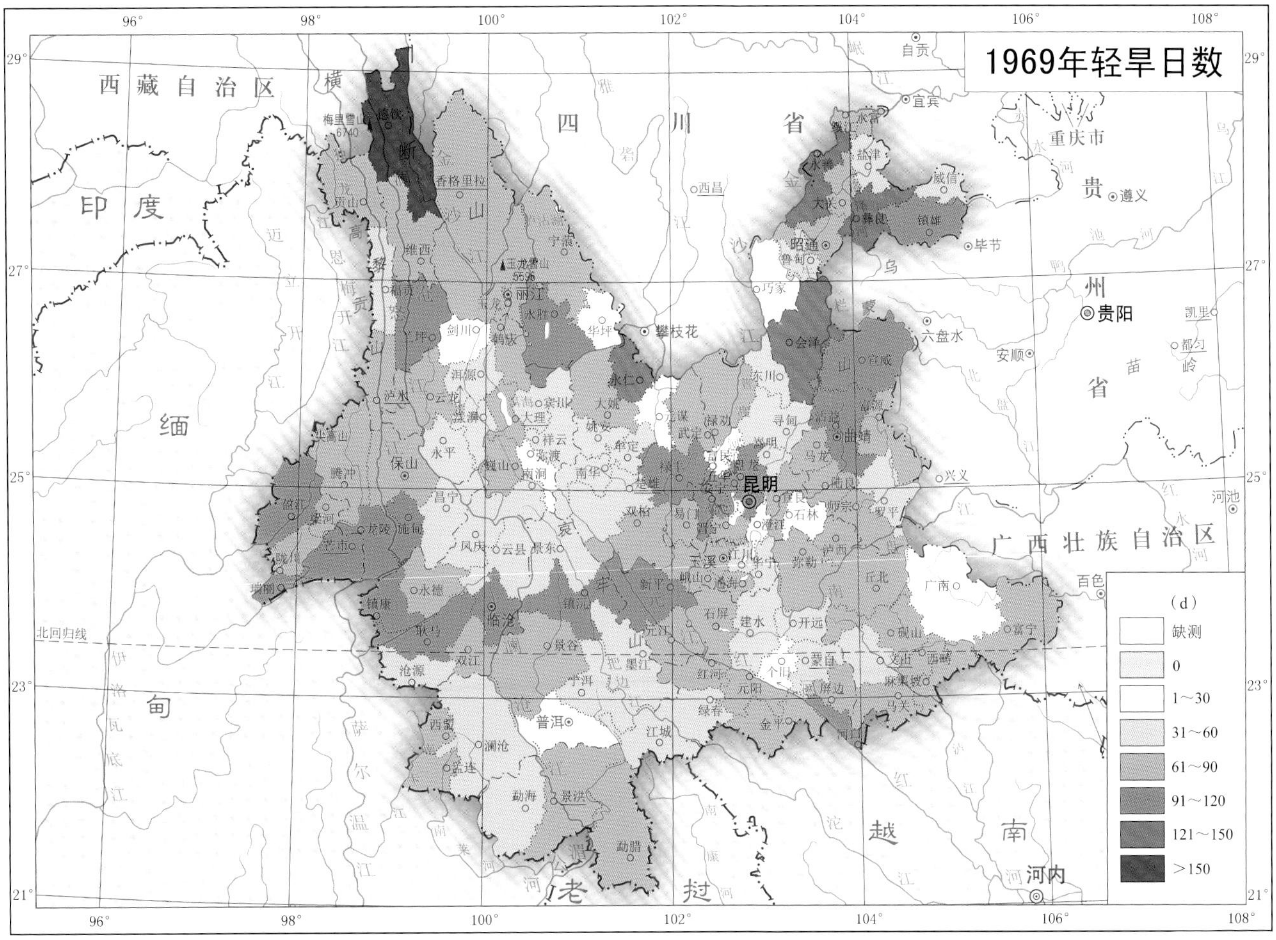

1969年轻旱日数

(d)

- 缺测
- 0
- 1～30
- 31～60
- 61～90
- 91～120
- 121～150
- ＞150

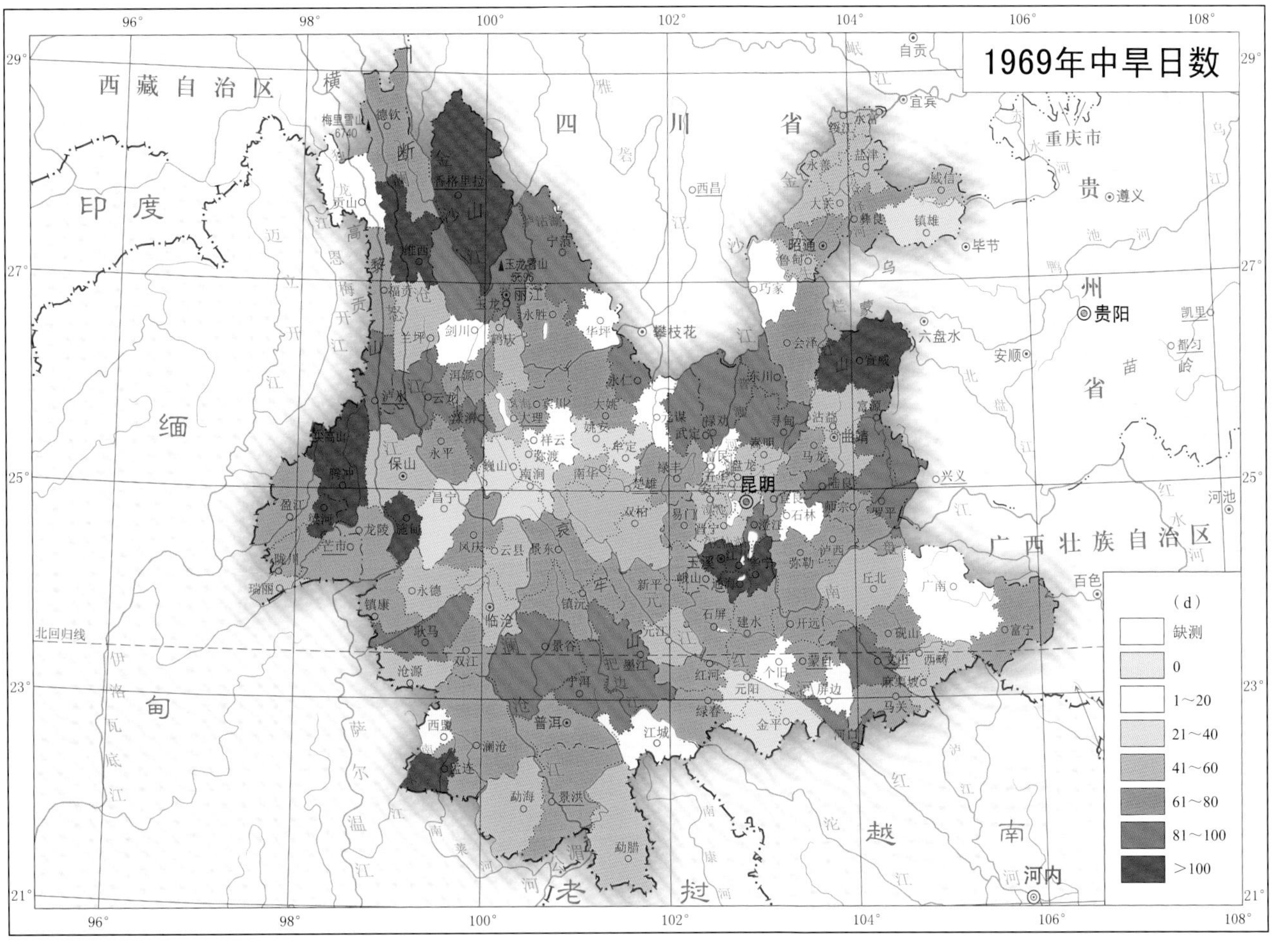

1969年中旱日数

(d)

- 缺测
- 0
- 1～20
- 21～40
- 41～60
- 61～80
- 81～100
- ＞100

比例尺 1：8 000 000 0 80 160 km

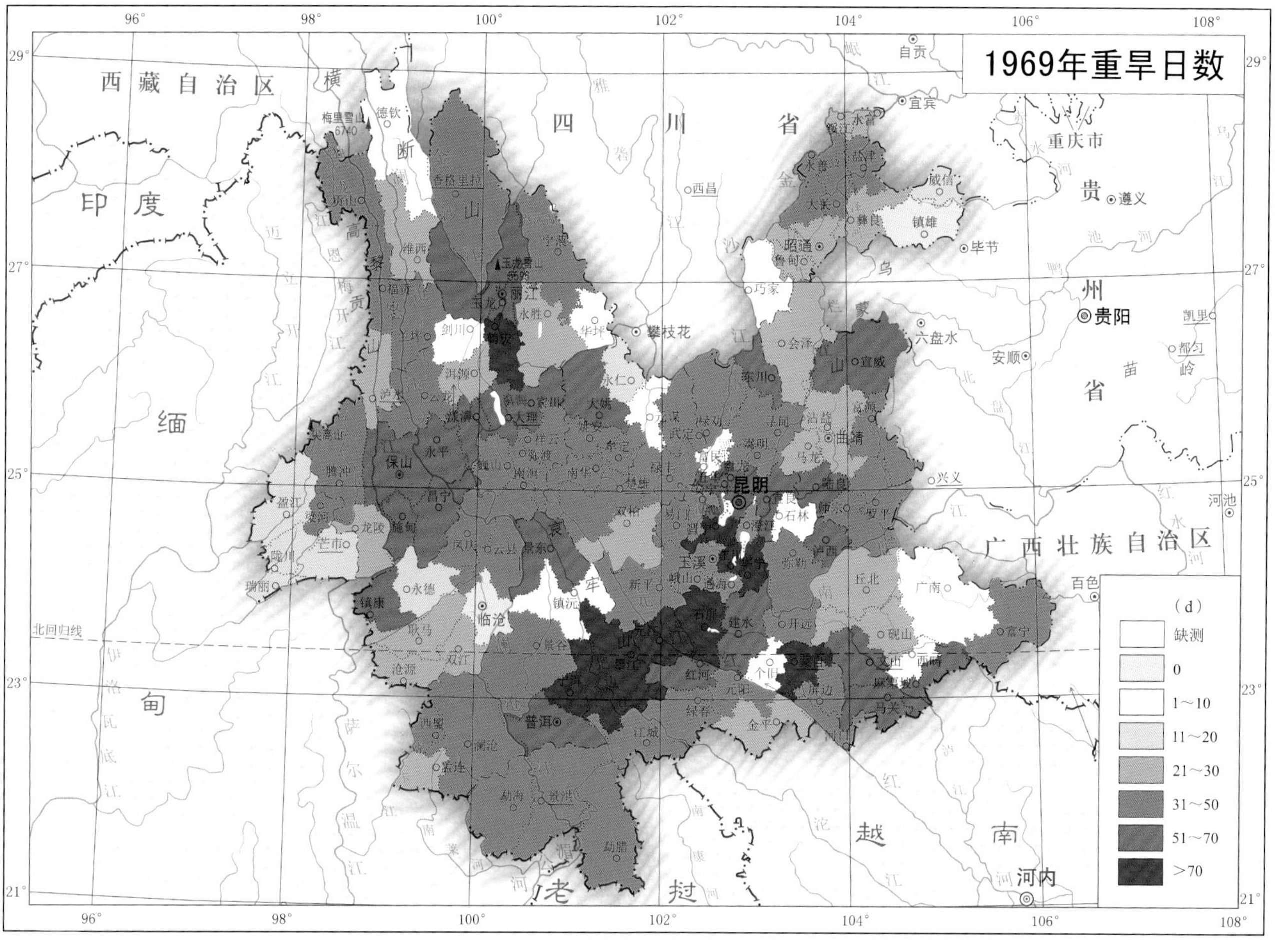
1969年重旱日数
(d)
缺测
0
1～10
11～20
21～30
31～50
51～70
>70
西藏自治区
四川省
印度
缅甸
老挝
越南
贵州省
广西壮族自治区
重庆市
昆明
北回归线
河内
贵阳

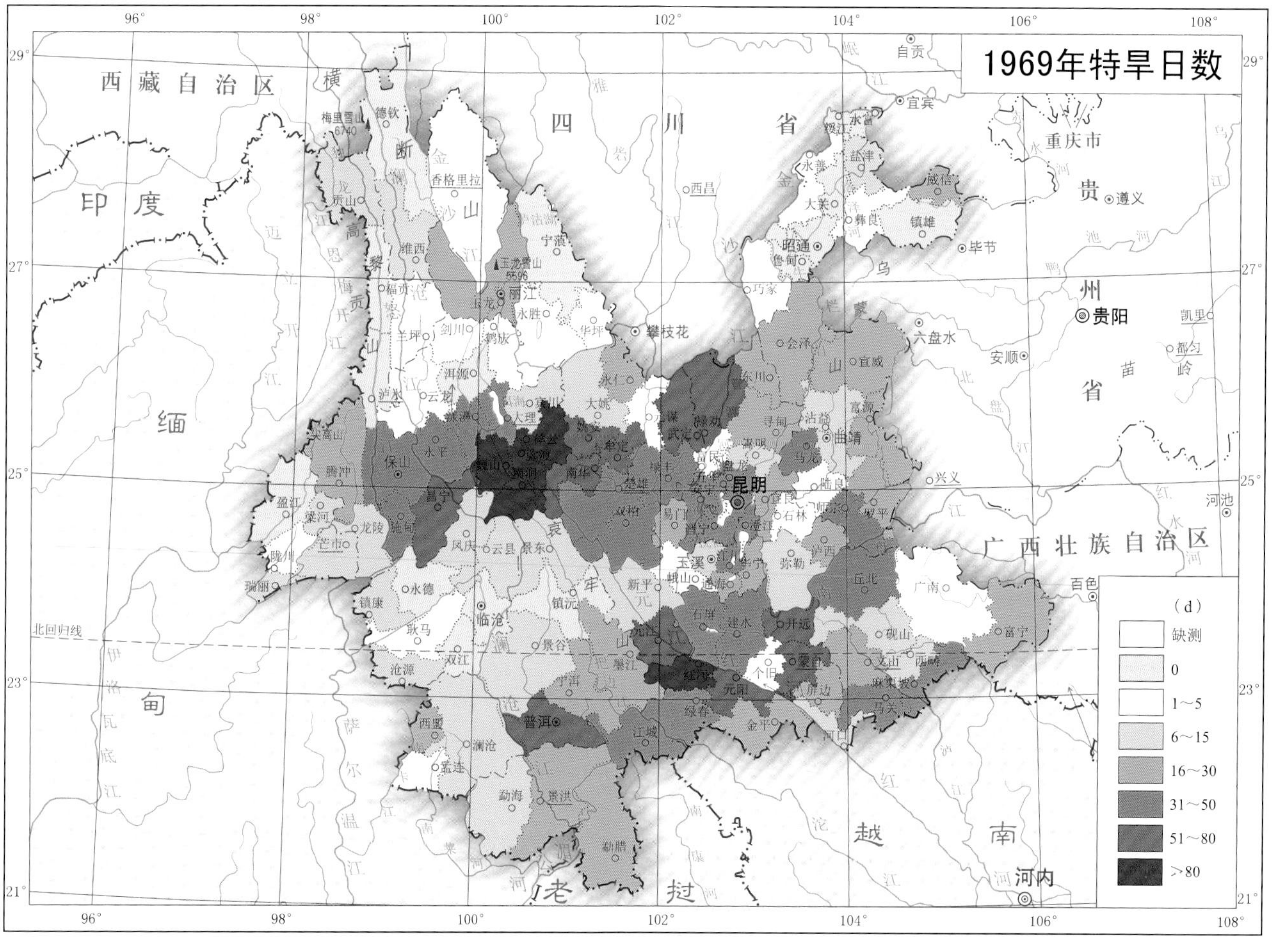
1969年特旱日数
(d)
缺测
0
1～5
6～15
16～30
31～50
51～80
>80
西藏自治区
四川省
印度
缅甸
老挝
越南
贵州省
广西壮族自治区
重庆市
昆明
北回归线
河内
贵阳

比例尺 1:8 000 000　0　80　160 km

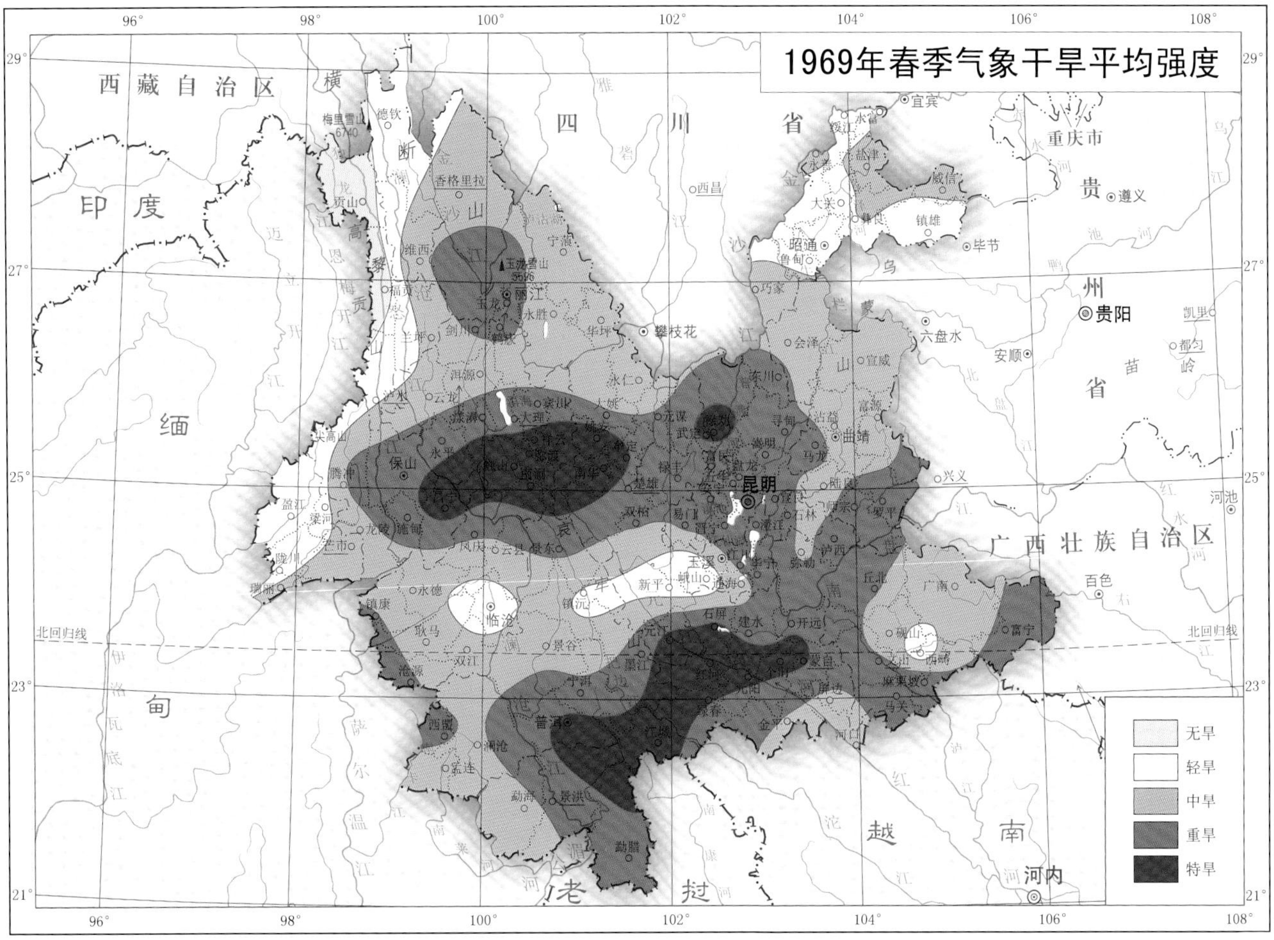

1969年春季气象干旱平均强度

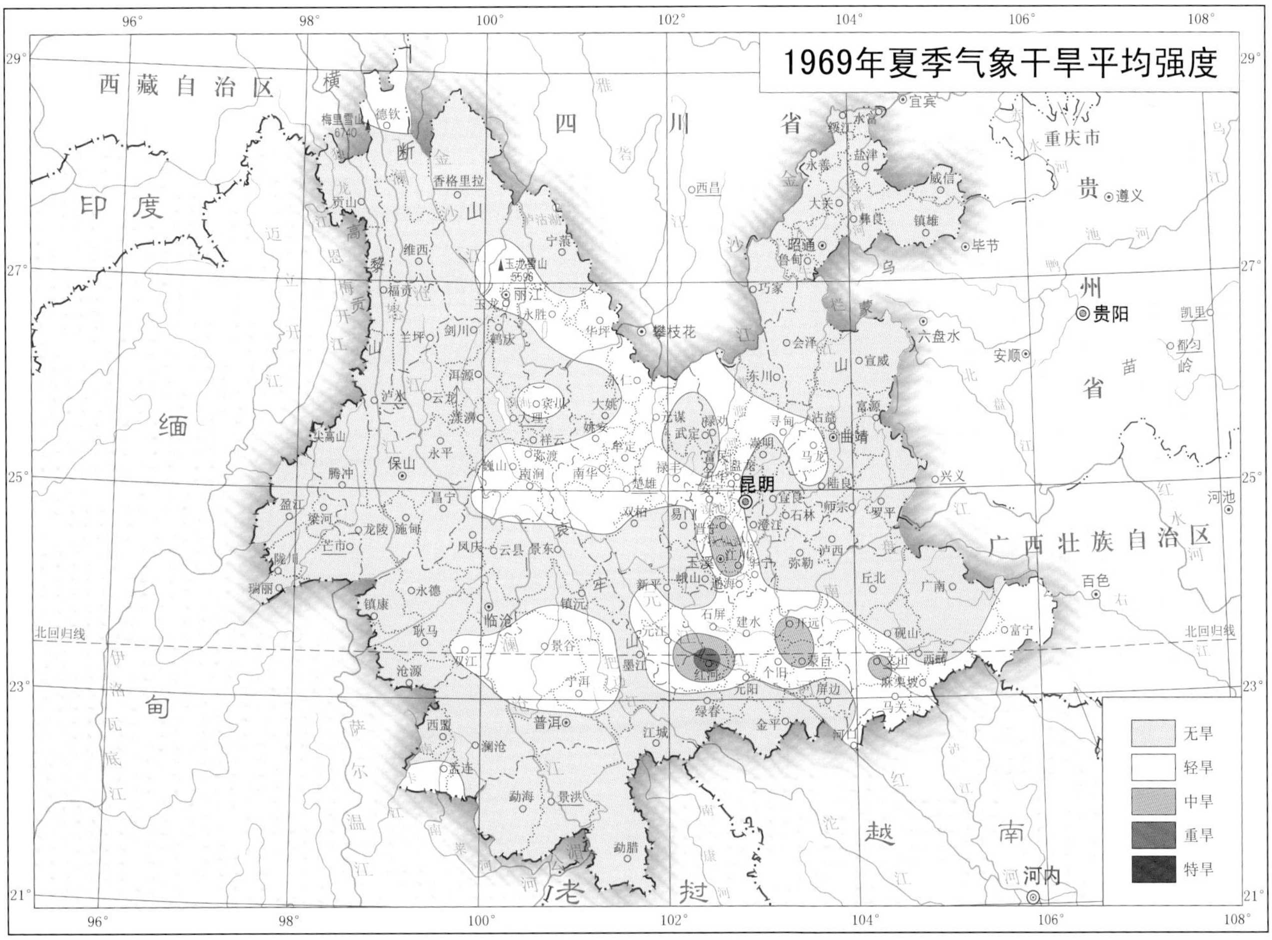

无旱
轻旱
中旱
重旱
特旱

1969年夏季气象干旱平均强度

无旱
轻旱
中旱
重旱
特旱

比例尺 1 : 8 000 000 0 80 160 km

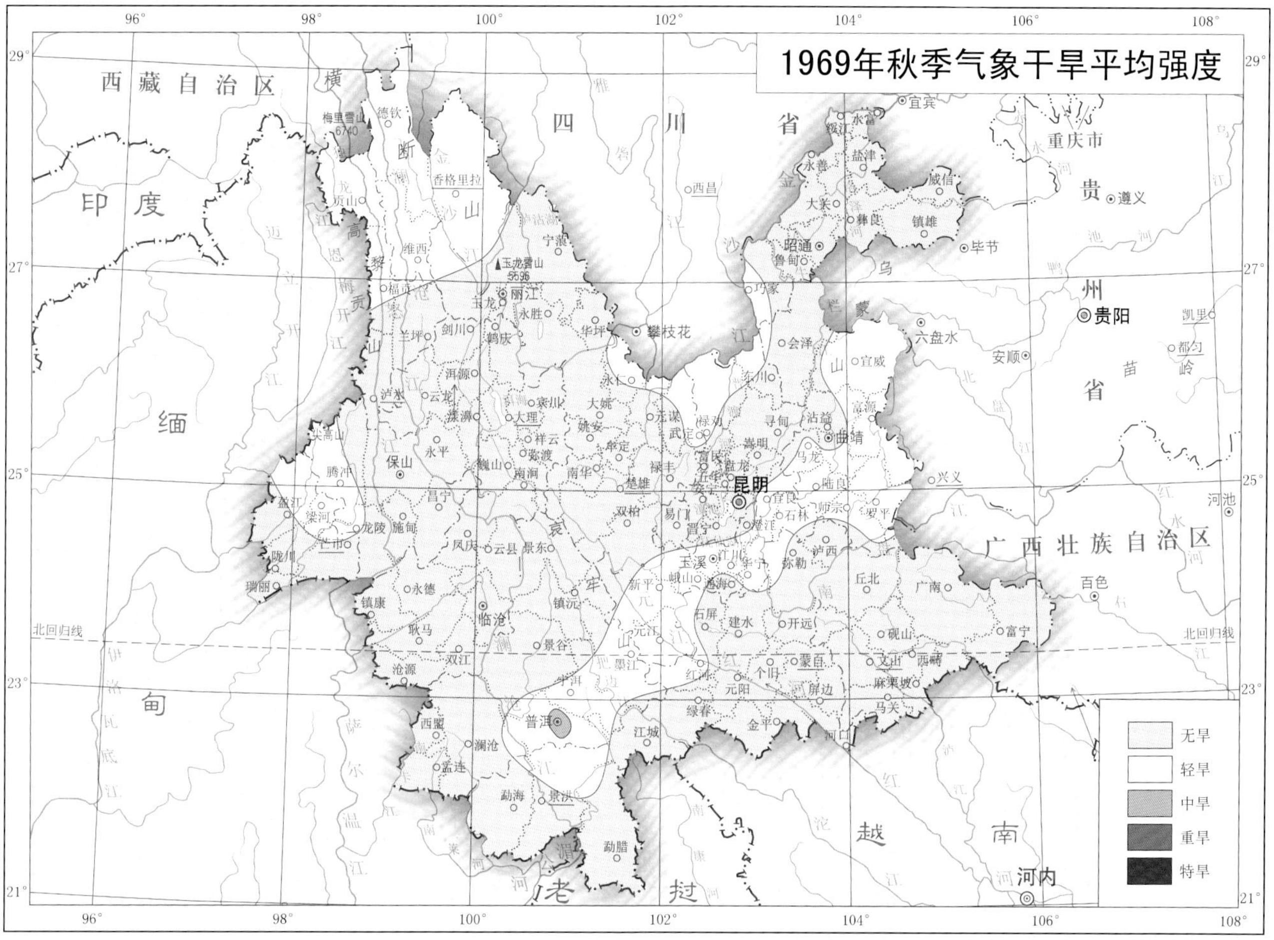

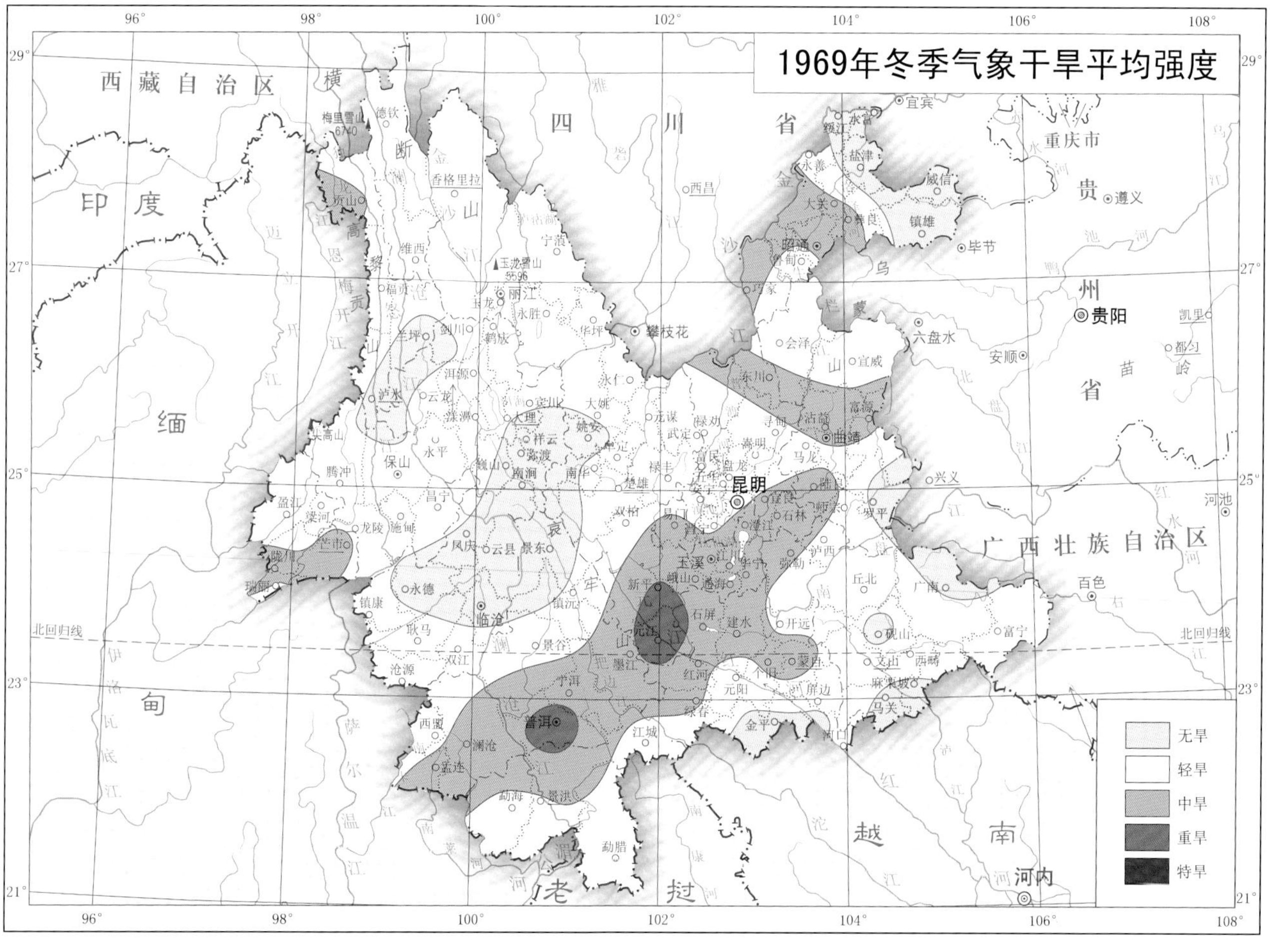

1969年秋季气象干旱平均强度

无旱
轻旱
中旱
重旱
特旱

1969年冬季气象干旱平均强度

无旱
轻旱
中旱
重旱
特旱

比例尺 1：8 000 000 0 80 160 km

1970年干旱日数

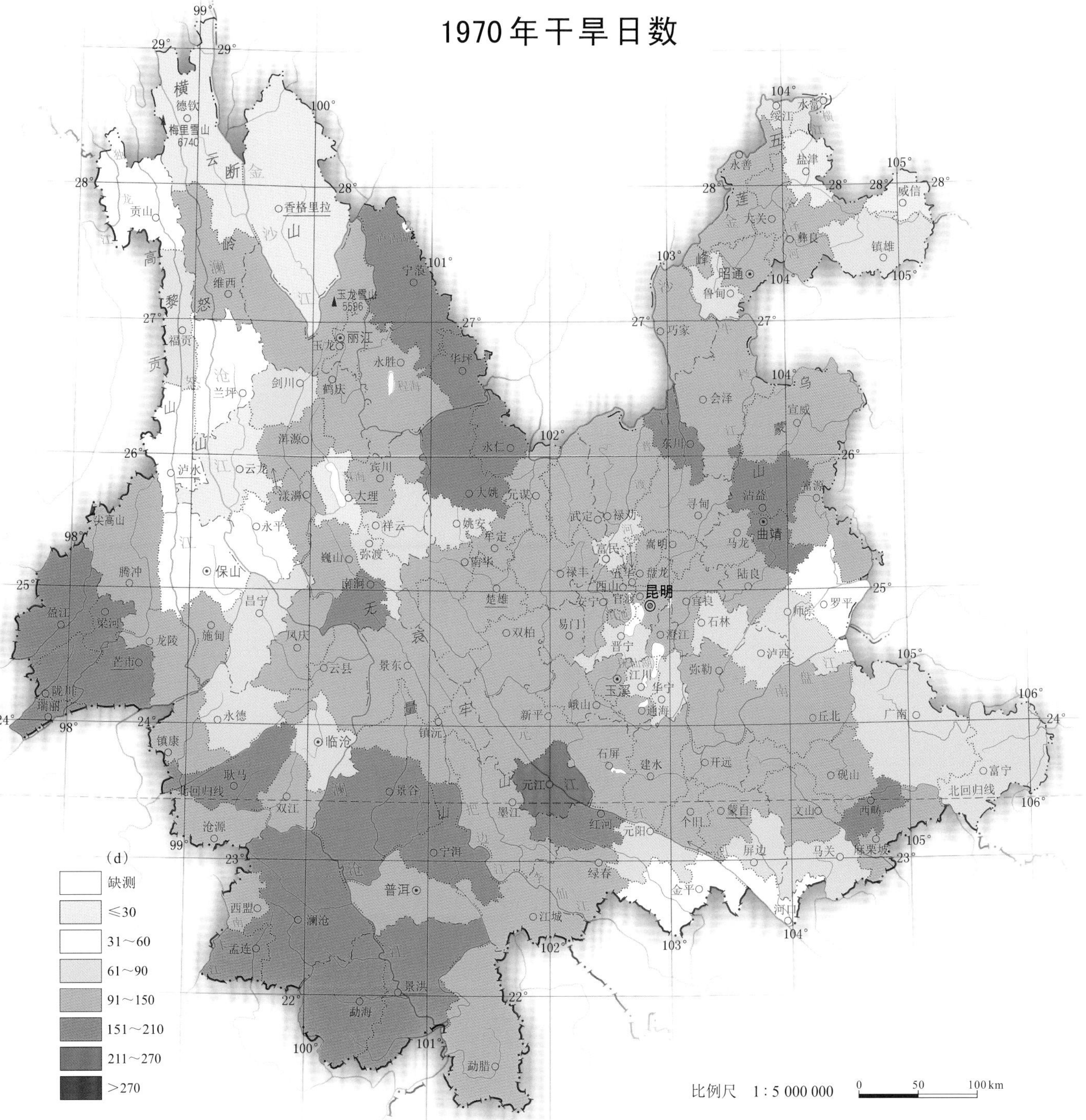

(d)

缺测

≤30

31～60

61～90

91～150

151～210

211～270

>270

比例尺 1 : 5 000 000 0 50 100 km

1970年逐日干旱、降水变化曲线

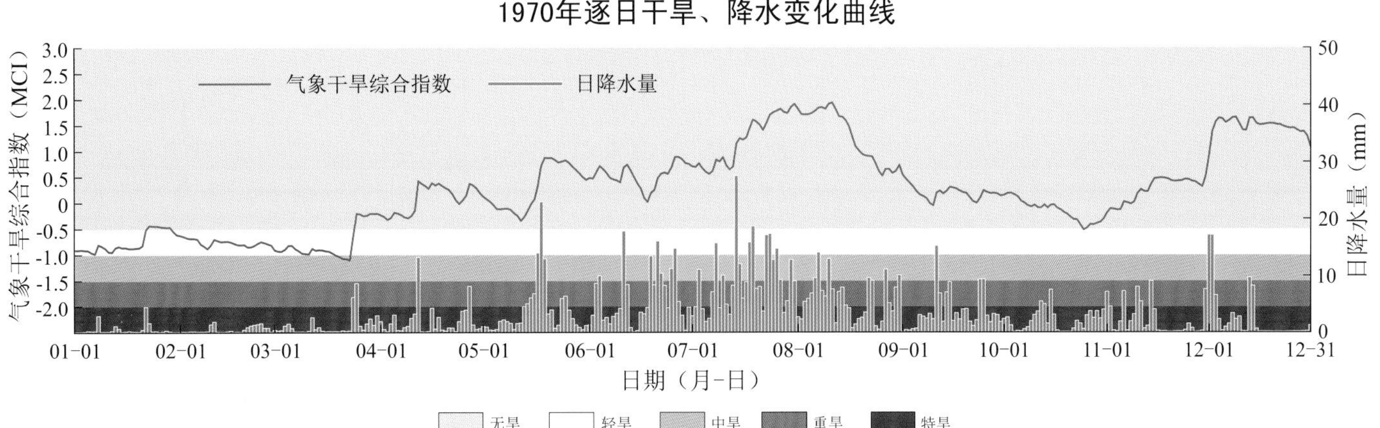

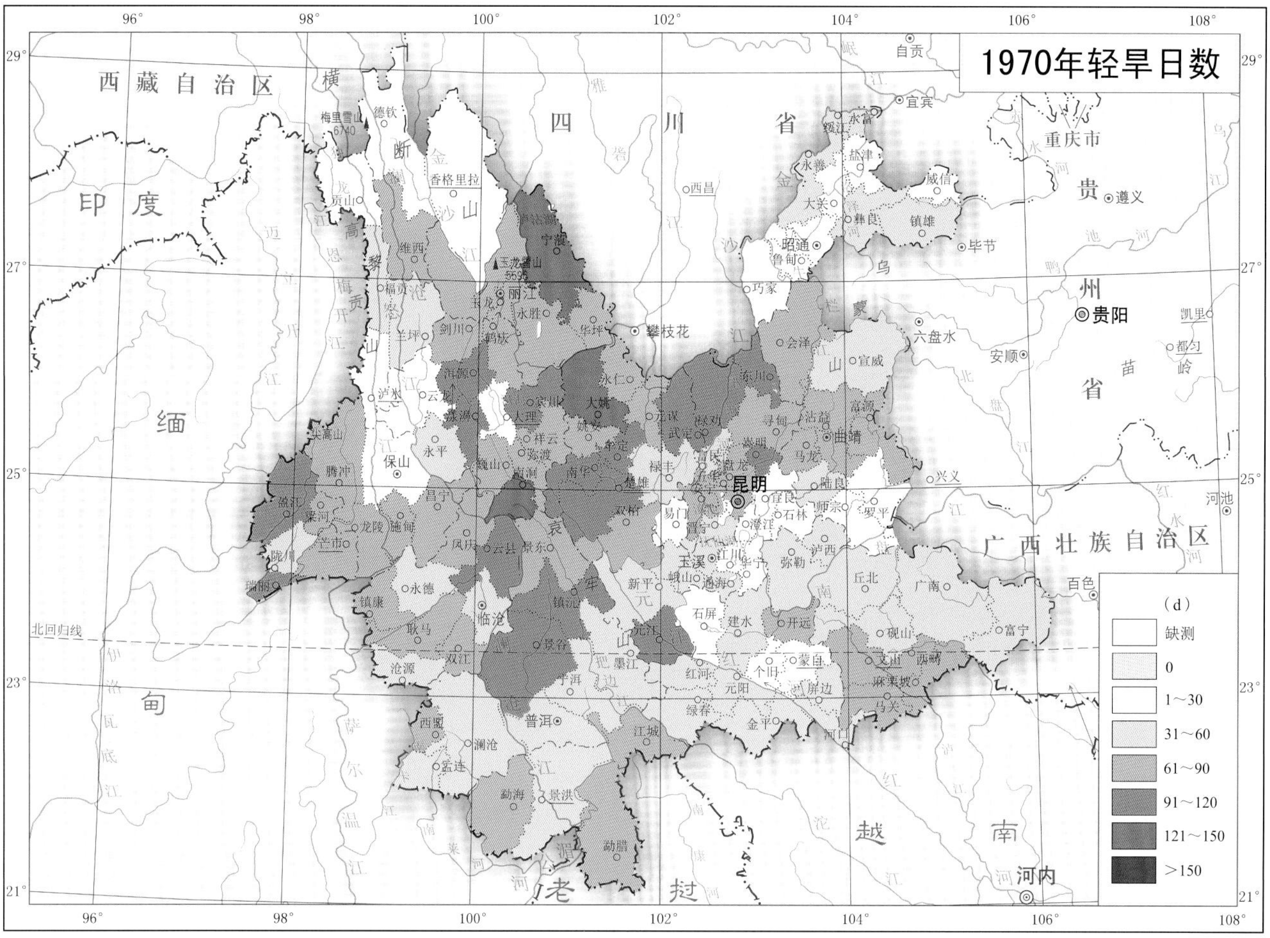

1970年轻旱日数

(d)

- 缺测
- 0
- 1～30
- 31～60
- 61～90
- 91～120
- 121～150
- >150

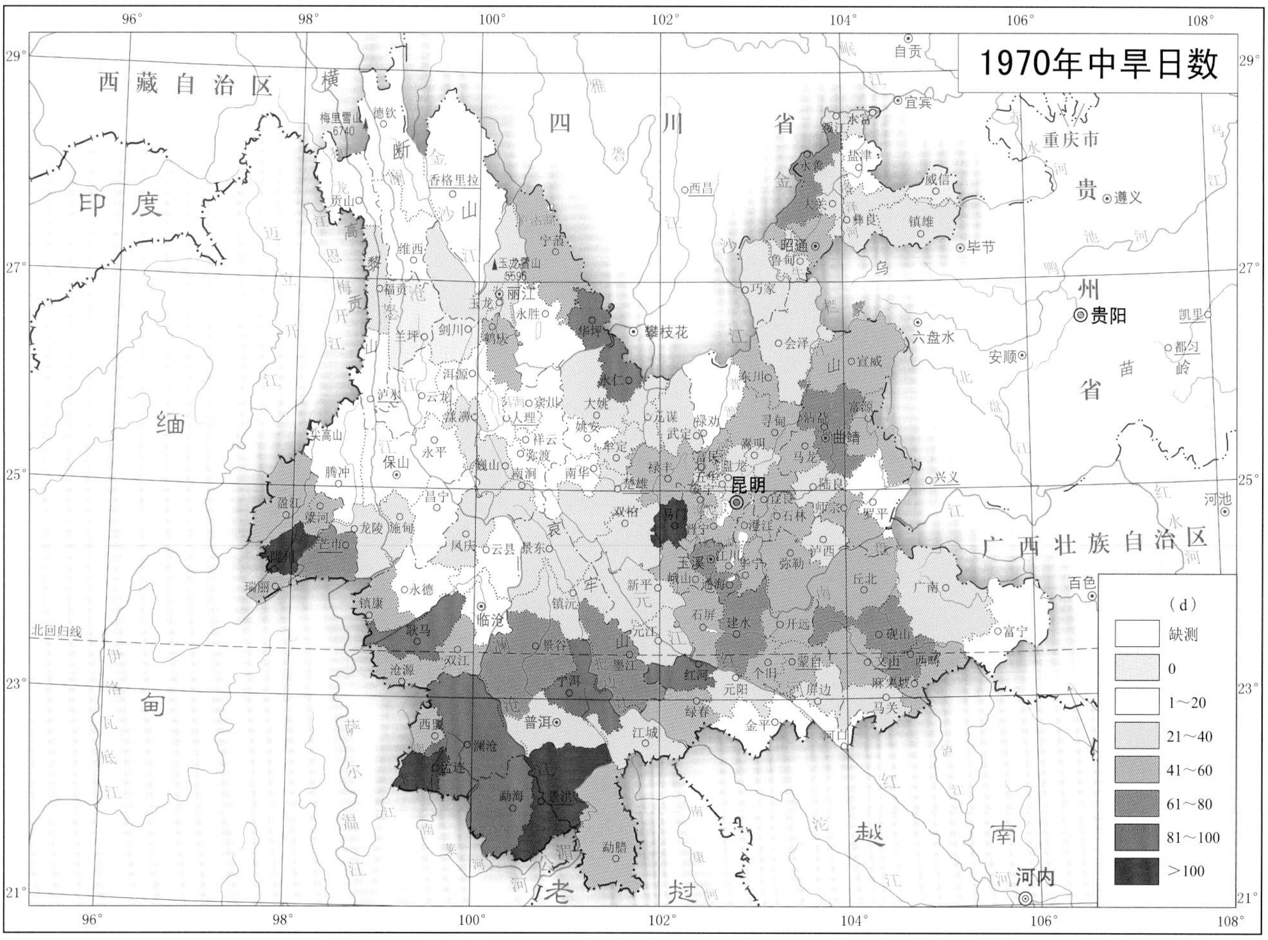

1970年中旱日数

(d)

- 缺测
- 0
- 1～20
- 21～40
- 41～60
- 61～80
- 81～100
- >100

比例尺 1:8 000 000 0 80 160 km

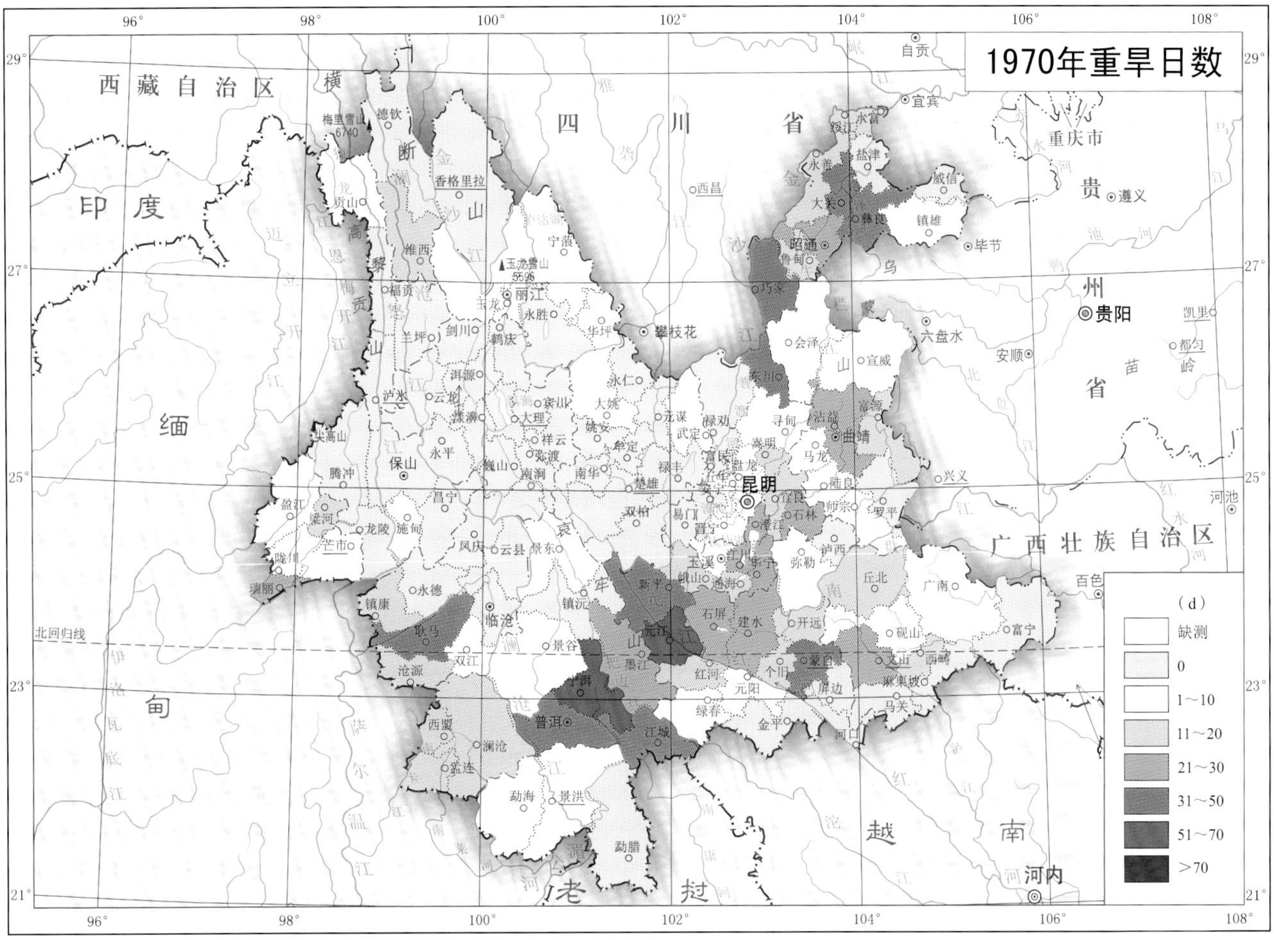

1970年重旱日数

(d)
缺测
0
1~10
11~20
21~30
31~50
51~70
>70

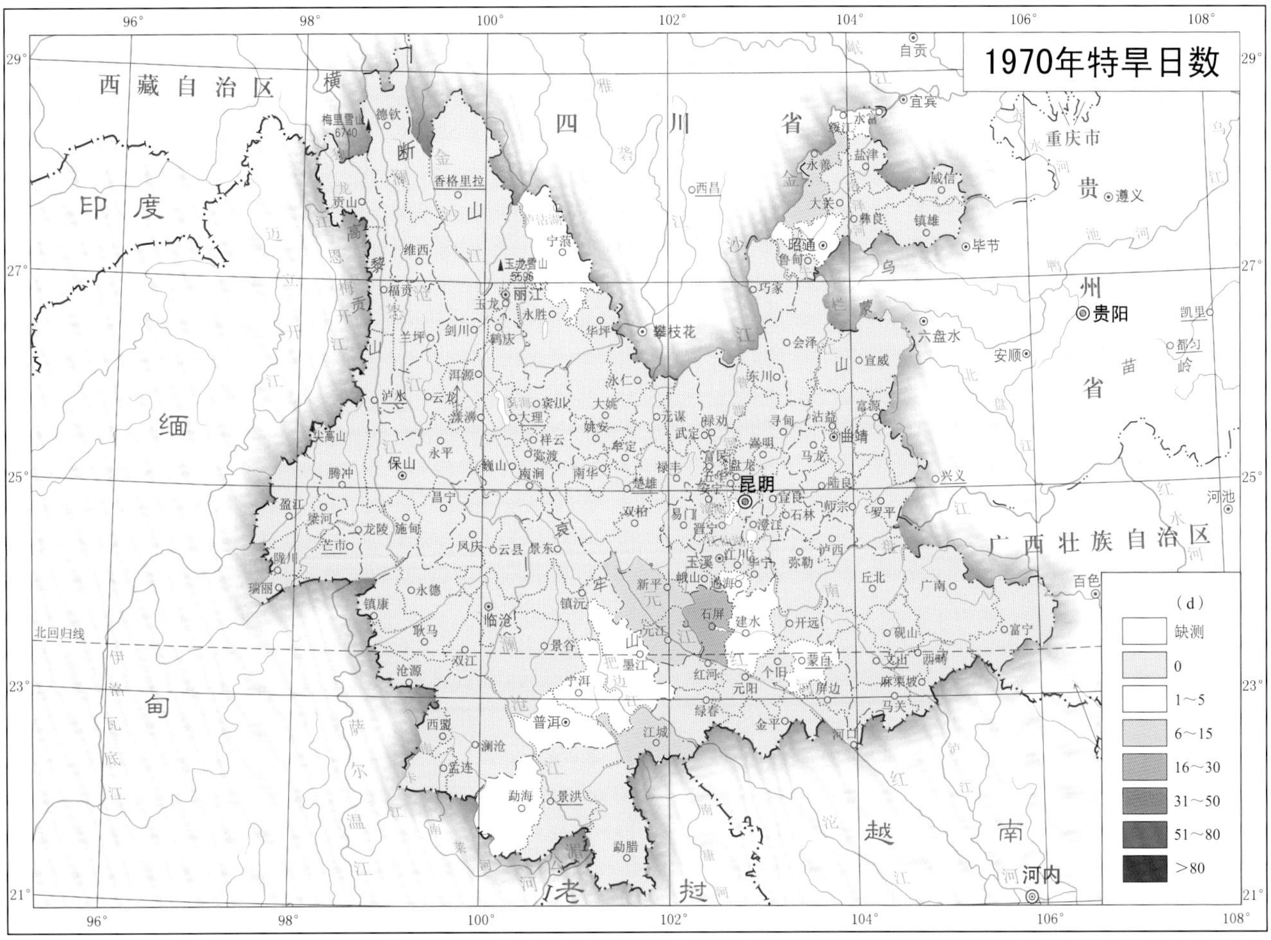

1970年特旱日数

(d)
缺测
0
1~5
6~15
16~30
31~50
51~80
>80

比例尺 1:8 000 000 0 80 160 km

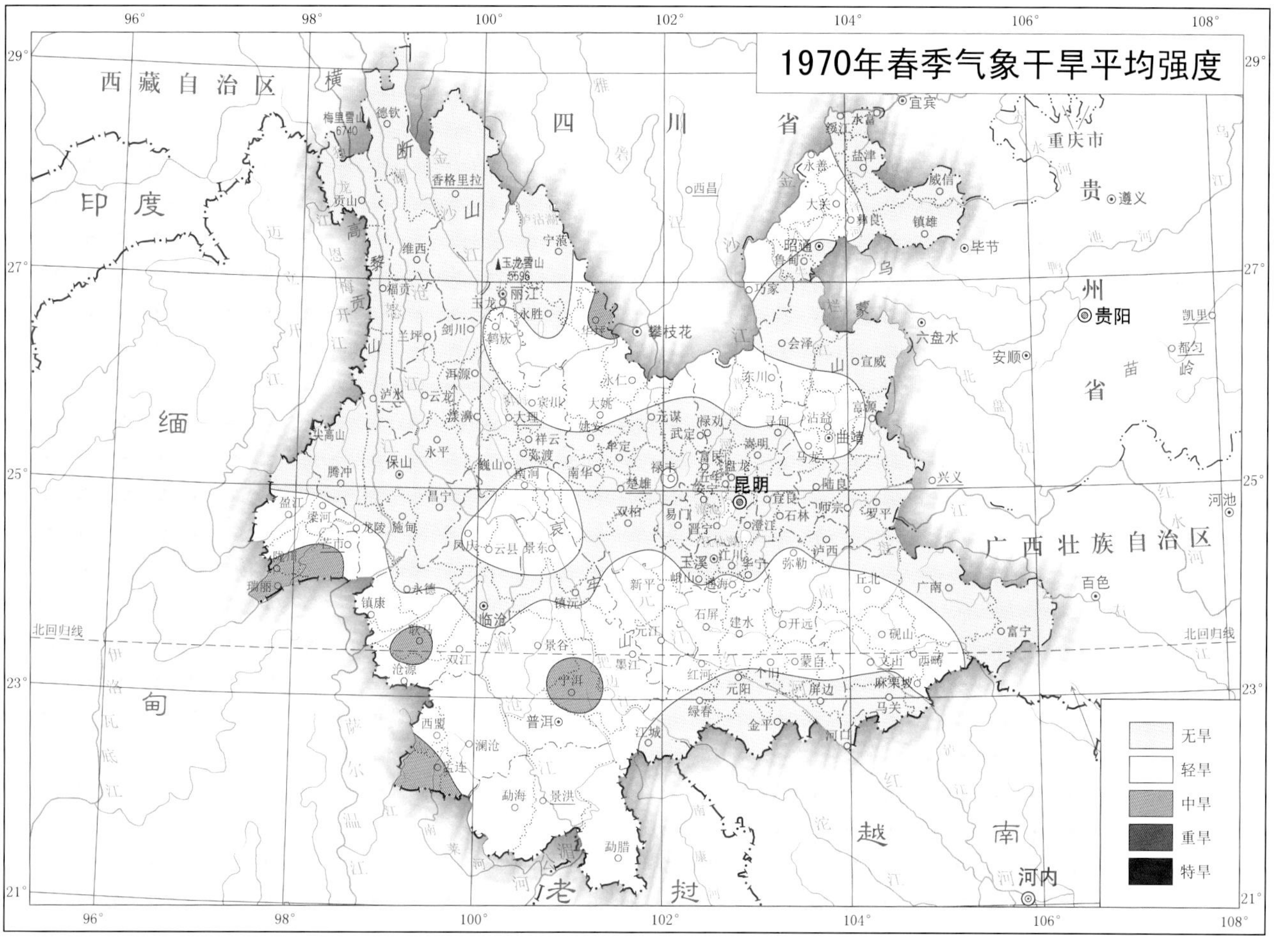
1970年春季气象干旱平均强度
无旱
轻旱
中旱
重旱
特旱
西藏自治区
四川省
重庆市
贵州省
广西壮族自治区
印度
缅甸
越南
老挝
昆明
北回归线

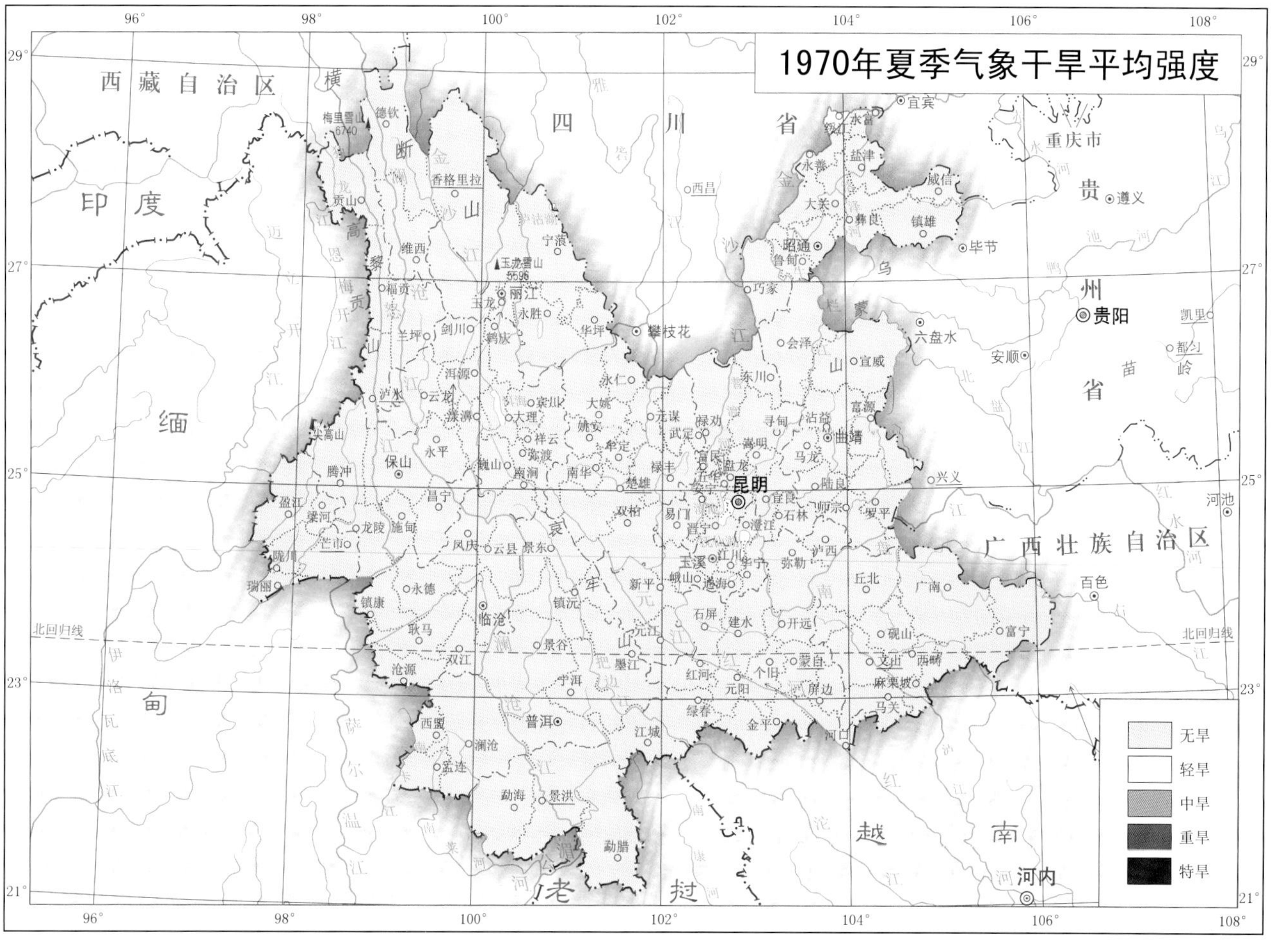
1970年夏季气象干旱平均强度
无旱
轻旱
中旱
重旱
特旱
西藏自治区
四川省
重庆市
贵州省
广西壮族自治区
印度
缅甸
越南
老挝
昆明
北回归线

比例尺 1∶8 000 000 0 80 160 km

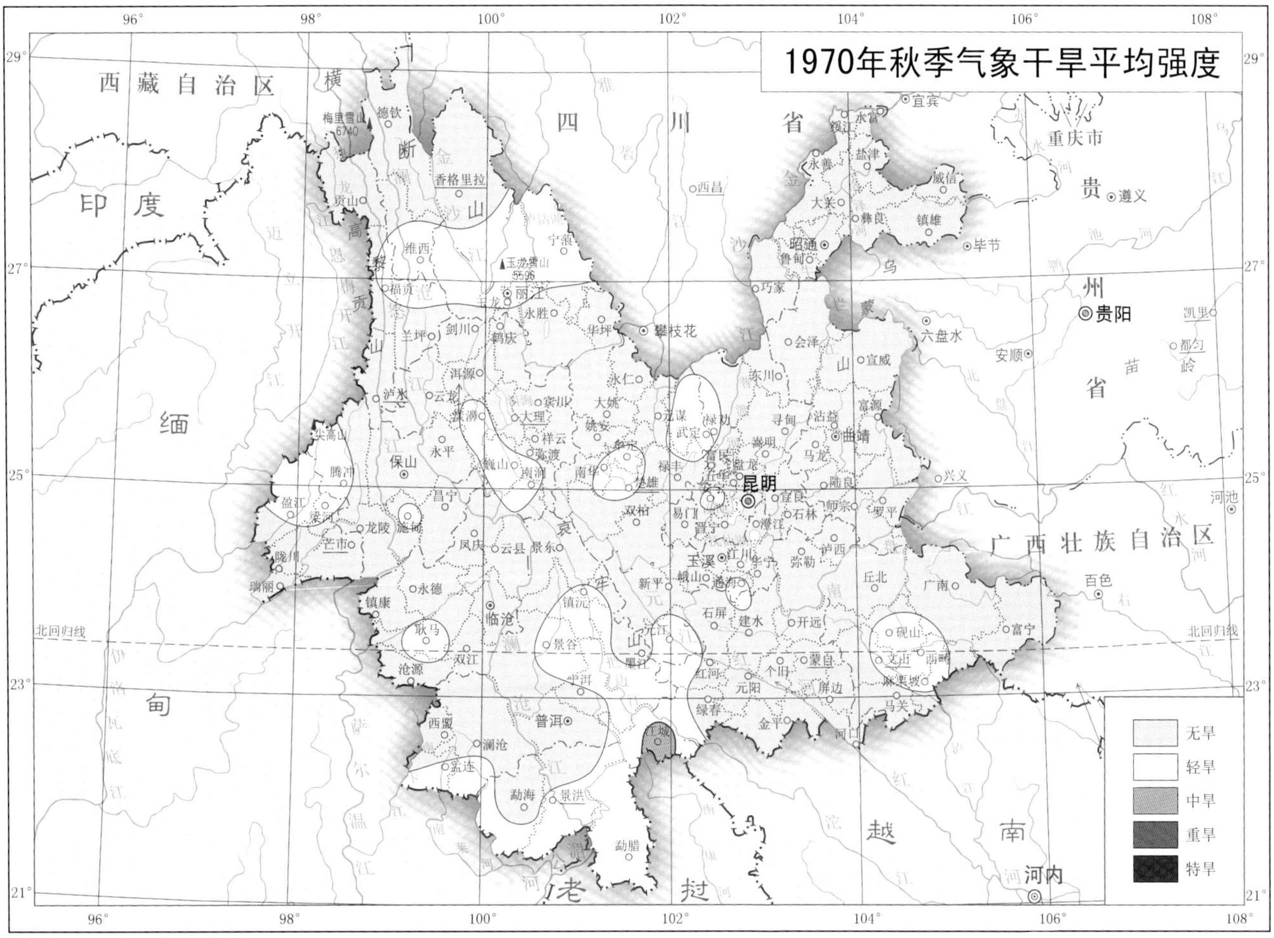

1970年秋季气象干旱平均强度

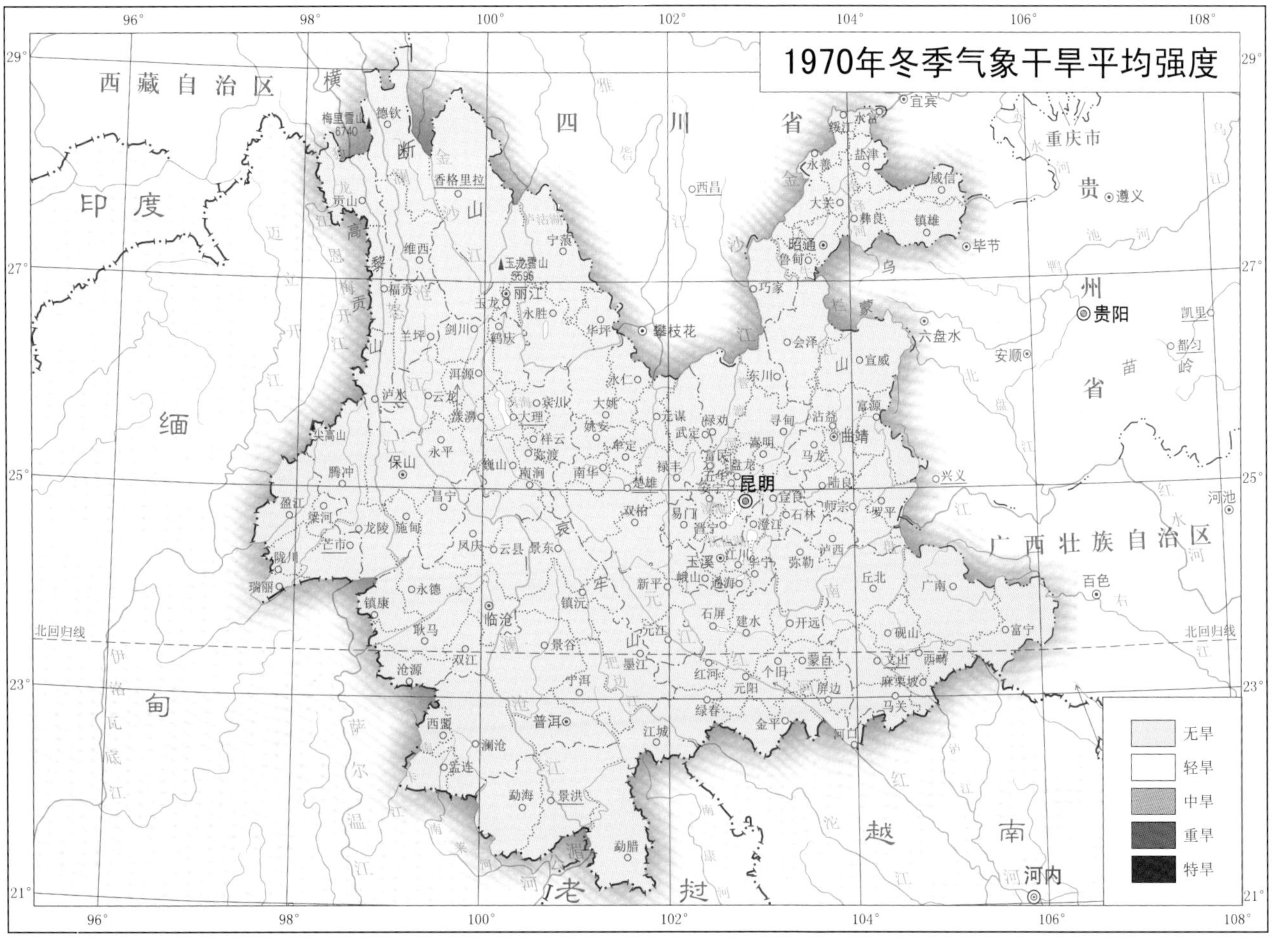

无旱
轻旱
中旱
重旱
特旱

1970年冬季气象干旱平均强度

无旱
轻旱
中旱
重旱
特旱

比例尺 1∶8 000 000 0 80 160 km

1971年干旱日数

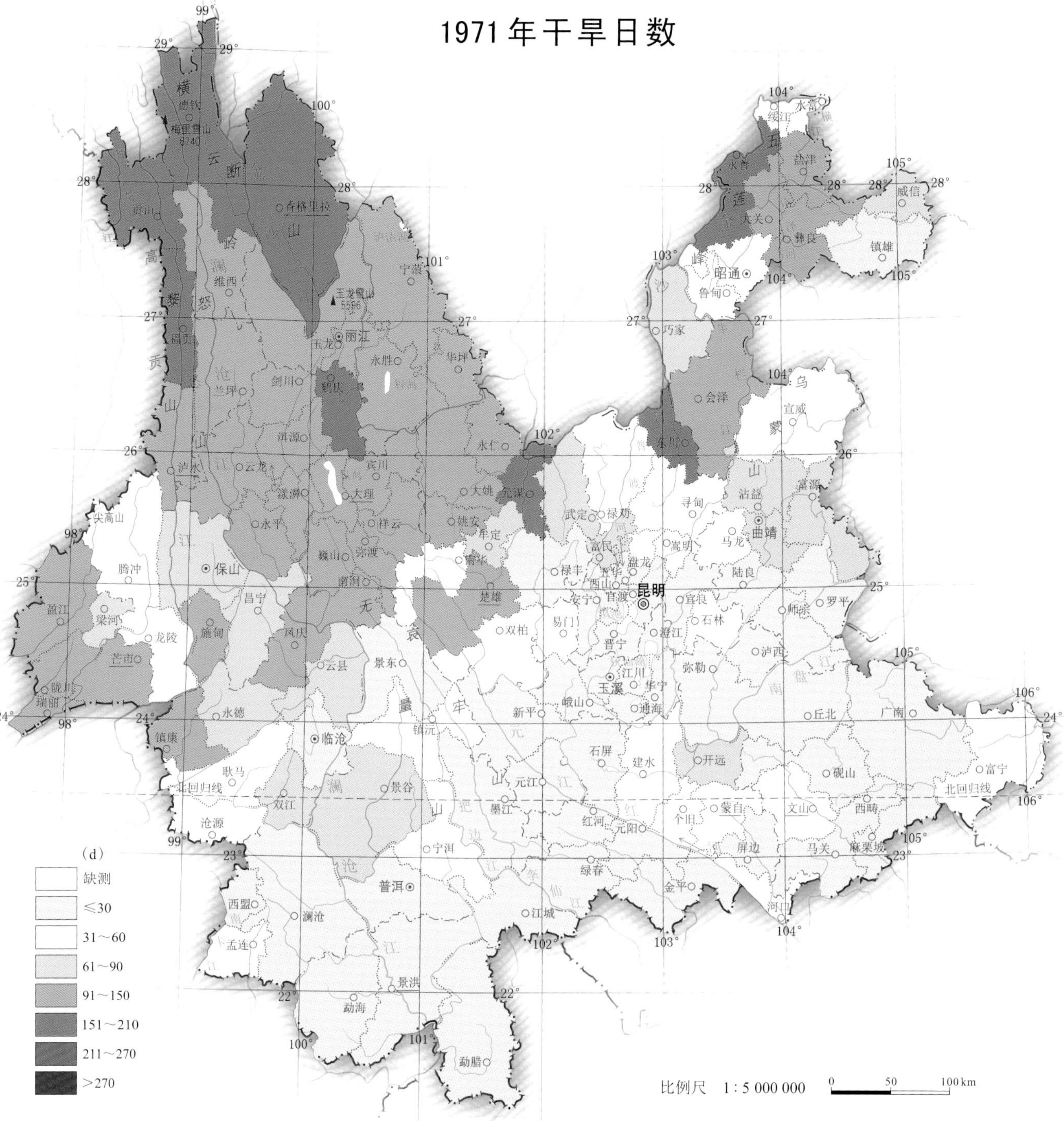

(d)

图例
缺测
≤30
31～60
61～90
91～150
151～210
211～270
>270

比例尺 1∶5 000 000

1971年逐日干旱、降水变化曲线

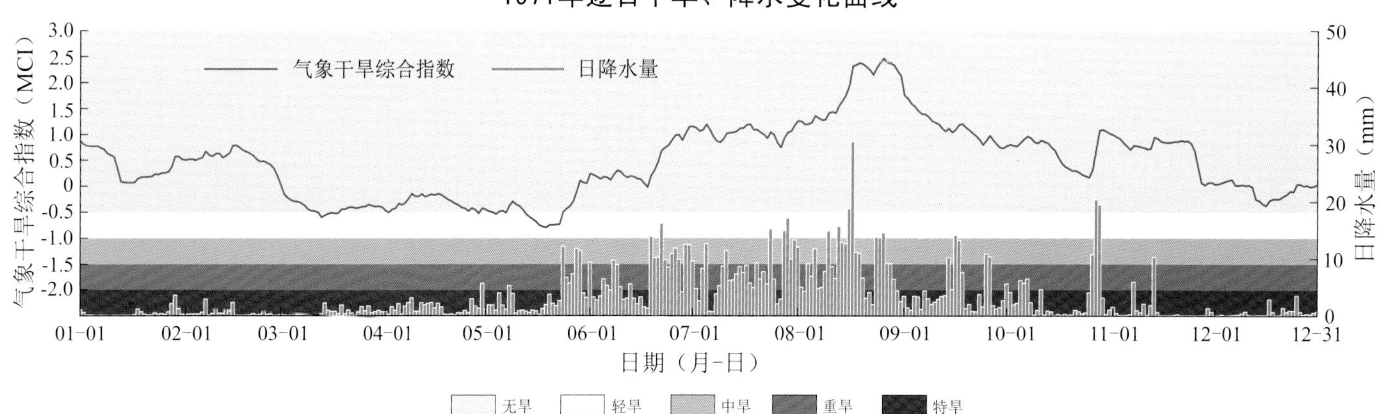

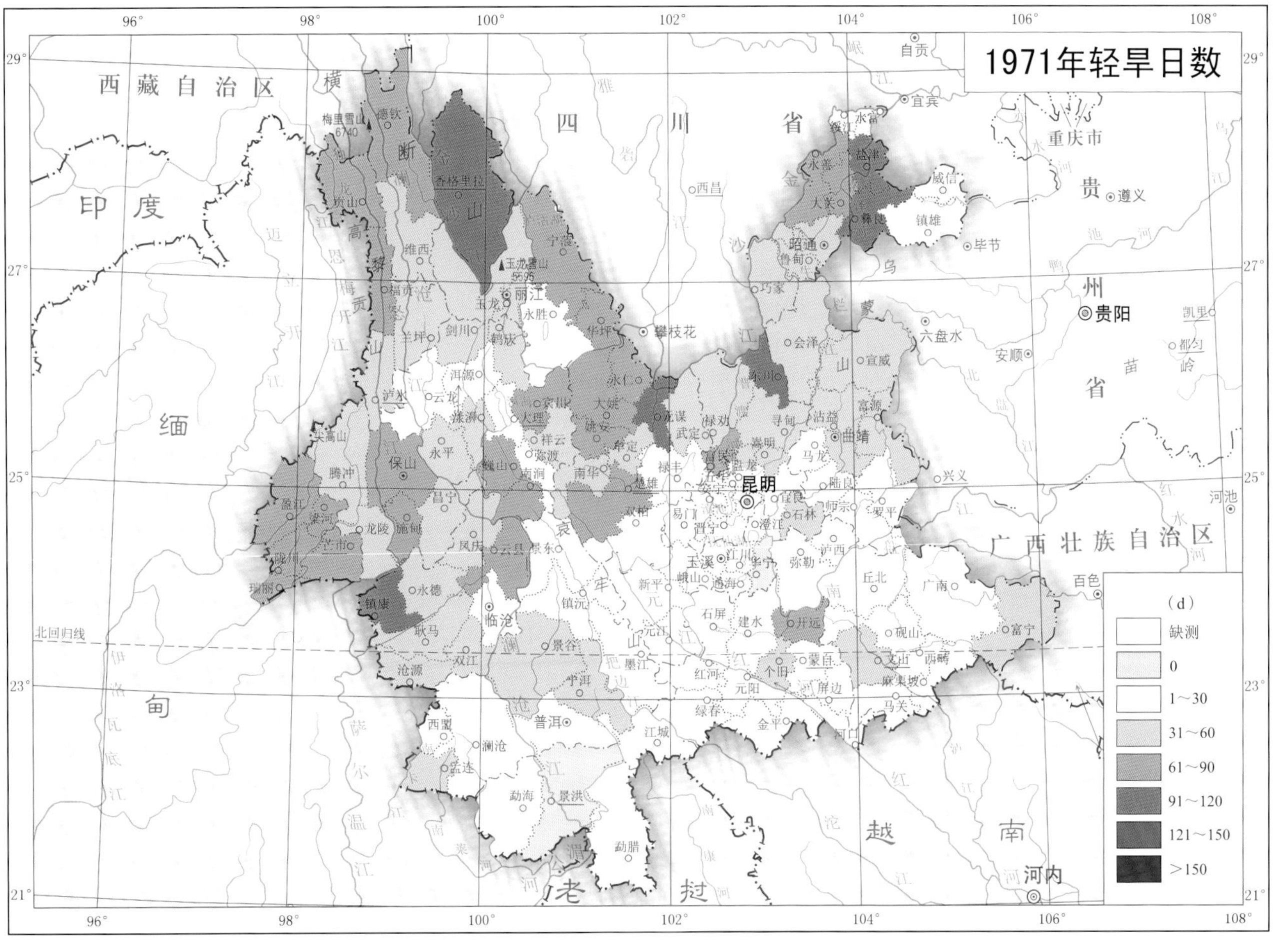

1971年轻旱日数

(d)

- 缺测
- 0
- 1~30
- 31~60
- 61~90
- 91~120
- 121~150
- >150

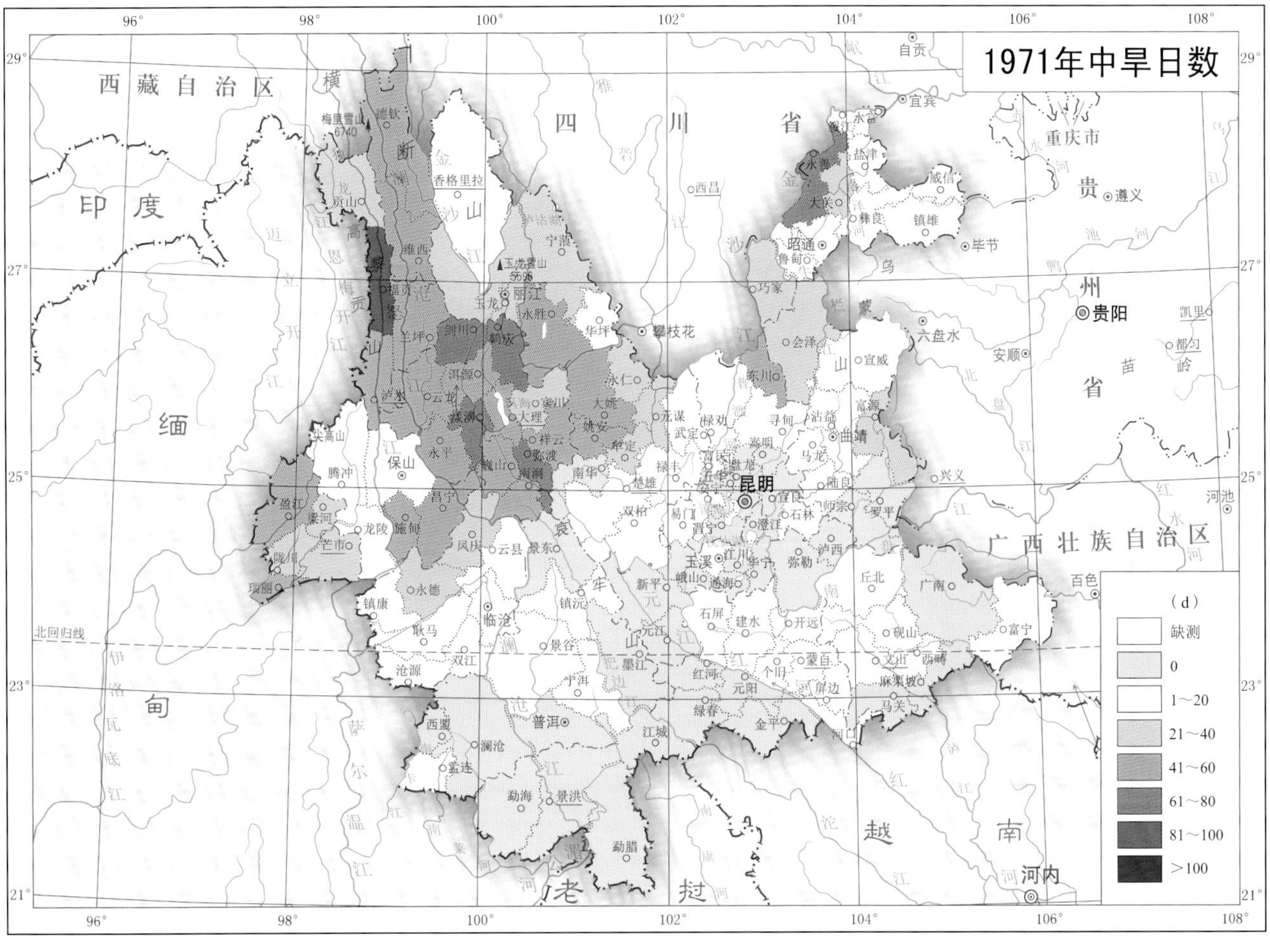

1971年中旱日数

(d)

- 缺测
- 0
- 1~20
- 21~40
- 41~60
- 61~80
- 81~100
- >100

比例尺 1:8 000 000　0　80　160 km

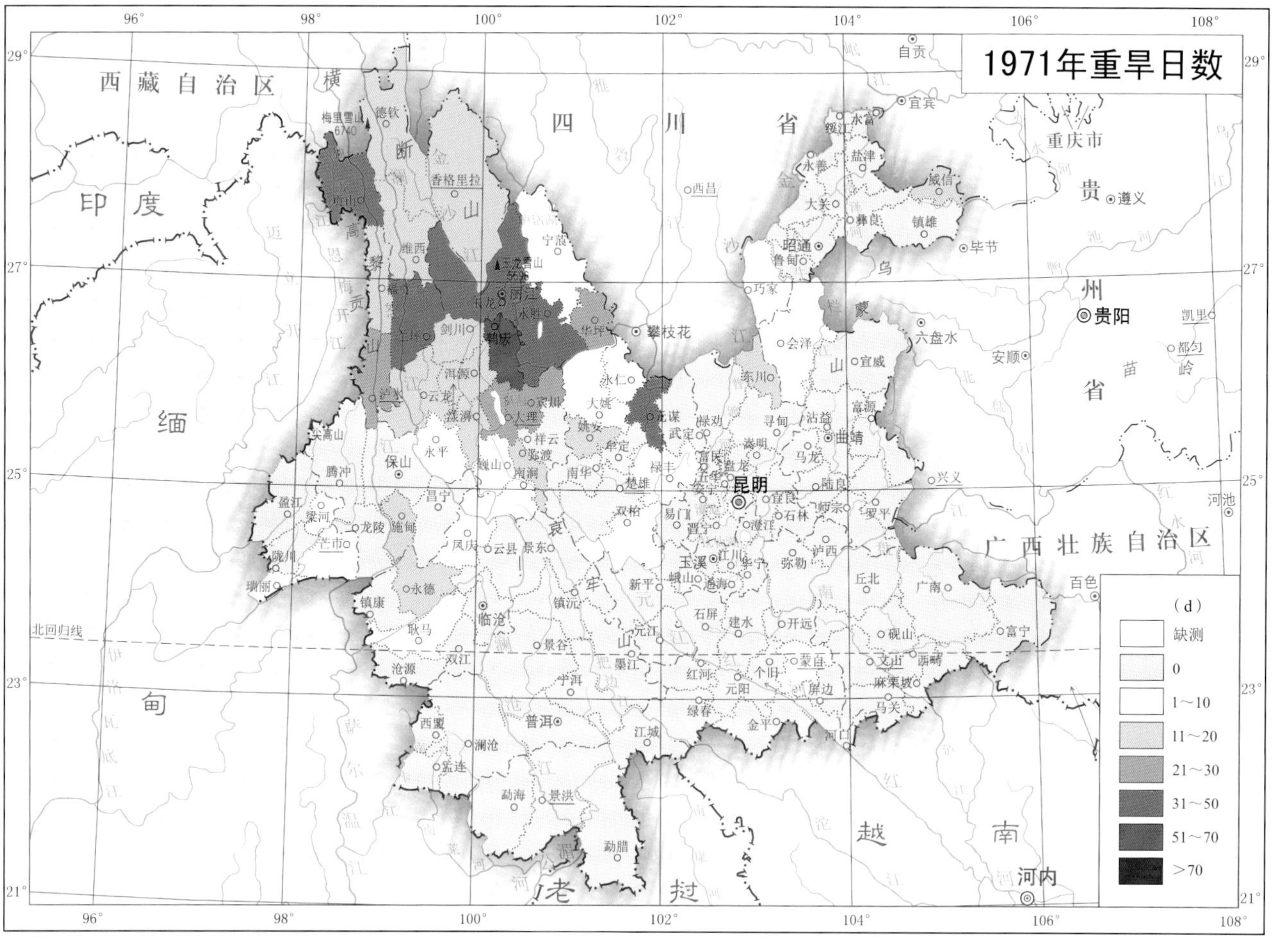

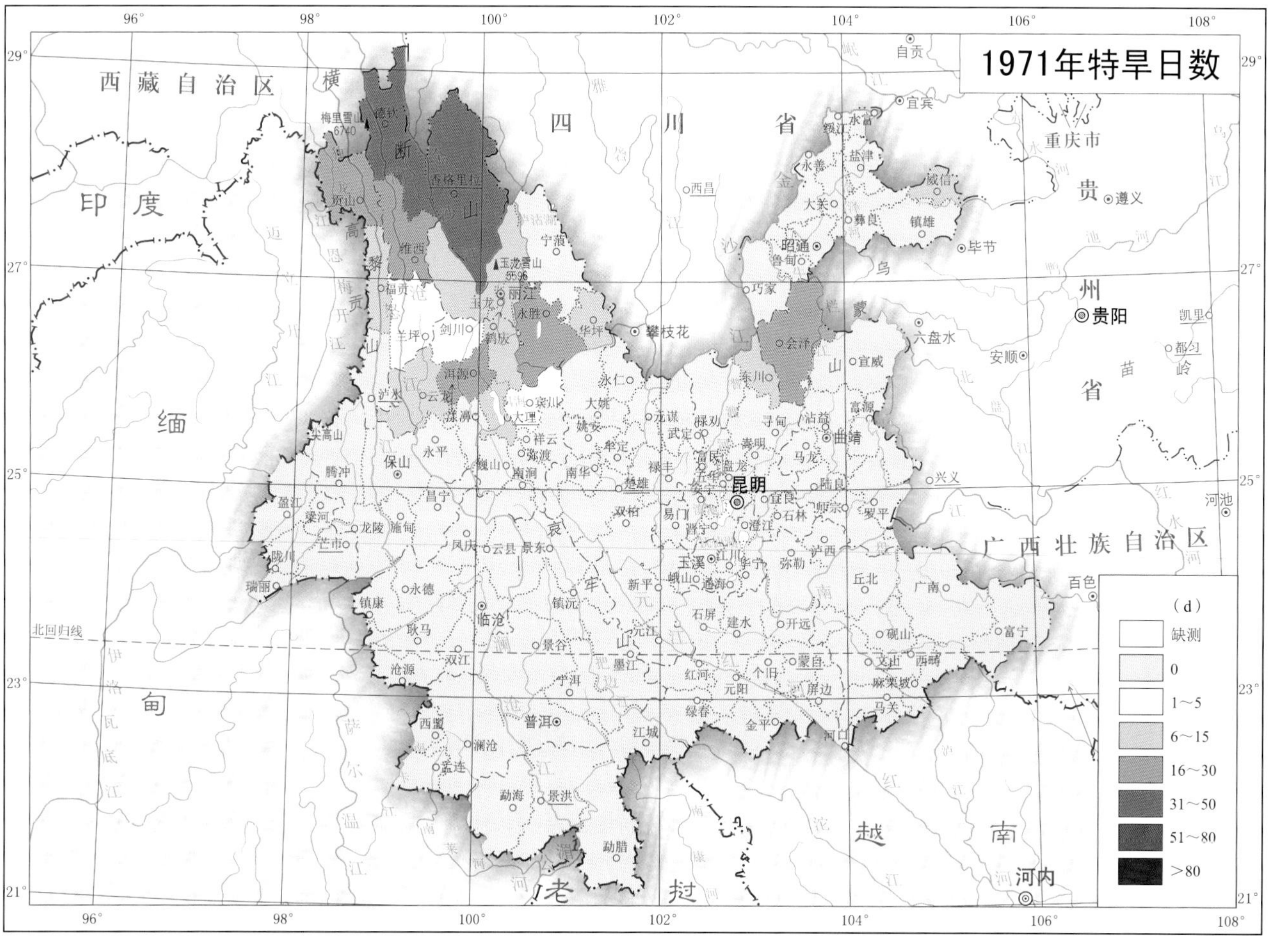

1971年重旱日数

（d）

- 缺测
- 0
- 1～10
- 11～20
- 21～30
- 31～50
- 51～70
- >70

1971年特旱日数

（d）

- 缺测
- 0
- 1～5
- 6～15
- 16～30
- 31～50
- 51～80
- >80

比例尺 1：8 000 000 0 80 160 km

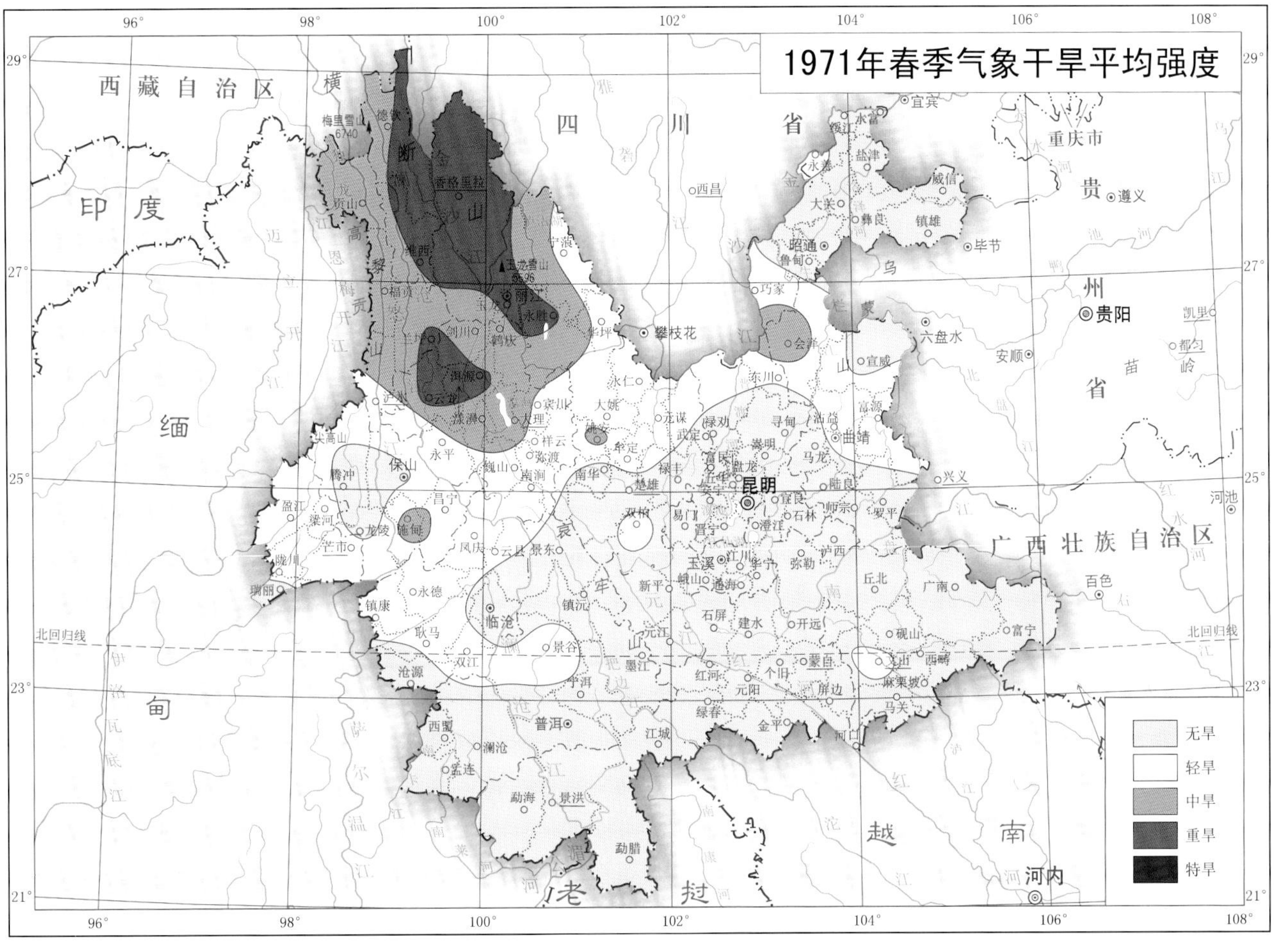

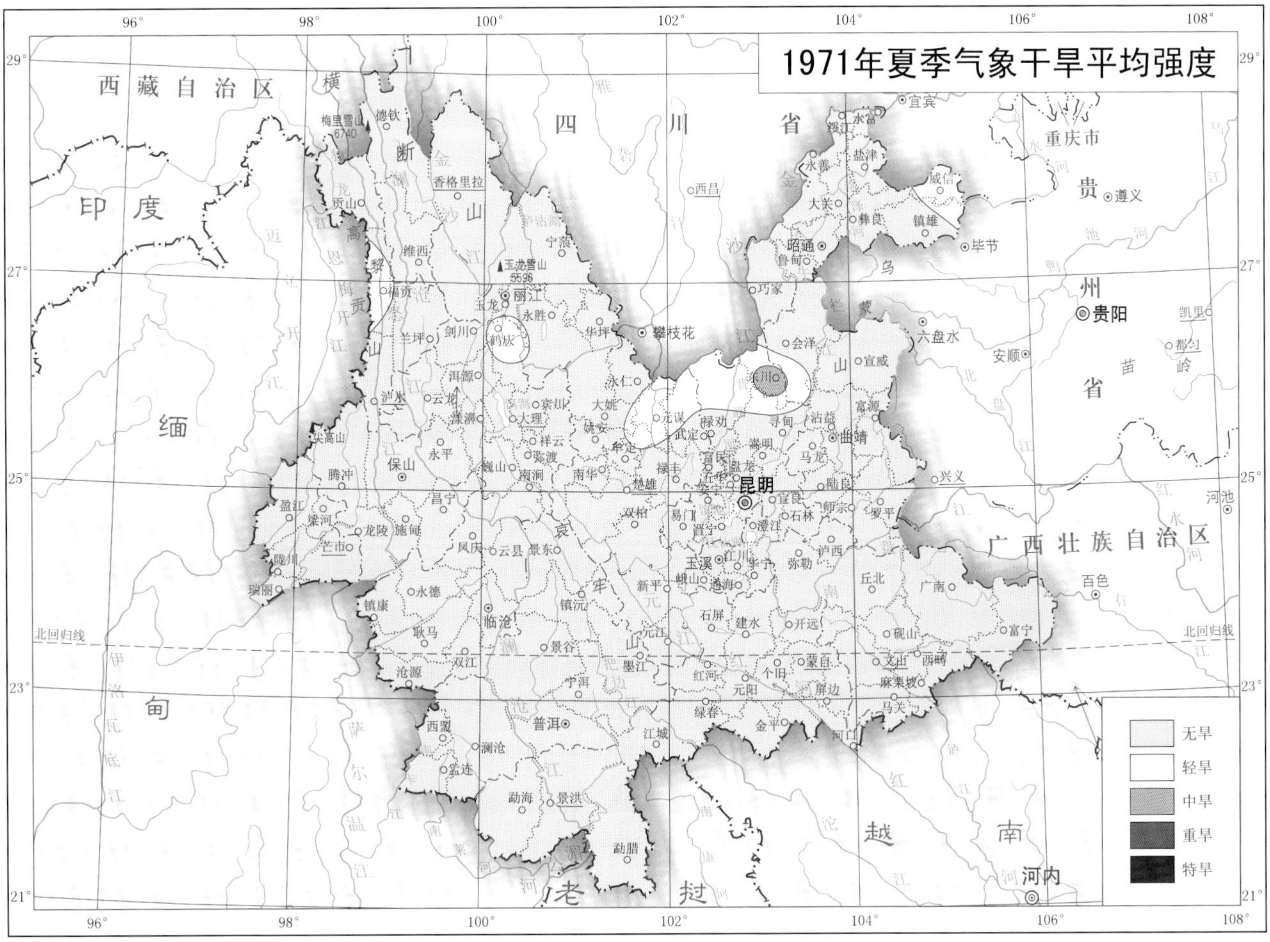

1971年春季气象干旱平均强度

无旱
轻旱
中旱
重旱
特旱

1971年夏季气象干旱平均强度

无旱
轻旱
中旱
重旱
特旱

比例尺 1∶8 000 000 0 80 160 km

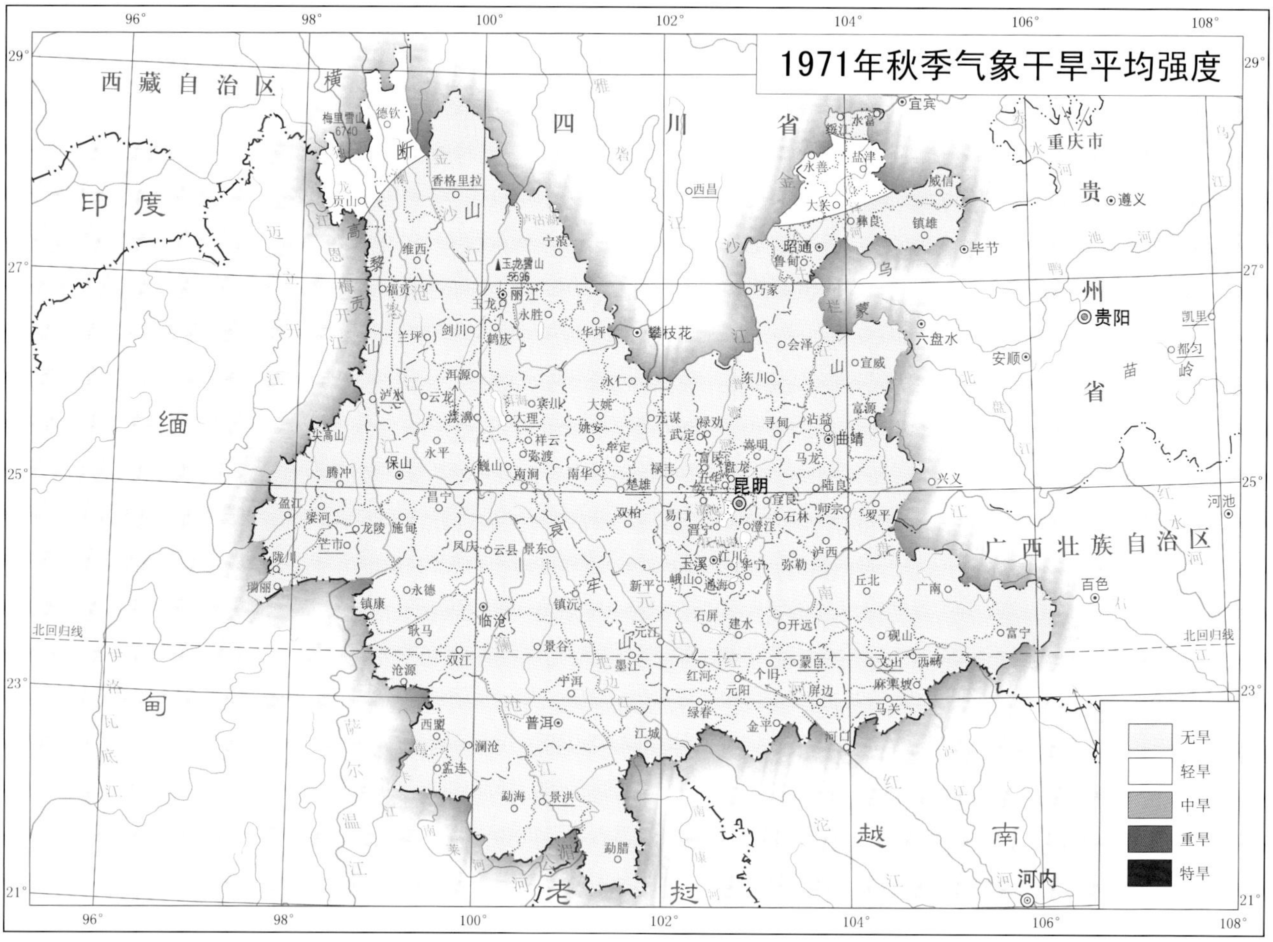
1971年秋季气象干旱平均强度
96° 98° 100° 102° 104° 106° 108°
29° 27° 25° 23° 21°
无旱
轻旱
中旱
重旱
特旱

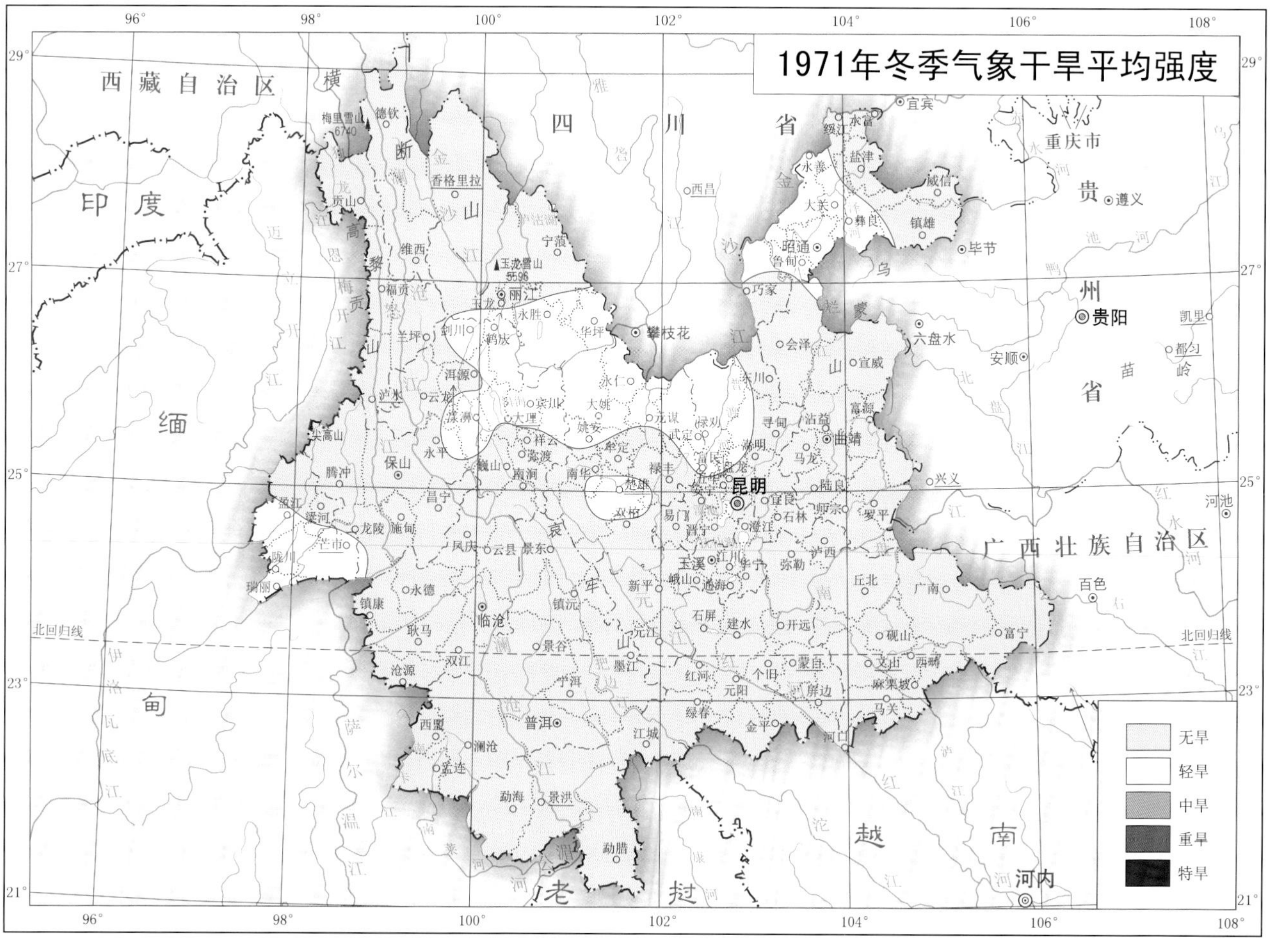
1971年冬季气象干旱平均强度
96° 98° 100° 102° 104° 106° 108°
29° 27° 25° 23° 21°
无旱
轻旱
中旱
重旱
特旱

比例尺 1 : 8 000 000 0 80 160 km

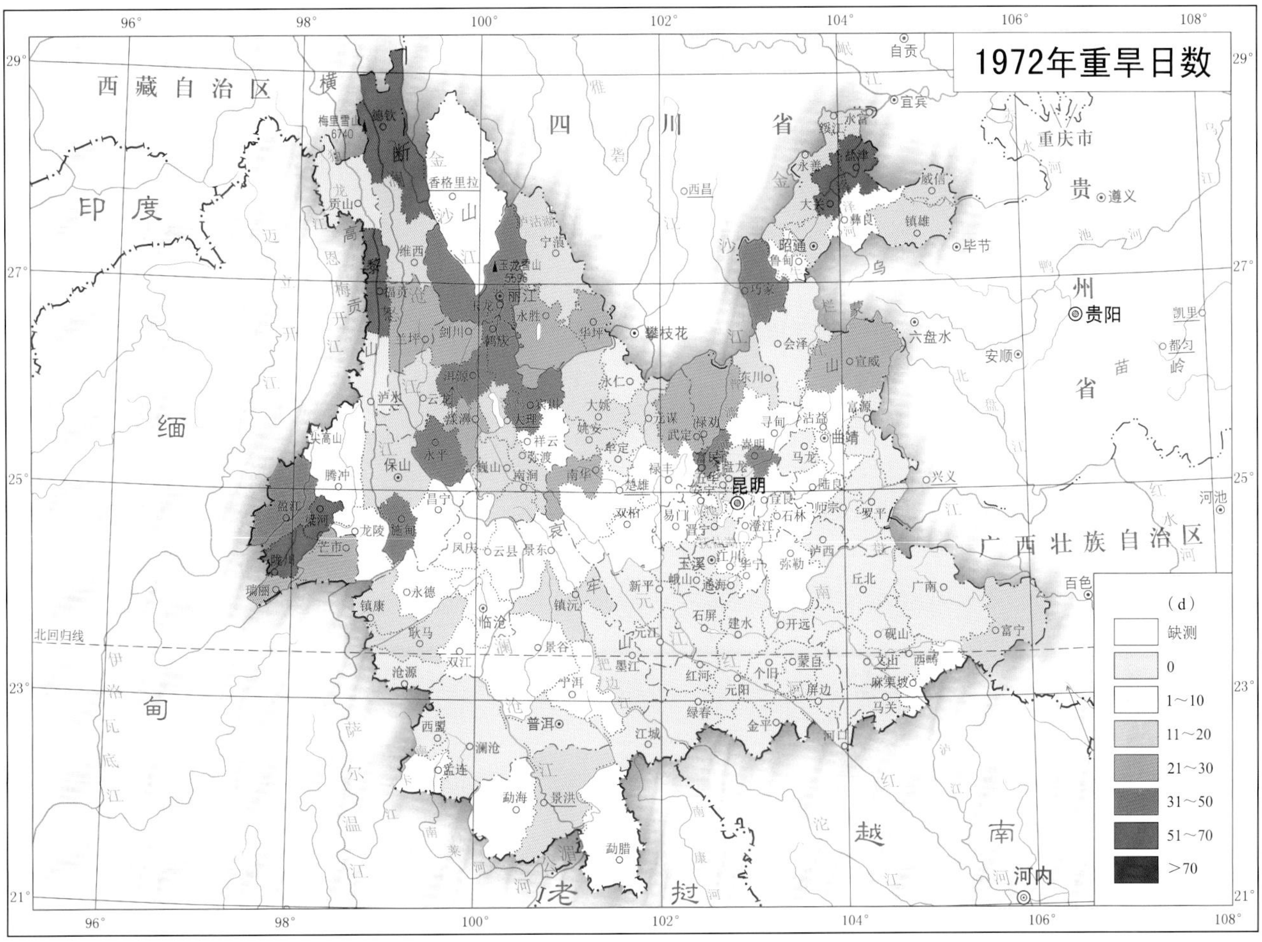

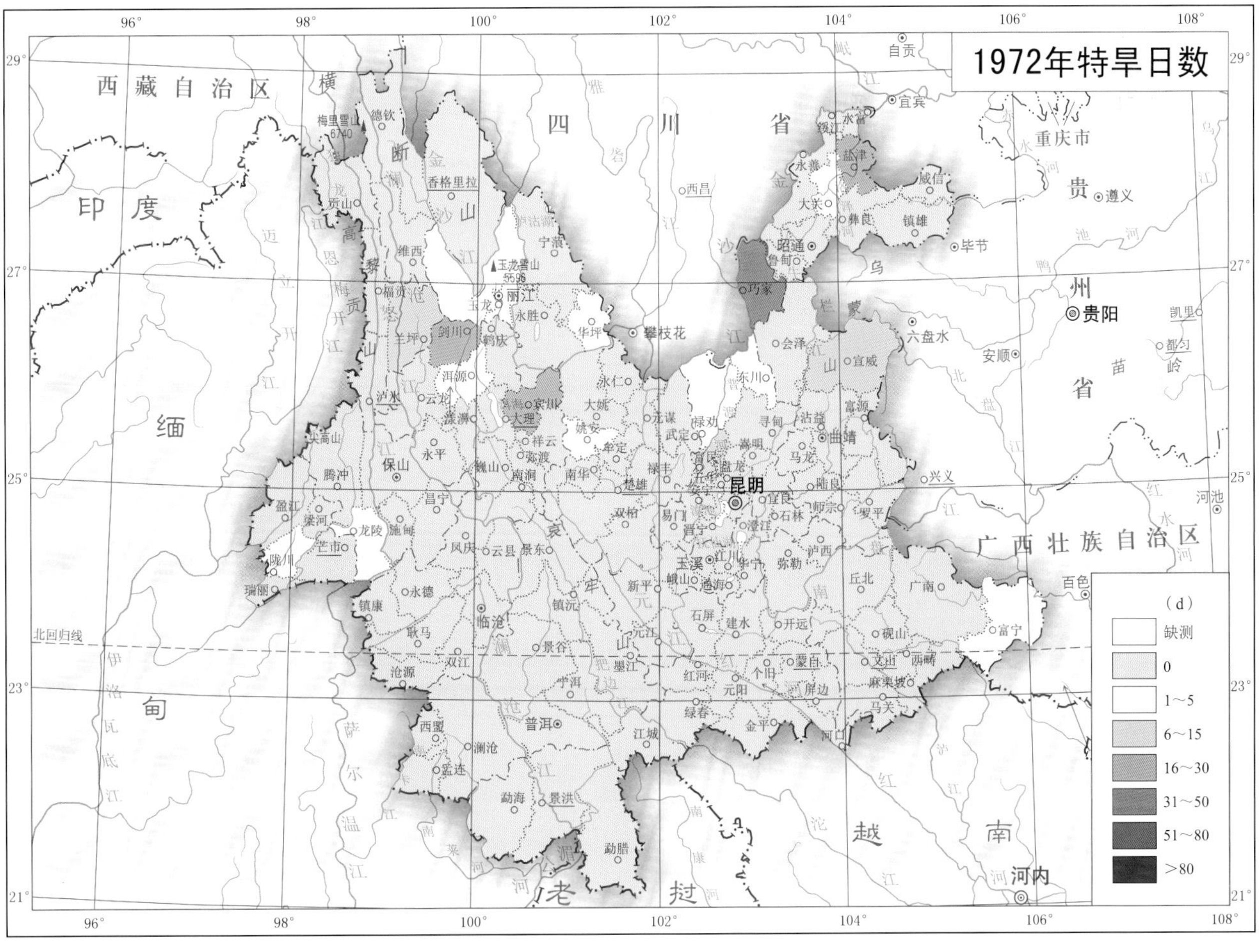

1972年重旱日数

(d)

- 缺测
- 0
- 1～10
- 11～20
- 21～30
- 31～50
- 51～70
- ＞70

1972年特旱日数

(d)

- 缺测
- 0
- 1～5
- 6～15
- 16～30
- 31～50
- 51～80
- ＞80

比例尺　1：8 000 000　0　80　160 km

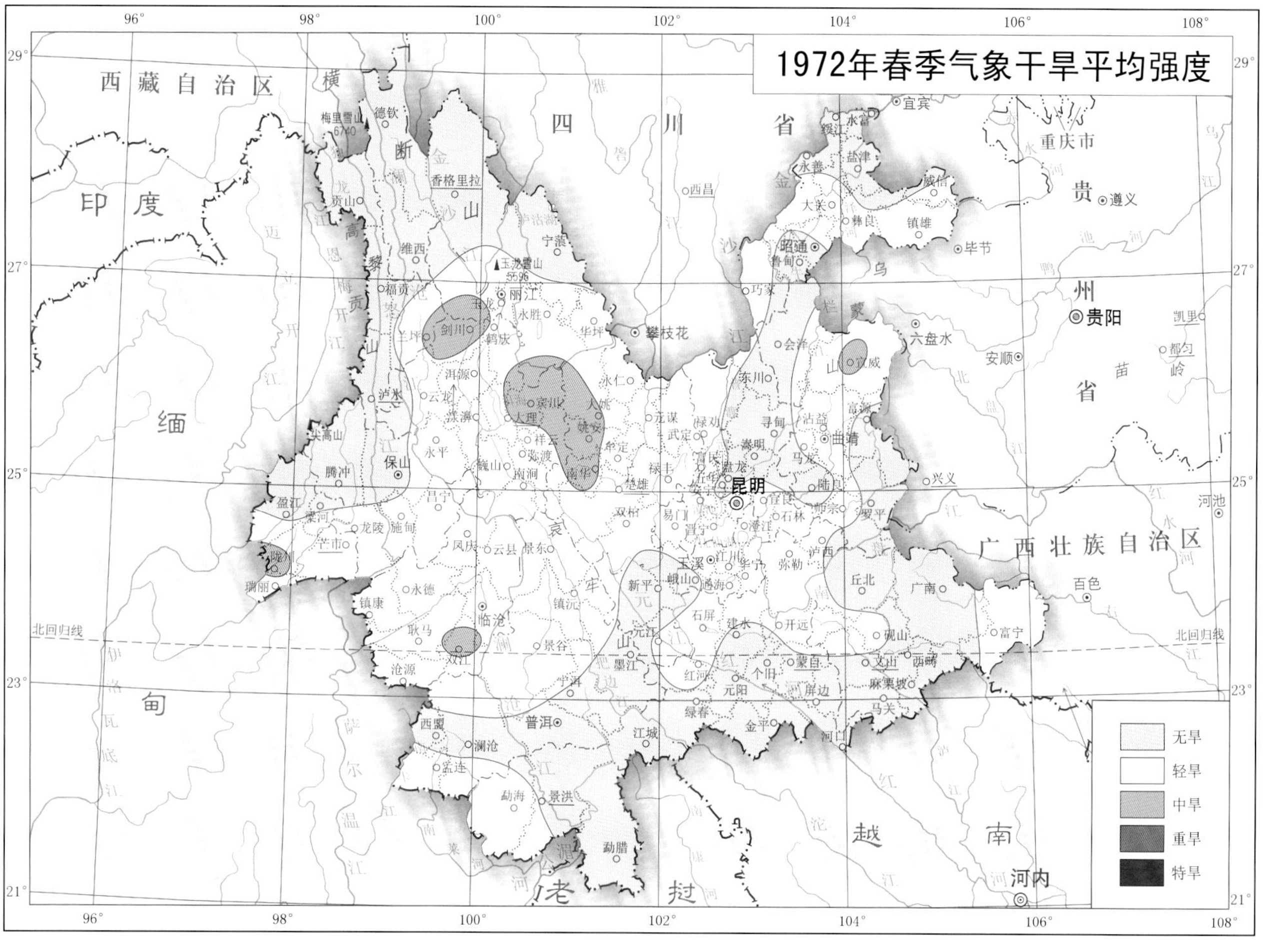

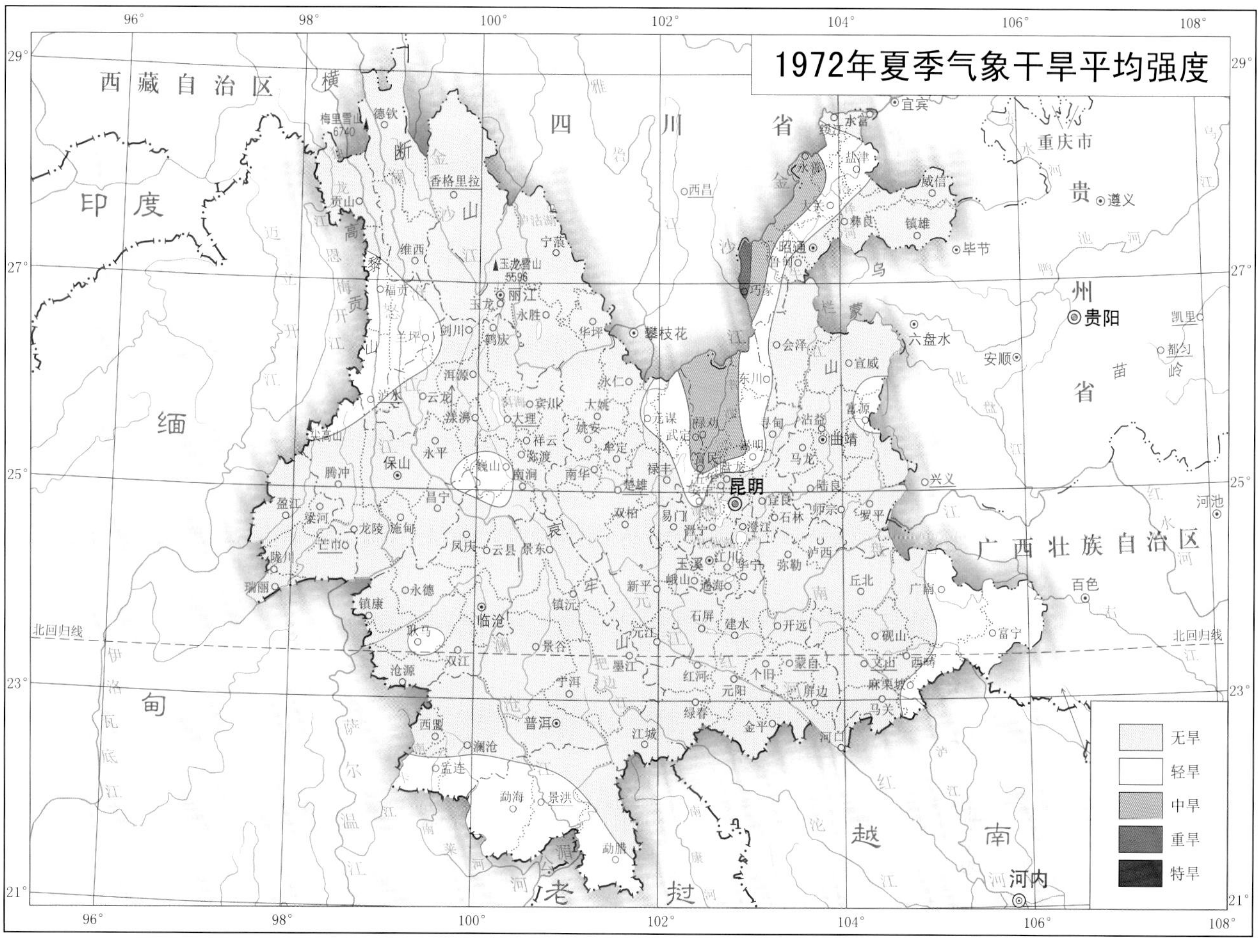

1972年春季气象干旱平均强度

无旱
轻旱
中旱
重旱
特旱

1972年夏季气象干旱平均强度

无旱
轻旱
中旱
重旱
特旱

比例尺 1∶8 000 000 0 80 160 km

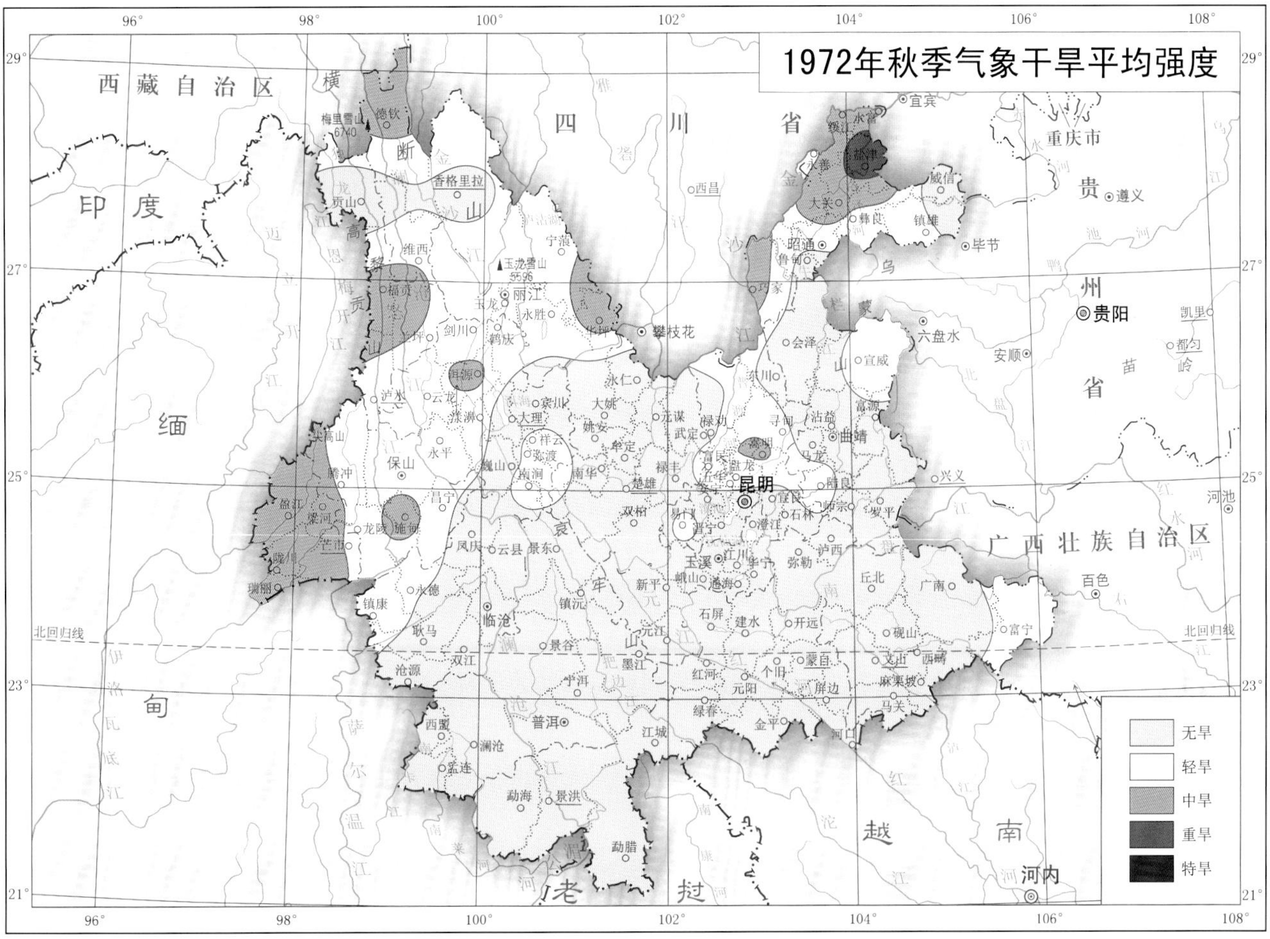

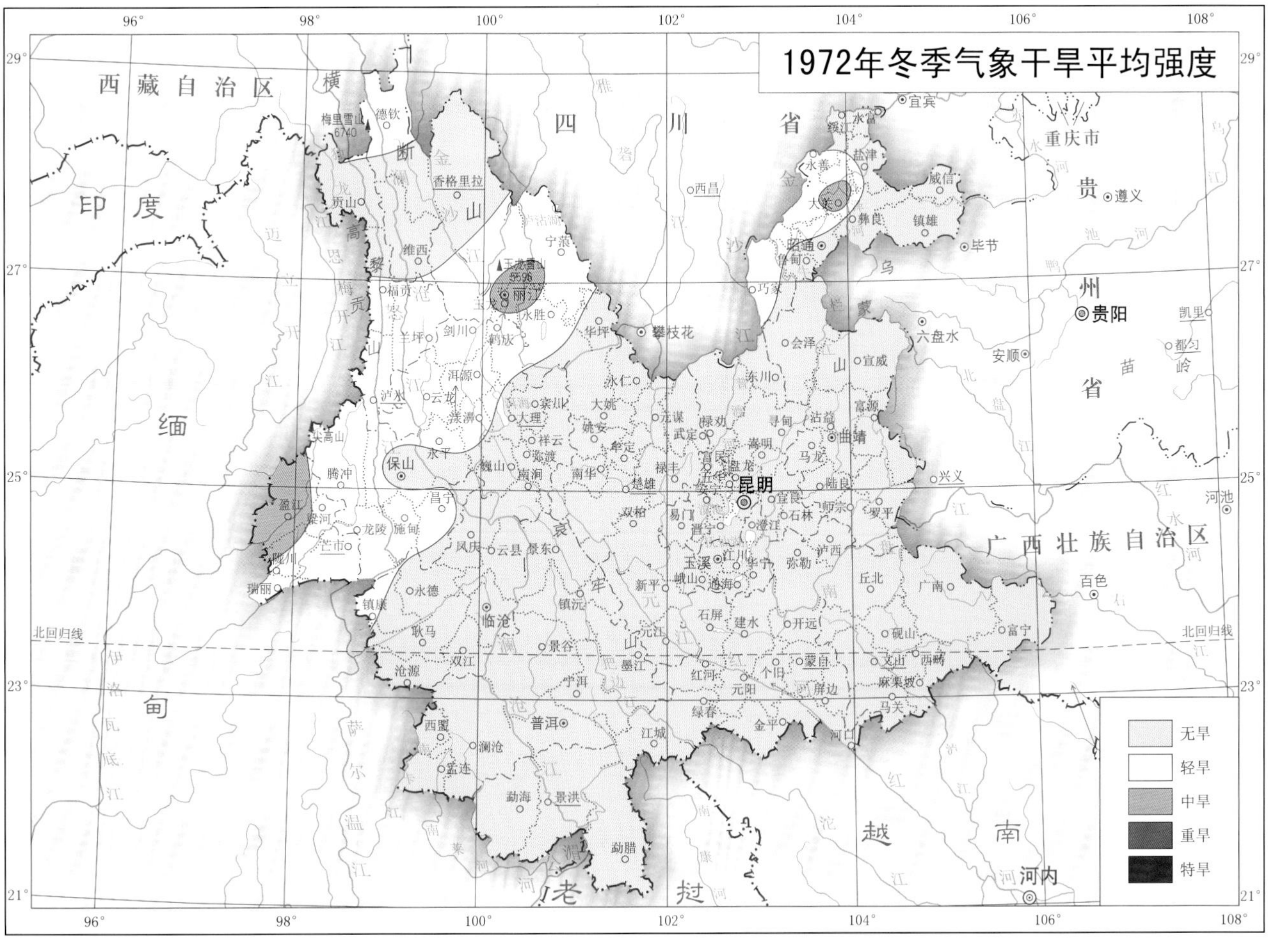

1972年秋季气象干旱平均强度

无旱
轻旱
中旱
重旱
特旱

1972年冬季气象干旱平均强度

无旱
轻旱
中旱
重旱
特旱

比例尺 1:8 000 000 0 80 160 km

1973年干旱日数

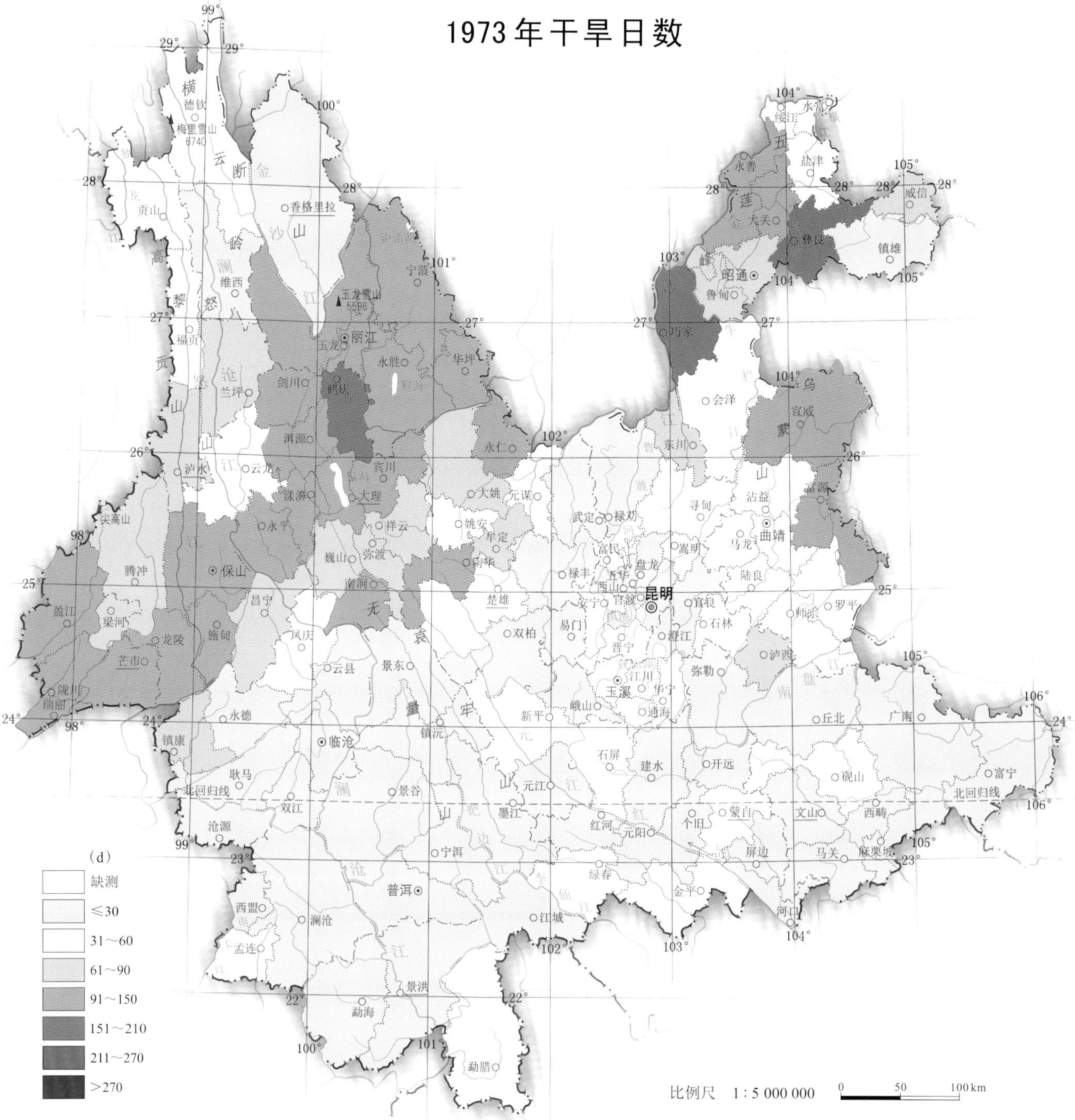

(d)
缺测
≤30
31～60
61～90
91～150
151～210
211～270
>270
比例尺 1 : 5 000 000
0 50 100 km
昆明
玉溪
曲靖
昭通
丽江
大理
保山
临沧
普洱
楚雄
文山
蒙自
芒市
香格里拉
北回归线
梅里雪山 6740
玉龙雪山 5596

1973年逐日干旱、降水变化曲线

气象干旱综合指数
日降水量
气象干旱综合指数（MCI）
日降水量（mm）
3.0
2.5
2.0
1.5
1.0
0.5
0
-0.5
-1.0
-1.5
-2.0
50
40
30
20
10
0
01-01 02-01 03-01 04-01 05-01 06-01 07-01 08-01 09-01 10-01 11-01 12-01 12-31
日期（月-日）
无旱
轻旱
中旱
重旱
特旱

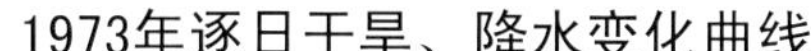

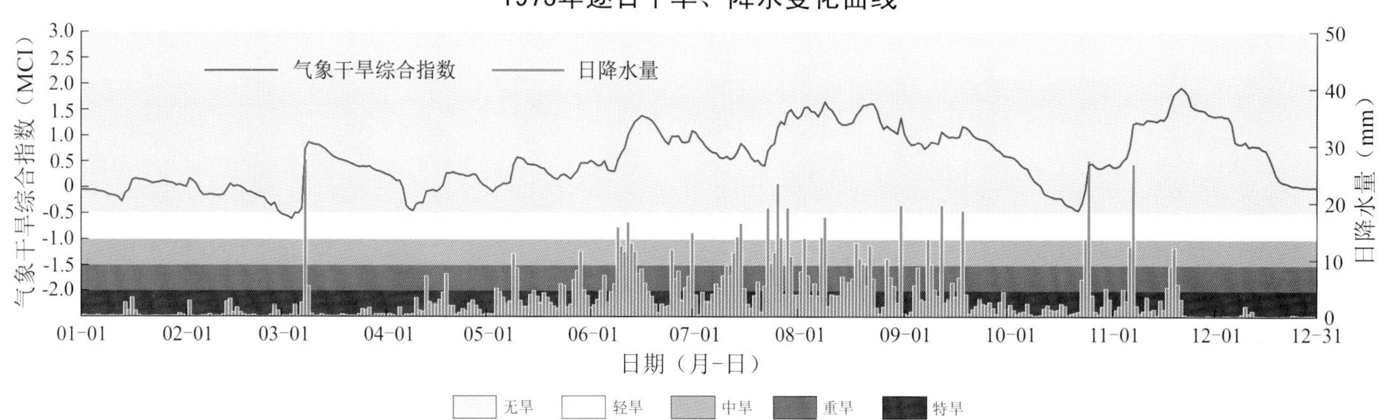

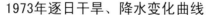

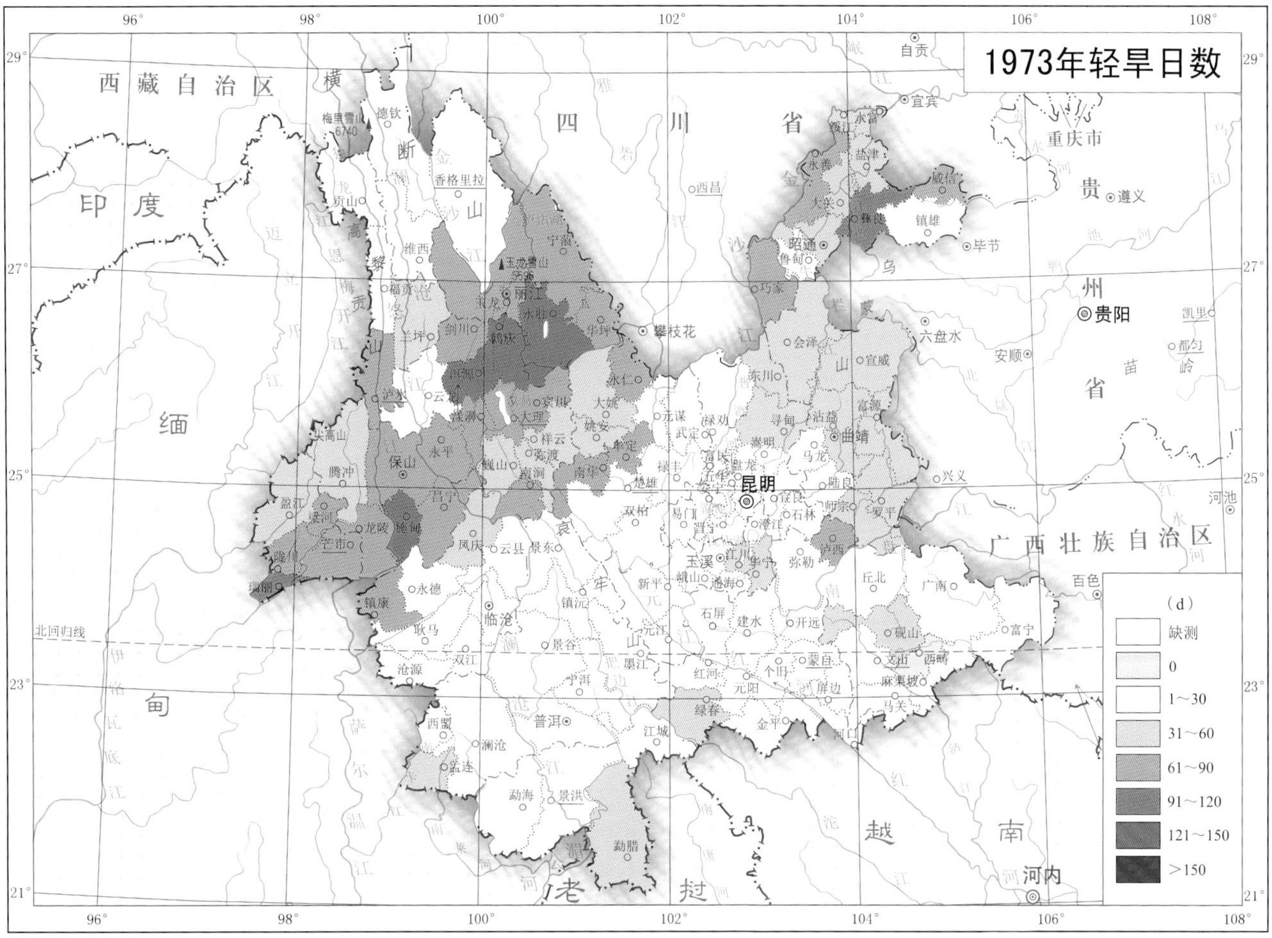

1973年轻旱日数

(d)

- 缺测
- 0
- 1~30
- 31~60
- 61~90
- 91~120
- 121~150
- >150

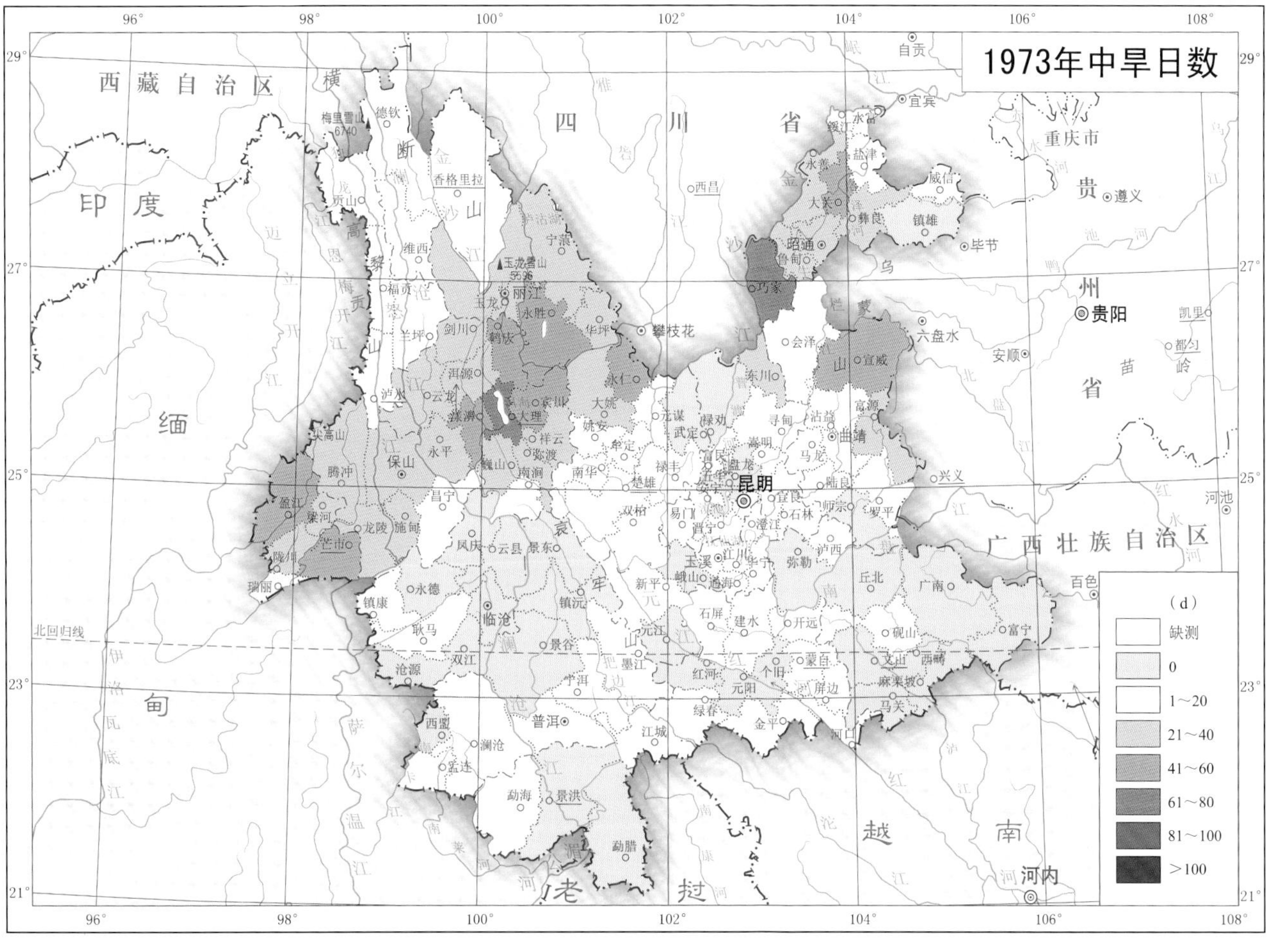

1973年中旱日数

(d)

- 缺测
- 0
- 1~20
- 21~40
- 41~60
- 61~80
- 81~100
- >100

比例尺 1 : 8 000 000 0 80 160 km

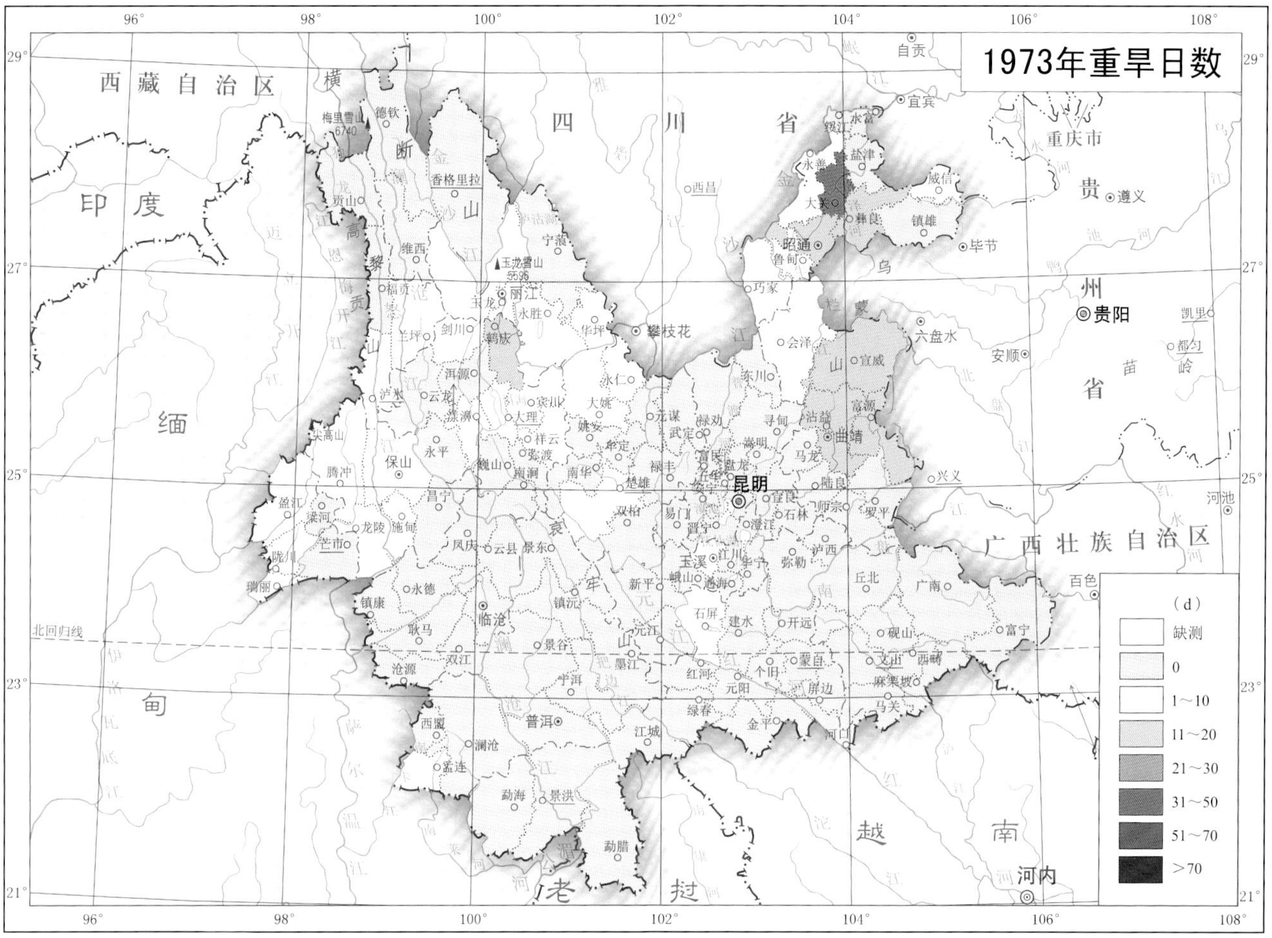

1973年重旱日数

(d)
- 缺测
- 0
- 1～10
- 11～20
- 21～30
- 31～50
- 51～70
- ＞70

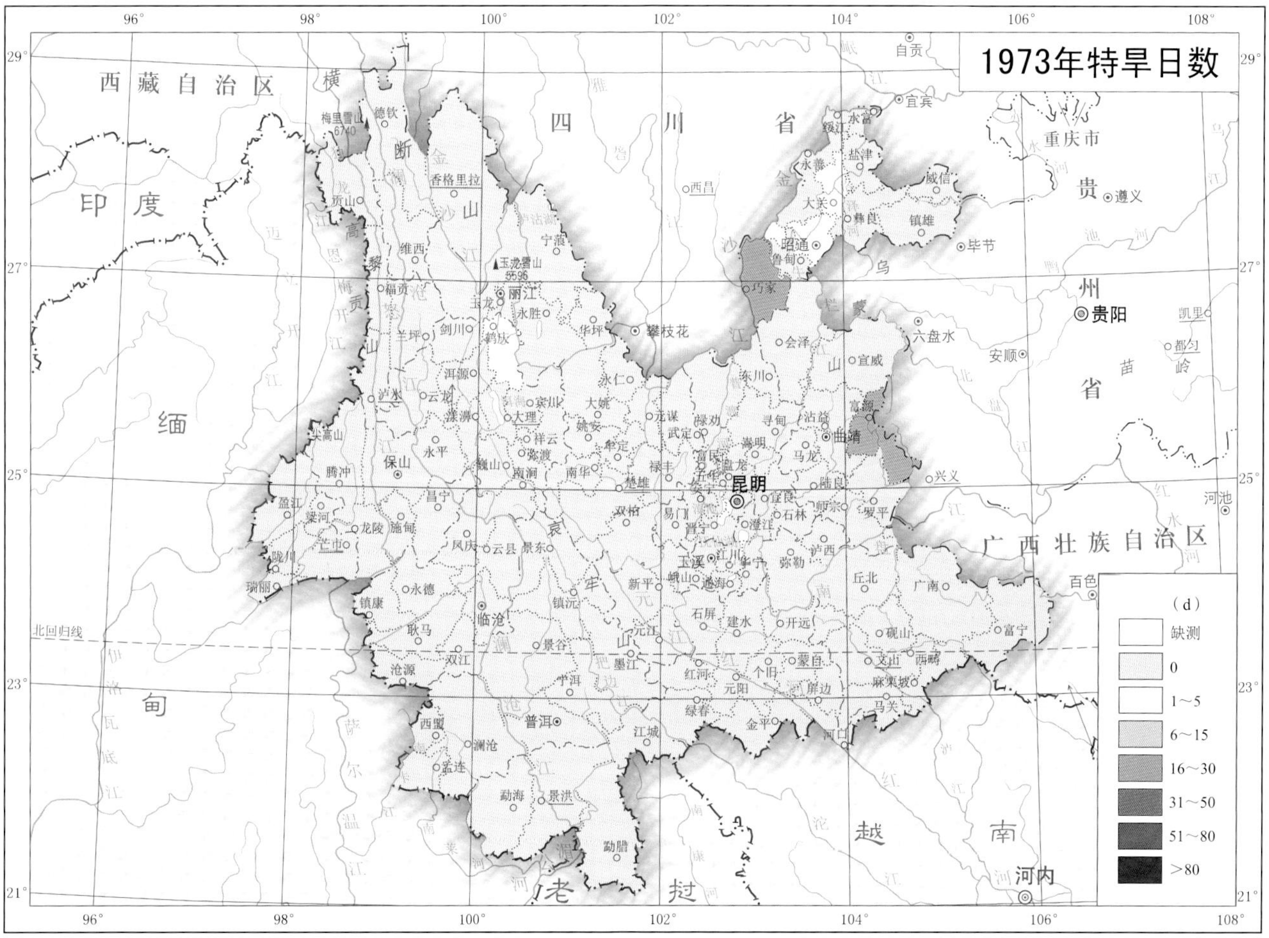

1973年特旱日数

(d)
- 缺测
- 0
- 1～5
- 6～15
- 16～30
- 31～50
- 51～80
- ＞80

比例尺 1：8 000 000 0 80 160 km

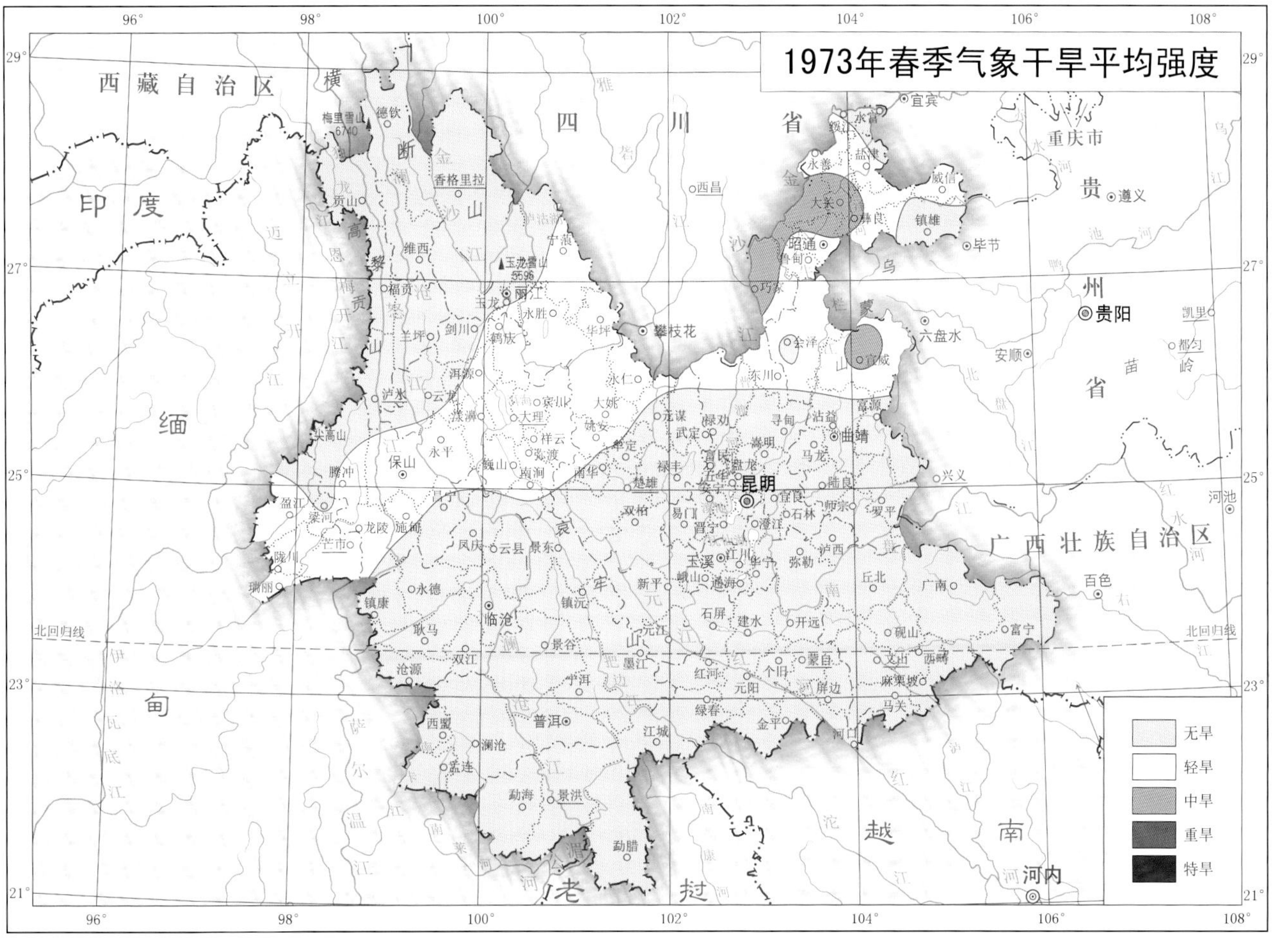

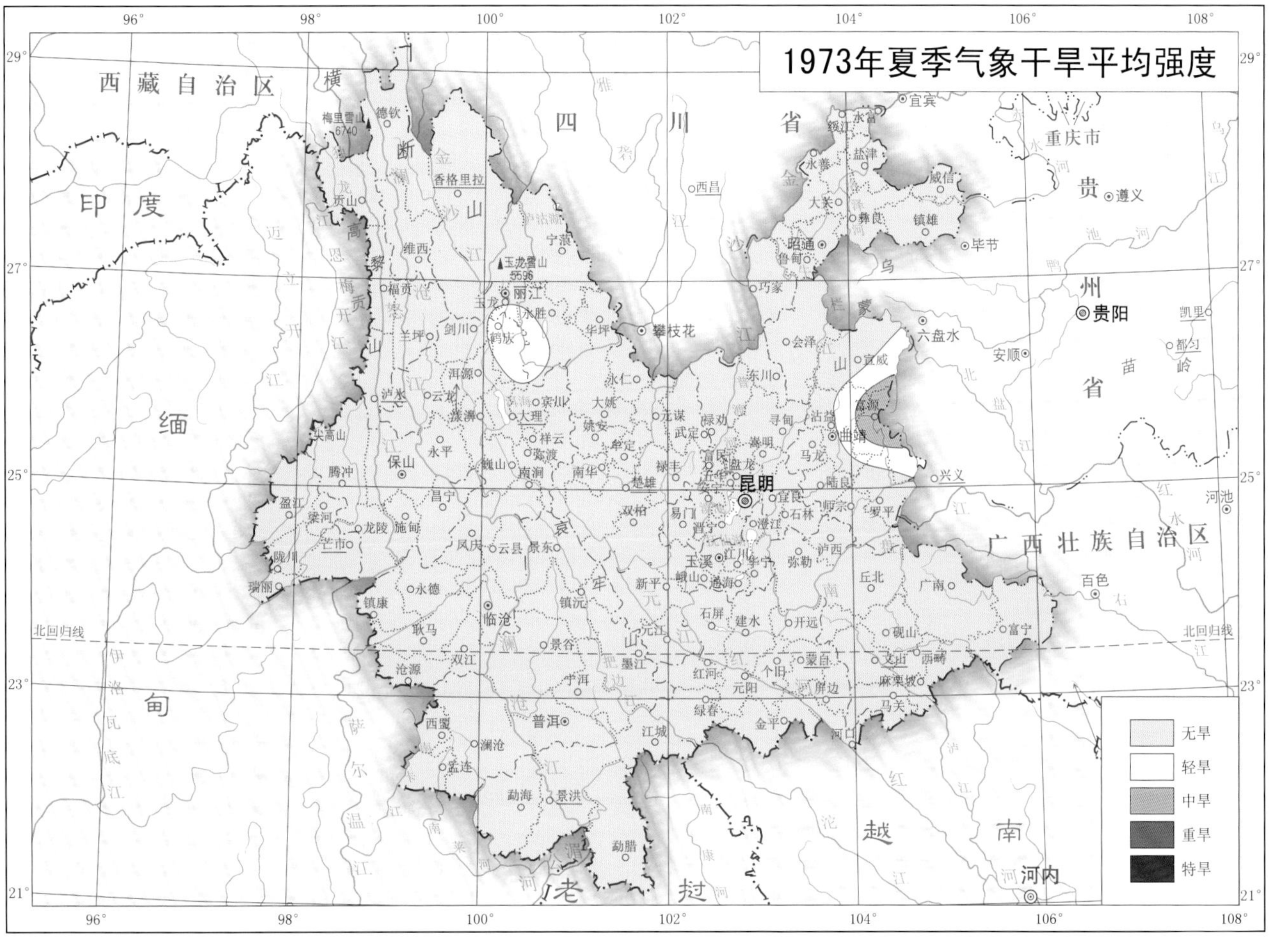

1973年春季气象干旱平均强度

无旱
轻旱
中旱
重旱
特旱

1973年夏季气象干旱平均强度

无旱
轻旱
中旱
重旱
特旱

比例尺 1：8 000 000 0 80 160 km

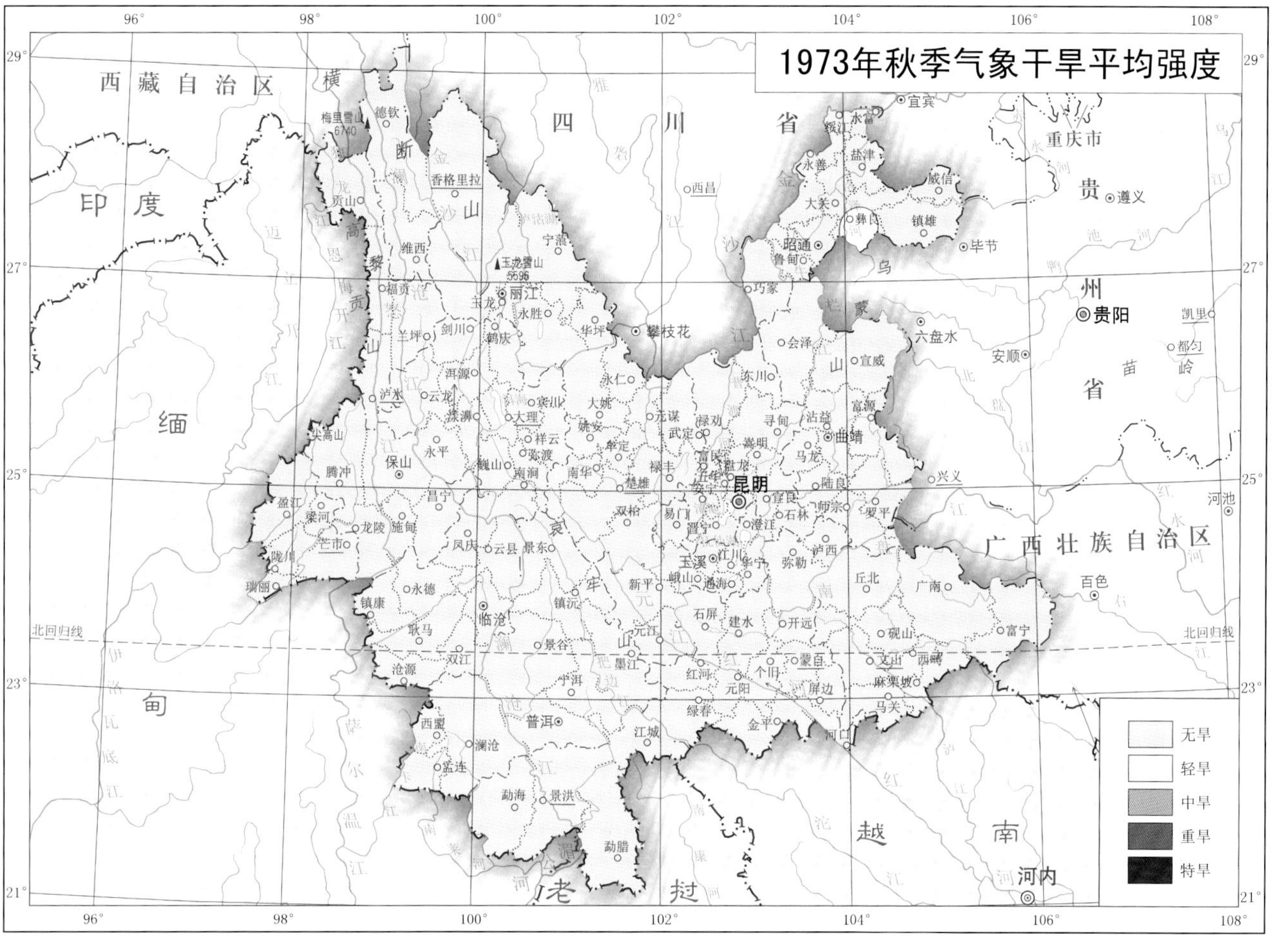

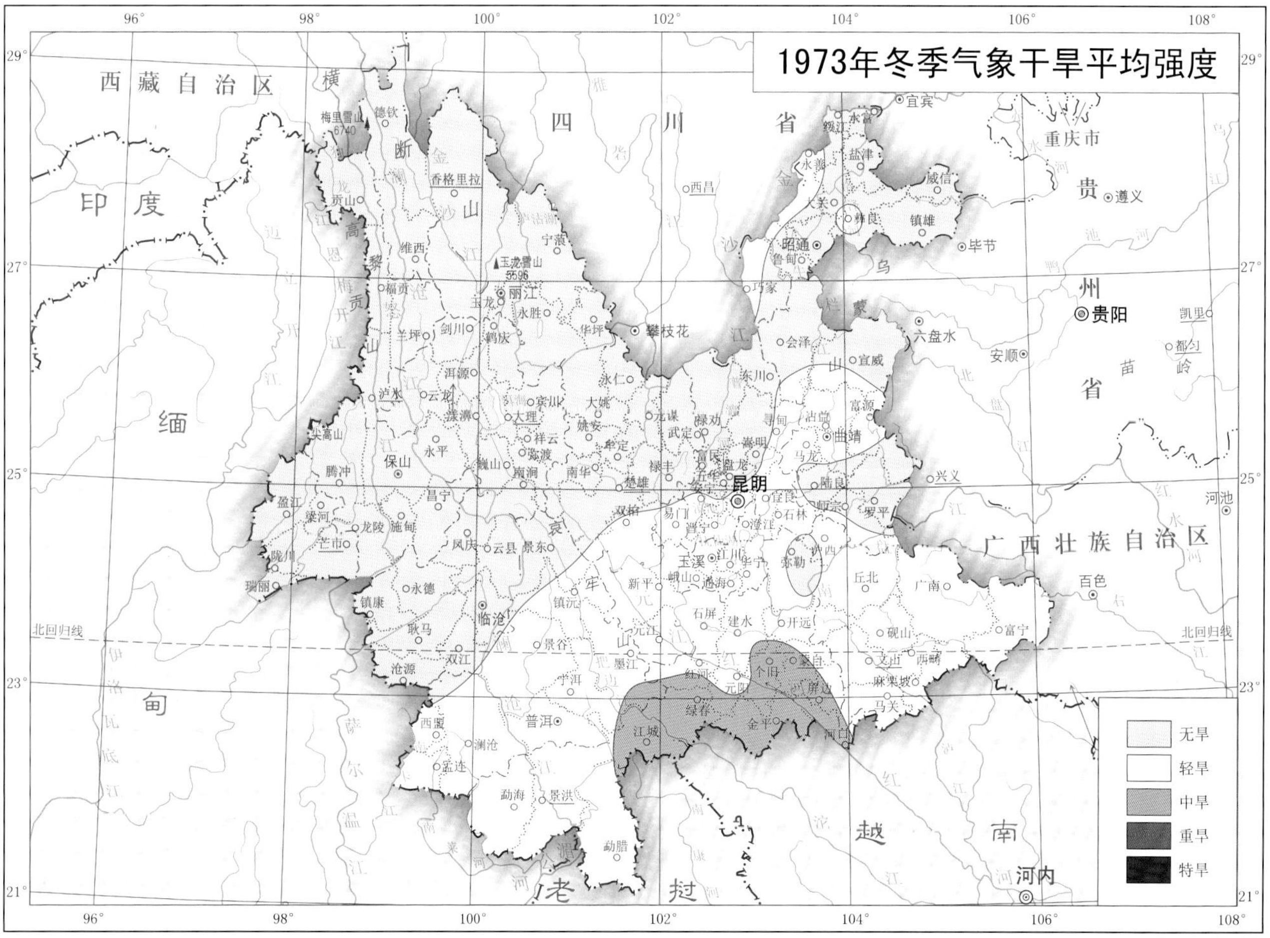

1973年秋季气象干旱平均强度

无旱
轻旱
中旱
重旱
特旱

1973年冬季气象干旱平均强度

无旱
轻旱
中旱
重旱
特旱

比例尺 1：8 000 000　0　80　160 km

1974年干旱日数

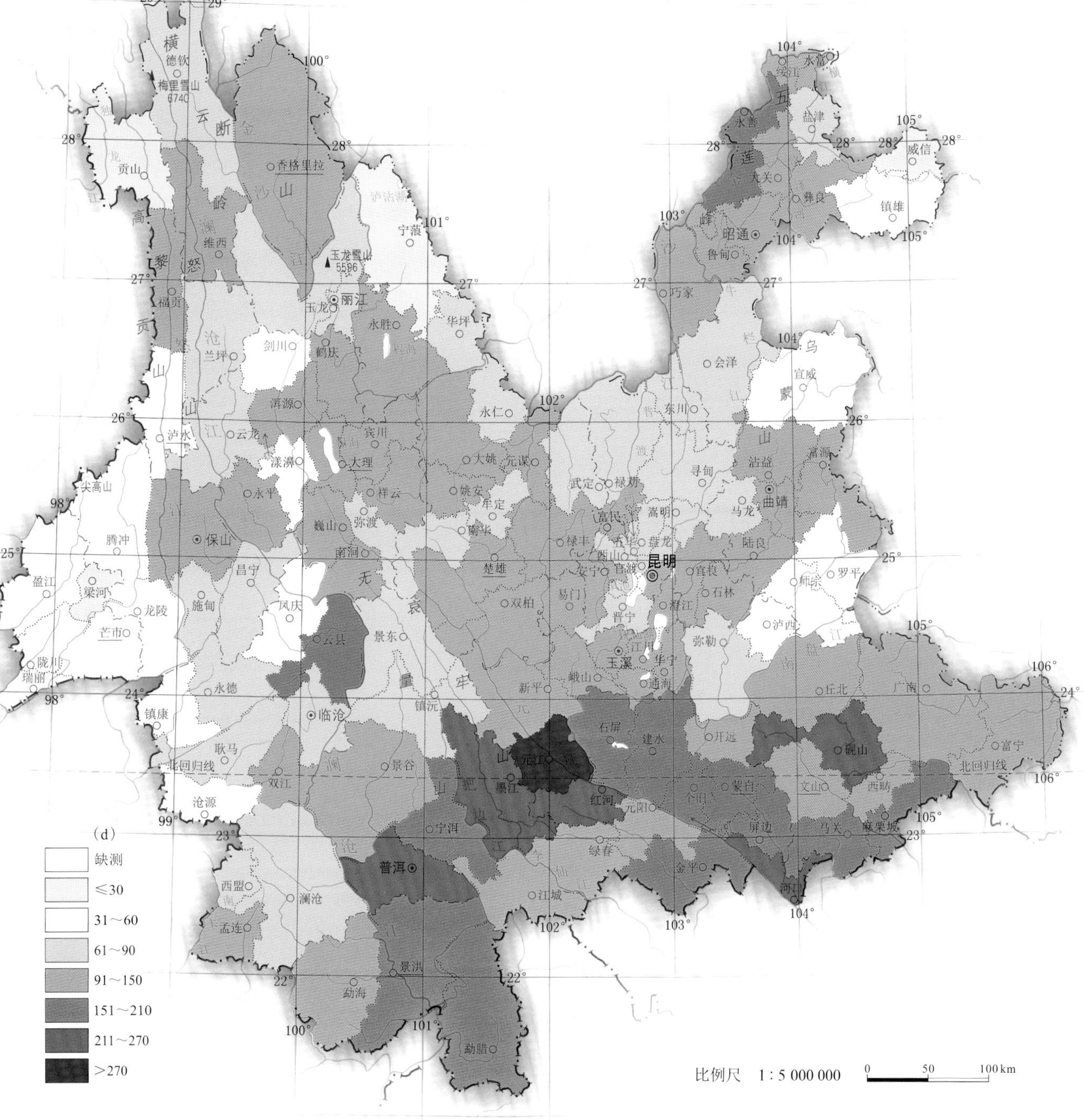

(d)

缺测

≤30

31～60

61～90

91～150

151～210

211～270

>270

比例尺　1∶5 000 000

1974年逐日干旱、降水变化曲线

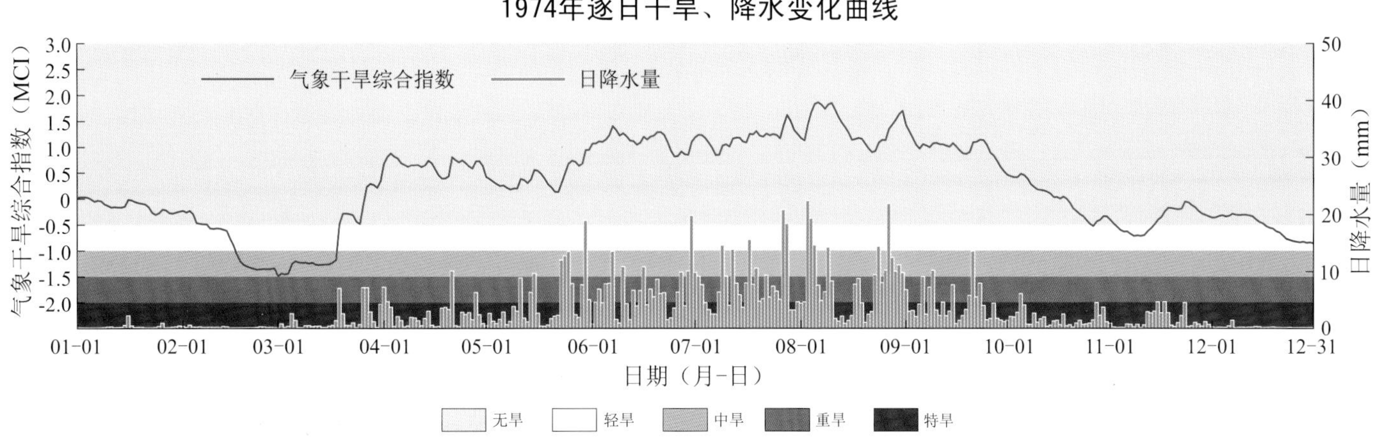

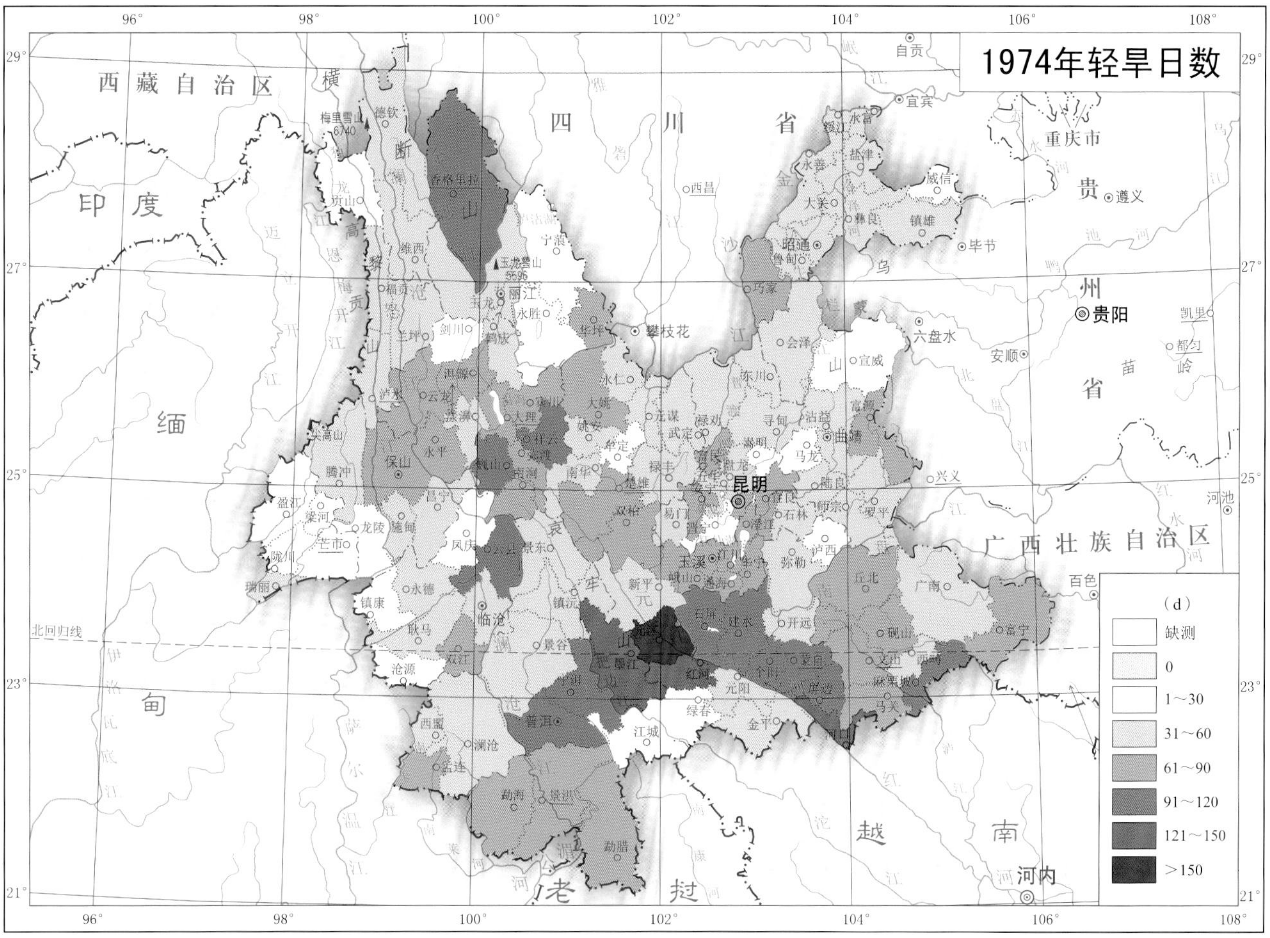

1974年轻旱日数

(d)

图例
缺测
0
1～30
31～60
61～90
91～120
121～150
>150

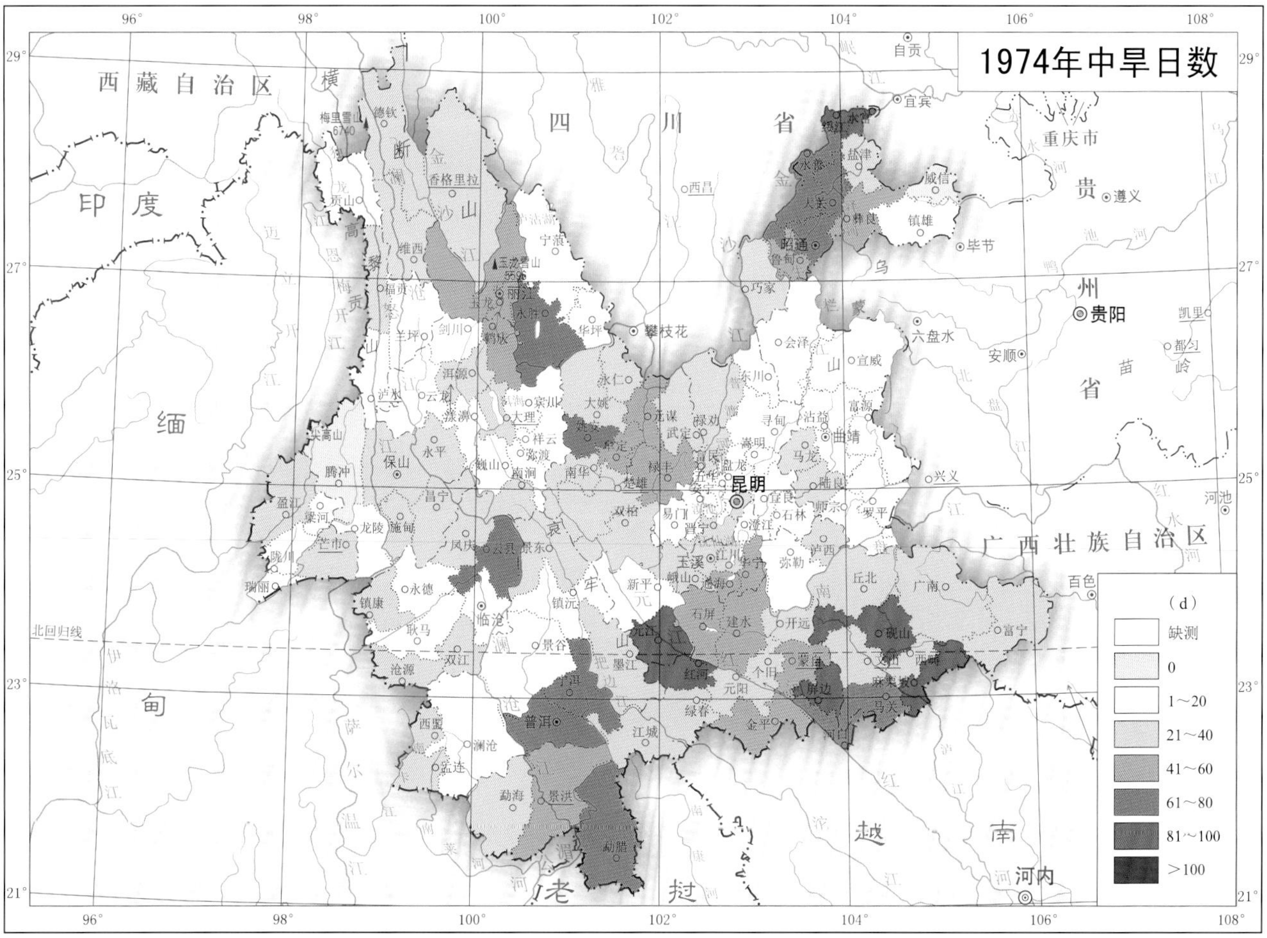

1974年中旱日数

(d)

图例
缺测
0
1～20
21～40
41～60
61～80
81～100
>100

比例尺 1：8 000 000　0 80 160 km

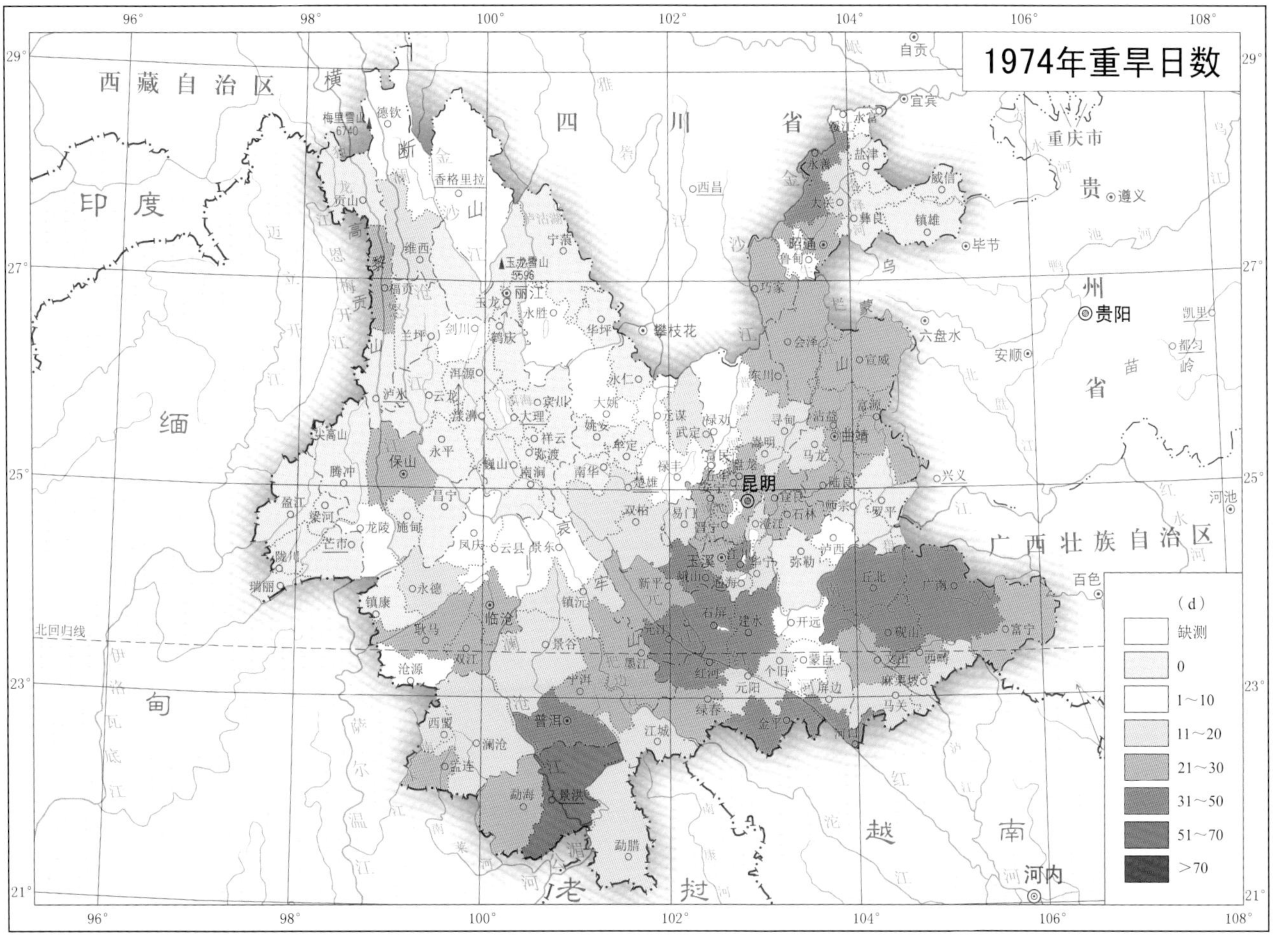

1974年重旱日数

(d)
缺测
0
1～10
11～20
21～30
31～50
51～70
>70

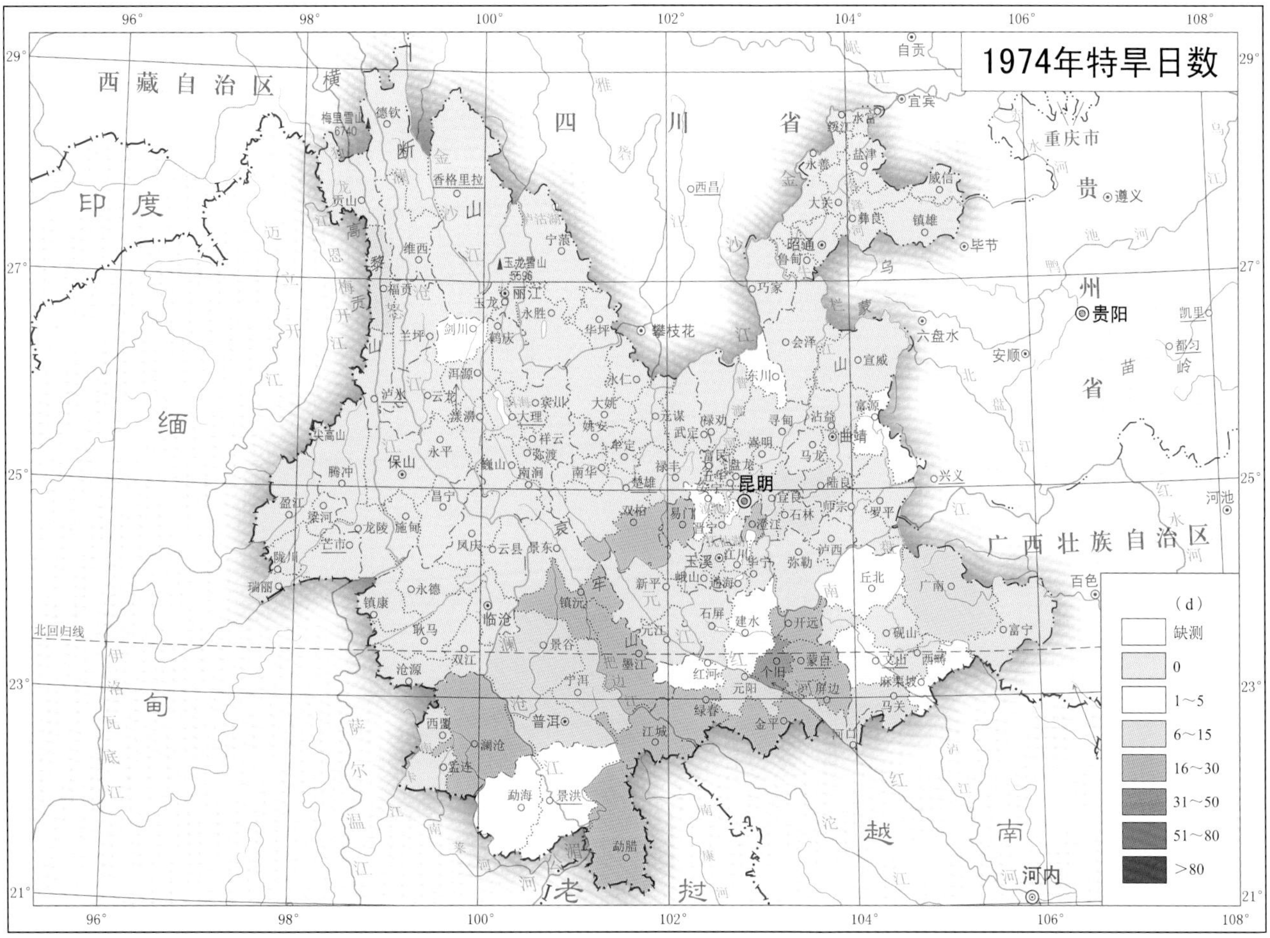

1974年特旱日数

(d)
缺测
0
1～5
6～15
16～30
31～50
51～80
>80

比例尺 1∶8 000 000 0 80 160 km

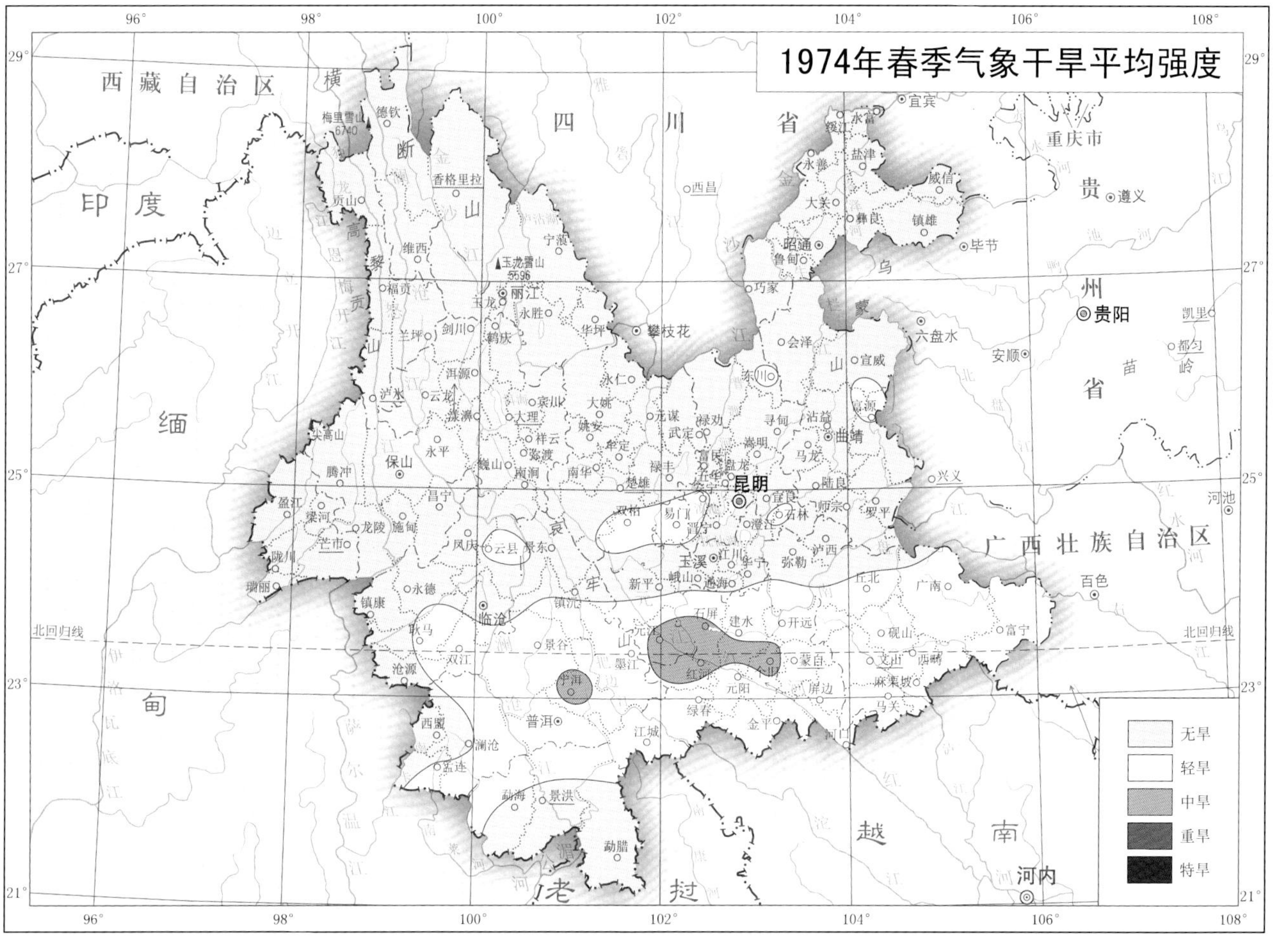

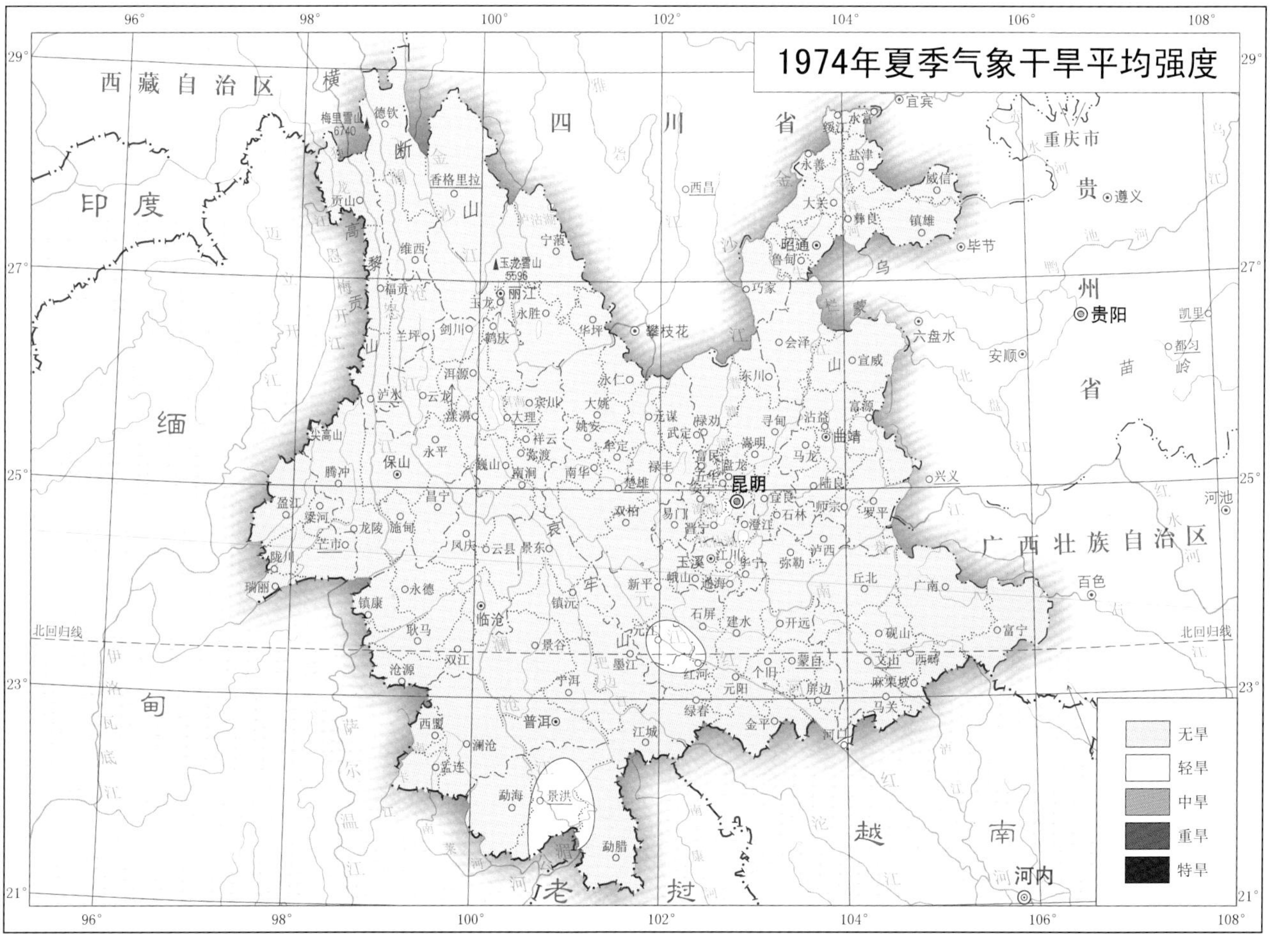

1974年春季气象干旱平均强度

无旱
轻旱
中旱
重旱
特旱

1974年夏季气象干旱平均强度

无旱
轻旱
中旱
重旱
特旱

比例尺 1∶8 000 000 0 80 160 km

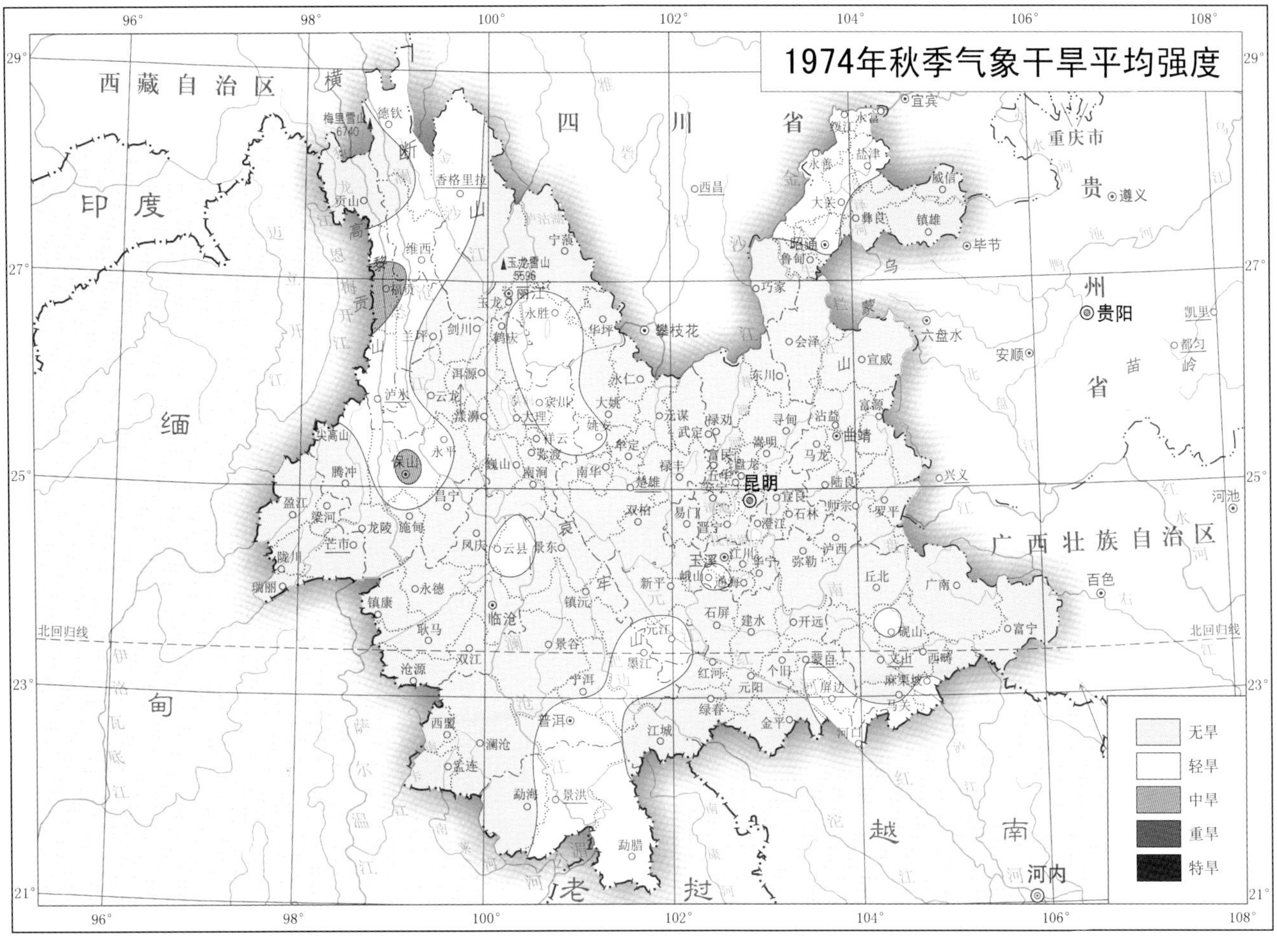

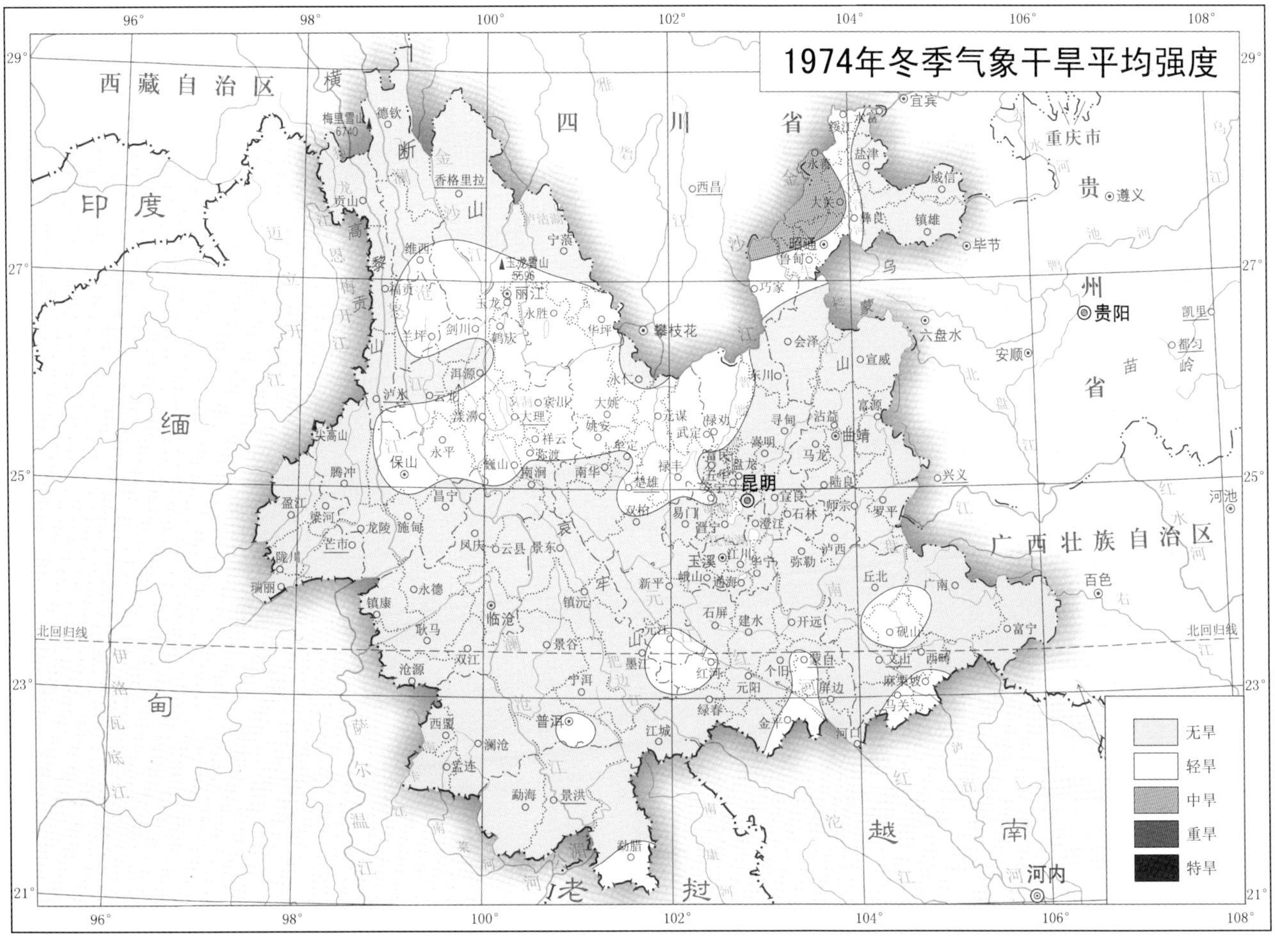

1974年秋季气象干旱平均强度

无旱
轻旱
中旱
重旱
特旱

1974年冬季气象干旱平均强度

无旱
轻旱
中旱
重旱
特旱

比例尺 1:8 000 000 0 80 160 km

1975年干旱日数

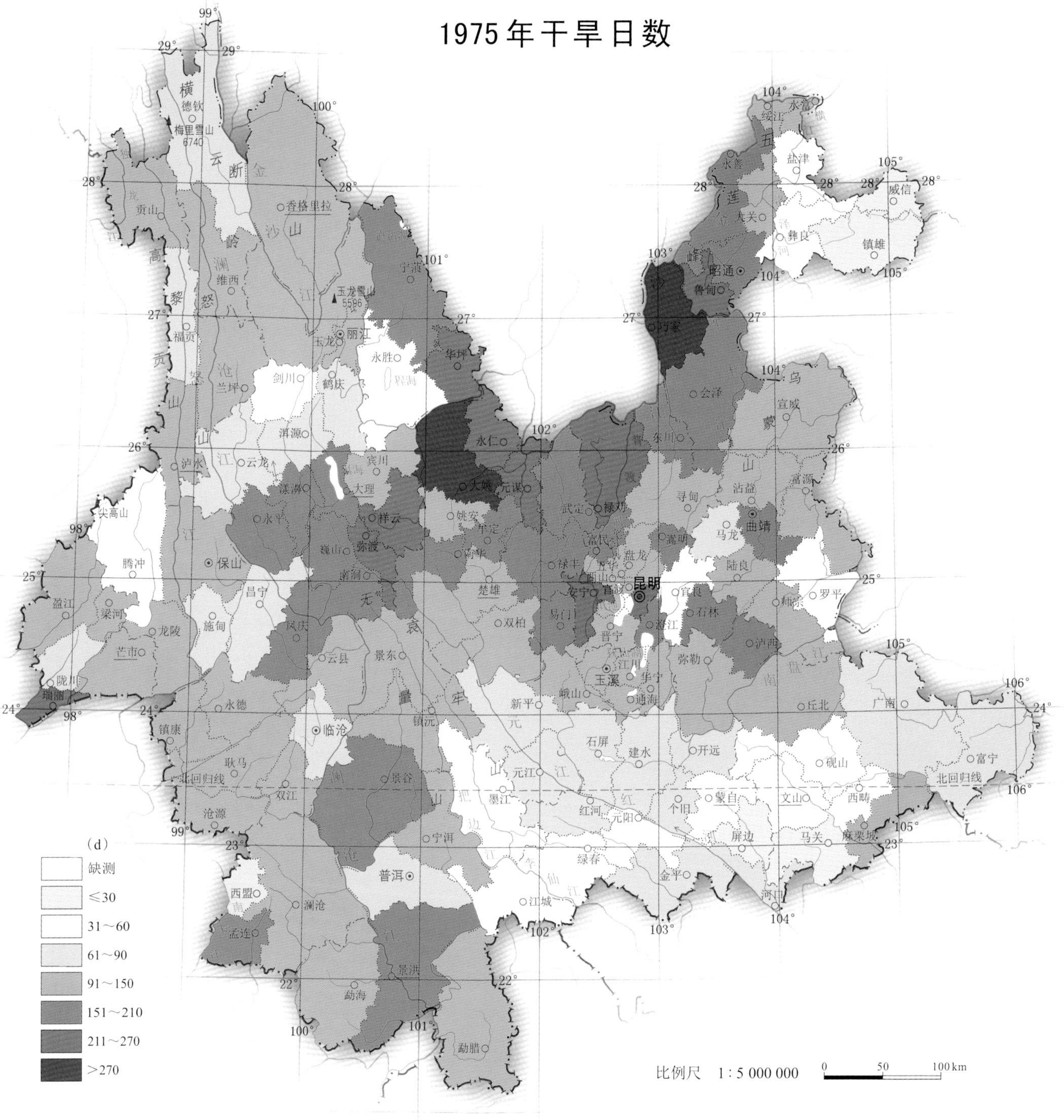

(d)
缺测
≤30
31～60
61～90
91～150
151～210
211～270
>270
比例尺 1:5 000 000
0 50 100 km

1975年逐日干旱、降水变化曲线

气象干旱综合指数
日降水量
气象干旱综合指数（MCI）
日降水量（mm）
日期（月-日）
01-01
02-01
03-01
04-01
05-01
06-01
07-01
08-01
09-01
10-01
11-01
12-01
12-31
无旱
轻旱
中旱
重旱
特旱

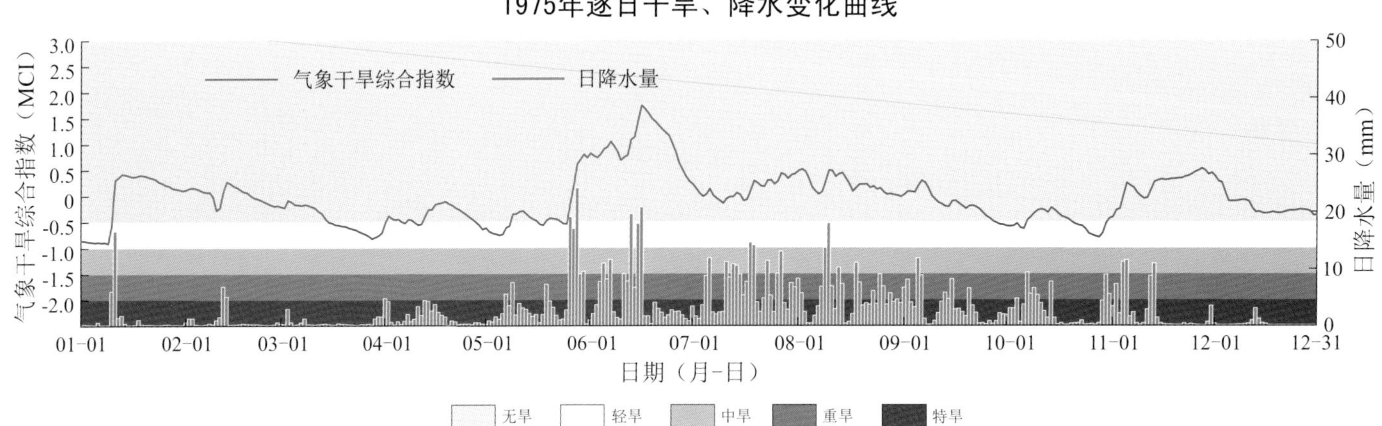

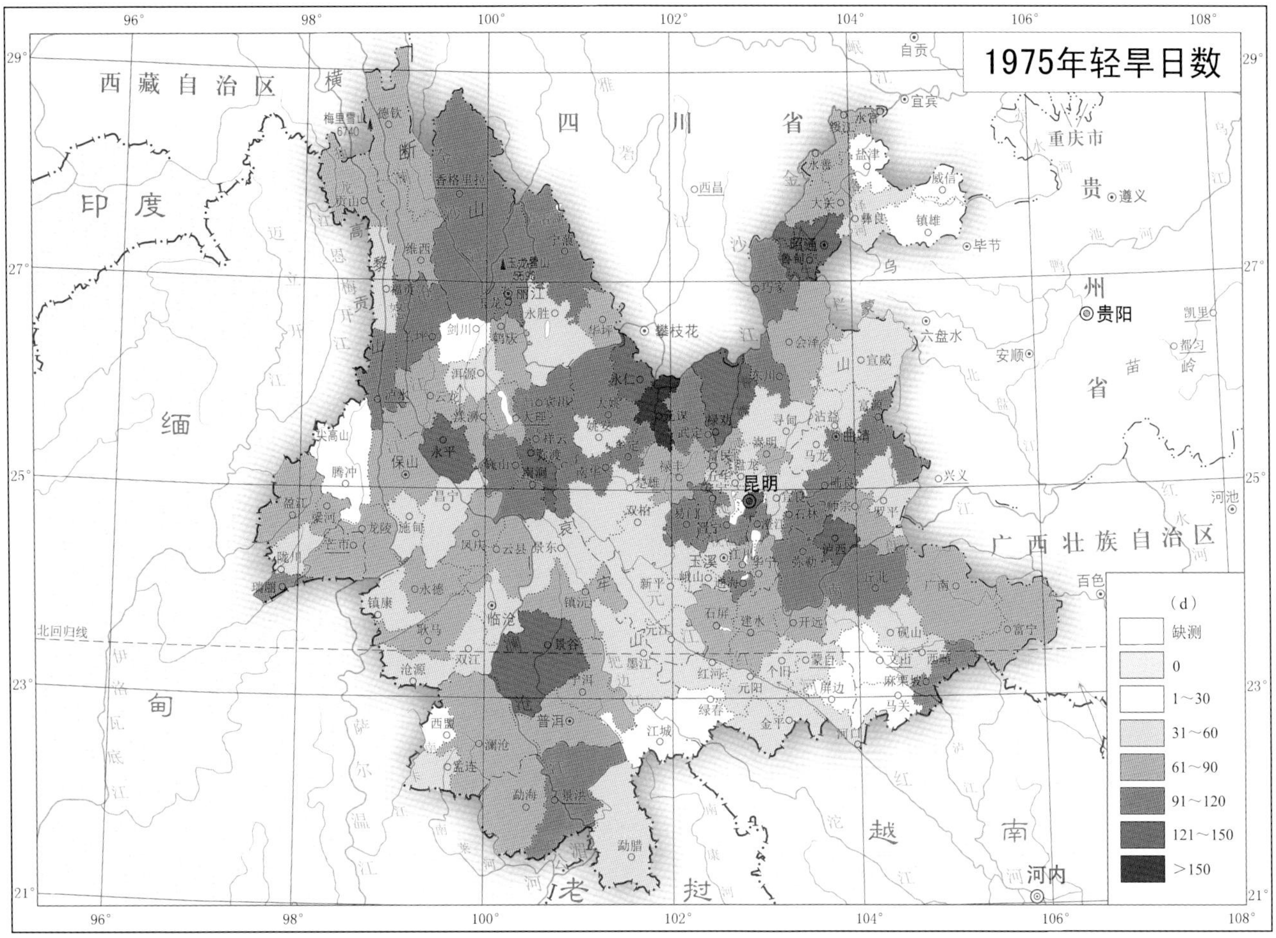

1975年轻旱日数

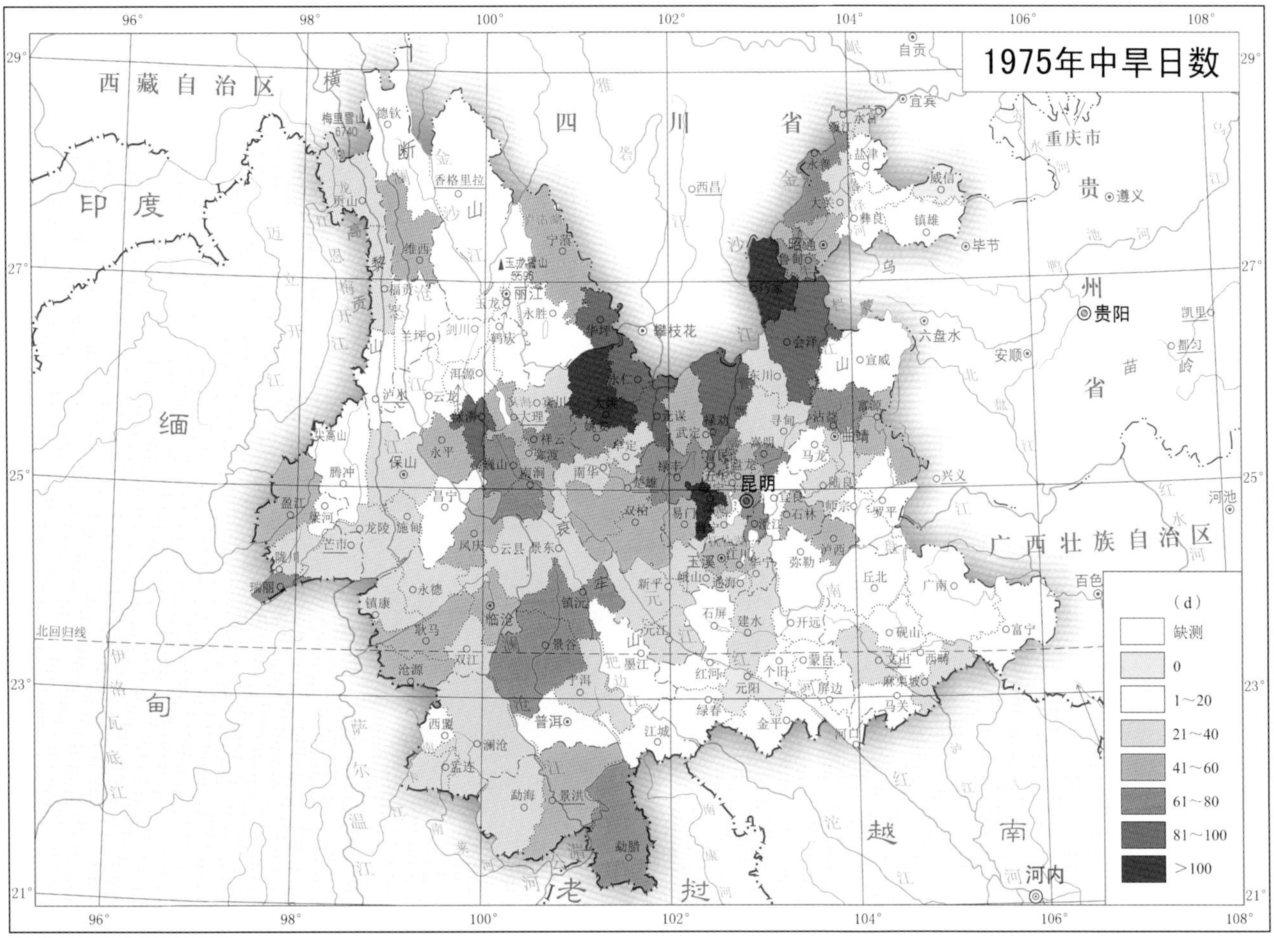

(d)
缺测
0
1～30
31～60
61～90
91～120
121～150
>150

1975年中旱日数

(d)
缺测
0
1～20
21～40
41～60
61～80
81～100
>100

比例尺 1：8 000 000 0 80 160 km

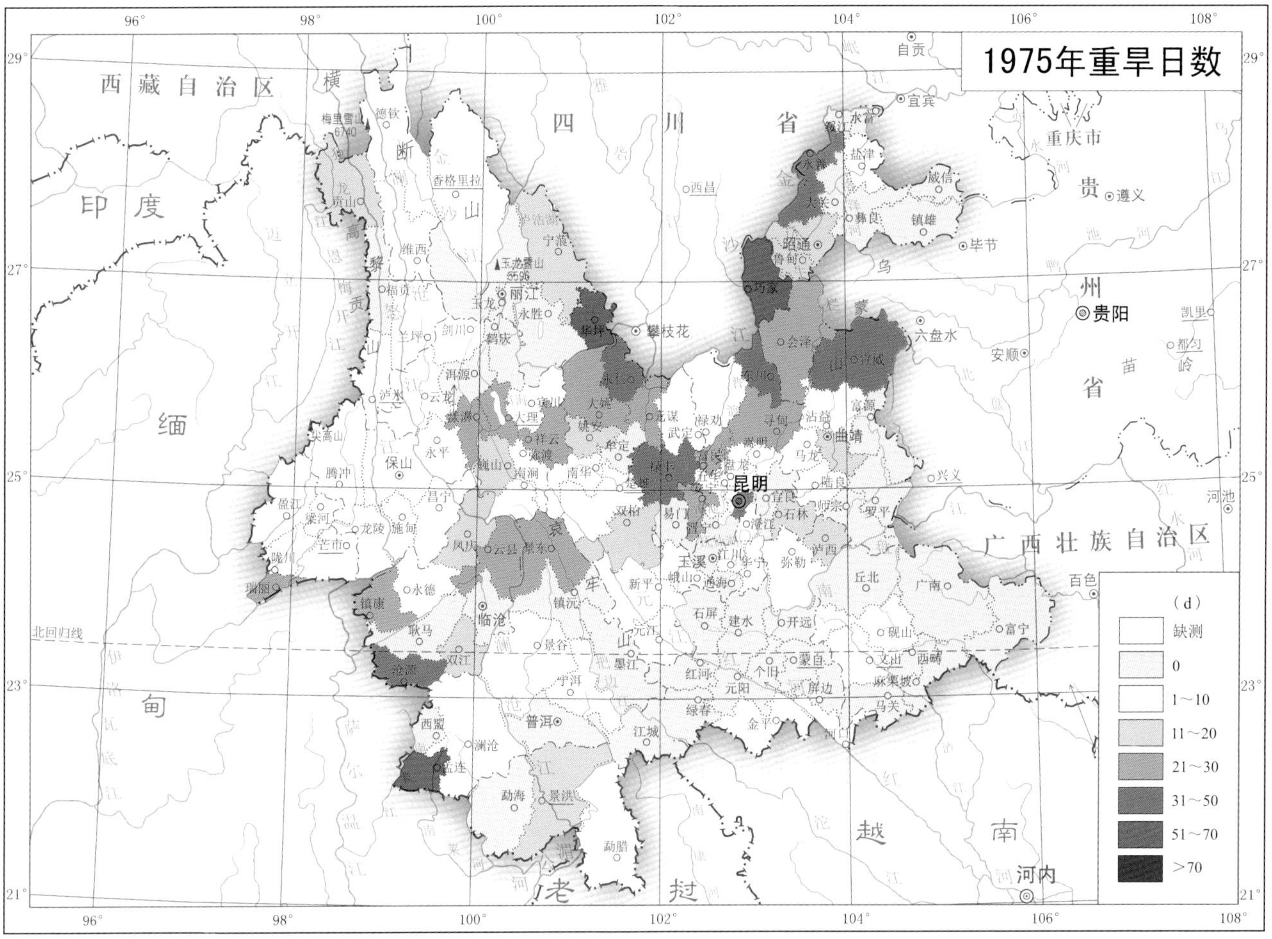

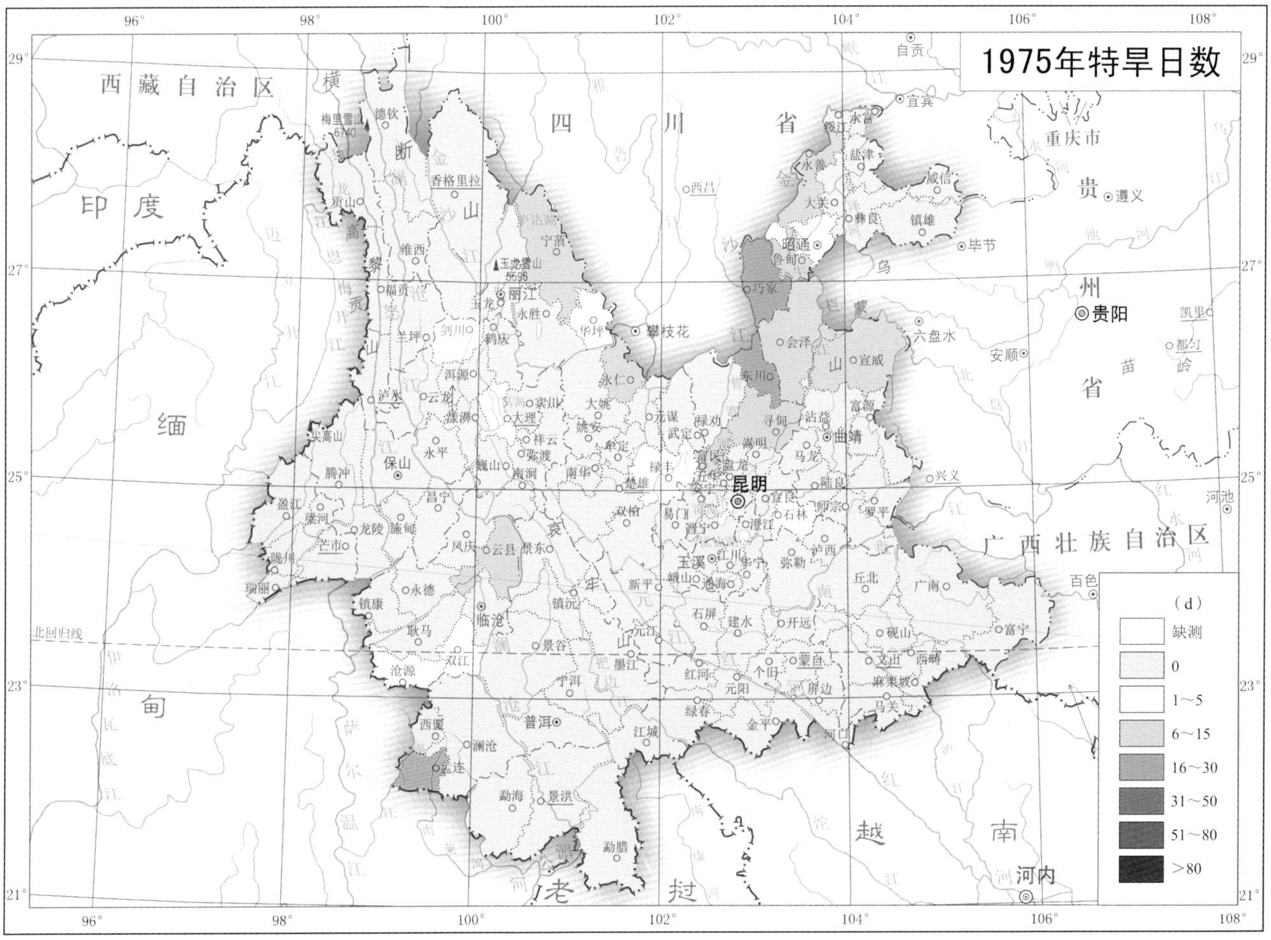

1975年重旱日数

(d)

- 缺测
- 0
- 1～10
- 11～20
- 21～30
- 31～50
- 51～70
- >70

1975年特旱日数

(d)

- 缺测
- 0
- 1～5
- 6～15
- 16～30
- 31～50
- 51～80
- >80

比例尺 1∶8 000 000 0 80 160 km

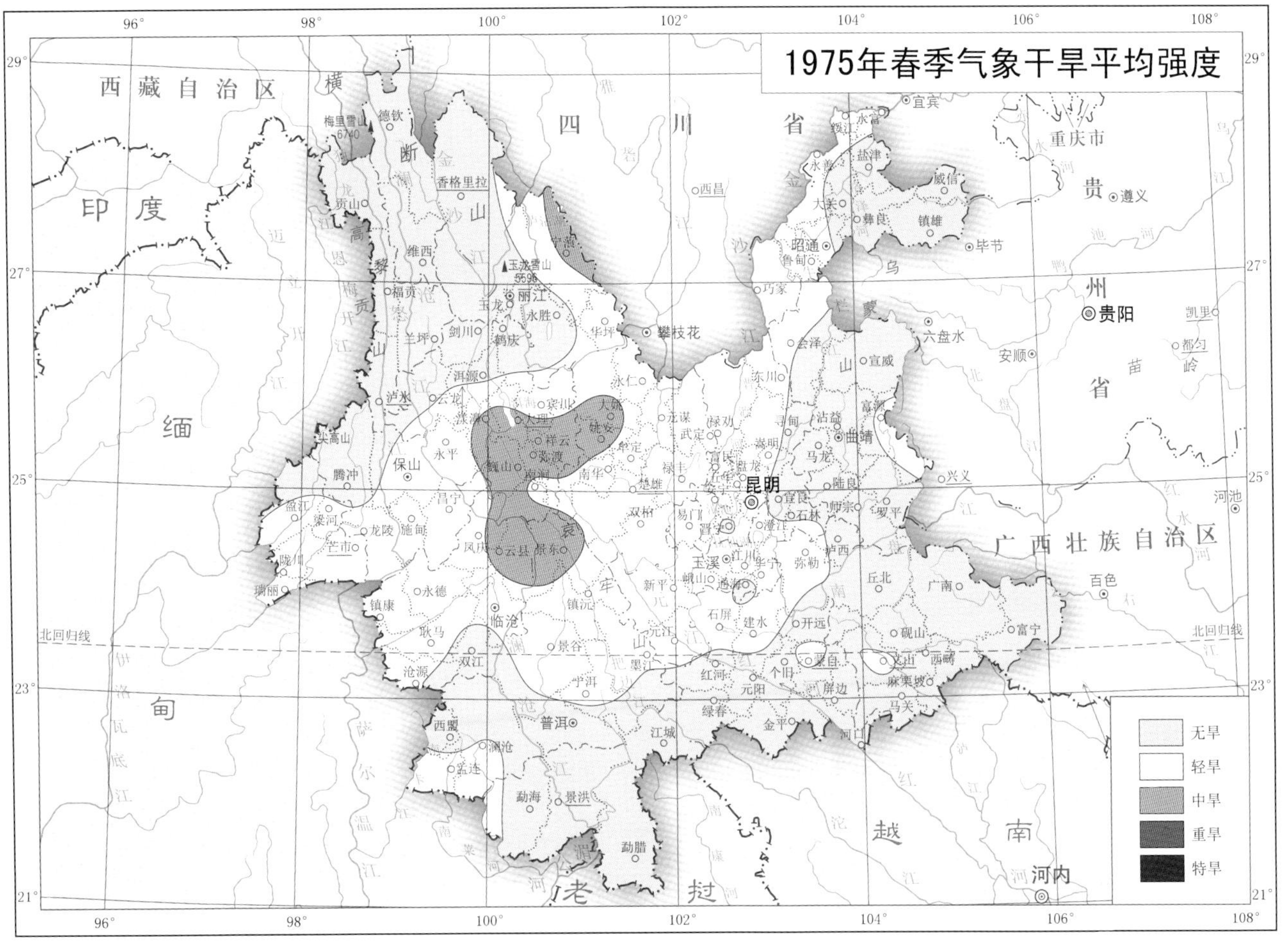

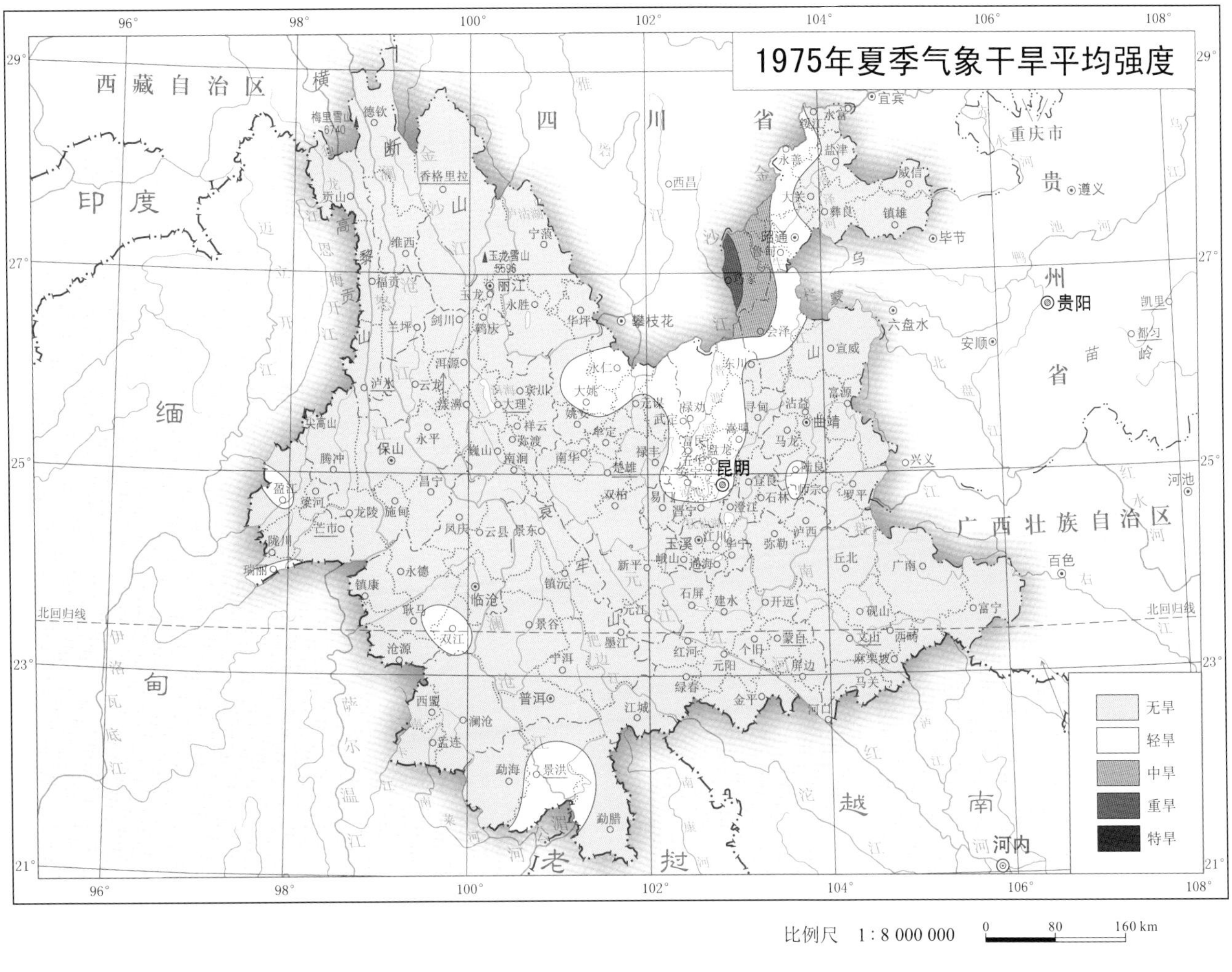

1975年春季气象干旱平均强度

无旱
轻旱
中旱
重旱
特旱

1975年夏季气象干旱平均强度

无旱
轻旱
中旱
重旱
特旱

比例尺 1：8 000 000 0 80 160 km

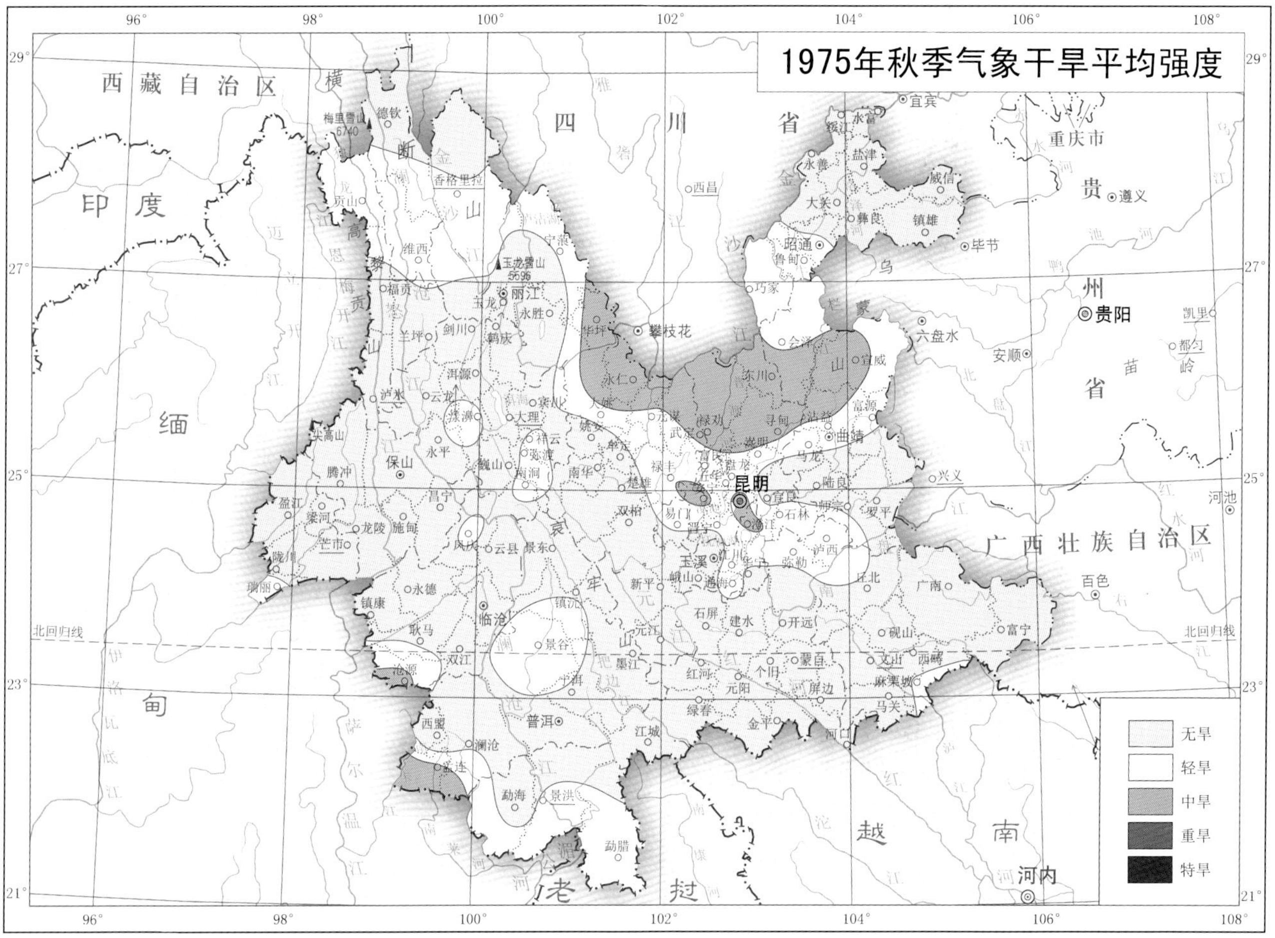

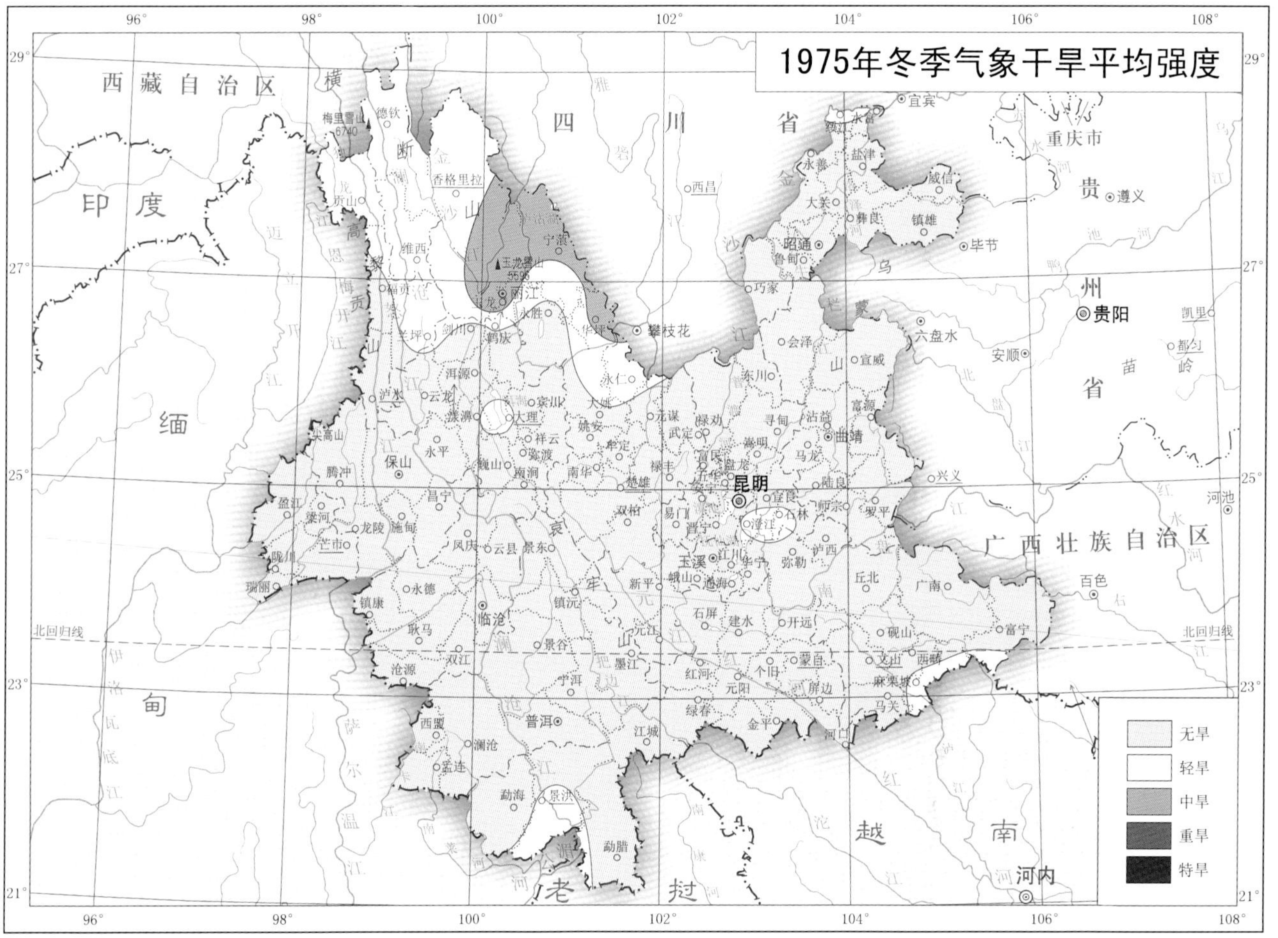

1975年秋季气象干旱平均强度

图例
无旱
轻旱
中旱
重旱
特旱

1975年冬季气象干旱平均强度

图例
无旱
轻旱
中旱
重旱
特旱

比例尺 1:8 000 000 0 80 160 km

1976年干旱日数

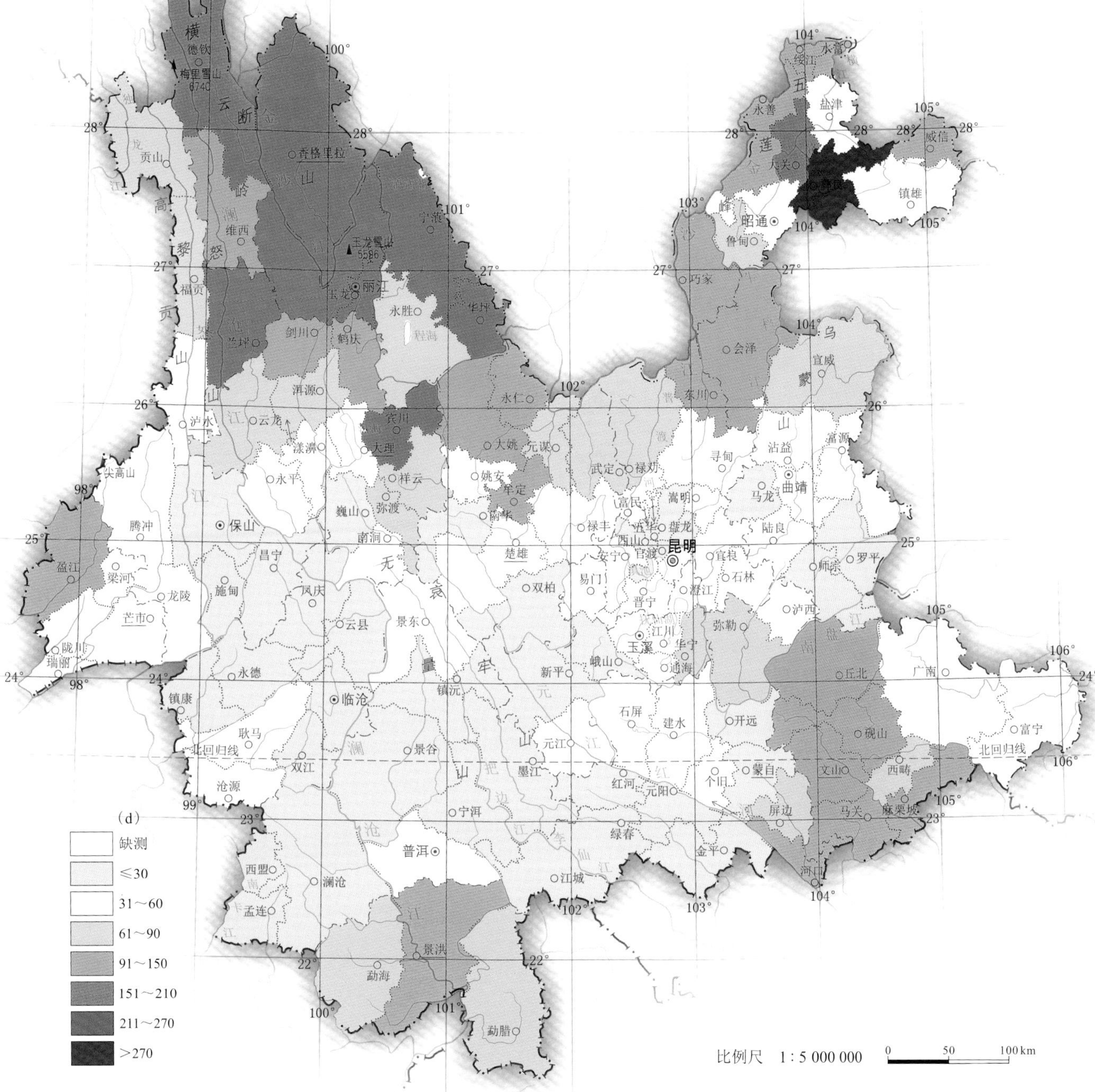

(d)

- 缺测
- ≤30
- 31~60
- 61~90
- 91~150
- 151~210
- 211~270
- >270

比例尺 1:5 000 000　0　50　100 km

1976年逐日干旱、降水变化曲线

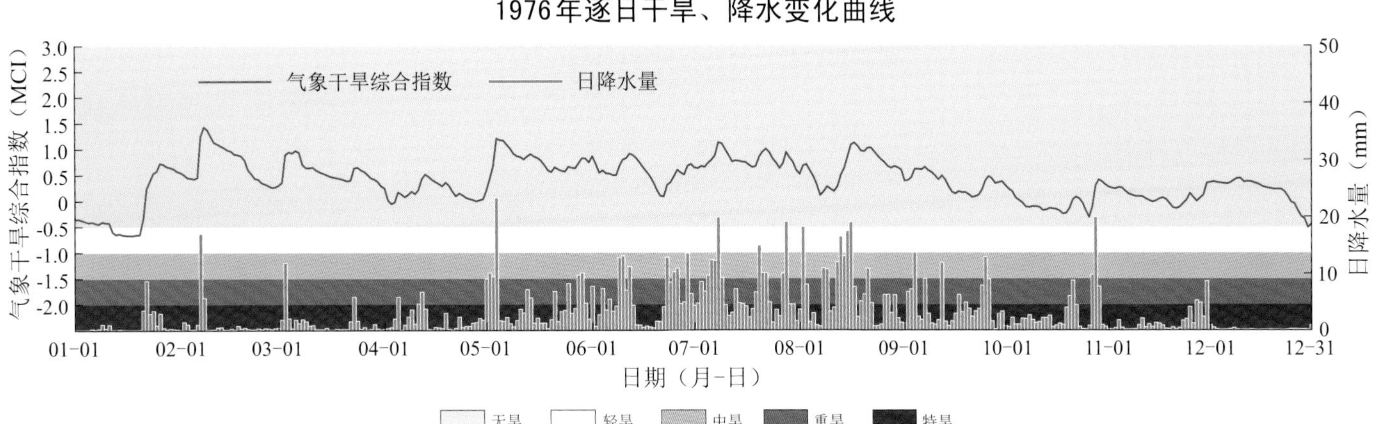

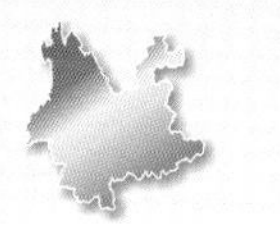

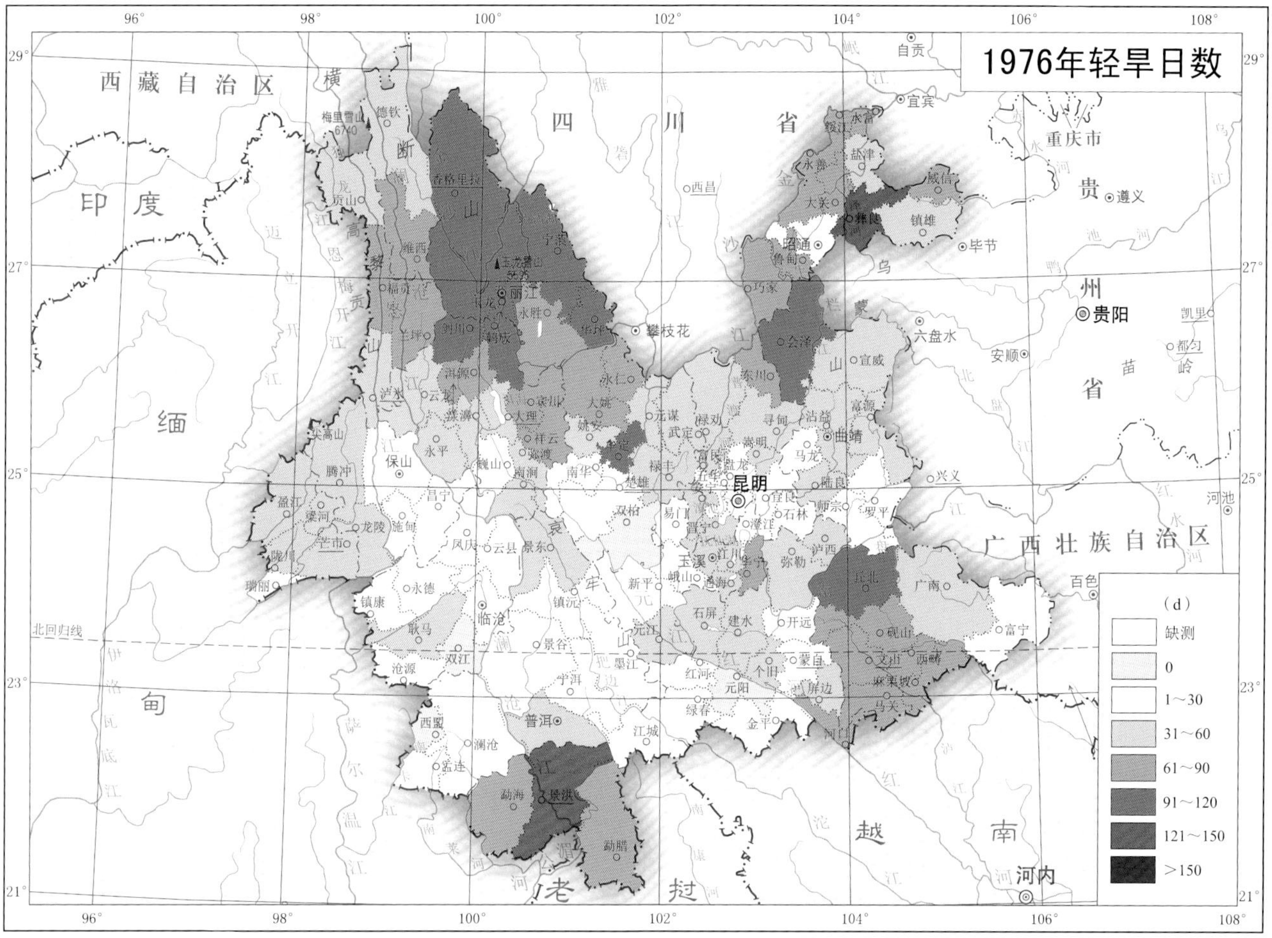

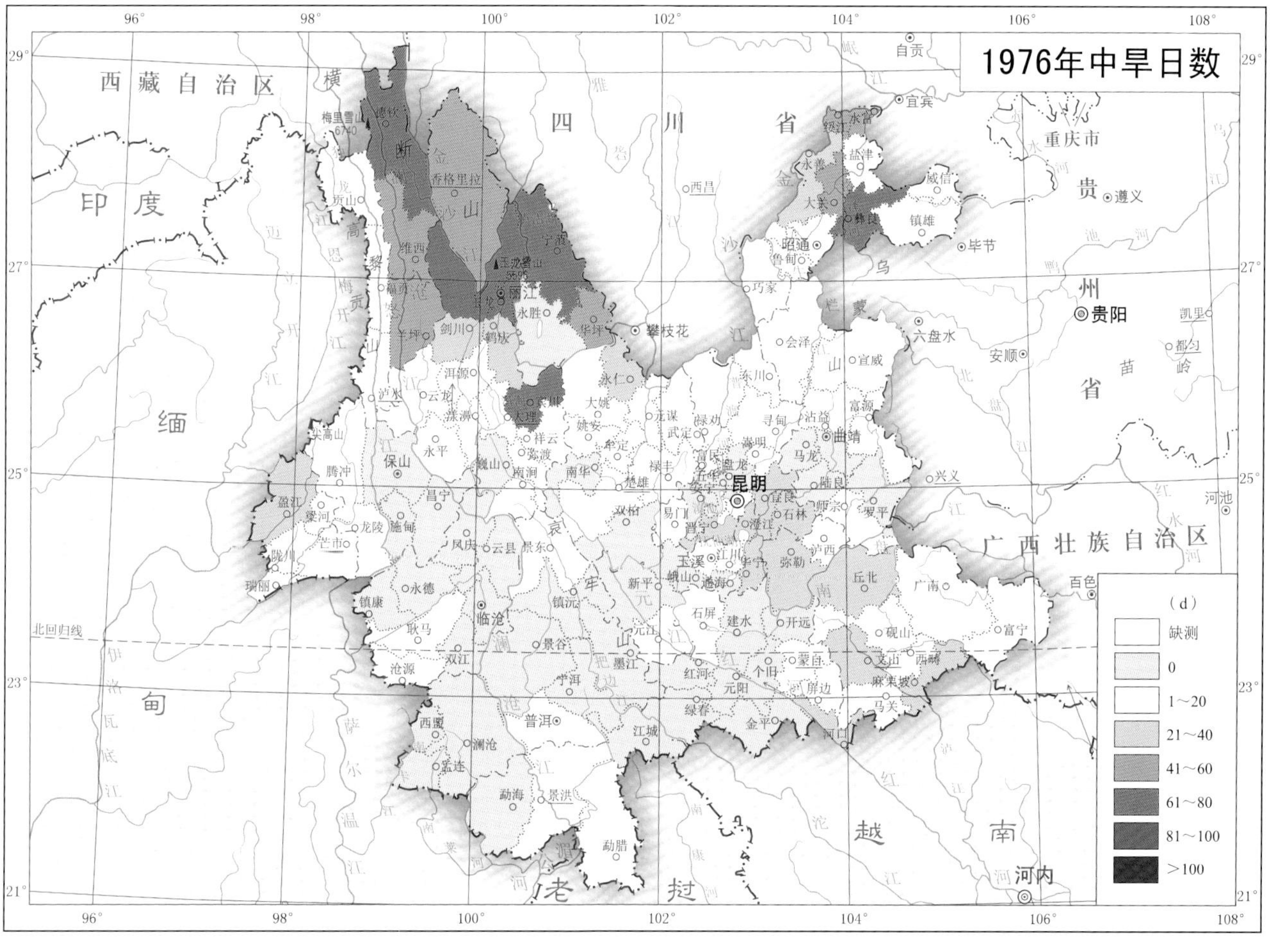

1976年轻旱日数
(d)
缺测
0
1~30
31~60
61~90
91~120
121~150
>150
西藏自治区
四川省
重庆市
贵州省
广西壮族自治区
印度
缅甸
越南
老挝
昆明
贵阳
河内
北回归线

1976年中旱日数
(d)
缺测
0
1~20
21~40
41~60
61~80
81~100
>100
西藏自治区
四川省
重庆市
贵州省
广西壮族自治区
印度
缅甸
越南
老挝
昆明
贵阳
河内
北回归线

比例尺 1∶8 000 000 0 80 160 km

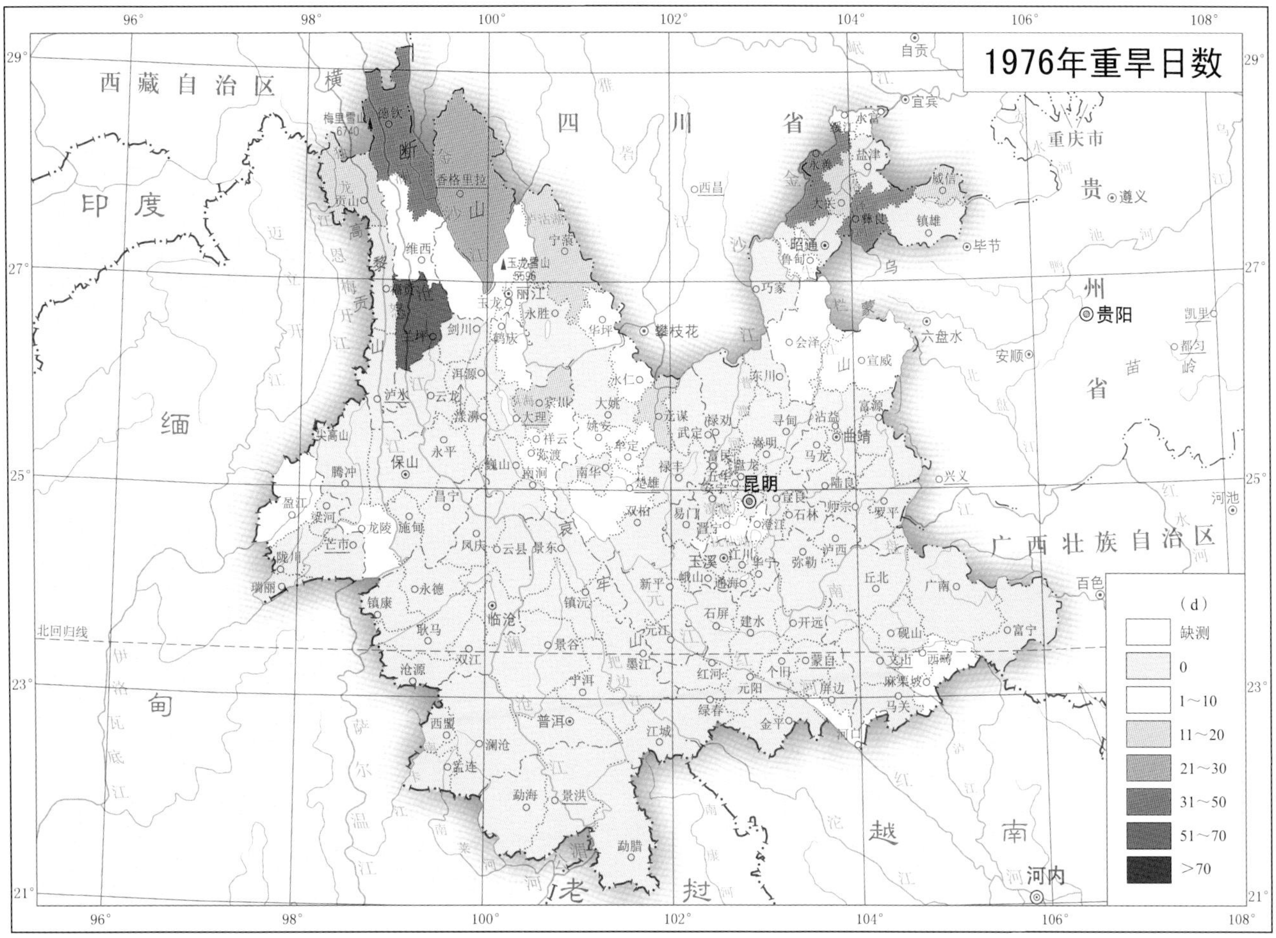

1976年重旱日数

(d)

- 缺测
- 0
- 1～10
- 11～20
- 21～30
- 31～50
- 51～70
- >70

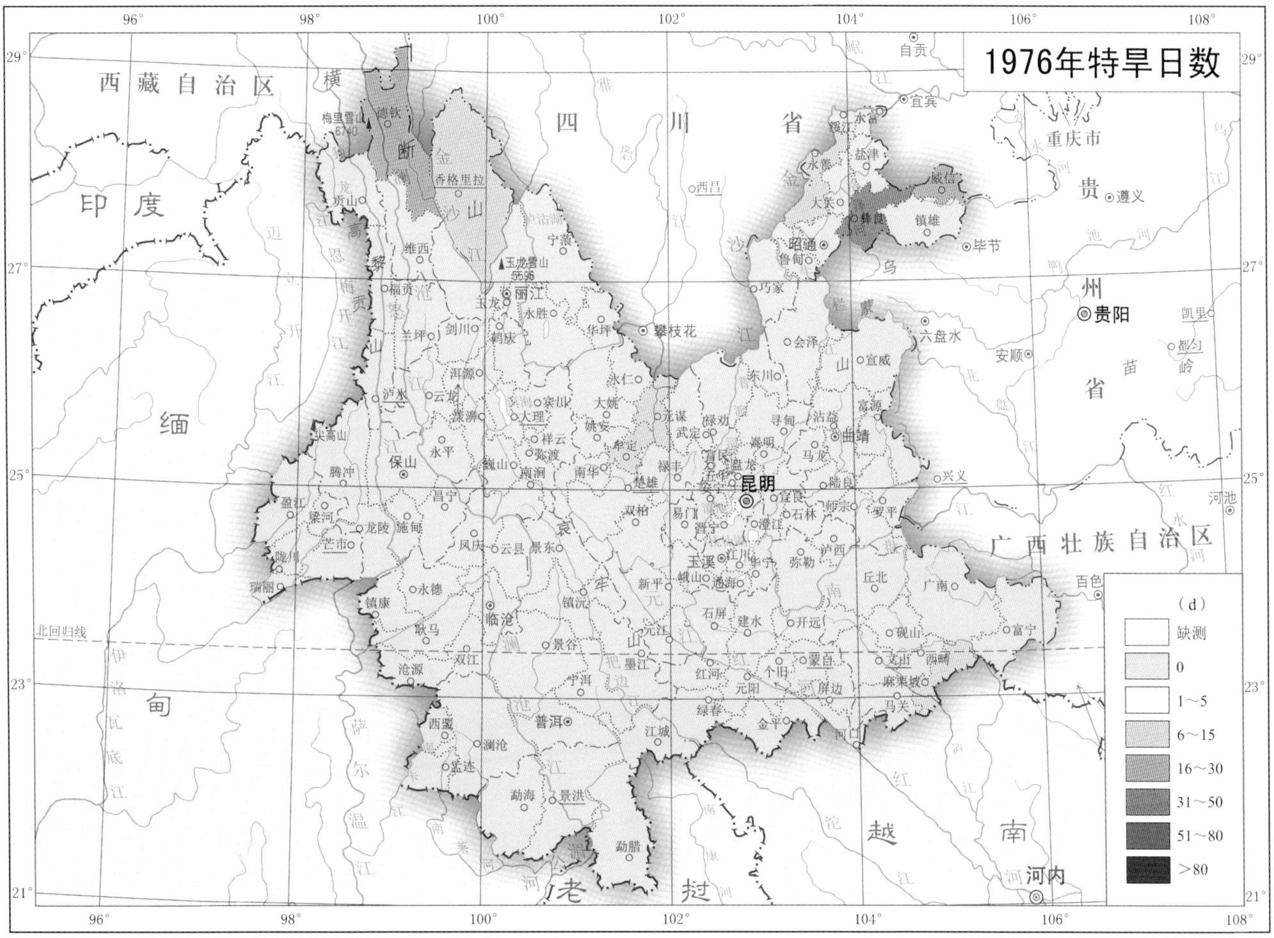

1976年特旱日数

(d)

- 缺测
- 0
- 1～5
- 6～15
- 16～30
- 31～50
- 51～80
- >80

比例尺　1：8 000 000　0　80　160 km

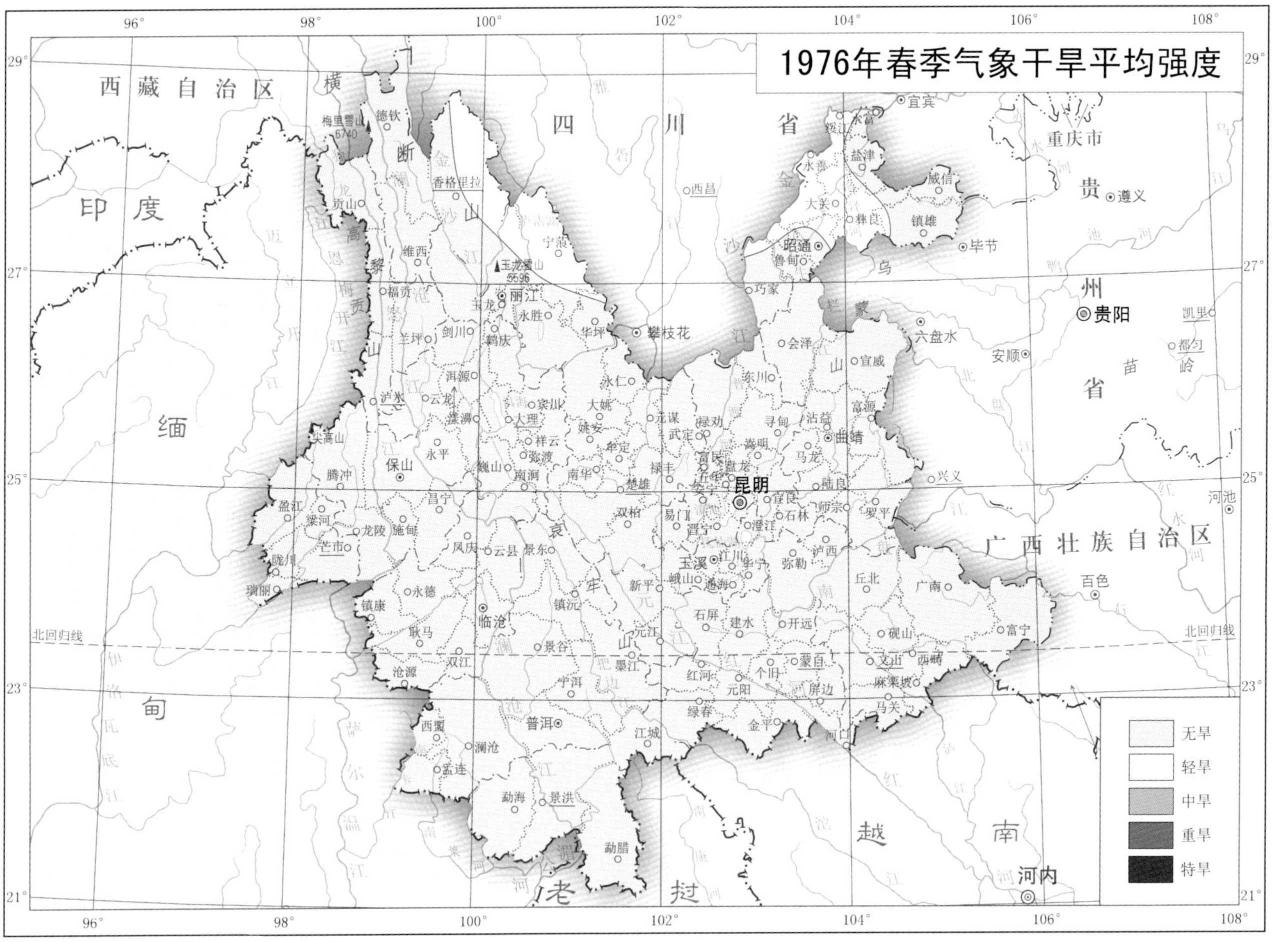

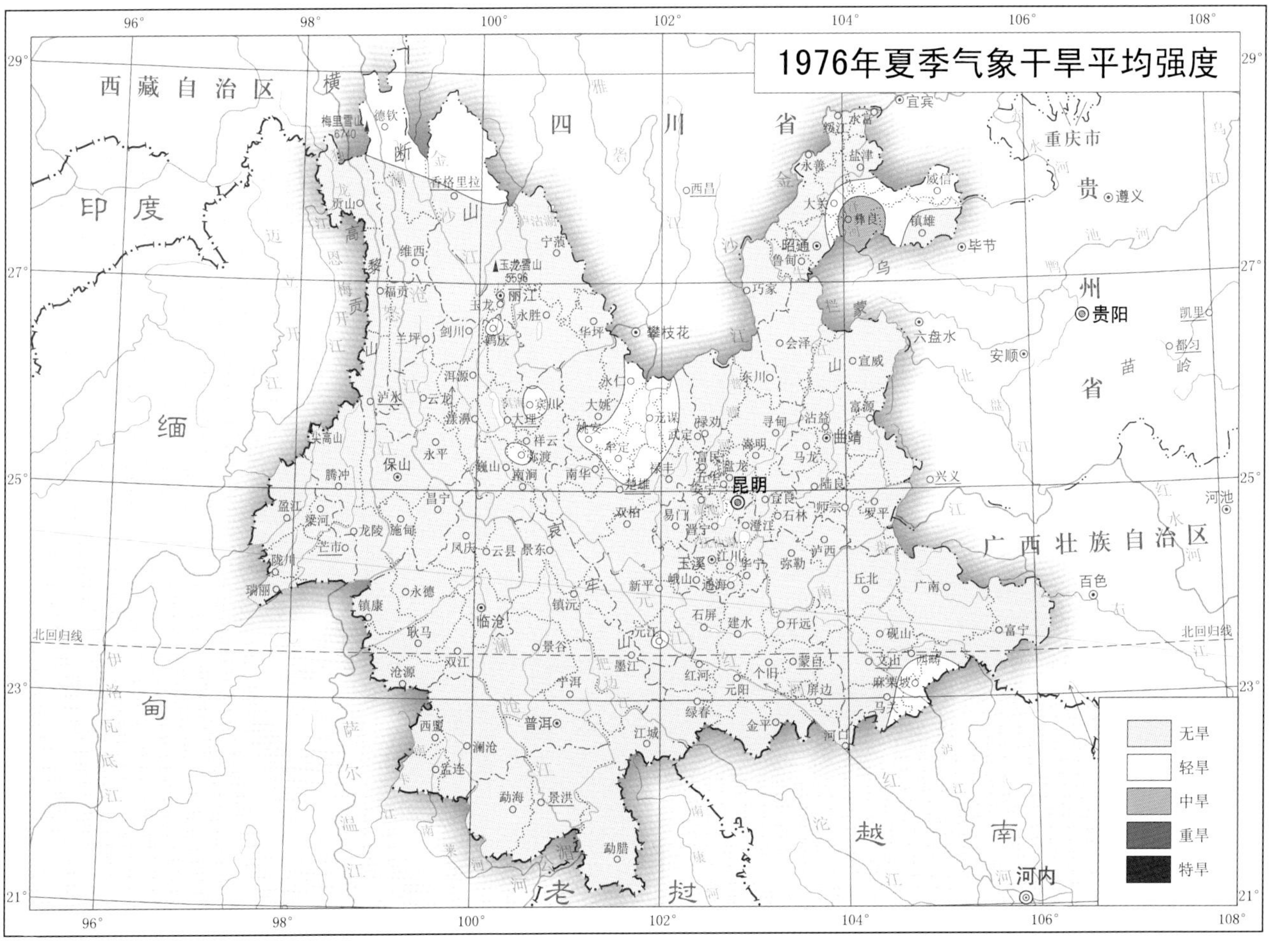

1976年春季气象干旱平均强度

无旱
轻旱
中旱
重旱
特旱

1976年夏季气象干旱平均强度

无旱
轻旱
中旱
重旱
特旱

比例尺 1 : 8 000 000　0　80　160 km

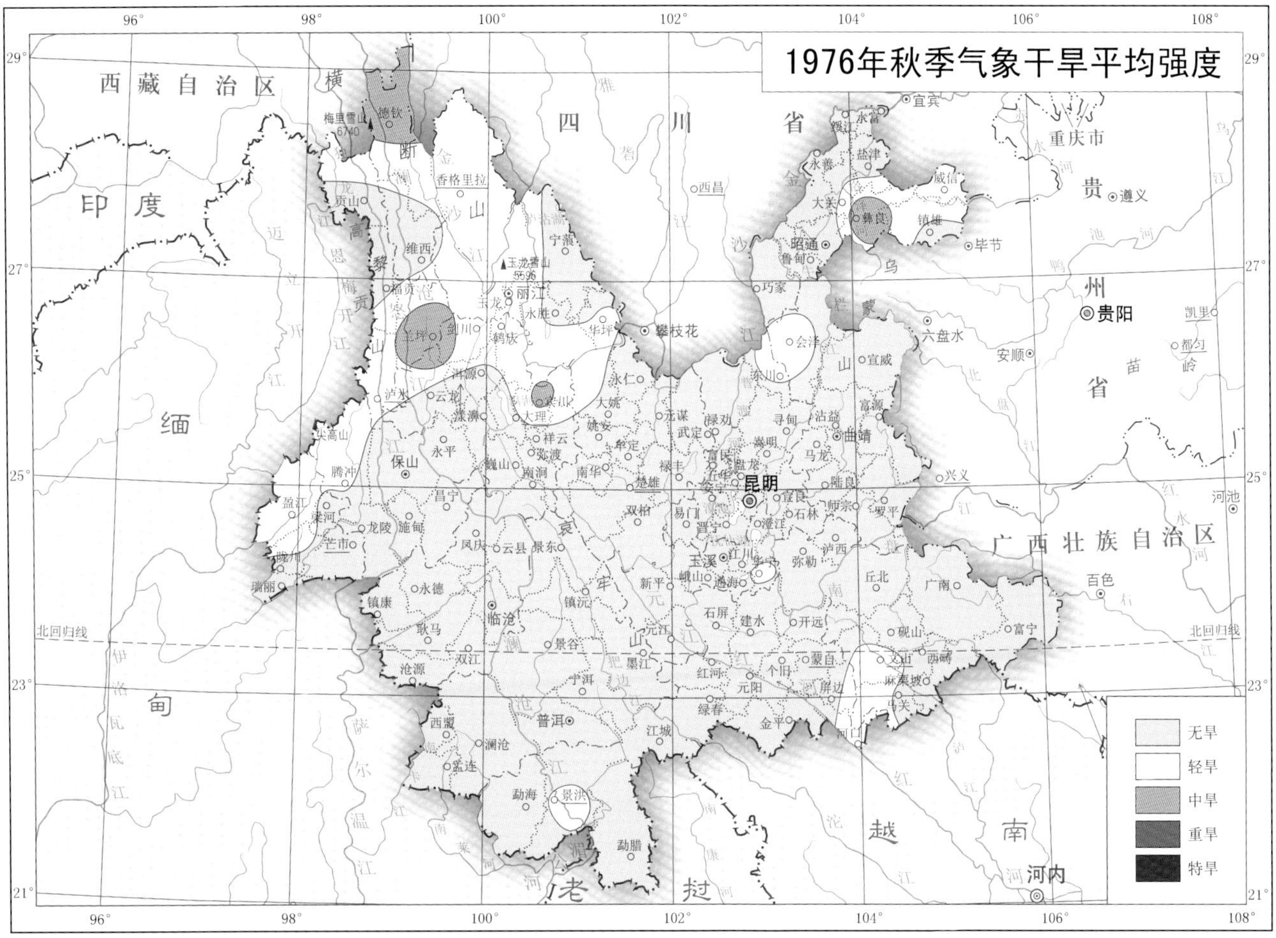

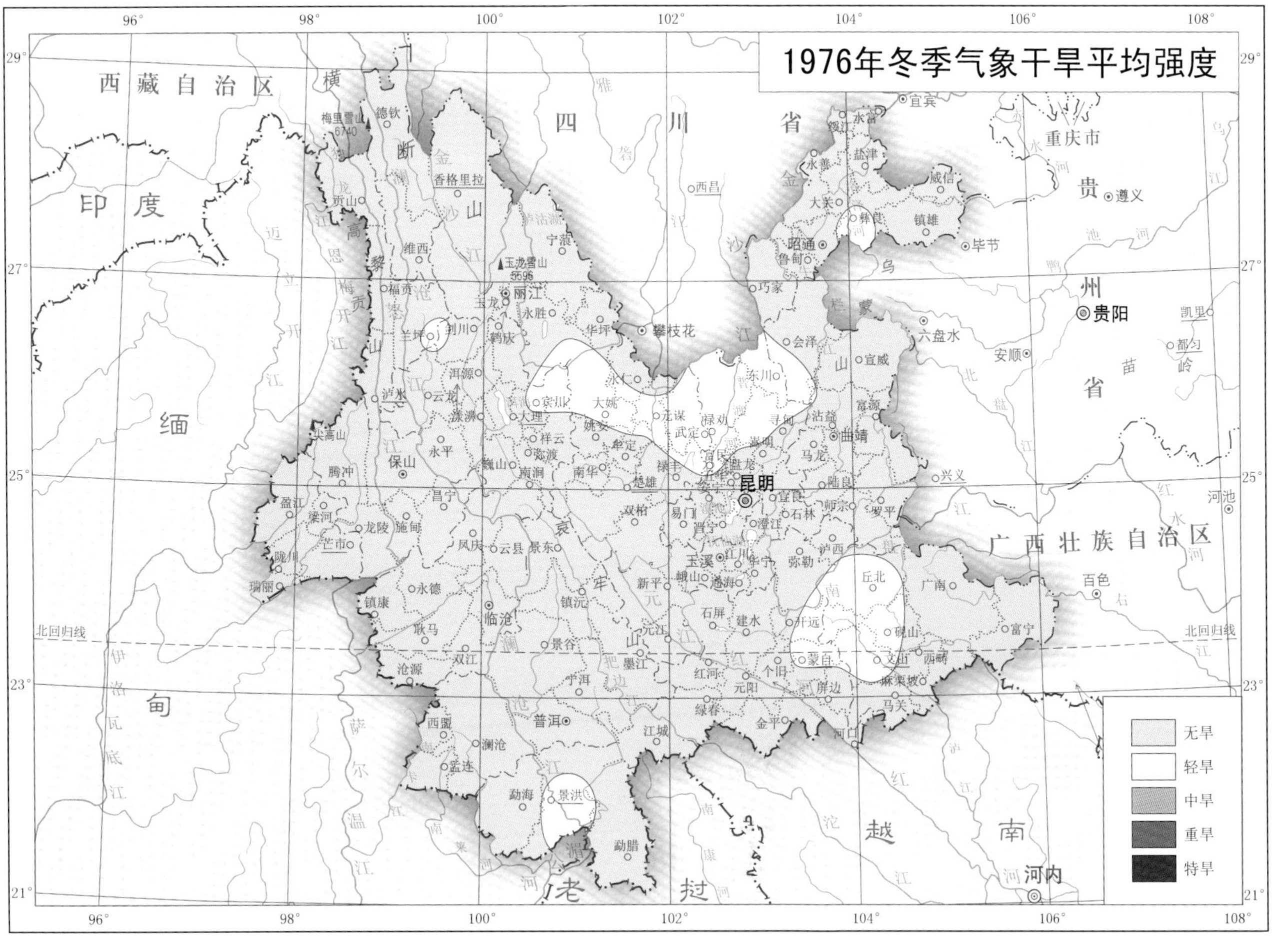

1976年秋季气象干旱平均强度

无旱
轻旱
中旱
重旱
特旱

1976年冬季气象干旱平均强度

无旱
轻旱
中旱
重旱
特旱

比例尺 1：8 000 000 0 80 160 km

1977年干旱日数

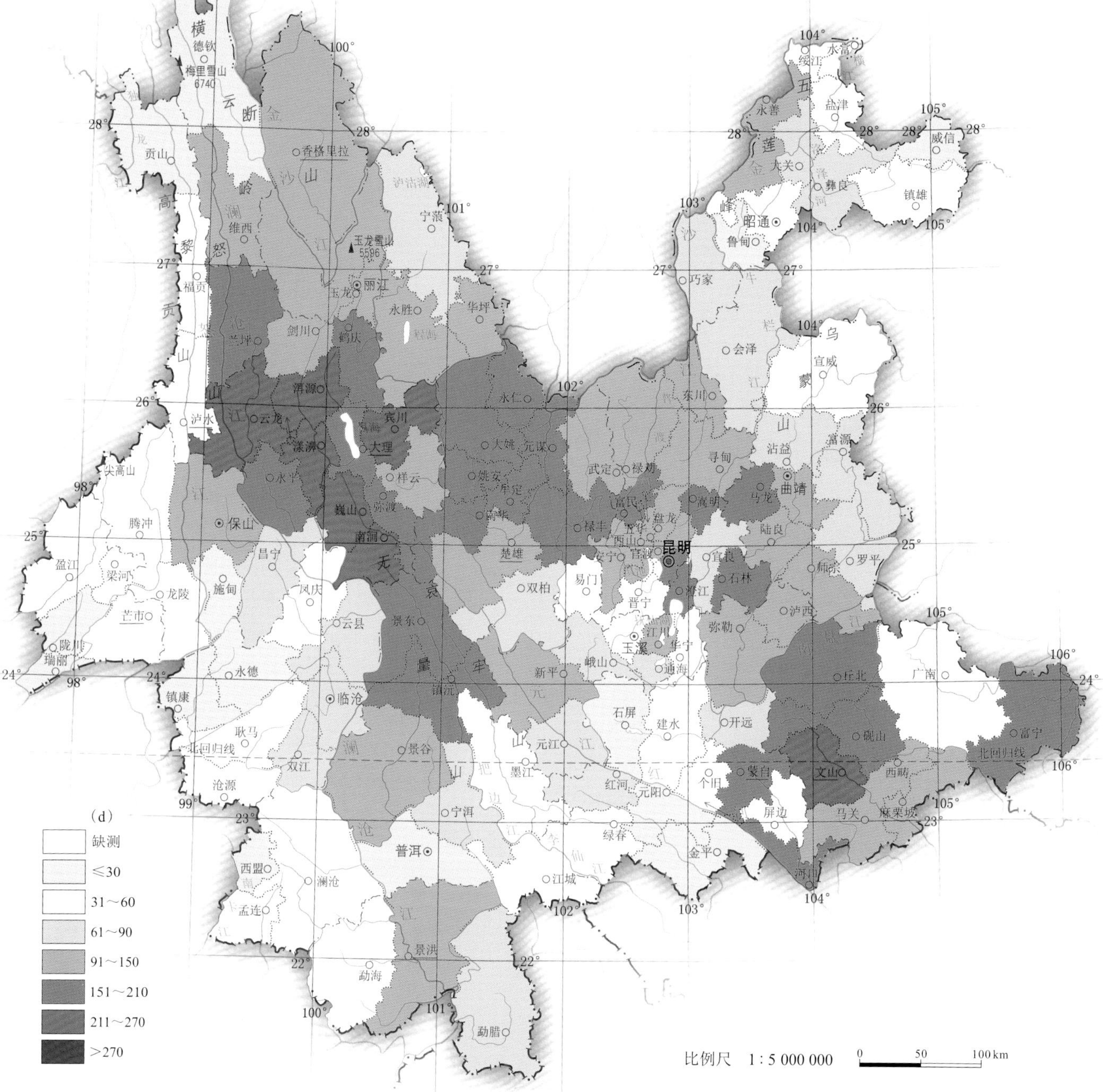

(d)
缺测
≤30
31～60
61～90
91～150
151～210
211～270
>270
比例尺 1:5 000 000
0 50 100 km
昆明
昭通
曲靖
丽江
大理
保山
临沧
普洱
玉溪
文山
蒙自
楚雄
香格里拉
北回归线

1977年逐日干旱、降水变化曲线

气象干旱综合指数
日降水量
气象干旱综合指数（MCI）
日降水量（mm）
2.0
1.5
1.0
0.5
0
-0.5
-1.0
-1.5
-2.0
50
40
30
20
10
0
01-01 02-01 03-01 04-01 05-01 06-01 07-01 08-01 09-01 10-01 11-01 12-01 12-31
日期（月-日）
无旱
轻旱
中旱
重旱
特旱

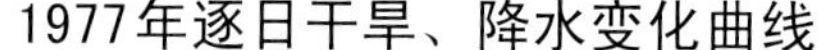

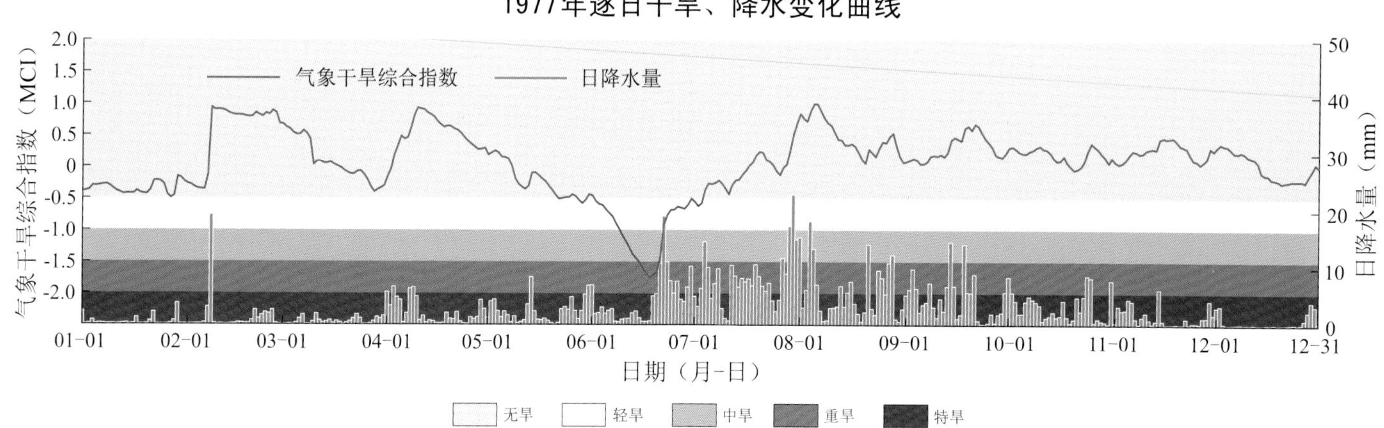

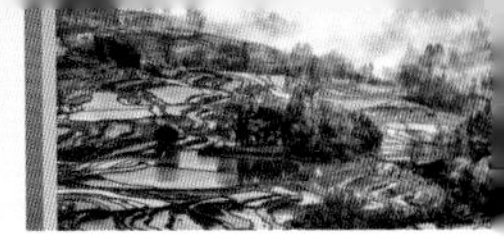

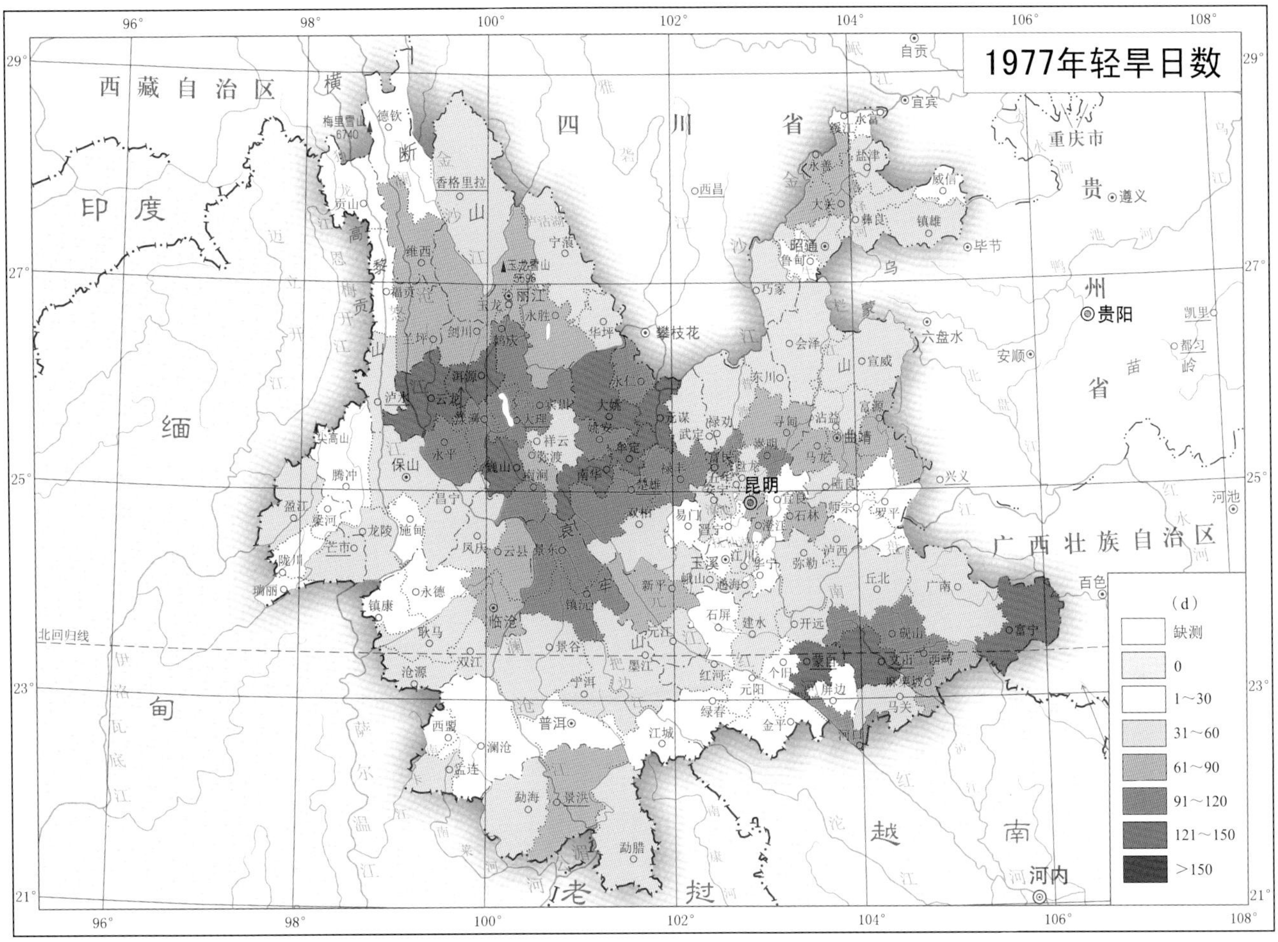

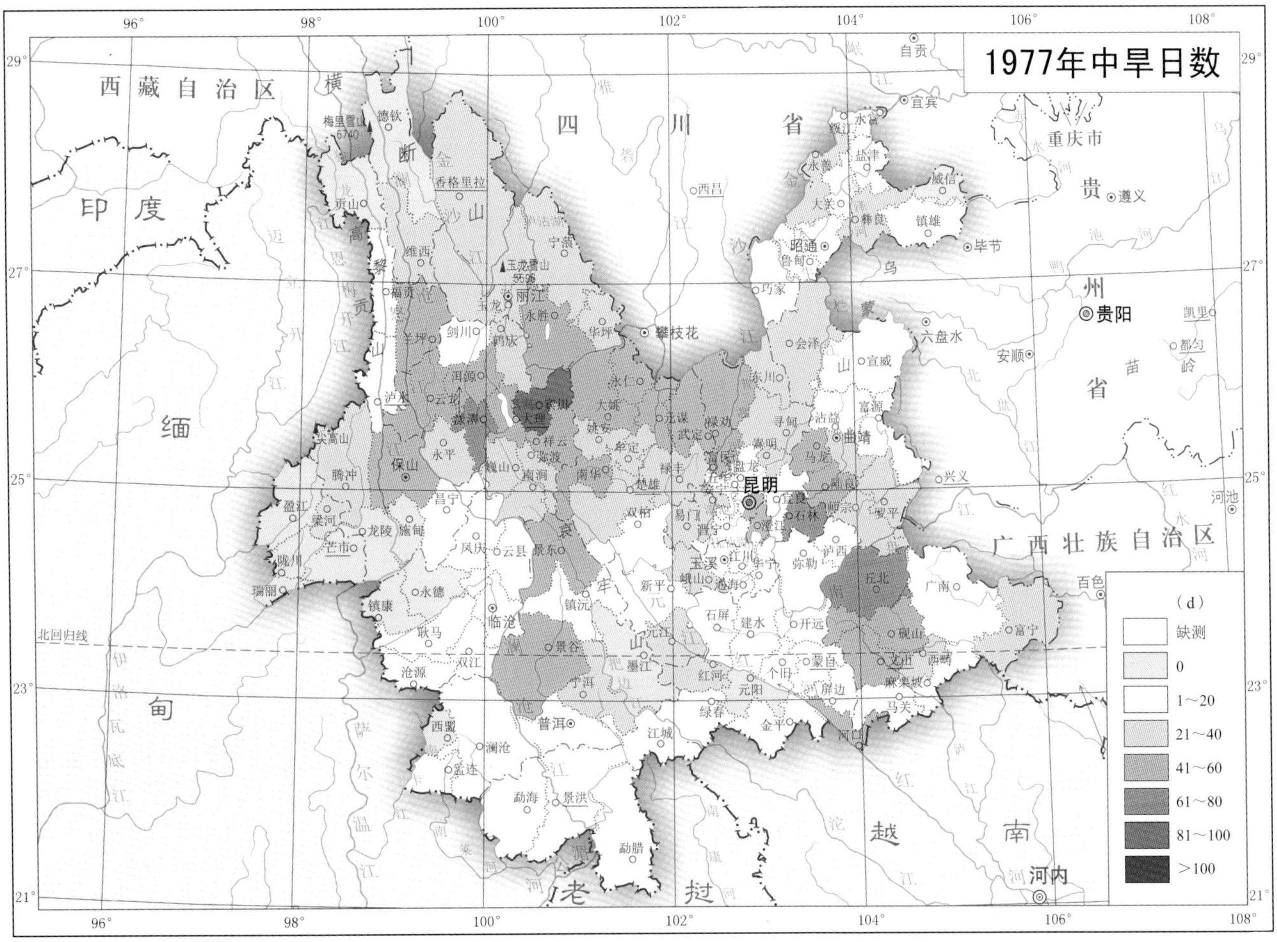

1977年轻旱日数
(d)
缺测
0
1~30
31~60
61~90
91~120
121~150
>150
西藏自治区
四川省
重庆市
贵州省
广西壮族自治区
印度
缅甸
老挝
越南
昆明
贵阳
河内
北回归线
96°
98°
100°
102°
104°
106°
108°
29°
27°
25°
23°
21°

1977年中旱日数
(d)
缺测
0
1~20
21~40
41~60
61~80
81~100
>100
西藏自治区
四川省
重庆市
贵州省
广西壮族自治区
印度
缅甸
老挝
越南
昆明
贵阳
河内
北回归线
96°
98°
100°
102°
104°
106°
108°
29°
27°
25°
23°
21°

比例尺 1:8 000 000 0 80 160 km

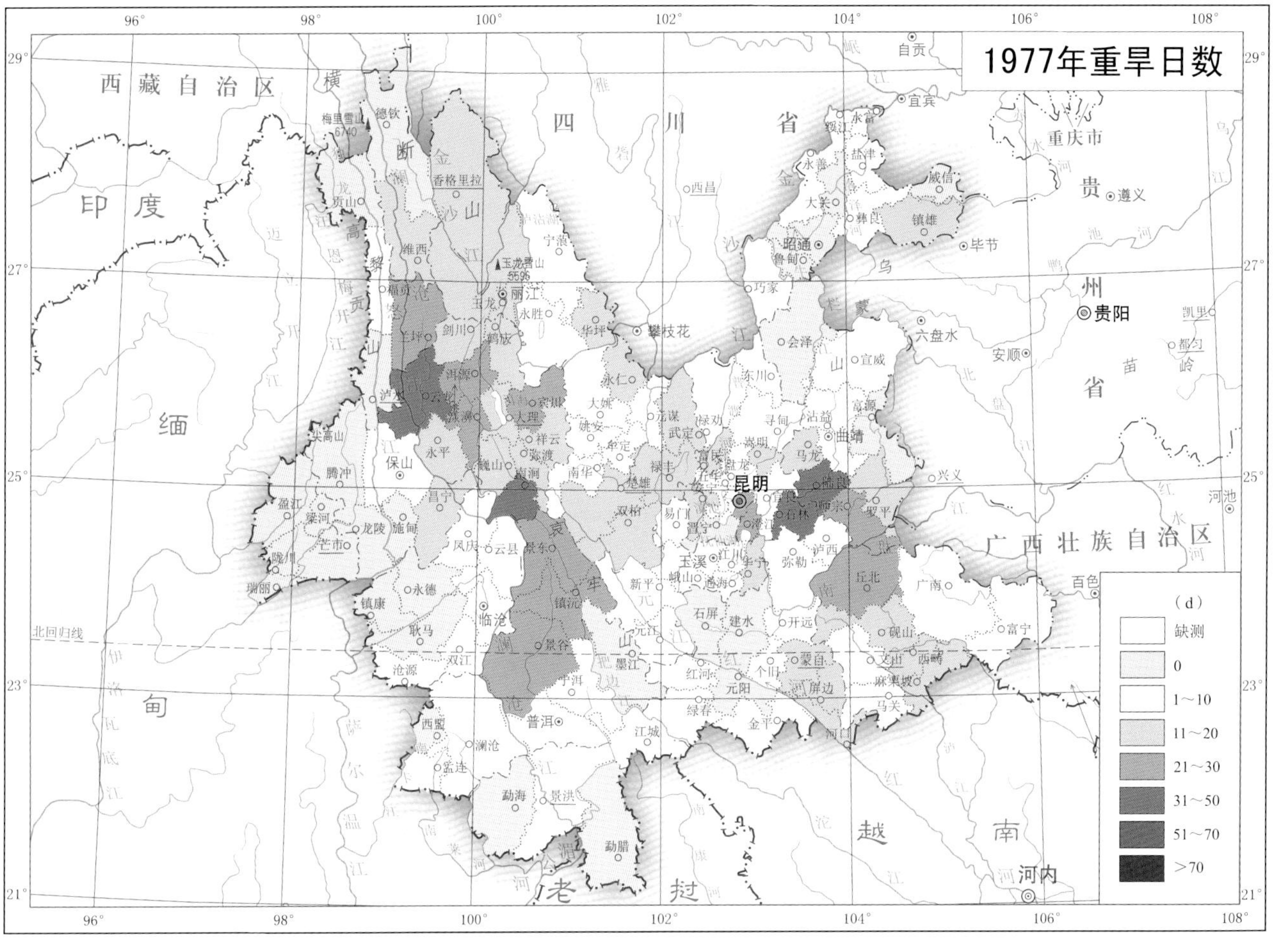
1977年重旱日数
西藏自治区
四川省
印度
缅甸
老挝
越南
广西壮族自治区
贵州省
重庆市
昆明
贵阳
河内
北回归线
(d)
缺测
0
1～10
11～20
21～30
31～50
51～70
>70

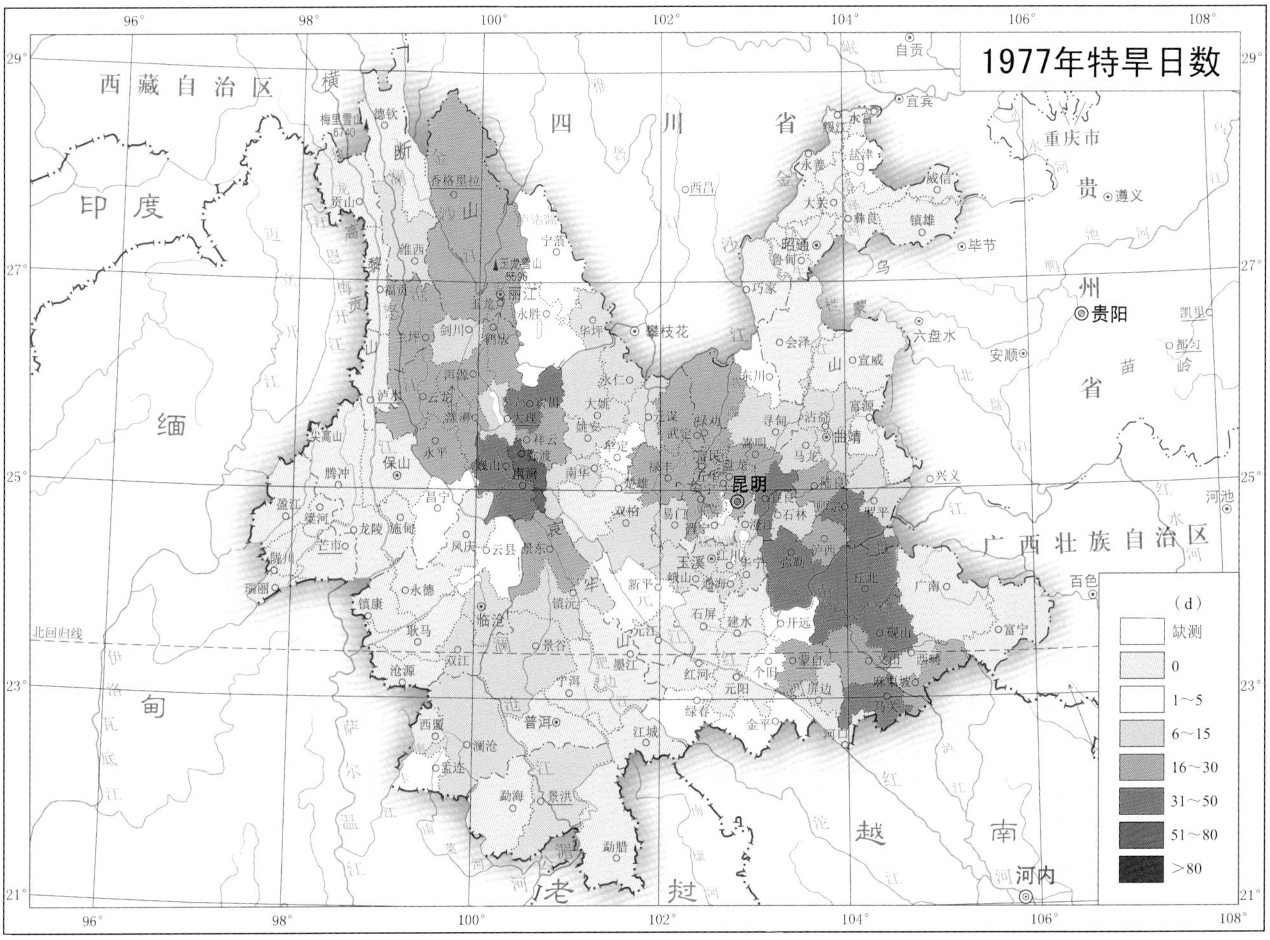
1977年特旱日数
西藏自治区
四川省
印度
缅甸
老挝
越南
广西壮族自治区
贵州省
重庆市
昆明
贵阳
河内
北回归线
(d)
缺测
0
1～5
6～15
16～30
31～50
51～80
>80

比例尺 1:8 000 000 0 80 160 km

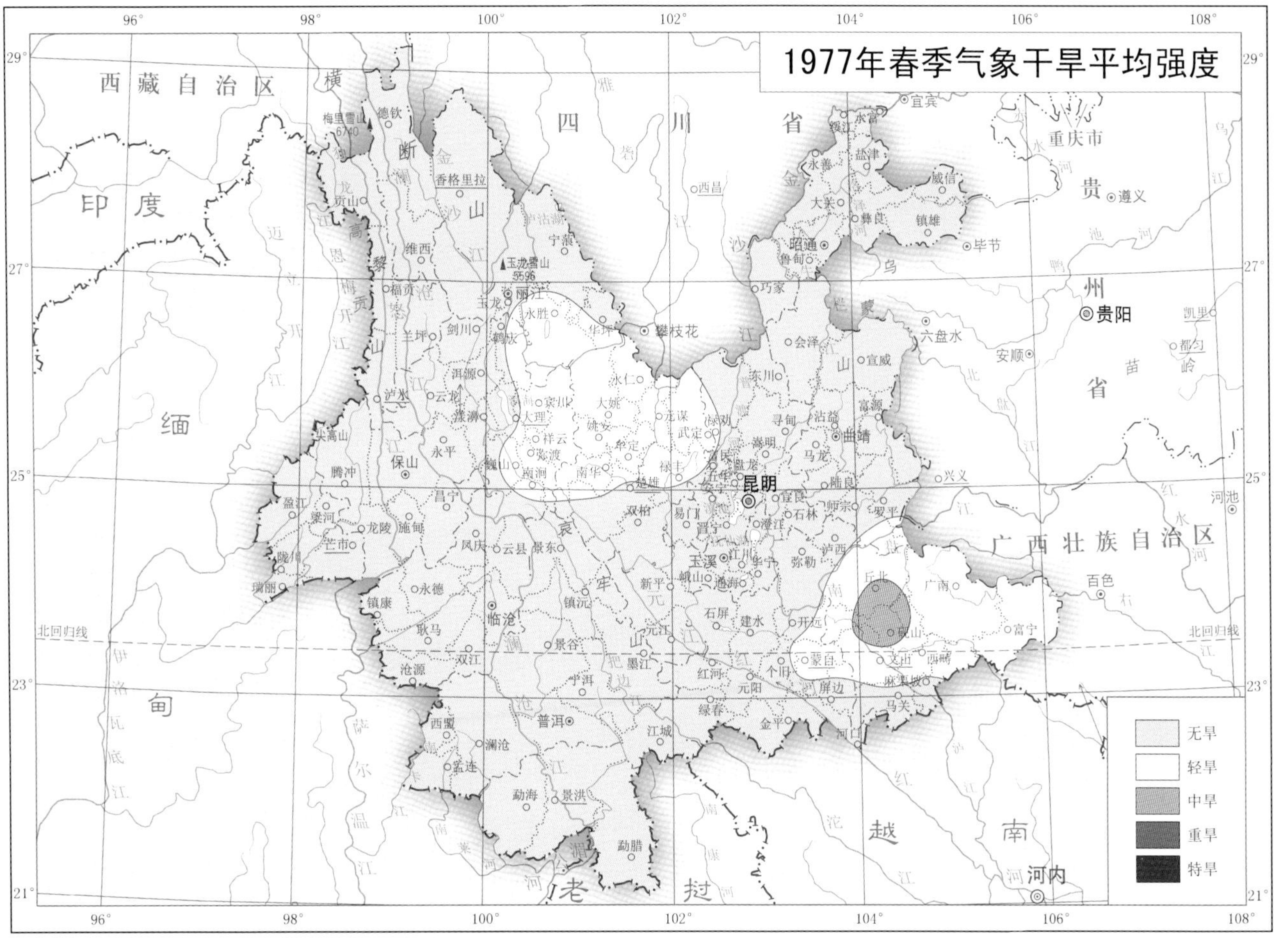

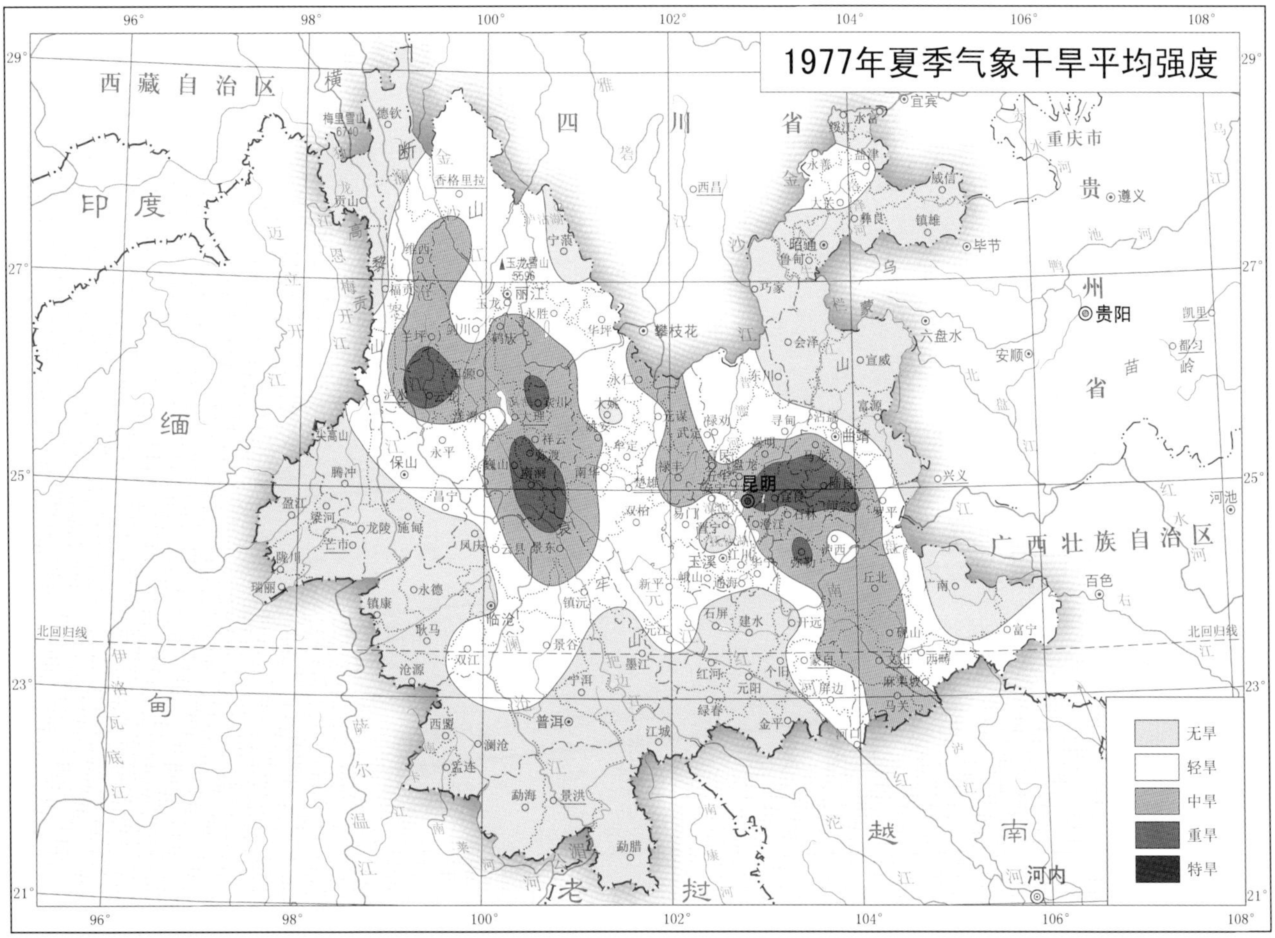

1977年春季气象干旱平均强度

无旱
轻旱
中旱
重旱
特旱

1977年夏季气象干旱平均强度

无旱
轻旱
中旱
重旱
特旱

比例尺　1∶8 000 000　0　80　160 km

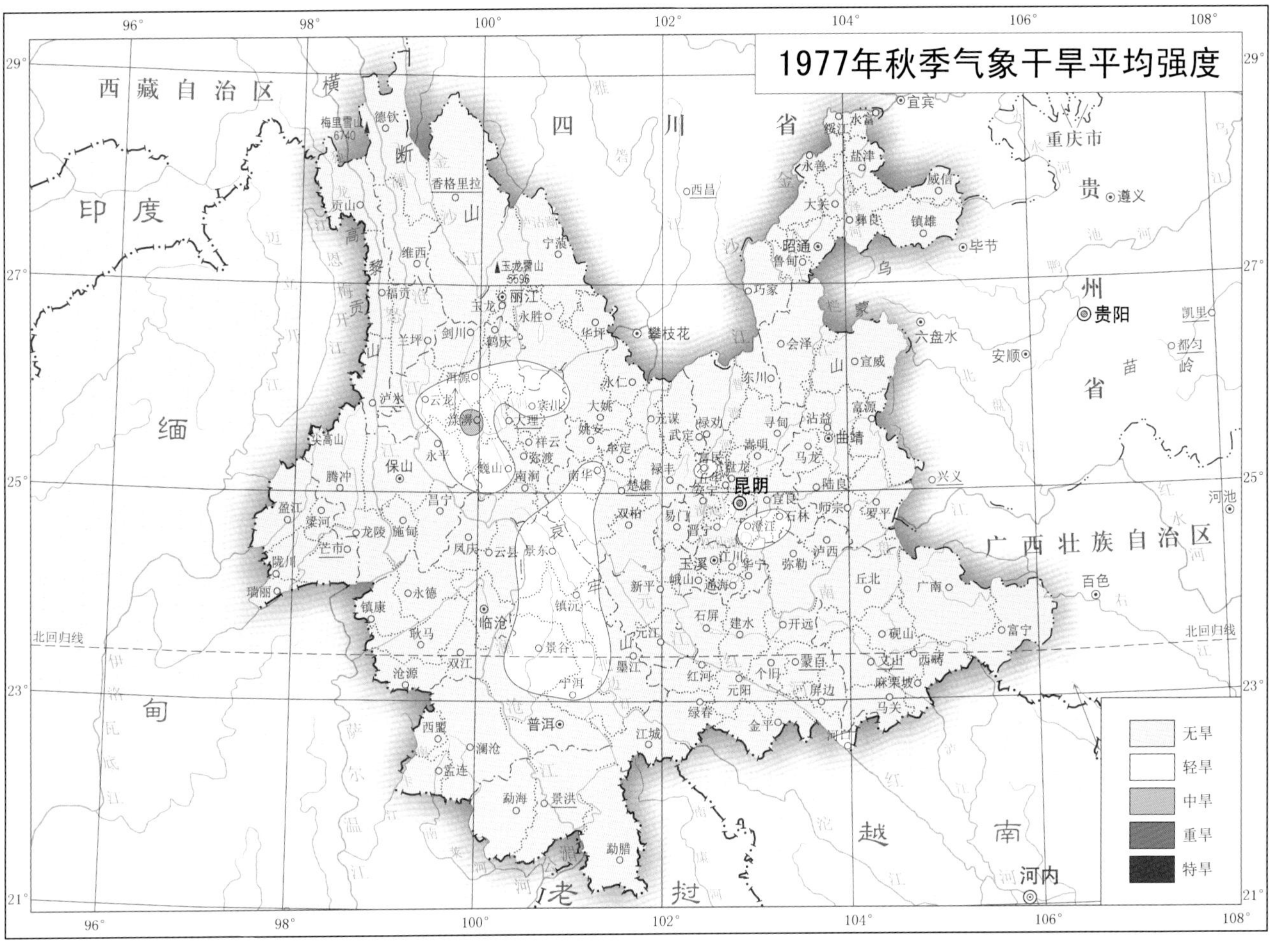

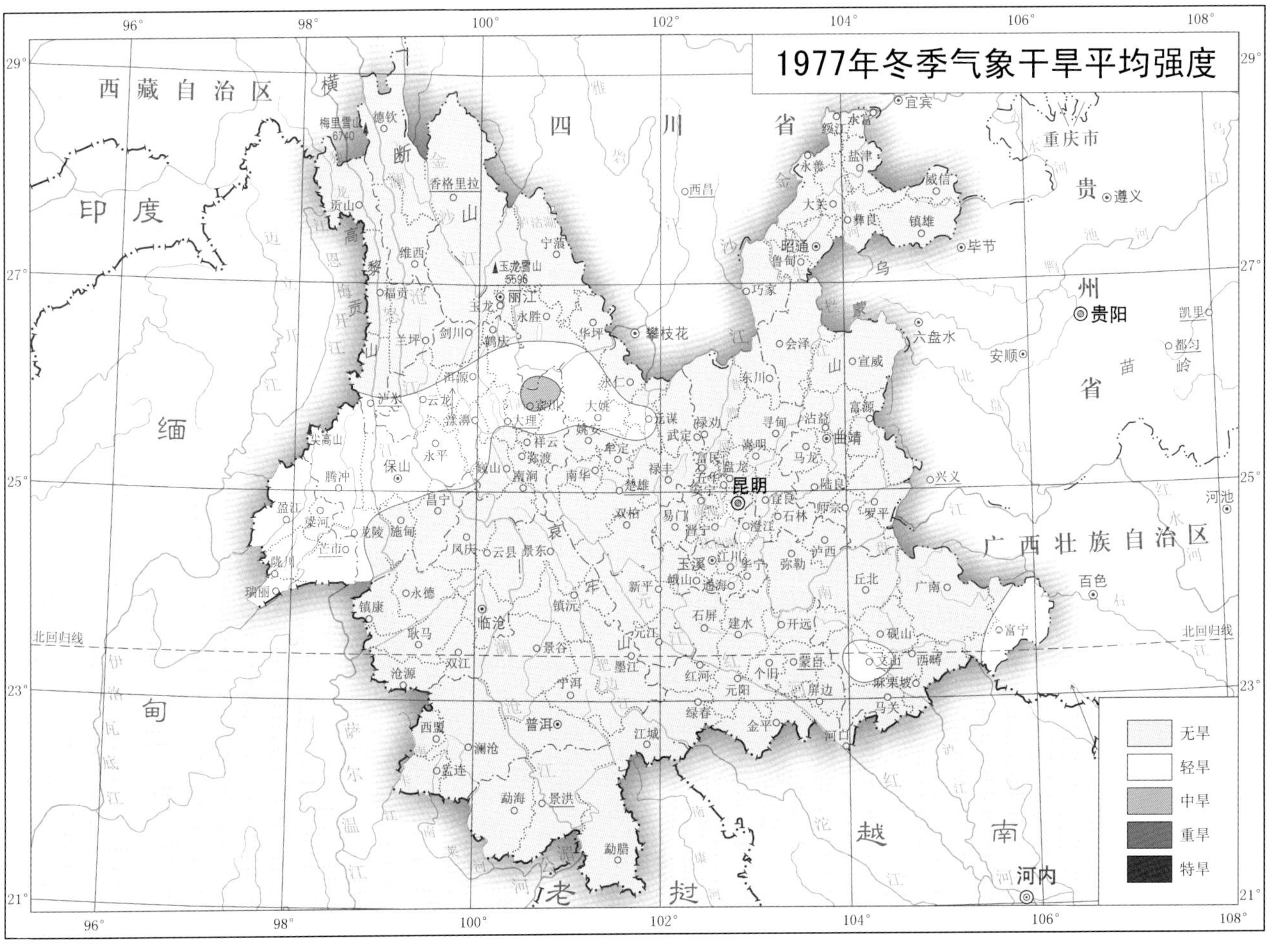

1977年秋季气象干旱平均强度

无旱
轻旱
中旱
重旱
特旱

1977年冬季气象干旱平均强度

无旱
轻旱
中旱
重旱
特旱

比例尺 1 : 8 000 000 0 80 160 km

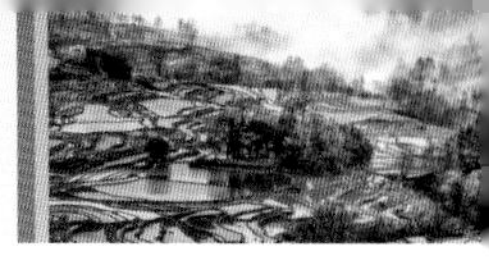

1978年干旱日数

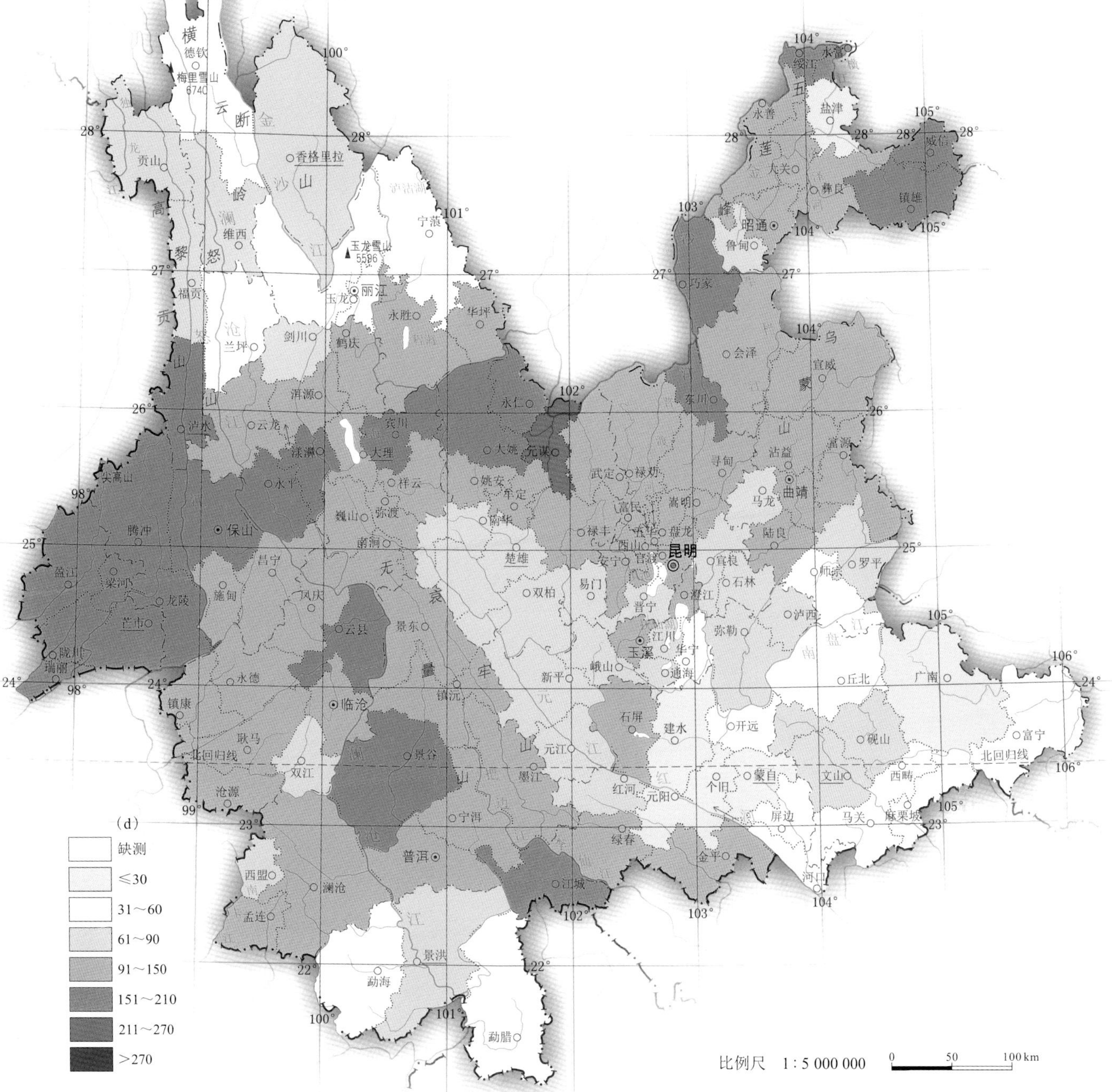

(d)
缺测
≤30
31～60
61～90
91～150
151～210
211～270
>270
比例尺　1 : 5 000 000
0　50　100 km
昆明

1978年逐日干旱、降水变化曲线

气象干旱综合指数
日降水量
气象干旱综合指数（MCI）
日降水量（mm）
日期（月-日）
01-01
02-01
03-01
04-01
05-01
06-01
07-01
08-01
09-01
10-01
11-01
12-01
12-31
无旱
轻旱
中旱
重旱
特旱

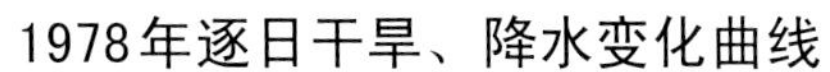

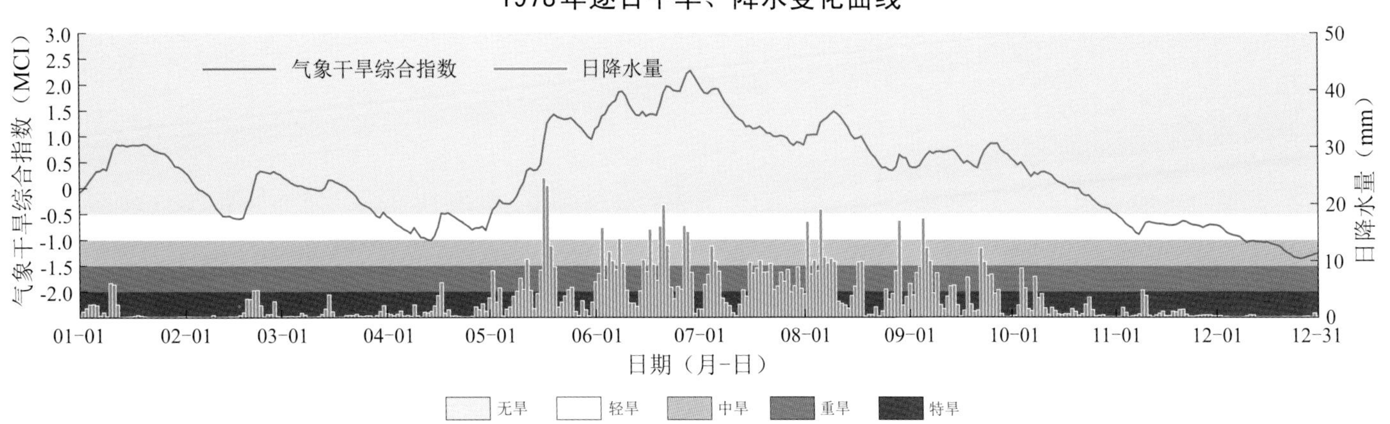

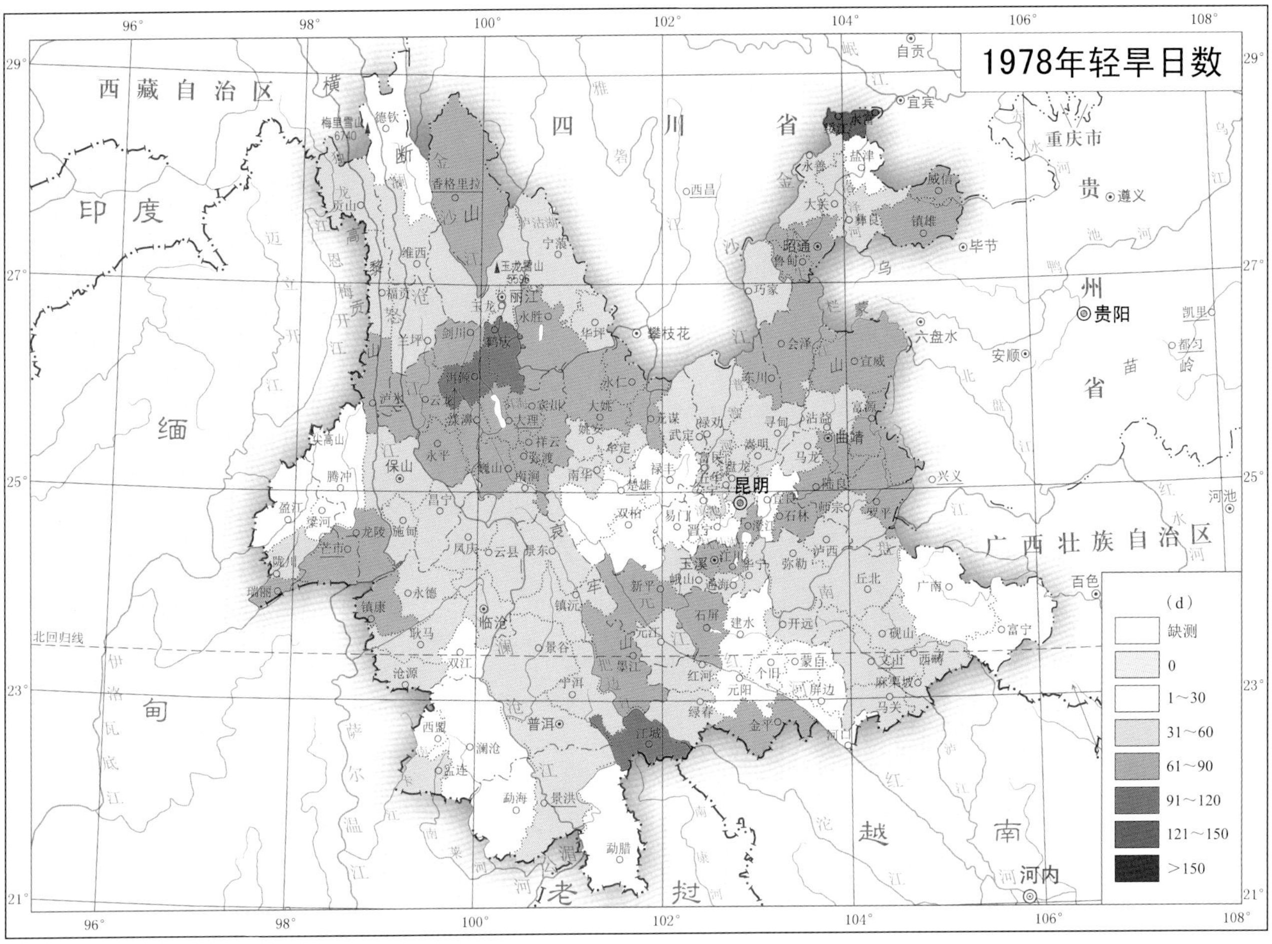
1978年轻旱日数
(d)
缺测
0
1～30
31～60
61～90
91～120
121～150
>150
西藏自治区
四川省
重庆市
贵州省
广西壮族自治区
印度
缅甸
老挝
越南
昆明
贵阳
河内
北回归线

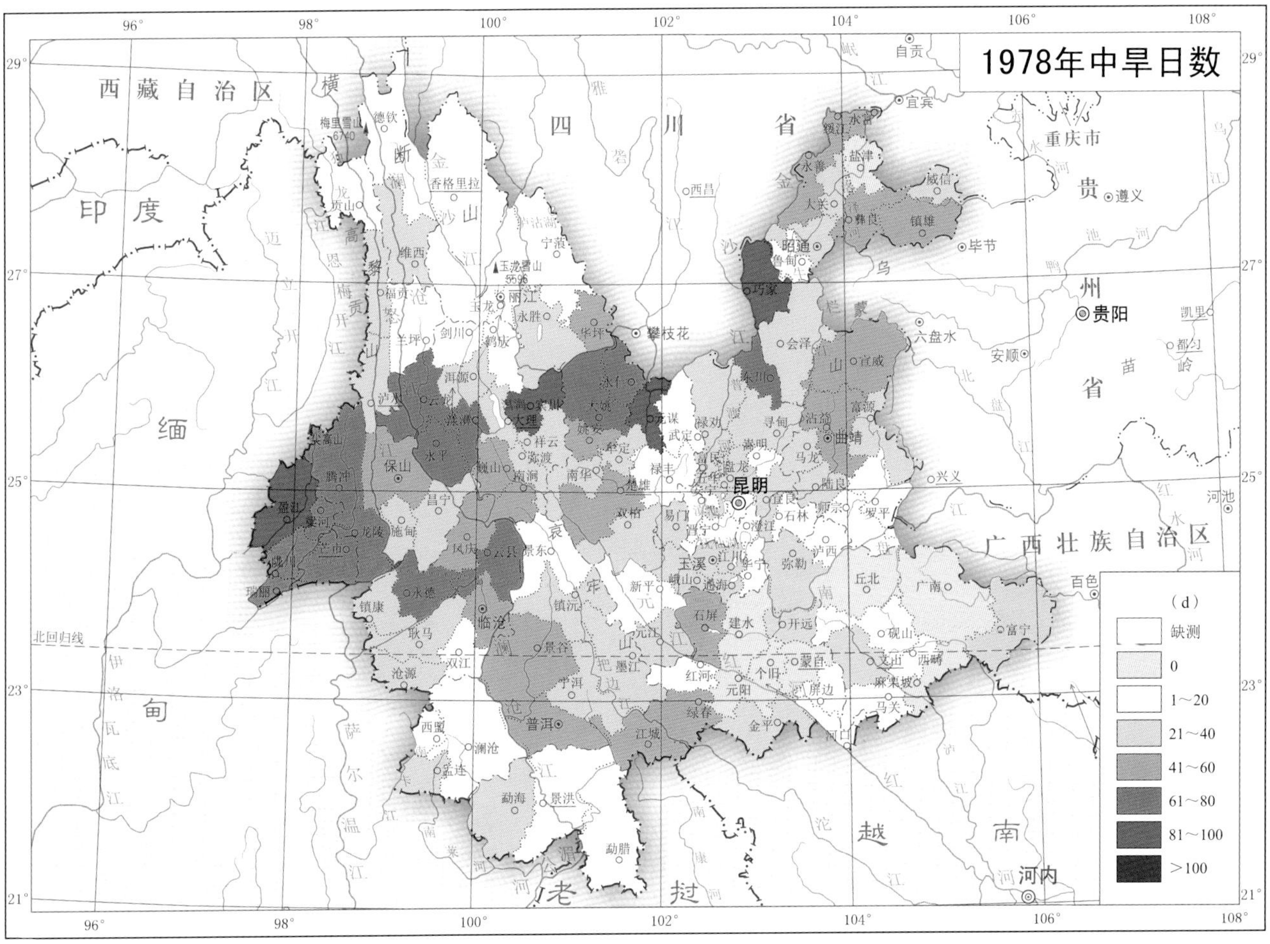
1978年中旱日数
(d)
缺测
0
1～20
21～40
41～60
61～80
81～100
>100
西藏自治区
四川省
重庆市
贵州省
广西壮族自治区
印度
缅甸
老挝
越南
昆明
贵阳
河内
北回归线

比例尺 1：8 000 000 0 80 160 km

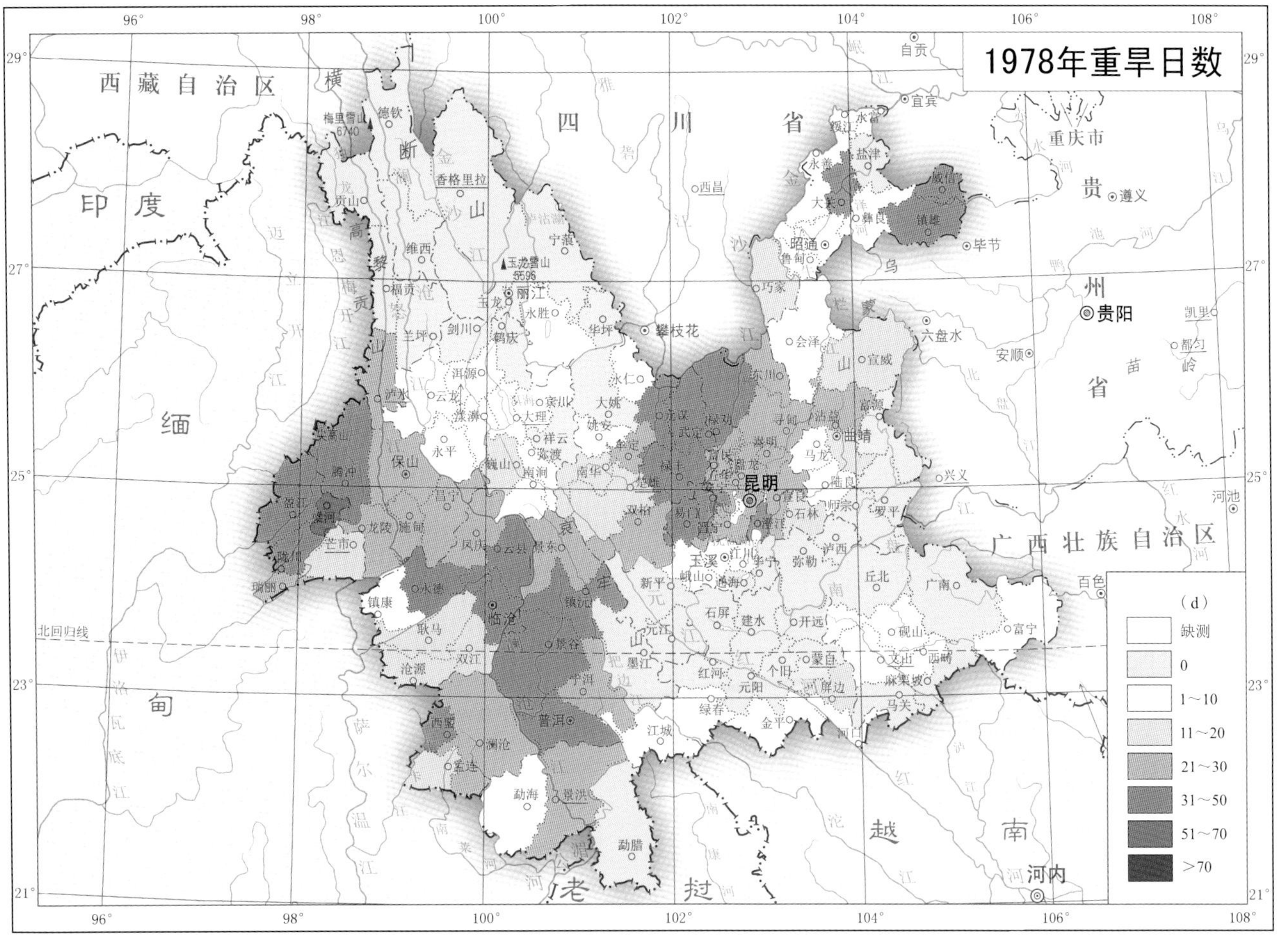

1978年重旱日数

(d)
缺测
0
1～10
11～20
21～30
31～50
51～70
>70

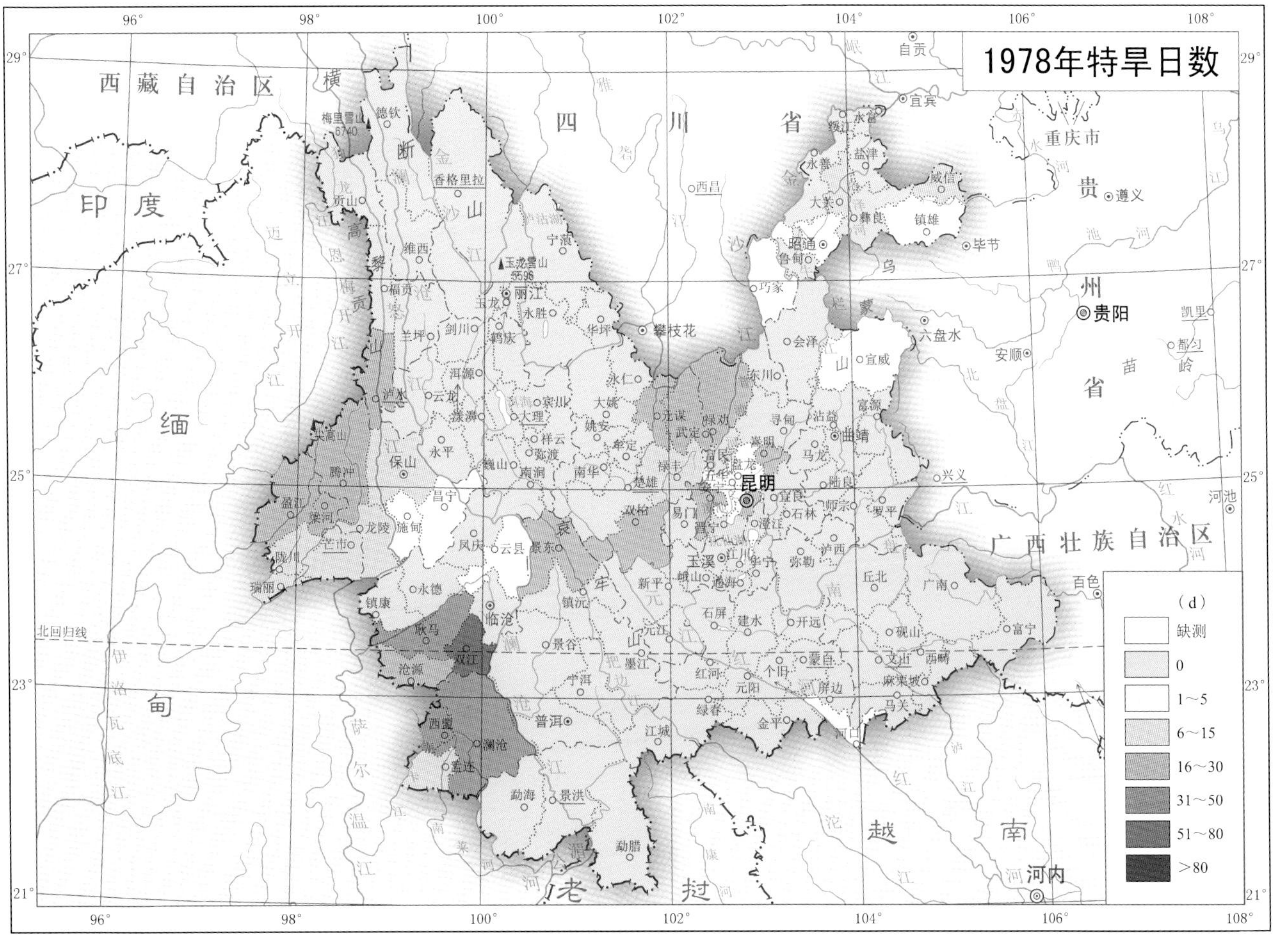

1978年特旱日数

(d)
缺测
0
1～5
6～15
16～30
31～50
51～80
>80

比例尺 1:8 000 000 0 80 160 km

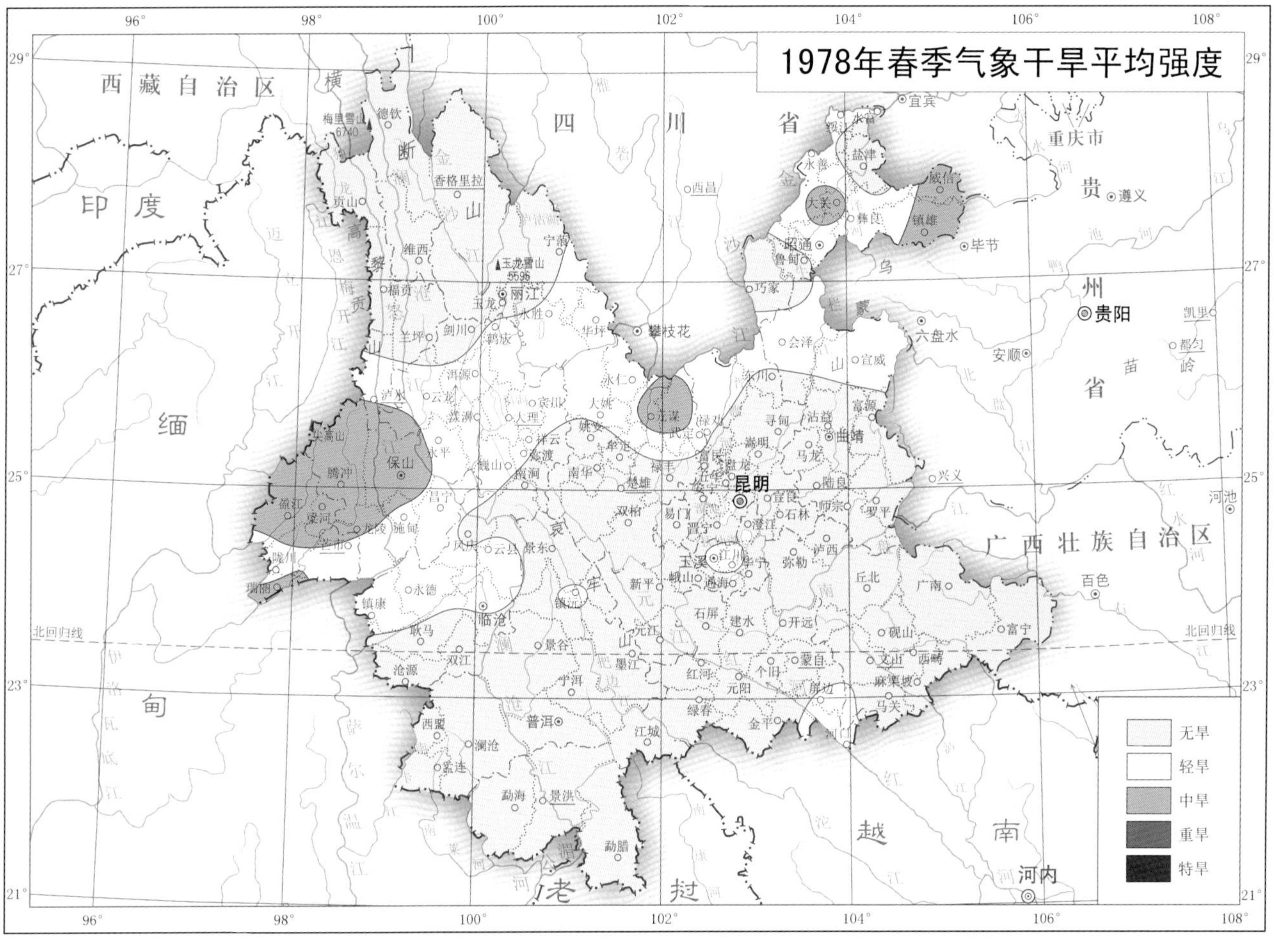

1978年春季气象干旱平均强度

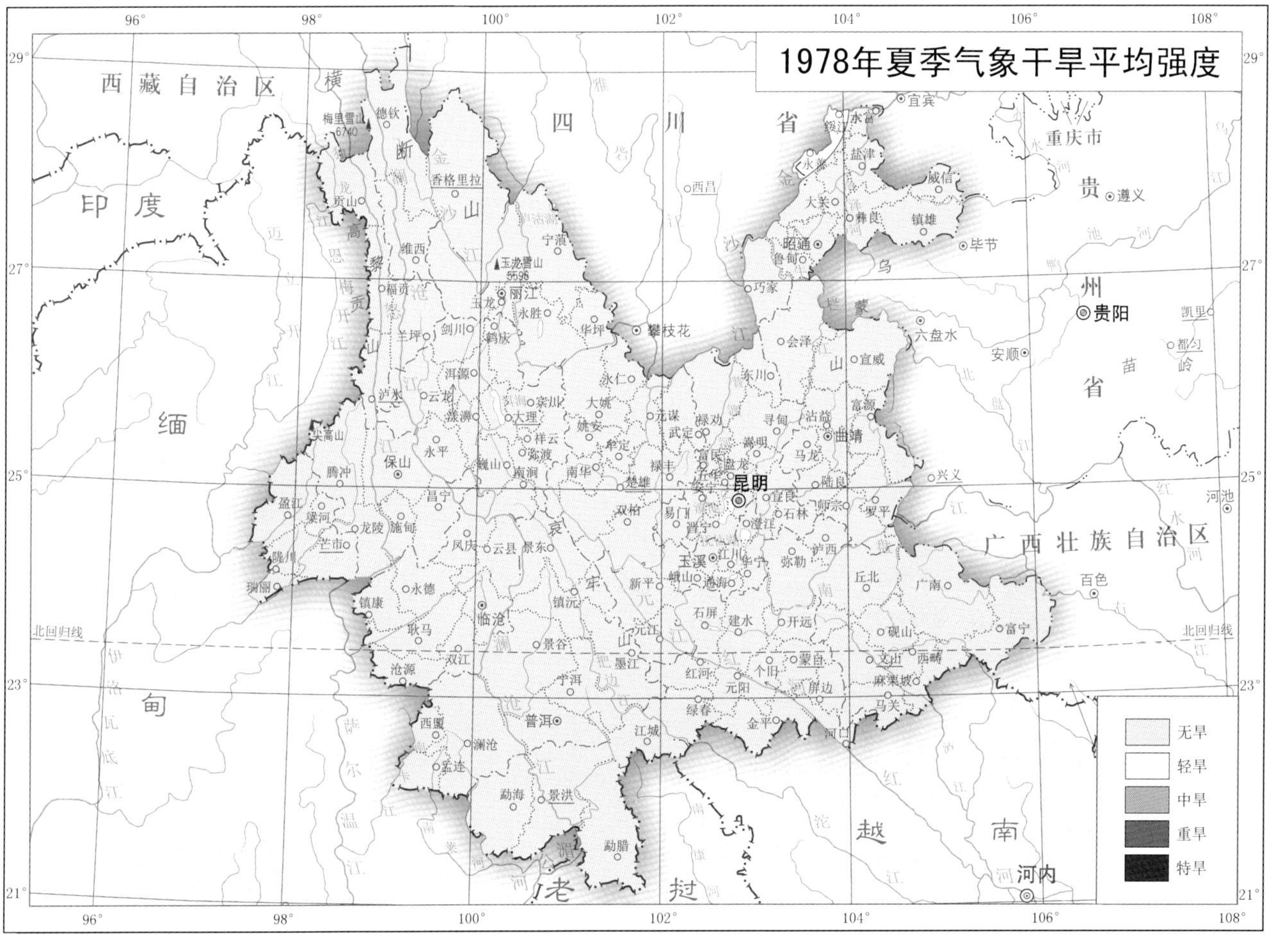

无旱
轻旱
中旱
重旱
特旱

1978年夏季气象干旱平均强度

无旱
轻旱
中旱
重旱
特旱

比例尺 1 : 8 000 000 0 80 160 km

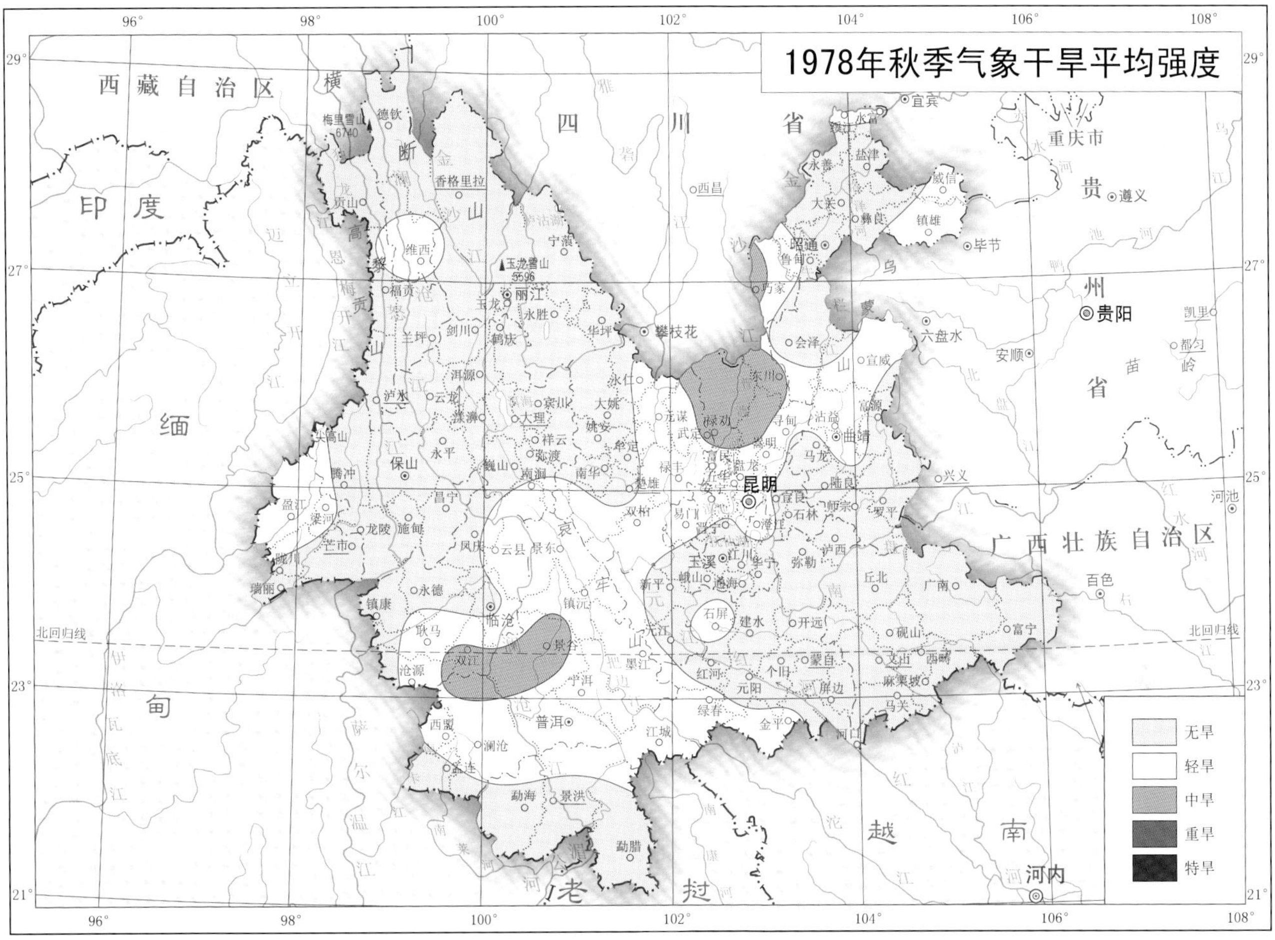

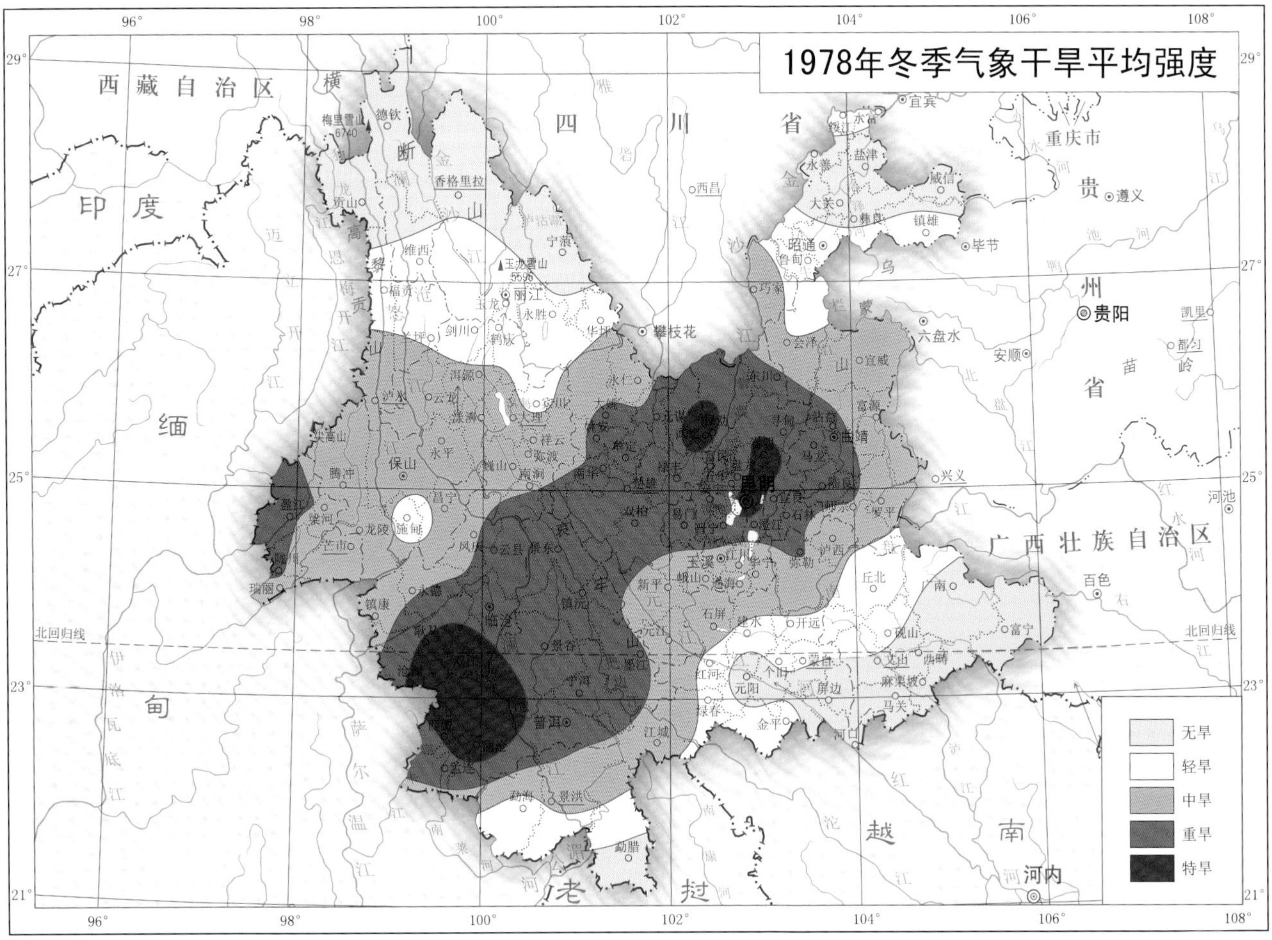

1978年秋季气象干旱平均强度

无旱
轻旱
中旱
重旱
特旱

1978年冬季气象干旱平均强度

无旱
轻旱
中旱
重旱
特旱

比例尺 1:8 000 000 0 80 160 km

1979年干旱日数

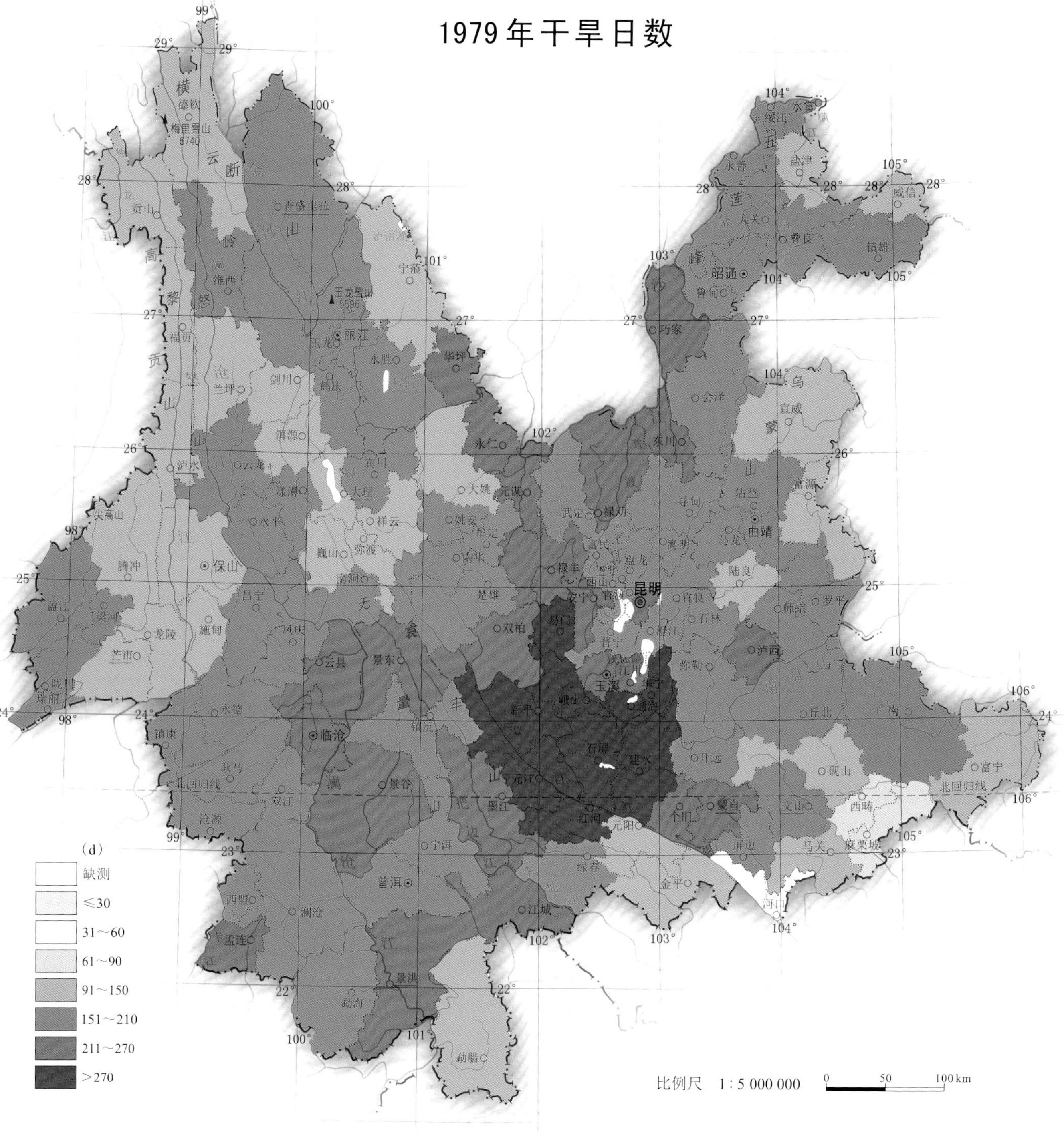

(d)
缺测
≤30
31~60
61~90
91~150
151~210
211~270
>270
比例尺 1 : 5 000 000
0 50 100 km
昆明

1979年逐日干旱、降水变化曲线

气象干旱综合指数
日降水量
气象干旱综合指数（MCI）
日降水量（mm）
日期（月-日）
01-01
02-01
03-01
04-01
05-01
06-01
07-01
08-01
09-01
10-01
11-01
12-01
12-31
2.0
1.5
1.0
0.5
0
-0.5
-1.0
-1.5
-2.0
50
40
30
20
10
0
无旱
轻旱
中旱
重旱
特旱

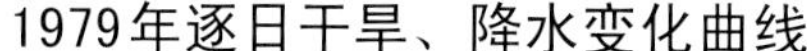

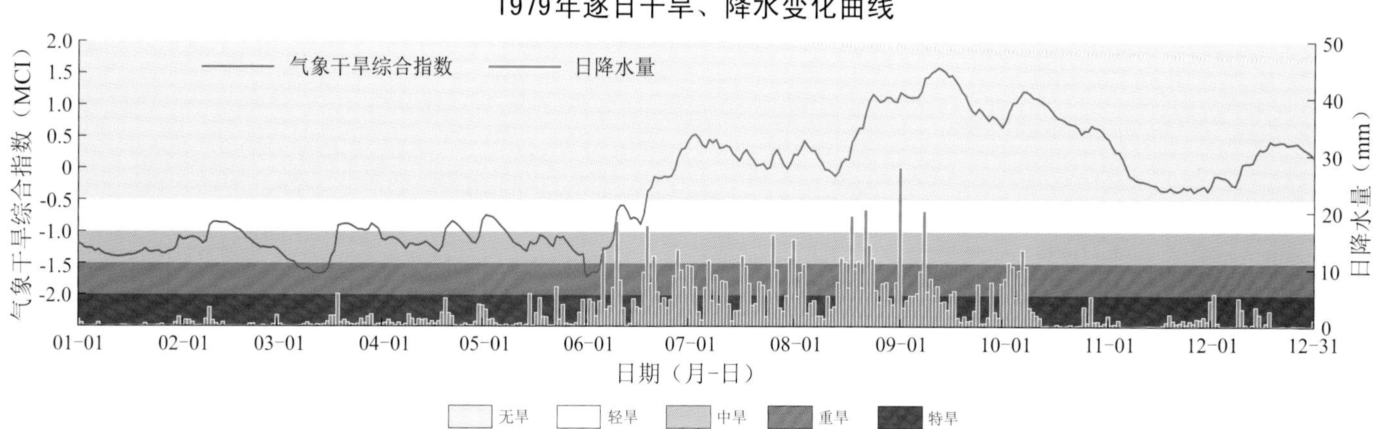

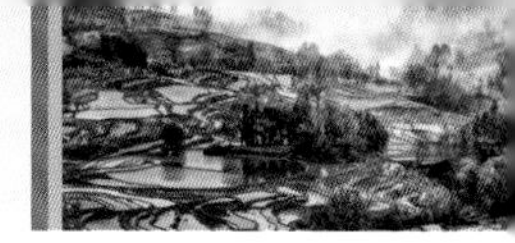

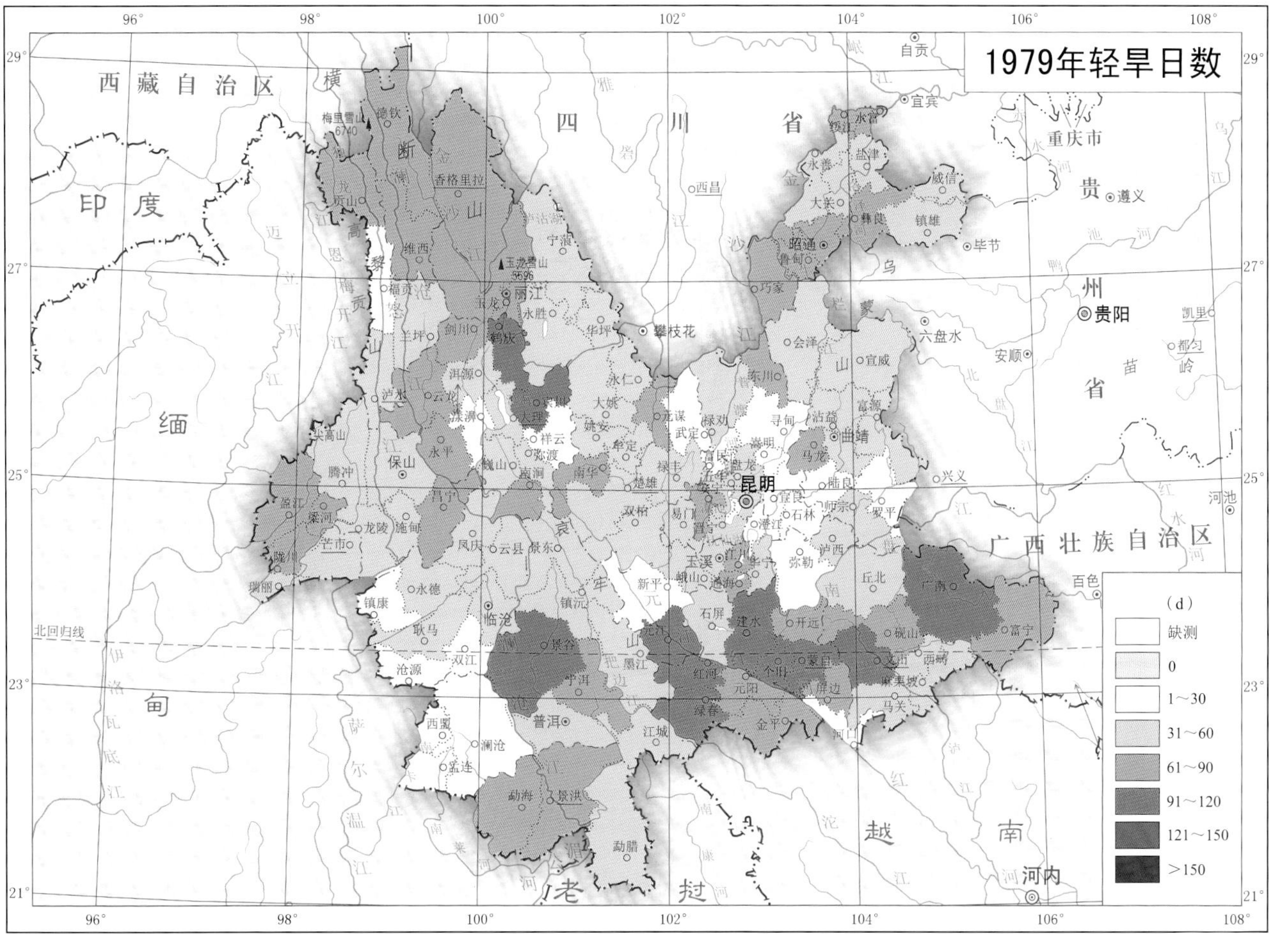

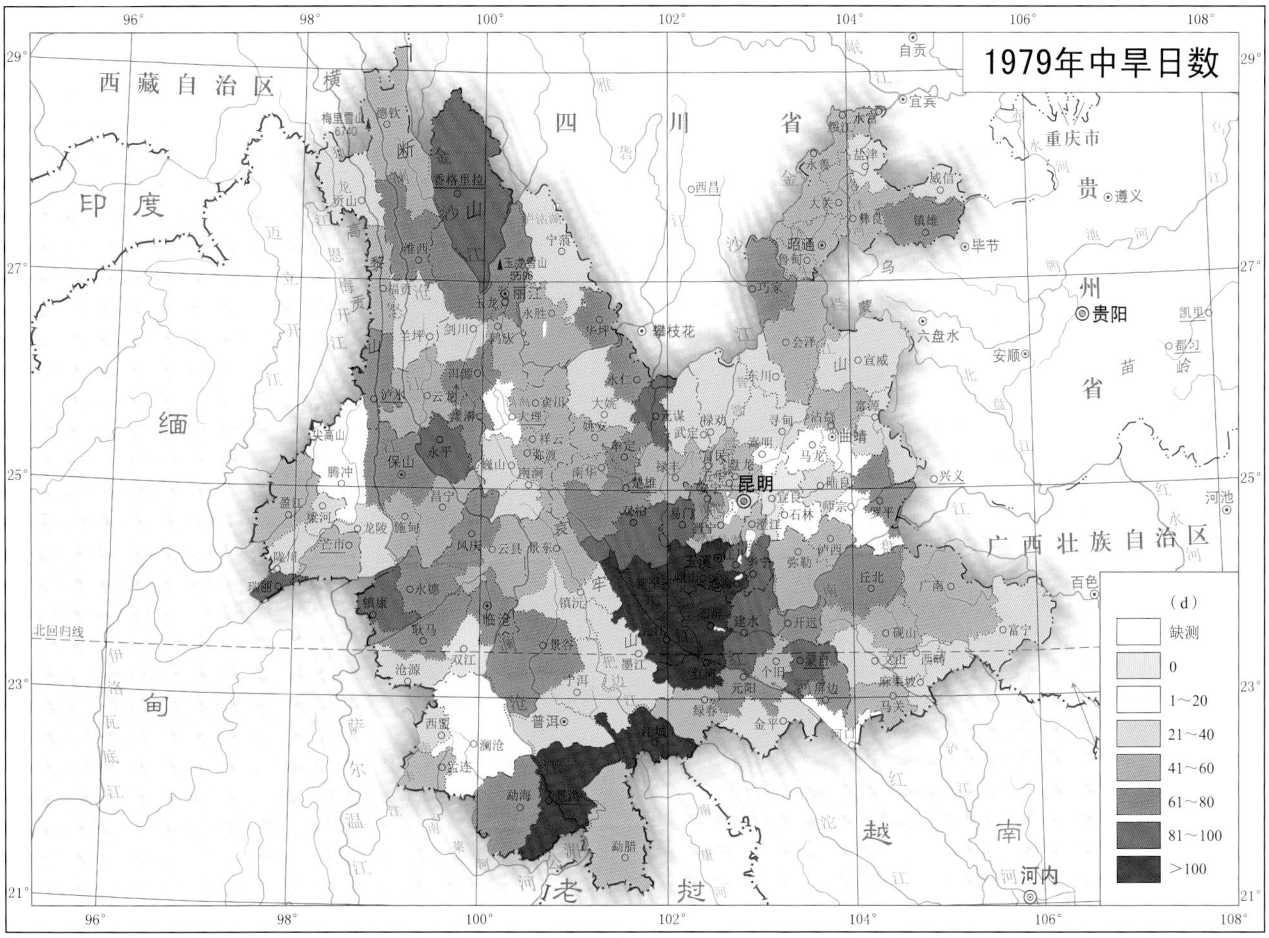

1979年轻旱日数
(d)
缺测
0
1~30
31~60
61~90
91~120
121~150
>150
西藏自治区
四川省
重庆市
贵州省
广西壮族自治区
印度
缅甸
老挝
越南
昆明
北回归线

1979年中旱日数
(d)
缺测
0
1~20
21~40
41~60
61~80
81~100
>100
西藏自治区
四川省
重庆市
贵州省
广西壮族自治区
印度
缅甸
老挝
越南
昆明
北回归线

比例尺 1:8 000 000 0 80 160 km

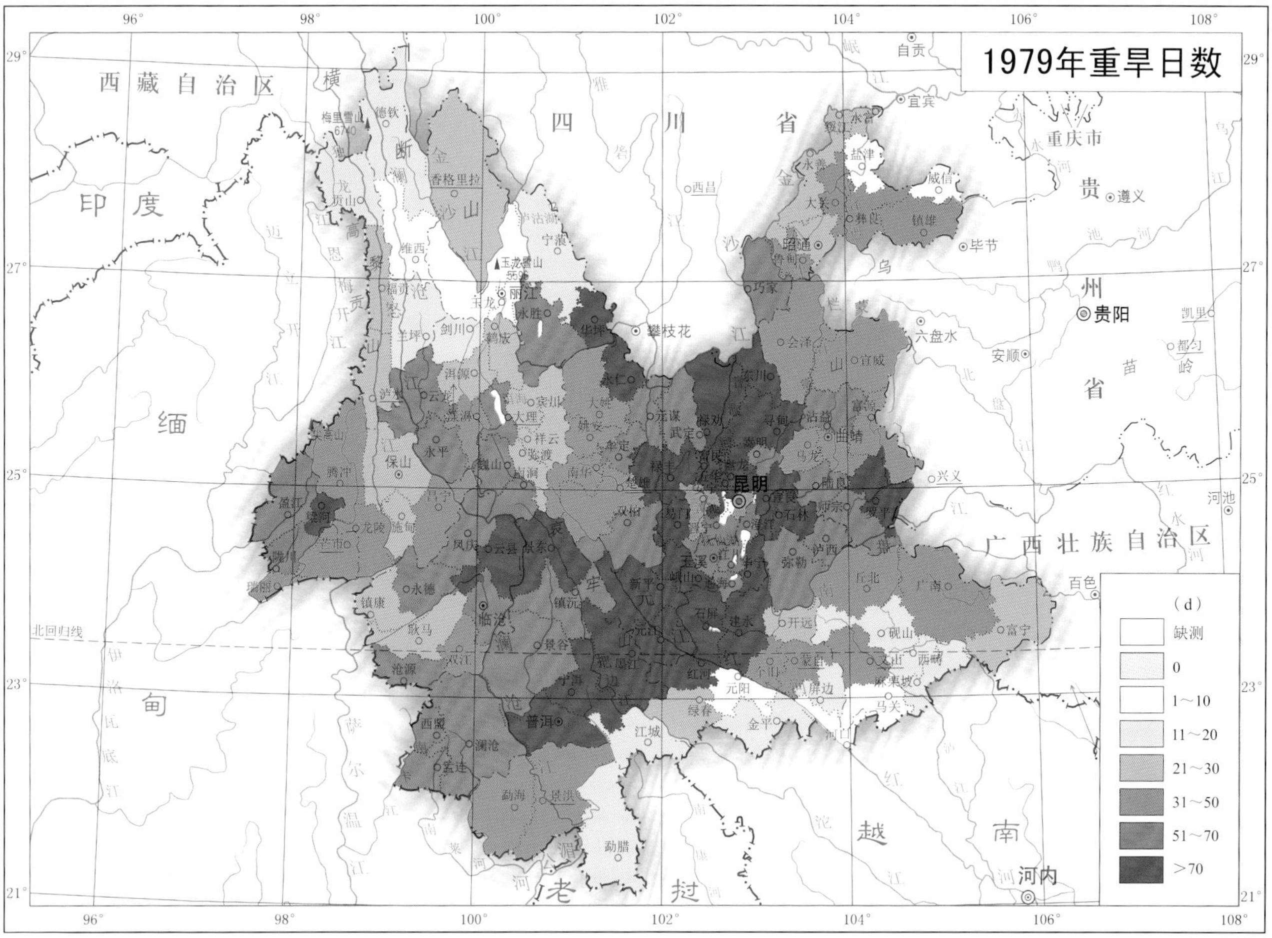

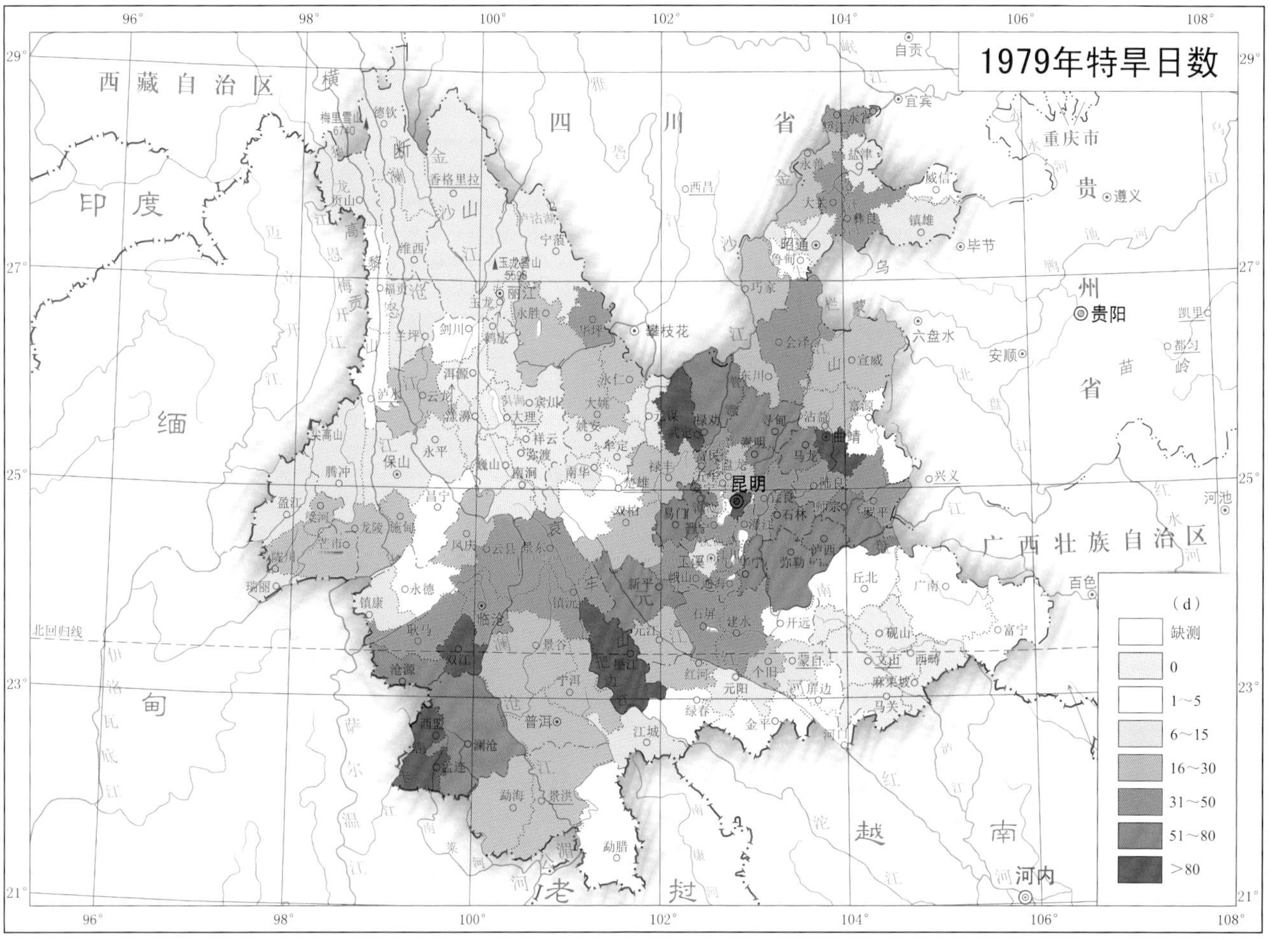

1979年重旱日数

(d)

- 缺测
- 0
- 1～10
- 11～20
- 21～30
- 31～50
- 51～70
- >70

1979年特旱日数

(d)

- 缺测
- 0
- 1～5
- 6～15
- 16～30
- 31～50
- 51～80
- >80

比例尺 1∶8 000 000 0 80 160 km

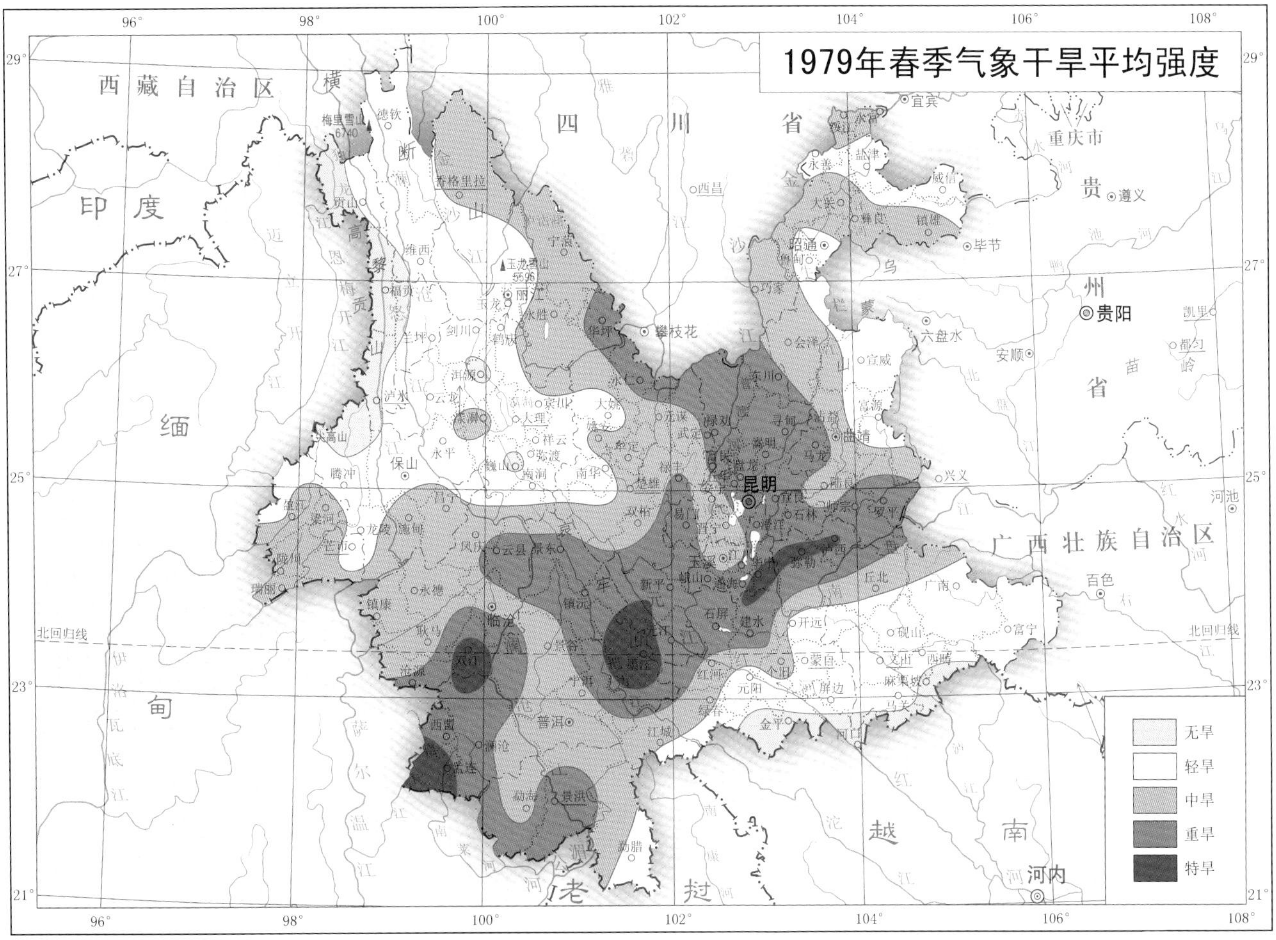

1979年春季气象干旱平均强度

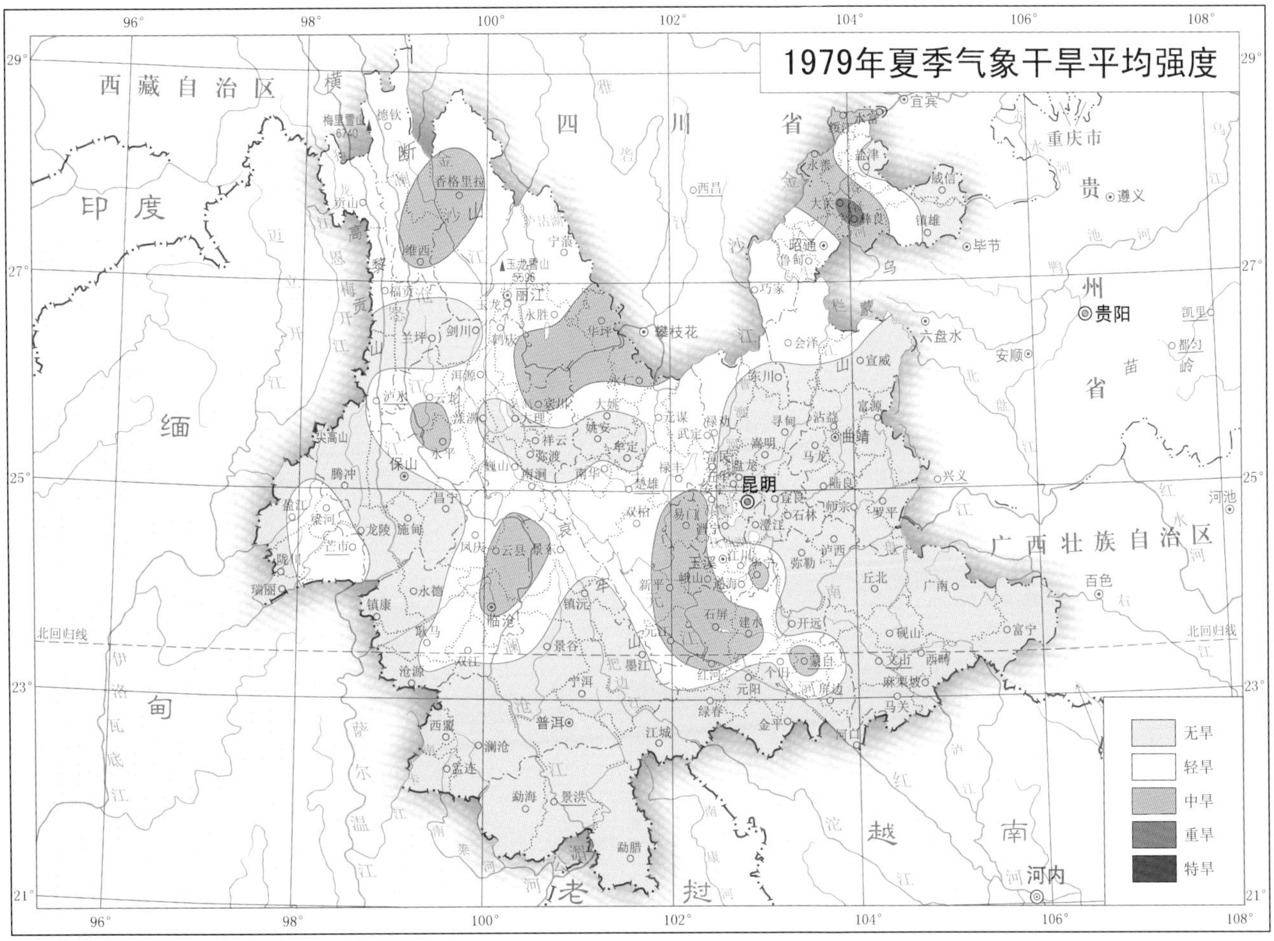

无旱
轻旱
中旱
重旱
特旱

1979年夏季气象干旱平均强度

无旱
轻旱
中旱
重旱
特旱

比例尺 1：8 000 000 0 80 160 km

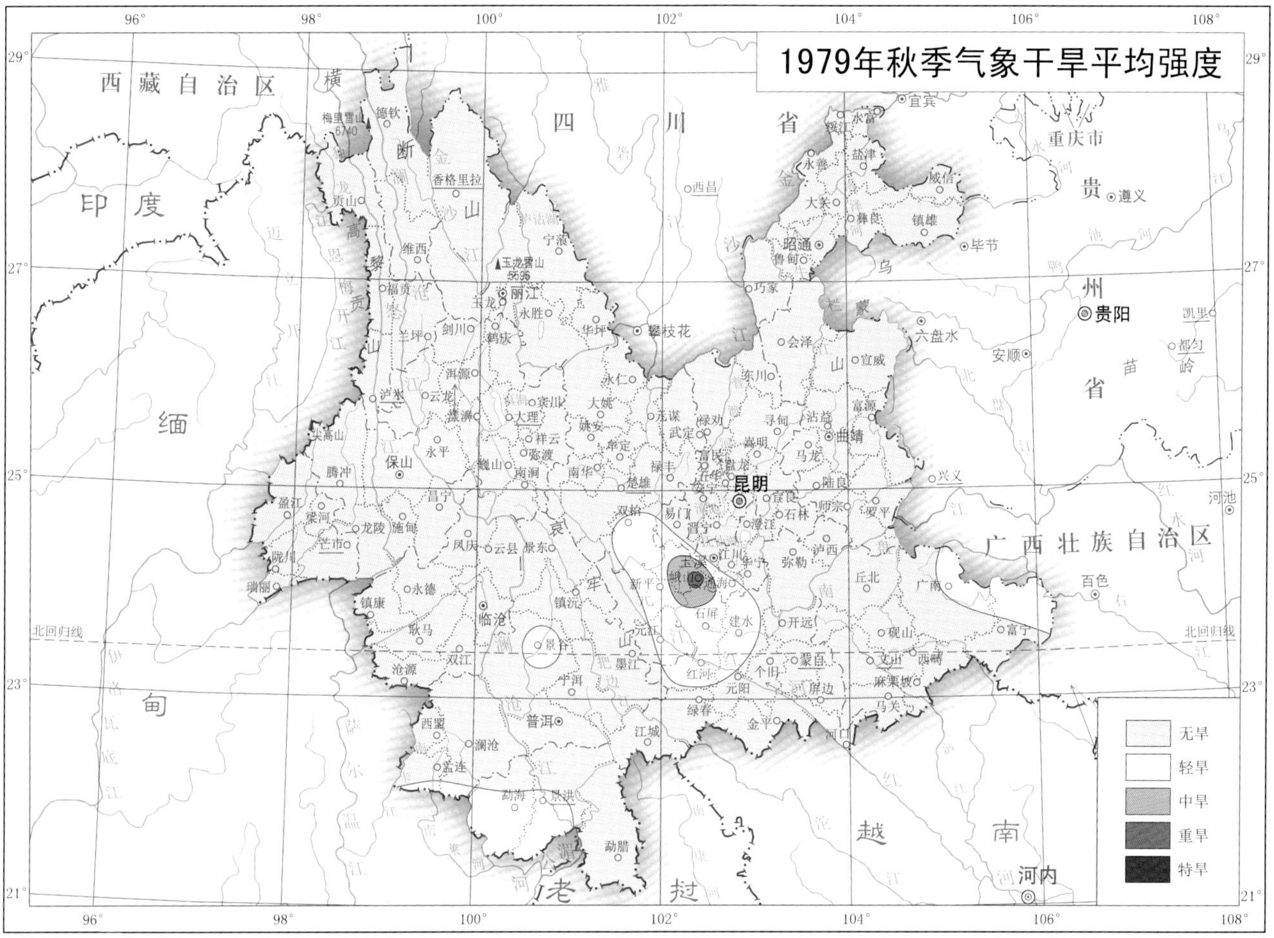

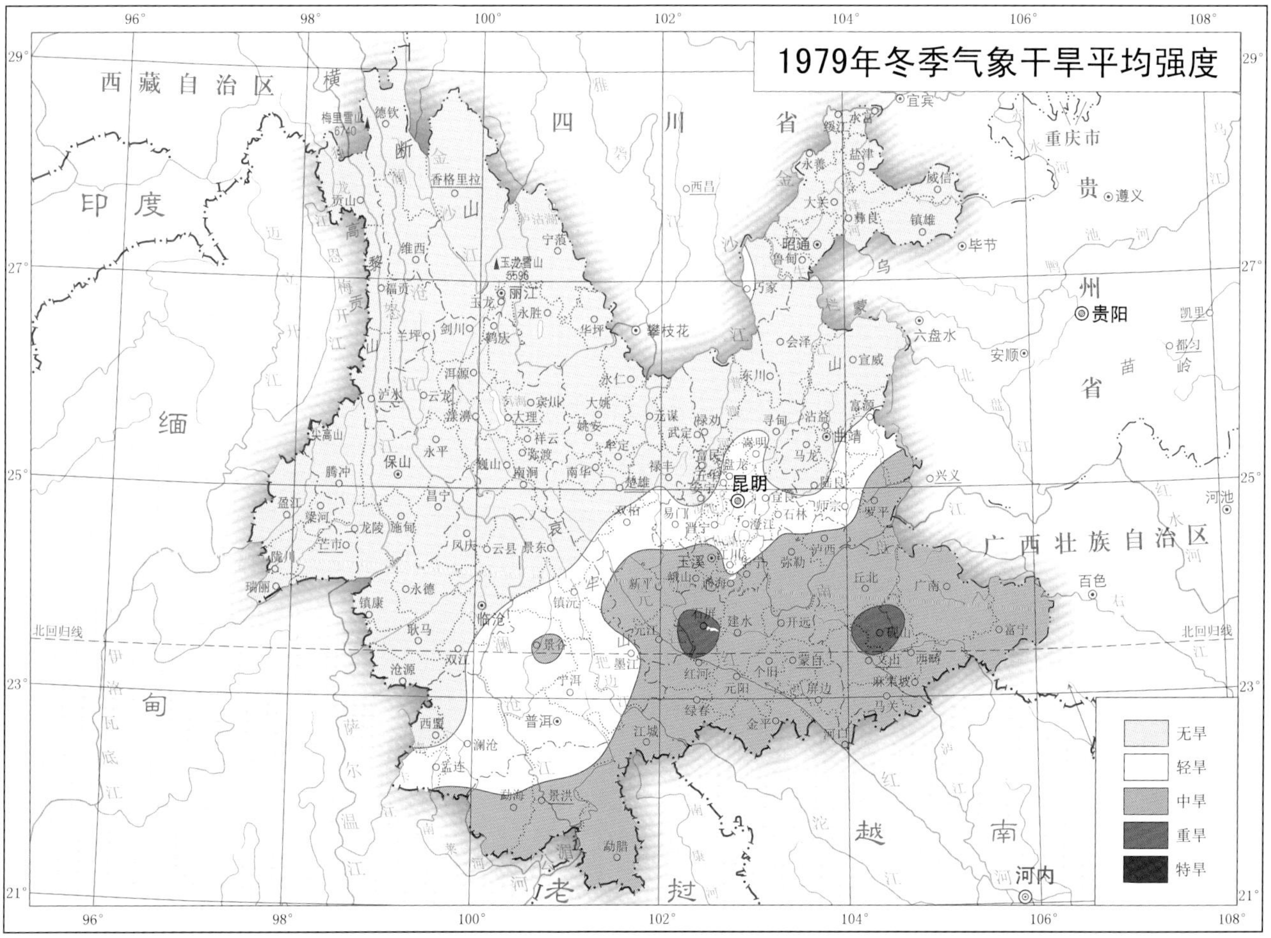

1979年秋季气象干旱平均强度

1979年冬季气象干旱平均强度

比例尺 1:8 000 000

1980年干旱日数

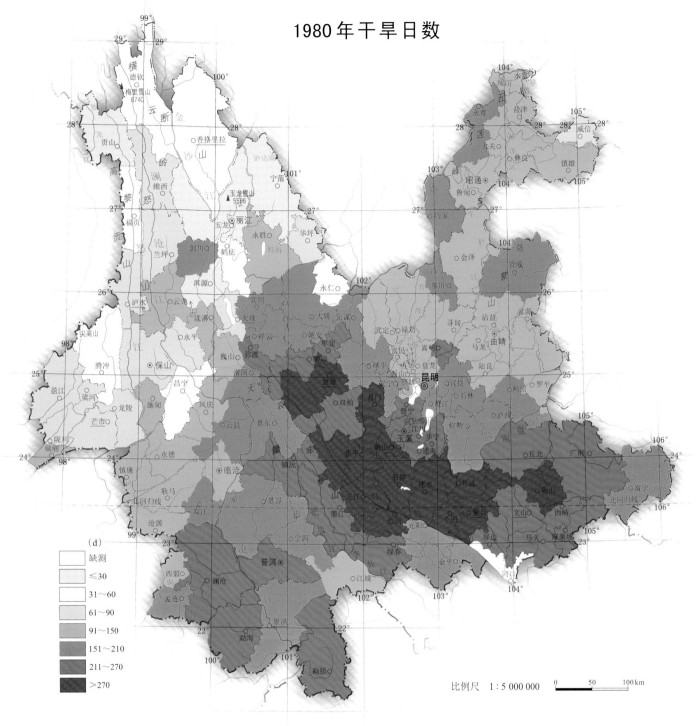

(d)
缺测
≤30
31～60
61～90
91～150
151～210
211～270
>270

比例尺 1:5 000 000

1980年逐日干旱、降水变化曲线

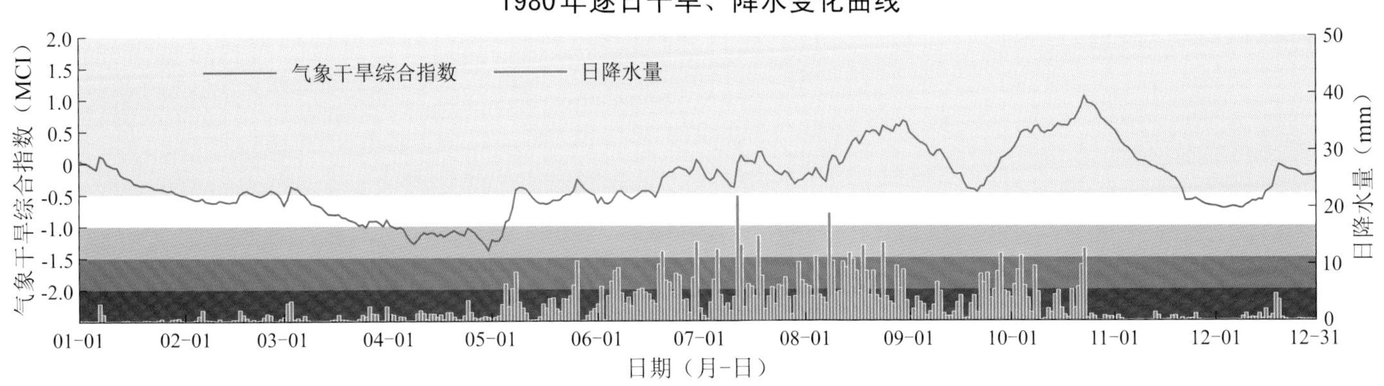

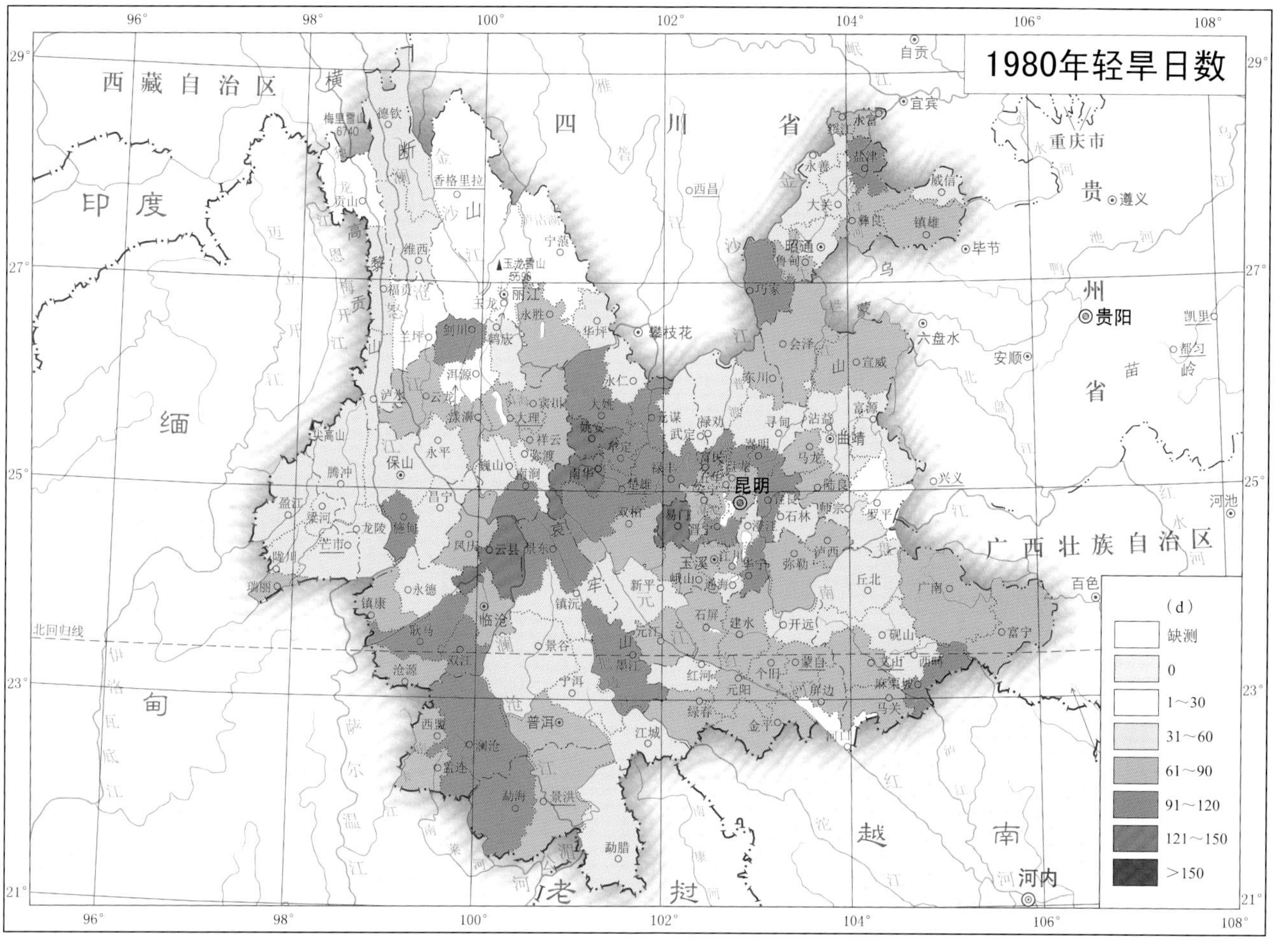
1980年轻旱日数
(d)
缺测
0
1～30
31～60
61～90
91～120
121～150
＞150
昆明
西藏自治区
四川省
印度
缅甸
越南
老挝
广西壮族自治区
贵州省
重庆市
贵阳
河内
北回归线

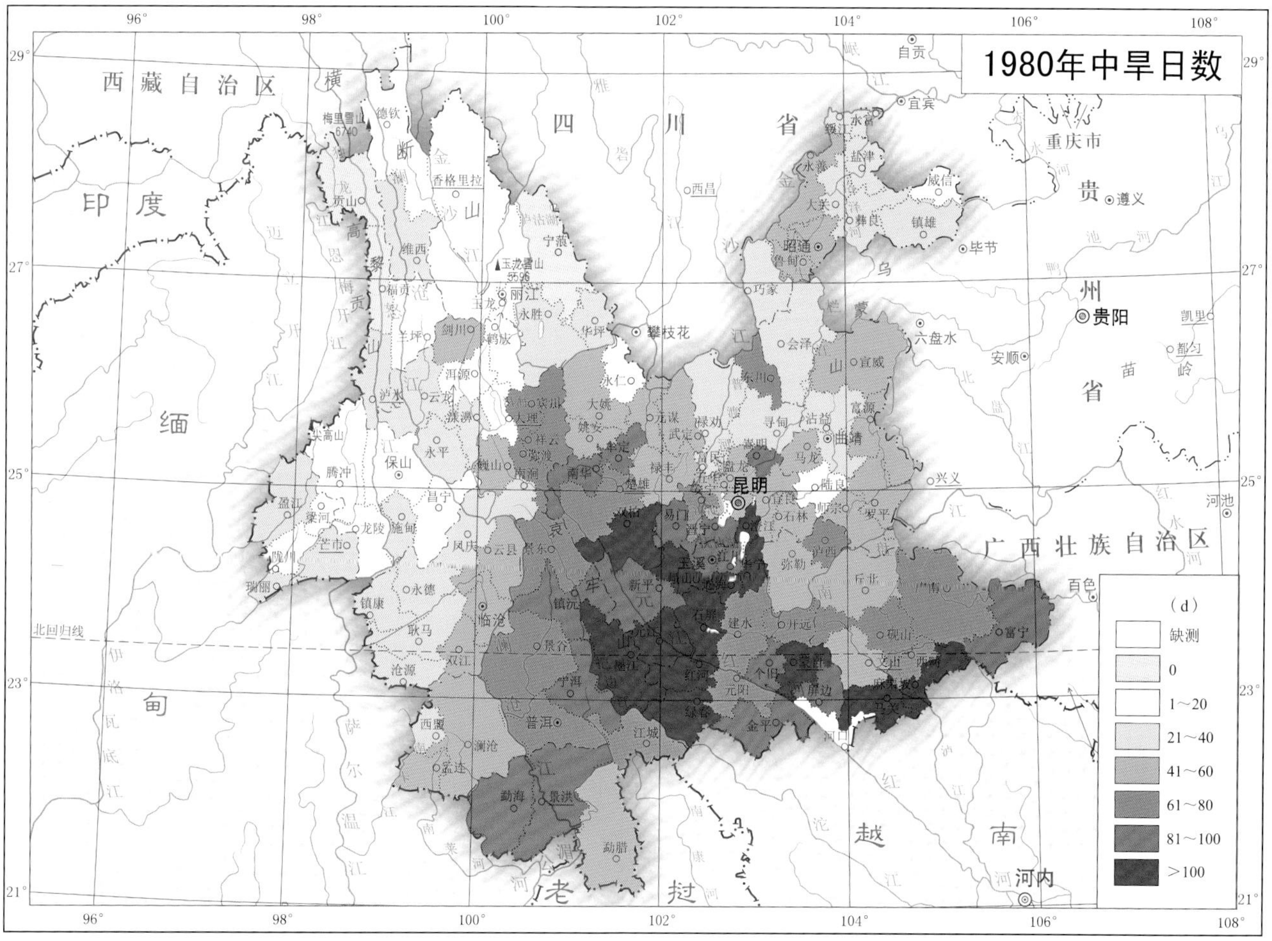
1980年中旱日数
(d)
缺测
0
1～20
21～40
41～60
61～80
81～100
＞100
昆明
西藏自治区
四川省
印度
缅甸
越南
老挝
广西壮族自治区
贵州省
重庆市
贵阳
河内
北回归线

比例尺 1:8 000 000 0 80 160 km

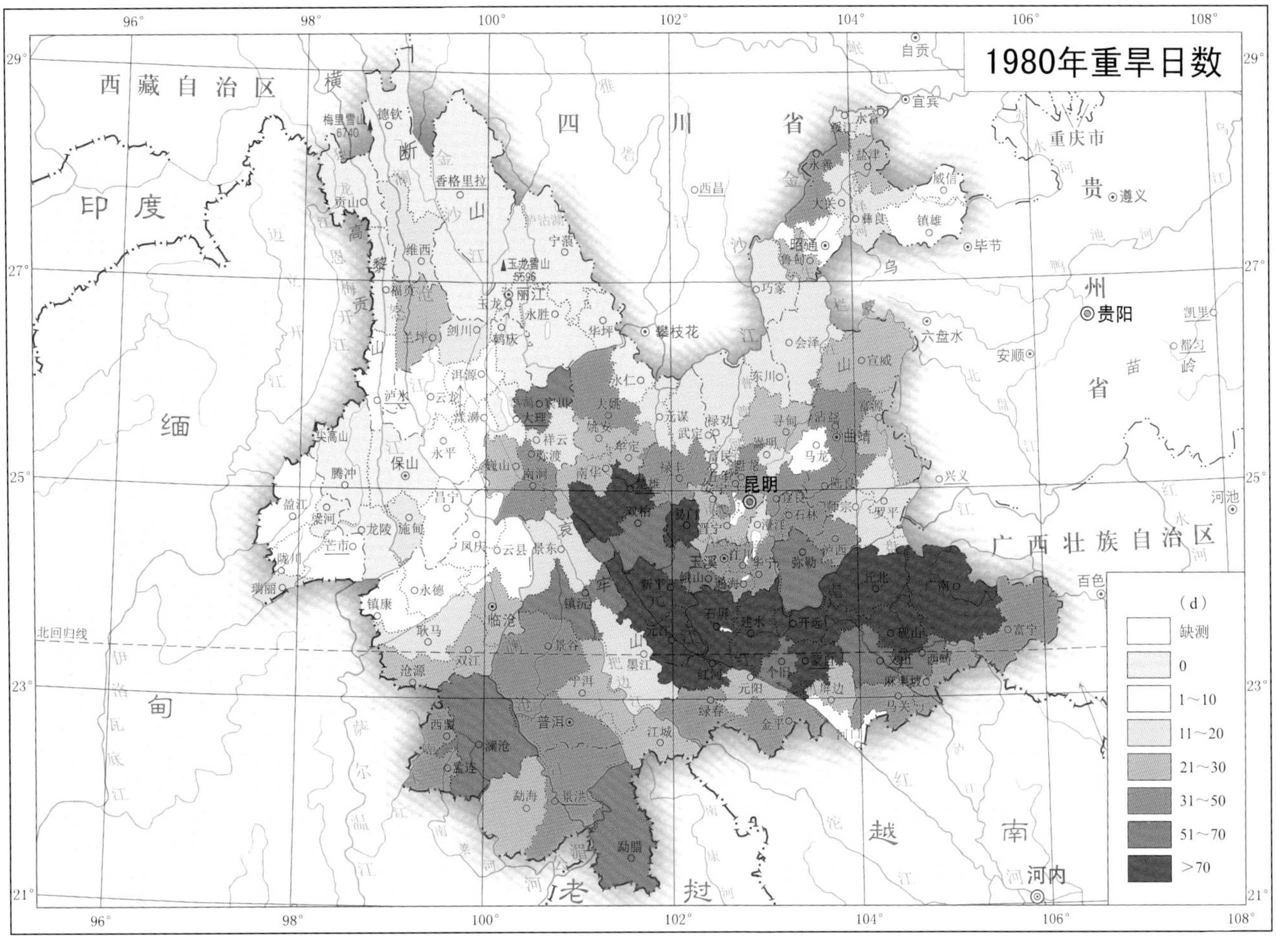

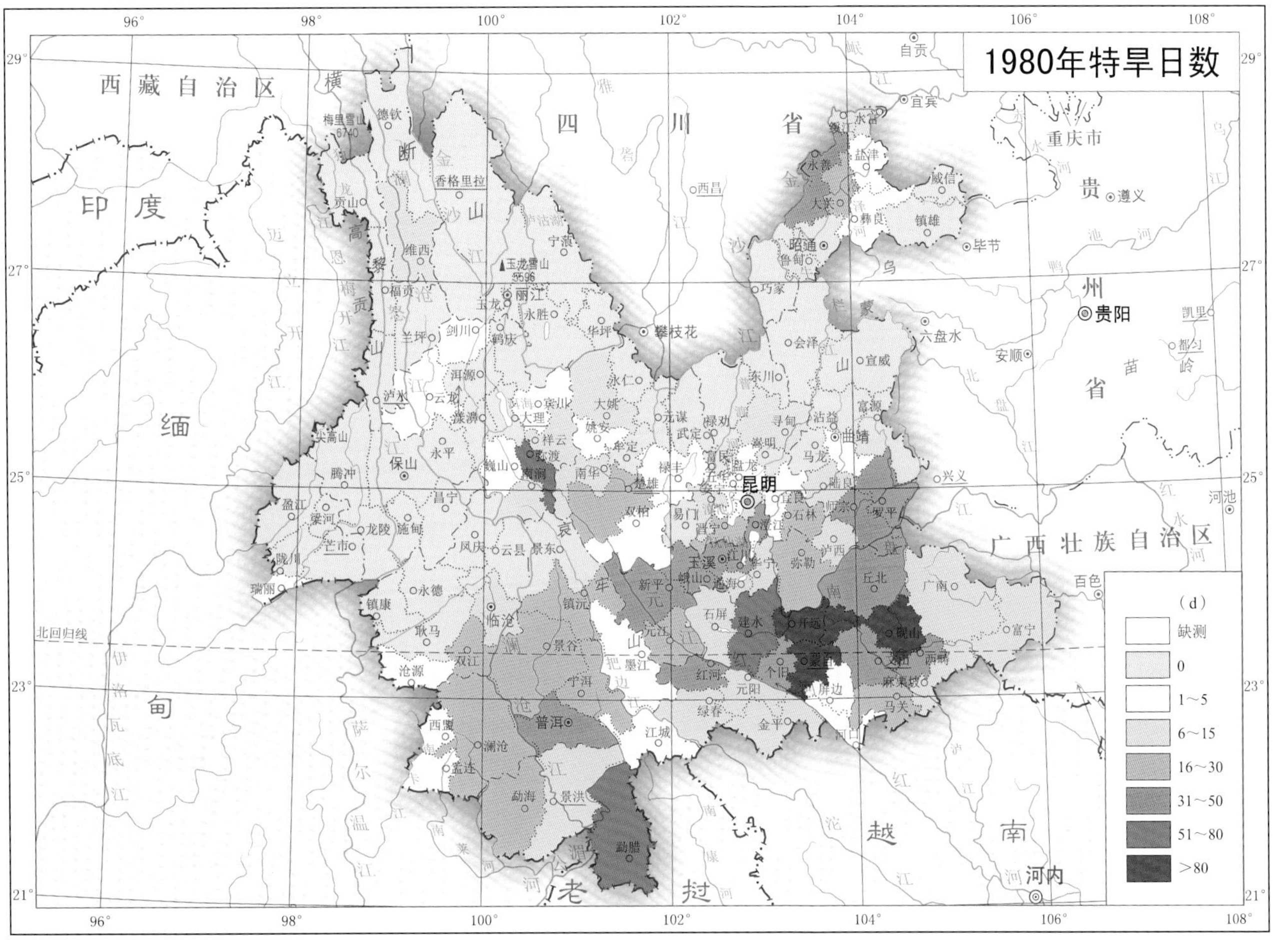

1980年重旱日数

(d)
缺测
0
1~10
11~20
21~30
31~50
51~70
>70

1980年特旱日数

(d)
缺测
0
1~5
6~15
16~30
31~50
51~80
>80

比例尺 1:8 000 000 0 80 160 km

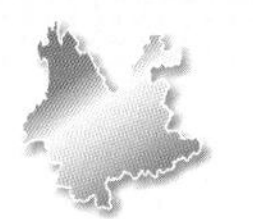

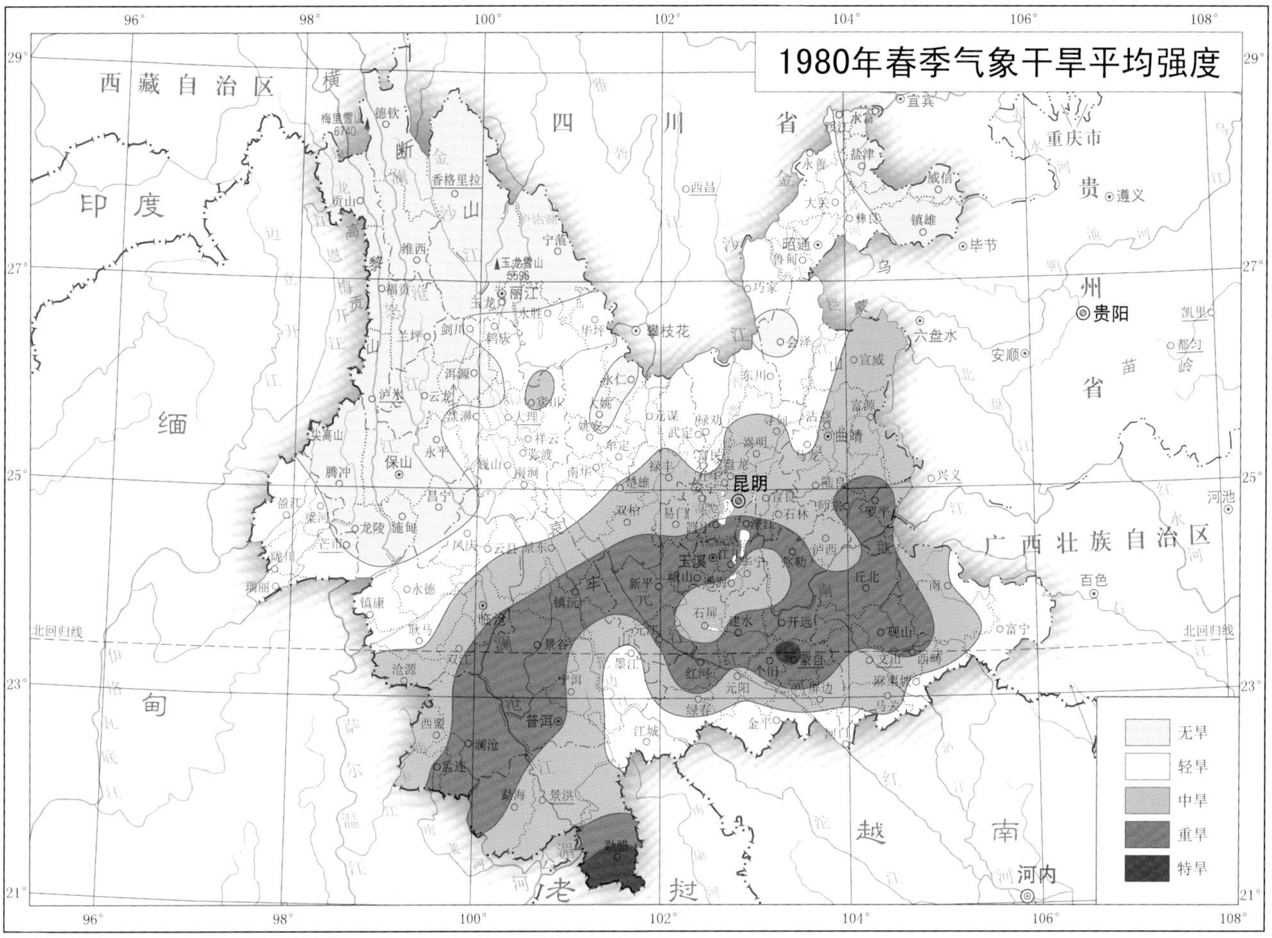

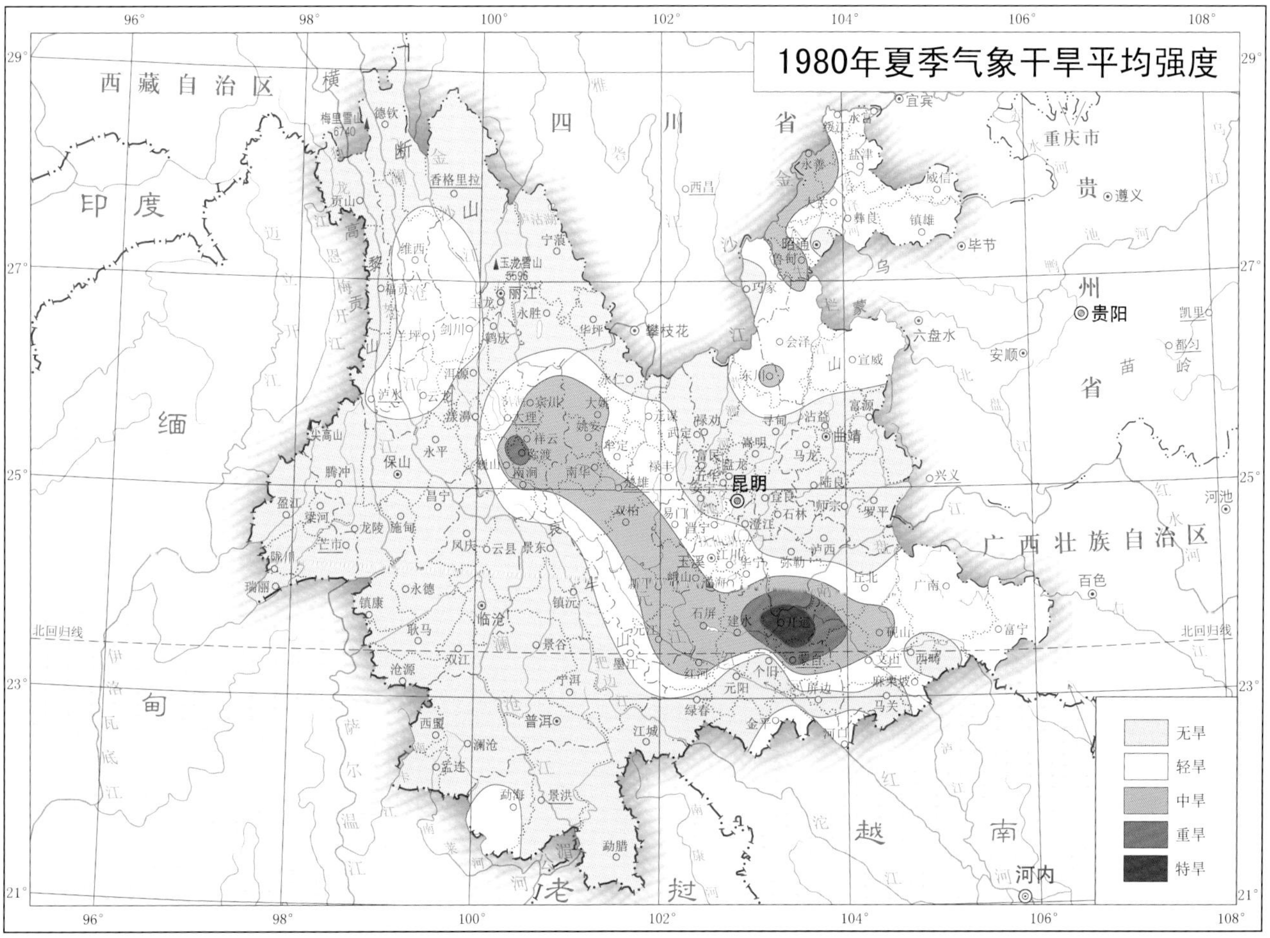

1980年春季气象干旱平均强度
无旱
轻旱
中旱
重旱
特旱
西藏自治区
四川省
重庆市
贵州省
广西壮族自治区
印度
缅甸
老挝
越南
昆明
北回归线

1980年夏季气象干旱平均强度
无旱
轻旱
中旱
重旱
特旱
西藏自治区
四川省
重庆市
贵州省
广西壮族自治区
印度
缅甸
老挝
越南
昆明
北回归线

比例尺 1:8 000 000 0 80 160 km

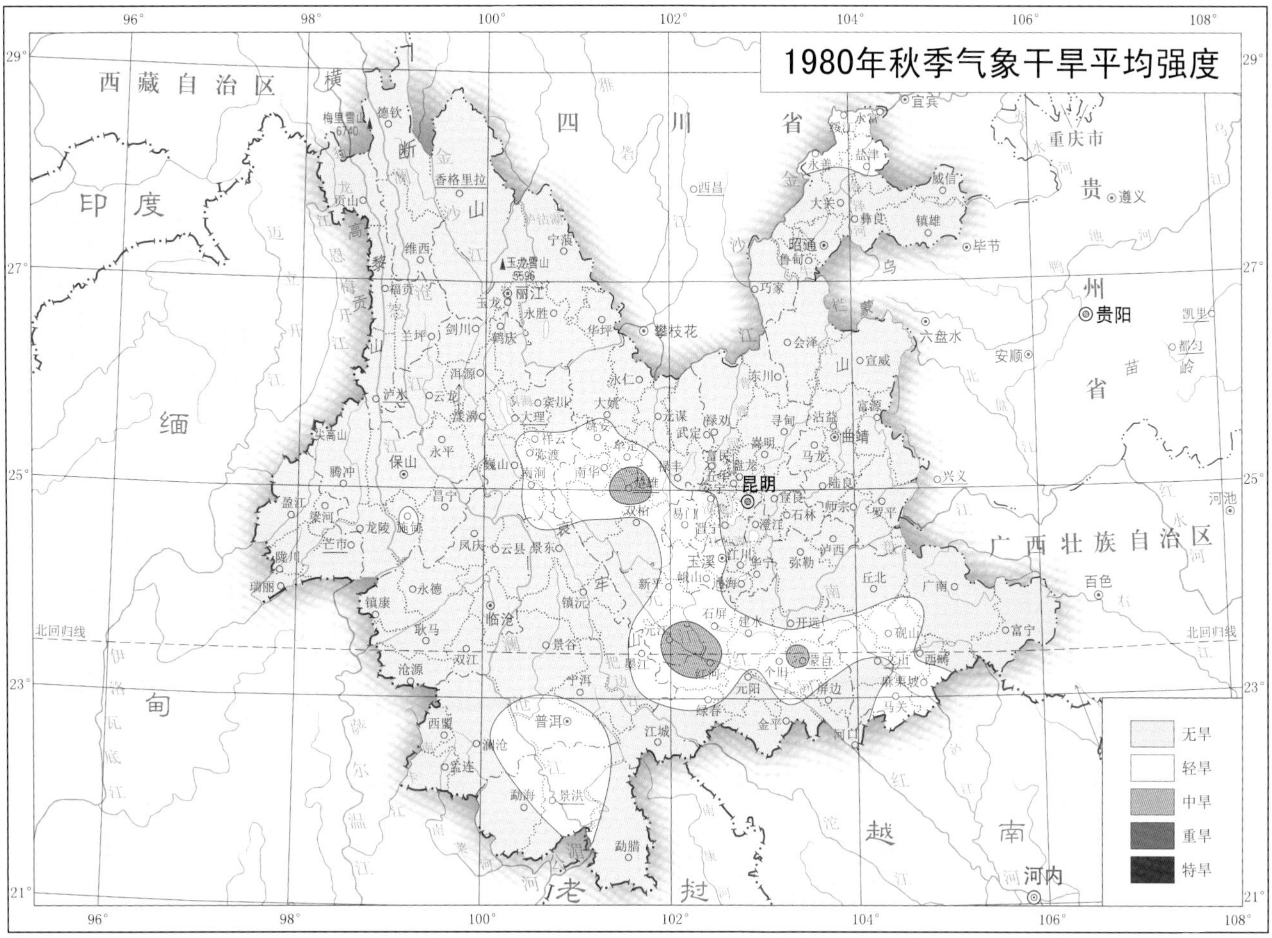

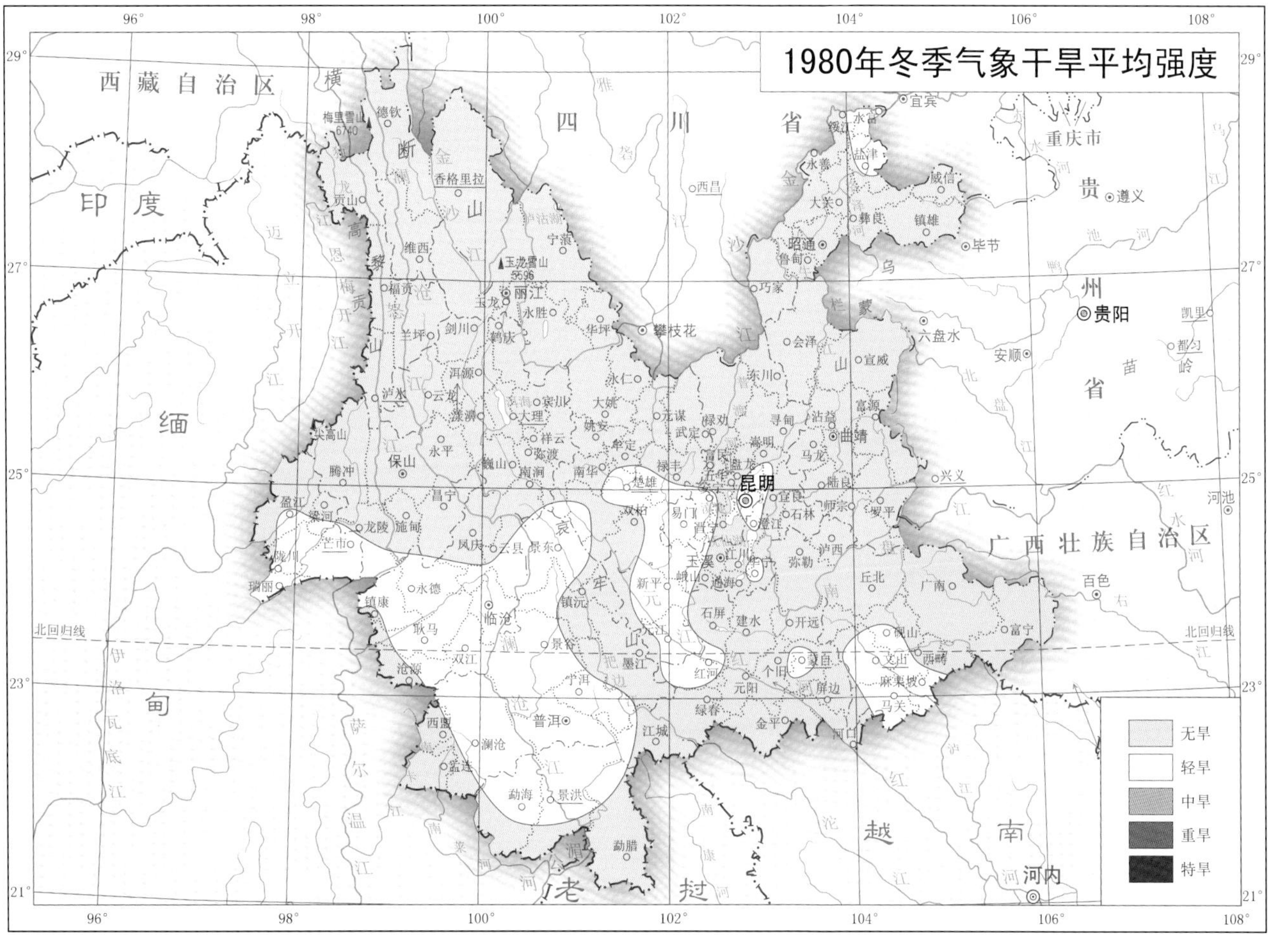

1980年秋季气象干旱平均强度

无旱
轻旱
中旱
重旱
特旱

1980年冬季气象干旱平均强度

无旱
轻旱
中旱
重旱
特旱

比例尺　1 : 8 000 000　0　80　160 km

1981年干旱日数

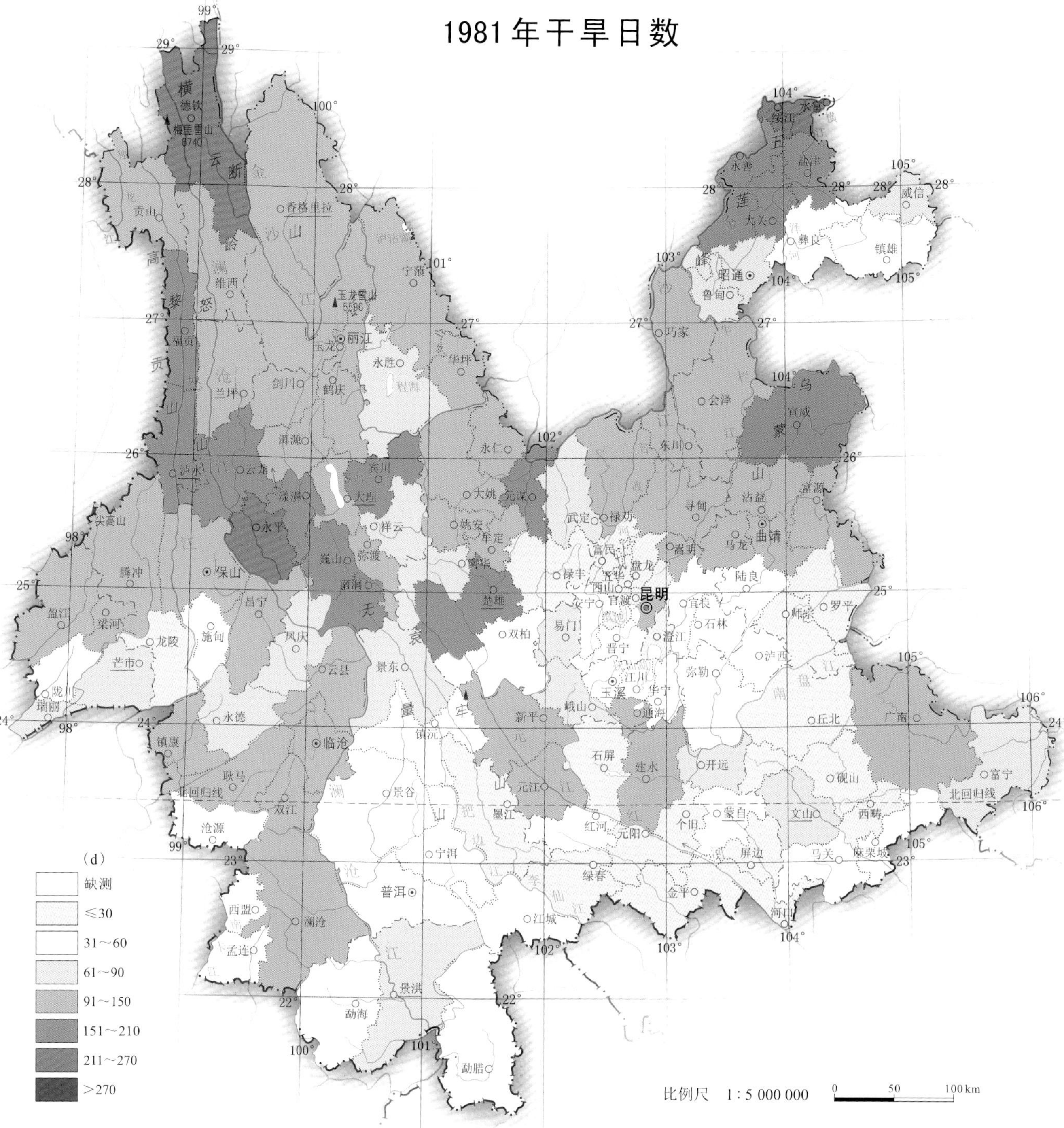

(d)
- 缺测
- ≤30
- 31～60
- 61～90
- 91～150
- 151～210
- 211～270
- >270

比例尺 1 : 5 000 000

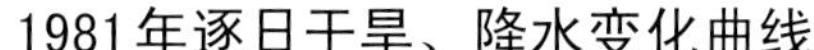

1981年逐日干旱、降水变化曲线

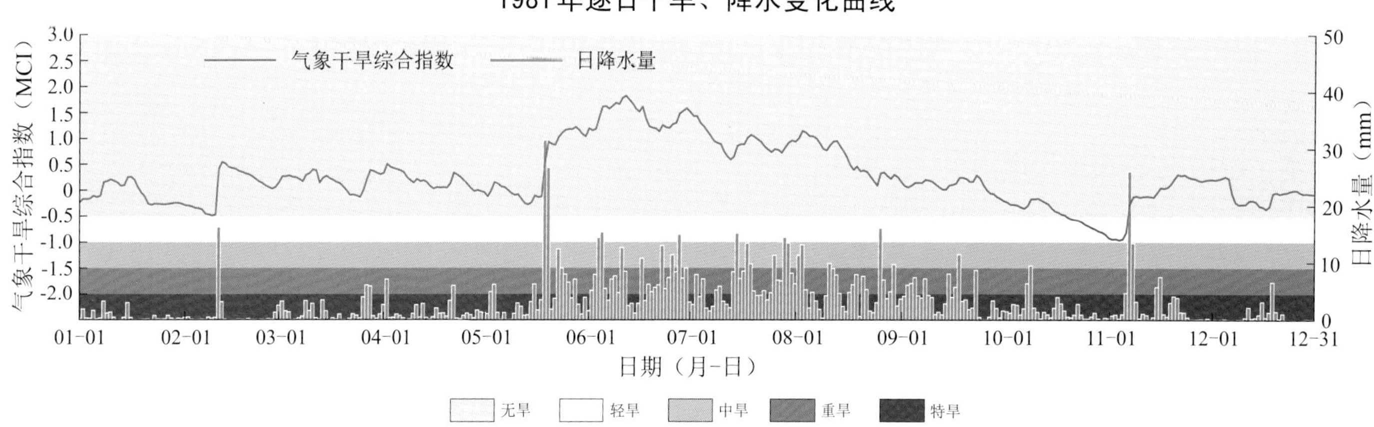

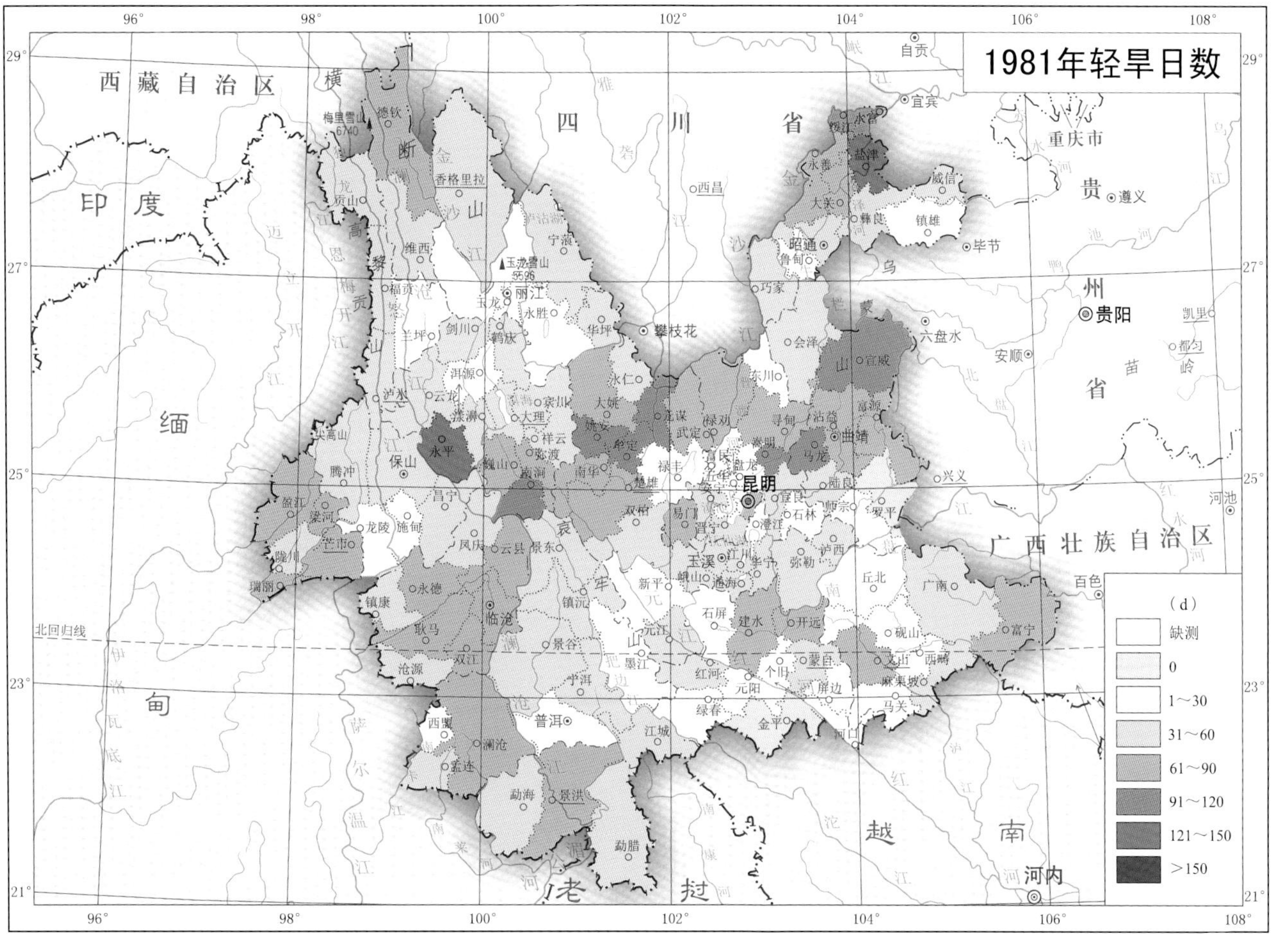

1981年轻旱日数

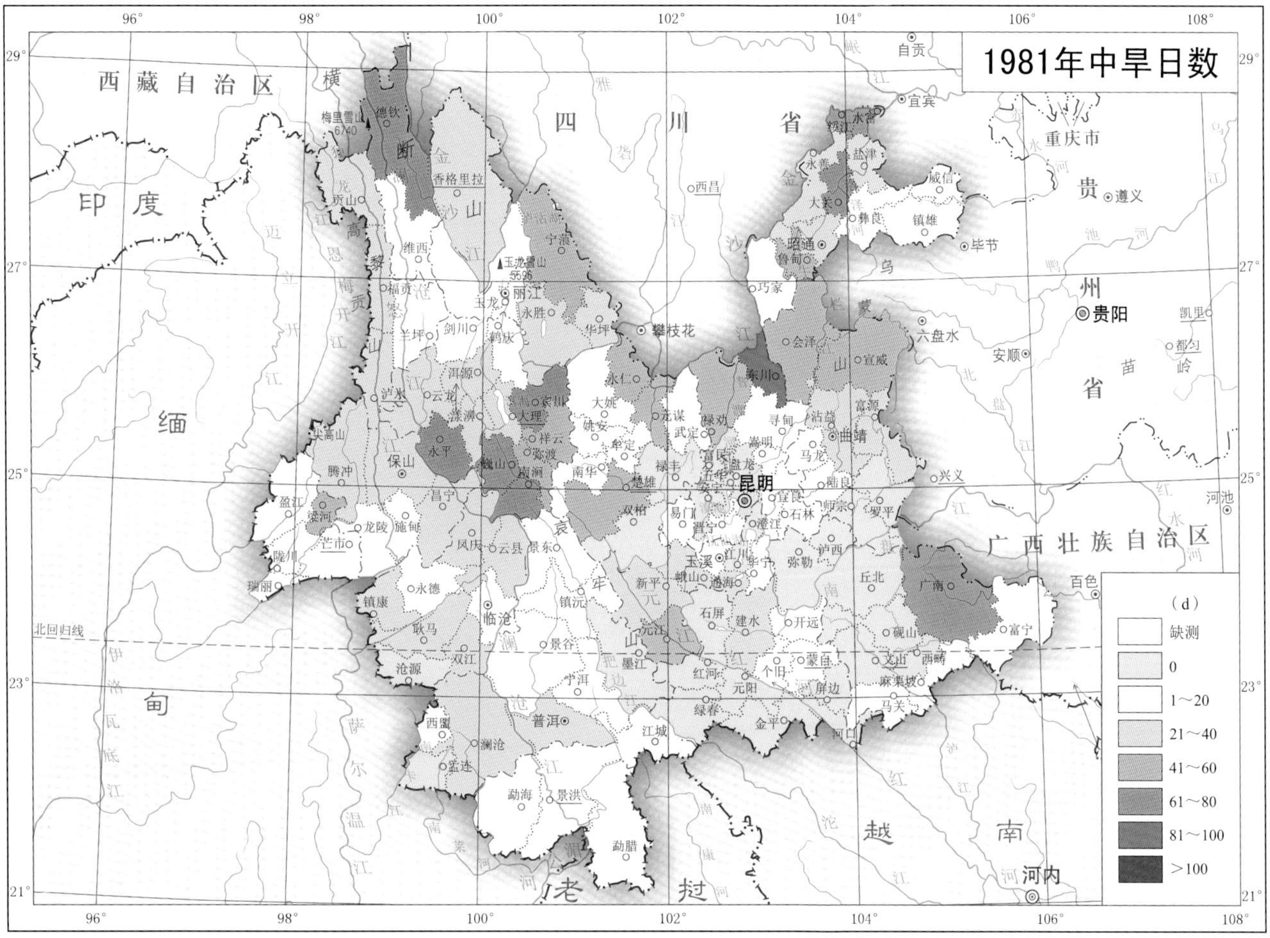

(d)

- 缺测
- 0
- 1～30
- 31～60
- 61～90
- 91～120
- 121～150
- >150

1981年中旱日数

(d)

- 缺测
- 0
- 1～20
- 21～40
- 41～60
- 61～80
- 81～100
- >100

比例尺 1∶8 000 000　0　80　160 km

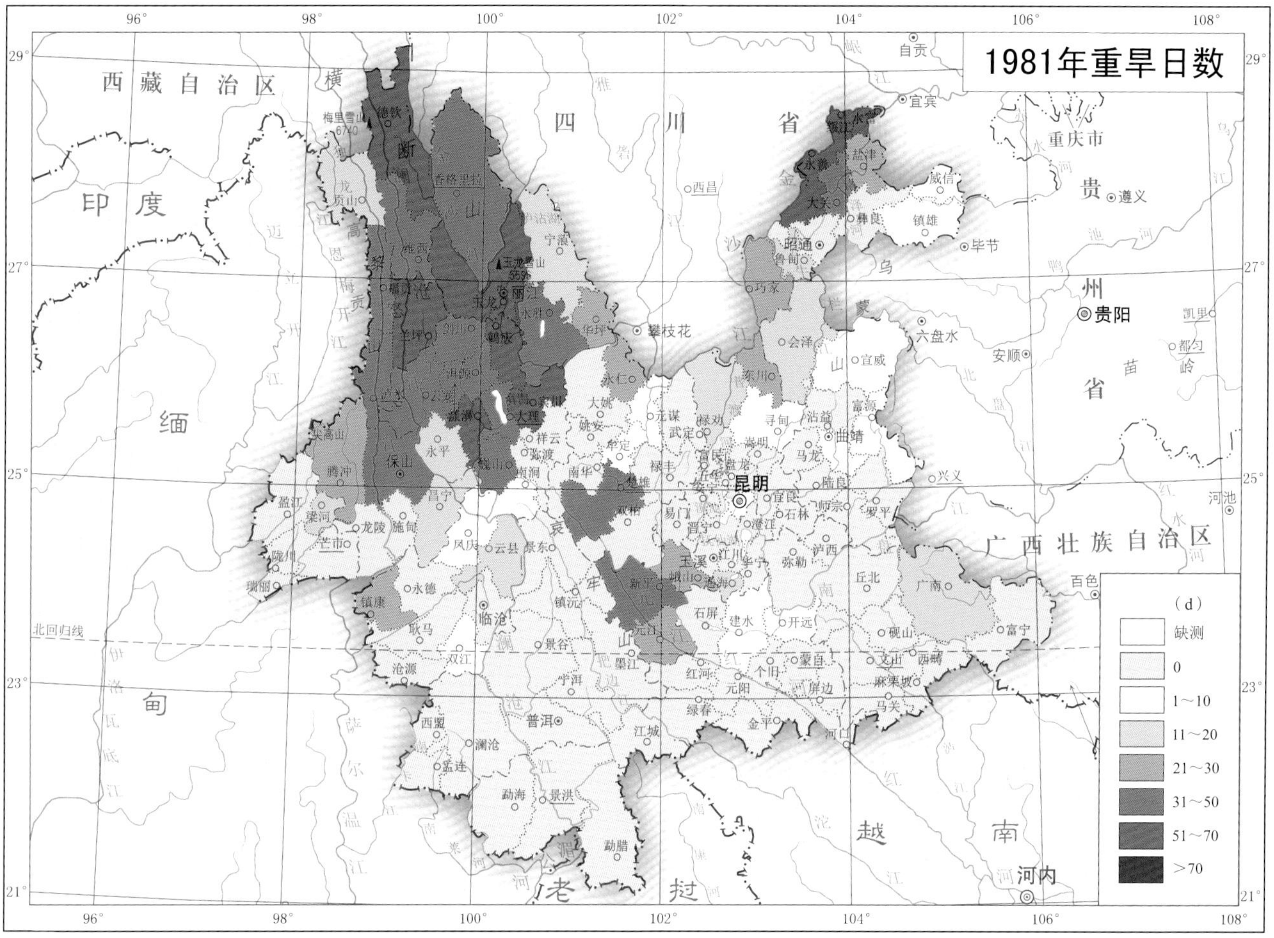

1981年重旱日数

(d)

- 缺测
- 0
- 1～10
- 11～20
- 21～30
- 31～50
- 51～70
- >70

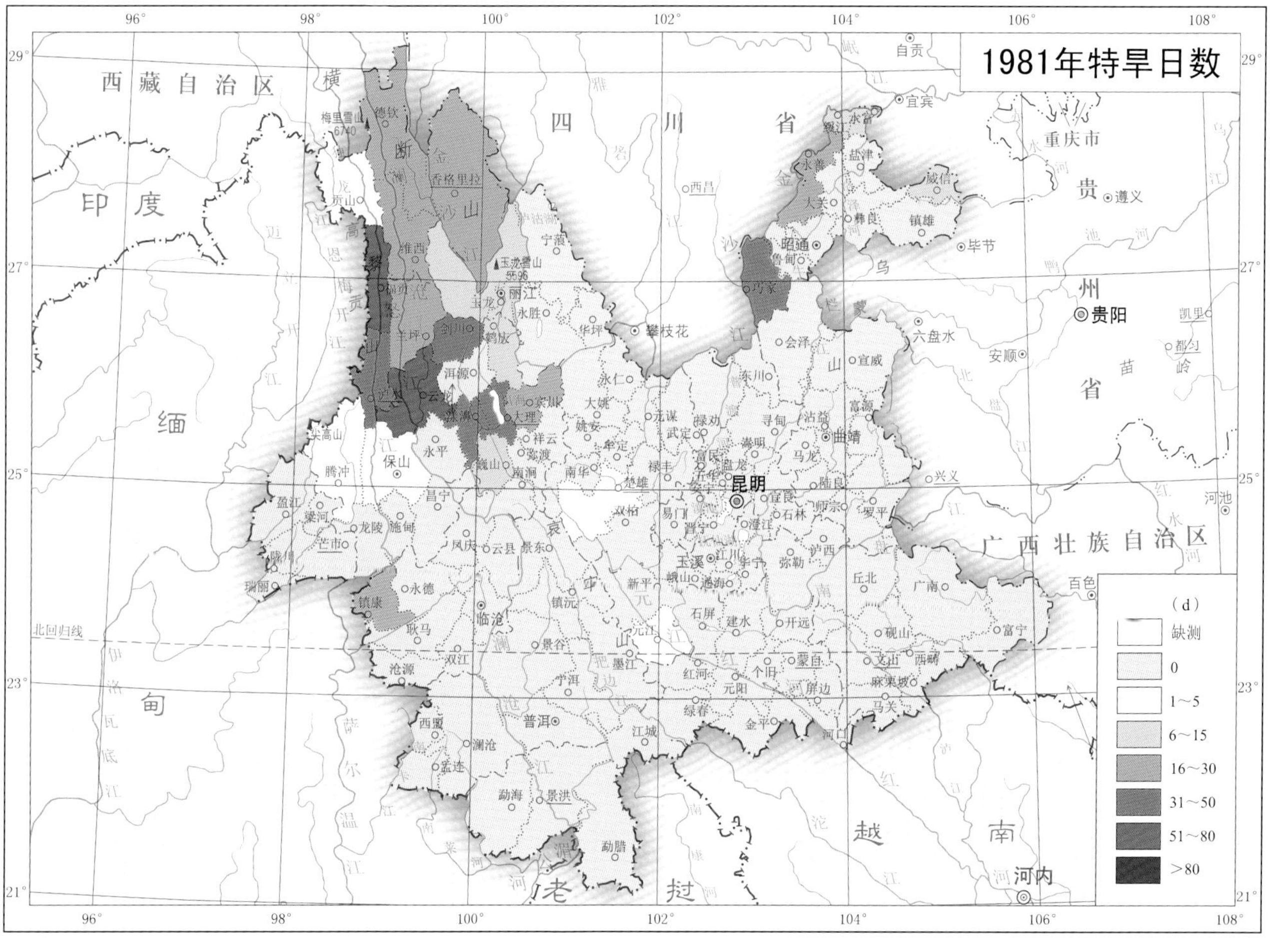

1981年特旱日数

(d)

- 缺测
- 0
- 1～5
- 6～15
- 16～30
- 31～50
- 51～80
- >80

比例尺 1:8 000 000 0 80 160 km

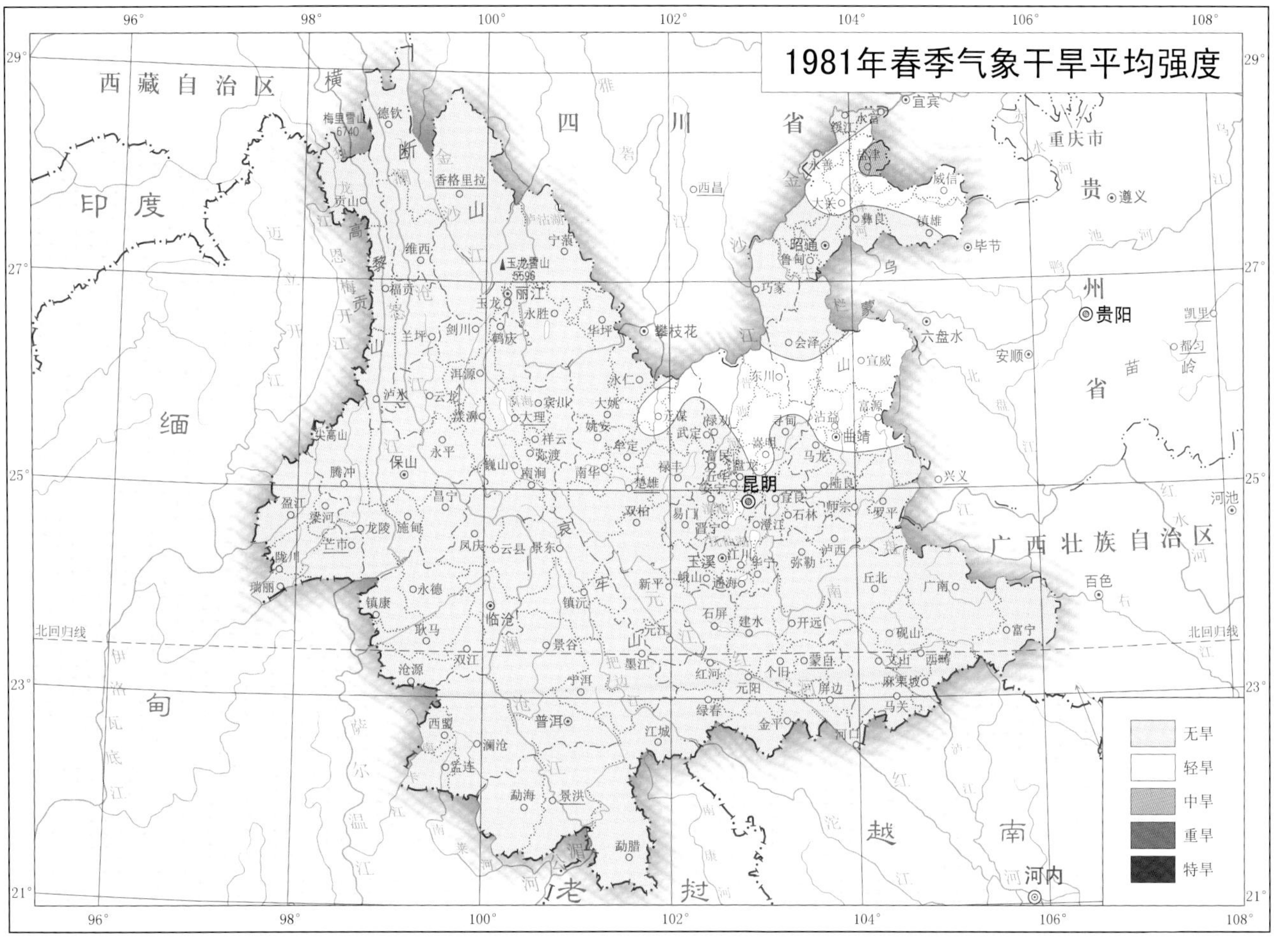

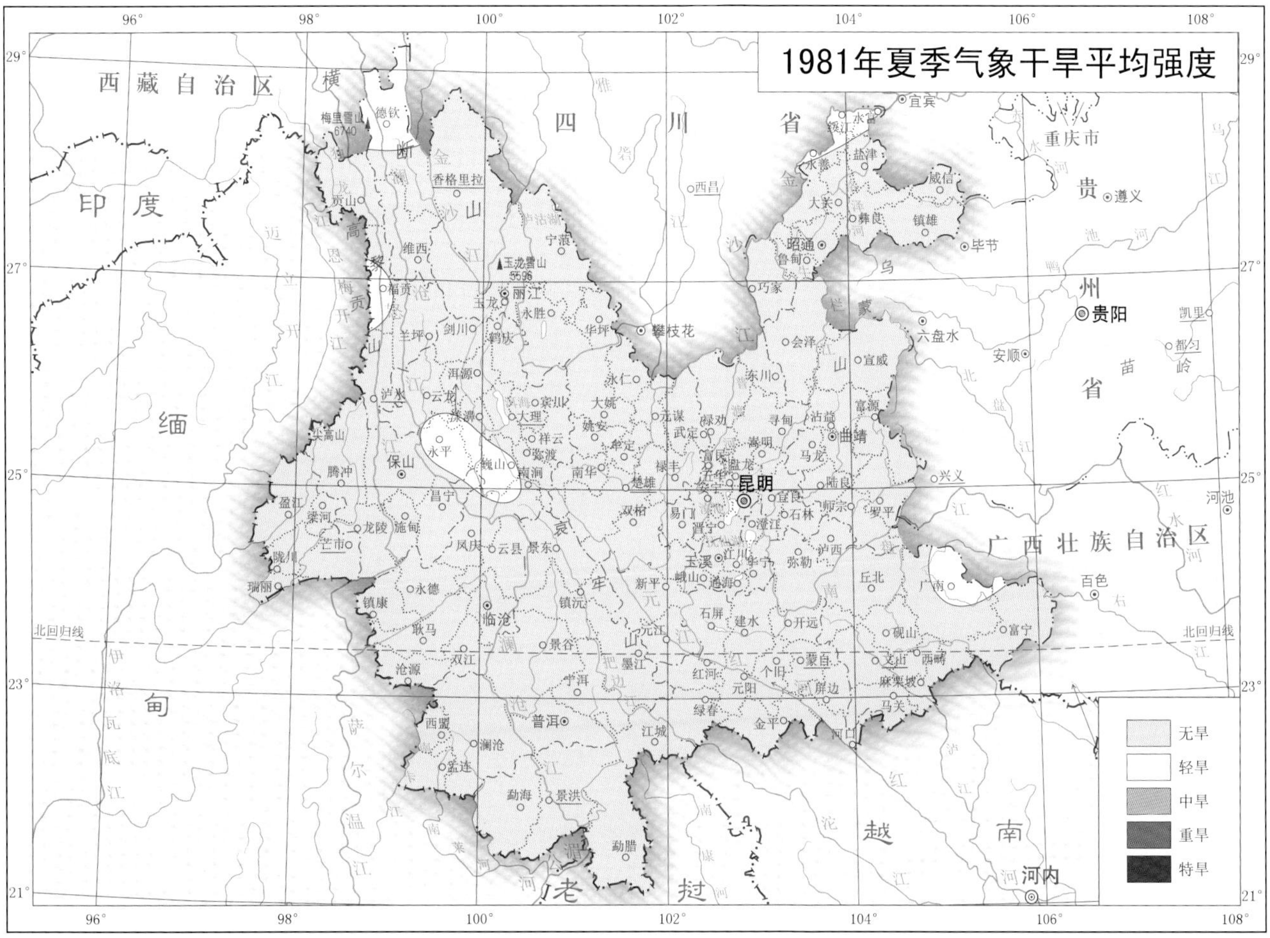

1981年春季气象干旱平均强度

无旱
轻旱
中旱
重旱
特旱

1981年夏季气象干旱平均强度

无旱
轻旱
中旱
重旱
特旱

比例尺　1∶8 000 000　0　80　160 km

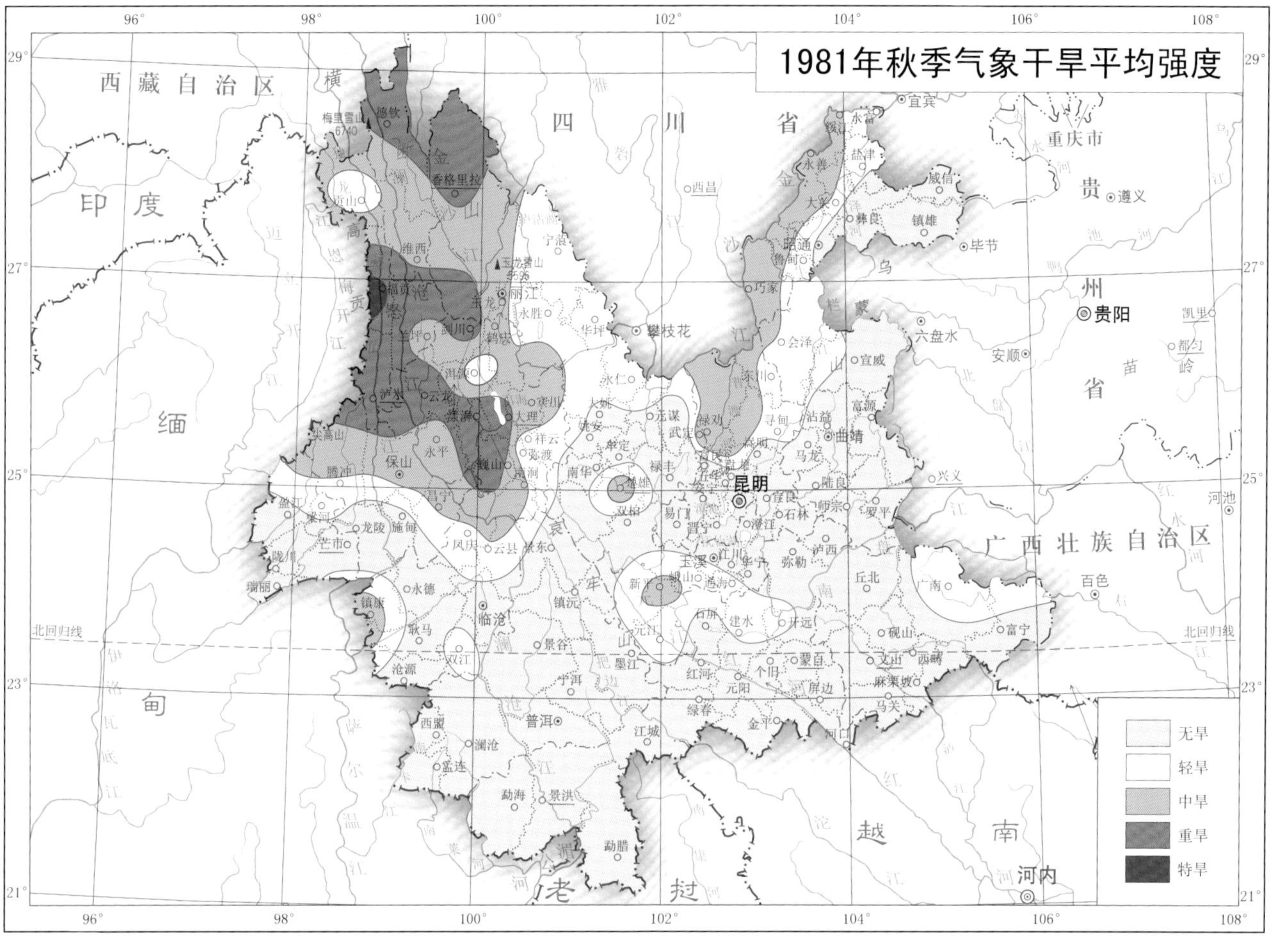

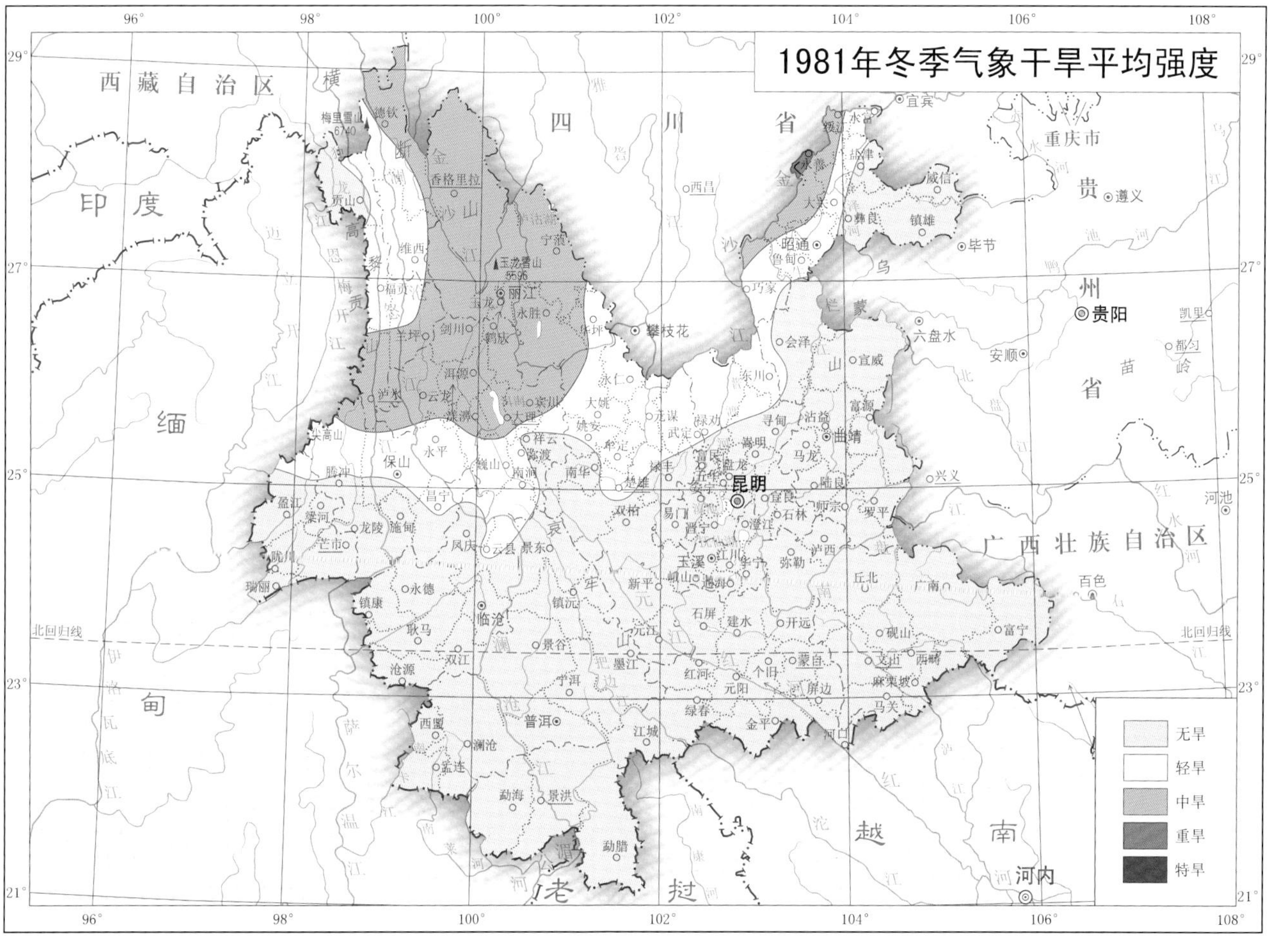

1981年秋季气象干旱平均强度

图例
无旱
轻旱
中旱
重旱
特旱

1981年冬季气象干旱平均强度

图例
无旱
轻旱
中旱
重旱
特旱

比例尺 1 : 8 000 000 0 80 160 km

1982 年干旱日数

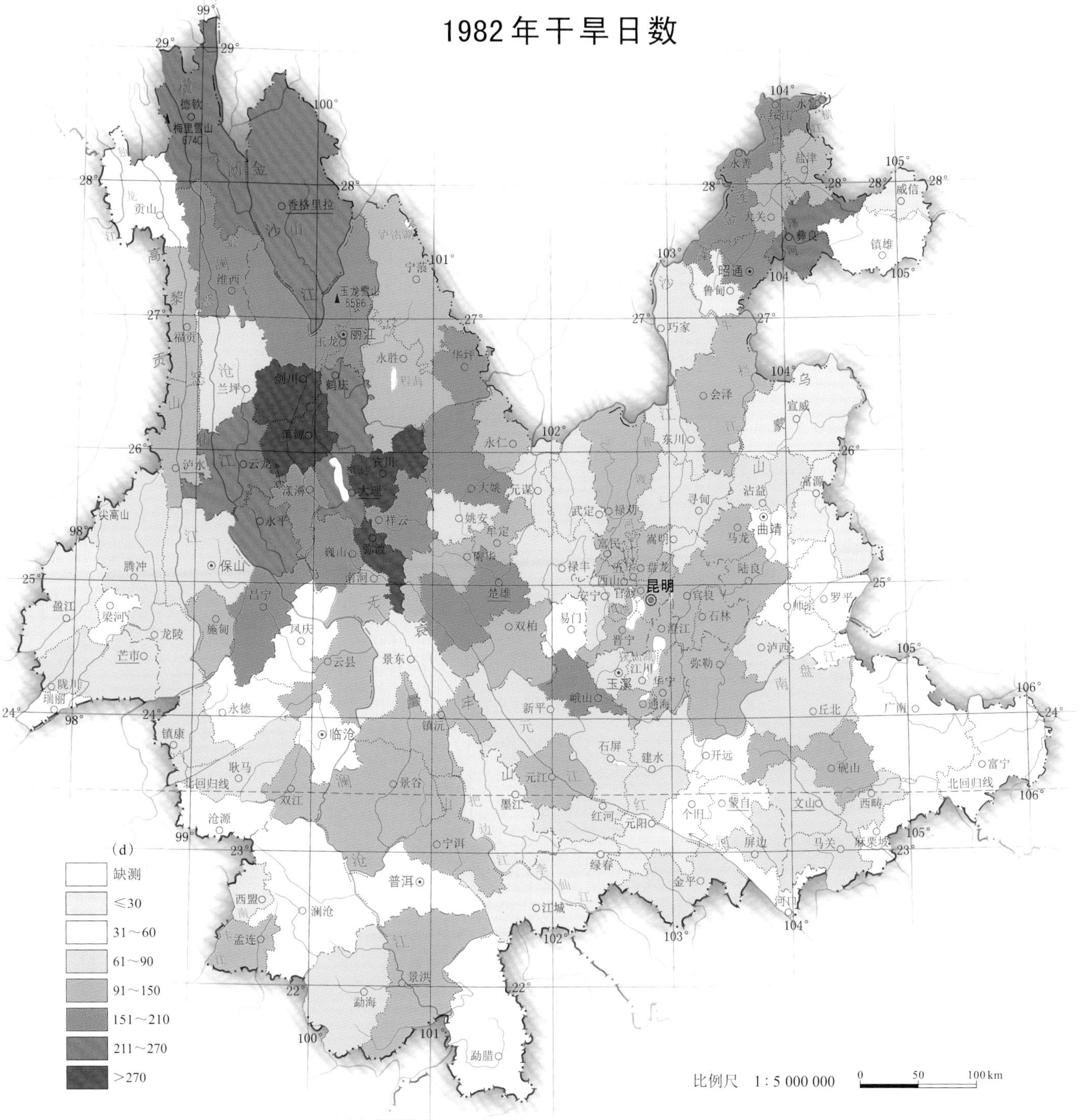

(d)

缺测

≤30

31～60

61～90

91～150

151～210

211～270

>270

比例尺 1：5 000 000

0 50 100 km

1982年逐日干旱、降水变化曲线

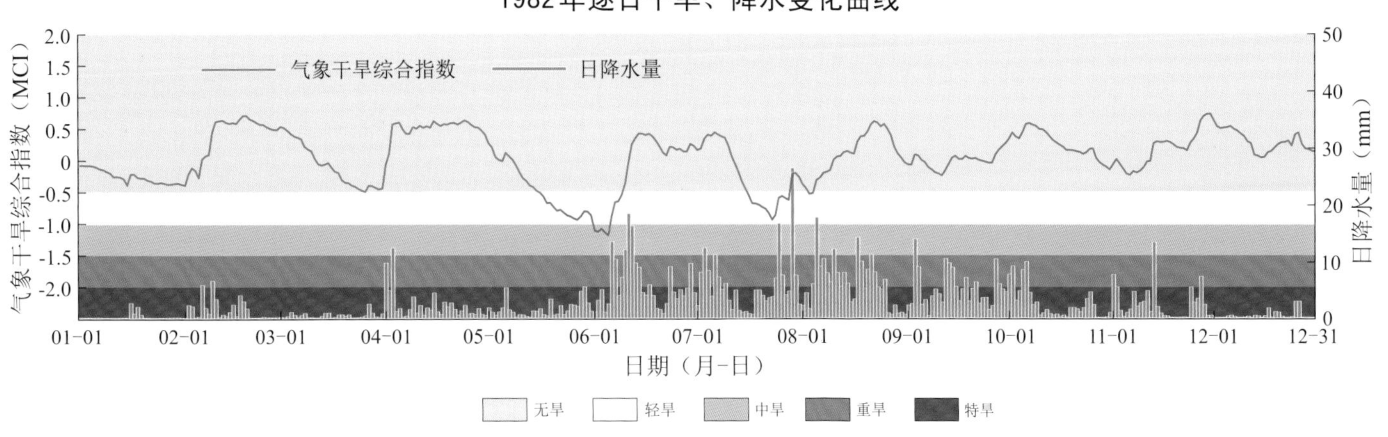

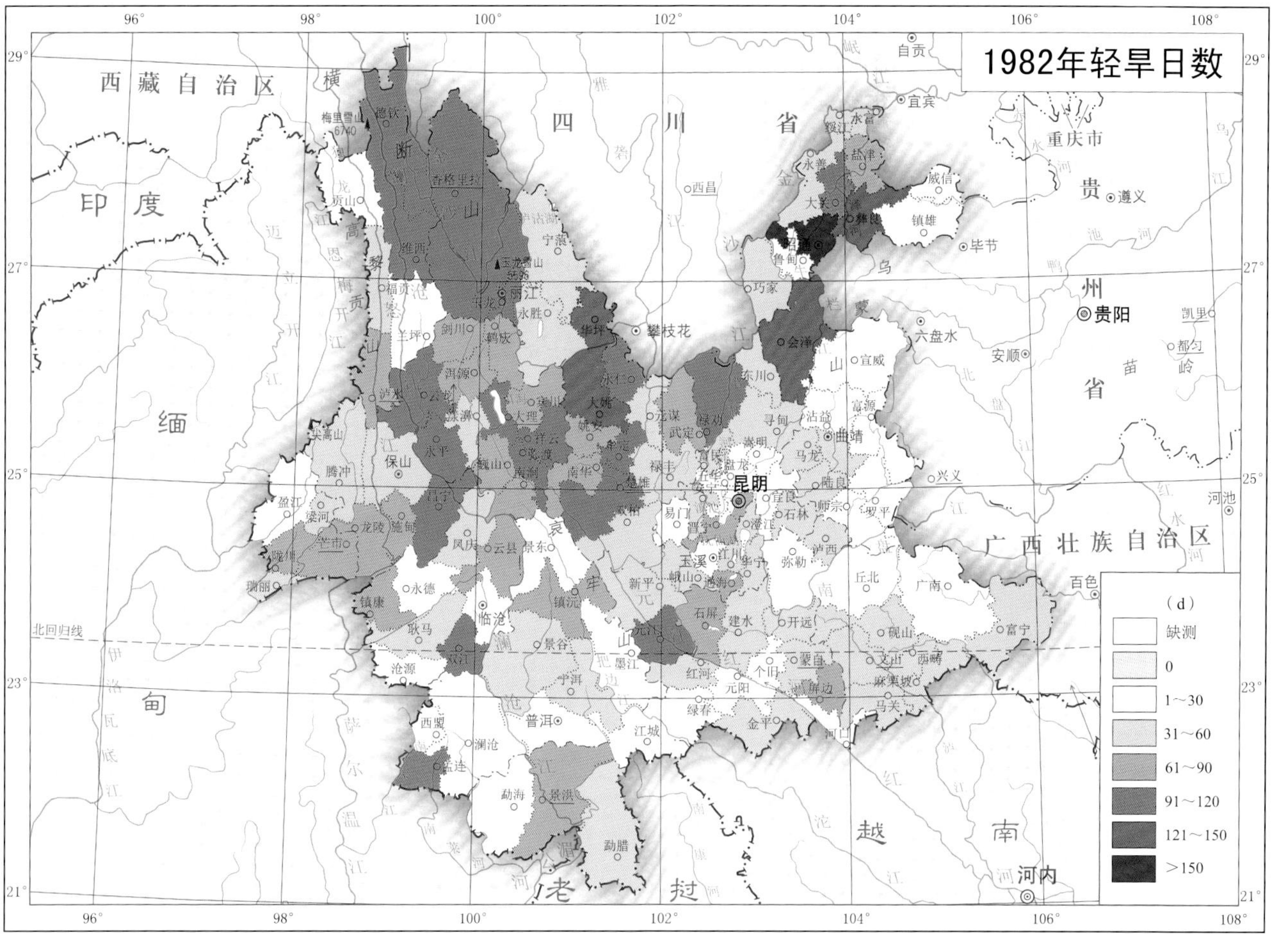

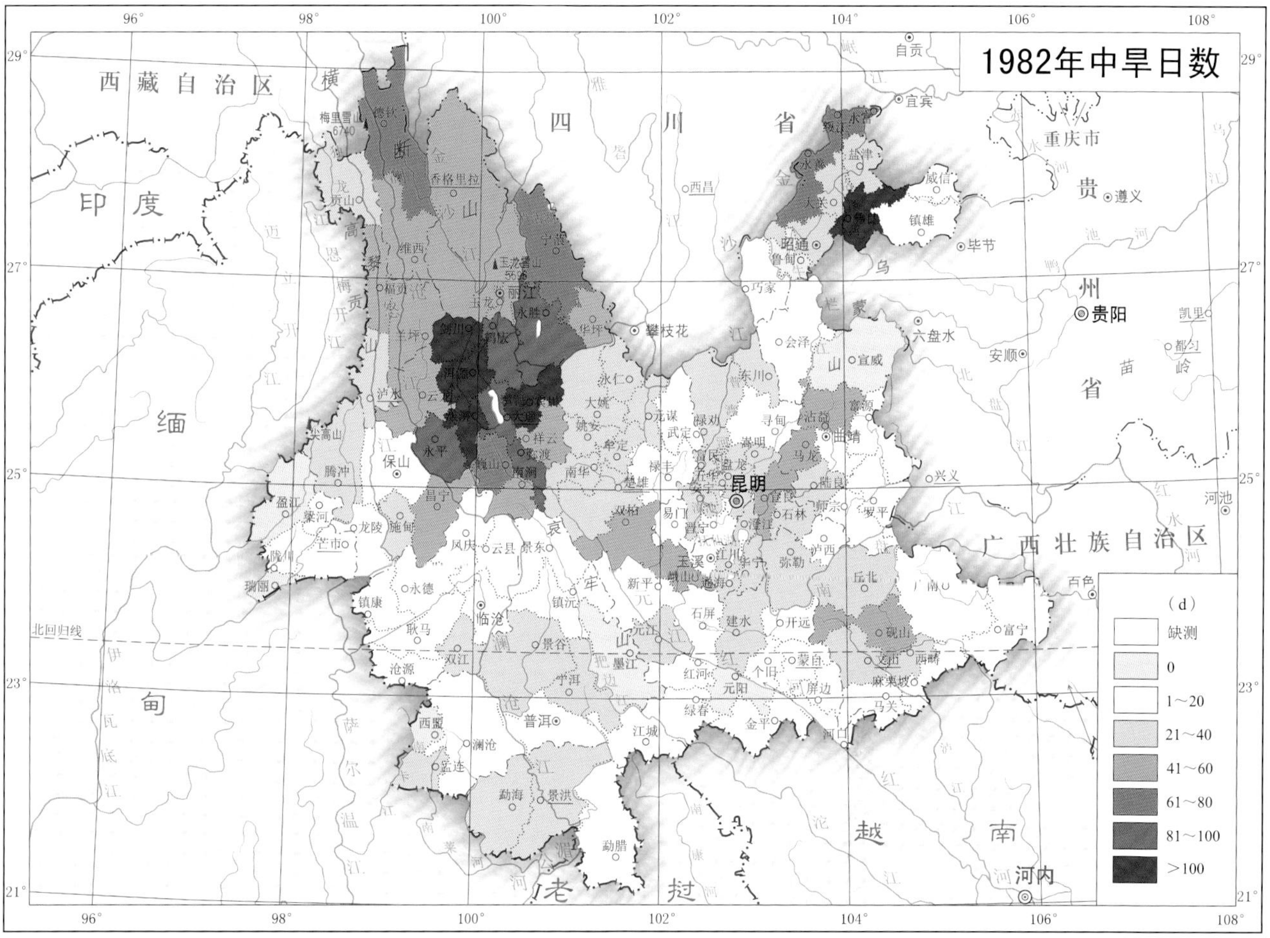

1982年轻旱日数

(d)
缺测
0
1～30
31～60
61～90
91～120
121～150
>150

1982年中旱日数

(d)
缺测
0
1～20
21～40
41～60
61～80
81～100
>100

比例尺 1:8 000 000　0　80　160 km

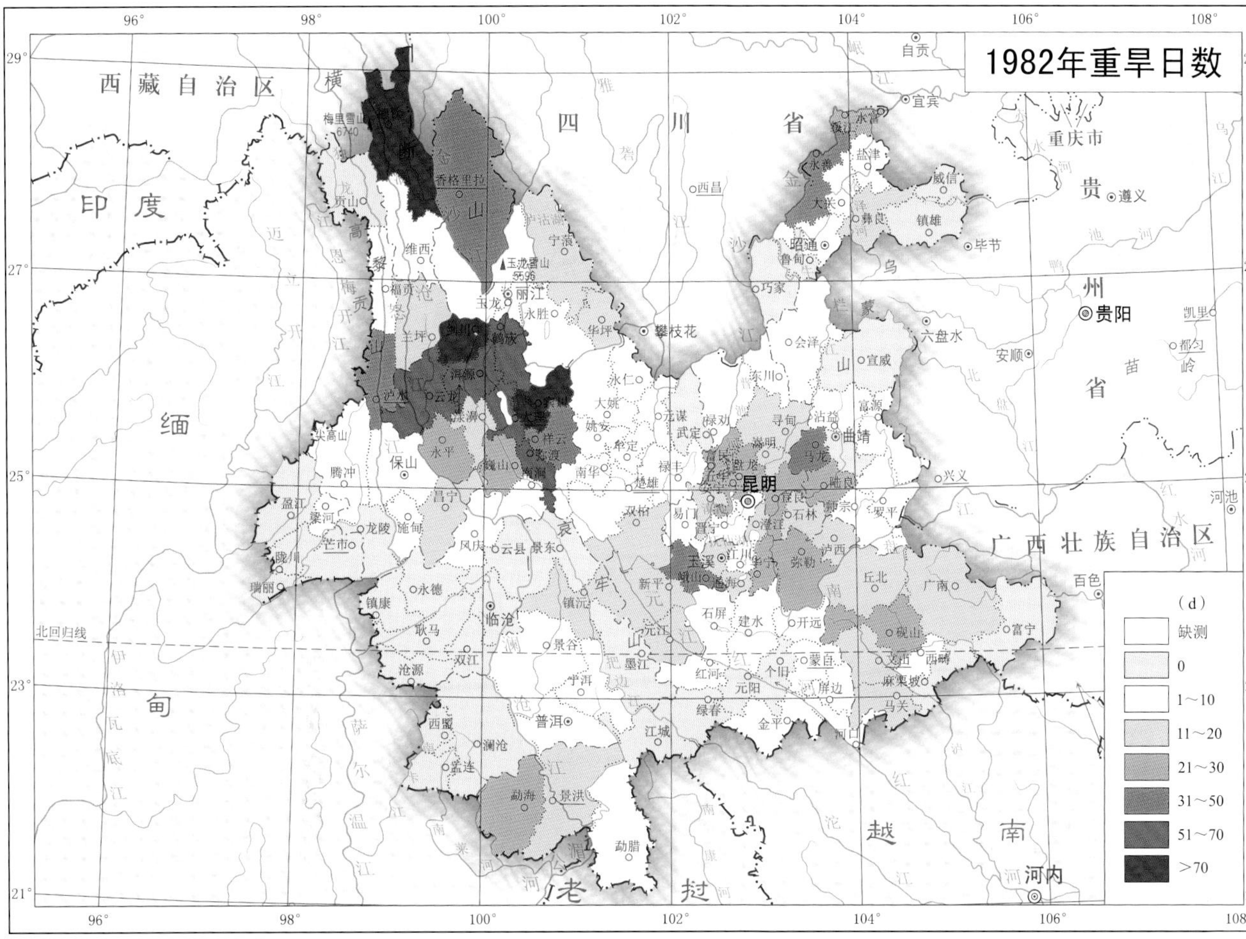

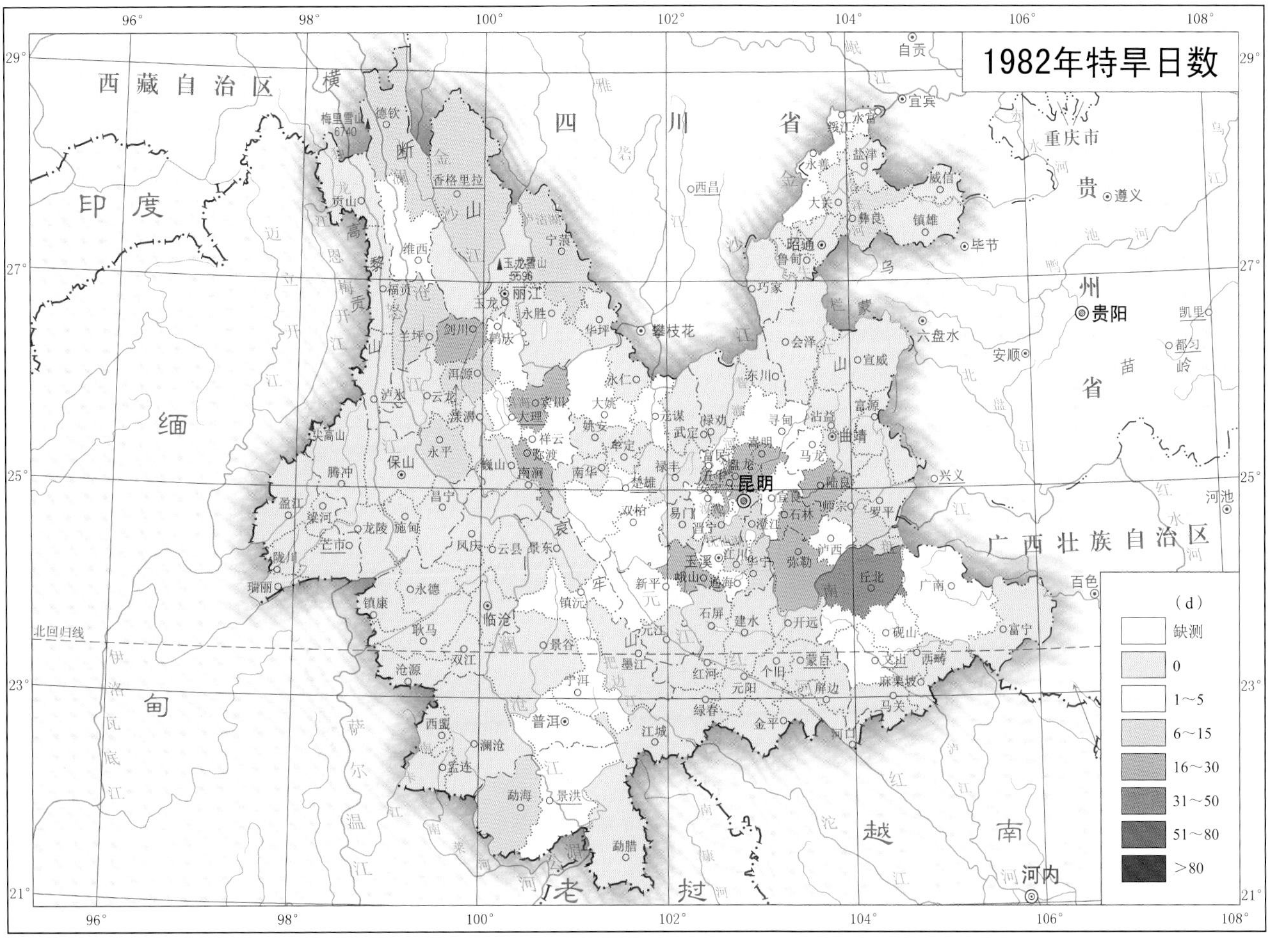

1982年重旱日数

(d)

- 缺测
- 0
- 1～10
- 11～20
- 21～30
- 31～50
- 51～70
- ＞70

1982年特旱日数

(d)

- 缺测
- 0
- 1～5
- 6～15
- 16～30
- 31～50
- 51～80
- ＞80

比例尺　1：8 000 000　0　80　160 km

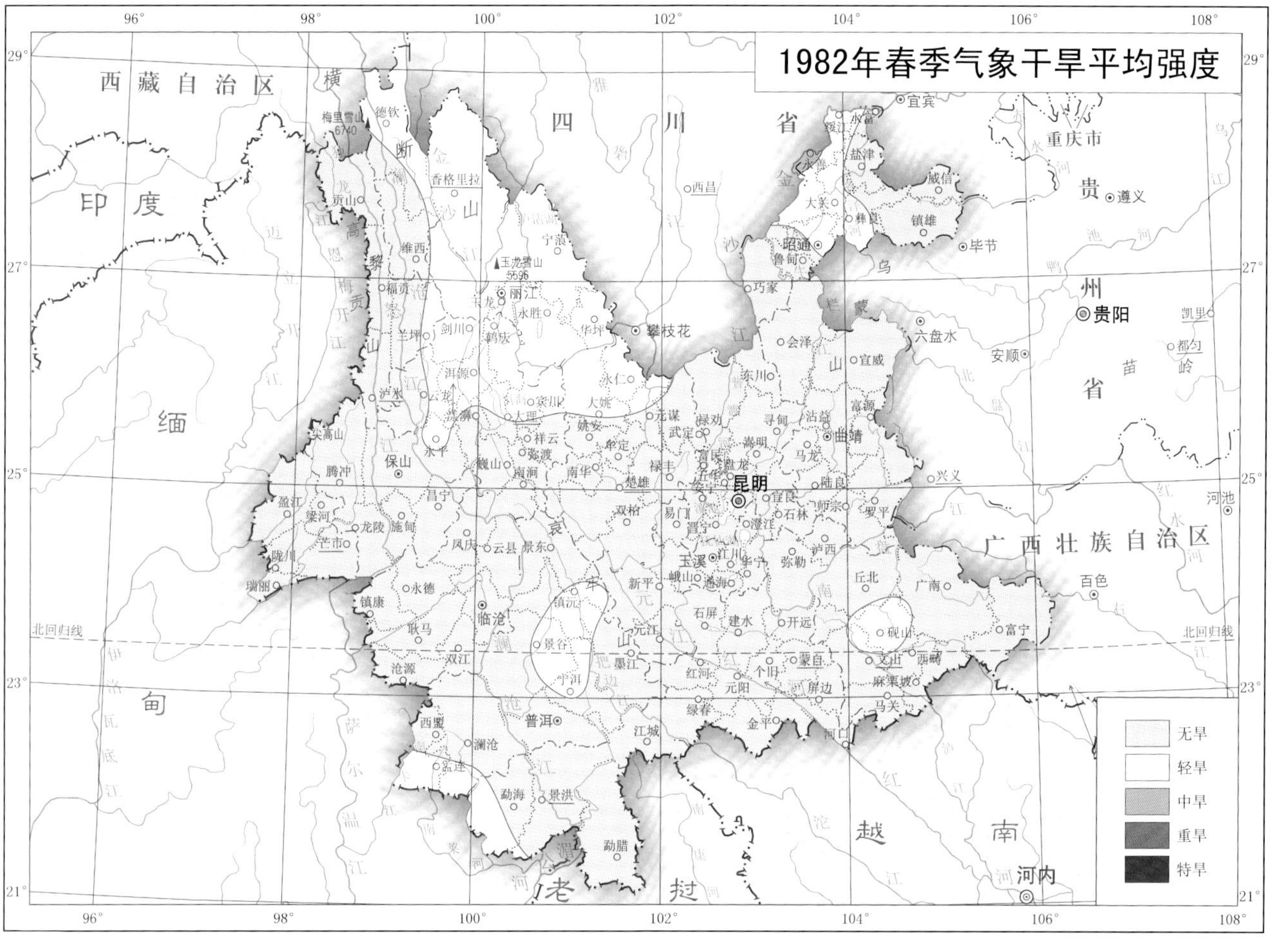

1982年春季气象干旱平均强度

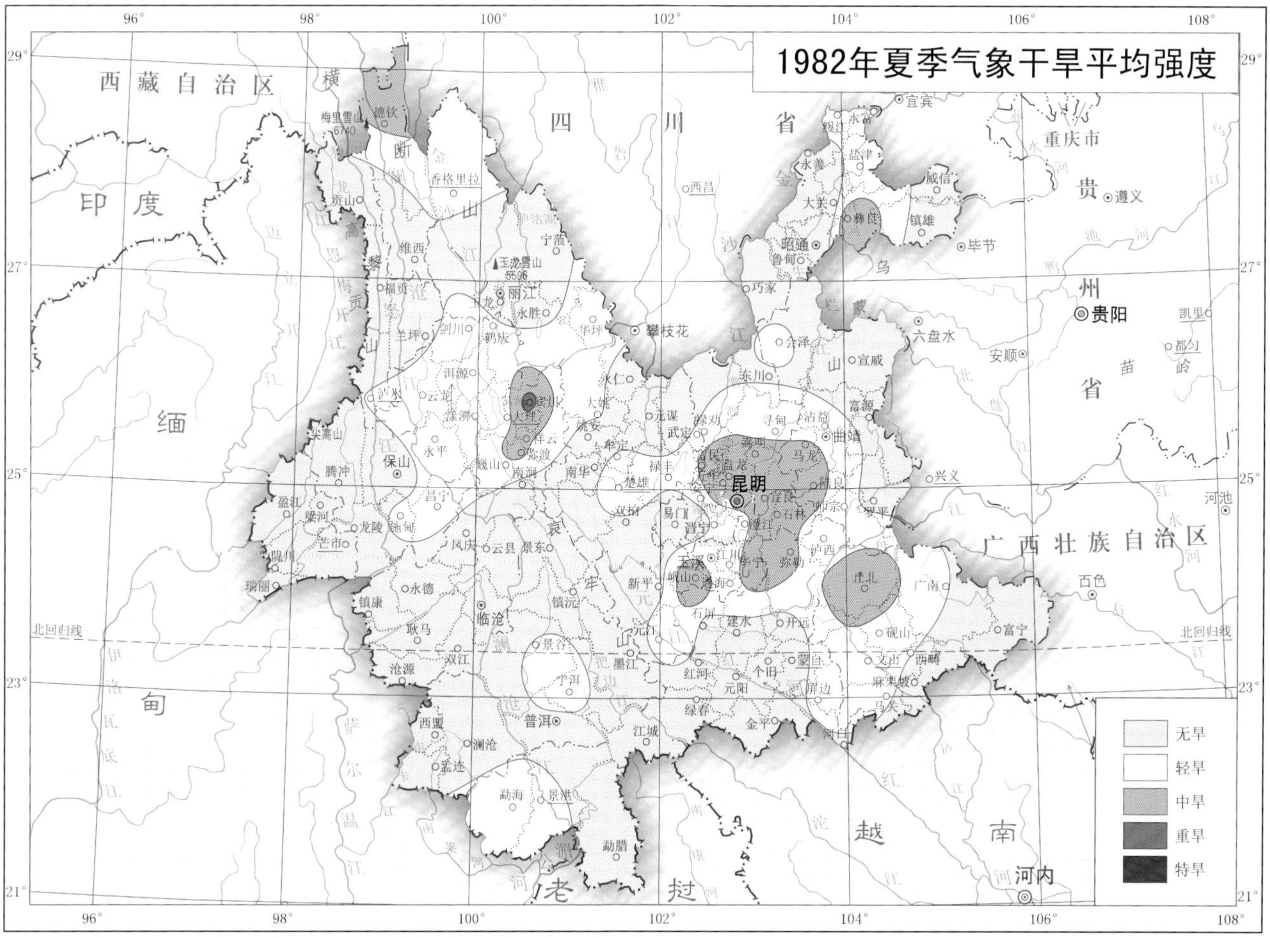

无旱
轻旱
中旱
重旱
特旱

1982年夏季气象干旱平均强度

无旱
轻旱
中旱
重旱
特旱

比例尺 1:8 000 000 0 80 160 km

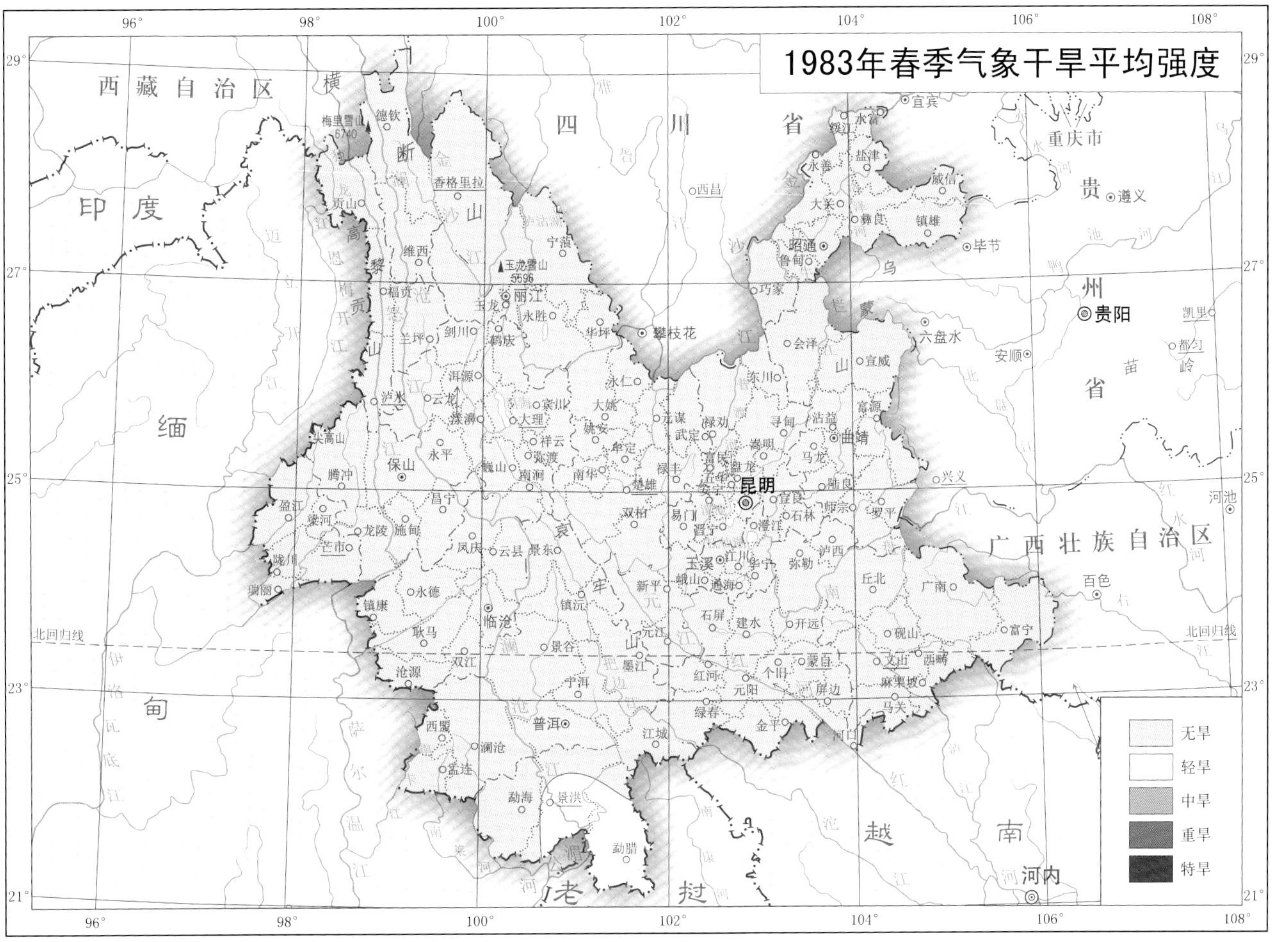

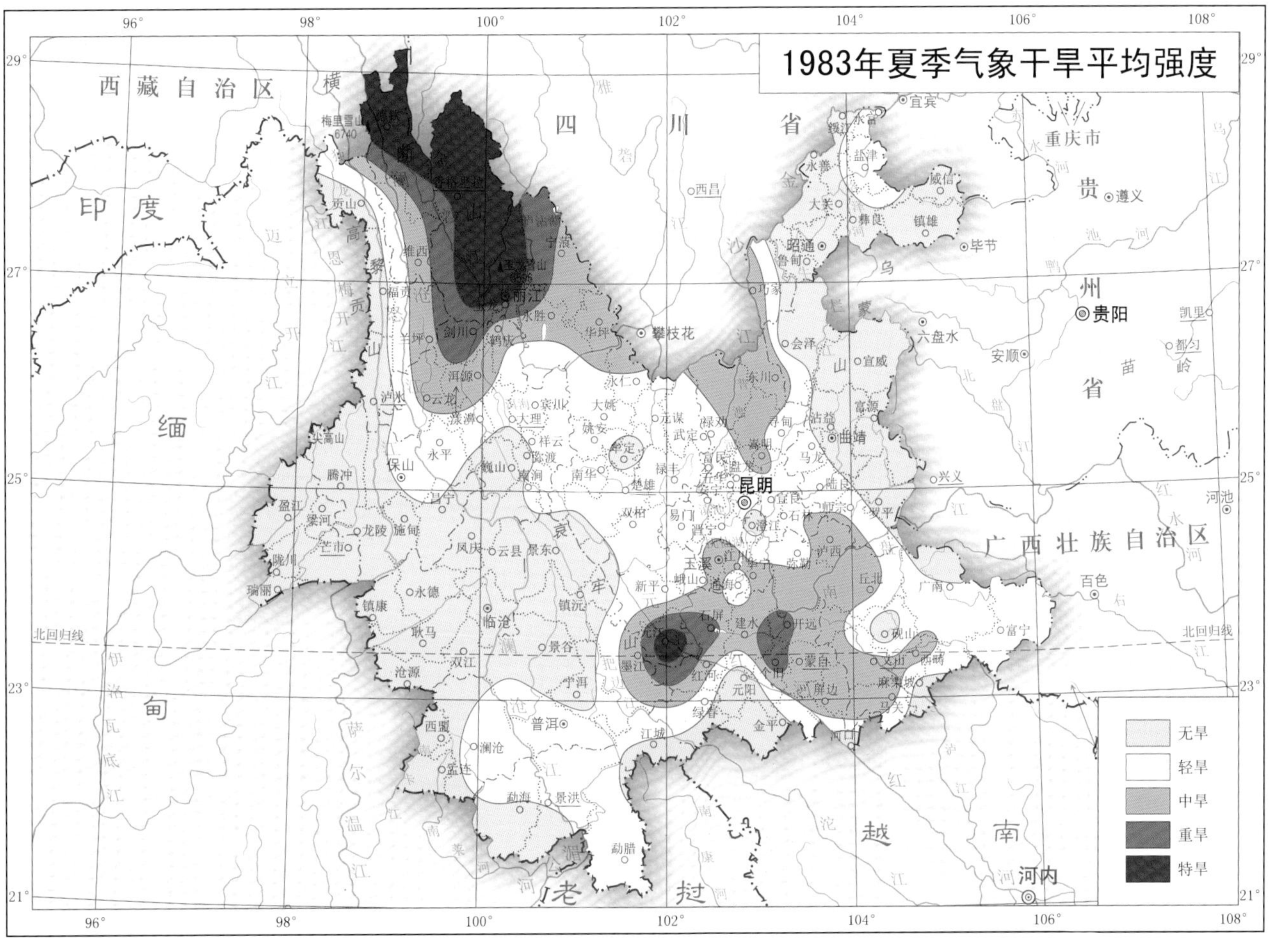

1983年春季气象干旱平均强度

无旱
轻旱
中旱
重旱
特旱

1983年夏季气象干旱平均强度

无旱
轻旱
中旱
重旱
特旱

比例尺 1 : 8 000 000　0　80　160 km

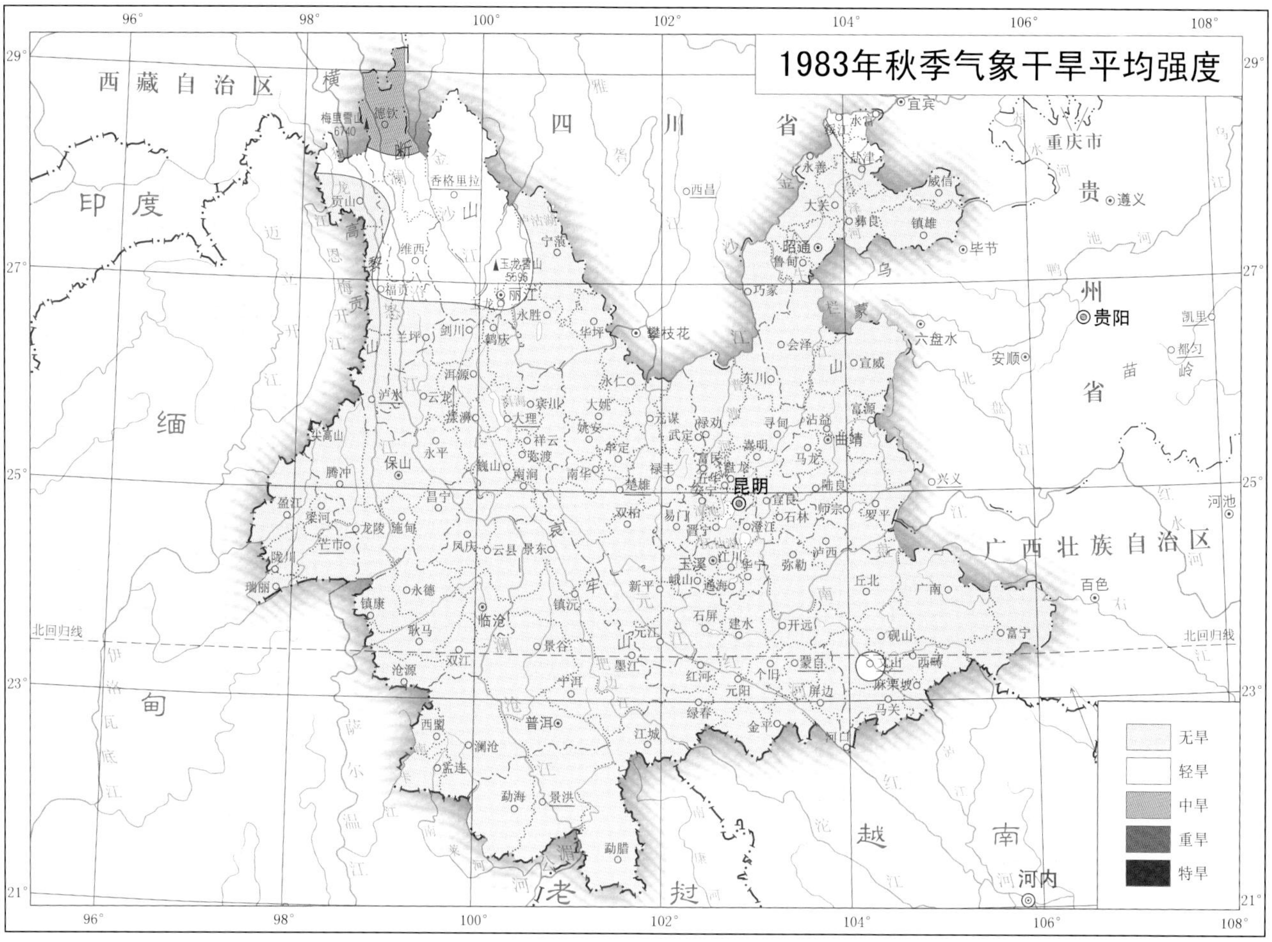

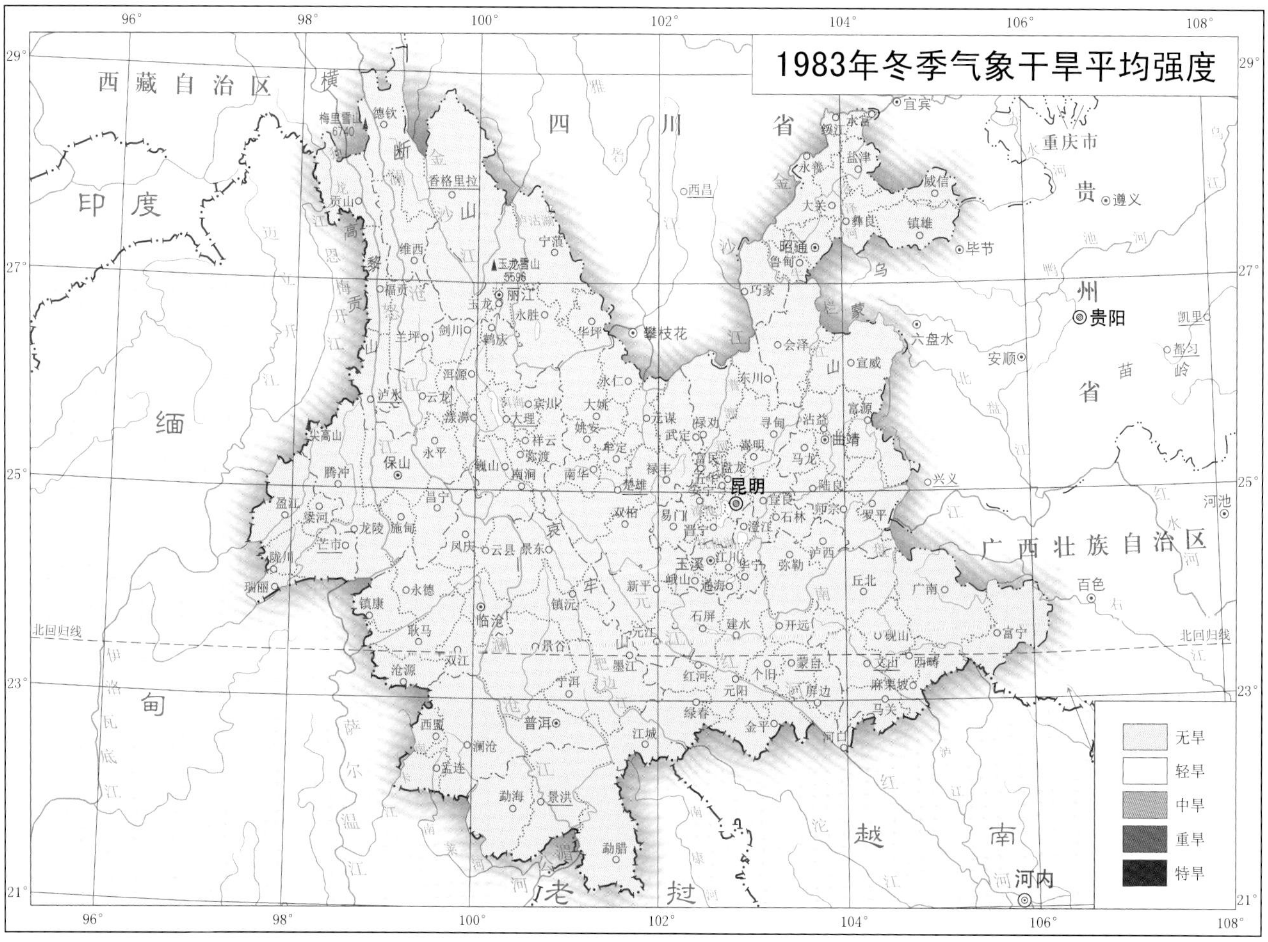

1983年秋季气象干旱平均强度

无旱
轻旱
中旱
重旱
特旱

1983年冬季气象干旱平均强度

无旱
轻旱
中旱
重旱
特旱

比例尺 1：8 000 000 0 80 160 km

1984年干旱日数

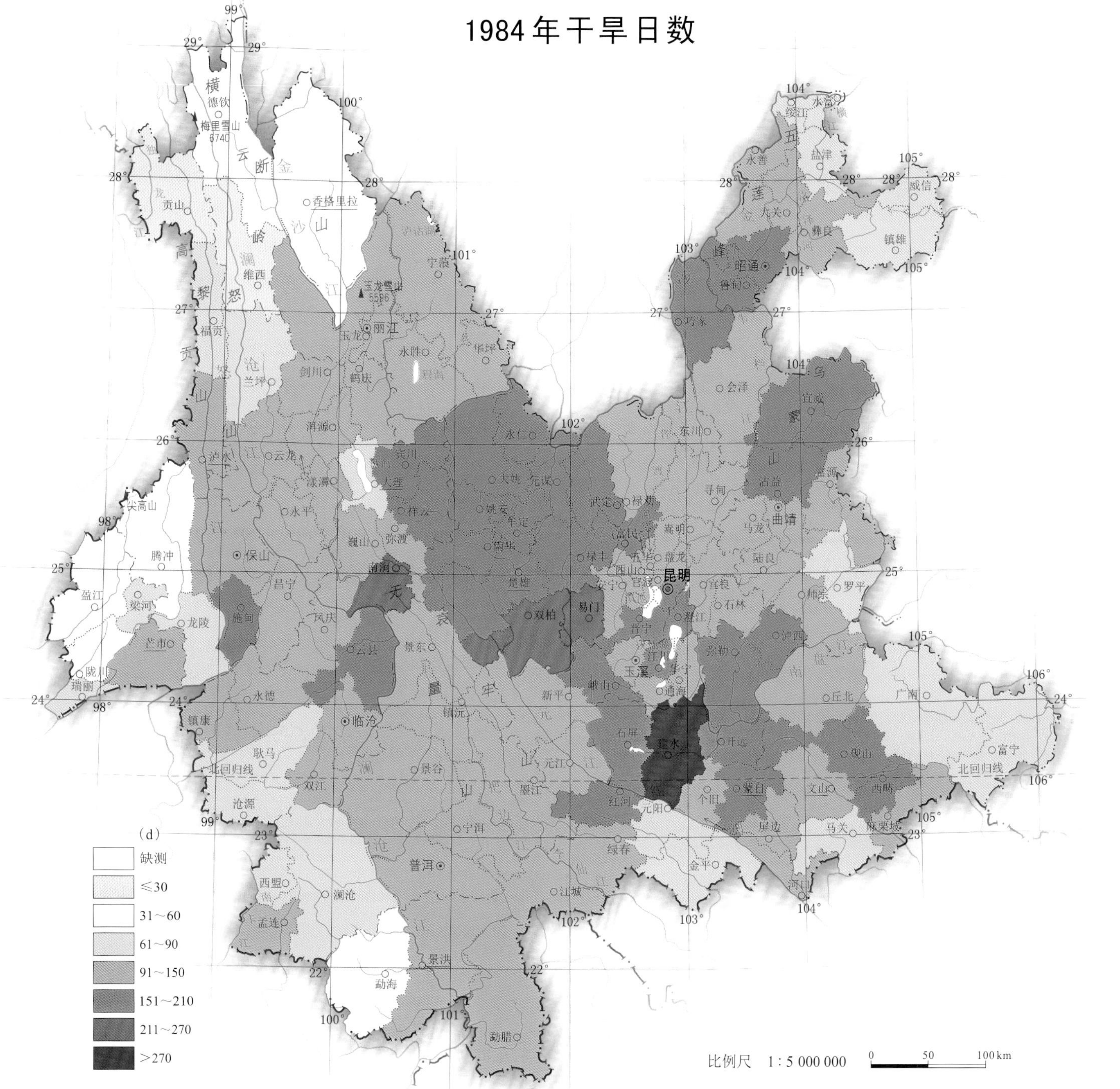

(d)

缺测

≤30

31～60

61～90

91～150

151～210

211～270

>270

比例尺　1∶5 000 000　0　50　100 km

1984年逐日干旱、降水变化曲线

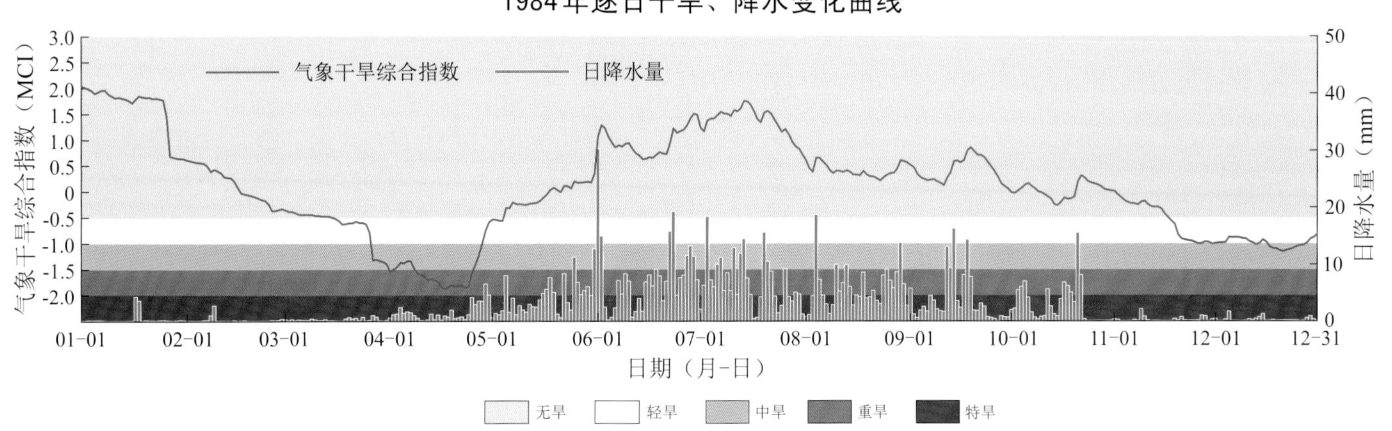

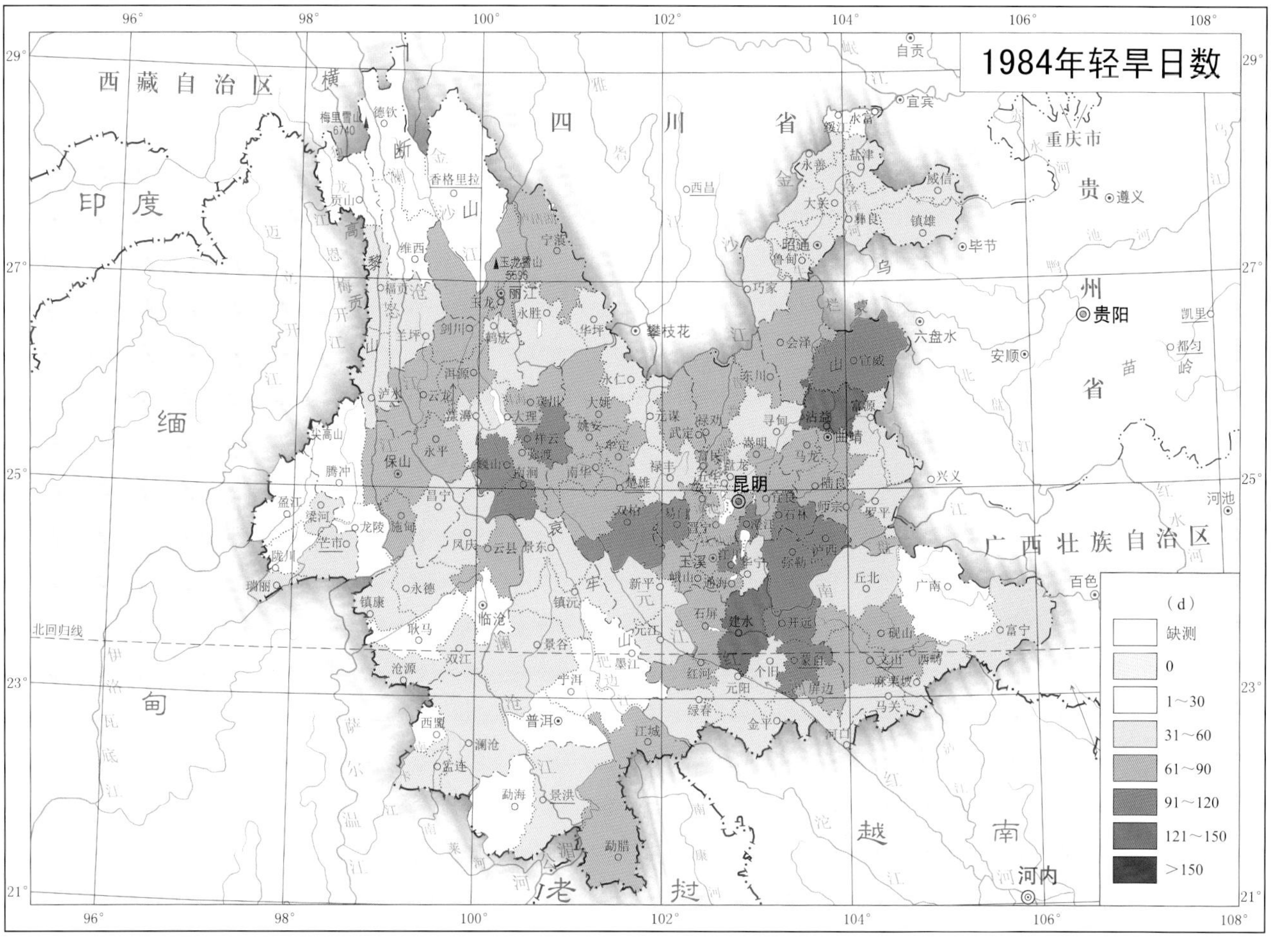
1984年轻旱日数
西藏自治区
四川省
印度
缅甸
重庆市
贵州省
广西壮族自治区
越南
老挝
昆明
贵阳
河内
北回归线
(d)
缺测
0
1~30
31~60
61~90
91~120
121~150
>150

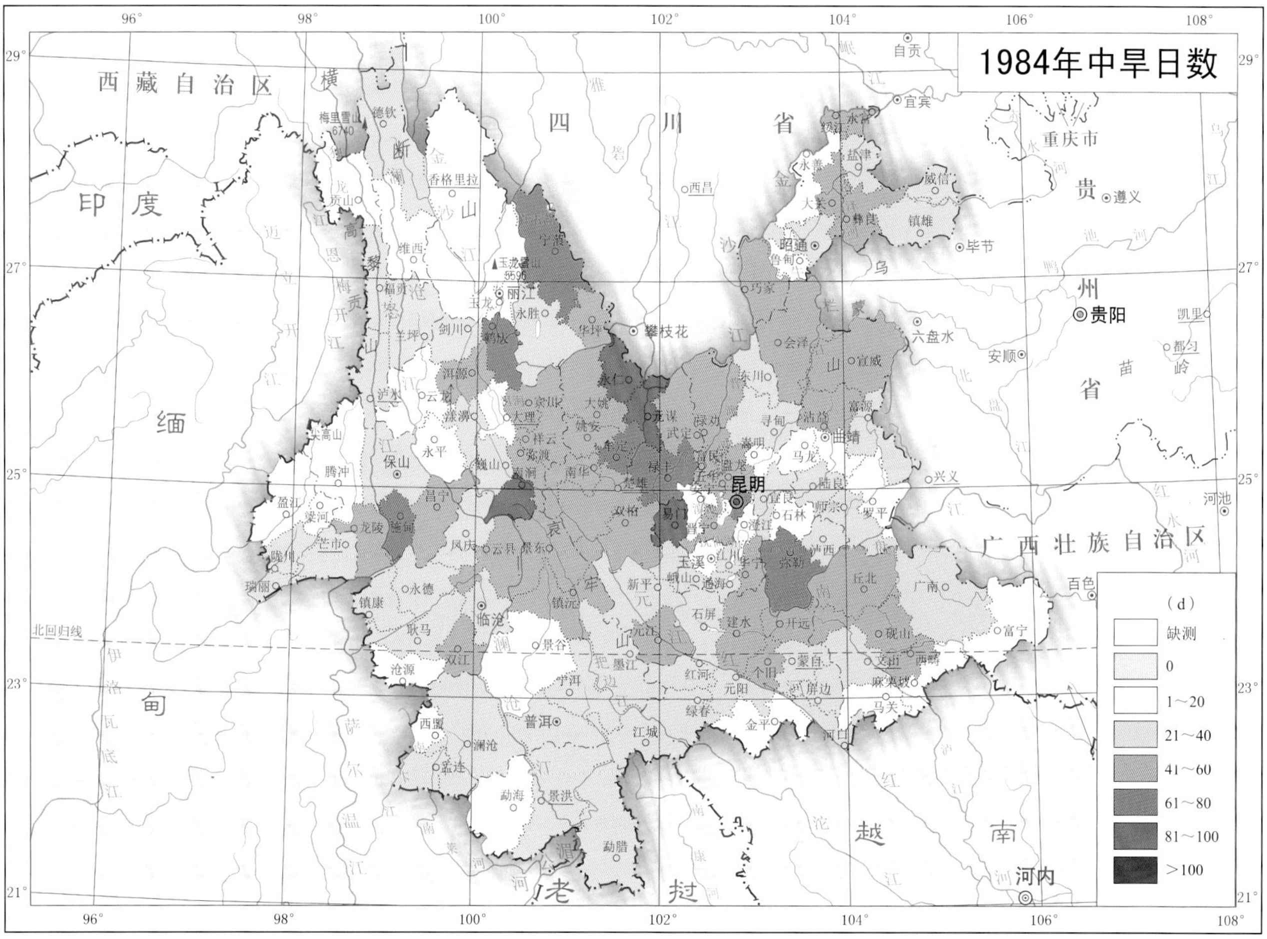
1984年中旱日数
西藏自治区
四川省
印度
缅甸
重庆市
贵州省
广西壮族自治区
越南
老挝
昆明
贵阳
河内
北回归线
(d)
缺测
0
1~20
21~40
41~60
61~80
81~100
>100

比例尺 1:8 000 000 0 80 160 km

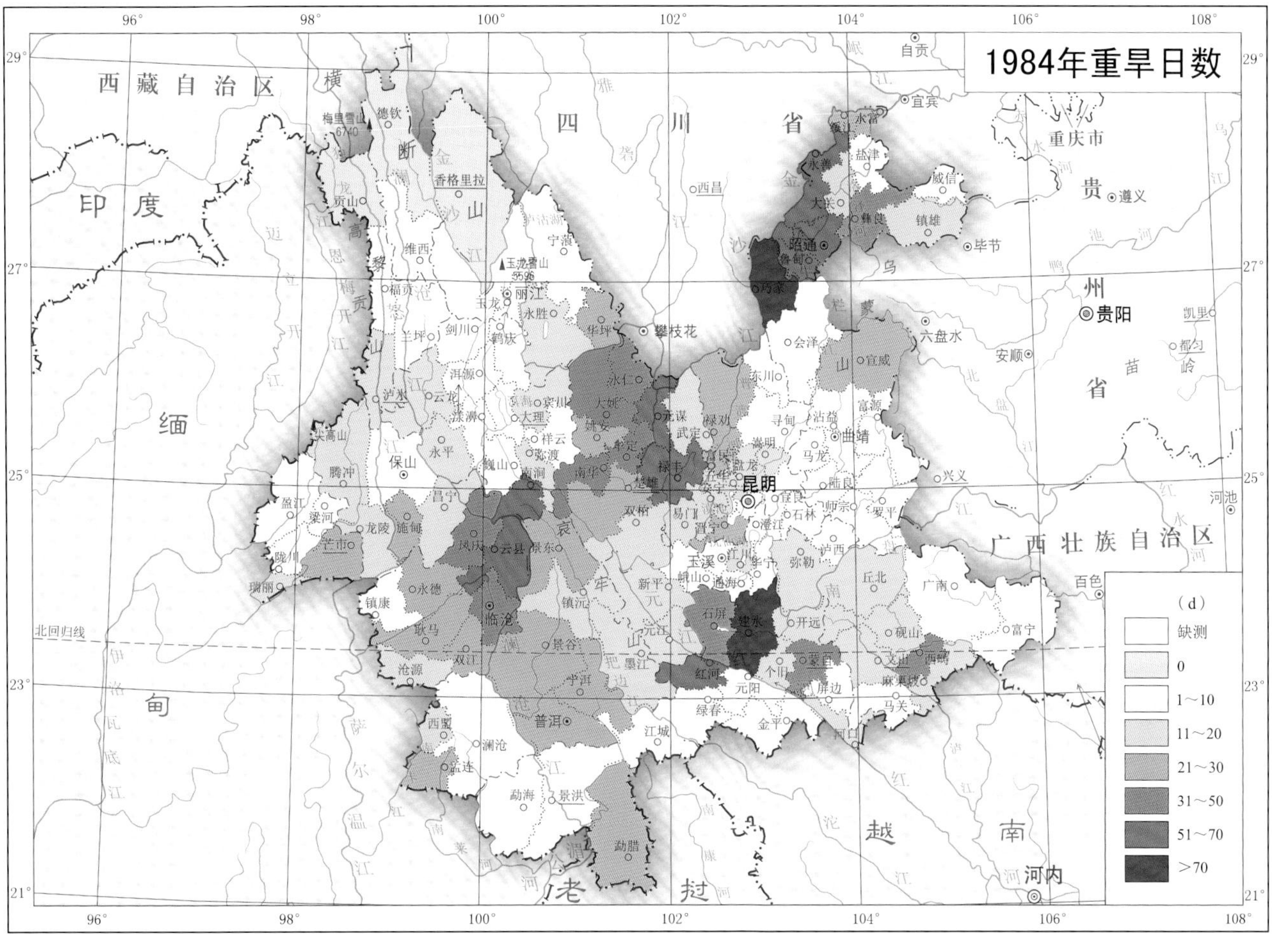

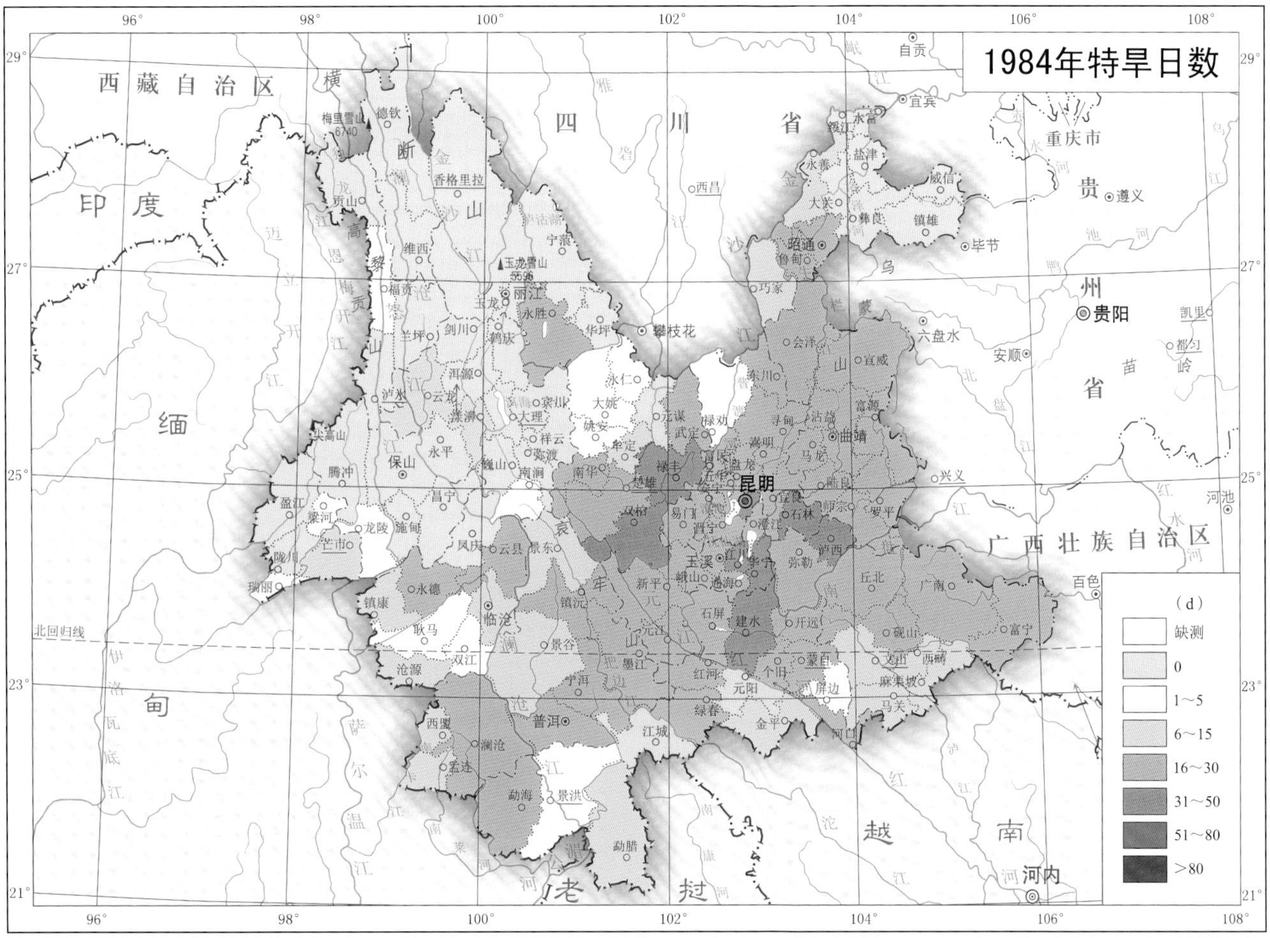

1984年重旱日数

(d)

- 缺测
- 0
- 1～10
- 11～20
- 21～30
- 31～50
- 51～70
- >70

1984年特旱日数

(d)

- 缺测
- 0
- 1～5
- 6～15
- 16～30
- 31～50
- 51～80
- >80

比例尺 1 : 8 000 000 0 80 160 km

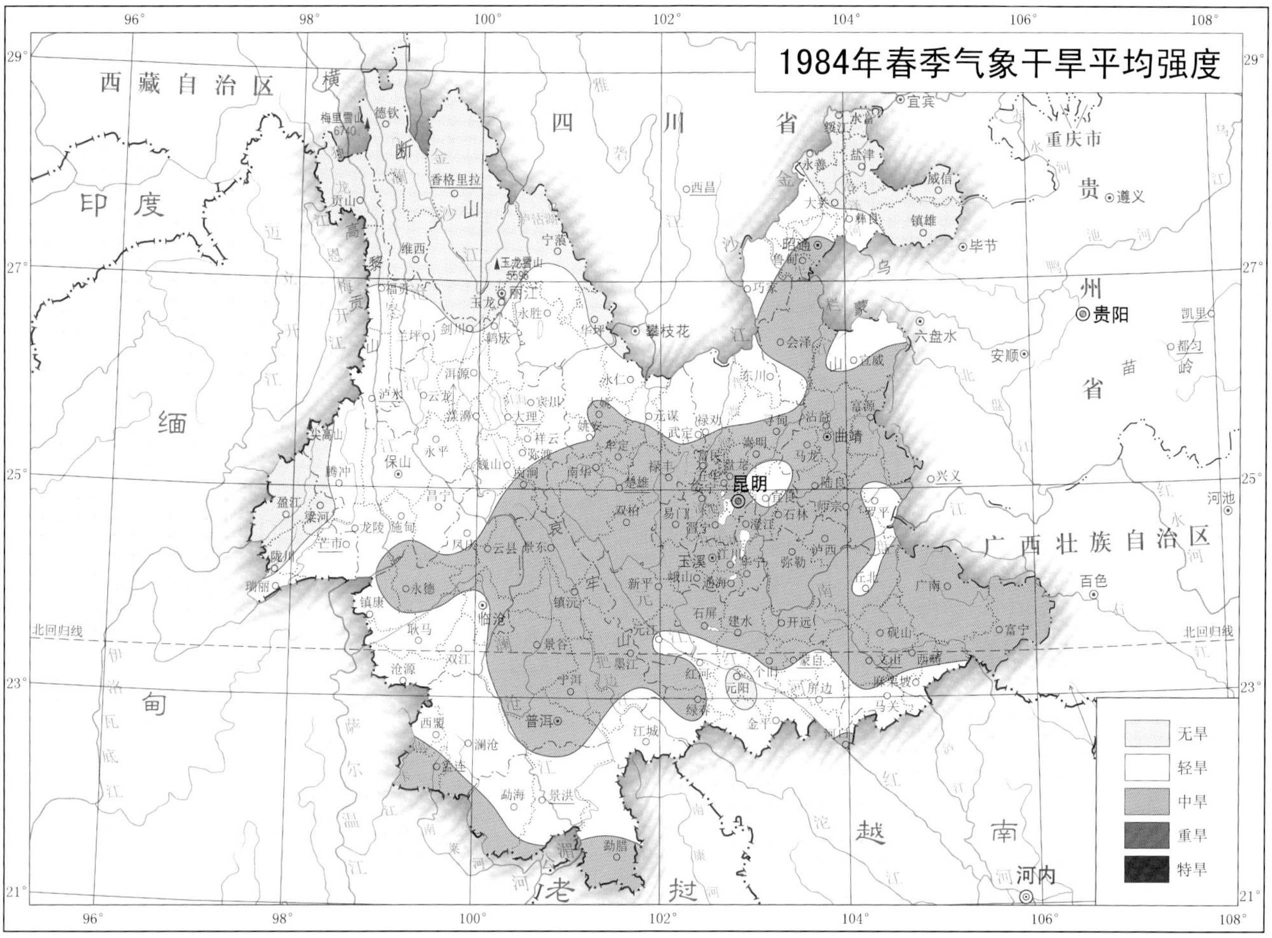
1984年春季气象干旱平均强度
西藏自治区
四川省
印度
缅甸
广西壮族自治区
越南
老挝
贵州省
重庆市
昆明
北回归线
无旱
轻旱
中旱
重旱
特旱

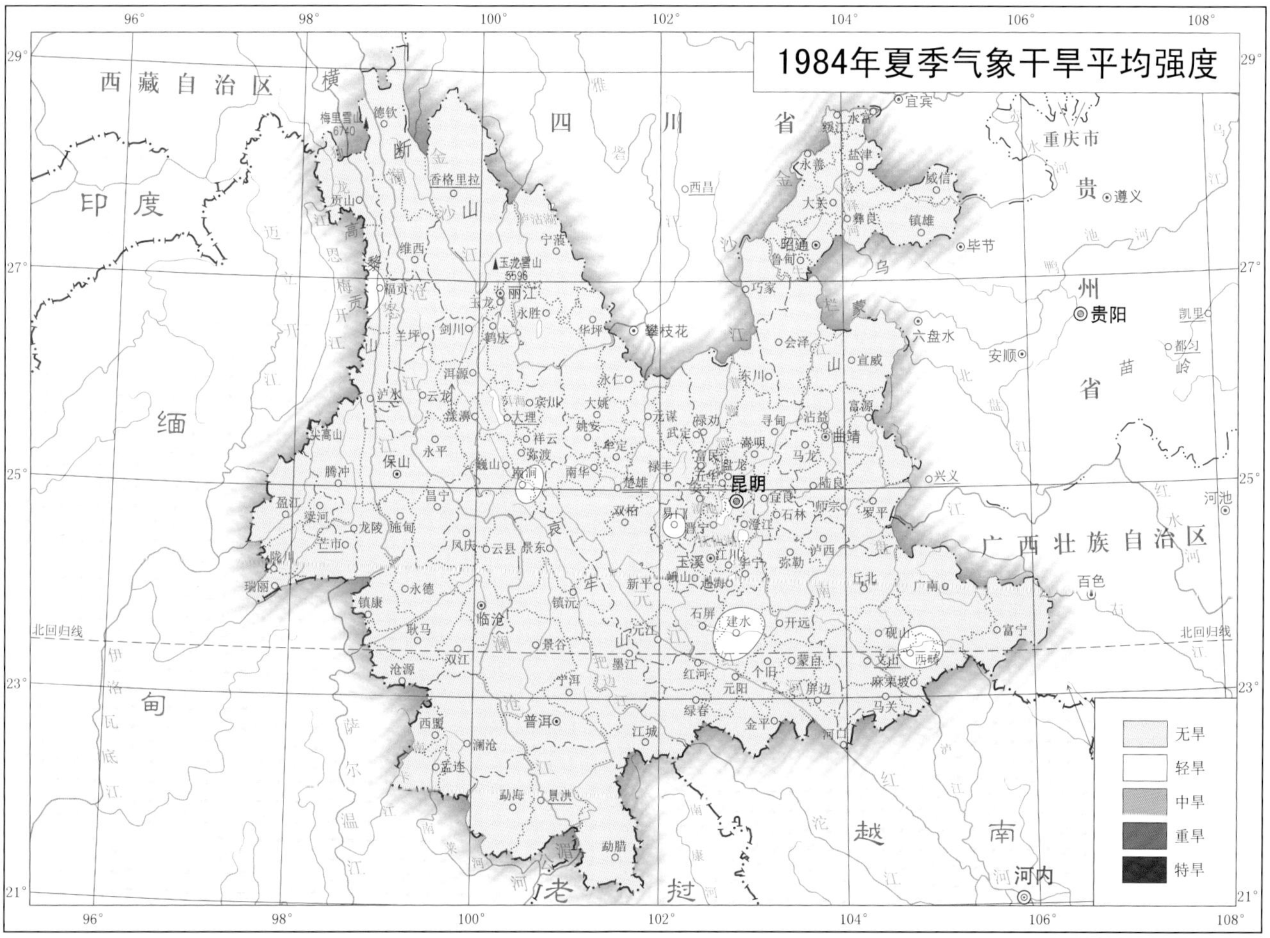
1984年夏季气象干旱平均强度
西藏自治区
四川省
印度
缅甸
广西壮族自治区
越南
老挝
贵州省
重庆市
昆明
北回归线
无旱
轻旱
中旱
重旱
特旱

比例尺 1∶8 000 000 0 80 160 km

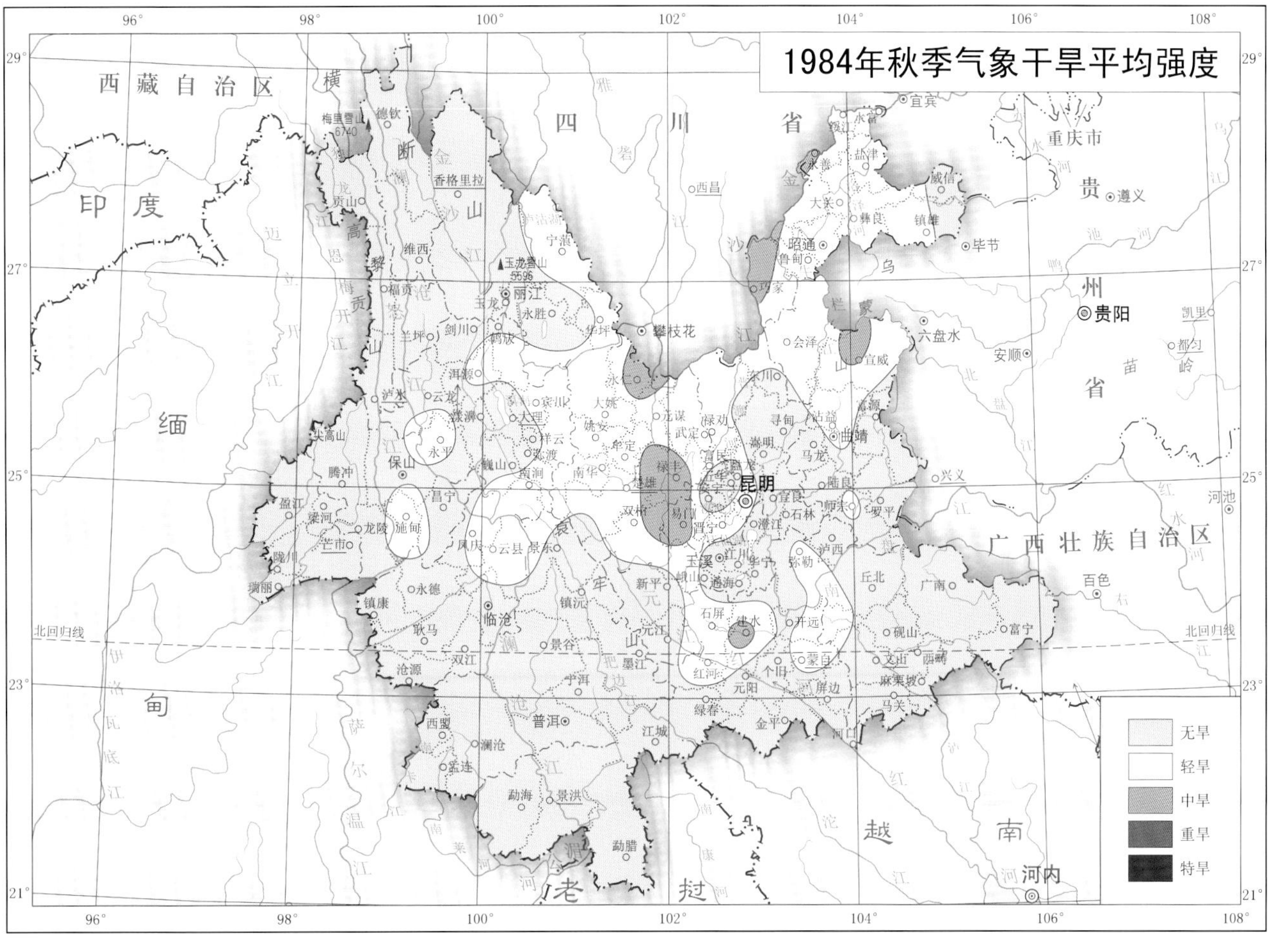

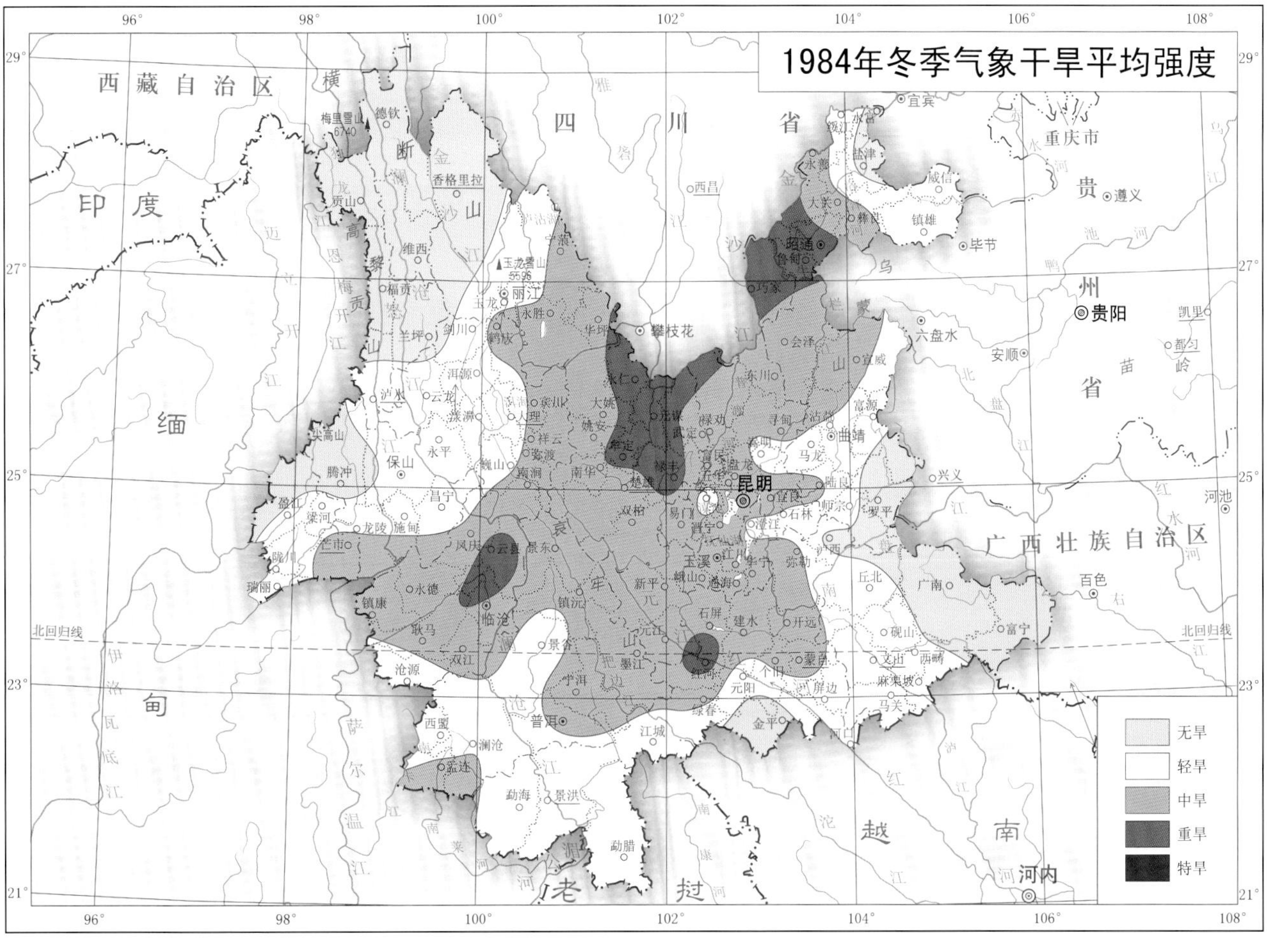

1984年秋季气象干旱平均强度

无旱
轻旱
中旱
重旱
特旱

1984年冬季气象干旱平均强度

无旱
轻旱
中旱
重旱
特旱

比例尺 1:8 000 000 0 80 160 km

1985年干旱日数

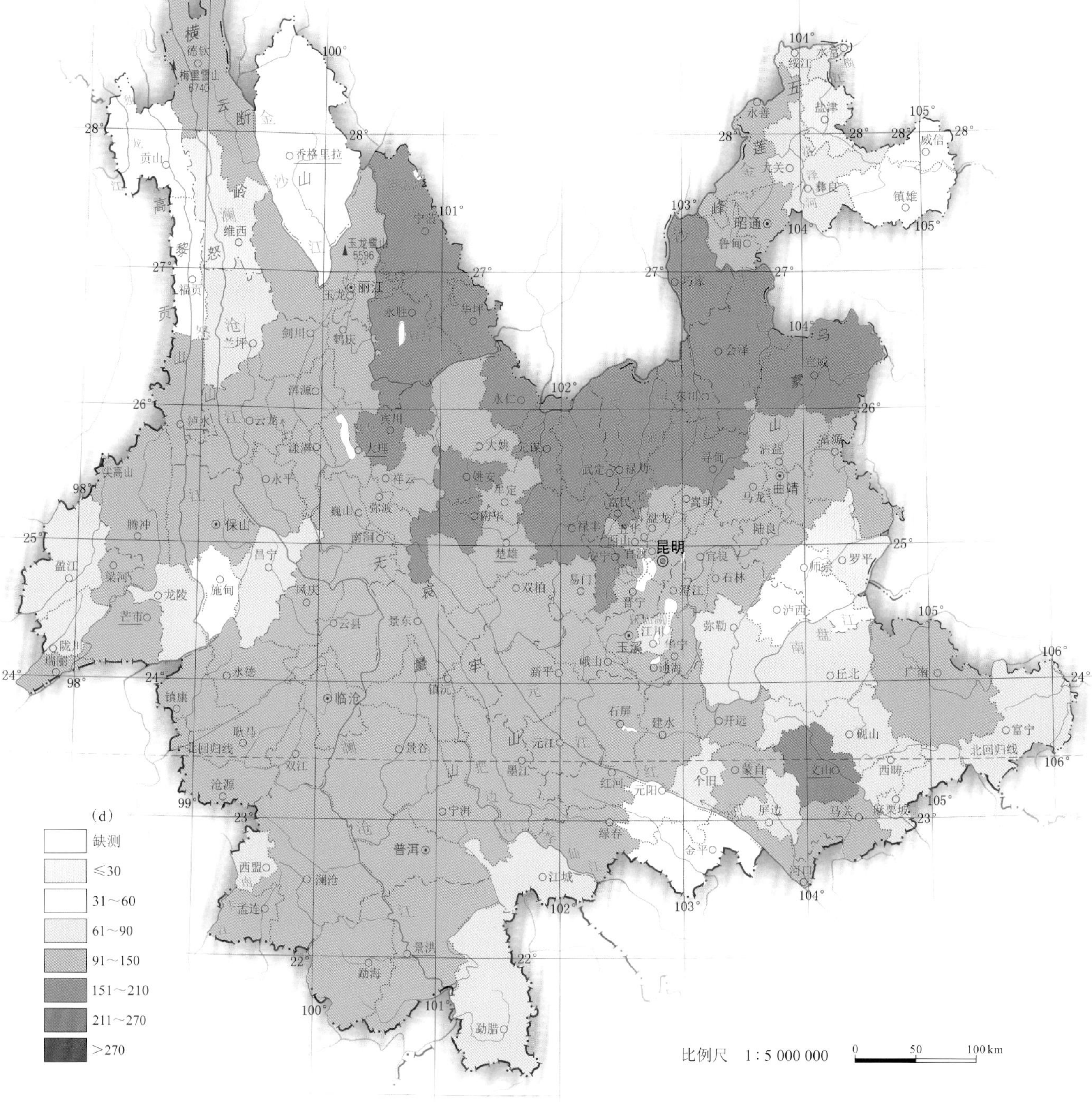

(d)

- 缺测
- ≤30
- 31～60
- 61～90
- 91～150
- 151～210
- 211～270
- >270

比例尺 1:5 000 000　0　50　100 km

1985年逐日干旱、降水变化曲线

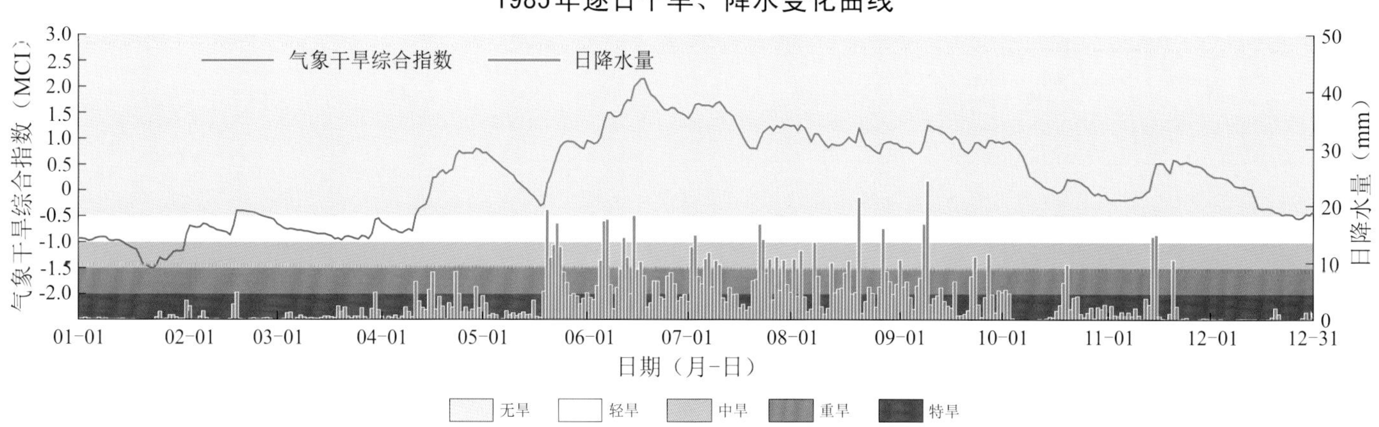

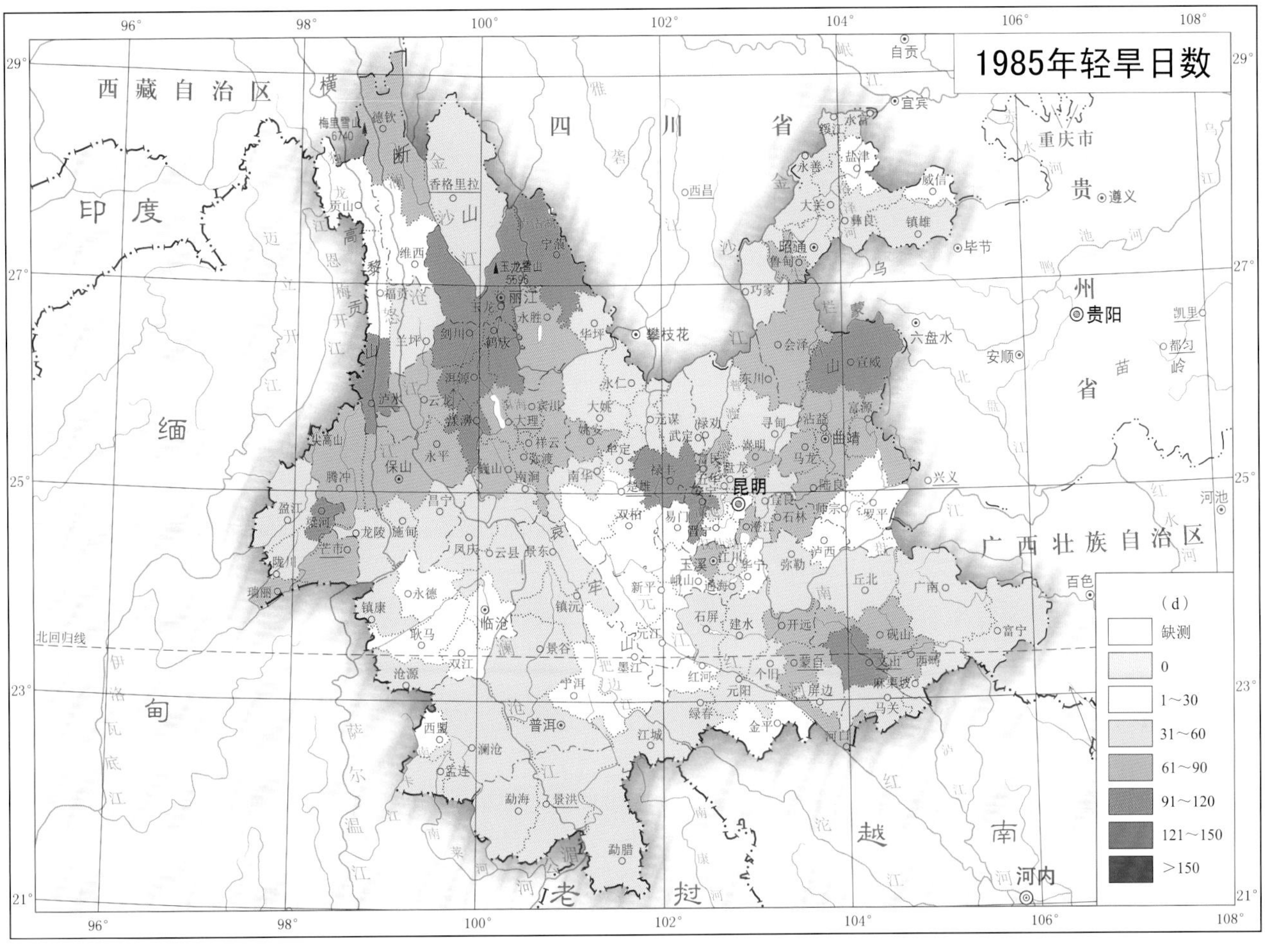

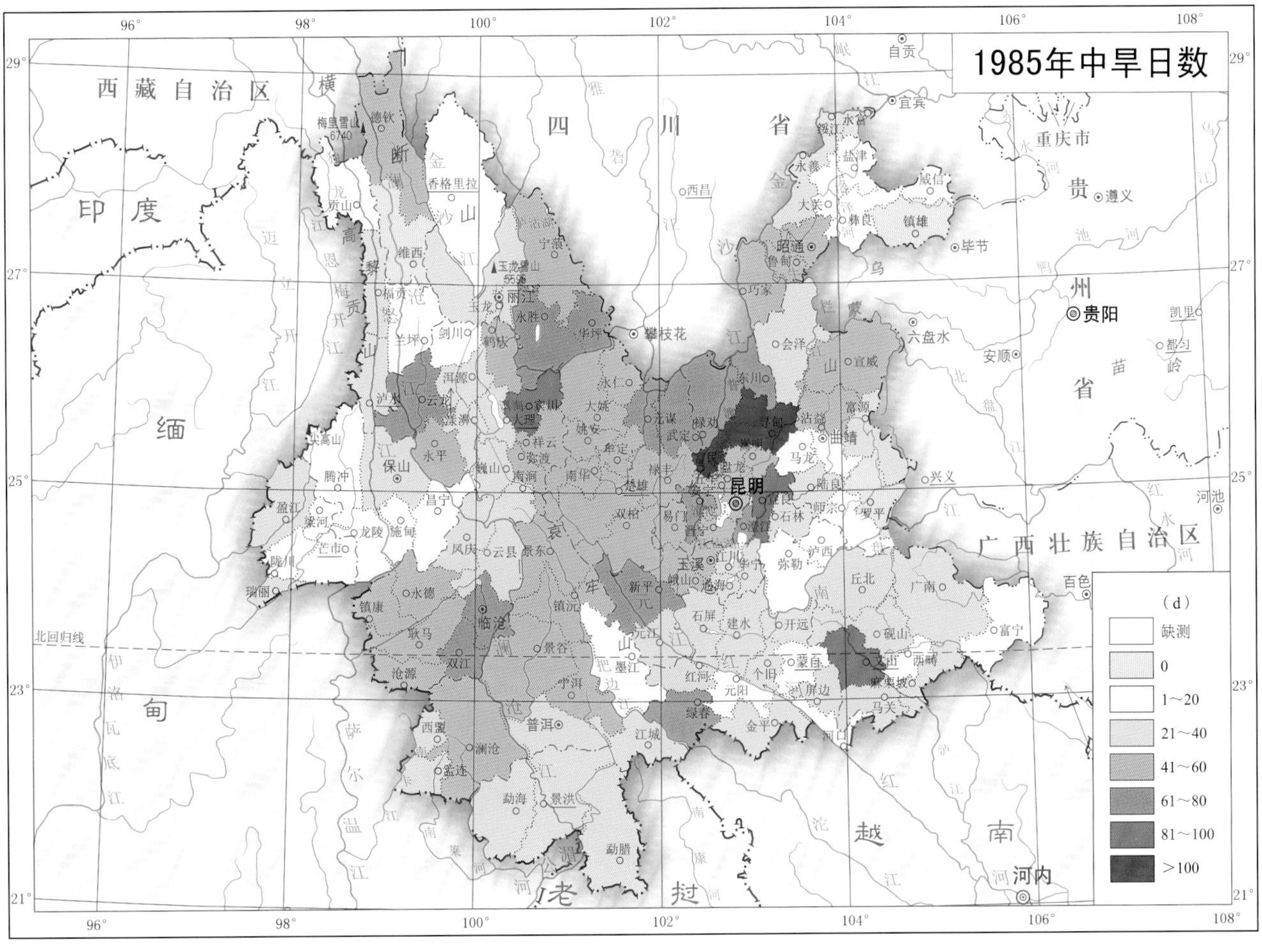

1985年轻旱日数

(d)

- 缺测
- 0
- 1～30
- 31～60
- 61～90
- 91～120
- 121～150
- >150

1985年中旱日数

(d)

- 缺测
- 0
- 1～20
- 21～40
- 41～60
- 61～80
- 81～100
- >100

比例尺 1∶8 000 000 0 80 160 km

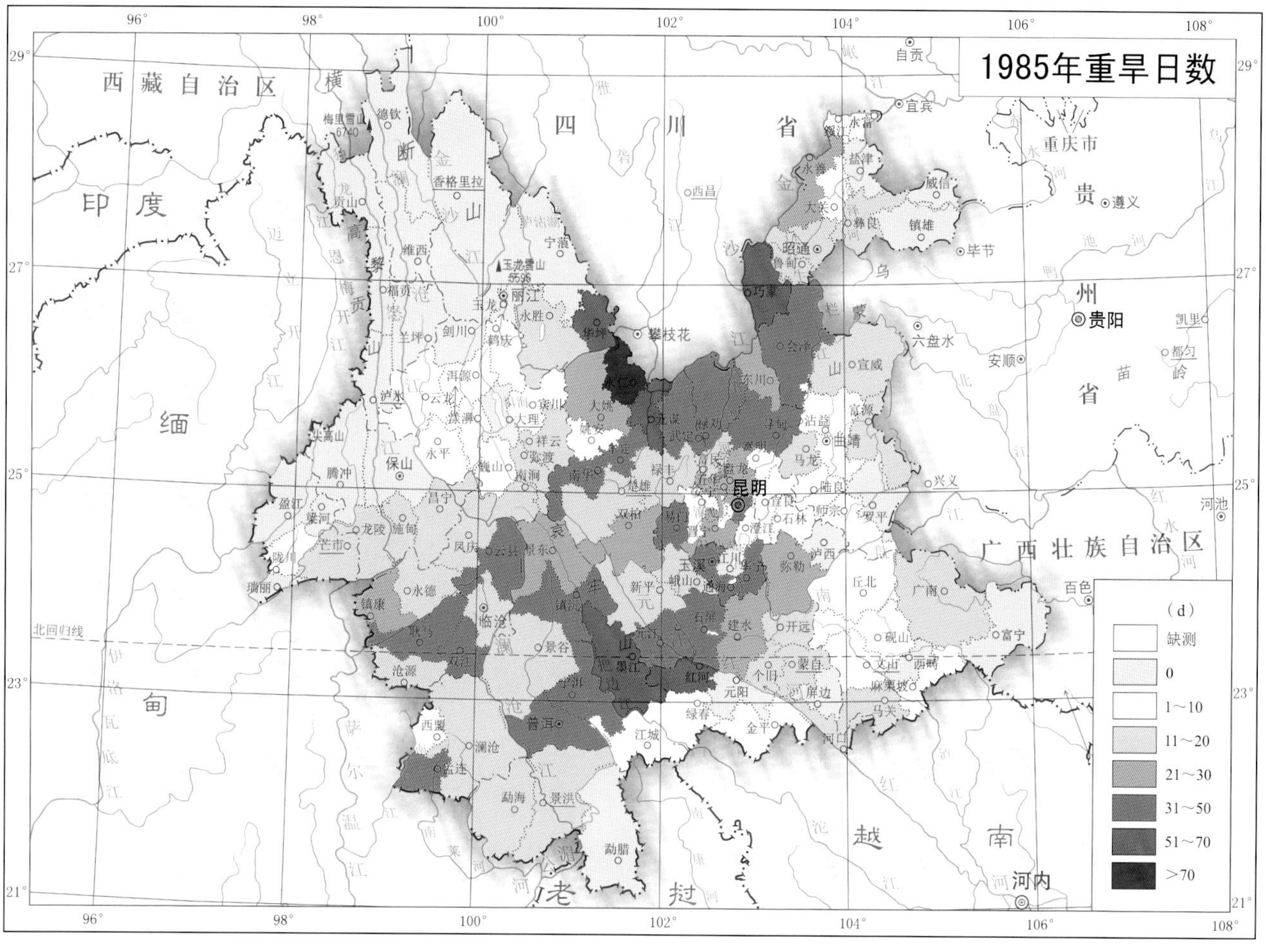

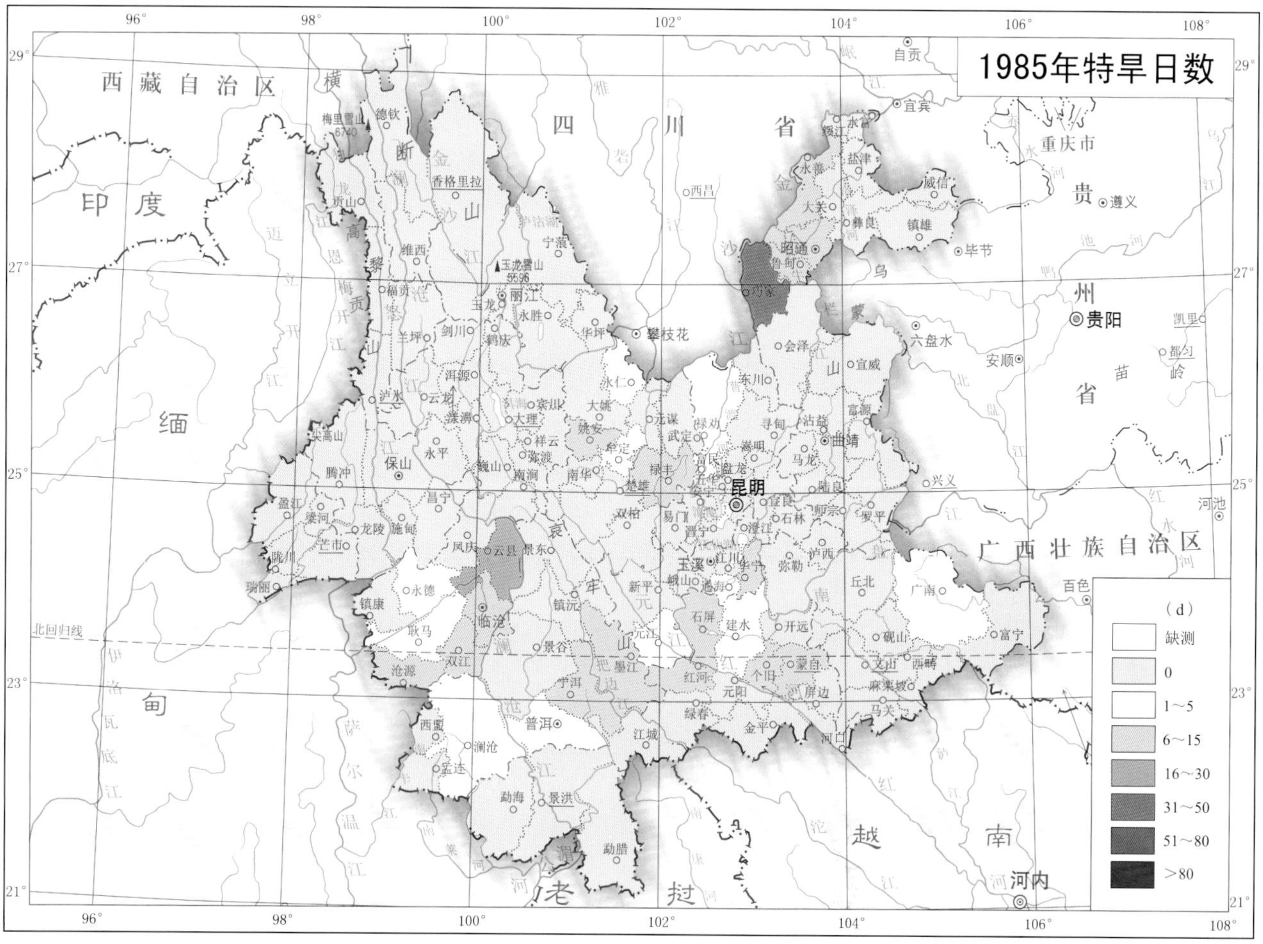

1985年重旱日数

(d)

- 缺测
- 0
- 1～10
- 11～20
- 21～30
- 31～50
- 51～70
- >70

1985年特旱日数

(d)

- 缺测
- 0
- 1～5
- 6～15
- 16～30
- 31～50
- 51～80
- >80

比例尺 1：8 000 000 0 80 160 km

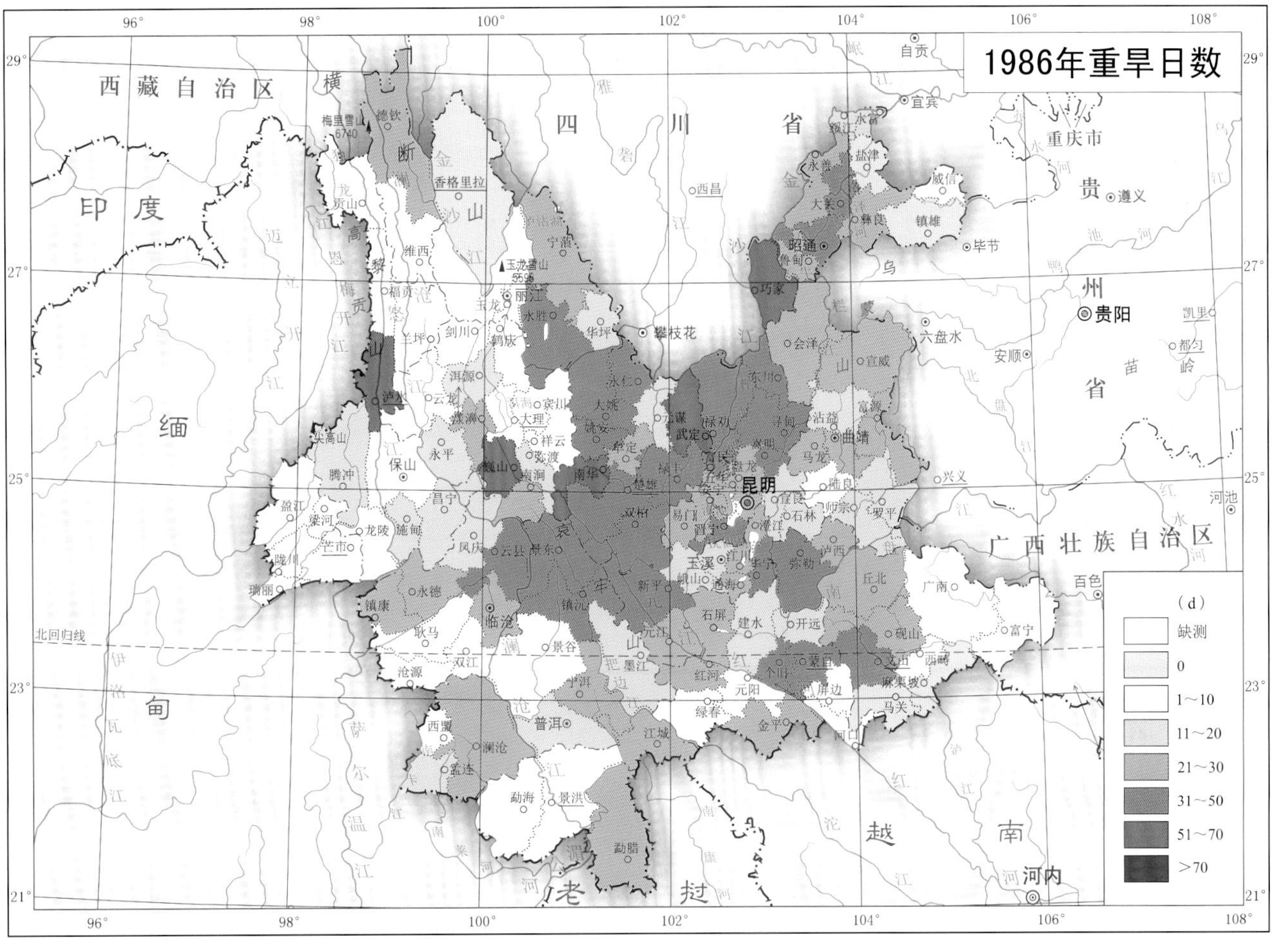

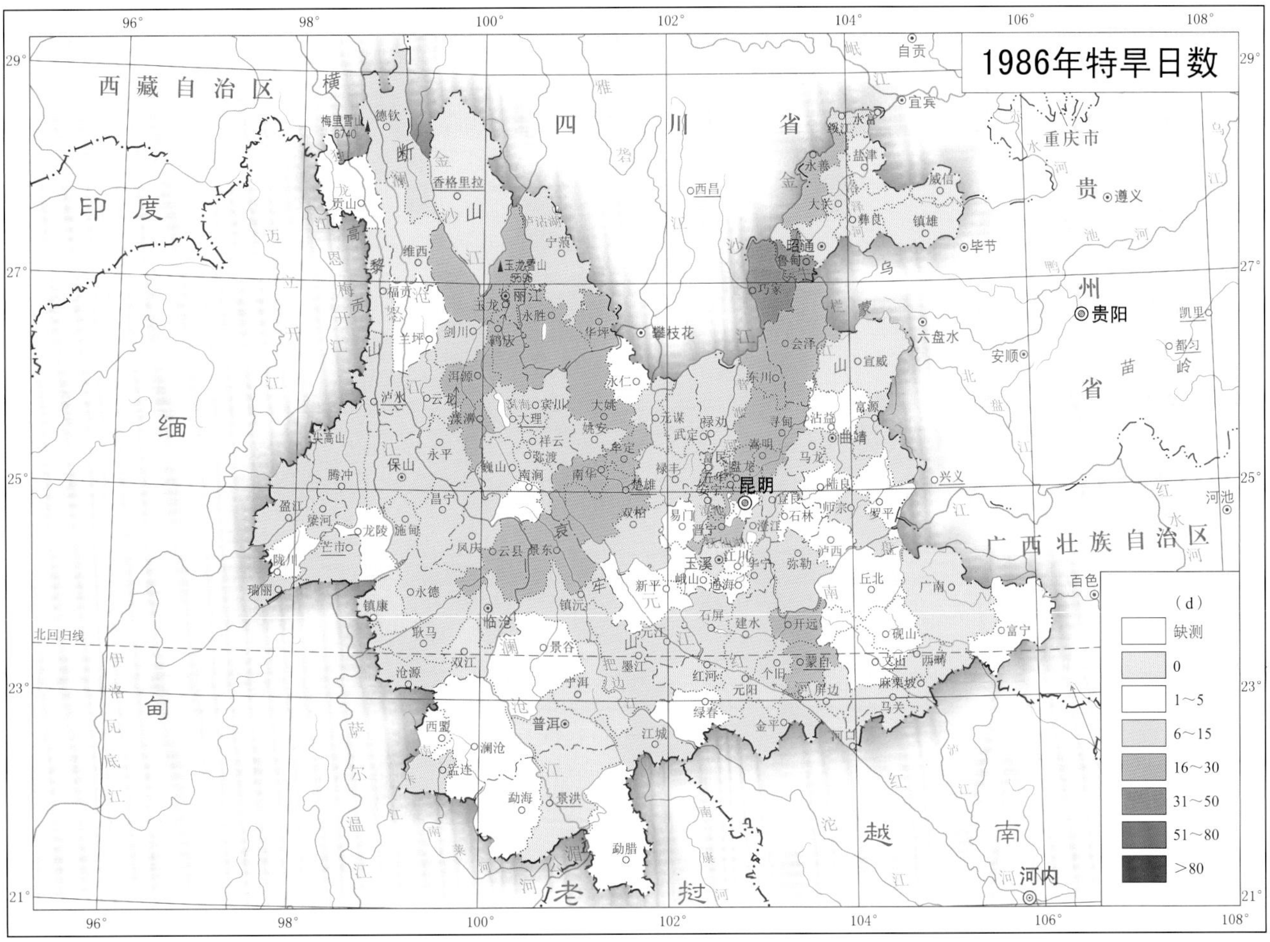

1986年重旱日数

(d)

- 缺测
- 0
- 1～10
- 11～20
- 21～30
- 31～50
- 51～70
- >70

1986年特旱日数

(d)

- 缺测
- 0
- 1～5
- 6～15
- 16～30
- 31～50
- 51～80
- >80

比例尺 1∶8 000 000 0 80 160 km

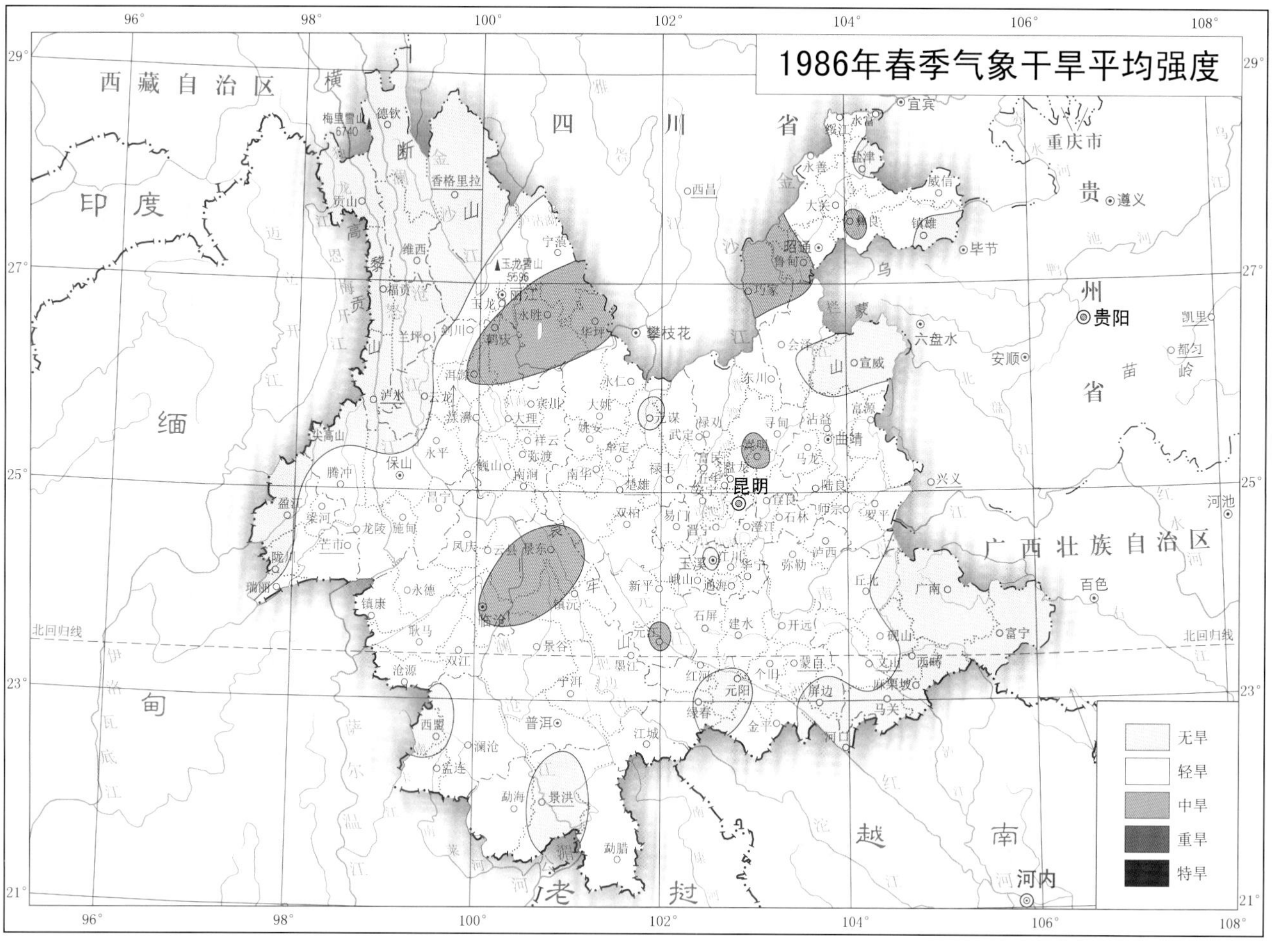

1986年春季气象干旱平均强度

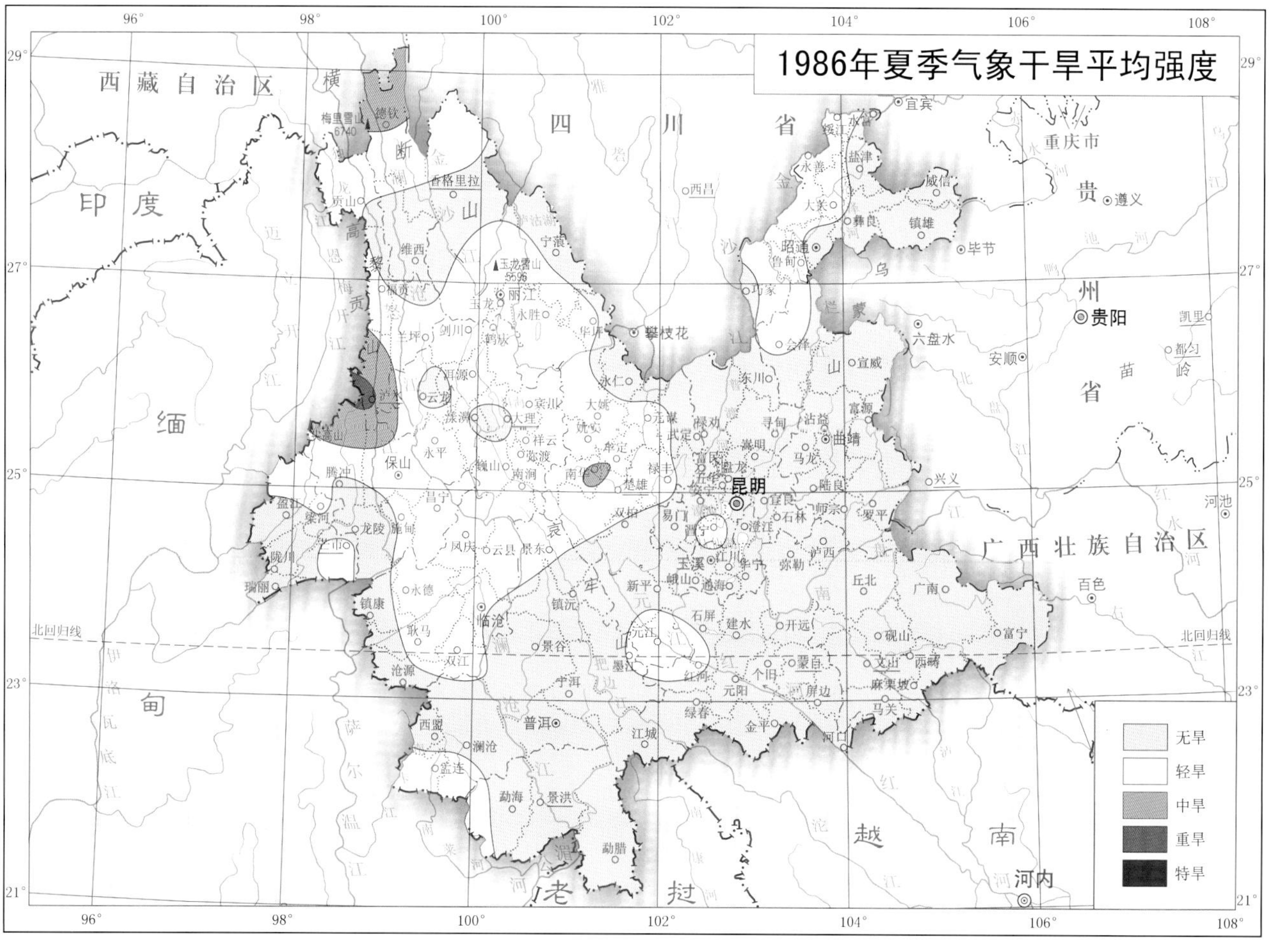

无旱
轻旱
中旱
重旱
特旱

1986年夏季气象干旱平均强度

无旱
轻旱
中旱
重旱
特旱

比例尺 1：8 000 000 0 80 160 km

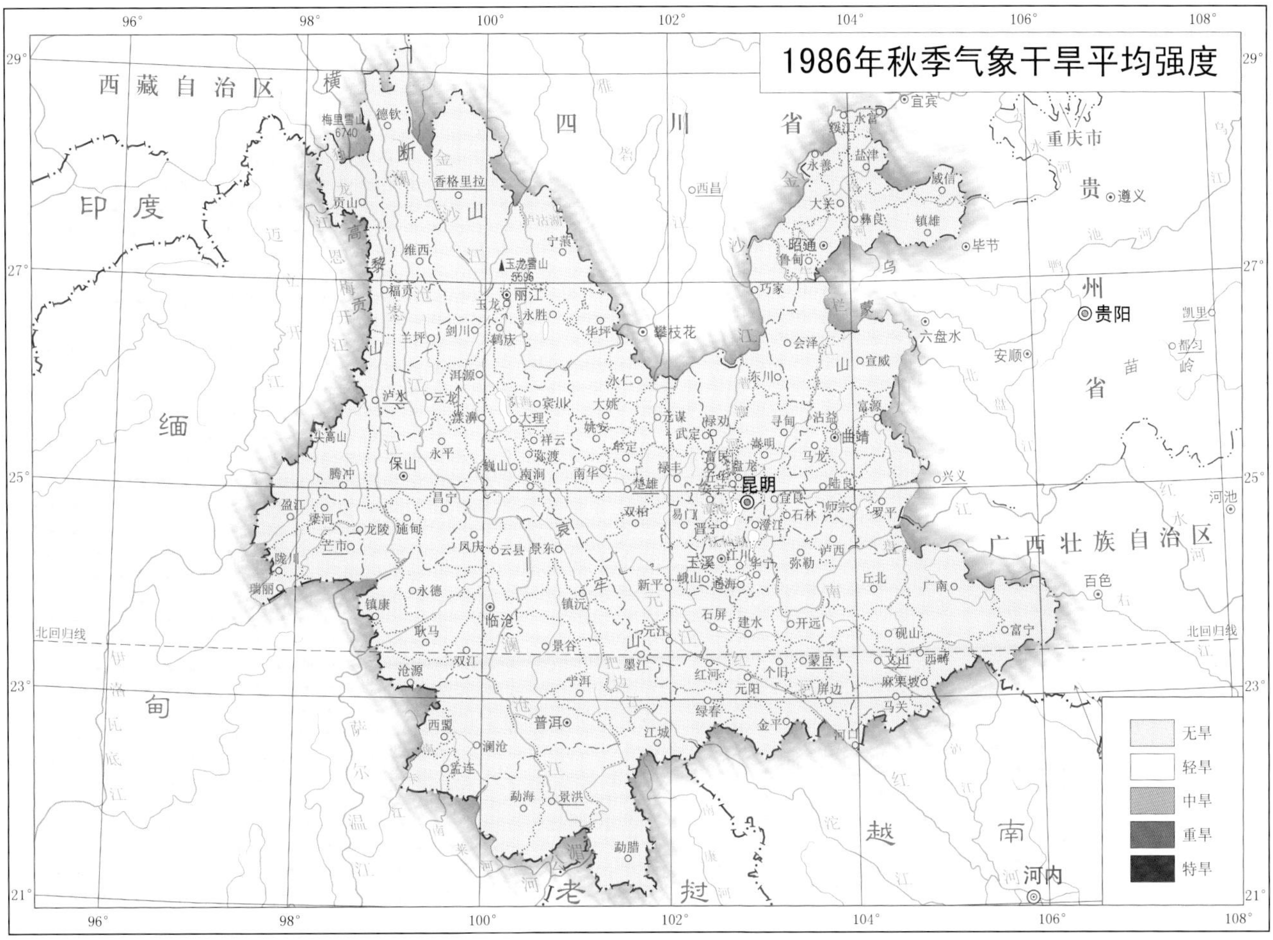

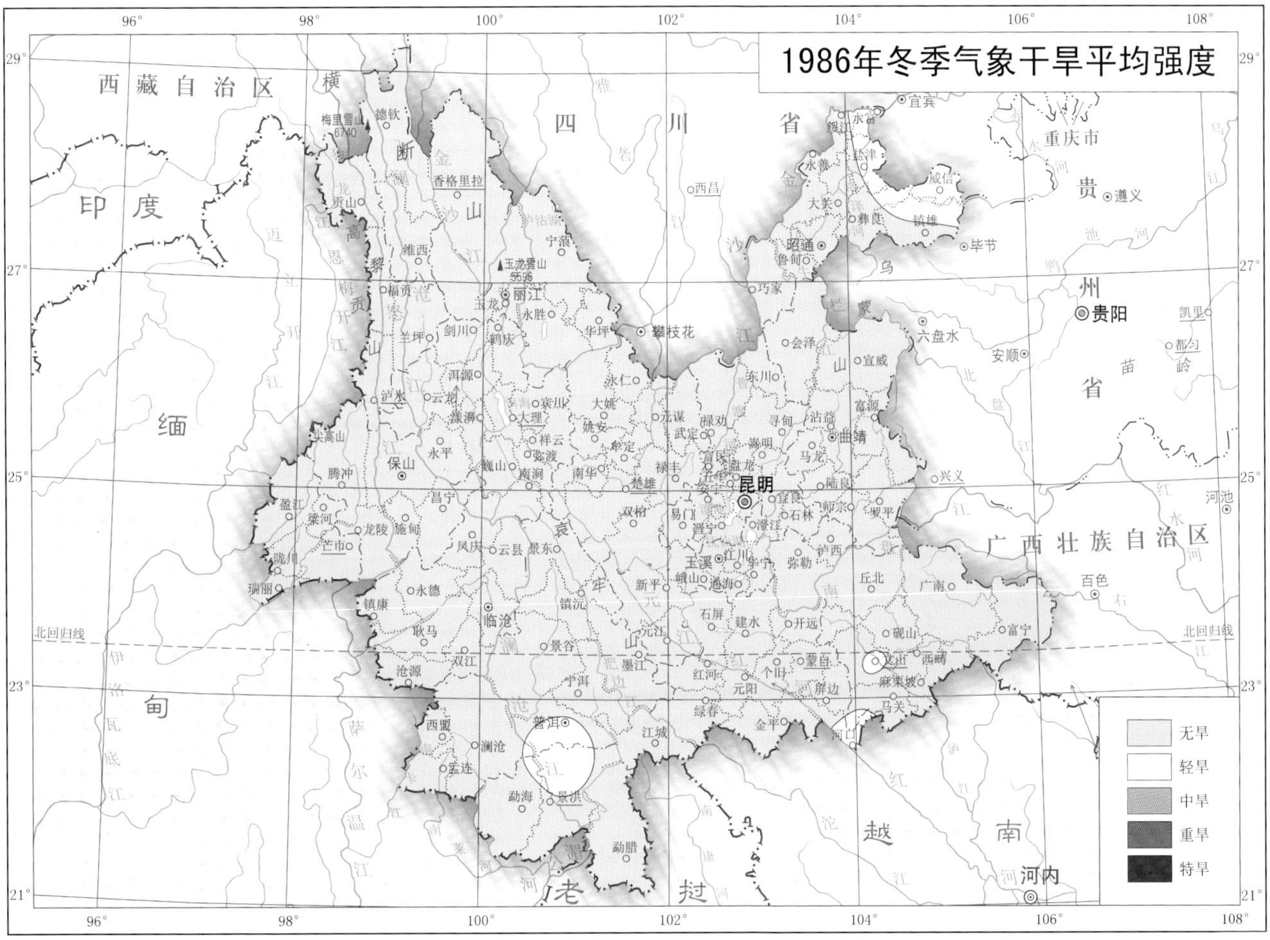

1986年秋季气象干旱平均强度

无旱
轻旱
中旱
重旱
特旱

1986年冬季气象干旱平均强度

无旱
轻旱
中旱
重旱
特旱

比例尺 1∶8 000 000

1987年干旱日数

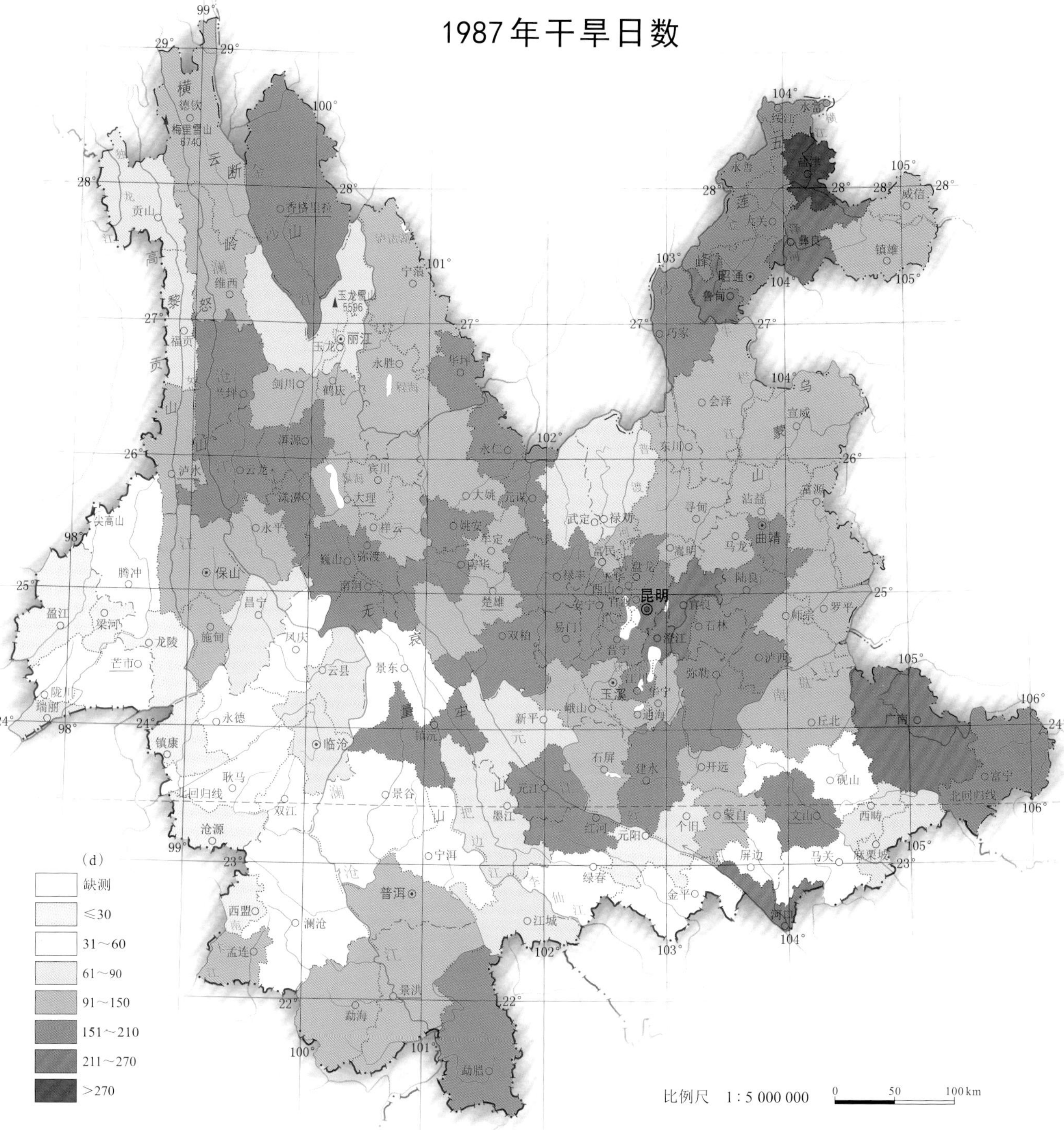

(d)
缺测
≤30
31～60
61～90
91～150
151～210
211～270
>270
比例尺 1:5 000 000
0 50 100km
昆明
曲靖
昭通
丽江
大理
保山
临沧
普洱
玉溪
楚雄
文山
蒙自
芒市
香格里拉
景洪
北回归线

1987年逐日干旱、降水变化曲线

气象干旱综合指数
日降水量
气象干旱综合指数（MCI）
日降水量（mm）
日期（月-日）
01-01
02-01
03-01
04-01
05-01
06-01
07-01
08-01
09-01
10-01
11-01
12-01
12-31
无旱
轻旱
中旱
重旱
特旱

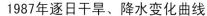

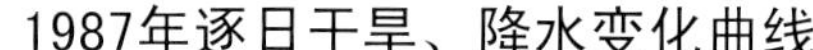

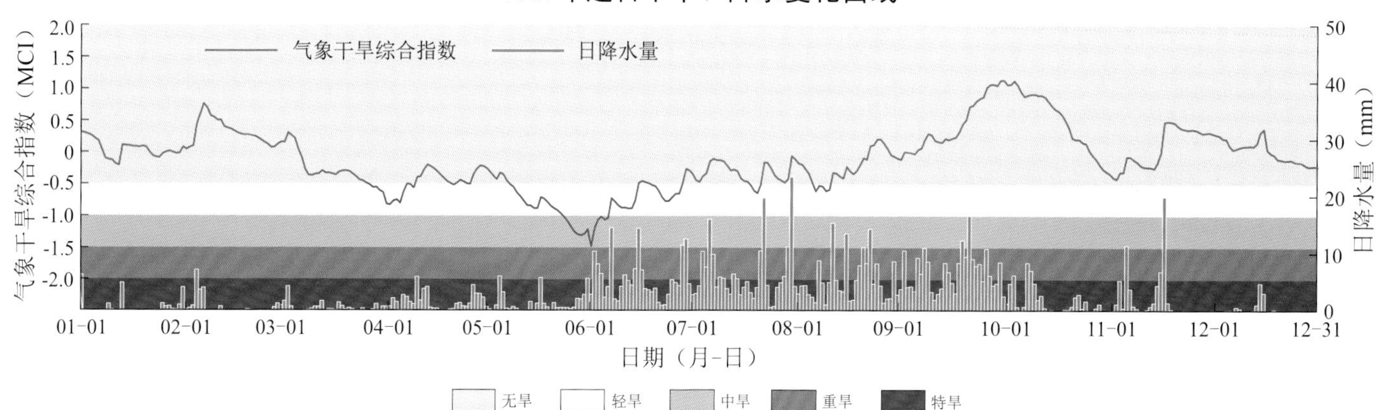

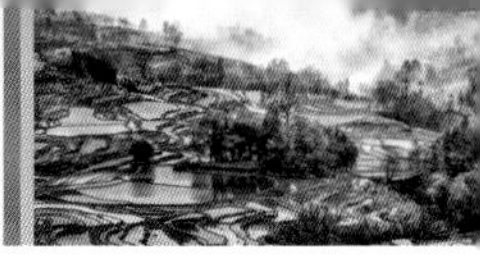

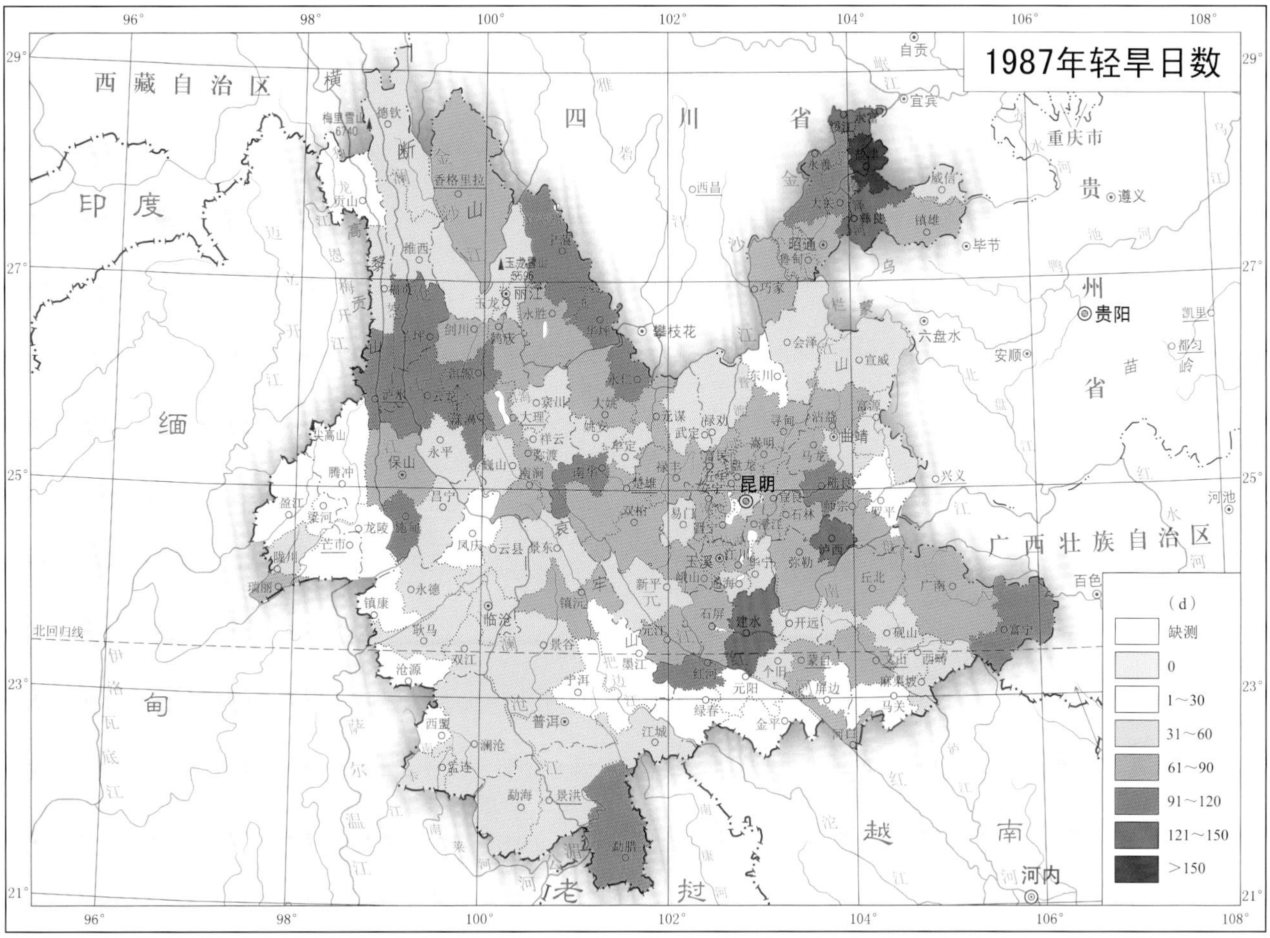

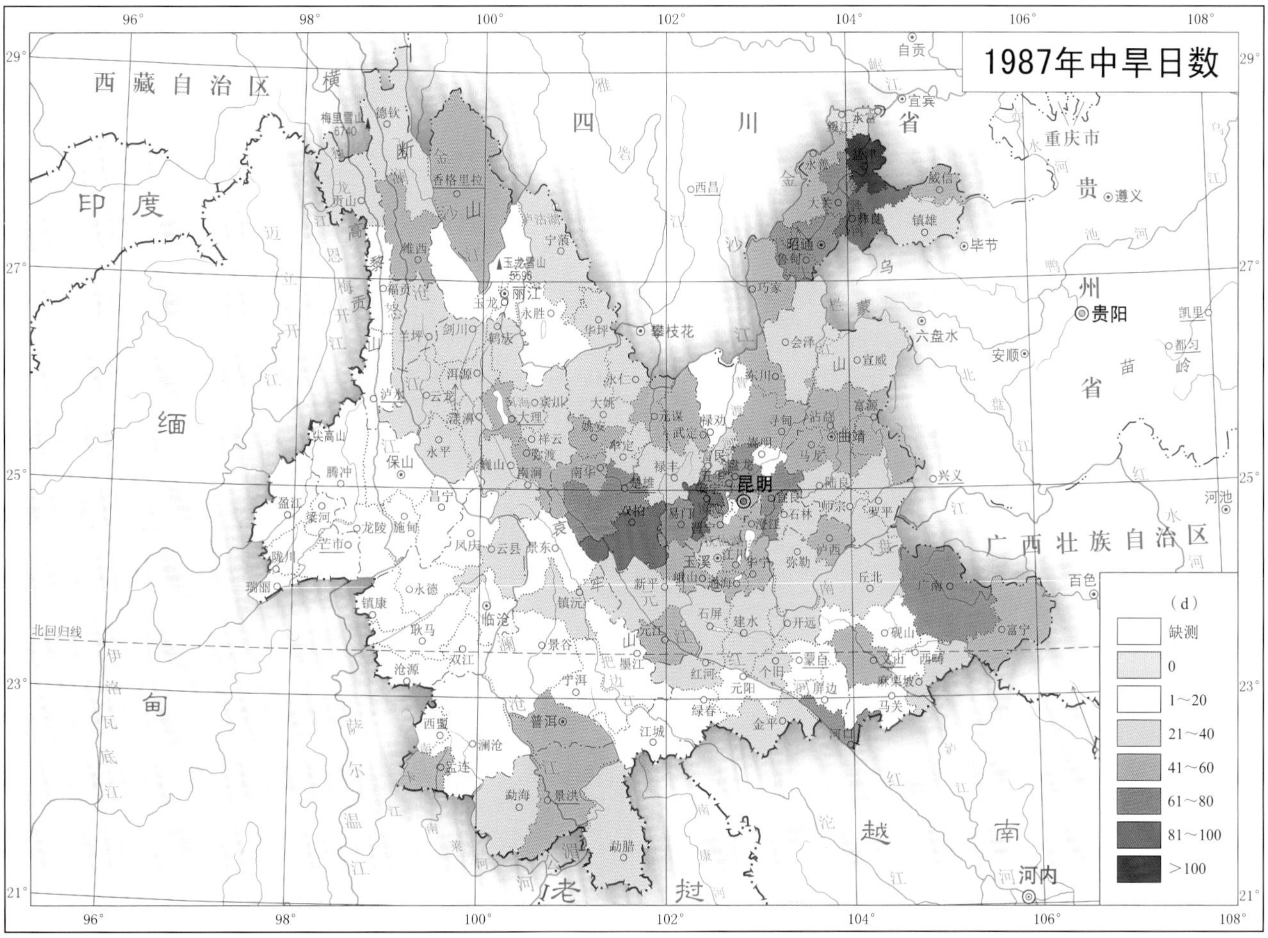

1987年轻旱日数
(d)
缺测
0
1~30
31~60
61~90
91~120
121~150
>150
西藏自治区
四川省
重庆市
贵州省
广西壮族自治区
印度
缅甸
老挝
越南
昆明
贵阳
河内

1987年中旱日数
(d)
缺测
0
1~20
21~40
41~60
61~80
81~100
>100
西藏自治区
四川省
重庆市
贵州省
广西壮族自治区
印度
缅甸
老挝
越南
昆明
贵阳
河内

比例尺 1:8 000 000 0 80 160 km

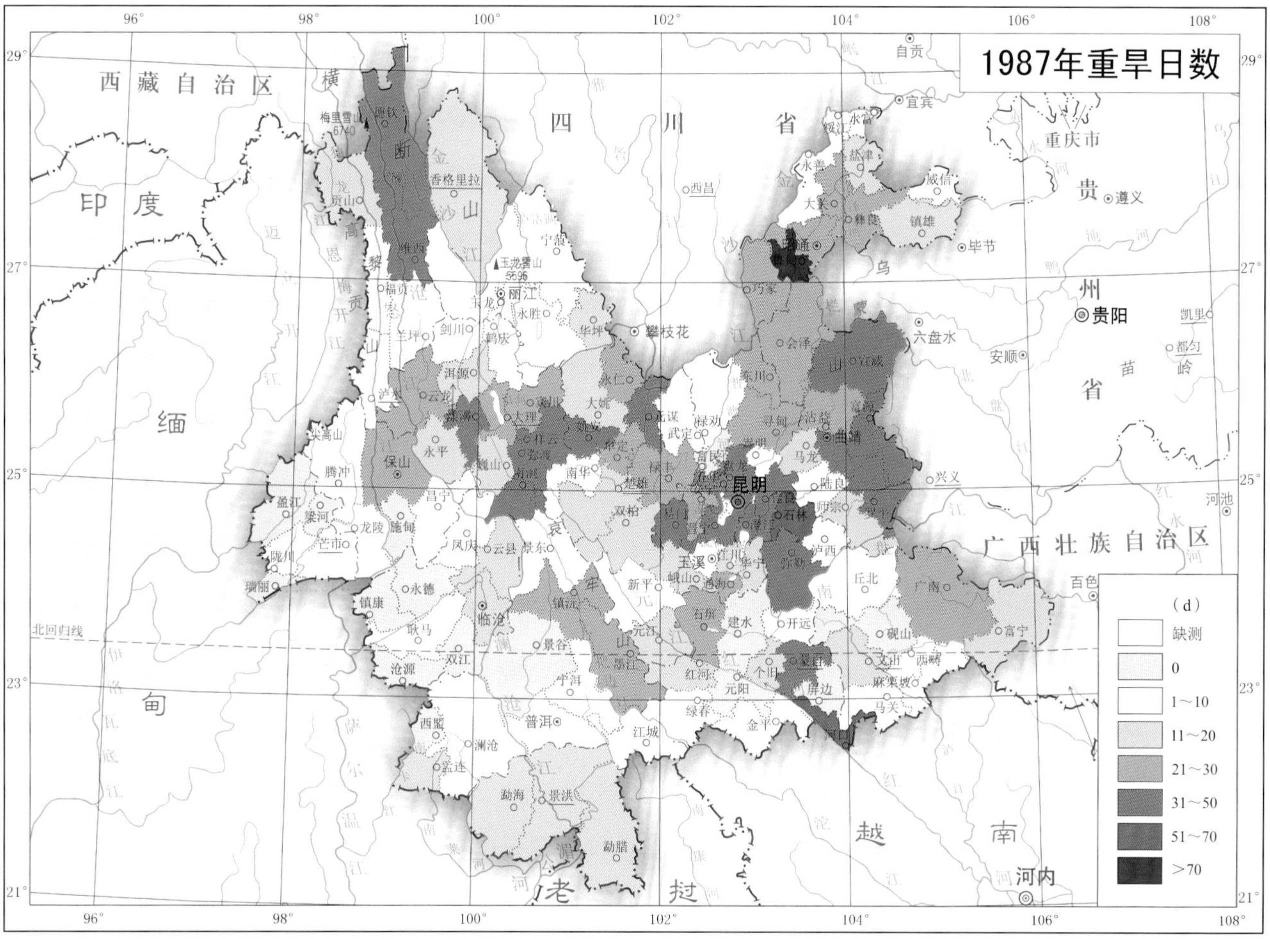

1987年重旱日数
西藏自治区
四川省
贵州省
广西壮族自治区
印度
缅甸
越南
老挝
昆明
(d)
缺测
0
1～10
11～20
21～30
31～50
51～70
>70

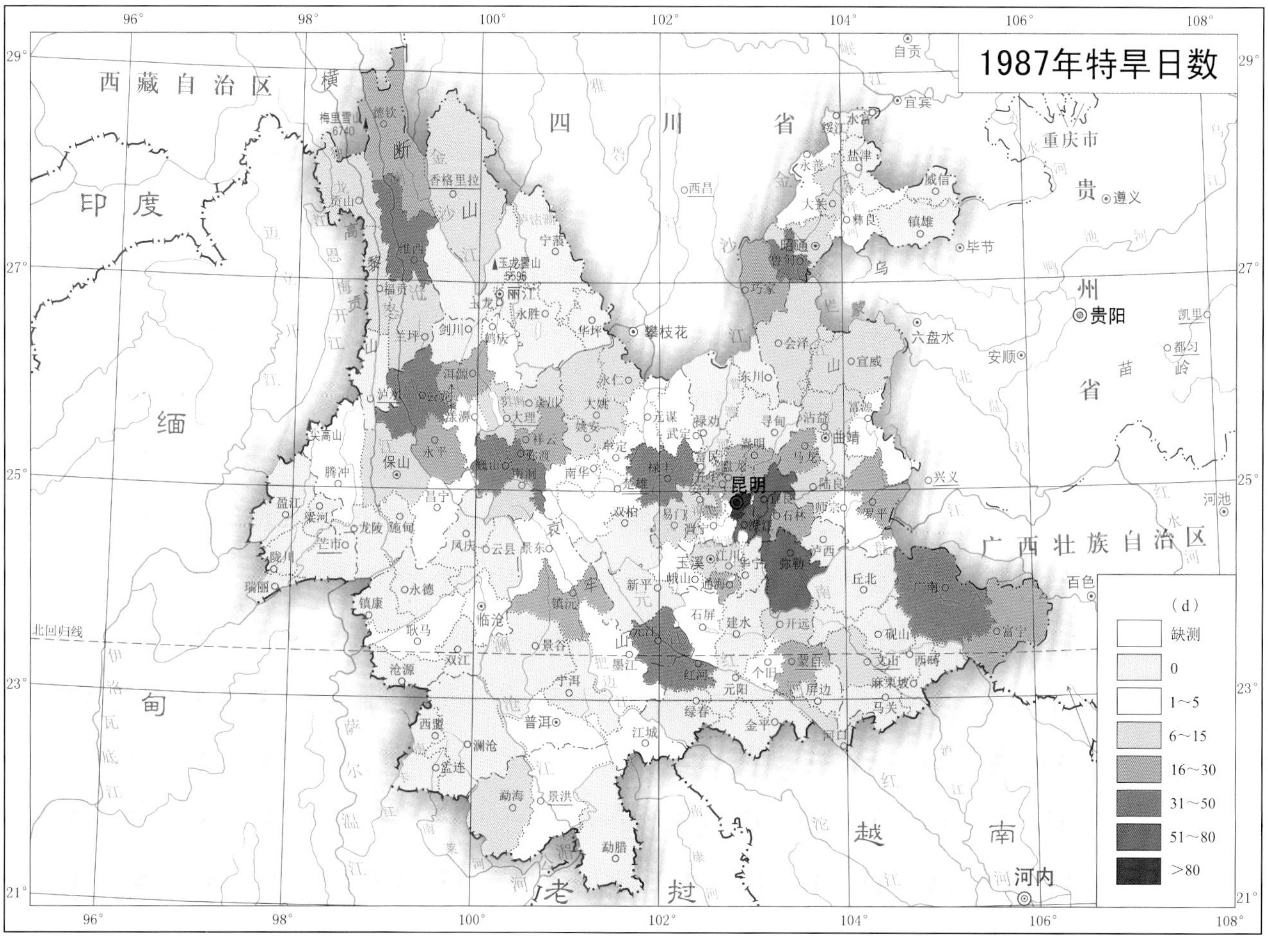

1987年特旱日数
西藏自治区
四川省
贵州省
广西壮族自治区
印度
缅甸
越南
老挝
昆明
(d)
缺测
0
1～5
6～15
16～30
31～50
51～80
>80

比例尺 1∶8 000 000 0 80 160 km

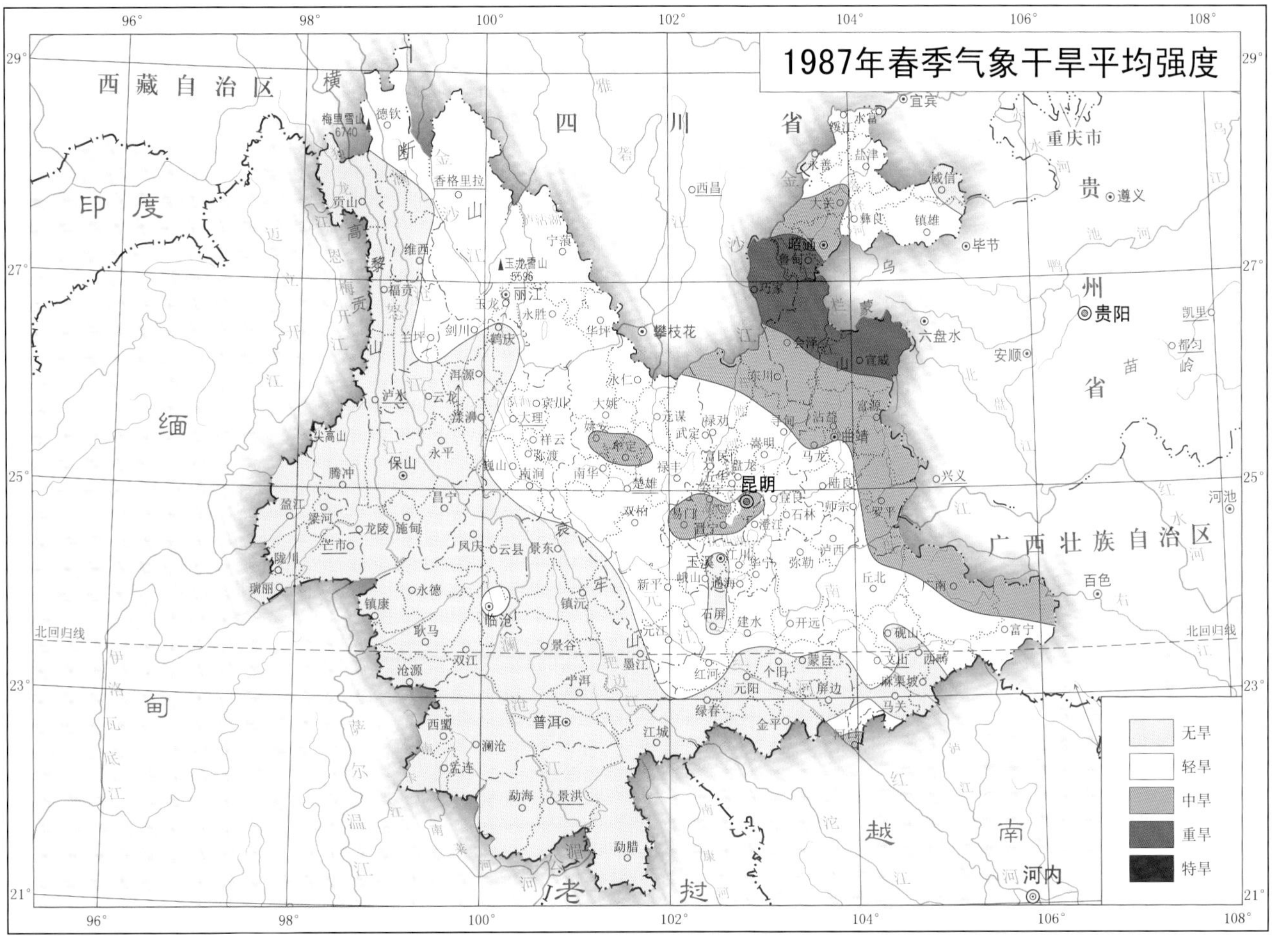

1987年春季气象干旱平均强度

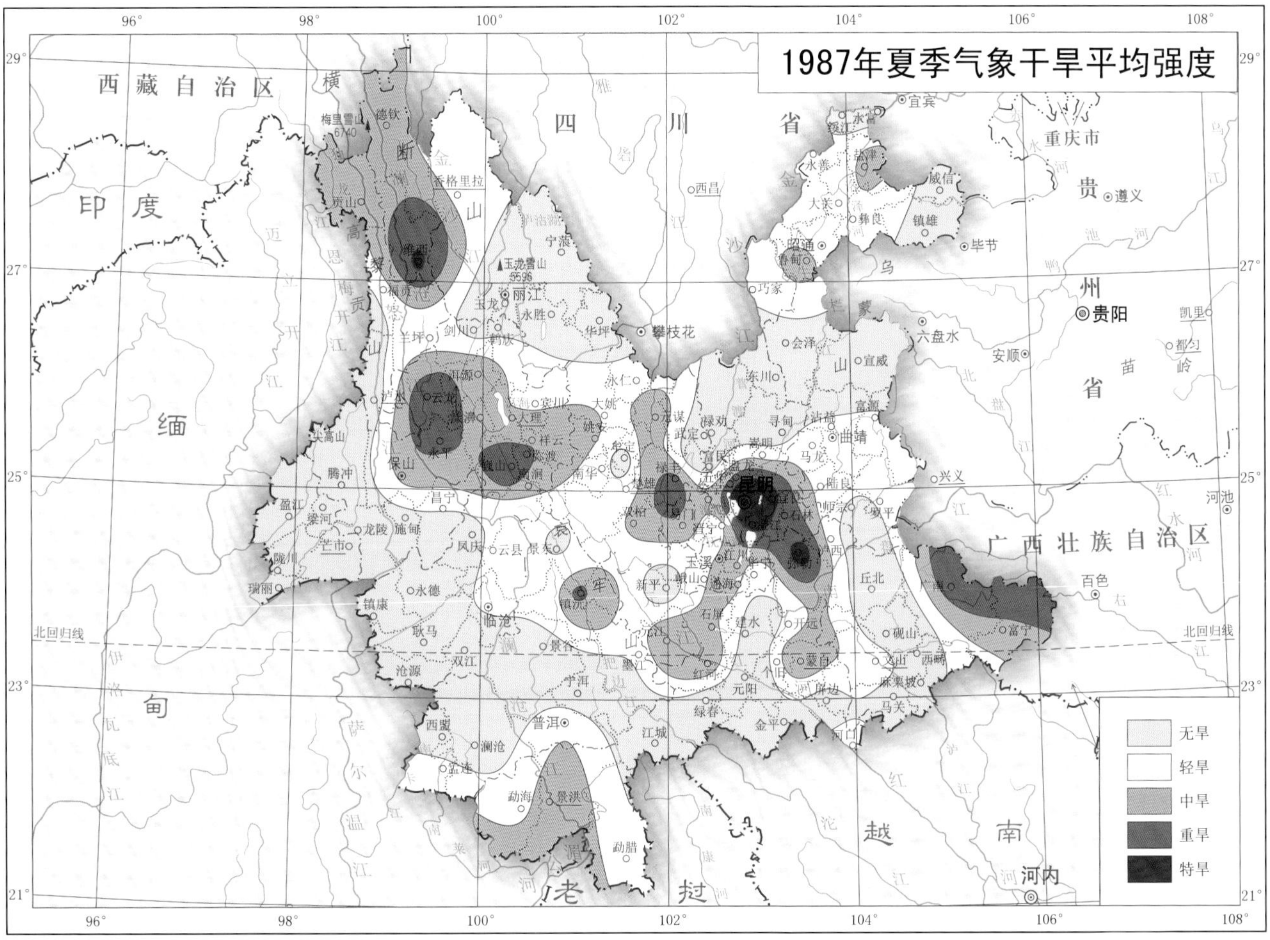

无旱
轻旱
中旱
重旱
特旱

1987年夏季气象干旱平均强度

无旱
轻旱
中旱
重旱
特旱

比例尺 1∶8 000 000 0 80 160 km

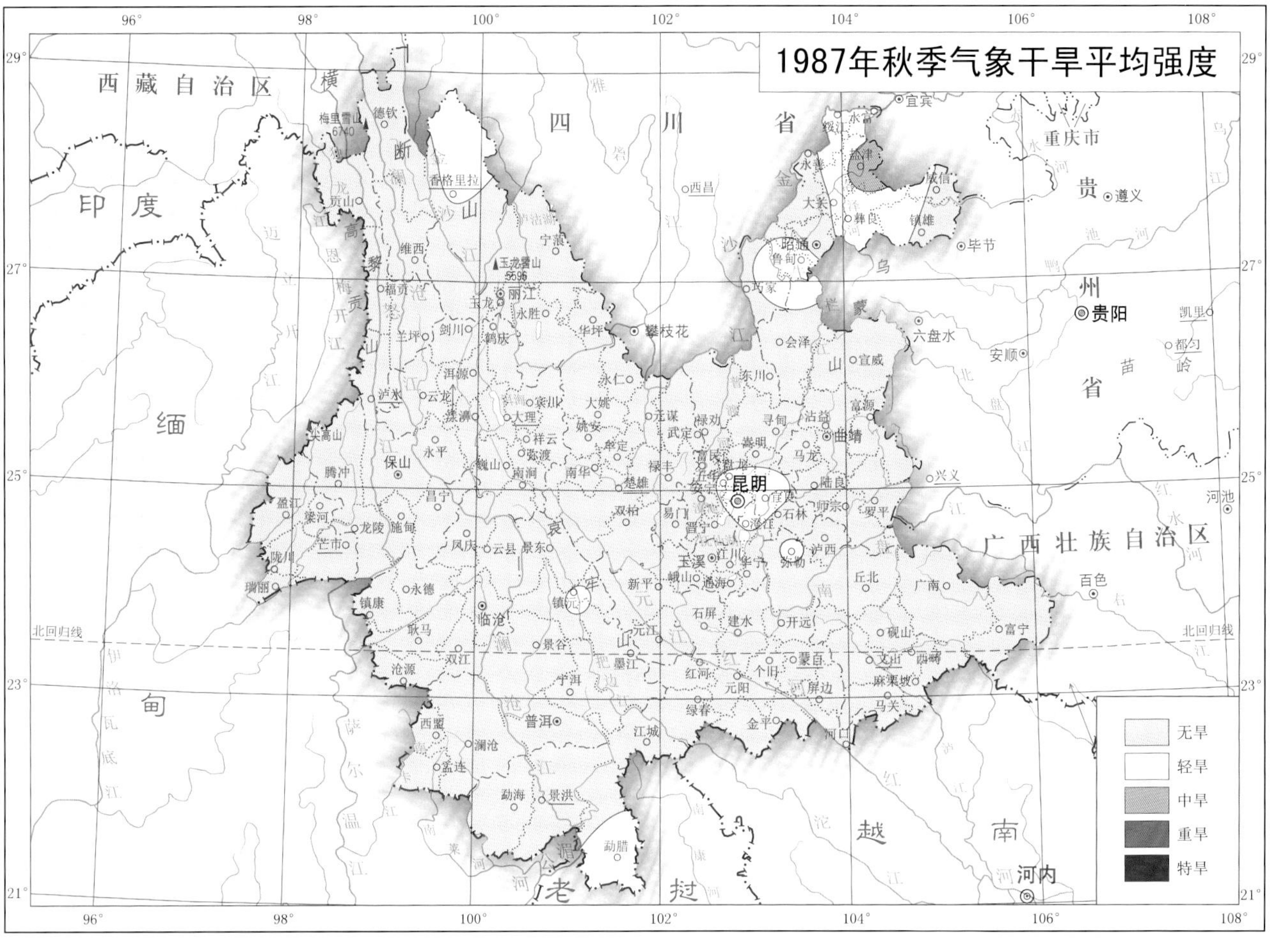
1987年秋季气象干旱平均强度
无旱
轻旱
中旱
重旱
特旱

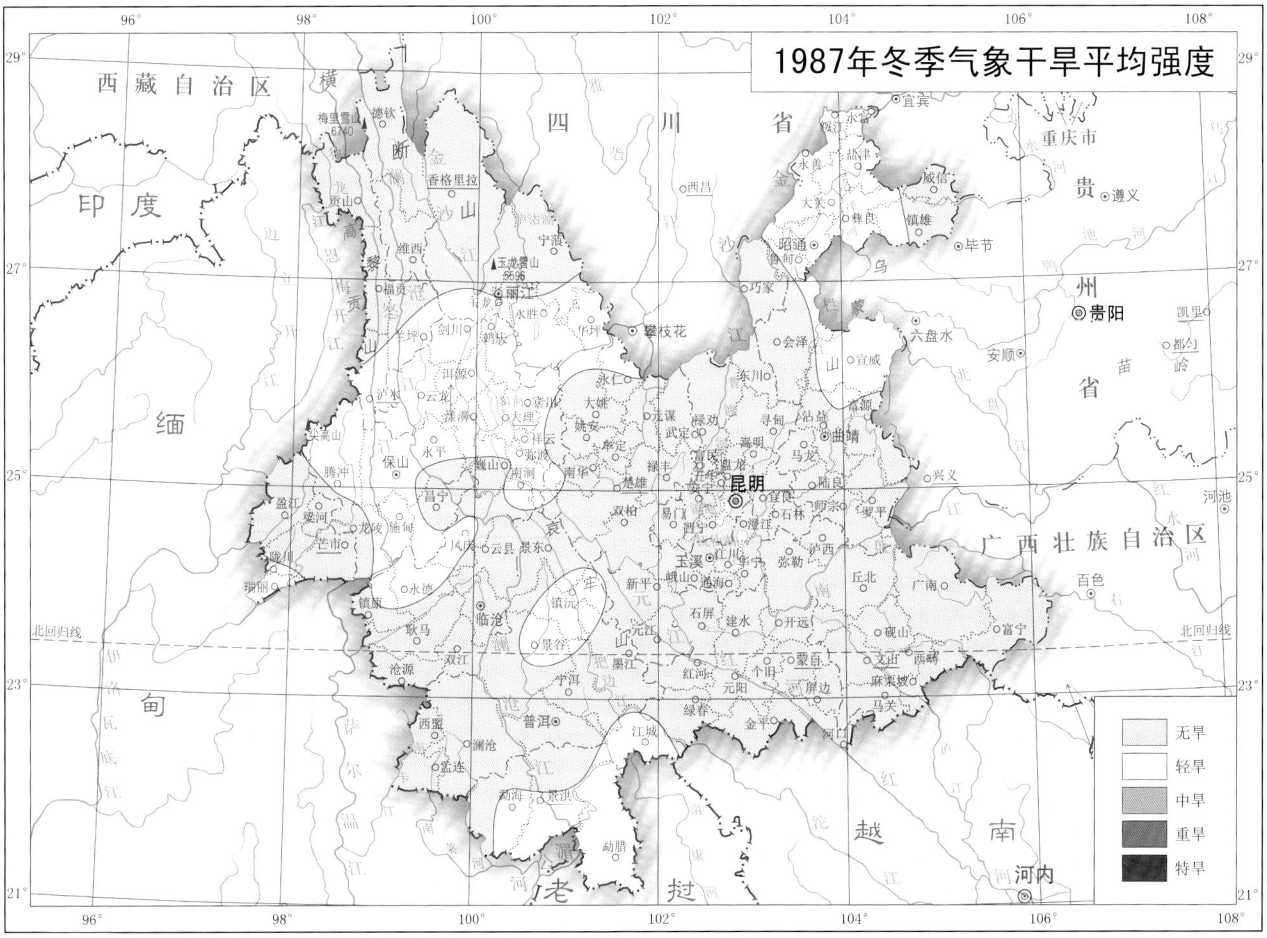
1987年冬季气象干旱平均强度
无旱
轻旱
中旱
重旱
特旱

比例尺 1∶8 000 000 0 80 160 km

1988年干旱日数

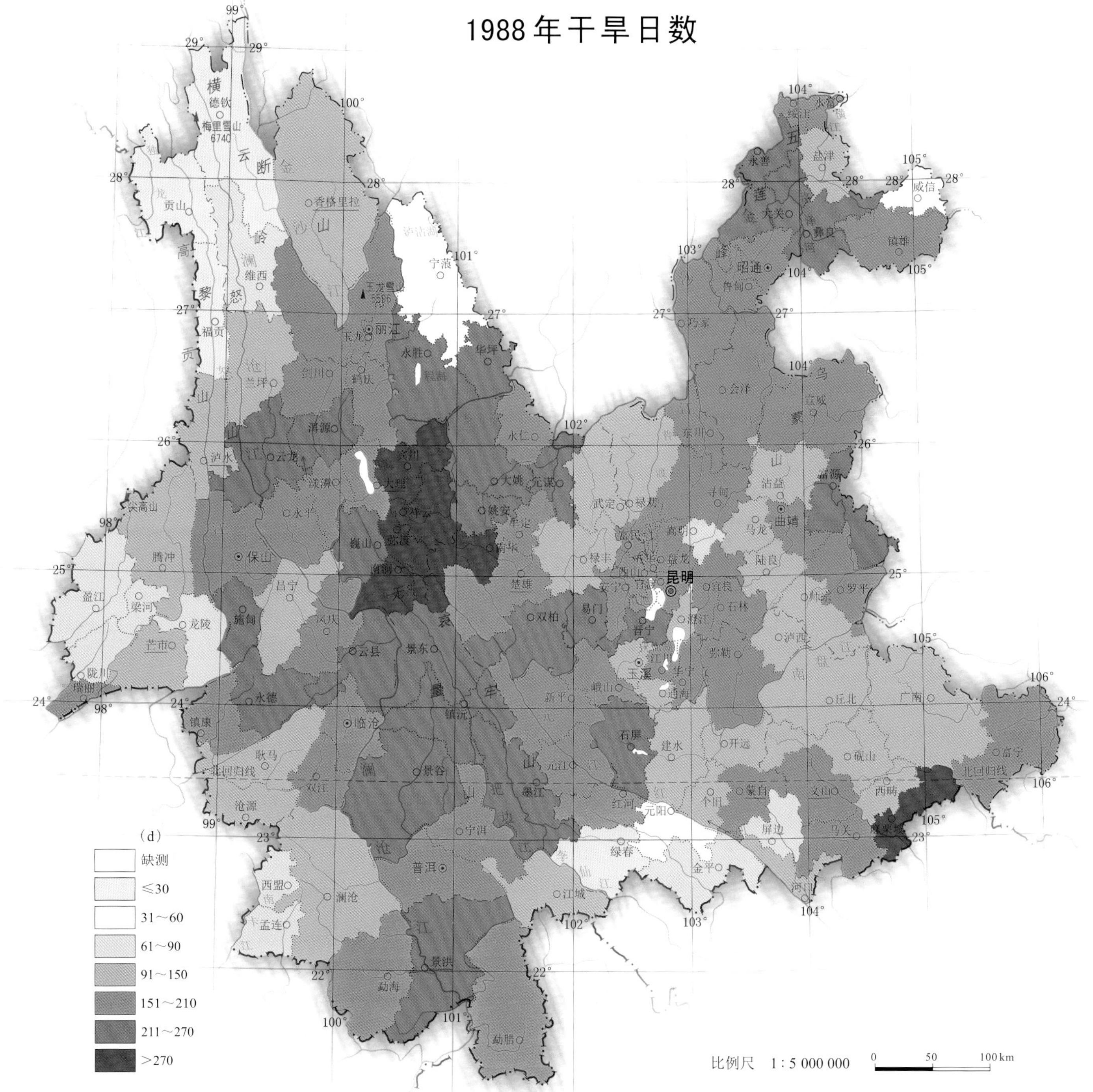

(d)

缺测

≤30

31～60

61～90

91～150

151～210

211～270

>270

比例尺 1∶5 000 000 0 50 100 km

1988年逐日干旱、降水变化曲线

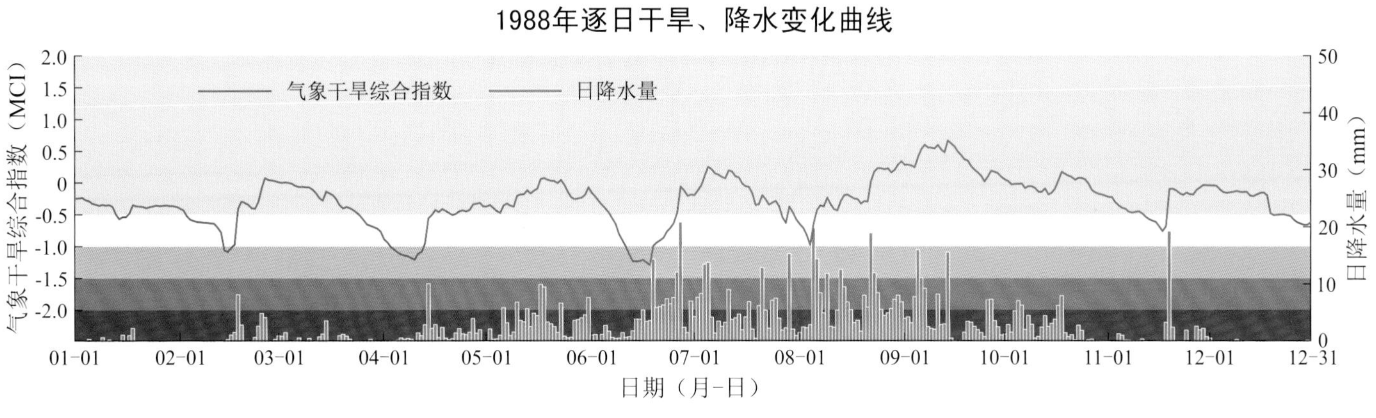

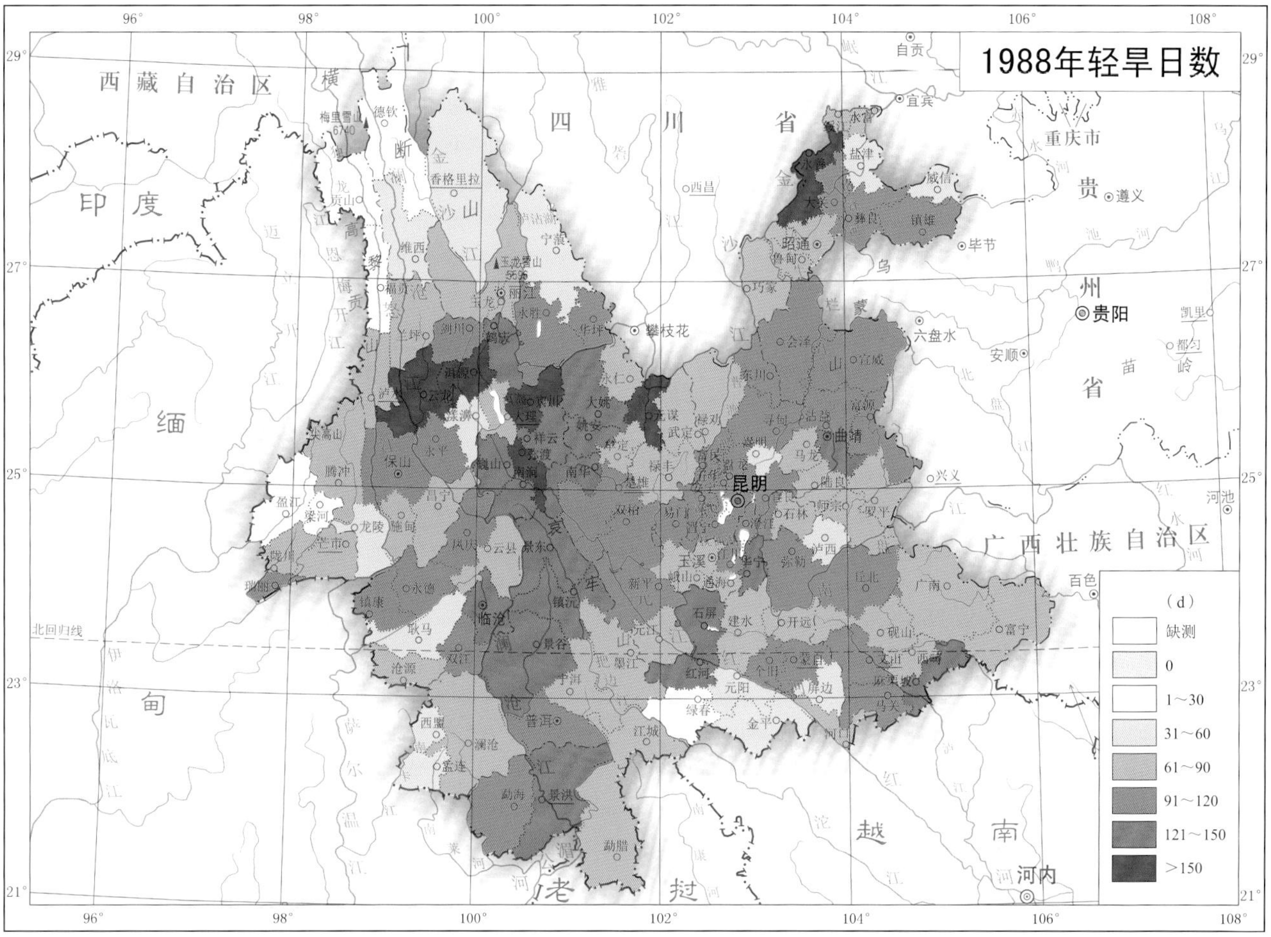
1988年轻旱日数
(d)
缺测
0
1~30
31~60
61~90
91~120
121~150
>150
西藏自治区
四川省
重庆市
贵州省
广西壮族自治区
印度
缅甸
越南
老挝
昆明
贵阳
河内
北回归线

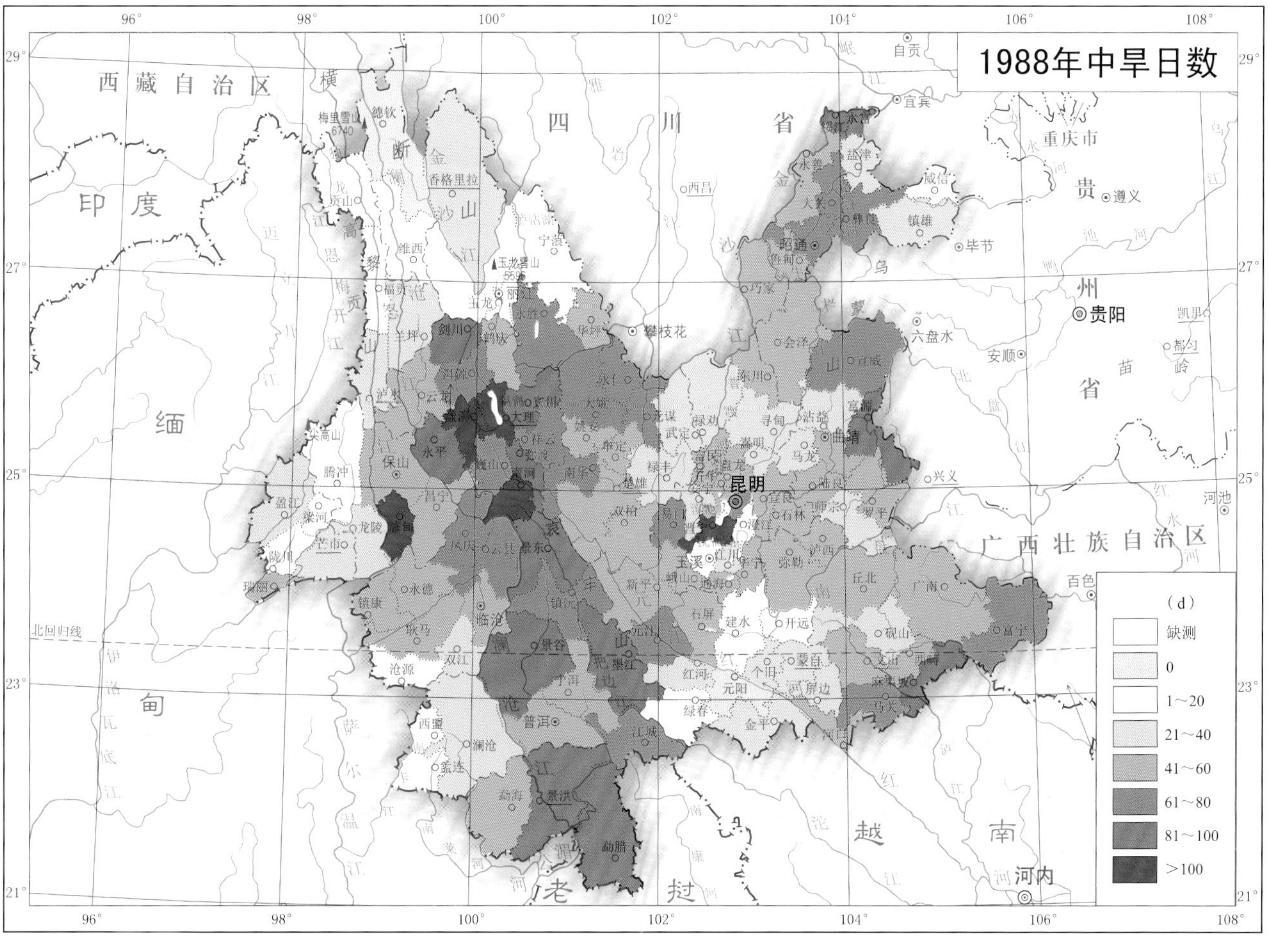
1988年中旱日数
(d)
缺测
0
1~20
21~40
41~60
61~80
81~100
>100
西藏自治区
四川省
重庆市
贵州省
广西壮族自治区
印度
缅甸
越南
老挝
昆明
贵阳
河内
北回归线

比例尺 1:8 000 000 0 80 160 km

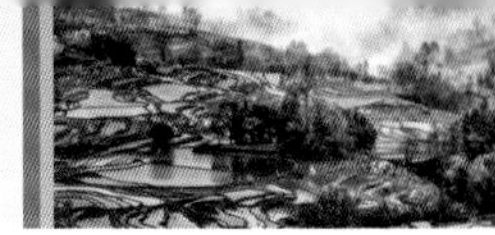

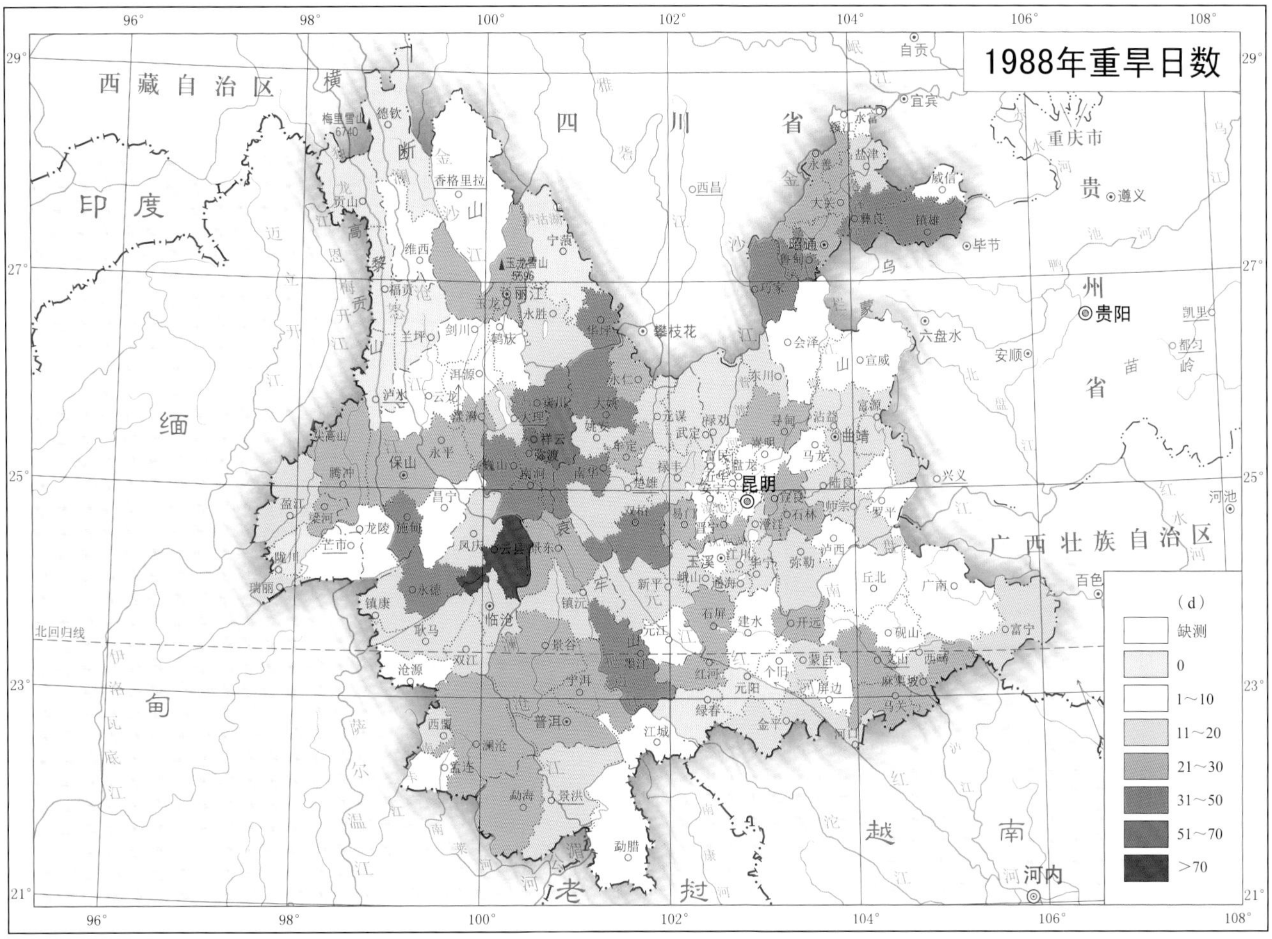

1988年重旱日数
西藏自治区
四川省
印度
缅甸
重庆市
贵州省
广西壮族自治区
越南
老挝
昆明
贵阳
河内
北回归线
(d)
缺测
0
1~10
11~20
21~30
31~50
51~70
>70

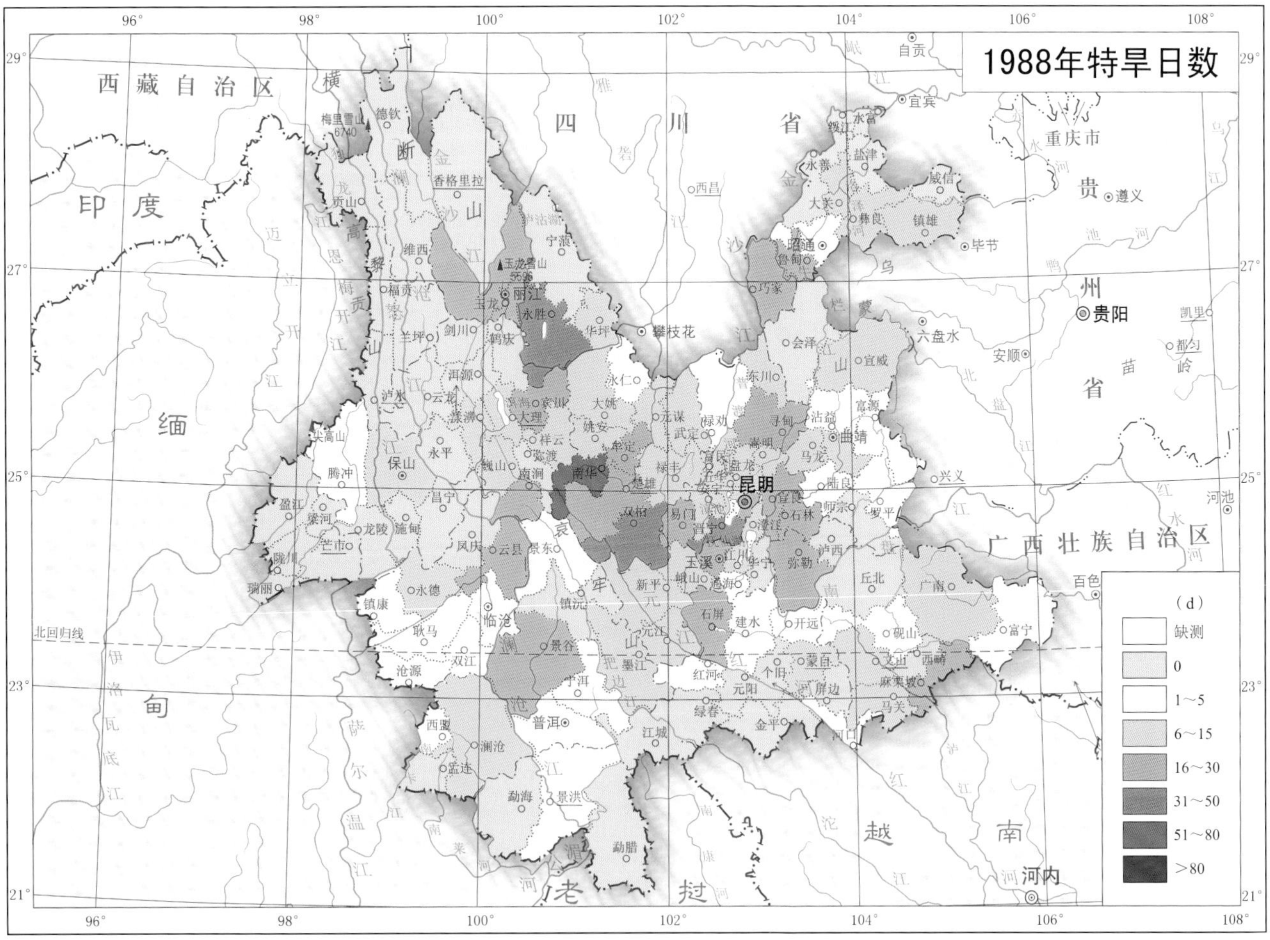

1988年特旱日数
西藏自治区
四川省
印度
缅甸
重庆市
贵州省
广西壮族自治区
越南
老挝
昆明
贵阳
河内
北回归线
(d)
缺测
0
1~5
6~15
16~30
31~50
51~80
>80

比例尺 1:8 000 000　0　80　160 km

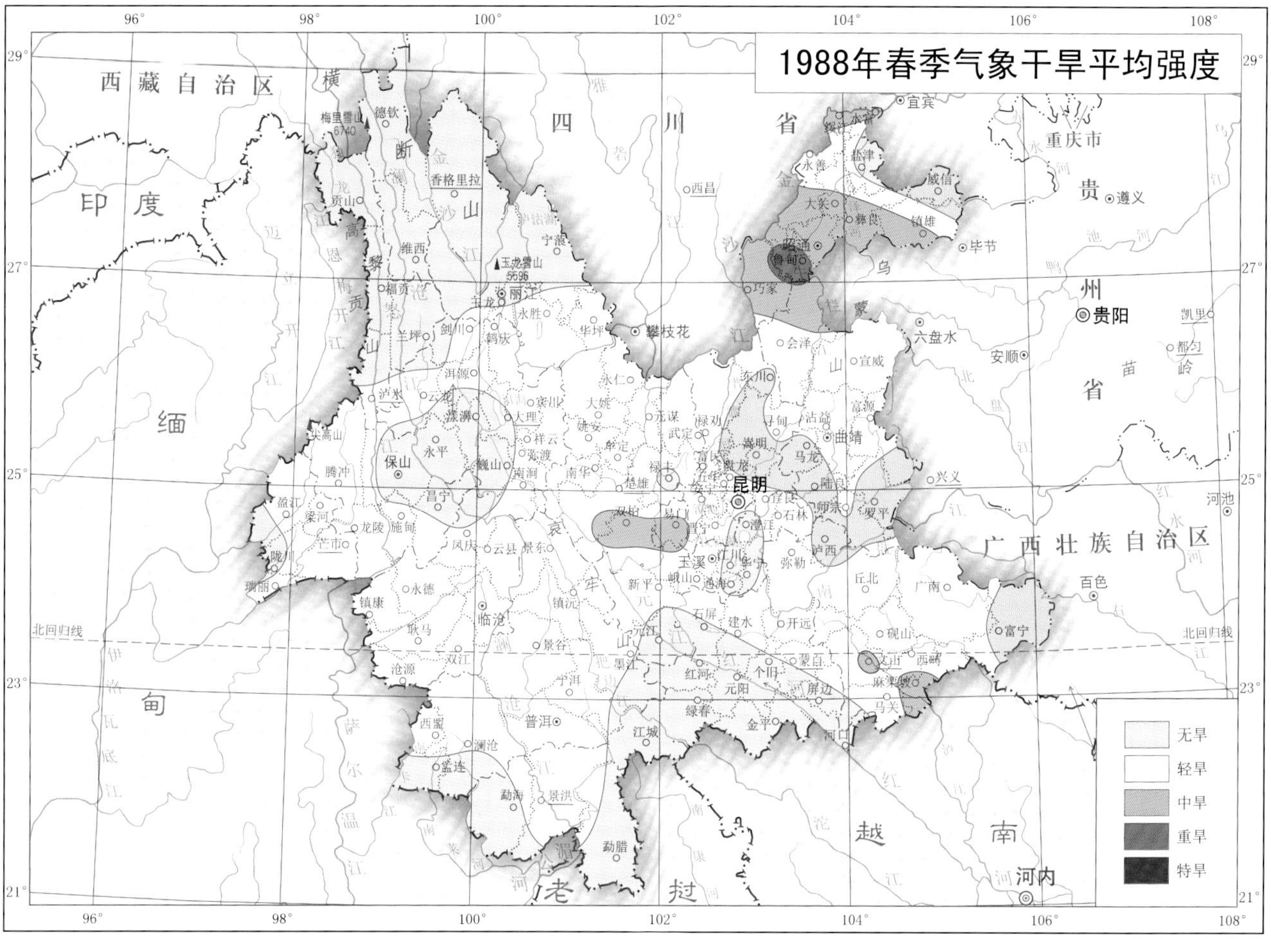
1988年春季气象干旱平均强度
无旱
轻旱
中旱
重旱
特旱
西藏自治区
四川省
重庆市
贵州省
广西壮族自治区
印度
缅甸
老挝
越南
昆明
北回归线

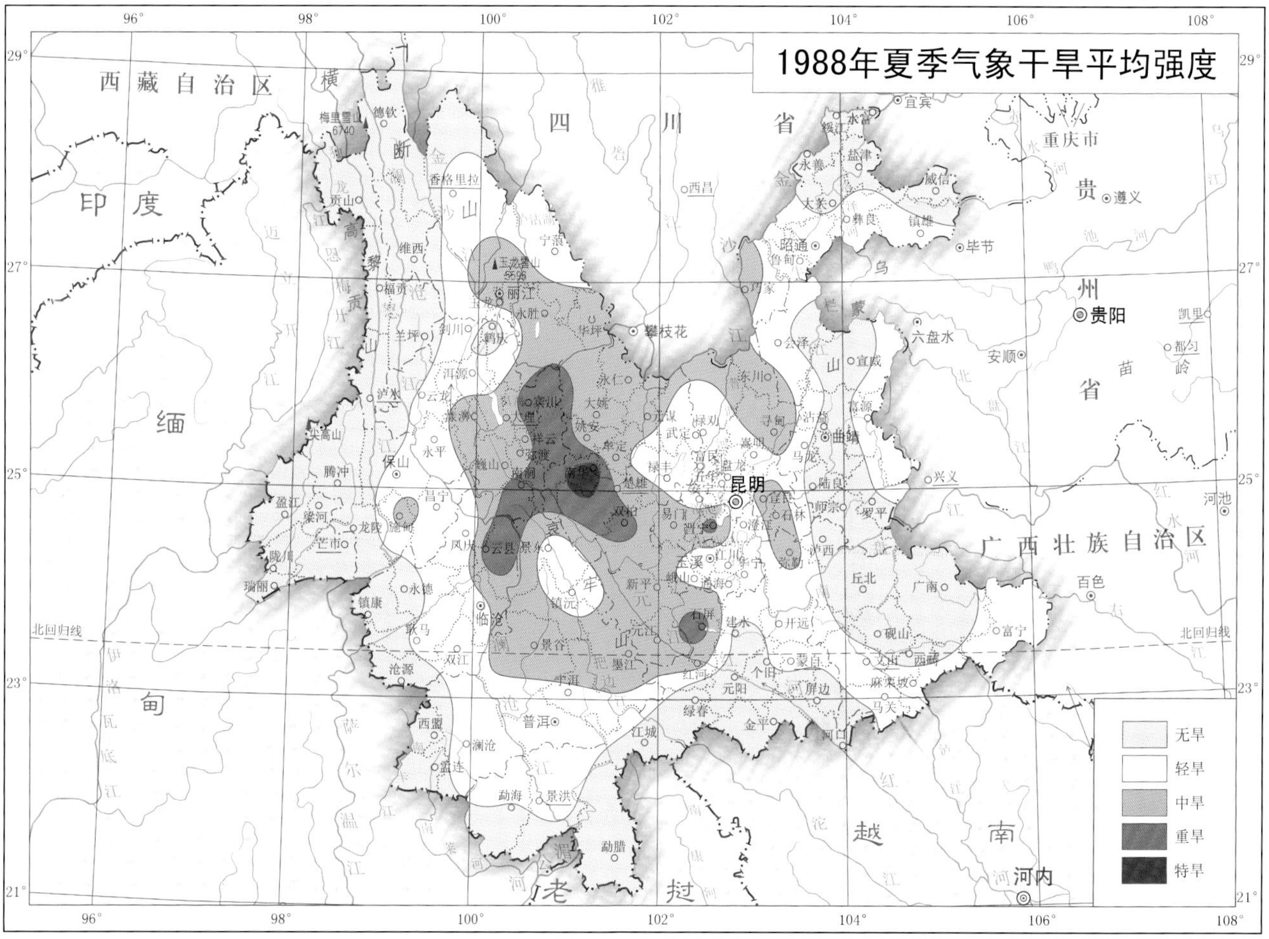
1988年夏季气象干旱平均强度
无旱
轻旱
中旱
重旱
特旱
西藏自治区
四川省
重庆市
贵州省
广西壮族自治区
印度
缅甸
老挝
越南
昆明
北回归线

比例尺 1 : 8 000 000 0 80 160 km

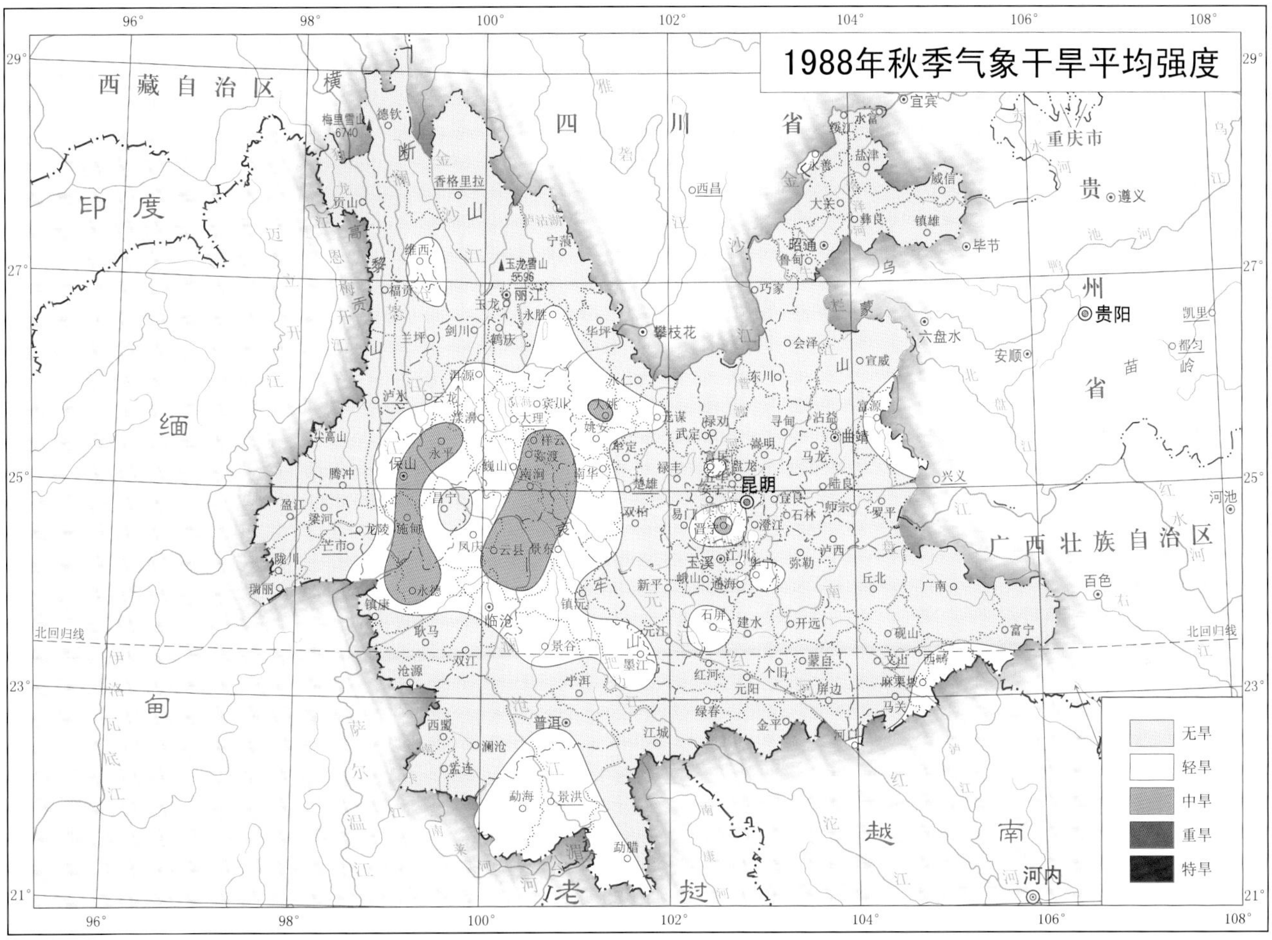

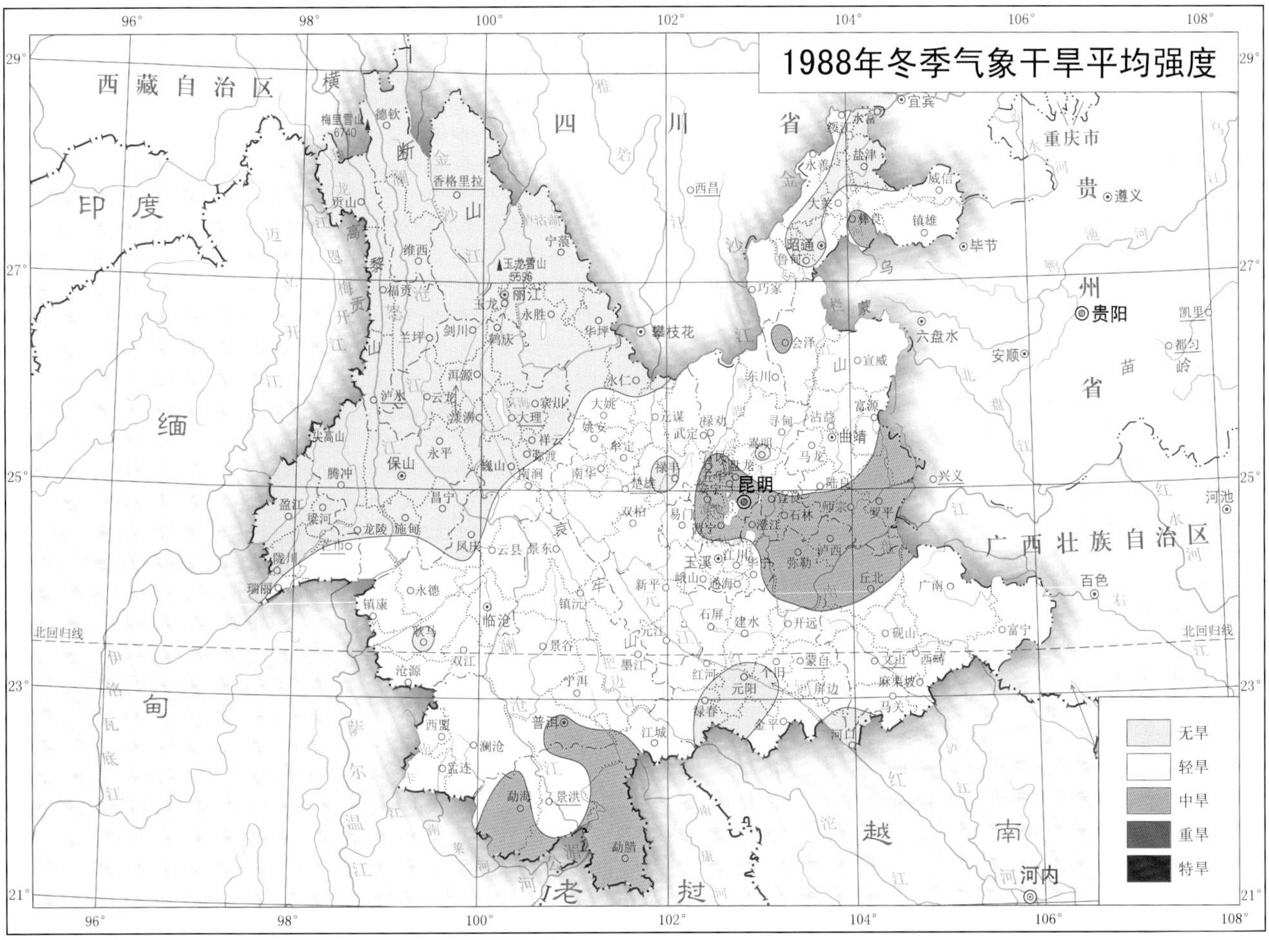

1988年秋季气象干旱平均强度

无旱
轻旱
中旱
重旱
特旱

1988年冬季气象干旱平均强度

无旱
轻旱
中旱
重旱
特旱

比例尺 1 : 8 000 000　0 80 160 km

1989年干旱日数

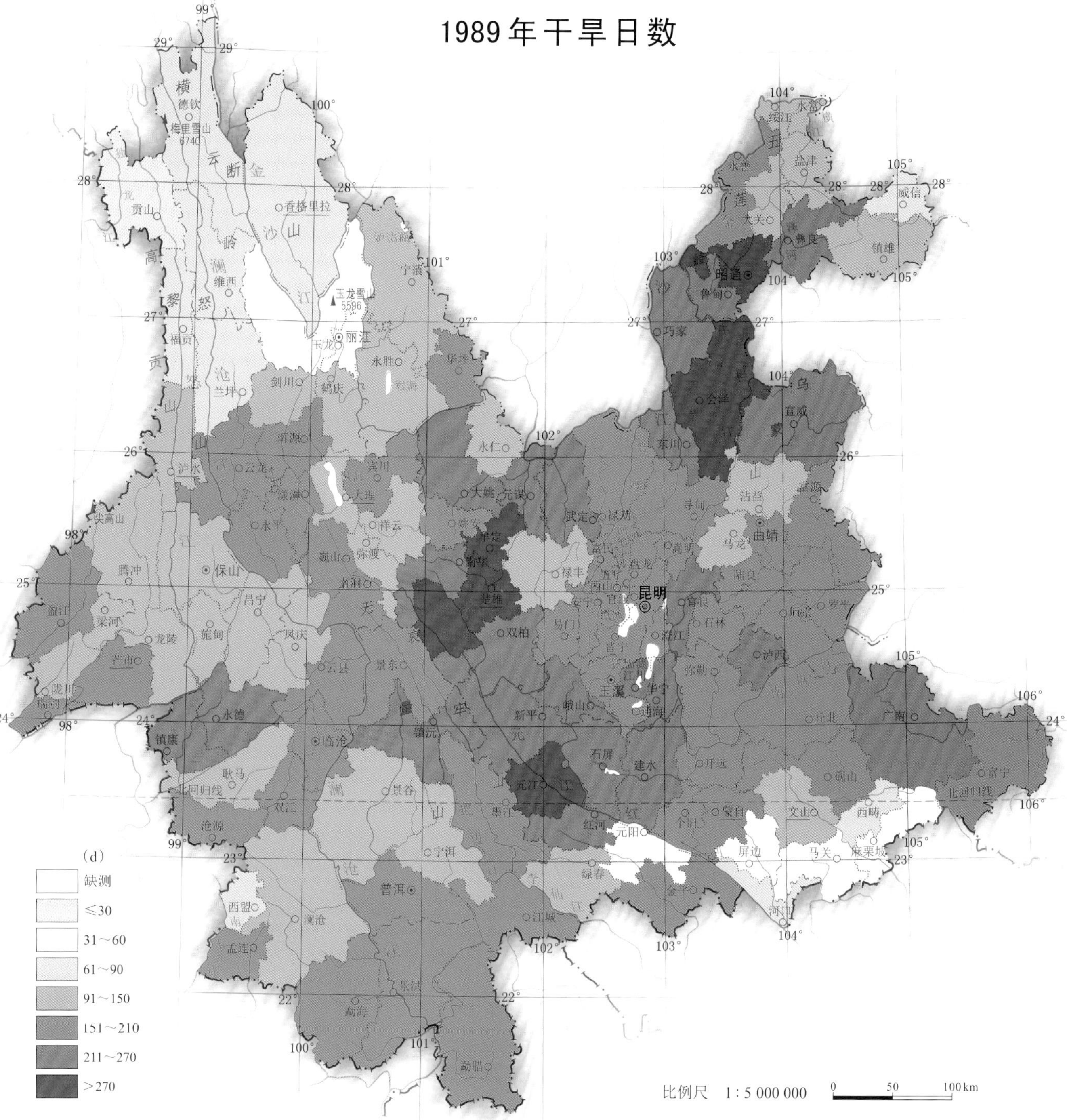

(d)
缺测
≤30
31～60
61～90
91～150
151～210
211～270
>270

比例尺 1∶5 000 000

1989年逐日干旱、降水变化曲线

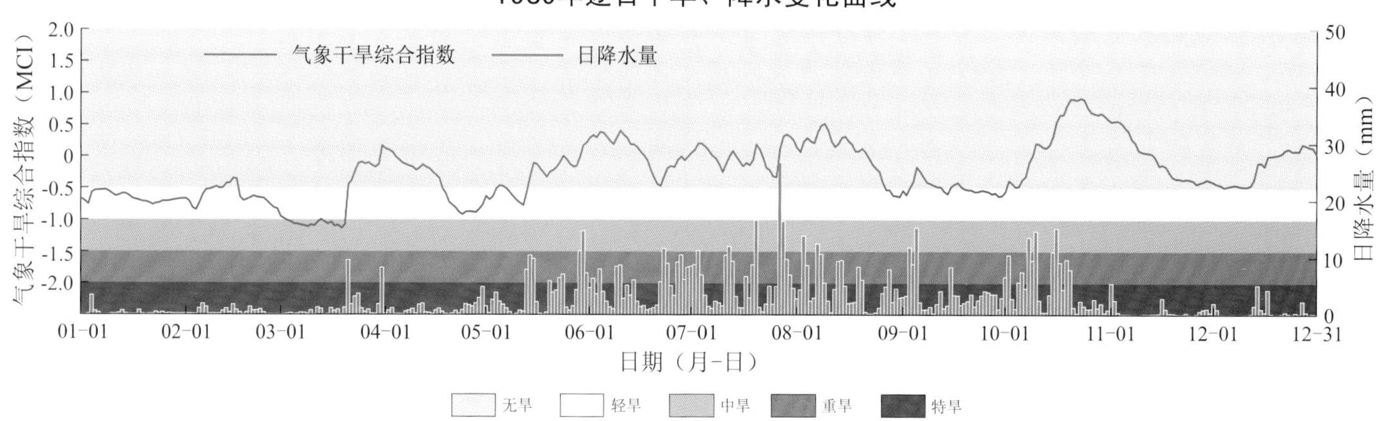

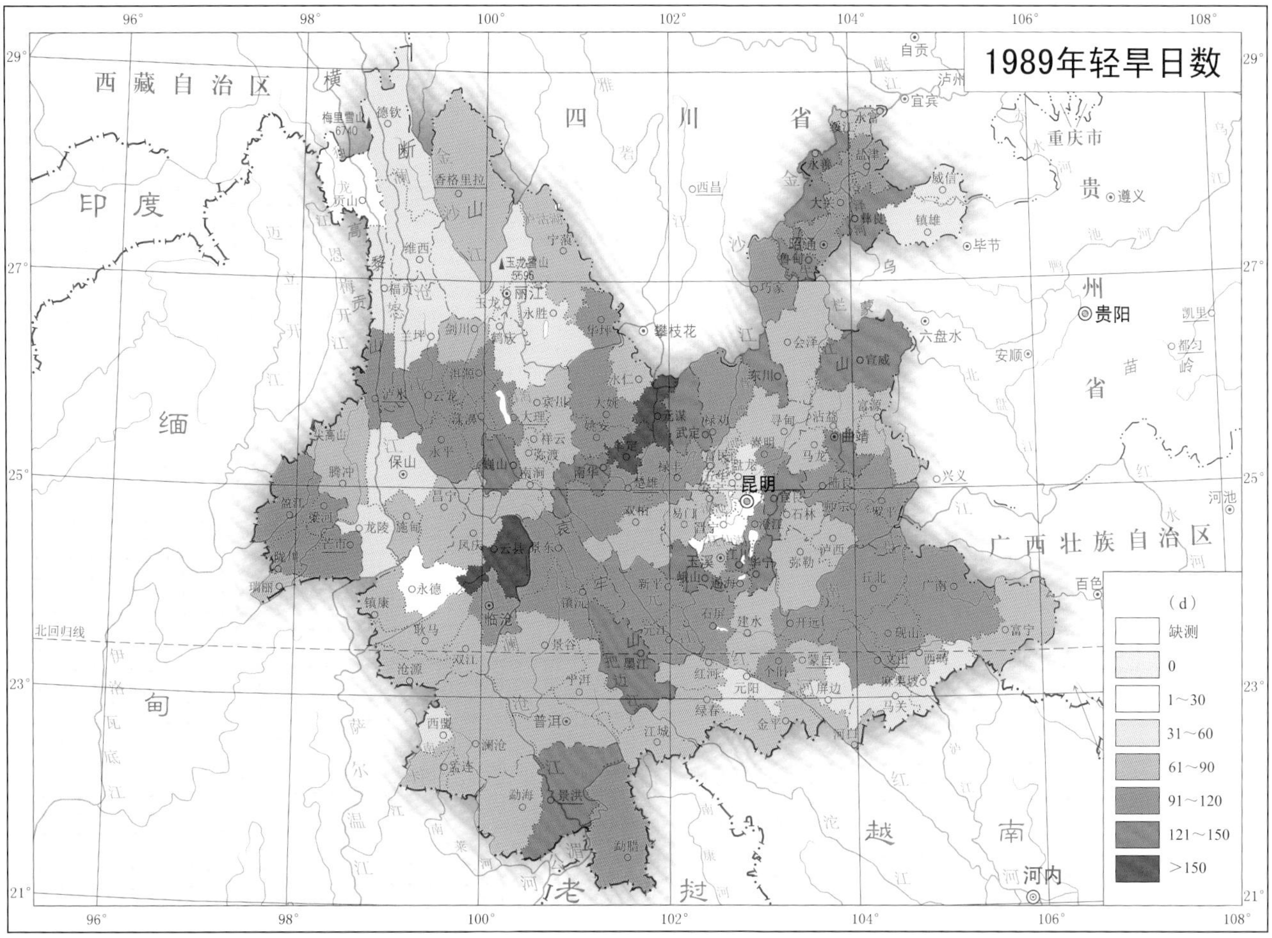

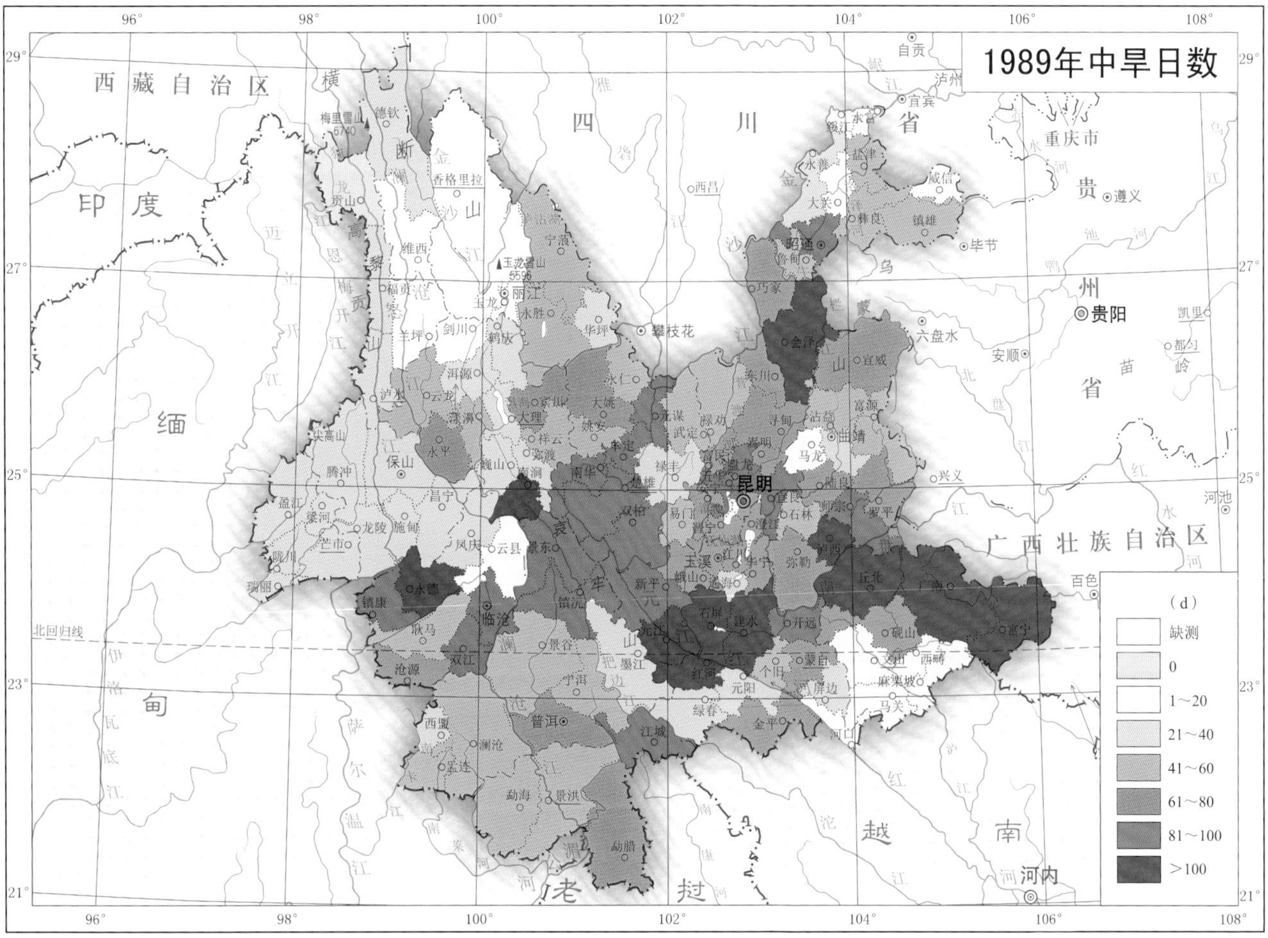

1989年轻旱日数

(d)
缺测
0
1～30
31～60
61～90
91～120
121～150
>150

1989年中旱日数

(d)
缺测
0
1～20
21～40
41～60
61～80
81～100
>100

比例尺　1∶8 000 000　0　80　160 km

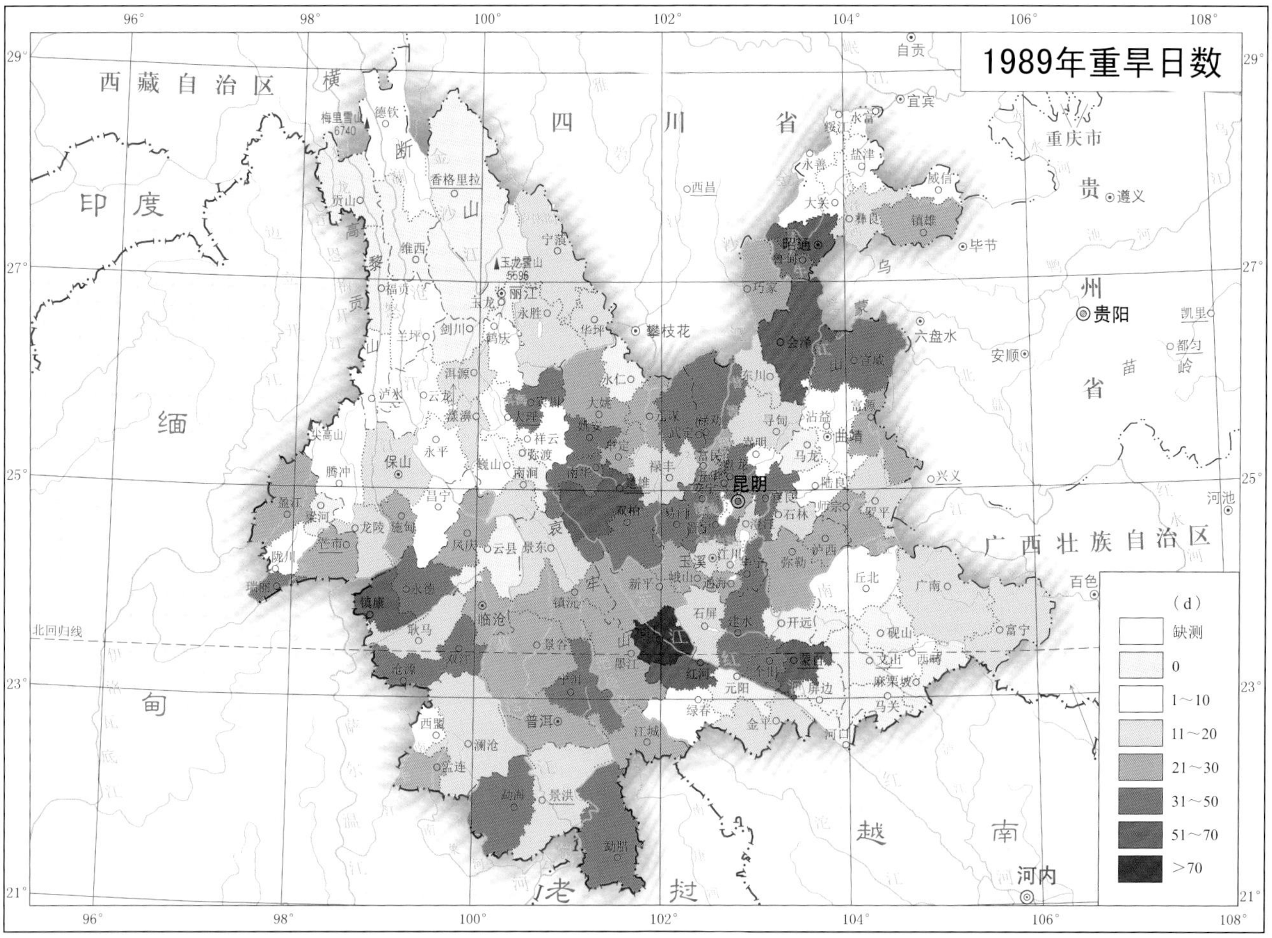
1989年重旱日数
(d)
缺测
0
1～10
11～20
21～30
31～50
51～70
>70
西藏自治区
四川省
重庆市
贵州省
广西壮族自治区
印度
缅甸
越南
老挝
昆明
北回归线

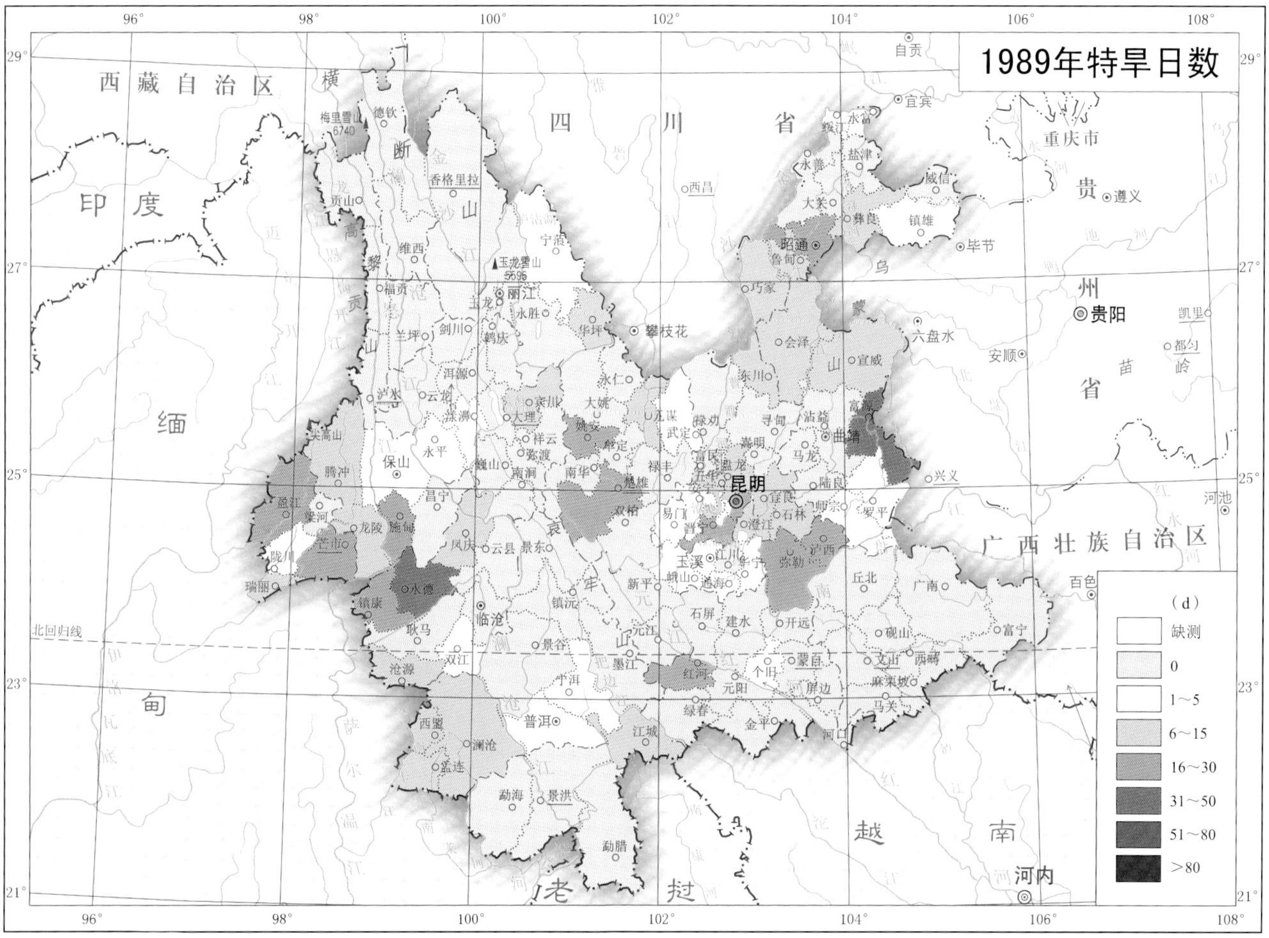
1989年特旱日数
(d)
缺测
0
1～5
6～15
16～30
31～50
51～80
>80
西藏自治区
四川省
重庆市
贵州省
广西壮族自治区
印度
缅甸
越南
老挝
昆明
北回归线

比例尺 1:8 000 000 0 80 160 km

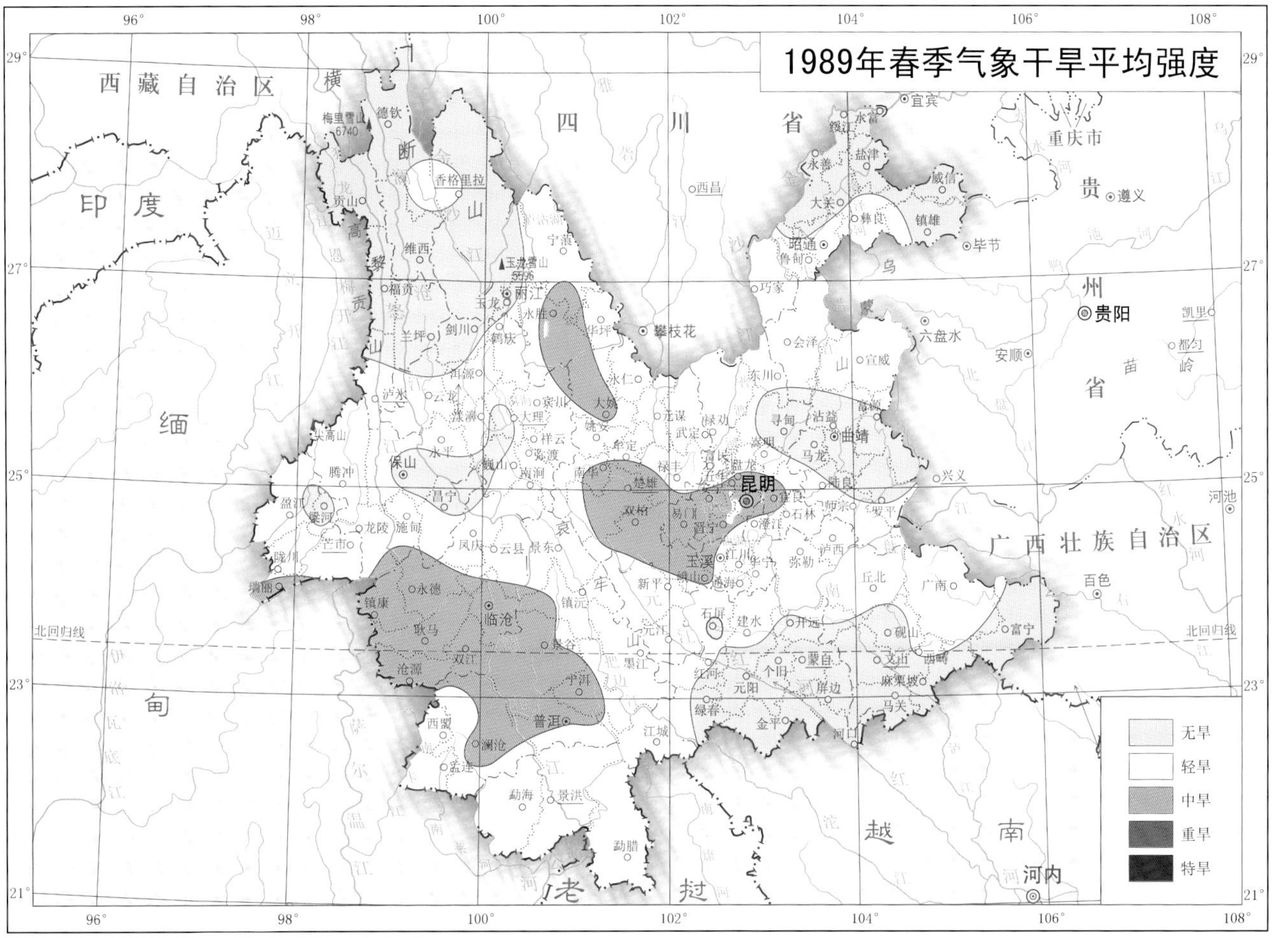

1989年春季气象干旱平均强度

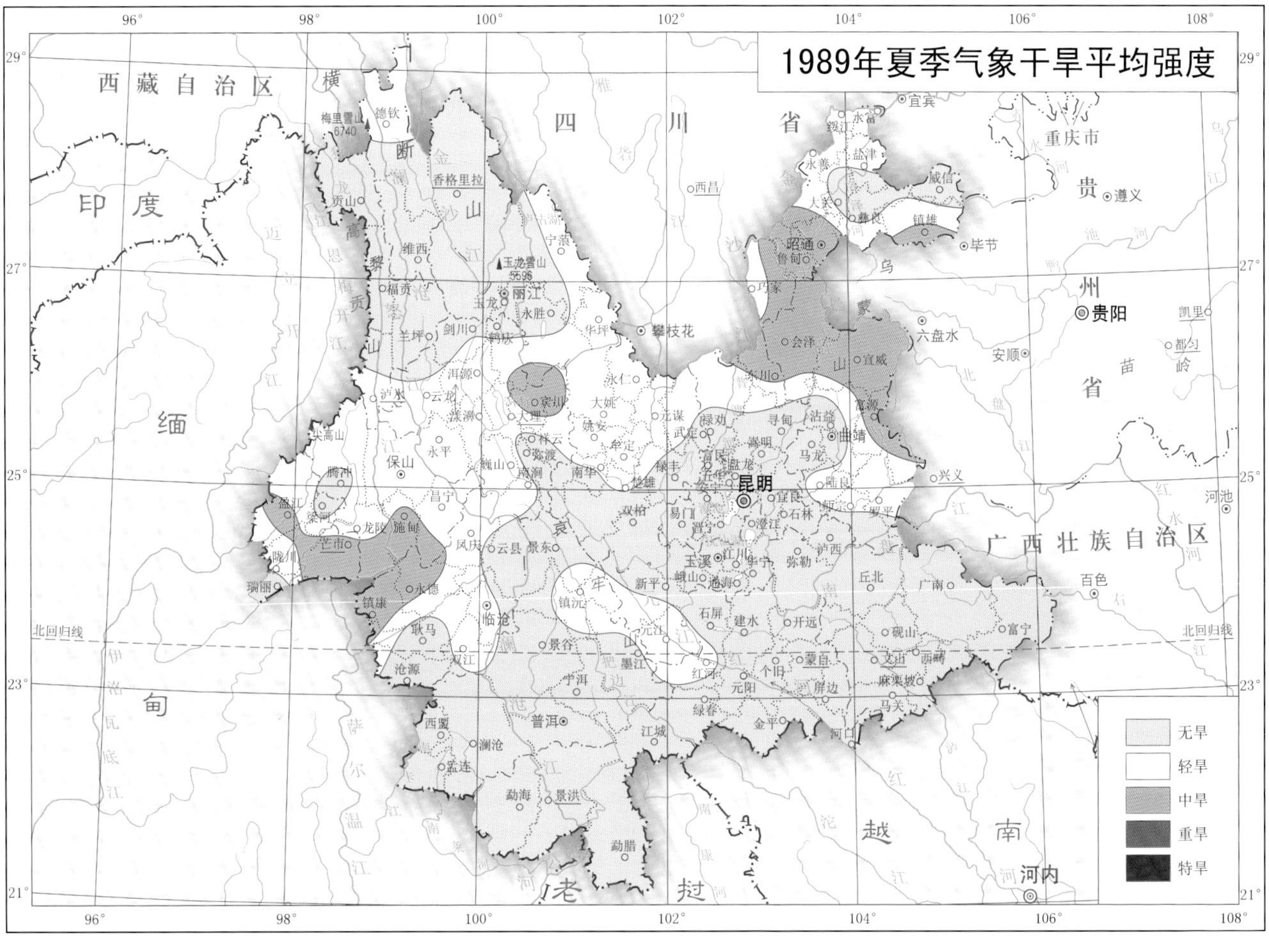

无旱
轻旱
中旱
重旱
特旱

1989年夏季气象干旱平均强度

无旱
轻旱
中旱
重旱
特旱

比例尺 1:8 000 000 0 80 160 km

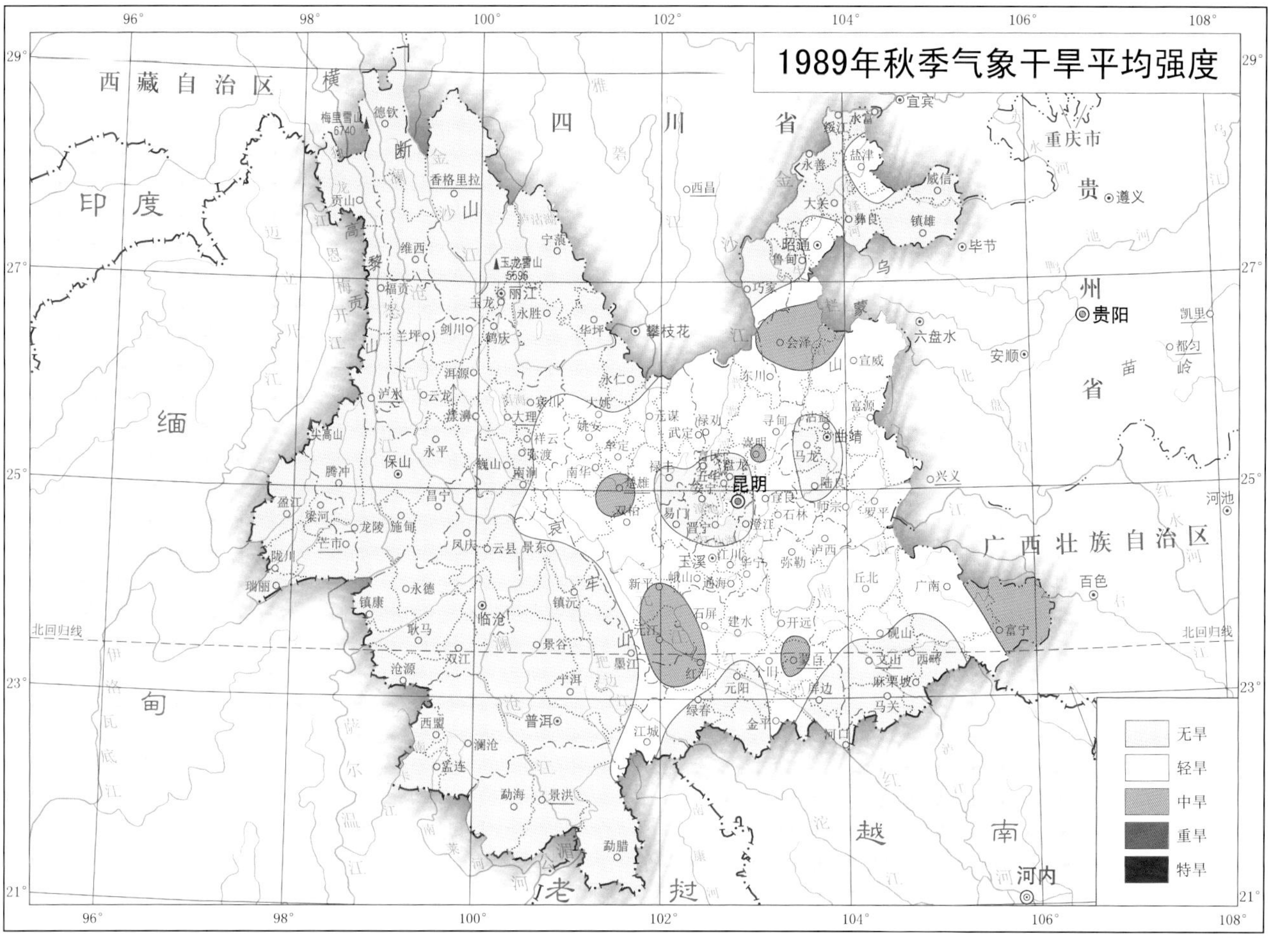

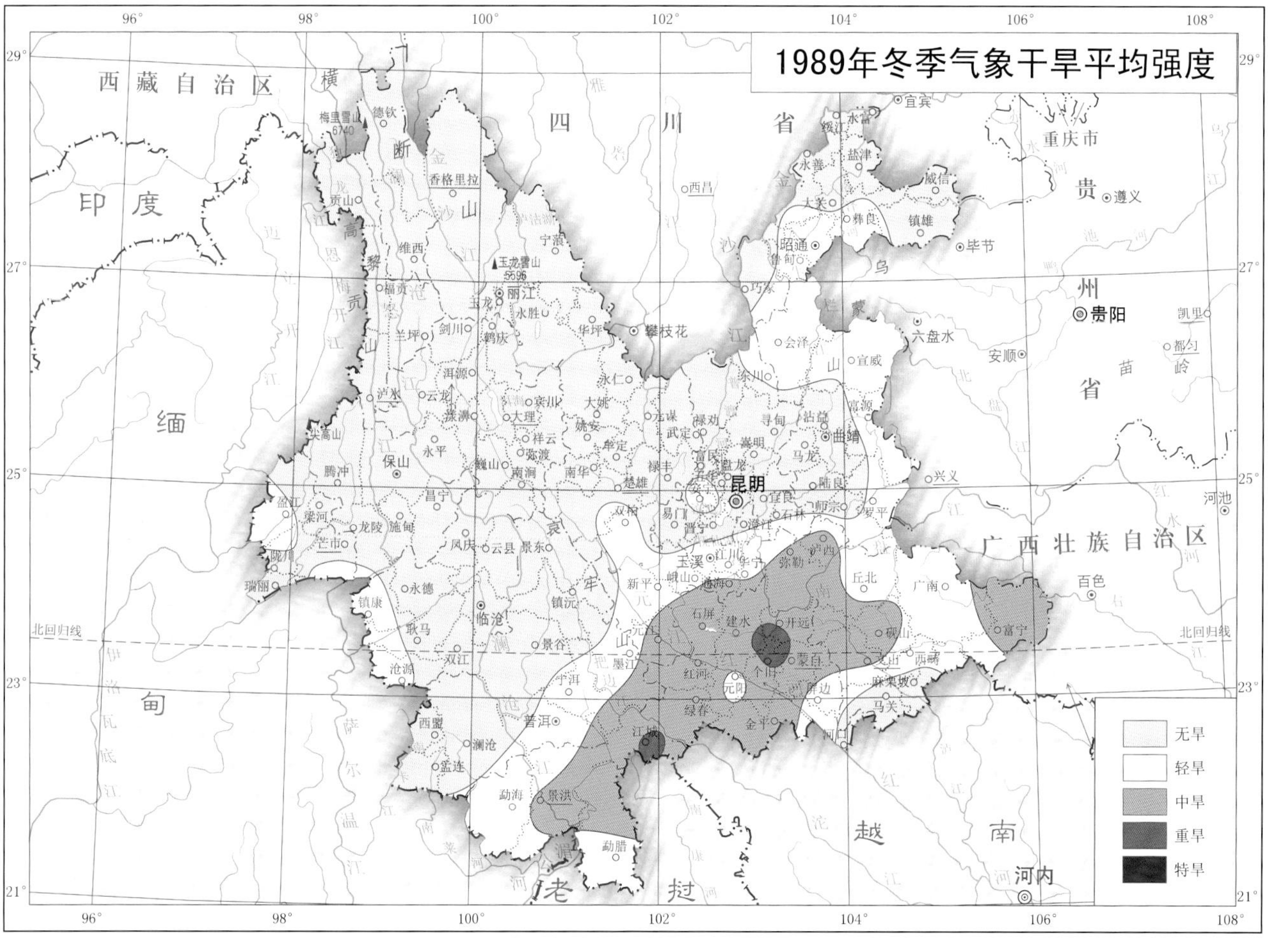

1989年秋季气象干旱平均强度

无旱
轻旱
中旱
重旱
特旱

1989年冬季气象干旱平均强度

无旱
轻旱
中旱
重旱
特旱

比例尺 1 : 8 000 000 0 80 160 km

1990年干旱日数

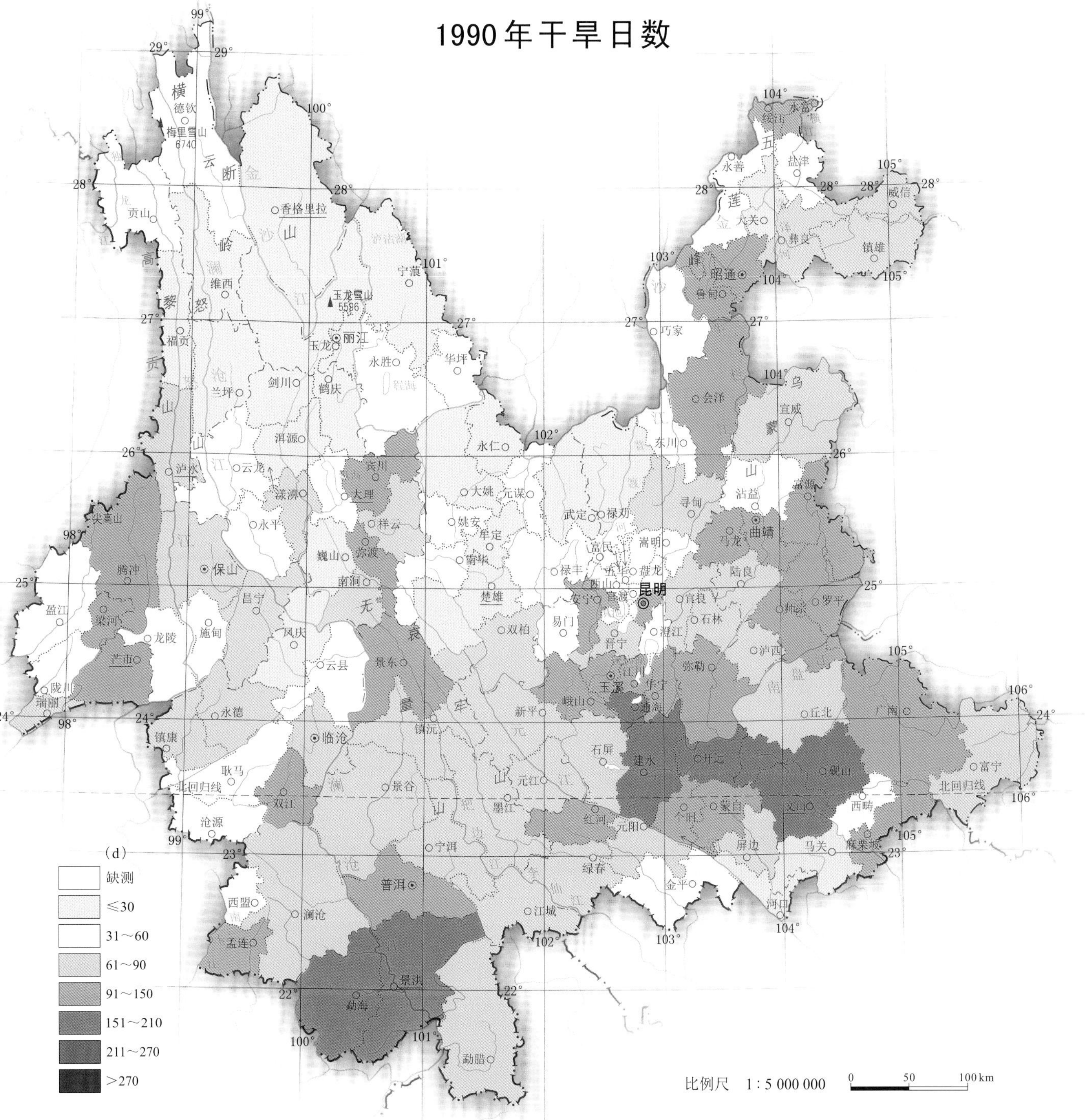

(d)

图例	
缺测	
≤30	
31～60	
61～90	
91～150	
151～210	
211～270	
>270	

比例尺 1:5 000 000

0 50 100km

1990年逐日干旱、降水变化曲线

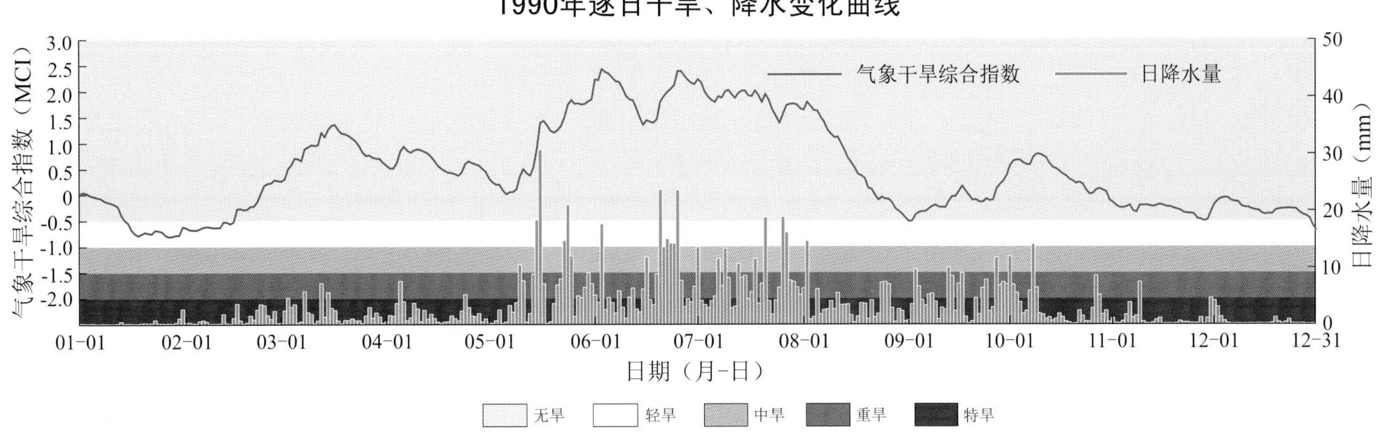

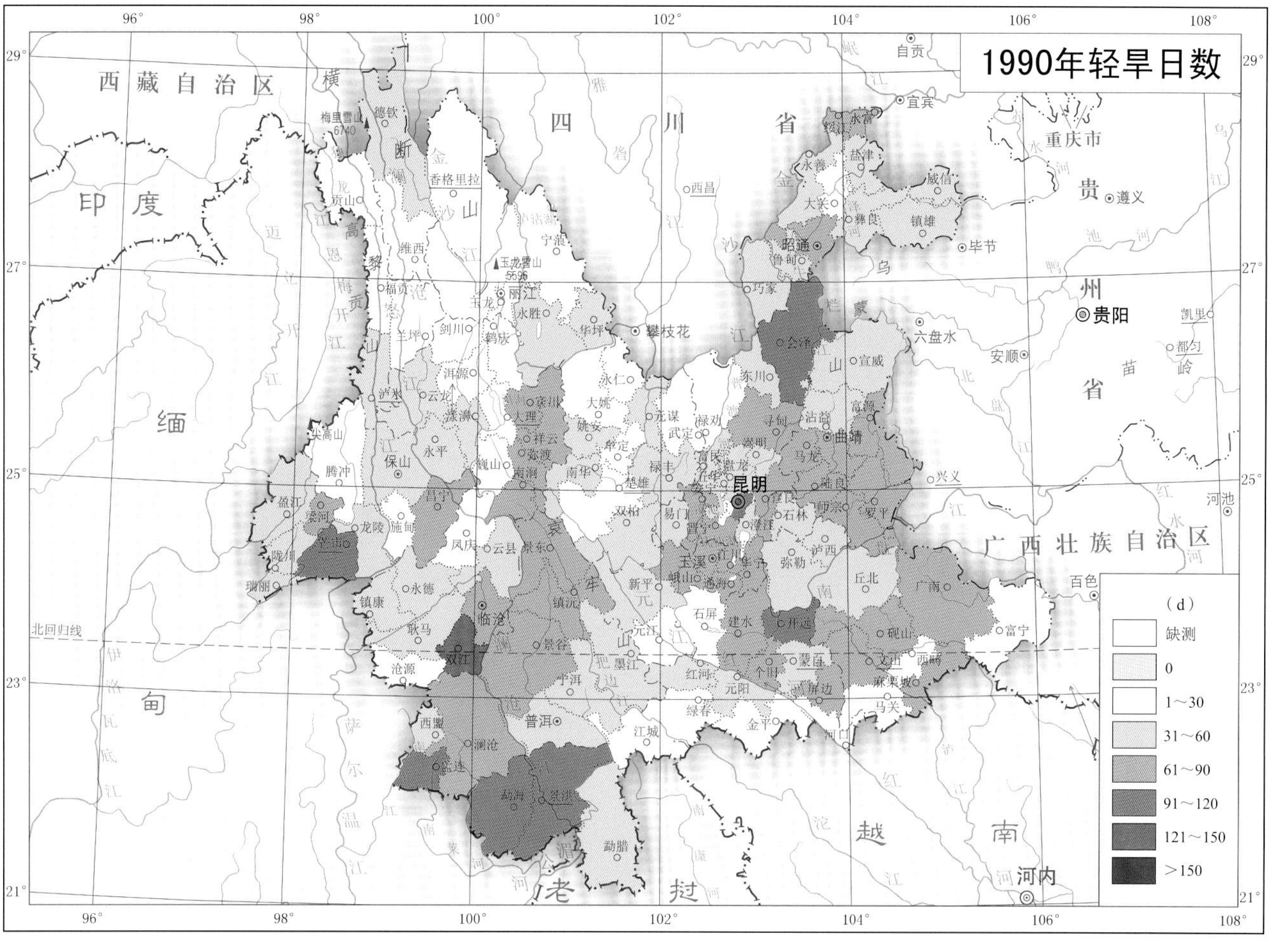
1990年轻旱日数
(d)
缺测
0
1～30
31～60
61～90
91～120
121～150
>150
西藏自治区
四川省
印度
缅甸
贵州省
广西壮族自治区
越南
老挝
重庆市
昆明
北回归线
96°
98°
100°
102°
104°
106°
108°
21°
23°
25°
27°
29°

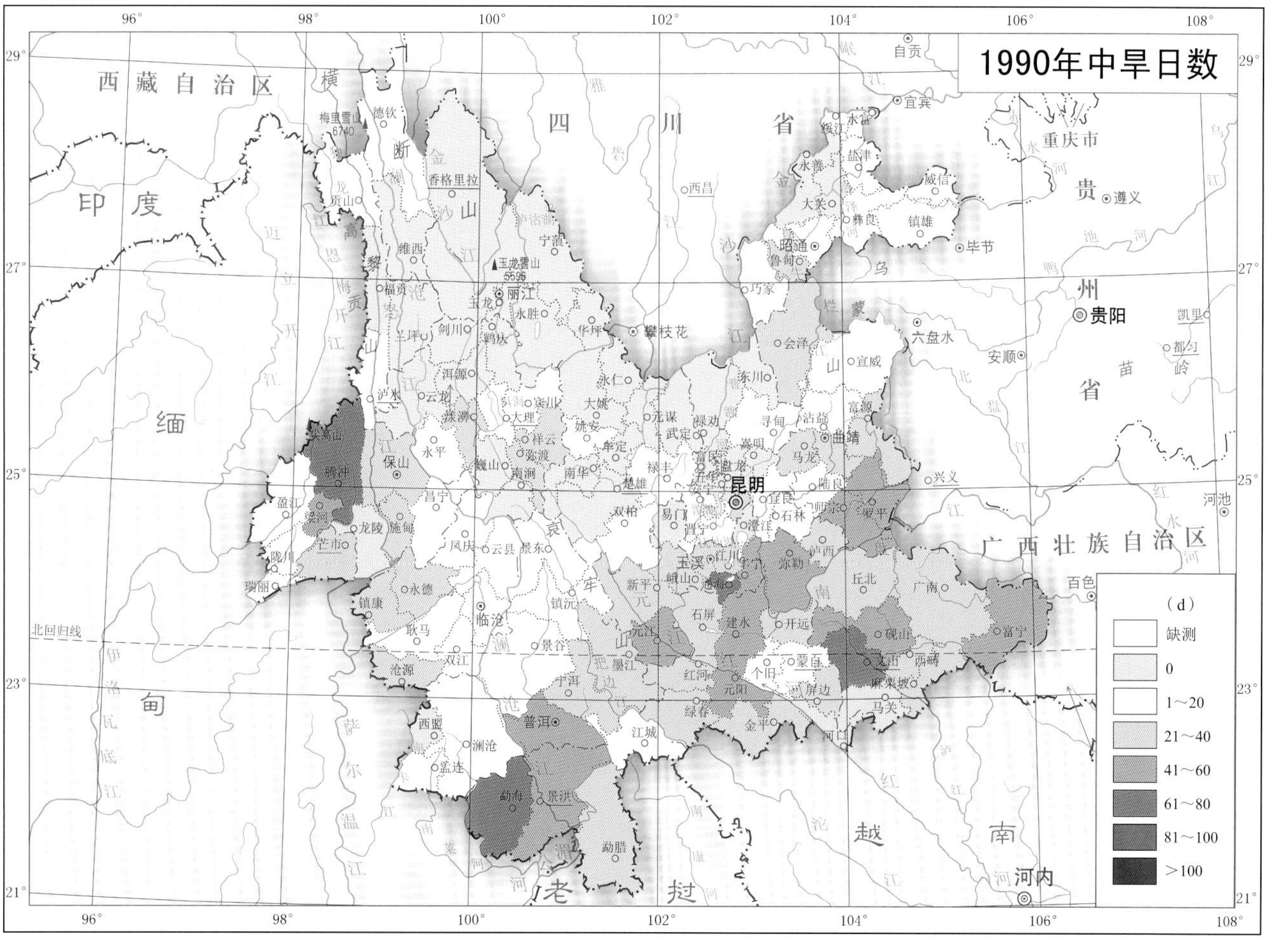
1990年中旱日数
(d)
缺测
0
1～20
21～40
41～60
61～80
81～100
>100
西藏自治区
四川省
印度
缅甸
贵州省
广西壮族自治区
越南
老挝
重庆市
昆明
北回归线
96°
98°
100°
102°
104°
106°
108°
21°
23°
25°
27°
29°

比例尺 1 : 8 000 000 0 80 160 km

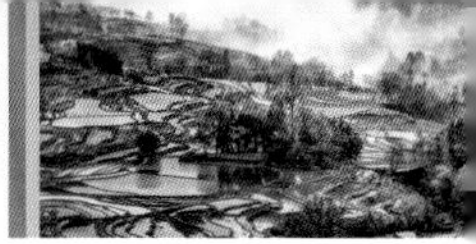

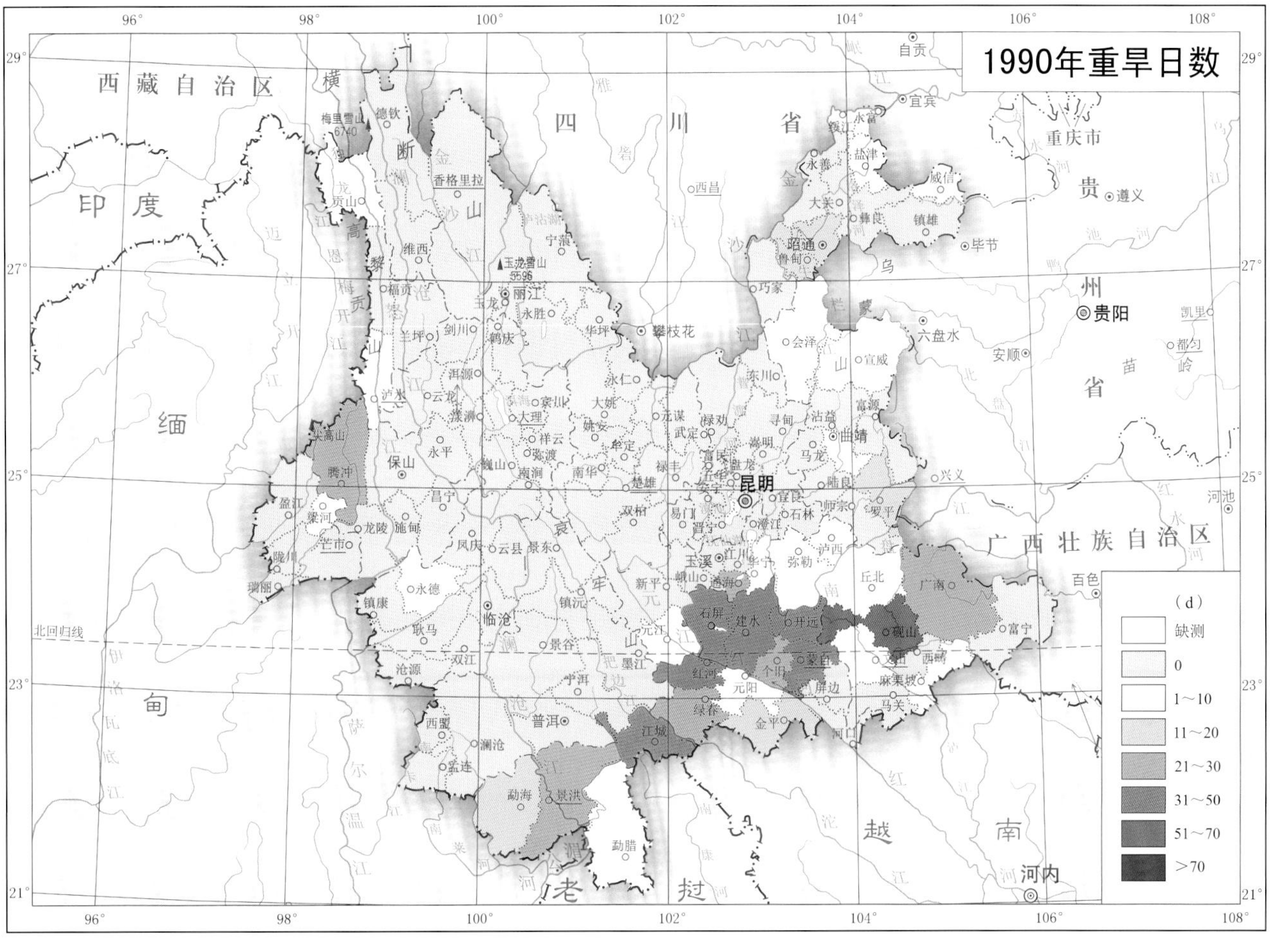

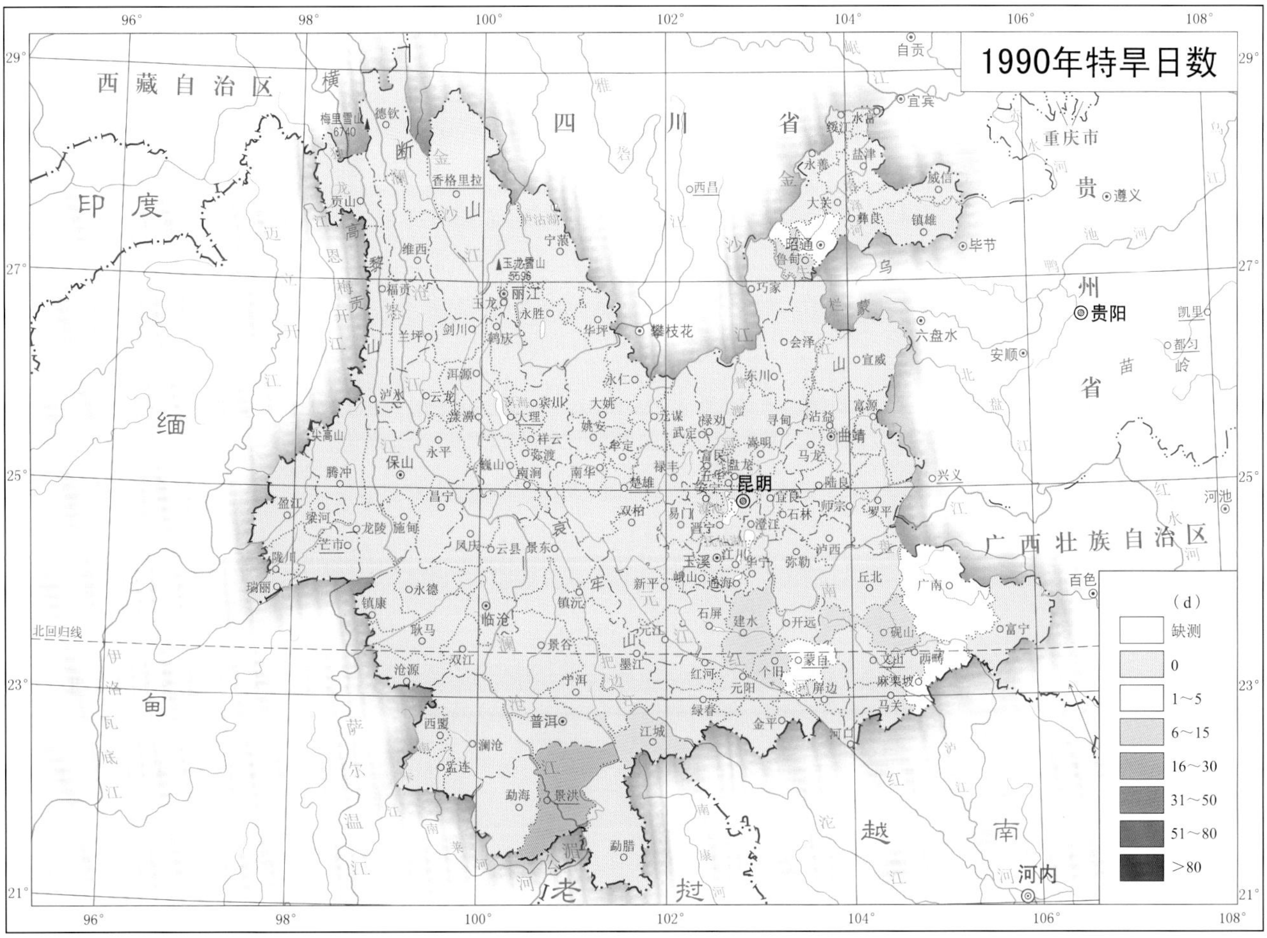

1990年重旱日数
(d)
缺测
0
1～10
11～20
21～30
31～50
51～70
>70
西藏自治区
四川省
重庆市
贵州省
广西壮族自治区
印度
缅甸
老挝
越南
昆明
河内
北回归线

1990年特旱日数
(d)
缺测
0
1～5
6～15
16～30
31～50
51～80
>80
西藏自治区
四川省
重庆市
贵州省
广西壮族自治区
印度
缅甸
老挝
越南
昆明
河内
北回归线

比例尺 1∶8 000 000 0 80 160 km

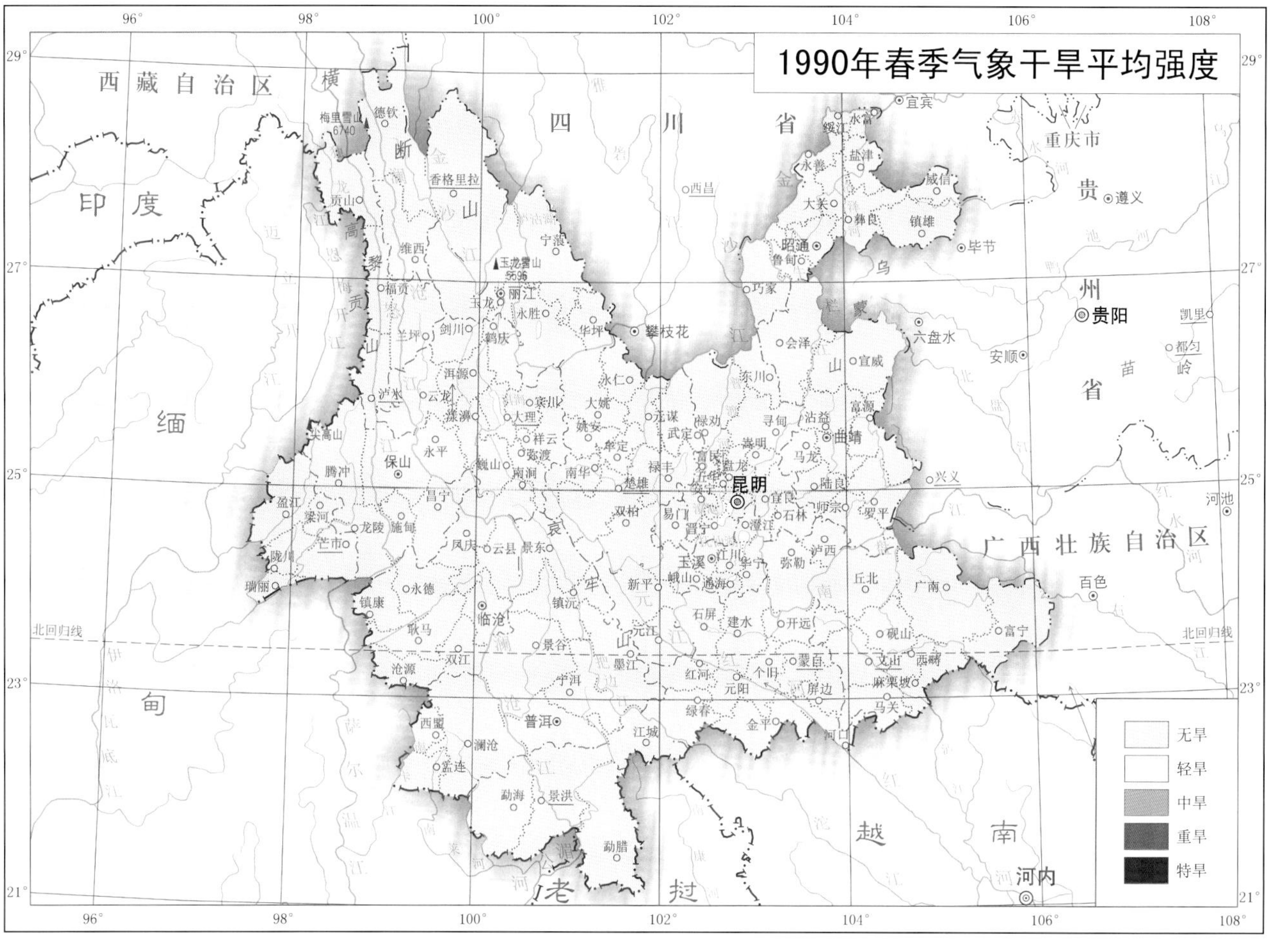

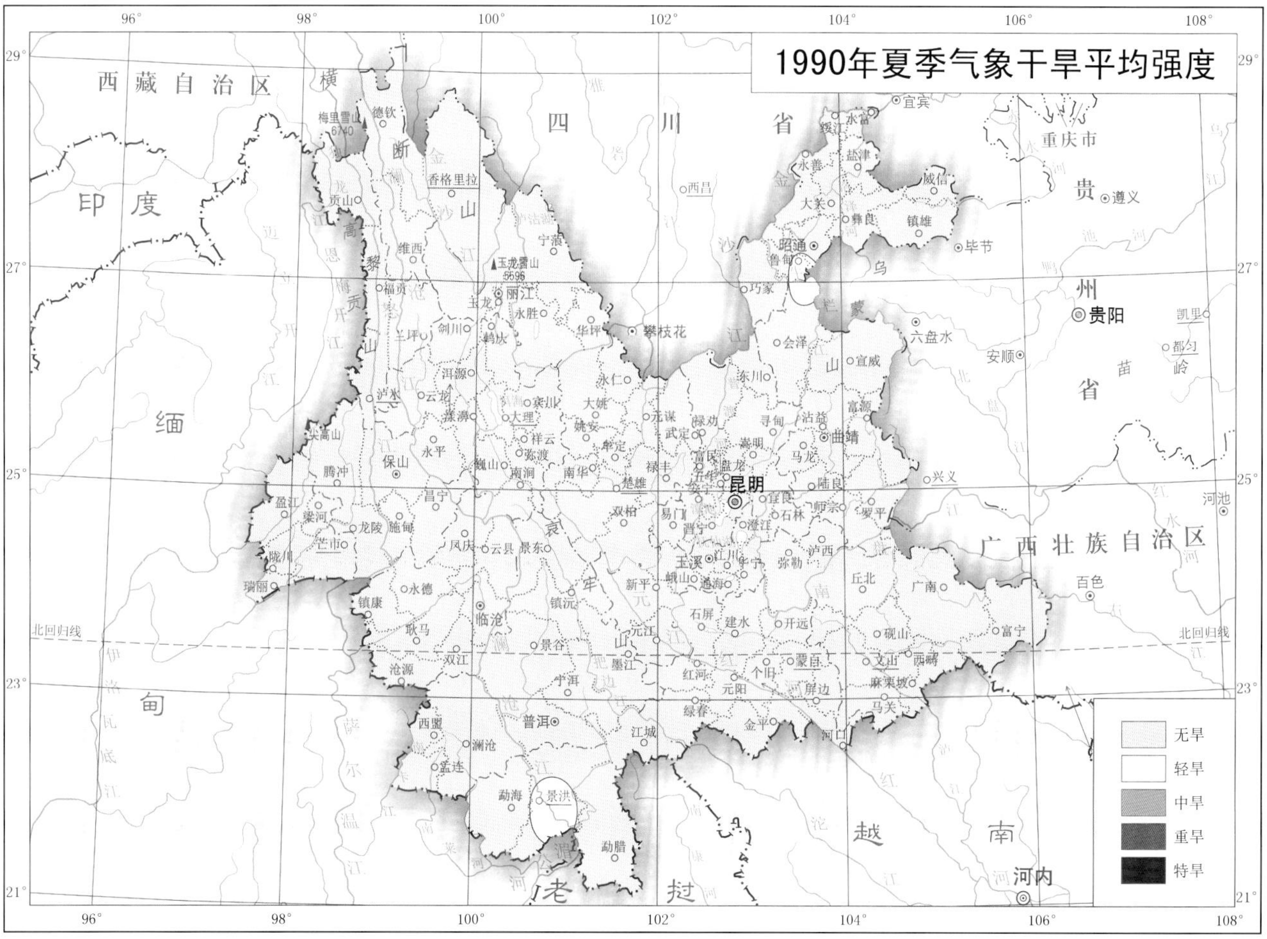

1990年春季气象干旱平均强度

无旱
轻旱
中旱
重旱
特旱

1990年夏季气象干旱平均强度

无旱
轻旱
中旱
重旱
特旱

比例尺 1：8 000 000 0 80 160 km

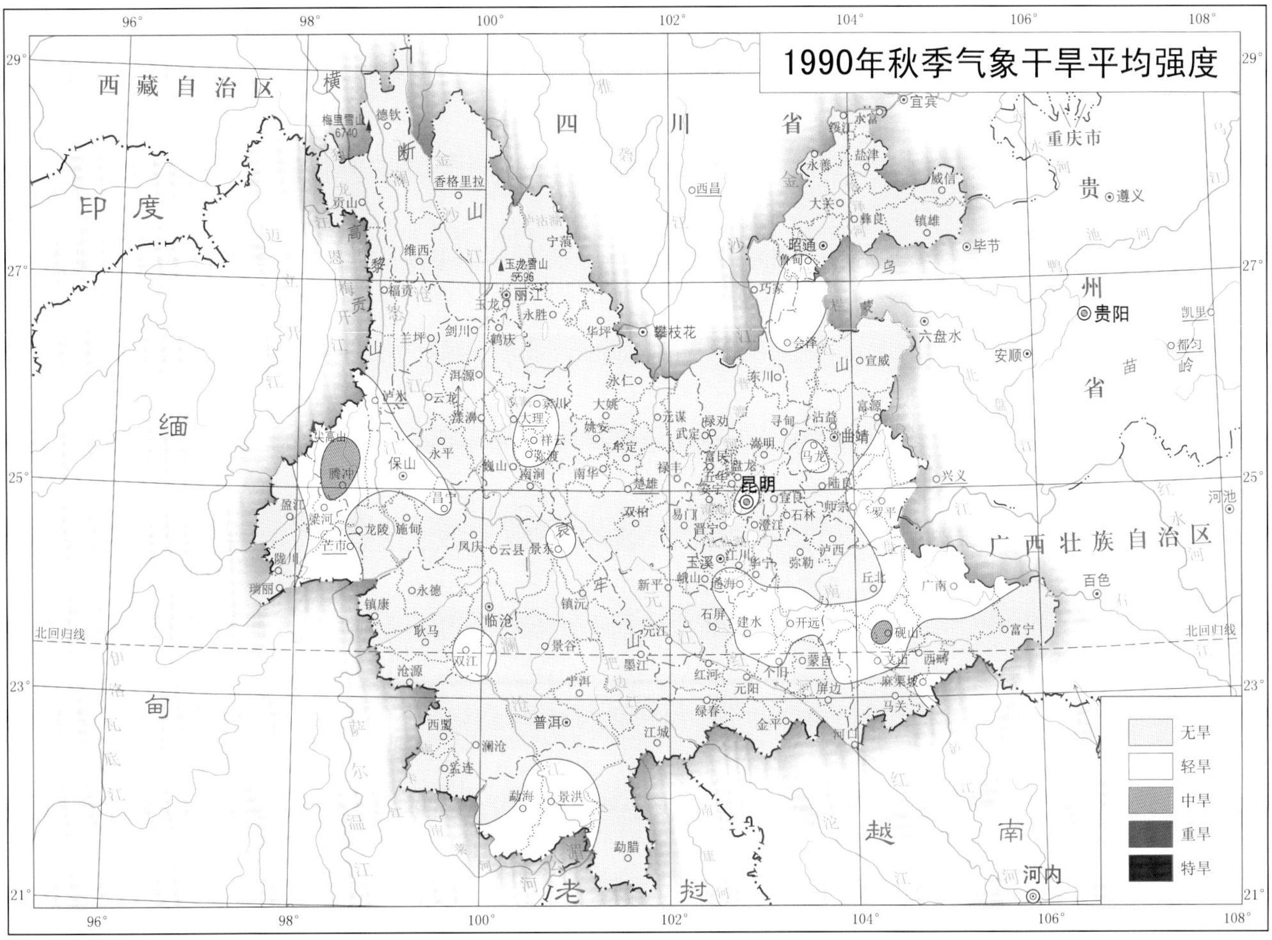

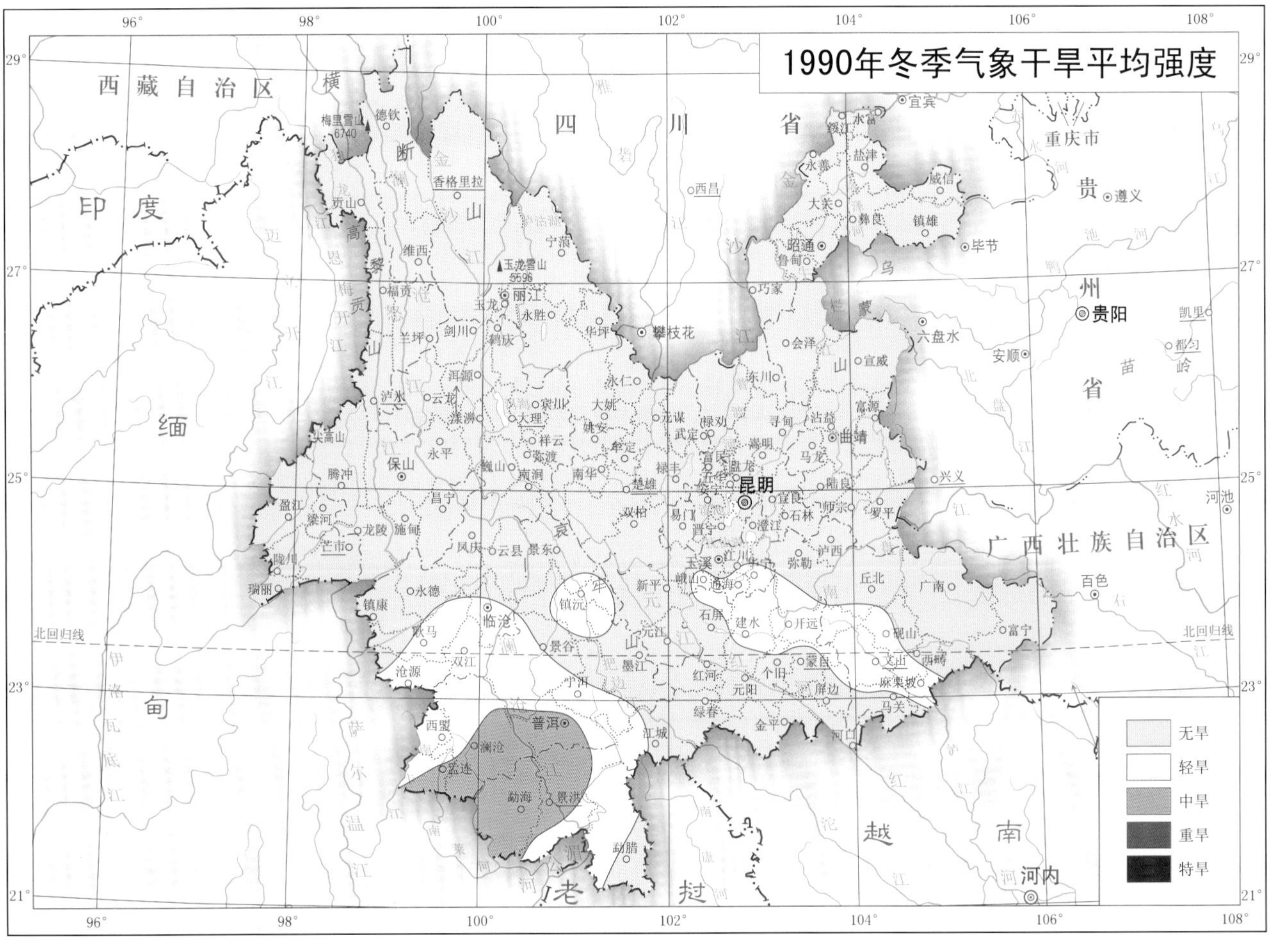

1990年秋季气象干旱平均强度

无旱
轻旱
中旱
重旱
特旱

1990年冬季气象干旱平均强度

无旱
轻旱
中旱
重旱
特旱

比例尺 1:8 000 000 0 80 160 km

1991年干旱日数

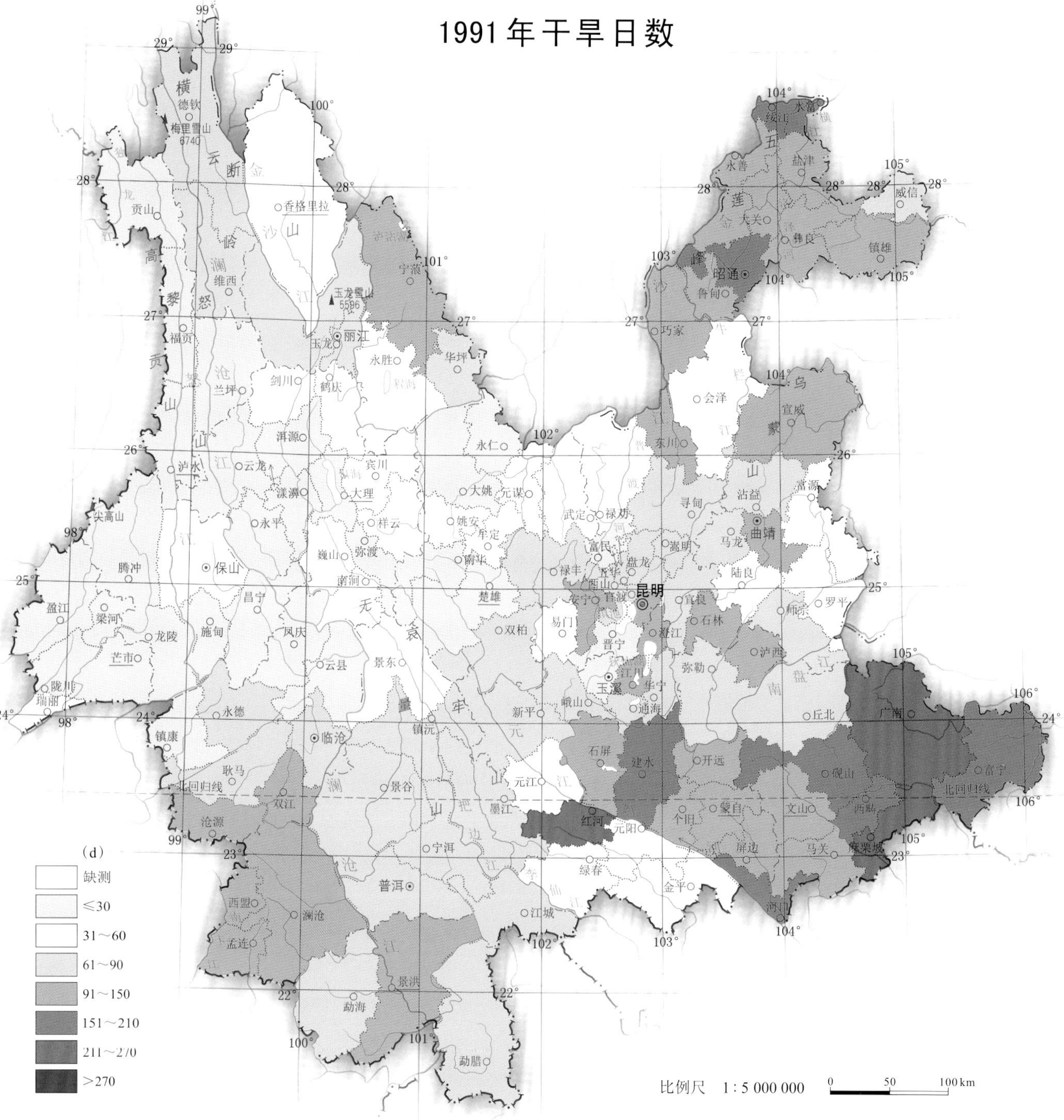

昆明
(d)
缺测
≤30
31～60
61～90
91～150
151～210
211～270
>270
比例尺 1:5 000 000
0 50 100 km

1991年逐日干旱、降水变化曲线

气象干旱综合指数
日降水量
气象干旱综合指数（MCI）
日降水量（mm）
3.0
2.5
2.0
1.5
1.0
0.5
0
-0.5
-1.0
-1.5
-2.0
50
40
30
20
10
0
01-01 02-01 03-01 04-01 05-01 06-01 07-01 08-01 09-01 10-01 11-01 12-01 12-31
日期（月-日）
无旱
轻旱
中旱
重旱
特旱

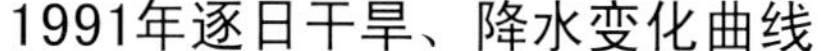

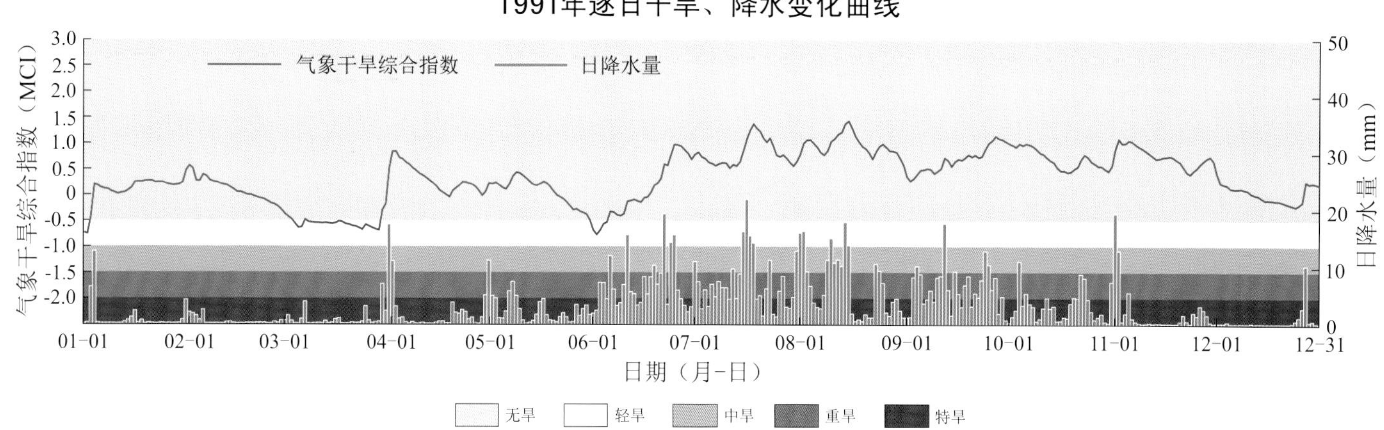

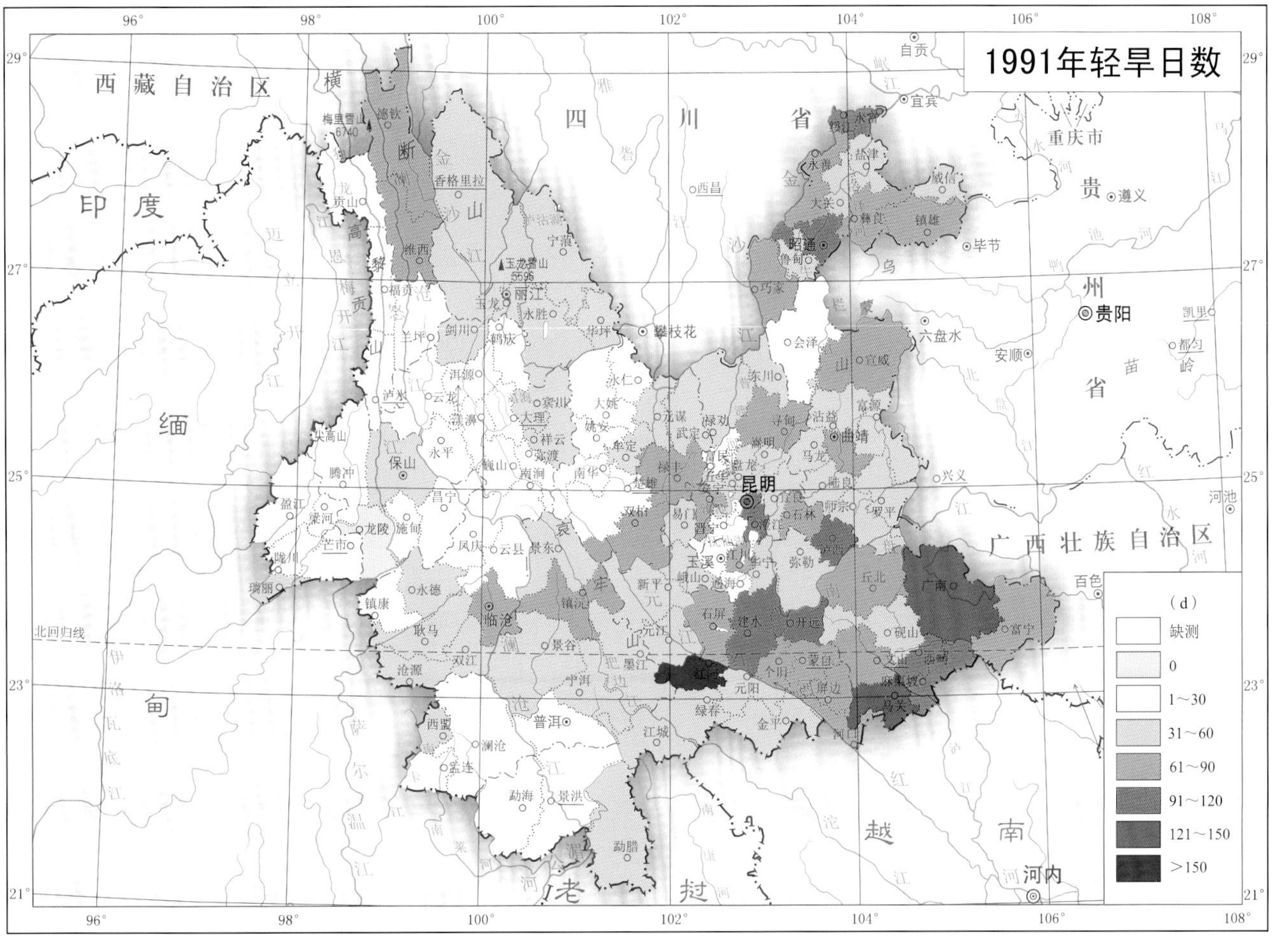

1991年轻旱日数

(d)

缺测
0
1~30
31~60
61~90
91~120
121~150
>150

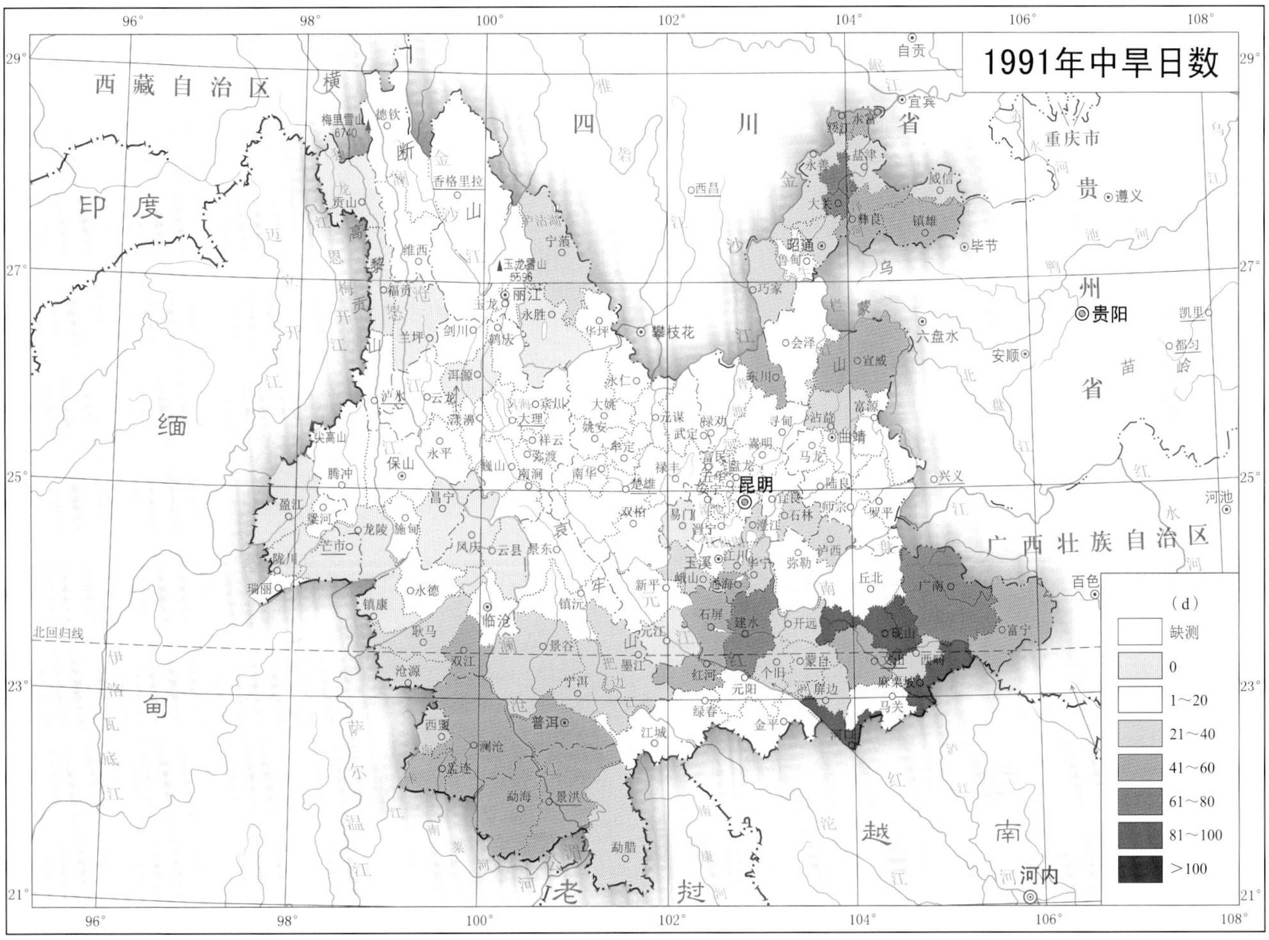

1991年中旱日数

(d)

缺测
0
1~20
21~40
41~60
61~80
81~100
>100

比例尺 1:8 000 000 0 80 160 km

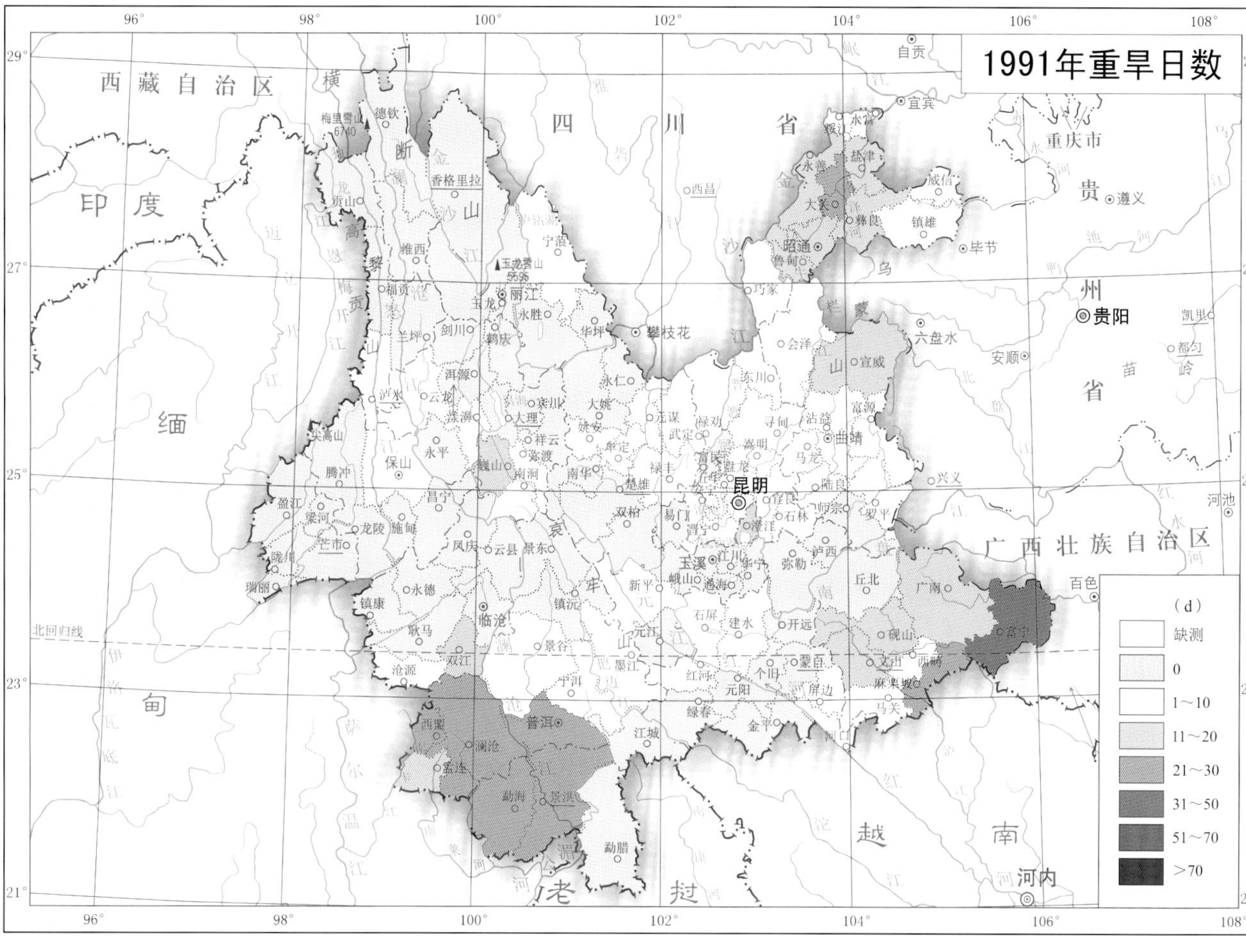

1991年重旱日数

(d)

- 缺测
- 0
- 1~10
- 11~20
- 21~30
- 31~50
- 51~70
- >70

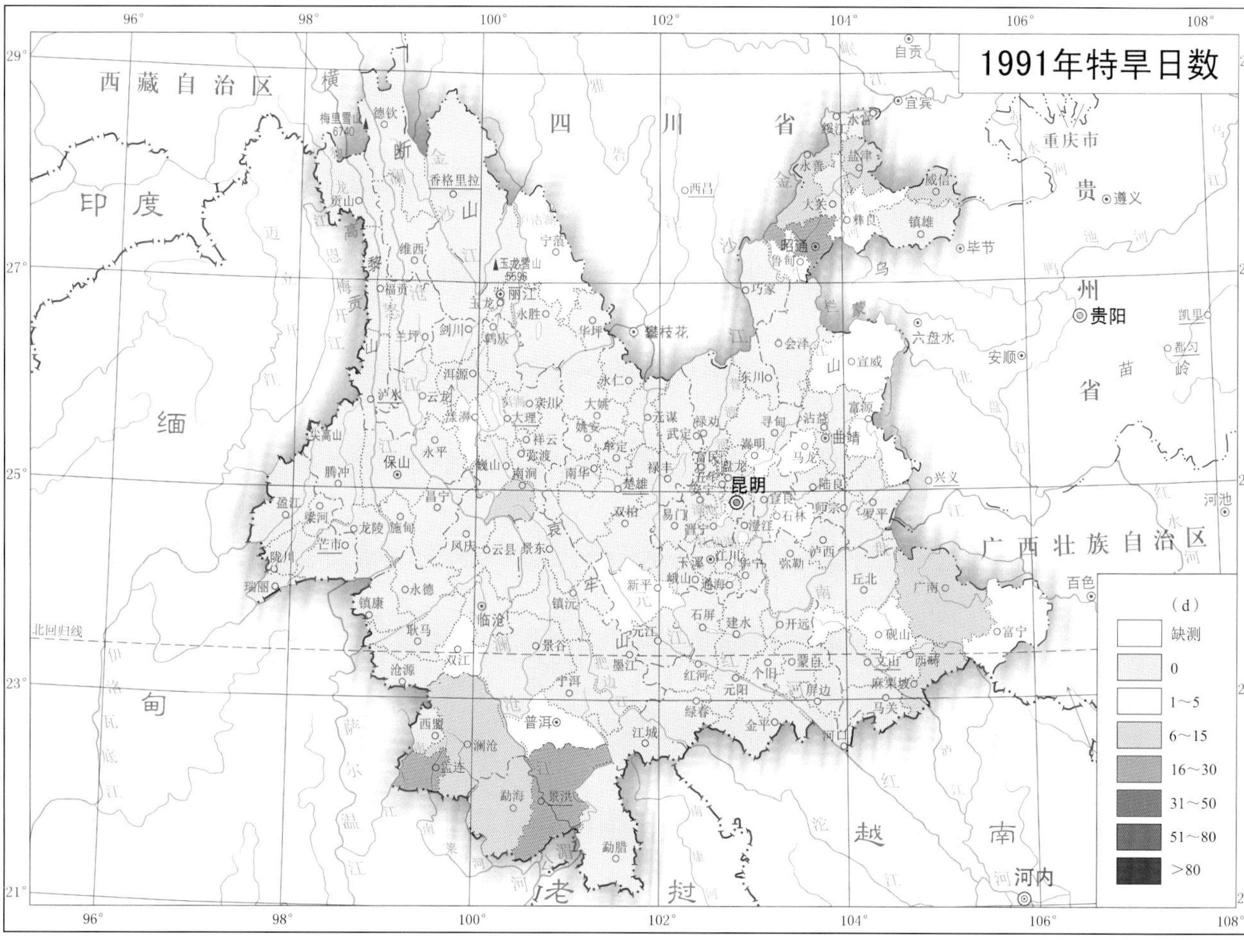

1991年特旱日数

(d)

- 缺测
- 0
- 1~5
- 6~15
- 16~30
- 31~50
- 51~80
- >80

比例尺 1 : 8 000 000 0 80 160 km

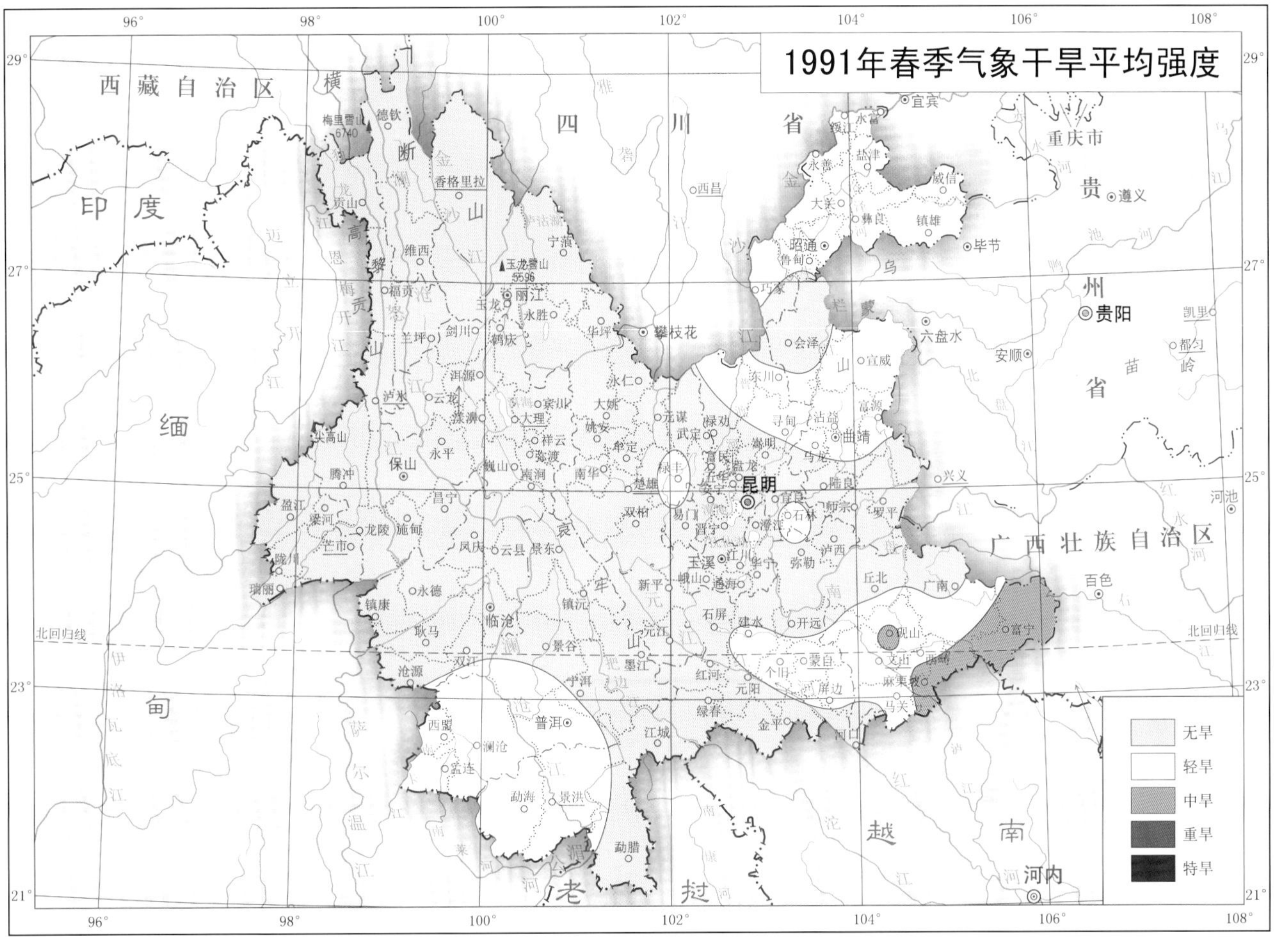

1991年春季气象干旱平均强度

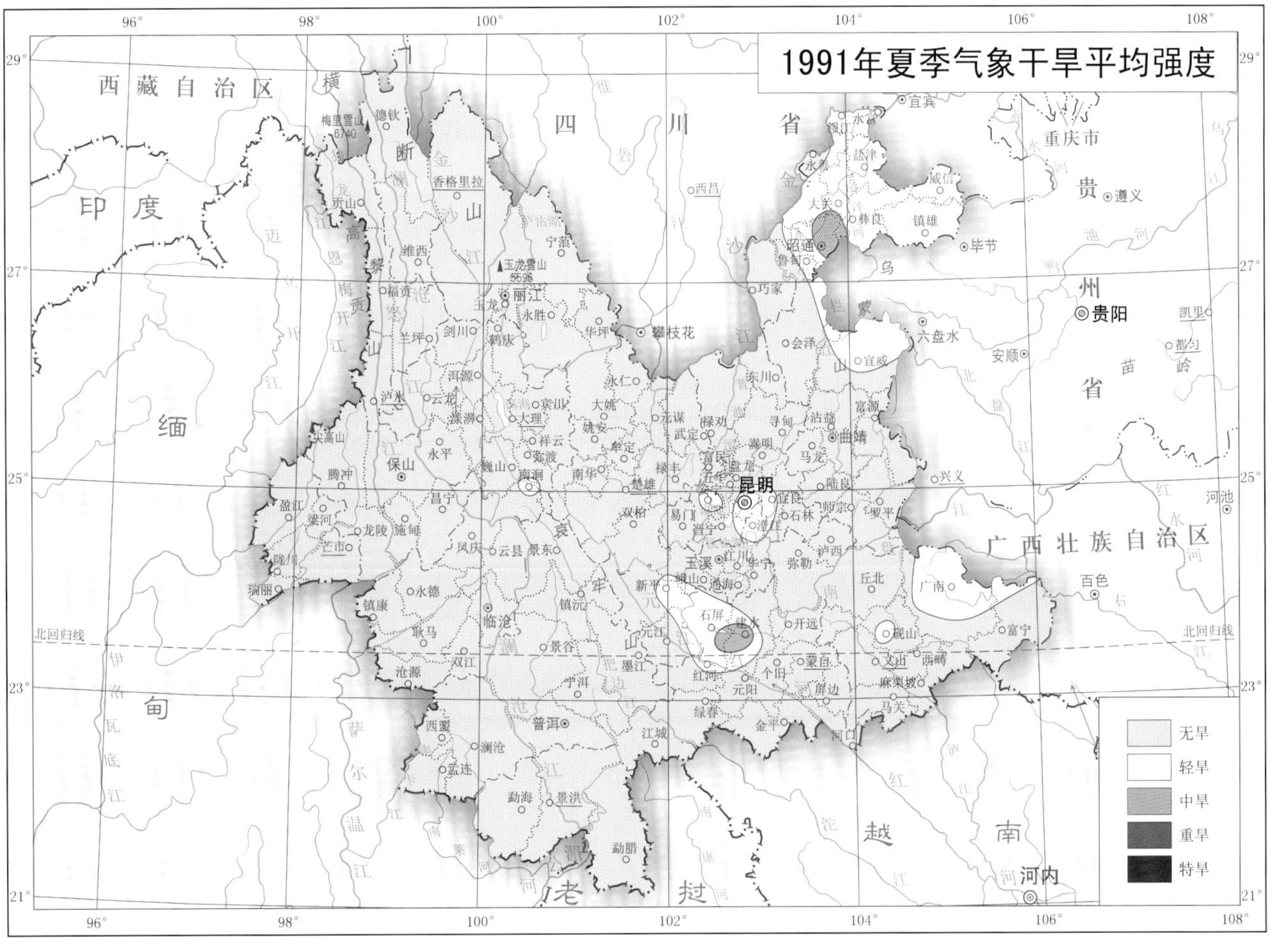

无旱
轻旱
中旱
重旱
特旱

1991年夏季气象干旱平均强度

无旱
轻旱
中旱
重旱
特旱

比例尺 1：8 000 000　0　80　160 km

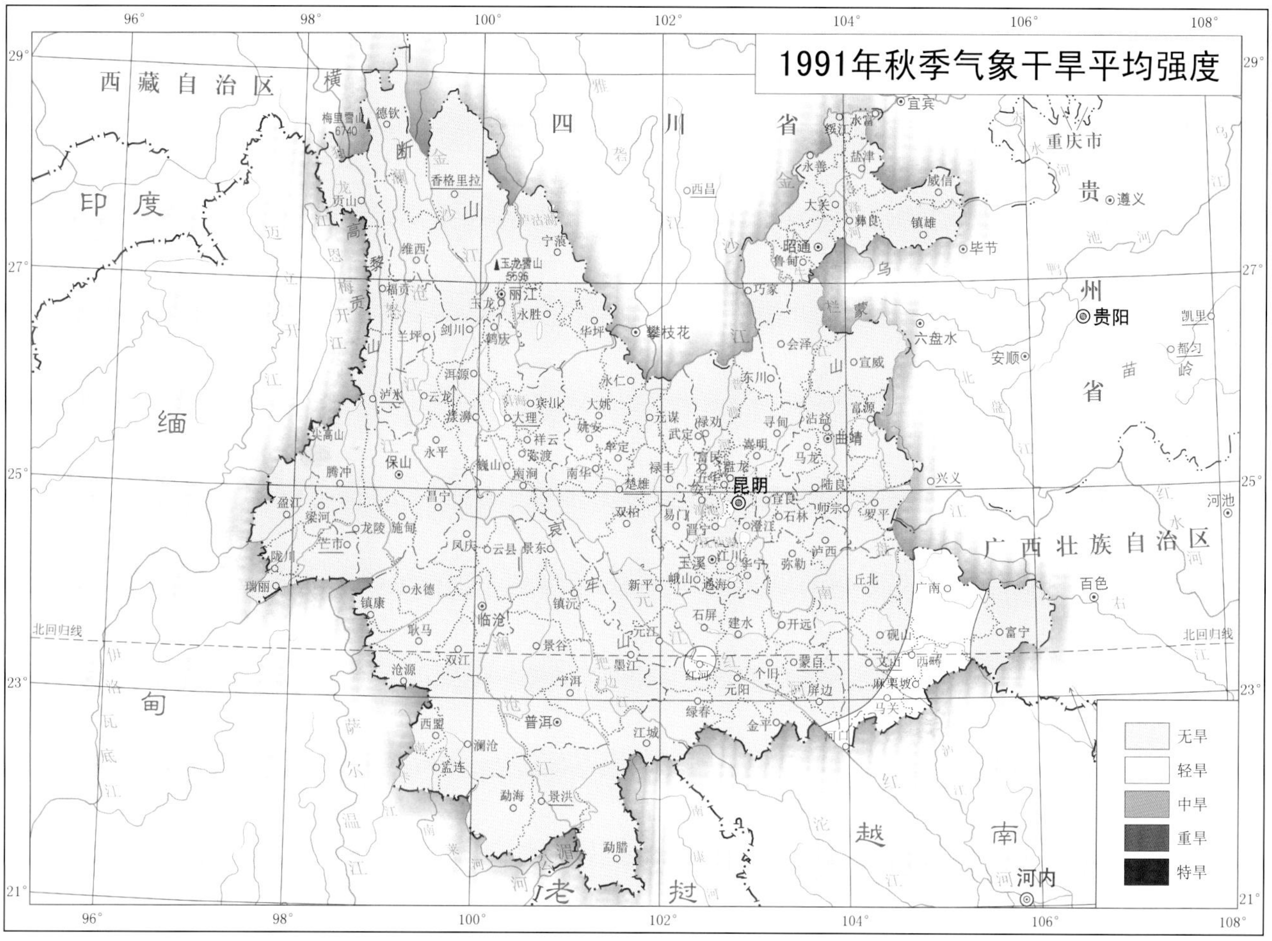

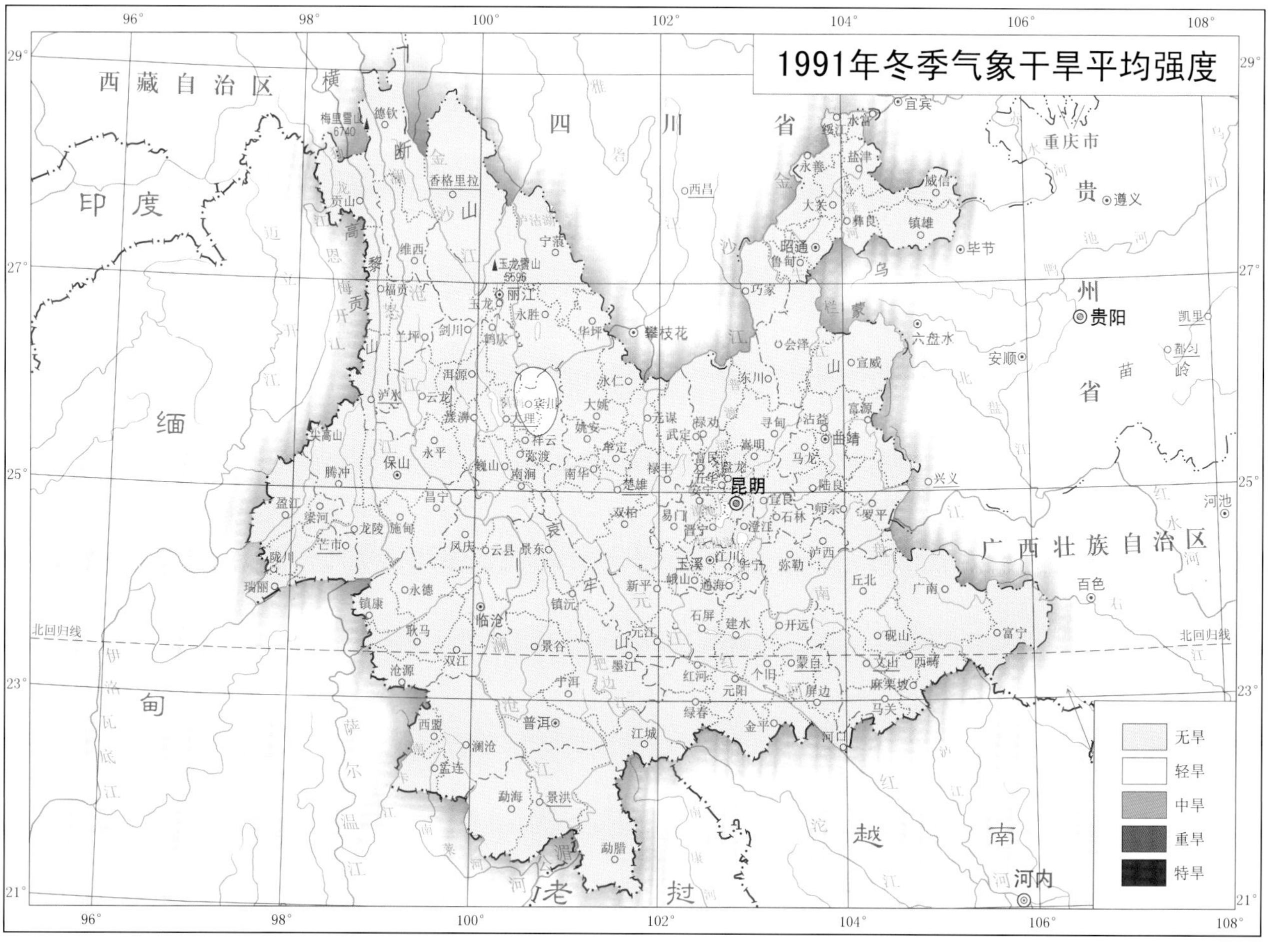

1991年秋季气象干旱平均强度

无旱
轻旱
中旱
重旱
特旱

1991年冬季气象干旱平均强度

无旱
轻旱
中旱
重旱
特旱

比例尺 1 : 8 000 000 0 80 160 km

1992年干旱日数

(d)

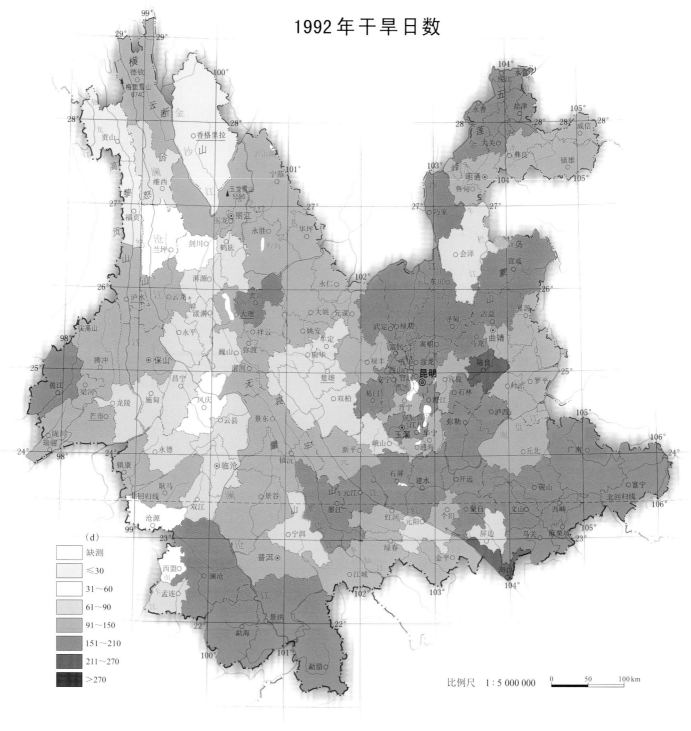

- 缺测
- ≤30
- 31～60
- 61～90
- 91～150
- 151～210
- 211～270
- >270

比例尺 1 : 5 000 000 0 50 100 km

1992年逐日干旱、降水变化曲线

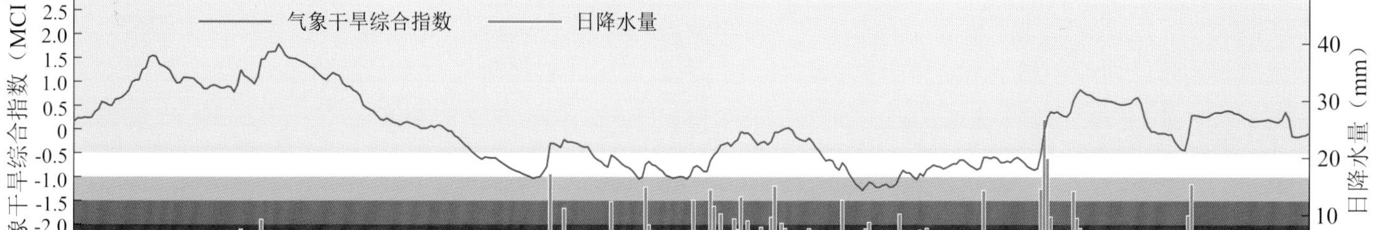

无旱 轻旱 中旱 重旱 特旱

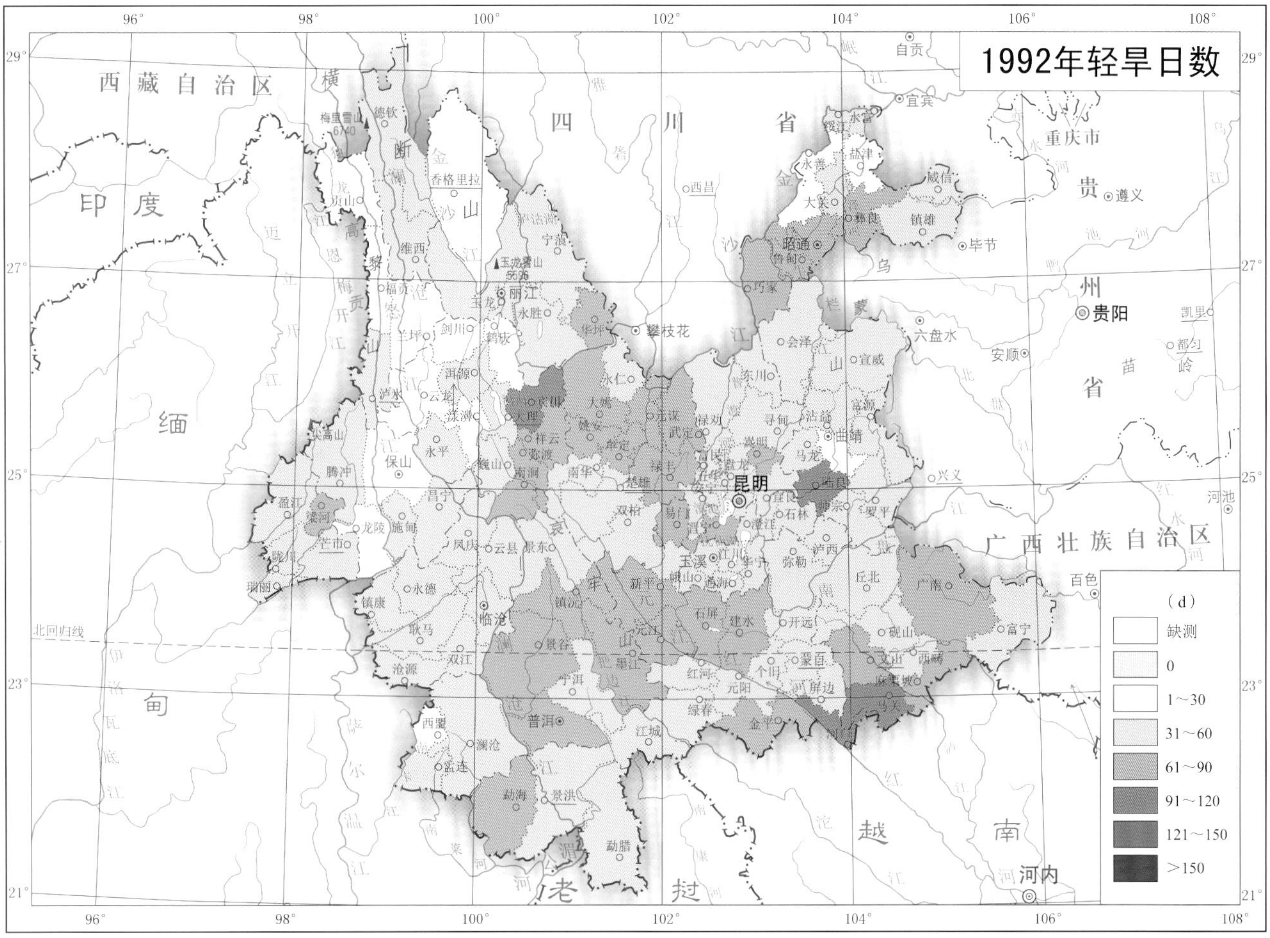

1992年轻旱日数

(d)

- 缺测
- 0
- 1～30
- 31～60
- 61～90
- 91～120
- 121～150
- >150

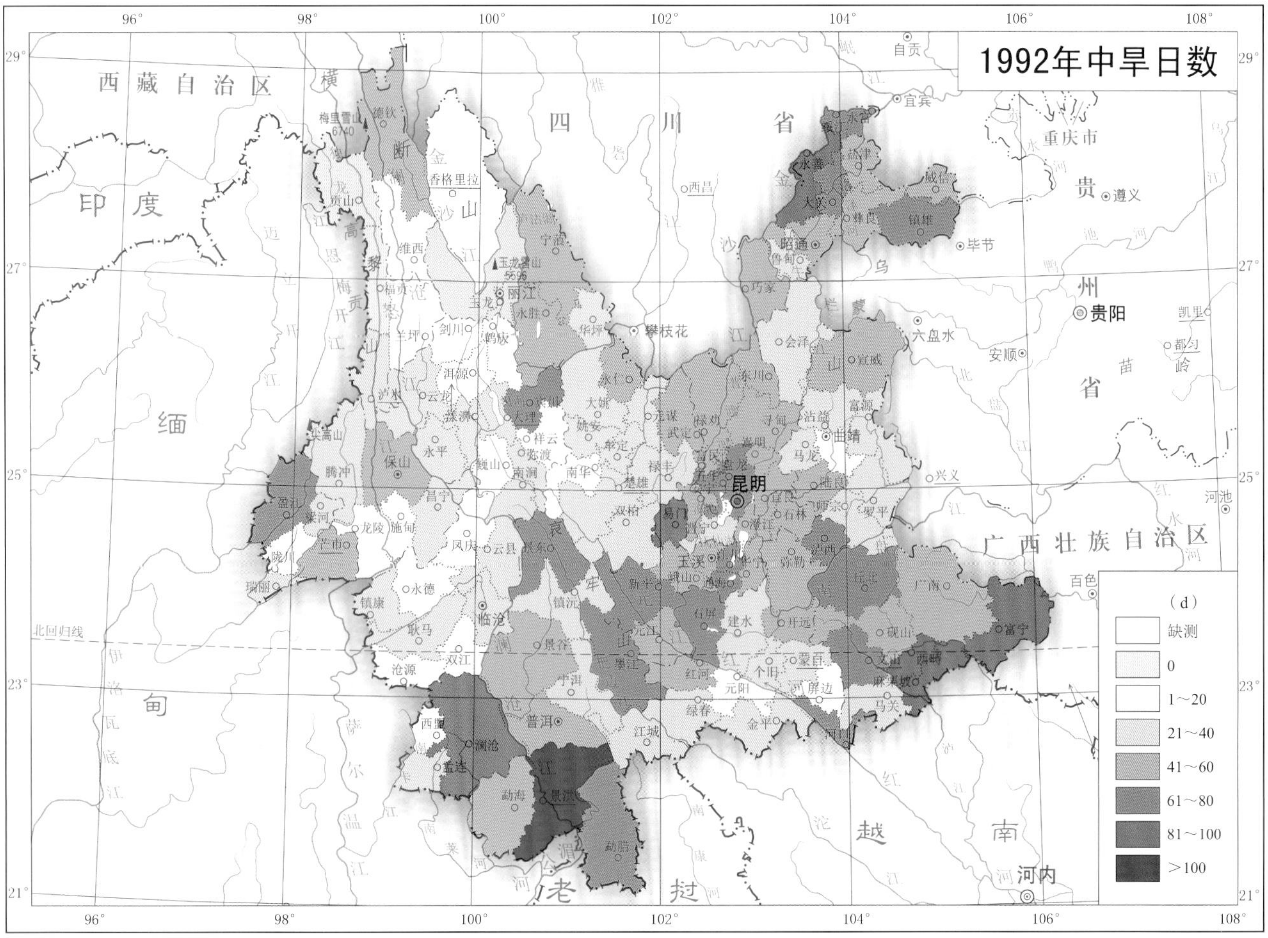

1992年中旱日数

(d)

- 缺测
- 0
- 1～20
- 21～40
- 41～60
- 61～80
- 81～100
- >100

比例尺 1:8 000 000 0 80 160 km

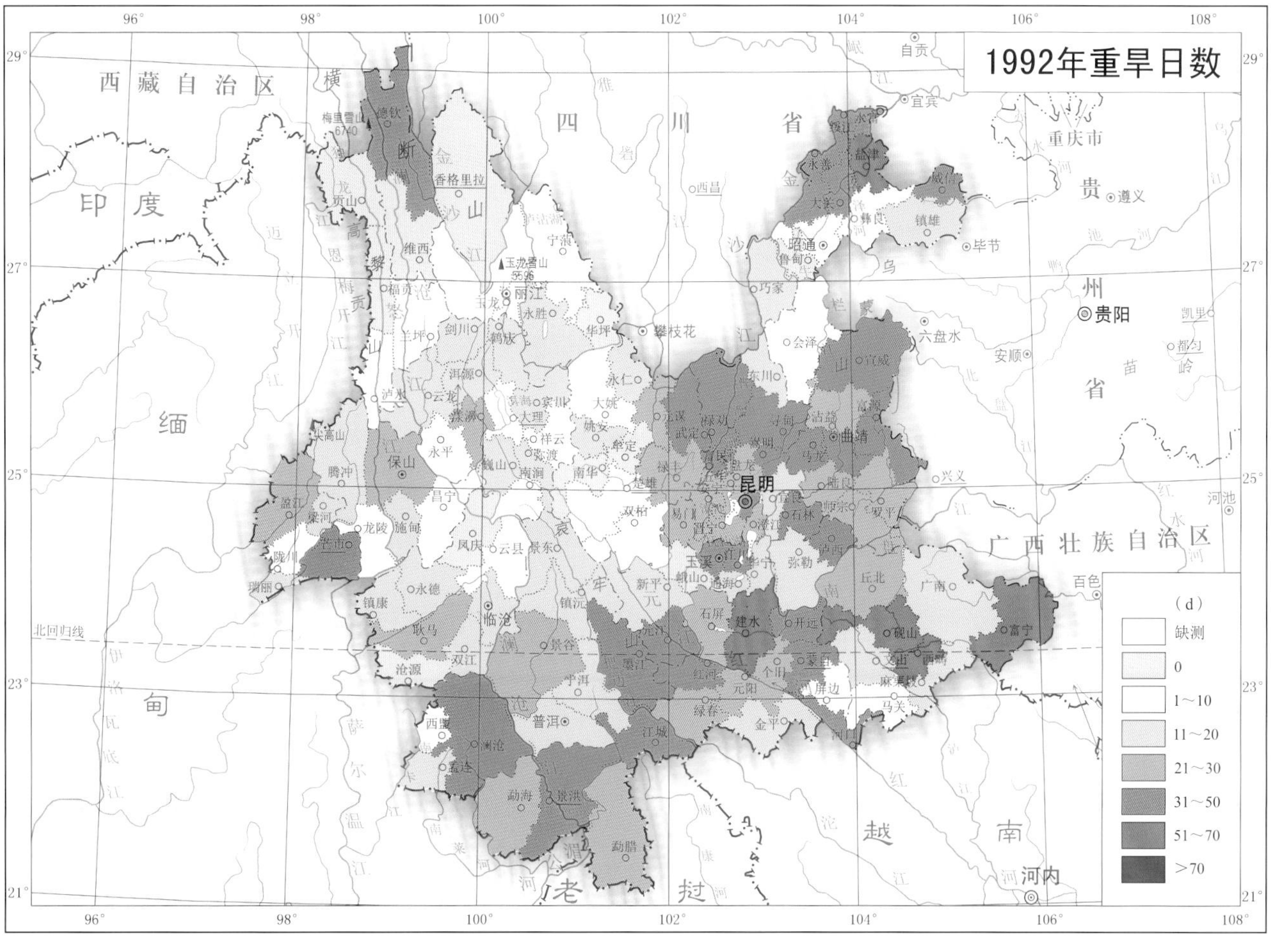

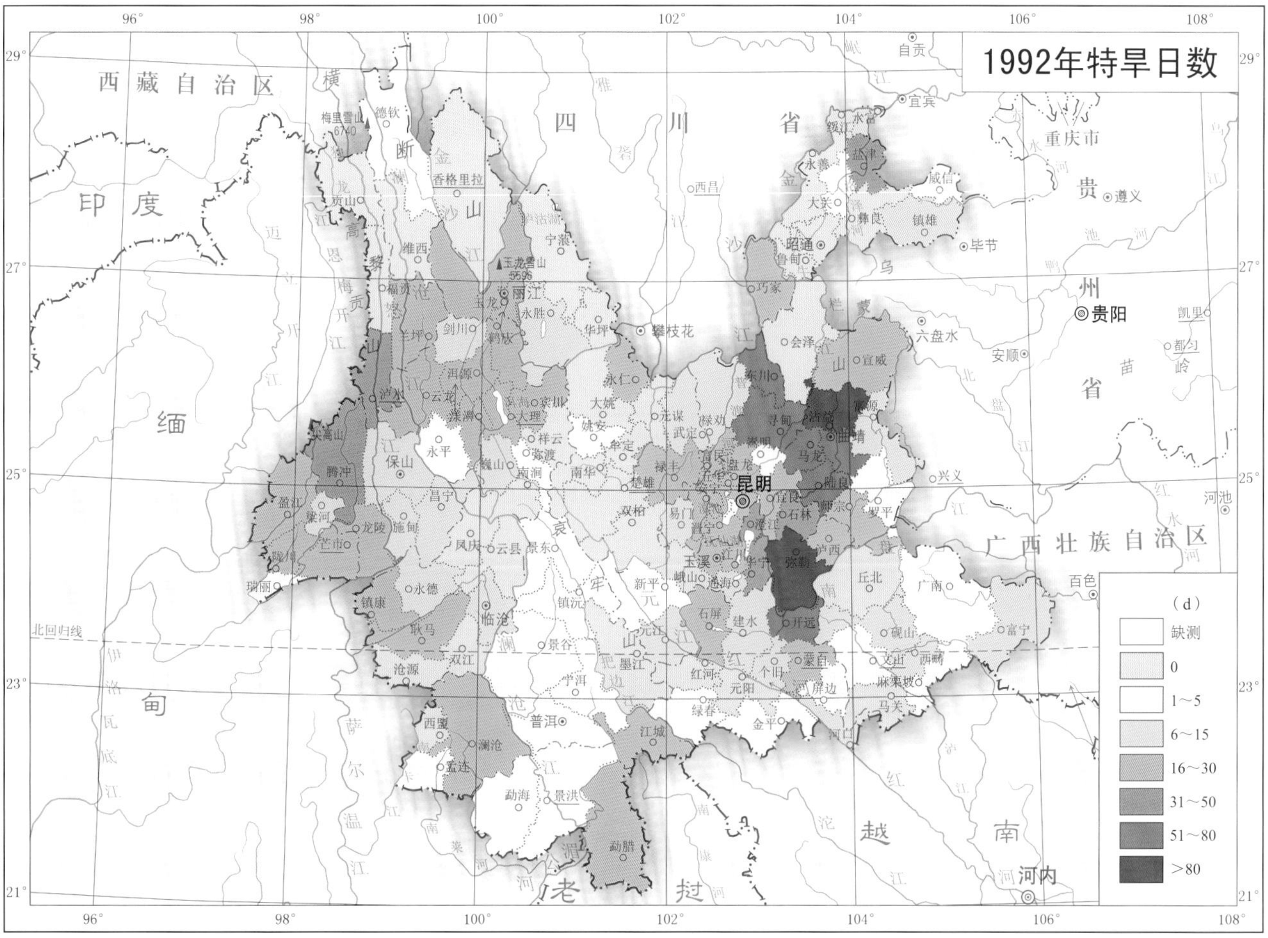

1992年重旱日数

(d)
缺测
0
1～10
11～20
21～30
31～50
51～70
>70

1992年特旱日数

(d)
缺测
0
1～5
6～15
16～30
31～50
51～80
>80

比例尺 1∶8 000 000　0　80　160 km

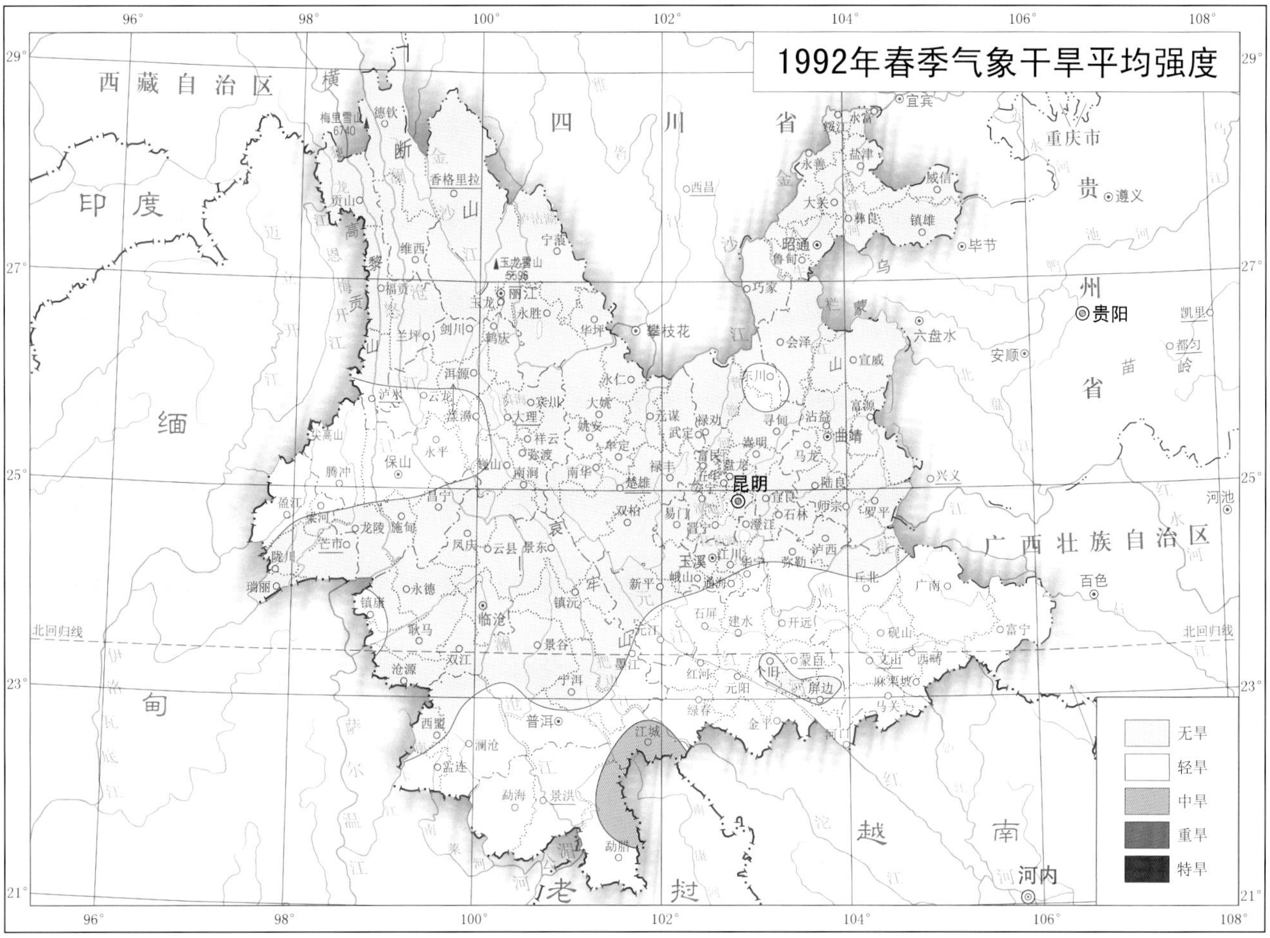

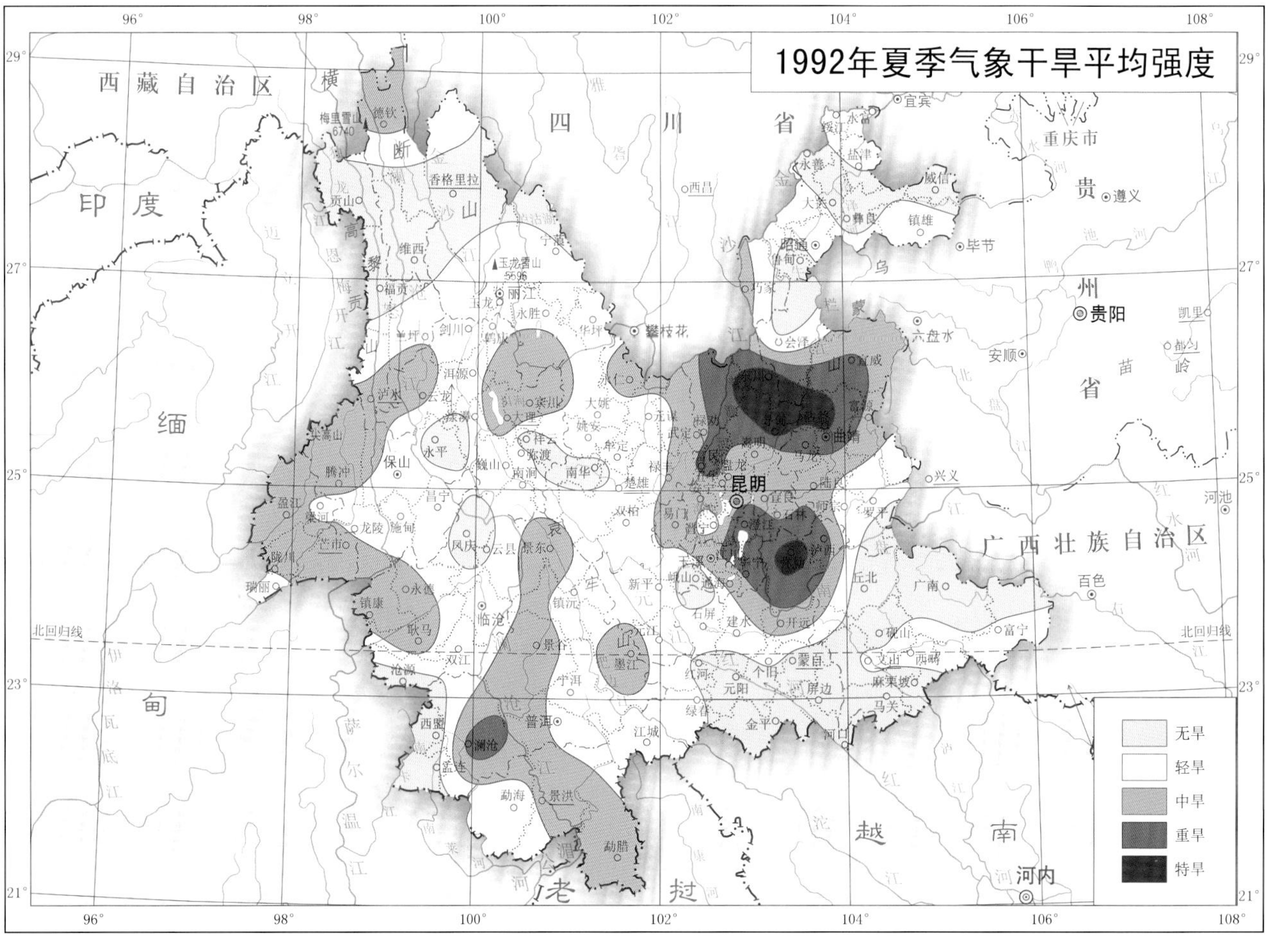

1992年春季气象干旱平均强度

无旱
轻旱
中旱
重旱
特旱

1992年夏季气象干旱平均强度

无旱
轻旱
中旱
重旱
特旱

比例尺 1∶8 000 000 0 80 160 km

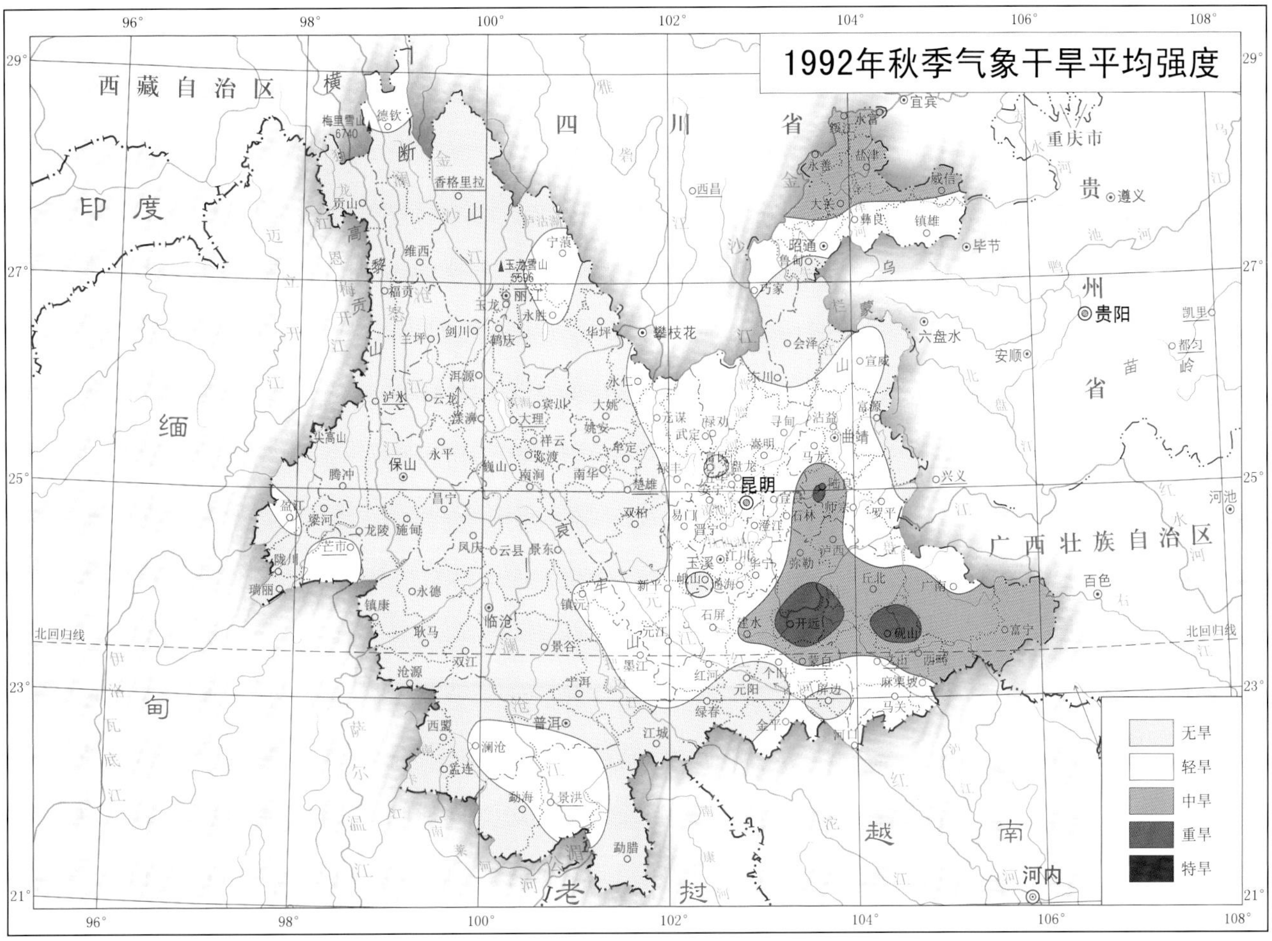

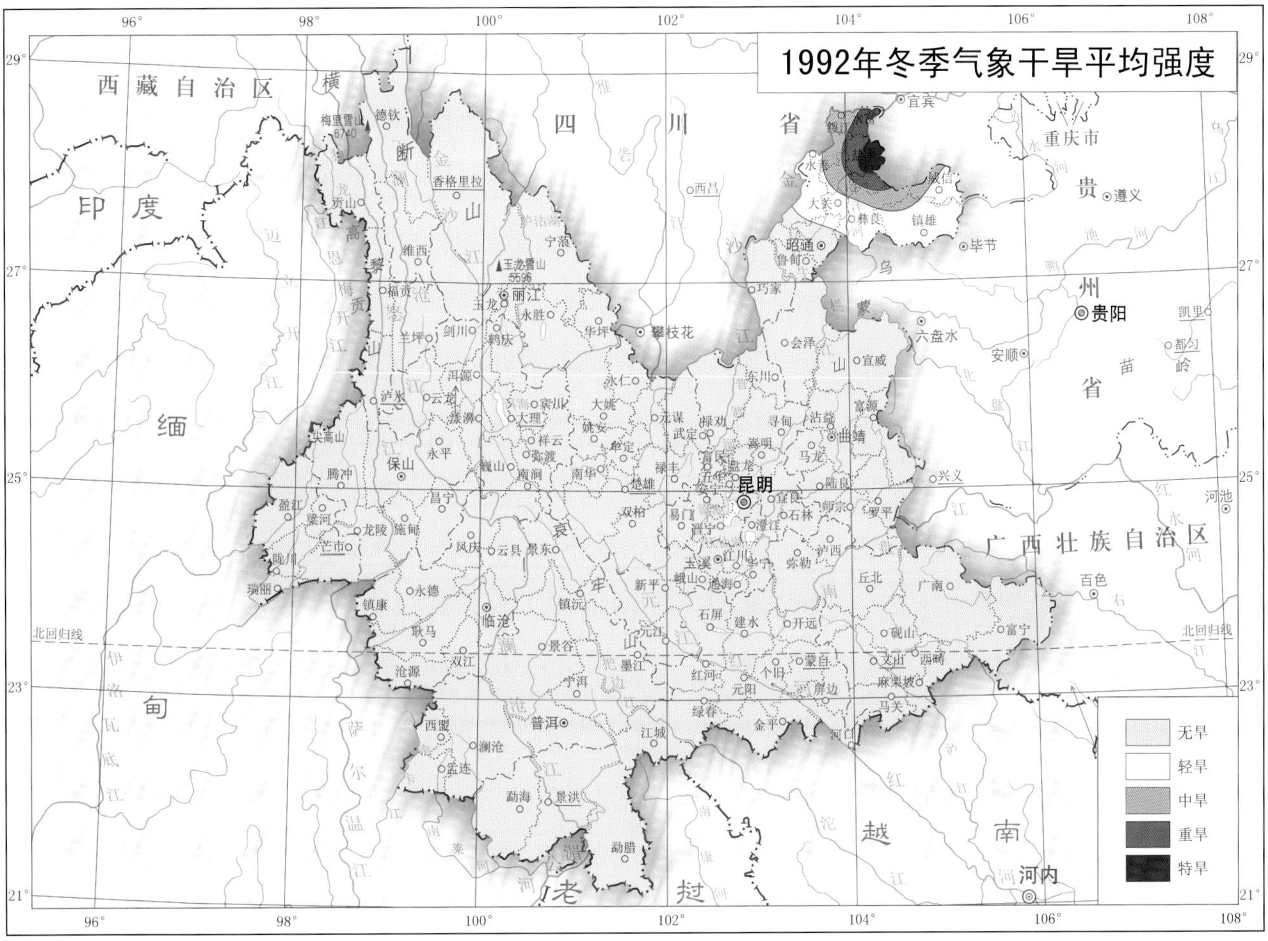

1992年秋季气象干旱平均强度

无旱
轻旱
中旱
重旱
特旱

1992年冬季气象干旱平均强度

无旱
轻旱
中旱
重旱
特旱

比例尺 1 : 8 000 000 0 80 160 km

1993年干旱日数

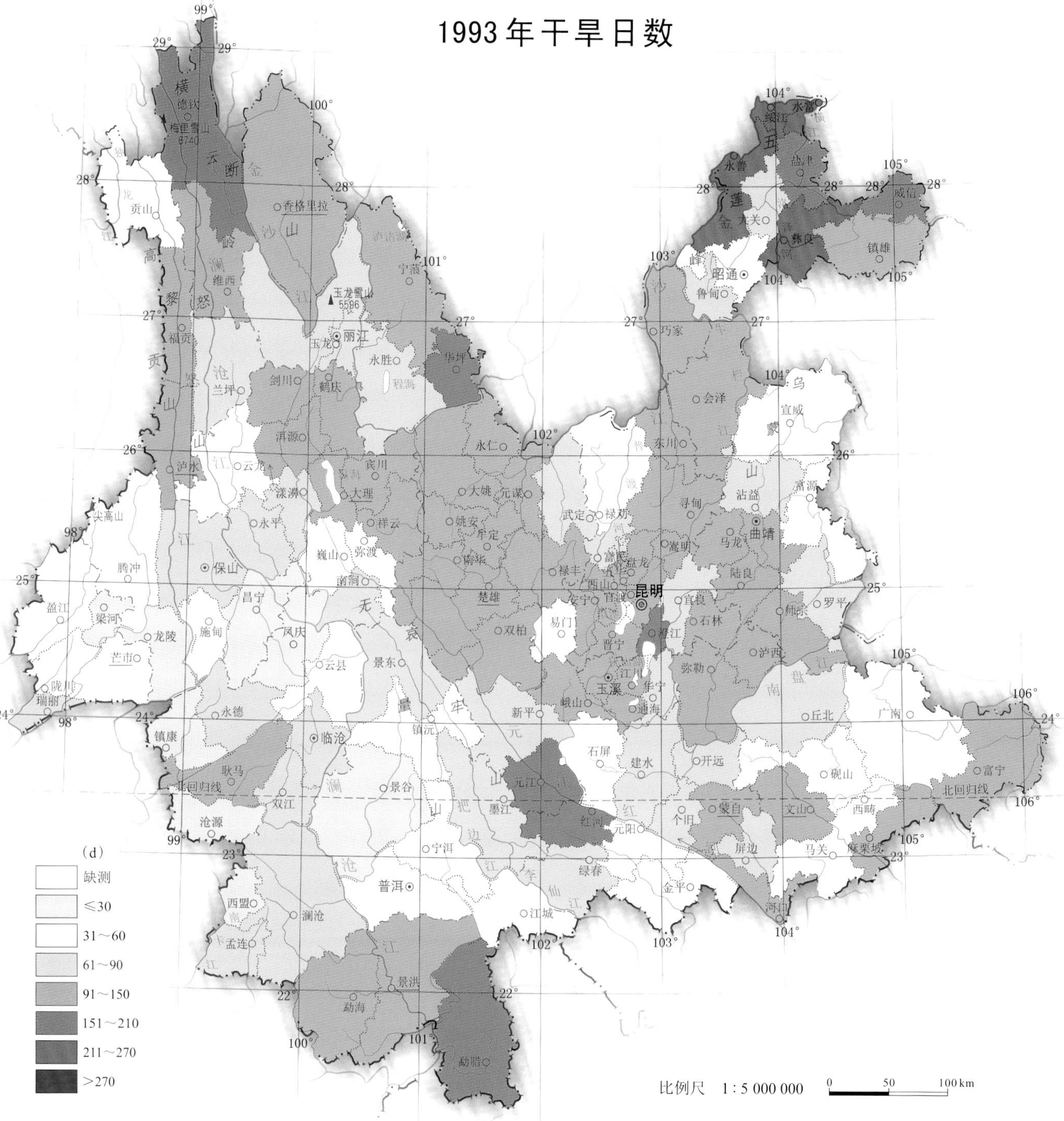

(d)
缺测
≤30
31~60
61~90
91~150
151~210
211~270
>270

比例尺 1:5 000 000

1993年逐日干旱、降水变化曲线

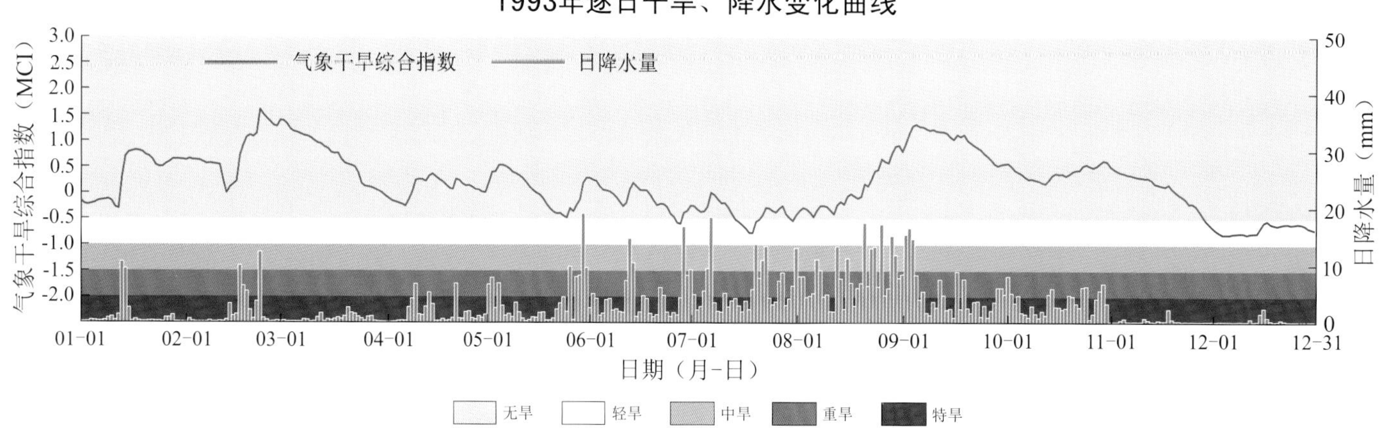

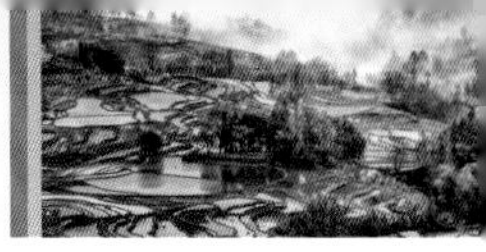

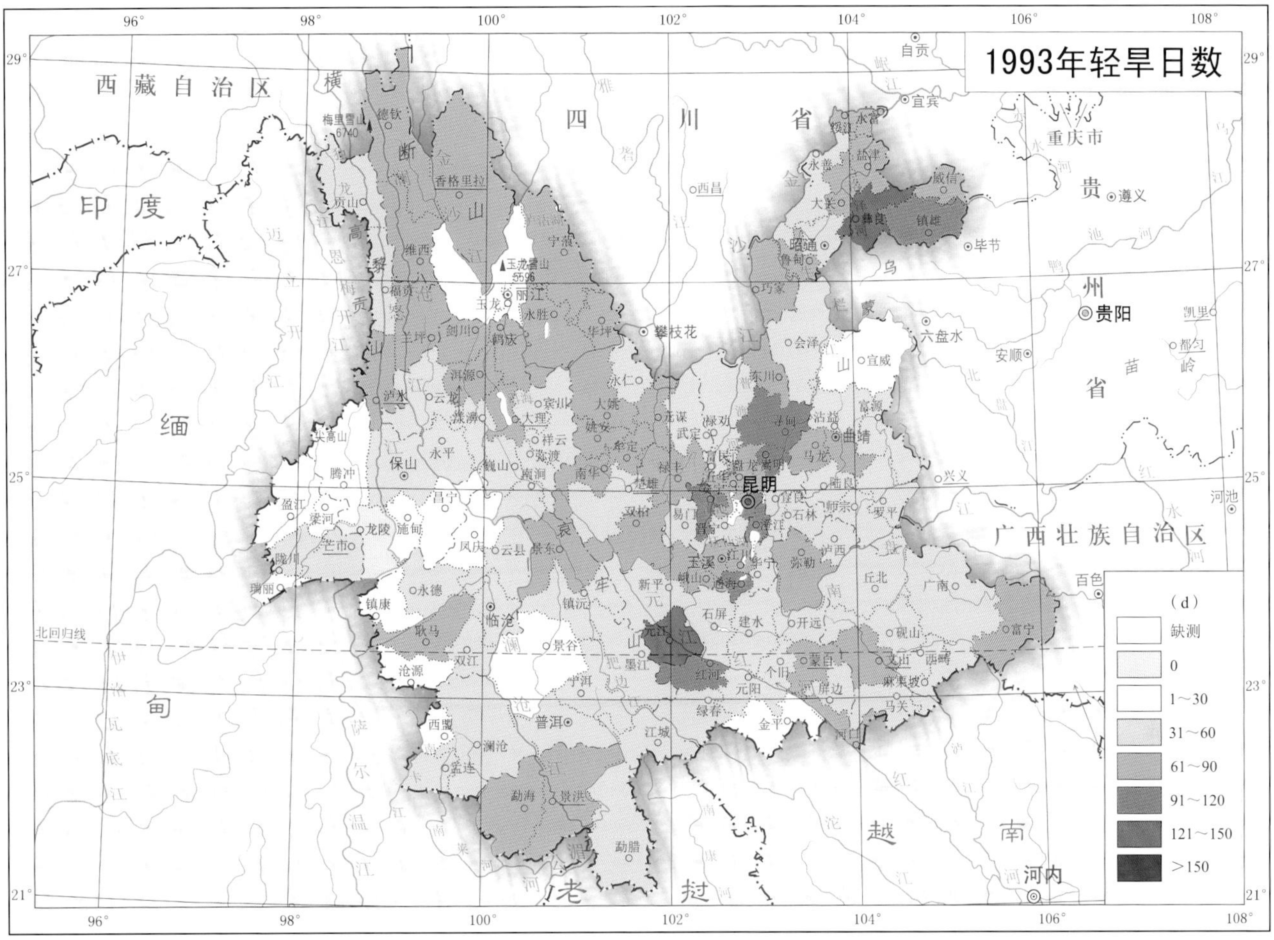

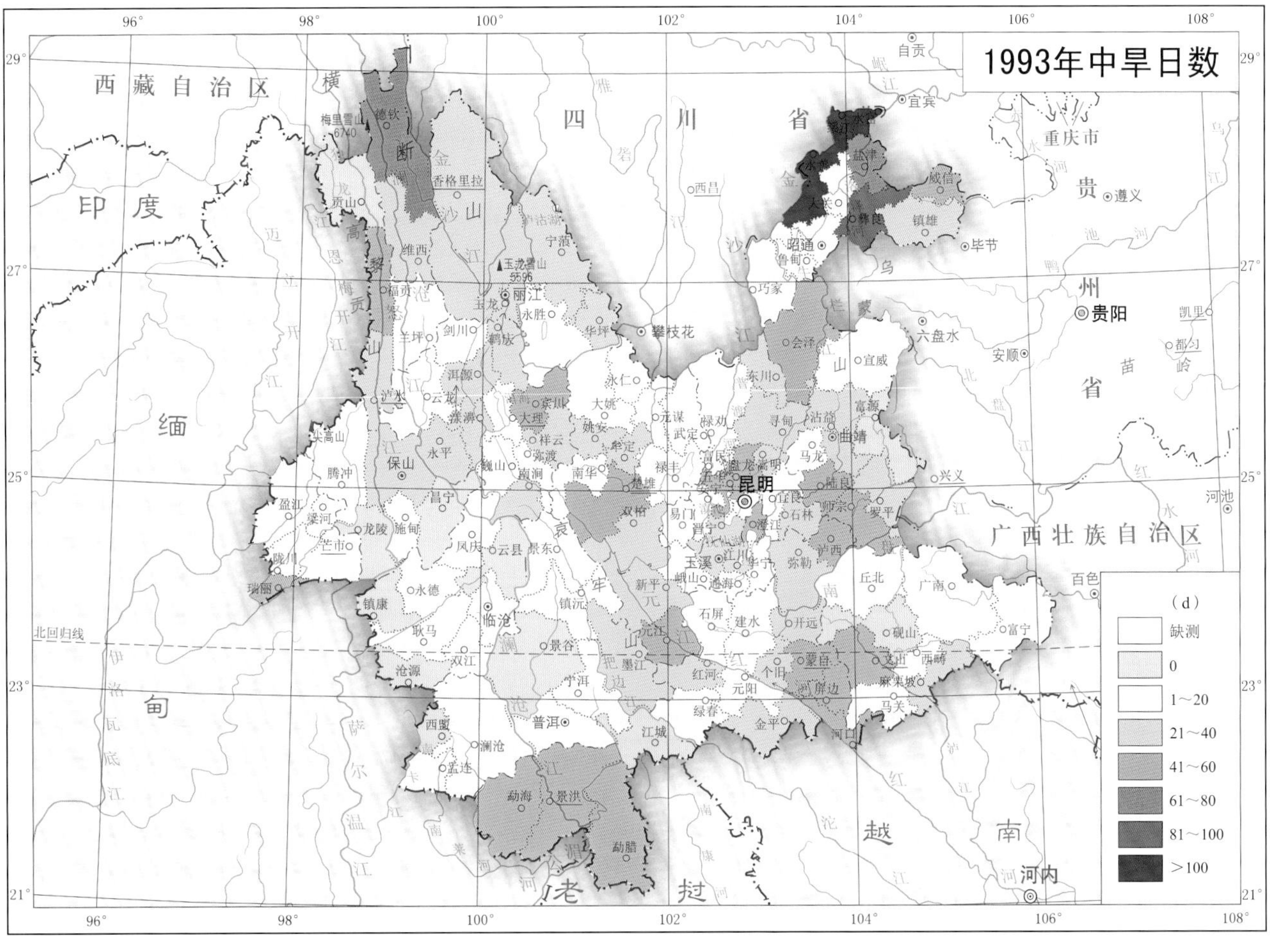

1993年轻旱日数
(d)
缺测
0
1~30
31~60
61~90
91~120
121~150
>150
西藏自治区
四川省
重庆市
贵州省
广西壮族自治区
印度
缅甸
老挝
越南
昆明
贵阳
河内
北回归线

1993年中旱日数
(d)
缺测
0
1~20
21~40
41~60
61~80
81~100
>100
西藏自治区
四川省
重庆市
贵州省
广西壮族自治区
印度
缅甸
老挝
越南
昆明
贵阳
河内
北回归线

比例尺 1:8 000 000 0 80 160 km

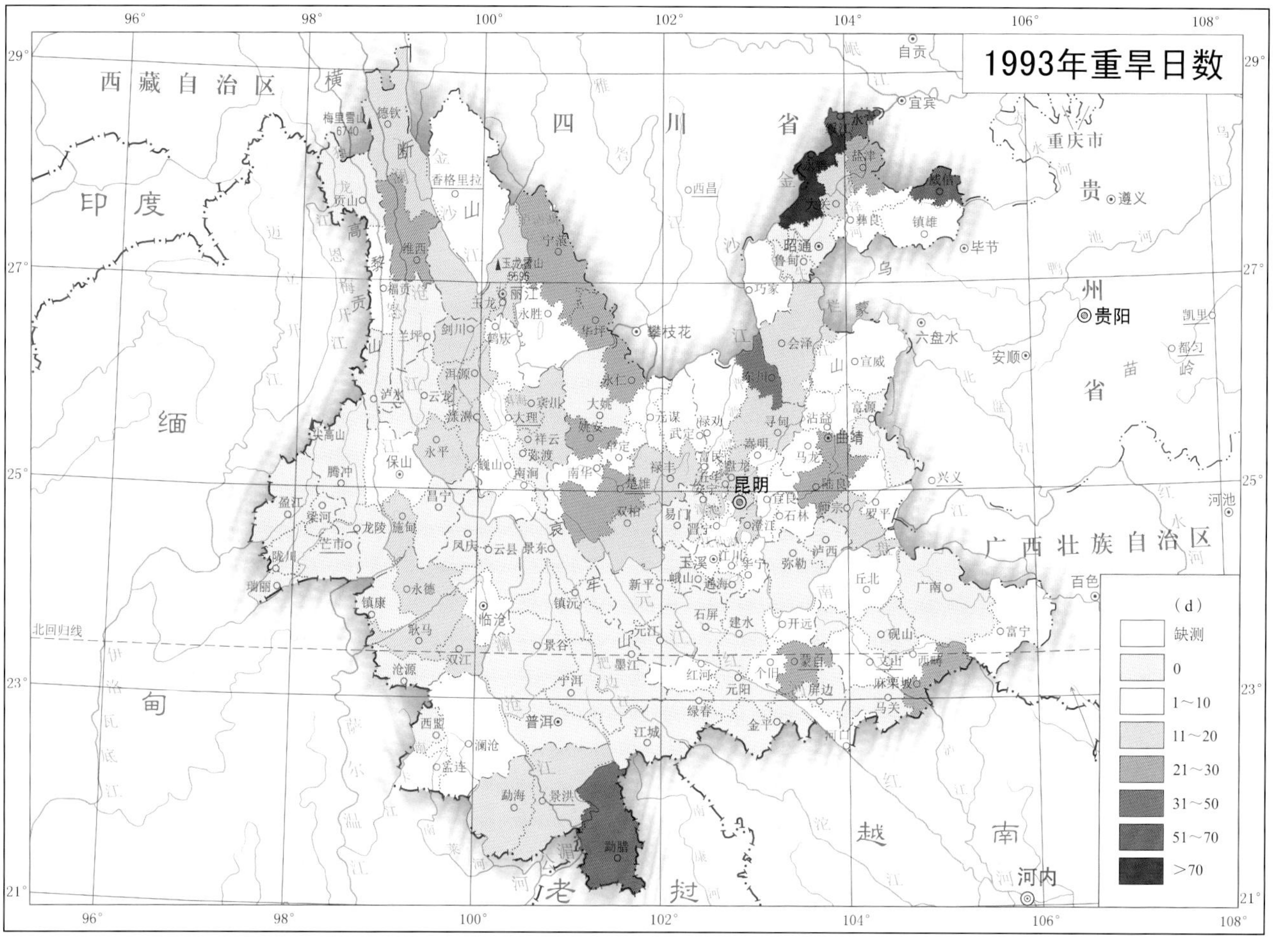

1993年重旱日数

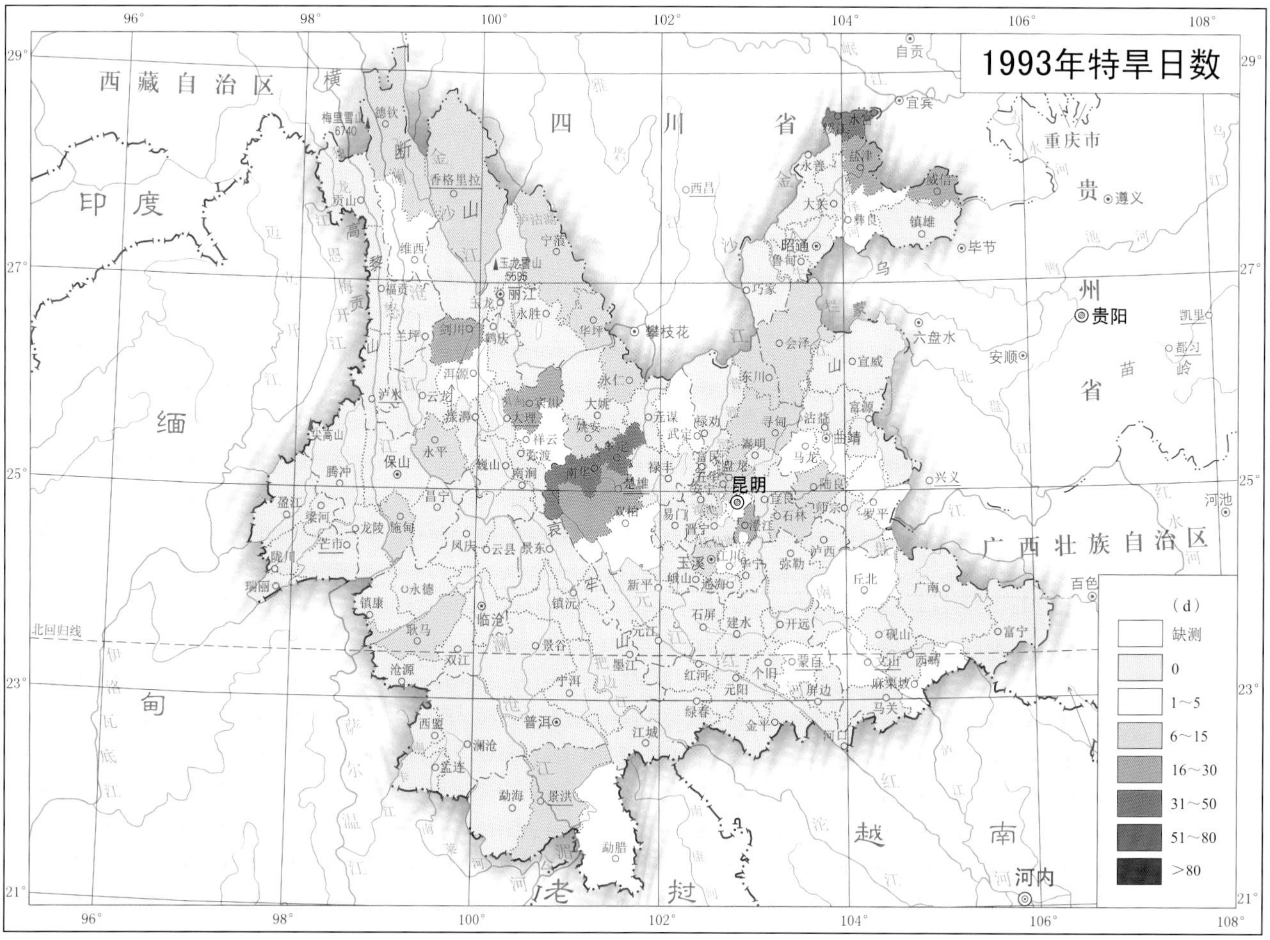

(d)

图例
缺测
0
1~10
11~20
21~30
31~50
51~70
>70

1993年特旱日数

(d)

图例
缺测
0
1~5
6~15
16~30
31~50
51~80
>80

比例尺 1:8 000 000 0 80 160 km

1993年春季气象干旱平均强度

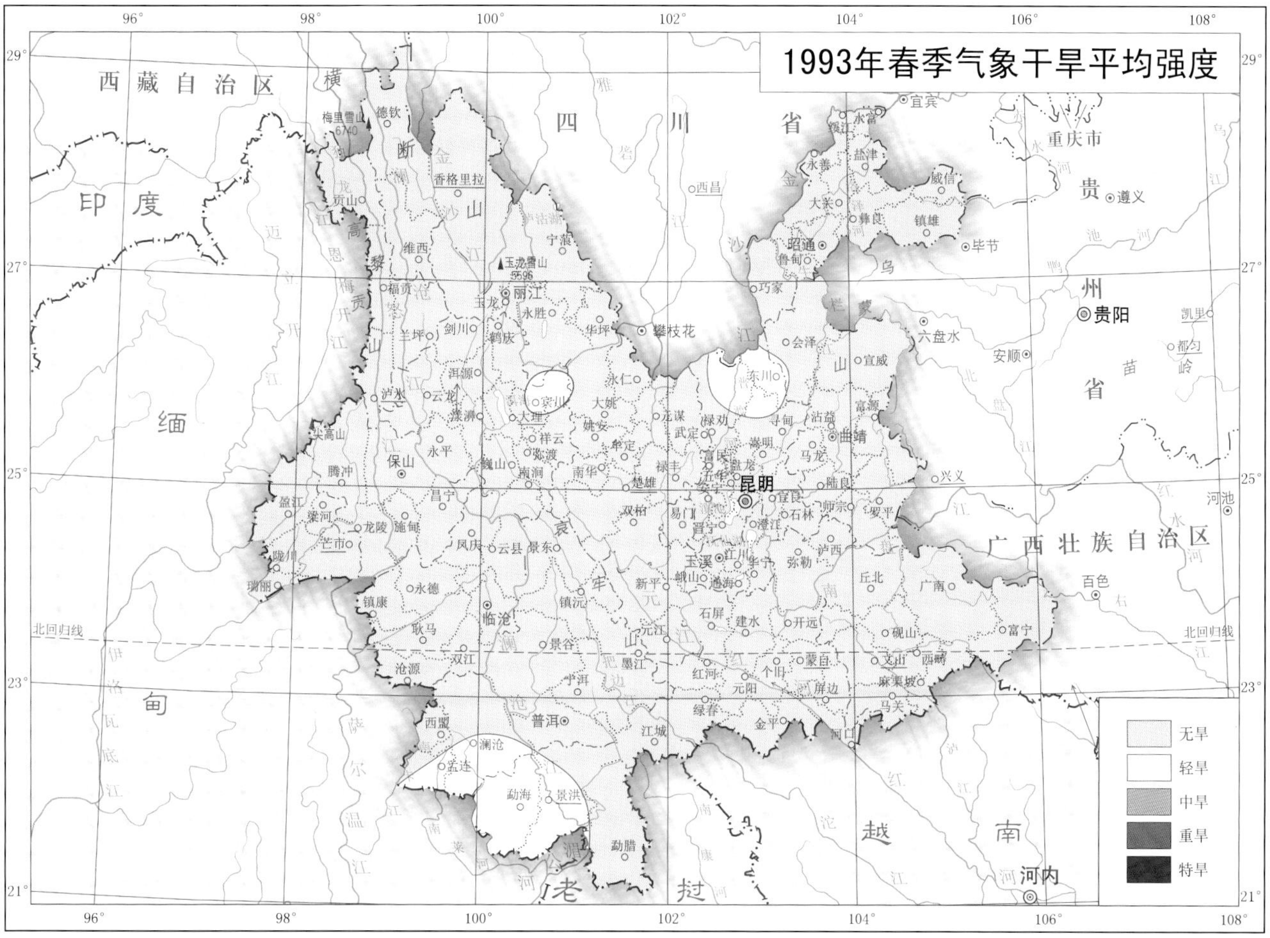

无旱
轻旱
中旱
重旱
特旱

1993年夏季气象干旱平均强度

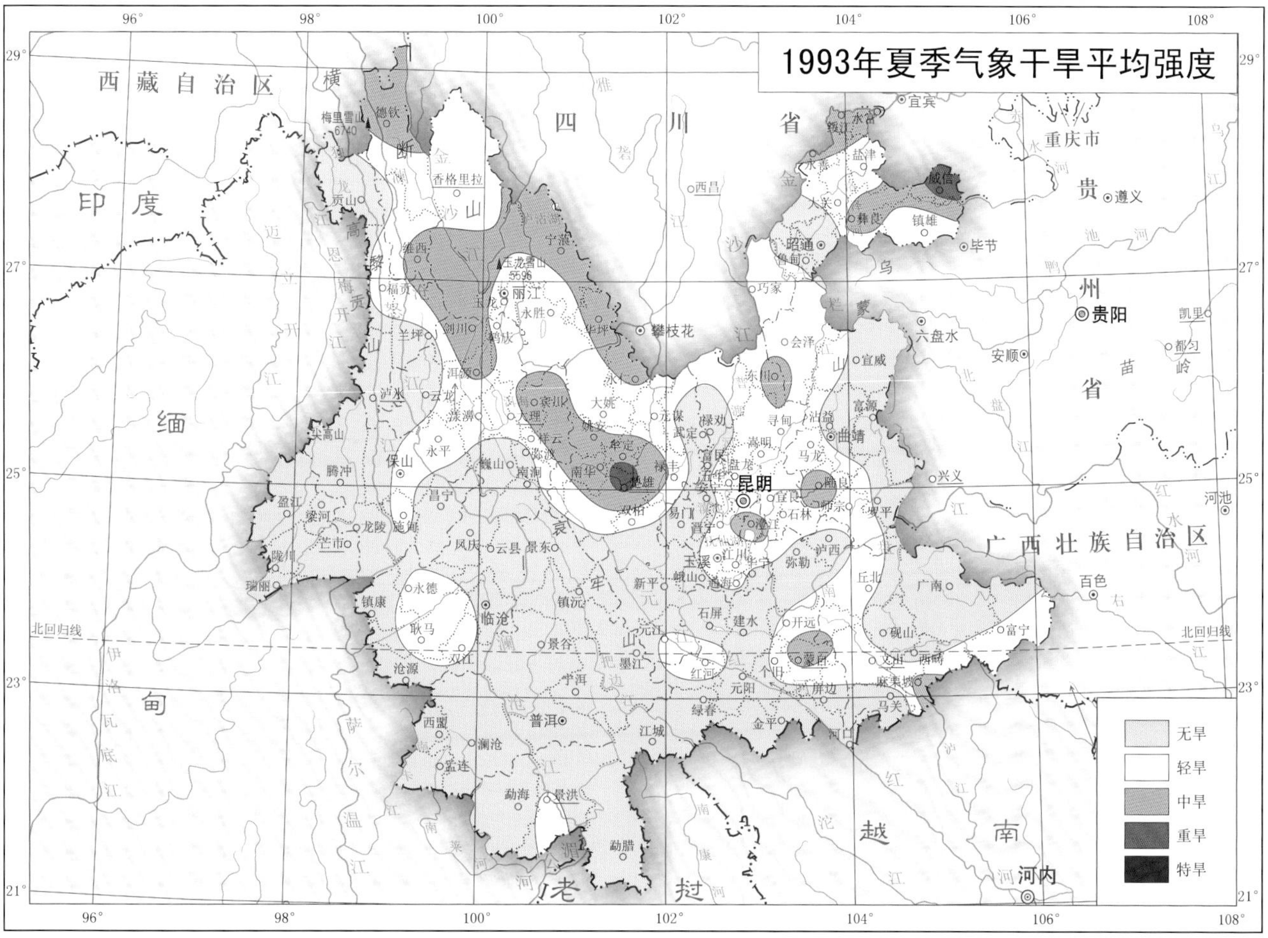

无旱
轻旱
中旱
重旱
特旱

比例尺 1 : 8 000 000 0 80 160 km

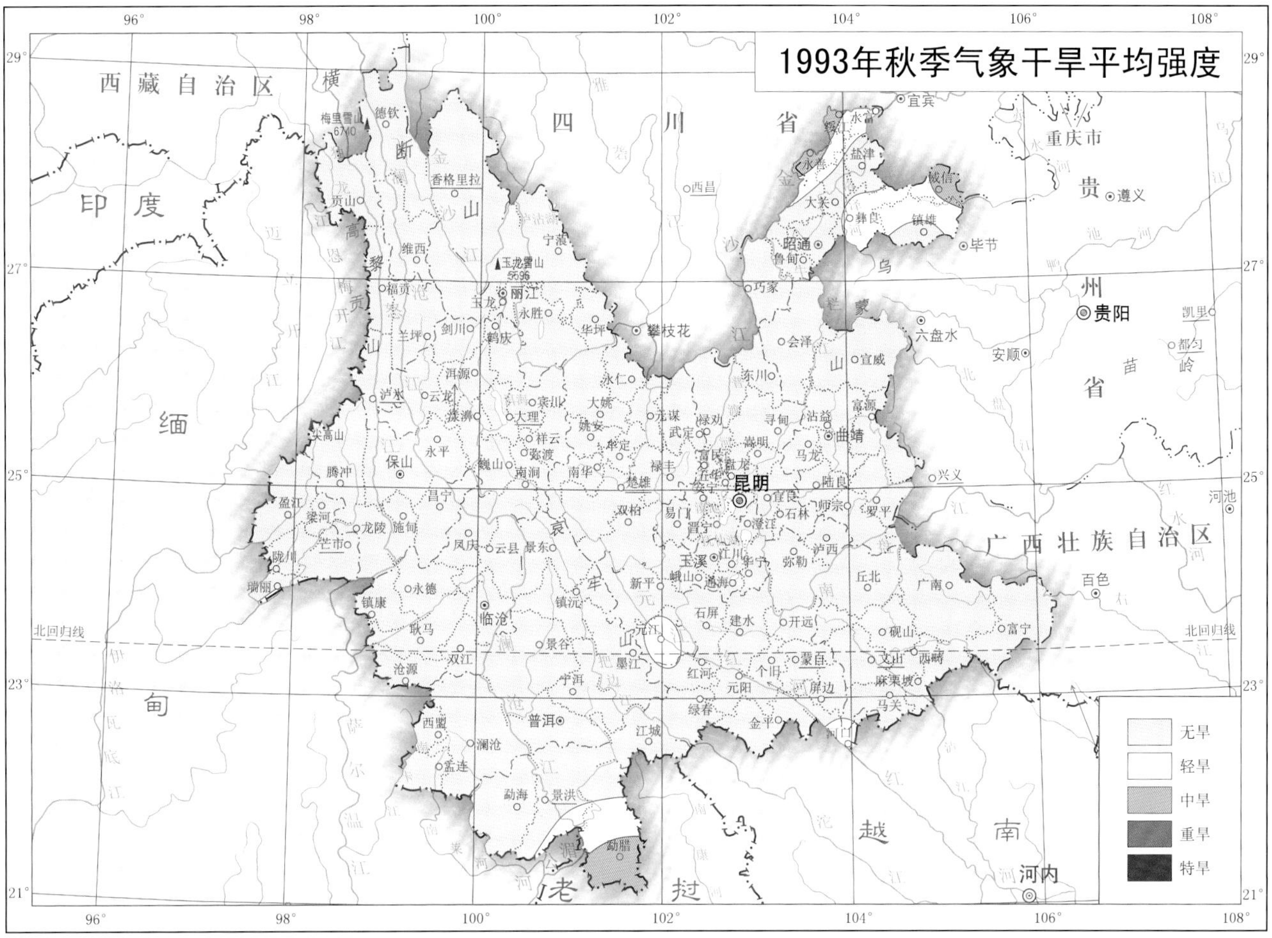

1993年秋季气象干旱平均强度

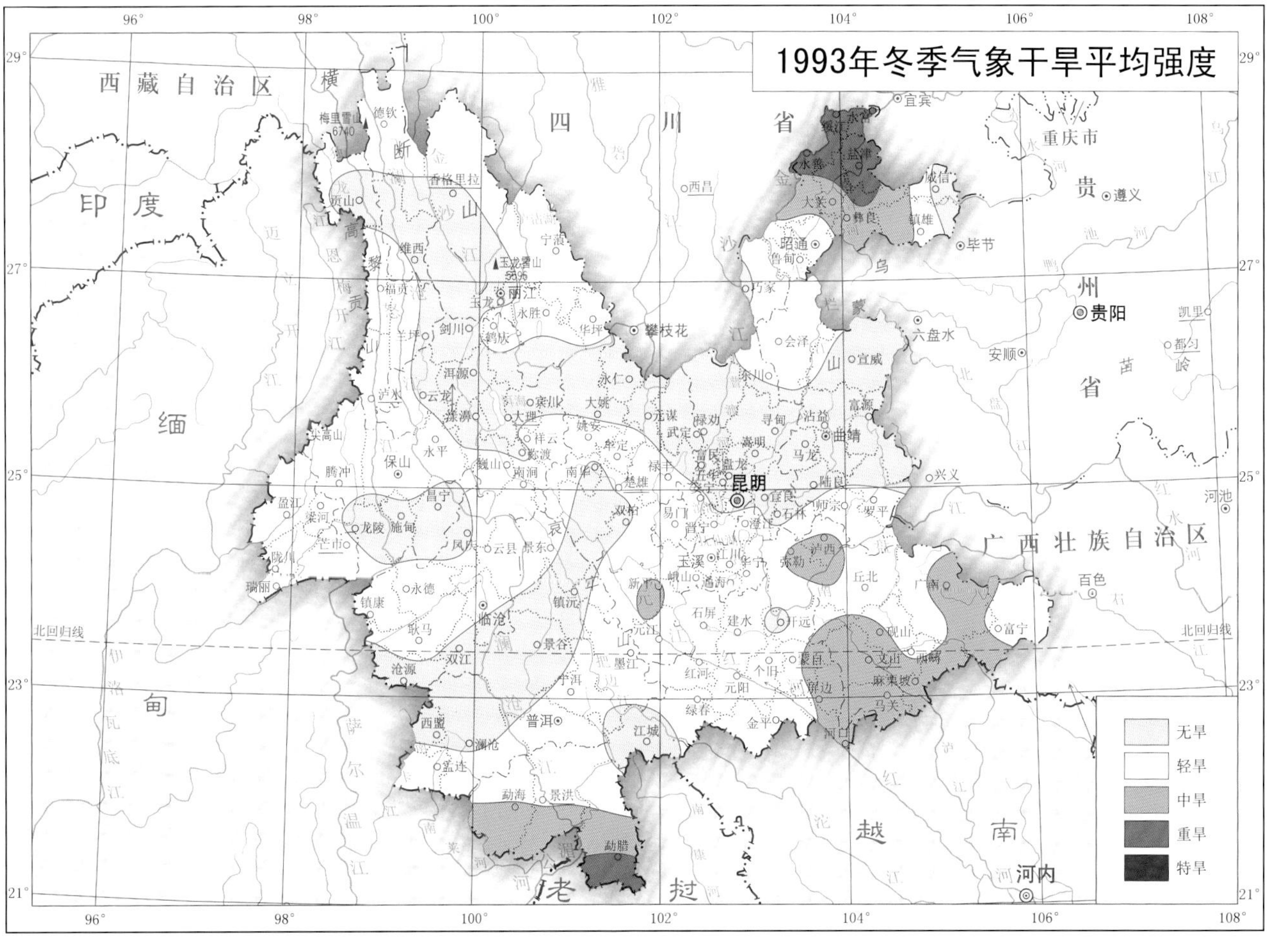

无旱
轻旱
中旱
重旱
特旱

1993年冬季气象干旱平均强度

无旱
轻旱
中旱
重旱
特旱

比例尺 1∶8 000 000 0 80 160 km

1994年干旱日数

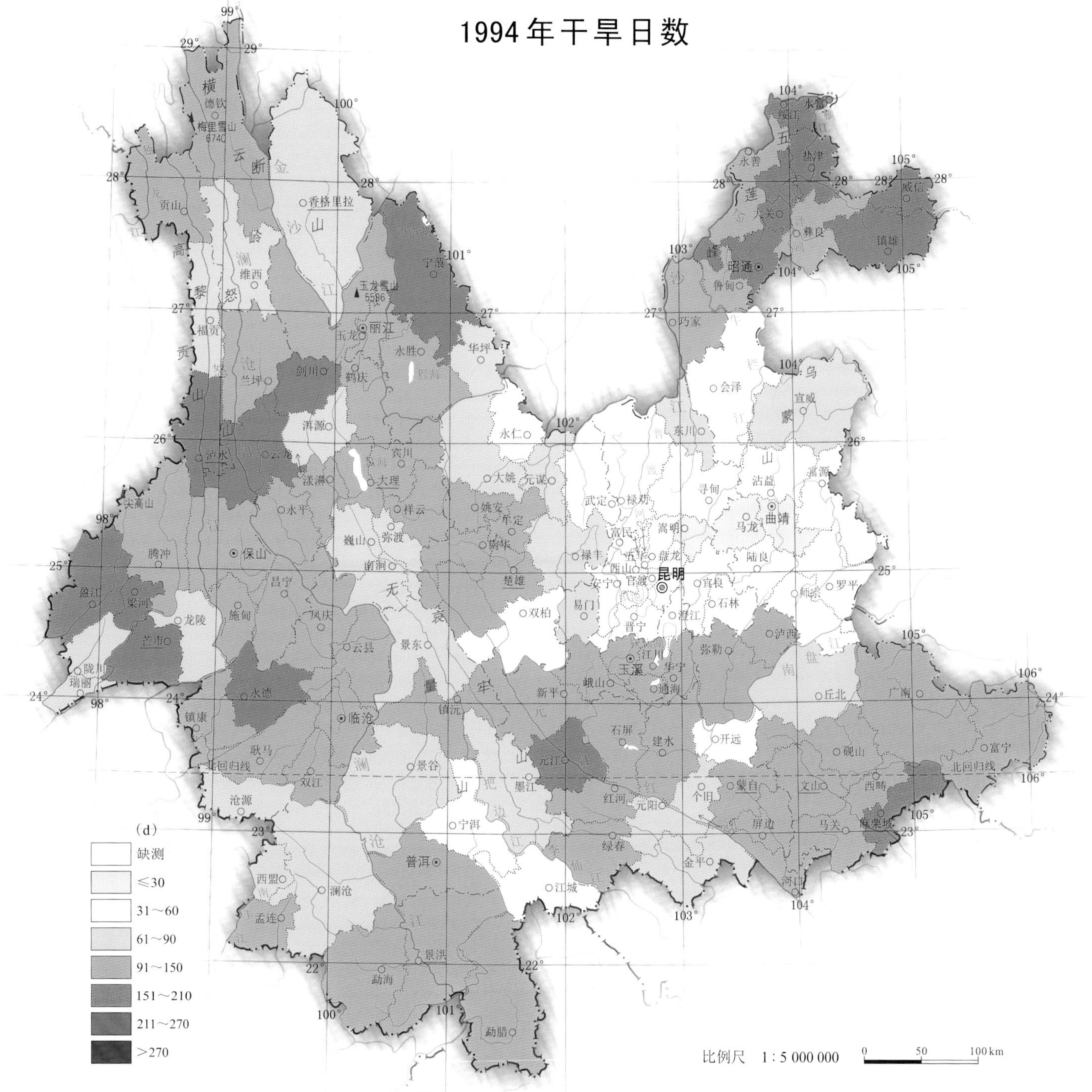

(d)
缺测
≤30
31～60
61～90
91～150
151～210
211～270
>270

比例尺 1 : 5 000 000

1994年逐日干旱、降水变化曲线

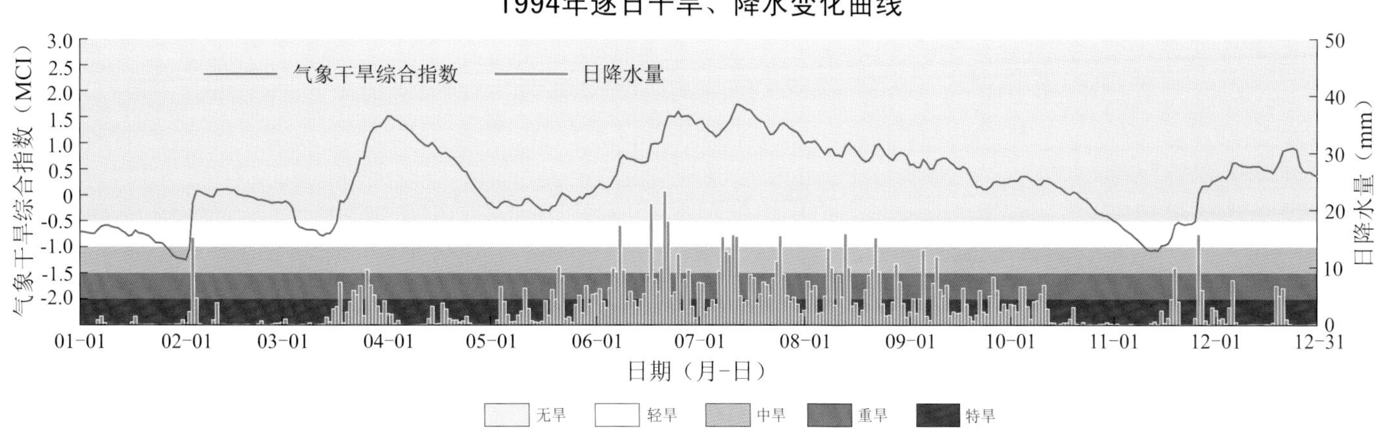

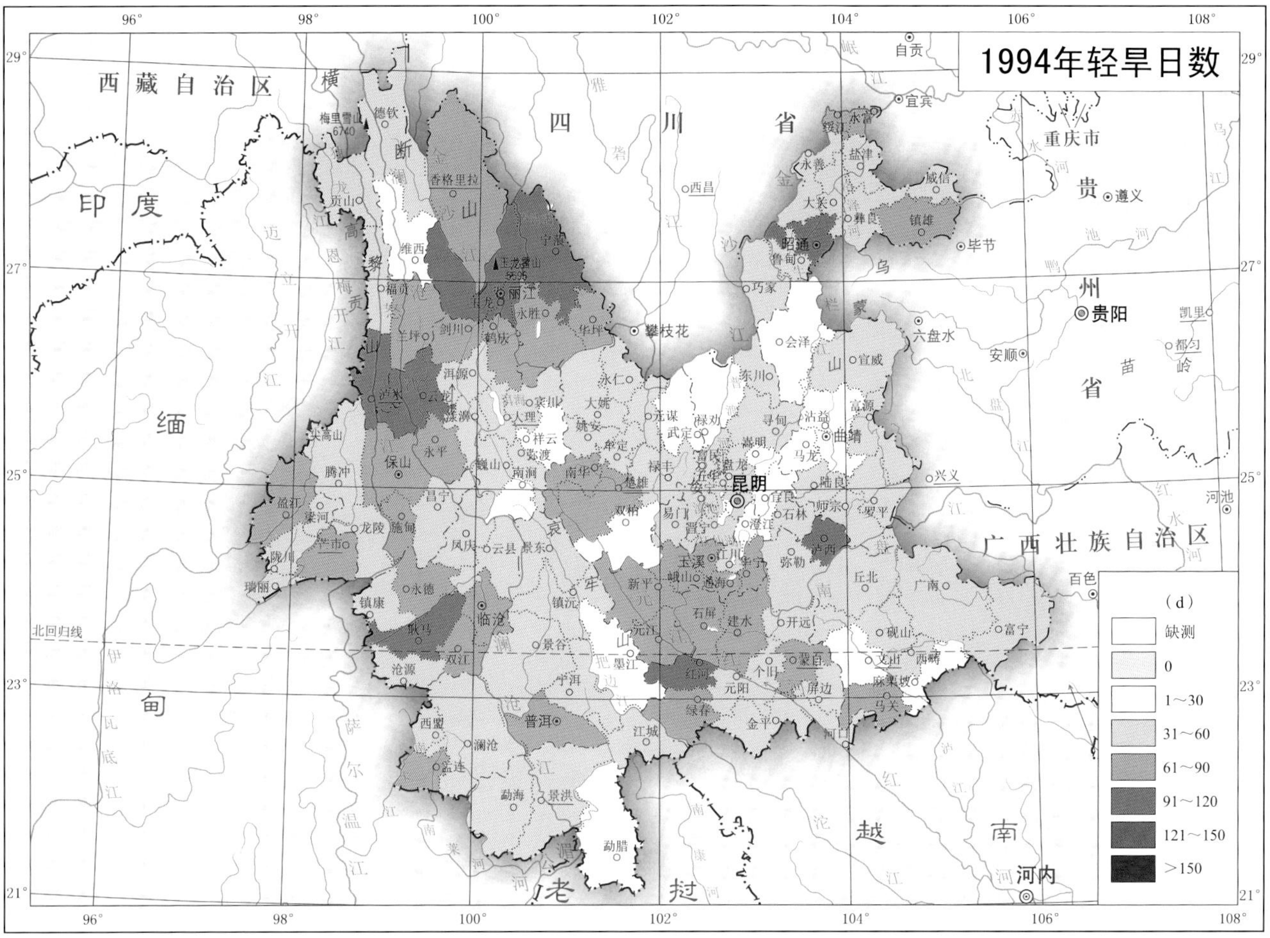

1994年轻旱日数

(d)
缺测
0
1～30
31～60
61～90
91～120
121～150
>150

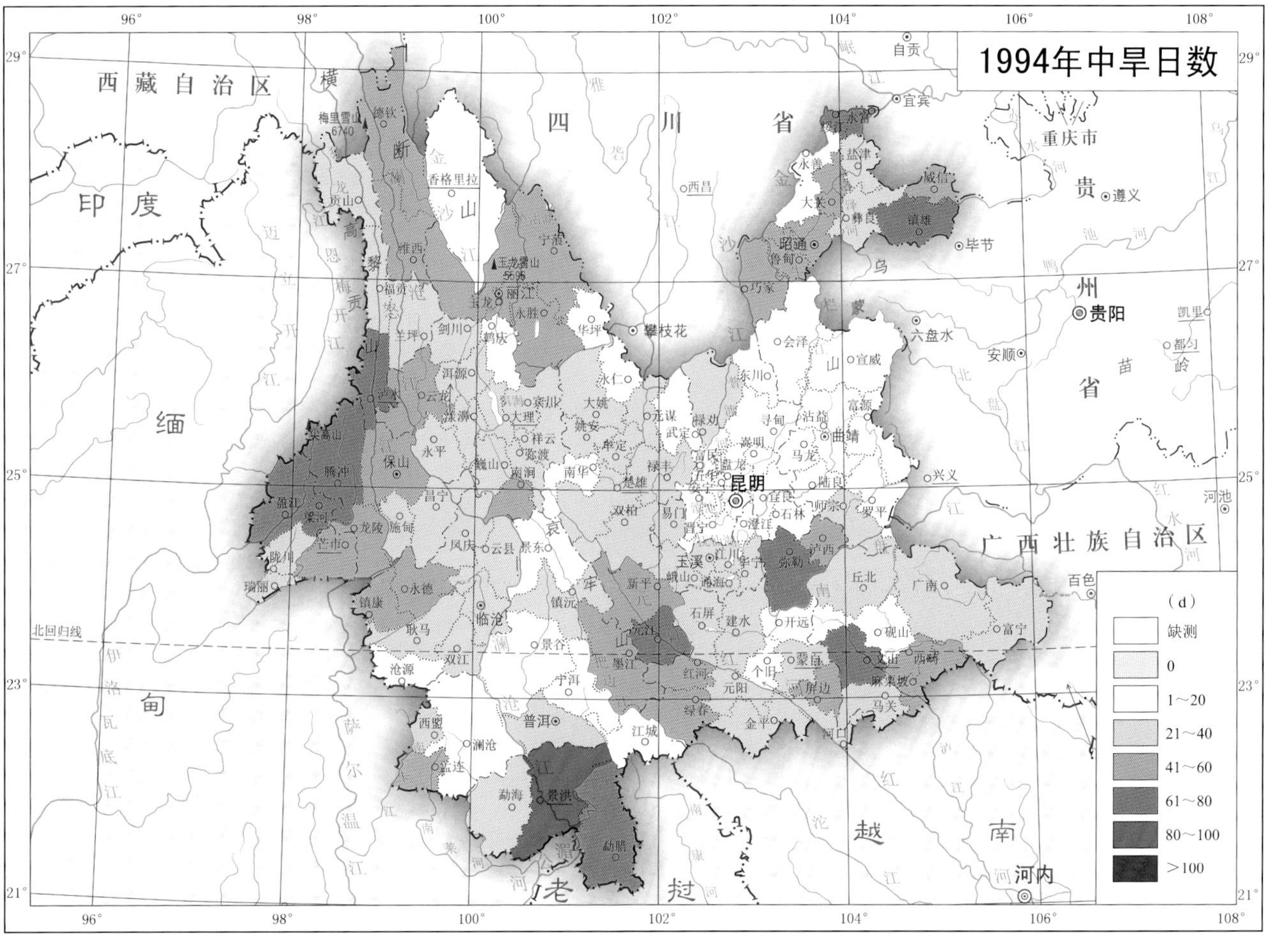

1994年中旱日数

(d)
缺测
0
1～20
21～40
41～60
61～80
80～100
>100

比例尺 1 : 8 000 000 0 80 160 km

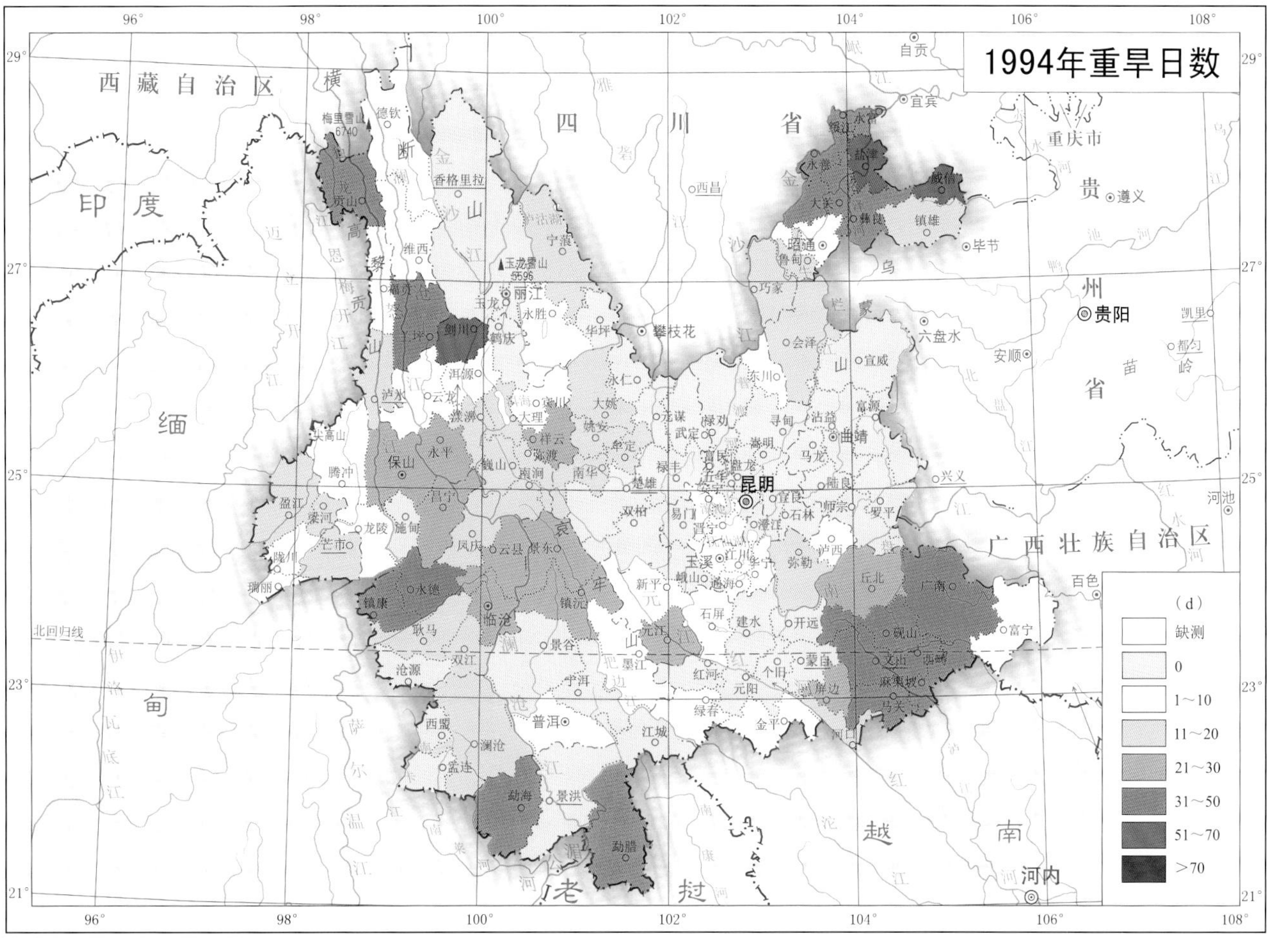

1994年重旱日数

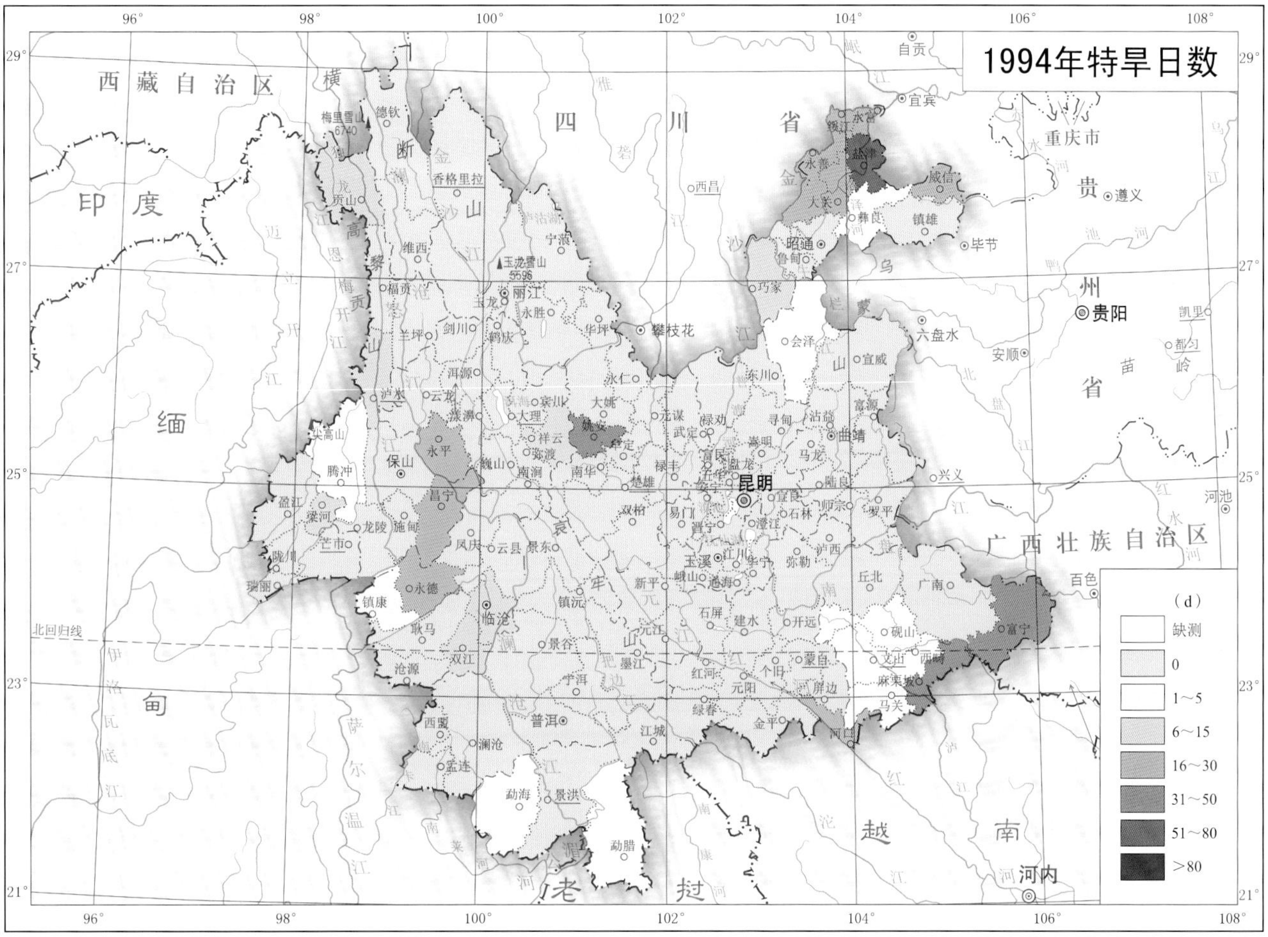

(d)
缺测
0
1~10
11~20
21~30
31~50
51~70
>70

1994年特旱日数

(d)
缺测
0
1~5
6~15
16~30
31~50
51~80
>80

比例尺　1:8 000 000　0　80　160 km

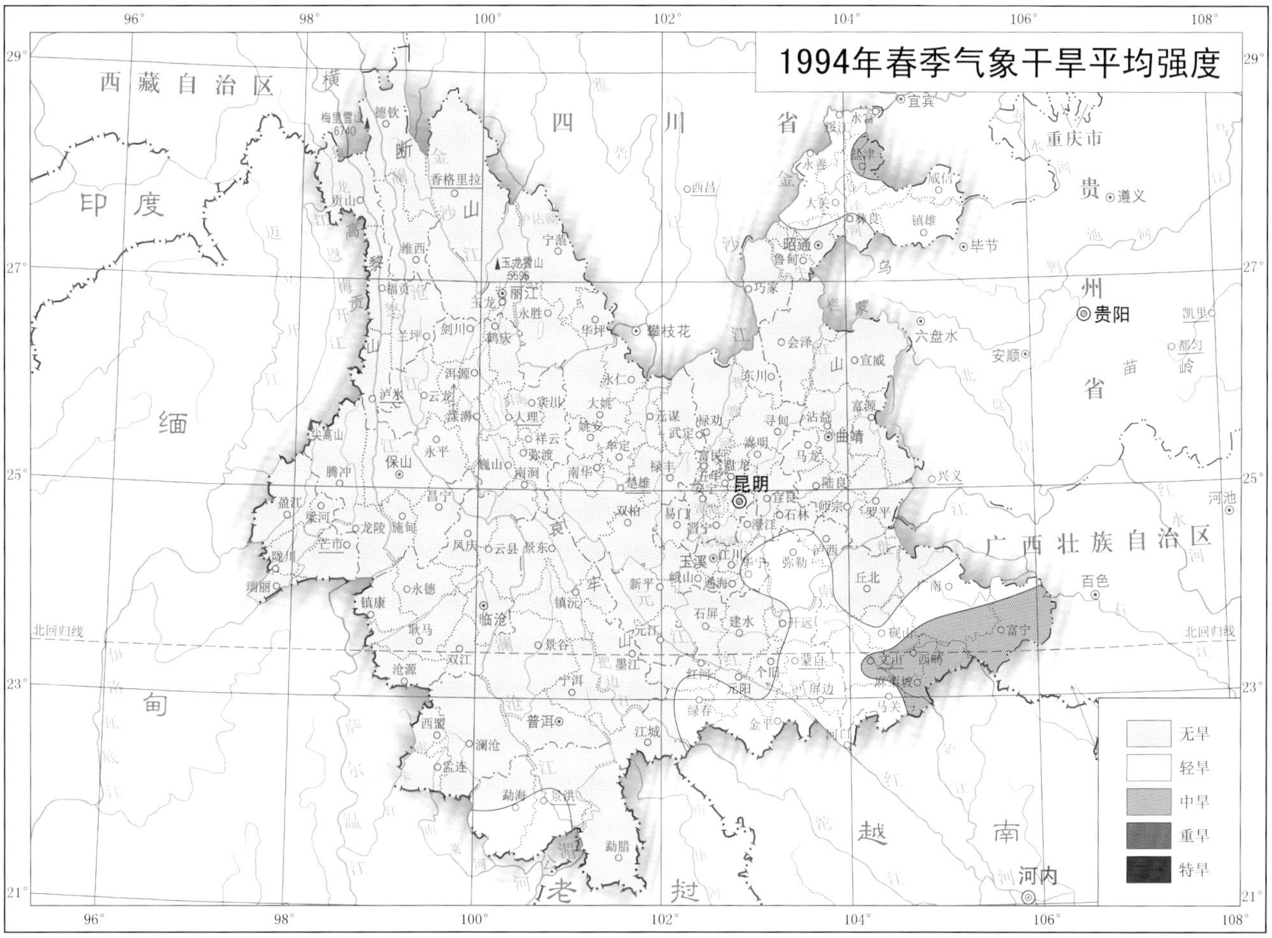

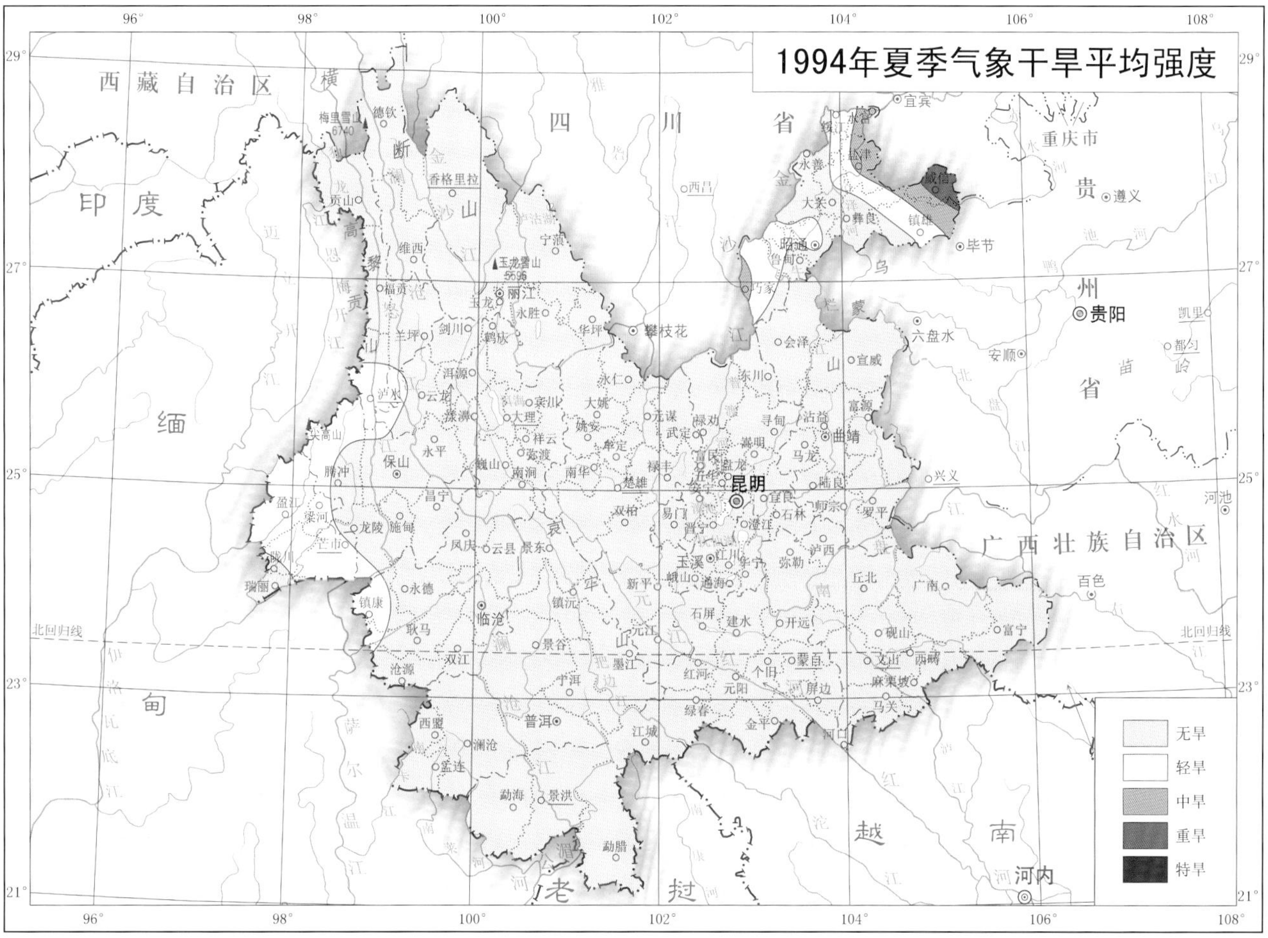

1994年春季气象干旱平均强度

无旱
轻旱
中旱
重旱
特旱

1994年夏季气象干旱平均强度

无旱
轻旱
中旱
重旱
特旱

比例尺 1:8 000 000 0 80 160 km

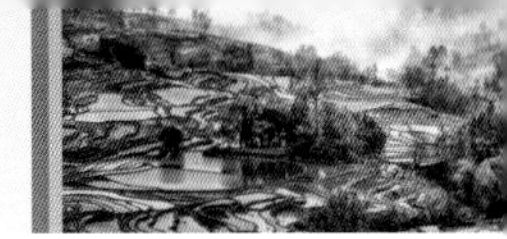

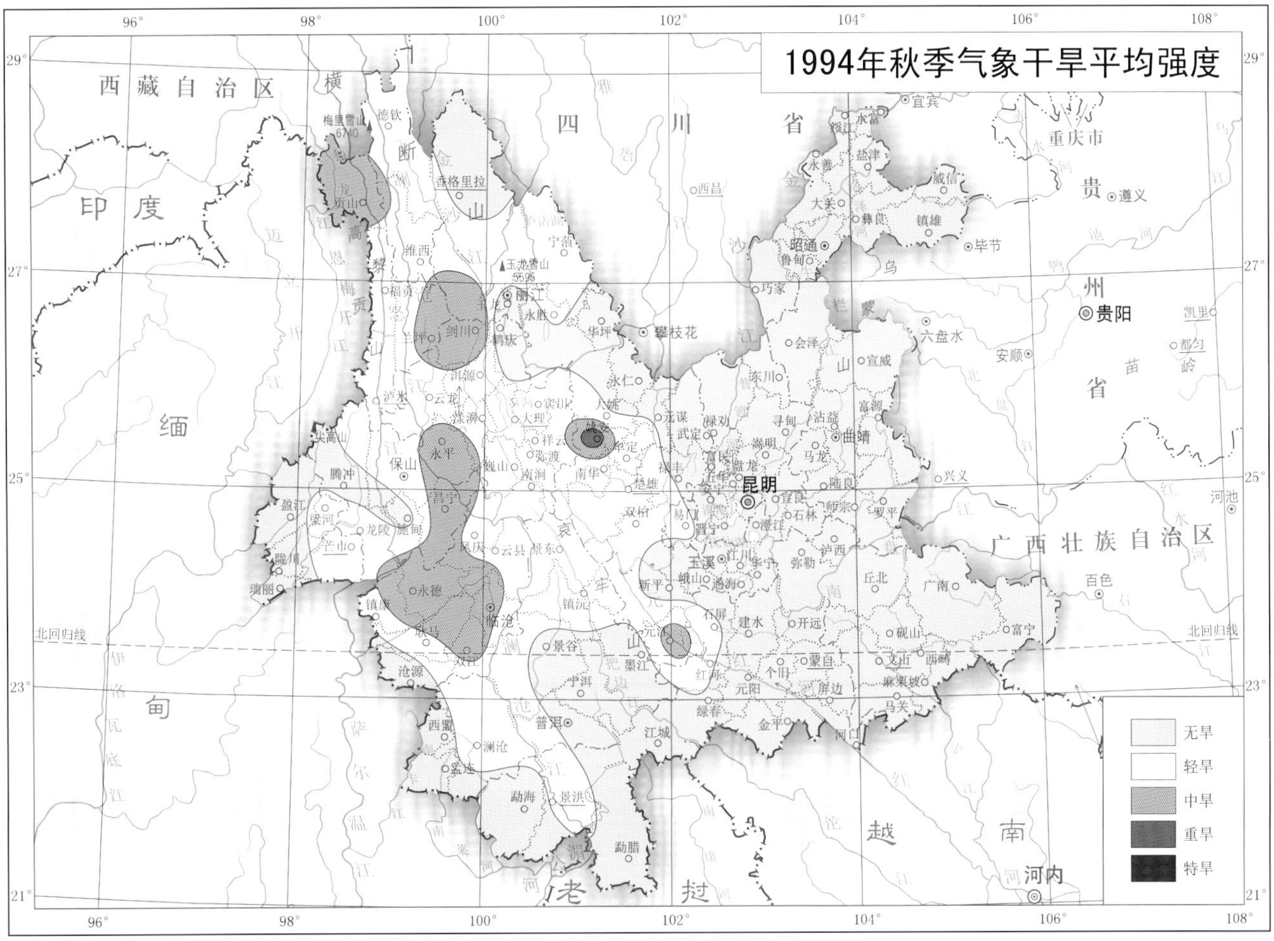

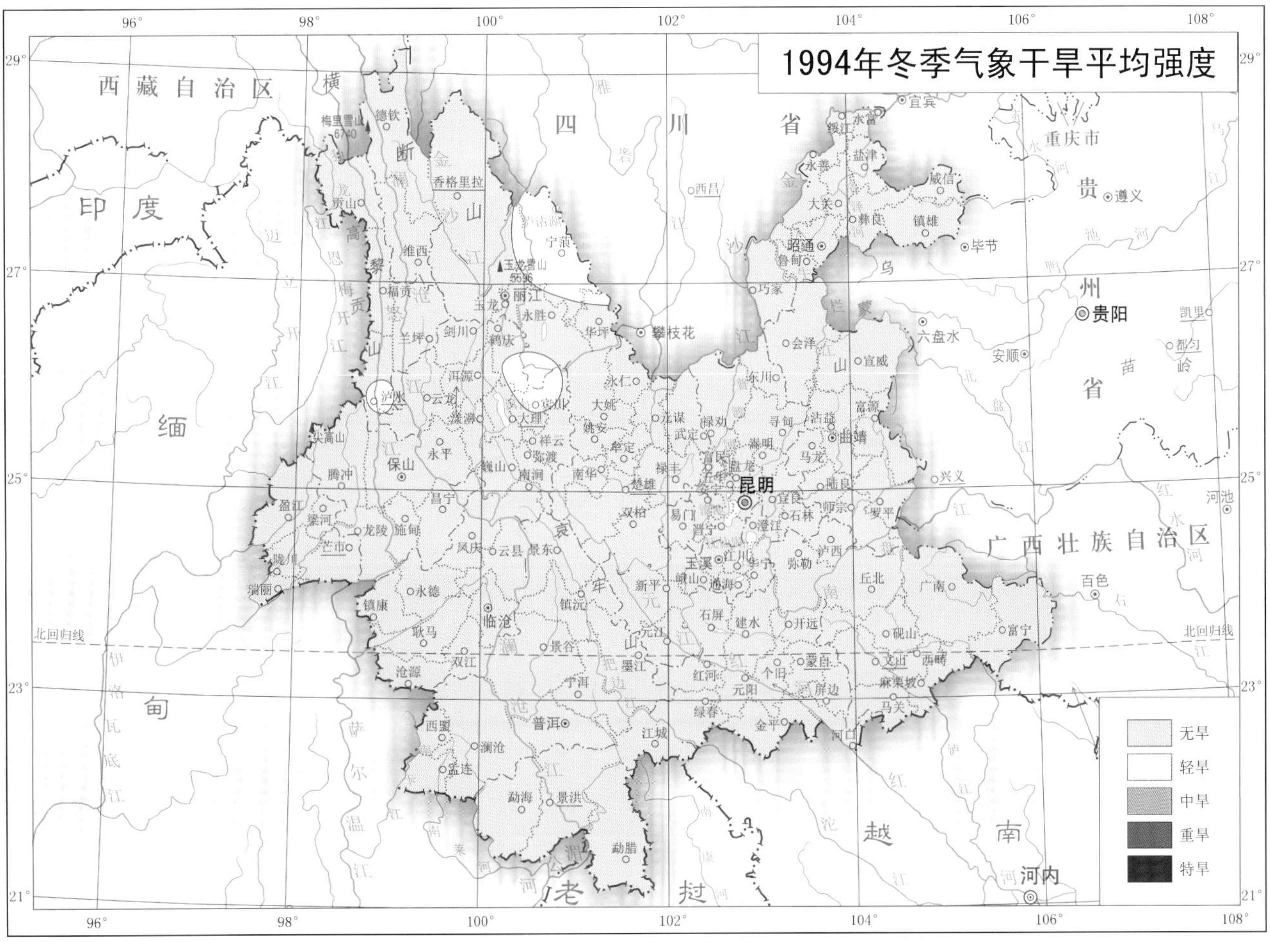

1994年秋季气象干旱平均强度
无旱
轻旱
中旱
重旱
特旱
西藏自治区
四　川　省
重庆市
贵　州　省
广西壮族自治区
昆明
印　度
缅
甸
越　南
老
挝
北回归线

1994年冬季气象干旱平均强度
无旱
轻旱
中旱
重旱
特旱
西藏自治区
四　川　省
重庆市
贵　州　省
广西壮族自治区
昆明
印　度
缅
甸
越　南
老
挝
北回归线

比例尺　1∶8 000 000　0　80　160 km

1995年干旱日数

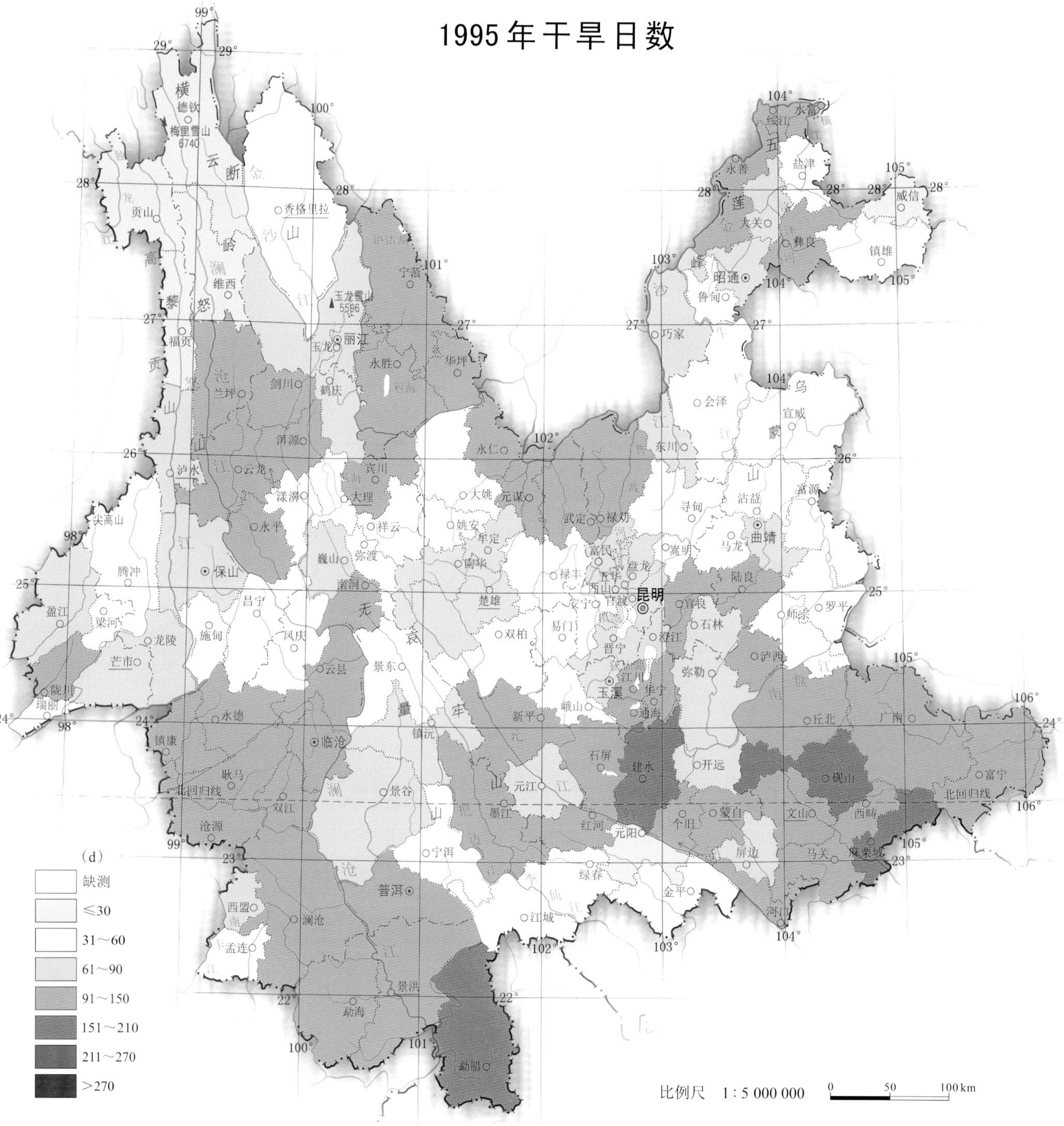

(d)
缺测
≤30
31～60
61～90
91～150
151～210
211～270
>270
比例尺 1:5 000 000
0 50 100 km
昆明

1995年逐日干旱、降水变化曲线

气象干旱综合指数
日降水量
气象干旱综合指数（MCI）
日降水量（mm）
日期（月-日）
01-01
02-01
03-01
04-01
05-01
06-01
07-01
08-01
09-01
10-01
11-01
12-01
12-31
无旱
轻旱
中旱
重旱
特旱

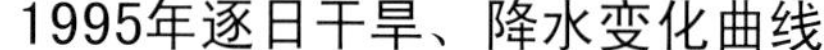

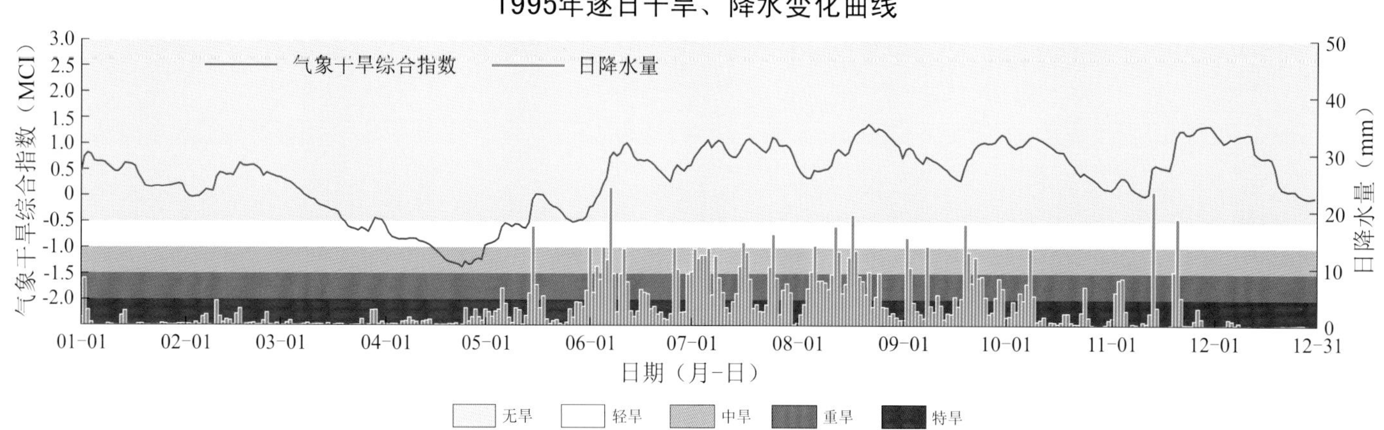

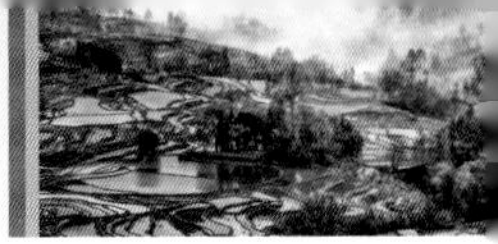

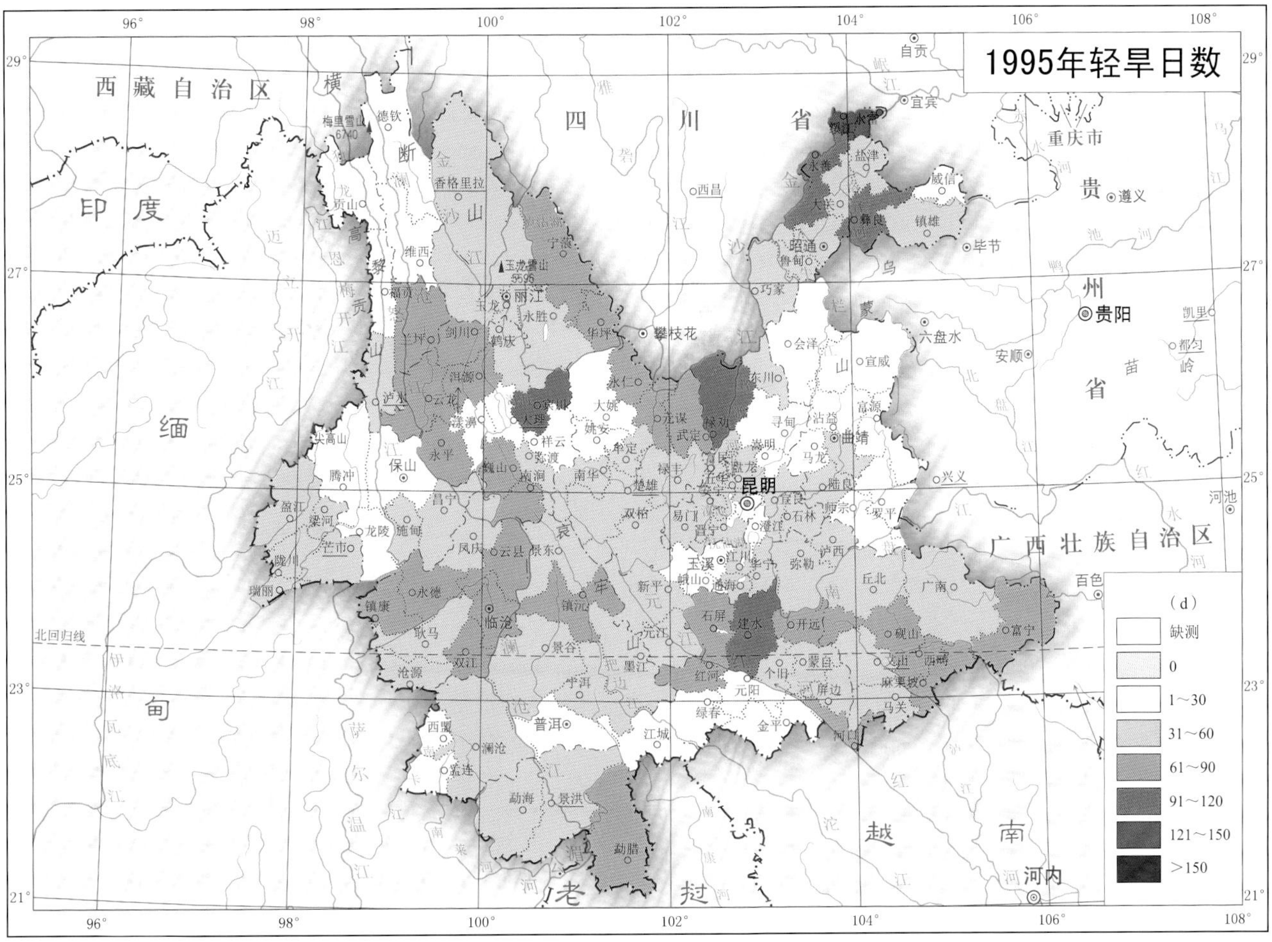

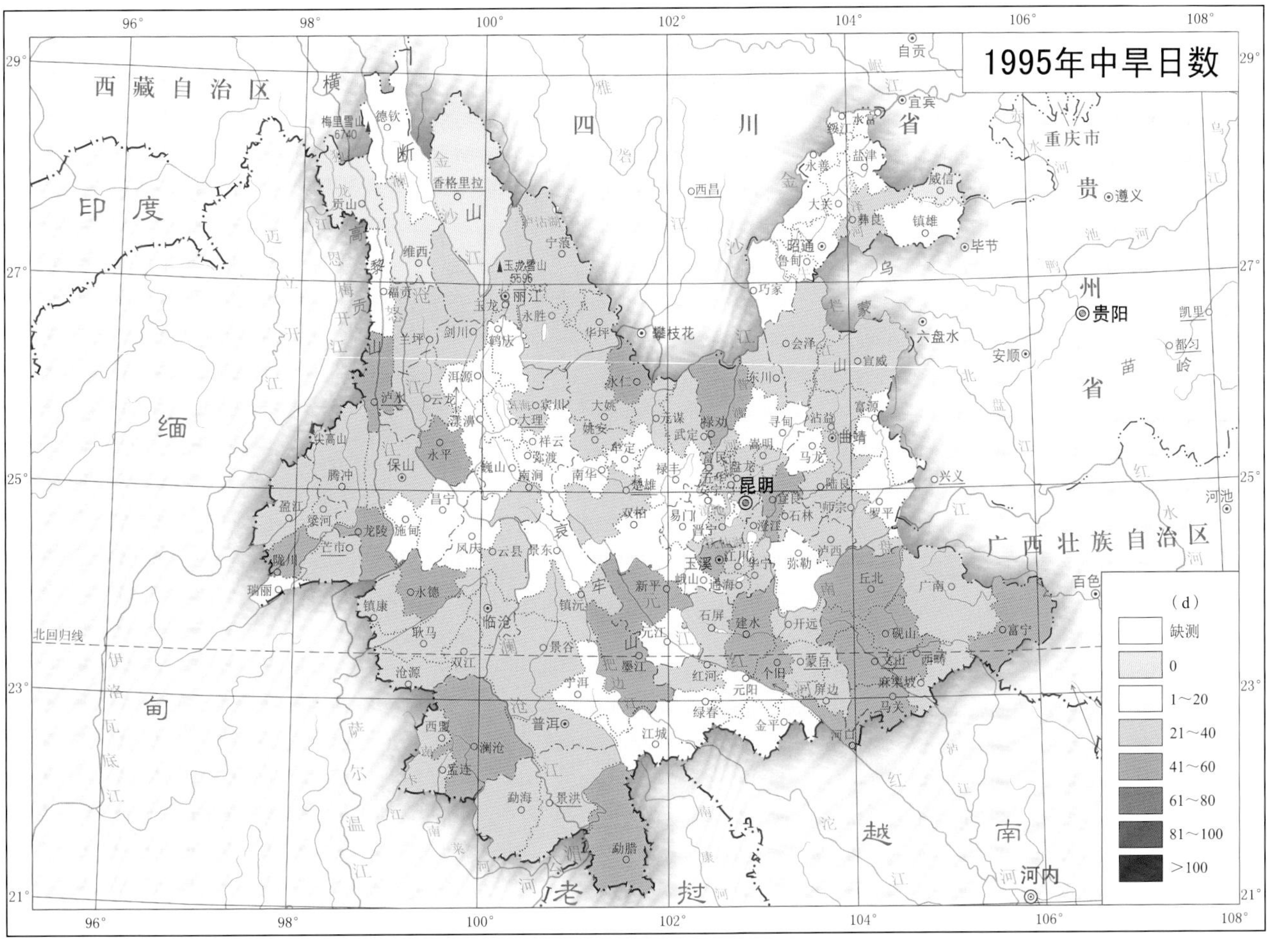

1995年轻旱日数
(d)
缺测
0
1~30
31~60
61~90
91~120
121~150
>150
西藏自治区
四川省
重庆市
贵州省
广西壮族自治区
印度
缅甸
越南
老挝
昆明
贵阳
河内
北回归线

1995年中旱日数
(d)
缺测
0
1~20
21~40
41~60
61~80
81~100
>100
西藏自治区
四川省
重庆市
贵州省
广西壮族自治区
印度
缅甸
越南
老挝
昆明
贵阳
河内
北回归线

比例尺 1∶8 000 000　0　80　160 km

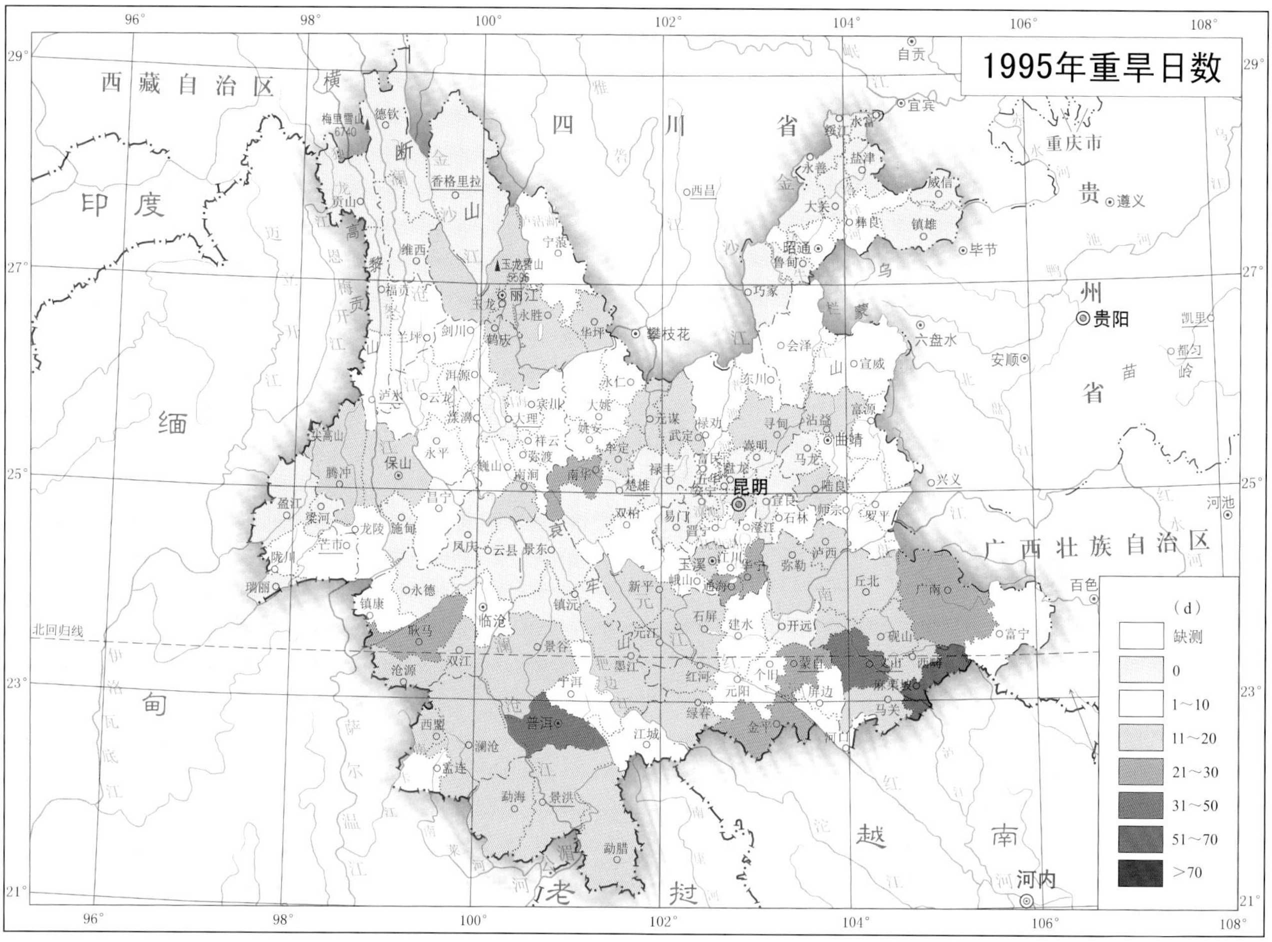

1995年重旱日数

(d)

- 缺测
- 0
- 1～10
- 11～20
- 21～30
- 31～50
- 51～70
- ＞70

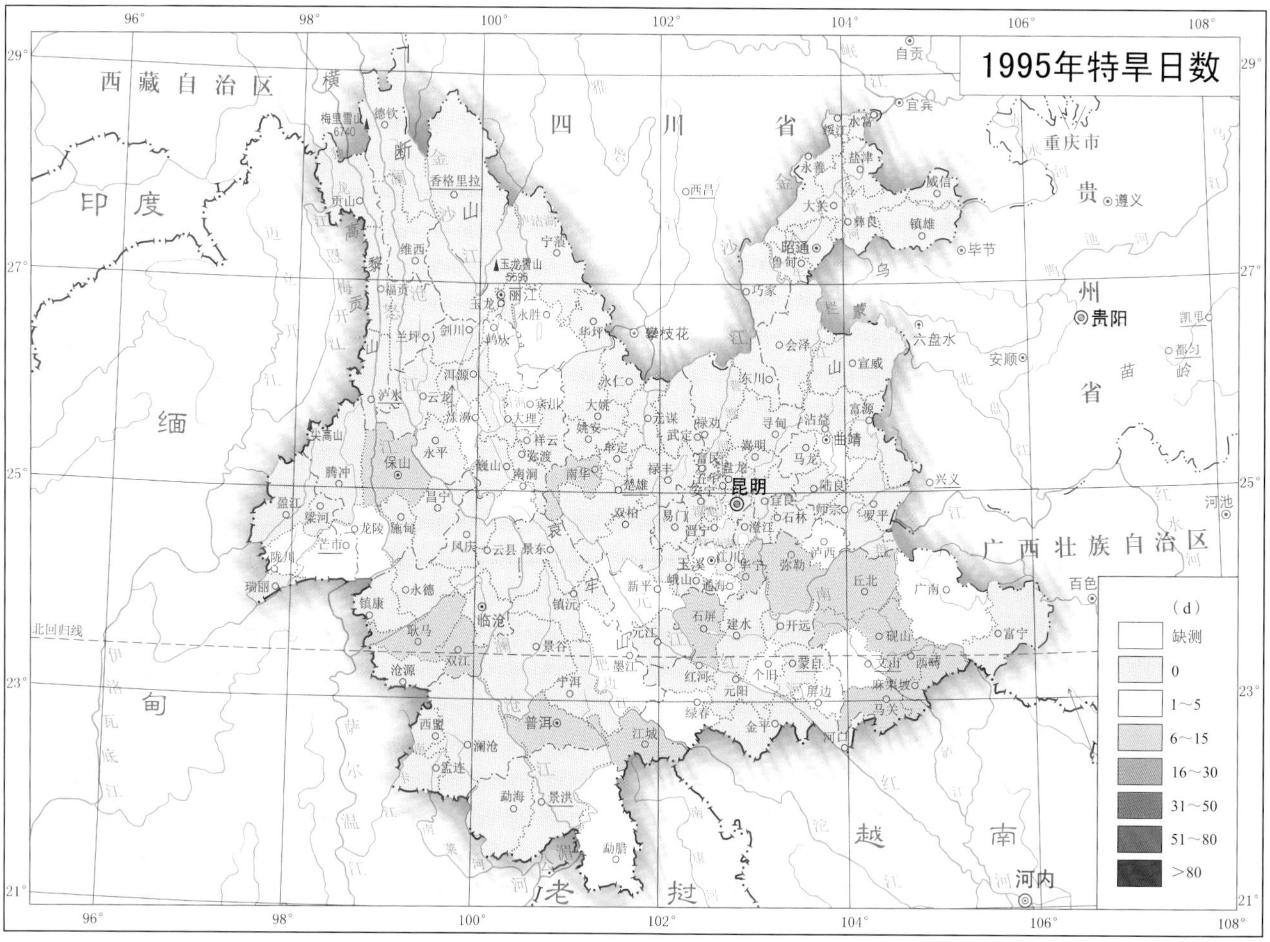

1995年特旱日数

(d)

- 缺测
- 0
- 1～5
- 6～15
- 16～30
- 31～50
- 51～80
- ＞80

比例尺 1 : 8 000 000 0 80 160 km

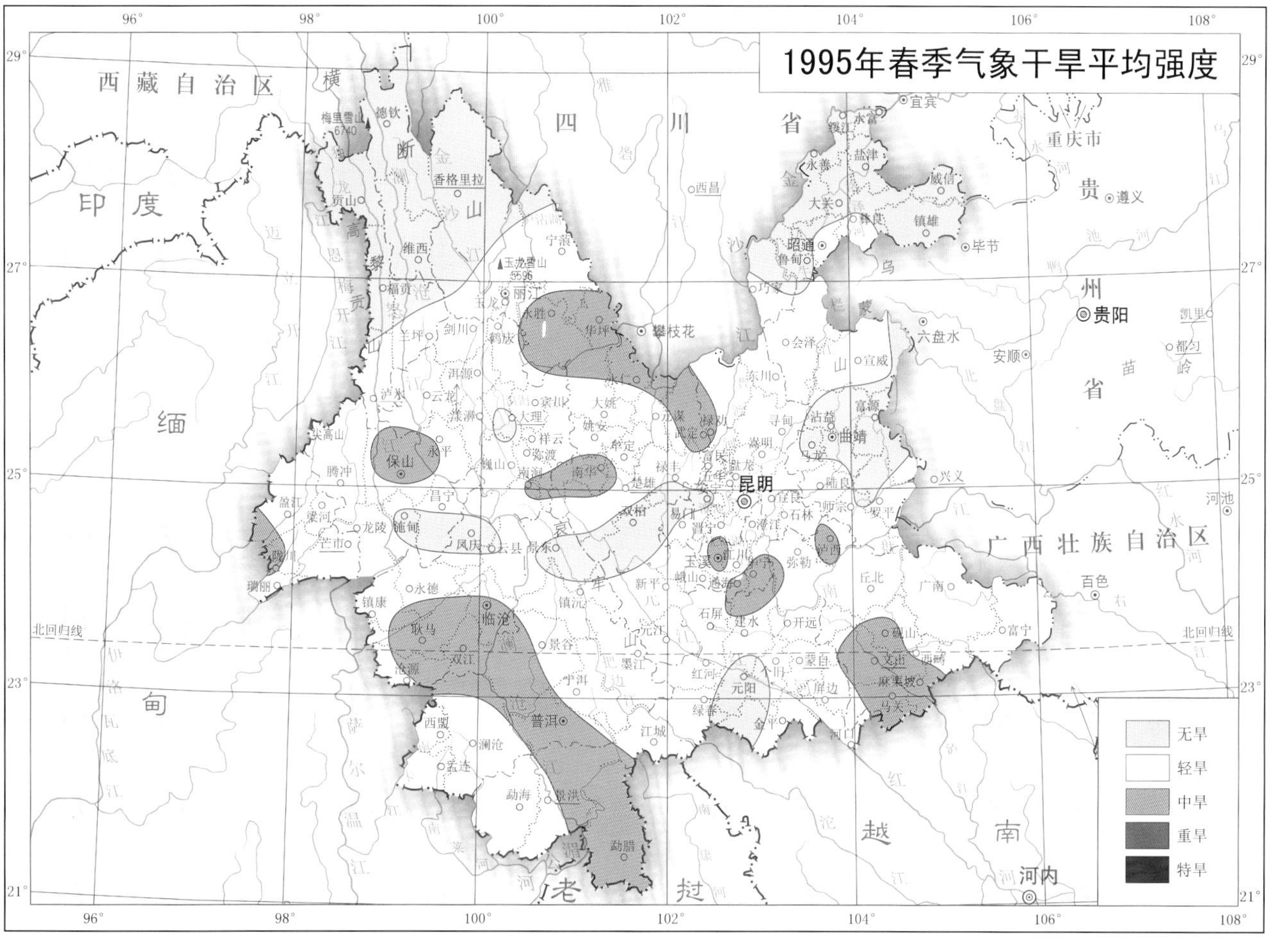

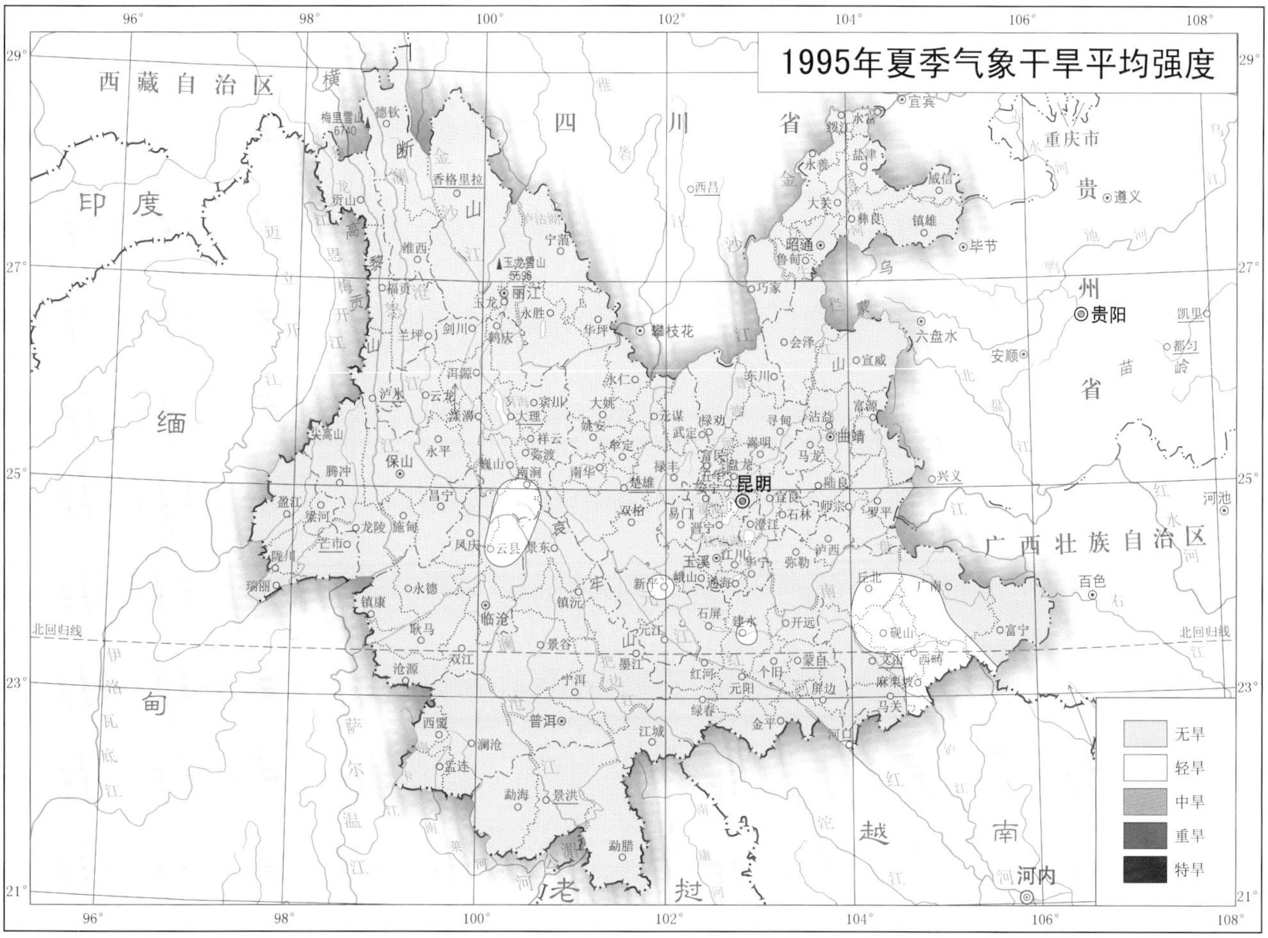

1995年春季气象干旱平均强度

无旱
轻旱
中旱
重旱
特旱

1995年夏季气象干旱平均强度

无旱
轻旱
中旱
重旱
特旱

比例尺 1∶8 000 000 0 80 160 km

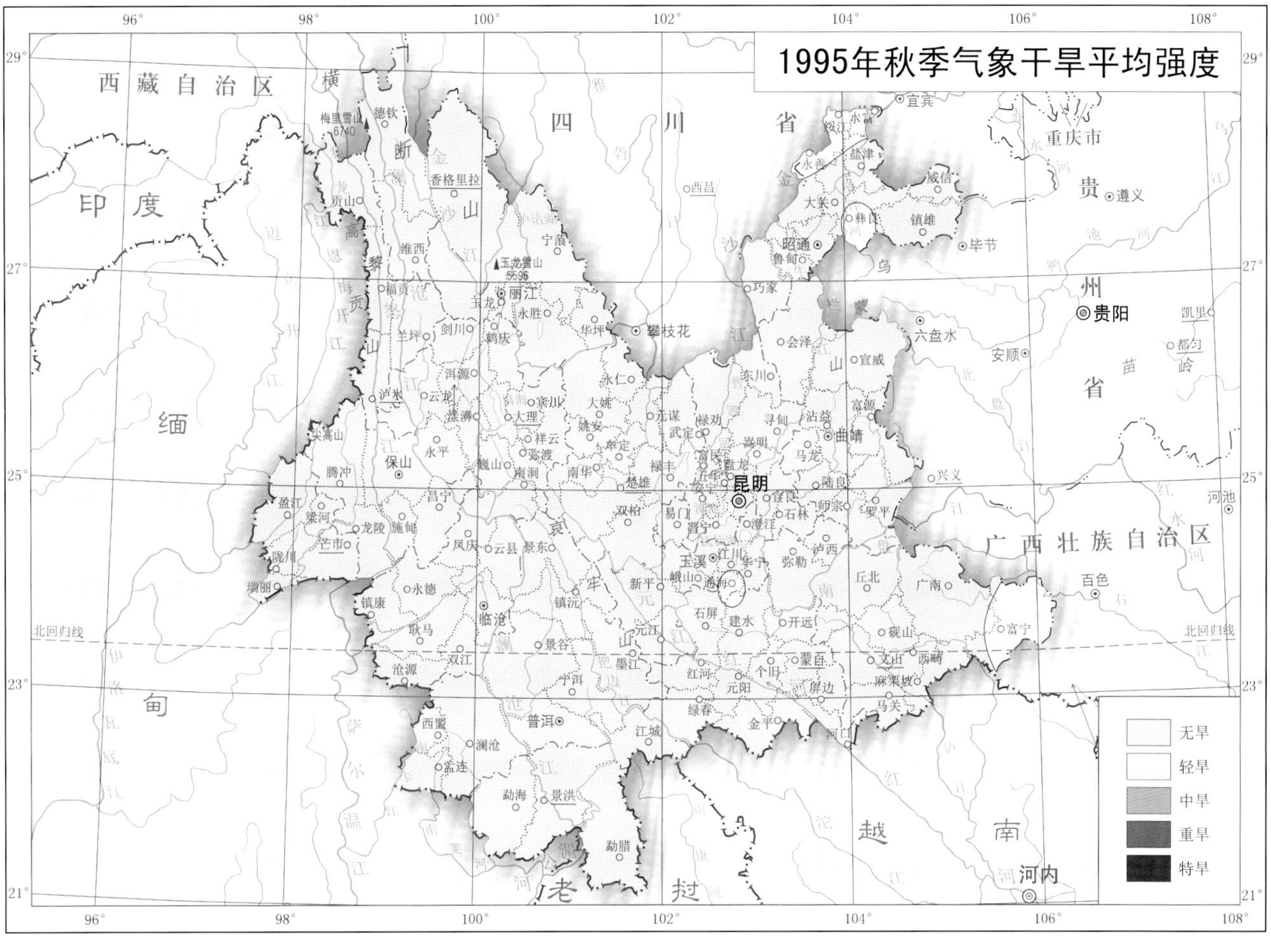

1995年秋季气象干旱平均强度

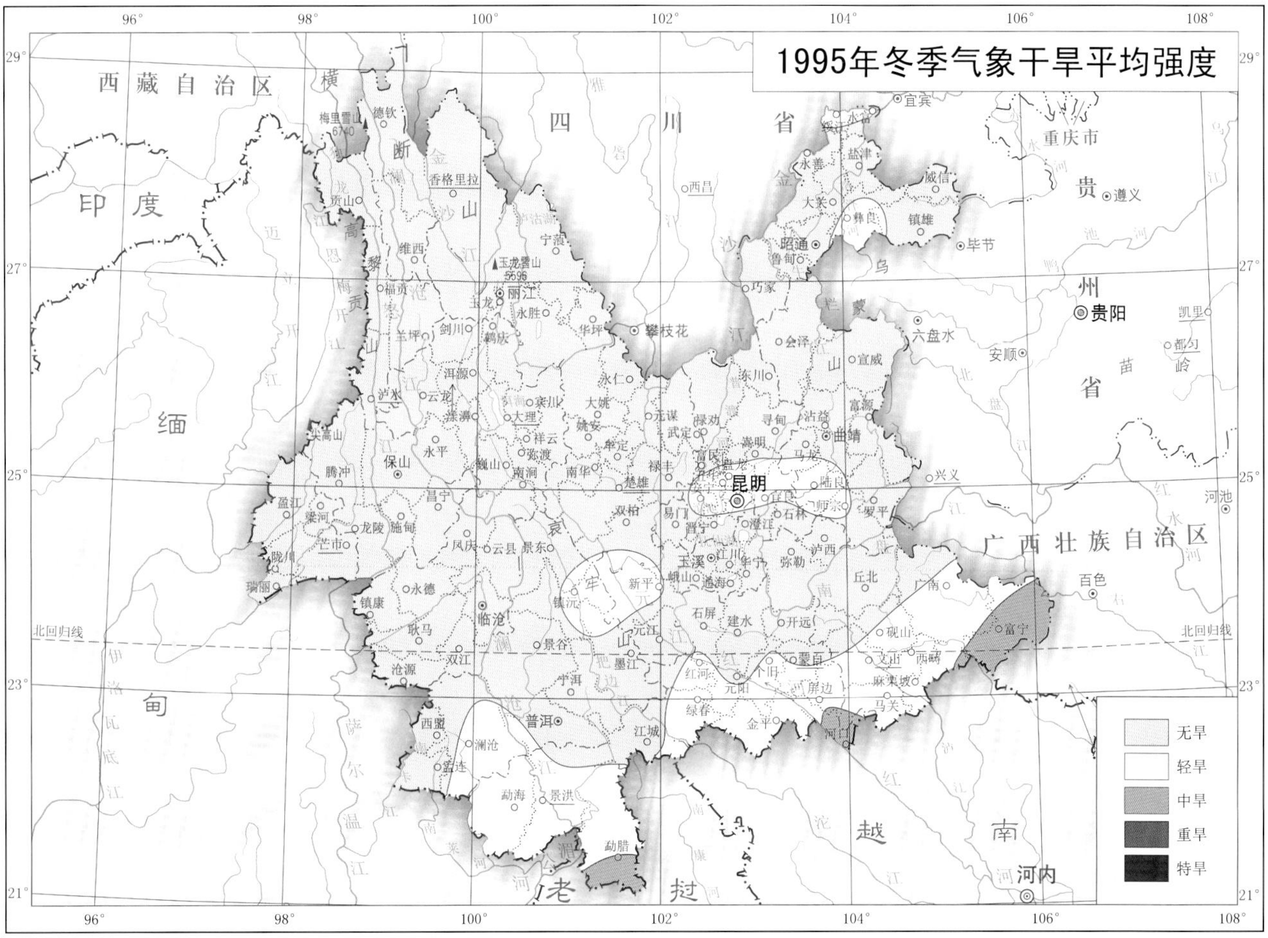

无旱
轻旱
中旱
重旱
特旱

1995年冬季气象干旱平均强度

无旱
轻旱
中旱
重旱
特旱

比例尺 1:8 000 000 0 80 160 km

1996年干旱日数

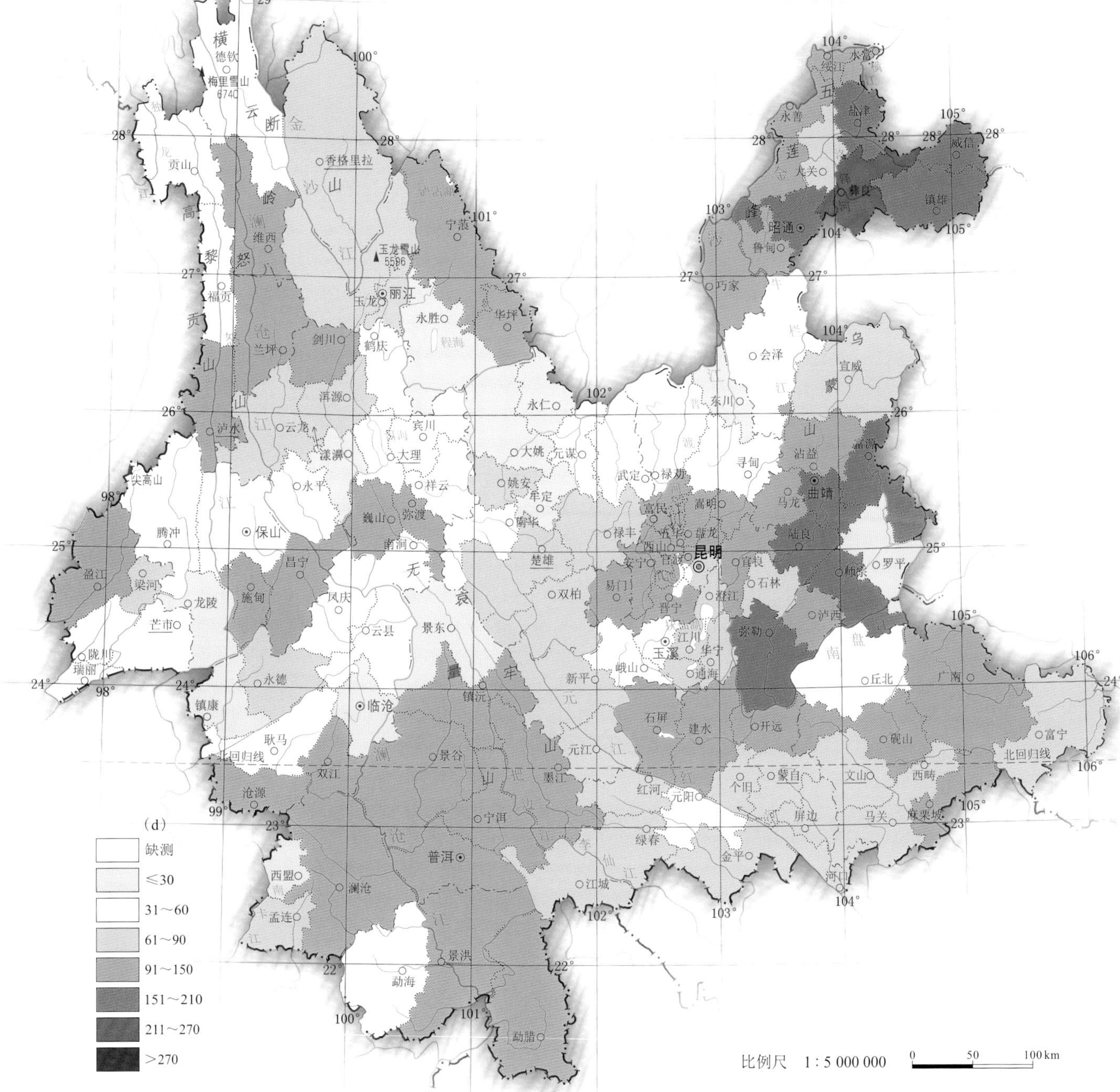

(d)

缺测
≤30
31～60
61～90
91～150
151～210
211～270
>270

比例尺 1 : 5 000 000

1996年逐日干旱、降水变化曲线

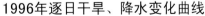

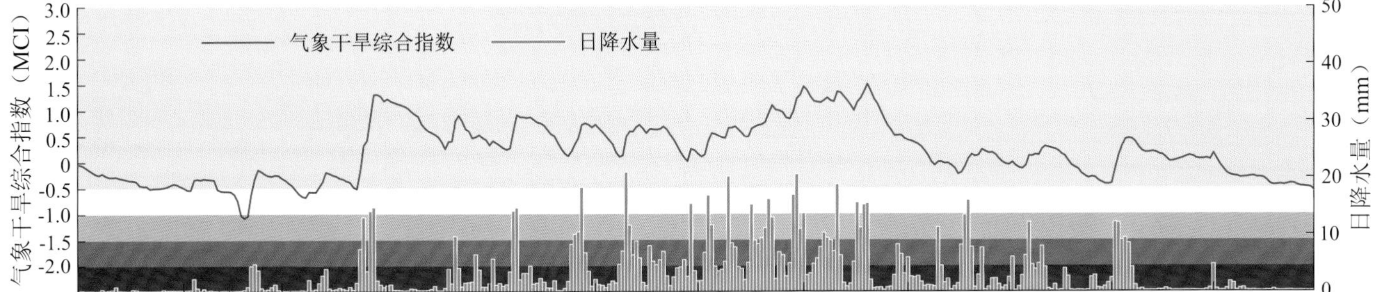

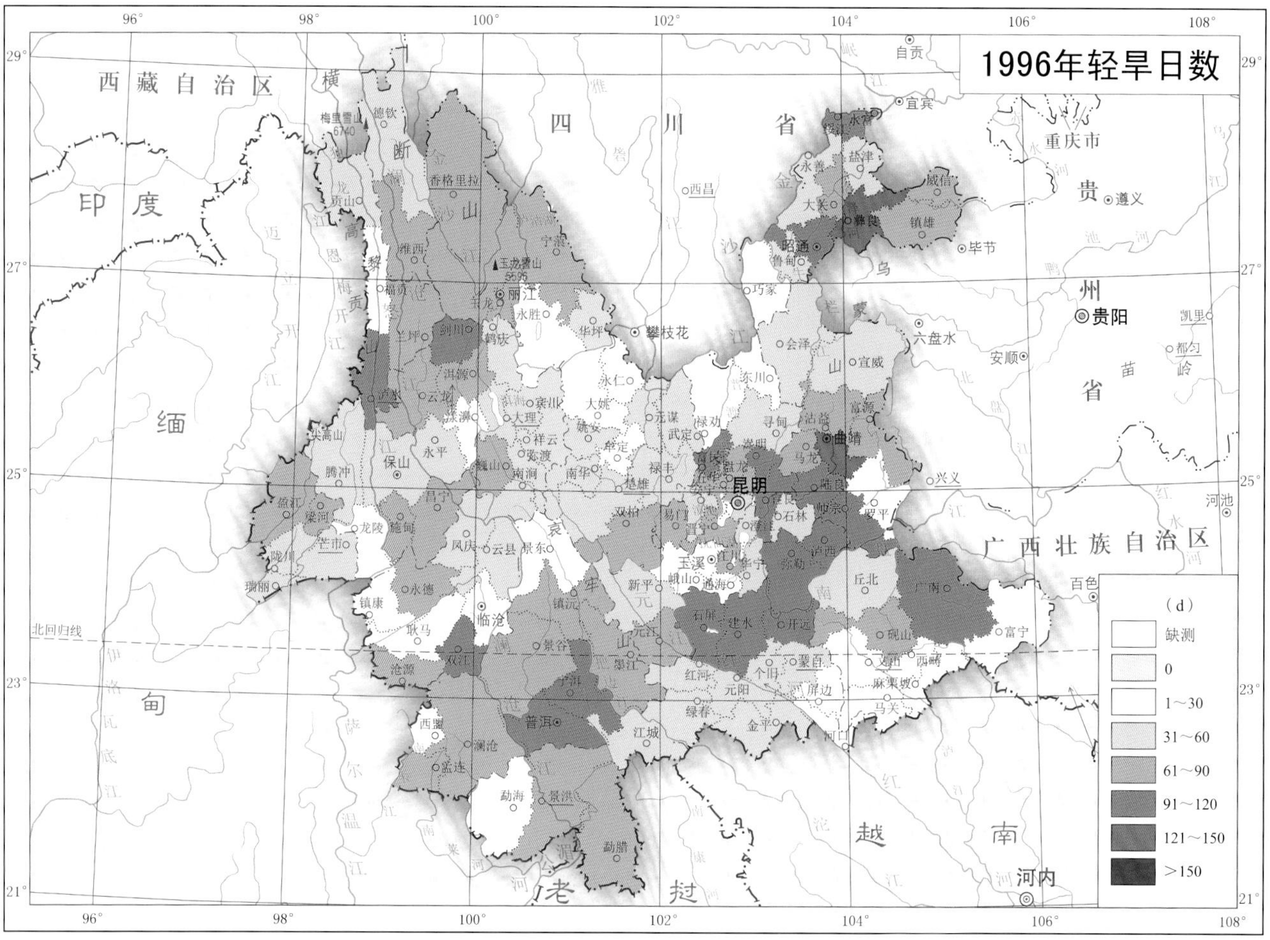

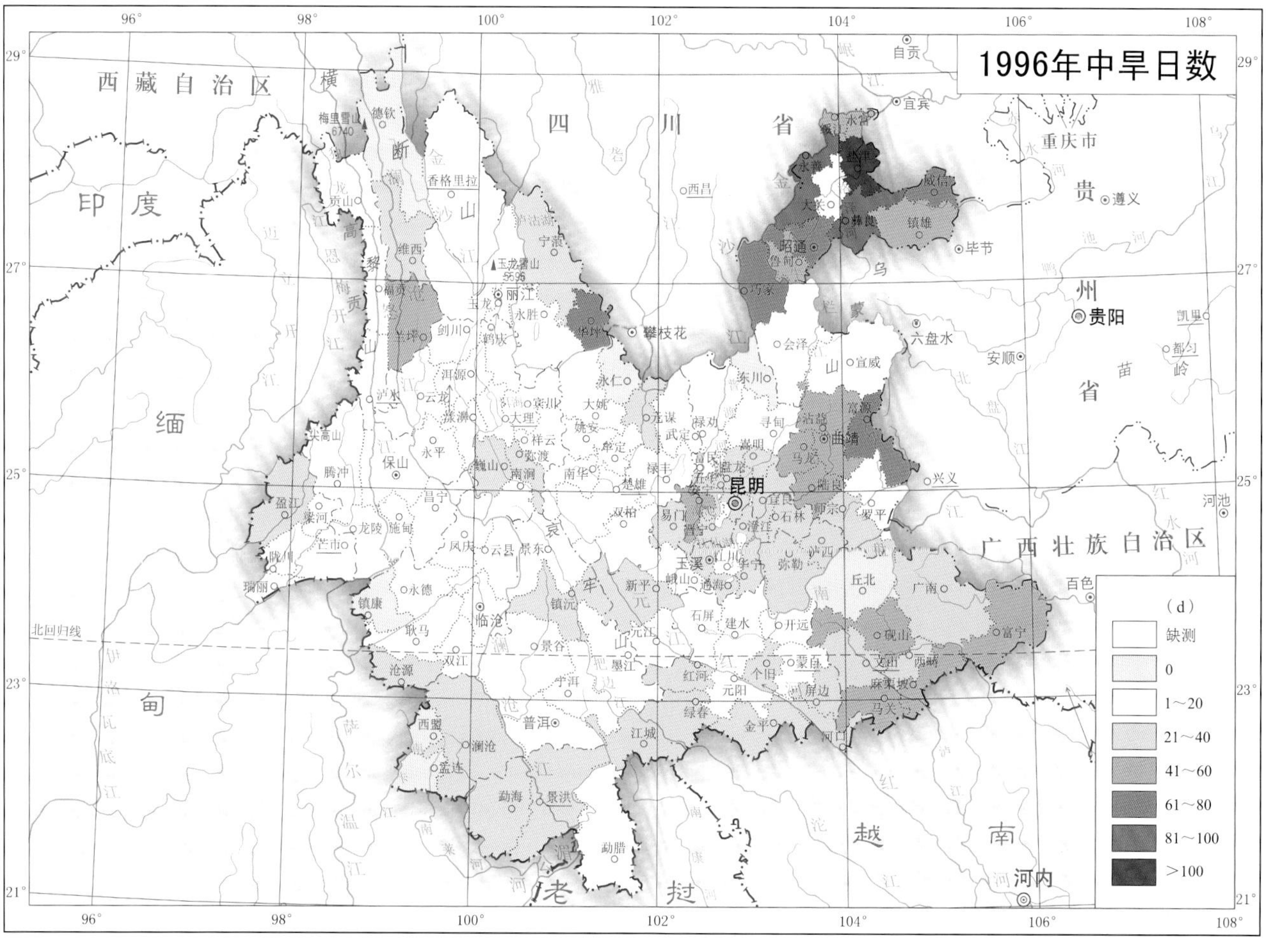

1996年轻旱日数

(d)
- 缺测
- 0
- 1~30
- 31~60
- 61~90
- 91~120
- 121~150
- >150

1996年中旱日数

(d)
- 缺测
- 0
- 1~20
- 21~40
- 41~60
- 61~80
- 81~100
- >100

比例尺 1∶8 000 000 0 80 160 km

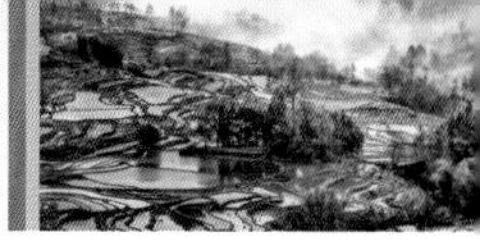

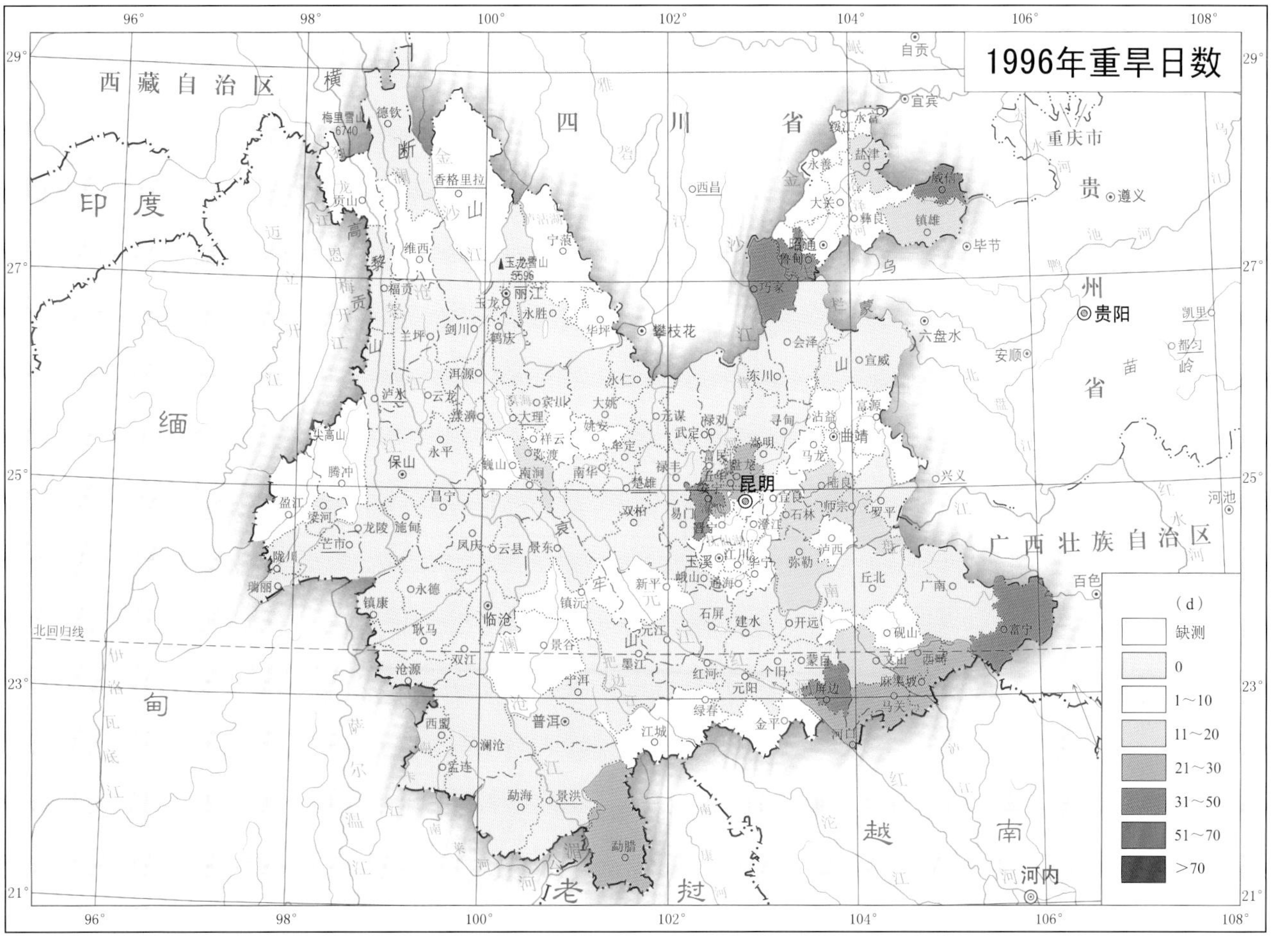

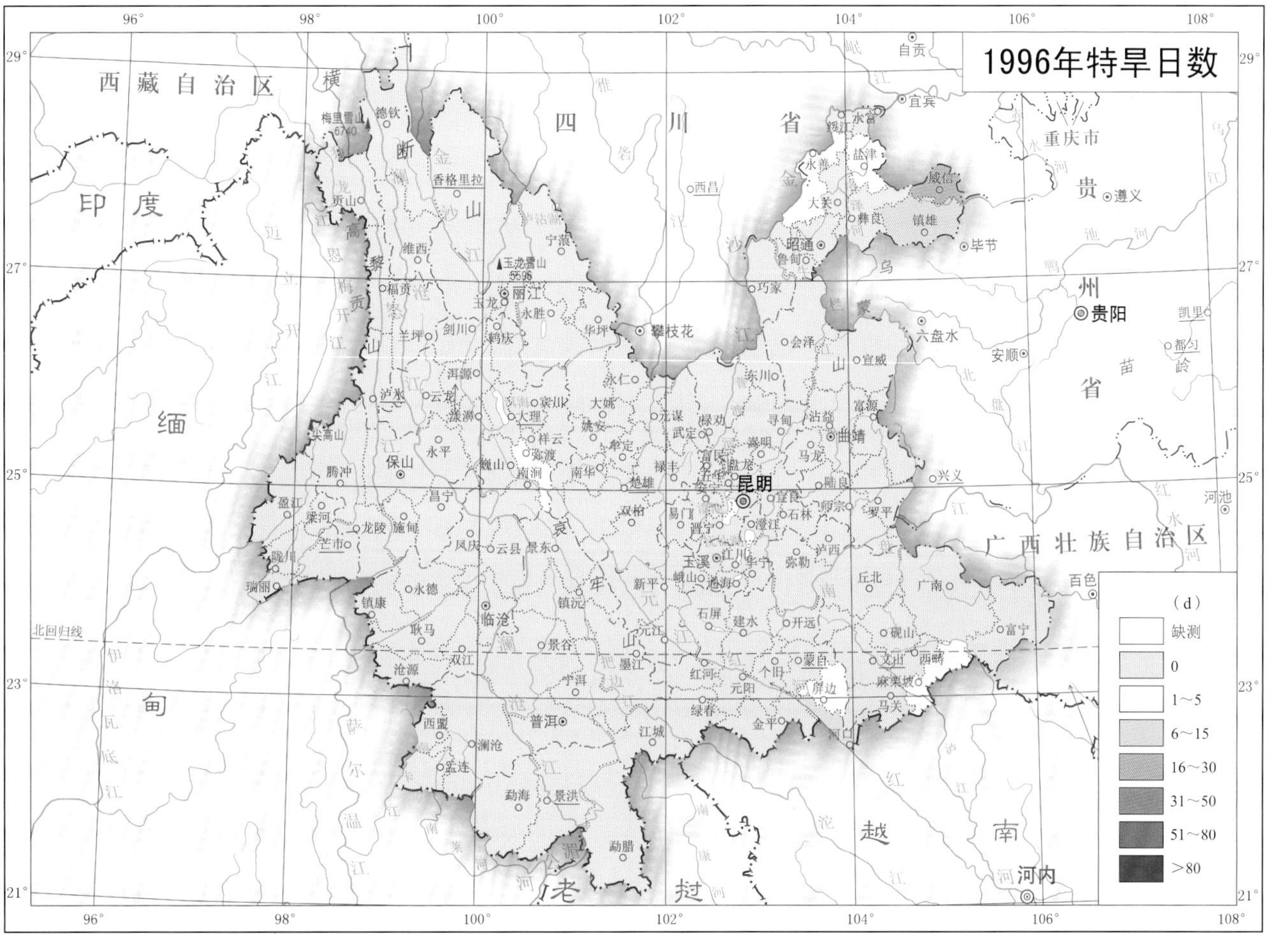

1996年重旱日数
(d)
缺测
0
1～10
11～20
21～30
31～50
51～70
>70
西藏自治区
四川省
重庆市
贵州省
广西壮族自治区
印度
缅甸
老挝
越南
昆明
北回归线

1996年特旱日数
(d)
缺测
0
1～5
6～15
16～30
31～50
51～80
>80
西藏自治区
四川省
重庆市
贵州省
广西壮族自治区
印度
缅甸
老挝
越南
昆明
北回归线

比例尺 1∶8 000 000 0 80 160 km

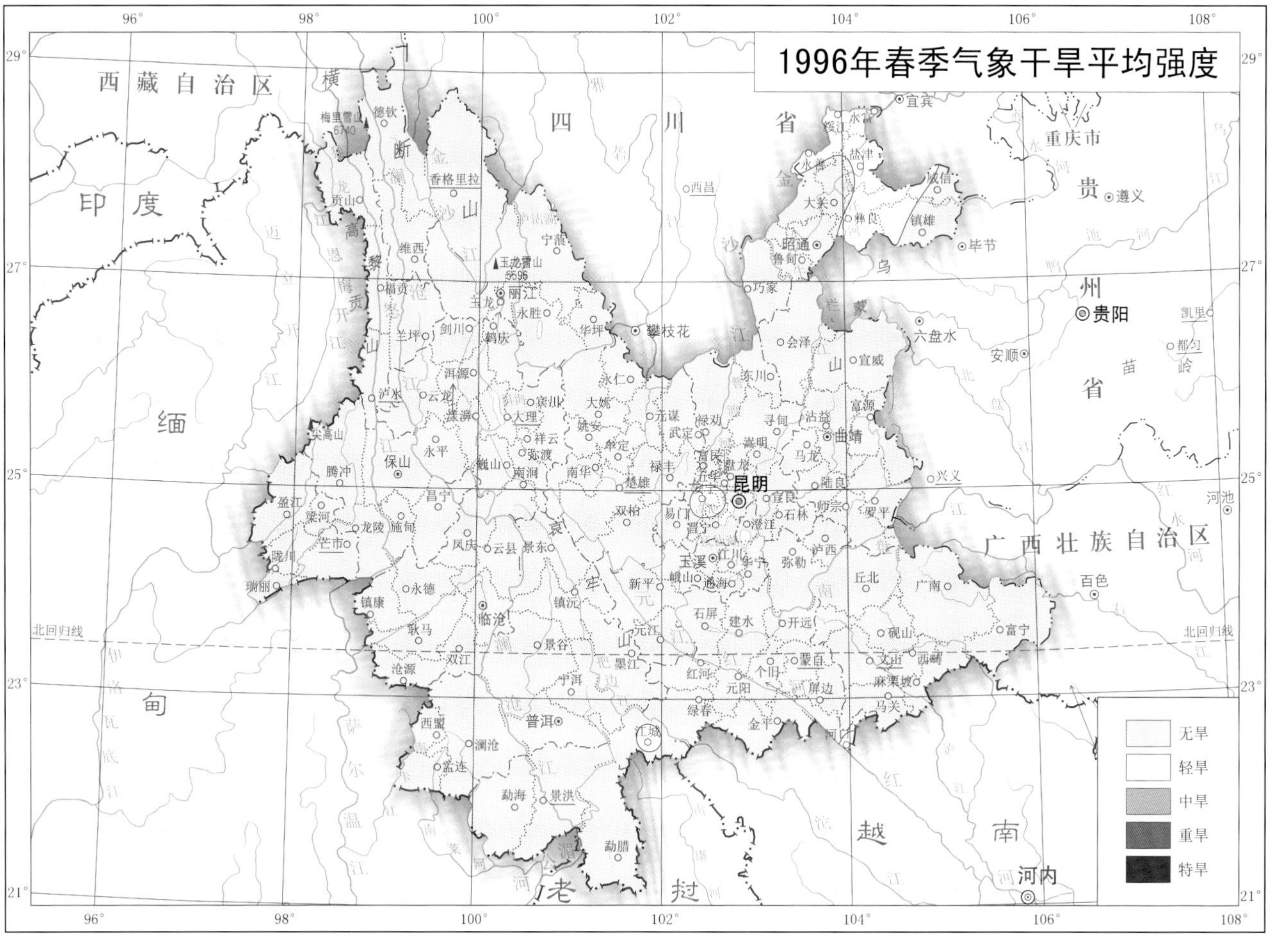

1996年春季气象干旱平均强度

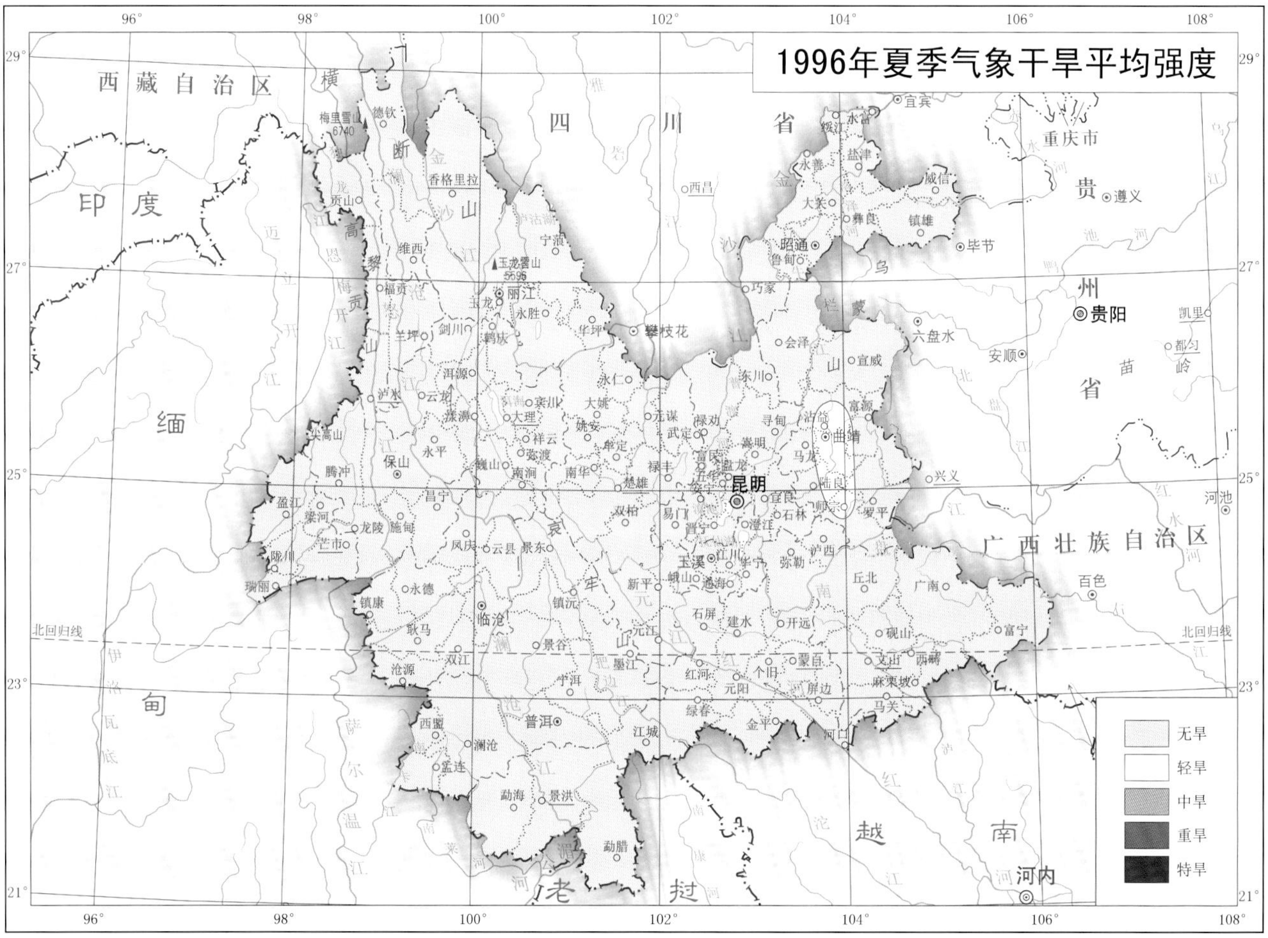

无旱
轻旱
中旱
重旱
特旱

1996年夏季气象干旱平均强度

无旱
轻旱
中旱
重旱
特旱

比例尺 1∶8 000 000 0 80 160 km

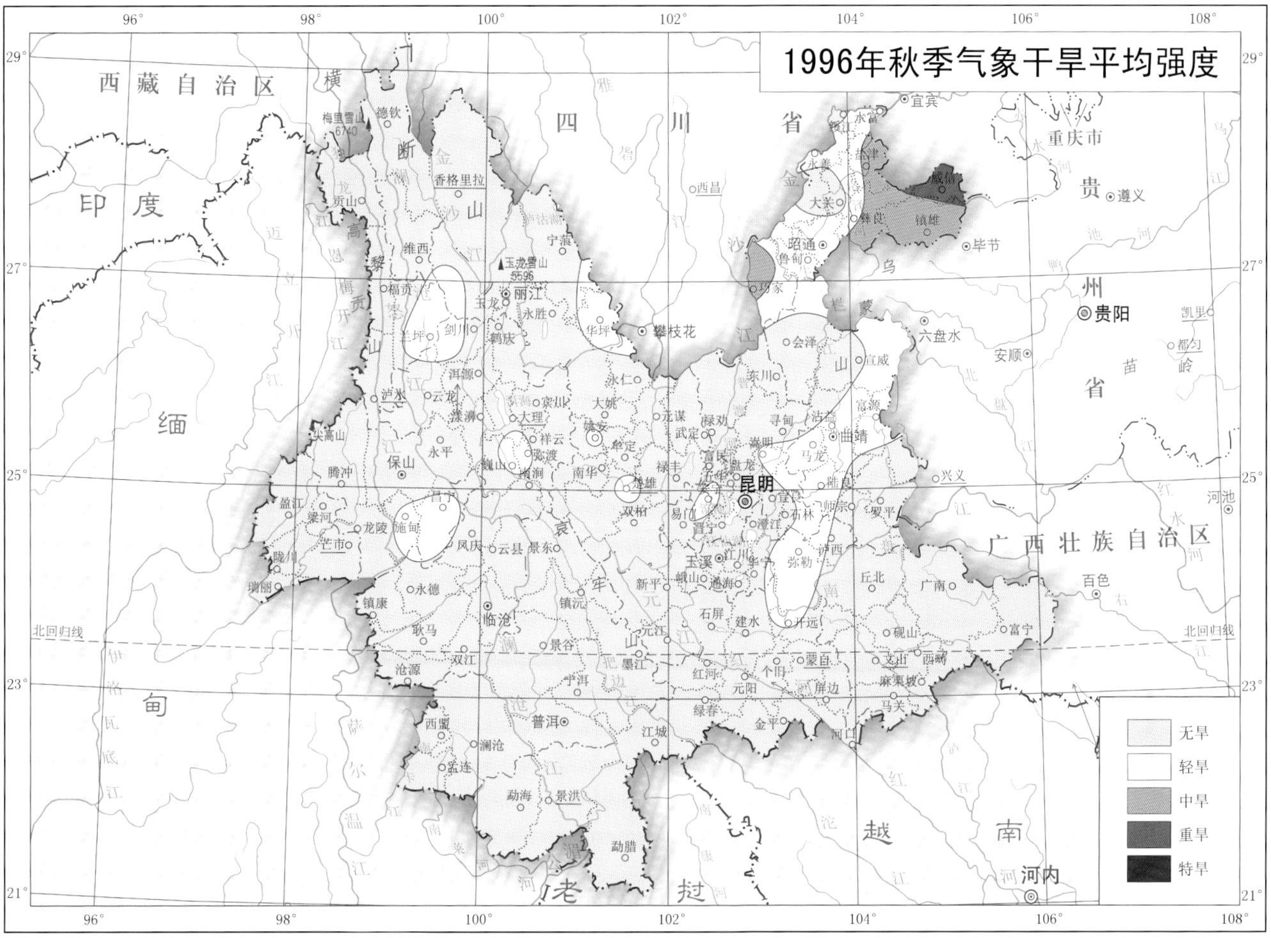

1996年秋季气象干旱平均强度

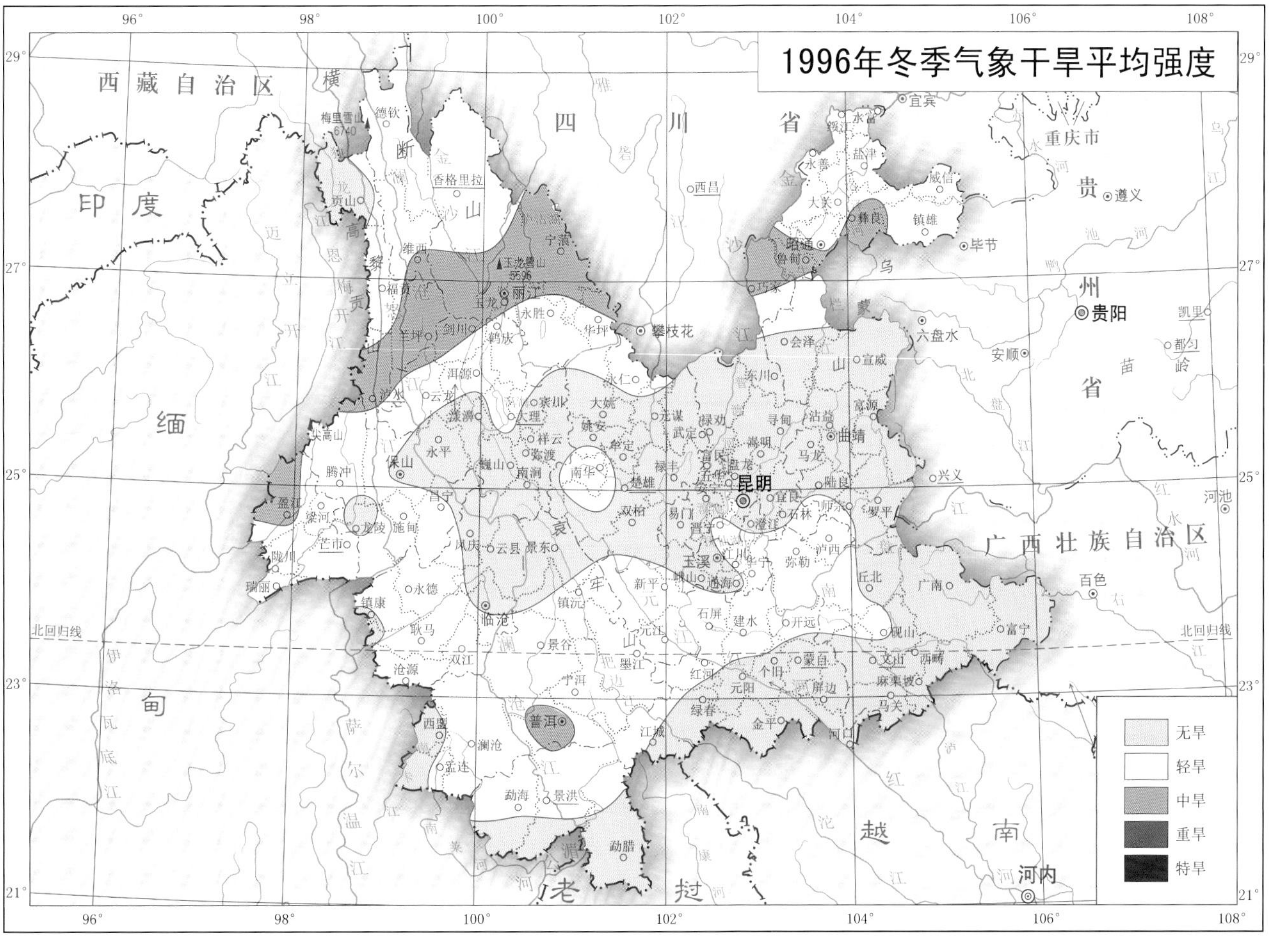

无旱
轻旱
中旱
重旱
特旱

1996年冬季气象干旱平均强度

无旱
轻旱
中旱
重旱
特旱

比例尺 1∶8 000 000 0 80 160 km

1997年干旱日数

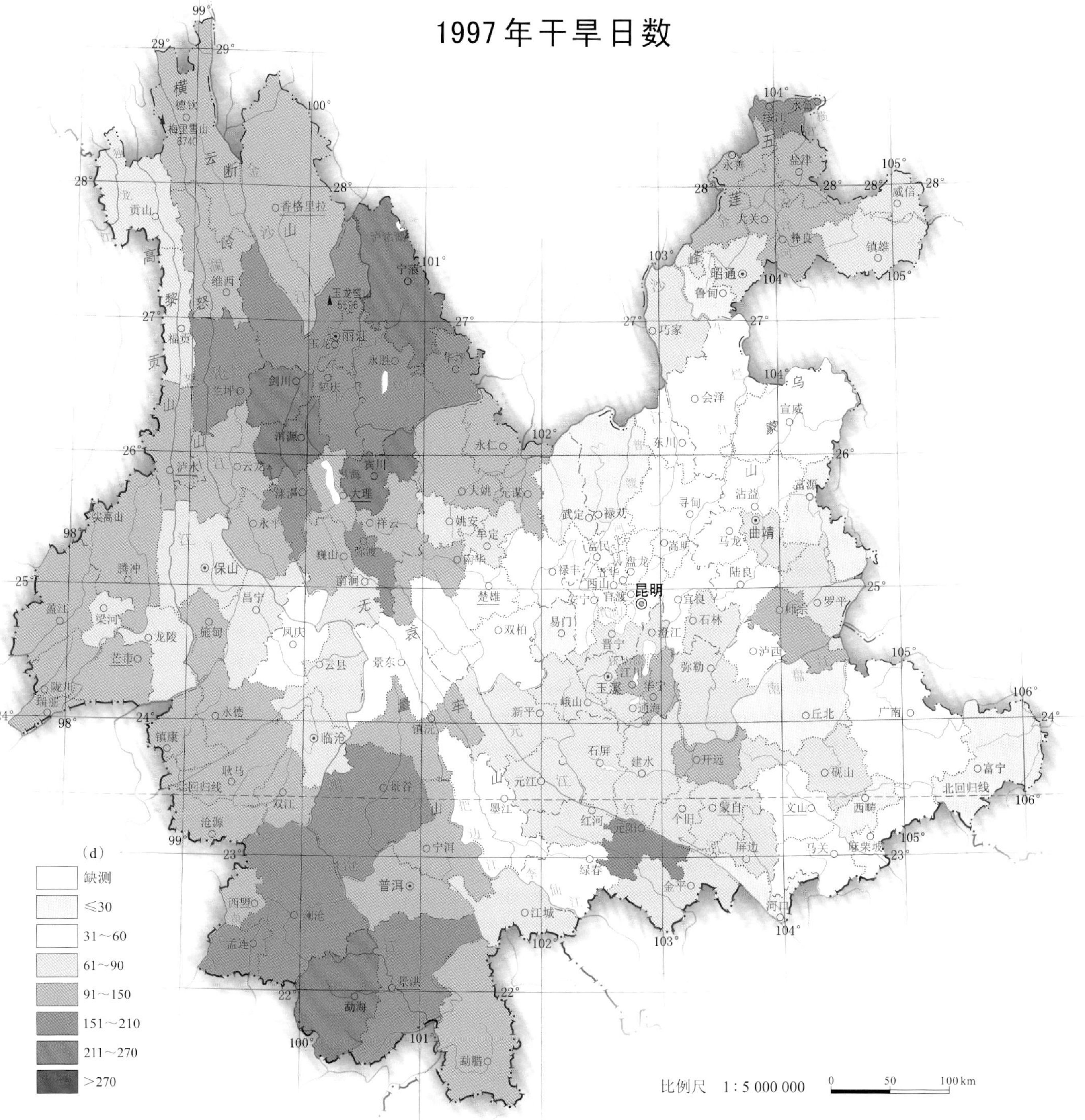

(d)
缺测
≤30
31～60
61～90
91～150
151～210
211～270
>270
比例尺 1 : 5 000 000
0 50 100 km
昆明
大理
丽江
保山
临沧
普洱
玉溪
曲靖
昭通
楚雄
蒙自
文山
芒市
香格里拉
景洪
北回归线

1997年逐日干旱、降水变化曲线

气象干旱综合指数
日降水量
气象干旱综合指数（MCI）
日降水量（mm）
3.0
2.5
2.0
1.5
1.0
0.5
0
-0.5
-1.0
-1.5
-2.0
50
40
30
20
10
0
01-01 02-01 03-01 04-01 05-01 06-01 07-01 08-01 09-01 10-01 11-01 12-01 12-31
日期（月-日）
无旱
轻旱
中旱
重旱
特旱

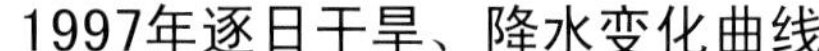

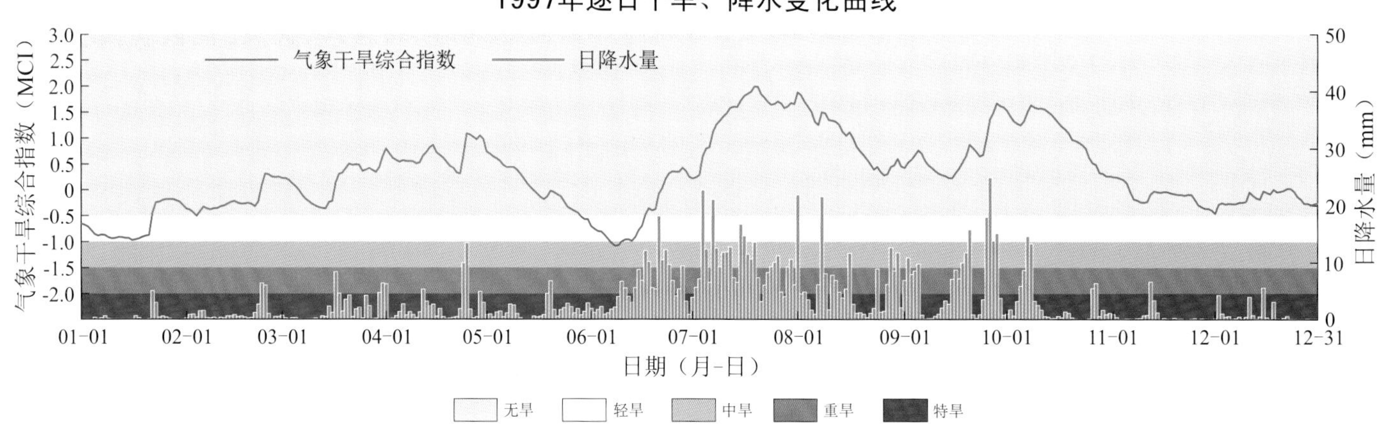

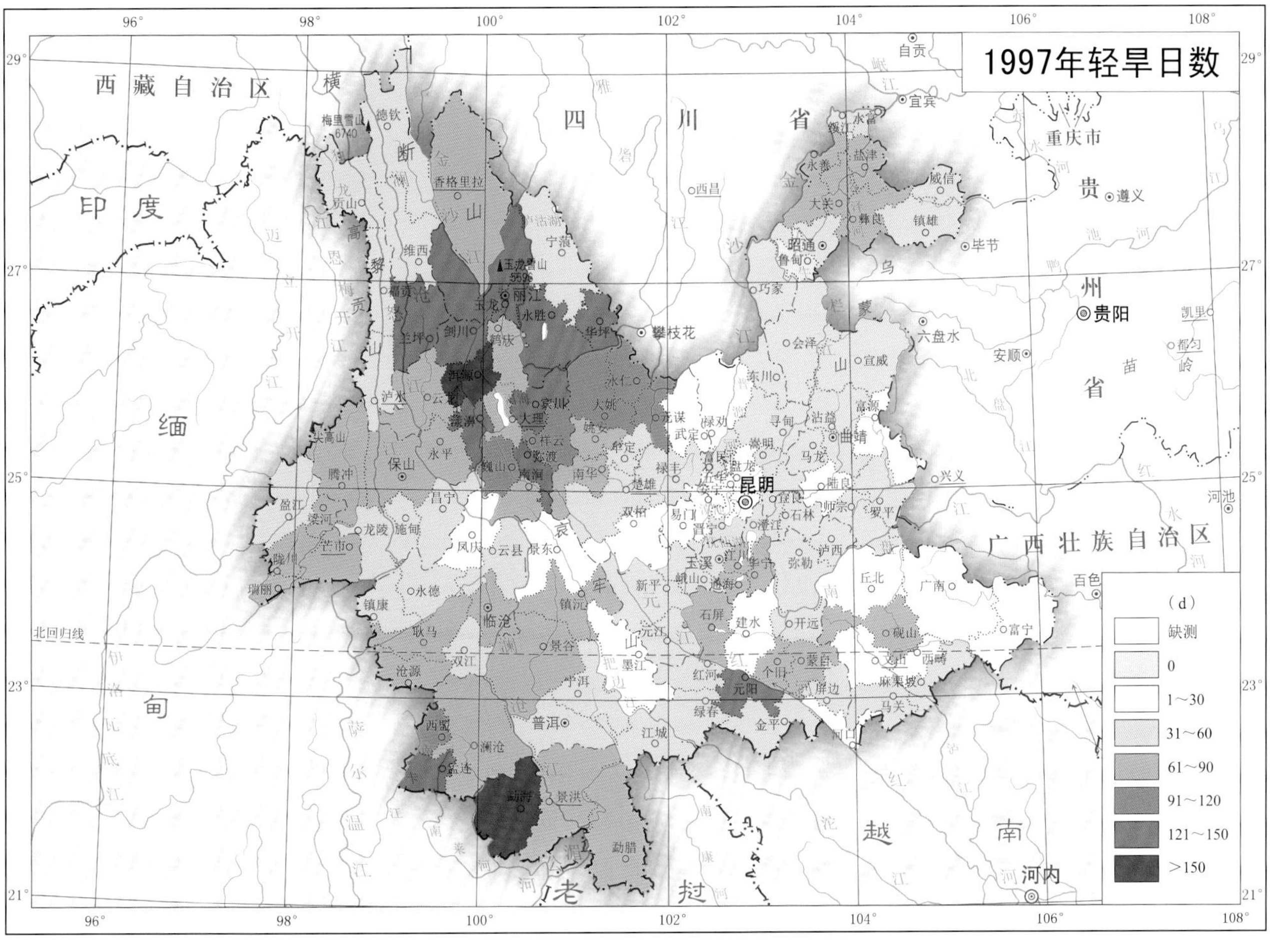

1997年轻旱日数

(d)

- 缺测
- 0
- 1～30
- 31～60
- 61～90
- 91～120
- 121～150
- >150

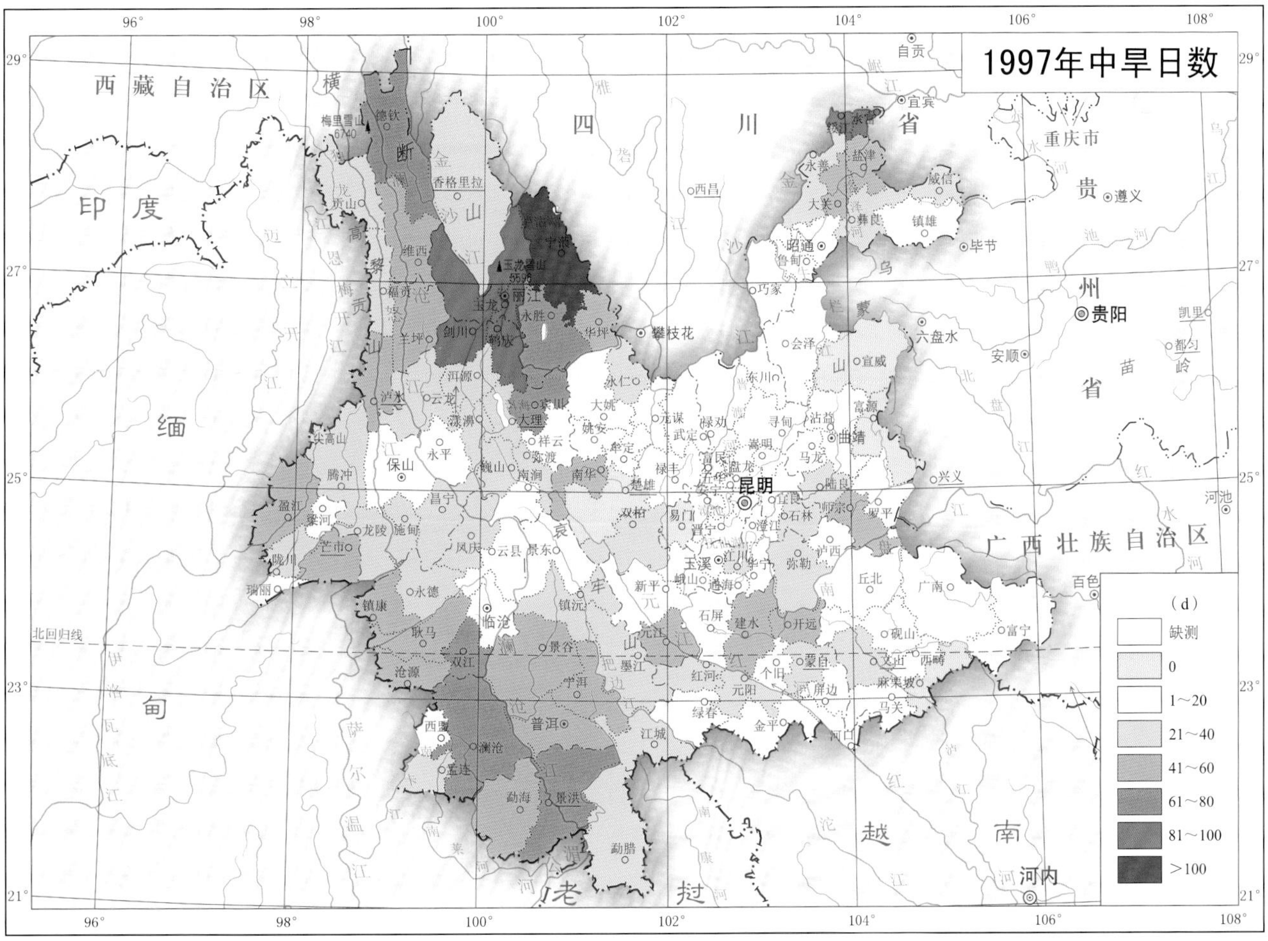

1997年中旱日数

(d)

- 缺测
- 0
- 1～20
- 21～40
- 41～60
- 61～80
- 81～100
- >100

比例尺 1 : 8 000 000 0 80 160 km

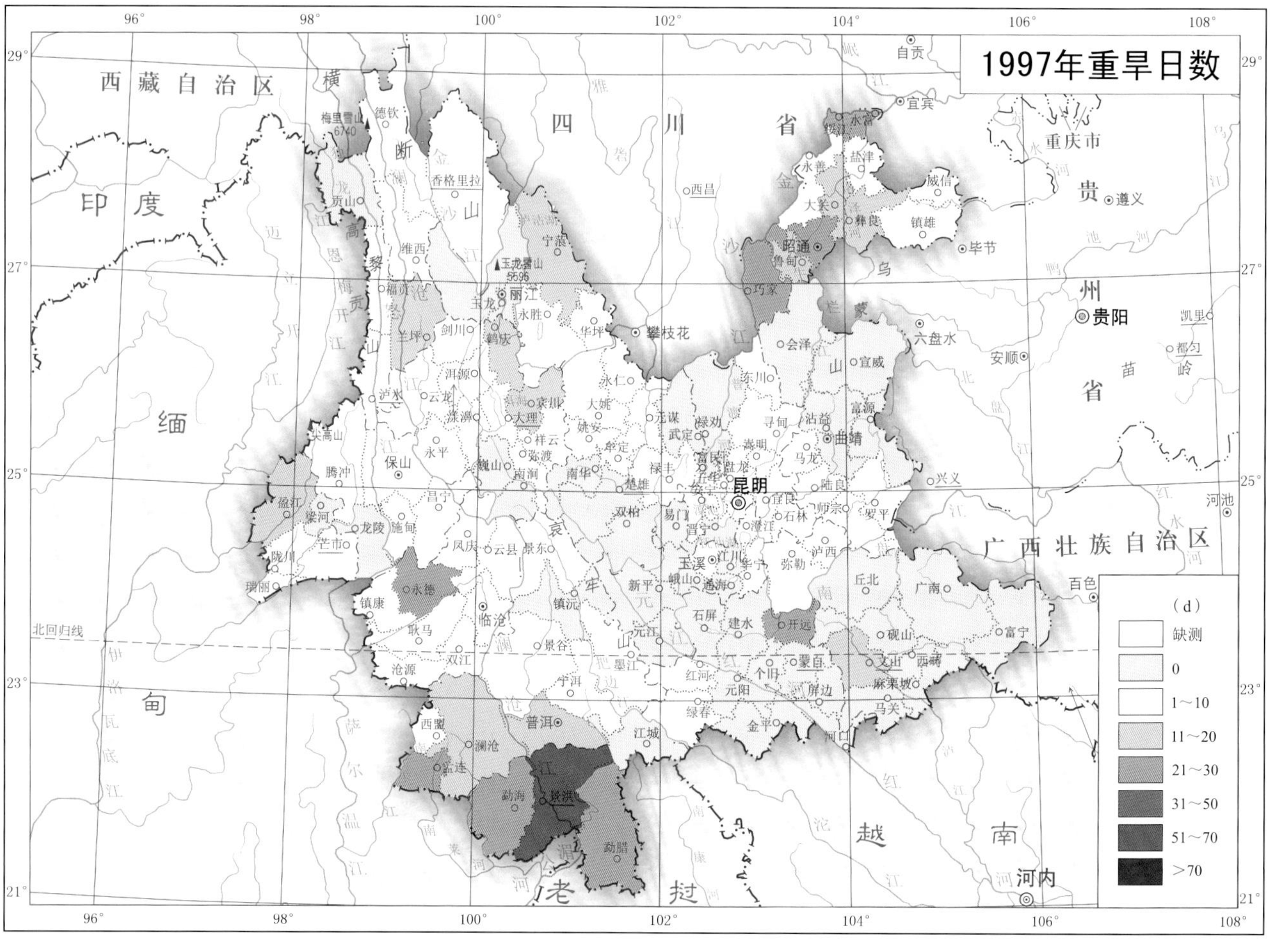
1997年重旱日数
(d)
缺测
0
1~10
11~20
21~30
31~50
51~70
>70
西藏自治区
四川省
印度
缅甸
贵州省
广西壮族自治区
越南
老挝
重庆市
昆明
北回归线

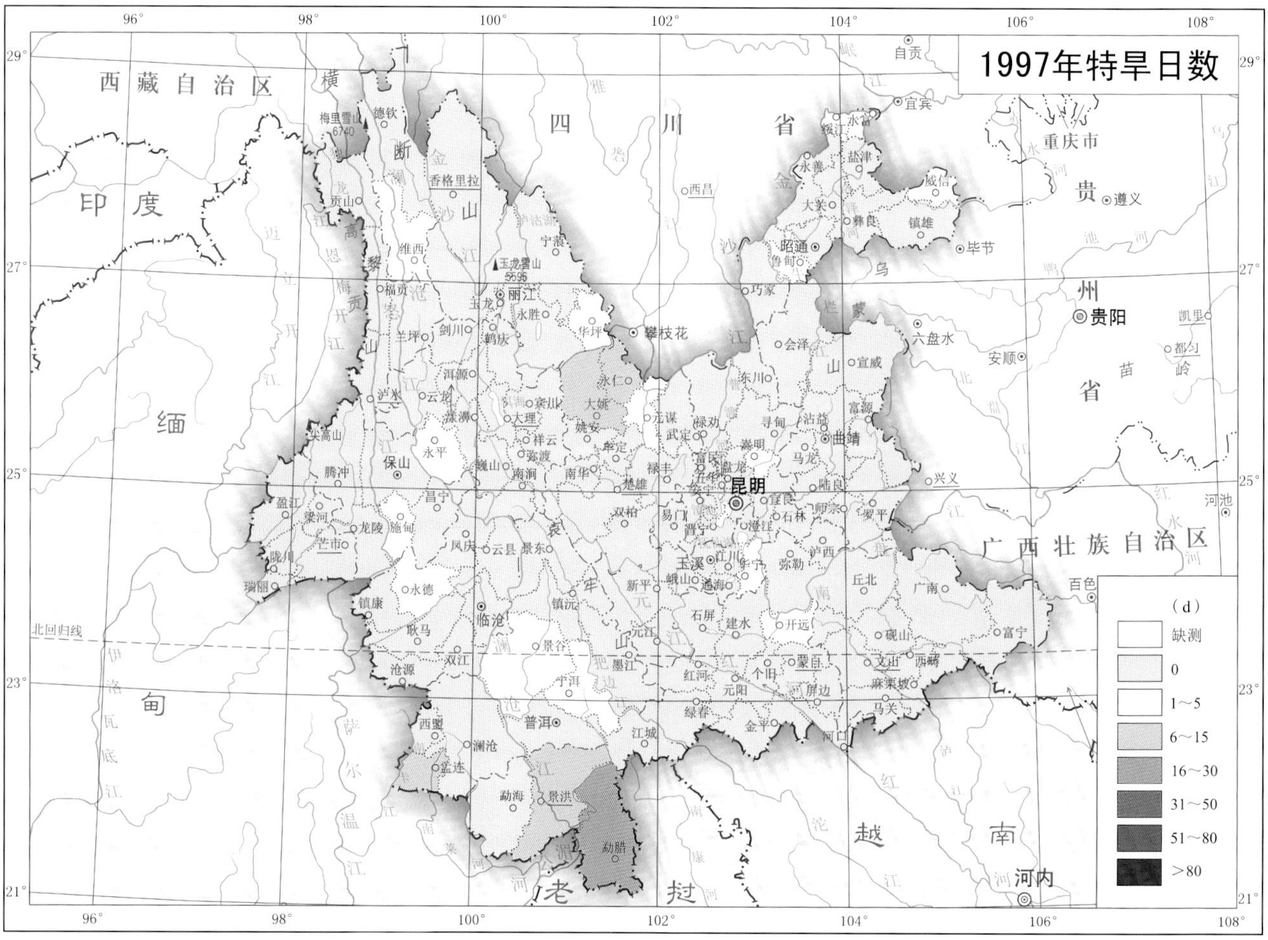
1997年特旱日数
(d)
缺测
0
1~5
6~15
16~30
31~50
51~80
>80
西藏自治区
四川省
印度
缅甸
贵州省
广西壮族自治区
越南
老挝
重庆市
昆明
北回归线

比例尺 1:8 000 000 0 80 160 km

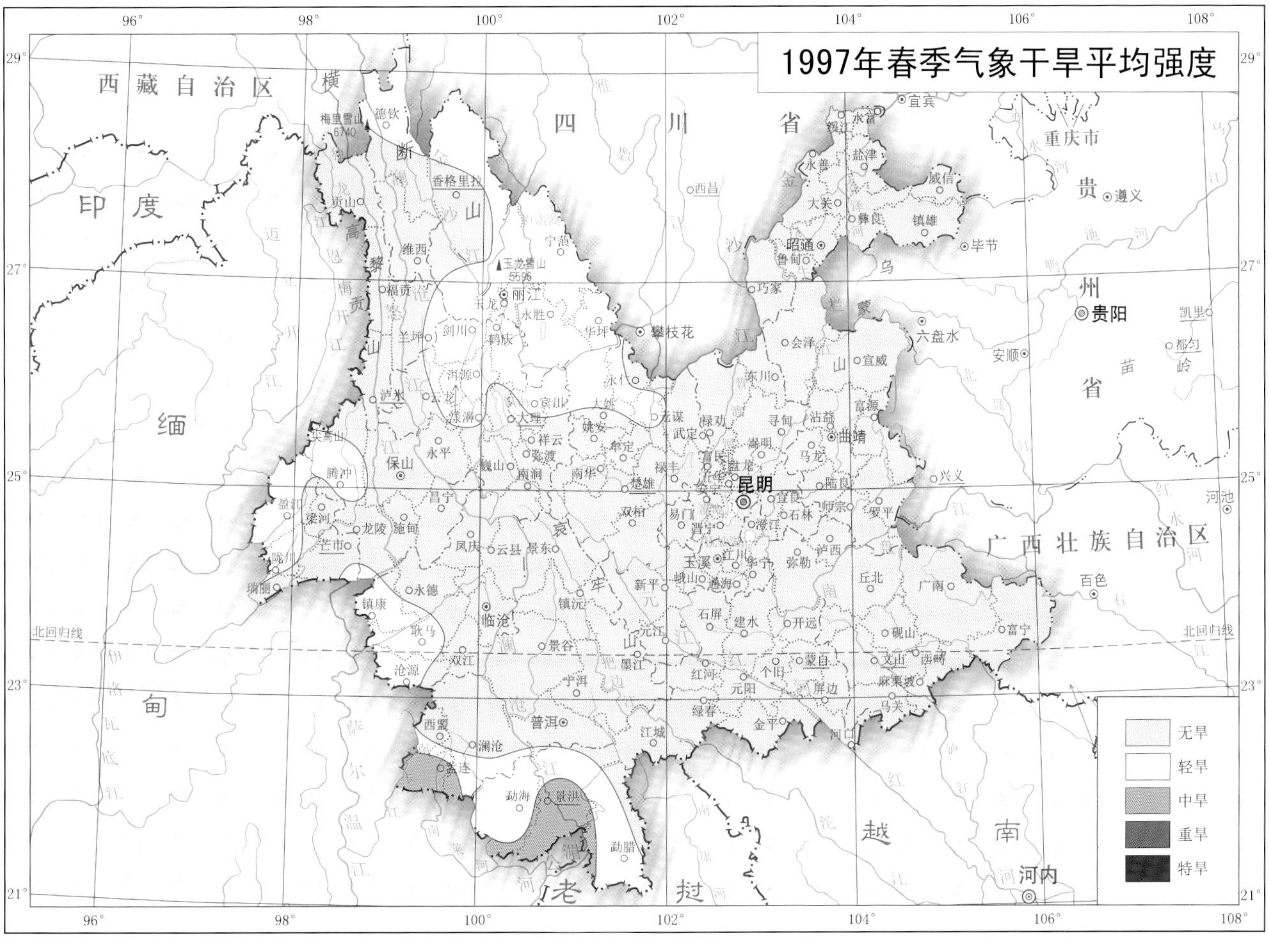

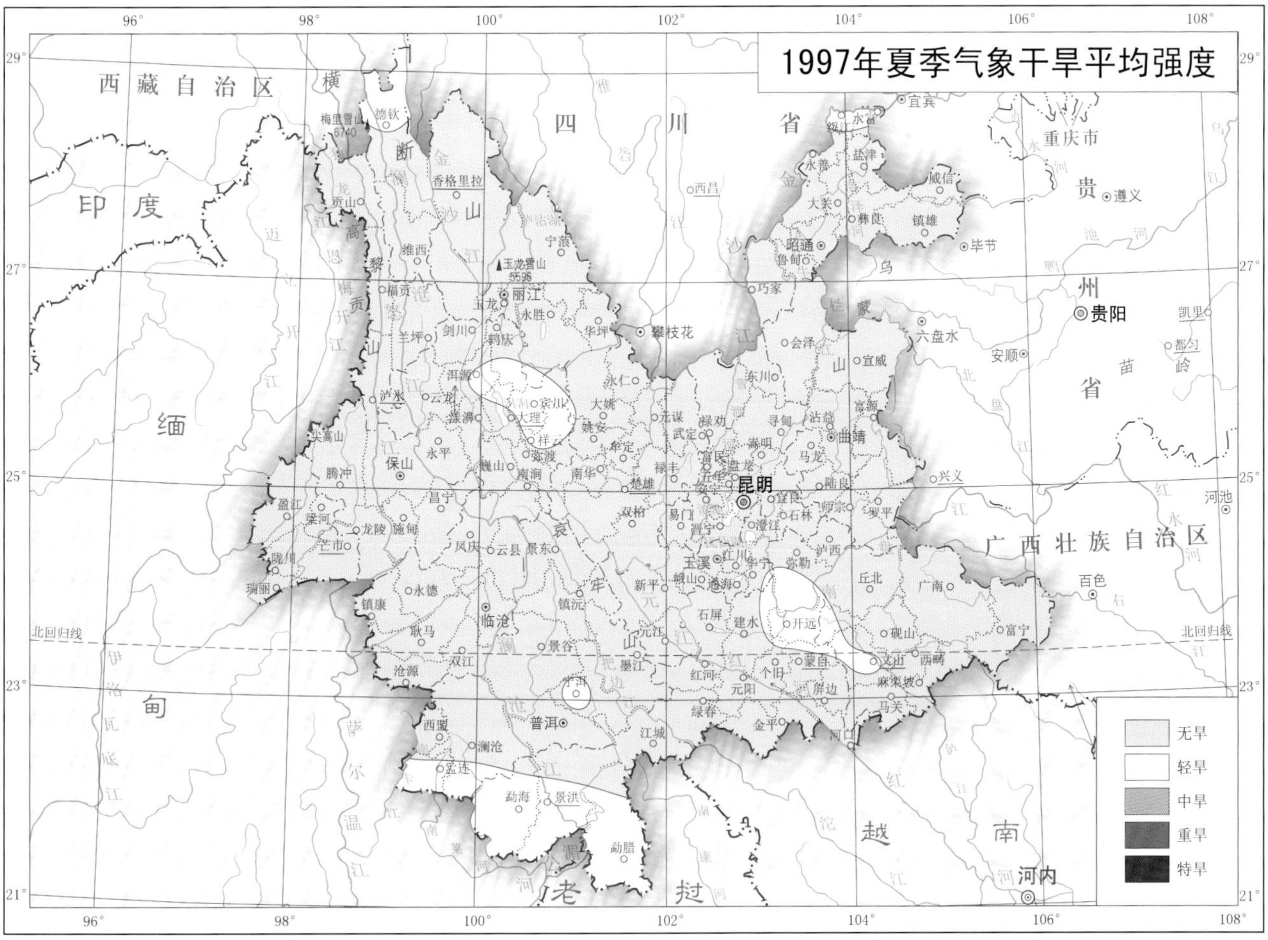

1997年春季气象干旱平均强度

图例：无旱　轻旱　中旱　重旱　特旱

1997年夏季气象干旱平均强度

图例：无旱　轻旱　中旱　重旱　特旱

比例尺　1：8 000 000　0　80　160 km

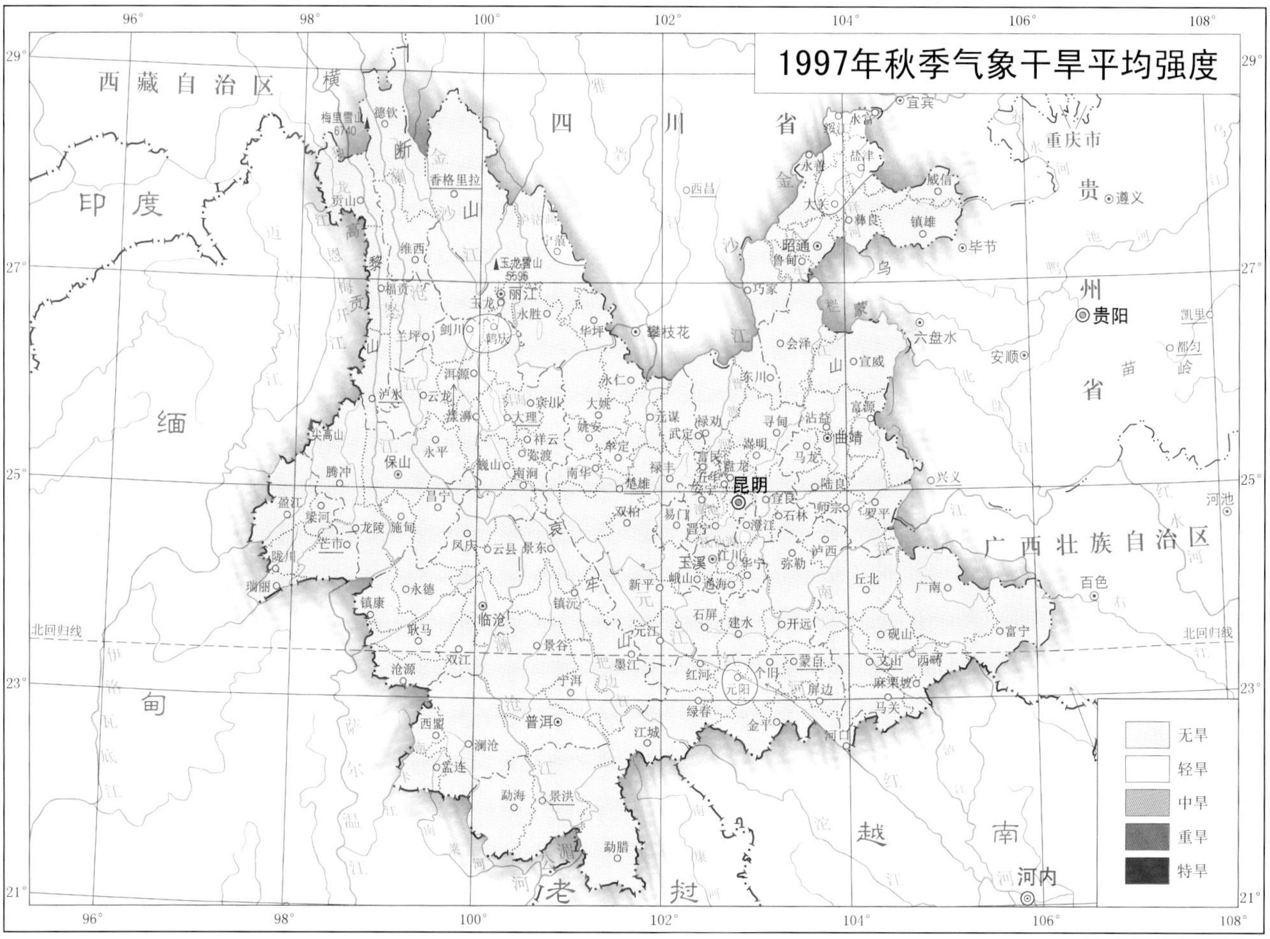

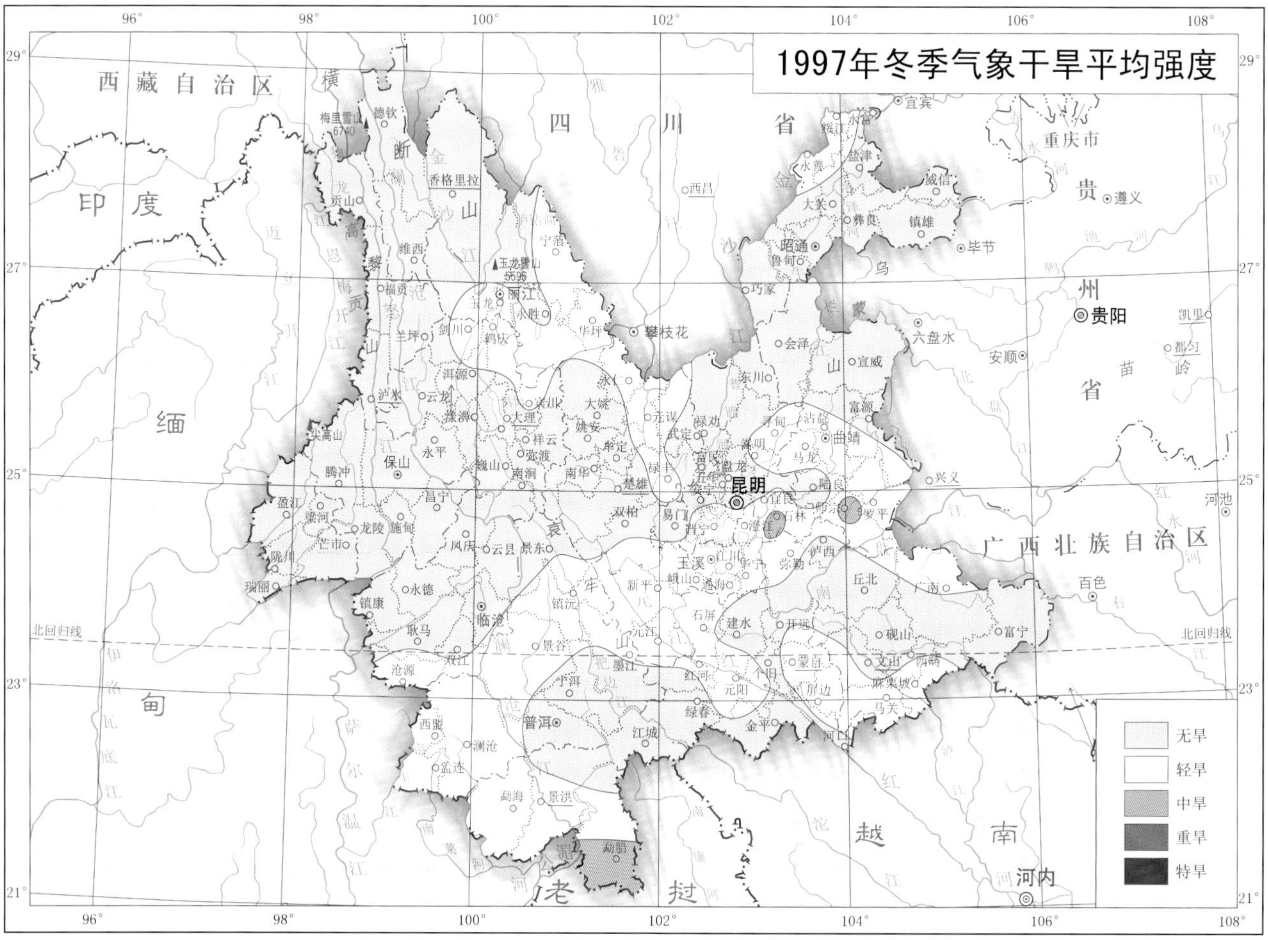

1997年秋季气象干旱平均强度

无旱
轻旱
中旱
重旱
特旱

1997年冬季气象干旱平均强度

无旱
轻旱
中旱
重旱
特旱

比例尺 1 : 8 000 000 0 80 160 km

1998年干旱日数

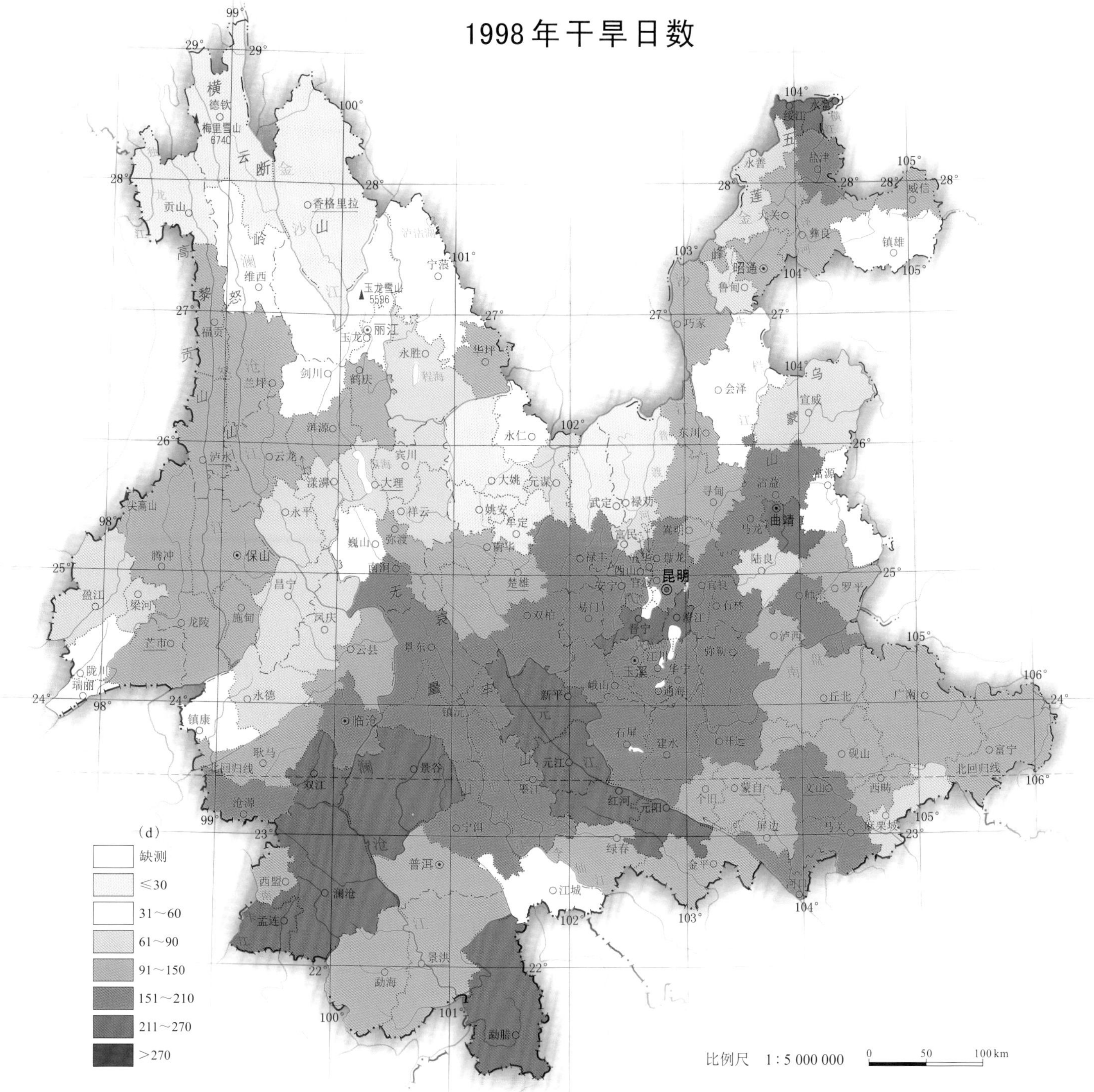

(d)

- 缺测
- ≤30
- 31～60
- 61～90
- 91～150
- 151～210
- 211～270
- >270

比例尺 1∶5 000 000 0 50 100 km

1998年逐日干旱、降水变化曲线

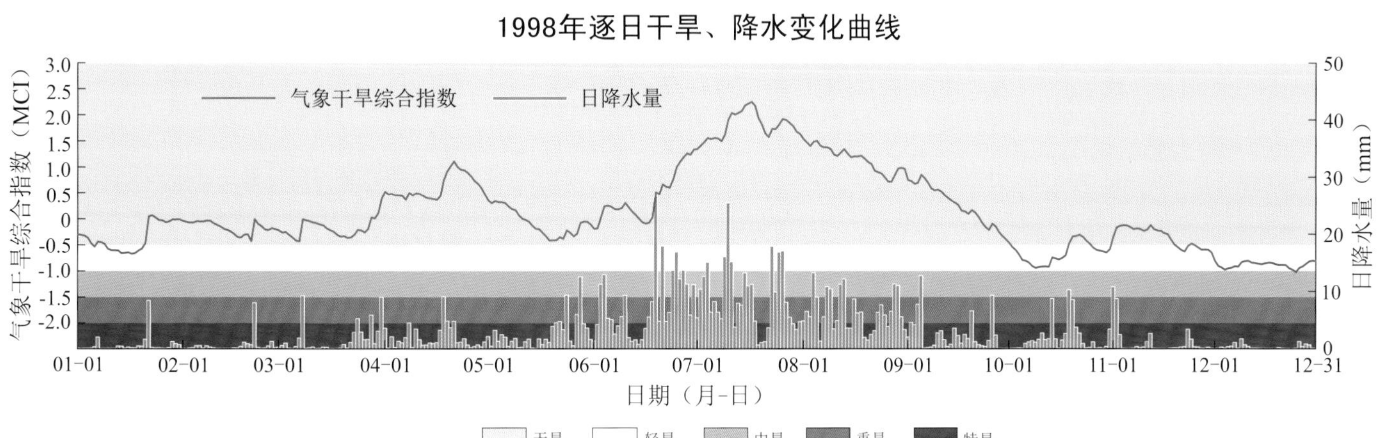

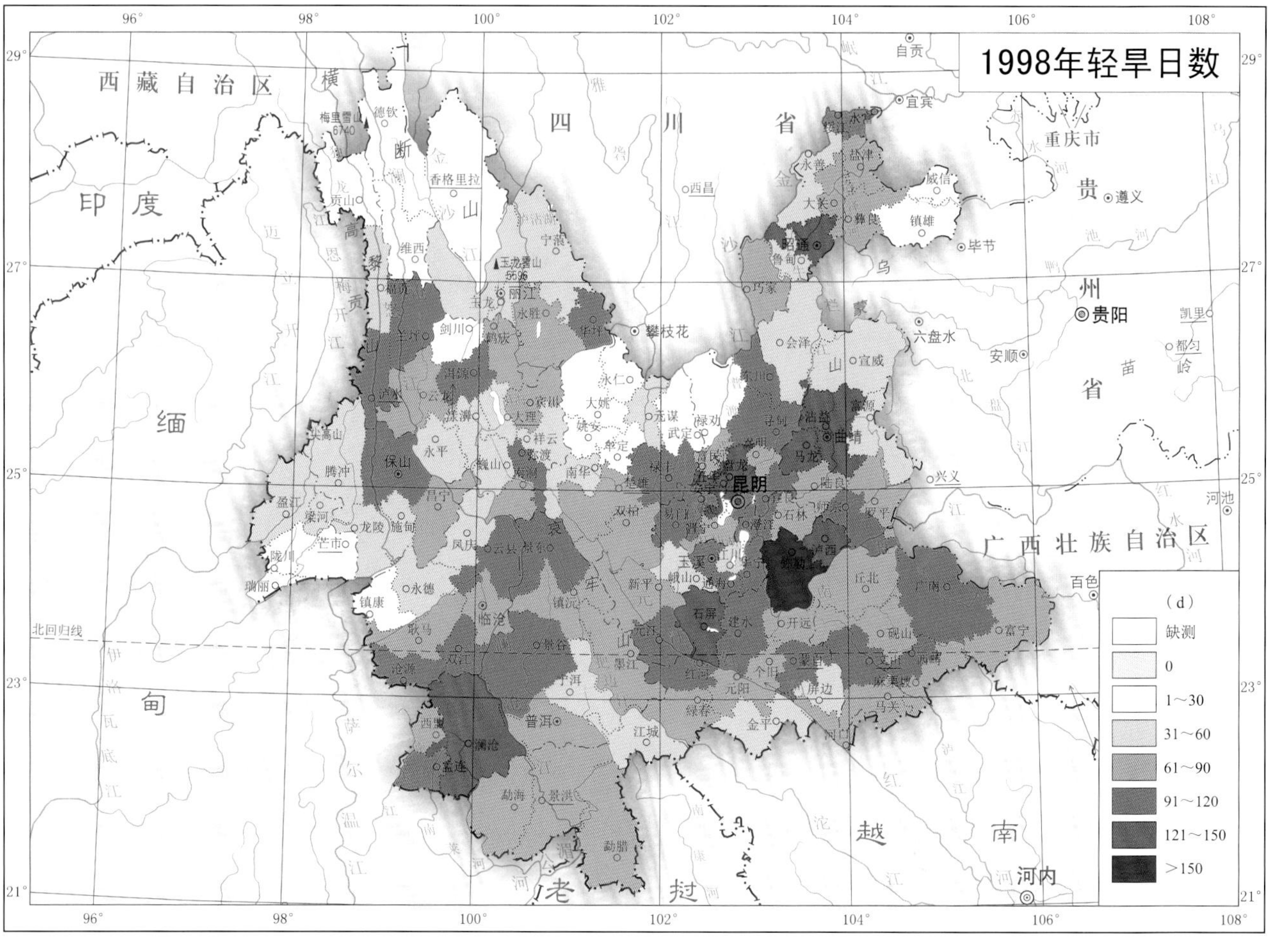
1998年轻旱日数
(d)
缺测
0
1~30
31~60
61~90
91~120
121~150
>150
西藏自治区
四川省
重庆市
贵州省
广西壮族自治区
印度
缅甸
老挝
越南
昆明
北回归线

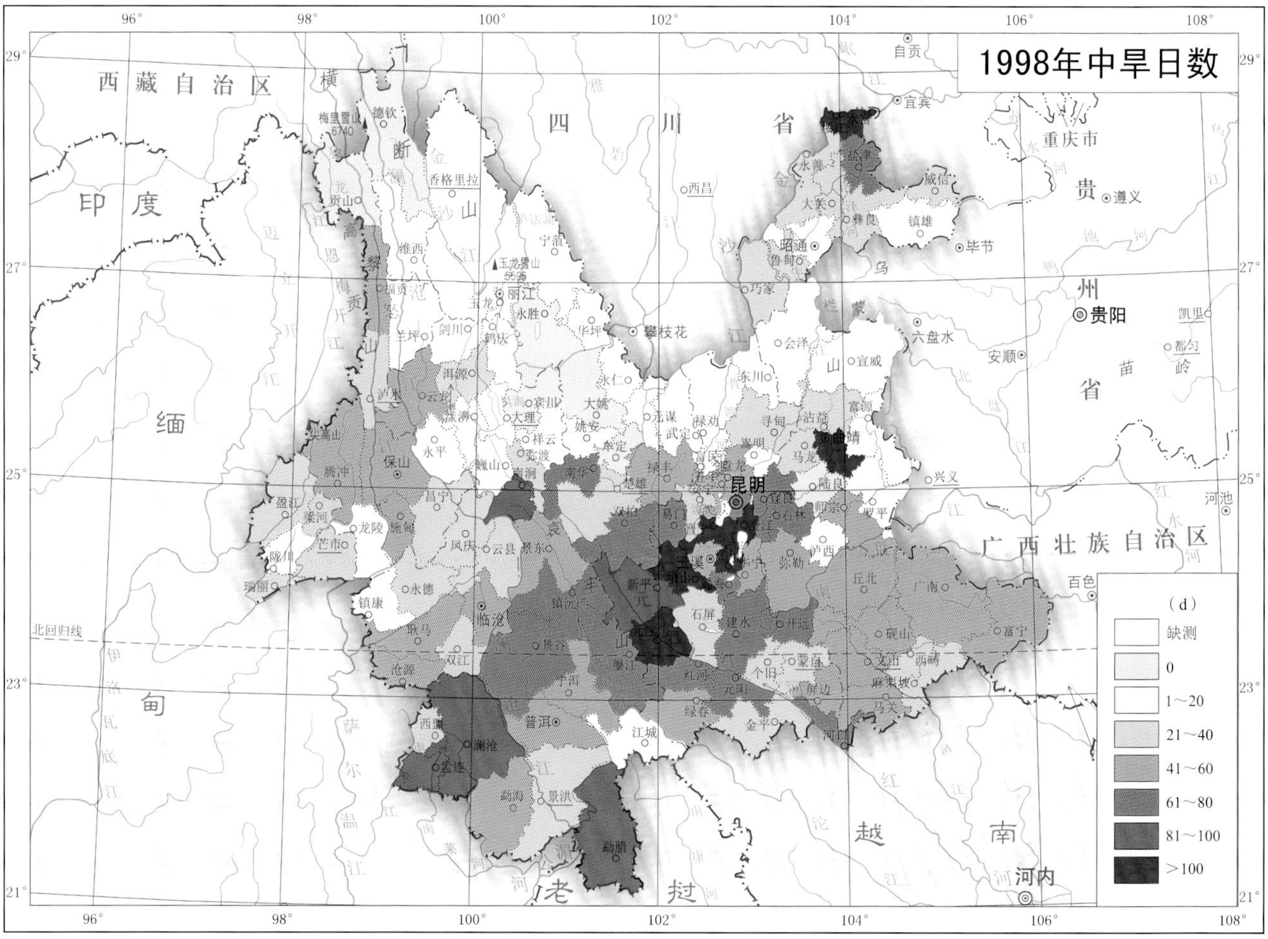
1998年中旱日数
(d)
缺测
0
1~20
21~40
41~60
61~80
81~100
>100
西藏自治区
四川省
重庆市
贵州省
广西壮族自治区
印度
缅甸
老挝
越南
昆明
北回归线

比例尺 1:8 000 000 0 80 160 km

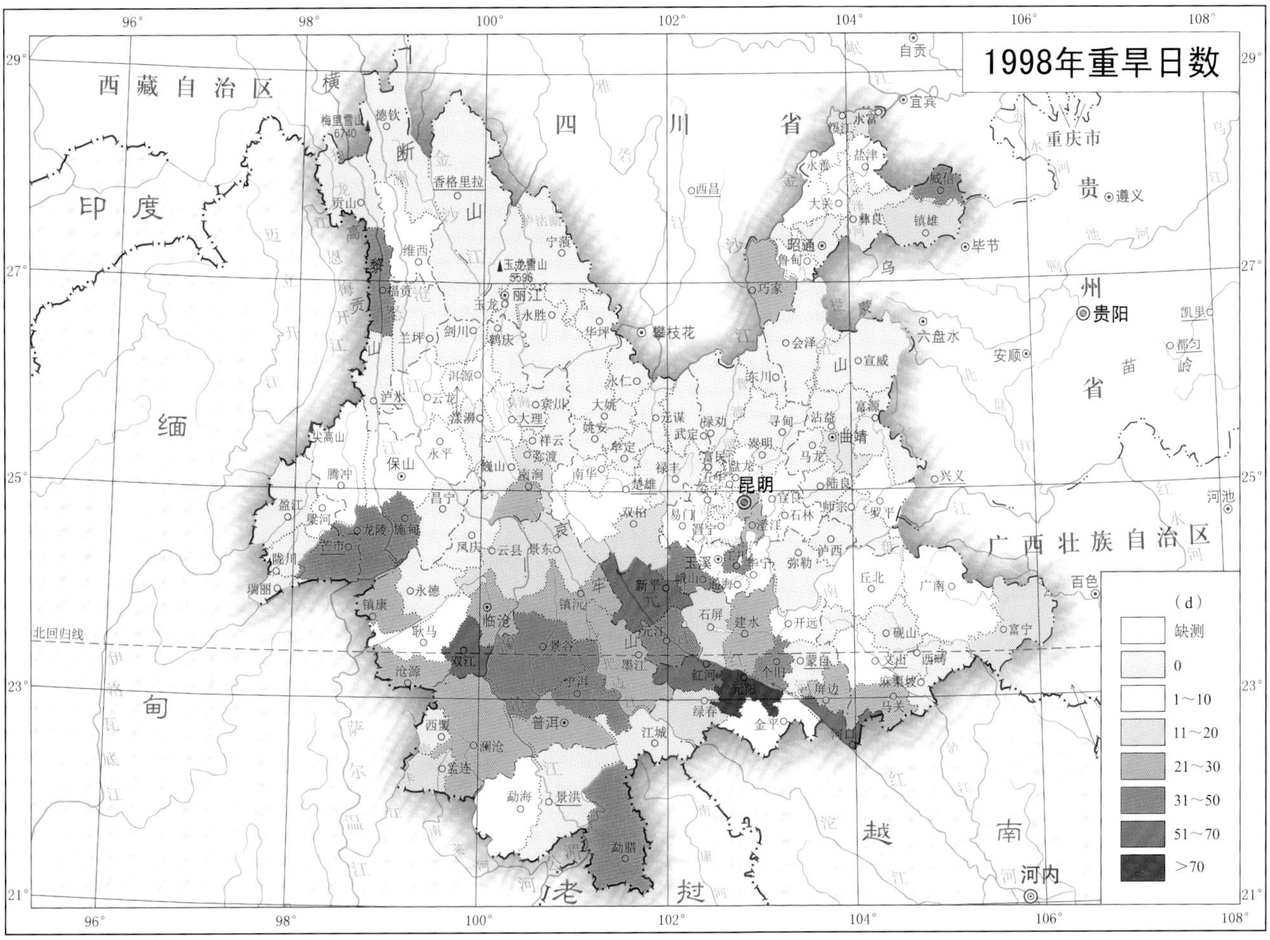

1998年重旱日数

(d)

- 缺测
- 0
- 1~10
- 11~20
- 21~30
- 31~50
- 51~70
- >70

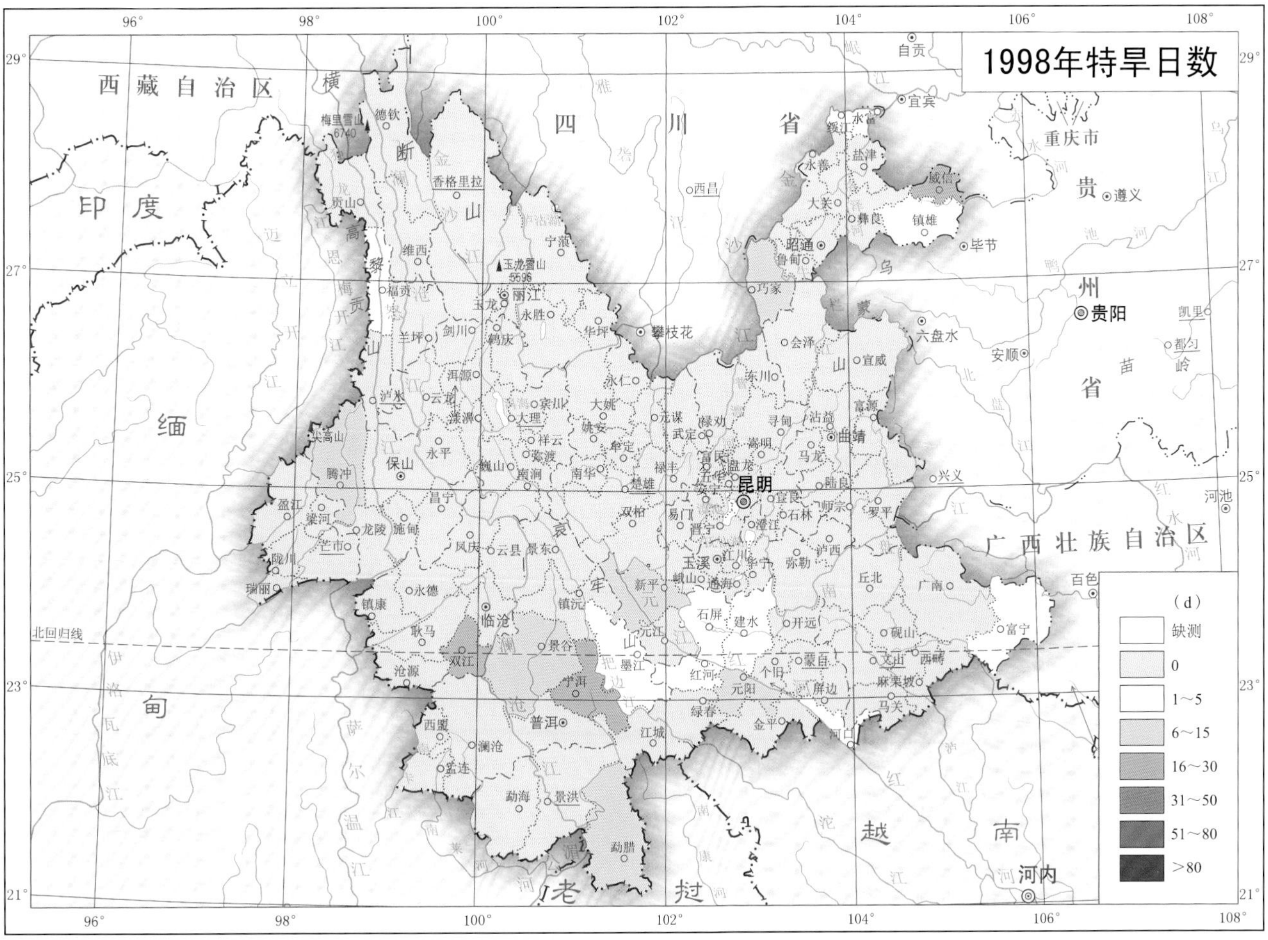

1998年特旱日数

(d)

- 缺测
- 0
- 1~5
- 6~15
- 16~30
- 31~50
- 51~80
- >80

比例尺 1∶8 000 000 0 80 160 km

1998年春季气象干旱平均强度

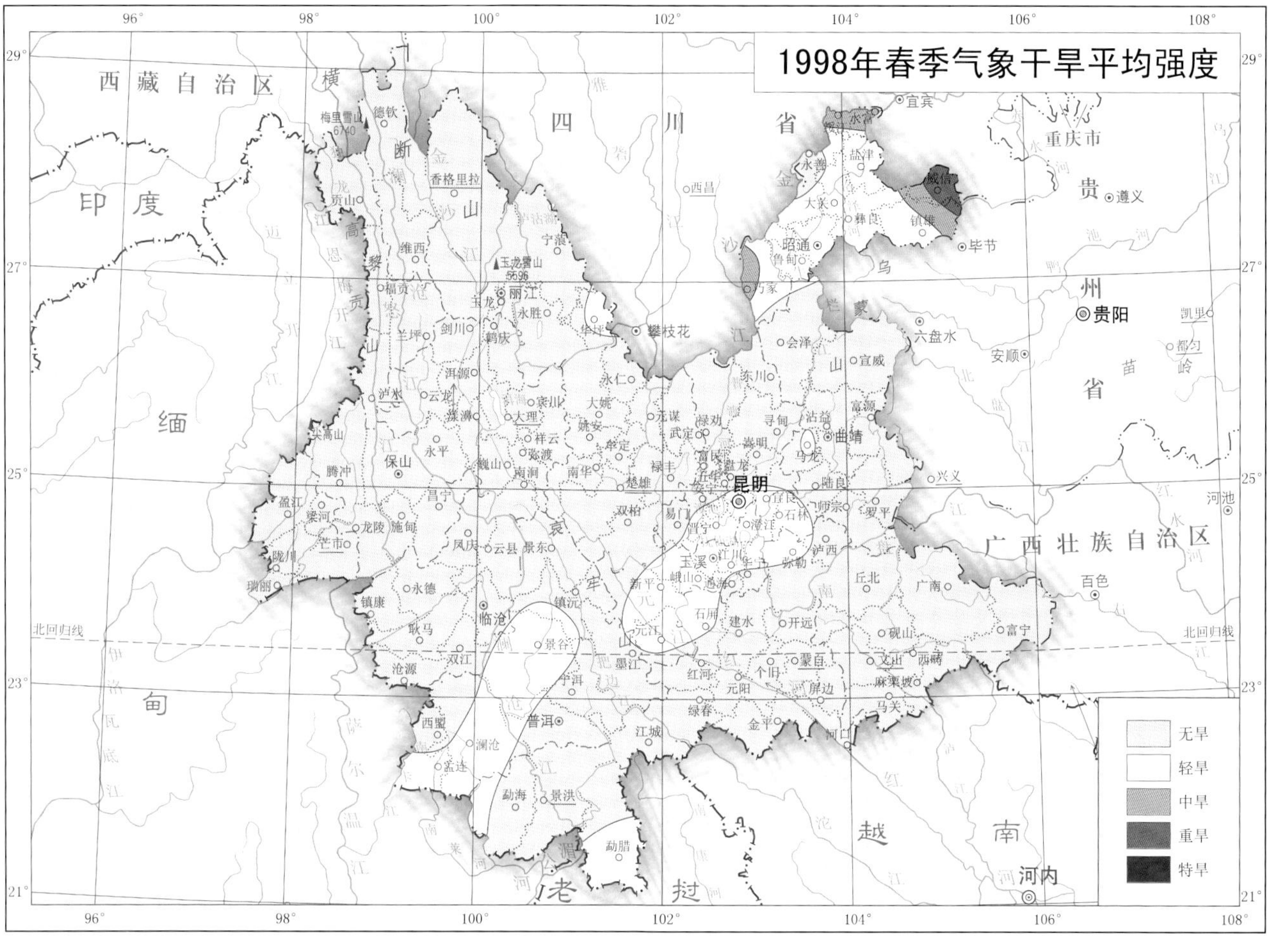

无旱
轻旱
中旱
重旱
特旱

1998年夏季气象干旱平均强度

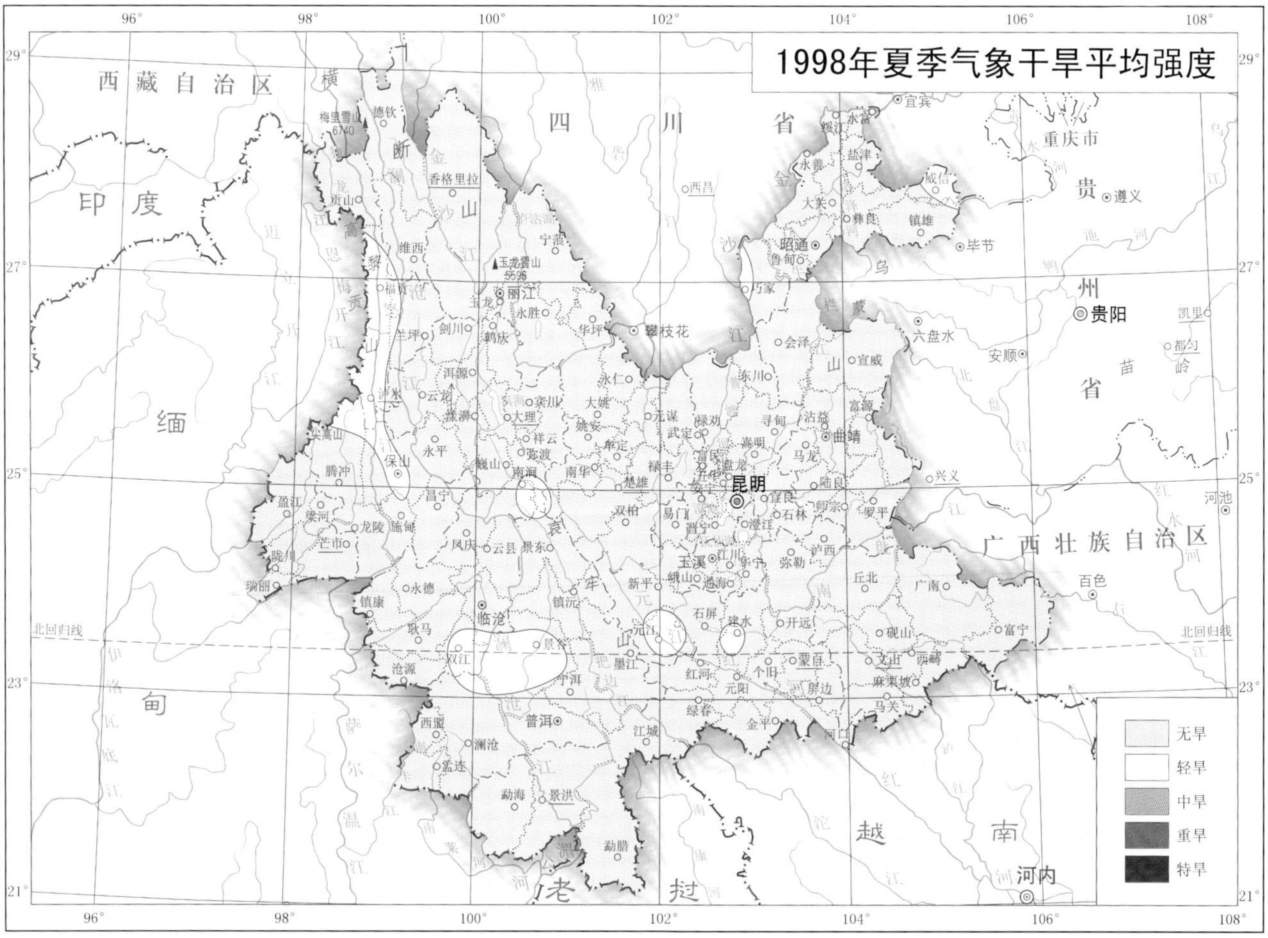

无旱
轻旱
中旱
重旱
特旱

比例尺 1:8 000 000 0 80 160 km

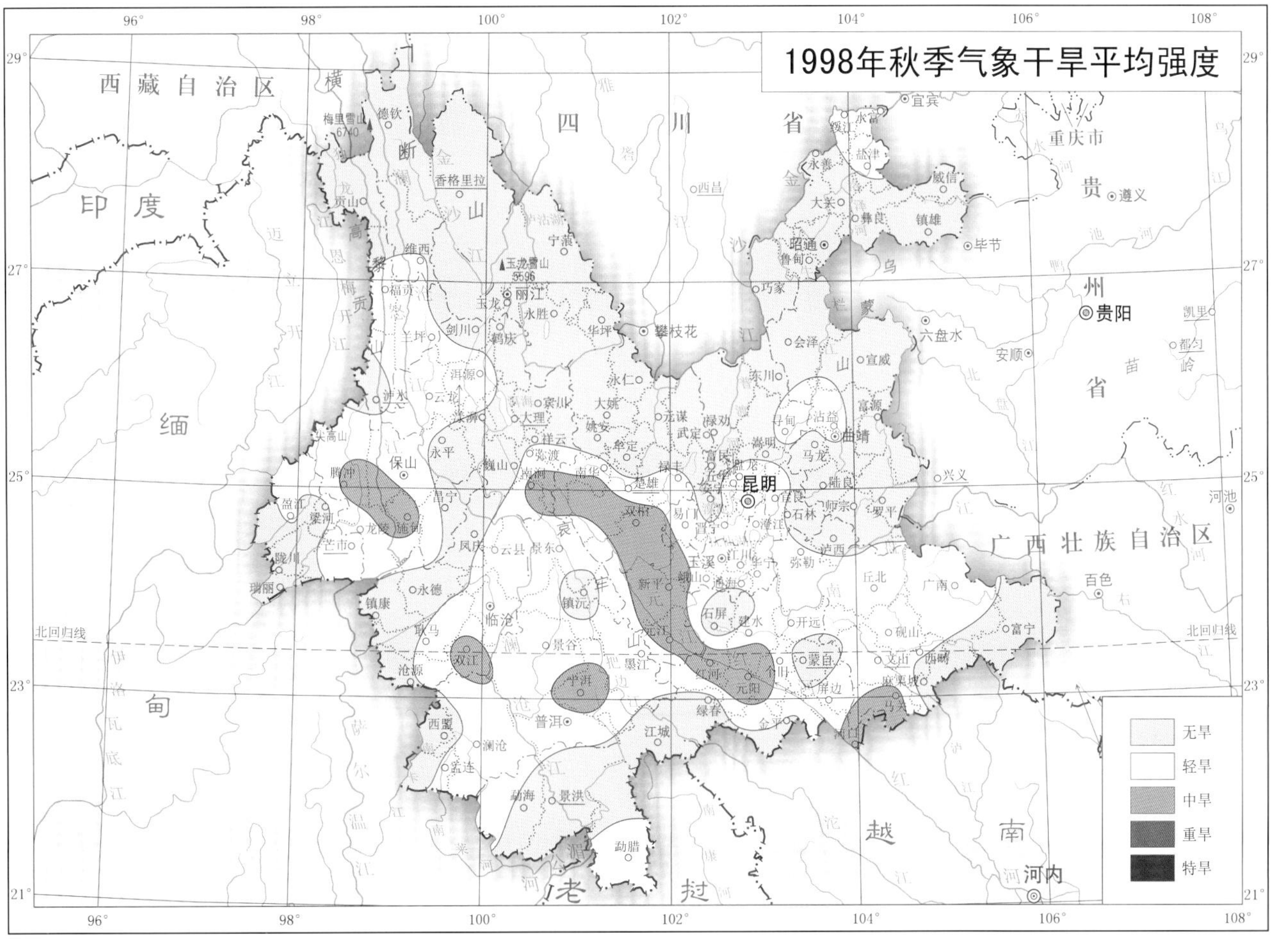

1998年秋季气象干旱平均强度

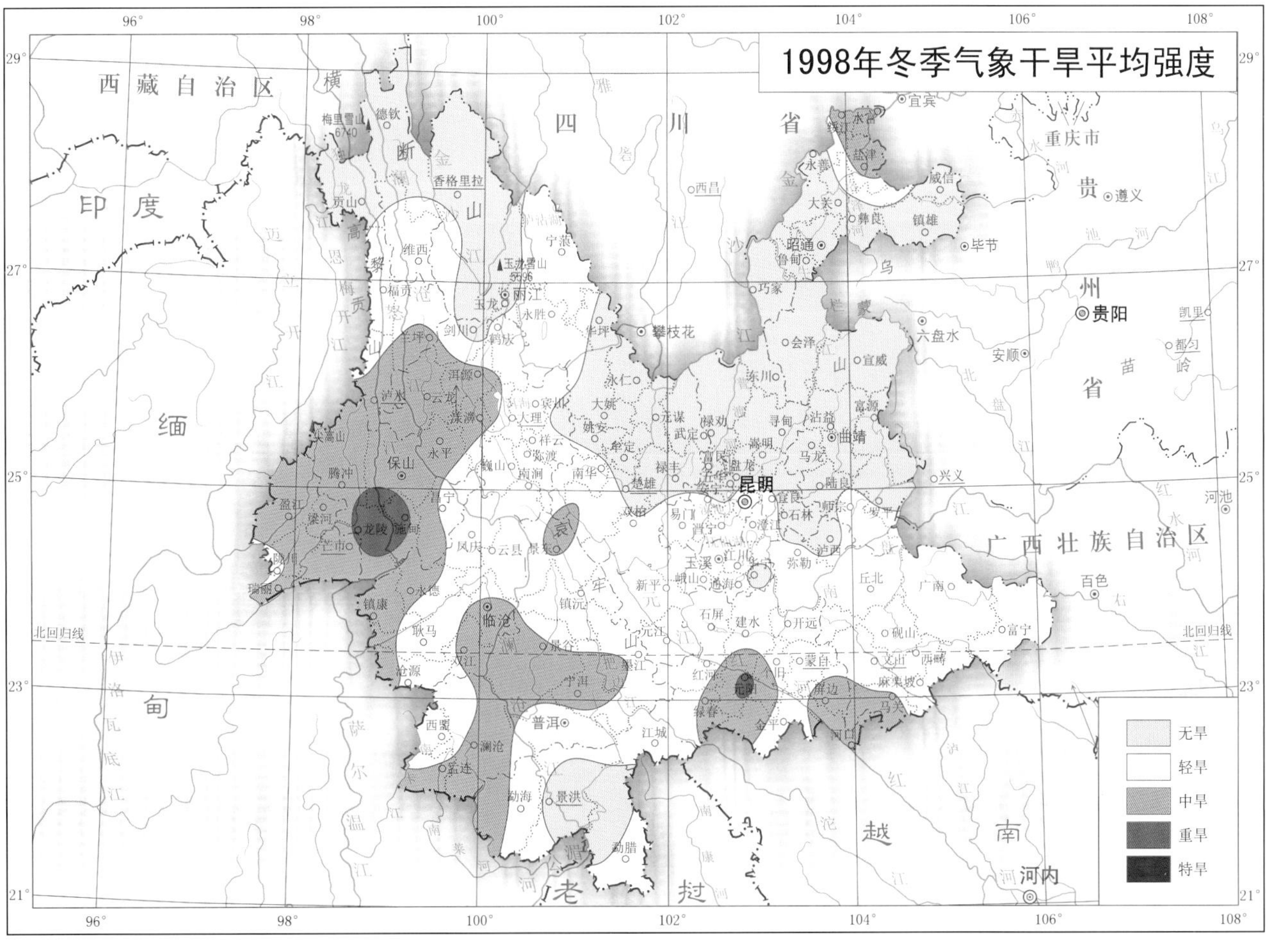

无旱
轻旱
中旱
重旱
特旱

1998年冬季气象干旱平均强度

无旱
轻旱
中旱
重旱
特旱

比例尺 1∶8 000 000 0 80 160 km

1999年干旱日数

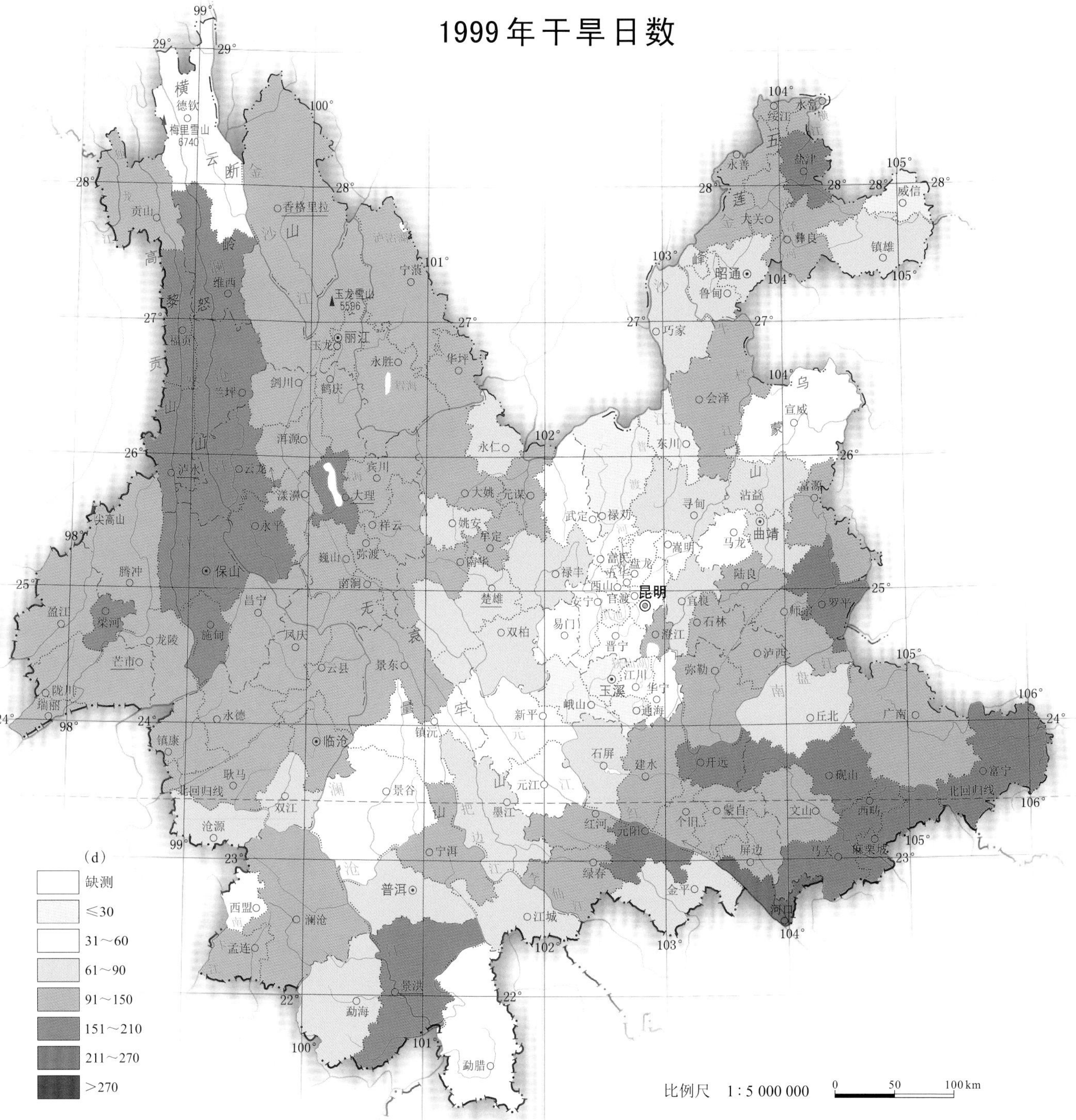

(d)
缺测
≤30
31～60
61～90
91～150
151～210
211～270
>270
比例尺 1 : 5 000 000
0 50 100 km
昆明

1999年逐日干旱、降水变化曲线

气象干旱综合指数
日降水量
气象干旱综合指数（MCI）
日降水量（mm）
3.0
2.5
2.0
1.5
1.0
0.5
0
-0.5
-1.0
-1.5
-2.0
50
40
30
20
10
0
01-01 02-01 03-01 04-01 05-01 06-01 07-01 08-01 09-01 10-01 11-01 12-01 12-31
日期（月-日）
无旱
轻旱
中旱
重旱
特旱

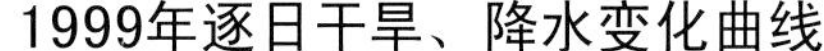

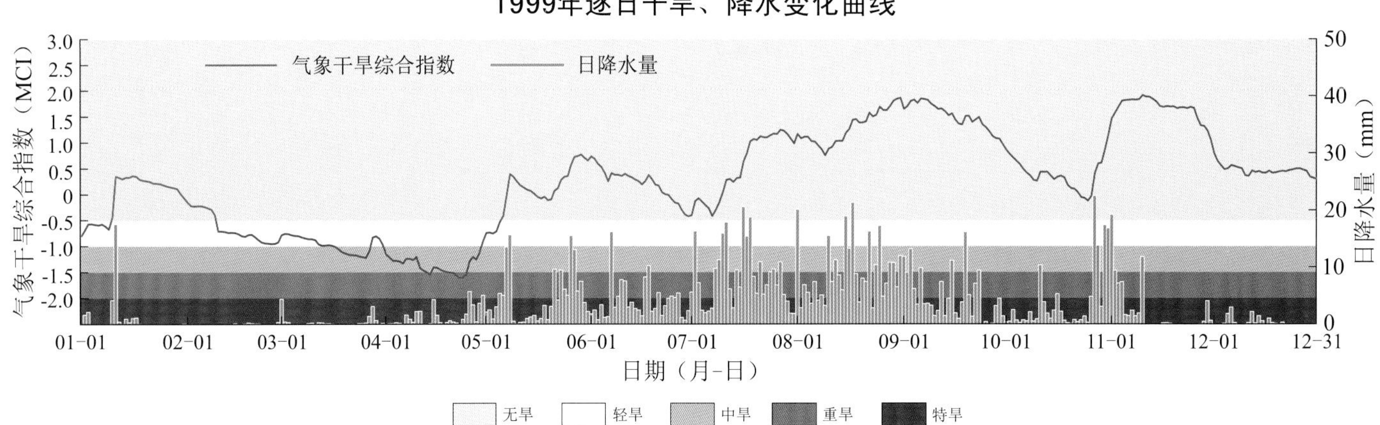

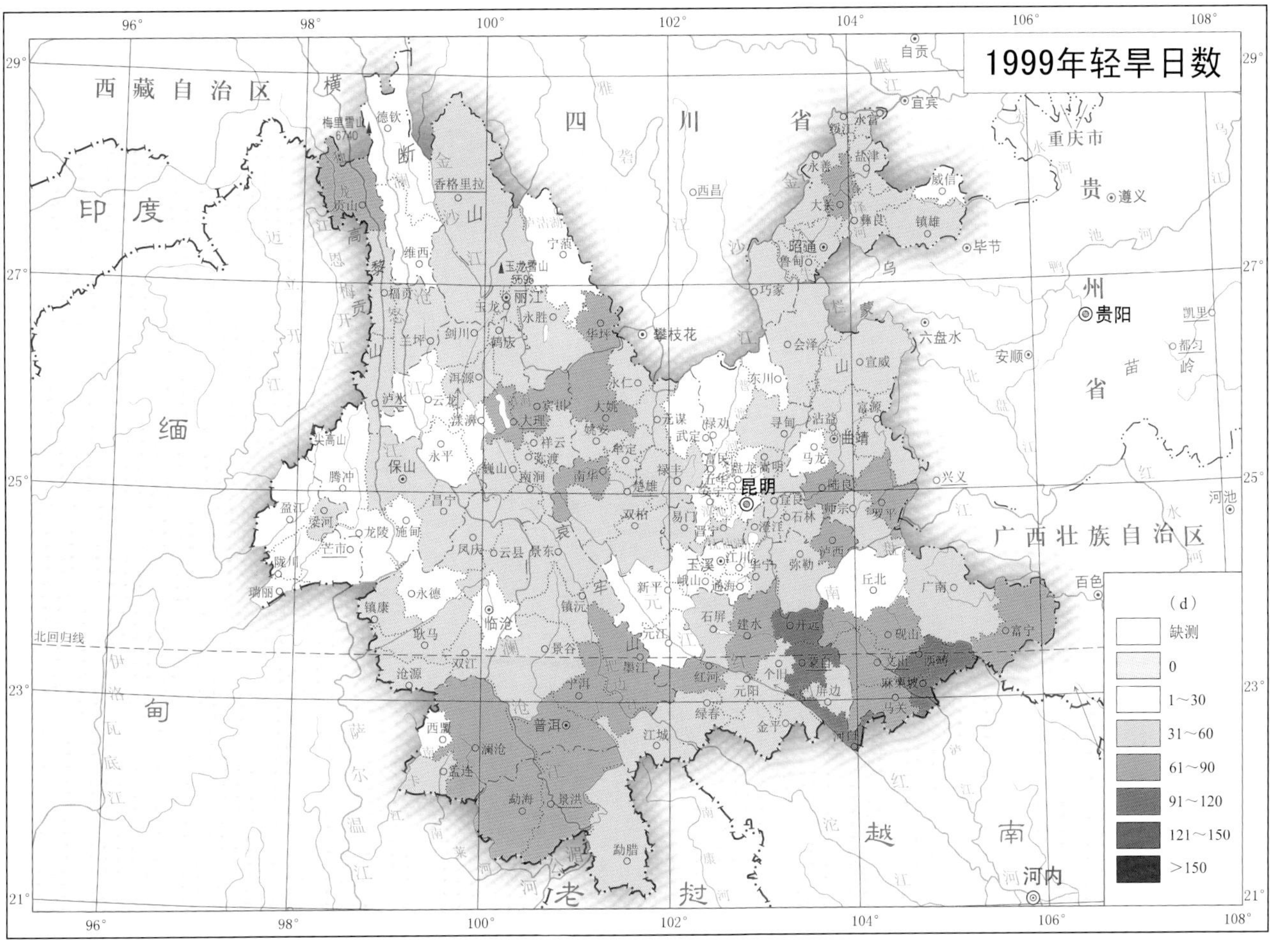

1999年轻旱日数

(d)

- 缺测
- 0
- 1～30
- 31～60
- 61～90
- 91～120
- 121～150
- >150

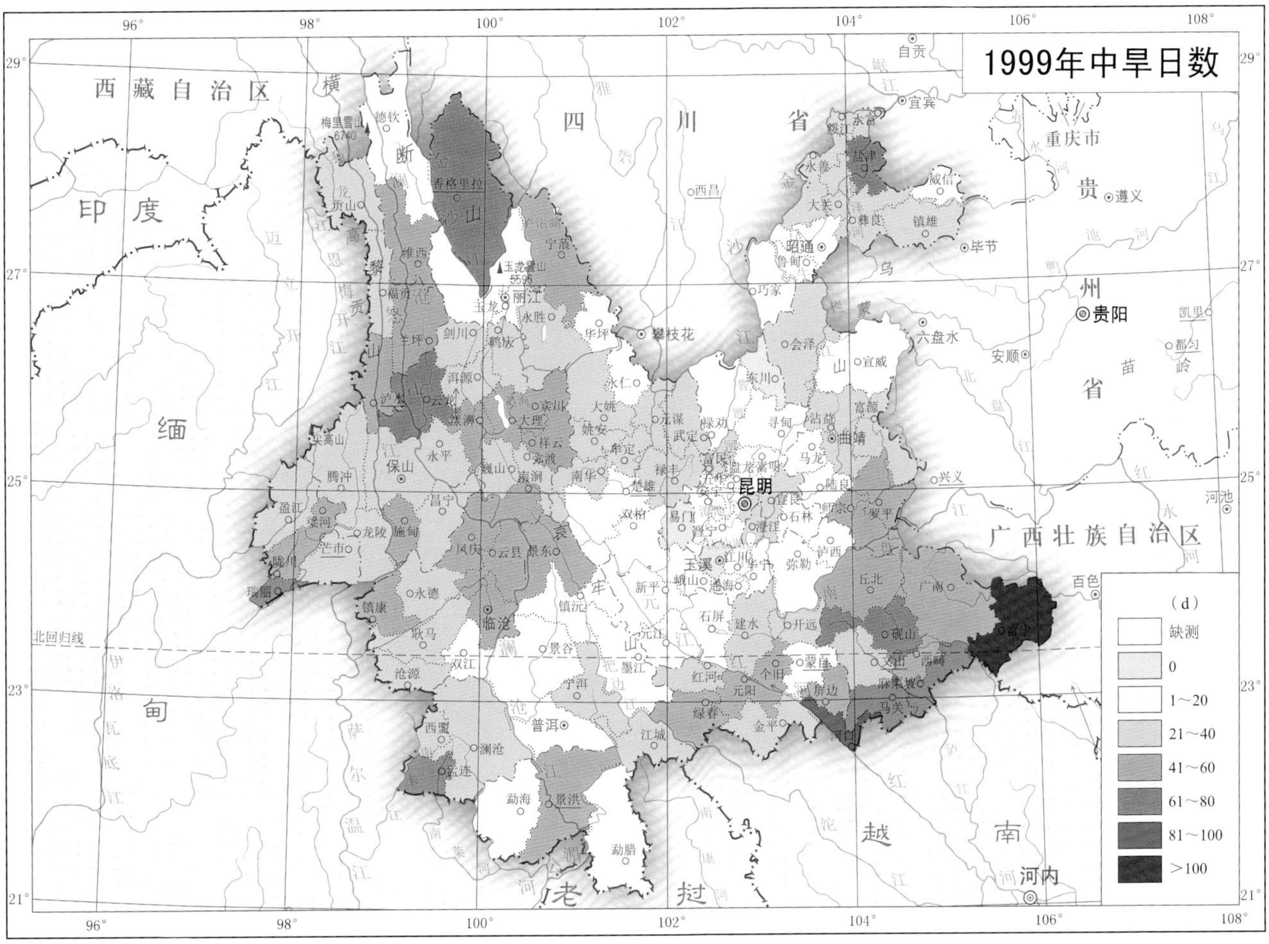

1999年中旱日数

(d)

- 缺测
- 0
- 1～20
- 21～40
- 41～60
- 61～80
- 81～100
- >100

比例尺　1∶8 000 000　0　80　160 km

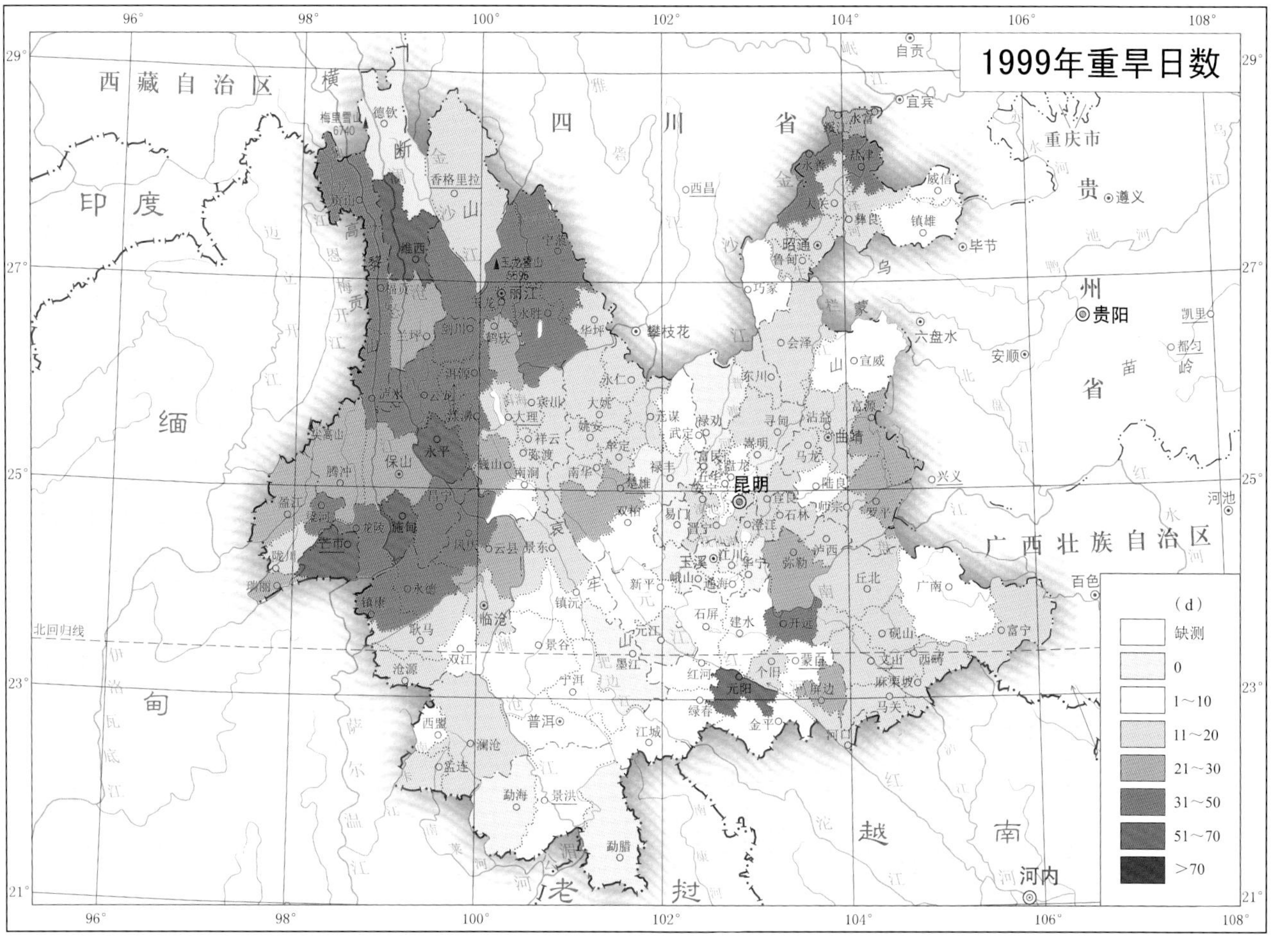

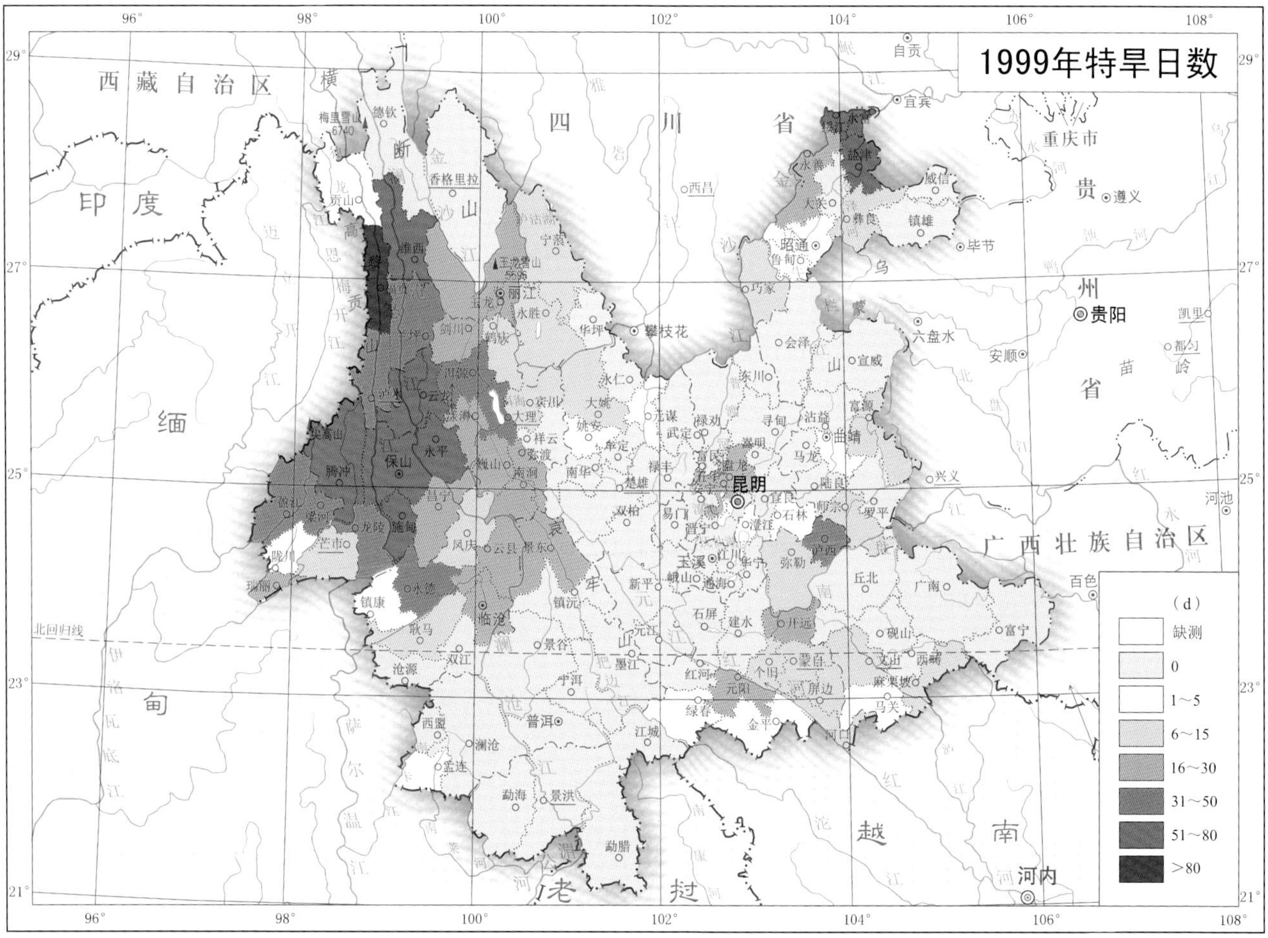

1999年重旱日数

(d)

- 缺测
- 0
- 1~10
- 11~20
- 21~30
- 31~50
- 51~70
- >70

1999年特旱日数

(d)

- 缺测
- 0
- 1~5
- 6~15
- 16~30
- 31~50
- 51~80
- >80

比例尺 1∶8 000 000 0 80 160 km

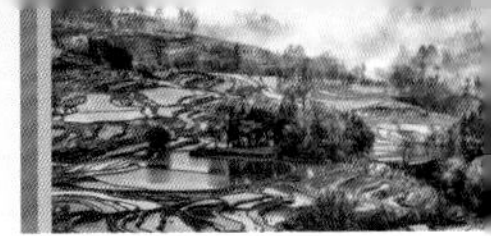

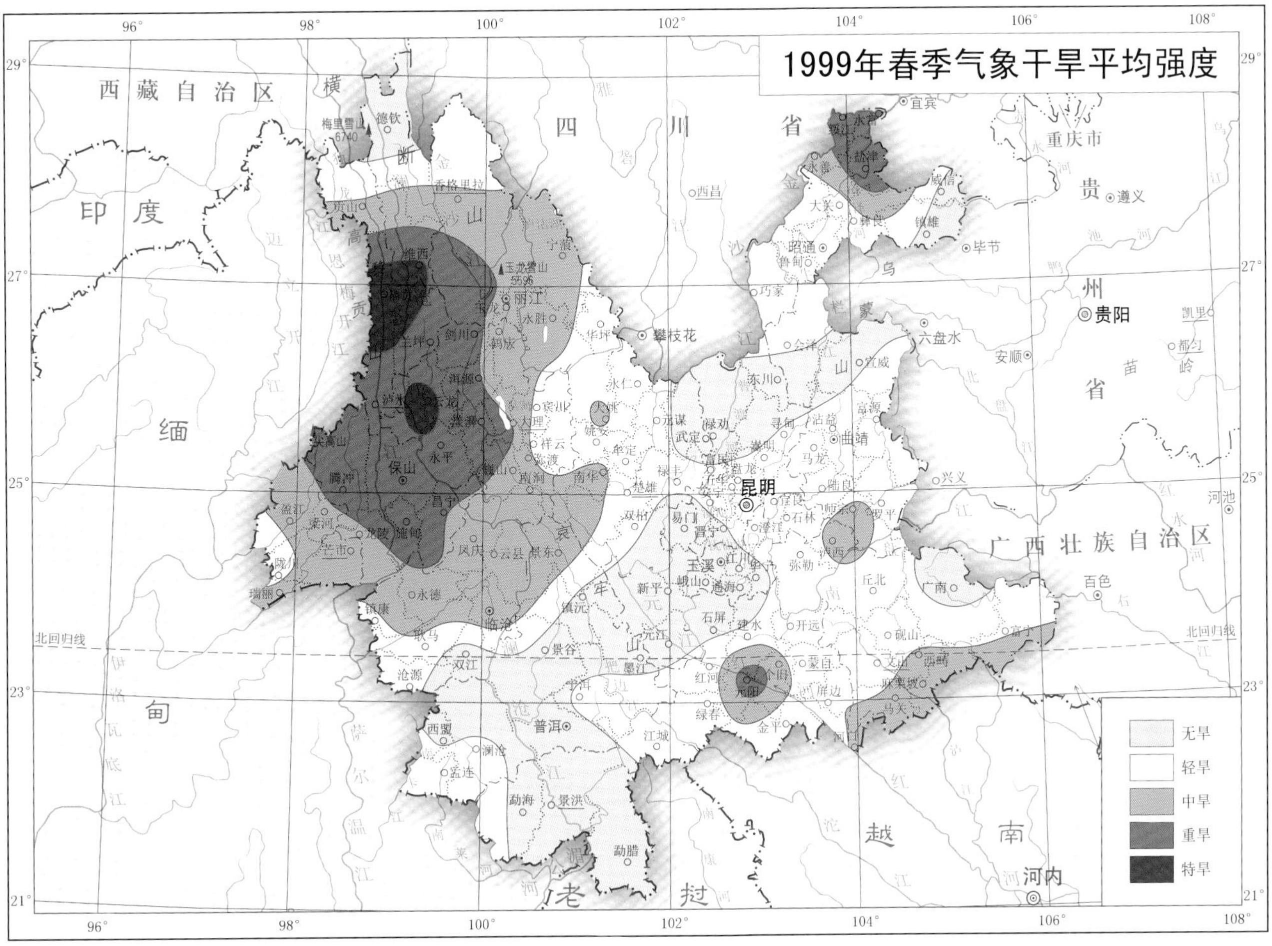

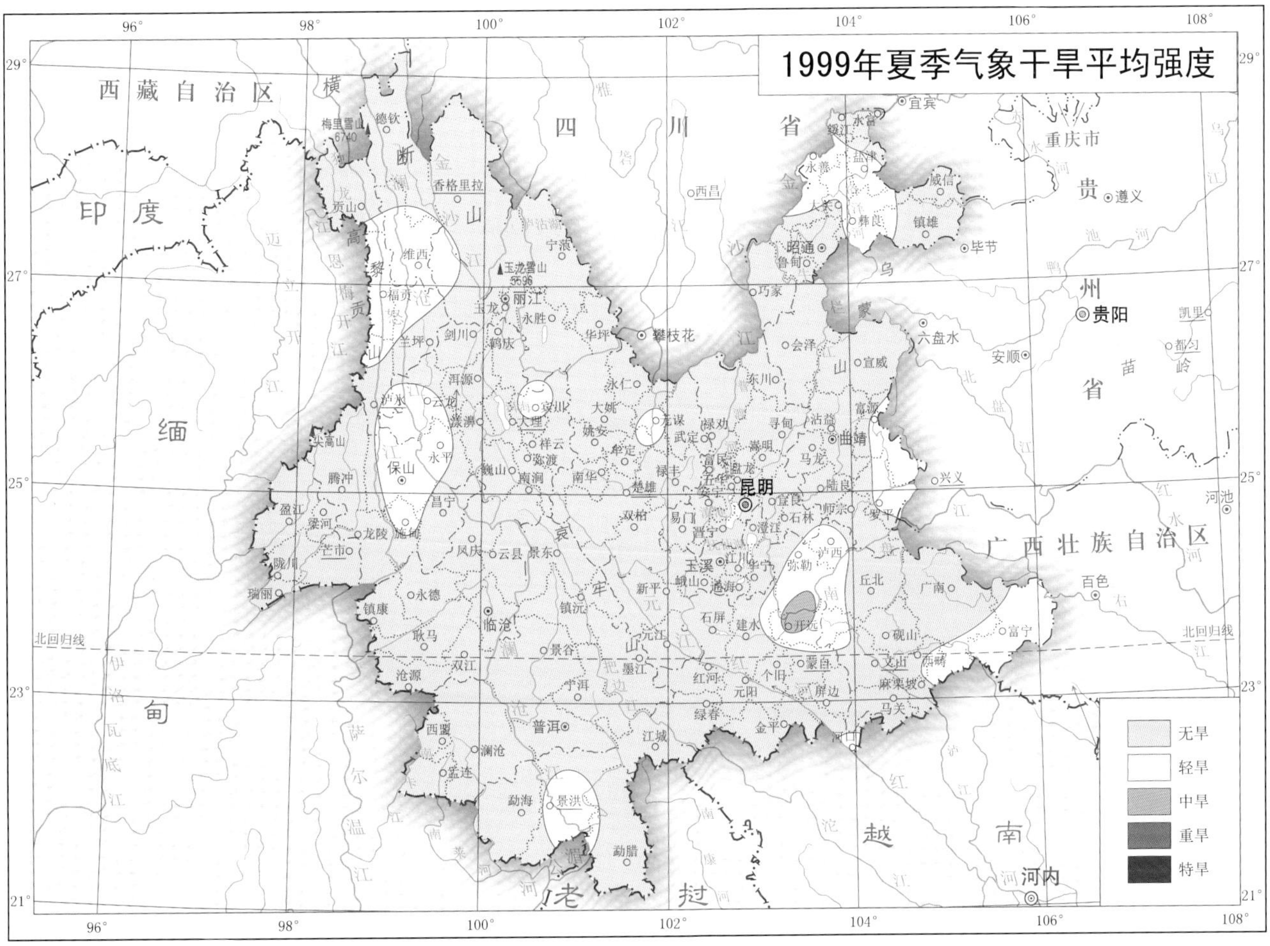

1999年春季气象干旱平均强度
西藏自治区
四川省
重庆市
贵州省
广西壮族自治区
印度
缅甸
越南
老挝
昆明
无旱
轻旱
中旱
重旱
特旱

1999年夏季气象干旱平均强度
西藏自治区
四川省
重庆市
贵州省
广西壮族自治区
印度
缅甸
越南
老挝
昆明
无旱
轻旱
中旱
重旱
特旱

比例尺 1:8 000 000 0 80 160 km

1999年秋季气象干旱平均强度

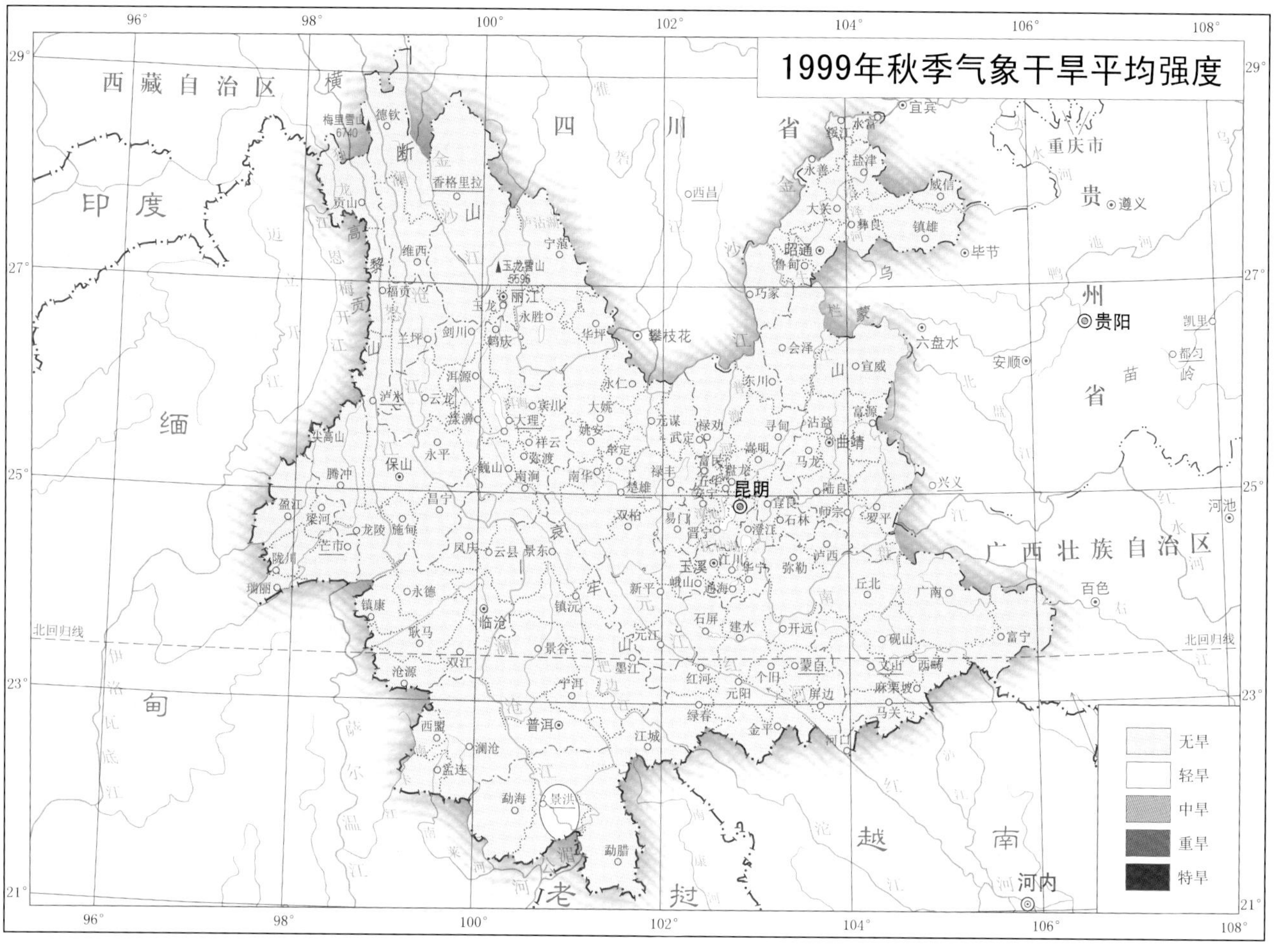

无旱
轻旱
中旱
重旱
特旱

1999年冬季气象干旱平均强度

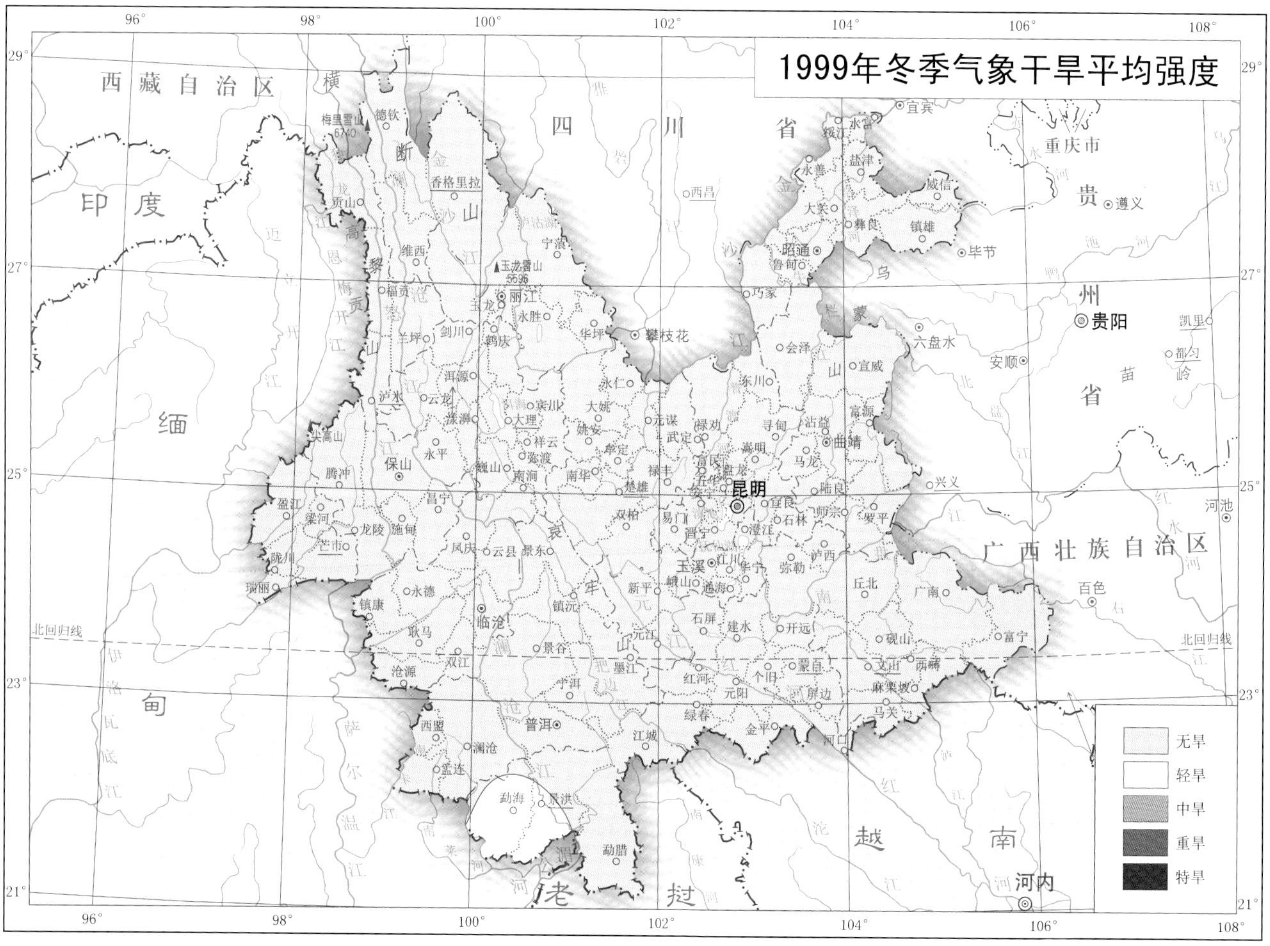

无旱
轻旱
中旱
重旱
特旱

比例尺 1 : 8 000 000　0　80　160 km

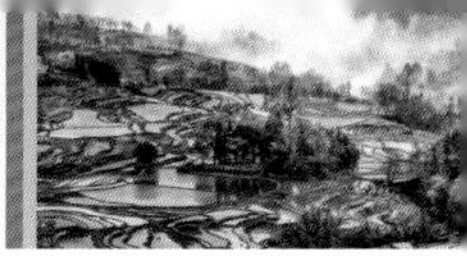

2000年干旱日数

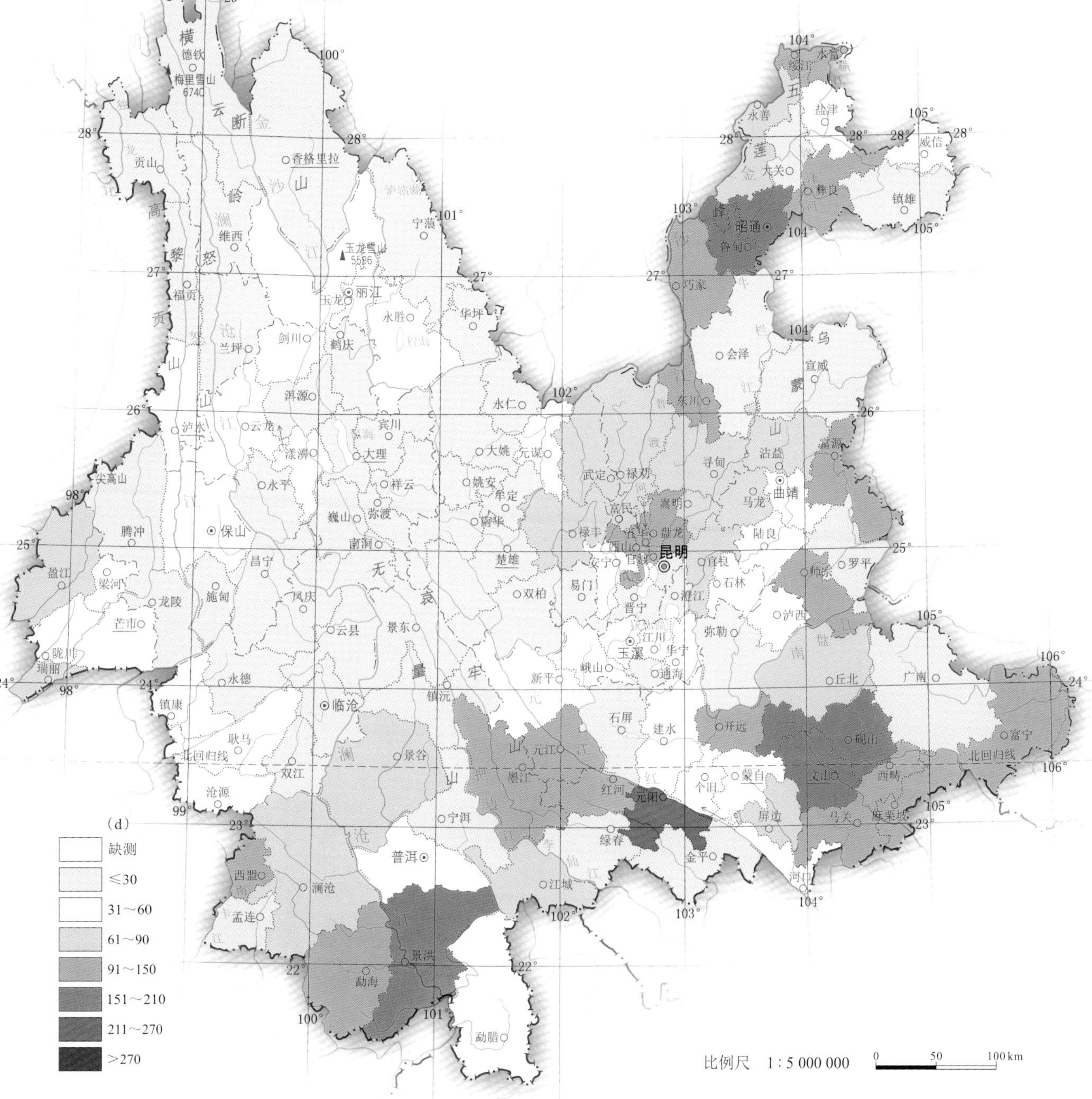

(d)
缺测
≤30
31～60
61～90
91～150
151～210
211～270
>270
比例尺 1:5 000 000
0 50 100 km
昆明
曲靖
昭通
丽江
大理
保山
临沧
普洱
玉溪
楚雄
香格里拉
景洪
文山
蒙自
芒市

2000年逐日干旱、降水变化曲线

气象干旱综合指数
日降水量
气象干旱综合指数（MCI）
日降水量（mm）
3.0
2.5
2.0
1.5
1.0
0.5
0
-0.5
-1.0
-1.5
-2.0
50
40
30
20
10
0
01-01
02-01
03-01
04-01
05-01
06-01
07-01
08-01
09-01
10-01
11-01
12-01
12-31
日期（月-日）
无旱
轻旱
中旱
重旱
特旱

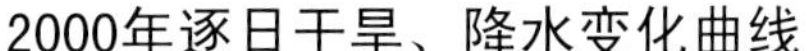

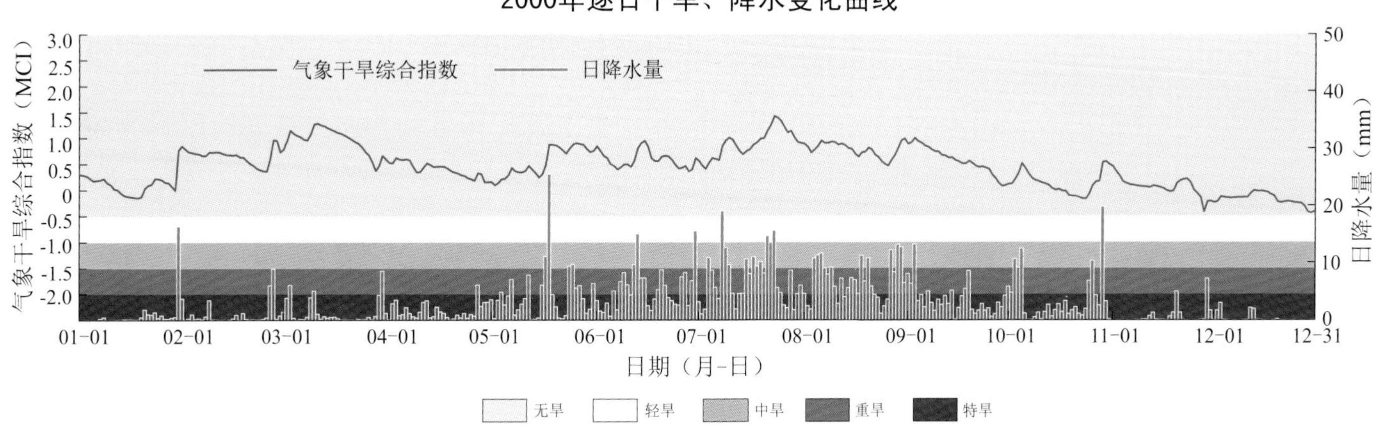

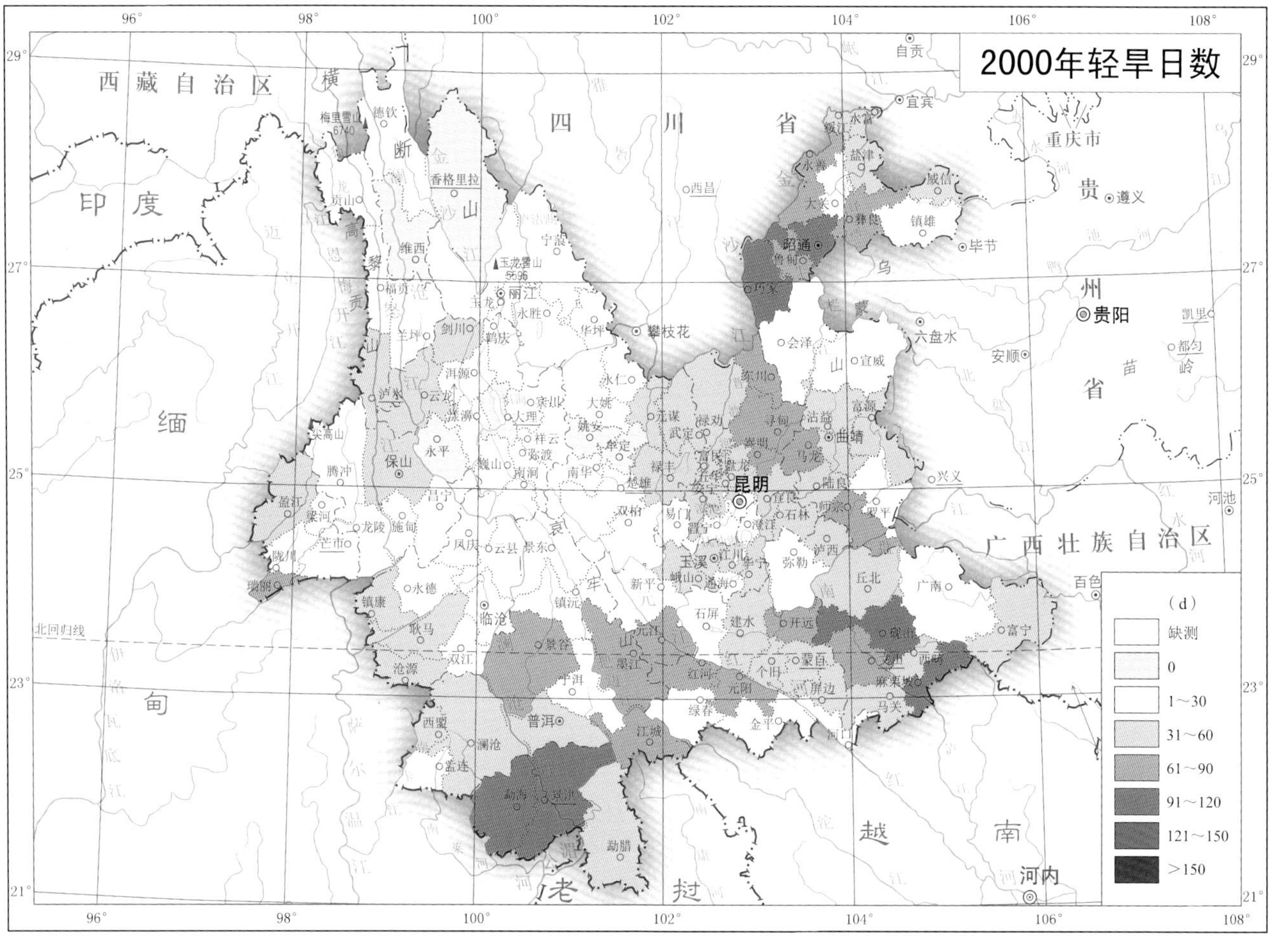

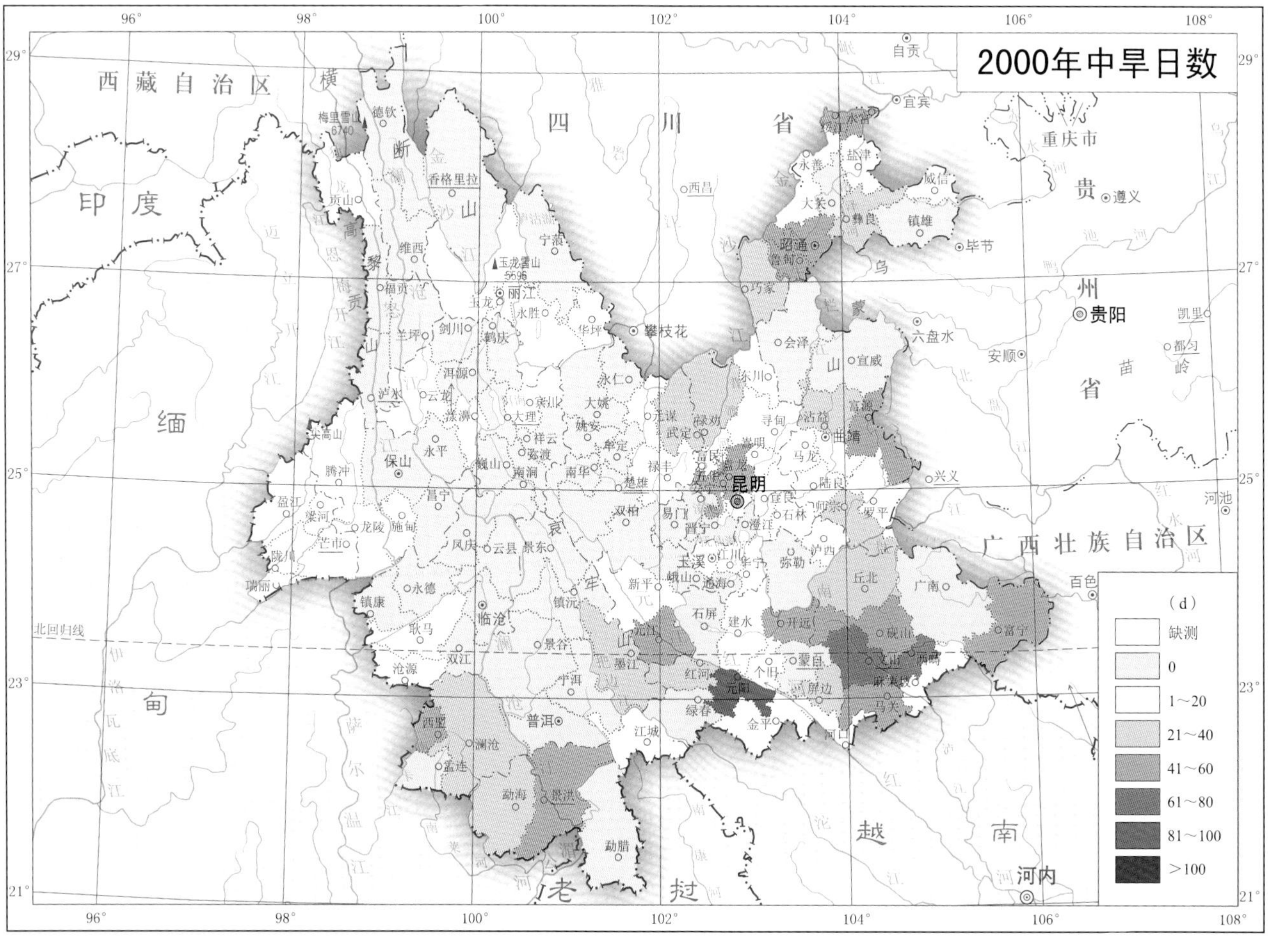

2000年轻旱日数

(d)	
缺测	
0	
1~30	
31~60	
61~90	
91~120	
121~150	
>150	

2000年中旱日数

(d)	
缺测	
0	
1~20	
21~40	
41~60	
61~80	
81~100	
>100	

比例尺 1:8 000 000 0 80 160 km

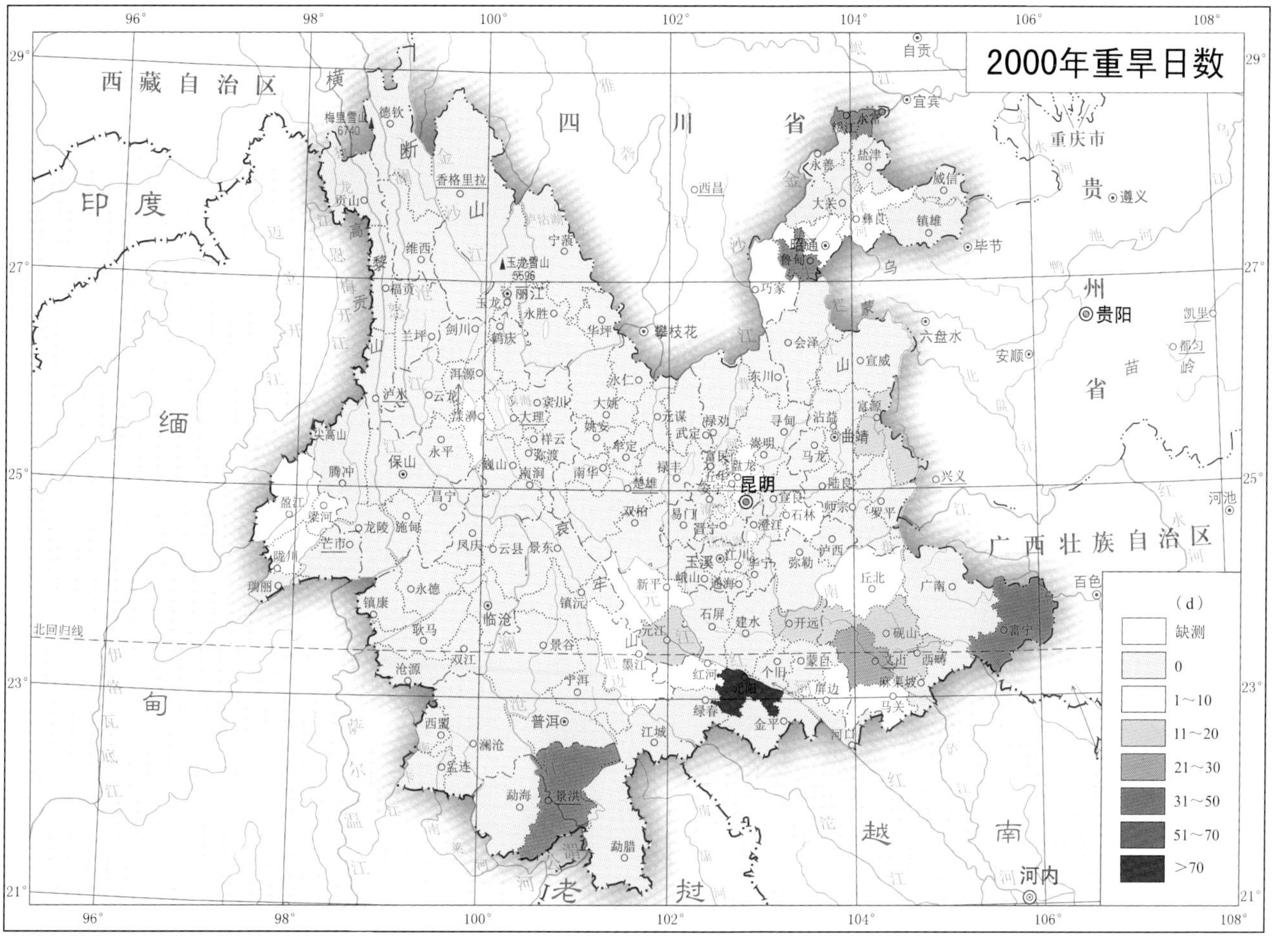

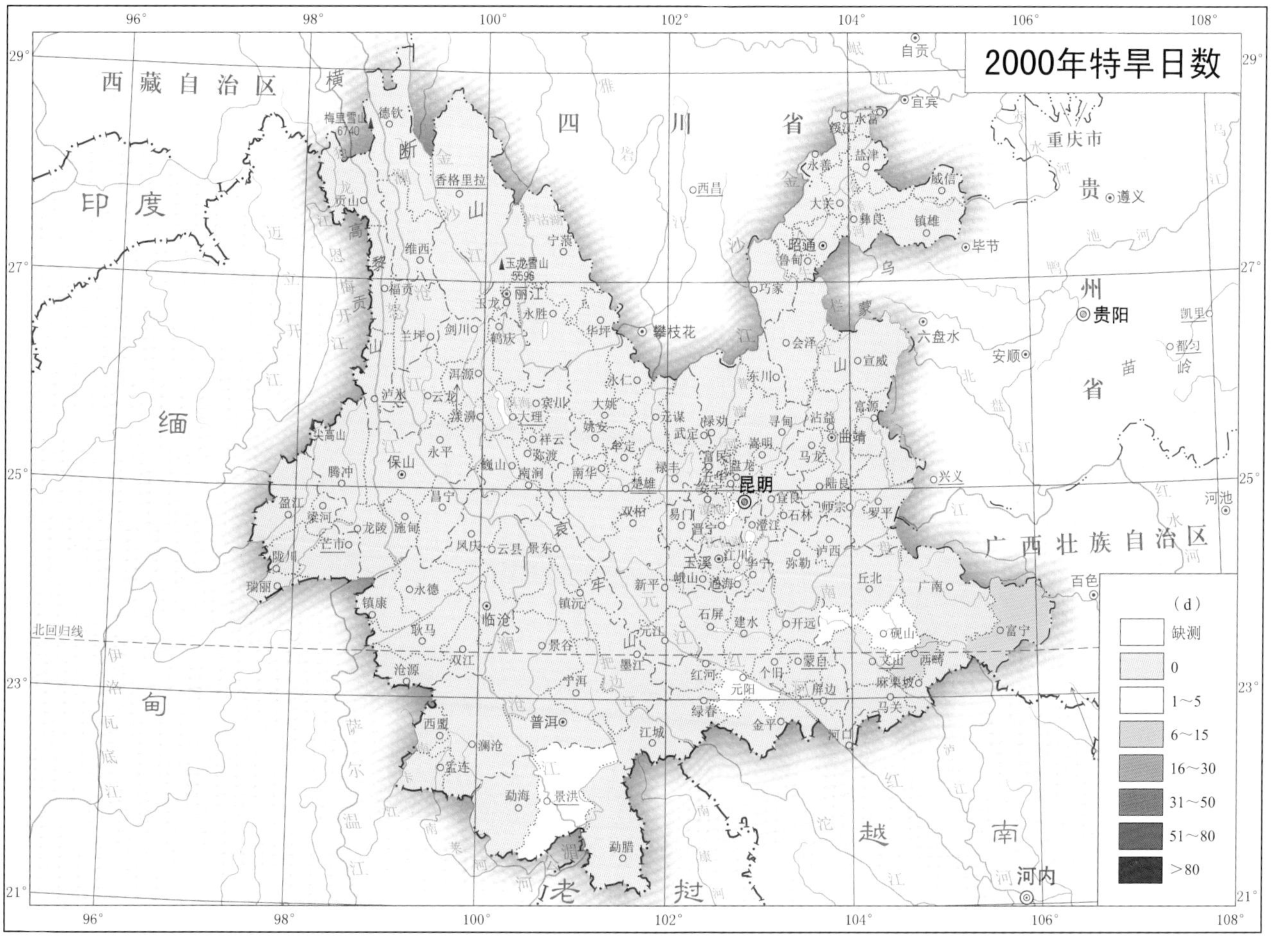

2000年重旱日数

(d)

- 缺测
- 0
- 1～10
- 11～20
- 21～30
- 31～50
- 51～70
- >70

2000年特旱日数

(d)

- 缺测
- 0
- 1～5
- 6～15
- 16～30
- 31～50
- 51～80
- >80

比例尺 1 : 8 000 000 0 80 160 km

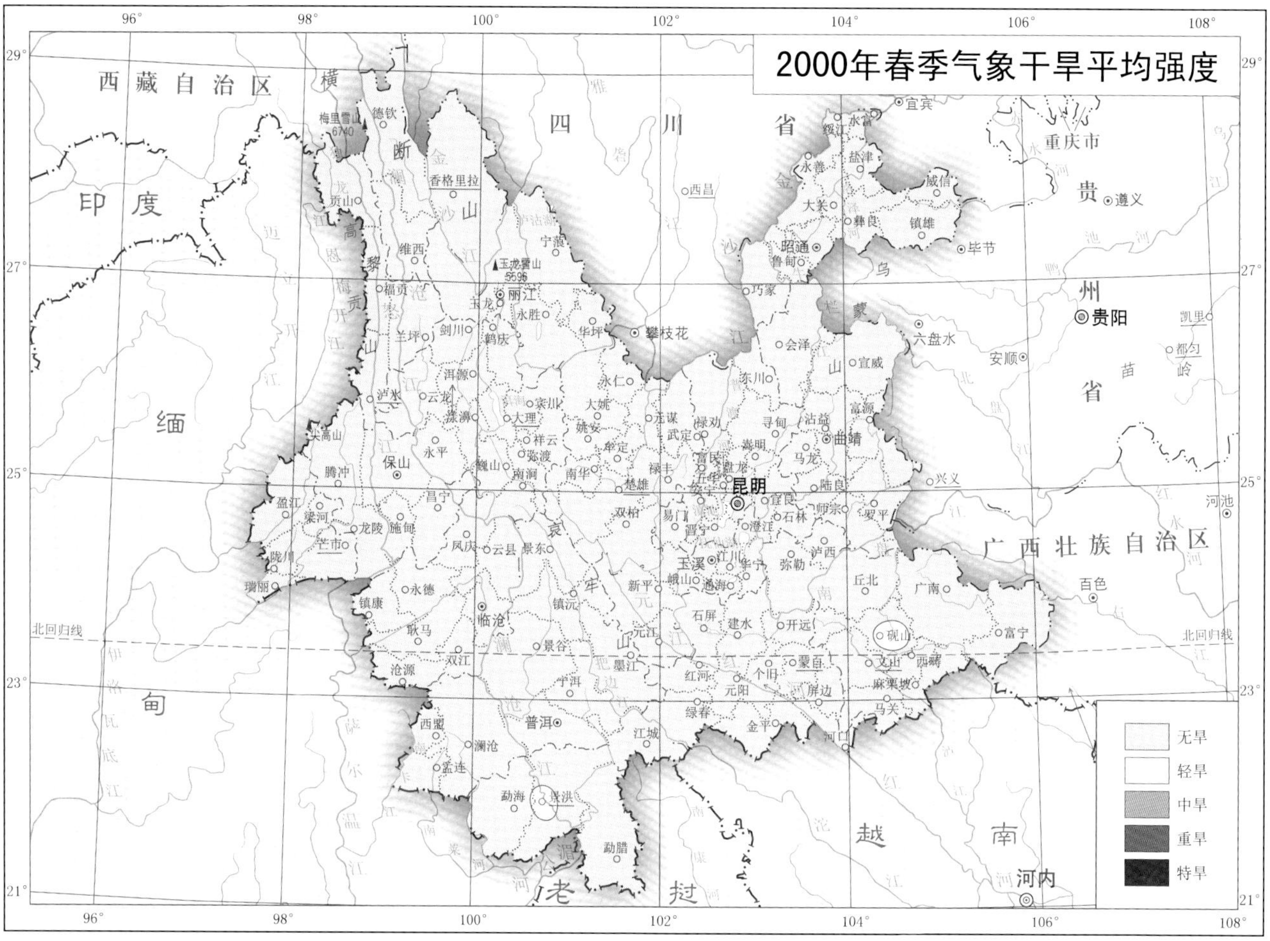

2000年春季气象干旱平均强度

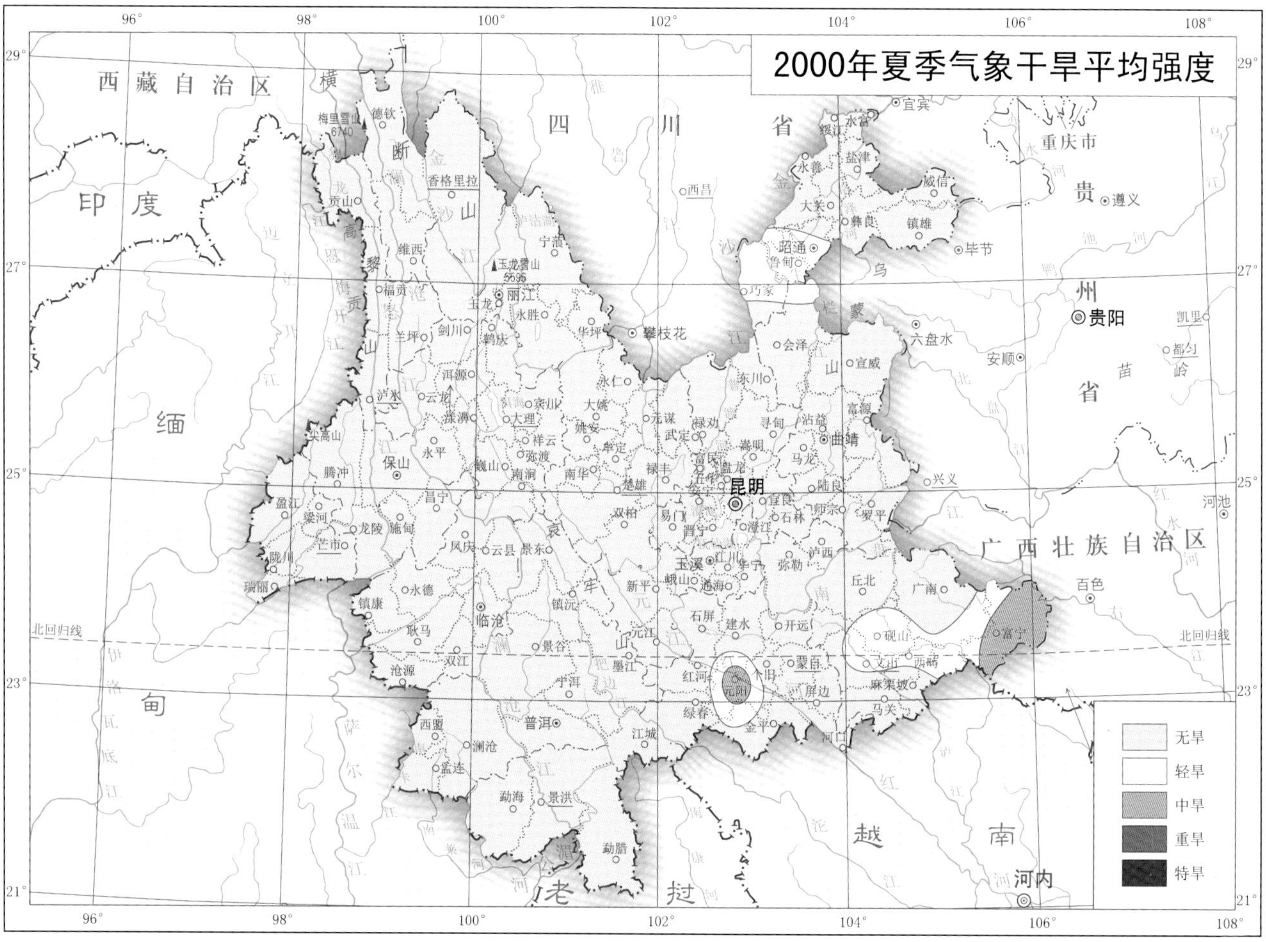

无旱
轻旱
中旱
重旱
特旱

2000年夏季气象干旱平均强度

无旱
轻旱
中旱
重旱
特旱

比例尺 1 : 8 000 000　0　80　160 km

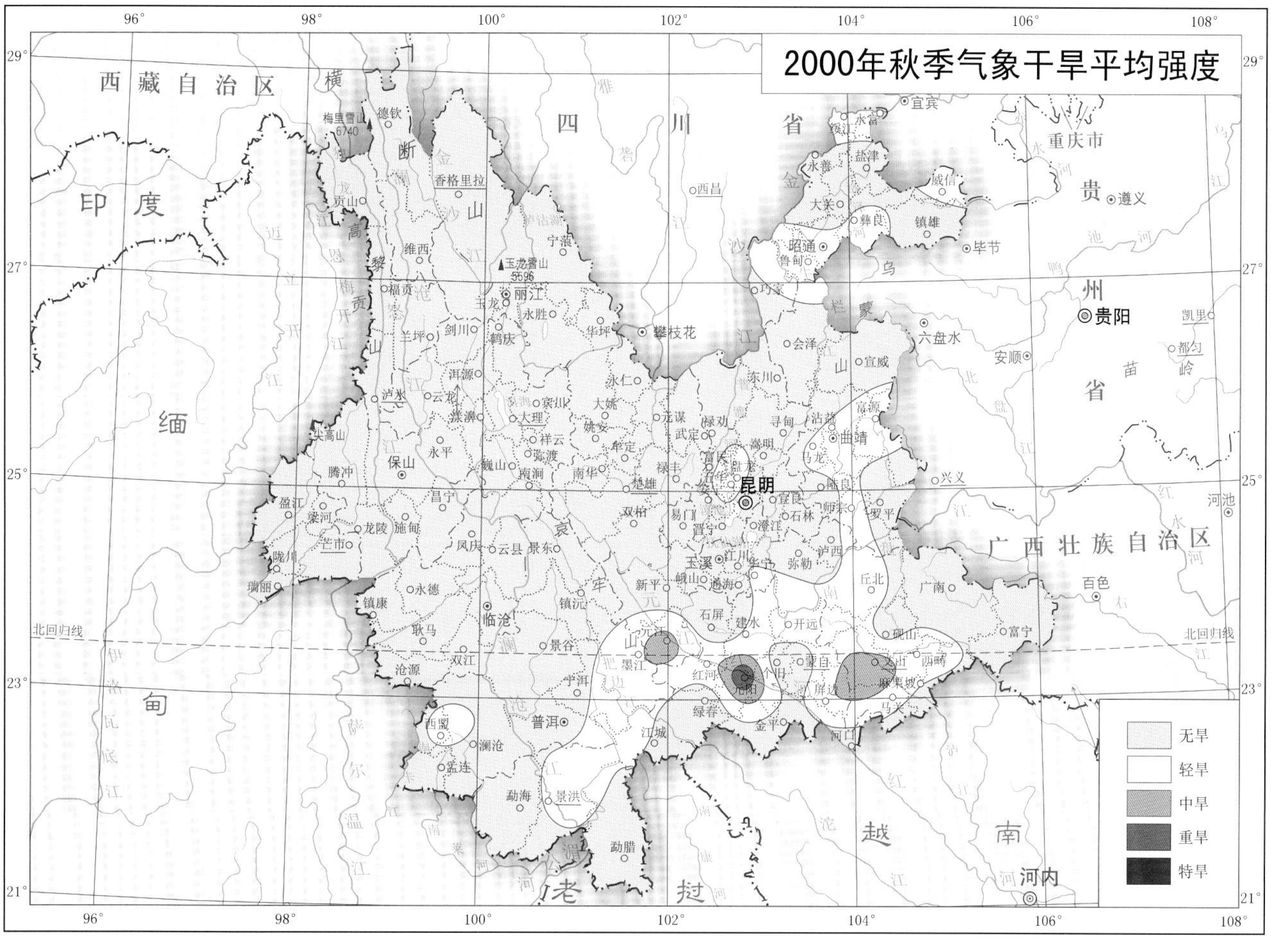

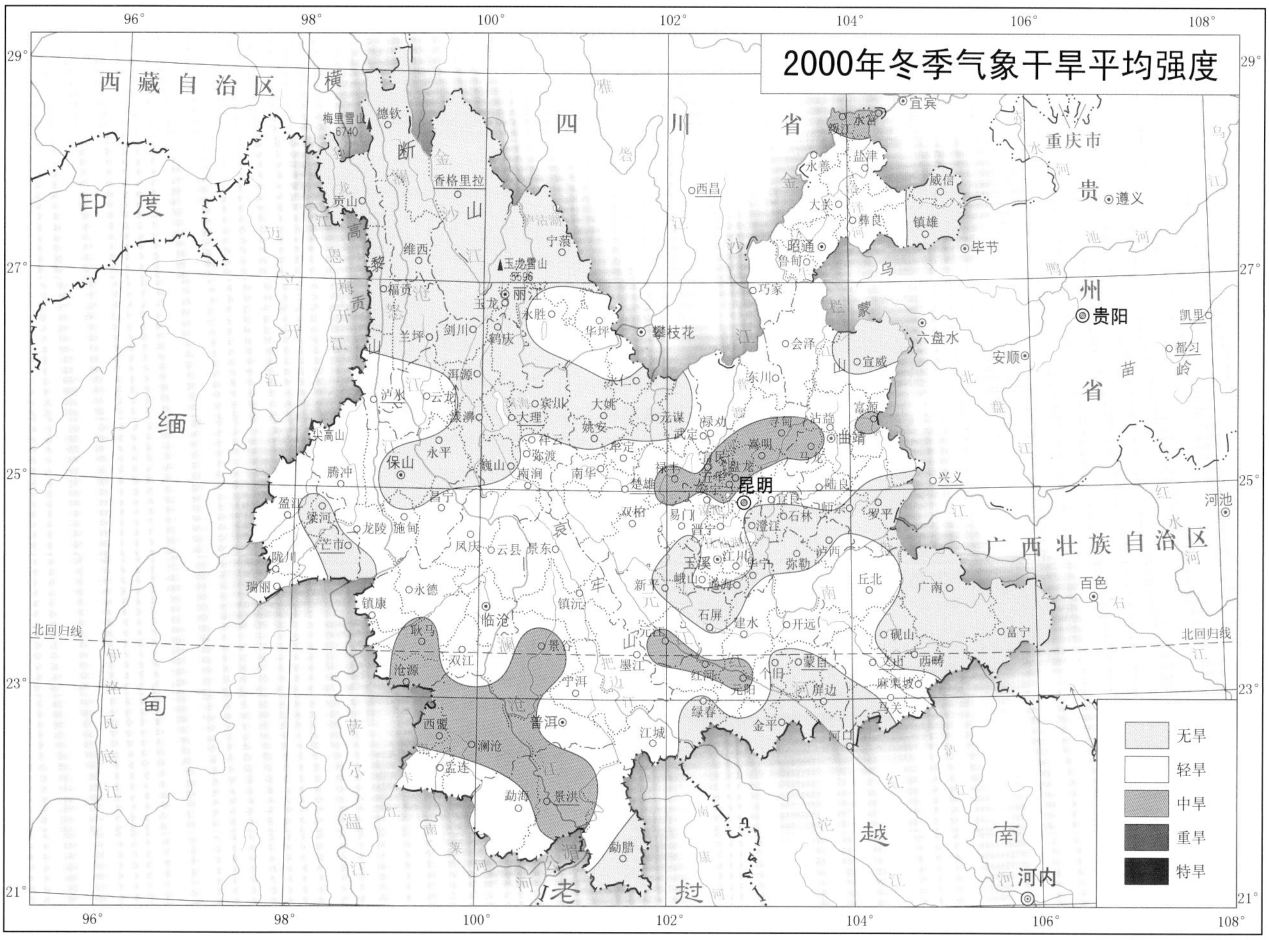

2000年秋季气象干旱平均强度

无旱
轻旱
中旱
重旱
特旱

2000年冬季气象干旱平均强度

无旱
轻旱
中旱
重旱
特旱

比例尺 1∶8 000 000　0　80　160 km

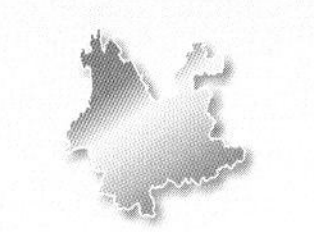

2001年干旱日数

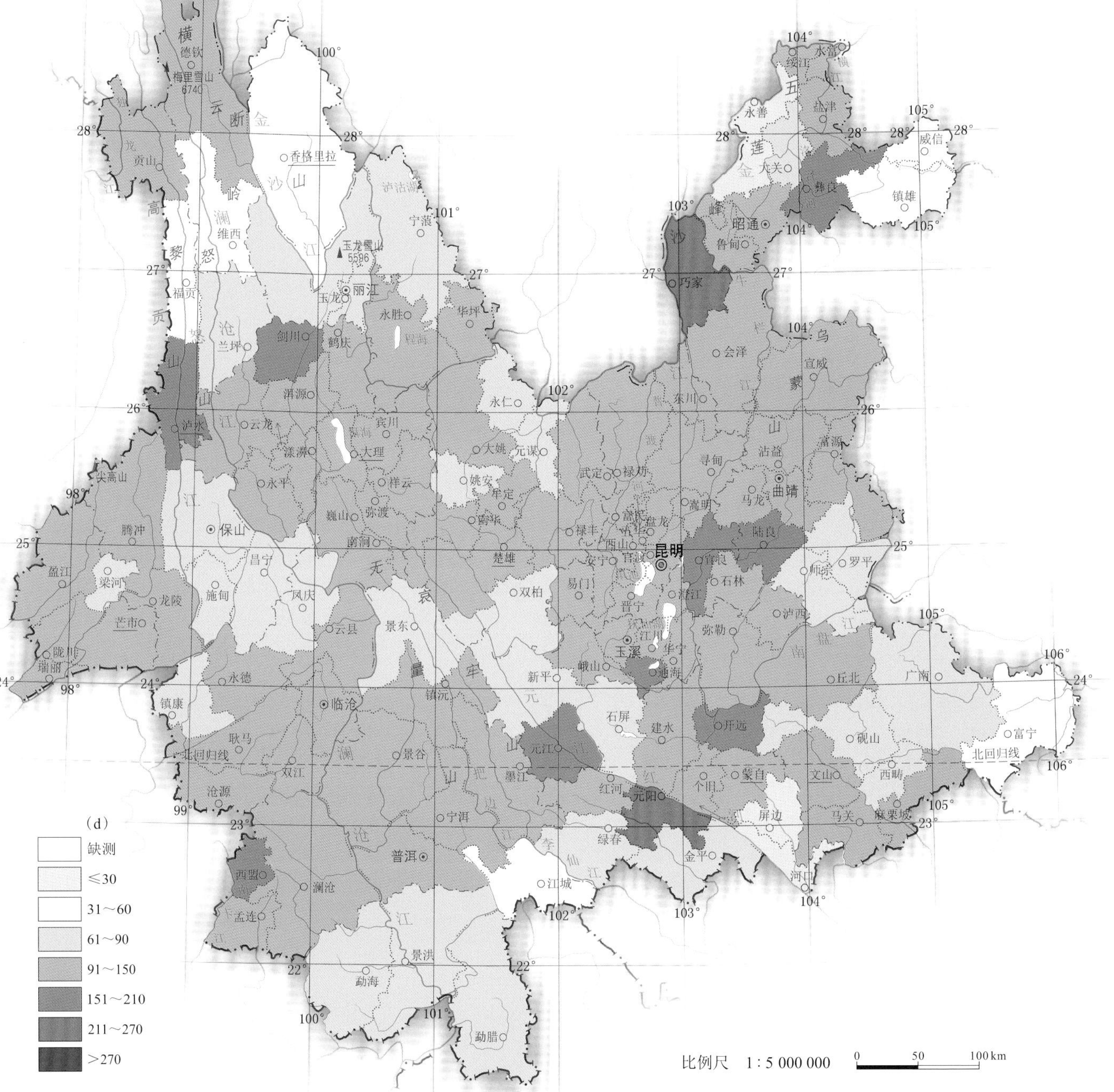

(d)
缺测
≤30
31～60
61～90
91～150
151～210
211～270
>270
比例尺 1∶5 000 000
0 50 100 km
昆明
曲靖
昭通
丽江
大理
保山
临沧
普洱
玉溪
香格里拉
北回归线
梅里雪山 6740
玉龙雪山 5596

2001年逐日干旱、降水变化曲线

气象干旱综合指数
日降水量
气象干旱综合指数（MCI）
日降水量（mm）
日期（月-日）
01-01
02-01
03-01
04-01
05-01
06-01
07-01
08-01
09-01
10-01
11-01
12-01
12-31
无旱
轻旱
中旱
重旱
特旱

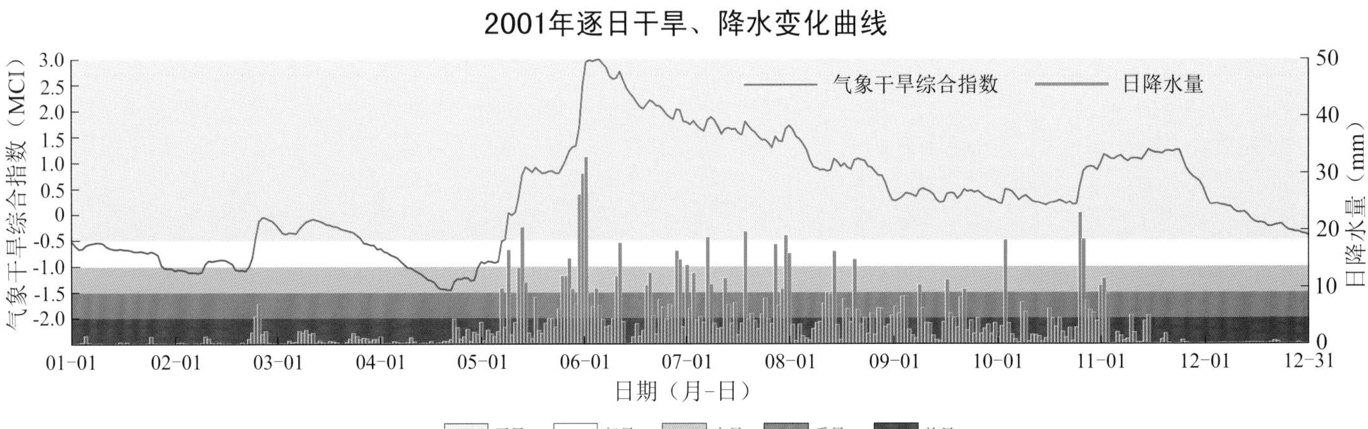

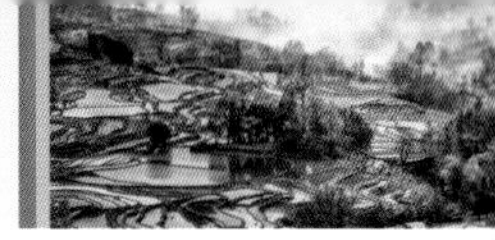

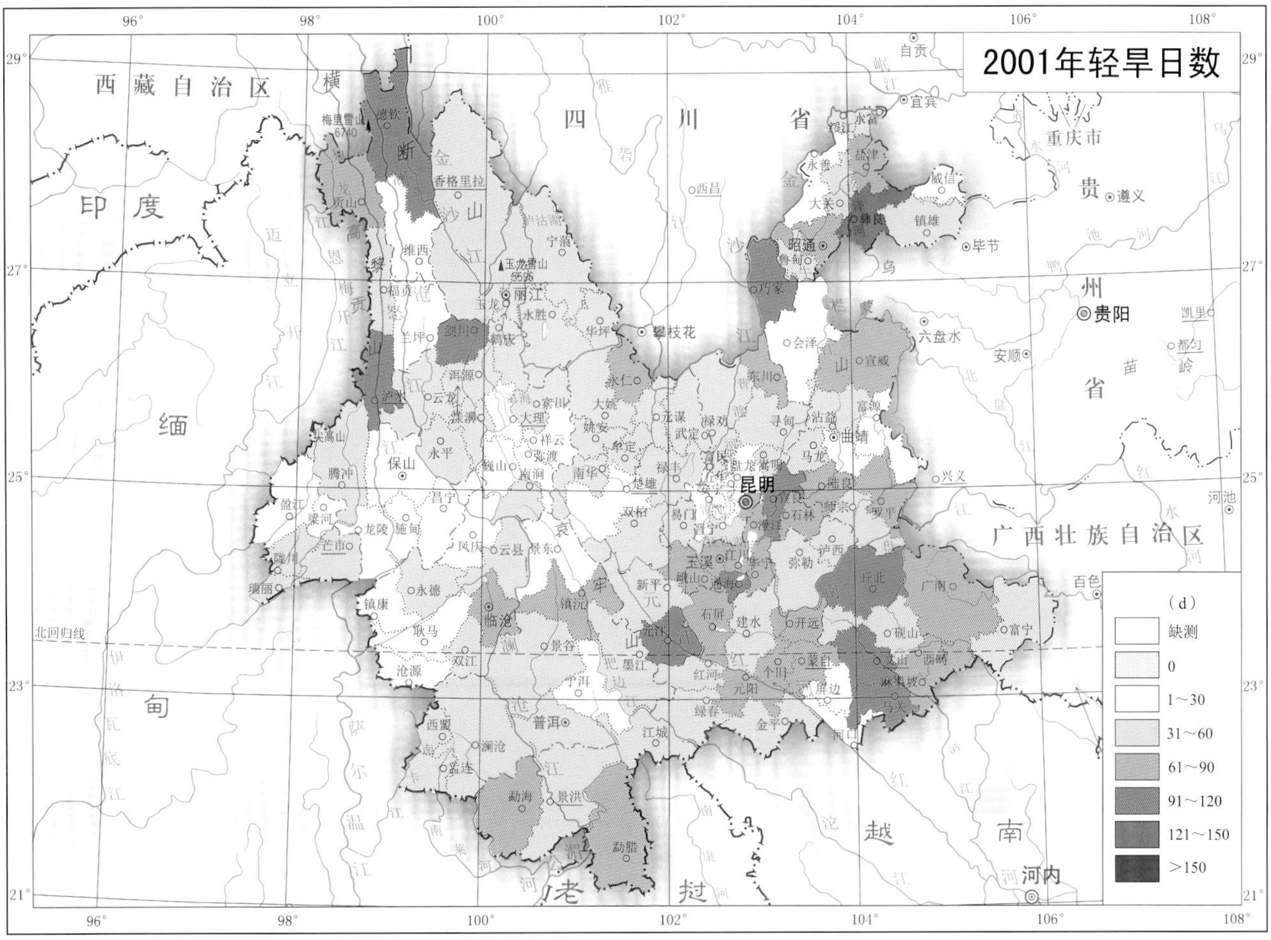

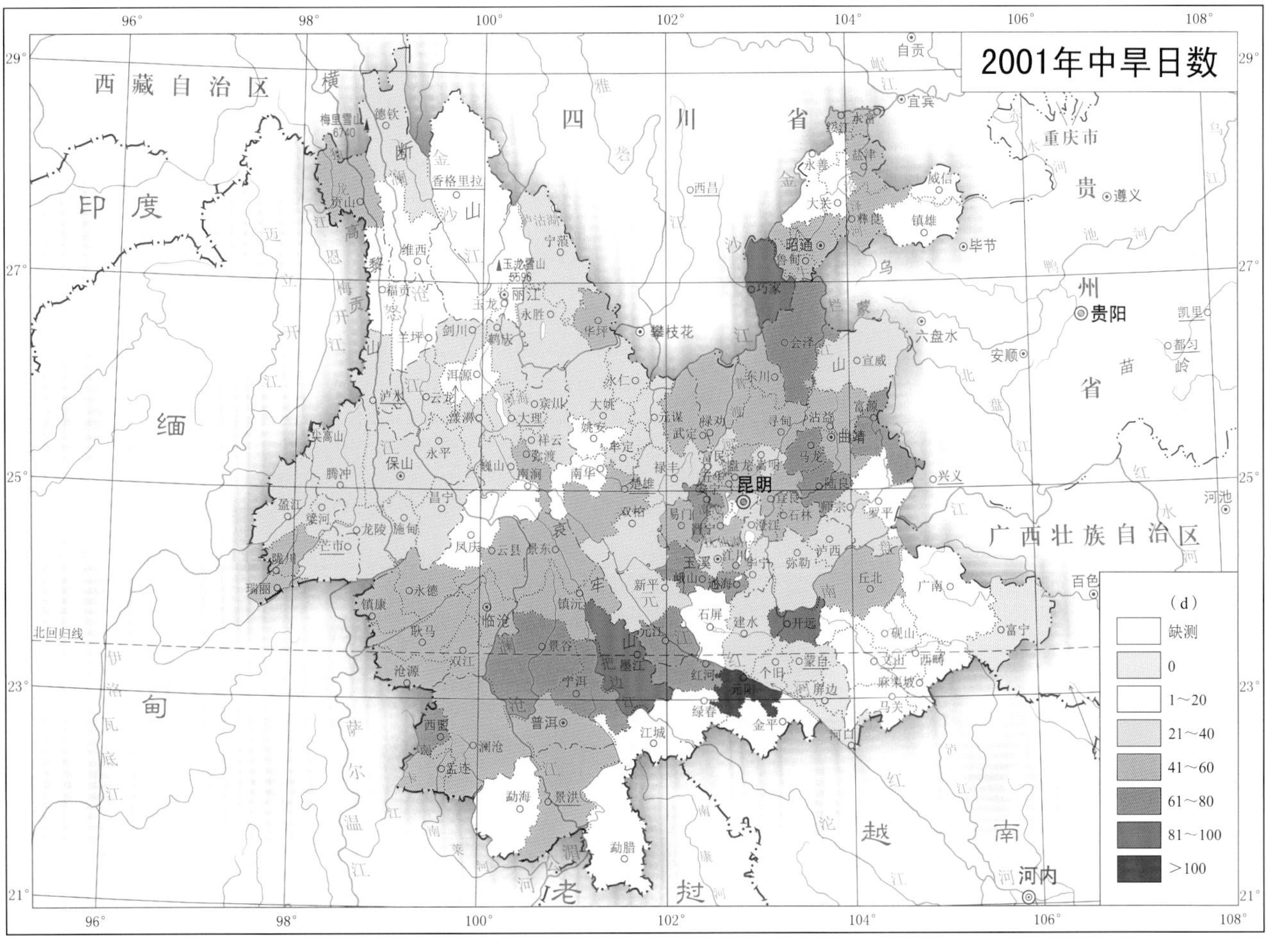

2001年轻旱日数
(d)
缺测
0
1～30
31～60
61～90
91～120
121～150
>150
西藏自治区
四川省
贵州省
广西壮族自治区
印度
缅甸
越南
老挝
昆明
贵阳
重庆市
河内
北回归线

2001年中旱日数
(d)
缺测
0
1～20
21～40
41～60
61～80
81～100
>100
西藏自治区
四川省
贵州省
广西壮族自治区
印度
缅甸
越南
老挝
昆明
贵阳
重庆市
河内
北回归线

比例尺 1:8 000 000 0 80 160 km

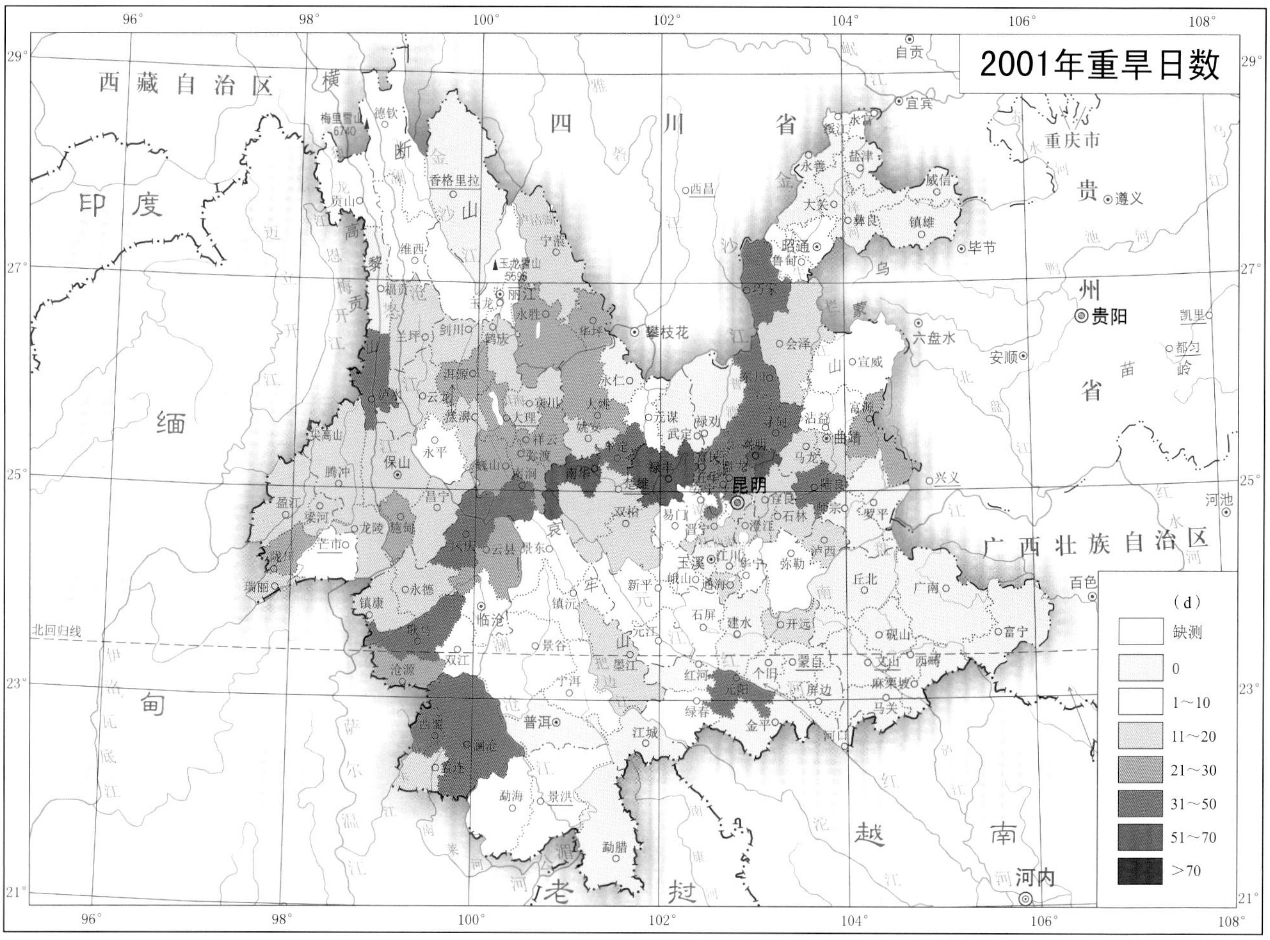

2001年重旱日数

(d)

- 缺测
- 0
- 1～10
- 11～20
- 21～30
- 31～50
- 51～70
- ＞70

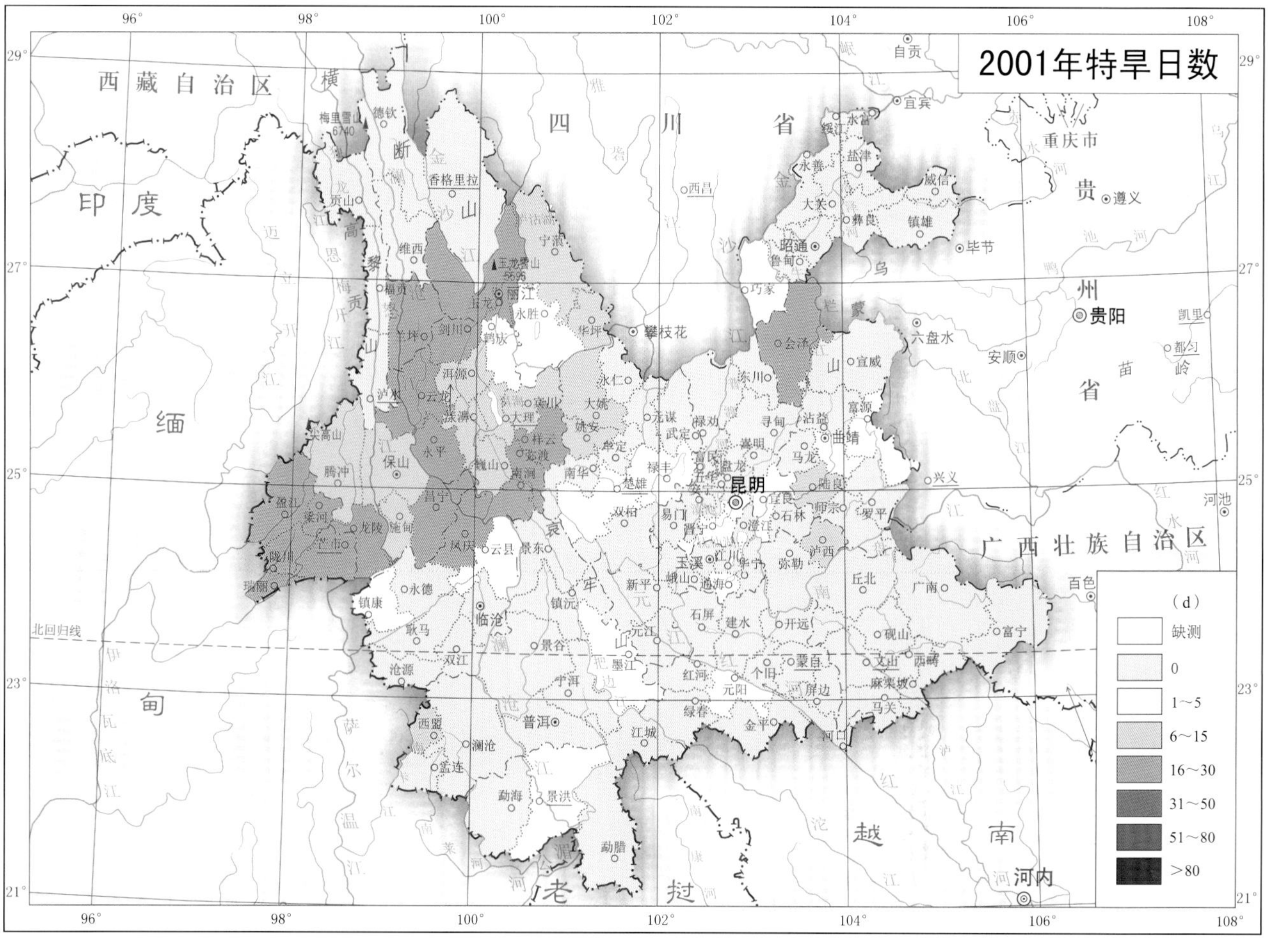

2001年特旱日数

(d)

- 缺测
- 0
- 1～5
- 6～15
- 16～30
- 31～50
- 51～80
- ＞80

比例尺 1∶8 000 000 0 80 160 km

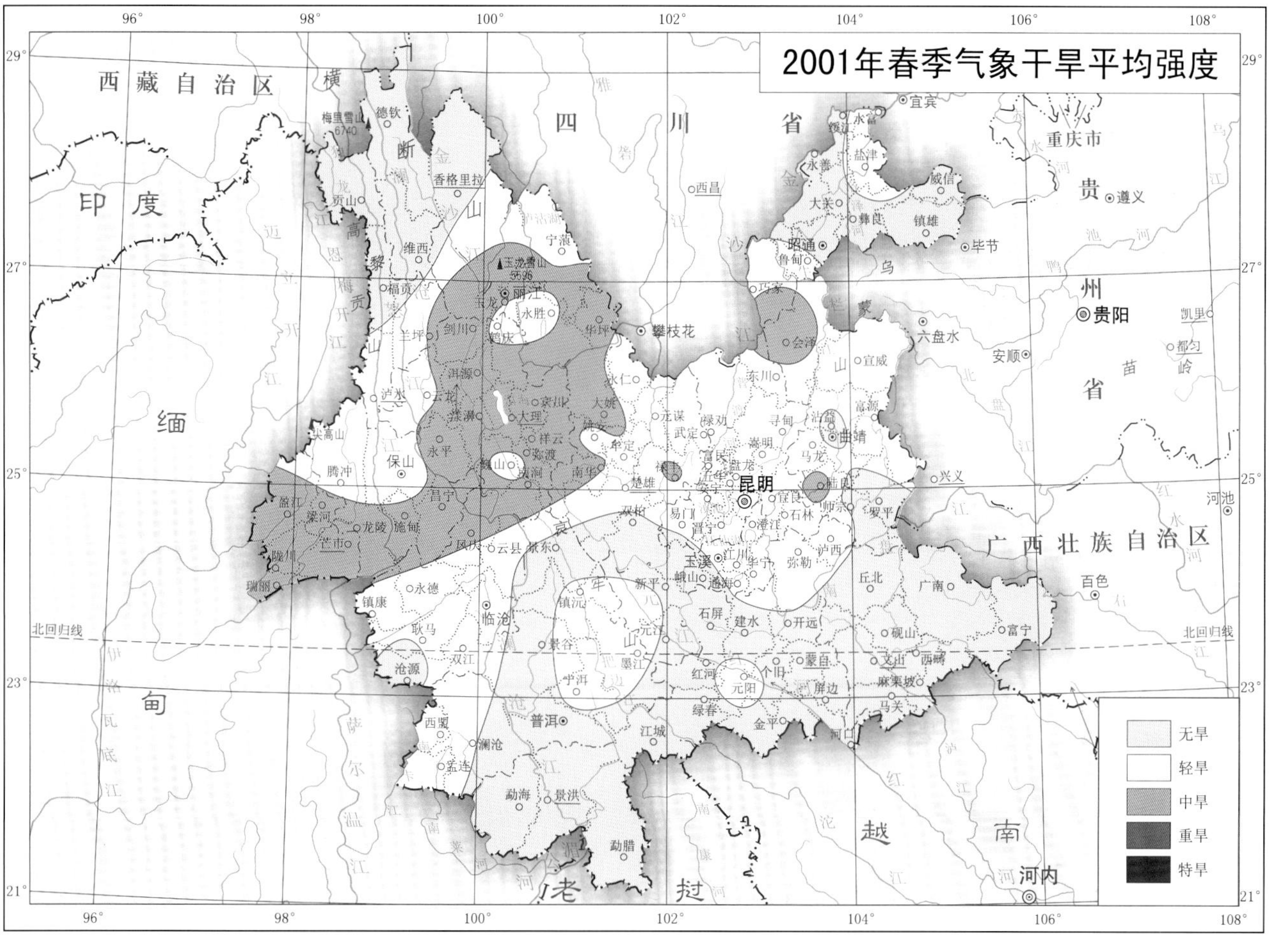

2001年春季气象干旱平均强度

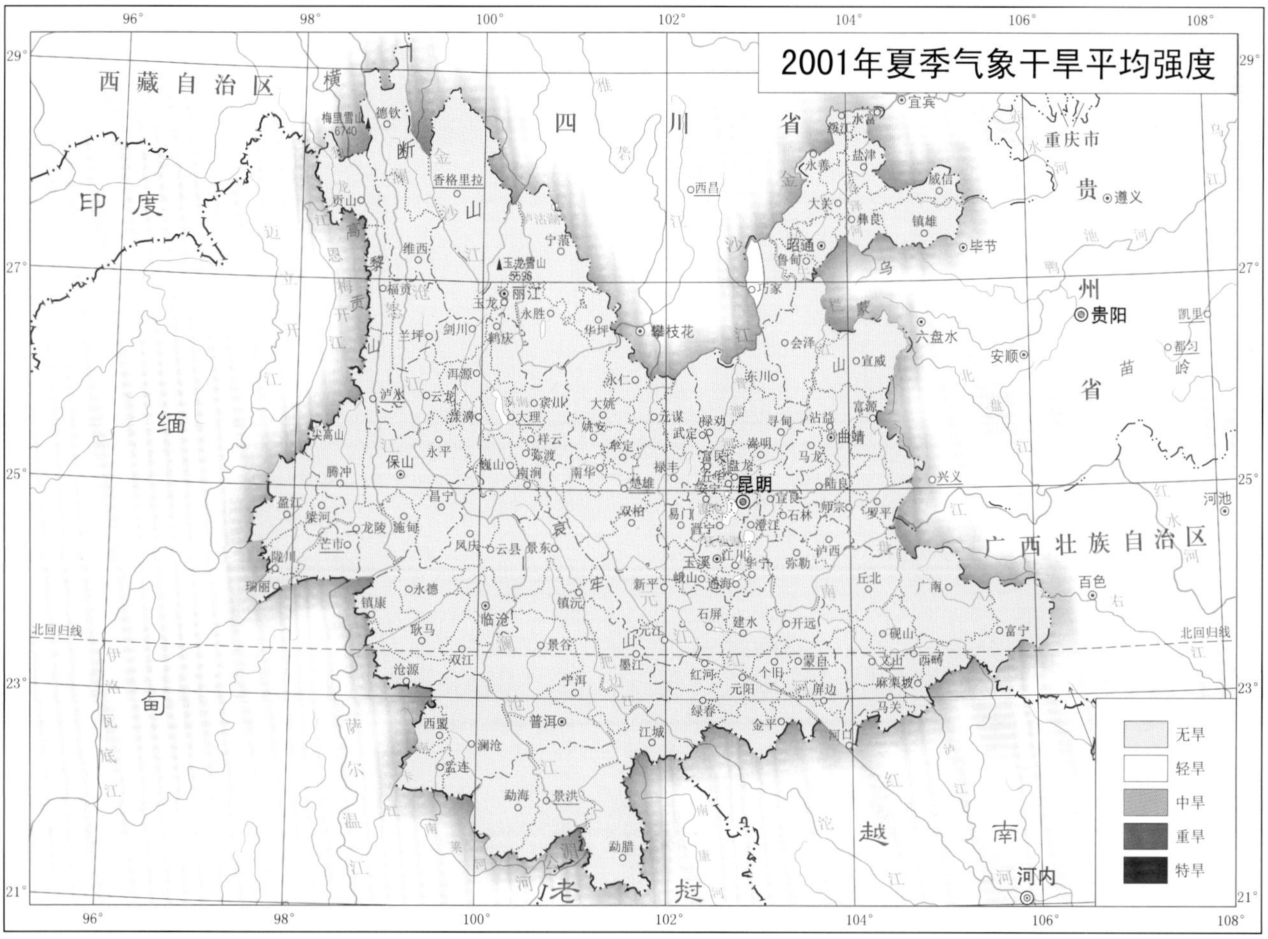

2001年夏季气象干旱平均强度

比例尺 1：8 000 000 0 80 160 km

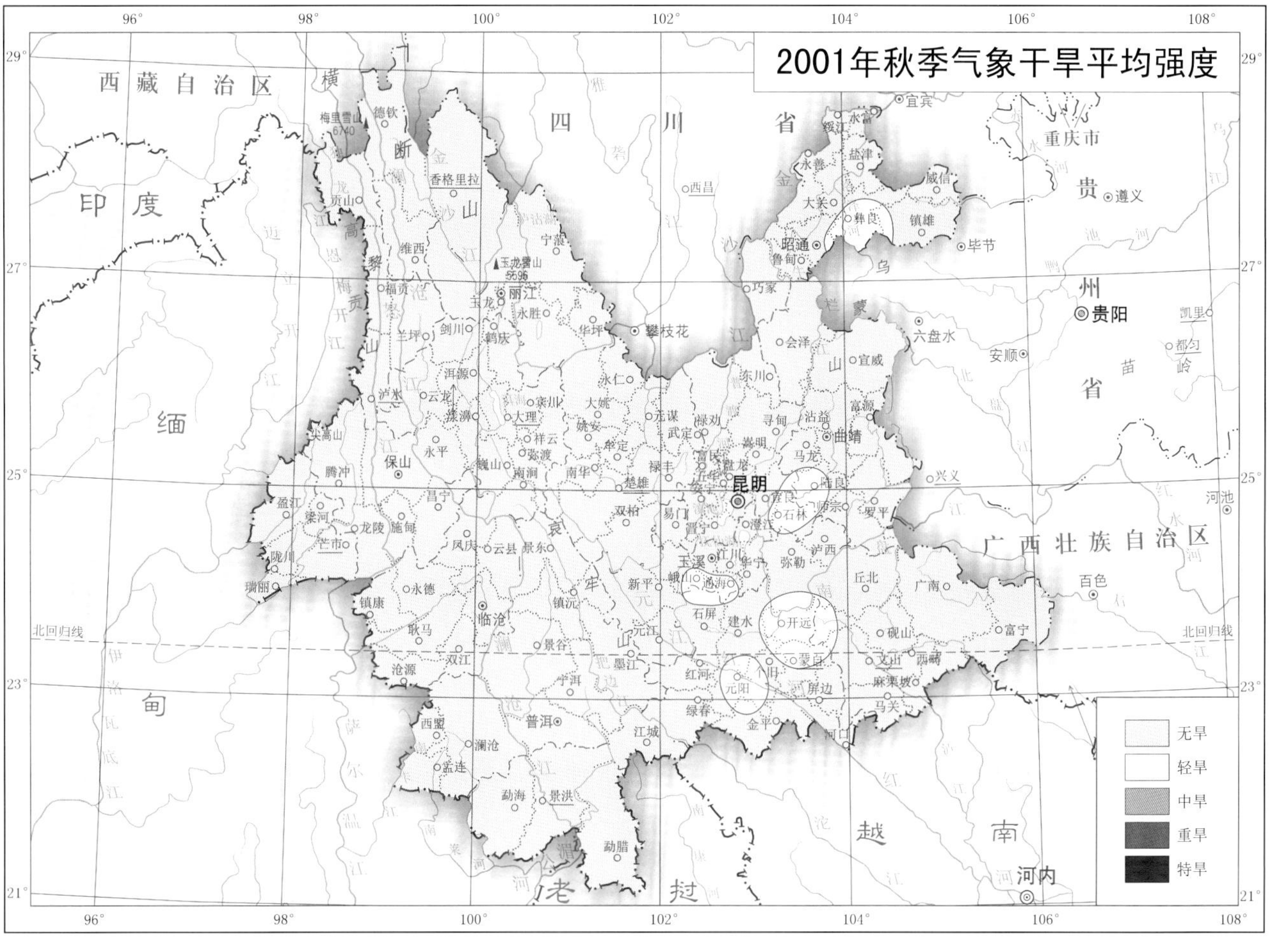

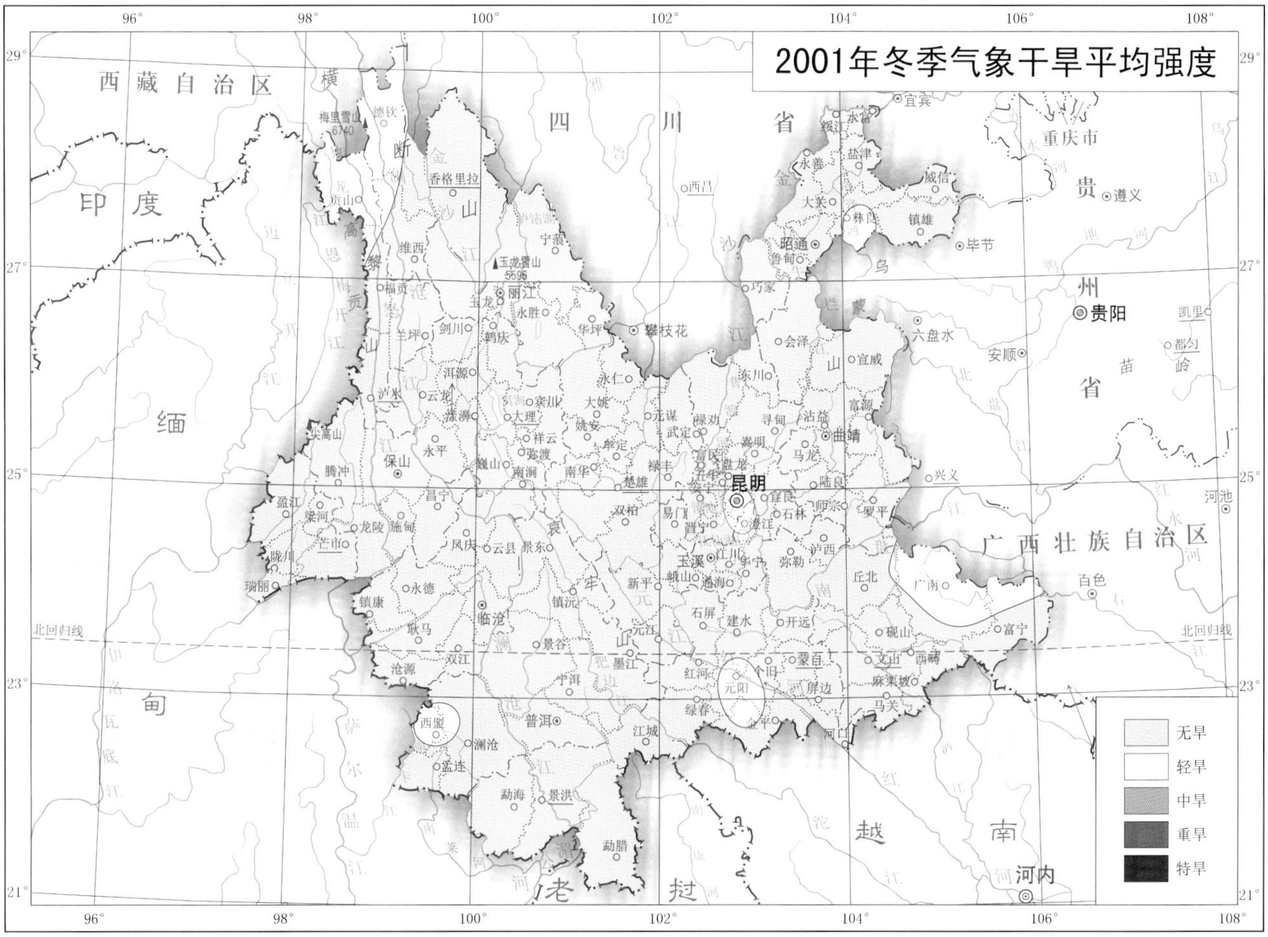

2001年秋季气象干旱平均强度

无旱
轻旱
中旱
重旱
特旱

2001年冬季气象干旱平均强度

无旱
轻旱
中旱
重旱
特旱

比例尺 1 : 8 000 000　0　80　160 km

2002年干旱日数

(d)

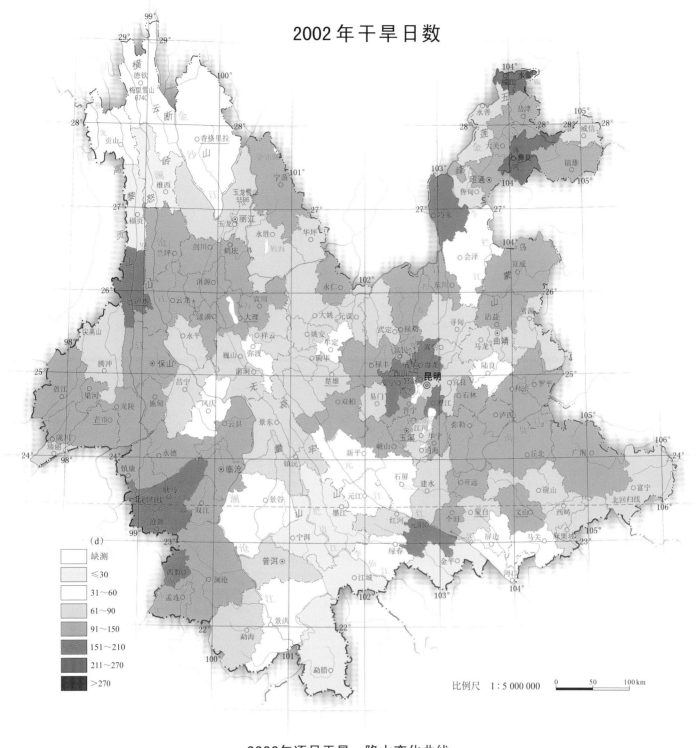

- 缺测
- ≤30
- 31～60
- 61～90
- 91～150
- 151～210
- 211～270
- >270

比例尺 1∶5 000 000

0 50 100 km

2002年逐日干旱、降水变化曲线

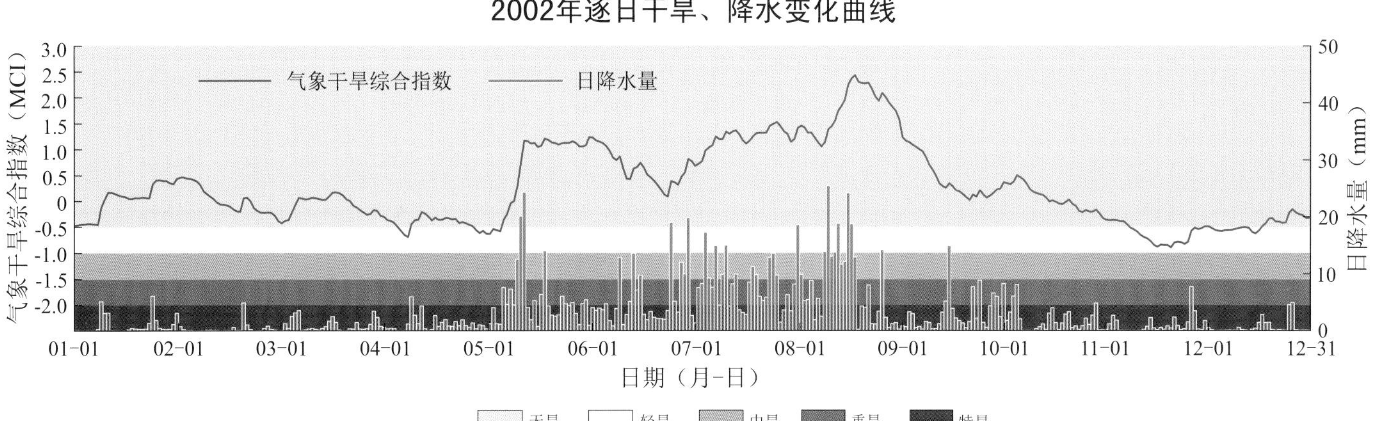

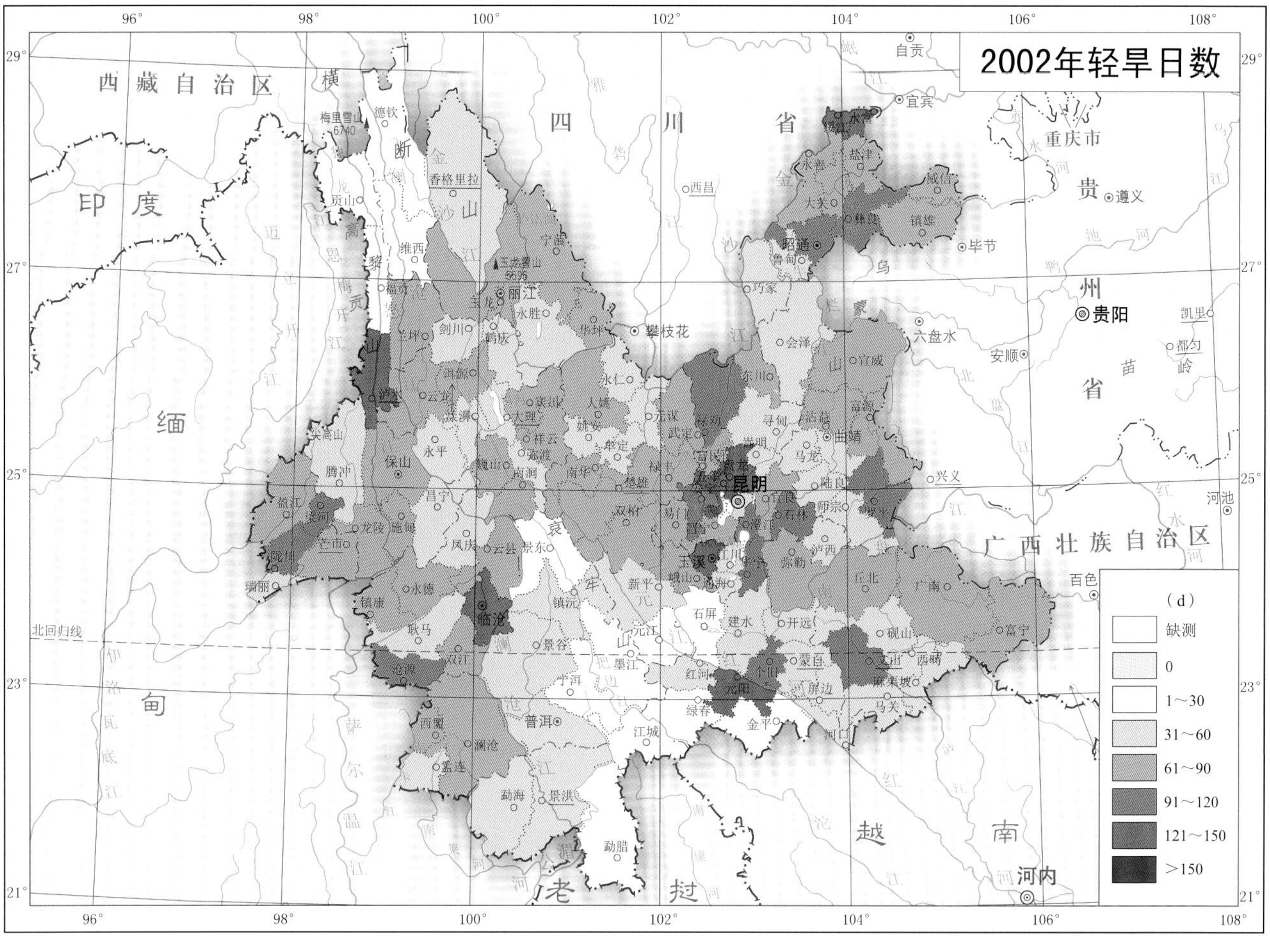
2002年轻旱日数
(d)
缺测
0
1~30
31~60
61~90
91~120
121~150
>150
西藏自治区
四川省
贵州省
广西壮族自治区
重庆市
印度
缅甸
越南
老挝
昆明
贵阳
河内
北回归线

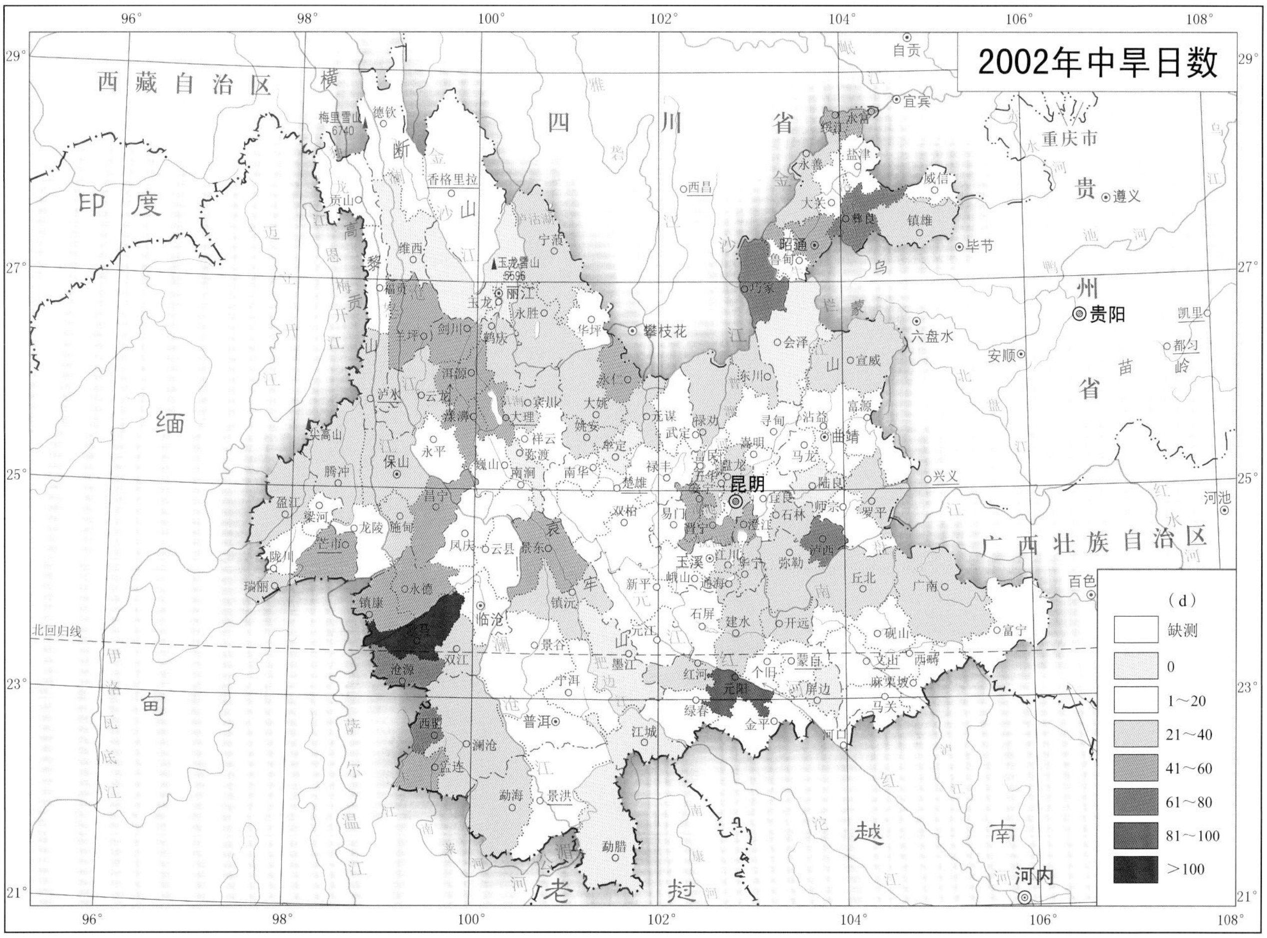
2002年中旱日数
(d)
缺测
0
1~20
21~40
41~60
61~80
81~100
>100
西藏自治区
四川省
贵州省
广西壮族自治区
重庆市
印度
缅甸
越南
老挝
昆明
贵阳
河内
北回归线

比例尺 1:8 000 000 0 80 160 km

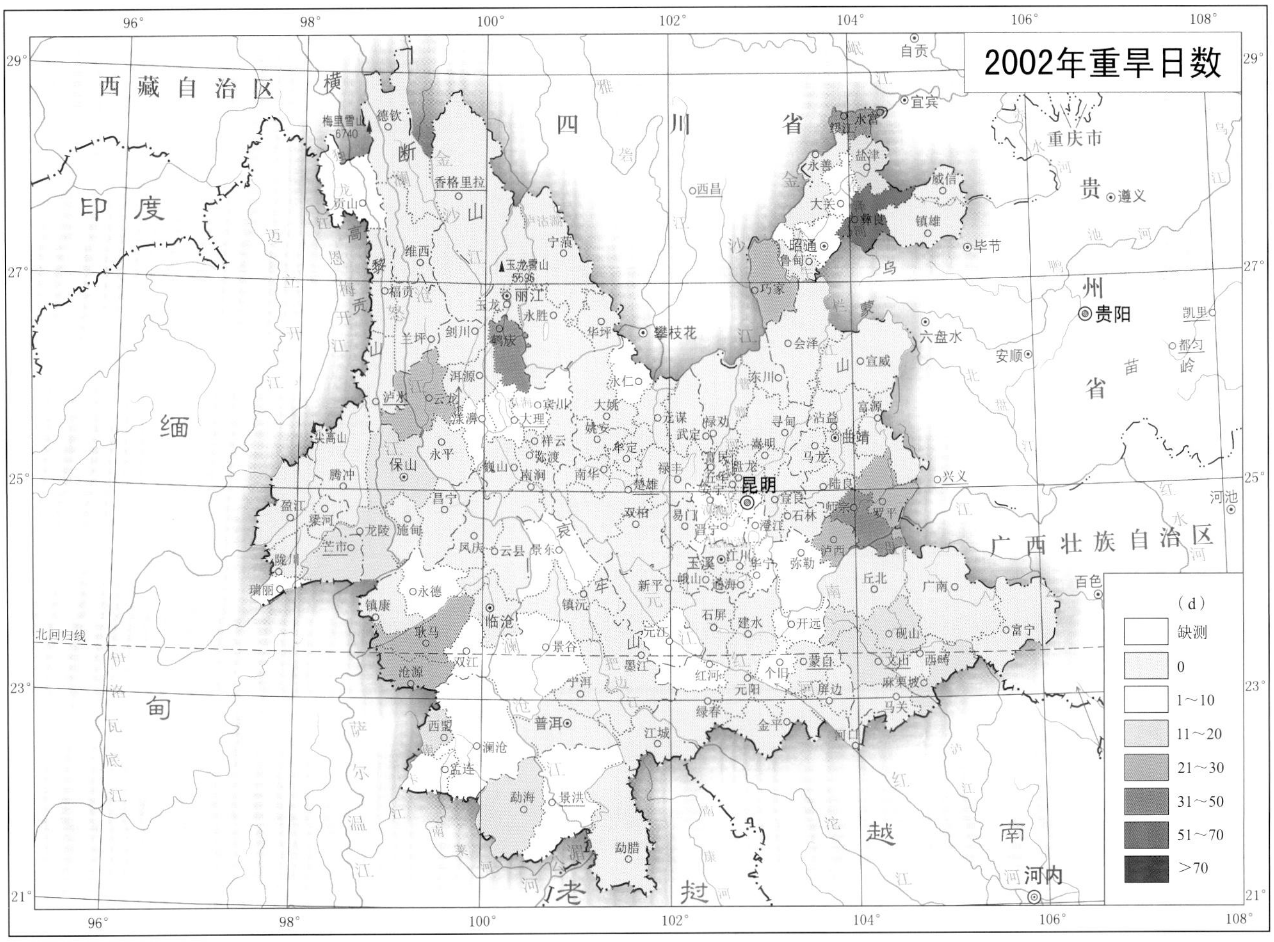

2002年重旱日数

(d)

- 缺测
- 0
- 1～10
- 11～20
- 21～30
- 31～50
- 51～70
- >70

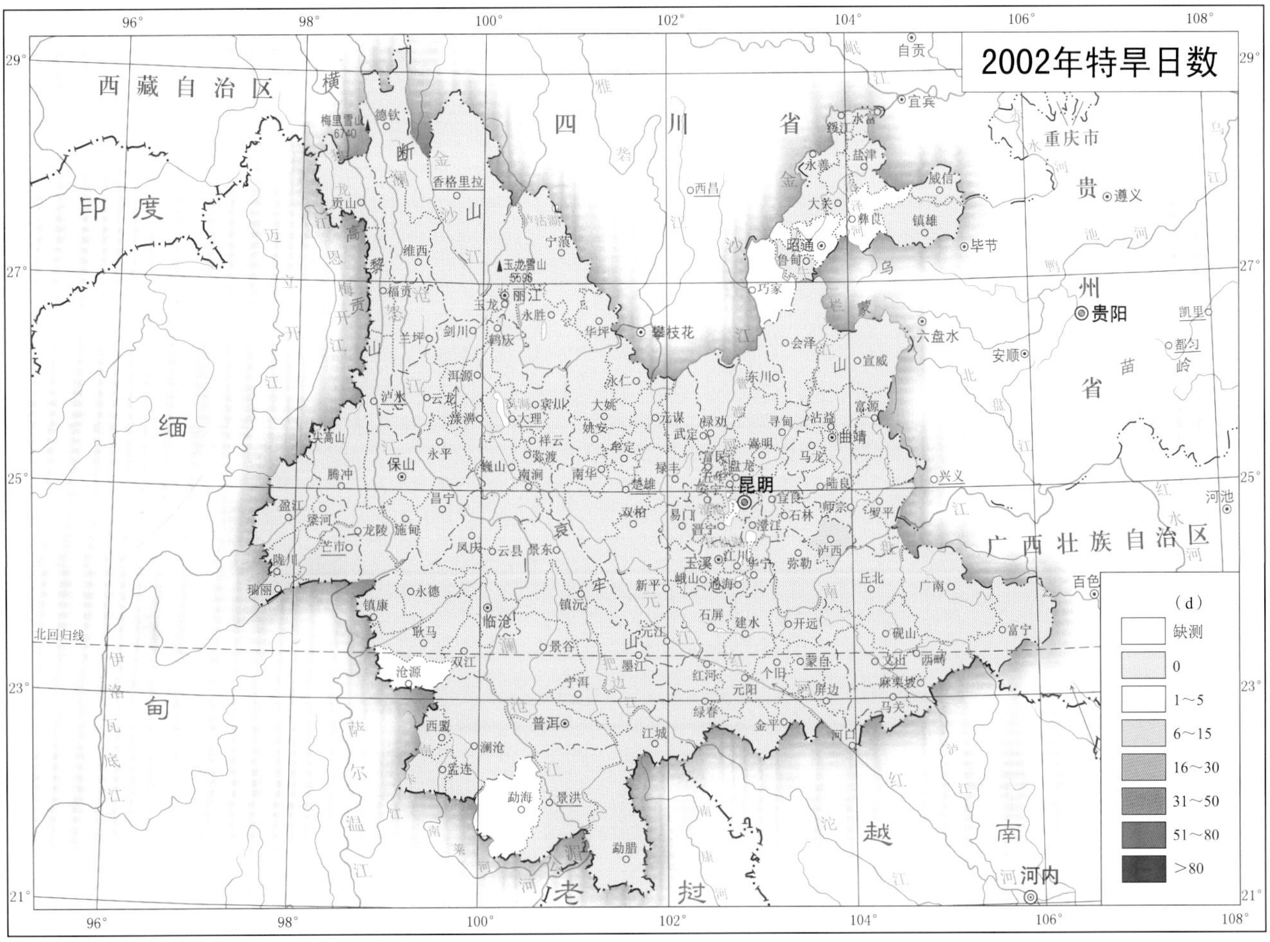

2002年特旱日数

(d)

- 缺测
- 0
- 1～5
- 6～15
- 16～30
- 31～50
- 51～80
- >80

比例尺 1 : 8 000 000　0 80 160 km

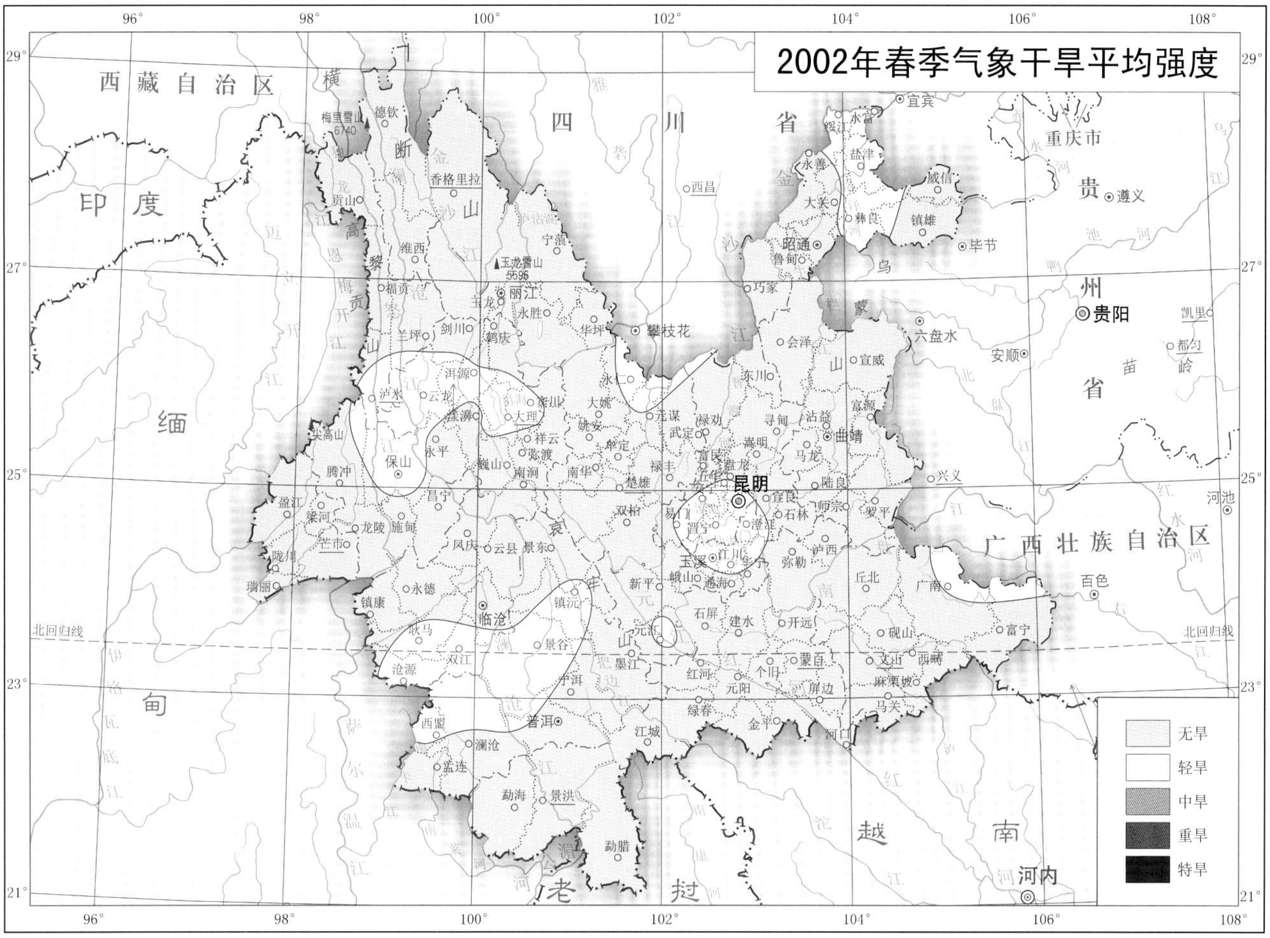
2002年春季气象干旱平均强度
无旱
轻旱
中旱
重旱
特旱

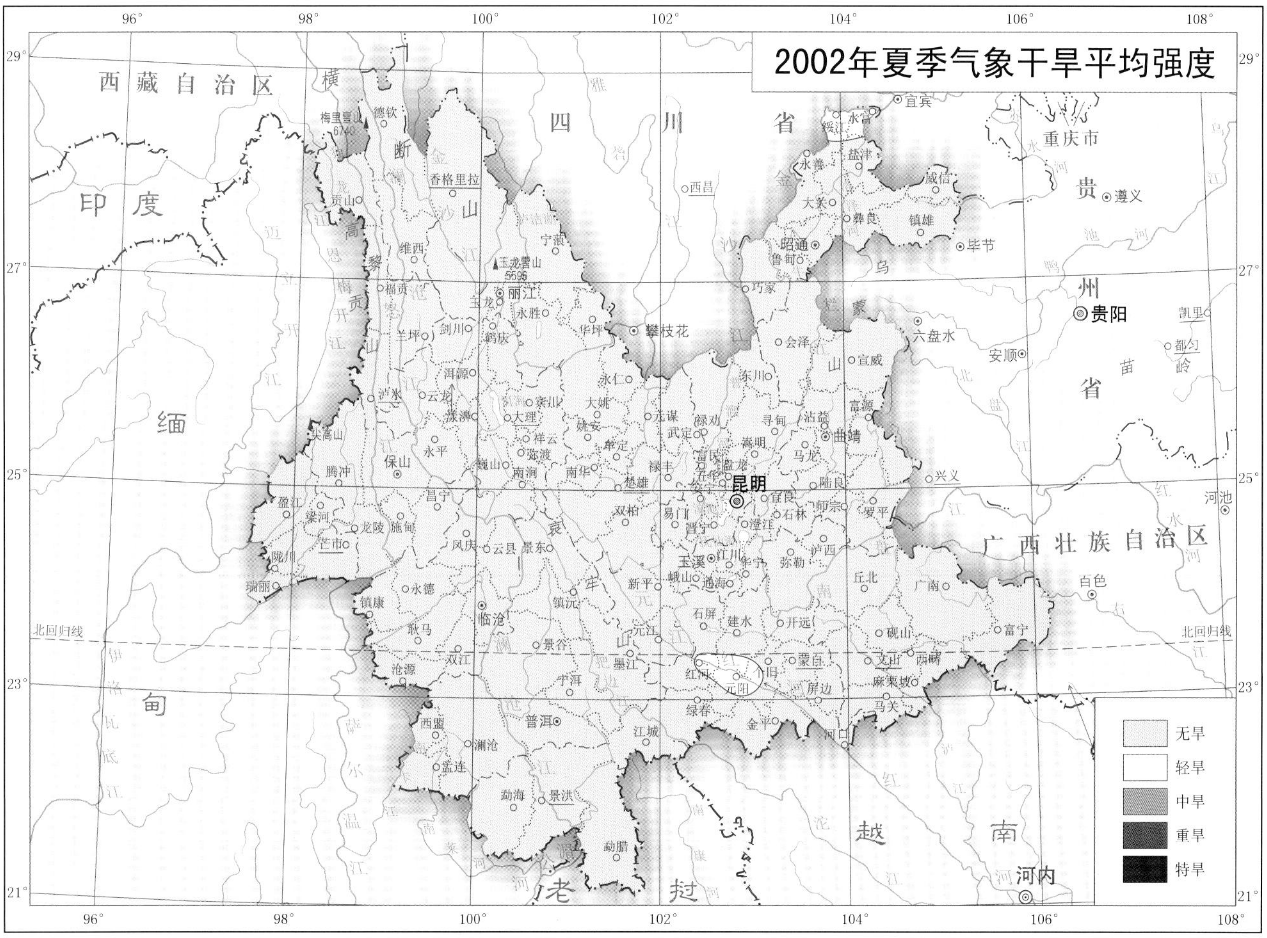
2002年夏季气象干旱平均强度
无旱
轻旱
中旱
重旱
特旱

比例尺 1 : 8 000 000　0　80　160 km

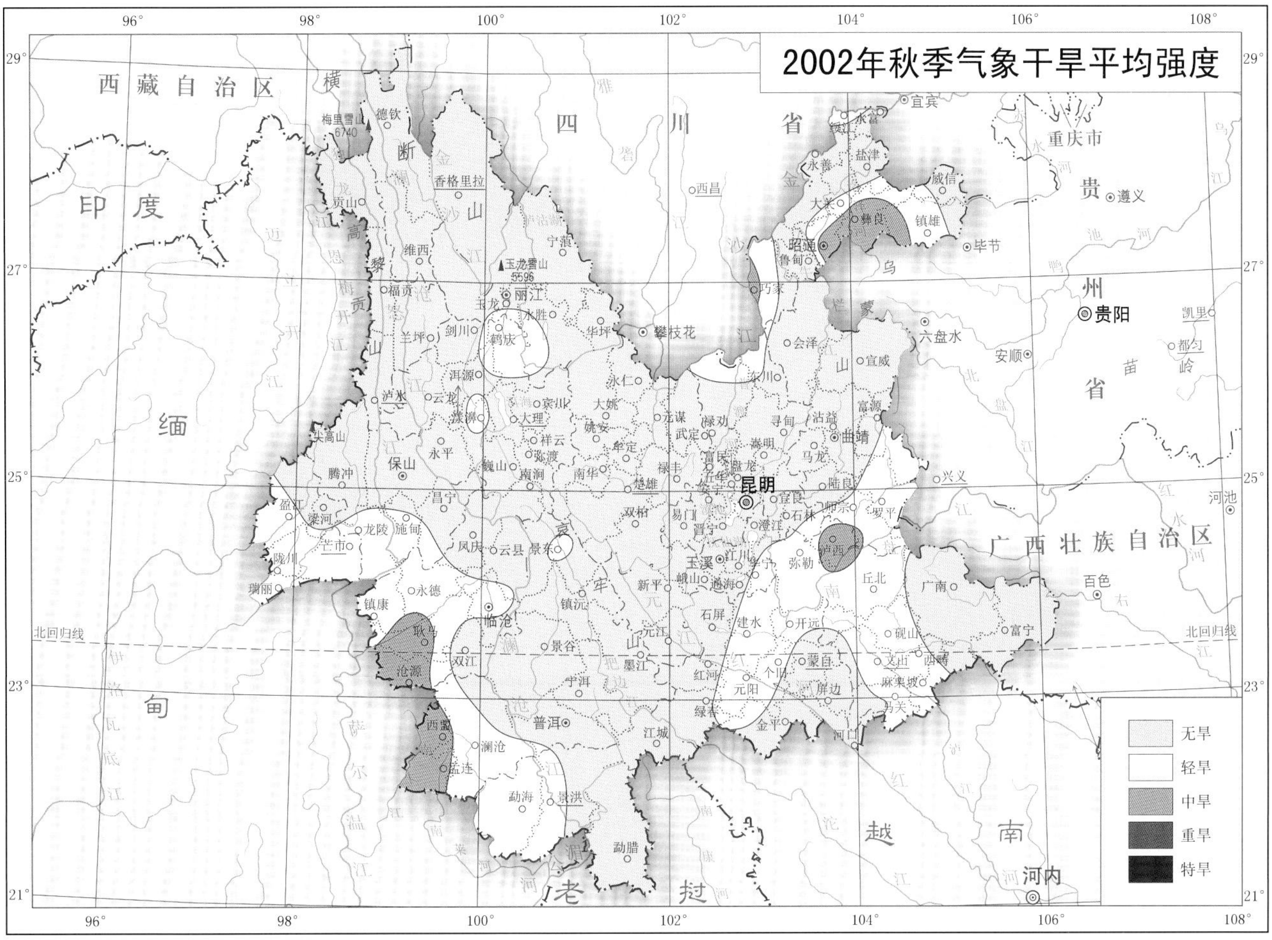

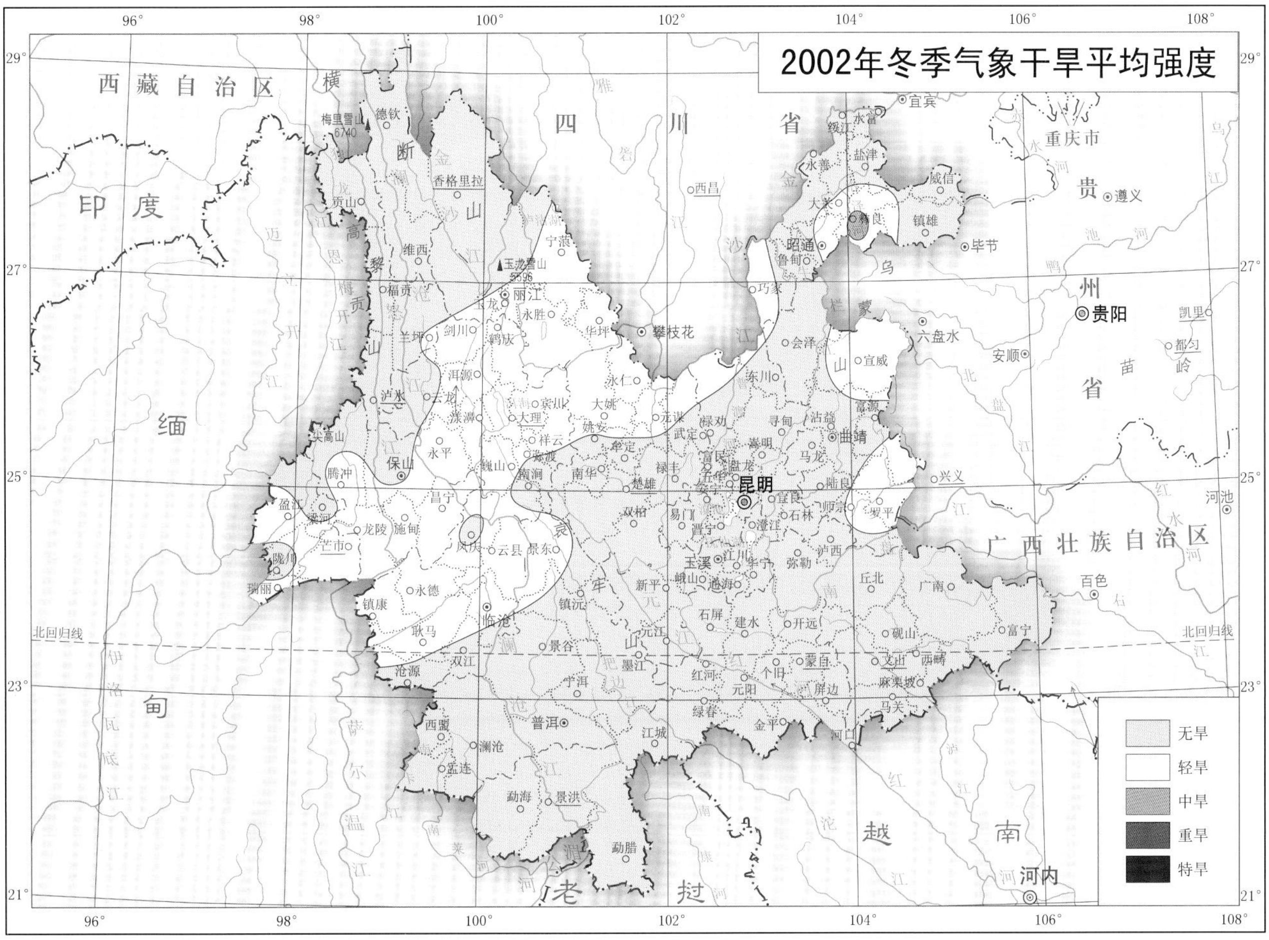

2002年秋季气象干旱平均强度

无旱
轻旱
中旱
重旱
特旱

2002年冬季气象干旱平均强度

无旱
轻旱
中旱
重旱
特旱

比例尺 1∶8 000 000 0 80 160 km

2003 年干旱日数

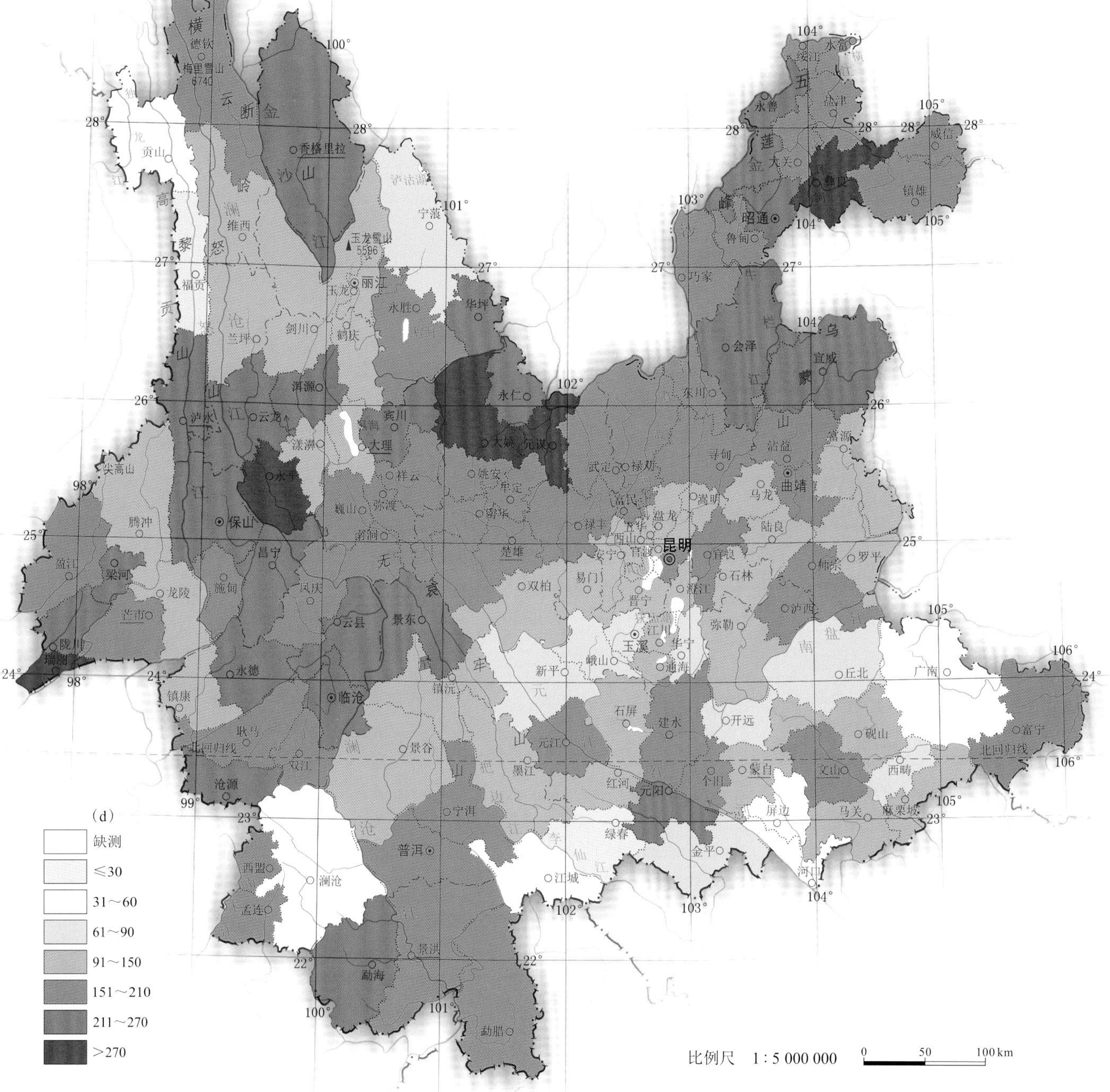

(d)

缺测
≤30
31～60
61～90
91～150
151～210
211～270
>270

比例尺 1 : 5 000 000

2003年逐日干旱、降水变化曲线

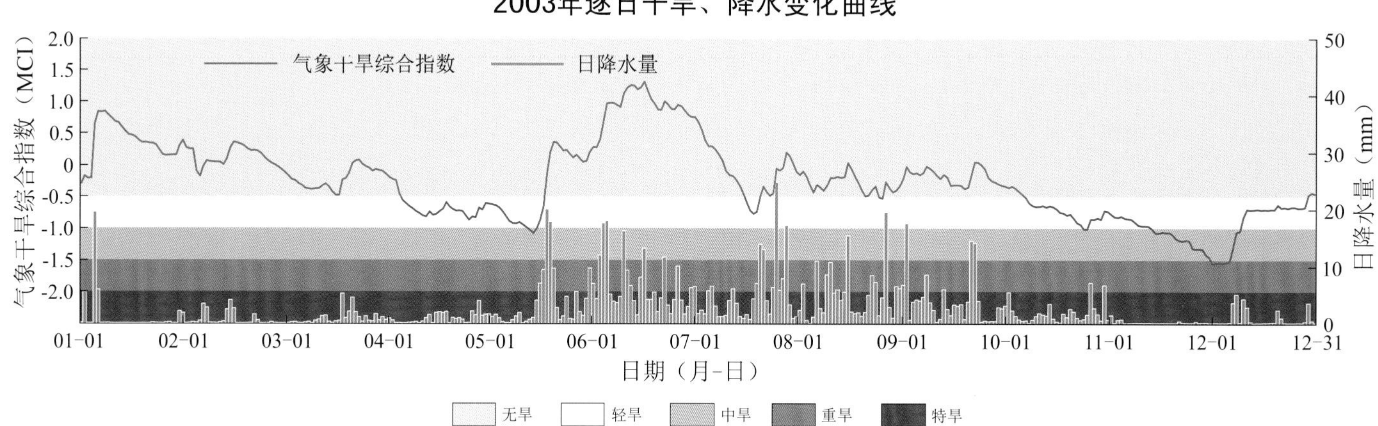

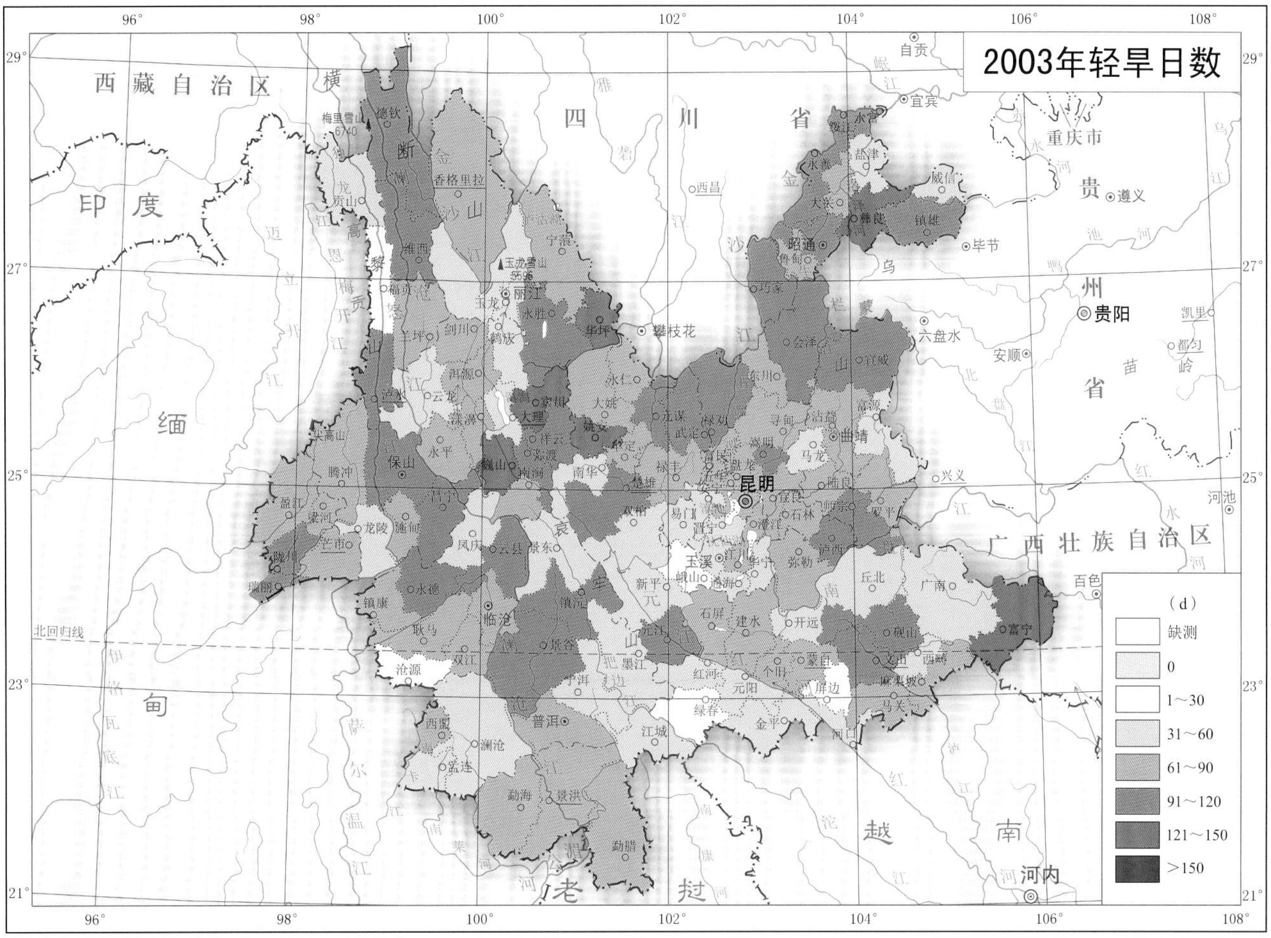

2003年轻旱日数

(d)
- 缺测
- 0
- 1~30
- 31~60
- 61~90
- 91~120
- 121~150
- >150

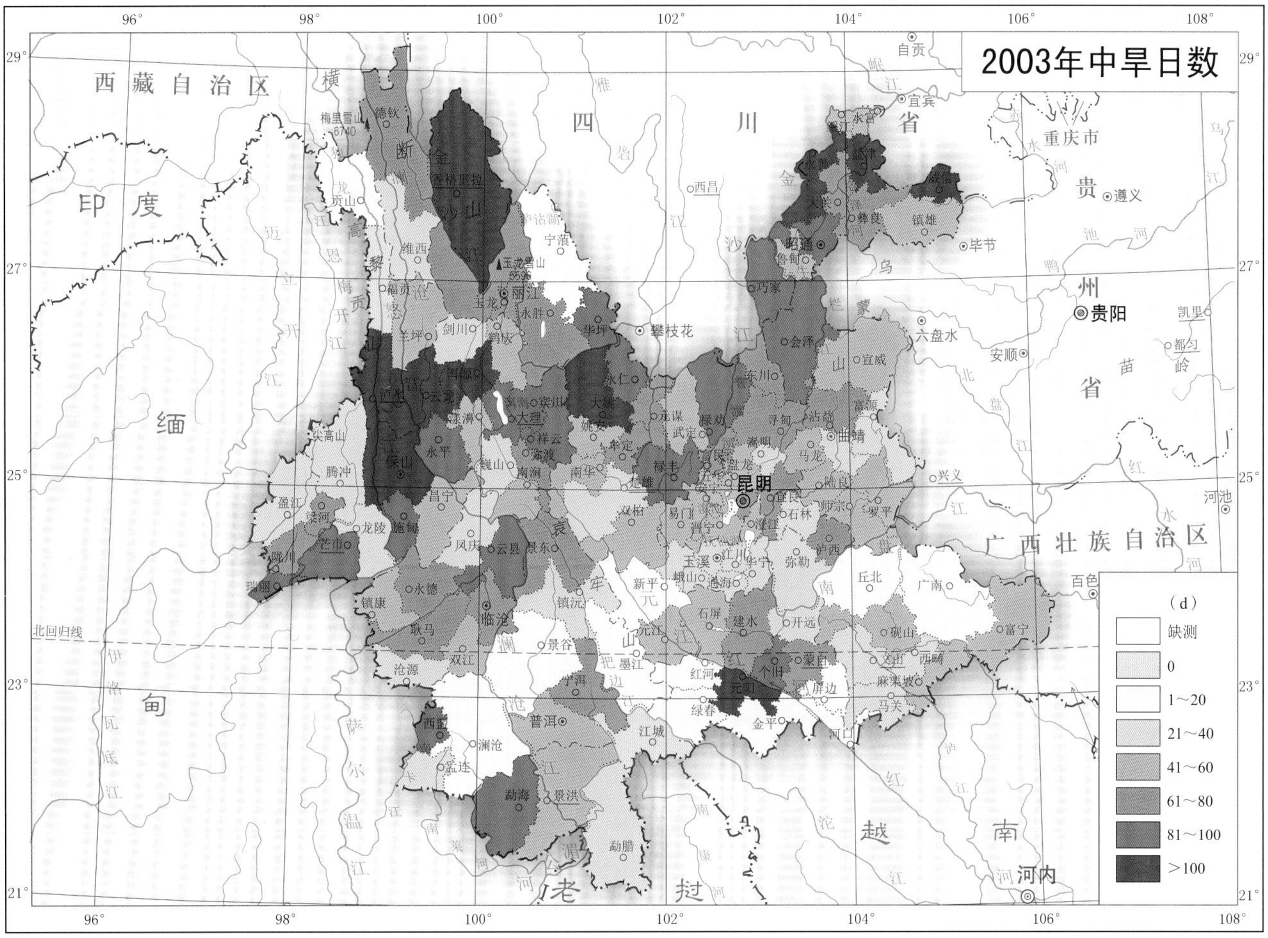

2003年中旱日数

(d)
- 缺测
- 0
- 1~20
- 21~40
- 41~60
- 61~80
- 81~100
- >100

比例尺 1：8 000 000 0 80 160 km

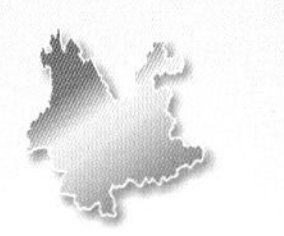

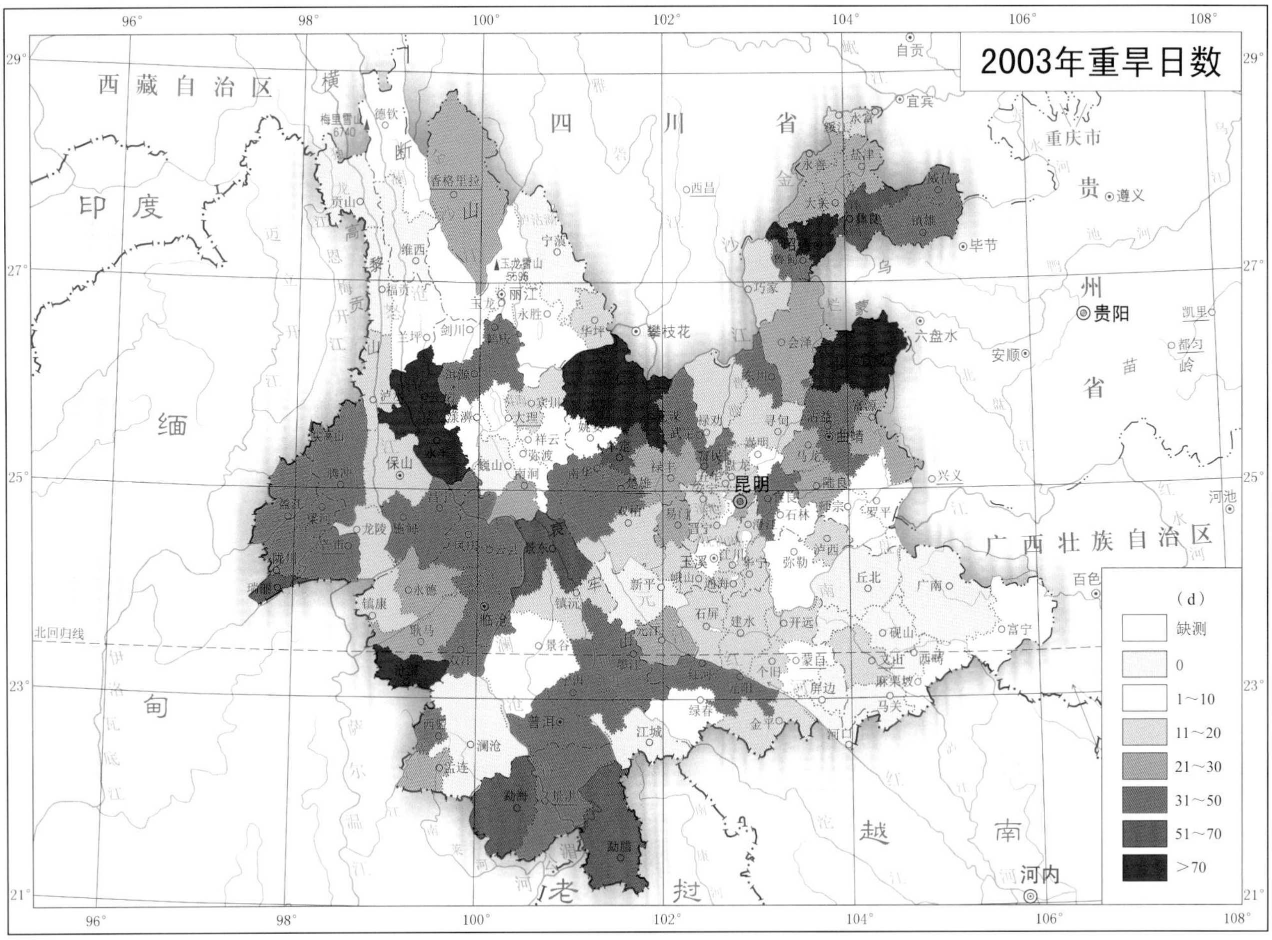

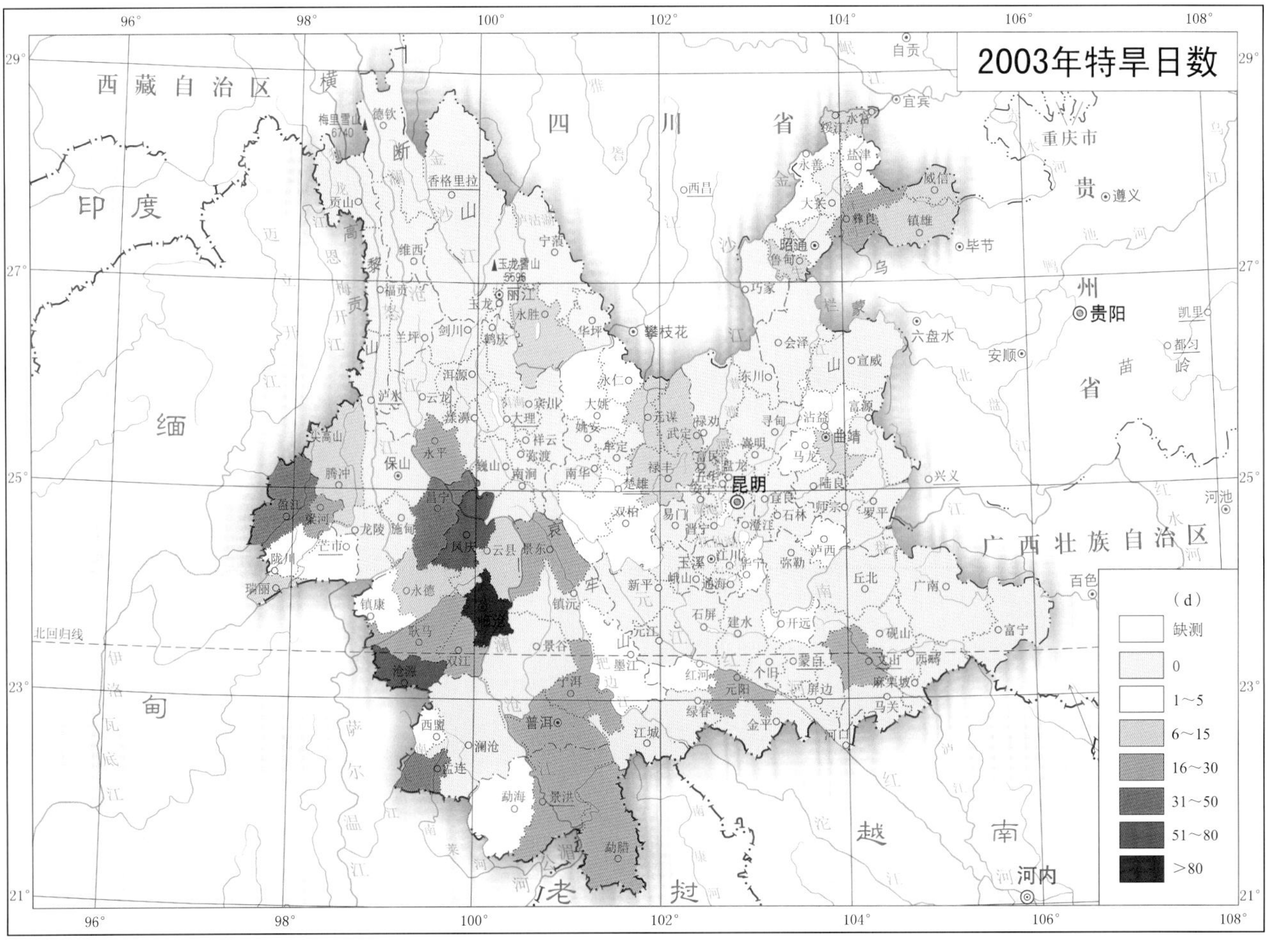

2003年重旱日数
(d)
缺测
0
1~10
11~20
21~30
31~50
51~70
>70
西藏自治区
四川省
印度
缅甸
越南
老挝
广西壮族自治区
贵州省
重庆市
昆明
北回归线

2003年特旱日数
(d)
缺测
0
1~5
6~15
16~30
31~50
51~80
>80
西藏自治区
四川省
印度
缅甸
越南
老挝
广西壮族自治区
贵州省
重庆市
昆明
北回归线

比例尺 1:8 000 000 0 80 160 km

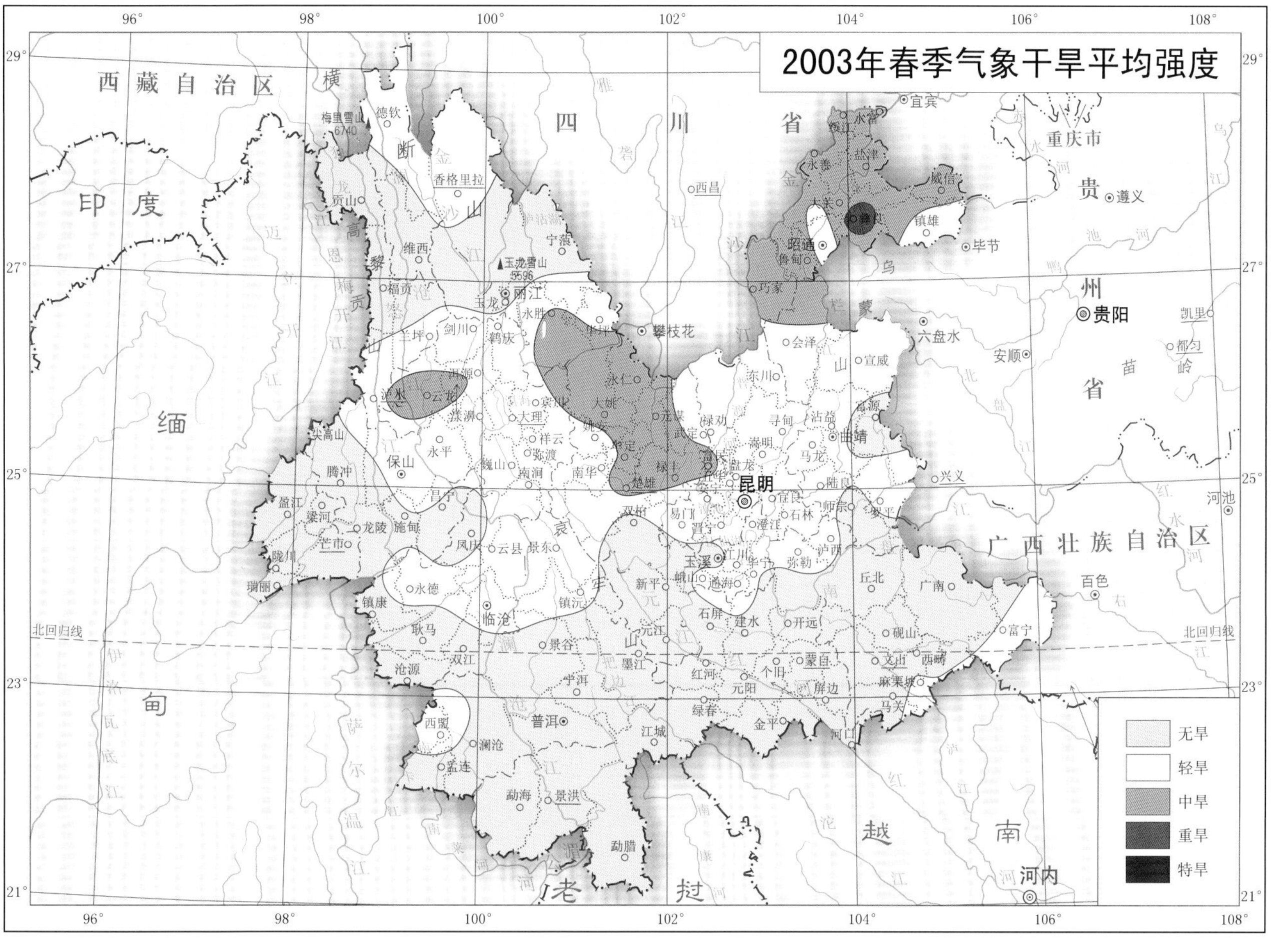

2003年春季气象干旱平均强度

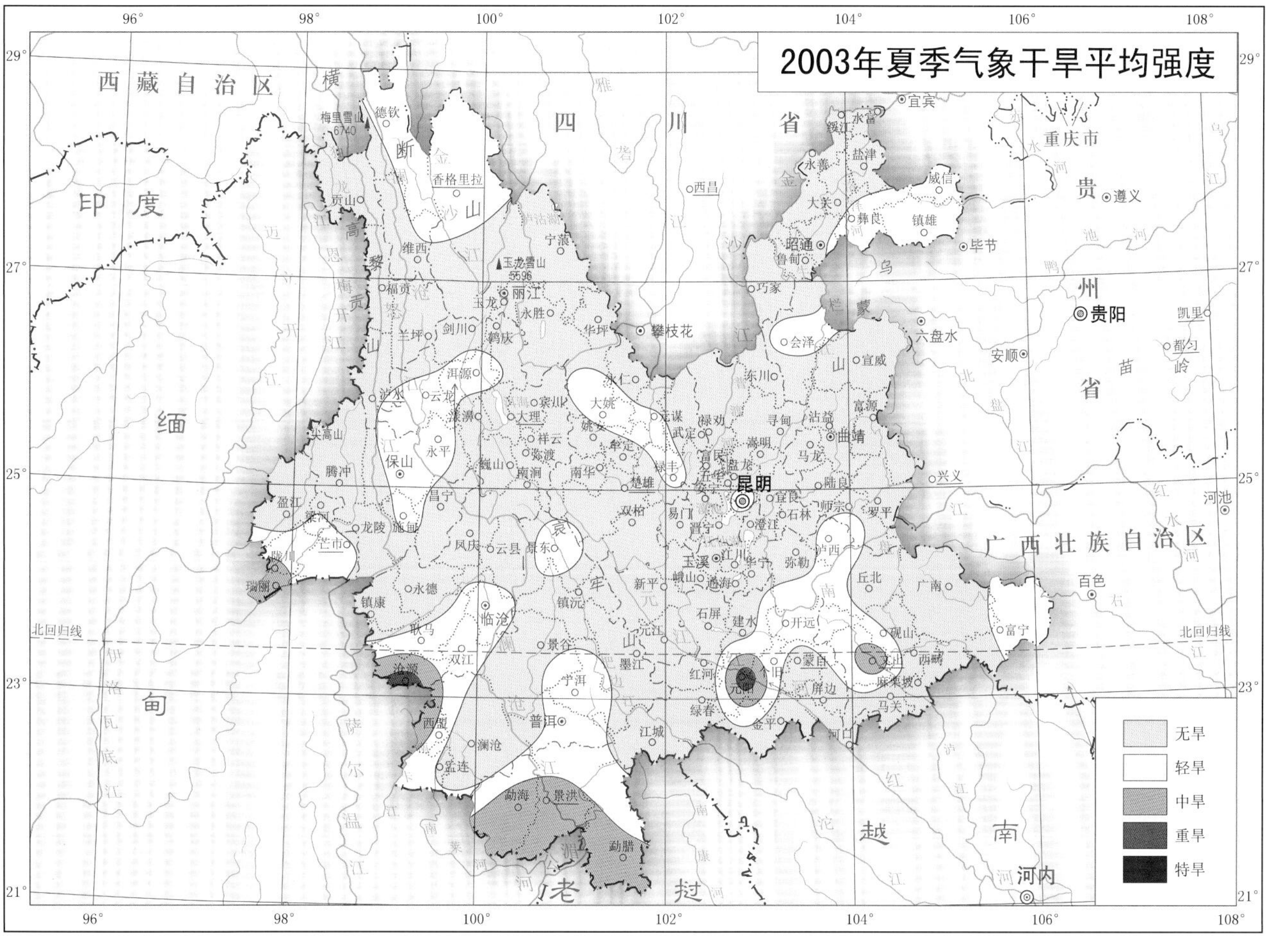

无旱
轻旱
中旱
重旱
特旱

2003年夏季气象干旱平均强度

无旱
轻旱
中旱
重旱
特旱

比例尺 1:8 000 000 0 80 160 km

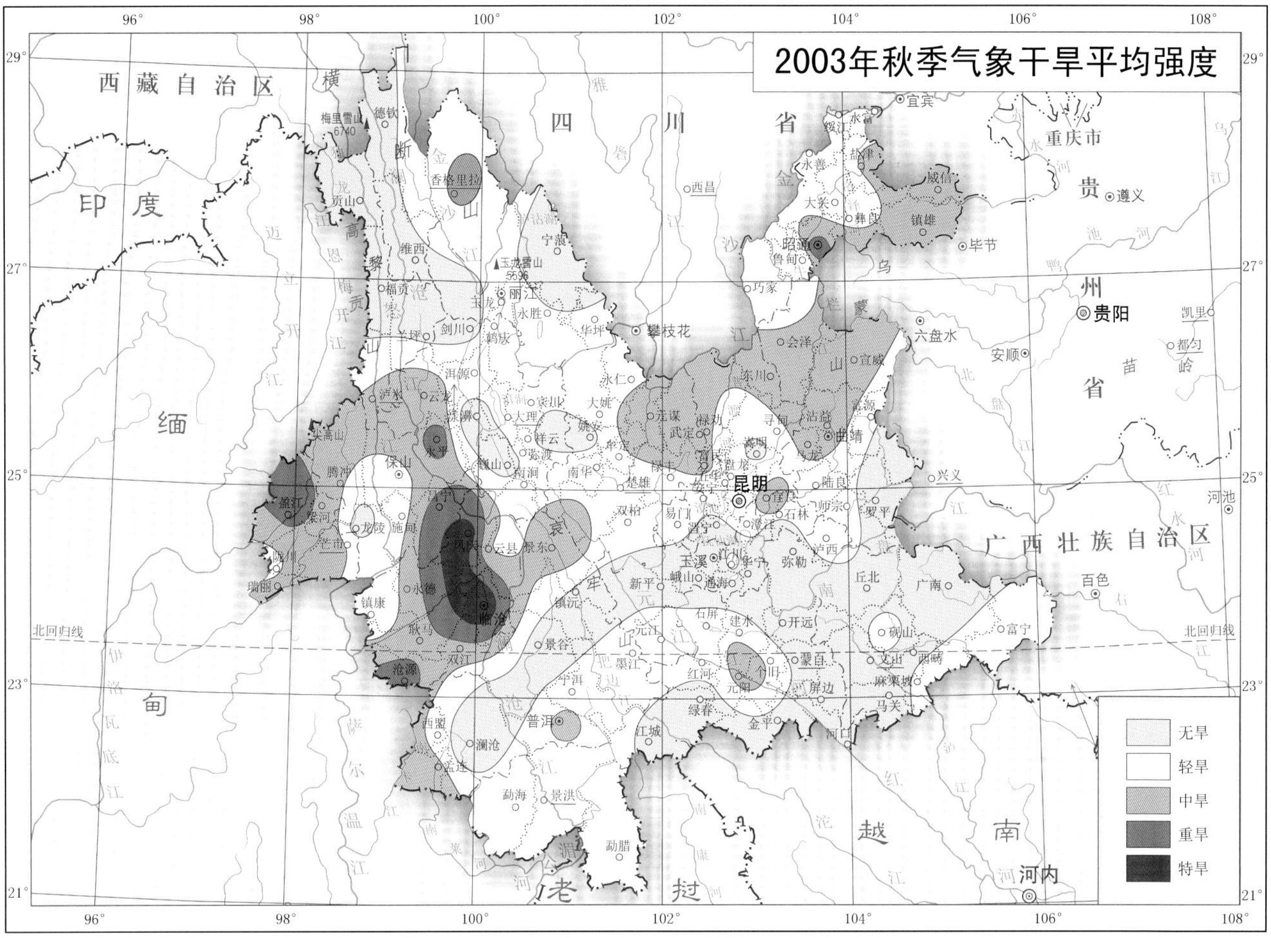

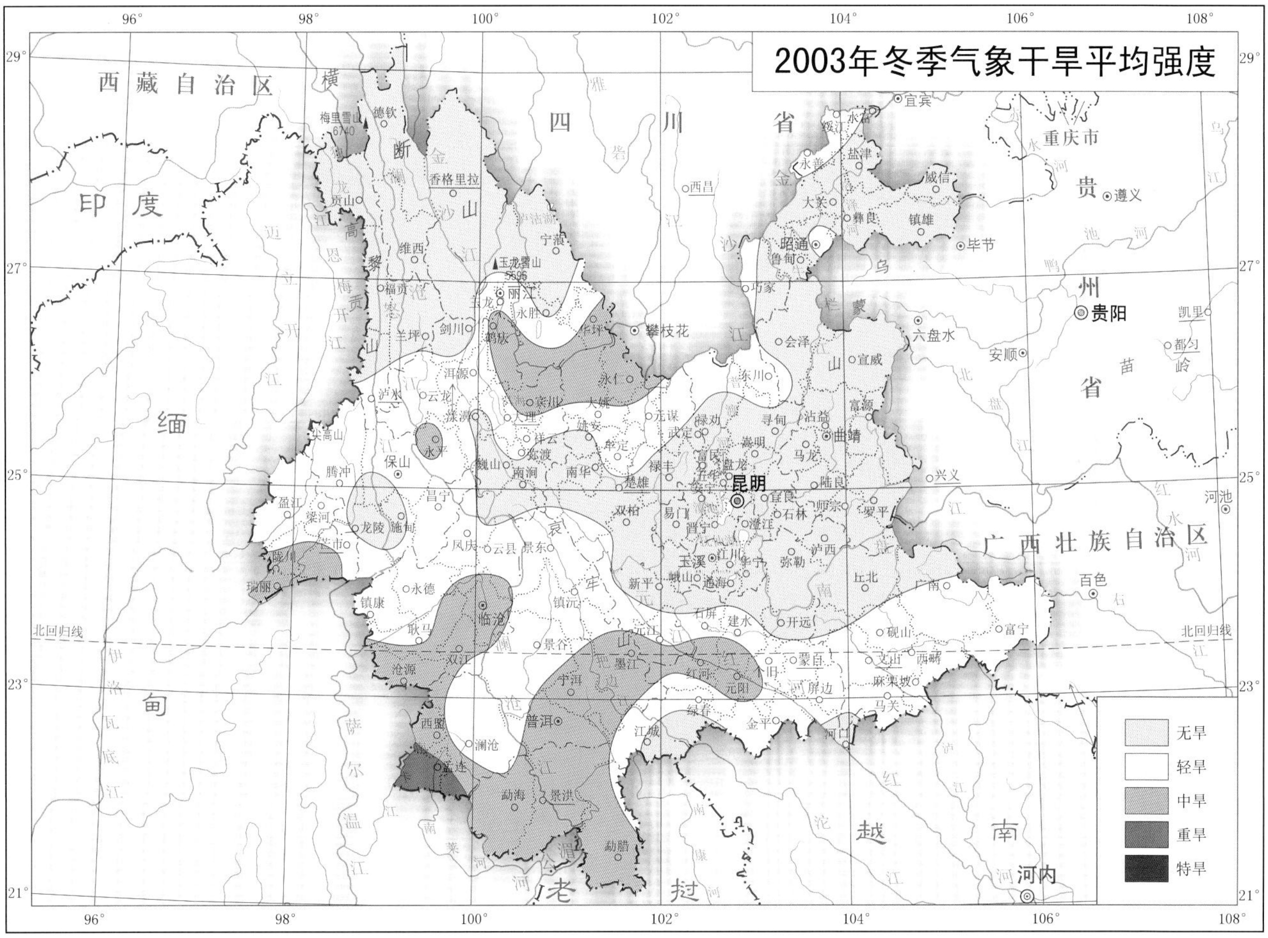

2003年秋季气象干旱平均强度

无旱
轻旱
中旱
重旱
特旱

2003年冬季气象干旱平均强度

无旱
轻旱
中旱
重旱
特旱

比例尺 1:8 000 000 0 80 160 km

2004年干旱日数

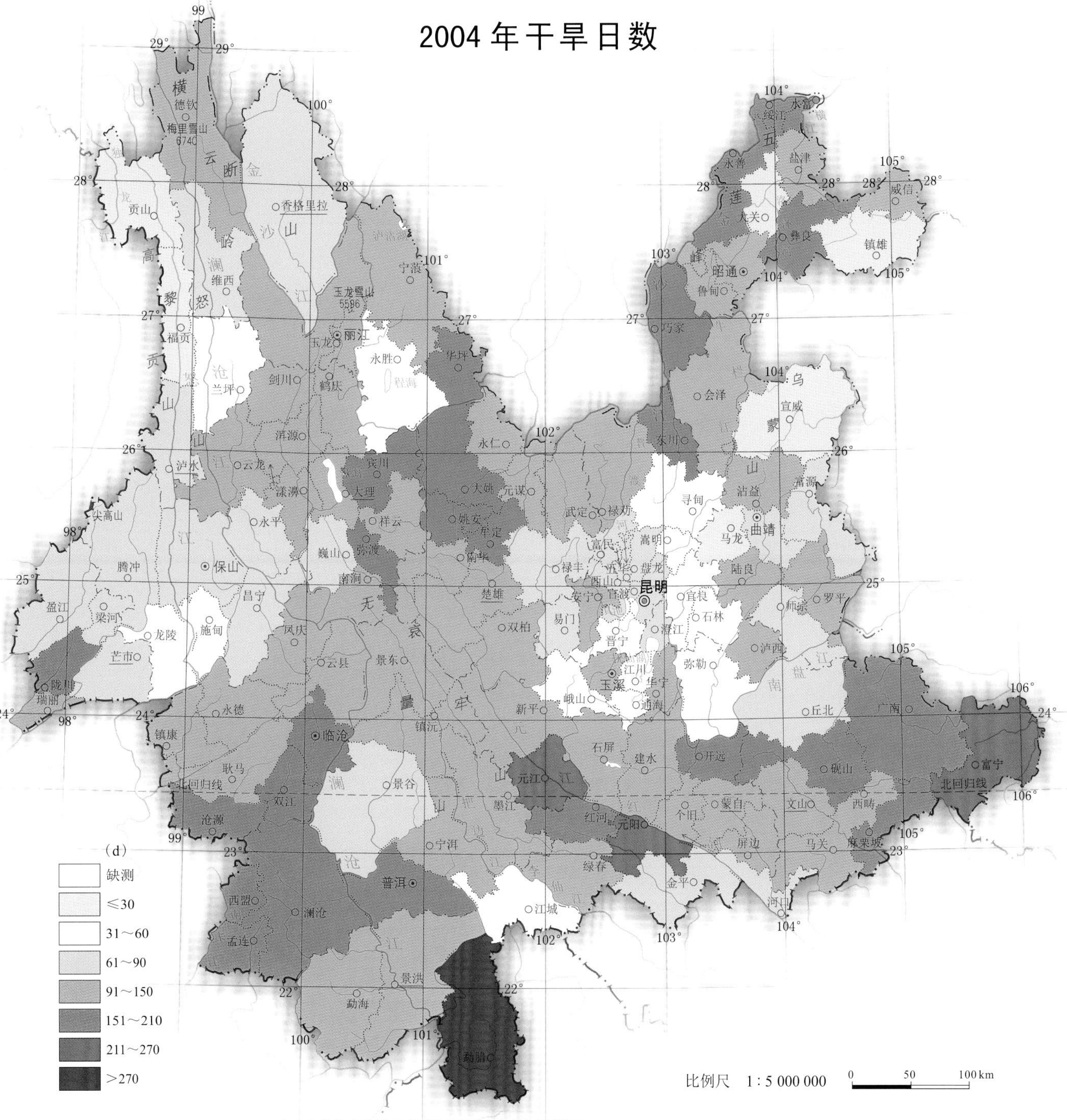

(d)

图例	
缺测	
≤30	
31～60	
61～90	
91～150	
151～210	
211～270	
>270	

比例尺 1:5 000 000

0 50 100 km

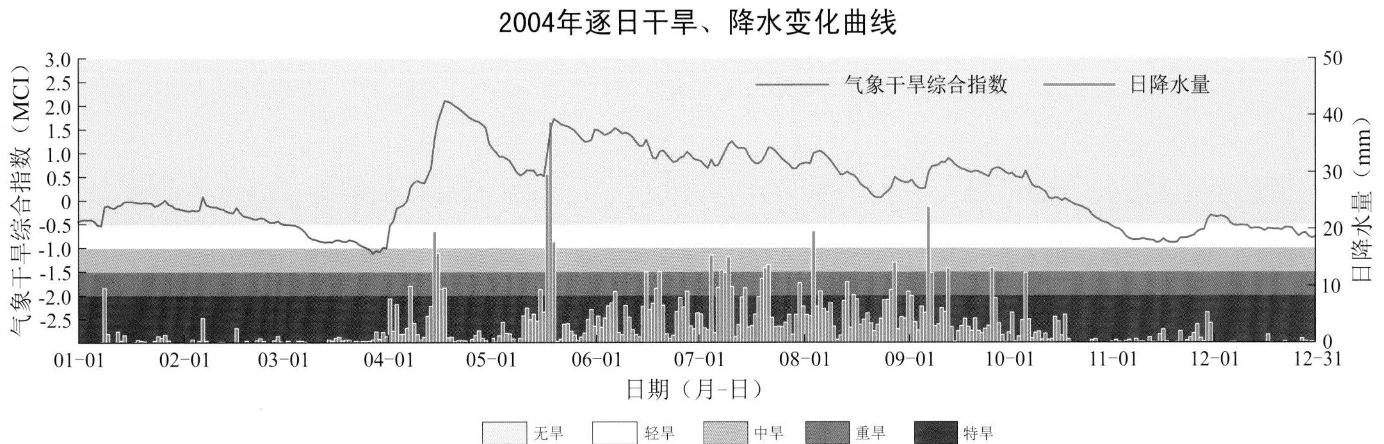

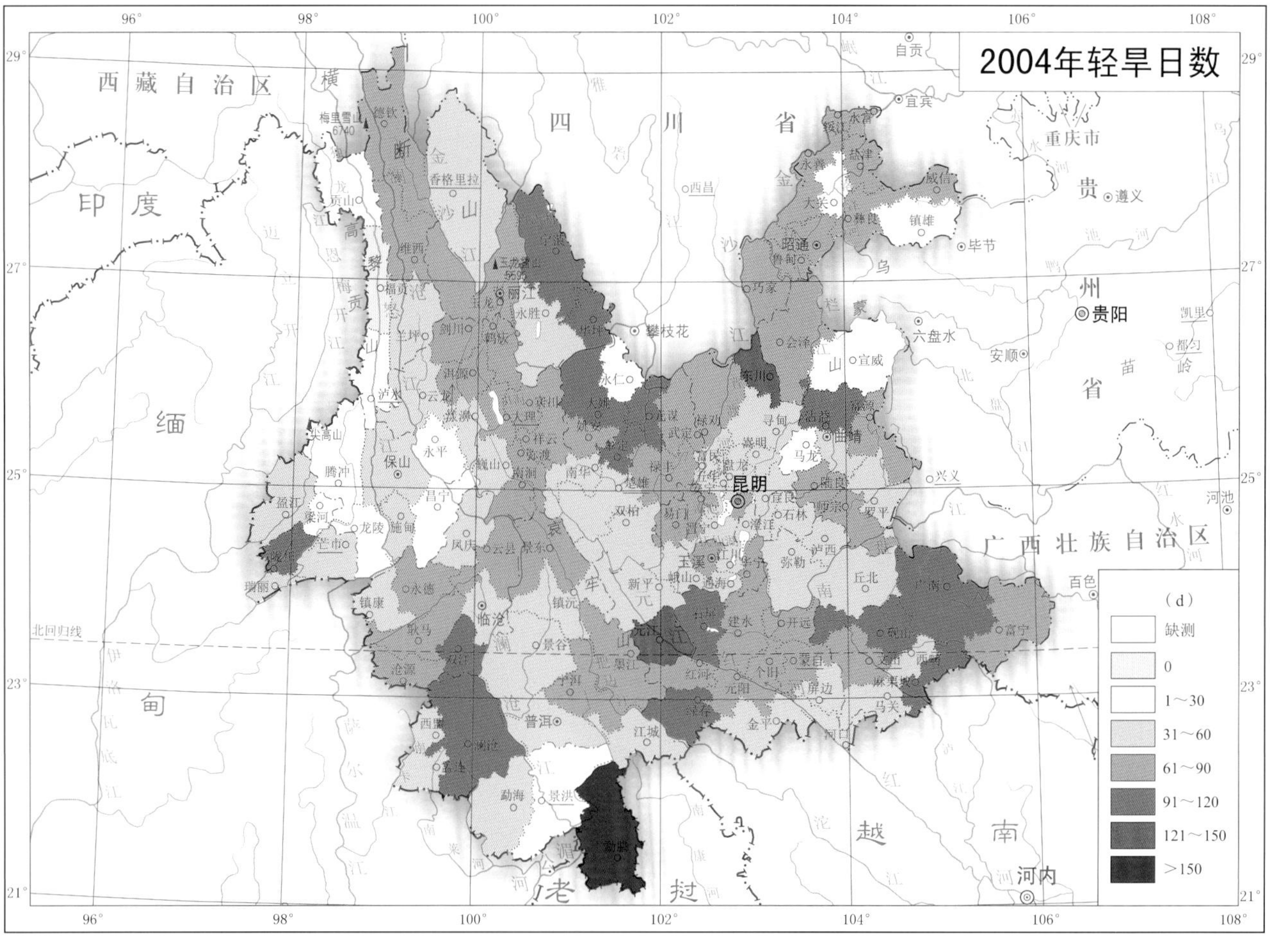
2004年轻旱日数
(d)
缺测
0
1～30
31～60
61～90
91～120
121～150
＞150
西藏自治区
四川省
重庆市
贵州省
广西壮族自治区
印度
缅甸
越南
老挝
昆明
贵阳
河内
北回归线

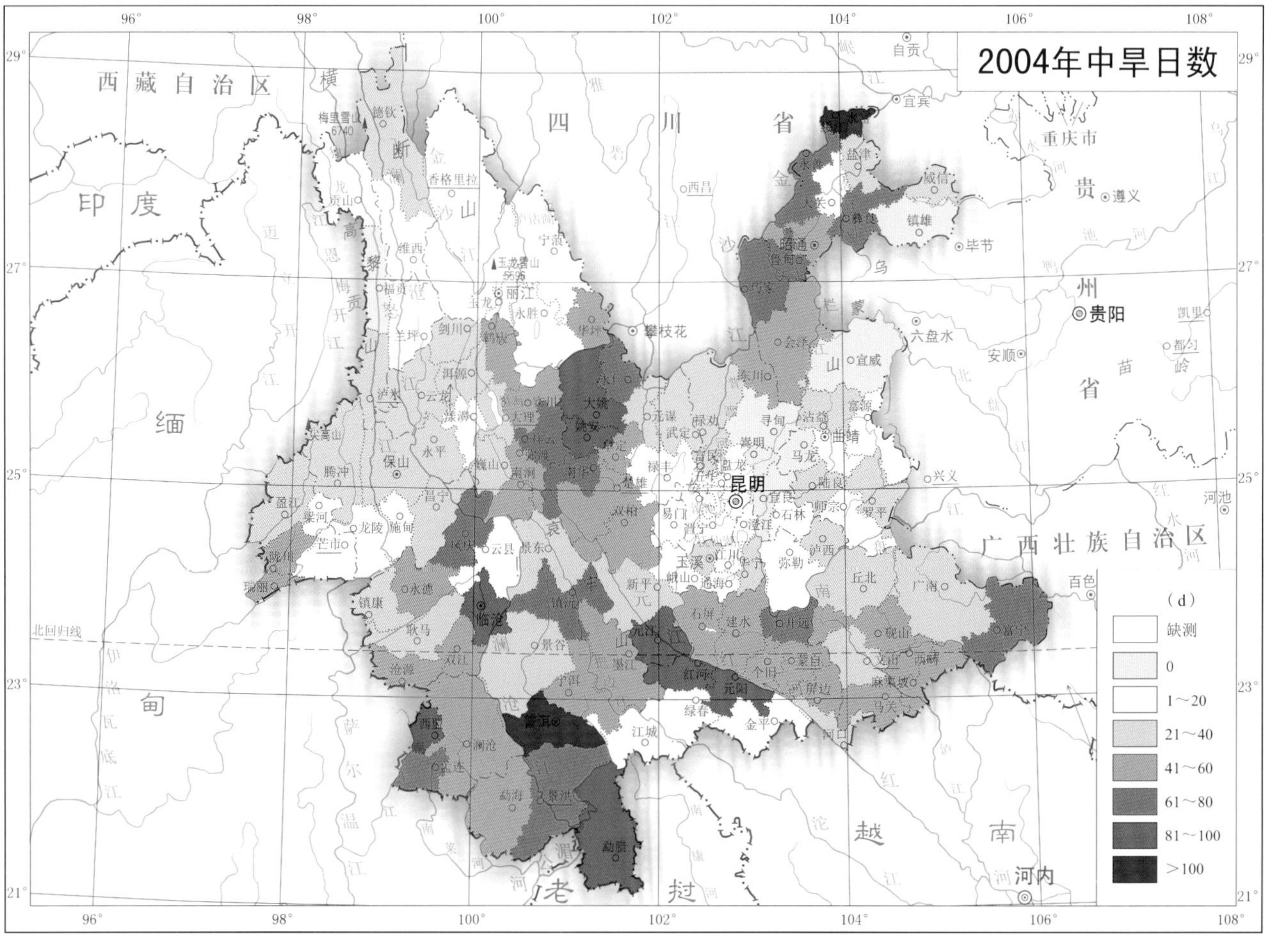
2004年中旱日数
(d)
缺测
0
1～20
21～40
41～60
61～80
81～100
＞100
西藏自治区
四川省
重庆市
贵州省
广西壮族自治区
印度
缅甸
越南
老挝
昆明
贵阳
河内
北回归线

比例尺 1：8 000 000 0 80 160 km

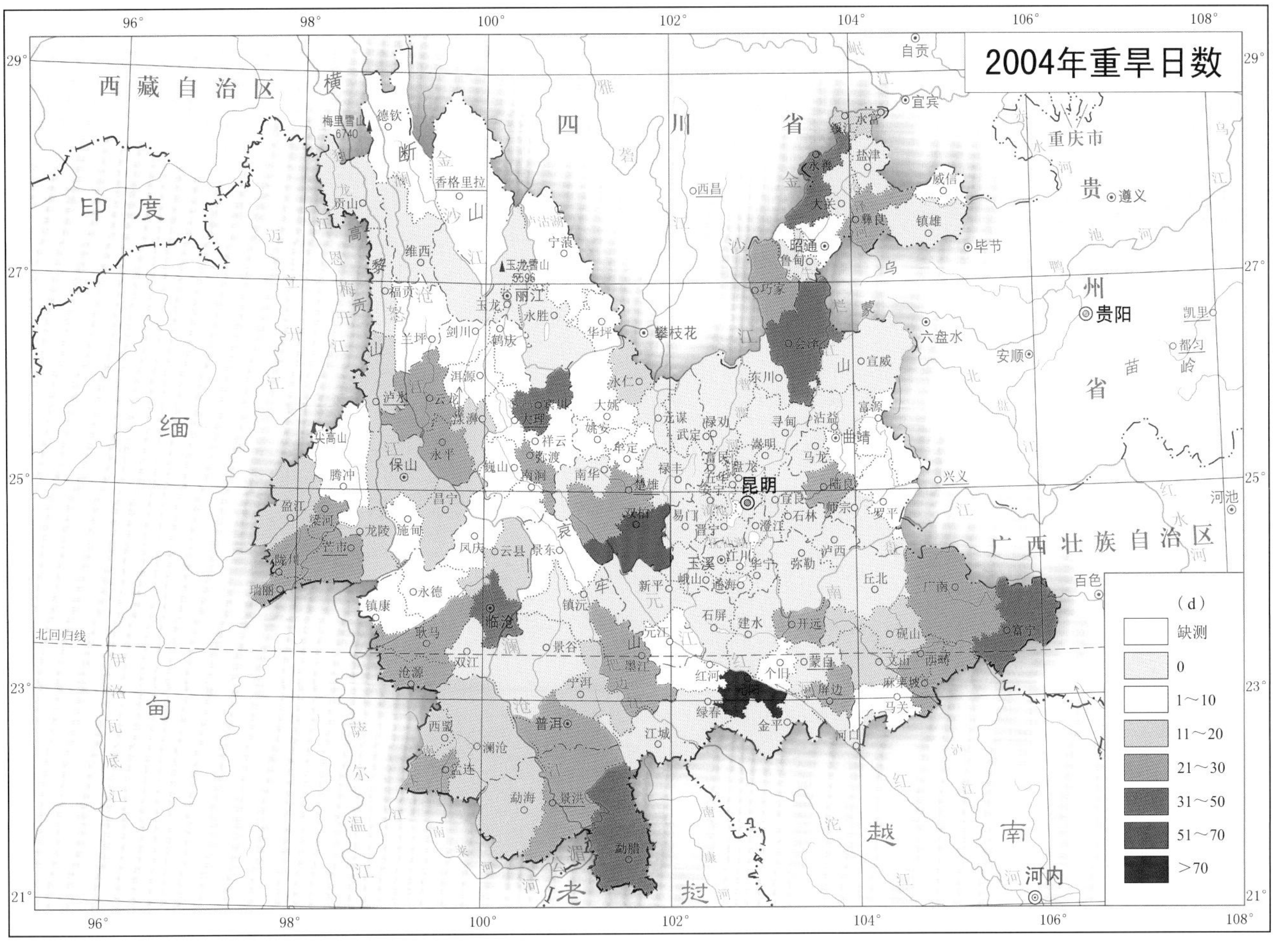

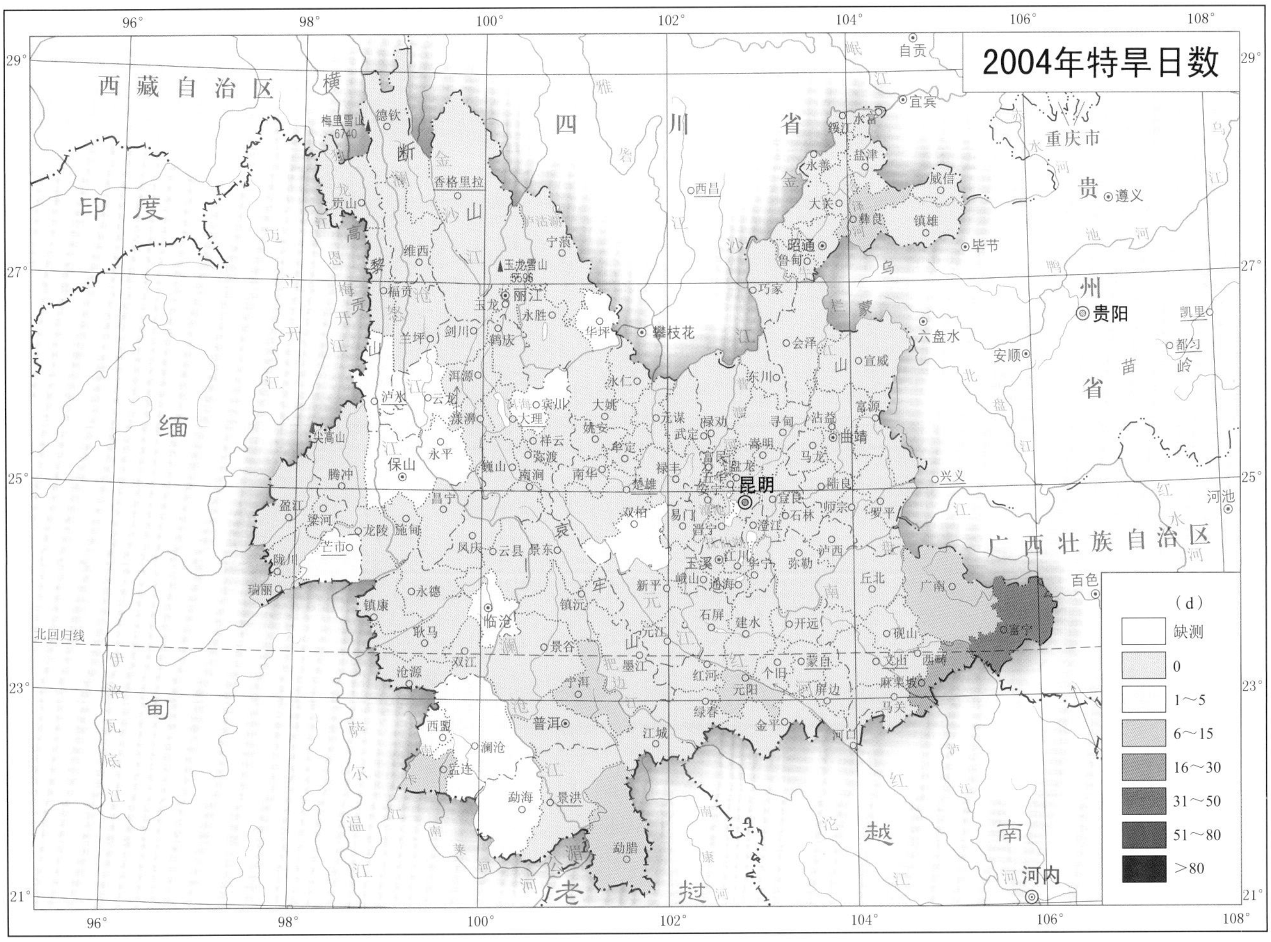

2004年重旱日数

(d)

- 缺测
- 0
- 1~10
- 11~20
- 21~30
- 31~50
- 51~70
- >70

2004年特旱日数

(d)

- 缺测
- 0
- 1~5
- 6~15
- 16~30
- 31~50
- 51~80
- >80

比例尺 1:8 000 000　0　80　160 km

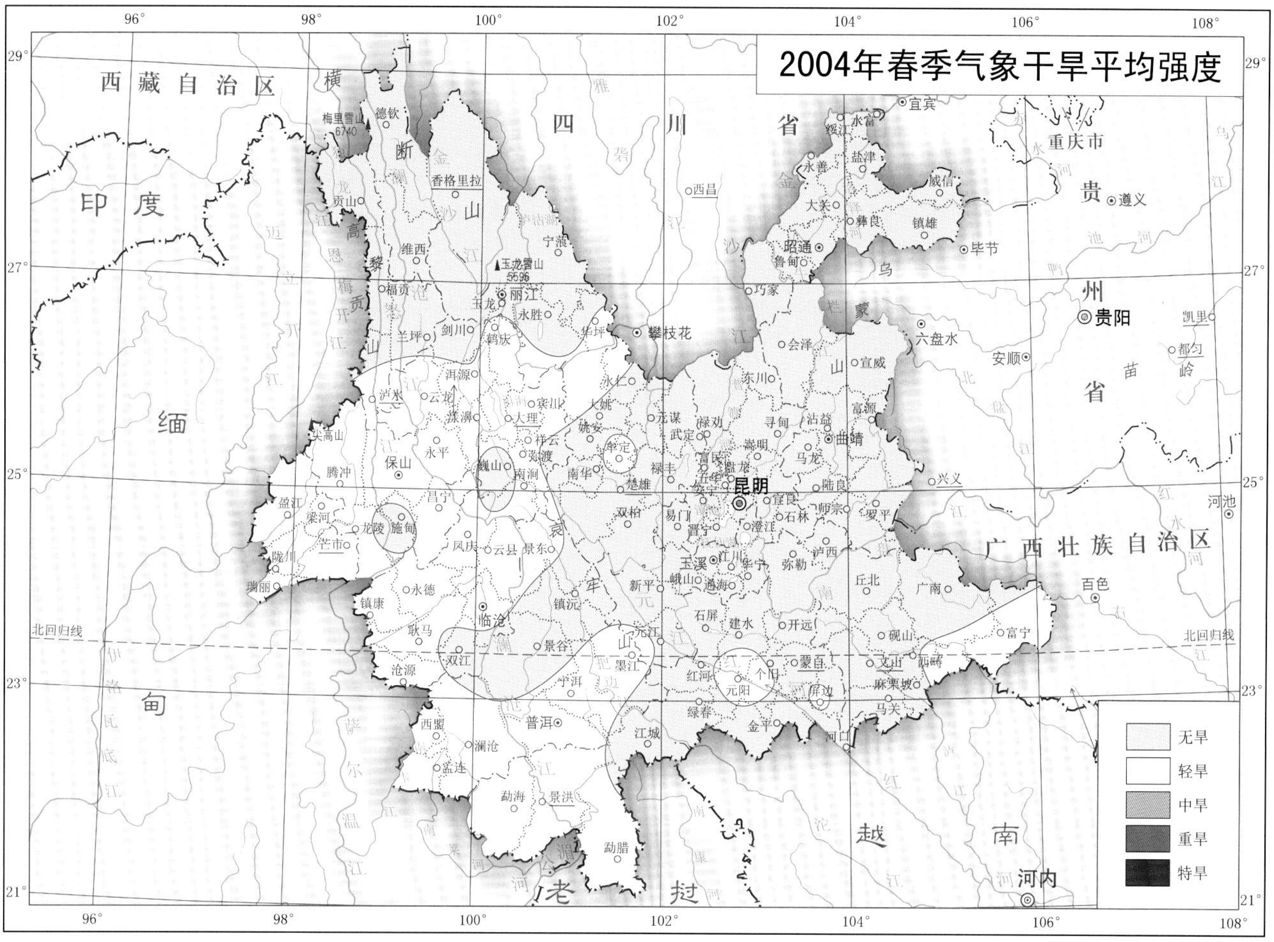

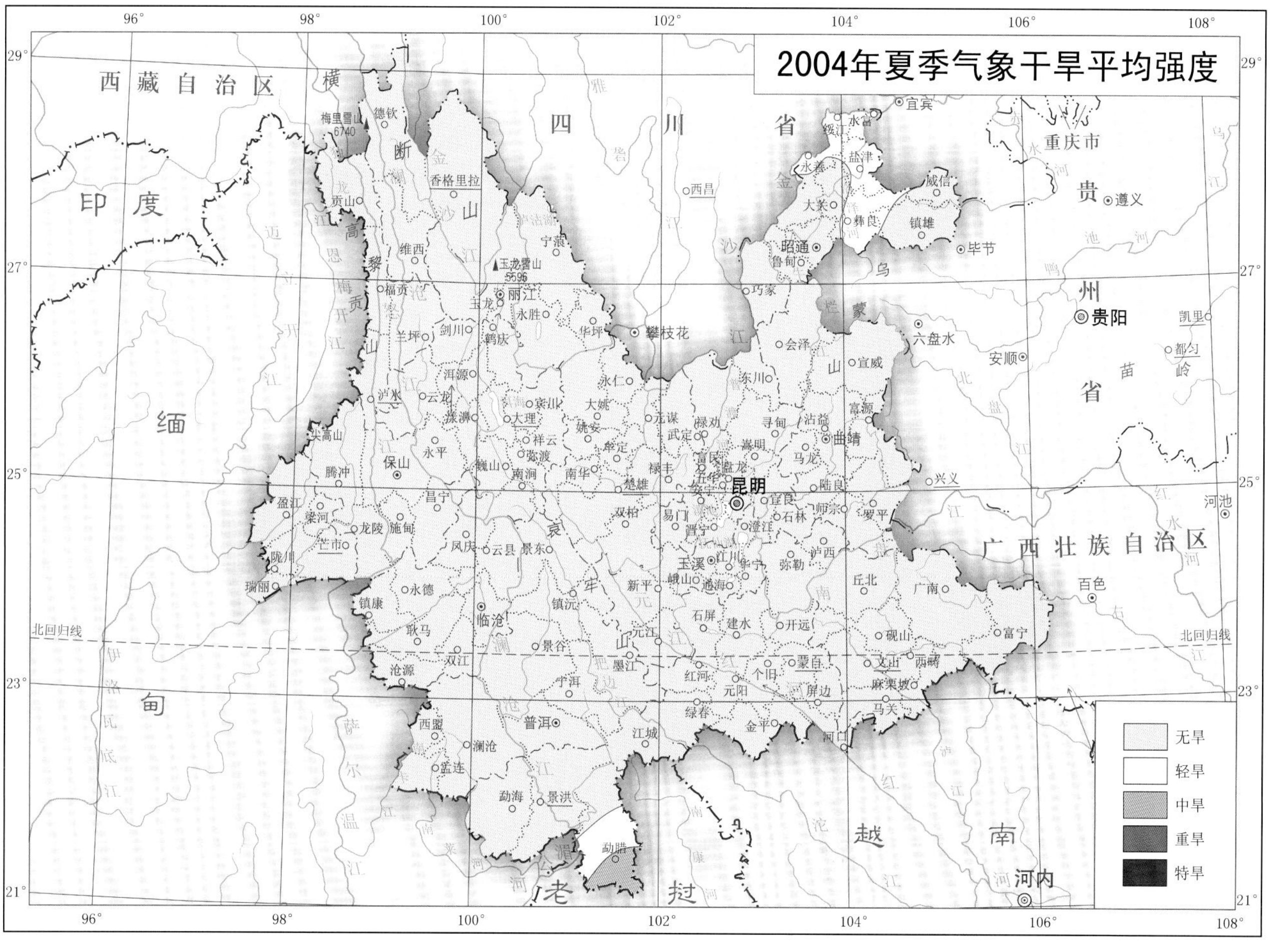

2004年春季气象干旱平均强度

无旱
轻旱
中旱
重旱
特旱

2004年夏季气象干旱平均强度

无旱
轻旱
中旱
重旱
特旱

比例尺 1 : 8 000 000 0 80 160 km

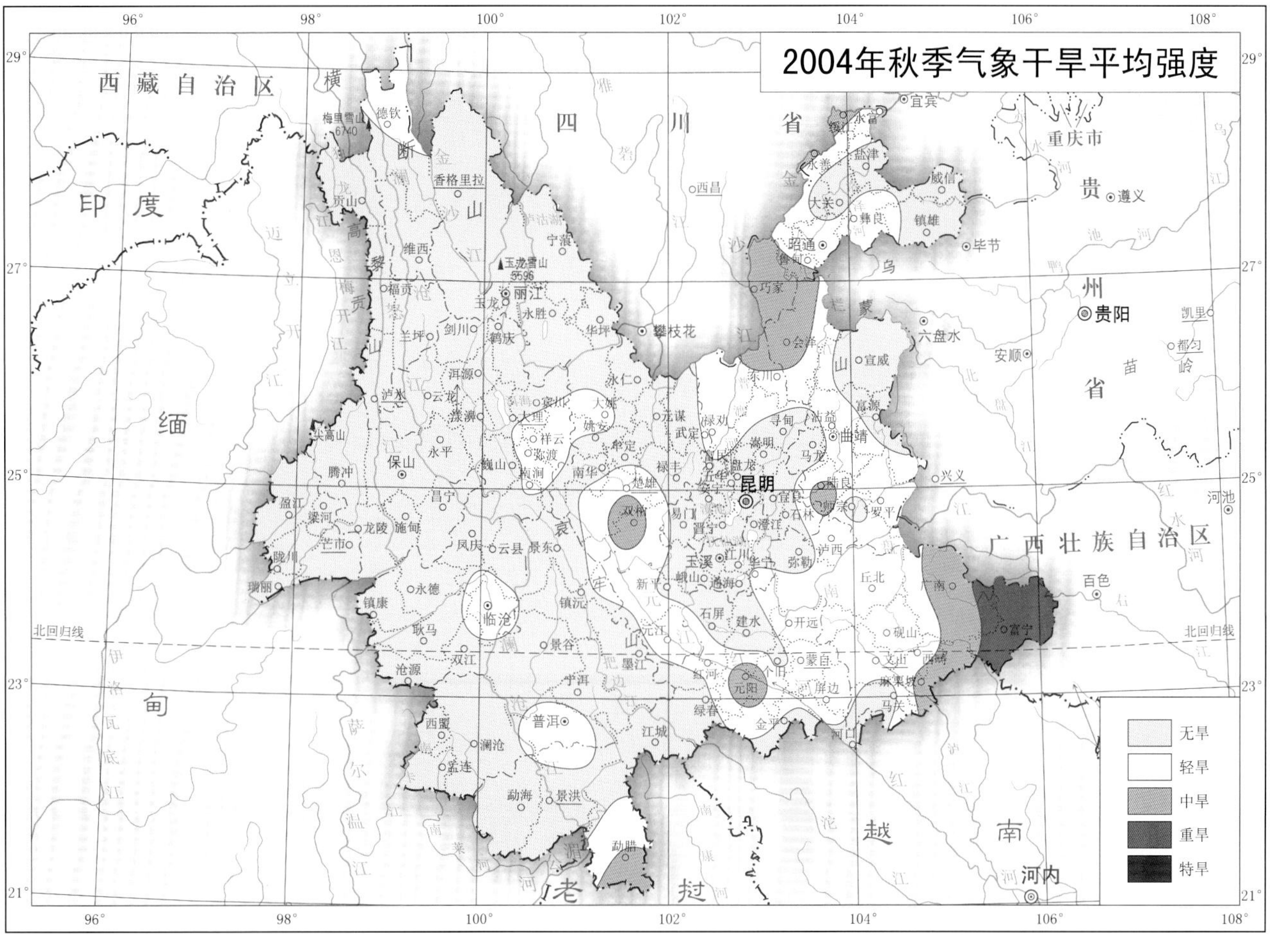

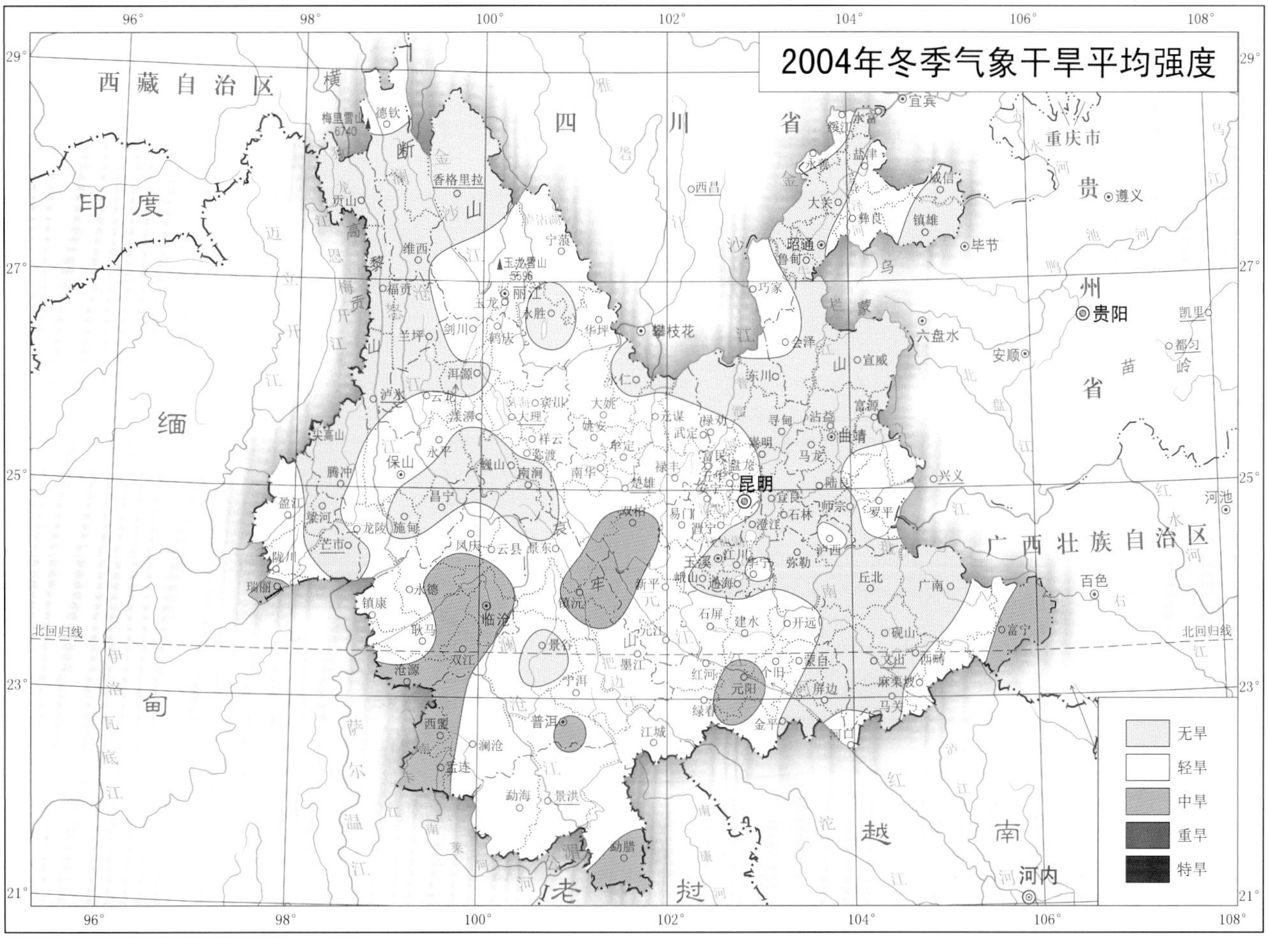

2004年秋季气象干旱平均强度

无旱
轻旱
中旱
重旱
特旱

2004年冬季气象干旱平均强度

无旱
轻旱
中旱
重旱
特旱

比例尺 1∶8 000 000 0 80 160 km

2005年干旱日数

(d)

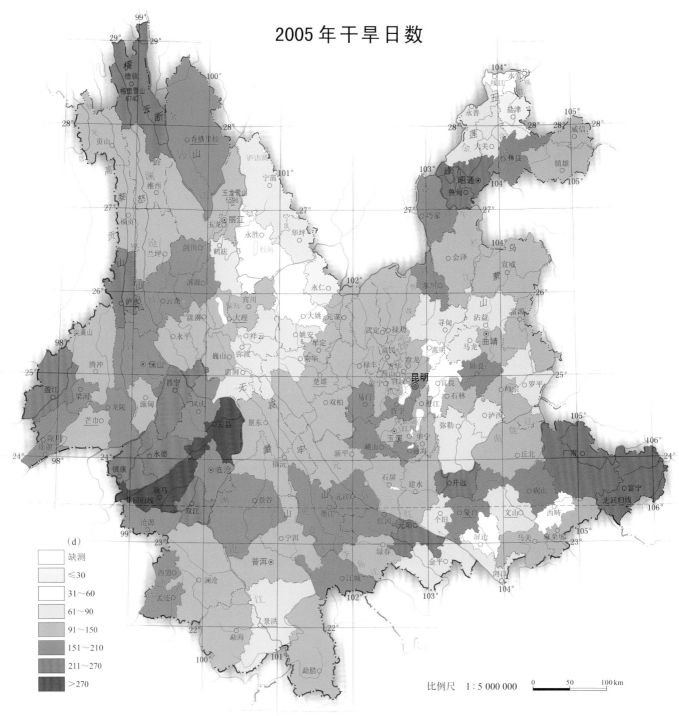

- 缺测
- ≤30
- 31～60
- 61～90
- 91～150
- 151～210
- 211～270
- >270

比例尺 1∶5 000 000

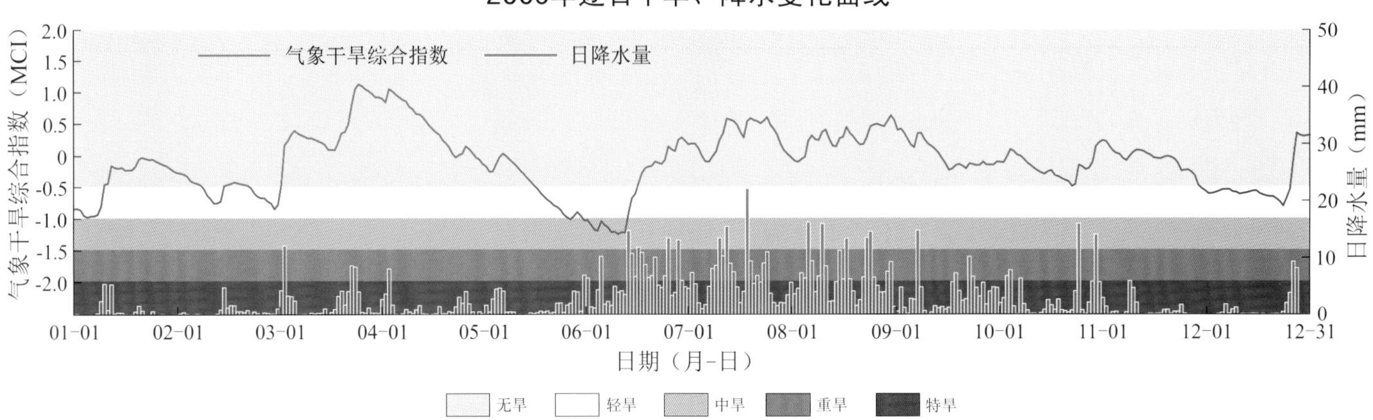

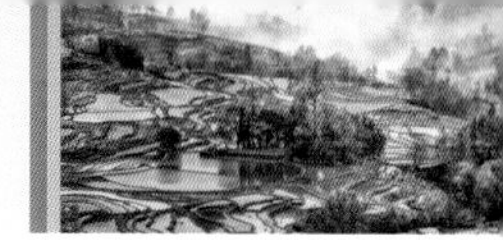

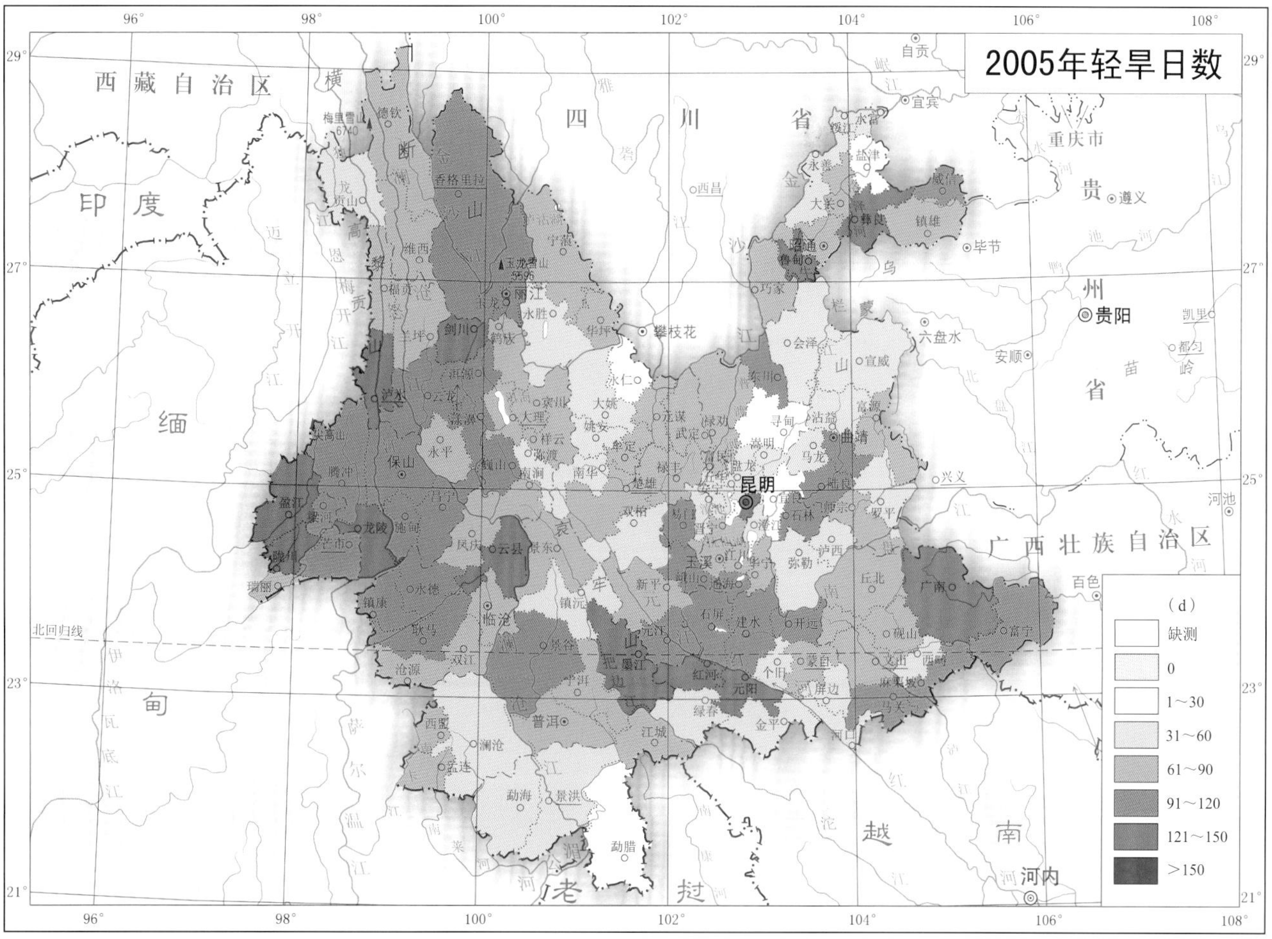

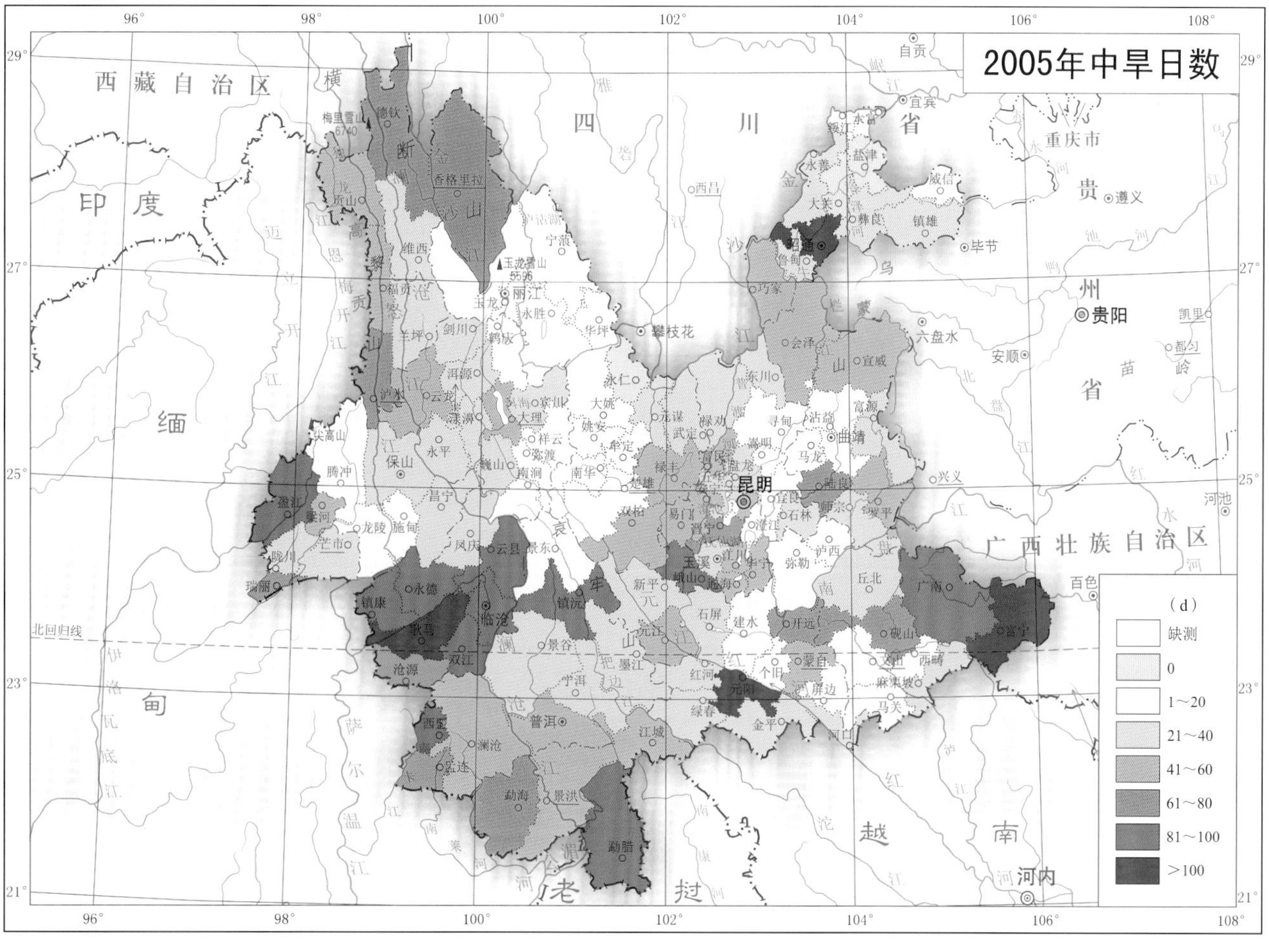

2005年轻旱日数
(d)
缺测
0
1~30
31~60
61~90
91~120
121~150
>150
西藏自治区
四川省
重庆市
贵州省
广西壮族自治区
印度
缅甸
老挝
越南
昆明
贵阳
河内
北回归线

2005年中旱日数
(d)
缺测
0
1~20
21~40
41~60
61~80
81~100
>100
西藏自治区
四川省
重庆市
贵州省
广西壮族自治区
印度
缅甸
老挝
越南
昆明
贵阳
河内
北回归线

比例尺 1:8 000 000 0 80 160 km

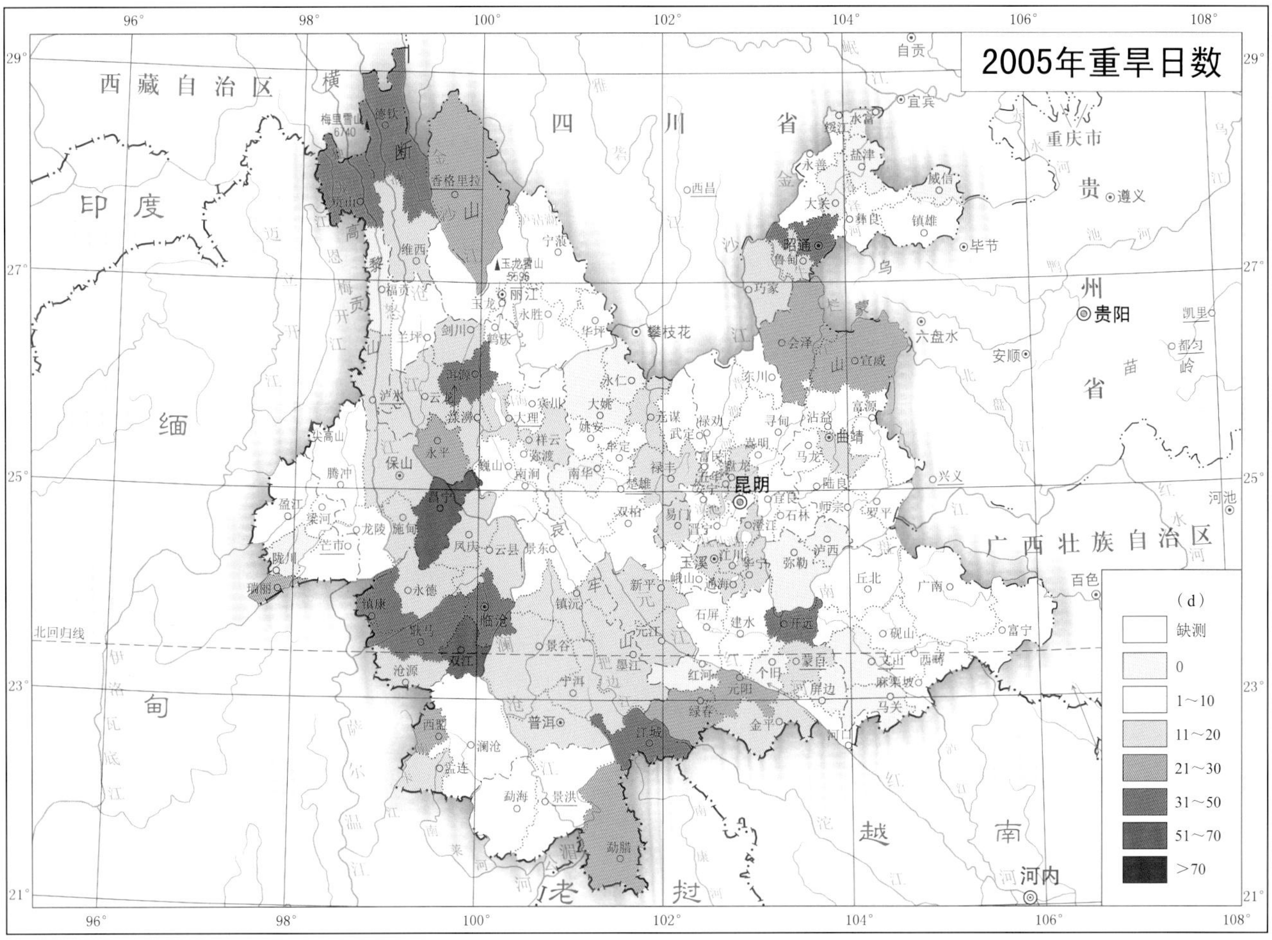

2005年重旱日数

(d)

图例
缺测
0
1～10
11～20
21～30
31～50
51～70
>70

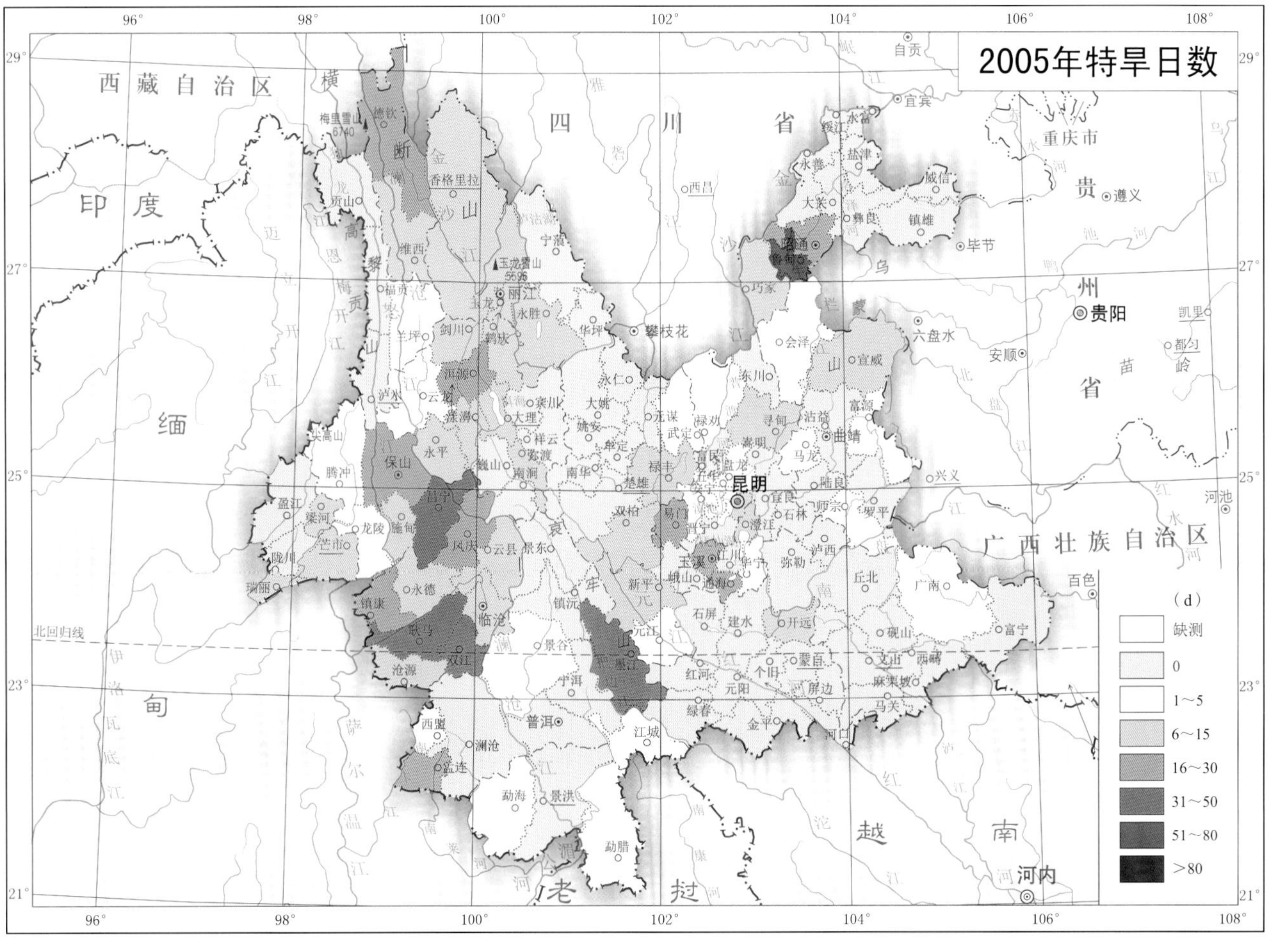

2005年特旱日数

(d)

图例
缺测
0
1～5
6～15
16～30
31～50
51～80
>80

比例尺 1:8 000 000 0 80 160 km

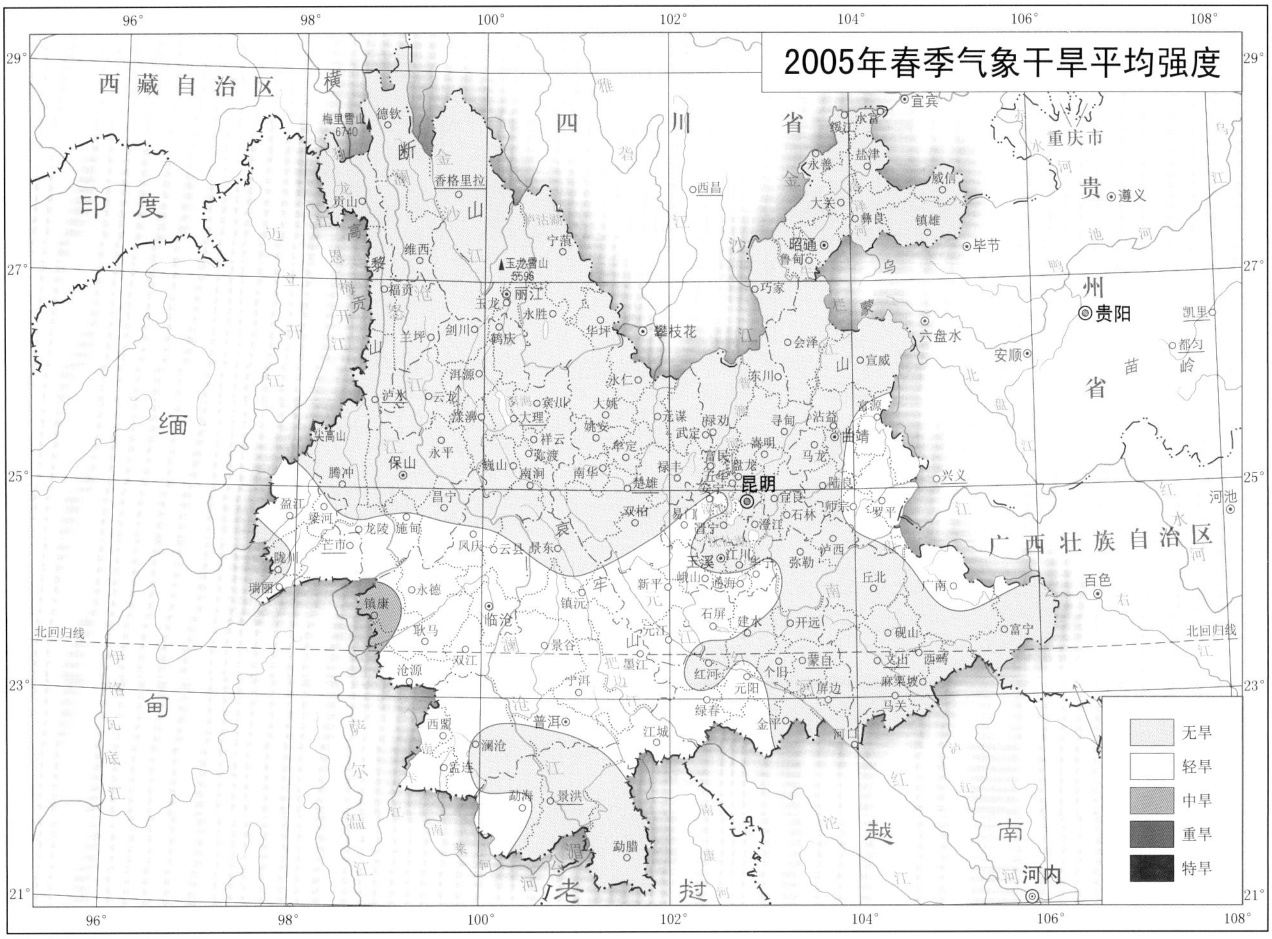

2005年春季气象干旱平均强度

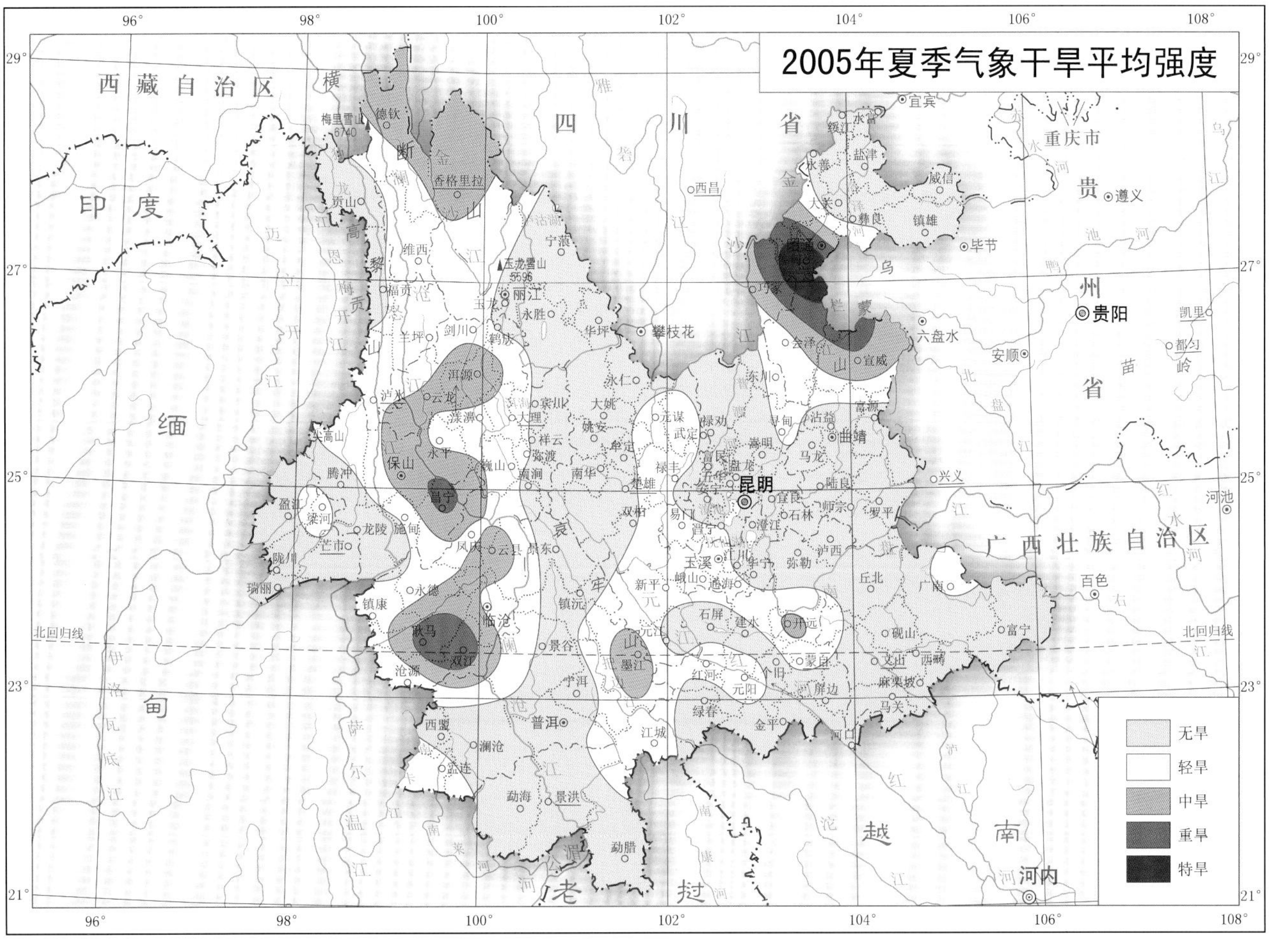

无旱
轻旱
中旱
重旱
特旱

2005年夏季气象干旱平均强度

无旱
轻旱
中旱
重旱
特旱

比例尺 1∶8 000 000 0 80 160 km

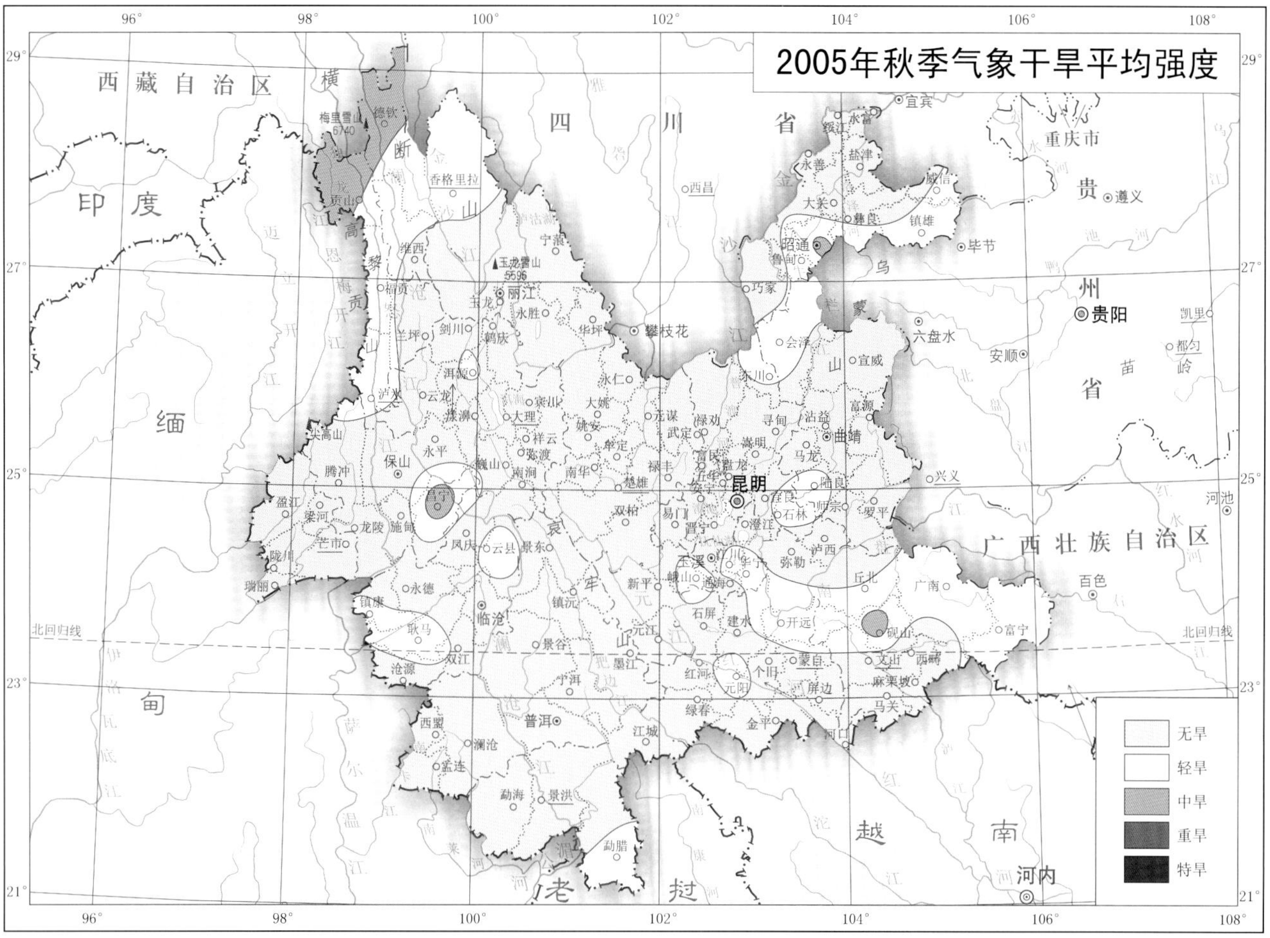

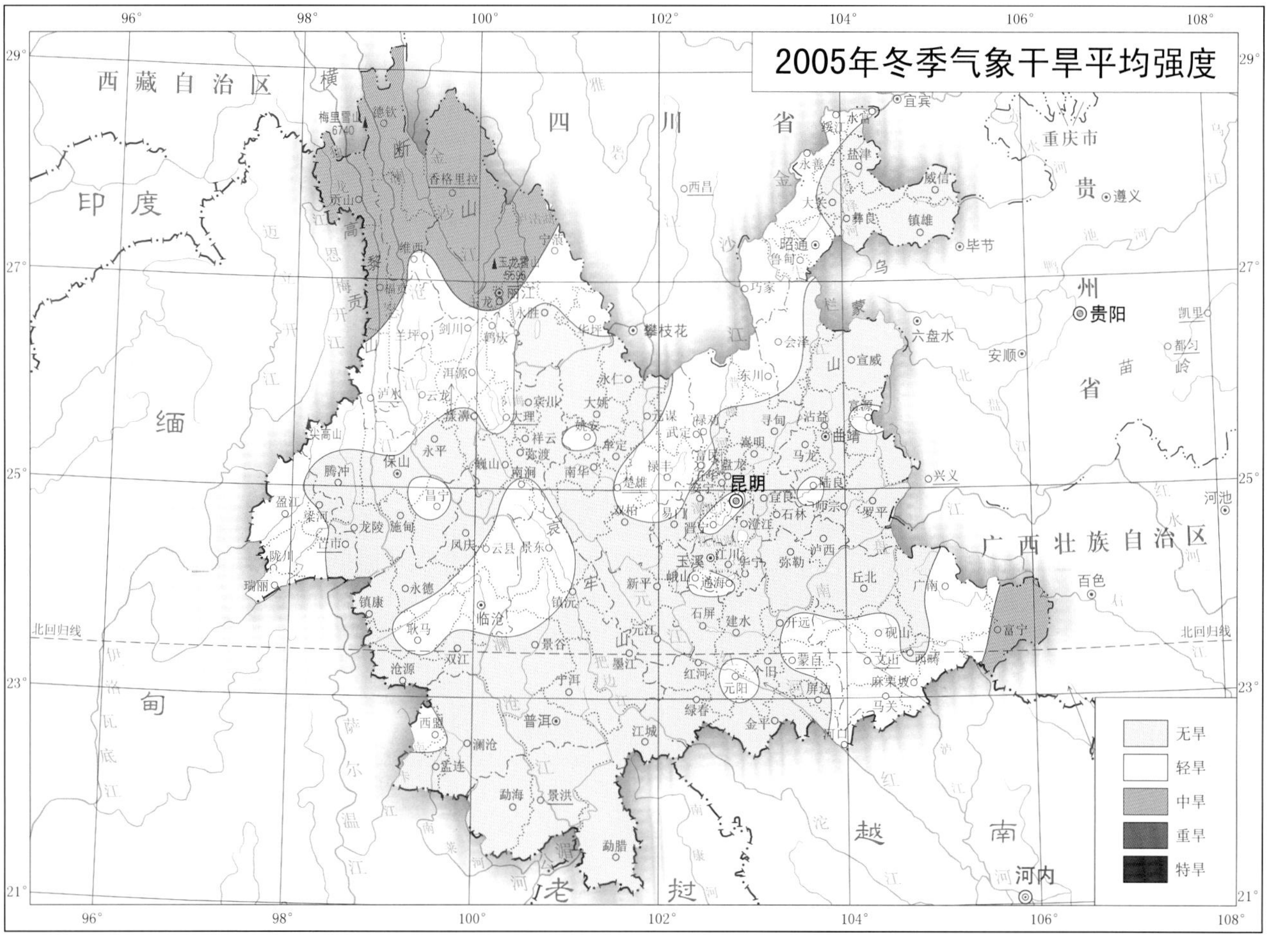

2005年秋季气象干旱平均强度

无旱
轻旱
中旱
重旱
特旱

2005年冬季气象干旱平均强度

无旱
轻旱
中旱
重旱
特旱

比例尺 1:8 000 000 0 80 160 km

2006 年干旱日数

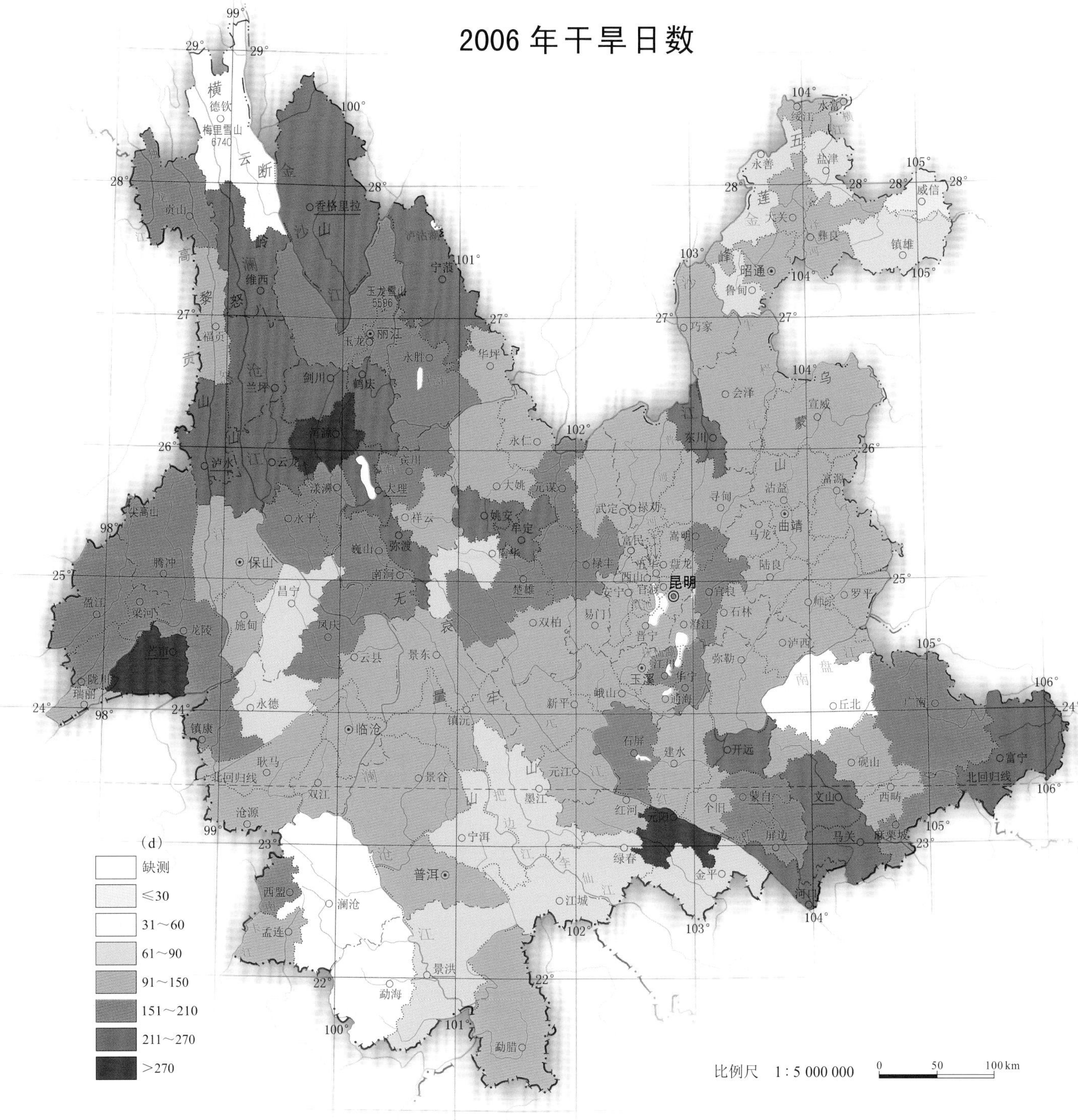

(d)

- 缺测
- ≤30
- 31～60
- 61～90
- 91～150
- 151～210
- 211～270
- >270

比例尺 1∶5 000 000

0 50 100 km

2006年逐日干旱、降水变化曲线

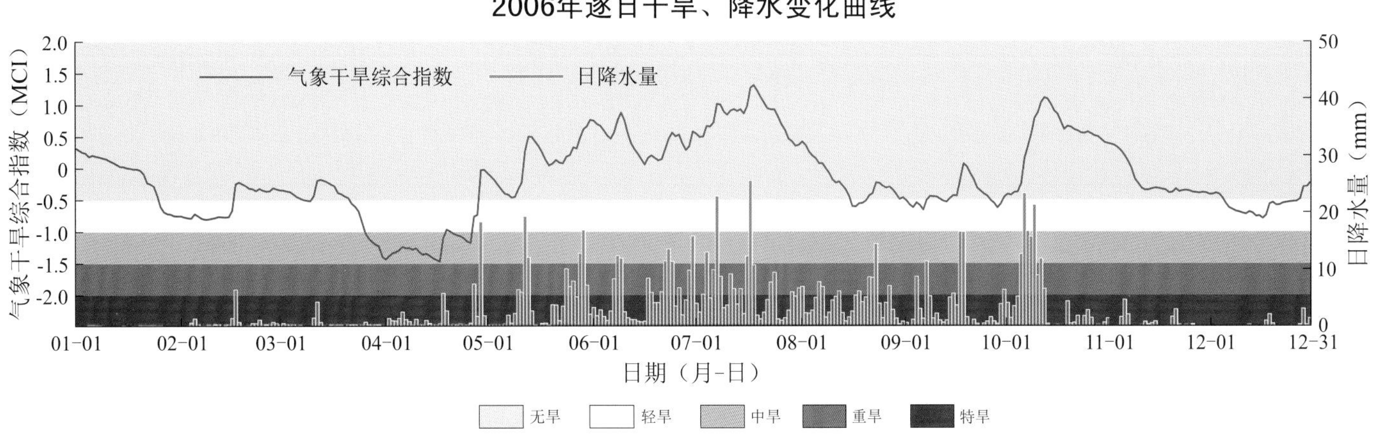

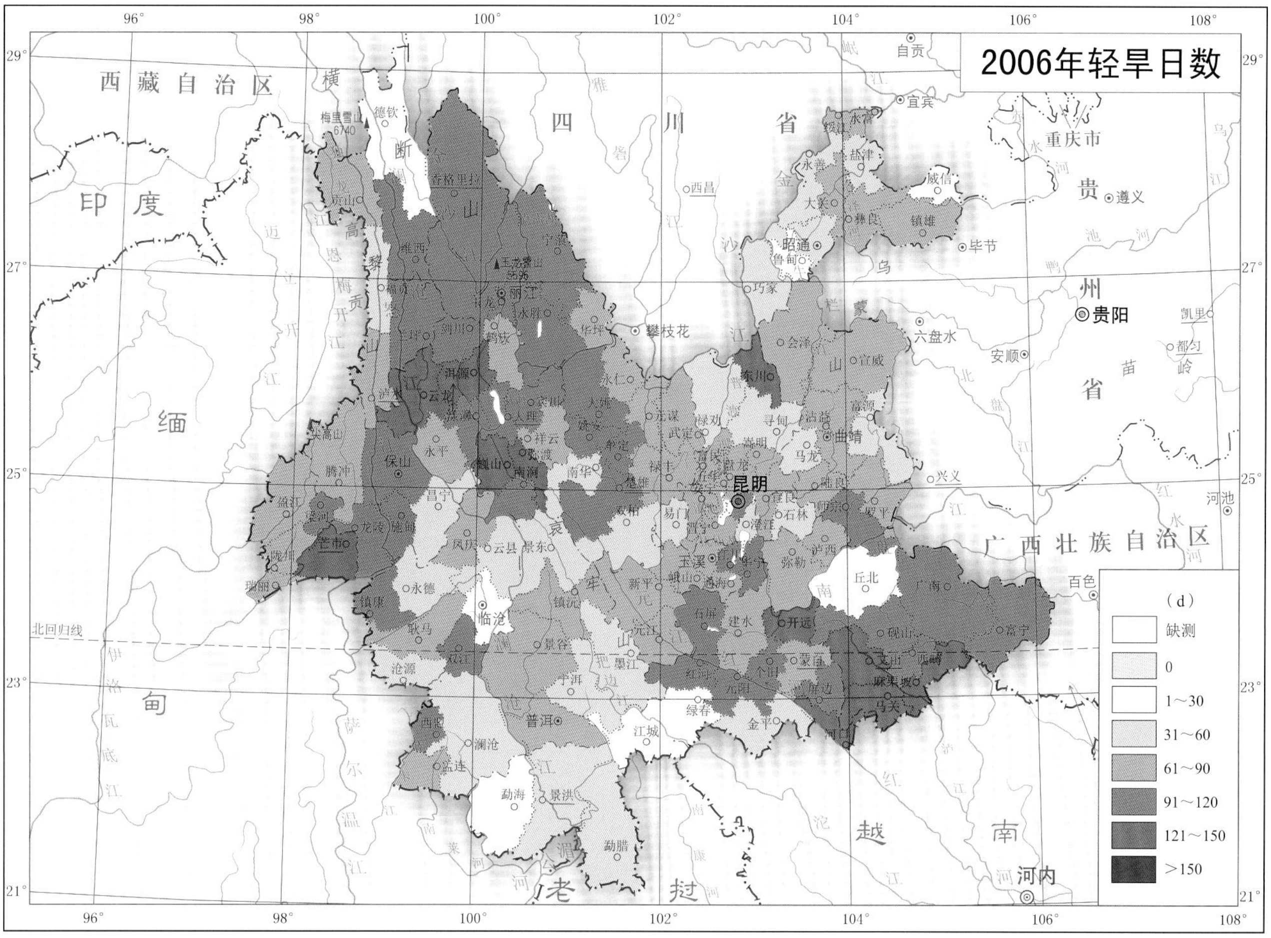
2006年轻旱日数
(d)
缺测
0
1～30
31～60
61～90
91～120
121～150
>150
西藏自治区
四川省
重庆市
贵州省
广西壮族自治区
印度
缅甸
老挝
越南
昆明
贵阳
河内
北回归线

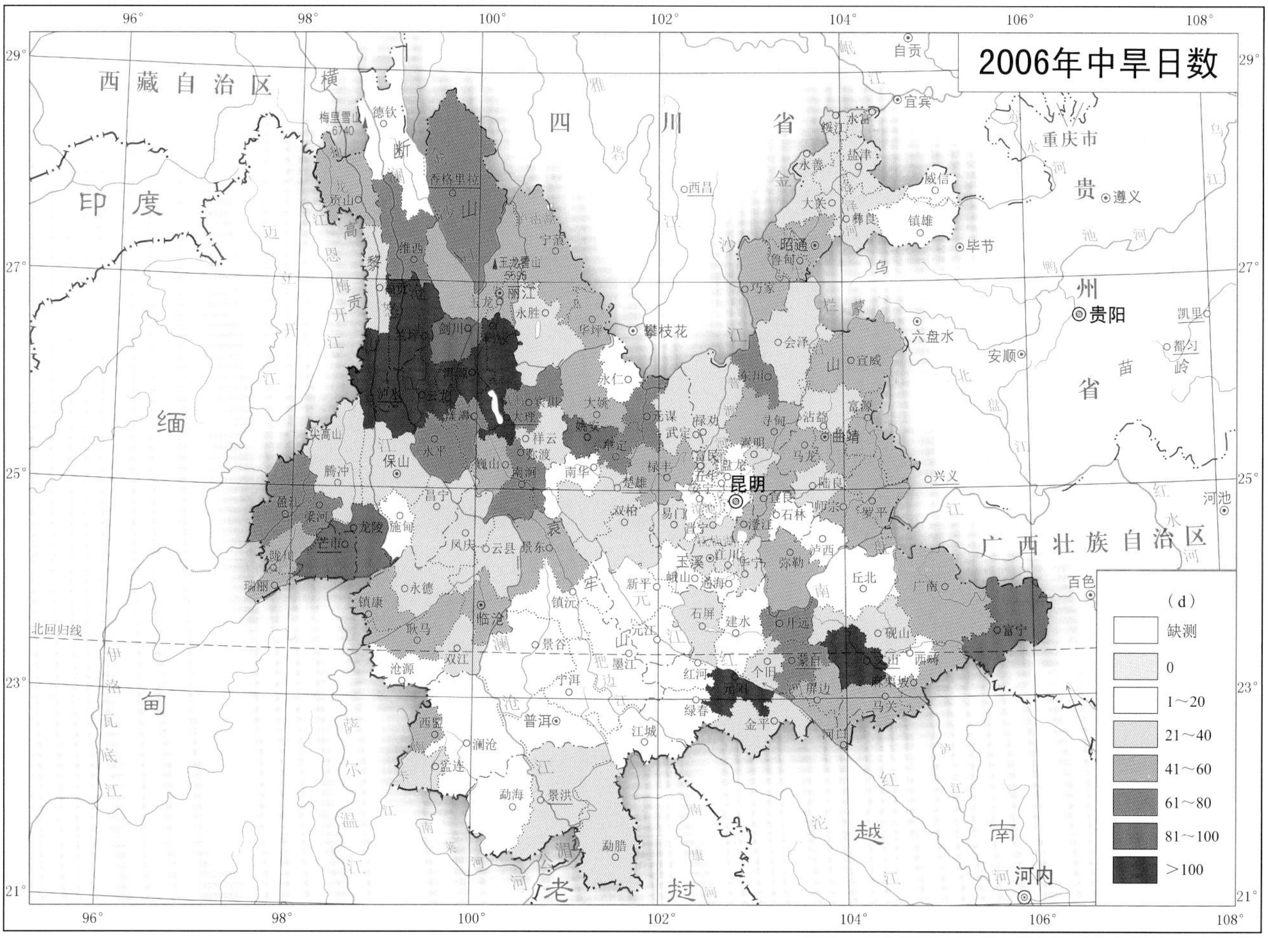
2006年中旱日数
(d)
缺测
0
1～20
21～40
41～60
61～80
81～100
>100
西藏自治区
四川省
重庆市
贵州省
广西壮族自治区
印度
缅甸
老挝
越南
昆明
贵阳
河内
北回归线

比例尺 1:8 000 000　0　80　160 km

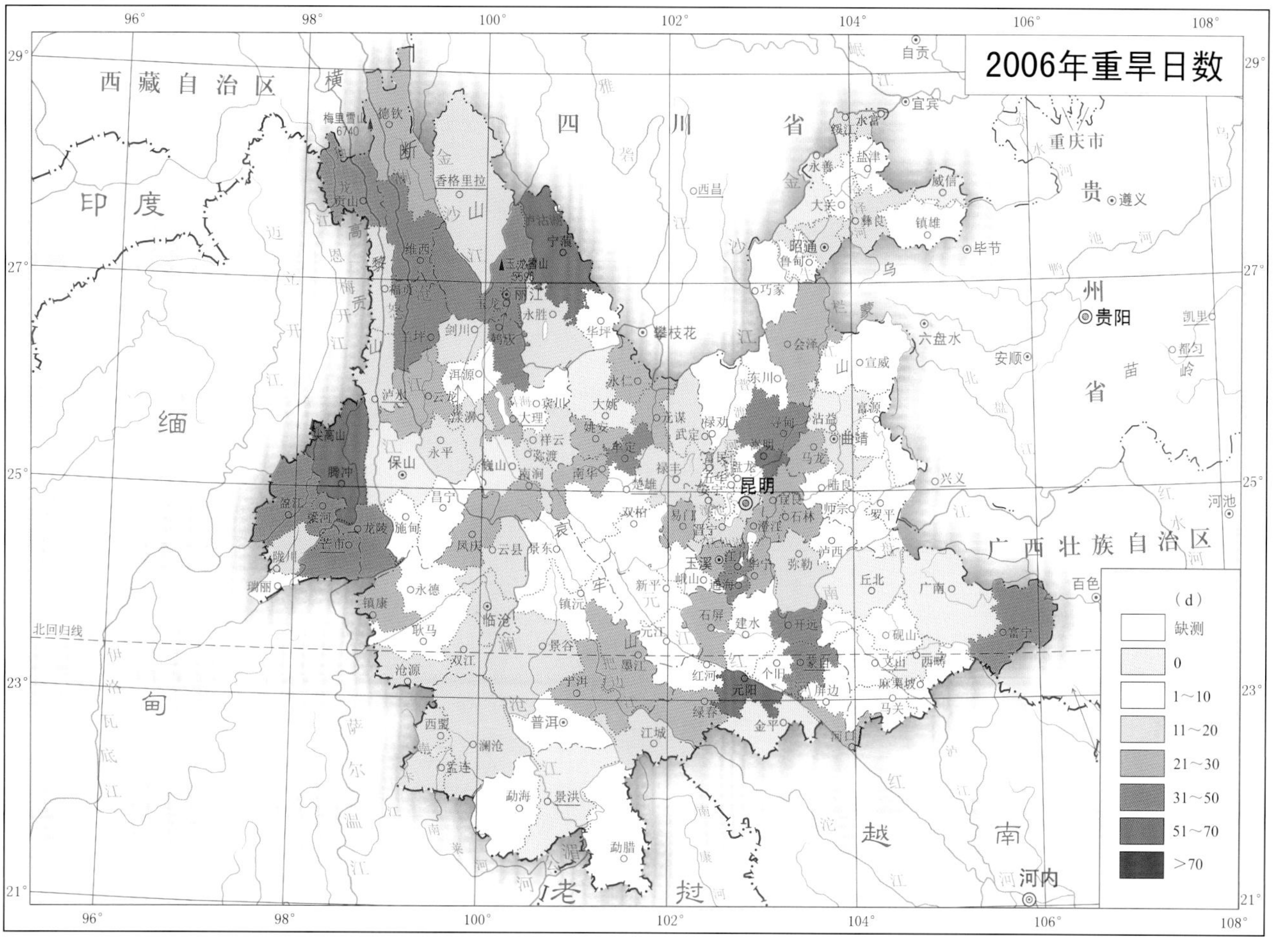

2006年重旱日数

(d)

- 缺测
- 0
- 1～10
- 11～20
- 21～30
- 31～50
- 51～70
- ＞70

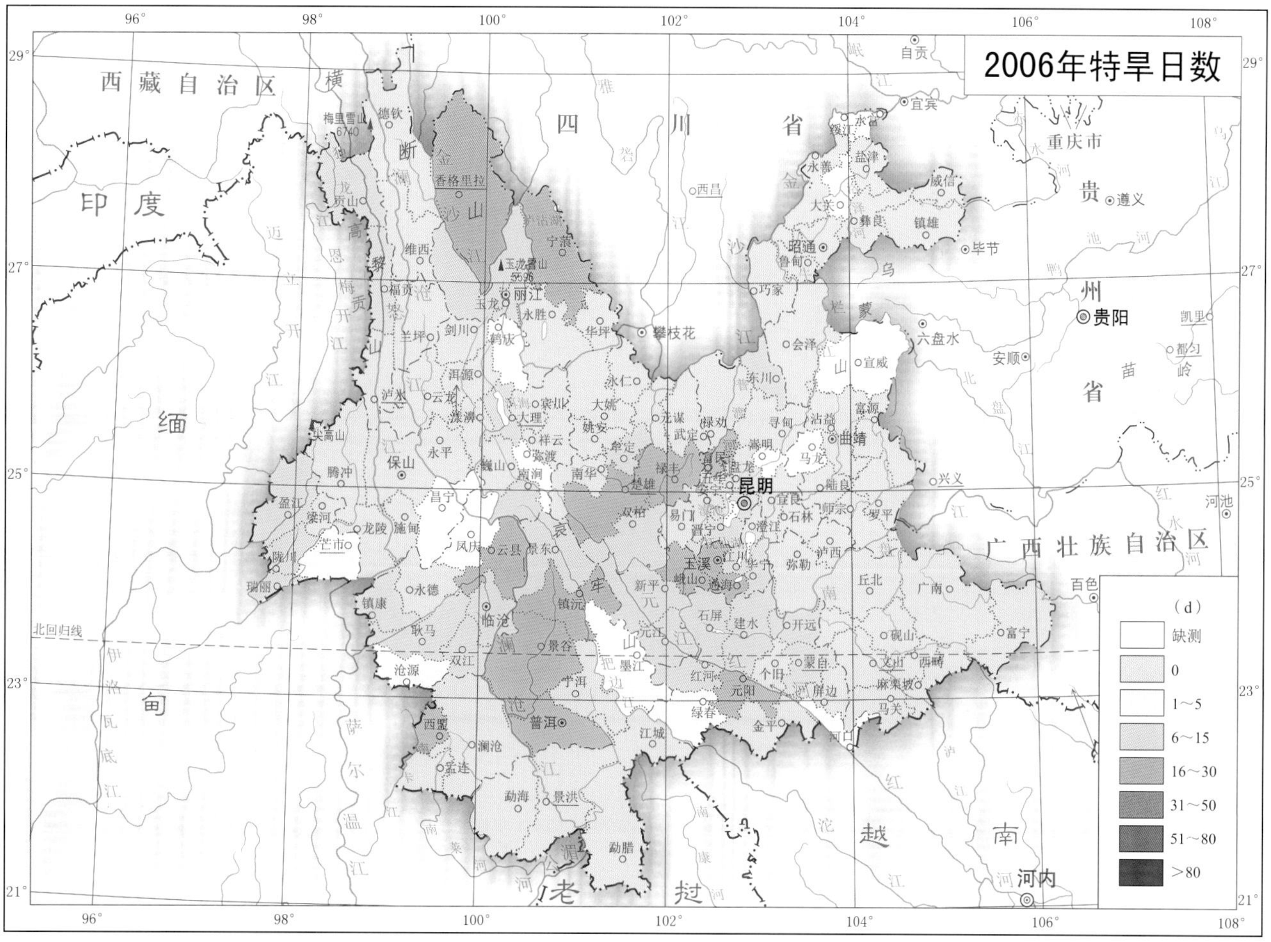

2006年特旱日数

(d)

- 缺测
- 0
- 1～5
- 6～15
- 16～30
- 31～50
- 51～80
- ＞80

比例尺　1∶8 000 000　0　80　160 km

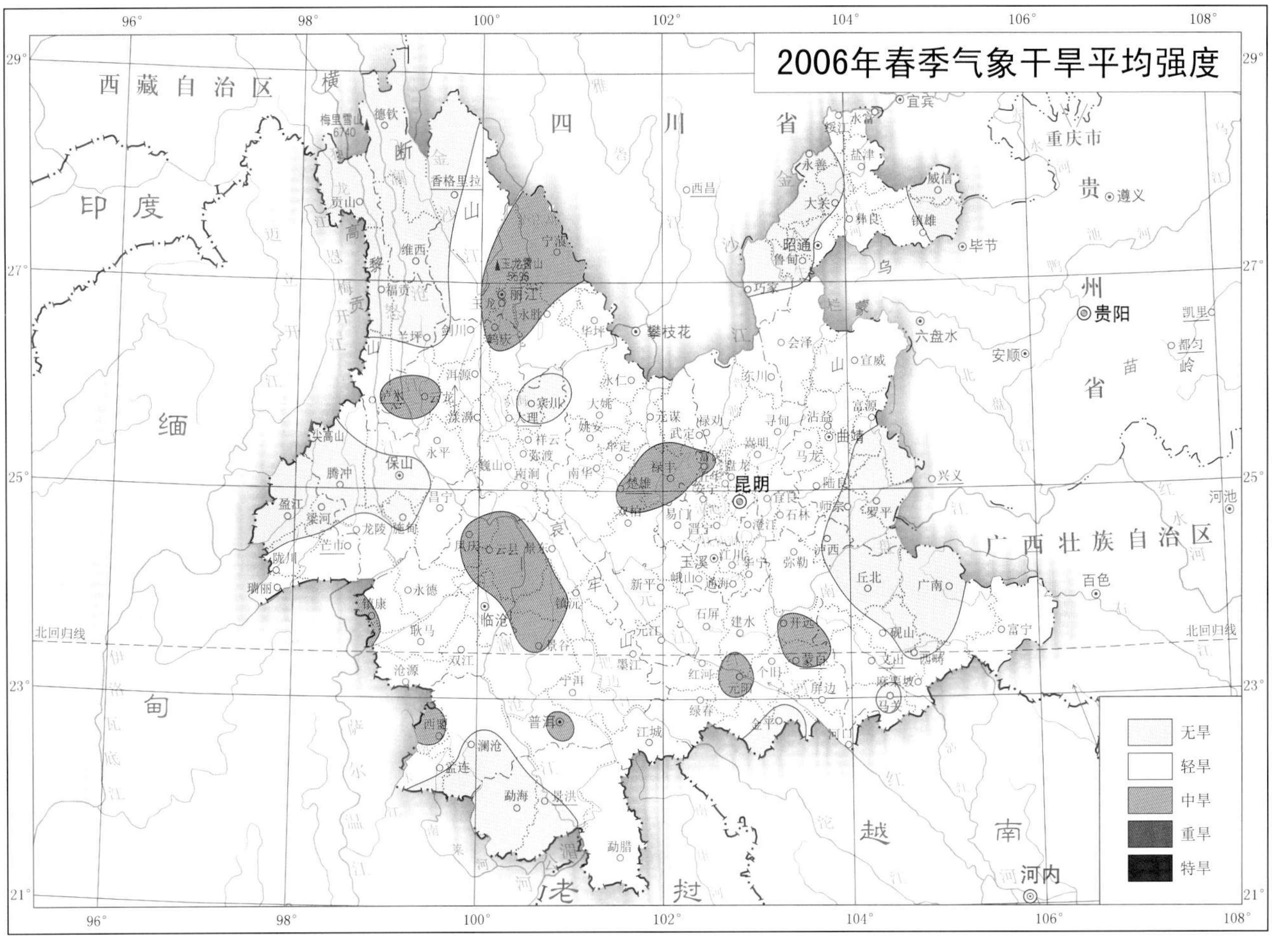

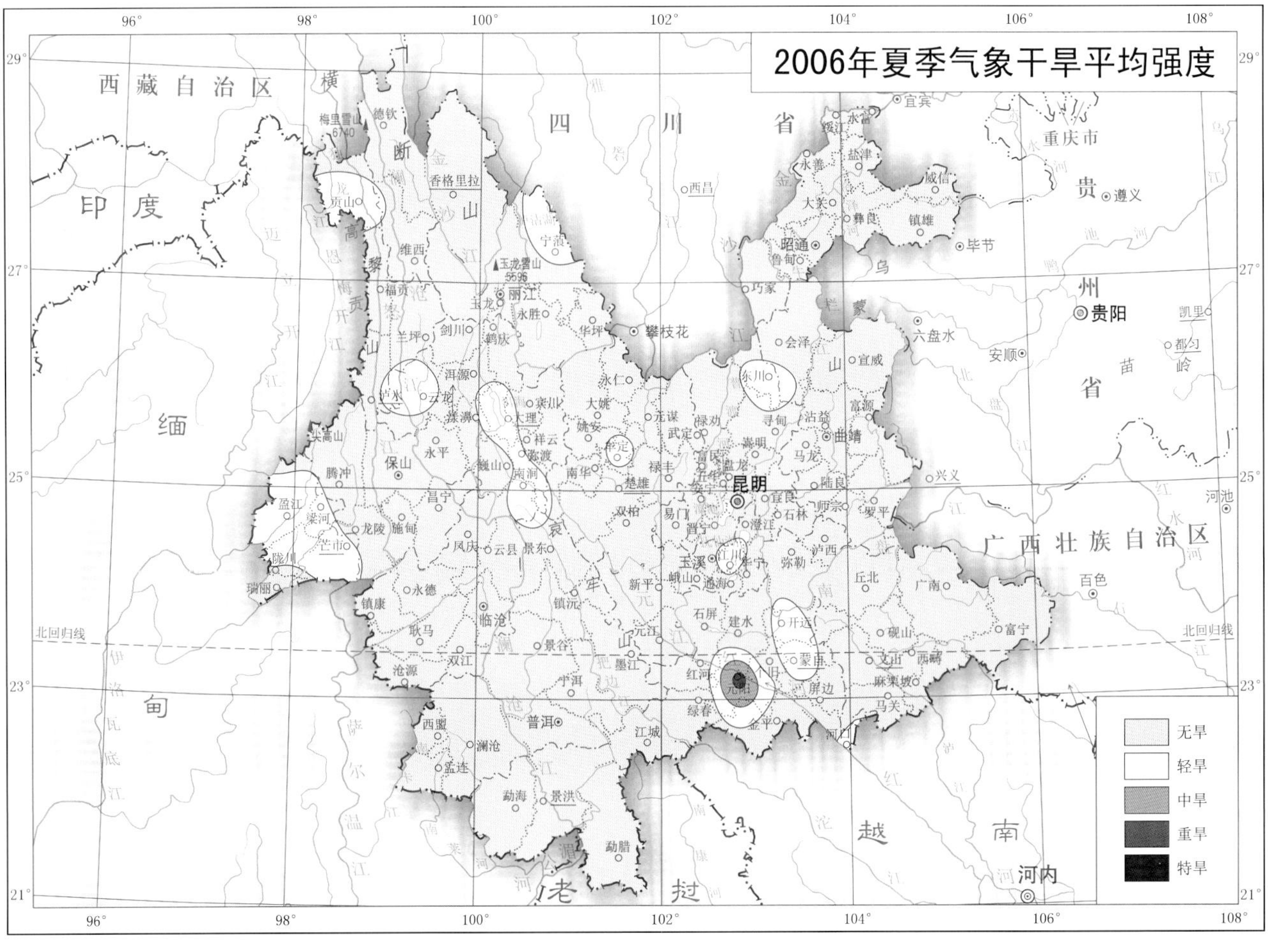

2006年春季气象干旱平均强度

无旱
轻旱
中旱
重旱
特旱

2006年夏季气象干旱平均强度

无旱
轻旱
中旱
重旱
特旱

比例尺 1:8 000 000 0 80 160 km

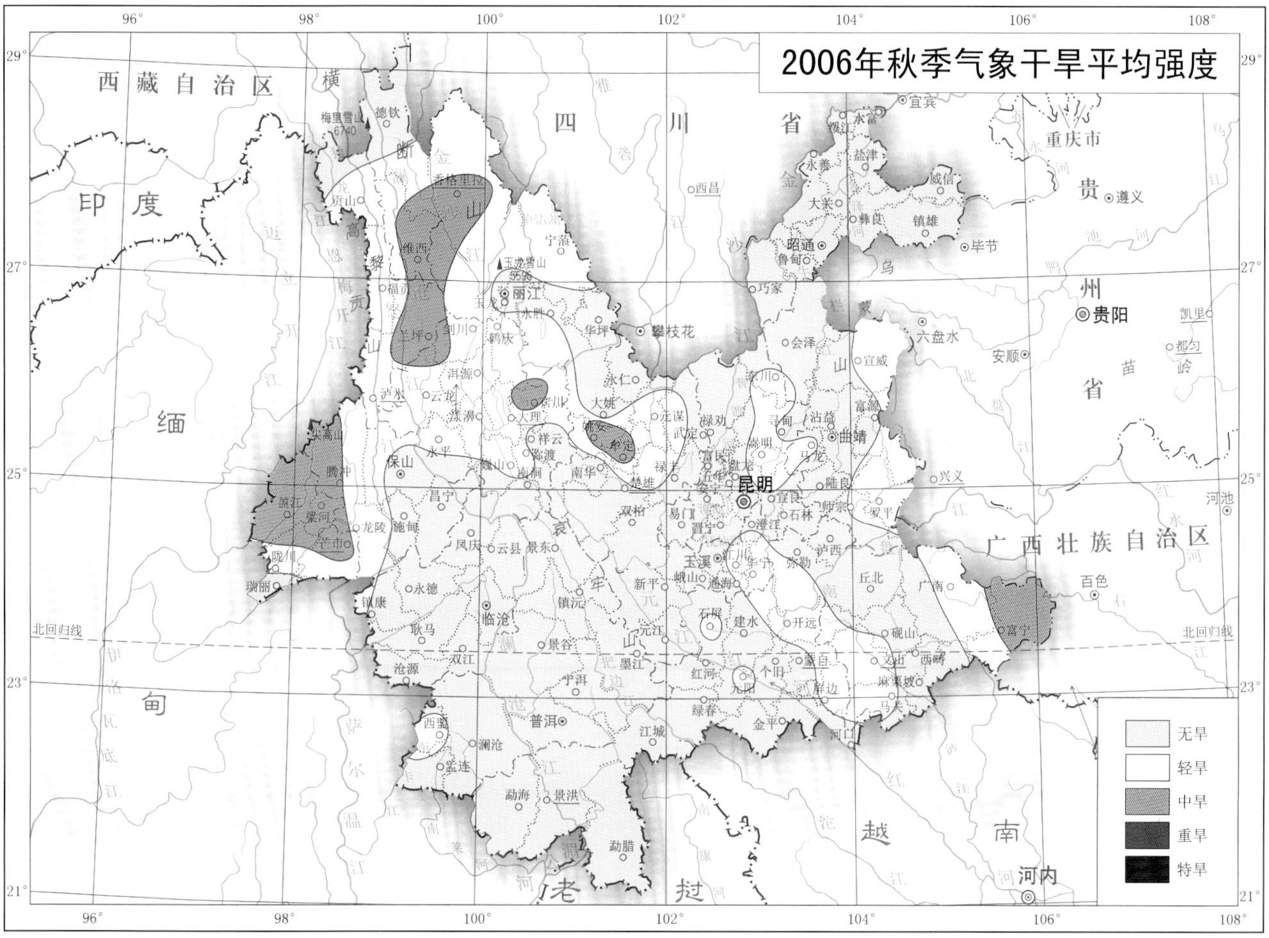

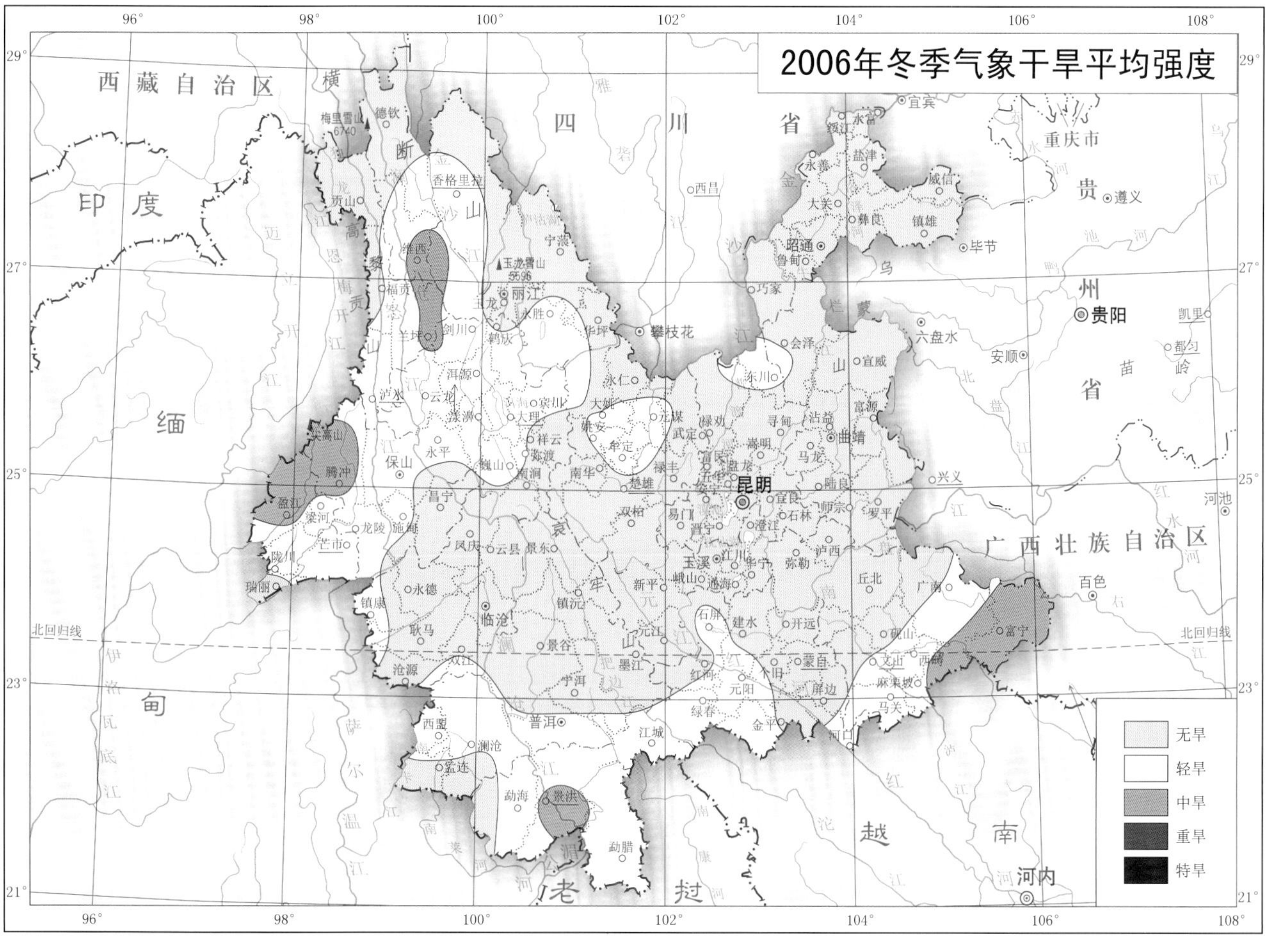

2006年秋季气象干旱平均强度

无旱
轻旱
中旱
重旱
特旱

2006年冬季气象干旱平均强度

无旱
轻旱
中旱
重旱
特旱

比例尺 1∶8 000 000　0　80　160 km

2007年干旱日数

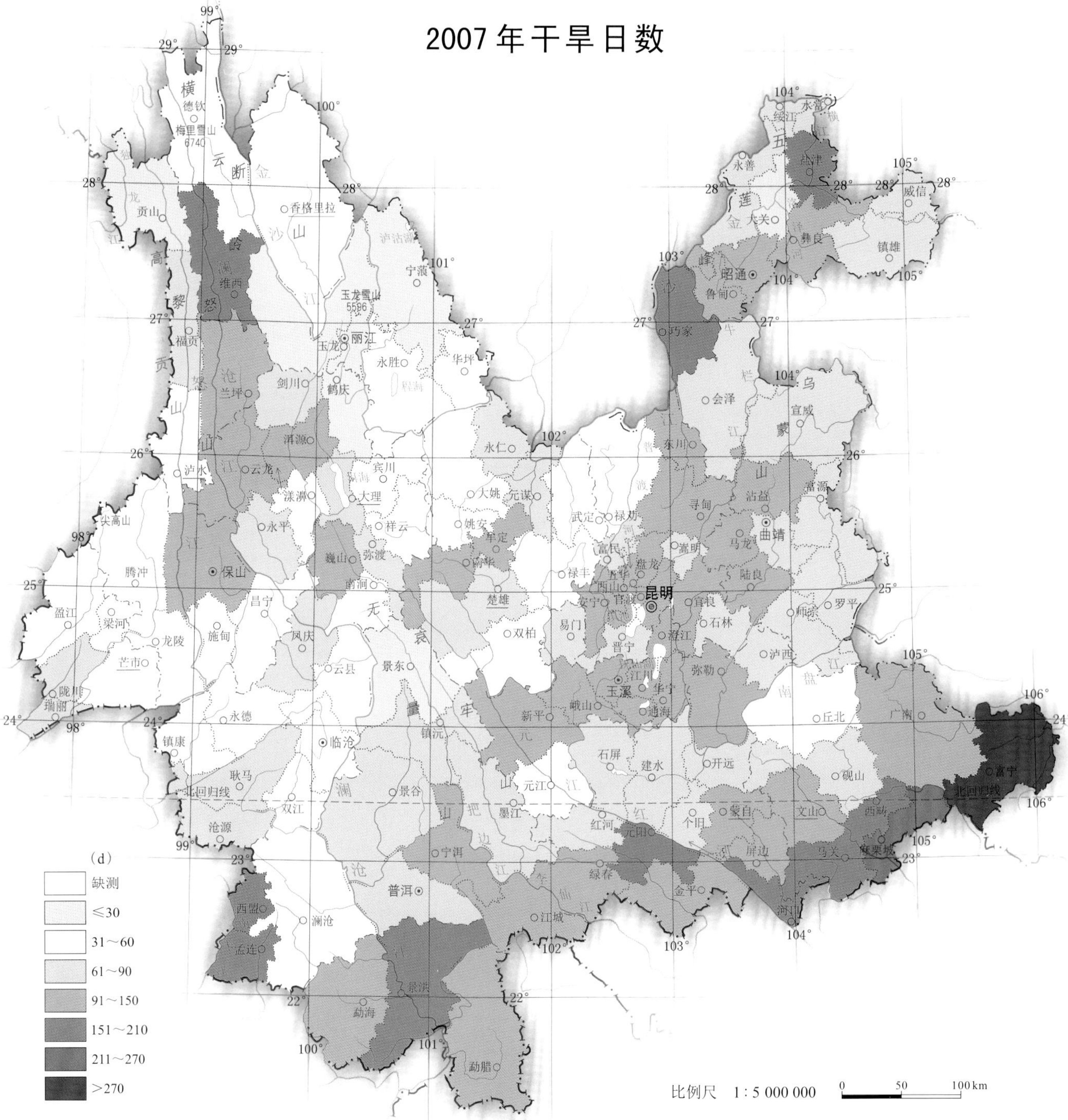

(d)

- 缺测
- ≤30
- 31～60
- 61～90
- 91～150
- 151～210
- 211～270
- >270

比例尺 1∶5 000 000

2007年逐日干旱、降水变化曲线

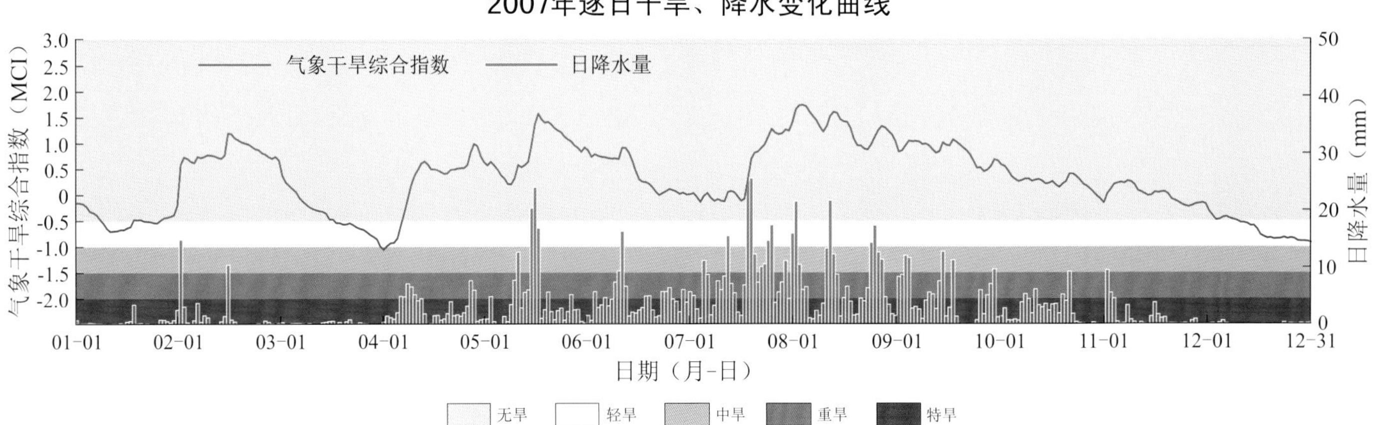

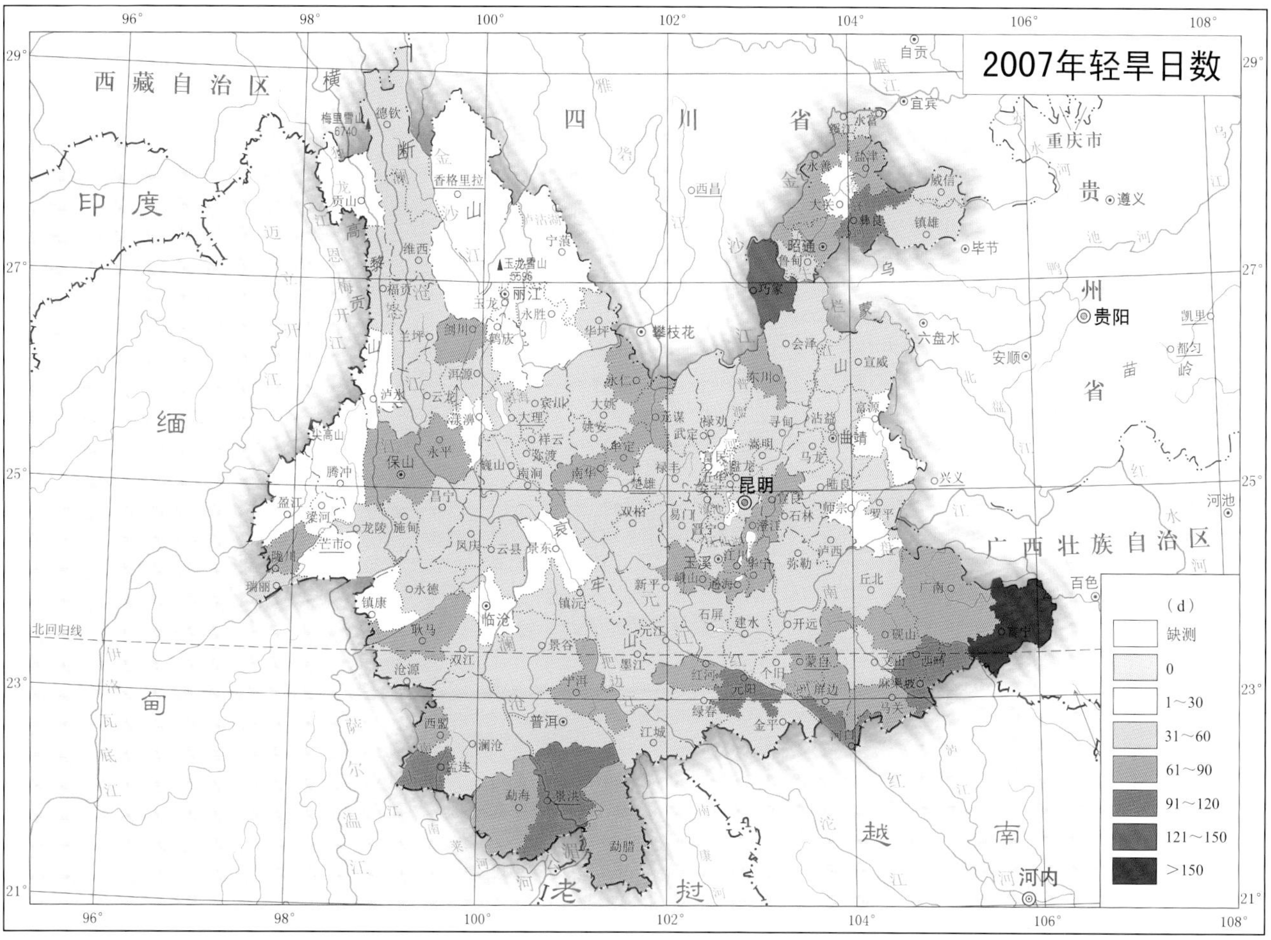

2007年轻旱日数

(d)

- 缺测
- 0
- 1～30
- 31～60
- 61～90
- 91～120
- 121～150
- >150

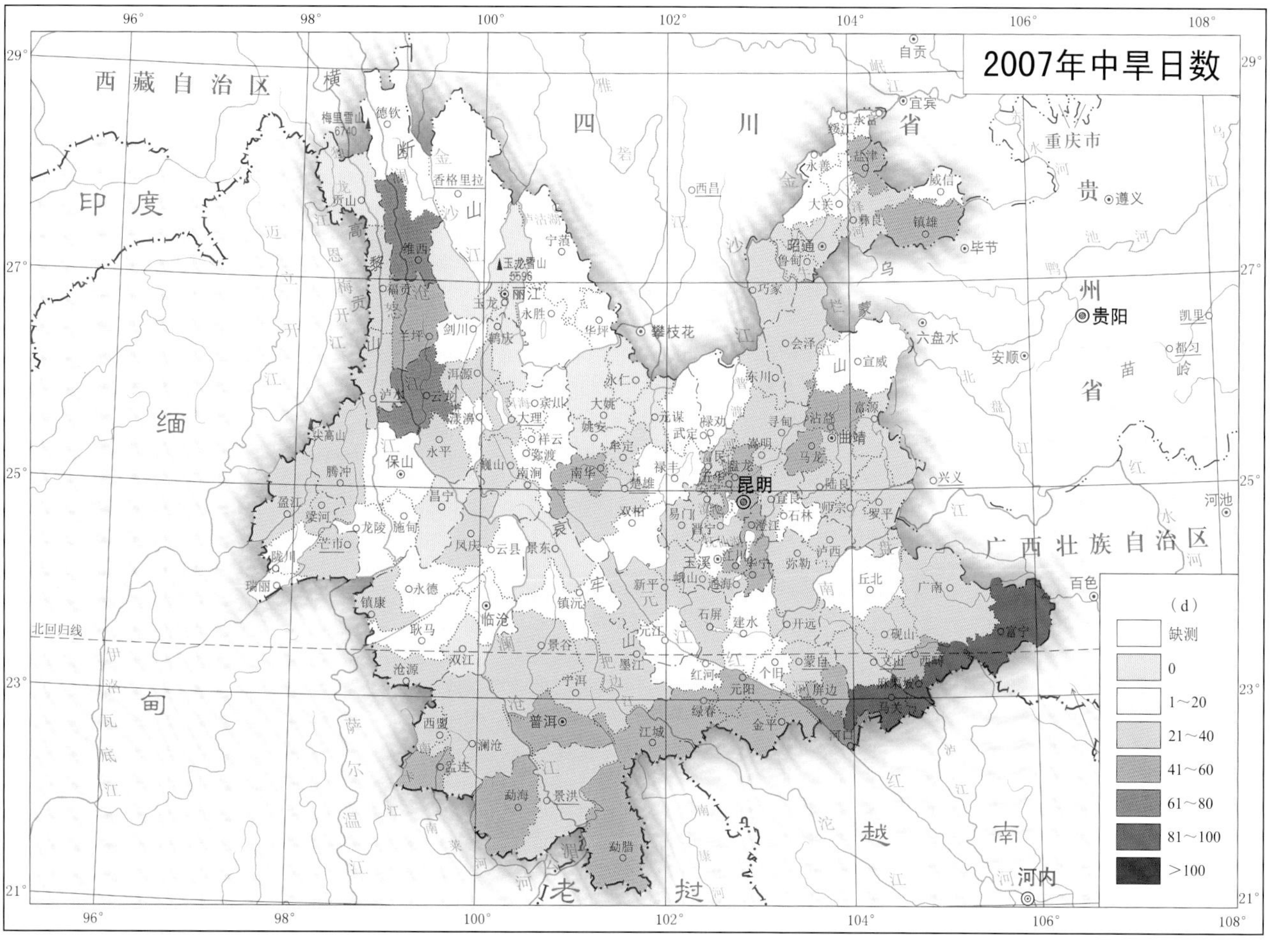

2007年中旱日数

(d)

- 缺测
- 0
- 1～20
- 21～40
- 41～60
- 61～80
- 81～100
- >100

比例尺 1∶8 000 000 0 80 160 km

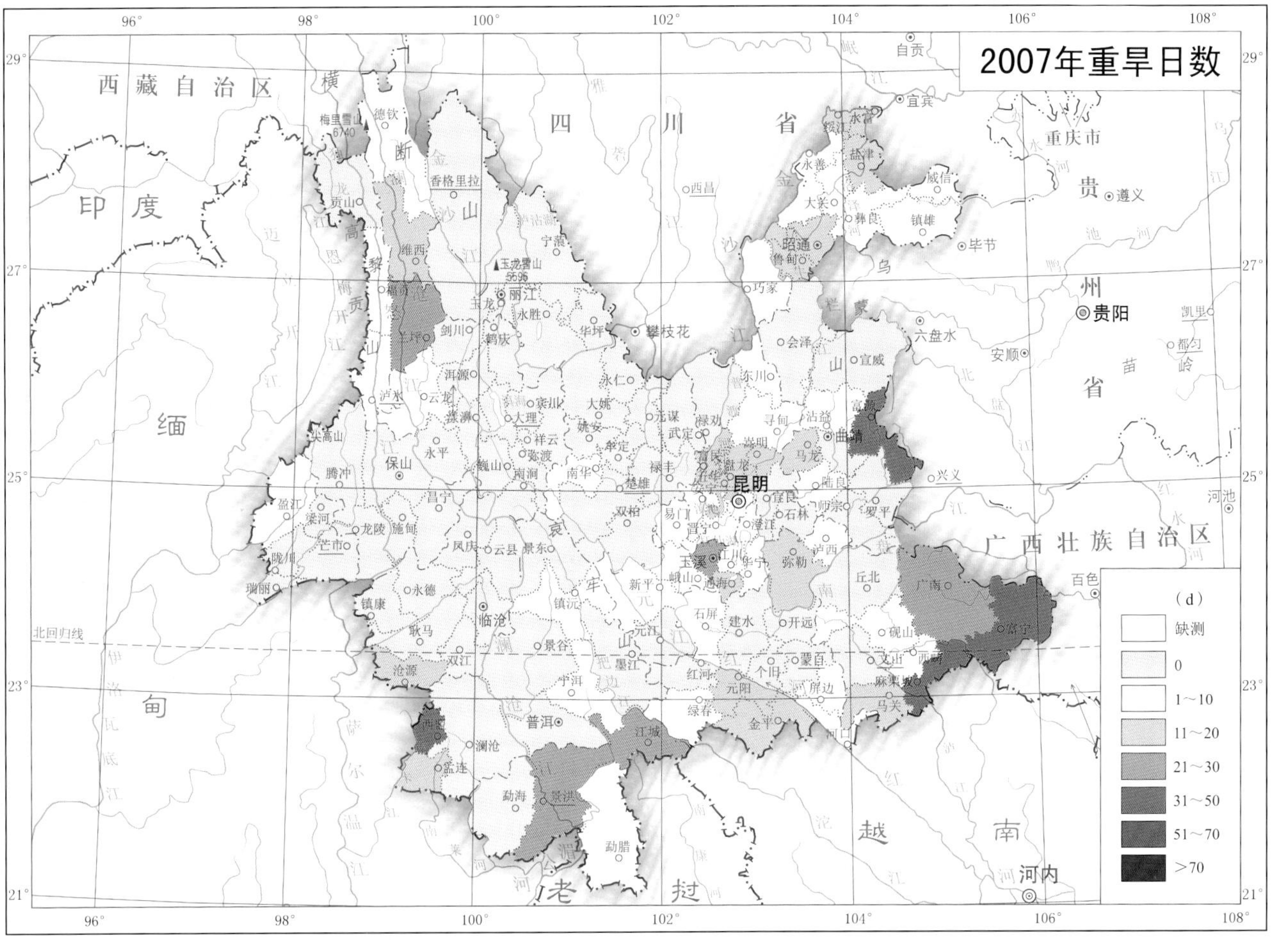

2007年重旱日数

(d)

- 缺测
- 0
- 1~10
- 11~20
- 21~30
- 31~50
- 51~70
- >70

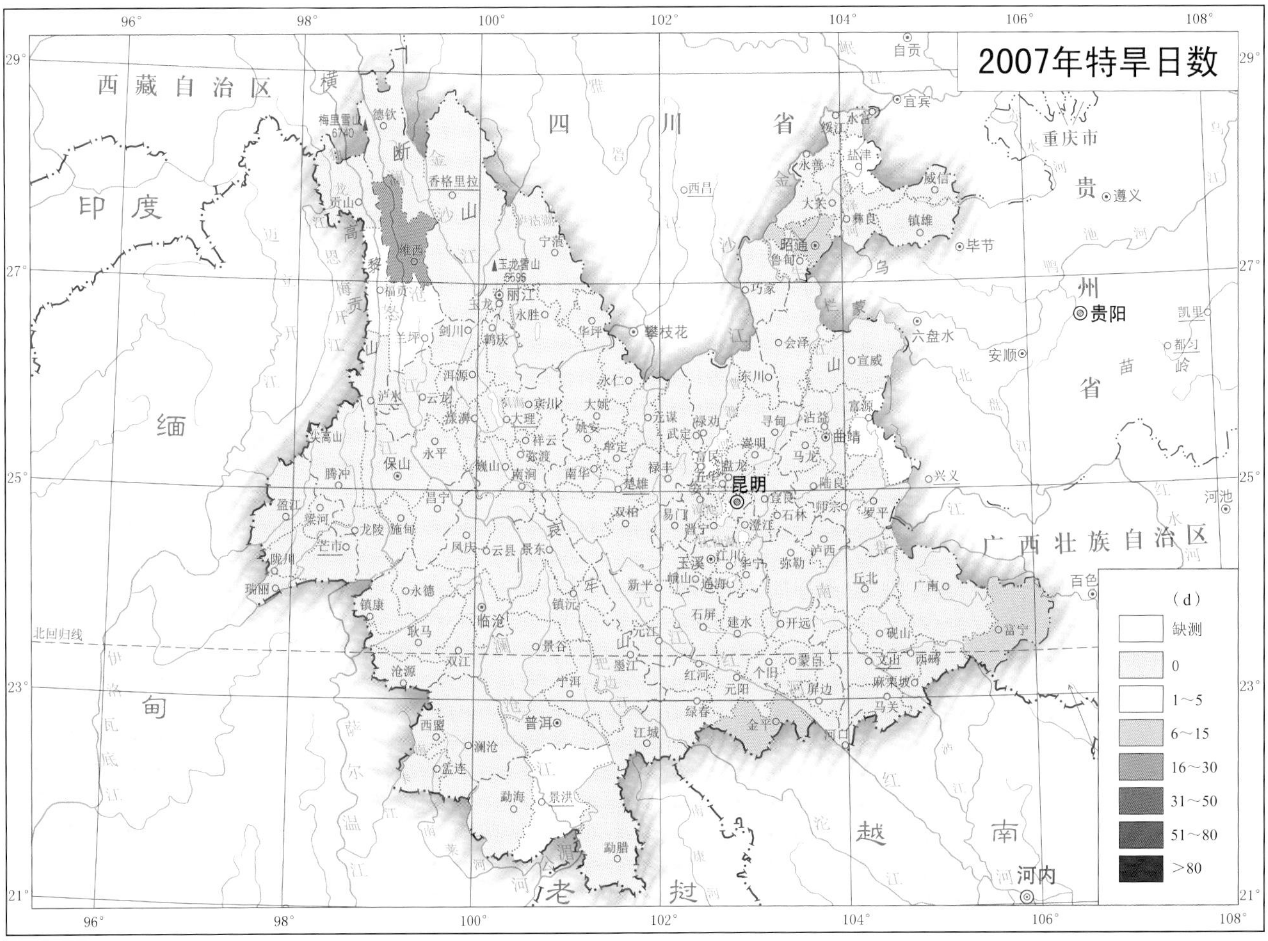

2007年特旱日数

(d)

- 缺测
- 0
- 1~5
- 6~15
- 16~30
- 31~50
- 51~80
- >80

比例尺 1∶8 000 000　0　80　160 km

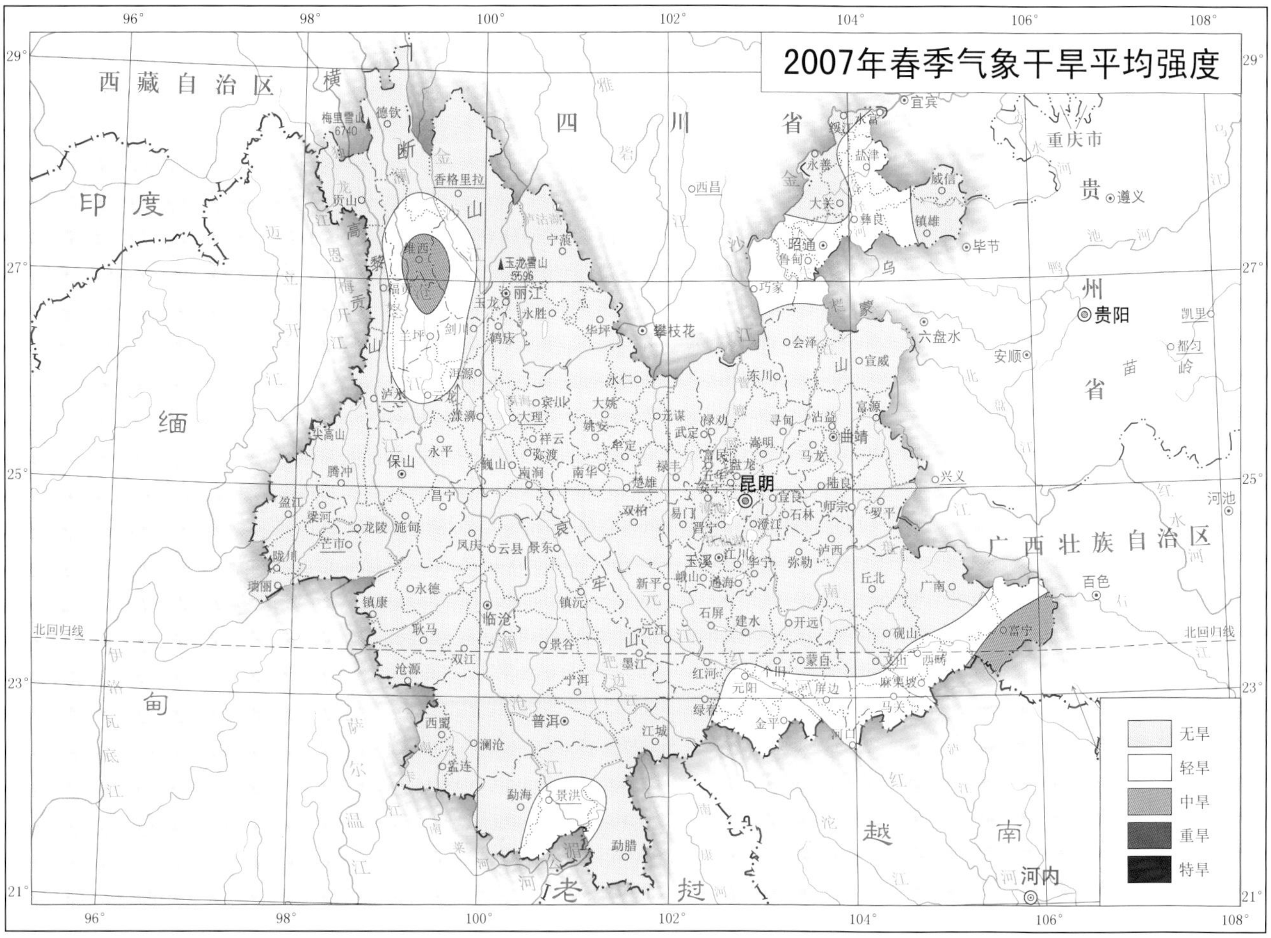

2007年春季气象干旱平均强度

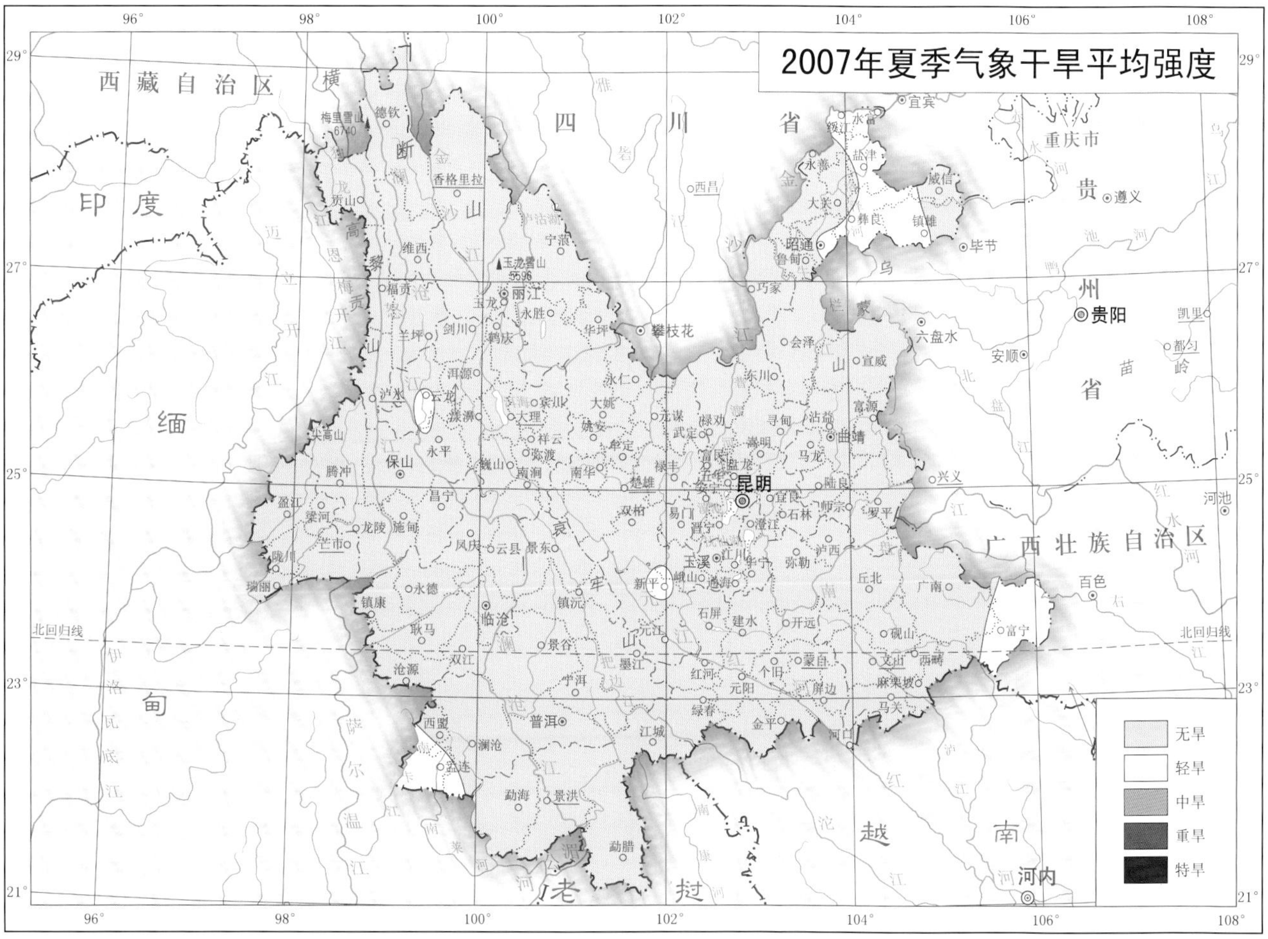

无旱
轻旱
中旱
重旱
特旱

2007年夏季气象干旱平均强度

无旱
轻旱
中旱
重旱
特旱

比例尺 1:8 000 000

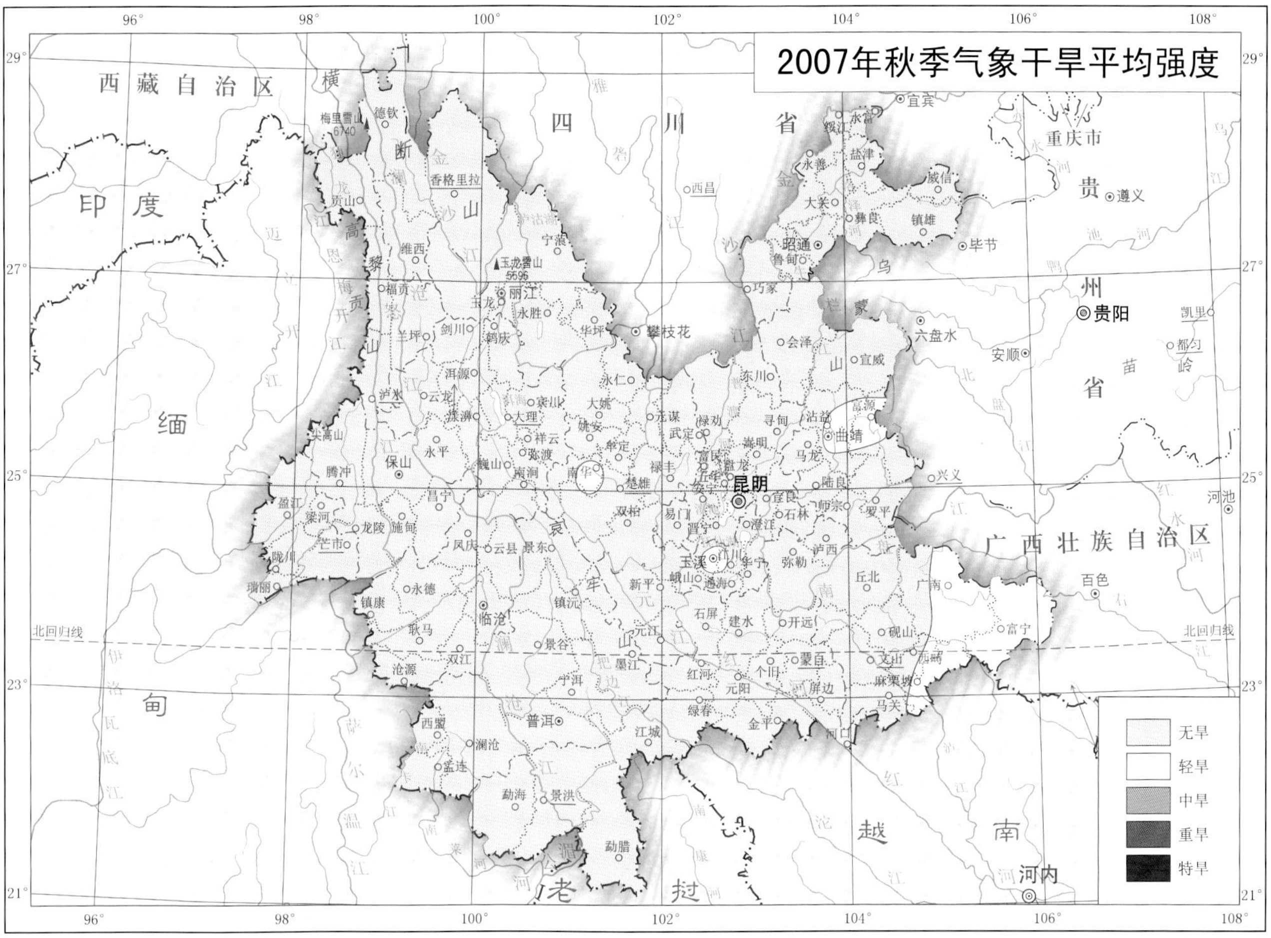

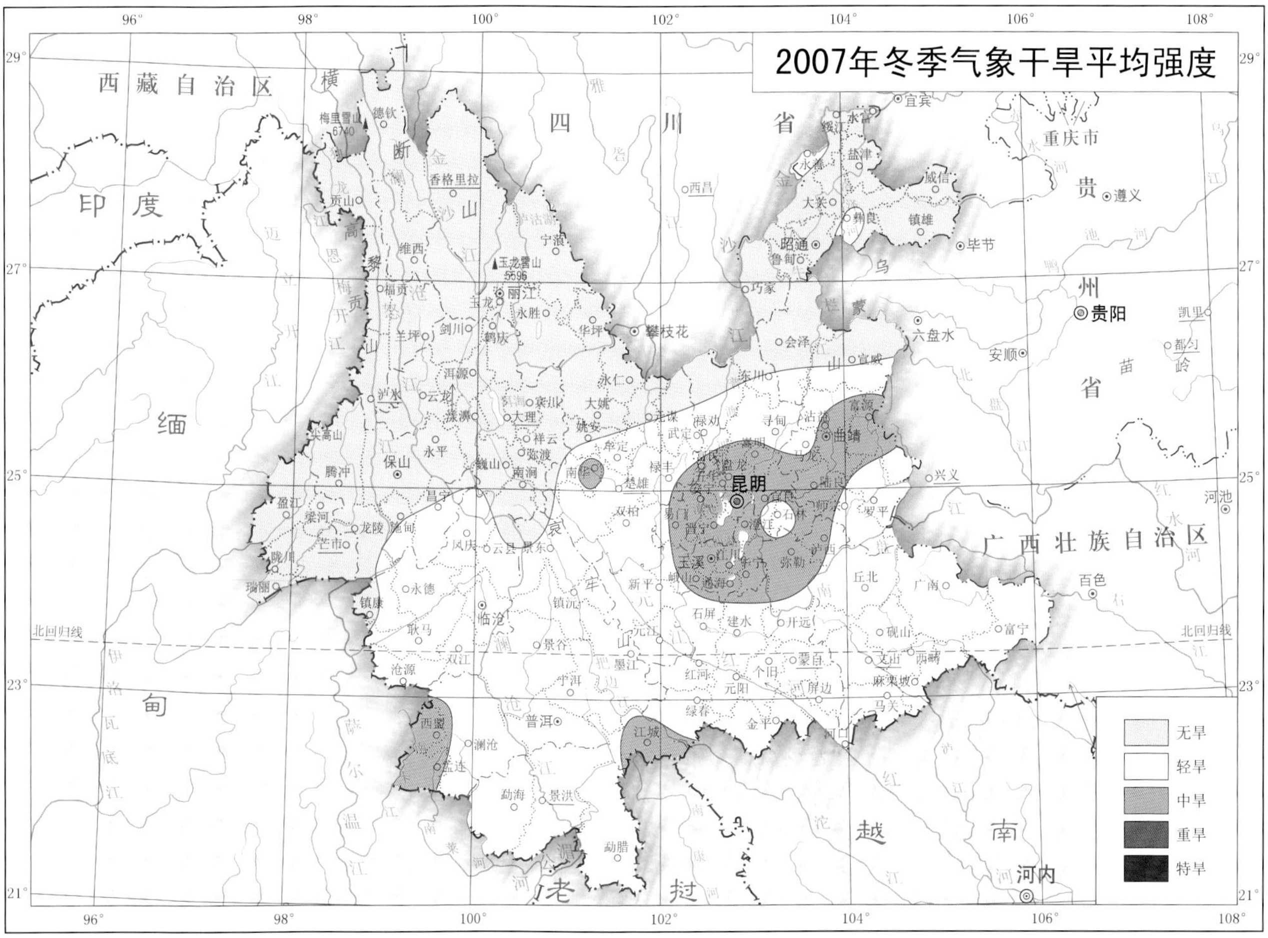

2007年秋季气象干旱平均强度

无旱
轻旱
中旱
重旱
特旱

2007年冬季气象干旱平均强度

无旱
轻旱
中旱
重旱
特旱

比例尺 1 : 8 000 000　0　80　160 km

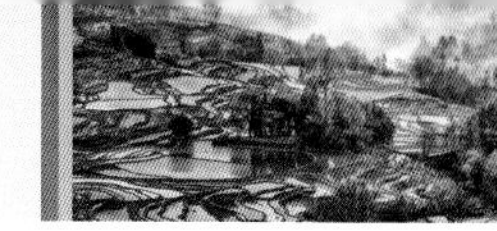

2008 年干旱日数

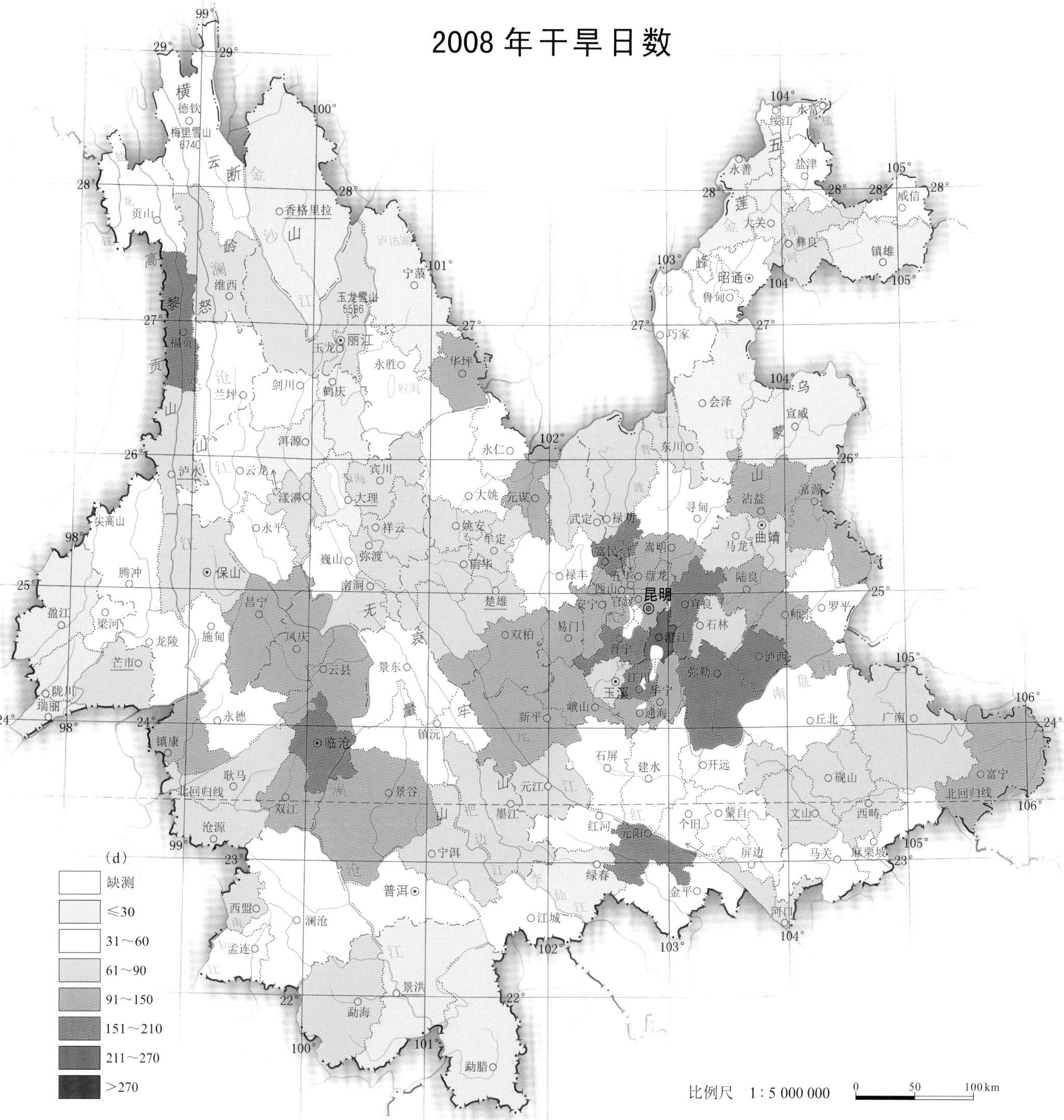

(d)
缺测
≤30
31～60
61～90
91～150
151～210
211～270
>270
比例尺 1 : 5 000 000
0 50 100 km
昆明
曲靖
玉溪
临沧
保山
丽江
大理
楚雄
普洱
昭通

2008年逐日干旱、降水变化曲线

气象干旱综合指数
日降水量
气象干旱综合指数（MCI）
日降水量（mm）
日期（月-日）
01-01
02-01
03-01
04-01
05-01
06-01
07-01
08-01
09-01
10-01
11-01
12-01
12-31
无旱
轻旱
中旱
重旱
特旱

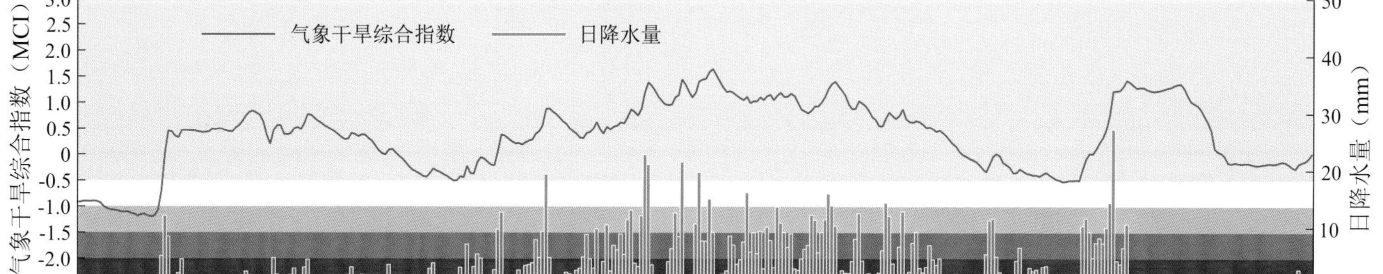

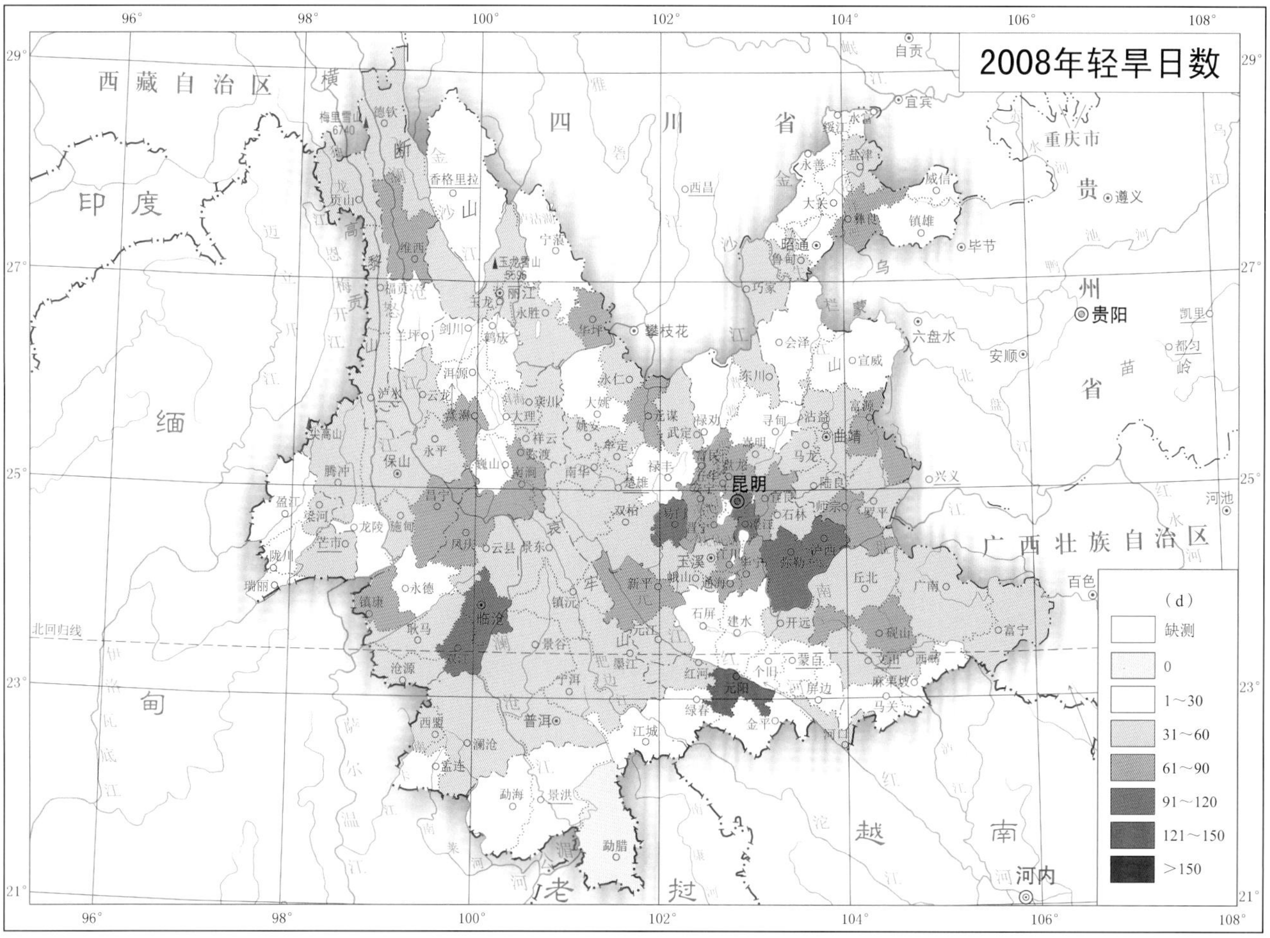

2008年轻旱日数

(d)

- 缺测
- 0
- 1～30
- 31～60
- 61～90
- 91～120
- 121～150
- >150

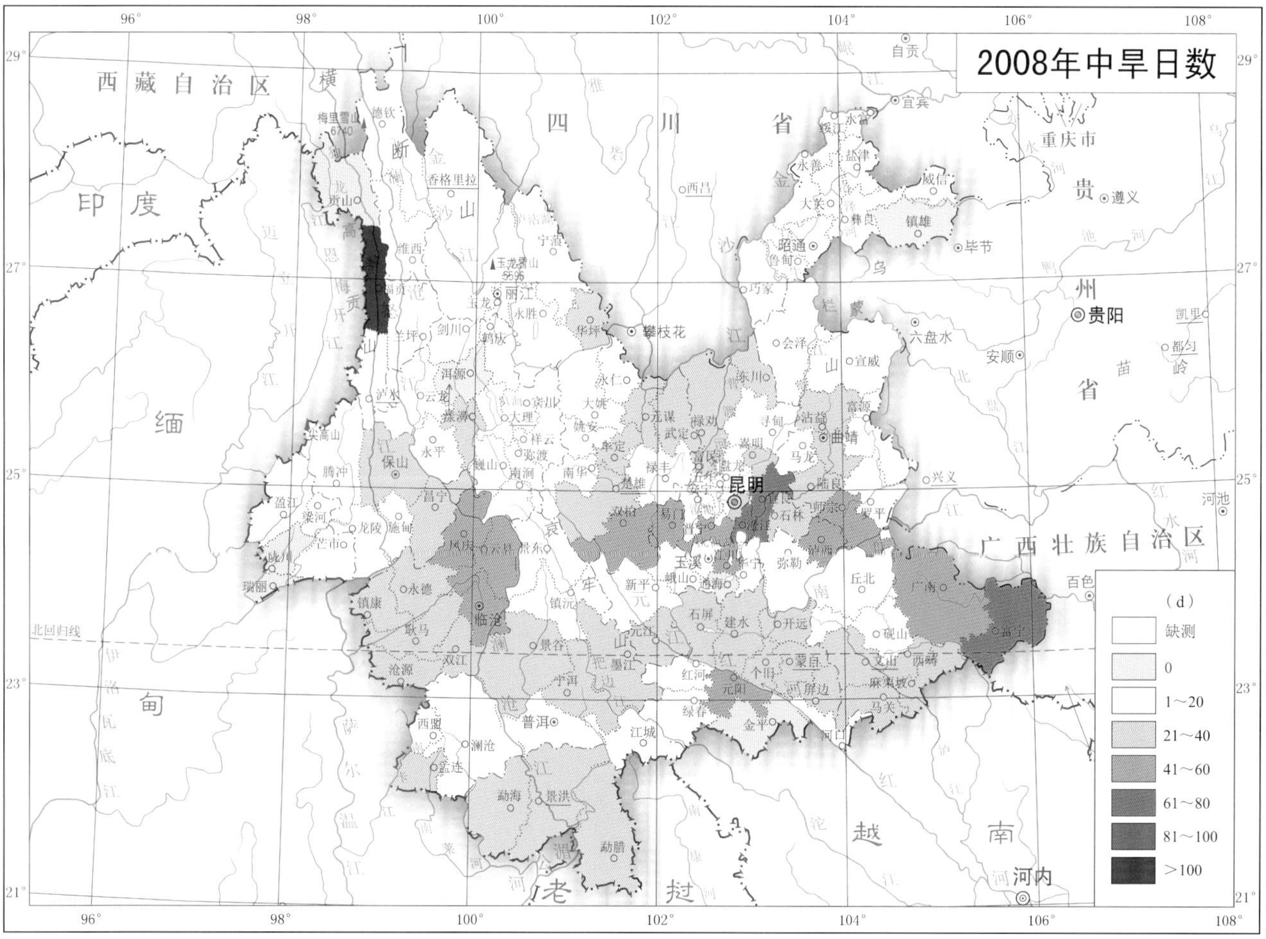

2008年中旱日数

(d)

- 缺测
- 0
- 1～20
- 21～40
- 41～60
- 61～80
- 81～100
- >100

比例尺 1∶8 000 000　0 80 160 km

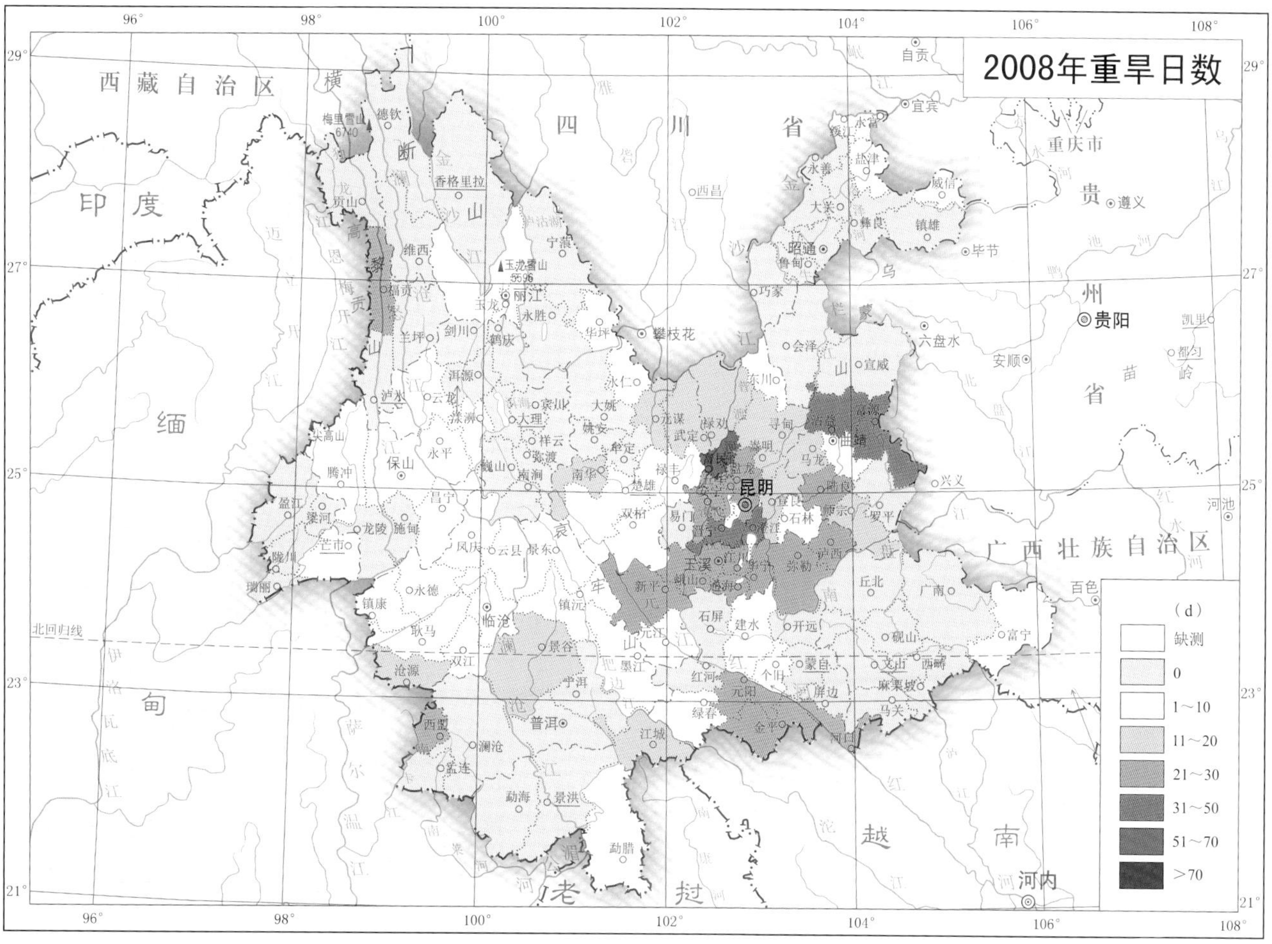

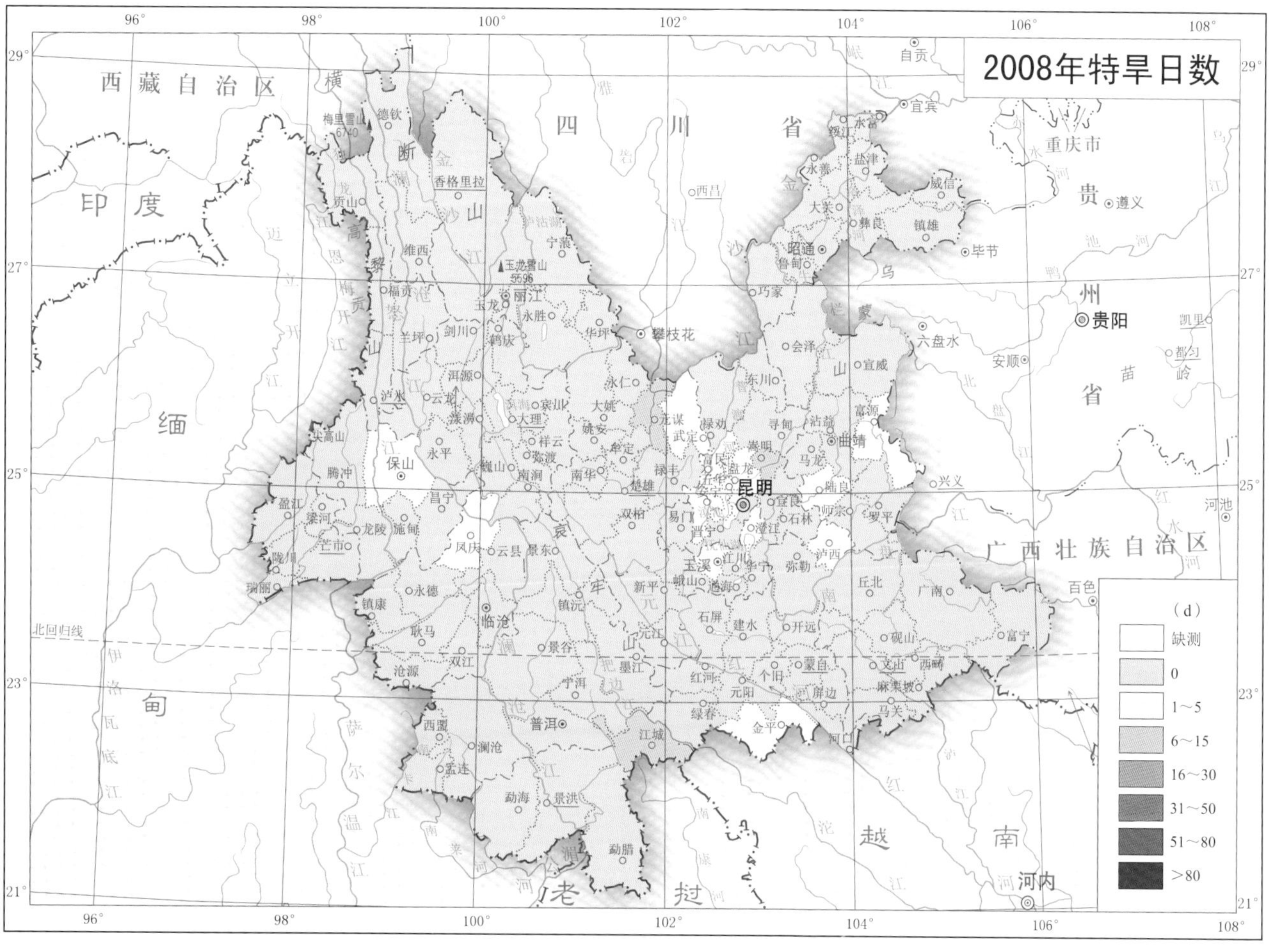

2008年重旱日数

(d)

- 缺测
- 0
- 1~10
- 11~20
- 21~30
- 31~50
- 51~70
- >70

2008年特旱日数

(d)

- 缺测
- 0
- 1~5
- 6~15
- 16~30
- 31~50
- 51~80
- >80

比例尺 1:8 000 000 0 80 160 km

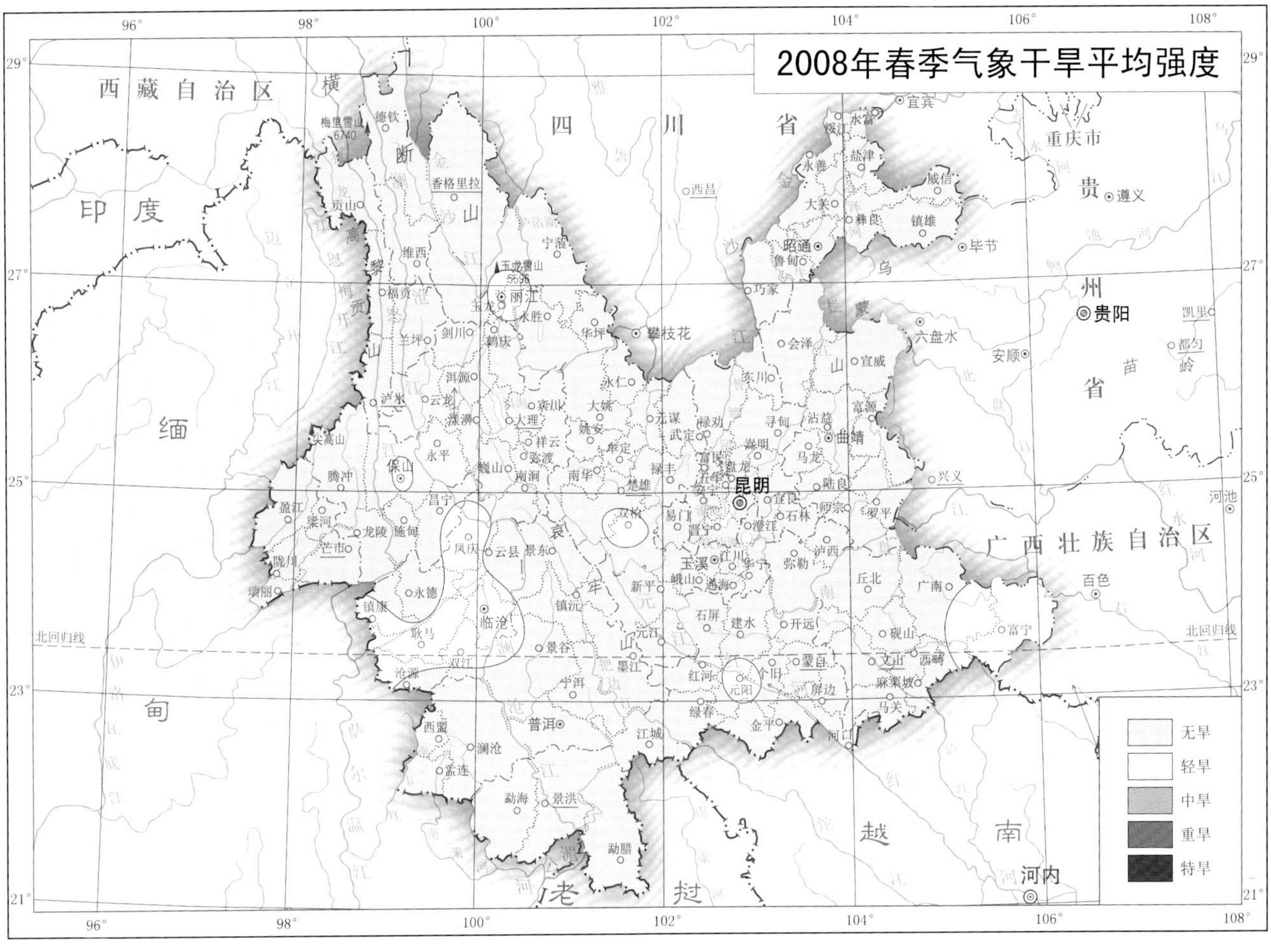

2008年春季气象干旱平均强度

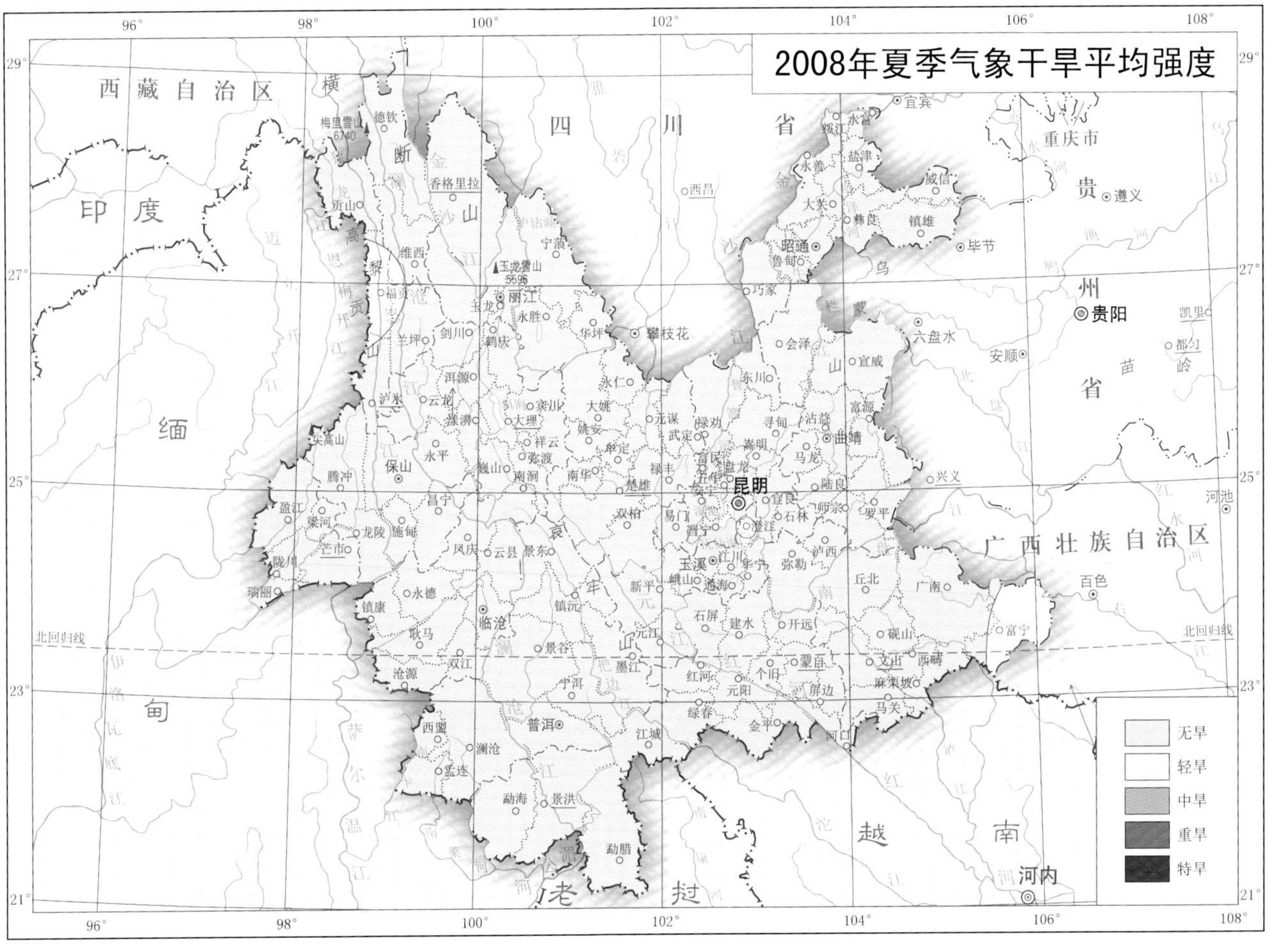

无旱
轻旱
中旱
重旱
特旱

2008年夏季气象干旱平均强度

无旱
轻旱
中旱
重旱
特旱

比例尺 1 : 8 000 000 0 80 160 km

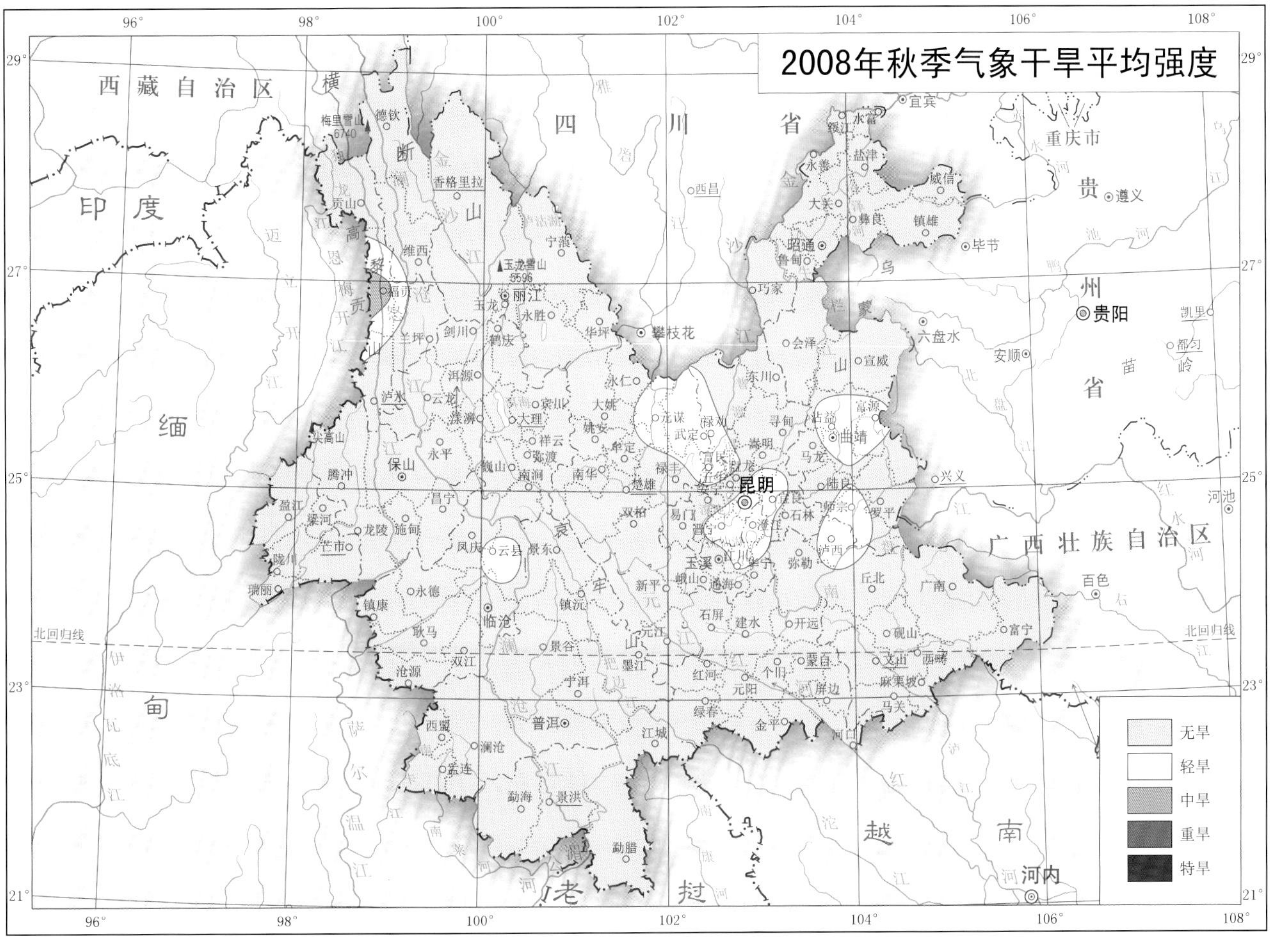

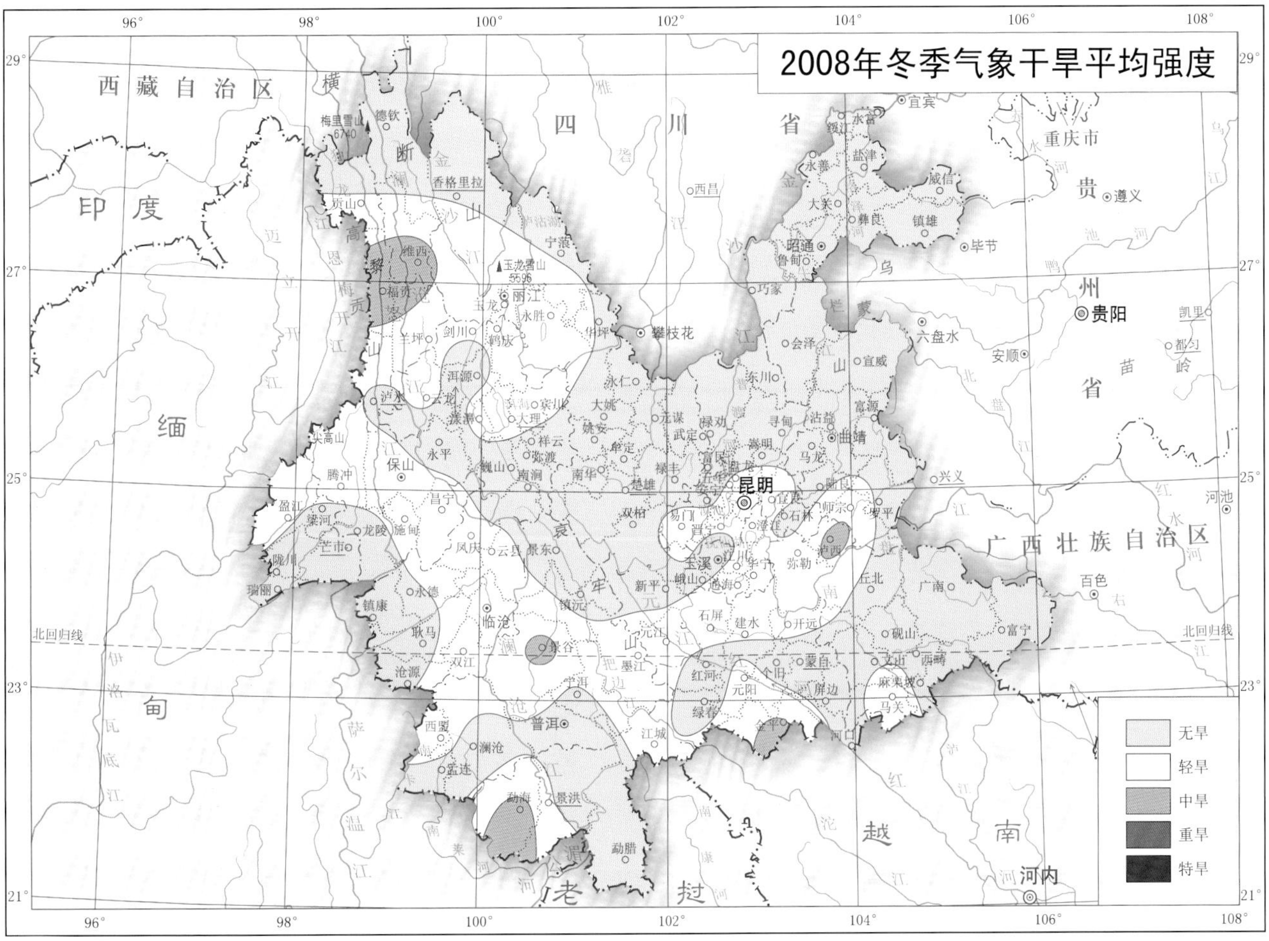

2008年秋季气象干旱平均强度

无旱
轻旱
中旱
重旱
特旱

2008年冬季气象干旱平均强度

无旱
轻旱
中旱
重旱
特旱

比例尺 1：8 000 000 0 80 160 km

2009年干旱日数

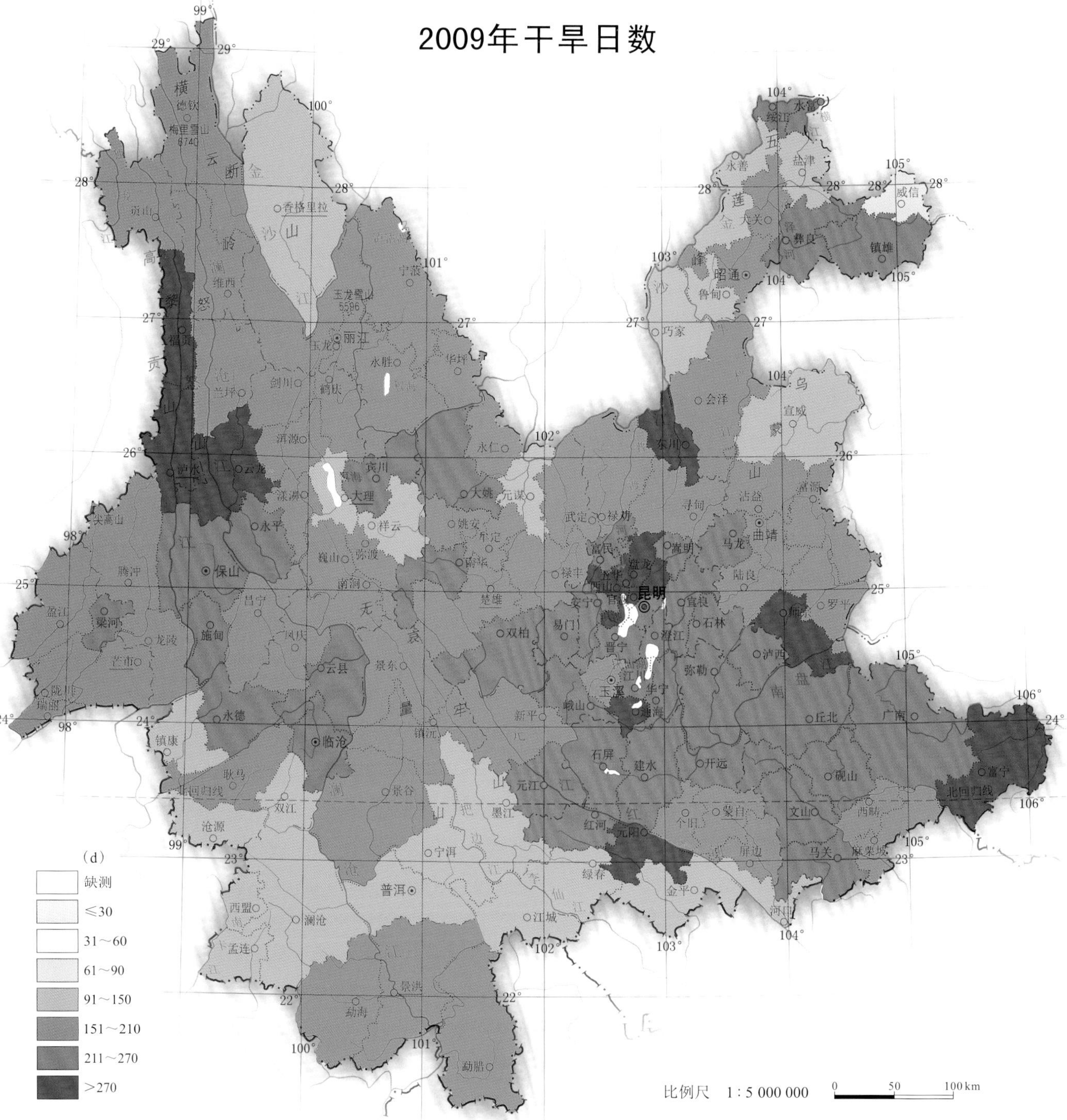

(d)

- 缺测
- ≤30
- 31～60
- 61～90
- 91～150
- 151～210
- 211～270
- >270

比例尺　1∶5 000 000

2009年逐日干旱、降水变化曲线

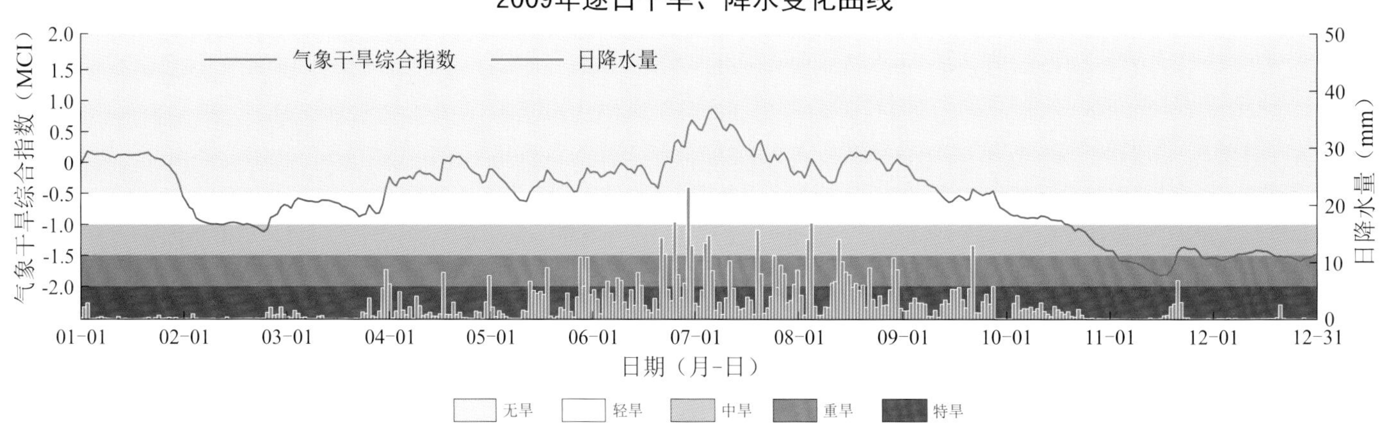

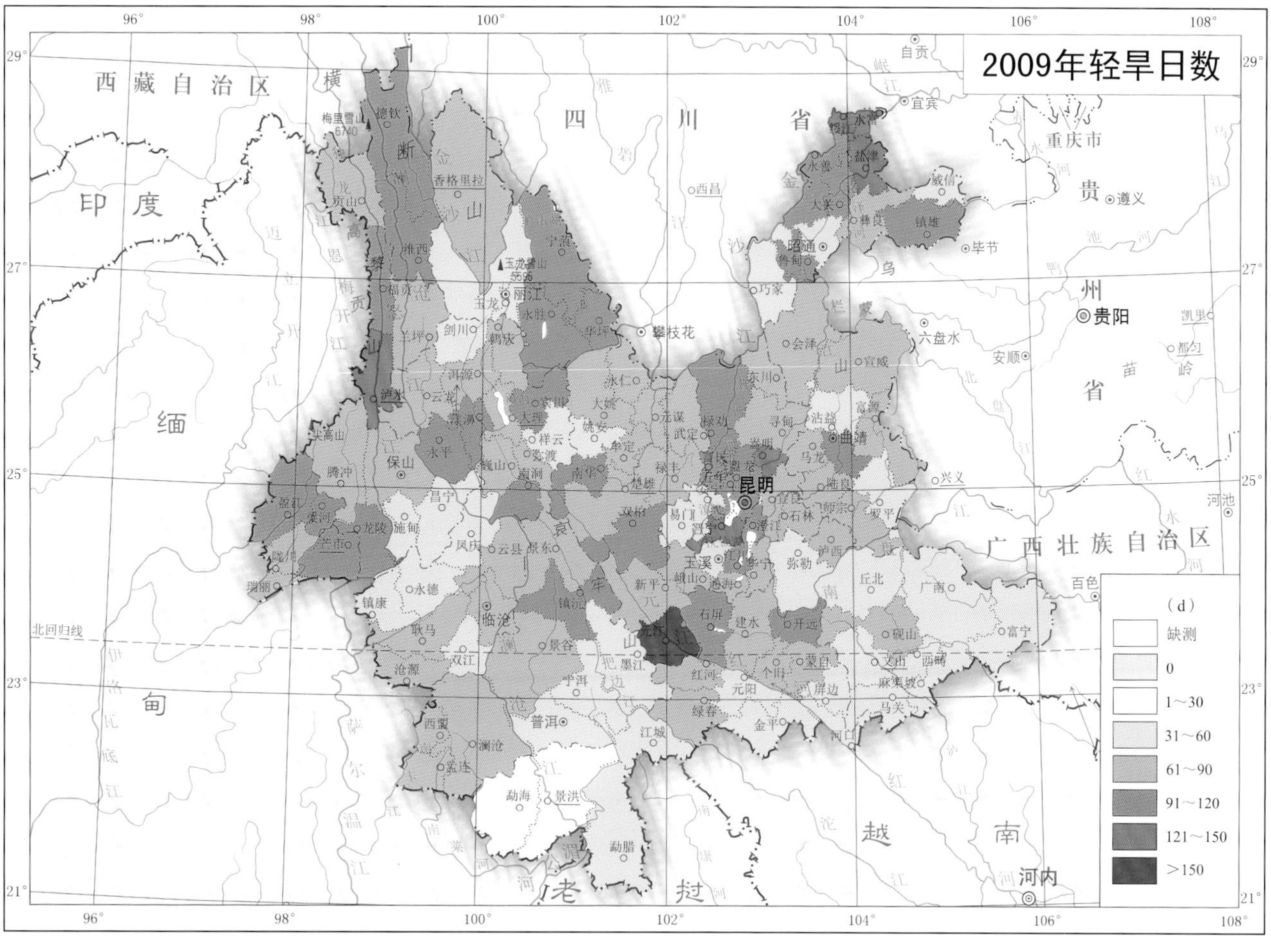

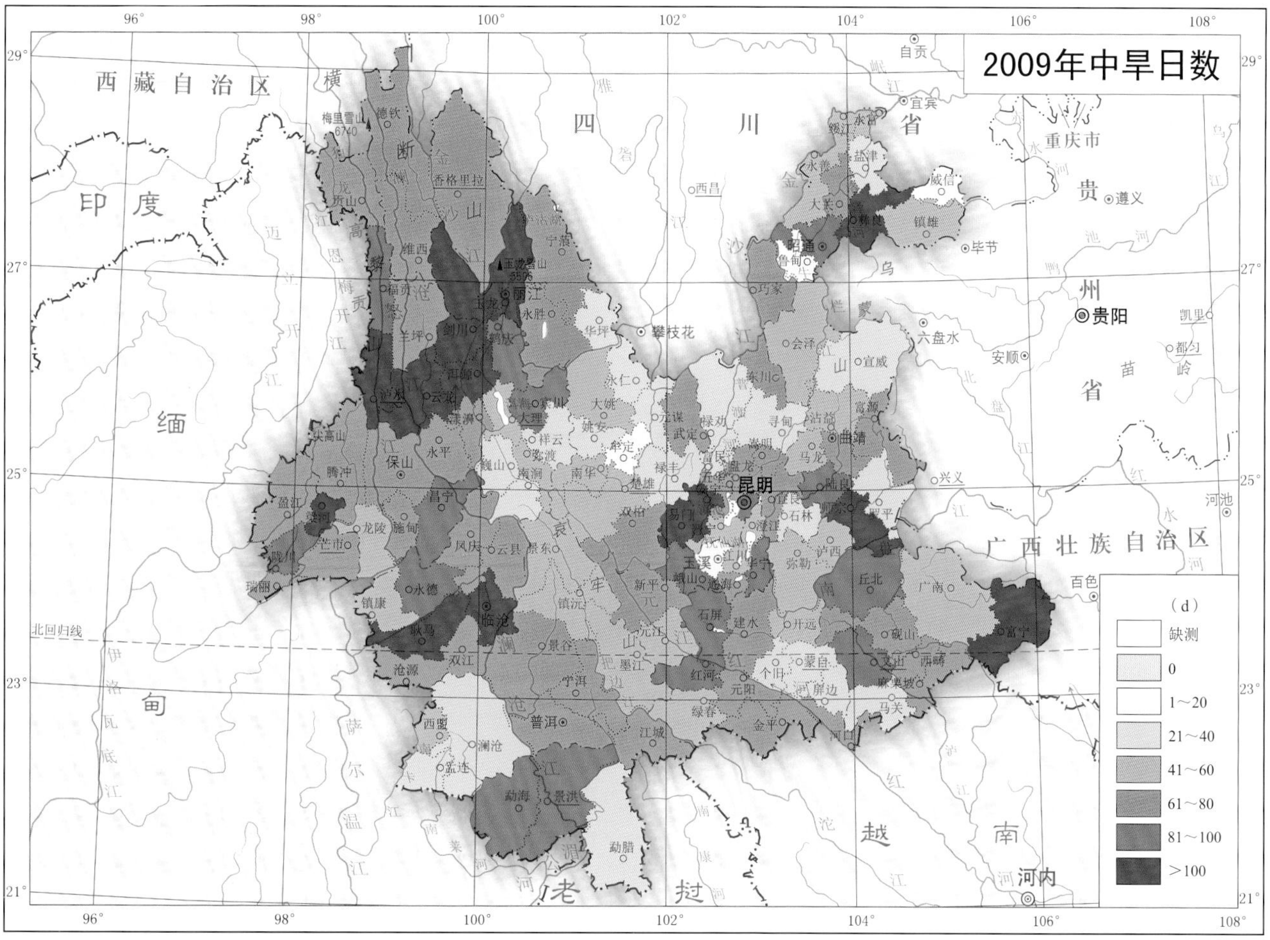

2009年轻旱日数

(d)

- 缺测
- 0
- 1～30
- 31～60
- 61～90
- 91～120
- 121～150
- >150

2009年中旱日数

(d)

- 缺测
- 0
- 1～20
- 21～40
- 41～60
- 61～80
- 81～100
- >100

比例尺 1:8 000 000 0 80 160 km

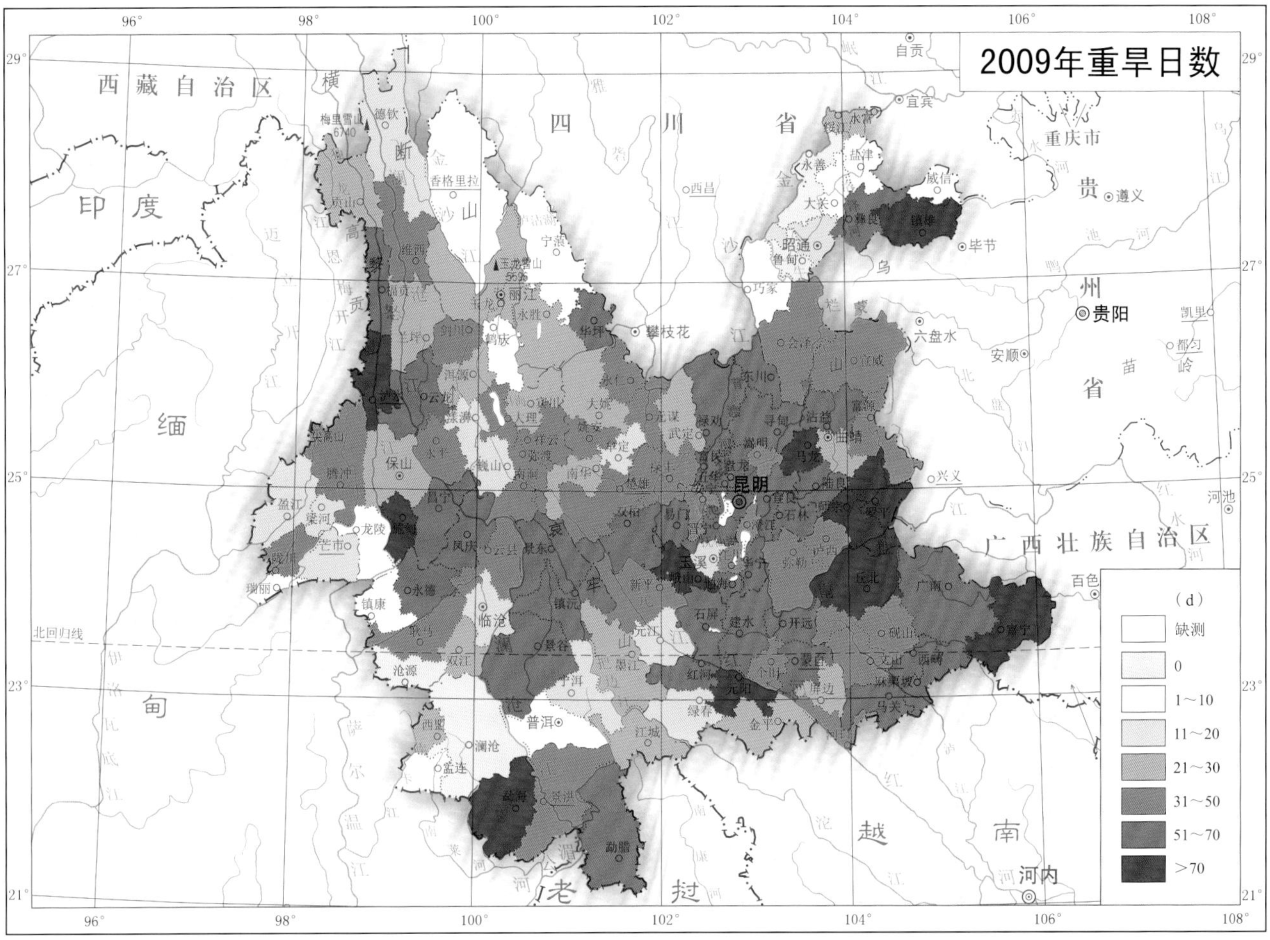
2009年重旱日数
(d)
缺测
0
1～10
11～20
21～30
31～50
51～70
>70
西藏自治区
四川省
贵州省
广西壮族自治区
印度
缅甸
越南
老挝
昆明
北回归线

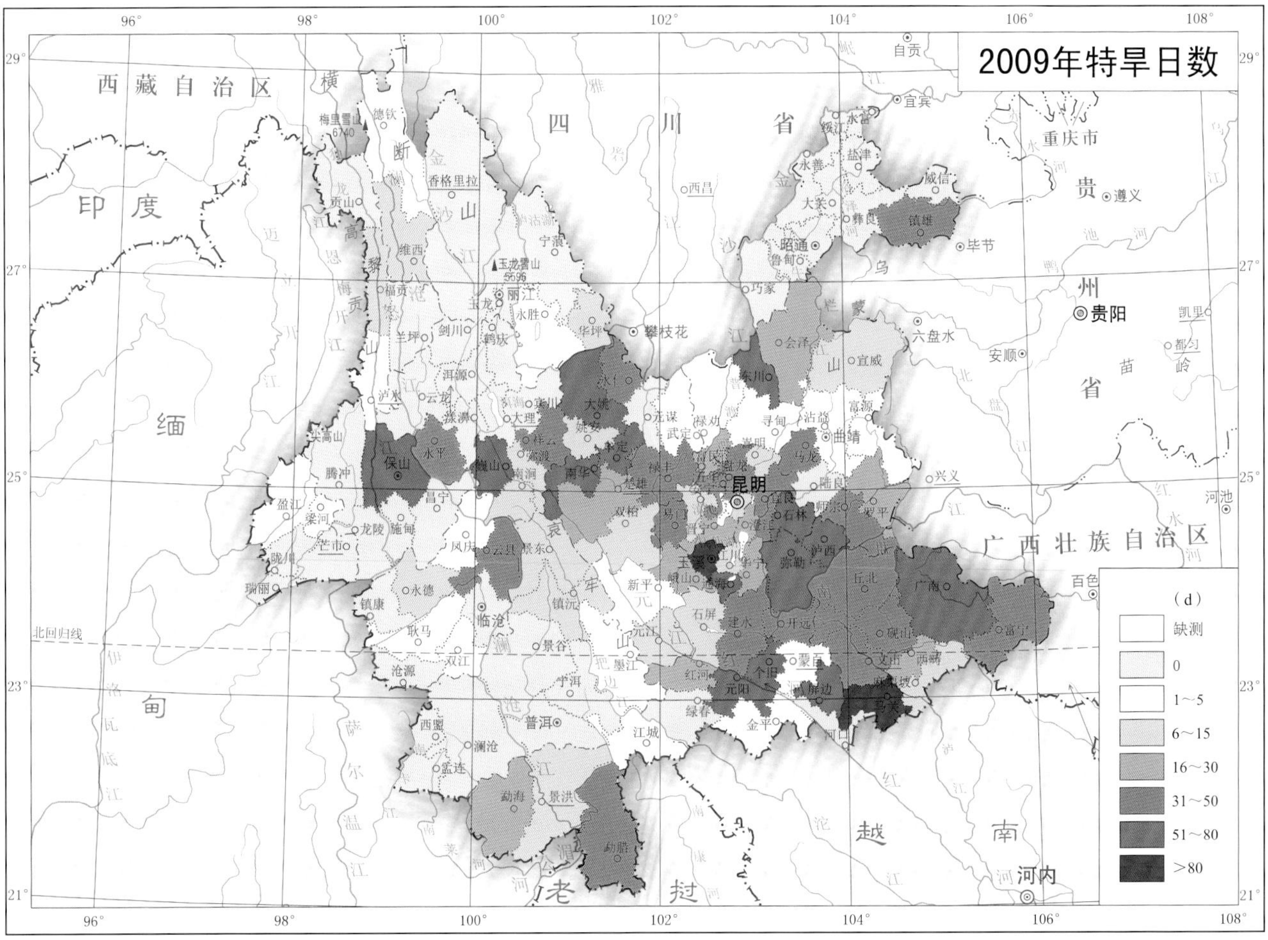
2009年特旱日数
(d)
缺测
0
1～5
6～15
16～30
31～50
51～80
>80
西藏自治区
四川省
贵州省
广西壮族自治区
印度
缅甸
越南
老挝
昆明
北回归线

比例尺 1:8 000 000 0 80 160 km

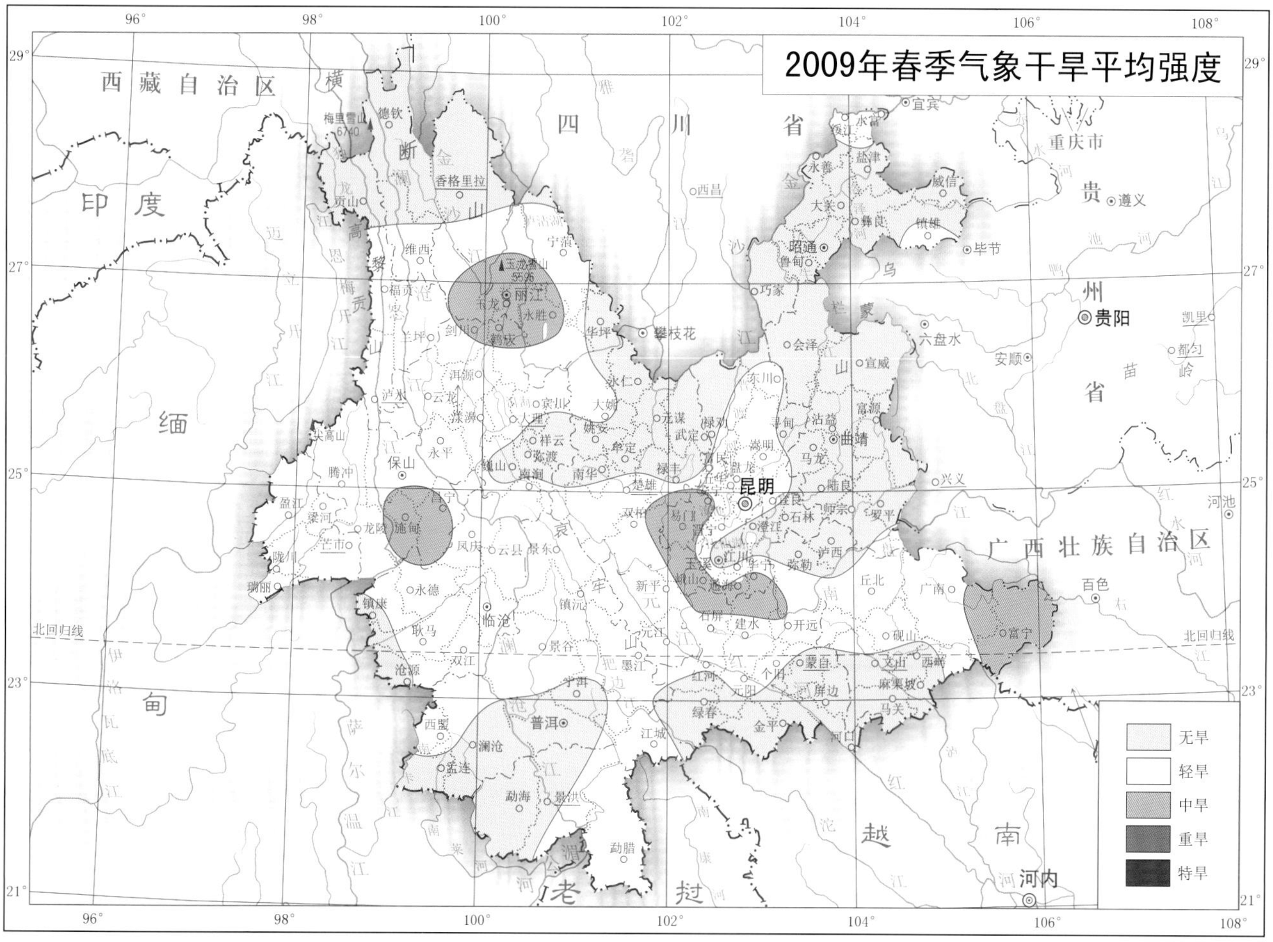

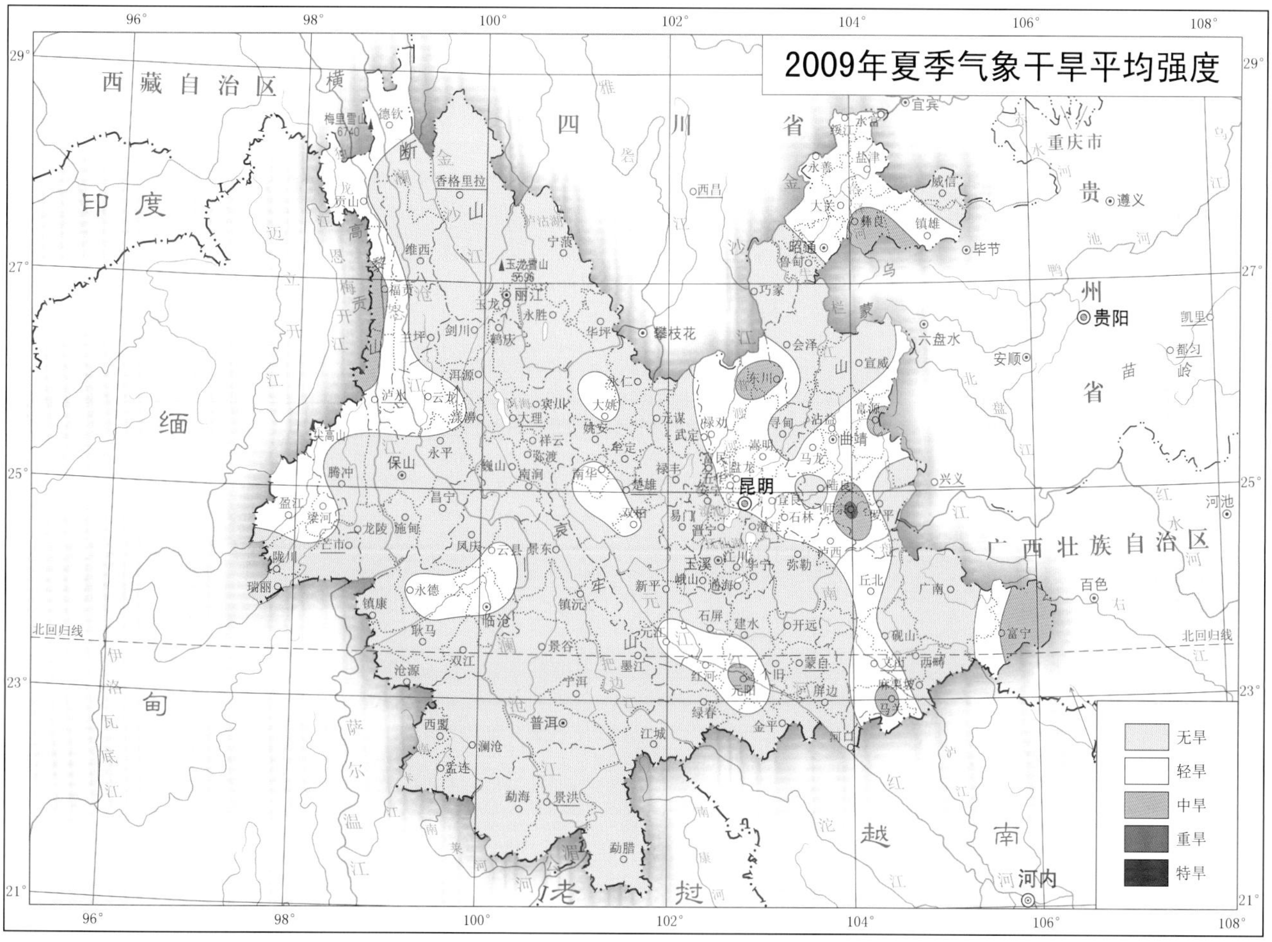

2009年春季气象干旱平均强度

无旱
轻旱
中旱
重旱
特旱

2009年夏季气象干旱平均强度

无旱
轻旱
中旱
重旱
特旱

比例尺 1∶8 000 000 0 80 160 km

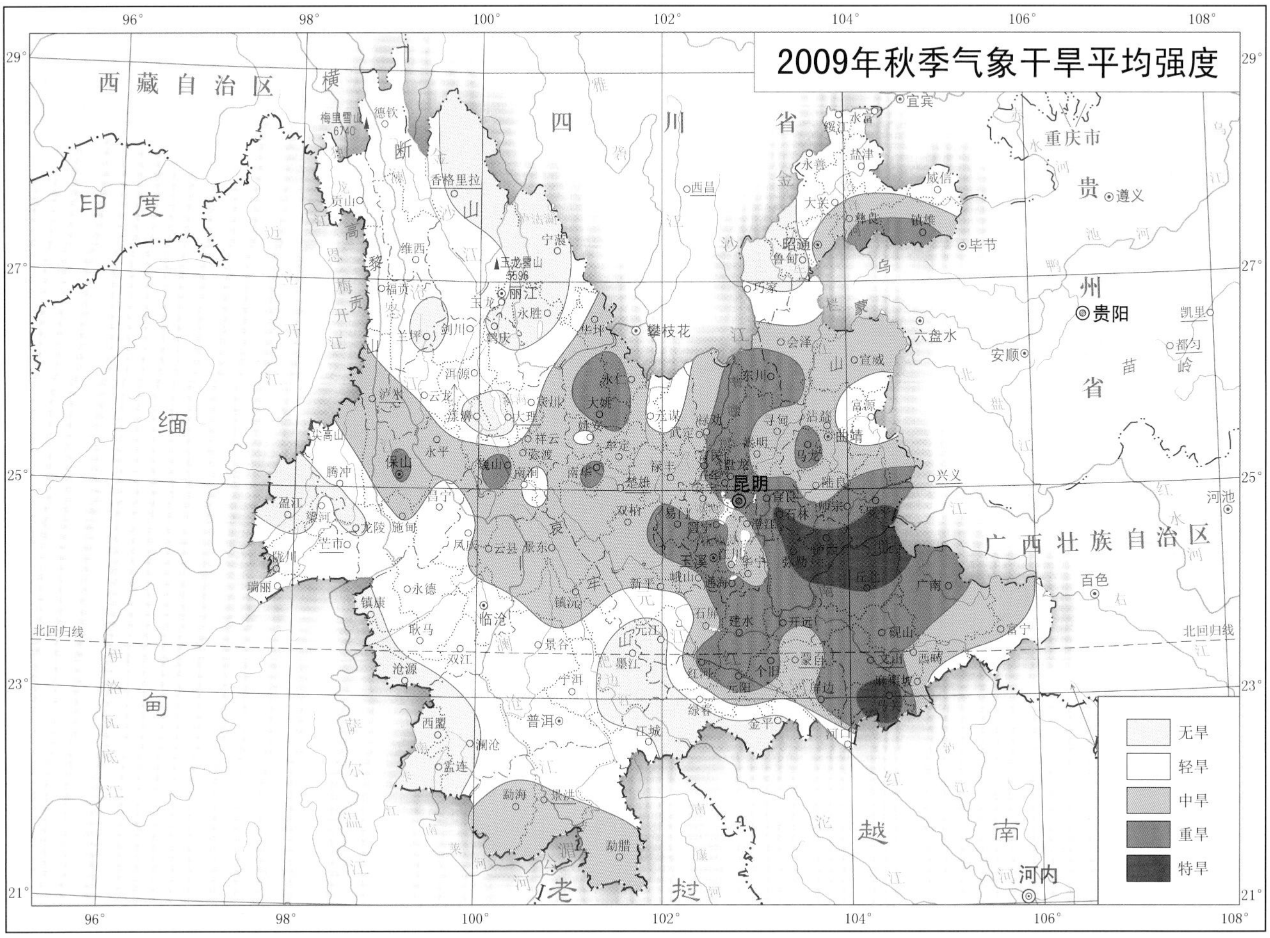

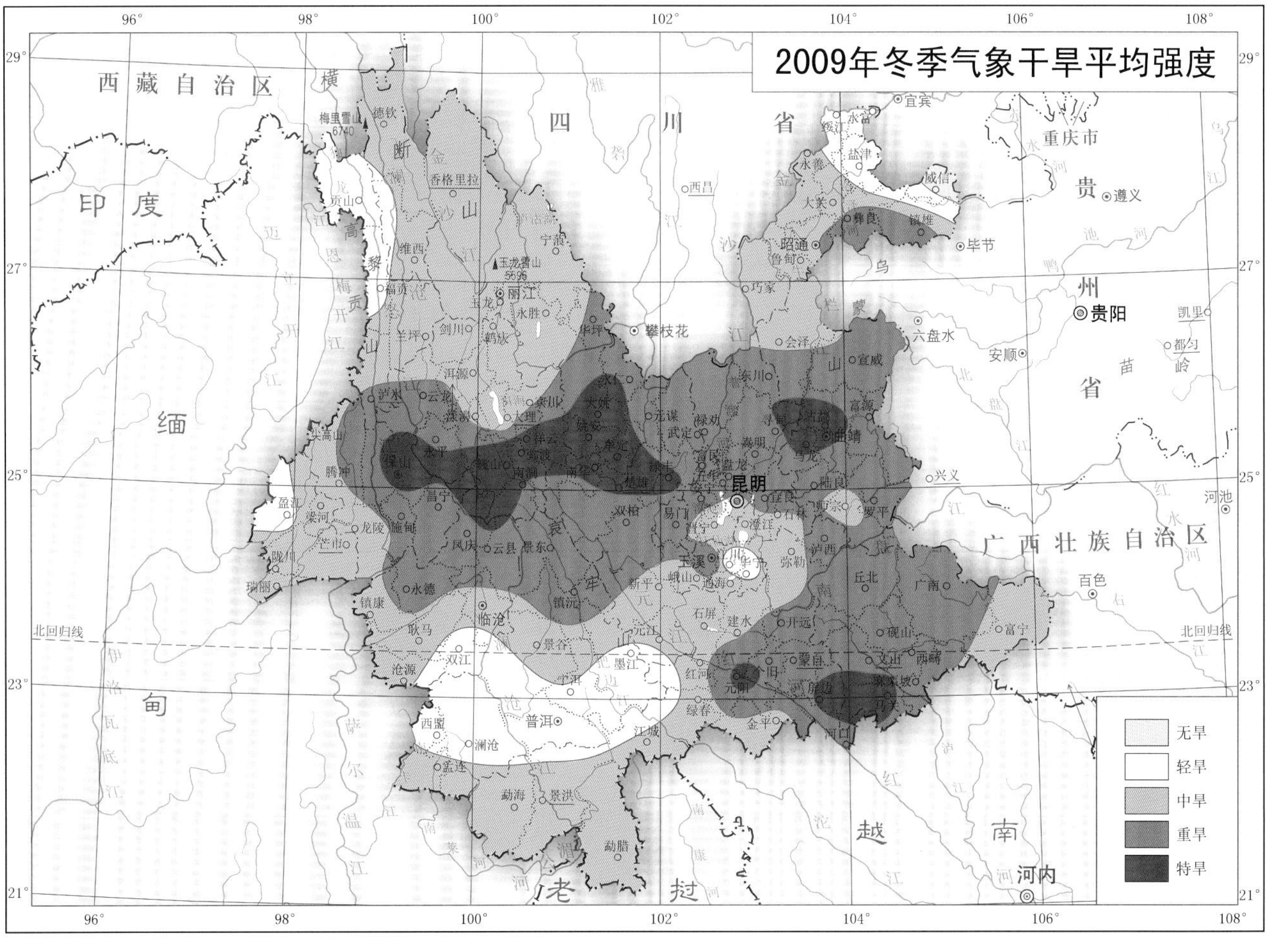

2009年秋季气象干旱平均强度

无旱
轻旱
中旱
重旱
特旱

2009年冬季气象干旱平均强度

无旱
轻旱
中旱
重旱
特旱

比例尺 1 : 8 000 000 0 80 160 km

2010年干旱日数

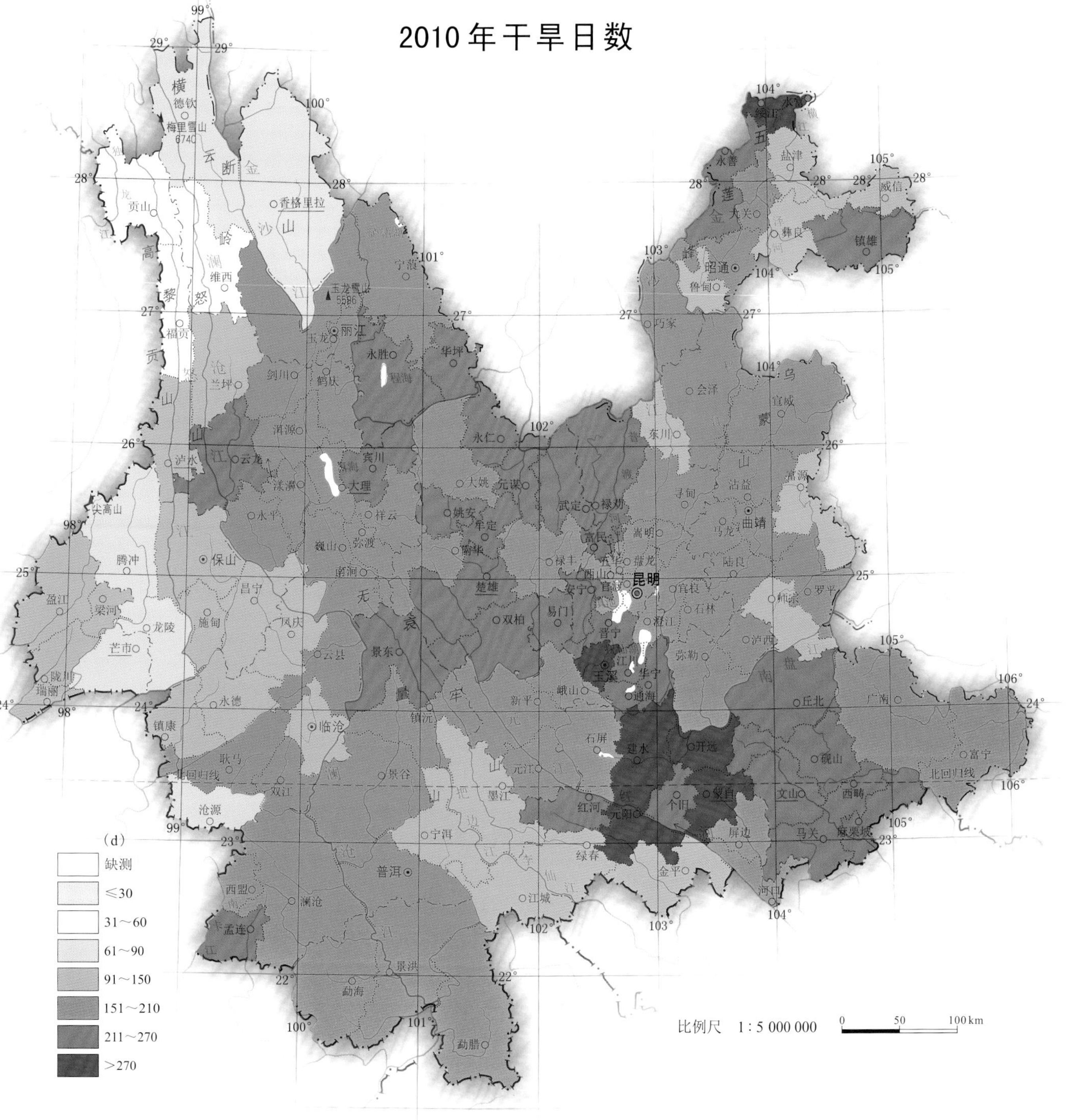

(d)

缺测

≤30

31～60

61～90

91～150

151～210

211～270

>270

比例尺 1:5 000 000

0 50 100 km

2010年逐日干旱、降水变化曲线

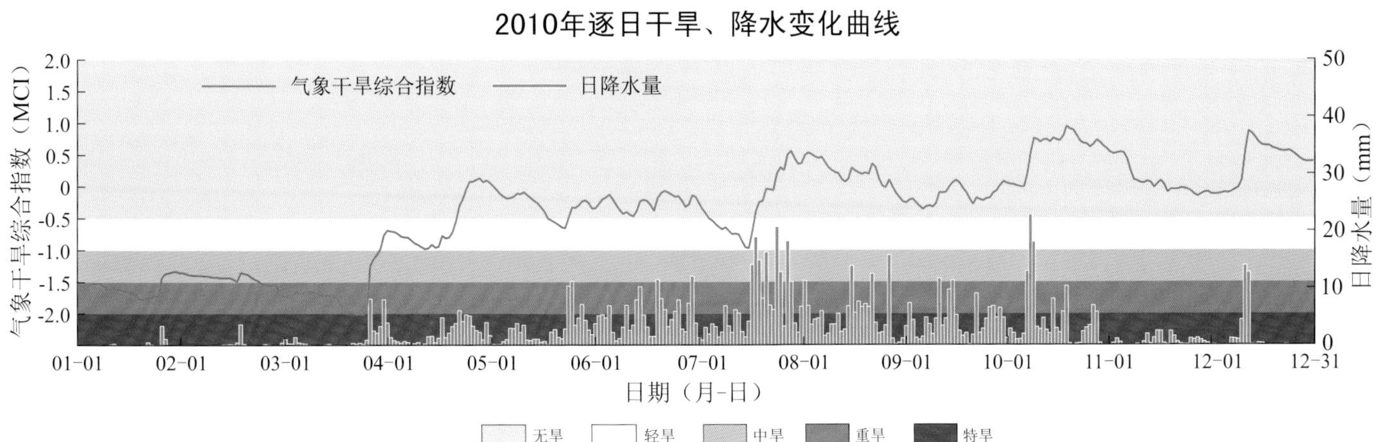

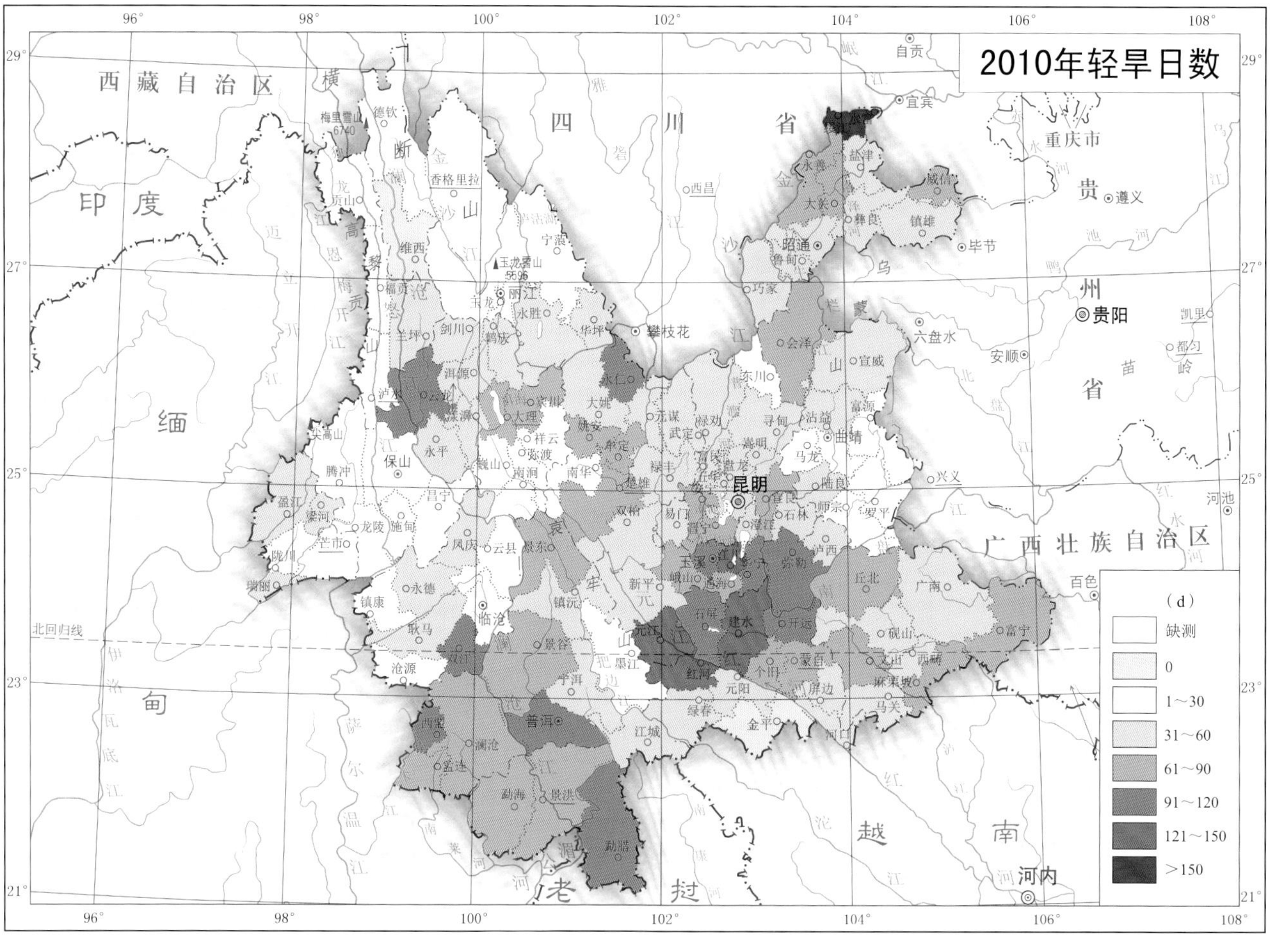

2010年轻旱日数

(d)
缺测
0
1～30
31～60
61～90
91～120
121～150
>150

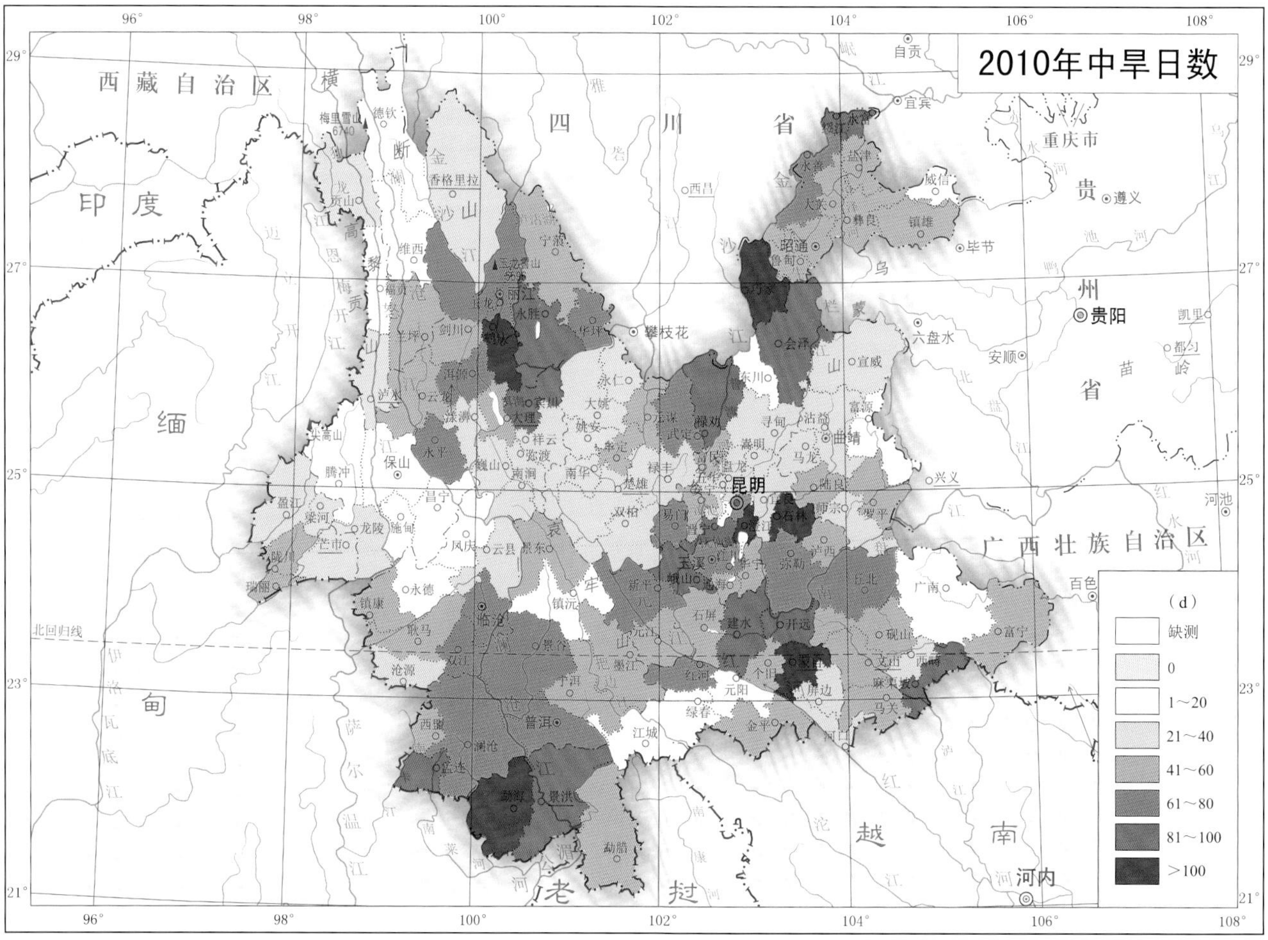

2010年中旱日数

(d)
缺测
0
1～20
21～40
41～60
61～80
81～100
>100

比例尺 1 : 8 000 000 0 80 160 km

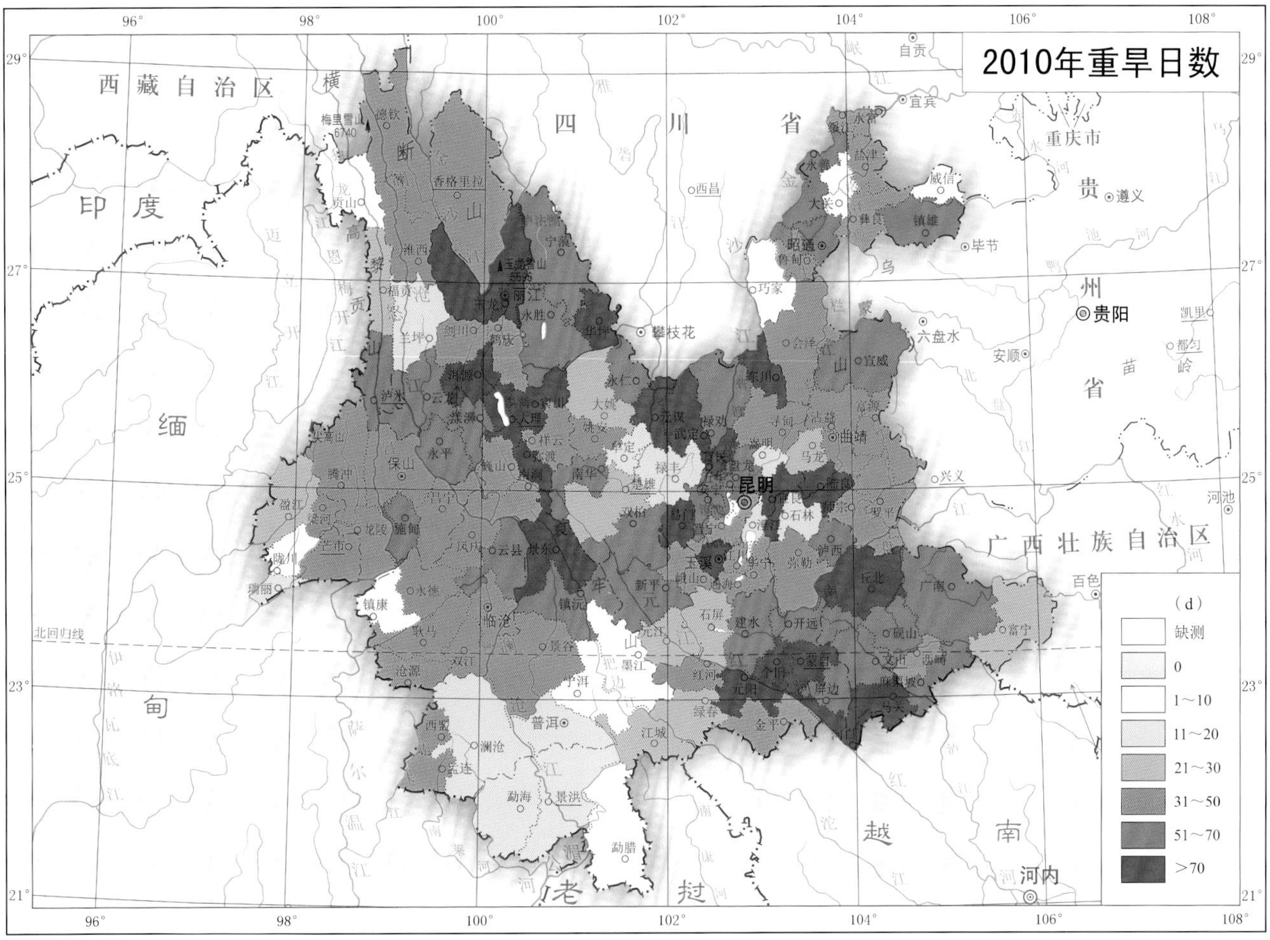

2010年重旱日数

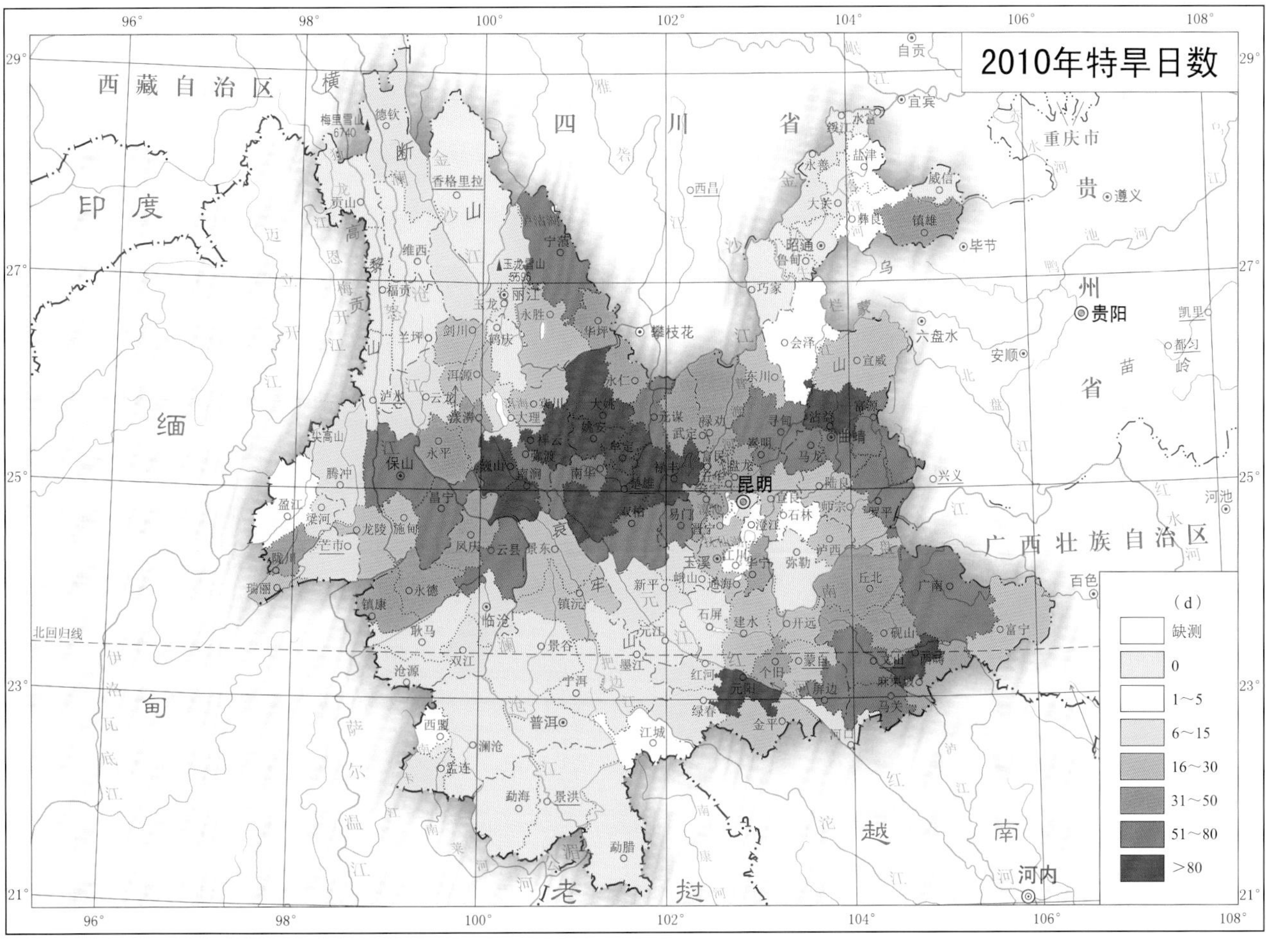

(d)
缺测
0
1～10
11～20
21～30
31～50
51～70
>70

2010年特旱日数

(d)
缺测
0
1～5
6～15
16～30
31～50
51～80
>80

比例尺 1：8 000 000　0　80　160 km

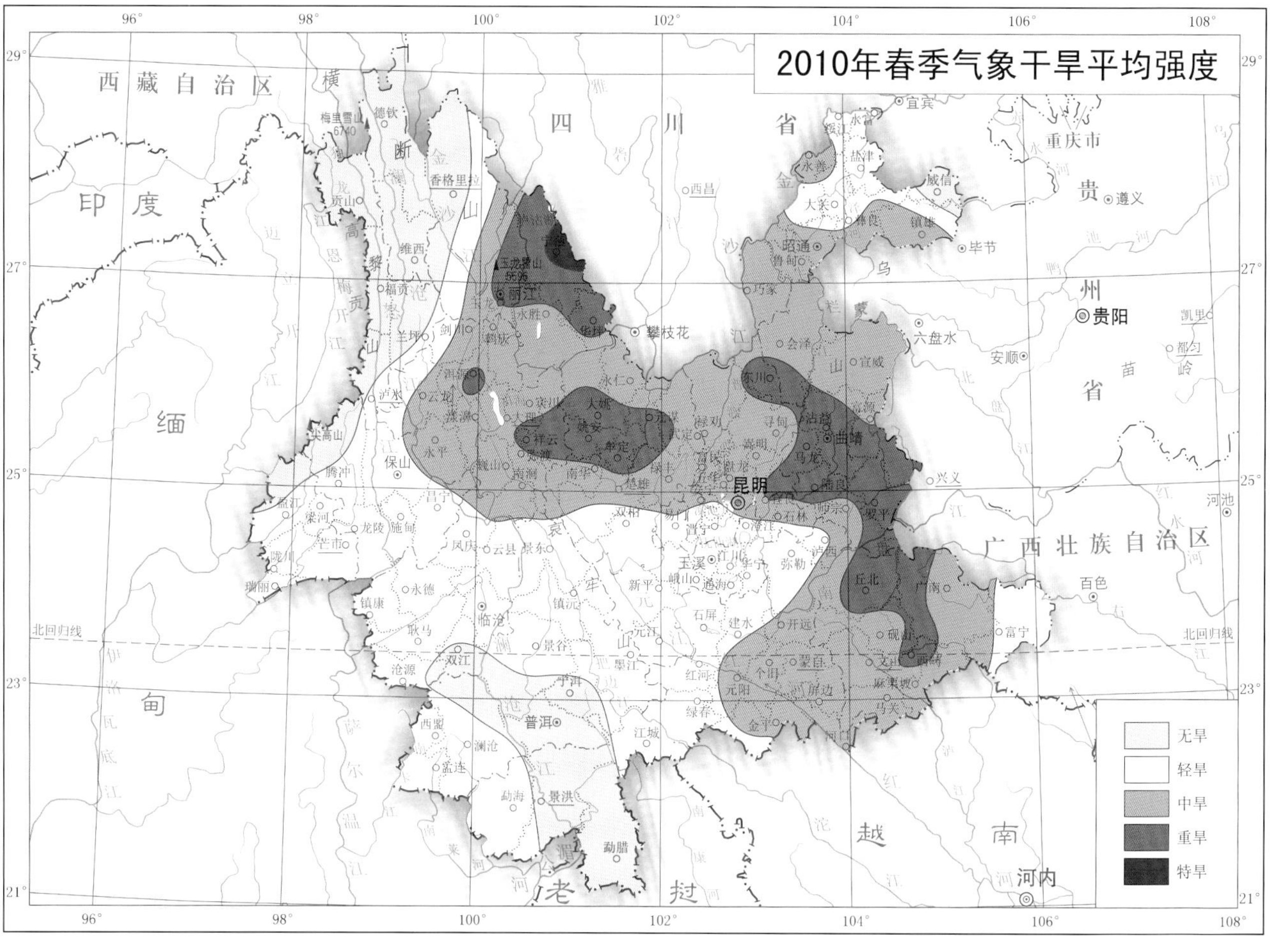

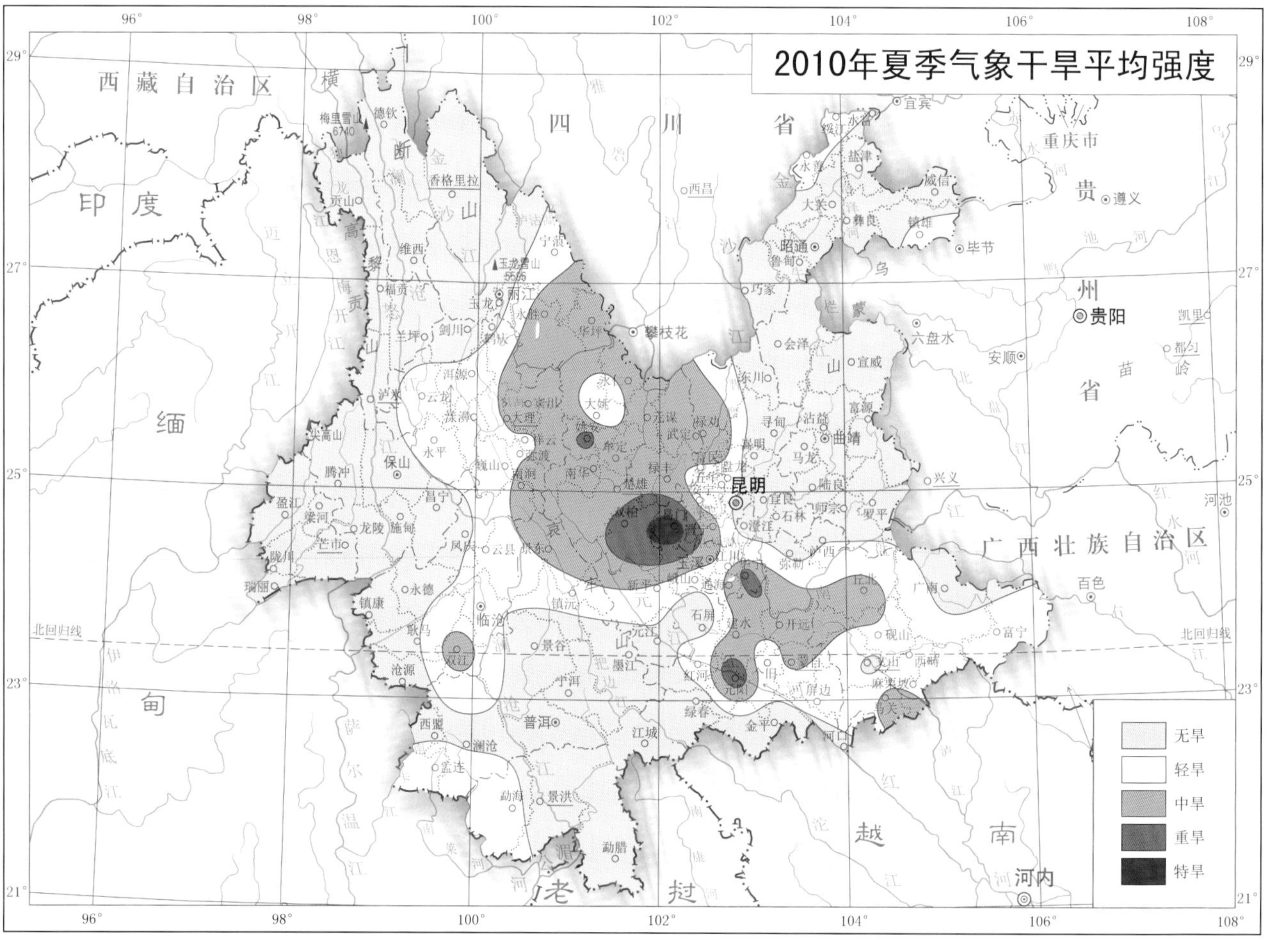

2010年春季气象干旱平均强度

无旱
轻旱
中旱
重旱
特旱

2010年夏季气象干旱平均强度

无旱
轻旱
中旱
重旱
特旱

比例尺 1 : 8 000 000 0 80 160 km

2010年秋季气象干旱平均强度

无旱
轻旱
中旱
重旱
特旱

2010年冬季气象干旱平均强度

无旱
轻旱
中旱
重旱
特旱

比例尺 1:8 000 000 0 80 160 km

2011 年干旱日数

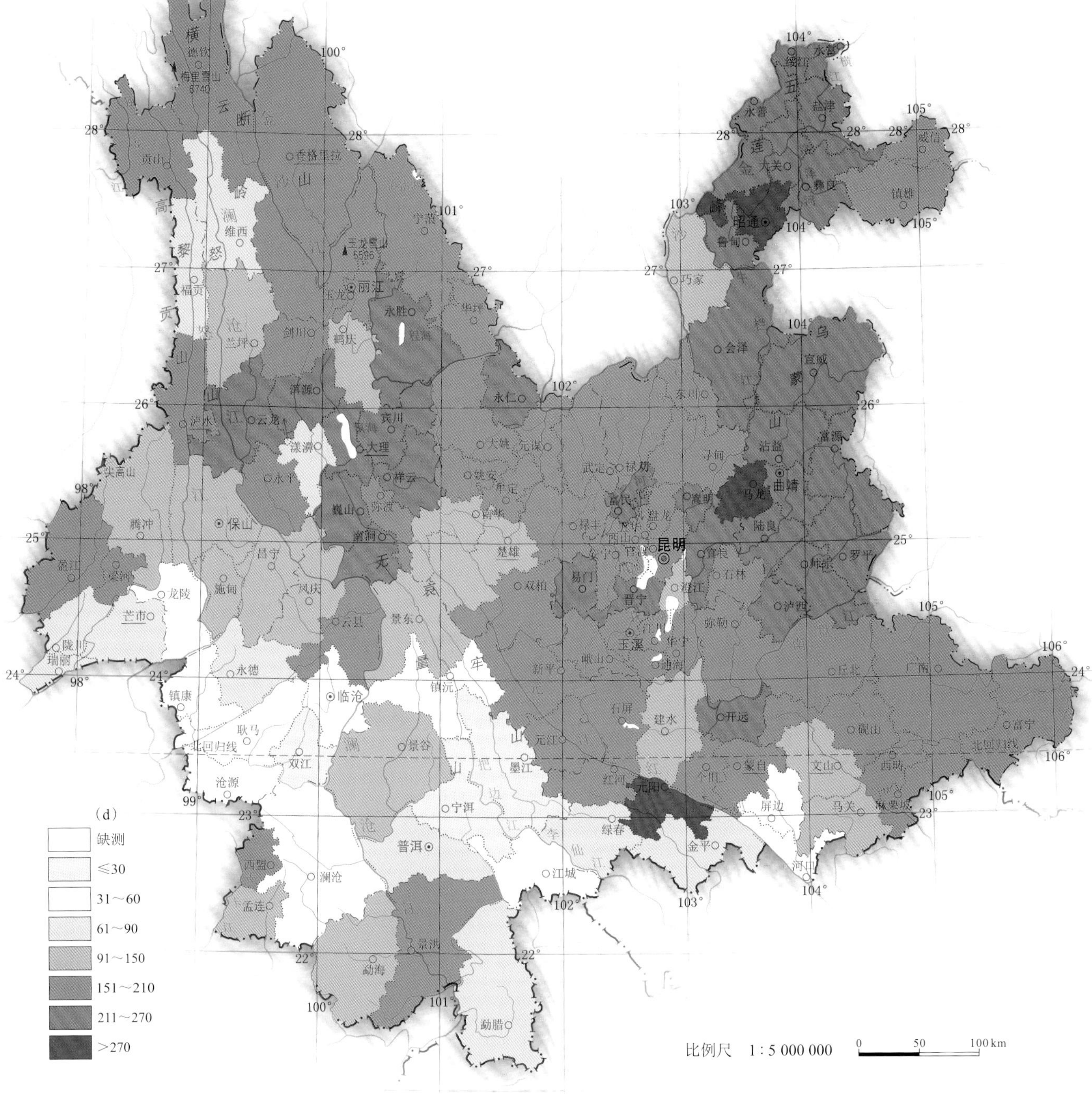

(d)

图例
缺测
≤30
31～60
61～90
91～150
151～210
211～270
>270

比例尺 1：5 000 000

2011年逐日干旱、降水变化曲线

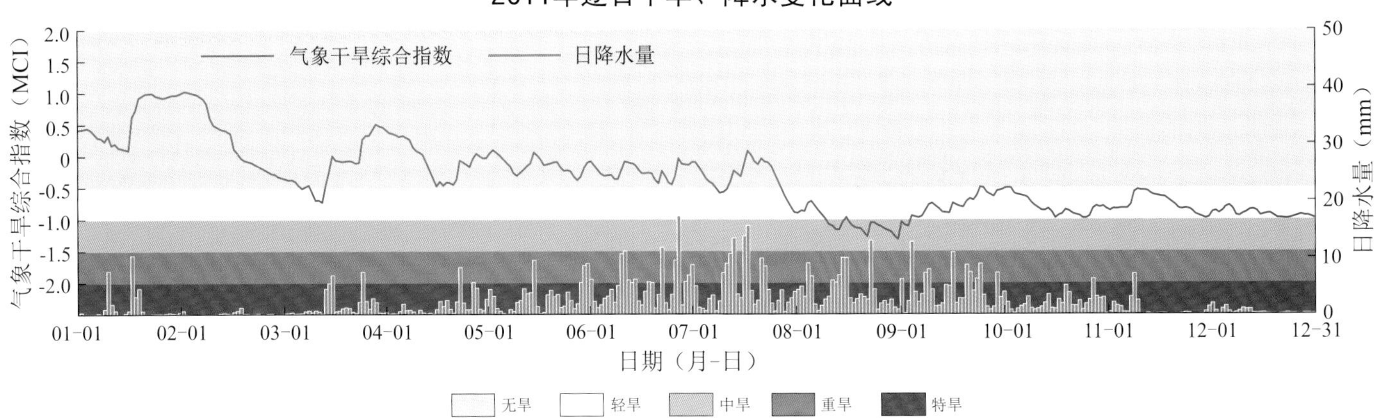

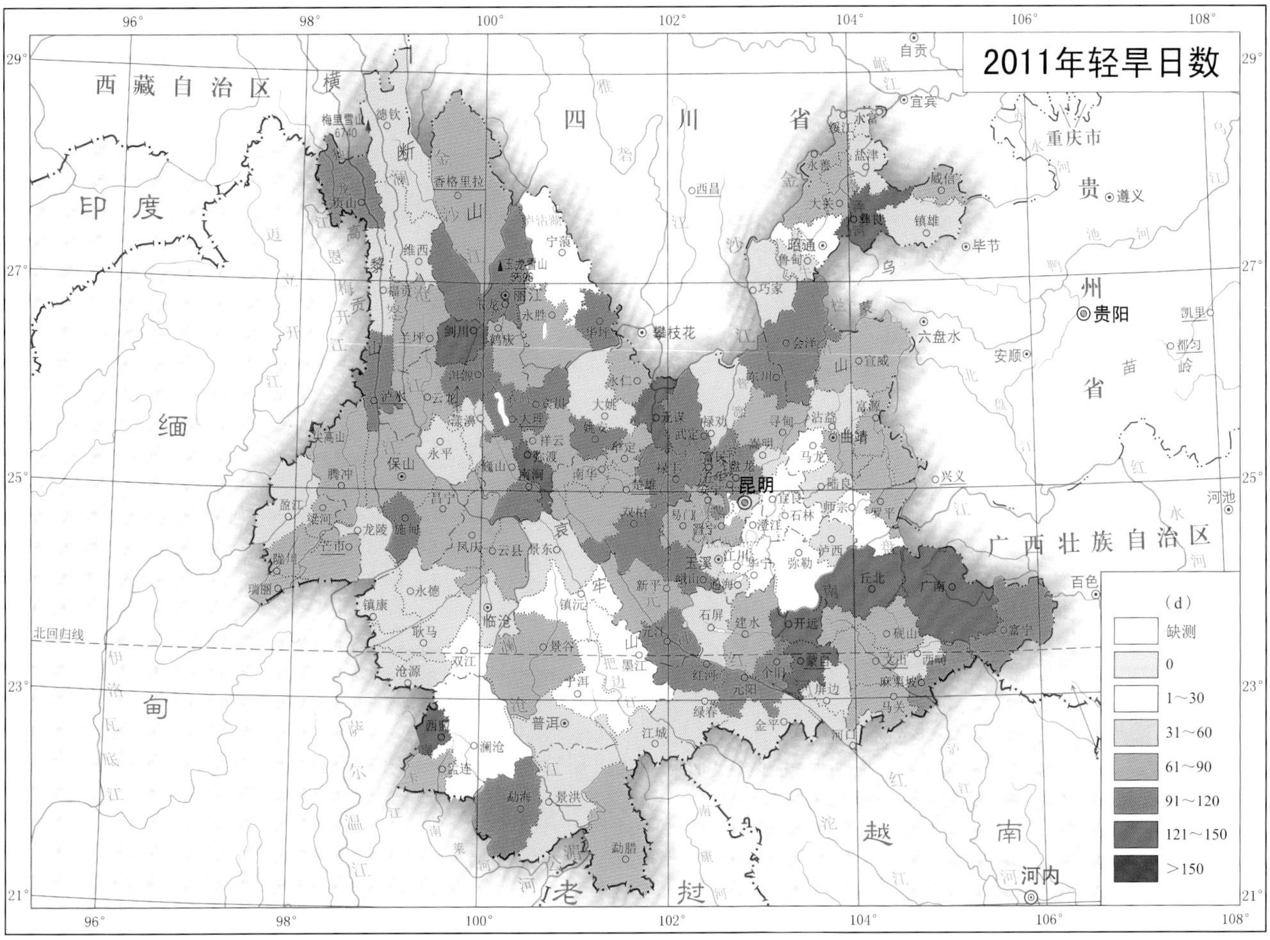

2011年轻旱日数

(d)

缺测
0
1～30
31～60
61～90
91～120
121～150
>150

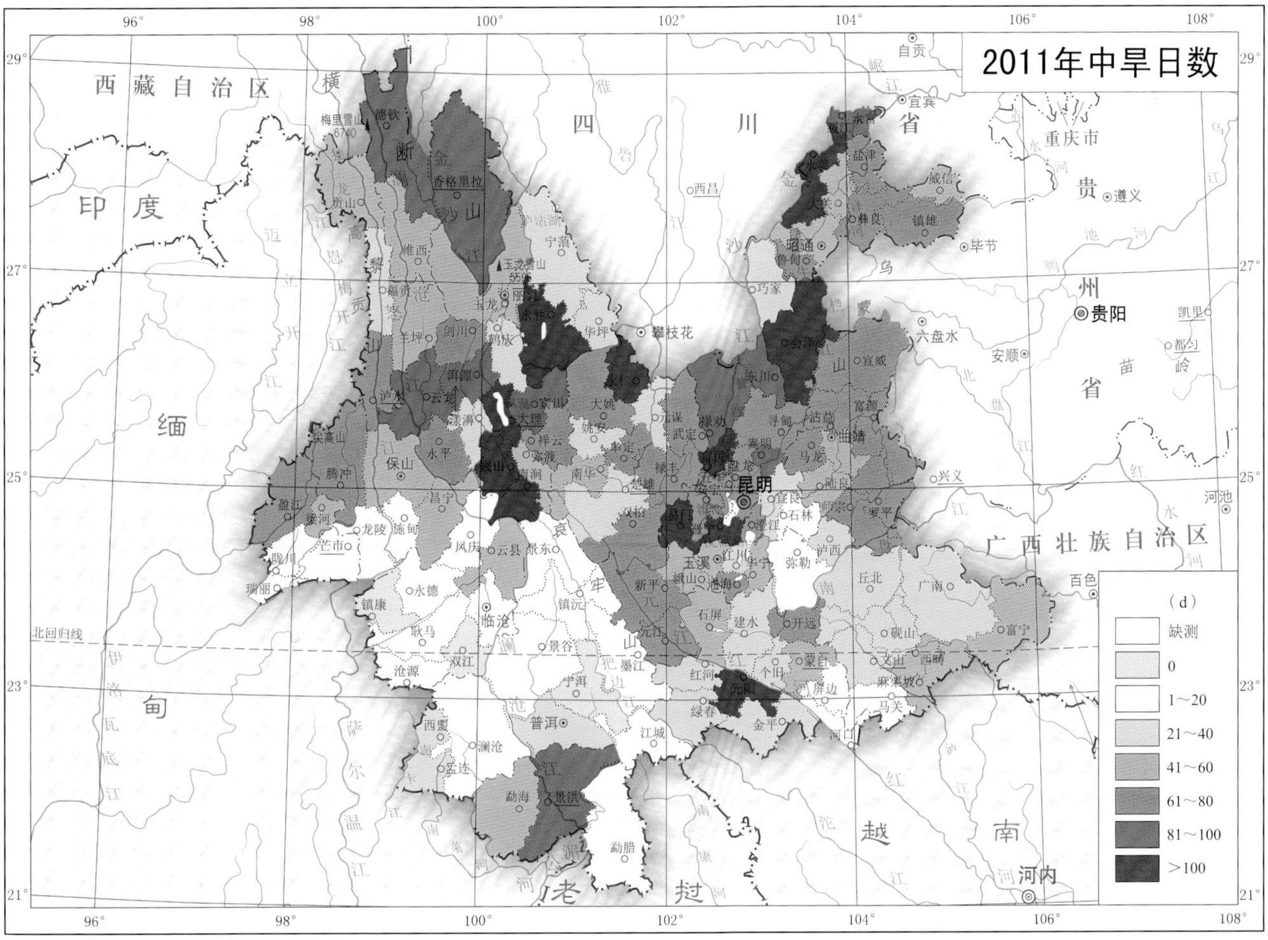

2011年中旱日数

(d)

缺测
0
1～20
21～40
41～60
61～80
81～100
>100

比例尺 1∶8 000 000 0 80 160 km

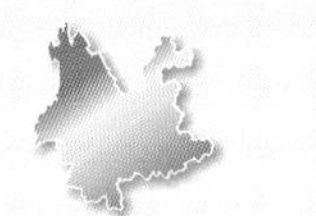

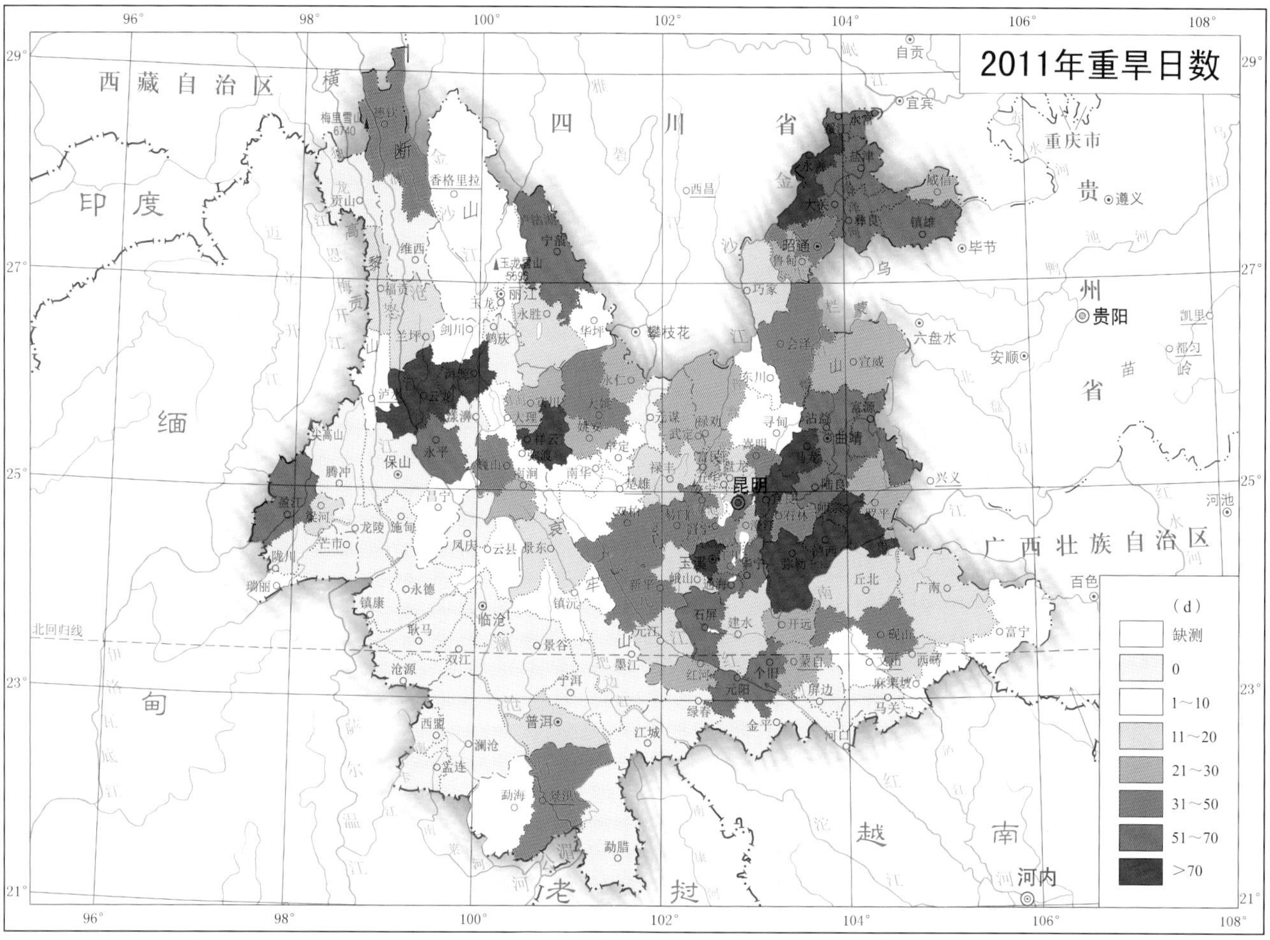

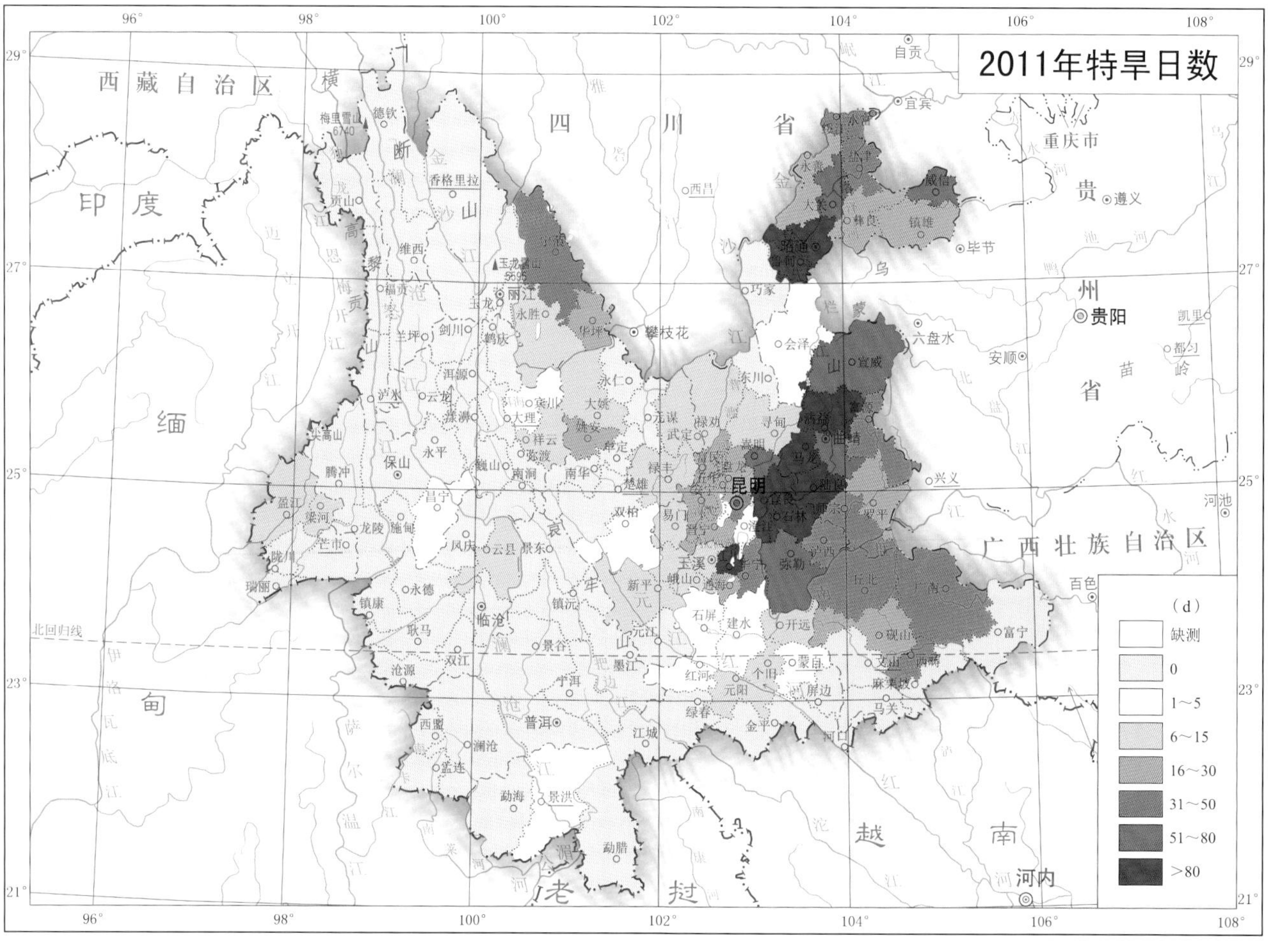

2011年重旱日数
(d)
缺测
0
1～10
11～20
21～30
31～50
51～70
>70
西藏自治区
四川省
重庆市
贵州省
广西壮族自治区
印度
缅甸
老挝
越南
昆明
河内
北回归线

2011年特旱日数
(d)
缺测
0
1～5
6～15
16～30
31～50
51～80
>80
西藏自治区
四川省
重庆市
贵州省
广西壮族自治区
印度
缅甸
老挝
越南
昆明
河内
北回归线

比例尺 1:8 000 000 0 80 160 km

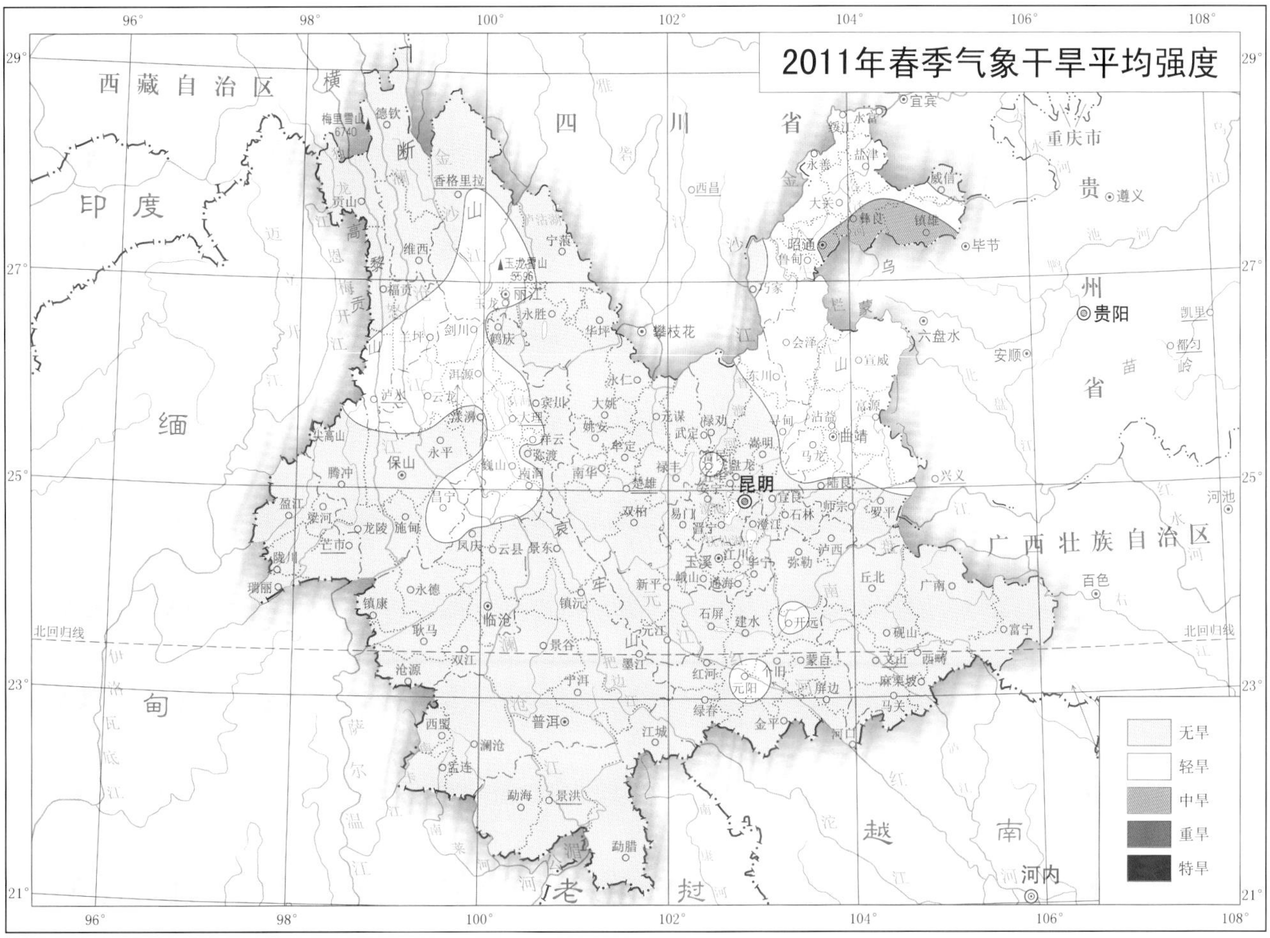

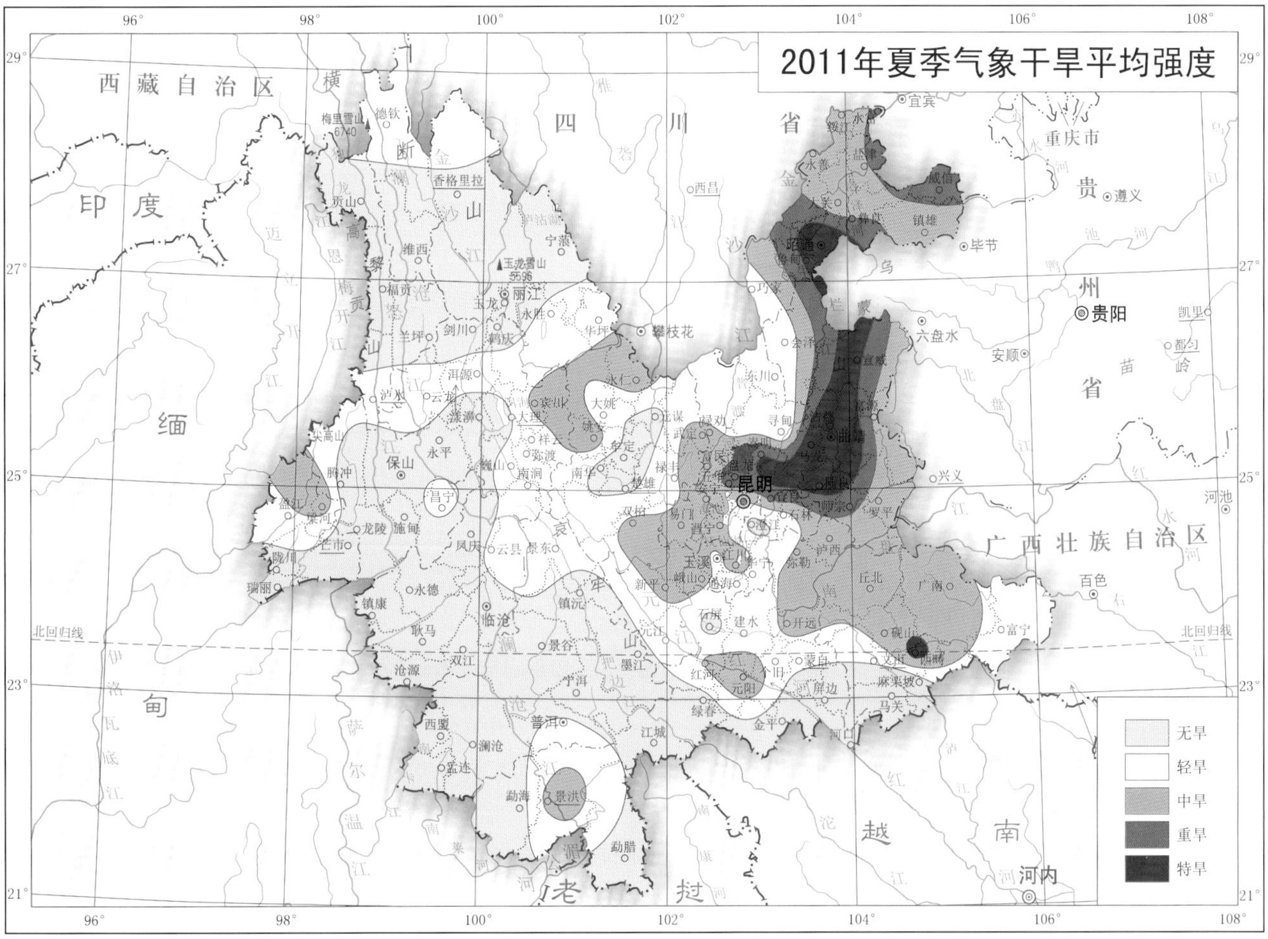

2011年春季气象干旱平均强度

无旱
轻旱
中旱
重旱
特旱

2011年夏季气象干旱平均强度

无旱
轻旱
中旱
重旱
特旱

比例尺 1:8 000 000 0 80 160 km

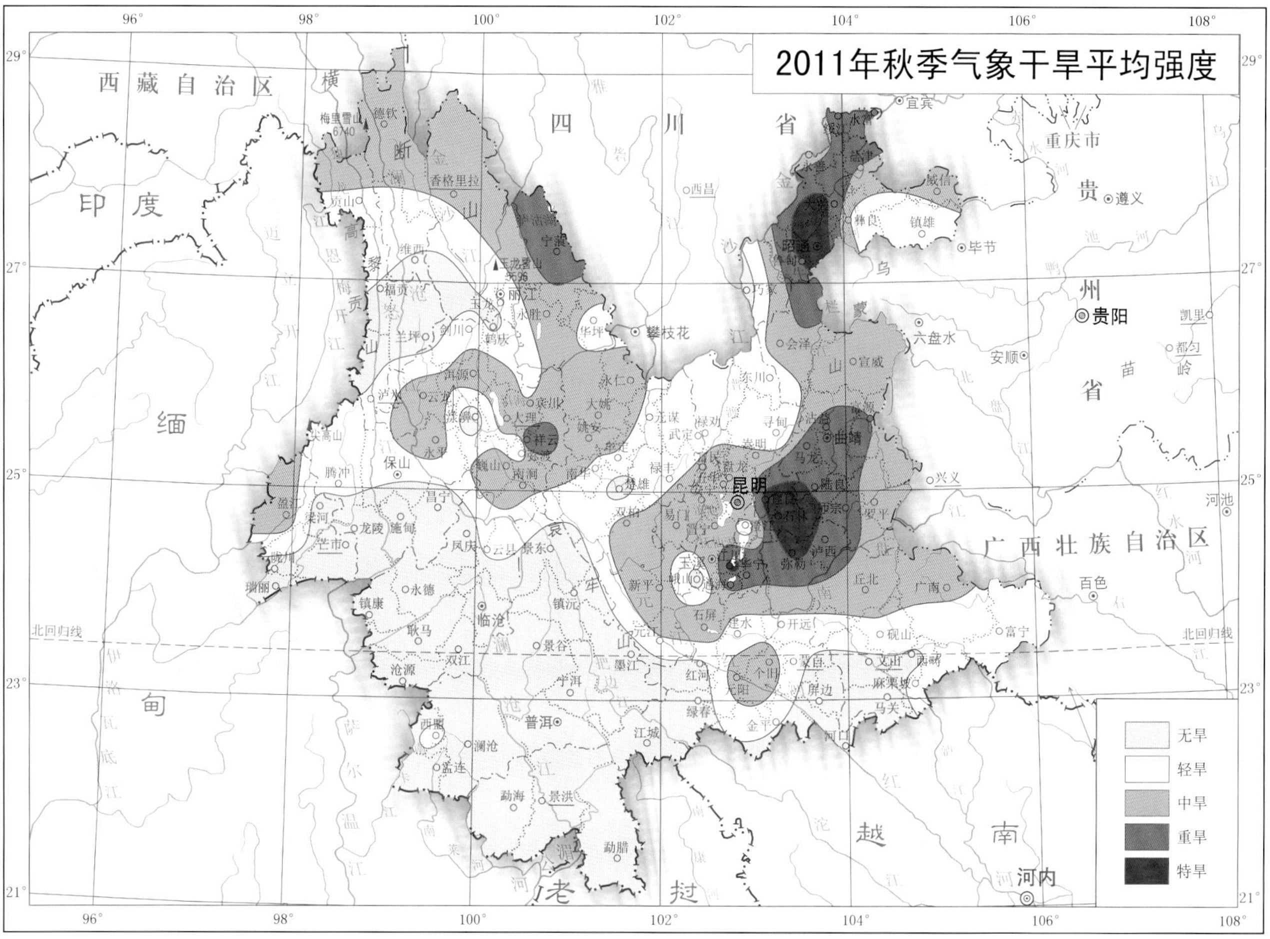

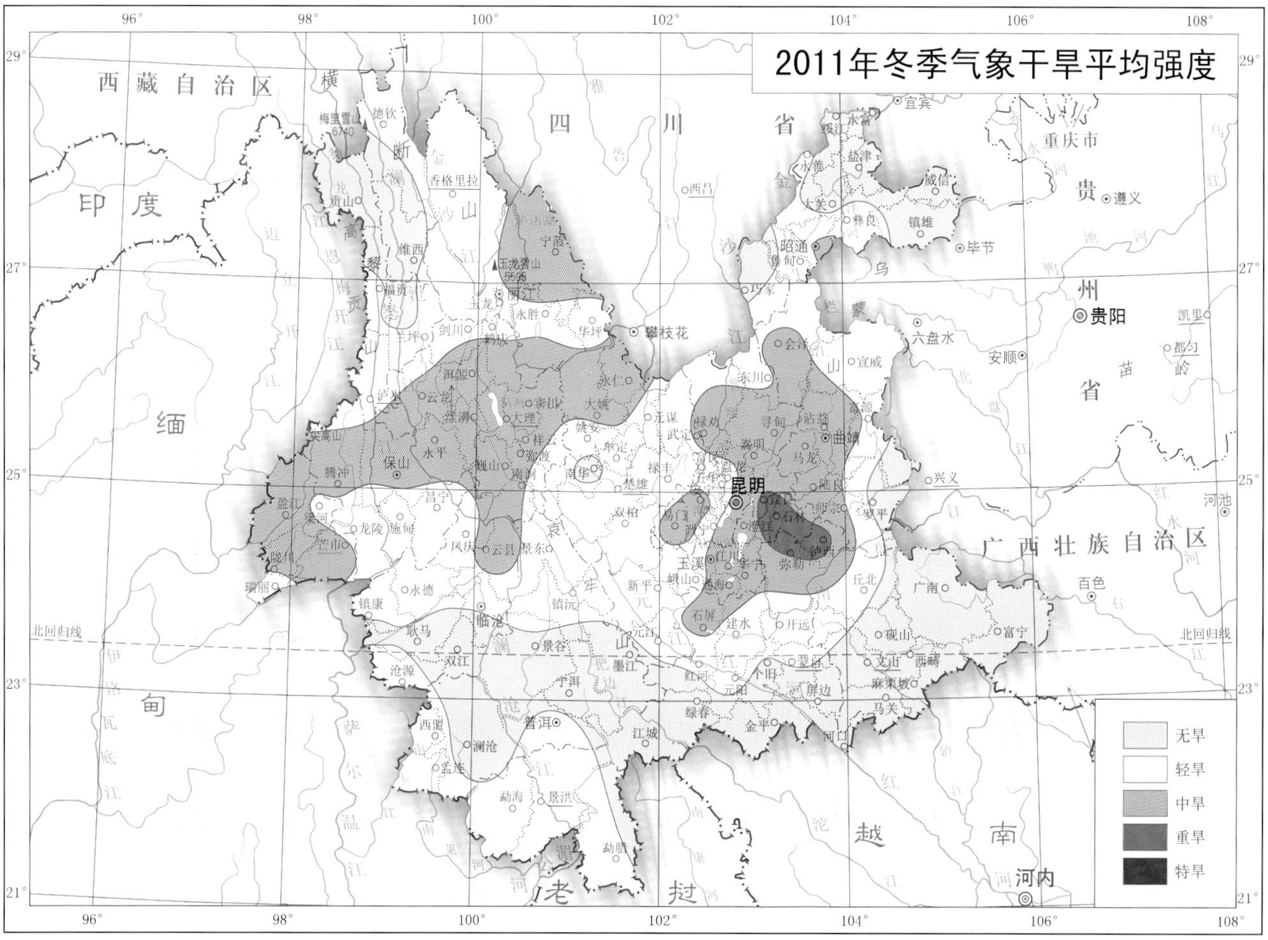

2011年秋季气象干旱平均强度

图例
无旱
轻旱
中旱
重旱
特旱

2011年冬季气象干旱平均强度

图例
无旱
轻旱
中旱
重旱
特旱

比例尺 1∶8 000 000 0 80 160 km

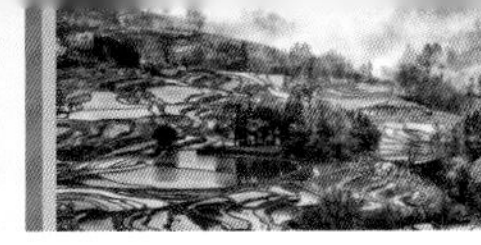

2012年干旱日数

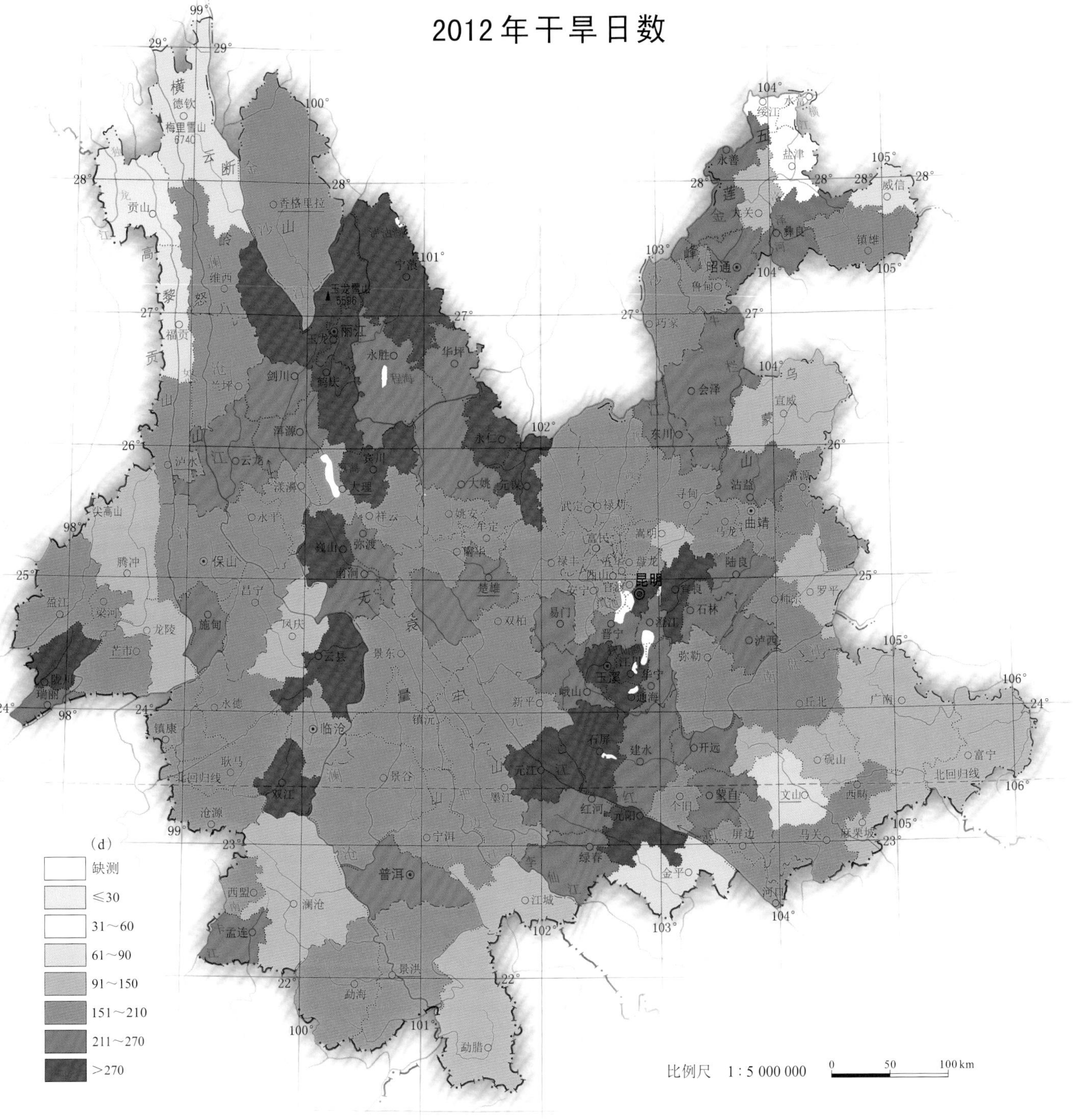

(d)
缺测
≤30
31～60
61～90
91～150
151～210
211～270
>270
比例尺 1∶5 000 000
0 50 100 km

2012年逐日干旱、降水变化曲线

气象干旱综合指数
日降水量
气象干旱综合指数（MCI）
日降水量（mm）
日期（月-日）
01-01
02-01
03-01
04-01
05-01
06-01
07-01
08-01
09-01
10-01
11-01
12-01
12-31
无旱
轻旱
中旱
重旱
特旱

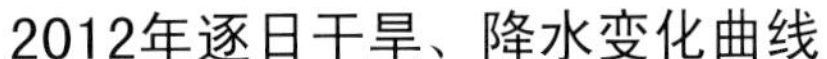

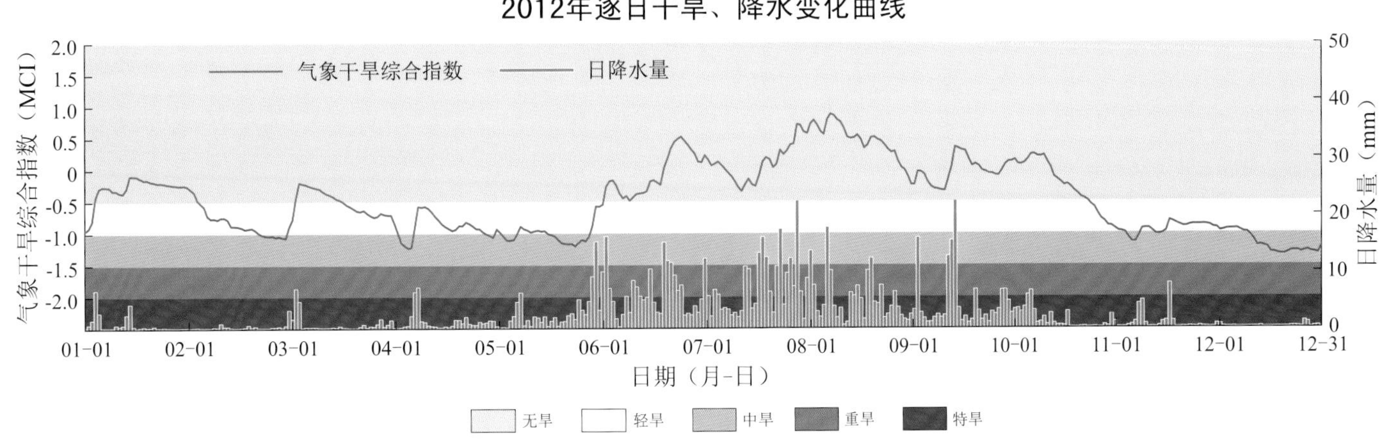

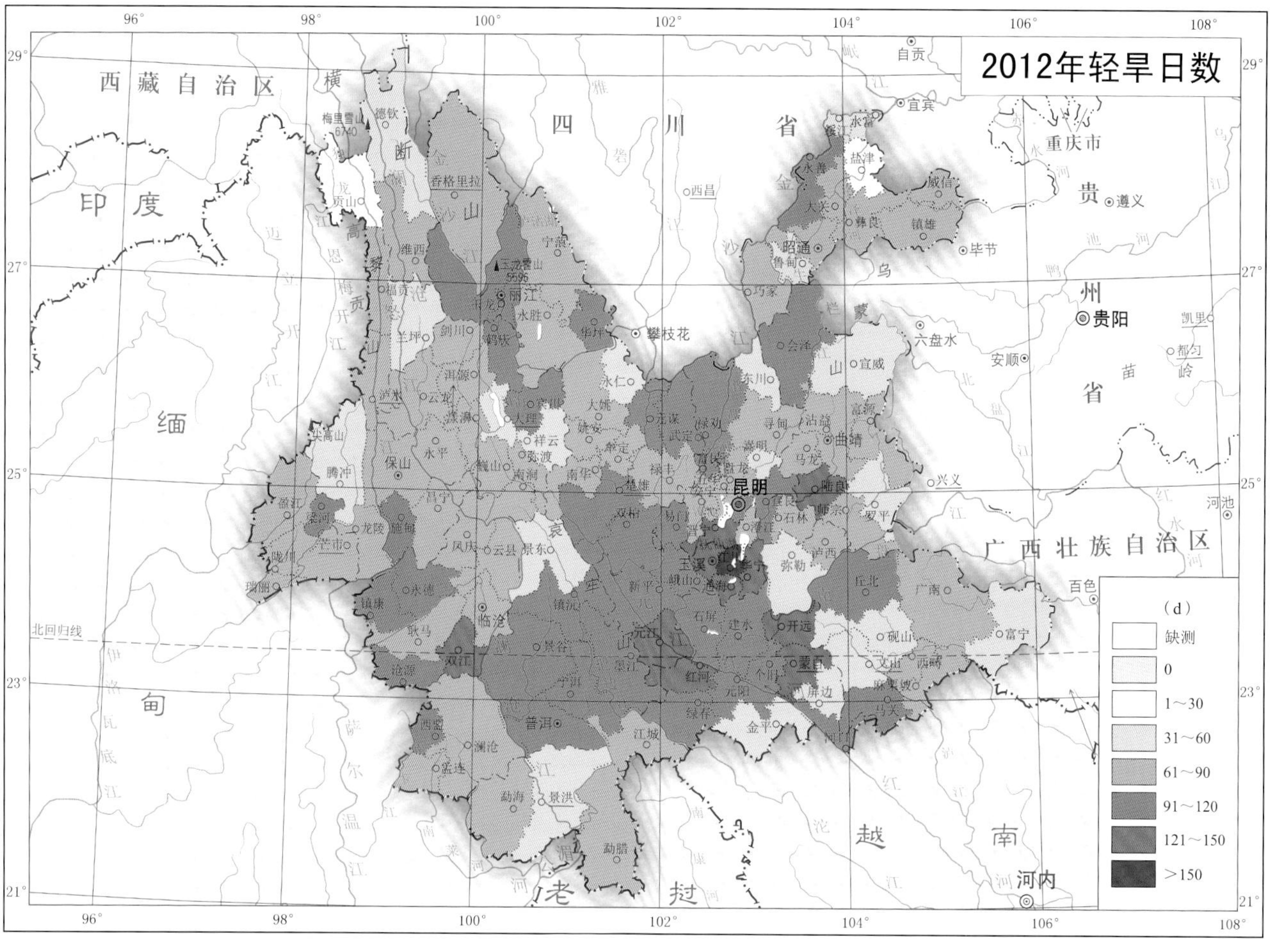

2012年轻旱日数

(d)

图例
缺测
0
1～30
31～60
61～90
91～120
121～150
>150

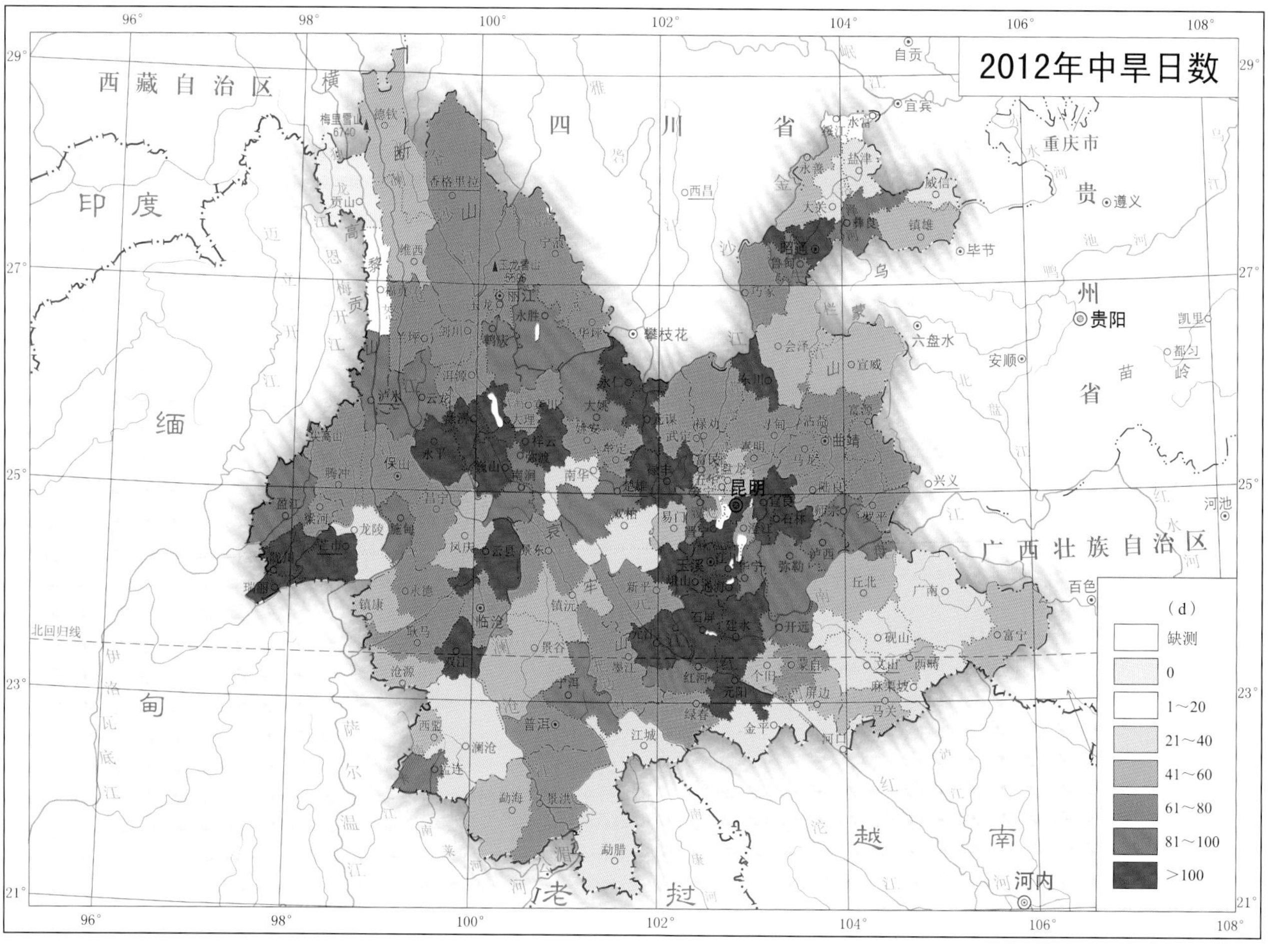

2012年中旱日数

(d)

图例
缺测
0
1～20
21～40
41～60
61～80
81～100
>100

比例尺 1:8 000 000 0 80 160 km

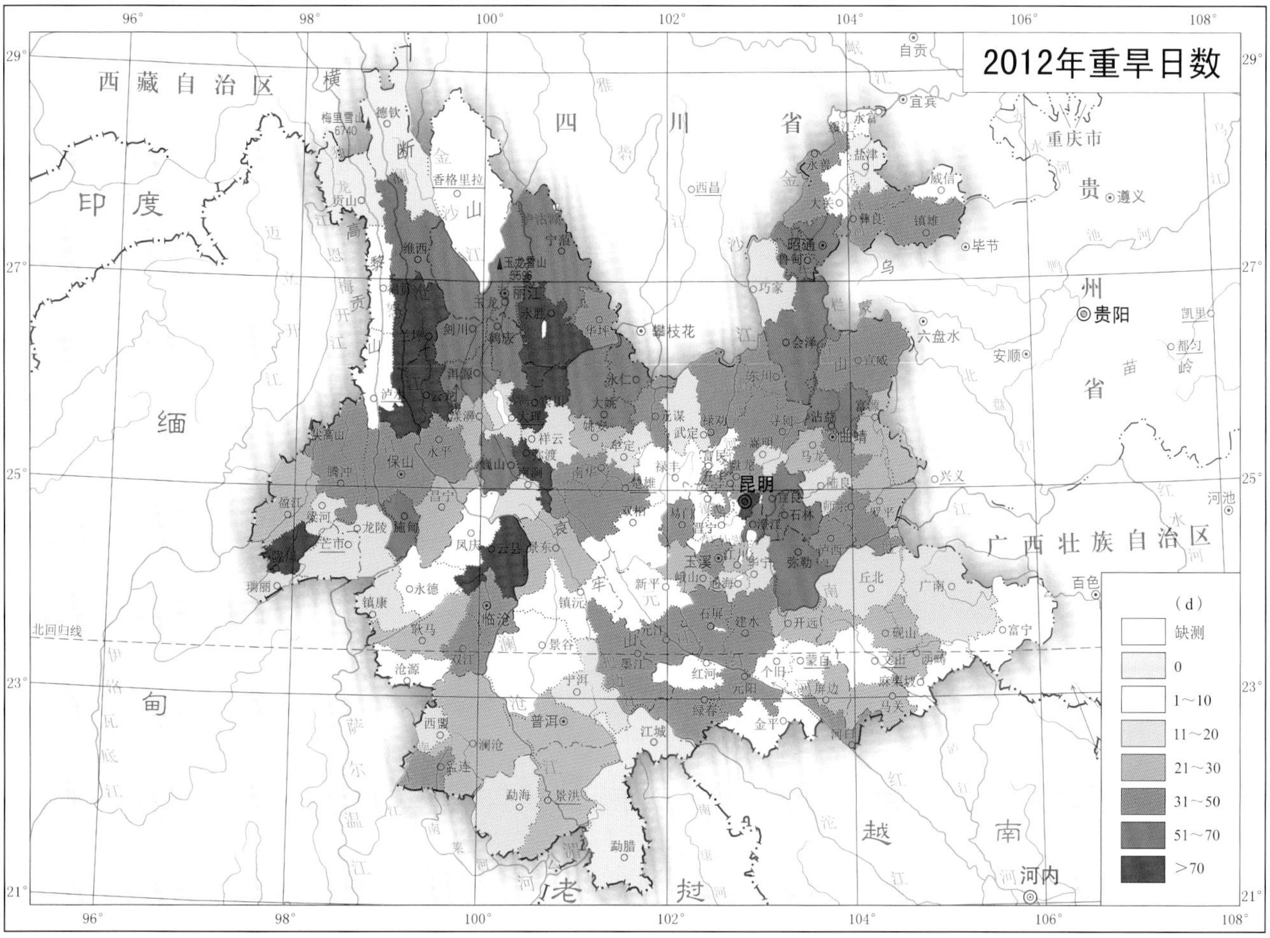

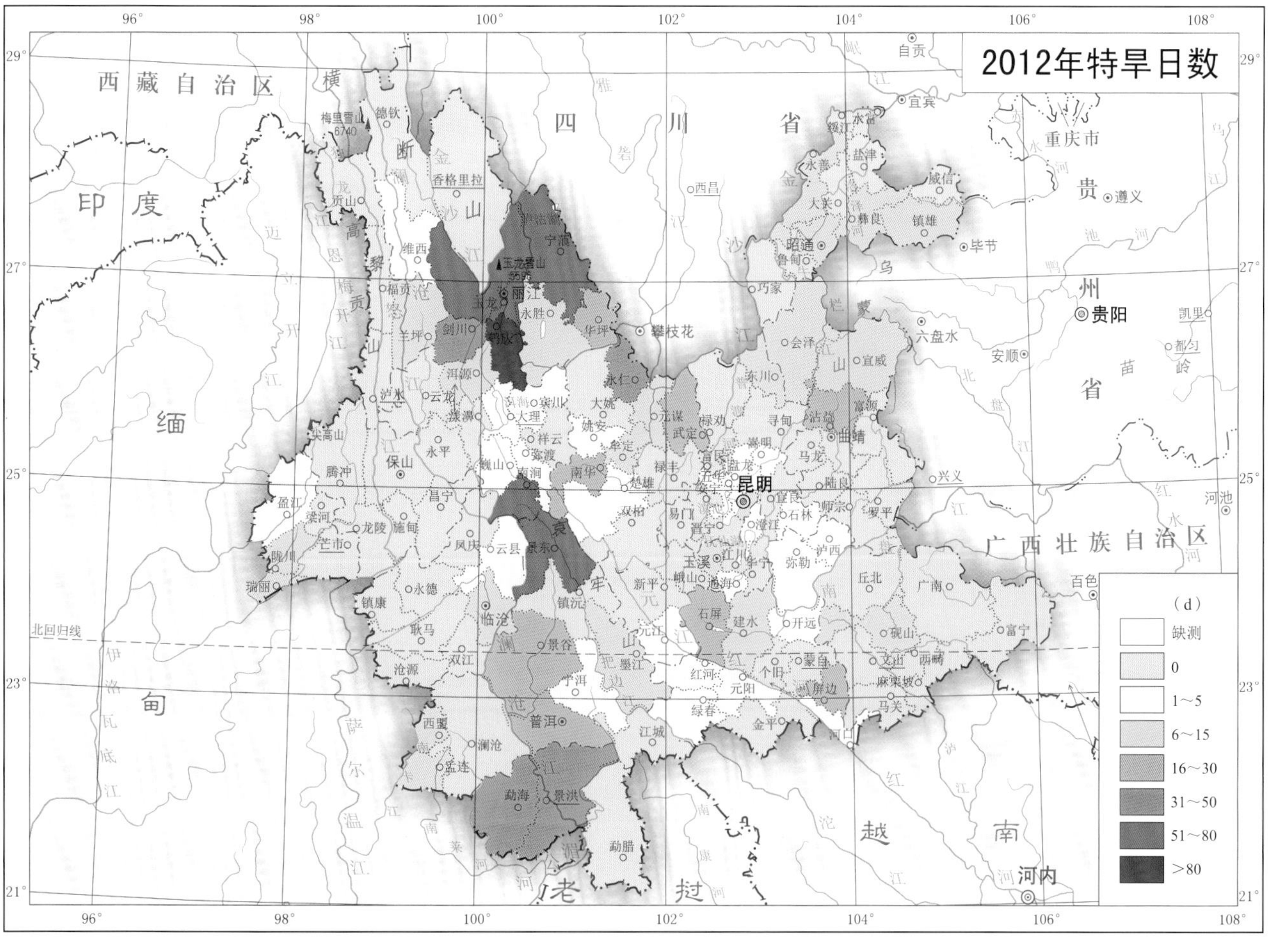

2012年重旱日数

(d)

- 缺测
- 0
- 1~10
- 11~20
- 21~30
- 31~50
- 51~70
- >70

2012年特旱日数

(d)

- 缺测
- 0
- 1~5
- 6~15
- 16~30
- 31~50
- 51~80
- >80

比例尺 1：8 000 000　0 80 160 km

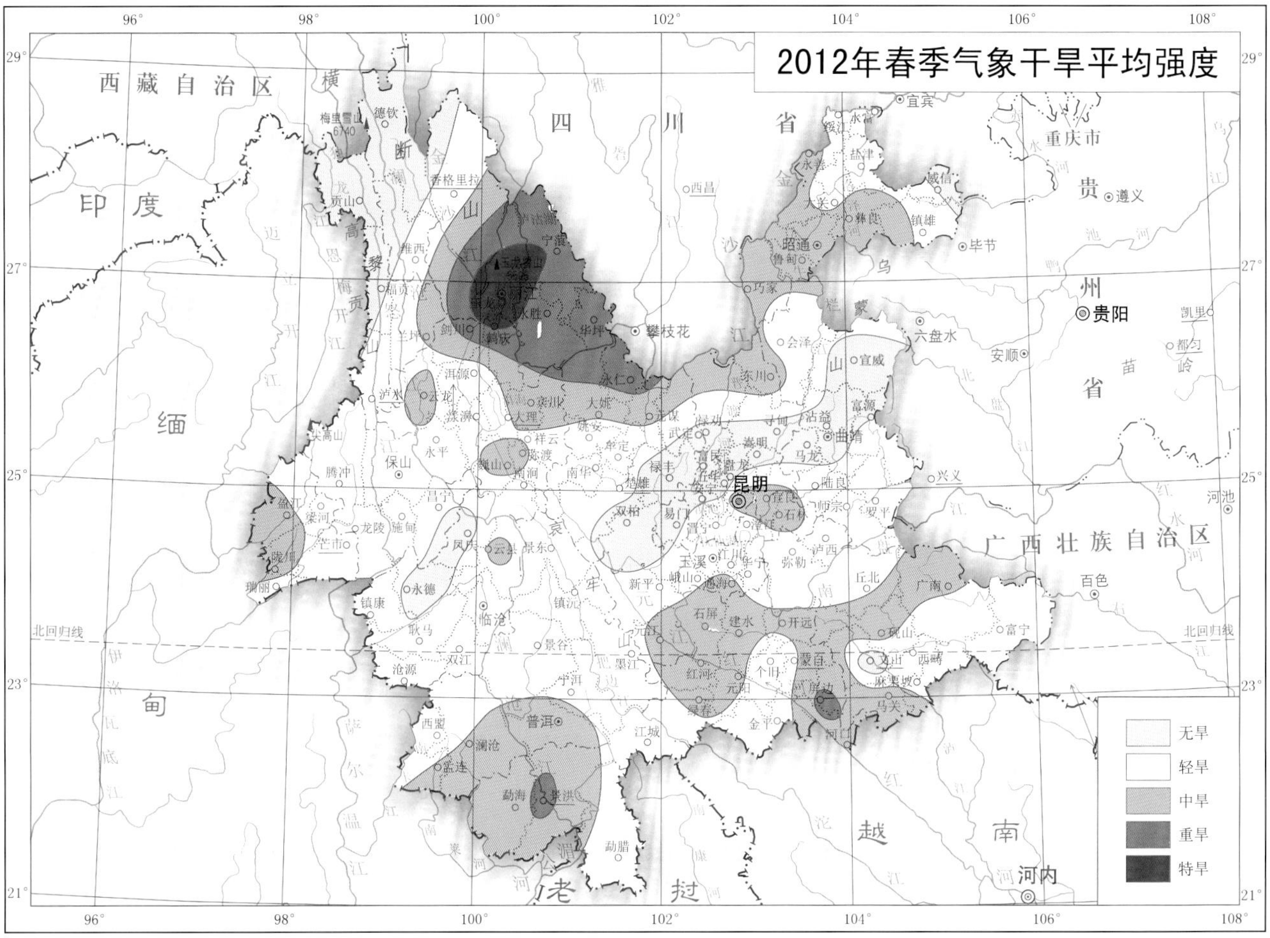

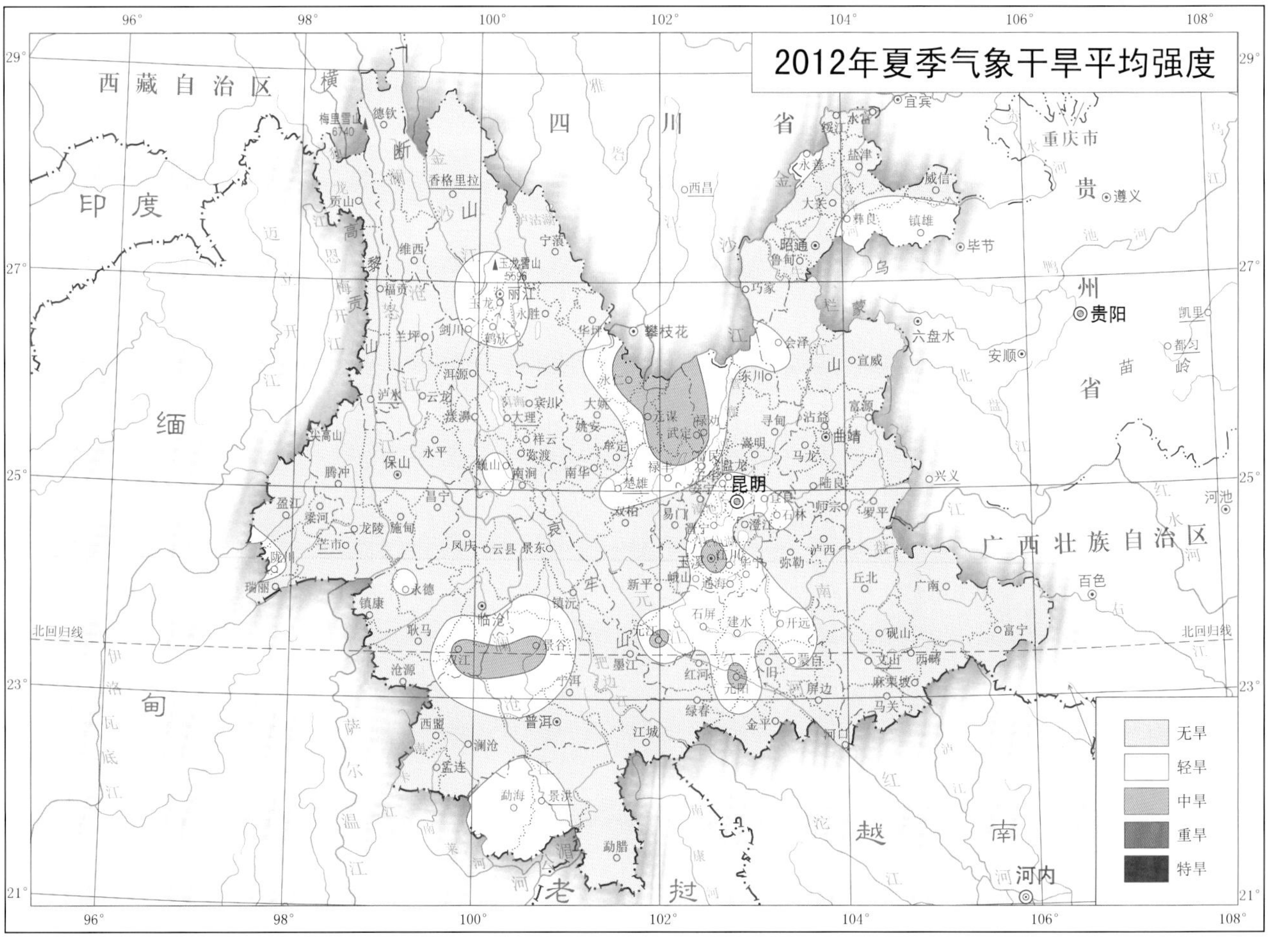

2012年春季气象干旱平均强度

无旱
轻旱
中旱
重旱
特旱

2012年夏季气象干旱平均强度

无旱
轻旱
中旱
重旱
特旱

比例尺 1 : 8 000 000 0 80 160 km

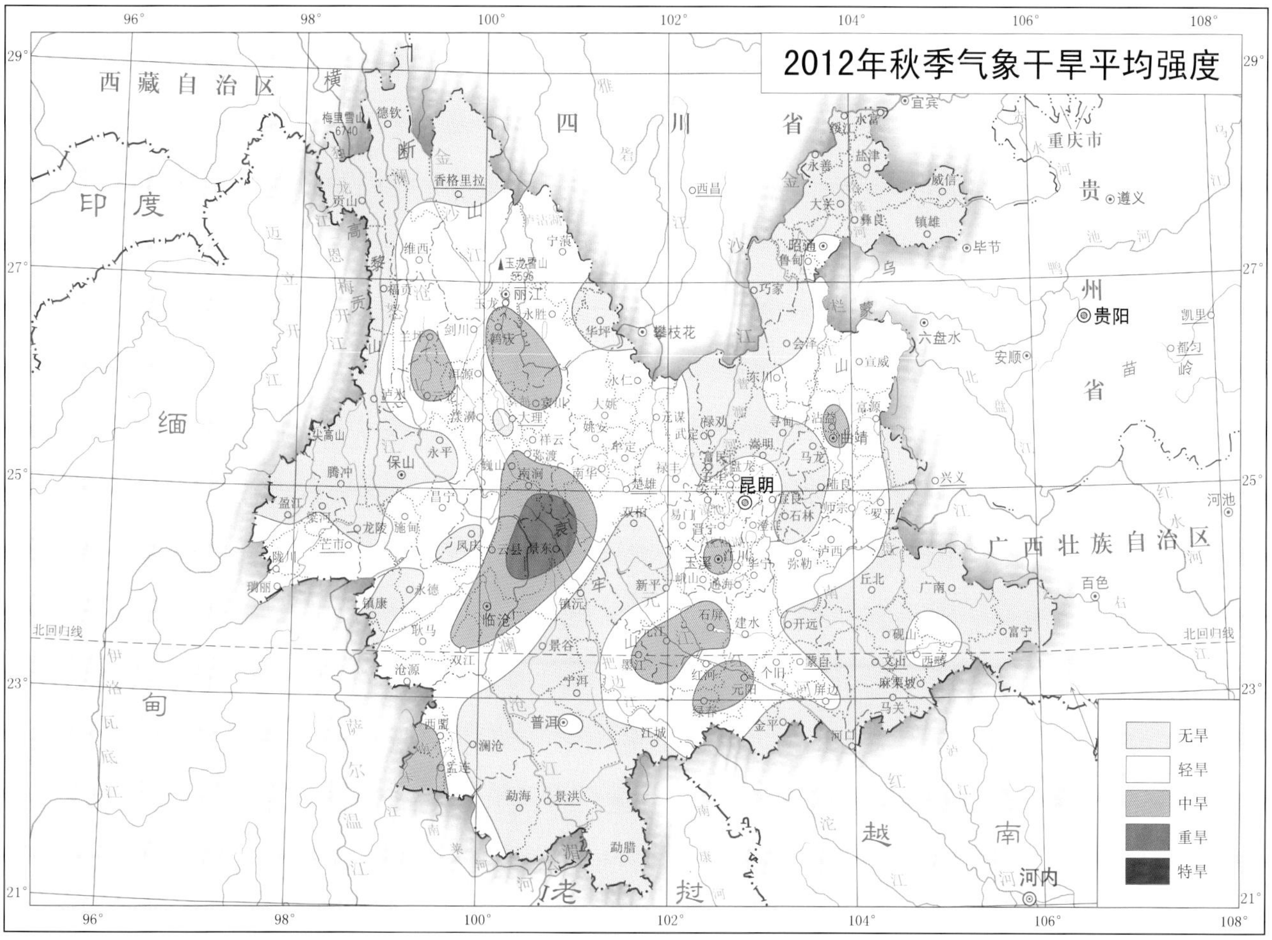

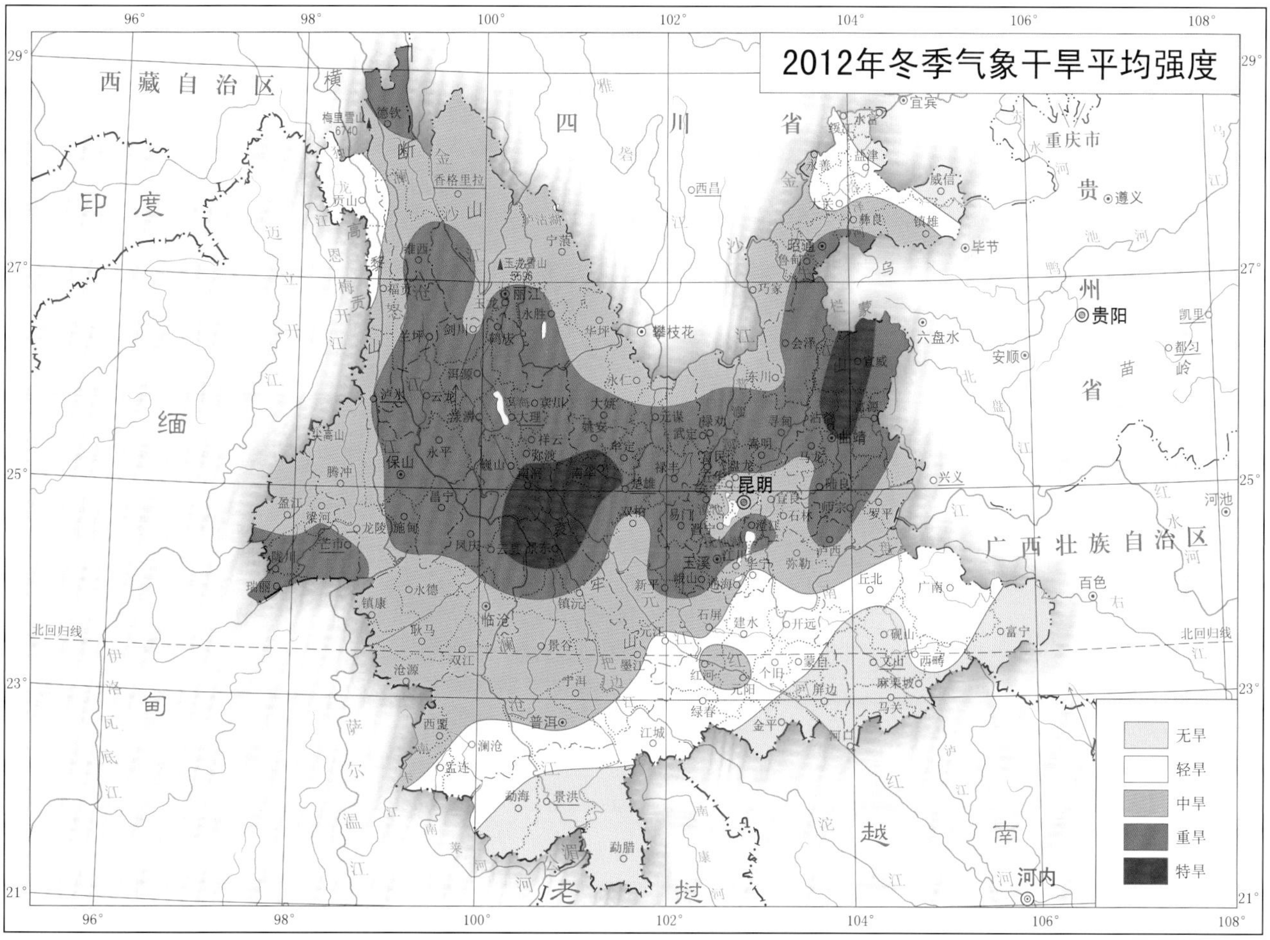

2012年秋季气象干旱平均强度

无旱
轻旱
中旱
重旱
特旱

2012年冬季气象干旱平均强度

无旱
轻旱
中旱
重旱
特旱

比例尺 1:8 000 000 0 80 160 km

2013年干旱日数

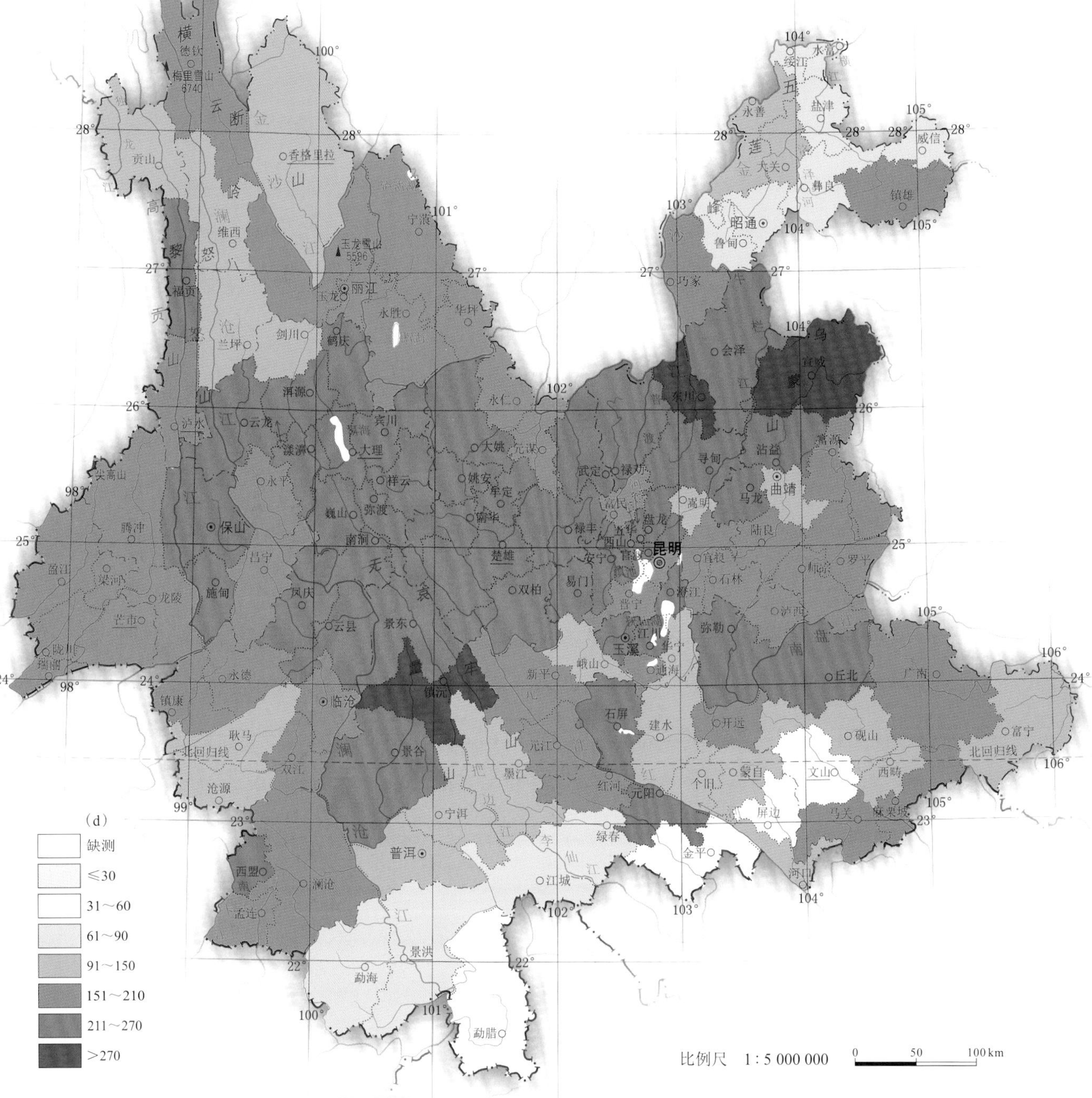

(d)
缺测
≤30
31～60
61～90
91～150
151～210
211～270
>270
比例尺 1:5 000 000
0 50 100 km
昆明

2013年逐日干旱、降水变化曲线

气象干旱综合指数
日降水量
气象干旱综合指数（MCI）
日降水量（mm）
2.0
1.5
1.0
0.5
0
-0.5
-1.0
-1.5
-2.0
50
40
30
20
10
0
01-01 02-01 03-01 04-01 05-01 06-01 07-01 08-01 09-01 10-01 11-01 12-01 12-31
日期（月-日）
无旱 轻旱 中旱 重旱 特旱

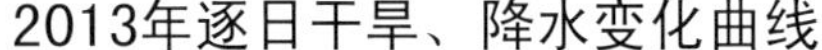

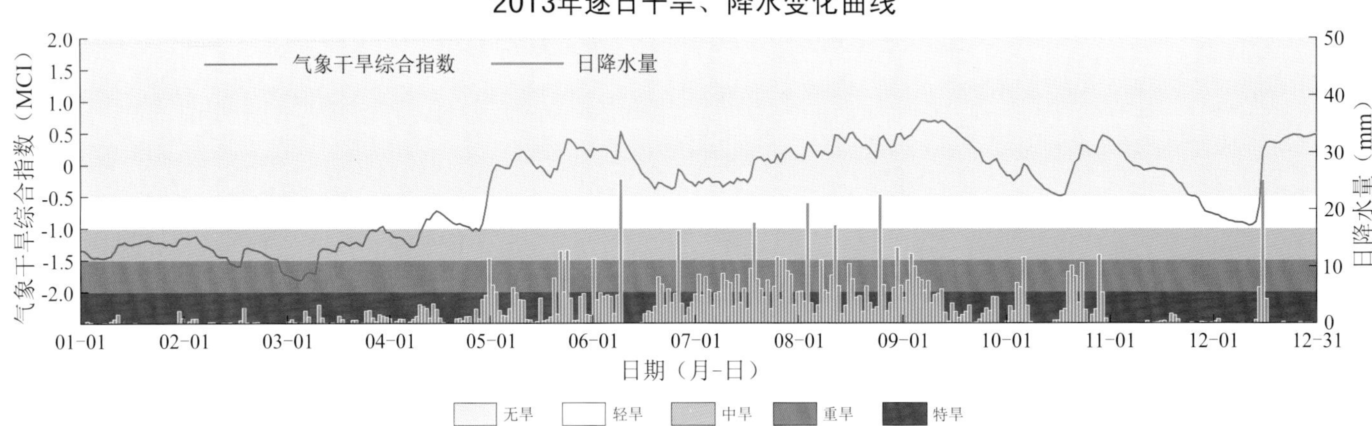

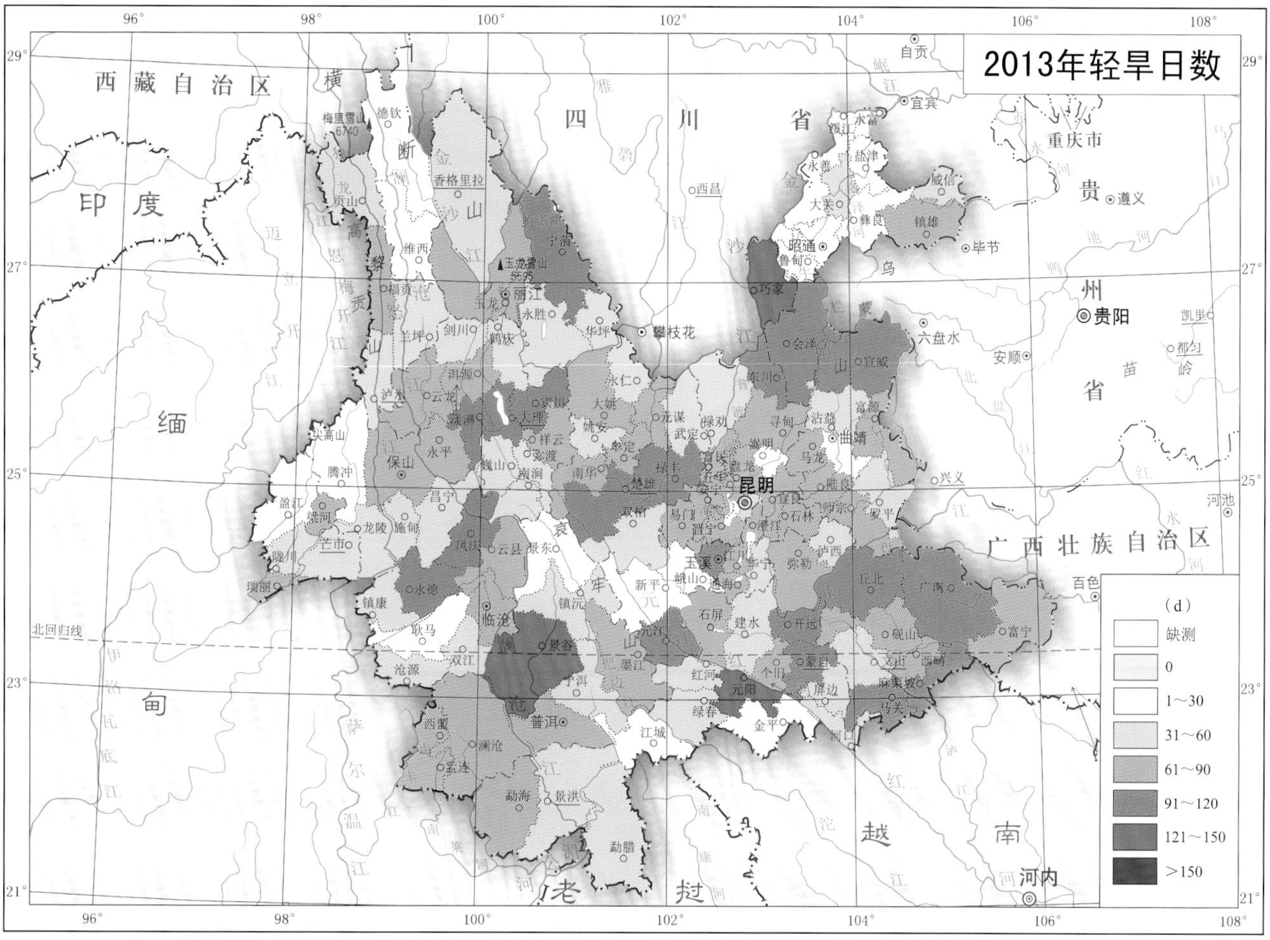

2013年轻旱日数

(d)

- 缺测
- 0
- 1~30
- 31~60
- 61~90
- 91~120
- 121~150
- >150

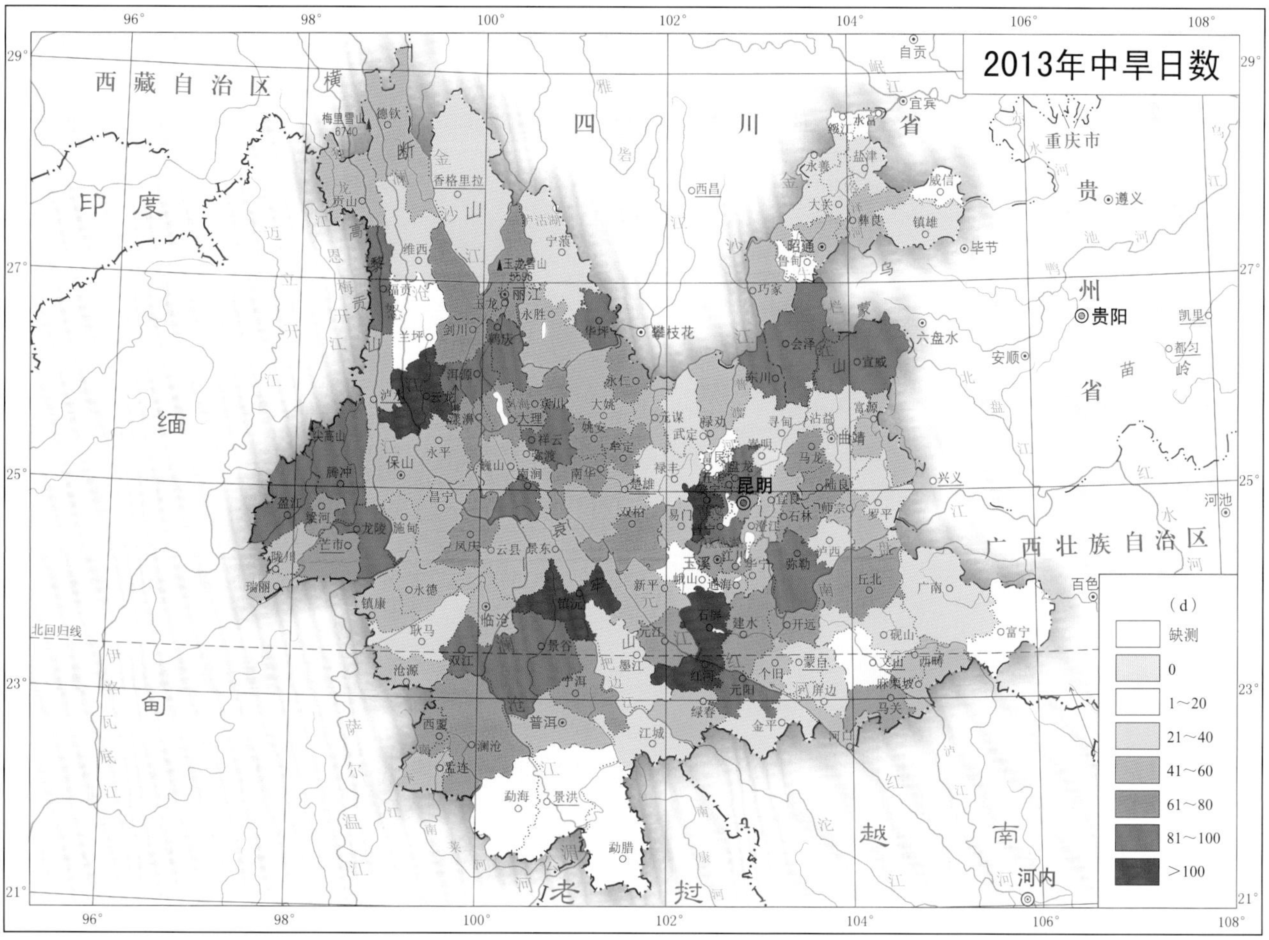

2013年中旱日数

(d)

- 缺测
- 0
- 1~20
- 21~40
- 41~60
- 61~80
- 81~100
- >100

比例尺 1:8 000 000 0 80 160 km

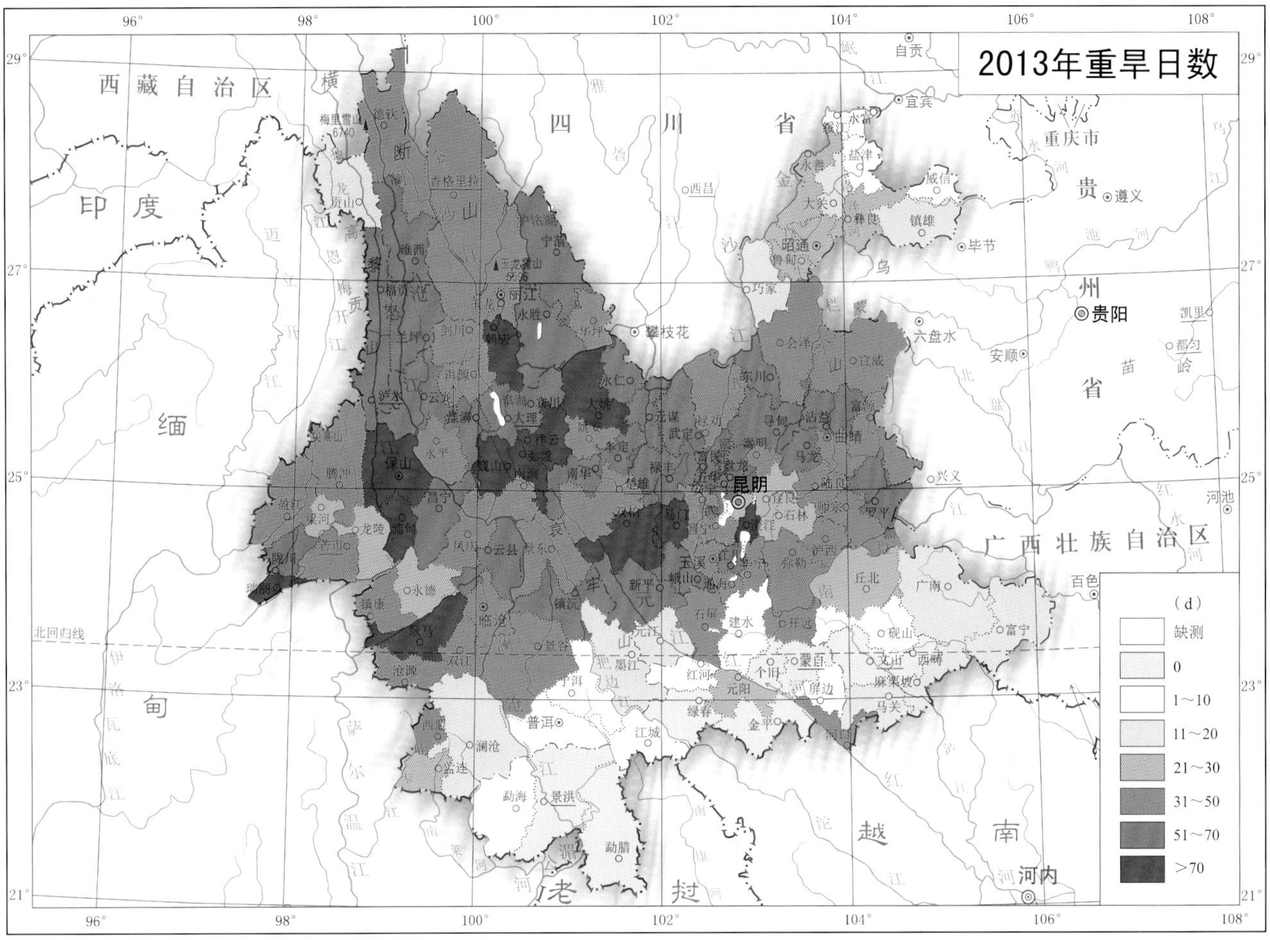

2013年重旱日数

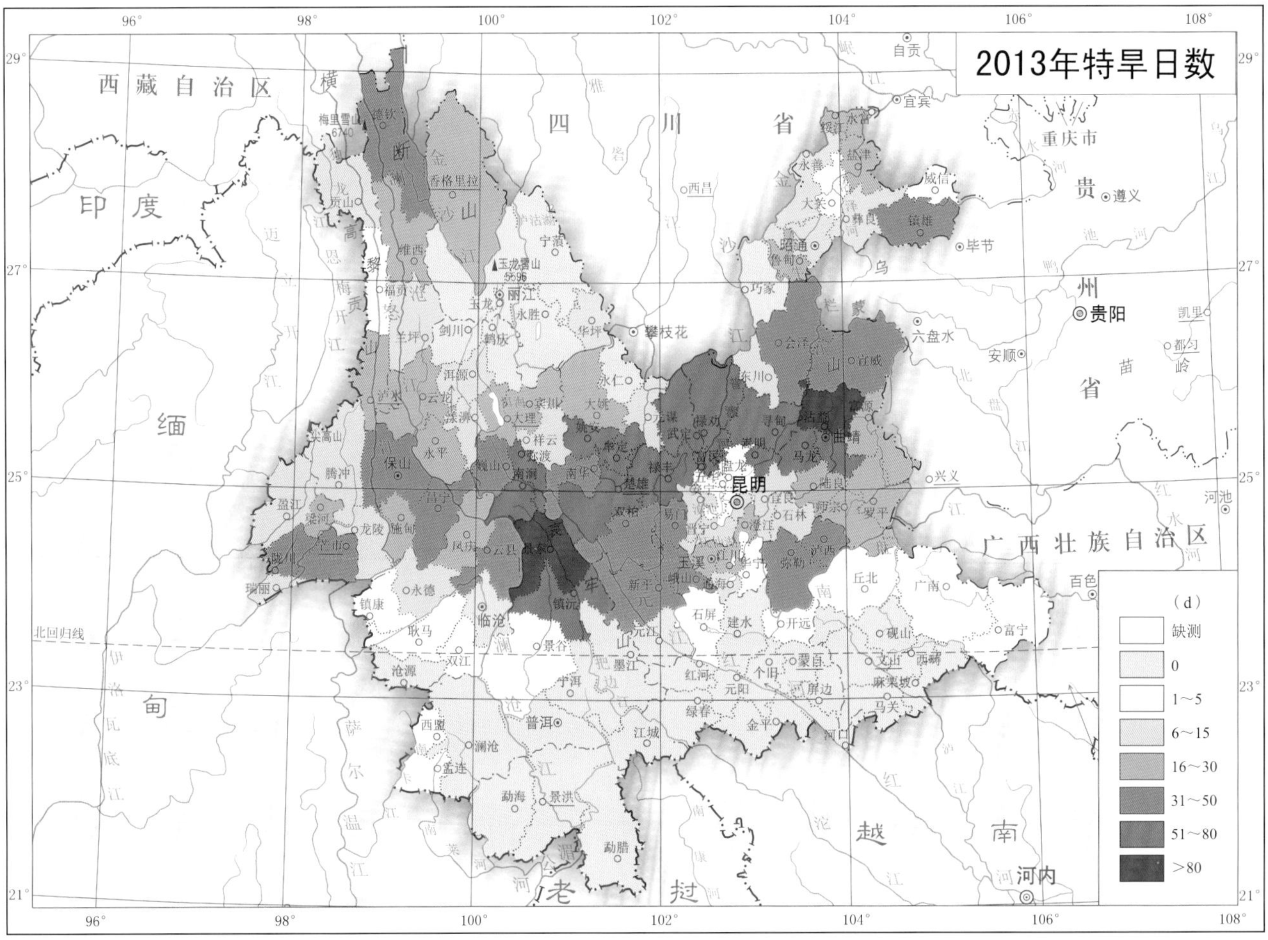

(d)

- 缺测
- 0
- 1～10
- 11～20
- 21～30
- 31～50
- 51～70
- >70

2013年特旱日数

(d)

- 缺测
- 0
- 1～5
- 6～15
- 16～30
- 31～50
- 51～80
- >80

比例尺 1：8 000 000 0 80 160 km

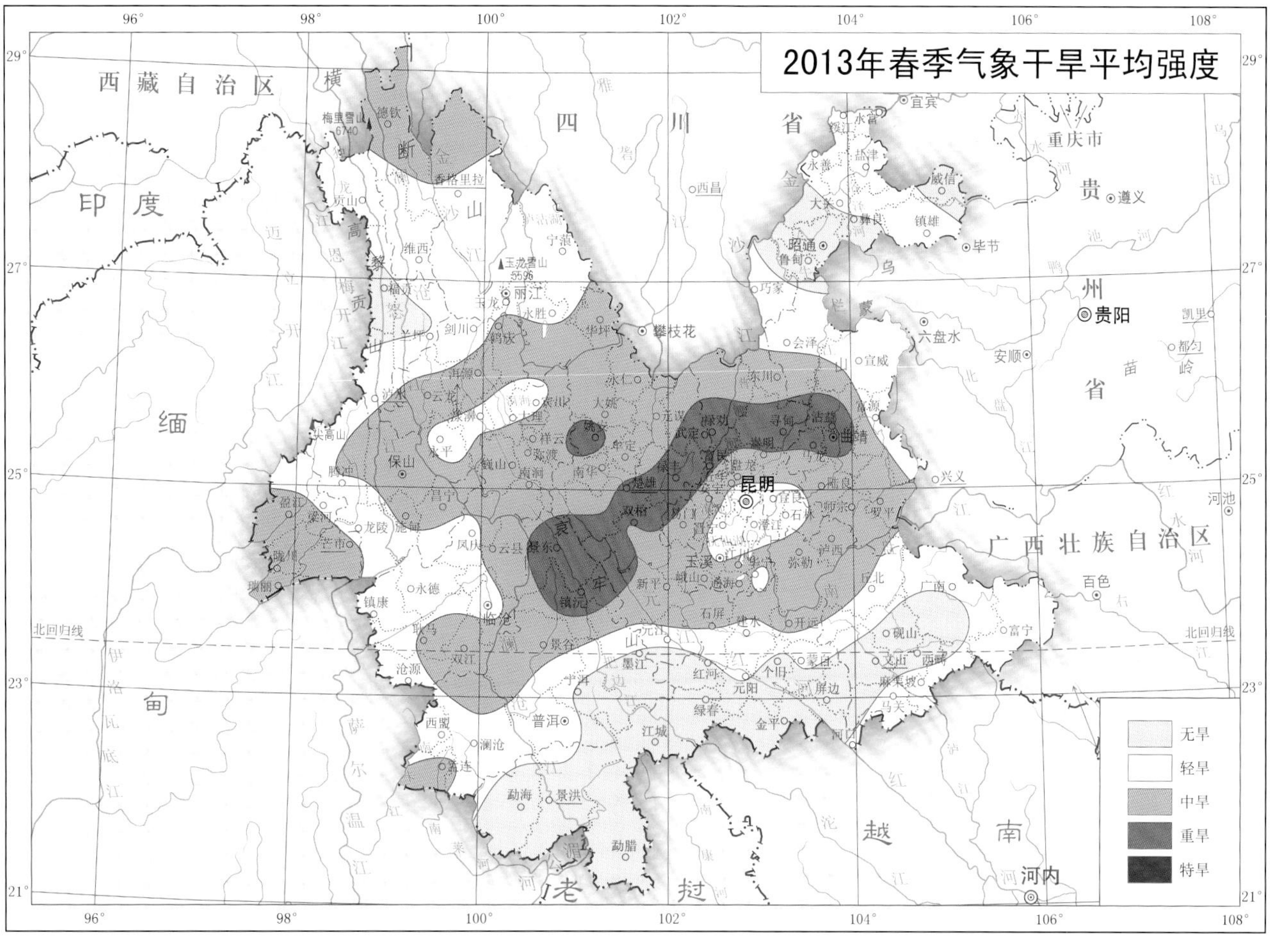

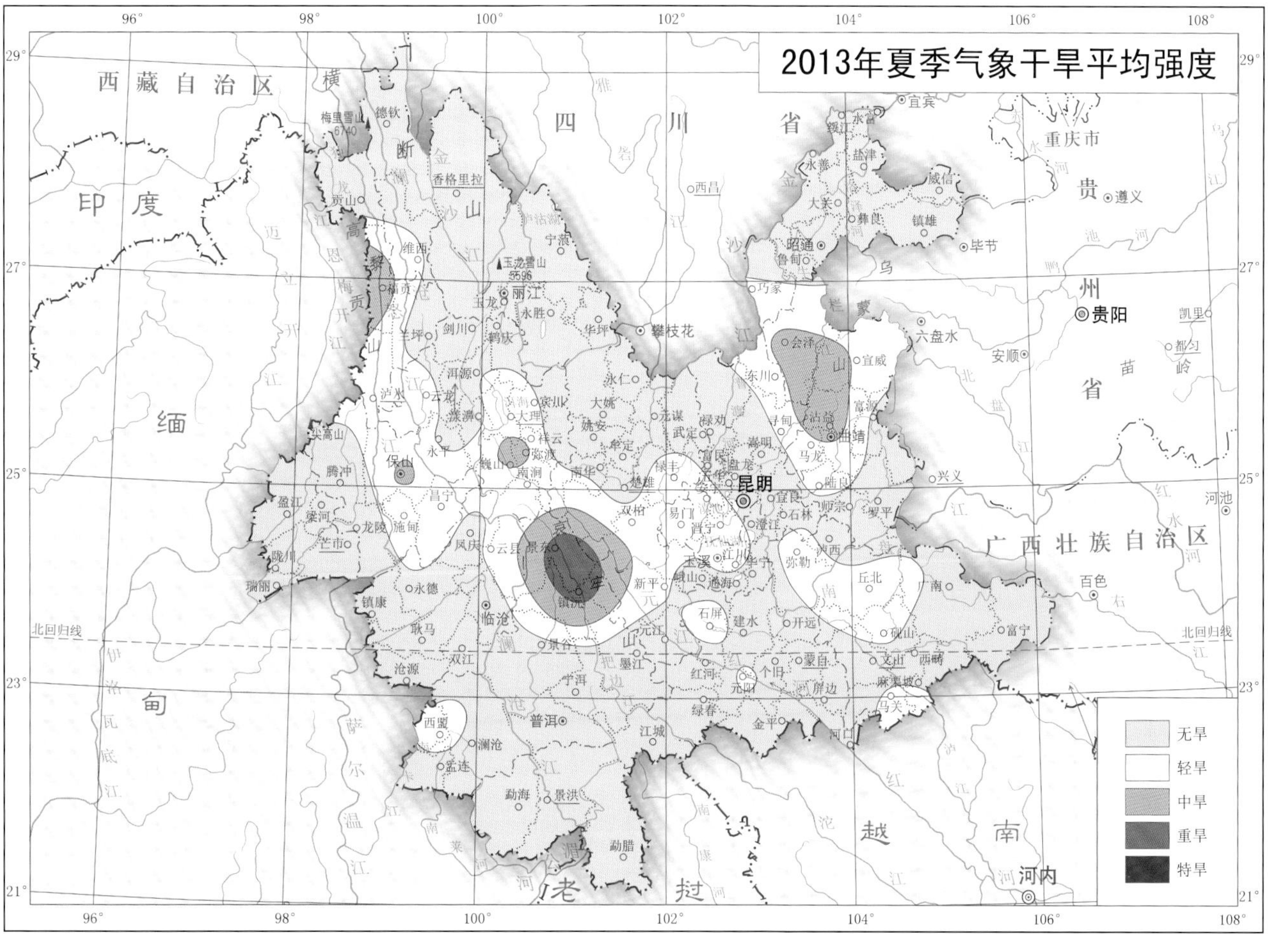

2013年春季气象干旱平均强度

无旱
轻旱
中旱
重旱
特旱

2013年夏季气象干旱平均强度

无旱
轻旱
中旱
重旱
特旱

比例尺 1 : 8 000 000　0　80　160 km

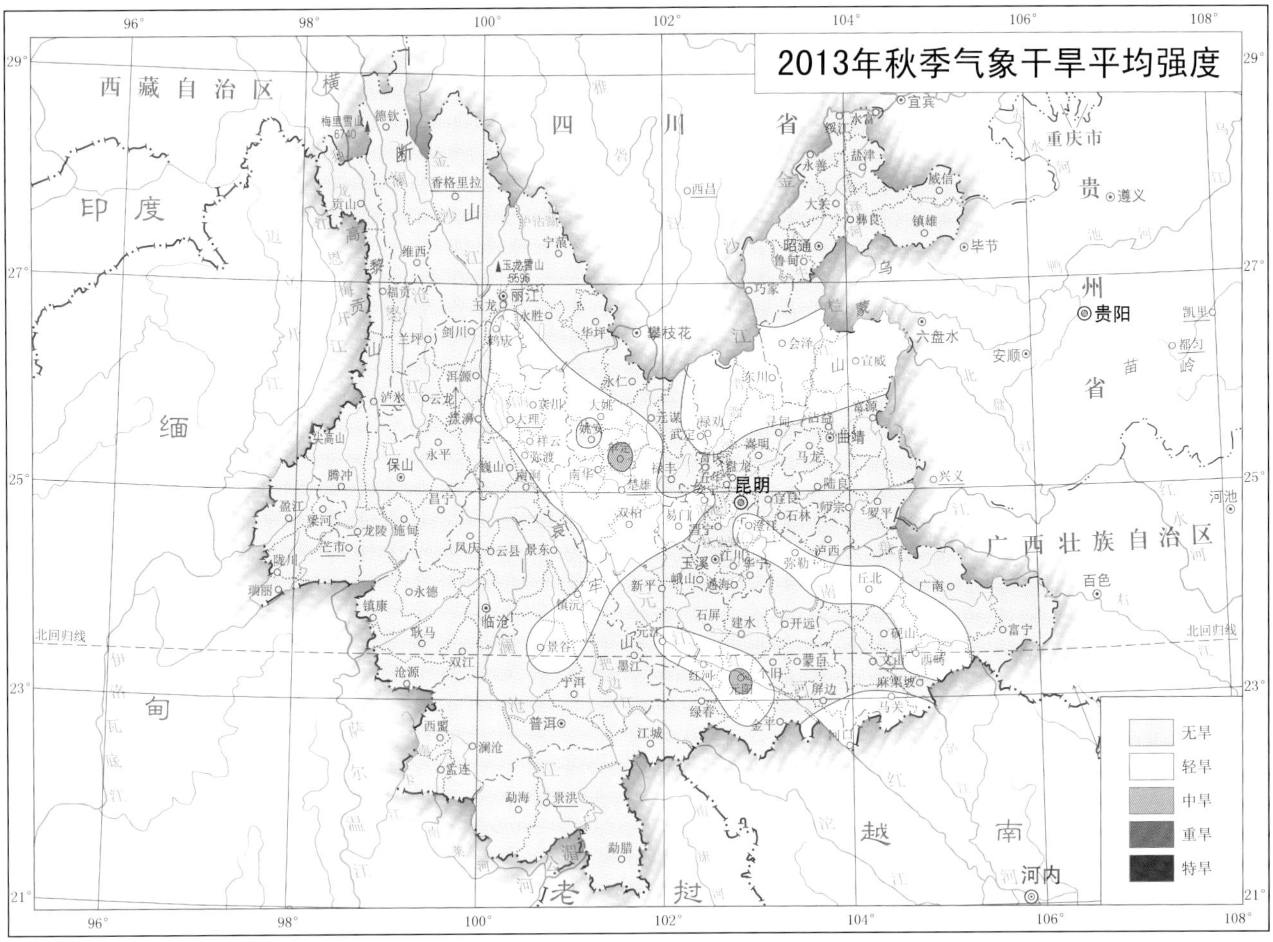

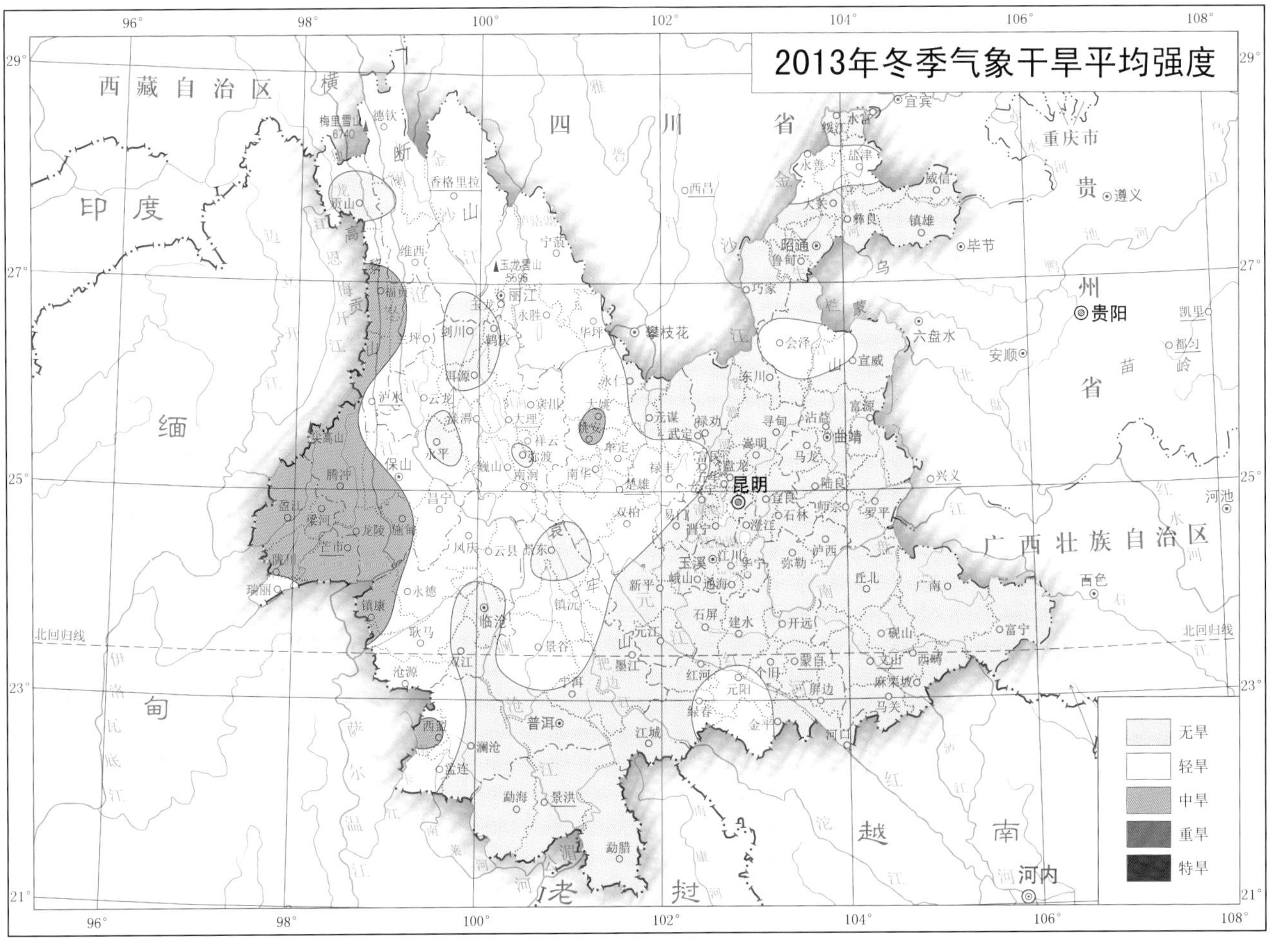

2013年秋季气象干旱平均强度

- 无旱
- 轻旱
- 中旱
- 重旱
- 特旱

2013年冬季气象干旱平均强度

- 无旱
- 轻旱
- 中旱
- 重旱
- 特旱

比例尺 1∶8 000 000 0 80 160 km

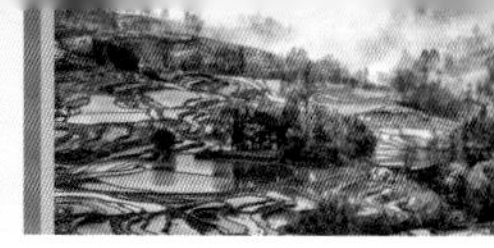

2014年干旱日数

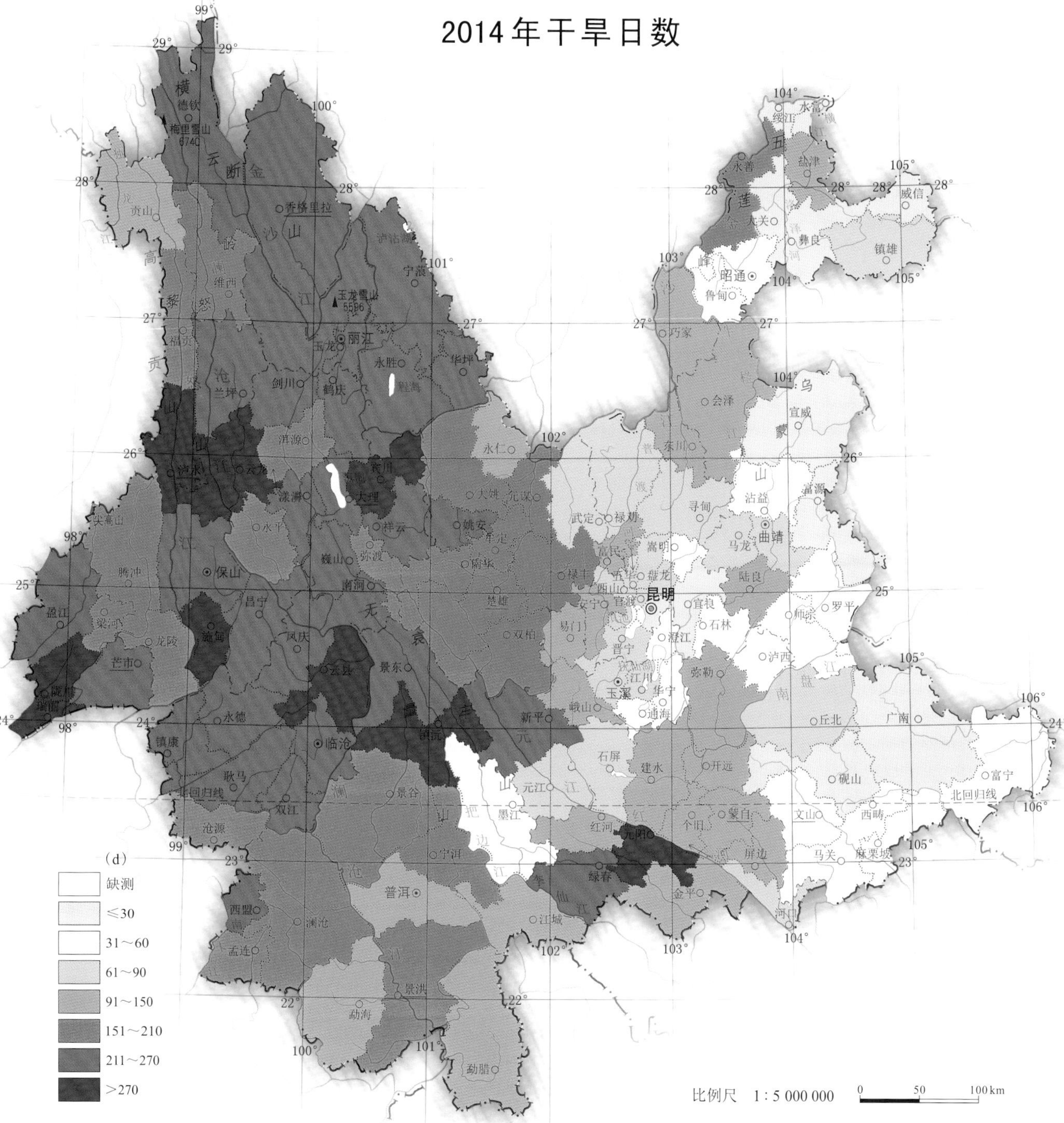

(d)
缺测
≤30
31～60
61～90
91～150
151～210
211～270
>270
比例尺 1:5 000 000
0 50 100 km
昆明
曲靖
玉溪
保山
临沧
普洱
大理
丽江
昭通

2014年逐日干旱、降水变化曲线

气象干旱综合指数
日降水量
气象干旱综合指数（MCI）
日降水量（mm）
日期（月-日）
01-01
02-01
03-01
04-01
05-01
06-01
07-01
08-01
09-01
10-01
11-01
12-01
12-31
无旱
轻旱
中旱
重旱
特旱

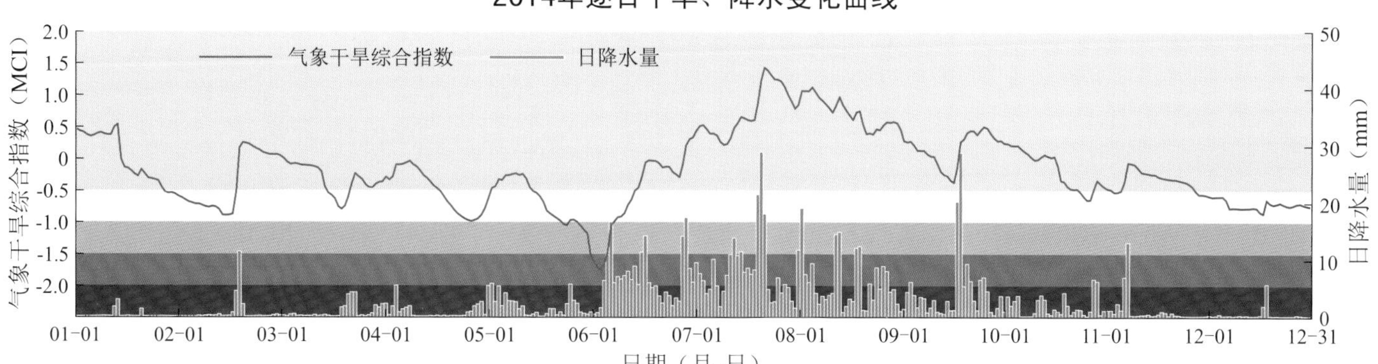

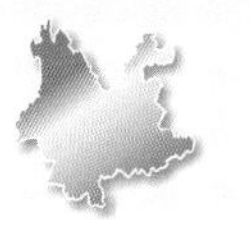

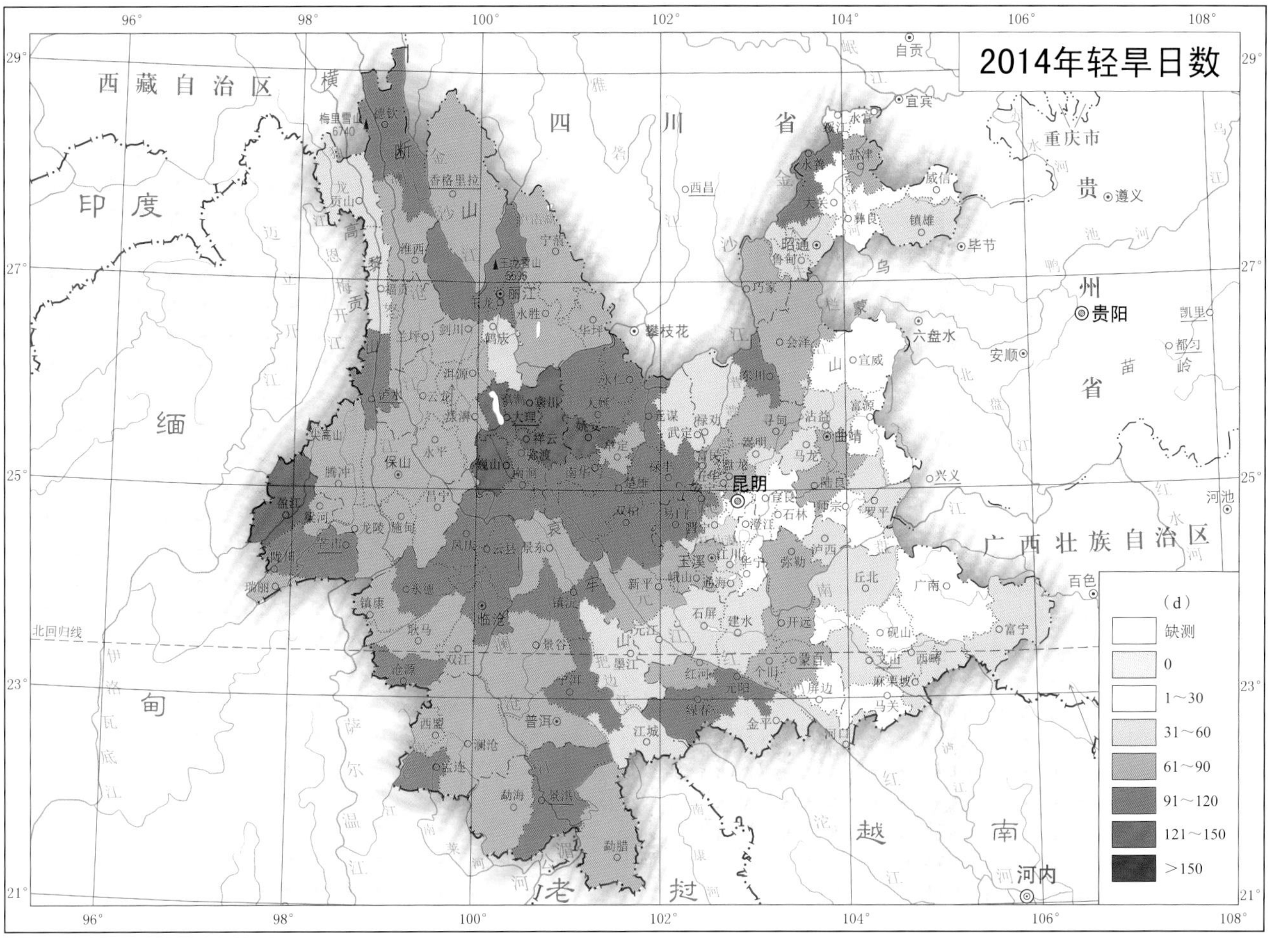

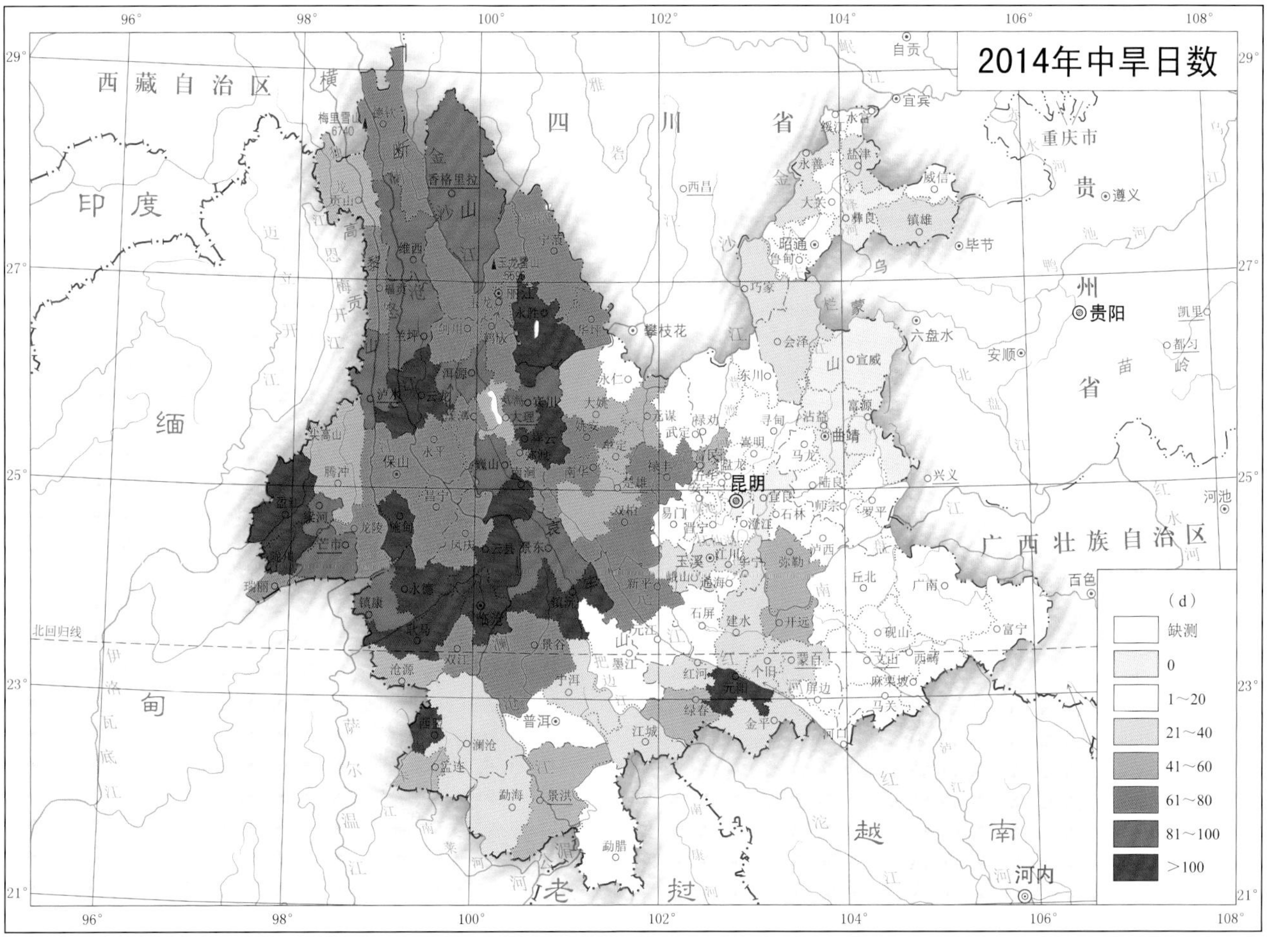

2014年轻旱日数
(d)
缺测
0
1～30
31～60
61～90
91～120
121～150
>150
西藏自治区
四川省
印度
缅甸
老挝
越南
广西壮族自治区
贵州省
重庆市
昆明
河内
北回归线

2014年中旱日数
(d)
缺测
0
1～20
21～40
41～60
61～80
81～100
>100
西藏自治区
四川省
印度
缅甸
老挝
越南
广西壮族自治区
贵州省
重庆市
昆明
河内
北回归线

比例尺 1:8 000 000 0 80 160 km

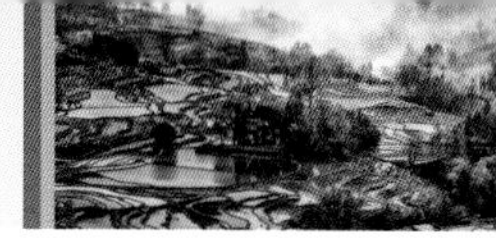

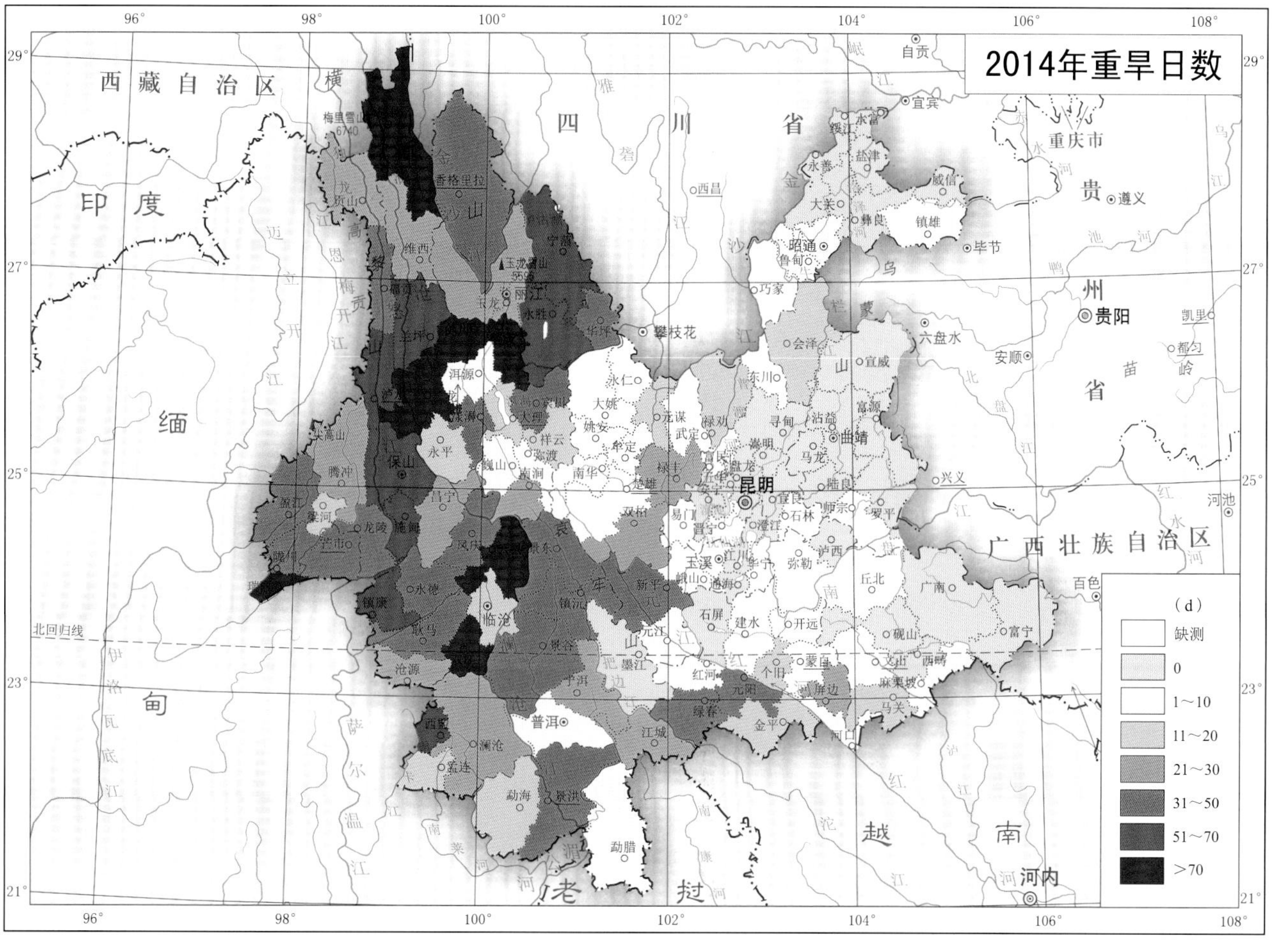

2014年重旱日数
西藏自治区
四川省
重庆市
贵州省
印度
缅甸
广西壮族自治区
越南
老挝
昆明
(d)
缺测
0
1~10
11~20
21~30
31~50
51~70
>70

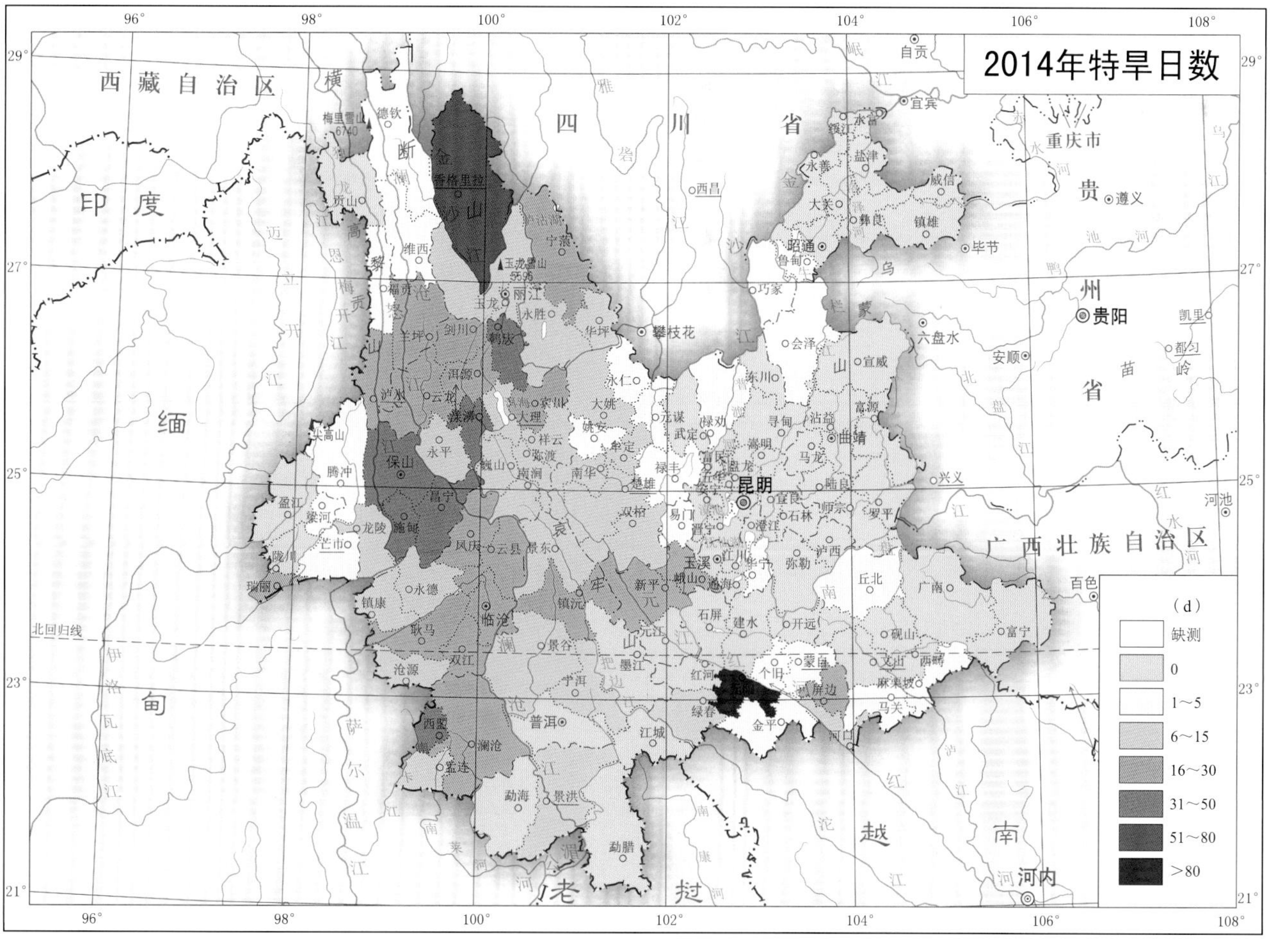

2014年特旱日数
西藏自治区
四川省
重庆市
贵州省
印度
缅甸
广西壮族自治区
越南
老挝
昆明
(d)
缺测
0
1~5
6~15
16~30
31~50
51~80
>80

比例尺 1:8 000 000 0 80 160 km

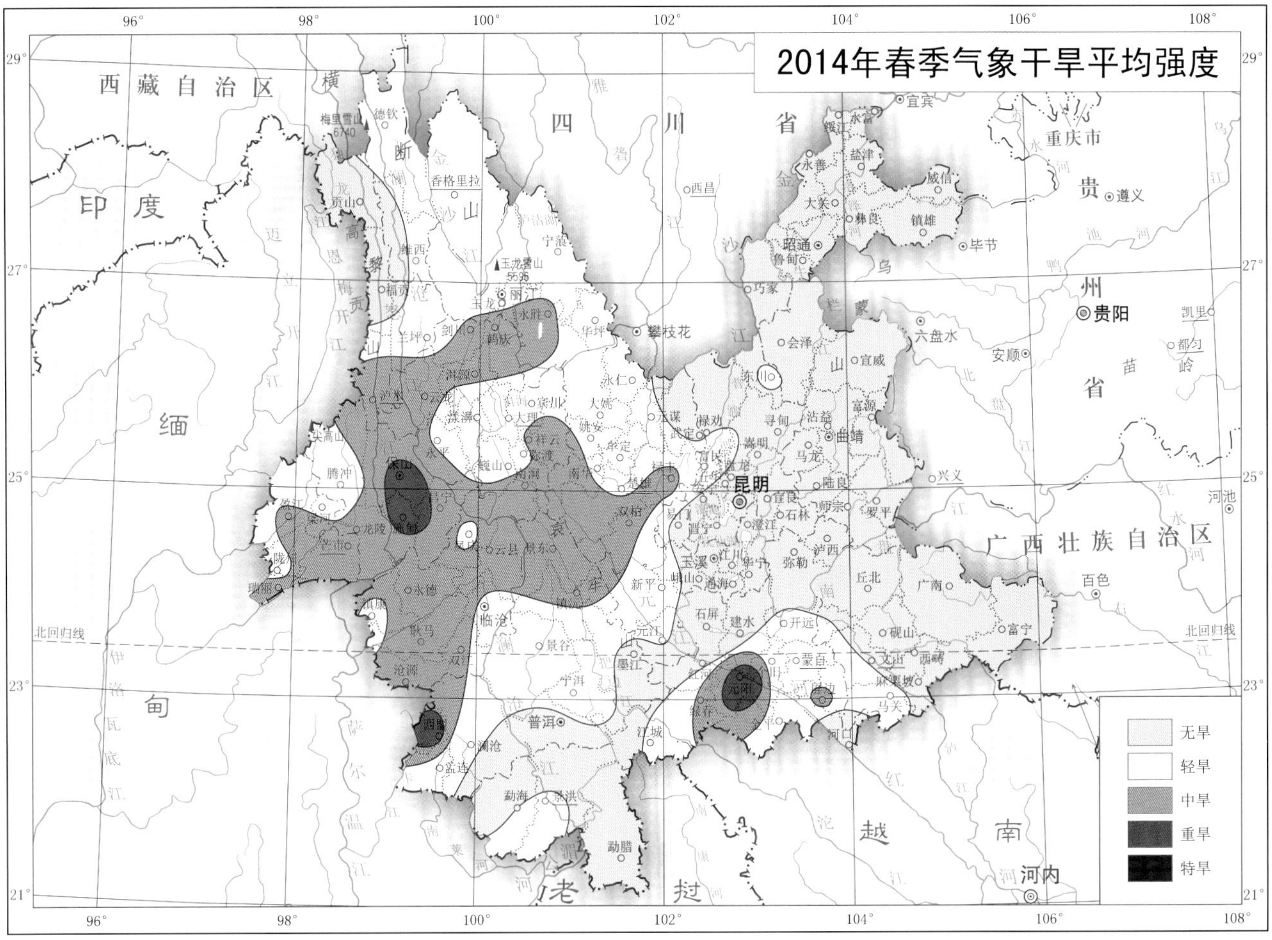

2014年春季气象干旱平均强度

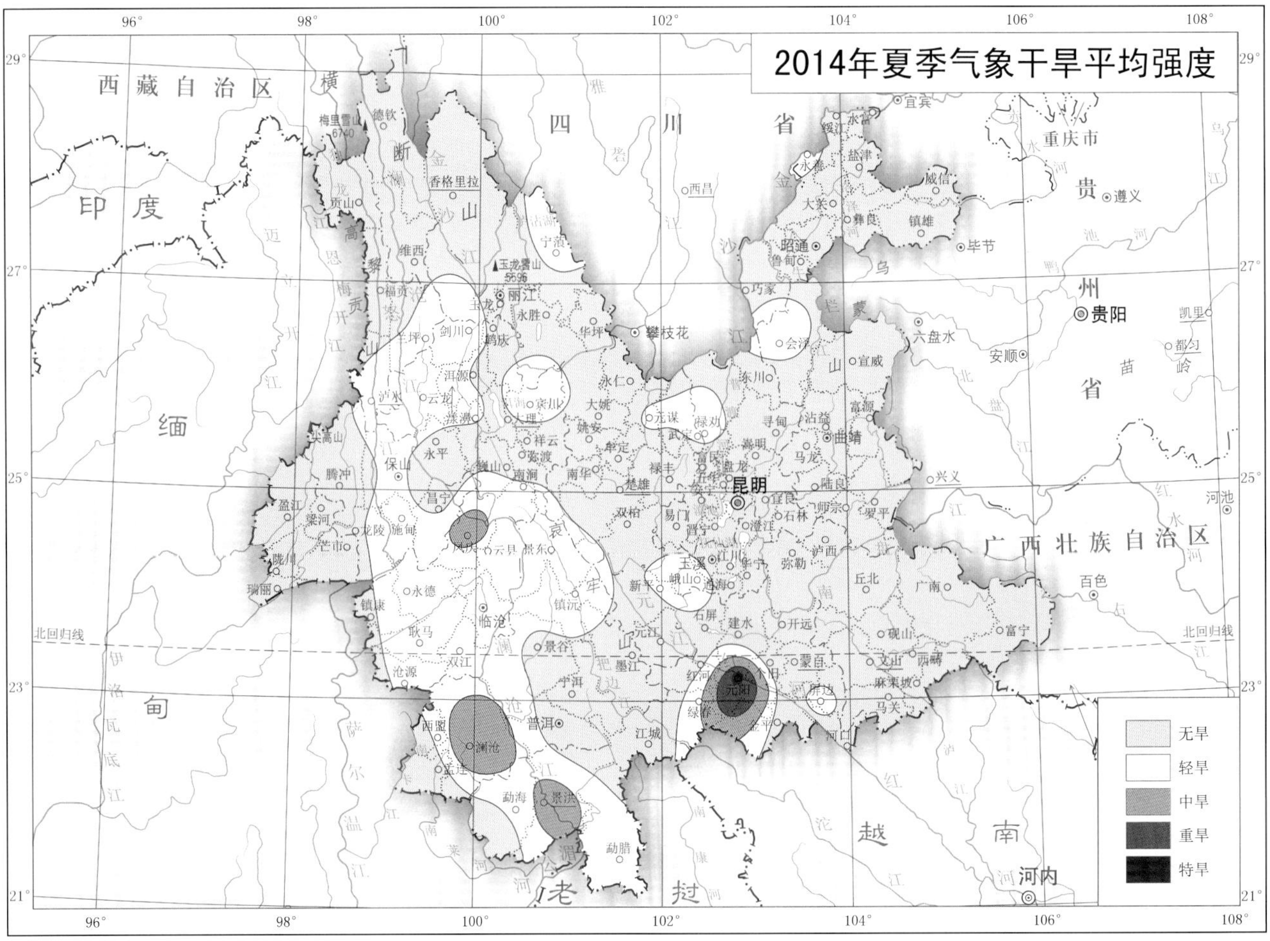

无旱
轻旱
中旱
重旱
特旱

2014年夏季气象干旱平均强度

无旱
轻旱
中旱
重旱
特旱

比例尺 1:8 000 000 0 80 160 km

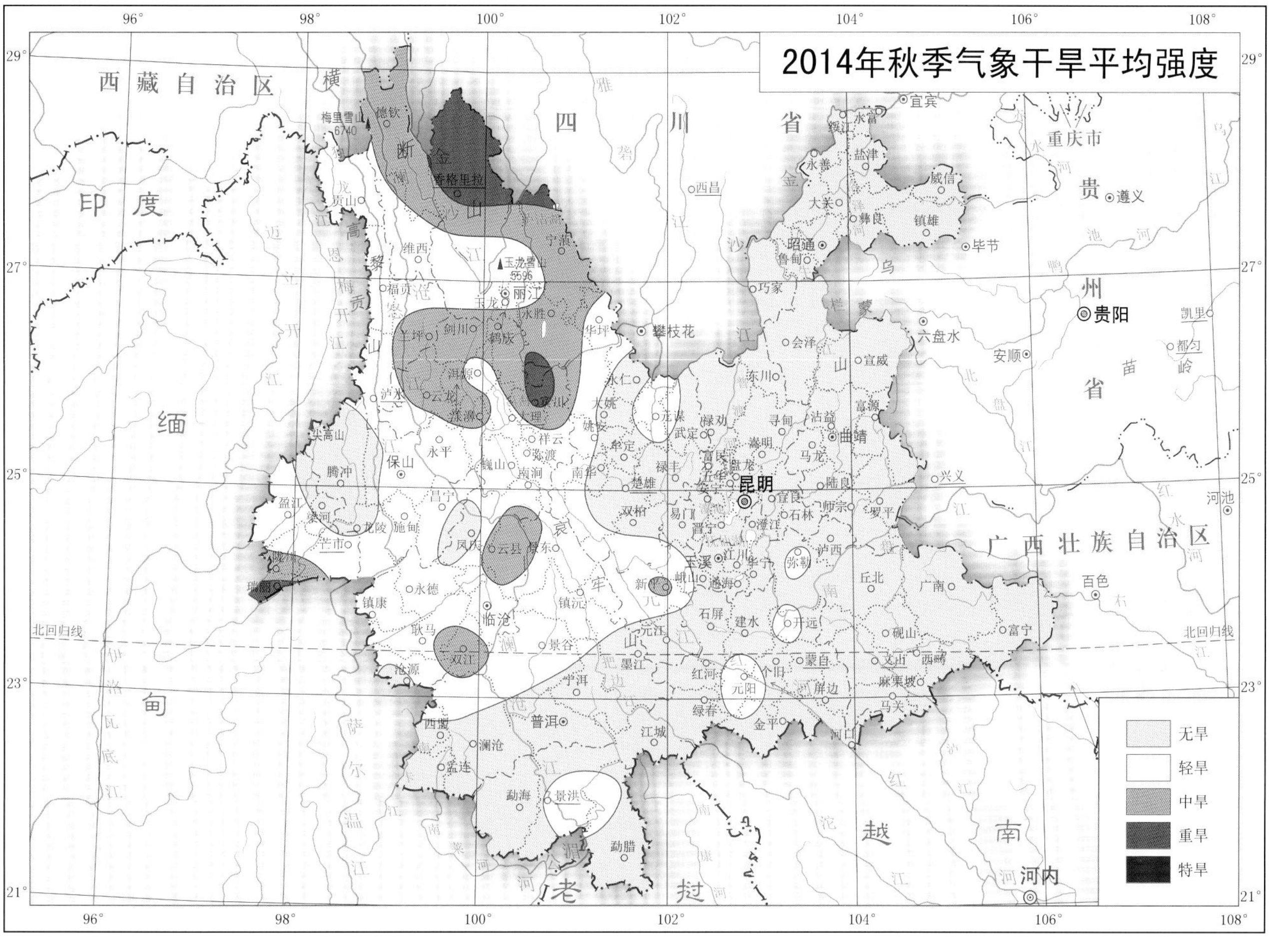

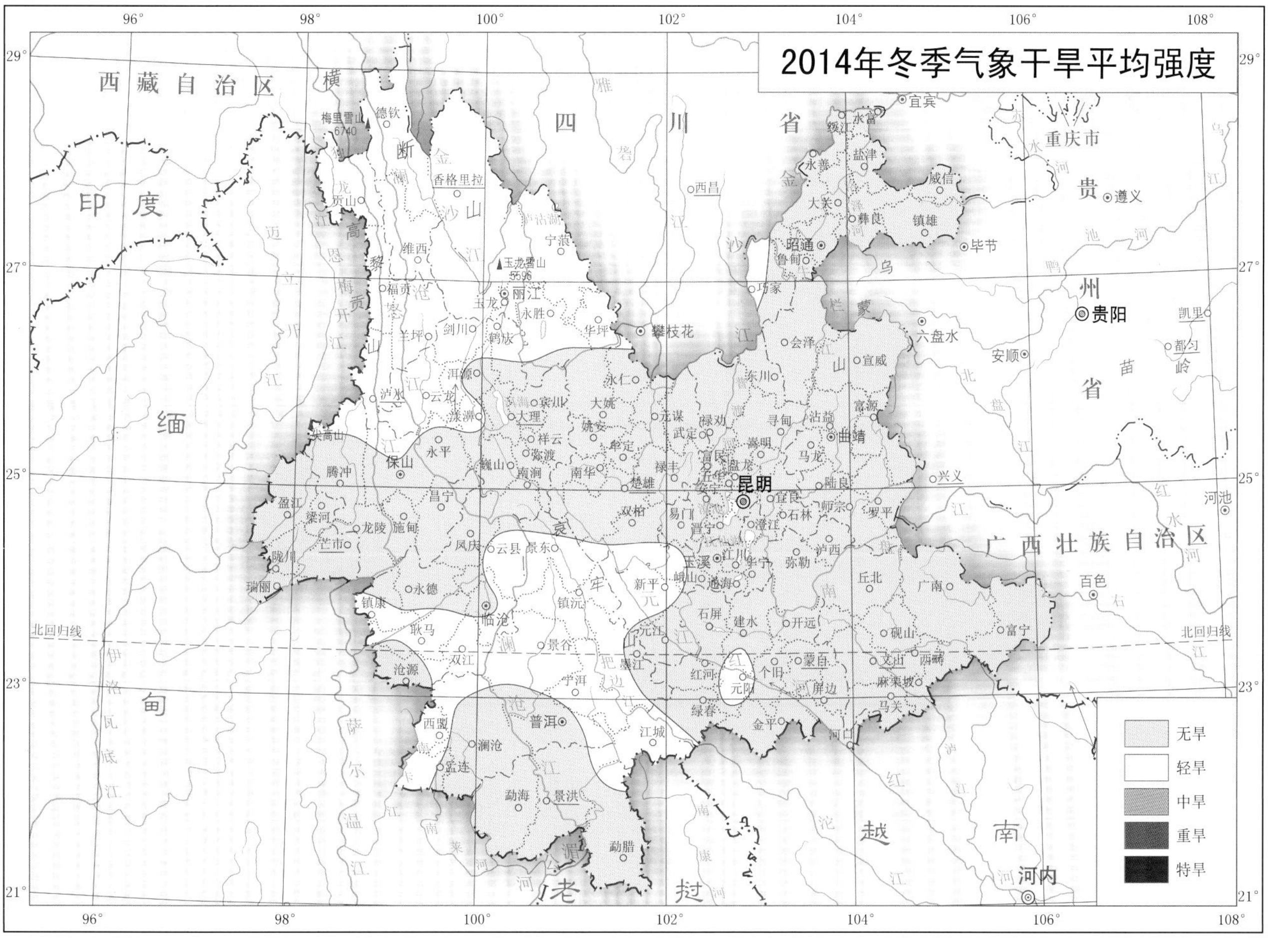

2014年秋季气象干旱平均强度

无旱
轻旱
中旱
重旱
特旱

2014年冬季气象干旱平均强度

无旱
轻旱
中旱
重旱
特旱

比例尺 1∶8 000 000　0　80　160 km

2015年干旱日数

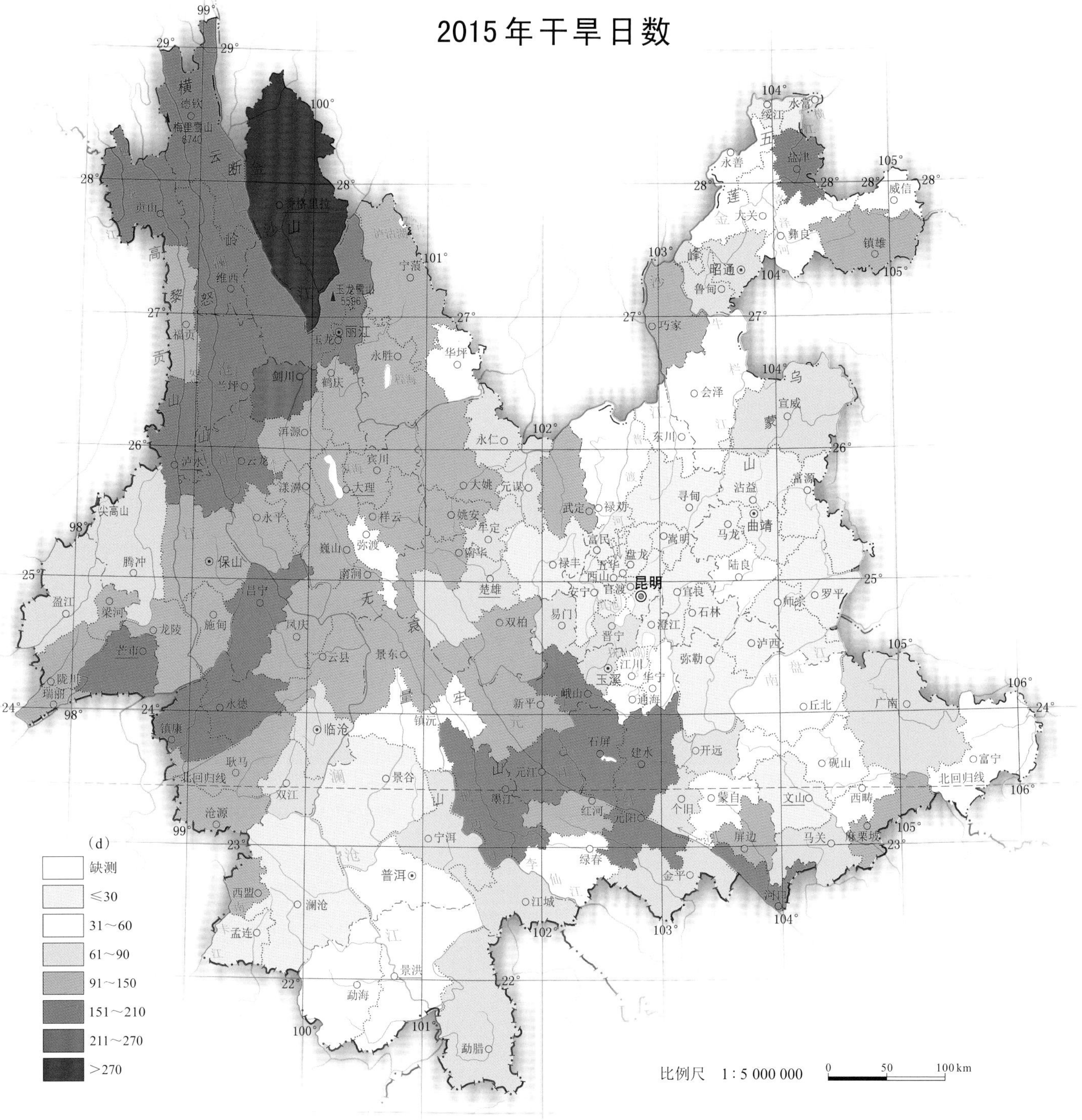

(d)
缺测
≤30
31～60
61～90
91～150
151～210
211～270
>270

比例尺 1:5 000 000 0 50 100 km

2015年逐日干旱、降水变化曲线

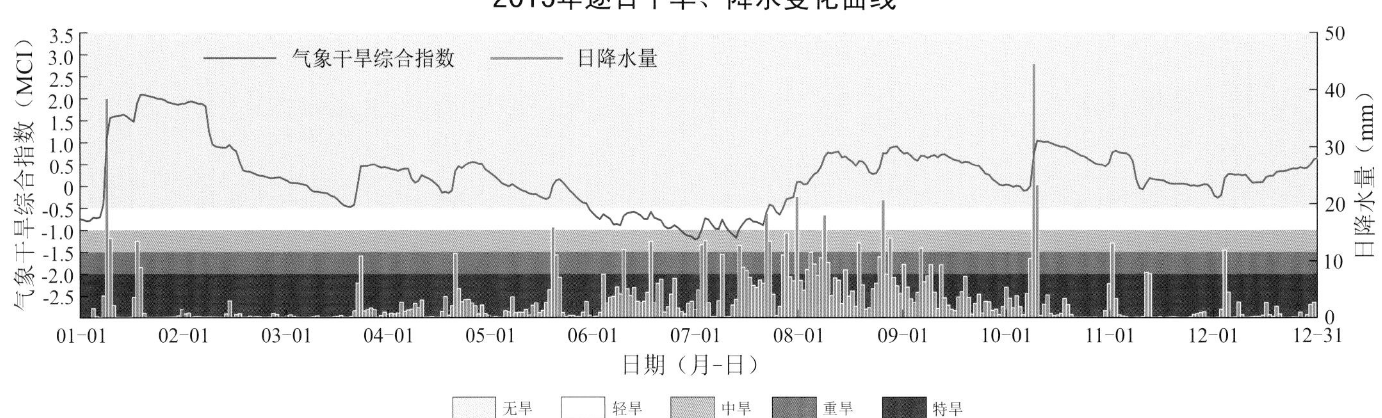

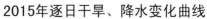

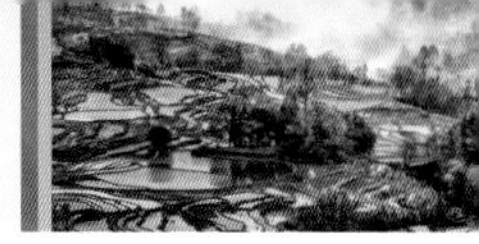

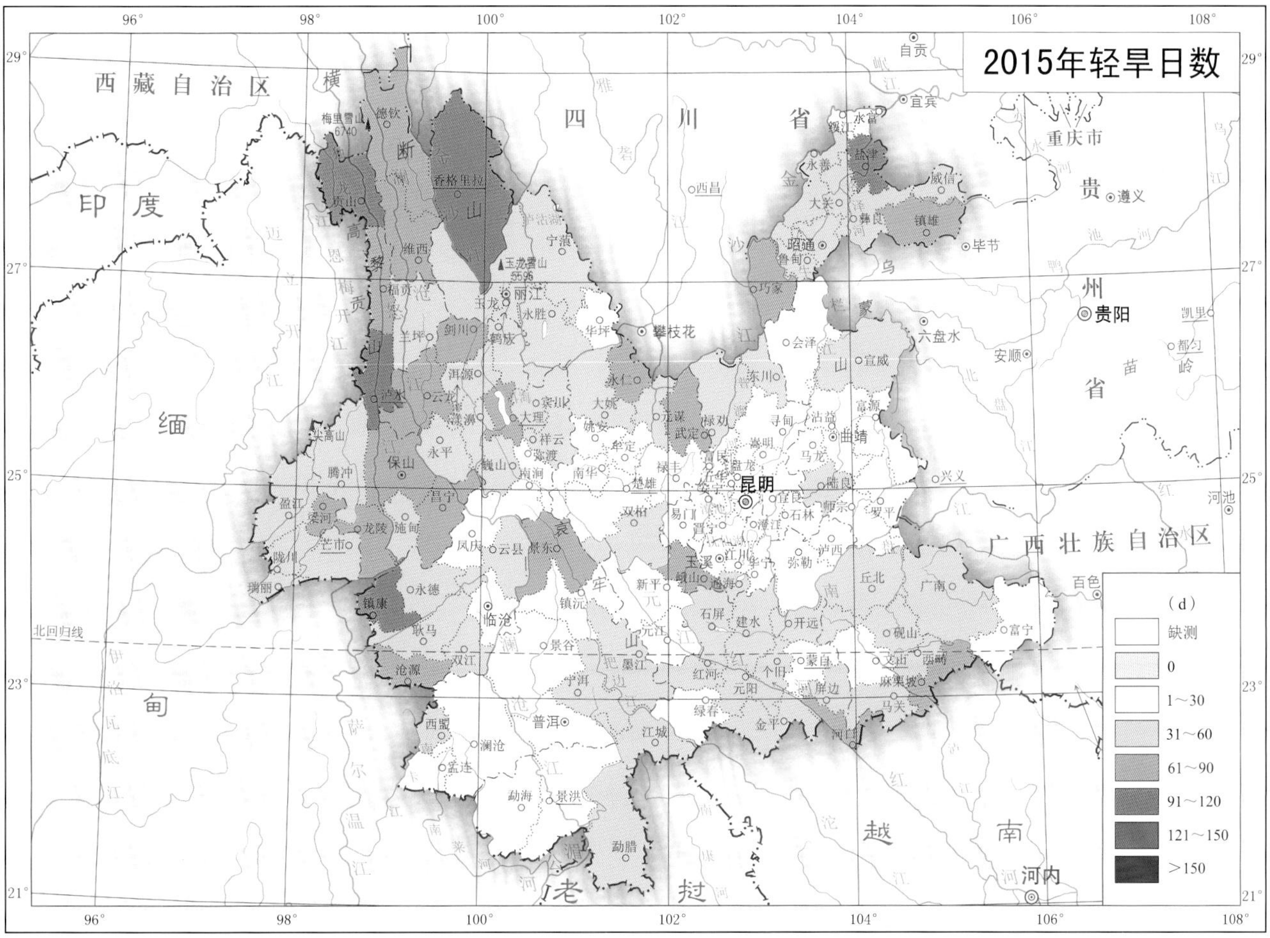

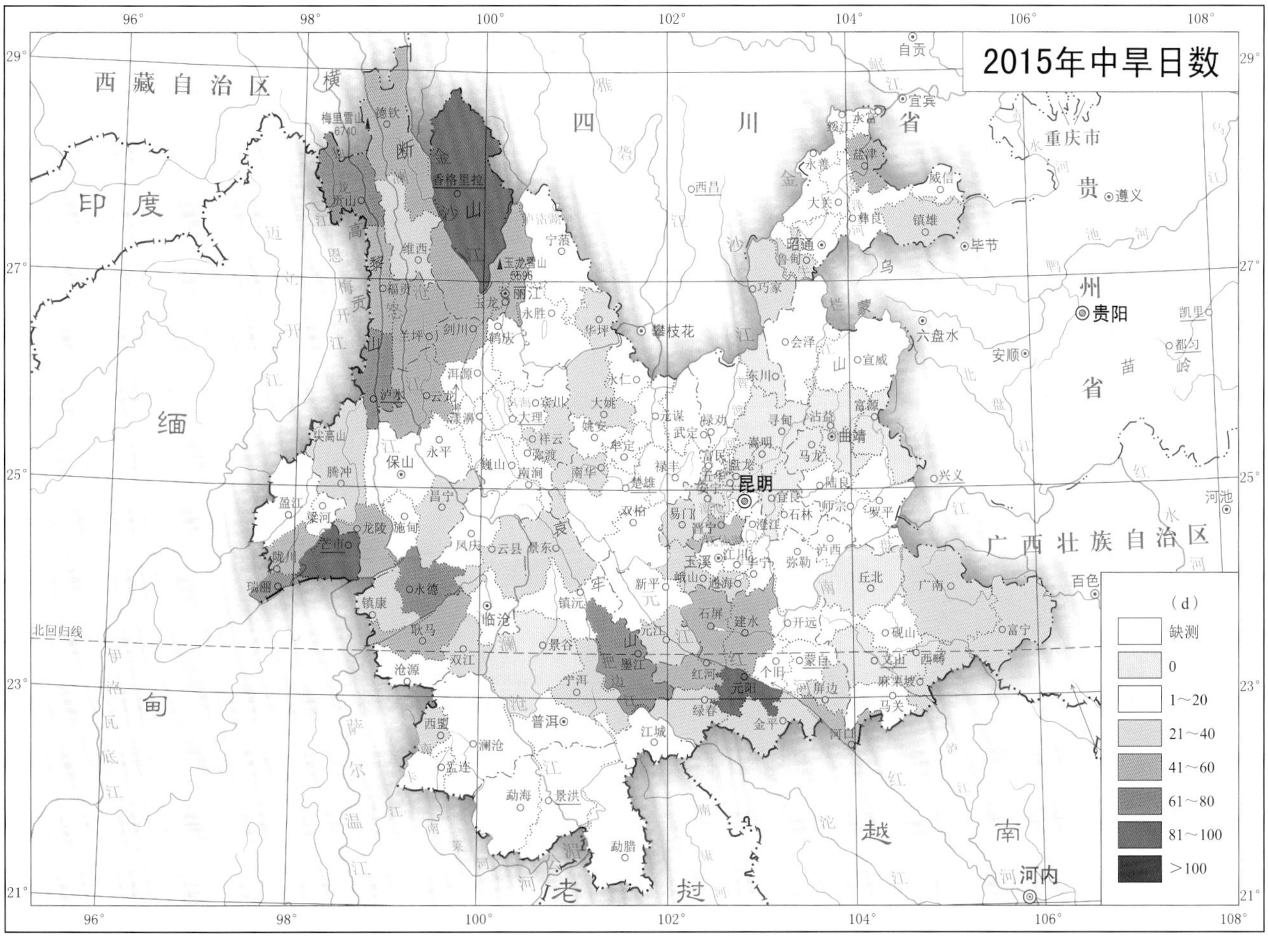

2015年轻旱日数
(d)
缺测
0
1～30
31～60
61～90
91～120
121～150
>150
昆明
四川省
西藏自治区
广西壮族自治区
贵州省
重庆市
印度
缅甸
越南
老挝
北回归线

2015年中旱日数
(d)
缺测
0
1～20
21～40
41～60
61～80
81～100
>100
昆明
四川省
西藏自治区
广西壮族自治区
贵州省
重庆市
印度
缅甸
越南
老挝
北回归线

比例尺 1∶8 000 000 0 80 160 km

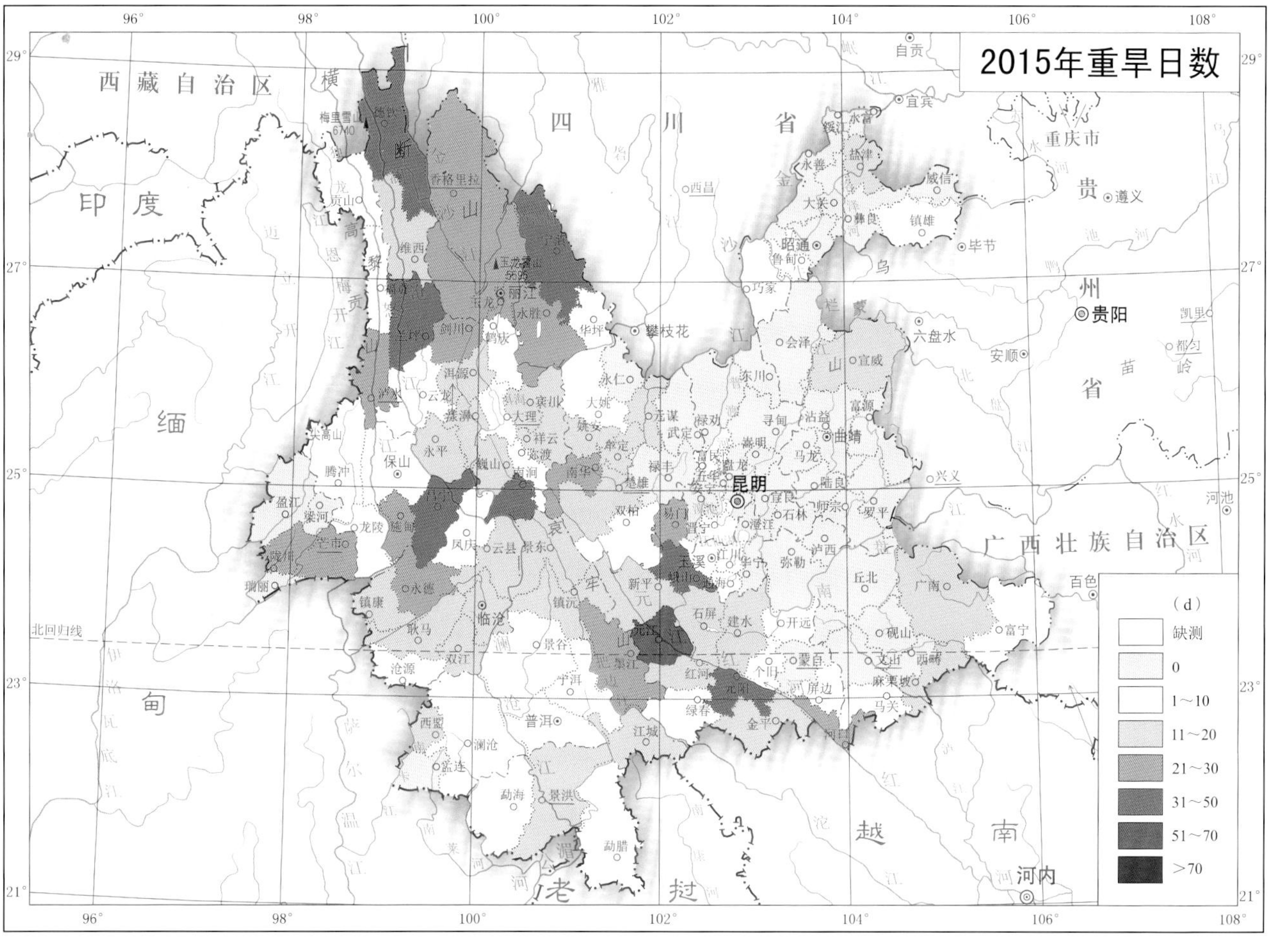

2015年重旱日数

(d)

- 缺测
- 0
- 1～10
- 11～20
- 21～30
- 31～50
- 51～70
- ＞70

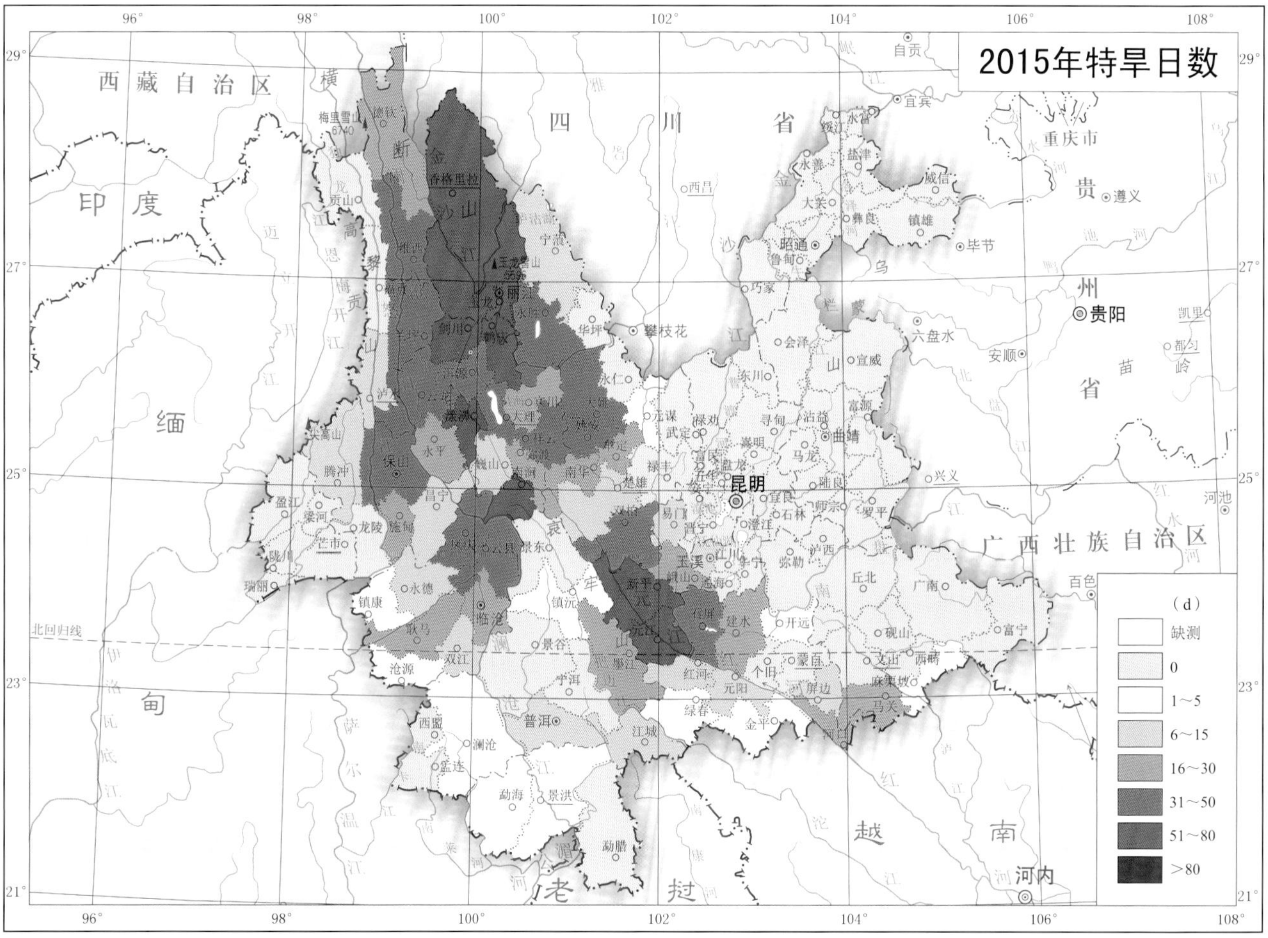

2015年特旱日数

(d)

- 缺测
- 0
- 1～5
- 6～15
- 16～30
- 31～50
- 51～80
- ＞80

比例尺 1 : 8 000 000 0 80 160 km

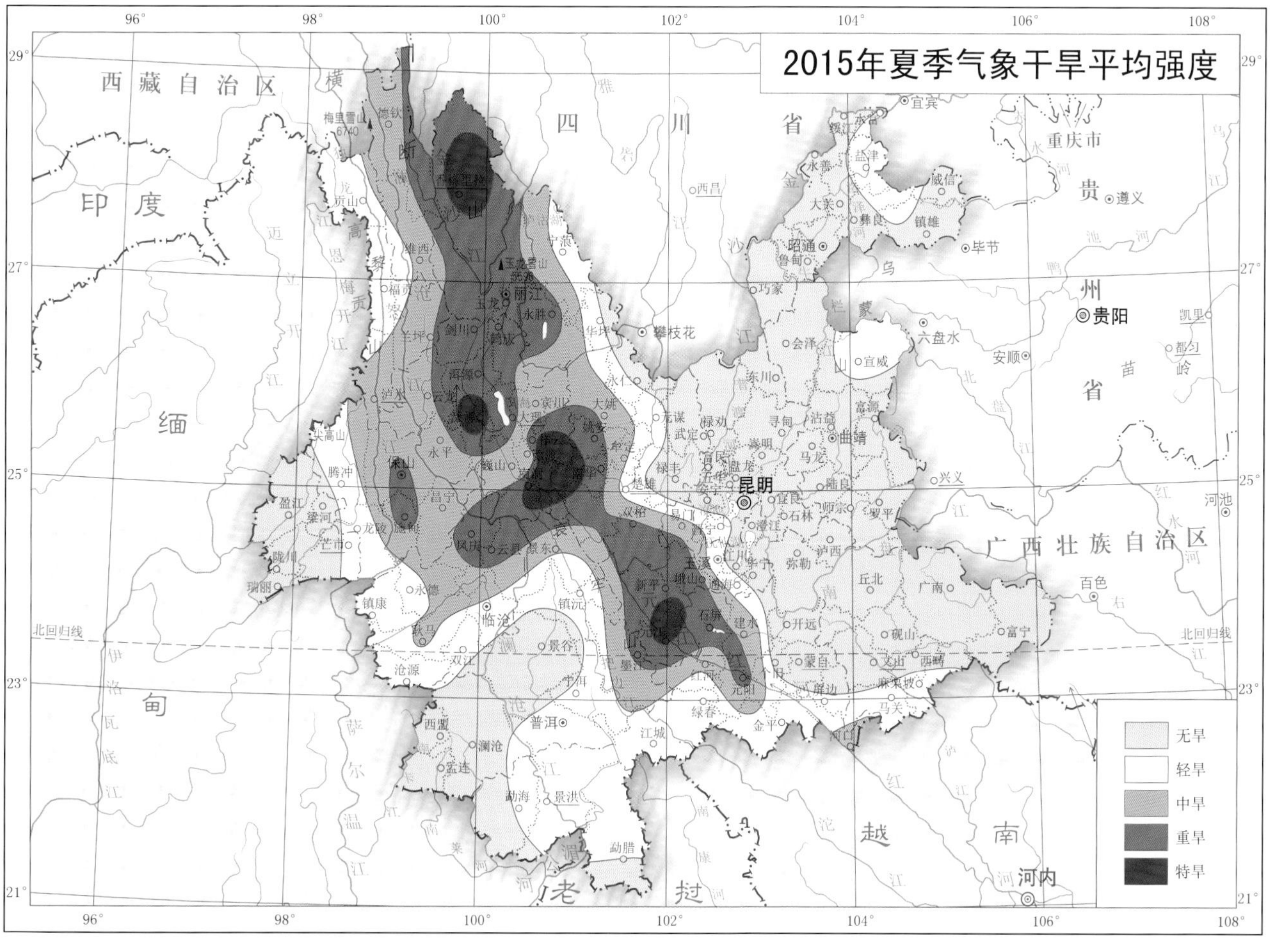

2015年春季气象干旱平均强度

无旱
轻旱
中旱
重旱
特旱

2015年夏季气象干旱平均强度

无旱
轻旱
中旱
重旱
特旱

比例尺　1 : 8 000 000　0　80　160 km

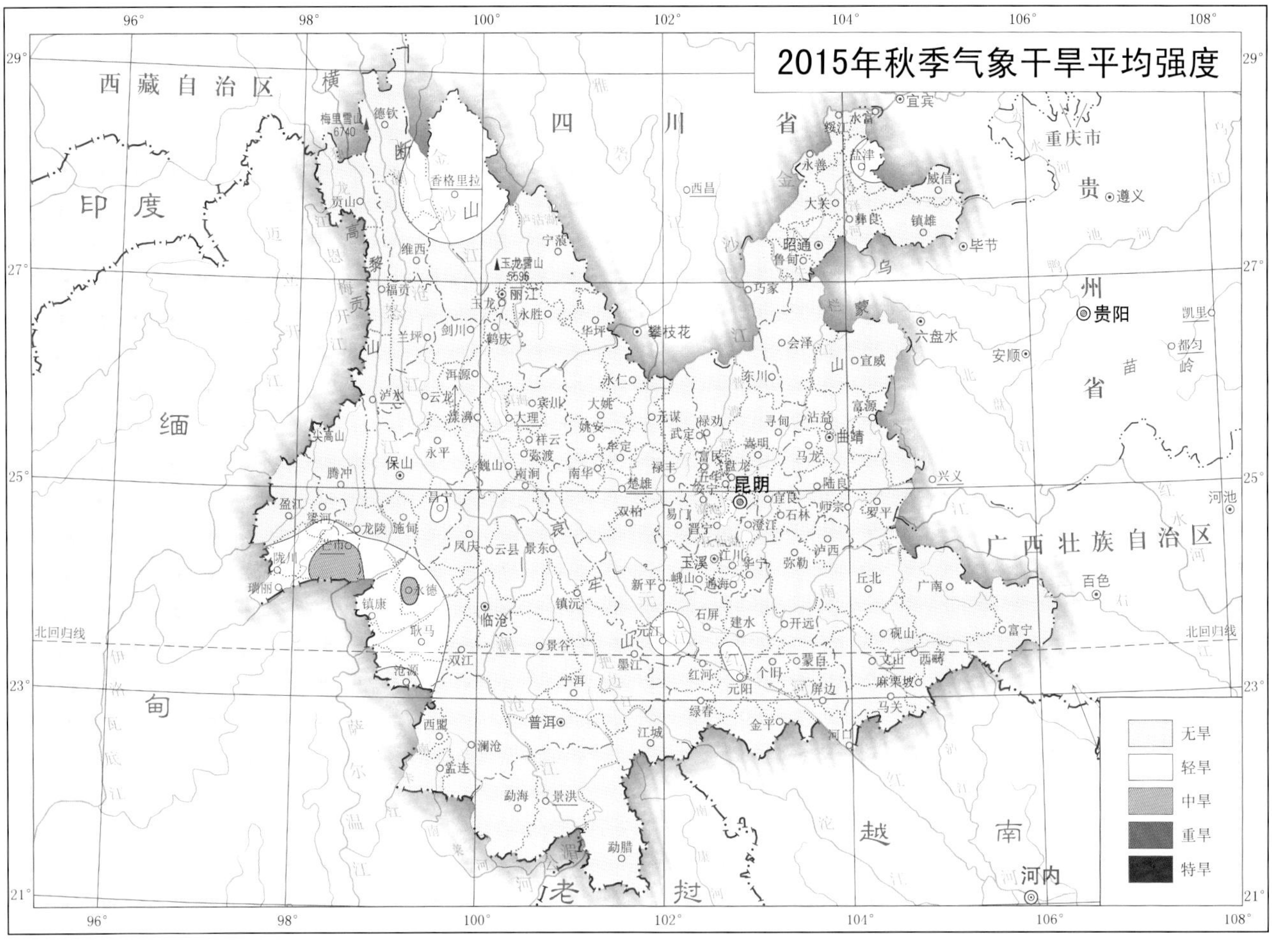
2015年秋季气象干旱平均强度
无旱
轻旱
中旱
重旱
特旱
西藏自治区
四川省
重庆市
贵州省
广西壮族自治区
印度
缅甸
越南
老挝
昆明
北回归线

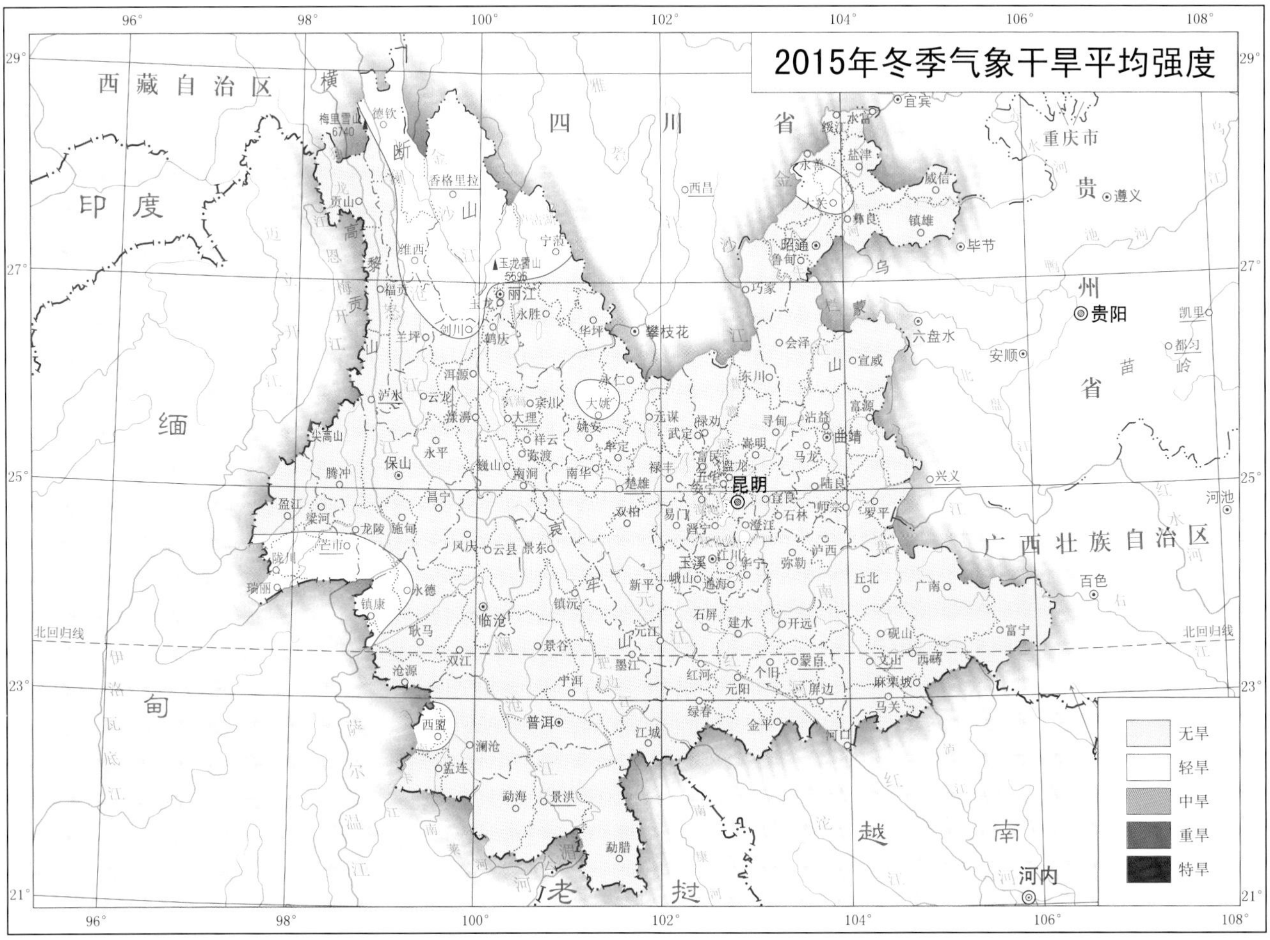
2015年冬季气象干旱平均强度
无旱
轻旱
中旱
重旱
特旱
西藏自治区
四川省
重庆市
贵州省
广西壮族自治区
印度
缅甸
越南
老挝
昆明
北回归线

比例尺 1：8 000 000 0 80 160 km

2016年干旱日数

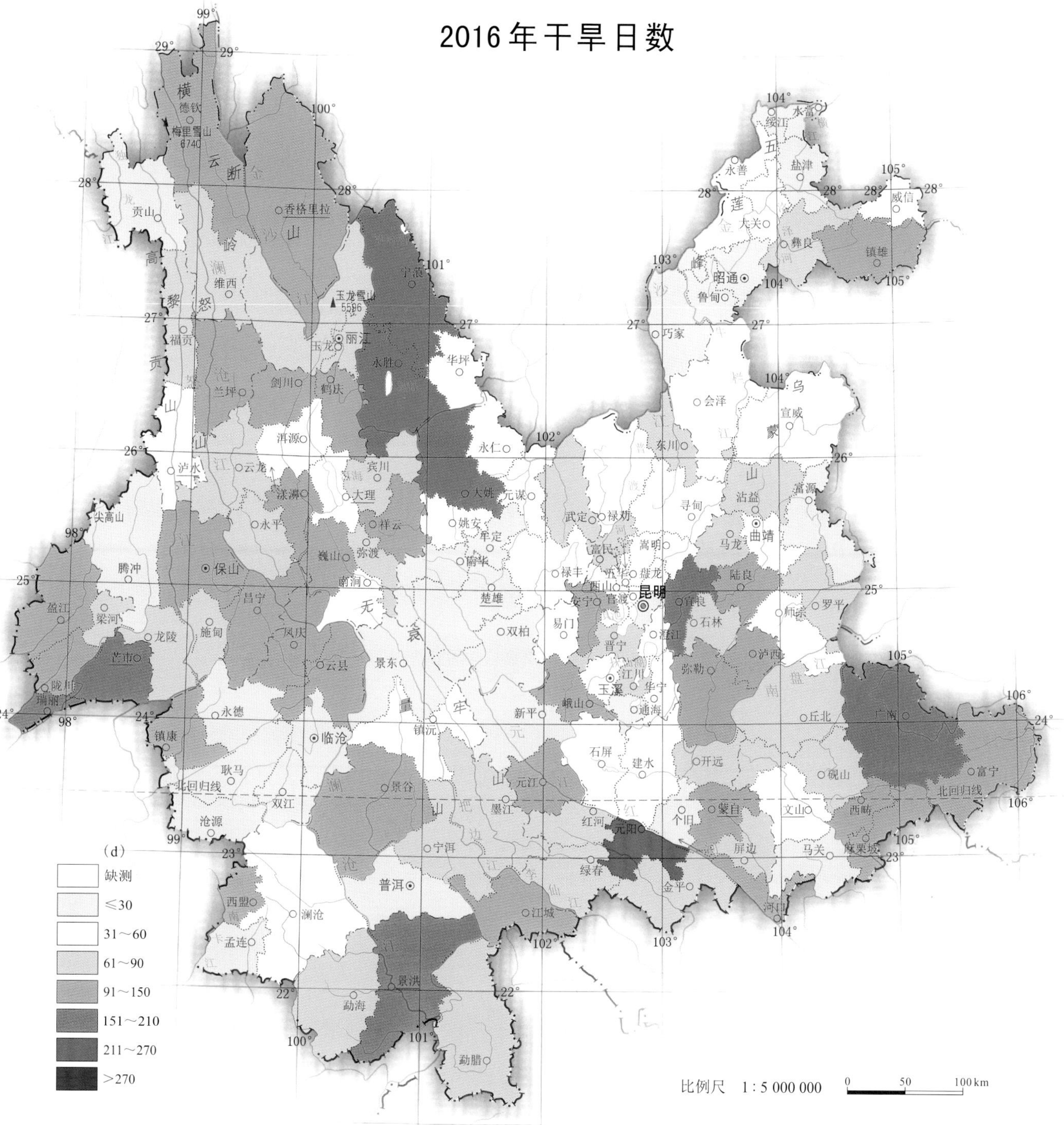

(d)
- 缺测
- ≤30
- 31～60
- 61～90
- 91～150
- 151～210
- 211～270
- >270

比例尺 1:5 000 000 0 50 100 km

2016年逐日干旱、降水变化曲线

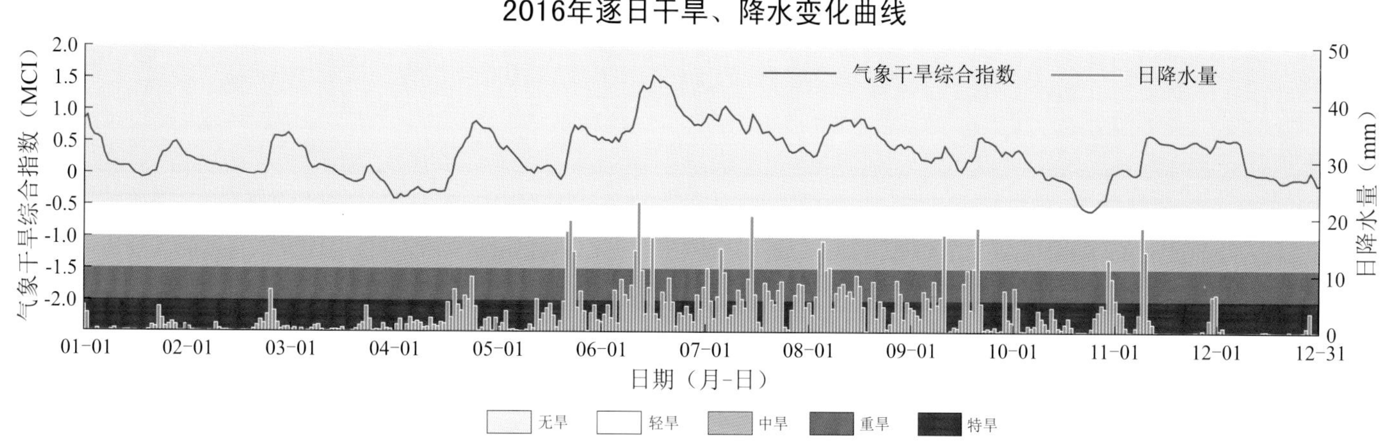

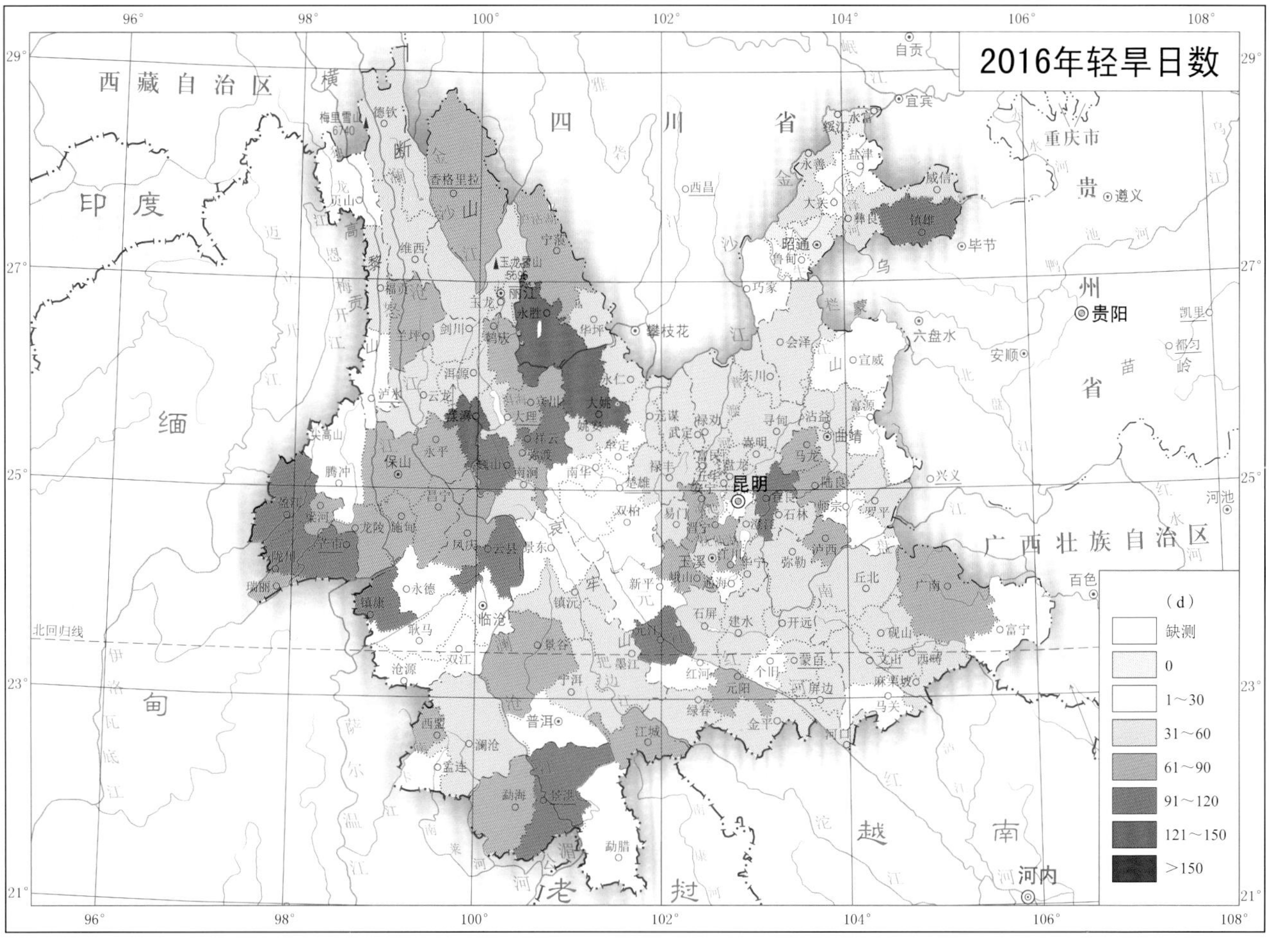

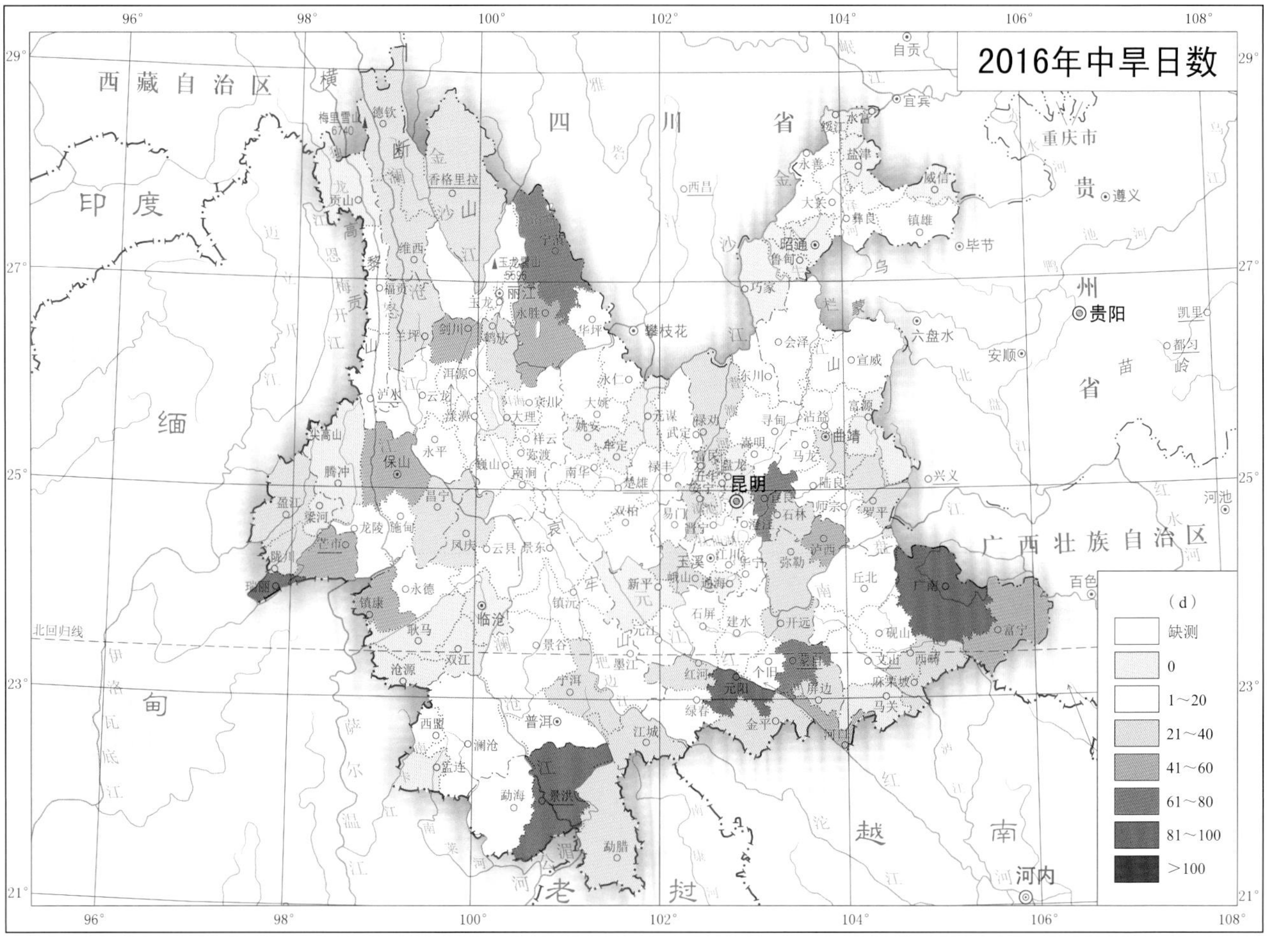

2016年轻旱日数

(d)

- 缺测
- 0
- 1~30
- 31~60
- 61~90
- 91~120
- 121~150
- >150

2016年中旱日数

(d)

- 缺测
- 0
- 1~20
- 21~40
- 41~60
- 61~80
- 81~100
- >100

比例尺 1 : 8 000 000 0 80 160 km

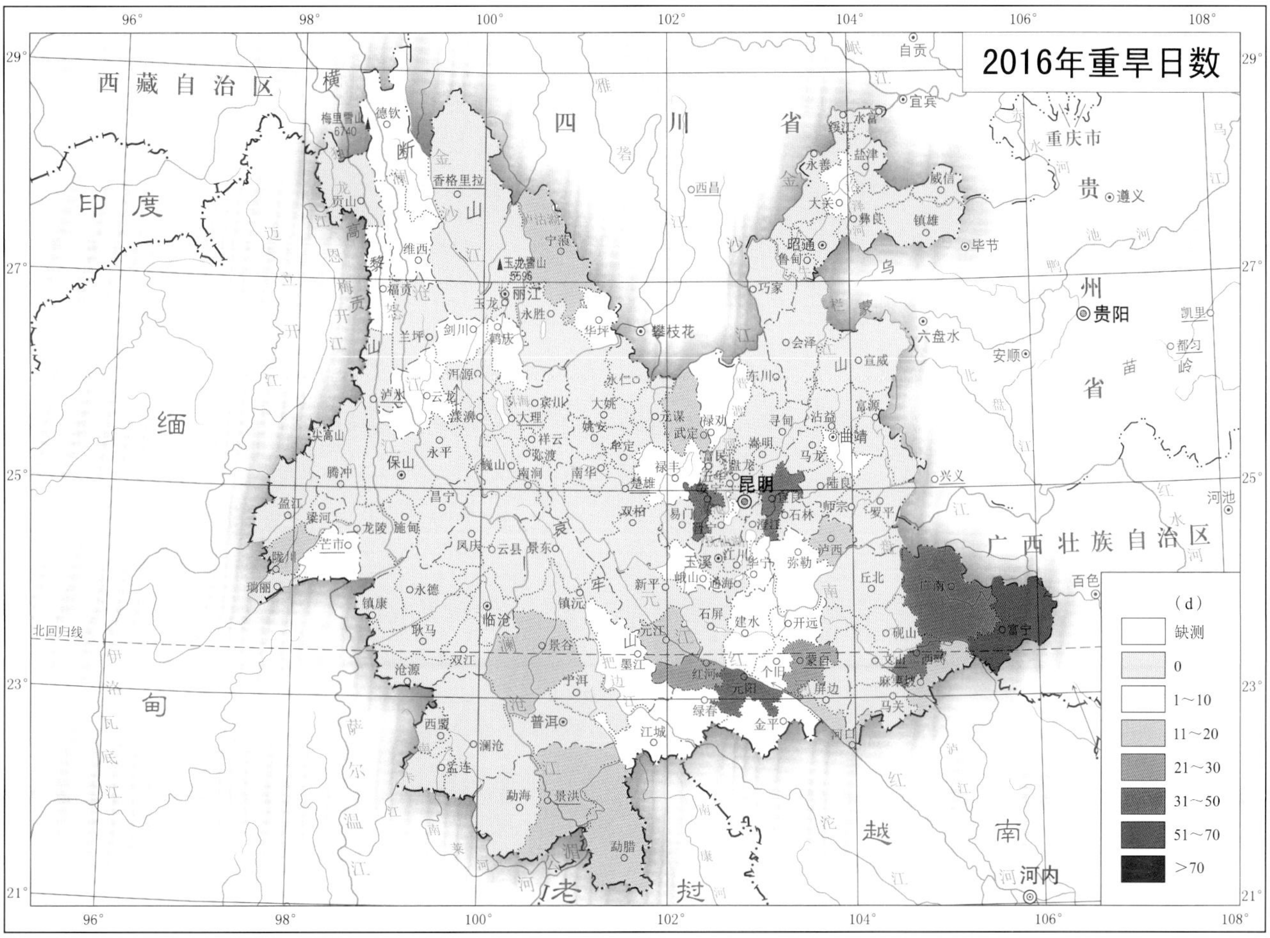

2016年重旱日数

(d)
缺测
0
1~10
11~20
21~30
31~50
51~70
>70

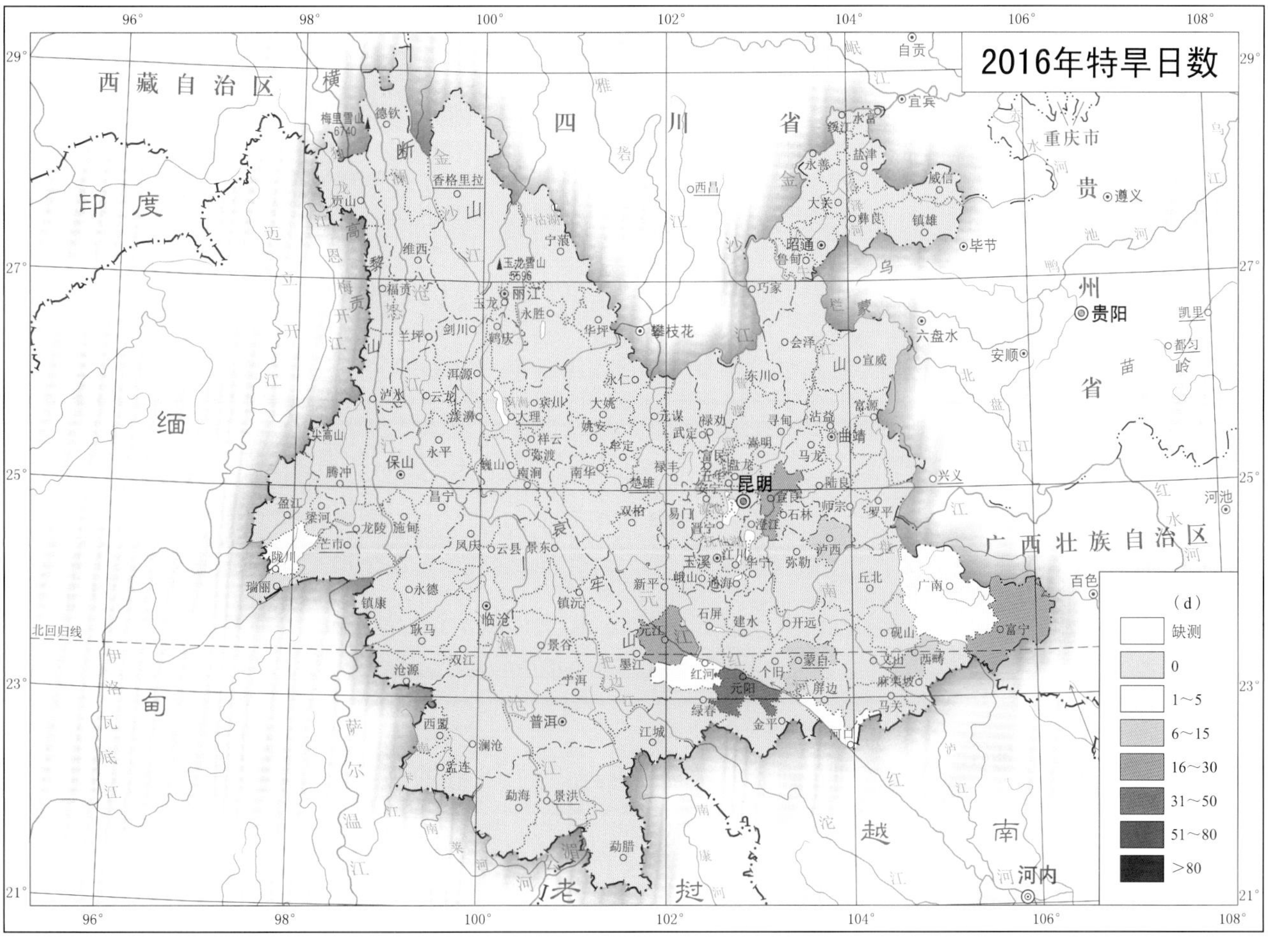

2016年特旱日数

(d)
缺测
0
1~5
6~15
16~30
31~50
51~80
>80

比例尺 1:8 000 000　0　80　160 km

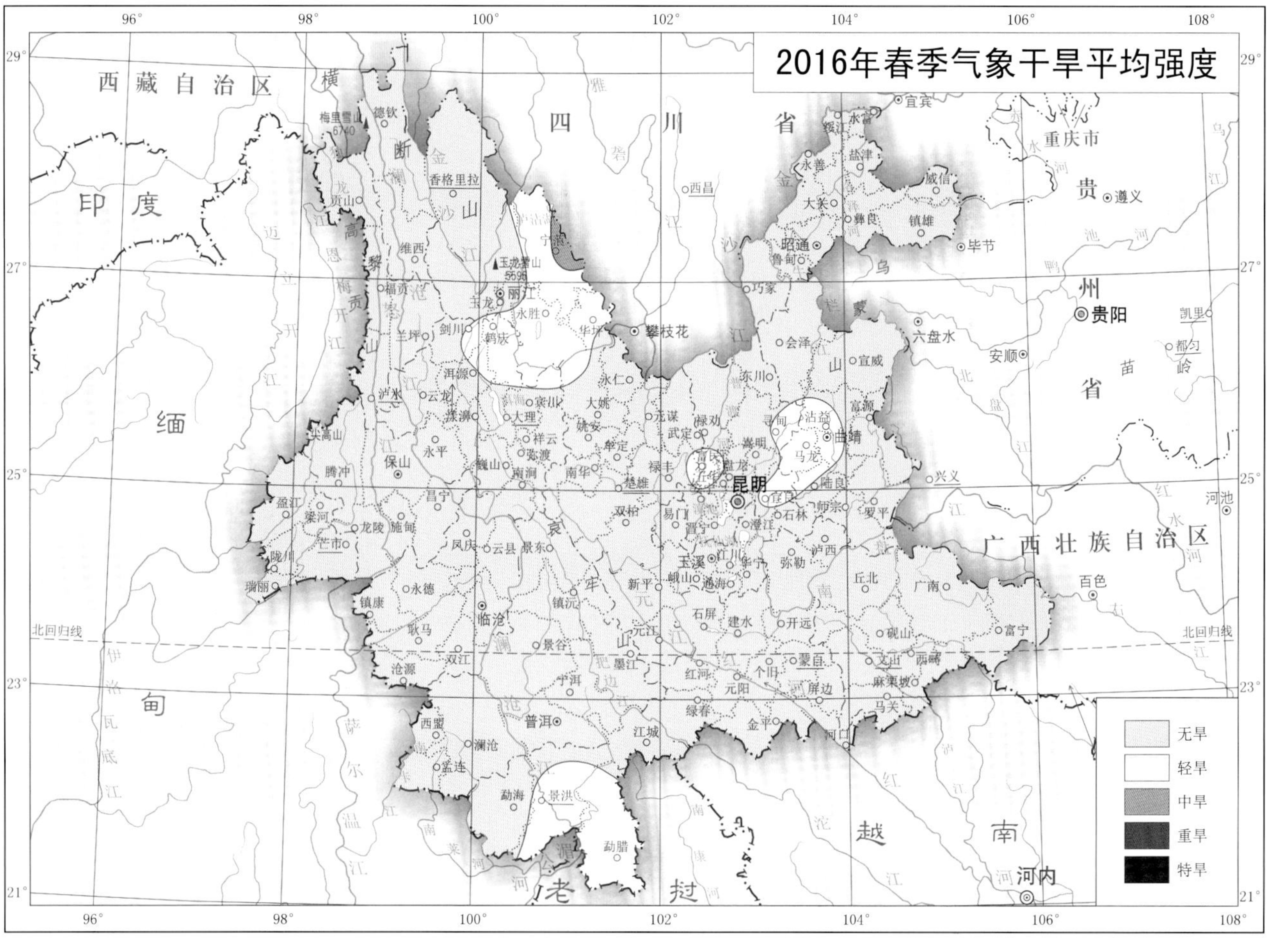

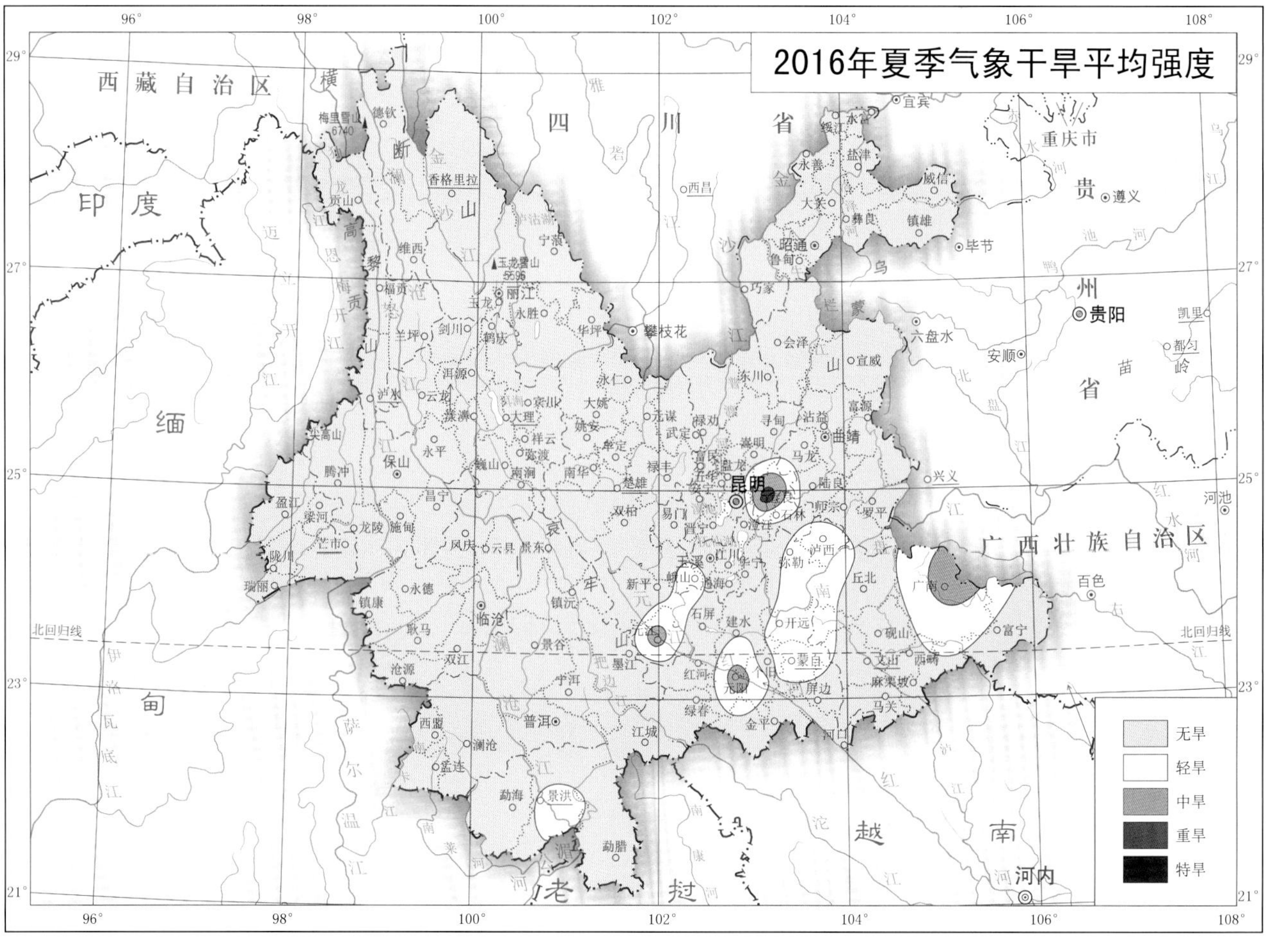

2016年春季气象干旱平均强度

无旱
轻旱
中旱
重旱
特旱

2016年夏季气象干旱平均强度

无旱
轻旱
中旱
重旱
特旱

比例尺 1:8 000 000 0 80 160 km

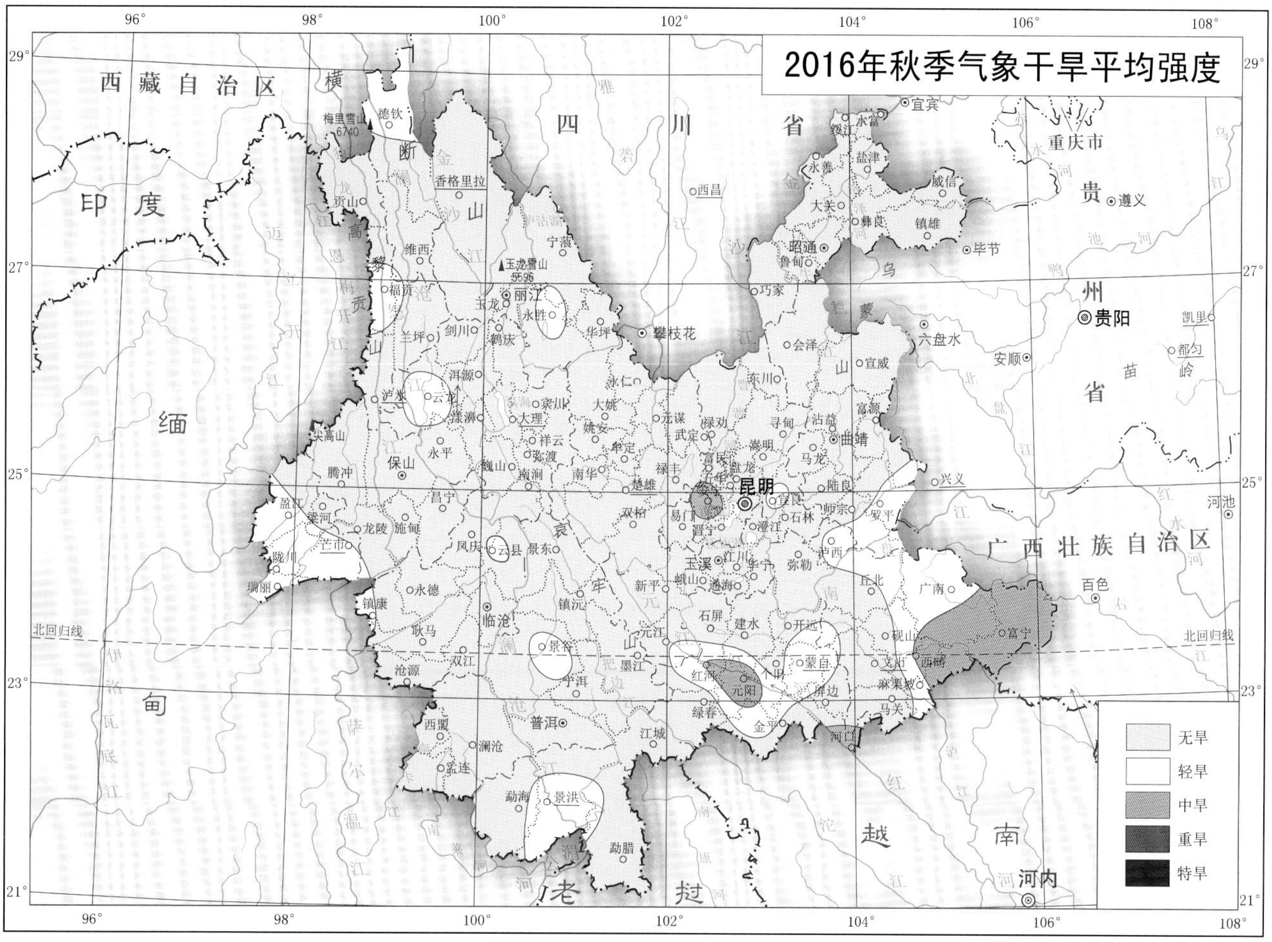

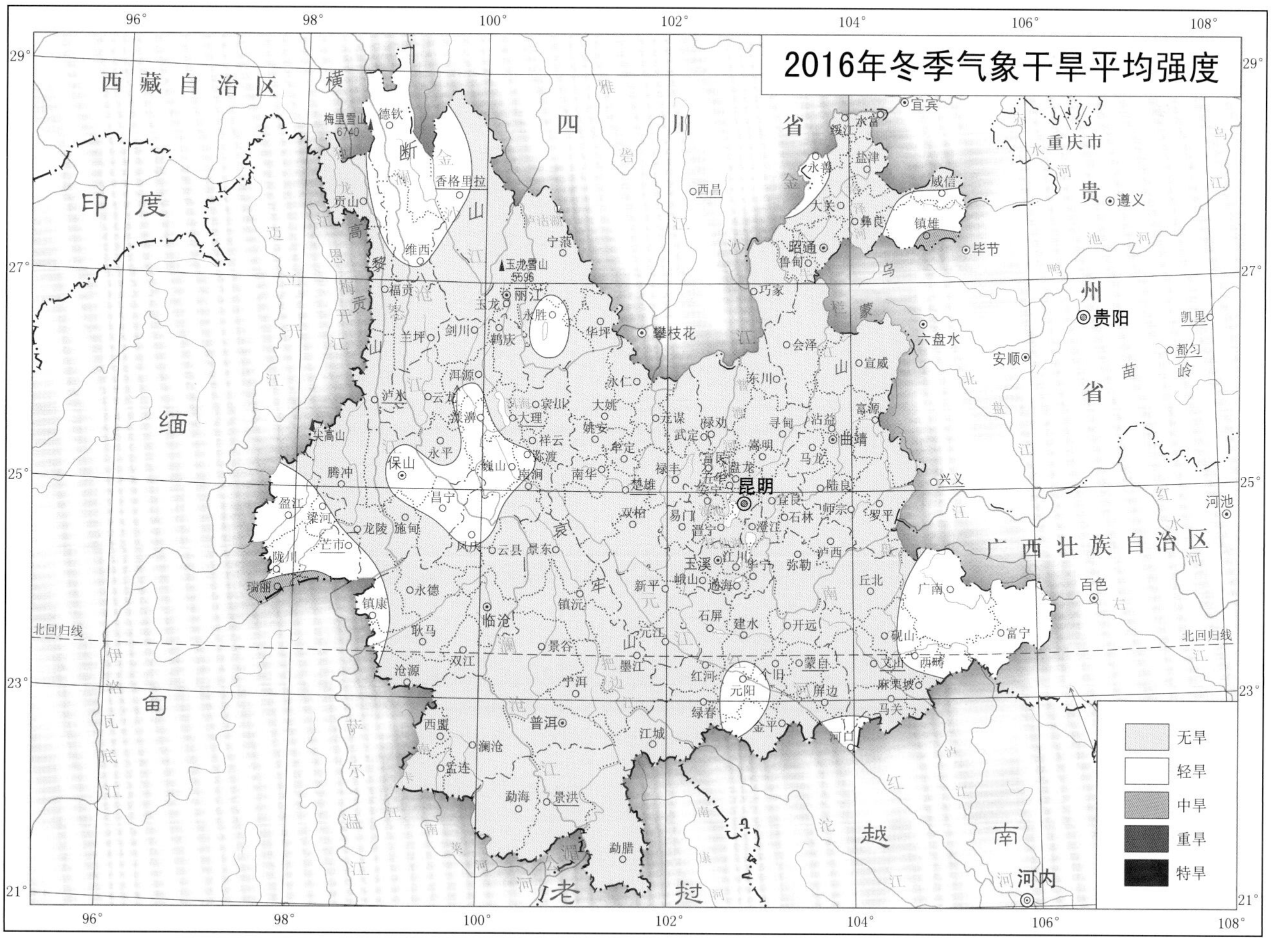

2016年秋季气象干旱平均强度

无旱
轻旱
中旱
重旱
特旱

2016年冬季气象干旱平均强度

无旱
轻旱
中旱
重旱
特旱

比例尺 1∶8 000 000 0 80 160 km

重大干旱典型过程

1962/1963年秋冬春初夏连旱

干旱于1962年11月初从滇东南和滇中北部开始，之后迅速发展到全省。1963年3月上旬末出现明显降水过程，干旱有短暂的缓和，但在1963年4月初后又迅速发展到全省大部地区，并持续到1963年6月中旬初。尤为严重的是大春栽插期间5月中下旬和6月上旬，全省大部地区仍处于干旱中，其中重、特旱达60～80个县(市)。1963年6月中旬后随着降水过程的增多，旱情才逐步缓解。

1962/1963年秋冬春初夏连旱（1962年11月1日至1963年6月30日）
全省平均气象干旱综合指数、降水逐日动态曲线图

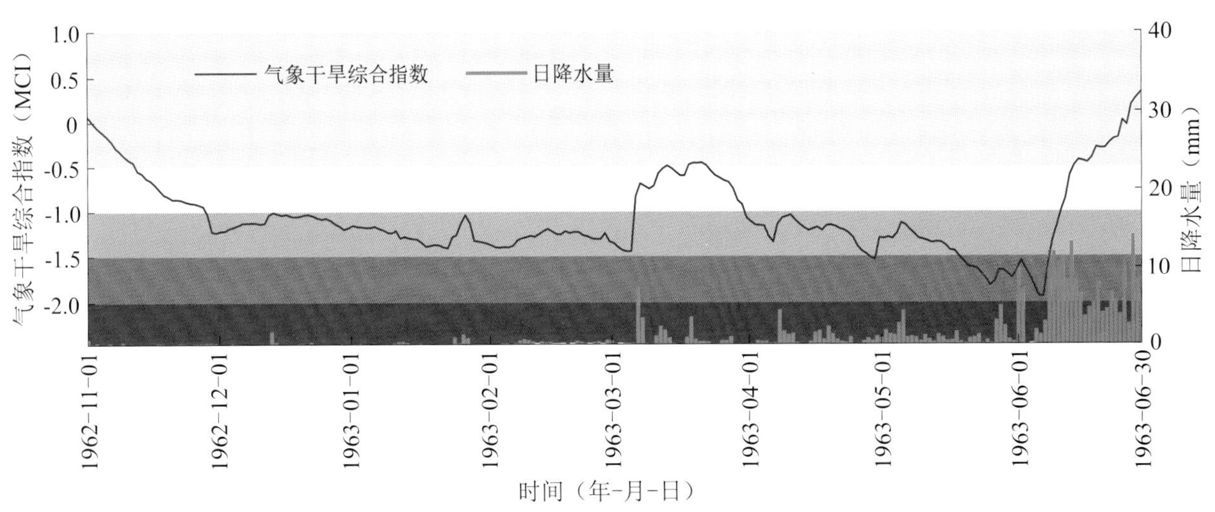

1962/1963年秋冬春初夏连旱（1962年11月1日至1963年6月30日）
全省中旱等级以上站数逐日演变图

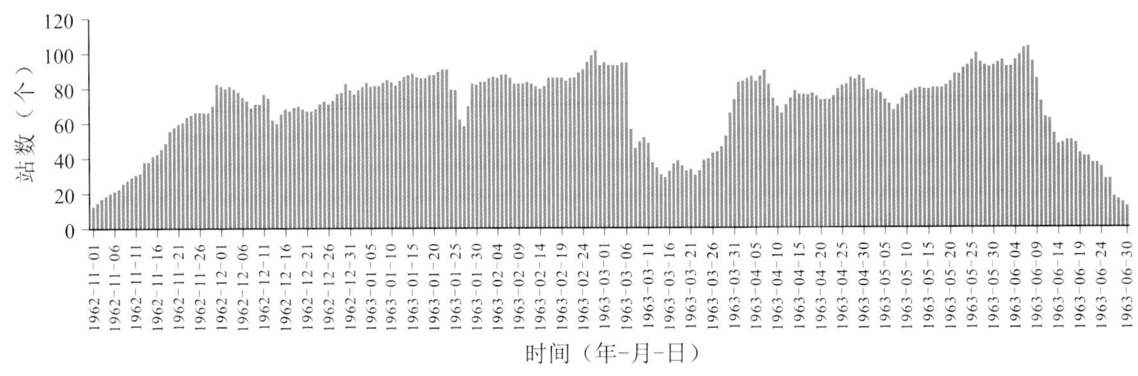

1962/1963 年秋冬春初夏连旱过程演变图

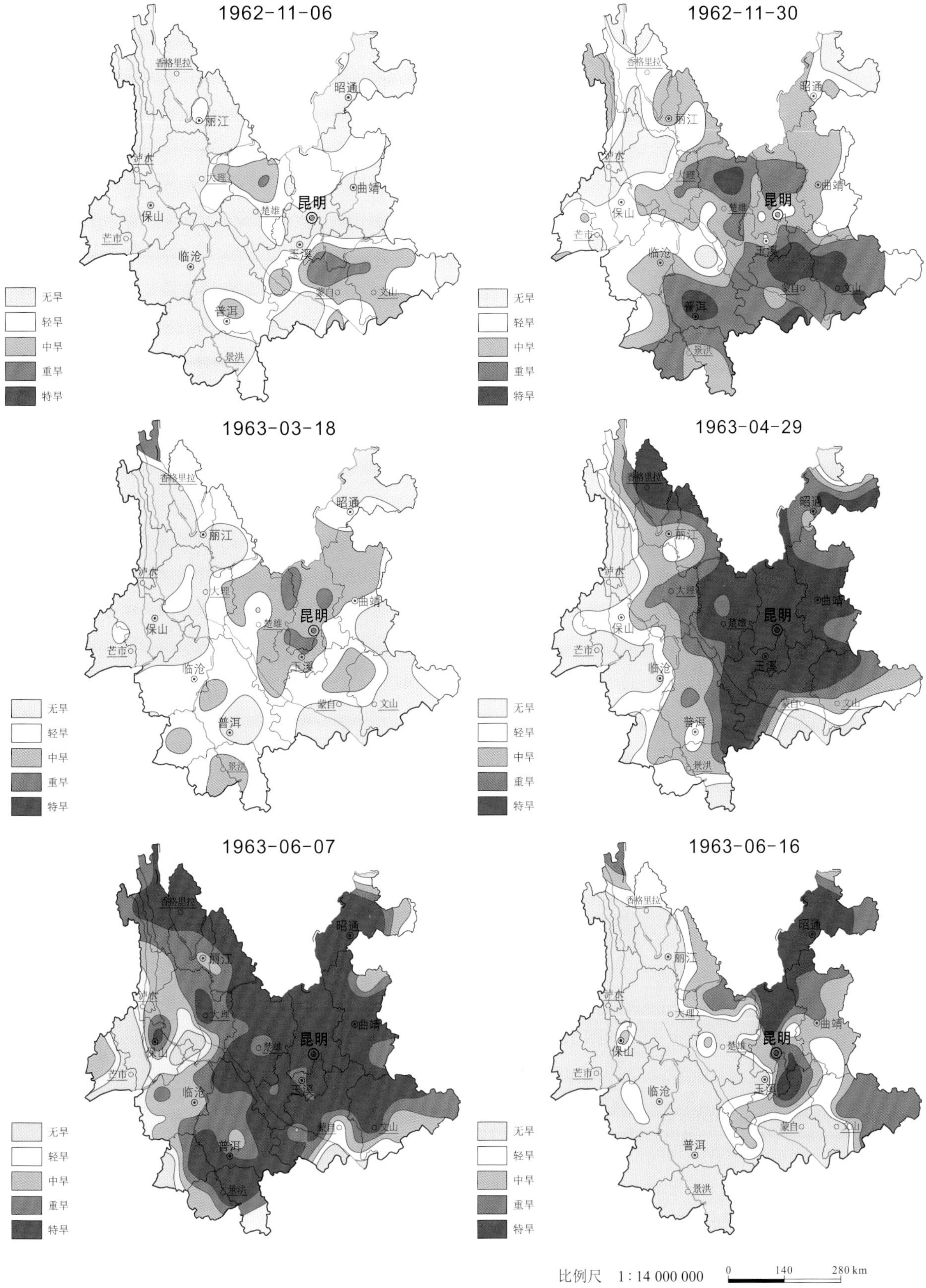

1962-11-06

香格里拉 丽江 昭通 泸水 大理 曲靖 昆明 保山 楚雄 芒市 玉溪 临沧 蒙自 文山 普洱 景洪

无旱
轻旱
中旱
重旱
特旱

1962-11-30

无旱
轻旱
中旱
重旱
特旱

1963-03-18

无旱
轻旱
中旱
重旱
特旱

1963-04-29

无旱
轻旱
中旱
重旱
特旱

1963-06-07

无旱
轻旱
中旱
重旱
特旱

1963-06-16

无旱
轻旱
中旱
重旱
特旱

比例尺 1 : 14 000 000　0　140　280 km

1968/1969年冬春初夏连旱

干旱于1968年12月下旬末从滇西北开始，迅速发展到全省大部地区。1969年3月上旬和4月上中旬处于中旱等级以上的干旱地区超过100个县（市）。1969年5月大部分时间接近或超过100个县（市）处于干旱等级以上的干旱中，重特旱县（市）在60个以上，5月17日重、特旱达到了86个县（市）。进入1969年6月后降水天气过程有所增多，但6月上中旬全省大部地区仍处于中旱以上等级，直到6月下旬全省大部地区的干旱才得到缓解。

1968/1969年冬春初夏连旱（1968年12月1日至1969年6月30日）
全省平均气象干旱综合指数、降水逐日动态曲线图

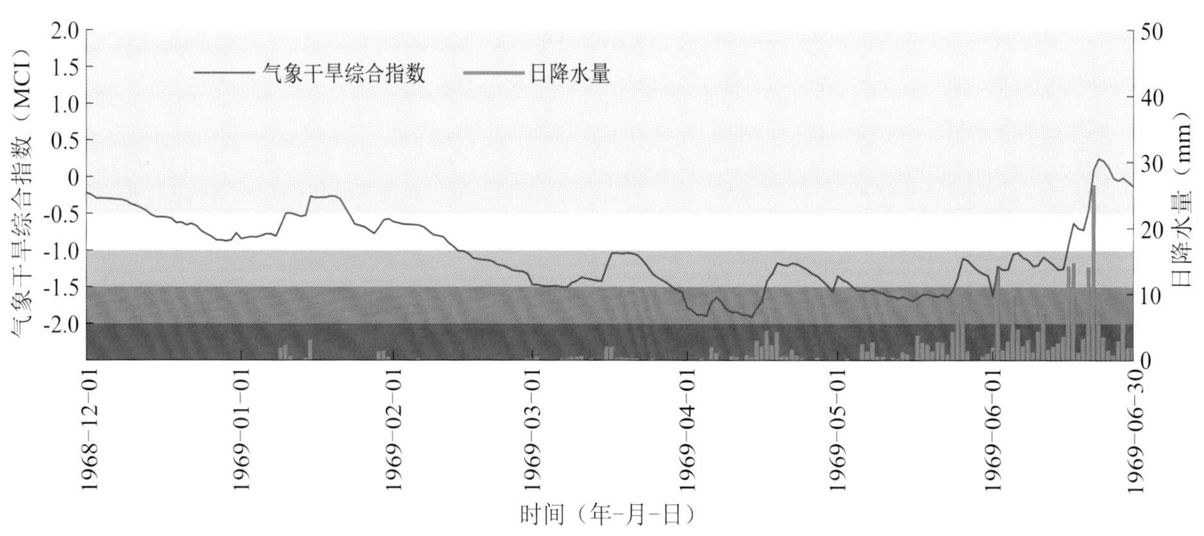

1968/1969年冬春初夏连旱（1968年12月1日至1969年6月30日）
全省中旱等级以上站数逐日演变图

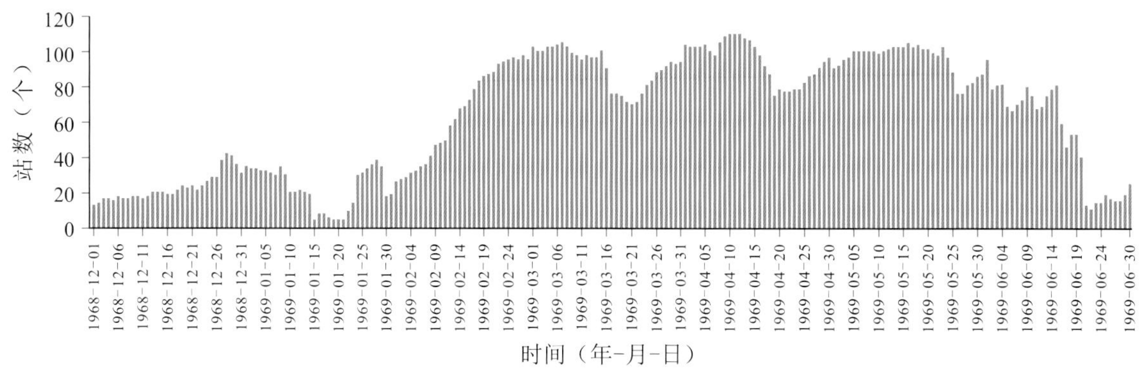

1968/1969 年冬春初夏连旱过程演变图

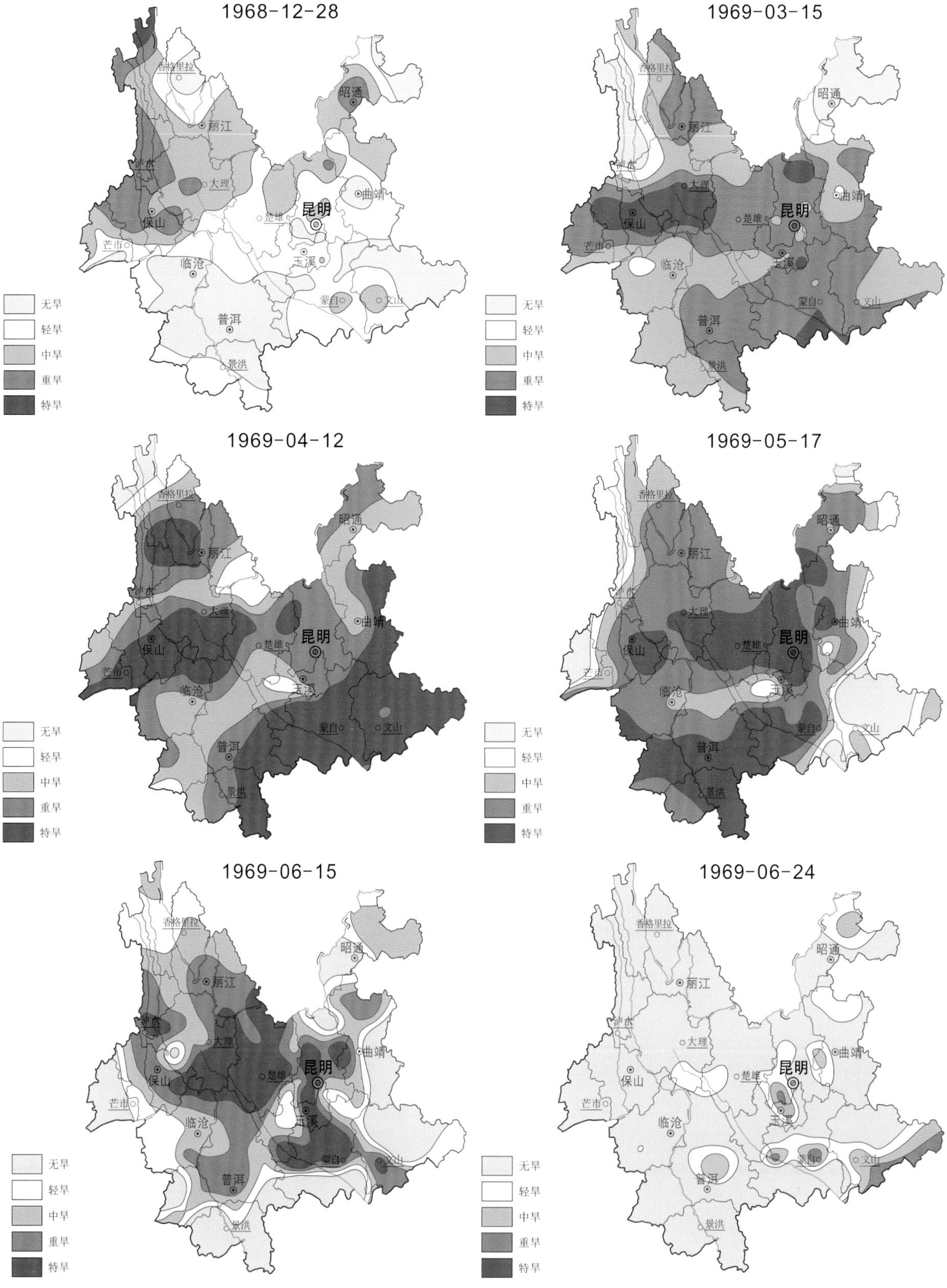

1968-12-28

无旱
轻旱
中旱
重旱
特旱

1969-03-15

无旱
轻旱
中旱
重旱
特旱

1969-04-12

无旱
轻旱
中旱
重旱
特旱

1969-05-17

无旱
轻旱
中旱
重旱
特旱

1969-06-15

无旱
轻旱
中旱
重旱
特旱

1969-06-24

无旱
轻旱
中旱
重旱
特旱

比例尺 1∶14 000 000 0 140 280 km

1978/1979年秋冬春初夏连旱

干旱于1978年11月初从滇中和滇西南开始，1978年12月下旬发展到了全省大部地区。1979年3月上中旬处于干旱以上等级的干旱地区接近或超过100个县（市），5月中旬至6月上旬处于中旱以上等级的干旱地区仍维持在70到近百个县（市）。直到1979年6月下旬后干旱才逐步缓解。

1978/1979年秋冬春初夏连旱（1978年11月1日至1979年6月30日）
全省平均气象干旱综合指数、降水逐日动态曲线图

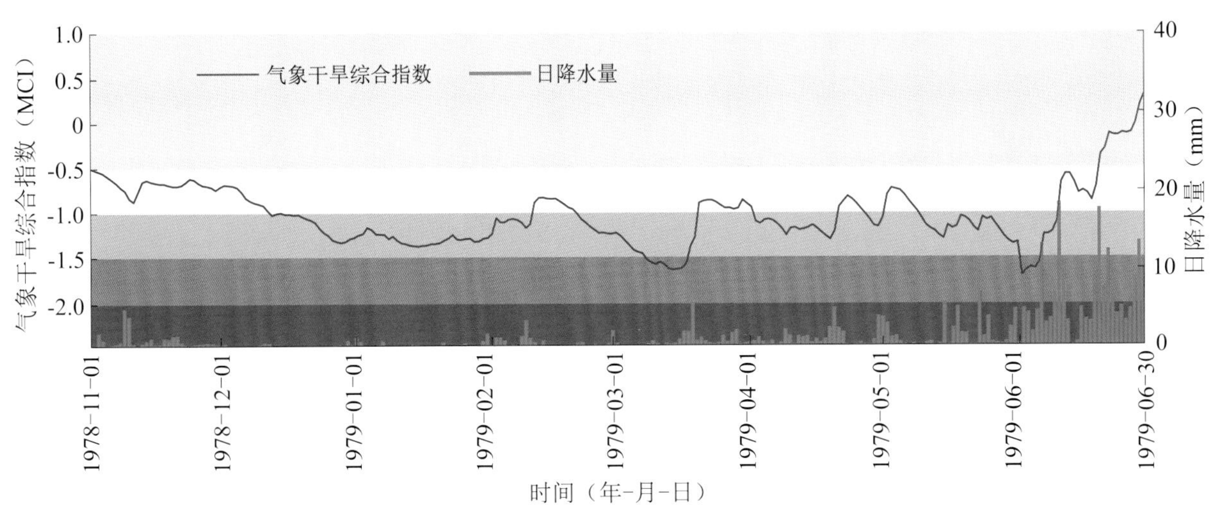

1978/1979年秋冬春初夏连旱（1978年11月1日至1979年6月30日）
全省中旱等级以上站数逐日演变图

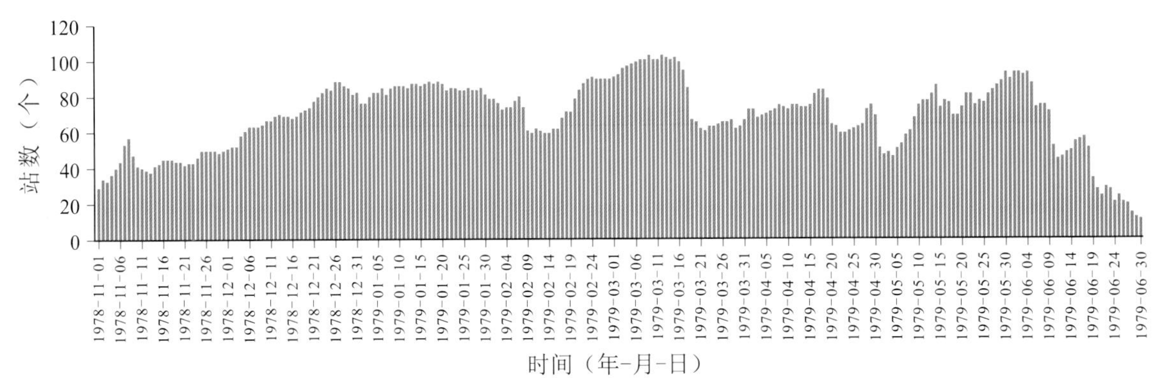

1978/1979 年秋冬春初夏连旱过程演变图

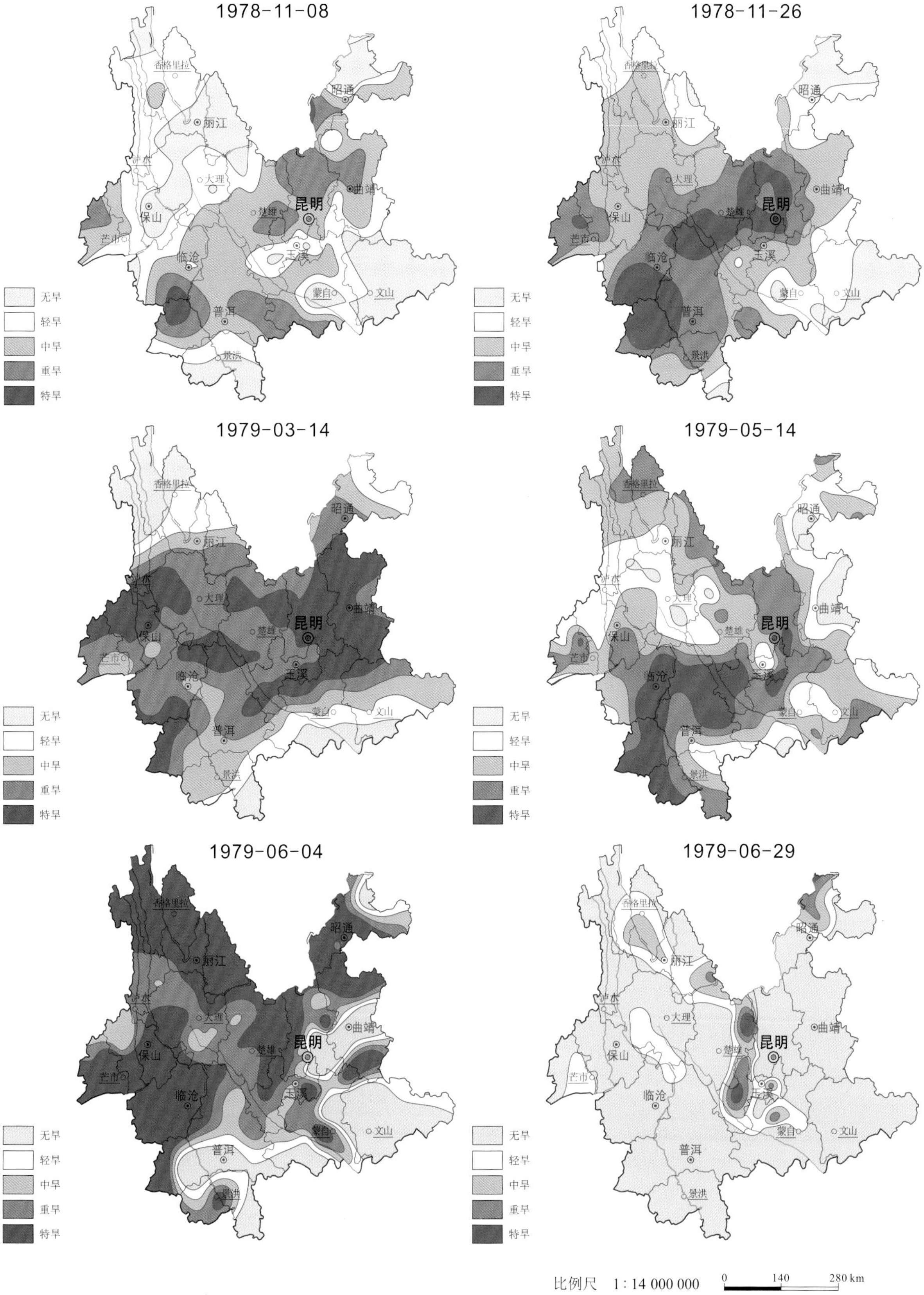

1978-11-08

无旱 轻旱 中旱 重旱 特旱

1978-11-26

无旱 轻旱 中旱 重旱 特旱

1979-03-14

无旱 轻旱 中旱 重旱 特旱

1979-05-14

无旱 轻旱 中旱 重旱 特旱

1979-06-04

无旱 轻旱 中旱 重旱 特旱

1979-06-29

无旱 轻旱 中旱 重旱 特旱

比例尺 1 : 14 000 000 0 140 280 km

2009年秋季至2013年春季的四年连旱

干旱于2009年9月中旬从东部地区开始，10月底发展到全省大部地区。2009年10月30日至2010年3月27日的149天里，处于中旱以上等级的干旱地区都在90个县（市）以上，有75天在115个县（市）以上，而且大部分县（市）为重特旱，2010年3月24—26日重特旱更是达到了111个县（市）。2010年3月底之后降水偏少的幅度有所降低，干旱有所减弱。2010年秋冬季降水偏多，干旱有所缓和，但由于前期干旱强度大、持续时间长，干旱并没有得到彻底解除。2011年4月之后降水持续偏少，夏季降水更是为历年最少，因此，7月下旬后干旱又重新发展，出现了最为严重的夏旱。之后至2011年12月底全省仍有三分之一到一半的县（市）持续处在中旱等级以上的干旱中。2012年1月干旱有所缓和，但在2月初以后又发展起来，4月末到5月，全省有一半以上的地区又达到中旱等级以上，初夏旱严重。2012年6月和7月降水属正常范围，夏季干旱有所好转。但10月底干旱又发展起来，并出现了严重的冬春旱。2012年12月中旬至2013年3月末处于中旱等级以上的干旱地区持续达80个县（市）以上，3月上旬突破了100个县（市），4月也维持在60～90个县（市），进入5月后干旱才逐步得到缓解。

2009年秋季至2013年春季四年连旱（2009年9月1日至2013年5月1日）
全省平均气象干旱综合指数、降水逐日动态曲线图

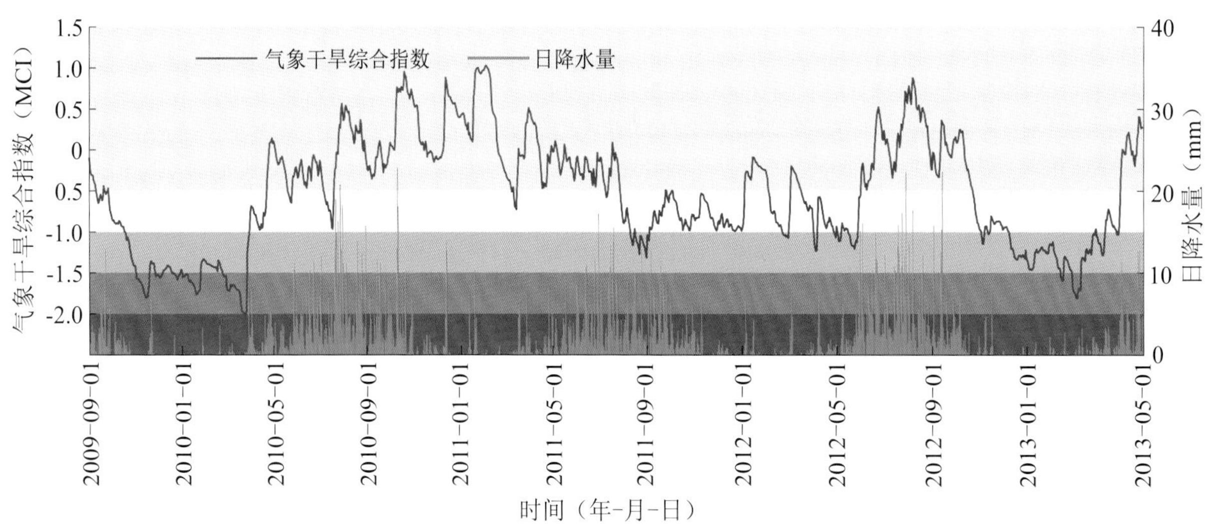

2009年秋季至2013年春季四年连旱（2009年9月1日至2013年5月1日）
全省中旱等级以上站数逐日演变图

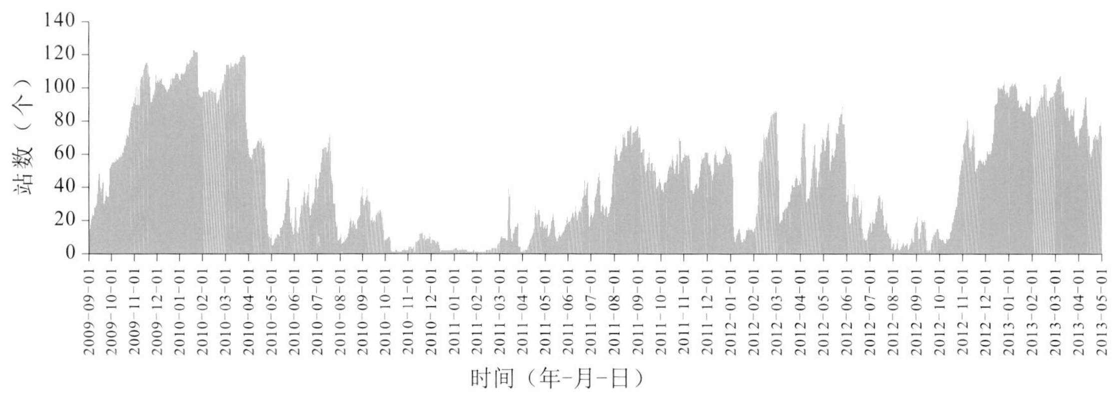

2009 年秋季至 2013 年春季四年连旱过程演变图

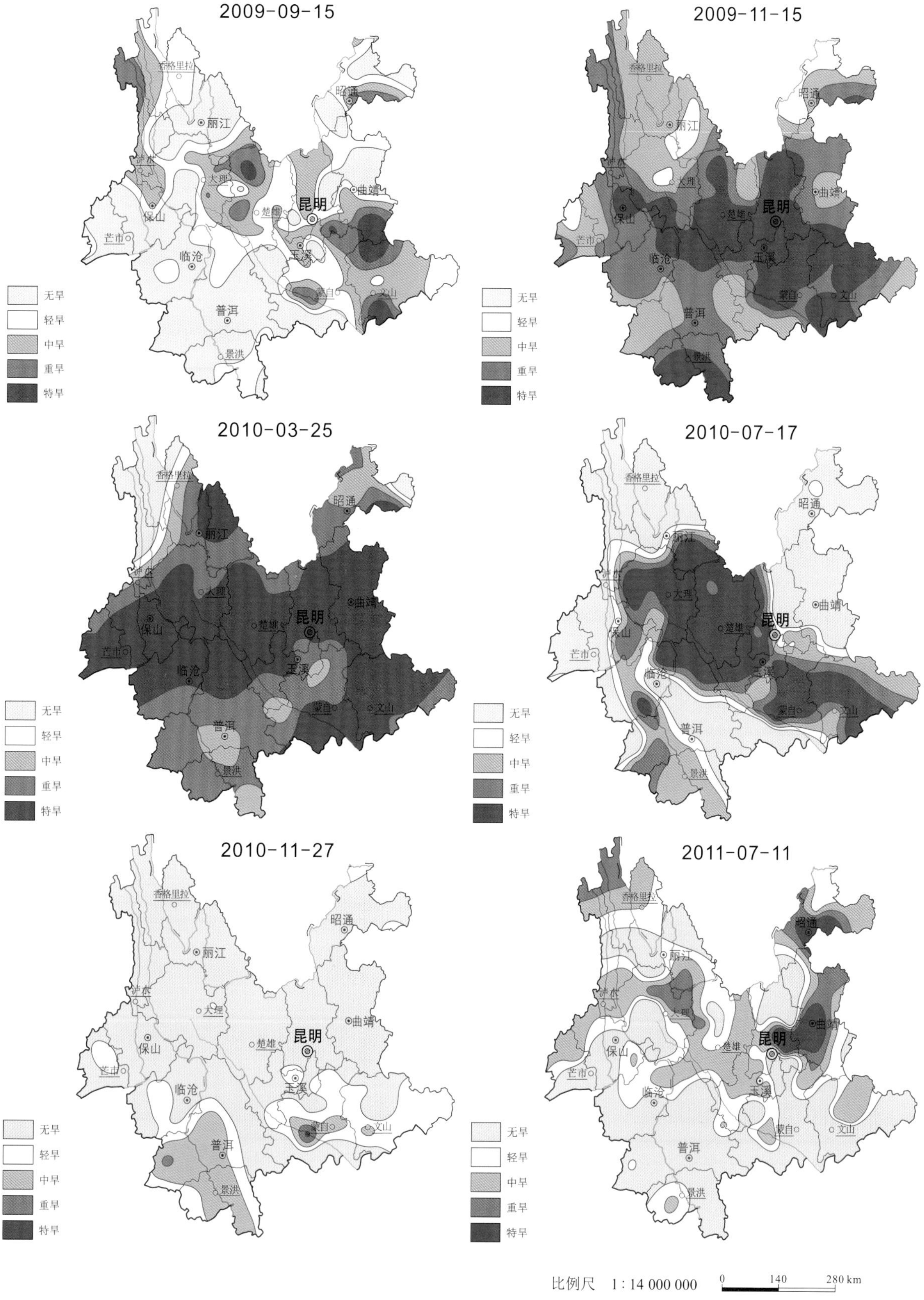

2009-09-15

无旱
轻旱
中旱
重旱
特旱

2009-11-15

无旱
轻旱
中旱
重旱
特旱

2010-03-25

无旱
轻旱
中旱
重旱
特旱

2010-07-17

无旱
轻旱
中旱
重旱
特旱

2010-11-27

无旱
轻旱
中旱
重旱
特旱

2011-07-11

无旱
轻旱
中旱
重旱
特旱

比例尺 1：14 000 000 0 140 280 km

2011-08-22

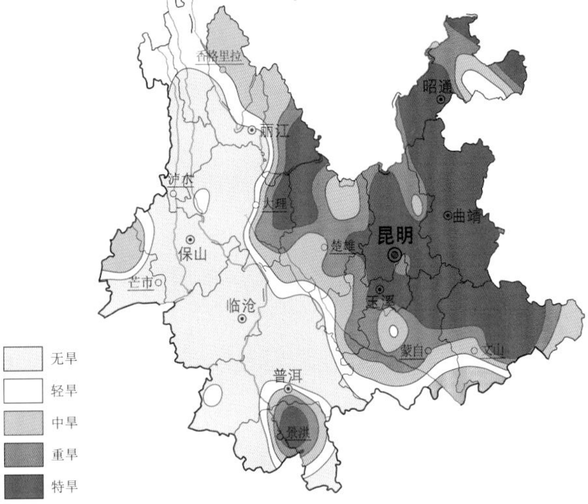

无旱
轻旱
中旱
重旱
特旱

2012-02-26

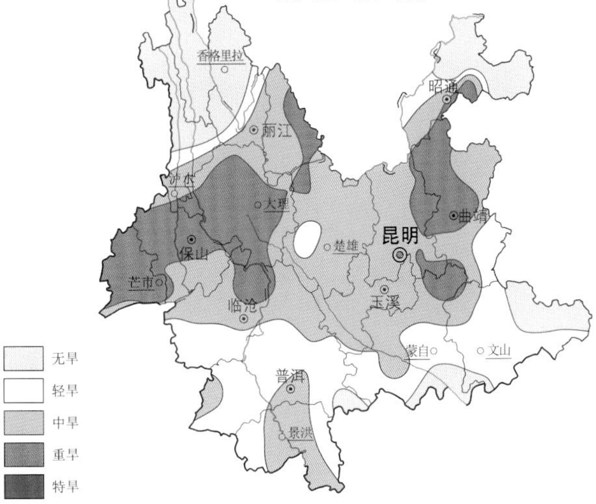

无旱
轻旱
中旱
重旱
特旱

2012-05-24

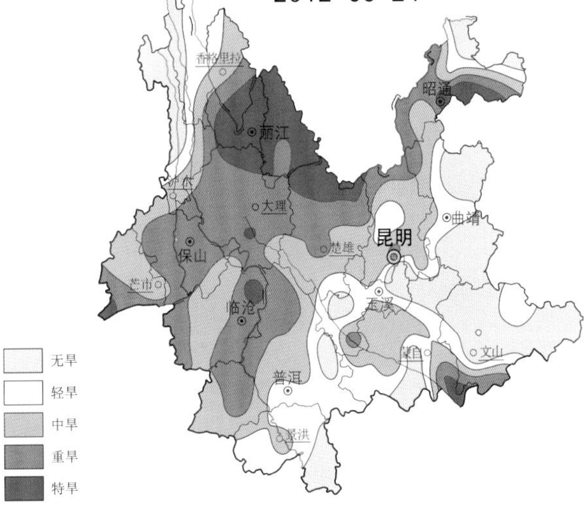

无旱
轻旱
中旱
重旱
特旱

2013-01-05

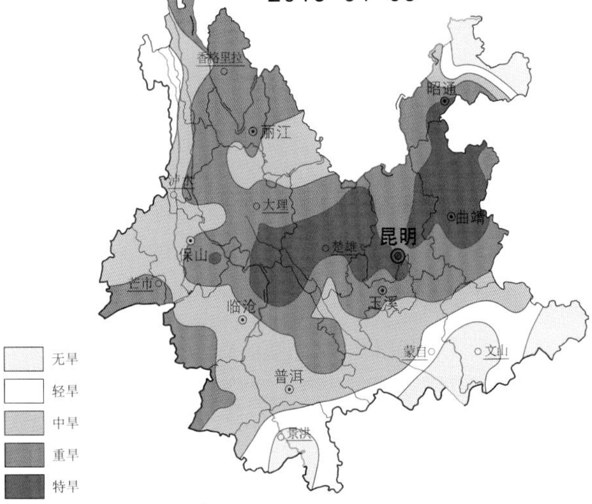

无旱
轻旱
中旱
重旱
特旱

2013-03-07

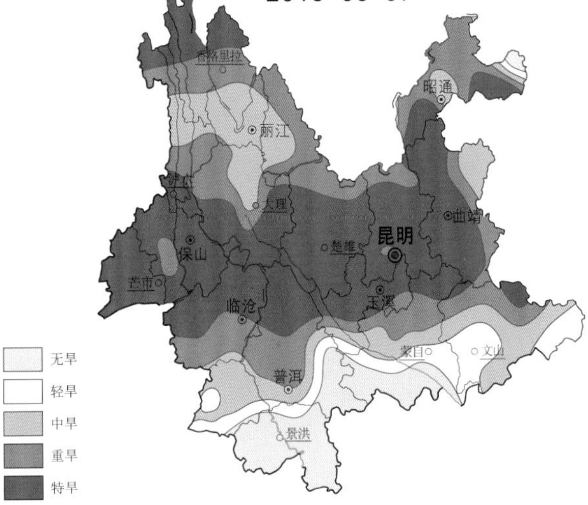

无旱
轻旱
中旱
重旱
特旱

2013-05-20

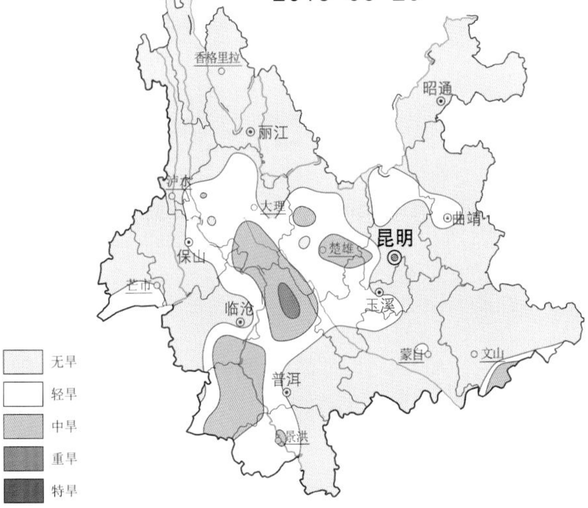

无旱
轻旱
中旱
重旱
特旱

比例尺　1 : 14 000 000　0　140　280 km

云南省1961—2016年区域性干旱过程

年份	过程	过程开始时间	过程结束时间	干旱过程评估等级	干旱类型
1961	1	1月1日	2月3日	较强	冬旱
1962	1	5月8日	5月22日	一般	春末干旱
1962	2	11月13日	次年3月18日	特强	秋冬春连旱
1963	1	3月24日	6月18日	特强	春夏连旱
1964	1	3月24日	4月30日	较强	春旱
1965	全年无区域性干旱过程				
1966	1	3月15日	5月24日	强	春旱
1967	全年无区域性干旱过程				
1968	1	12月15日	12月30日	一般	冬旱
1969	1	2月1日	6月20日	特强	冬春夏连旱
1969	2	11月9日	次年1月21日	较强	秋冬连旱
1970	1	1月30日	3月24日	较强	冬春旱
1971	全年无区域性干旱过程				
1972	1	3月5日	3月31日	一般	春旱
1972	2	4月9日	4月24日	一般	春旱
1973	全年无区域性干旱过程				
1974	1	2月9日	3月18日	强	初春旱
1974	2	12月17日	次年1月10日	一般	冬旱
1975	1	3月16日	4月12日	一般	春旱
1976	全年无区域性干旱过程				
1977	1	6月1日	7月3日	较强	夏旱
1978	1	4月1日	5月1日	一般	春旱
1979	1	上年11月1日	6月18日	特强	秋冬春夏连旱
1980	1	3月8日	6月19日	强	春夏旱
1980	2	11月22日	12月15日	一般	初冬旱
1981	1	10月18日	11月6日	一般	秋旱
1982	1	5月15日	6月9日	较强	初夏旱
1983	1	6月20日	7月30日	较强	夏旱

续表

年份	过程	过程开始时间	过程结束时间	干旱过程评估等级	干旱类型
1984	1	3月15日	5月4日	强	春旱
1985	1	上年11月18日	2月16日	强	秋冬旱
1985	2	2月24日	4月10日	较强	春旱
1986	1	1月19日	4月14日	强	冬春旱
1986	2	5月30日	6月18日	较强	初夏旱
1987	1	3月26日	4月9日	一般	春旱
1987	2	5月7日	7月4日	较强	春夏旱
1988	1	3月27日	4月25日	一般	春旱
1988	2	6月6日	6月26日	较强	夏旱
1989	1	上年12月24日	2月8日	较强	冬旱
1989	2	2月17日	3月20日	较强	初春旱
1989	3	4月18日	5月13日	一般	春旱
1990	1	1月14日	2月15日	一般	冬旱
1991	1	3月8日	3月29日	一般	春旱
1992	1	4月27日	5月19日	一般	春旱
1992	2	6月1日	7月8日	较强	夏旱
1992	3	8月6日	10月12日	强	夏秋旱
1993	1	11月29日	次年2月2日	较强	冬旱
1994	1	11月1日	11月25日	一般	秋旱
1995	1	3月31日	5月14日	较强	春旱
1996	全年无区域性干旱过程				
1997	1	1月1日	1月21日	一般	冬旱
1997	2	5月29日	6月19日	一般	初夏旱
1998	1	10月2日	10月18日	一般	秋旱
1998	2	11月26日	次年1月9日	较强	冬旱
1999	1	2月10日	5月5日	强	冬春旱
2000	全年无区域性干旱过程				
2001	1	1月1日	2月23日	较强	冬旱
2001	2	3月28日	5月9日	较强	春旱

续表

年份	过程	过程开始时间	过程结束时间	干旱过程评估等级	干旱类型
2002	1	11月8日	12月16日	一般	初冬旱
2003	1	4月6日	5月18日	较强	春旱
2003	2	10月7日	12月28日	强	秋冬旱
2004	1	3月2日	4月2日	较强	春旱
2004	2	10月31日	11月28日	一般	秋旱
2005	1	5月17日	6月17日	较强	初夏旱
2005	2	11月30日	12月24日	一般	初冬旱
2006	1	1月26日	2月16日	一般	冬旱
2006	2	3月23日	4月29日	强	春旱
2007	1	3月19日	4月7日	一般	春旱
2008	1	上年12月14日	1月26日	较强	冬旱
2009	1	1月31日	3月31日	较强	冬春旱
2010	1	上年9月22日	4月22日	特强	秋冬春连旱
2010	2	7月4日	7月19日	一般	夏旱
2011	1	7月27日	12月31日	强	夏秋冬连旱
2012	1	2月4日	3月2日	较强	初春旱
2012	2	3月17日	6月1日	强	春夏旱
2013	1	上年10月23日	5月1日	特强	秋冬春连旱
2013	2	11月26日	12月14日	一般	初冬旱
2014	1	4月17日	6月15日	较强	春夏旱
2014	2	11月27日	次年1月7日	较强	冬旱
2015	1	6月1日	7月28日	强	夏旱
2016	全年无区域性干旱过程				

注：跨季节跨年度的重大干旱过程一般以影响较重的次年为干旱过程发生年，如：2010年特强干旱过程为2009年秋季开始，到2010年春季结束。

云南省1961—2016年区域性干旱过程强度变化

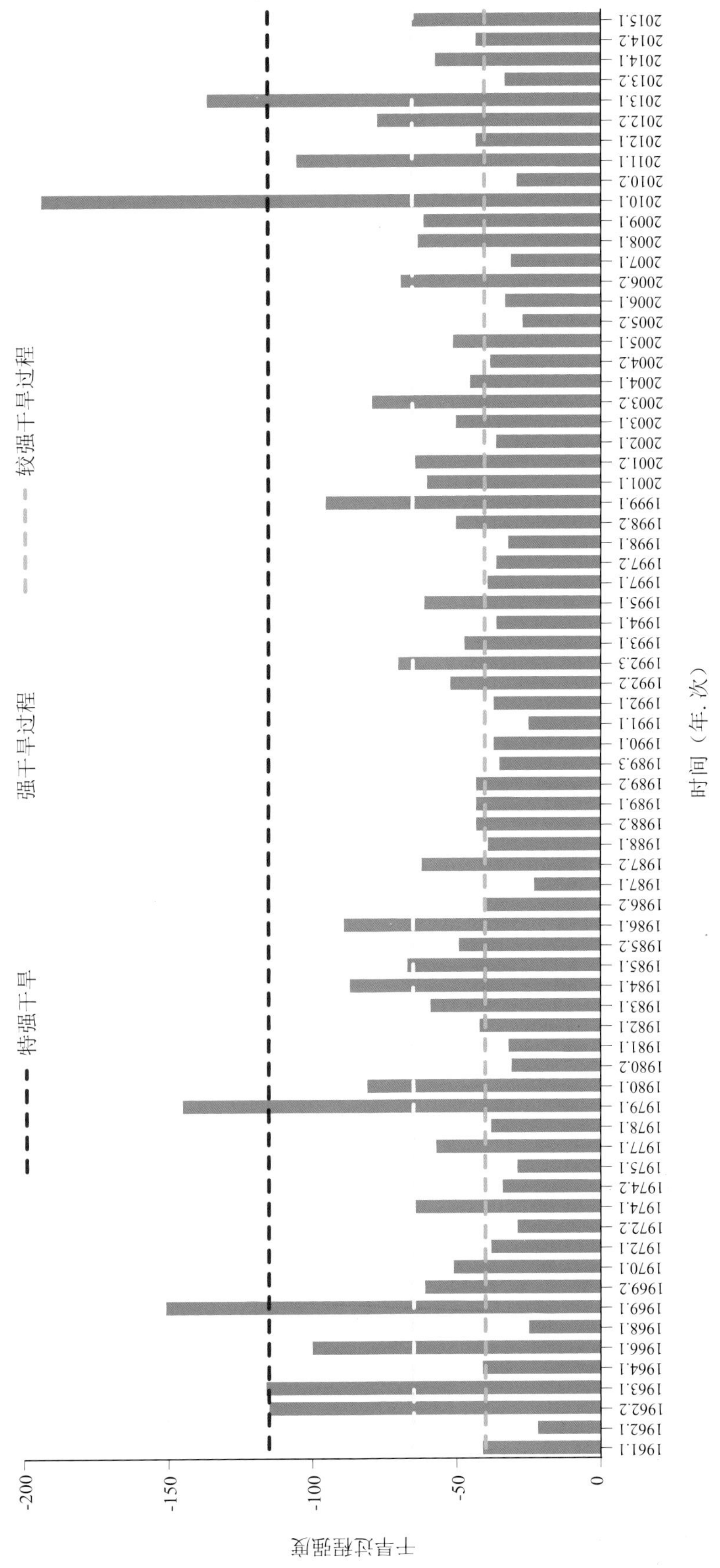